TABELA 3.1 Força Relativa de Alguns Ácidos Selecionados e Suas Bases Conjugadas

	Ácido	pK_a Aproximado	Base Conjugada	
Ácido mais forte	HSbF$_6$	< −12	SbF$_6^-$	Base mais fraca
	HI	−10	I$^-$	
	H$_2$SO$_4$	−9	HSO$_4^-$	
	HBr	−9	Br$^-$	
	HCl	−7	Cl$^-$	
	C$_6$H$_5$SO$_3$H	−6,5	C$_6$H$_5$SO$_3^-$	
	(CH$_3$)$_2$ÖH$^+$	−3,8	(CH$_3$)$_2$O	
	(CH$_3$)$_2$C=ÖH$^+$	−2,9	(CH$_3$)$_2$C=O	
	CH$_3$ÖH$_2^+$	−2,5	CH$_3$OH	
	H$_3$O$^+$	−1,74	H$_2$O	
	HNO$_3$	−1,4	NO$_3^-$	
	CF$_3$CO$_2$H	0,18	CF$_3$CO$_2^-$	
	HF	3,2	F$^-$	
	C$_6$H$_5$CO$_2$H	4,21	C$_6$H$_5$CO$_2^-$	
	C$_6$H$_5$NH$_3^+$	4,63	C$_6$H$_5$NH$_2$	
	CH$_3$CO$_2$H	4,75	CH$_3$CO$_2^-$	
	H$_2$CO$_3$	6,35	HCO$_3^-$	
	CH$_3$COCH$_2$COCH$_3$	9,0	CH$_3$COCHCOCH$_3$	
	NH$_4^+$	9,2	NH$_3$	
	C$_6$H$_5$OH	9,9	C$_6$H$_5$O$^-$	
	HCO$_3^-$	10,2	CO$_3^{2-}$	
	CH$_3$NH$_3^+$	10,6	CH$_3$NH$_2$	
	H$_2$O	15,7	HO$^-$	
	CH$_3$CH$_2$OH	16	CH$_3$CH$_2$O$^-$	
	(CH$_3$)$_3$COH	18	(CH$_3$)$_3$CO$^-$	
	CH$_3$COCH$_3$	19,2	$^-$CH$_2$COCH$_3$	
	HC≡CH	25	HC≡C$^-$	
	C$_6$H$_5$NH$_2$	31	C$_6$H$_5$NH$^-$	
	H$_2$	35	H$^-$	
	(i-Pr)$_2$NH	36	(i-Pr)$_2$N$^-$	
	NH$_3$	38	$^-$NH$_2$	
	CH$_2$=CH$_2$	44	CH$_2$=CH$^-$	
Ácido mais fraco	CH$_3$CH$_3$	50	CH$_3$CH$_2^-$	Base mais forte

(Aumento da força ácida ↑) (Aumento da força básica ↓)

QUÍMICA ORGÂNICA

13ª Edição

O GEN | Grupo Editorial Nacional – maior plataforma editorial brasileira no segmento científico, técnico e profissional – publica conteúdos nas áreas de ciências exatas, humanas, jurídicas, da saúde e sociais aplicadas, além de prover serviços direcionados à educação continuada e à preparação para concursos.

As editoras que integram o GEN, das mais respeitadas no mercado editorial, construíram catálogos inigualáveis, com obras decisivas para a formação acadêmica e o aperfeiçoamento de várias gerações de profissionais e estudantes, tendo se tornado sinônimo de qualidade e seriedade.

A missão do GEN e dos núcleos de conteúdo que o compõem é prover a melhor informação científica e distribuí-la de maneira flexível e conveniente, a preços justos, gerando benefícios e servindo a autores, docentes, livreiros, funcionários, colaboradores e acionistas.

Nosso comportamento ético incondicional e nossa responsabilidade social e ambiental são reforçados pela natureza educacional de nossa atividade e dão sustentabilidade ao crescimento contínuo e à rentabilidade do grupo.

QUÍMICA ORGÂNICA

13ª Edição

VOLUME 1

T.W. GRAHAM SOLOMONS
University of South Florida

CRAIG B. FRYHLE
Pacific Lutheran University

SCOTT A. SNYDER
University of Chicago

Tradução e Revisão Técnica

EDILSON CLEMENTE DA SILVA, D.Sc.
Instituto de Química – UFRJ

JÚLIO CARLOS AFONSO, D.Sc.
Instituto de Química – UFRJ

LEANDRO SOTER DE MARIZ E MIRANDA, D.Sc.
Instituto de Química – UFRJ

MAGALY GIRÃO ALBUQUERQUE, D.Sc.
Instituto de Química – UFRJ

MAURO DOS SANTOS DE CARVALHO, D.Sc.
Instituto de Química – UFRJ

MILTON ROEDEL SALLES, D.Sc.
Instituto de Química – UFRJ

OSWALDO ESTEVES BARCIA, D.Sc.
Instituto de Química – UFRJ

PIERRE MOTHÉ ESTEVES, D.Sc.
Instituto de Química – UFRJ

RODRIGO JOSÉ CORREA, D.Sc.
Instituto de Química – UFRJ

- Os autores deste livro e a editora empenharam seus melhores esforços para assegurar que as informações e os procedimentos apresentados no texto estejam em acordo com os padrões aceitos à época da publicação. Entretanto, tendo em conta a evolução das ciências, as atualizações legislativas, as mudanças regulamentares governamentais e o constante fluxo de novas informações sobre os temas que constam do livro, recomendamos enfaticamente que os leitores consultem sempre outras fontes fidedignas, de modo a se certificarem de que as informações contidas no texto estão corretas e de que não houve alterações nas recomendações ou na legislação regulamentadora.

- Data do fechamento do livro: 30/07/2024

- Os autores e a editora se empenharam para citar adequadamente e dar o devido crédito a todos os detentores de direitos autorais de qualquer material utilizado neste livro, dispondo-se a possíveis acertos posteriores caso, inadvertida e involuntariamente, a identificação de algum deles tenha sido omitida.

- **Atendimento ao cliente: (11) 5080-0751 | faleconosco@grupogen.com.br**

- Traduzido de
ORGANIC CHEMISTRY, THIRTEENTH EDITION
Copyright © 2022, 2016, 2014, 2011, and 2008 John Wiley & Sons, Inc.
All rights reserved. This translation published under license with the original publisher John Wiley & Sons Inc.
ISBN: 9781119768081

- Direitos exclusivos para a língua portuguesa
Copyright © 2024 by
LTC | Livros Técnicos e Científicos Editora Ltda.
Uma editora integrante do GEN | Grupo Editorial Nacional
Travessa do Ouvidor, 11
Rio de Janeiro – RJ – 20040-040
www.grupogen.com.br

- Reservados todos os direitos. É proibida a duplicação ou reprodução deste volume, no todo ou em parte, em quaisquer formas ou por quaisquer meios (eletrônico, mecânico, gravação, fotocópia, distribuição pela Internet ou outros), sem permissão, por escrito, da LTC | Livros Técnicos e Científicos Editora Ltda.

- Adaptação de capa: Rejane Megale

- Imagens de capa: © selvanegra (iStock)

- Editoração Eletrônica: IO Design

- Ficha catalográfica

CIP-BRASIL. CATALOGAÇÃO NA PUBLICAÇÃO
SINDICATO NACIONAL DOS EDITORES DE LIVROS, RJ

S674q
13. ed.
v. 1

    Solomons, T. W. Graham
        Química orgânica, volume 1 / T. W. Graham Solomons, Craig B. Fryhle, Scott A. Snyder ; tradução e revisão técnica Edilson Clemente da Silva ... [et al.]. - 13. ed. - Rio de Janeiro : LTC, 2024.

        Tradução de: Organic chemistry
        Inclui índice
        ISBN 978-85-216-3887-2

        1. Química orgânica. I. Fryhle, Craig B. II. Snyder, Scott A. III. Silva, Edilson Clemente da. VI. Título.

24-92377   CDD: 547
                                                          CDU: 547

Meri Gleice Rodrigues de Souza - Bibliotecária - CRB-7/6439

Para Deanna. CBF
Para Cathy, Sebastian e Meredith. SAS

T. W. Graham Solomons, o primeiro autor deste livro, faleceu em 2021. Como autores responsáveis pela continuidade da obra, dedicamos esta edição a ele. Graham deu vida a este livro em 1976. Ele nasceu de seu zelo em ensinar química orgânica da melhor maneira que pudesse ser ensinada. Era apaixonado por ajudar os estudantes a aprender esse assunto fascinante e importante. O sucesso de Graham resultou, em última análise, não apenas por ser um professor aclamado, mas também por ser um escritor meticuloso e preciso. Como coautores, fomos muito beneficiados com sua orientação e desfrutamos de muitos anos de trabalho escolar e colaborativo que compartilhamos com ele na continuação da missão de inspirar os estudantes. Em homenagem ao compromisso de Graham em ensinar e escrever, e ao seu amor pela química orgânica, dedicamos esta edição de *Química Orgânica* à sua memória.

Craig B. Fryhle

Scott A. Snyder

Sumário Geral

VOLUME 1

1. O Básico: Ligação e Estrutura Molecular 1
2. Famílias de Compostos de Carbono: Grupos Funcionais, Forças Intermoleculares e Espectroscopia no Infravermelho (IV) 55
3. Ácidos e Bases: Uma Introdução às Reações Orgânicas e Seus Mecanismos 108
4. Nomenclatura e Conformações de Alcanos e Cicloalcanos 152
5. Estereoquímica: Moléculas Quirais 202
6. Reações Nucleofílicas: Propriedades e Reações de Substituição de Haletos de Alquila 249
7. Alquenos e Alquinos I: Propriedades e Síntese. Reações de Eliminação dos Haletos de Alquila 294
8. Alquenos e Alquinos II: Reações de Adição 352
9. Ressonância Magnética Nuclear e Espectrometria de Massa: Ferramentas para Determinação Estrutural 409
10. Reações Radicalares 465
11. Álcoois e Éteres: Síntese e Reações 508
12. Álcoois a Partir de Compostos Carbonílicos: Oxidação–Redução e Compostos Organometálicos 559

Respostas de Problemas Selecionados 601

Glossário 605

Índice Alfabético 619

VOLUME 2

13 Sistemas Insaturados Conjugados 1

14 Compostos Aromáticos 49

15 Reações de Compostos Aromáticos 93

16 Aldeídos e Cetonas: Adição Nucleofílica ao Grupo Carbonila 150

17 Ácidos Carboxílicos e Seus Derivados: Adição Nucleofílica–Eliminação no Carbono Acílico 202

18 Reações no Carbono α de Compostos Carbonilados: Enóis e Enolatos 256

19 Reações de Condensação e de Adição Conjugada de Compostos Carbonilados: Mais Química de Enolatos 295

20 Aminas 340

21 Complexos de Metais de Transição: Responsáveis por Importantes Reações de Formação de Ligações 392

22 Carboidratos 421

23 Lipídios 469

24 Aminoácidos e Proteínas 506

25 Ácidos Nucleicos e Síntese de Proteínas 553

Respostas de Problemas Selecionados 588

Glossário 593

Índice Alfabético 603

Sumário

1 O Básico: Ligação e Estrutura Molecular 1

1.1 A Vida e a Química dos Compostos de Carbono – Somos Poeira Estelar 2
A Química Ambiental de... Produtos Naturais 3
1.2 Estrutura Atômica 3
1.3 Ligações Químicas: Regra do Octeto 5
1.4 Como Escrever Estruturas de Lewis 8
1.5 Cargas Formais e Como Calculá-las 12
1.6 Isômeros: Compostos Diferentes com a Mesma Fórmula Molecular 13
1.7 Como Escrever e Interpretar Fórmulas Estruturais 15
1.8 Estruturas de Ressonância e Setas Curvas 22
1.9 Mecânica Quântica e Estrutura Atômica 25
1.10 Orbitais Atômicos e Configuração Eletrônica 27
1.11 Orbitais Moleculares 28
1.12 Estruturas do Metano e do Etano: Hibridização sp^3 31
A Química Fundamental de... Modelos Moleculares Calculados: Superfícies de Densidade Eletrônica 35
1.13 Estrutura do Eteno (Etileno): Hibridização sp^2 35
1.14 Estrutura do Etino (Acetileno): Hibridização sp 40
1.15 Resumo de Conceitos Importantes que Surgiram da Mecânica Quântica 42
1.16 Como Predizer a Geometria Molecular: Modelo de Repulsão dos Pares de Elétrons na Camada de Valência 43
1.17 Aplicações dos Princípios Básicos 46
[Por que Esses Tópicos São Importantes?] 47

2 Famílias de Compostos de Carbono: Grupos Funcionais, Forças Intermoleculares e Espectroscopia no Infravermelho (IV) 55

2.1 Hidrocarbonetos: Alcanos, Alquenos, Alquinos e Compostos Aromáticos Representativos 56
2.2 Ligações Covalentes Polares 59
2.3 Moléculas Polares e Apolares 61
2.4 Grupos Funcionais 64
2.5 Haletos de Alquila ou Haloalcanos 65
2.6 Álcoois e Fenóis 67
2.7 Éteres 69
A Química Biomédica de... Éteres como Anestésicos Gerais 69
2.8 Aminas 70
2.9 Aldeídos e Cetonas 72
2.10 Ácidos Carboxílicos, Ésteres e Amidas 73
2.11 Nitrilas 75
2.12 Resumo das Famílias Importantes de Compostos Orgânicos 76
2.13 Propriedades Físicas e Estrutura Molecular 77
A Química dos Materiais de... Fluorocarbonetos e Teflon 82
A Química Biomédica de... Vacinas, Anticorpos e Forças Intermoleculares 85
2.14 Resumo de Forças Atrativas 86
A Química dos Materiais e Biomédica de... Modelos Orgânicos Projetados para Mimetizar o Crescimento Ósseo 87
2.15 Espectroscopia no Infravermelho: Método Instrumental para a Detecção de Grupos Funcionais 88
2.16 Interpretação de Espectros no IV 92
2.17 Como Interpretar um Espectro de IV sem Nenhum Conhecimento da Estrutura 97
2.18 Aplicações dos Princípios Básicos 99
[Por que Esses Tópicos São Importantes?] 100

3 Ácidos e Bases: Uma Introdução às Reações Orgânicas e Seus Mecanismos 108

3.1 Reações Ácido-Base 109
3.2 Como Usar Setas Curvas na Representação de Reações 111
[Um Mecanismo para a Reação] Reação da Água com o Cloreto de Hidrogênio: Uso de Setas Curvas 111
3.3 Ácidos e Bases de Lewis 113
3.4 Carbocátions e Carbânions 115
3.5 Força de Ácidos e Bases de Brønsted-Lowry: K_a e pK_a 117
3.6 Como Prever o Resultado das Reações Ácido-Base 122
3.7 Relações entre Estrutura e Acidez 124
3.8 Variações de Energia 128
3.9 Relação entre a Constante de Equilíbrio e a Variação de Energia Livre Padrão, $\Delta G°$ 130
3.10 Acidez: Ácidos Carboxílicos versus Álcoois 131
3.11 Efeito do Solvente na Acidez 137
3.12 Compostos Orgânicos como Bases 138
3.13 Um Mecanismo para uma Reação Orgânica 139

[Um Mecanismo para a Reação]   Reação do Álcool *terc*-Butílico com Solução Aquosa de HCl Concentrado   139
A Bioquímica de…   Respiração   140
3.14   Ácidos e Bases em Soluções Não Aquosas   141
3.15   Reações Ácido–Base e a Síntese de Compostos Marcados com Deutério e Trítio   142
3.16   Aplicações dos Princípios Básicos   143
[Por que Esses Tópicos São Importantes?]   144

4   Nomenclatura e Conformações de Alcanos e Cicloalcanos   152

4.1   Introdução aos Alcanos e Cicloalcanos   153
A Química Ambiental de…   Refino de Petróleo   153
4.2   Formas dos Alcanos   154
4.3   Como Nomear Alcanos, Haletos de Alquila e Álcoois: o Sistema IUPAC   156
4.4   Como Nomear Cicloalcanos   164
4.5   Como Nomear Alquenos e Cicloalquenos   166
4.6   Como Nomear Alquinos   168
4.7   Propriedades Físicas de Alcanos e Cicloalcanos   169
A Química Ambiental de…   Feromônios: Comunicação por Meio de Agentes Químicos   171
4.8   Ligações Sigma e Rotação das Ligações   172
4.9   Análise Conformacional do Butano   174
A Química Biológica de…   Ação Muscular   176
4.10   Estabilidades Relativas dos Cicloalcanos: Tensão de Anel   176
4.11   Conformações do Ciclo-Hexano: em Cadeira e em Barco   178
A Química dos Materiais de…   Motores em Nanoescala e Interruptores Moleculares   180
4.12   Ciclo-Hexanos Substituídos: Grupos de Hidrogênios Axiais e Equatoriais   181
4.13   Cicloalcanos Dissubstituídos: Isomerismo Cis–Trans   185
4.14   Alcanos Bicíclicos e Policíclicos   189
4.15   Reações Químicas dos Alcanos   190
4.16   Síntese de Alcanos e Cicloalcanos   190
4.17   Como Obter Informação Estrutural a Partir de Fórmulas Moleculares e do Índice de Deficiência de Hidrogênio   192
4.18   Aplicações dos Princípios Básicos   194
[Por que Esses Tópicos São Importantes?]   195

5   Estereoquímica: Moléculas Quirais   202

5.1   Quiralidade e Estereoquímica   203
5.2   Isomerismo: Isômeros Constitucionais e Estereoisômeros   204
5.3   Enantiômeros e Moléculas Quirais   206
5.4   Centro Quiral e Moléculas Quirais   207
5.5   Mais sobre a Importância Biológica da Quiralidade   210
5.6   Como Testar a Quiralidade: Planos de Simetria   211
5.7   Nomenclatura de Enantiômeros: Sistema *R,S*   212
5.8   Propriedades dos Enantiômeros: Atividade Óptica   217
5.9   Formas Racêmicas   221
5.10   Síntese de Moléculas Quirais   222
5.11   Fármacos Quirais   224
A Química Medicinal de…   Ligação Seletiva de Enantiômeros de Fármacos às Formas do DNA em Espiral Enrolada para a Direita e para a Esquerda   226
5.12   Moléculas com Mais de Um Centro Quiral   226
5.13   Fórmulas de Projeção de Fischer   232
5.14   Estereoisomerismo de Compostos Cíclicos   233
5.15   Relacionando Configurações por Meio de Reações nas Quais Nenhuma Ligação com o Centro Quiral É Quebrada   235
5.16   Separação de Enantiômeros: Resolução   238
5.17   Compostos com Centros Quirais Diferentes do Carbono   239
5.18   Moléculas Quirais que Não Possuem Centro Quiral   240
[Por que Esses Tópicos São Importantes?]   241

6   Reações Nucleofílicas: Propriedades e Reações de Substituição de Haletos de Alquila   249

6.1   Haletos de Alquila   250
6.2   Reações de Substituição Nucleofílica   251
6.3   Nucleófilos   253
6.4   Grupos de Saída   255
6.5   Cinética de uma Reação de Substituição Nucleofílica: Reação S_N2 256
6.6   Um Mecanismo para a Reação S_N2 257
[Um Mecanismo para a Reação]   Mecanismo para a Reação S_N2 258
6.7   Teoria do Estado de Transição: Diagramas de Energia Livre   258
6.8   Estereoquímica das Reações S_N2 261
[Um Mecanismo para a Reação]   Estereoquímica de uma Reação S_N2 263
6.9   Reação do Cloreto de *Terc*-Butila com a Água: Uma Reação S_N1 264
6.10   Mecanismo para a Reação S_N1 265

[Um Mecanismo para a Reação] Mecanismo para a Reação S$_N$1   266
6.11 Carbocátions   267
6.12 Estereoquímica das Reações S$_N$1   269
[Um Mecanismo para a Reação] Estereoquímica de uma Reação S$_N$1   270
6.13 Fatores que Afetam as Velocidades das Reações S$_N$1 e S$_N$2   272
6.14 Síntese Orgânica: Transformações de Grupos Funcionais por Meio de Reações S$_N$2   282
A Química Biológica de... Metilação Metabólica: Uma Reação de Substituição Nucleofílica Biológica   284
[Por que Esses Tópicos São Importantes?]   285

7 Alquenos e Alquinos I: Propriedades e Síntese. Reações de Eliminação dos Haletos de Alquila   294

7.1 Introdução   295
7.2 Sistema (E)–(Z) para Denominação dos Diastereoisômeros dos Alquenos   295
7.3 Estabilidade Relativa dos Alquenos   297
7.4 Cicloalquenos   299
7.5 Síntese de Alquenos Via Reações de Eliminação   299
7.6 Desidroalogenação   300
7.7 Reação E2   301
[Um Mecanismo para a Reação] Mecanismo para a Reação E2   302
[Um Mecanismo para a Reação] Eliminação E2 em que Existem Dois Hidrogênios β em Posições Axiais   307
[Um Mecanismo para a Reação] Eliminação E2 em que Apenas o Hidrogênio β Axial Está Presente em um Confôrmero de Menor Estabilidade   308
7.8 Reação E1   309
[Um Mecanismo para a Reação] Mecanismo para a Reação E1   310
7.9 Competição entre Reações de Eliminação e Reações de Substituição   311
7.10 Eliminação de Álcoois: Desidratação Catalisada por Ácidos   315
[Um Mecanismo para a Reação] Desidratação de Álcoois Secundários e Terciários Catalisada por Ácido: Uma Reação E1   319
7.11 Estabilidade do Carbocátion e Ocorrência de Rearranjos Moleculares   320
7.12 Acidez de Alquinos Terminais   323
7.13 Síntese de Alquinos por Meio de Reações de Eliminação   324
[Um Mecanismo para a Reação] Desidroalogenação de vic-Dibrometos para a Formação de Alquinos   325

7.14 Alquinos Terminais Podem ser Convertidos em Nucleófilos para Formação de Ligações Carbono-Carbono   327
7.15 Hidrogenação de Alquenos   329
A Química Industrial de... Hidrogenação na Indústria de Alimentos   330
7.16 Hidrogenação: a Função do Catalisador   331
7.17 Hidrogenação de Alquinos   332
[Um Mecanismo para a Reação] Reação de Redução por Dissolução do Metal de um Alquino   333
7.18 Introdução à Síntese Orgânica   334
A Química dos Materiais de... Transformando um Composto Mineral em Orgânico   337
[Por que Esses Tópicos São Importantes?]   339

8 Alquenos e Alquinos II: Reações de Adição   352

8.1 Reações de Adição a Alquenos   353
8.2 Adição Eletrofílica de Haletos de Hidrogênio a Alquenos: Mecanismo e Regra de Markovnikov   355
[Um Mecanismo para a Reação] Adição de um Haleto de Hidrogênio a um Alqueno   356
[Um Mecanismo para a Reação] Adição de HBr ao 2-Metilpropeno   358
8.3 Estereoquímica da Adição Iônica a um Alqueno   360
[Estereoquímica da Reação] Adição Iônica a um Alqueno   361
8.4 Adição de Água a Alquenos: Hidratação Catalisada por Ácidos   361
[Um Mecanismo para a Reação] Hidratação de um Alqueno Catalisada por Ácido   362
8.5 Álcoois a Partir de Alquenos por Oximercuração–Desmercuração: Adição de Markovnikov   364
[Um Mecanismo para a Reação] Oximercuração   366
8.6 Álcoois a Partir de Alquenos por Hidroboração–Oxidação: Hidratação Sin Anti-Markovnikov   367
8.7 Hidroboração: Síntese de Alquilboranos   368
[Um Mecanismo para a Reação] Hidroboração   370
8.8 Oxidação e Hidrólise de Alquilboranos   371
[Um Mecanismo para a Reação] Oxidação de Trialquilboranos   372
8.9 Resumo dos Métodos de Hidratação de Alquenos   374
8.10 Protonólise de Alquilboranos   374
8.11 Adição Eletrofílica de Bromo e Cloro aos Alquenos   375
[Um Mecanismo para a Reação] Adição de Bromo a um Alqueno   377
A Química Biológica de... O Mar: Um Tesouro de Produtos Naturais Biologicamente Ativos   378

- 8.12 Reações Estereoespecíficas 379
- [Estereoquímica da Reação] Adição de Bromo a *cis*- e *trans*-2-Buteno 380
- 8.13 Formação de Haloidrina 381
- [Um Mecanismo para a Reação] Formação de Haloidrina a Partir de um Alqueno 381
- A Química Industrial de... Refrigerantes Cítricos 382
- 8.14 Compostos de Carbonos Divalentes: Carbenos 382
- 8.15 Oxidação de Alquenos: 1,2-Di-hidroxilação Sin 384
- A Química Verde de... Di-hidroxilação Catalítica Assimétrica 386
- 8.16 Quebra Oxidativa de Alquenos 387
- [Um Mecanismo para a Reação] Ozonólise de um Alqueno 389
- 8.17 Adição Eletrofílica de Bromo e Cloro a Alquinos 390
- 8.18 Adição de Haletos de Hidrogênio a Alquinos 391
- 8.19 Quebra Oxidativa de Alquinos 391
- 8.20 Como Planejar uma Síntese: Algumas Abordagens e Exemplos 393
- [Por que Esses Tópicos São Importantes?] 398

9 Ressonância Magnética Nuclear e Espectrometria de Massa: Ferramentas para Determinação Estrutural 409

- 9.1 Introdução 410
- 9.2 Espectroscopia de Ressonância Magnética Nuclear (RMN) 410
- 9.3 Como Interpretar o Espectro de RMN de Próton 417
- 9.4 Blindagem e Desblindagem de Prótons: Mais sobre Deslocamento Químico 419
- 9.5 Deslocamentos Químicos de Prótons Equivalentes e Não Equivalentes 421
- 9.6 Acoplamento Spin-Spin: Mais sobre Desdobramento de Sinais e Prótons Equivalentes e Não Equivalentes 425
- 9.7 Espectros de RMN de Próton e Processos Cinéticos 429
- 9.8 Espectroscopia de RMN de Carbono-13 432
- A Química Biológica de... Imagem por Ressonância Magnética na Medicina 438
- 9.9 Uma Introdução à Espectrometria de Massa 438
- 9.10 Formação de Íons: Ionização por Impacto de Elétrons 438
- 9.11 Representação do Íon Molecular 439
- 9.12 Fragmentação 440
- 9.13 Isótopos em Espectros de Massa 446
- 9.14 Análise por CG/EM 450
- 9.15 Espectrometria de Massa de Biomoléculas 450
- [Por que Esses Tópicos São Importantes?] 451

10 Reações Radicalares 465

- 10.1 Introdução: Como Radicais São Formados e Como Eles Reagem 466
- [Um Mecanismo para a Reação] Abstração de Átomo de Hidrogênio 467
- [Um Mecanismo para a Reação] Adição de um Radical a uma Ligação π 467
- A Química Biológica e Industrial de... Medicamentos para Acne 467
- 10.2 Energias de Dissociação Homolítica de Ligação ($DH°$) 468
- 10.3 Reações de Alcanos com Halogênios 471
- 10.4 Cloração do Metano: Mecanismo de Reação 473
- [Um Mecanismo para a Reação] Cloração Radicalar do Metano 474
- 10.5 Halogenação de Alcanos Superiores 476
- [Um Mecanismo para a Reação] Halogenação Radicalar do Etano 476
- 10.6 Geometria dos Radicais Alquila 479
- 10.7 Reações que Geram Centros Quirais 480
- [Um Mecanismo para a Reação] Estereoquímica da Cloração no C2 do Pentano 480
- [Um Mecanismo para a Reação] Estereoquímica da Cloração no C3 do (*S*)-2-Cloropentano 481
- 10.8 Substituição Alílica e Radicais Alílicos 482
- 10.9 Substituição Benzílica e Radicais Benzílicos 486
- 10.10 Adição Radicalar aos Alquenos: a Adição Anti-Markovnikov do Brometo de Hidrogênio 488
- [Um Mecanismo para a Reação] Adição Anti-Markovnikov do HBr 489
- 10.11 Polimerização Radicalar de Alquenos: Polímeros de Crescimento de Cadeia 491
- [Um Mecanismo para a Reação] Polimerização Radicalar do Eteno (Etileno) 492
- 10.12 Outras Reações Radicalares Importantes 495
- A Química Industrial de... Antioxidantes 497
- A Química Ambiental de... Destruição da Camada de Ozônio e Clorofluorcarbonos (CFCs) 498
- [Por que Esses Tópicos São Importantes?] 499

11 Álcoois e Éteres: Síntese e Reações 508

- 11.1 Estrutura e Nomenclatura 509
- A Química de Materiais de... Vacinas e Produtos Farmacêuticos PEGuilados 511
- 11.2 Propriedades Físicas dos Álcoois e Éteres 512
- 11.3 Álcoois e Éteres Importantes 513
- A Química Ambiental de... Etanol como um Biocombustível 514

11.4	Síntese de Álcoois a Partir de Alquenos 515

A Química Medicinal de... Colesterol e Doenças Cardíacas 516

11.5	Reações de Álcoois 518
11.6	Álcoois como Ácidos 519
11.7	Conversão de Álcoois em Haletos de Alquila 520
11.8	Haletos de Alquila a Partir da Reação de Álcoois com Haletos de Hidrogênio 521
11.9	Haletos de Alquila a Partir da Reação de Álcoois com PBr$_3$ ou SOCl$_2$ 524
11.10	Tosilatos, Mesilatos e Triflatos: Grupos de Saída Derivados de Álcoois 525

[Um Mecanismo para a Reação] Conversão de um Álcool em um Mesilato (um Metanossulfonato de Alquila) 527

11.11	Desidratação de Álcoois com POCl$_3$ 528

[Um Mecanismo para a Reação] Desidratação de um Álcool com POCl$_3$ 528

11.12	Síntese de Éteres 528

[Um Mecanismo para a Reação] Desidratação Intermolecular de Álcoois para Formar um Éter 529

[Um Mecanismo para a Reação] Síntese de Éteres de Williamson 530

11.13	Reações de Éteres 534

[Um Mecanismo para a Reação] Clivagem do Éter por Ácidos Fortes 535

11.14	Epóxidos 536

[Um Mecanismo para a Reação] Epoxidação de Alqueno 537

A Química Vencedora do Prêmio Nobel de... Epoxidação Assimétrica de Sharpless 537

11.15	Reações de Epóxidos 538

[Um Mecanismo para a Reação] Abertura do Anel de um Epóxido Catalisada por Ácido 539

[Um Mecanismo para a Reação] Abertura do Anel de um Epóxido Catalisada por Base 539

11.16	Anti 1,2-Di-Hidroxilação de Alquenos Via Epóxidos 541

A Química Verde de... Métodos de Oxidação Catalítica de Alquenos 544

11.17	Éteres de Coroa 544

A Química Biológica de... Antibióticos de Transporte e Éteres de Coroa 545

11.18	Resumo das Reações de Alquenos, Álcoois e Éteres 546

[Por que Esses Tópicos São Importantes?] 547

12 Álcoois a Partir de Compostos Carbonílicos: Oxidação–Redução e Compostos Organometálicos 559

12.1	Estrutura do Grupo Carbonila 560
12.2	Reações de Oxidação–Redução em Química Orgânica 561
12.3	Álcoois por Redução de Compostos Carbonílicos 563

[Um Mecanismo para a Reação] Redução de Aldeídos e Cetonas por Transferência de Hidreto 564

A Química Biológica de... Álcool Desidrogenase – Um Hidreto Bioquímico 564

A Química Quiral de... Reduções Estereosseletivas de Grupos Carbonila 566

12.4	Oxidação de Álcoois 568

[Um Mecanismo para a Reação] Oxidação de Swern 569

[Um Mecanismo para a Reação] Oxidação por Ácido Crômico 571

12.5	Compostos Organometálicos 573
12.6	Preparação de Compostos Organo-Lítio e Organo-Magnésio 574
12.7	Reações de Compostos de Organo-Lítio e Organo-Magnésio 575

[Um Mecanismo para a Reação] Reação de Grignard 578

12.8	Álcoois a Partir de Reagentes de Grignard 578
12.9	Grupos de Proteção 587

[Por que Esses Tópicos São Importantes?] 588

RESPOSTAS DE PROBLEMAS SELECIONADOS 601

GLOSSÁRIO 605

ÍNDICE ALFABÉTICO 619

Prefácio

Qual É a Sua Molécula Orgânica Favorita?

Qual é a sua molécula orgânica favorita? Esta é uma pergunta que pode não ter passado pela sua mente, mas pretendemos mudar isso. Existem muitas boas razões para você ter uma molécula favorita (ou várias!), dado o impacto delas no mundo. Na verdade, algumas delas iniciaram guerras, outras sustentaram e prolongaram a vida humana, e muitas mudaram profundamente os hábitos da sociedade moderna. Uma escolha para a molécula orgânica favorita poderia ser a vancomicina, um antibiótico de última geração, que aparece na capa do nosso livro. Moléculas como vancomicina, aspirina, penicilina e muitos outros compostos com atividade medicinal salvaram a vida de milhões de pessoas ao longo do século passado. Outras, como a quinina, o primeiro tratamento contra a malária, eram tão escassas que surgiram conflitos humanos acerca do seu fornecimento.

As moléculas orgânicas também sustentam a vida fornecendo a energia metabólica em nossas células, a estrutura dos nossos tecidos e o arquivo da nossa informação genética. Talvez a sua molécula favorita possa ser um aminoácido como o triptofano, ou um dos blocos de construção do ácido nucleico DNA ou RNA. Talvez você saboreie os doces momentos da vida e escolha um carboidrato como a frutose ou a sacarose, ou se você gosta do lado picante da vida, opte por uma molécula como a capsaicina, proveniente da pimenta. Talvez os prazeres simples da vida o levem a escolher um neurotransmissor como a dopamina. E, quer uma molécula orgânica seja natural ou sintética, não há dúvida de que ela teve impacto no nosso mundo. Algumas delas também tiveram sérias implicações ambientais, como os clorofluorocarbonos e alguns polímeros. Embora esses compostos tenham tornado possíveis muitos aspectos da vida moderna, seus efeitos nocivos inspiraram os químicos a desenvolverem alternativas melhores e mais sustentáveis. Um polímero biodegradável favorito pode ser o polietilenoglicol (PEG), utilizado na fabricação de algumas vacinas e produtos farmacêuticos, ou o ácido poliláctico (PLA), usado em alguns plásticos biodegradáveis. Então, se sua preferência é por moléculas pequenas ou grandes, ou simples ou complexas, existem muitos candidatos favoritos possíveis.

Contudo, para ter uma molécula orgânica favorita você precisa, como estudante, entender os princípios básicos da estrutura, propriedades moleculares e reatividade. Nosso livro tem como objetivo guiá-lo clara e logicamente por esse processo. Não apenas nos esforçamos para ajudá-lo a desenvolver uma apreciação pela beleza e pelo poder que a química orgânica tem para melhorar o nosso mundo, mas também queremos ajudá-lo a aprimorar suas habilidades de pensamento crítico, resolução de problemas e análise. Não importa como você pretende fazer a diferença em seu futuro, seja em áreas que vão desde cuidados com a saúde até o meio ambiente e a engenharia, a química orgânica desempenha um papel central – e é provável que algumas de suas moléculas favoritas também.

Como autores e profissionais que exploram a pesquisa de ponta em química sintética, certamente temos mais moléculas favoritas do que poderíamos colocar em uma lista restrita. Queremos estimular os estudantes a desenvolverem suas próprias listas de moléculas favoritas e até listas de reações favoritas que poderiam ser usadas para sintetizá-las. Com esse objetivo, colocamos nossos corações e mentes para fazer algumas mudanças importantes e impactantes nesta 13ª edição de *Química Orgânica*.

Novidades Desta Edição

Informações Novas e Atualizadas sobre a Relevância da Química Orgânica As aplicações da química são, muitas vezes, o que desperta o estudante para o seu valor e o desejo de aprendê-la. Nosso texto sempre foi enfático em traçar as conexões entre a química e a vida e continuamos a desenvolvê-lo dessa forma. Adicionamos material novo sobre vários tópicos, incluindo a relevância das forças intermoleculares na resposta imunológica e das vacinas, como a da covid-19, a química da respiração (anidrase carbônica), as maneiras como a conjugação e a complexação afetam a cor das lagostas e como os polímeros biodegradáveis são usados para estabilizar vacinas e produtos farmacêuticos.

Química e Meio Ambiente

A química tem um papel central a desempenhar na saúde e na qualidade do nosso ambiente. Todos temos conhecimento de casos em que processos químicos prejudicaram o meio ambiente, tais como a maneira como os clorofluorocarbonos contribuíram para a formação do buraco na camada de ozônio, a maneira como a produção de polímeros não degradáveis levou a resíduos plásticos onipresentes ou os efeitos de pesticidas tóxicos. Porém, os químicos estão trabalhando diligentemente de modo a utilizar a química para melhorar o meio ambiente e tornar processos químicos ambientalmente mais benignos. Para ajudar os estudantes a estarem conscientes dos aspectos positivos e negativos da química, tornamos algumas das nossas referências existentes à química e ao meio ambiente mais explícitas nos títulos de alguns tópicos e outras destacadas em uma nova seção denominada "Química & Meio Ambiente". Talvez essas ênfases inspirem todos que usam nosso livro para dedicar mais energia para a descoberta da próxima geração de soluções.

Pedagogia e Métodos

À medida que os estilos de ensino e aprendizagem evoluem e melhores práticas são identificadas por meio de estudos aprofundados sobre a educação em química, ajustamos nossa apresentação para melhorar o fluxo e a eficiência de nossos conteúdos. Assim, foram feitas atualizações pedagógicas em temas relativos ao cálculo de cargas formais, à introdução da notação de setas curvas e ao uso e significado das estruturas de ressonância. Incorporamos métodos úteis para realizar transformações de rotina, como a desidratação de álcoois primários usando $POCl_3$, e revisamos o conteúdo para refletir o entendimento atual dos processos químicos, como, por exemplo, as determinações recentes de que a substituição nucleofílica aromática (S_NAr) ocorre na maioria dos casos por meio de um processo concertado, em vez do mecanismo em etapas, que era o esteio dos livros didáticos havia décadas. Também melhoramos a representação de mecanismos estabelecidos há muito tempo, como aqueles para condensações aldólicas catalisadas por ácido e reações de acoplamento da carbodi-imida. Muitas outras mudanças específicas podem passar despercebidas, a menos que se faça uma comparação aprofundada do conteúdo anterior, mas fizemos inúmeros ajustes e melhorias para aperfeiçoar o fluxo e a eficiência de nossa apresentação em todos os capítulos do livro. Isto inclui a incorporação de muitas estruturas químicas novas para substituir um nome por uma estrutura ou melhorar a aparência de uma estrutura existente, ajudando os estudantes a se envolverem com o conteúdo e a se concentrarem mais prontamente nos princípios fundamentais.

É Necessário um Consultor Químico

A maioria dos capítulos contém agora um conjunto envolvente de novos problemas intitulados "É Necessário um Consultor Químico". Esses problemas são extraídos da literatura química primária (as citações são fornecidas) e oferecem oportunidades fascinantes para os estudantes se aprofundarem em como a química que eles aprenderam se aplica a processos nos quais um "consultor químico", com seu nível de conhecimento, poderia fornecer esclarecimento. Nesses problemas, os estudantes ganham experiência trabalhando com estruturas polifuncionais mais complexas, e aprendem a encontrar e focar visualmente as áreas em que acontece uma transformação fundamental.

Fortalecimento Pedagógico Contínuo

Compartilhamos os mesmos objetivos e motivações de nossos colegas: dar aos estudantes a melhor experiência que podem ter na química orgânica. Queremos que eles aprendam bem a química orgânica e vejam as maneiras maravilhosas de como ela afeta nossas vidas diariamente. Também queremos ajudar os estudantes a desenvolver suas habilidades de **pensamento crítico**, **resolução de problemas** e **análise** – muito importantes no mundo de hoje, não importa que carreiras eles vierem a escolher. Além dos aspectos novos e atualizados da nossa 13ª edição, o livro dá continuidade ao nosso esforço para servir os estudantes com uma série de pontos de fortalecimento pedagógico contínuo.

Mecanismos: Mostrando Como as Reações Funcionam

O sucesso do estudante em química orgânica depende da compreensão dos mecanismos. Fazemos tudo o que podemos para garantir que os nossos boxes de mecanismos contenham todos os detalhes necessários para ajudar os estudantes a aprender e compreender como as reações funcionam. Ao longo dos anos, revisores disseram que nosso livro se destaca por retratar mecanismos de forma clara e precisa. Isso continua a ser verdade na 13ª edição. Também usamos uma **abordagem mecanicista** ao introduzir novos tipos de reação, de modo que os estudantes possam compreender as generalidades e apreciar temas comuns. Por exemplo, nossos capítulos sobre a química da carbonila são organizados de acordo com os temas mecanísticos de adição nucleofílica, substituição de acila e reatividade no carbono α. Temas mecanísticos também são enfatizados em relação às reações de adição de alqueno, oxidação e redução, e substituição aromática eletrofílica.

Apresentação dos Fundamentos Mais Cedo, Chegando à Essência do Tema Mais Rapidamente

Certas ferramentas são absolutamente primordiais para o sucesso em química orgânica, entre elas, a capacidade de representar fórmulas estruturais de forma rápida e correta. Fornecemos instruções a respeito da estrutura de Lewis, ligações covalentes e fórmulas estruturais em bastão, a fim de que os estudantes desenvolvam suas habilidades nessa área de maneira unificada e coerente. Ensinamos setas curvas e estruturas de ressonância logo após estrutura e isômeros no Capítulo 1 para que os estudantes comecem a aplicar esses conceitos imediatamente. Com os princípios de estrutura em mãos, ensinamos aos estudantes as famílias de grupos funcionais no Capítulo 2. Então, a química ácido-base de Lewis e de Brønsted-Lowry é fundamental para o sucesso dos estudantes. Apresentamos uma abordagem simplificada e altamente eficiente para o domínio desses conceitos no Capítulo 3.

Organização de Tópicos de Substituição e Eliminação Nucleofílica

Alguns professores consideram pedagogicamente vantajoso apresentar e avaliar o conhecimento de seus estudantes sobre reações de substituição nucleofílica antes de discutirem as reações de eliminação. Seguindo o conselho de alguns revisores, apresentamos o Capítulo 6, *Reações Nucleofílicas: Propriedades e Reações de Substituição de Haletos de Alquila*, e o Capítulo 7, *Alquenos e Alquinos I: Propriedades e Síntese. Reações de Eliminação dos Haletos de Alquila*, de uma forma que permita ao professor realizar uma pausa programada após o Capítulo 6 para fazer uma avaliação sobre a substituição, ou ir diretamente para o Capítulo 7 nas reações de eliminação, se assim desejar.

Eficiência Aromática

A cobertura das reações de substituição aromática (Capítulo 15) inclui de forma eficiente reações de substituição aromática eletrofílica, nucleofílica e benzino em um capítulo. Informações atualizadas também são fornecidas sobre o mecanismo de substituição aromática nucleofílica (S_NAr).

Sedimentação do Conhecimento pela Resolução de Problemas

Os atletas e os músicos sabem que a prática faz a perfeição. O mesmo acontece com a química orgânica. Os estudantes precisam trabalhar todos os tipos de problemas para aprender química. Nosso livro possui mais de 1400 problemas que os estudantes podem usar para sedimentar seus conhecimentos. Os **Problemas Resolvidos** ajudam os estudantes a aprender por onde começar. Os **Problemas de Revisão** os ajudam a aprimorar suas habilidades e guardar seus conhecimentos na memória enquanto leem um capítulo. Os **Problemas de Fim de Capítulo** ajudam os estudantes a reforçar sua aprendizagem, concentrar-se em áreas específicas e avaliar seu nível de habilidade geral em relação ao material daquele capítulo. Os **Problemas para Trabalho em Grupo** envolvem os estudantes na síntese de informações e conceitos e podem ser usados para facilitar a aprendizagem colaborativa em pequenos grupos ou servir como uma atividade que demonstra o domínio dos estudantes em relação a um conjunto integrado de princípios.

PROBLEMA RESOLVIDO 3.3

Identifique o eletrófilo e o nucleófilo na reação vista a seguir, e adicione setas curvas para indicar o fluxo de elétrons para as etapas de formação e quebra de ligação.

Estratégia e Resposta

O carbono aldeídico é eletrófilo devido à eletronegatividade do oxigênio da carbonila. O ânion cianeto atua como uma base de Lewis e é o nucleófilo, doando um par de elétrons para a carbonila e fazendo com que o par de elétrons se desloque para o oxigênio, de modo que nenhum átomo tenha mais do que um octeto de elétrons.

PROBLEMA DE REVISÃO 3.4

Utilize setas curvas para escrever a reação que você espera que ocorra entre $(CH_3)_2NH$ e o trifluoreto de boro. Identifique o ácido de Lewis, a base de Lewis, o nucleófilo, o eletrófilo e atribua as cargas formais apropriadas.

Construção de Moléculas e Habilidades de Pensamento Crítico

Pensamento crítico e habilidade de análise são fundamentais para a resolução de problemas e para a vida. Problemas de síntese orgânica em etapas múltiplas são perfeitamente adequados para aprimorar essas habilidades. É por isso que apresentamos a seção **Sintetizando o Material** ao fim de alguns capítulos. Esses problemas aprimoram as capacidades analíticas dos estudantes em síntese e retrossíntese e os ajudam a resumir seu conhecimento integrando reações químicas que aprenderam ao longo do curso. Os problemas envolvem transformações sintéticas em múltiplas etapas e produtos desconhecidos, ou moléculas-alvo cujos precursores os estudantes devem deduzir por análise retrossintética. Muitas vezes, os problemas dessa seção recorrem a reagentes e transformações abordados nos capítulos anteriores. Assim, enquanto os estudantes trabalham na síntese de um material químico, eles também estão "sintetizando" conhecimento. O duplo sentido em **Sintetizando o Material** não deve ser perdido no éter!

Um Forte Equilíbrio entre os Métodos Sintéticos

Os estudantes precisam aprender métodos de síntese orgânica que são úteis, tão ecológicos quanto possível e que estejam situados de forma estruturada no contexto geral. Embora o cerne da síntese orgânica envolva reações clássicas de substituição, eliminação, adição e oxidação-redução, condições e reações específicas também desempenham papéis importantes. Nesse sentido, quando relevantes, incluímos transformações como a oxidação de Swern (Seção 12.4), método que fornece uma alternativa menos tóxica para as oxidações com cromato, as epoxidações de Jacobsen e Sharpless (nos boxes *A Química de...*), a redução de Wolff-Kishner (Seção 16.8C) e a oxidação de Baeyer-Villiger (Seção 16.12). Todas elas são métodos cuja importância foi comprovada pelo teste do tempo. Contudo, um balanço moderno da metodologia sintética deve incluir também reações com metais de transição para formação da ligação carbono-carbono. Assim, damos uma cobertura geral às reações de compostos organometálicos de metais de transição no Capítulo 21, conforme será descrito a seguir.

Complexos Organometálicos de Metais de Transição: Responsáveis pelas Principais Reações de Formação de Ligações
Os químicos orgânicos experimentais confiam no poder dos complexos de metais de transição para formar ligações carbono-carbono. Assim, o Capítulo 21, *Complexos de Metais de Transição*, traz aos estudantes uma introdução equilibrada e manejável sobre os complexos organometálicos de metais de transição e seu emprego na síntese orgânica. Começamos o capítulo com uma introdução à estrutura e às etapas mecanísticas comuns de reações envolvendo compostos organometálicos de metais de transição. Em seguida, apresentamos o essencial de importantes reações de acoplamento cruzado, como as reações de Heck–Mizoroki, Suzuki–Miyaura, Stille, Sonogashira, dialquilcuprato (Gilman) e reações de metátese de olefinas em um nível prático e útil para estudantes de graduação. Planejamos intencionalmente o capítulo para que os professores, se desejarem, possam abordar diretamente as aplicações práticas dessas reações importantes, ignorando informações de cunho mais geral sobre complexos de metais de transição.

"Por que Esses Tópicos São Importantes?"
Apresentamos cada capítulo com uma chamada intrigante na abertura e um exemplo cativante de química orgânica no encerramento. A abertura do capítulo procura aguçar a curiosidade do estudante, tanto para a química essencial daquele capítulo quanto para o "prêmio" que vem no encerramento do capítulo sob a forma da vinheta "*Por que Esses Tópicos São Importantes?*". Esses encerramentos consistem em fascinantes pedras preciosas de química orgânica que decorrem de pesquisas relacionadas com aspectos médicos, ambientais e outros da química orgânica no mundo à nossa volta, bem como da história da ciência. Eles mostram a rica relevância do que os estudantes aprenderam em aplicações que dizem respeito diretamente às nossas vidas e ao nosso bem-estar. Por exemplo, no Capítulo 6, a abertura fala de alguns benefícios e desvantagens de se fazer substituições em uma receita e, em seguida, compara essas mudanças com as reações de deslocamento nucleofílico que, de modo semelhante, permitem aos químicos alterarem as moléculas e suas propriedades. O fim do capítulo mostra como exatamente essa reatividade permitiu que cientistas convertessem o simples açúcar de mesa em um adoçante artificial que é 600 vezes mais doce, mas não tem nenhuma caloria! Da mesma forma, no Capítulo 21, sobre metais de transição, a seção de encerramento apresenta alguns exemplos da moderna química de funcionalização da ligação C–H, destacando aos estudantes a vanguarda do campo.

Ideias Fundamentais Destacadas pelo Símbolo "•" A extensão do conteúdo da química orgânica pode ser esmagadora para os estudantes. Para ajudá-los a se concentrarem nos tópicos mais essenciais, as ideias fundamentais são enfatizadas pelo símbolo • que aparece ao longo de todas as seções. Ao prepararmos esses destaques, refinamos os conceitos apropriados em afirmativas simples que transmitem as ideias essenciais de forma acurada e clara. Entretanto, nenhum tópico é apresentado dessa forma caso sua integridade seja diminuída pela supersimplificação.

Seções "Como" Os estudantes precisam dominar importantes habilidades para dar apoio ao seu aprendizado conceitual. As seções "Como", ao longo do texto, oferecem instruções passo a passo que guiam os estudantes na execução de importantes tarefas, tais como usar setas curvas, desenhar conformações em cadeira, planejar uma síntese de Grignard, determinar cargas formais, escrever estruturas de Lewis e usar espectros de RMN de ^{13}C e de ^{1}H para determinar estruturas.

Resumo e Ferramentas de Revisão Ao fim de cada capítulo, a seção Resumo e Ferramentas de Revisão oferece roteiros e estruturas de orientação visual que os estudantes podem utilizar para ajudar na organização e assimilação dos conceitos à medida que estudam e reveem o conteúdo do capítulo. Destinados a acomodar diversos estilos de aprendizado, eles incluem Conexões Sintéticas, Mapas Conceituais, Revisão de Mecanismos e boxes detalhados das seções Um Mecanismo para a Reação, já mencionados. Também apresentamos Dicas Úteis e ilustrações ricamente comentadas ao longo de todo o texto.

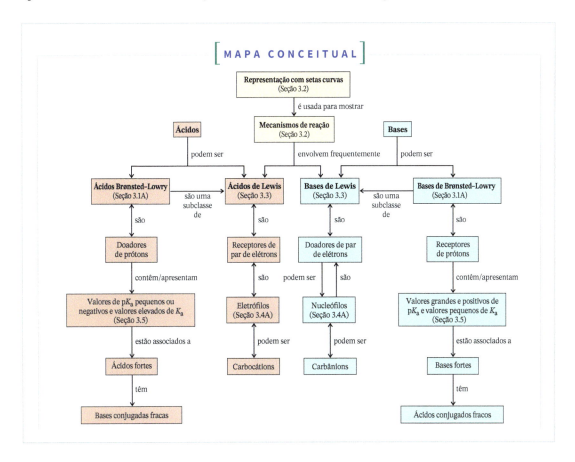

A Química de . . . Praticamente todo professor tem a meta de mostrar aos estudantes como a química orgânica se relaciona com a área de estudo deles e com sua experiência cotidiana na vida. Os autores ajudam seus colegas oferecendo boxes intitulados *"A Química de..."*, que fornecem exemplos interessantes e focados integrando o estudante com o conteúdo do capítulo. Nesta edição, modernizamos vários desses boxes e adicionamos adjetivos aos títulos (como Medicinal, Ambiental e Industrial) para destacar ainda mais o impacto variado que a química orgânica pode ter no mundo moderno.

Foco nos Aspectos Práticos da Espectroscopia Estudantes em um curso introdutório de química orgânica precisam saber como usar dados espectroscópicos para explorar a estrutura mais do que precisam entender os fundamentos teóricos da espectroscopia. Para esse fim, reduzimos o Capítulo 9, *Ressonância Magnética Nuclear e Espectrometria de Massa: Ferramentas para Determinação Estrutural*, colocando aspectos da instrumentação e da teoria de RMN. Ao mesmo tempo, mantivemos a ênfase na utilização da espectroscopia como uma sonda para o conhecimento da estrutura, continuando a introduzir o IV no Capítulo 2, *Famílias de Compostos de Carbono: Grupos Funcionais, Forças Intermoleculares e Espectroscopia no Infravermelho (IV)*, no qual os estudantes podem aprender a correlacionar facilmente grupos funcionais com suas respectivas impressões no infravermelho e usar esses dados de IV para problemas em capítulos subsequentes.

Organização – Ênfase nos Temas Fundamentais e Comuns

Grande parte da química orgânica é intuitiva e pode ser generalizada se os estudantes dominam e aplicam alguns conceitos fundamentais. Aí reside a beleza da química orgânica. Se os estudantes aprenderem os princípios essenciais, verão que a memorização não é necessária para ter sucesso na matéria.

O mais importante para os estudantes é ter um sólido entendimento de estrutura – de hibridização e geometria, impedimento estérico, eletronegatividade, polaridade, cargas formais e ressonância – de modo que eles possam desenvolver o sentido intuitivo dos mecanismos. É com esses tópicos que iniciamos o Capítulo 1. No Capítulo 2, introduzimos as famílias de grupos funcionais, de forma que os estudantes tenham uma base na qual aplicar esses conceitos. Também introduzimos as forças intermoleculares e a espectroscopia no infravermelho (IV), uma ferramenta decisiva para a identificação de grupos funcionais. Ao longo do livro, incluímos modelos calculados de orbitais moleculares, superfícies de densidade eletrônica e mapas de potencial eletrostático. Esses modelos intensificam o apreço dos estudantes pelo papel da estrutura nas propriedades e na reatividade.

Iniciamos nosso estudo dos mecanismos no contexto da química ácido-base no Capítulo 3. As reações ácido-base são fundamentais para as reações orgânicas e prestam-se à introdução de diversos tópicos de importância que os estudantes necessitam logo no início do curso: (1) notação com setas curvas para ilustrar os mecanismos; (2) relação entre variações de energia livre e constantes de equilíbrio; e (3) importância dos efeitos indutivos e de ressonância e dos efeitos dos solventes.

No Capítulo 3, apresentamos o primeiro dos muitos boxes "Um Mecanismo para a Reação", utilizando um exemplo que incorpora a definição de Brønsted-Lowry e de Lewis para ácidos e bases. Ao longo de todo o livro, empregamos boxes como esses para mostrar os detalhes dos principais mecanismos de reação. Todos os boxes de "Um Mecanismo para a Reação" são listados no sumário, no início do livro, para que os estudantes possam facilmente localizá-los quando desejarem.

Um tema central de nossa abordagem é enfatizar a relação entre estrutura e reatividade. Eis por que escolhemos uma organização que combina os recursos mais úteis de uma abordagem de grupo funcional com aqueles de uma com base em mecanismos de reação. Nossa filosofia é enfatizar mecanismos e princípios fundamentais, enquanto apresentamos aos estudantes os aspectos essenciais dos grupos funcionais para aplicarem seu conhecimento mecanístico e sua intuição. Os aspectos estruturais da nossa abordagem mostram aos estudantes o que é a química orgânica. Os aspectos mecanísticos da nossa abordagem mostram a eles como ela se desenvolve. E onde quer que surja uma oportunidade mostramos-lhes como ela se comporta nos sistemas vivos e no mundo físico que nos rodeia.

Resumidamente, nosso trabalho reflete o compromisso que temos como professores de fazer o melhor que podemos para ajudar os estudantes a aprender química orgânica e observar como eles podem aplicar seu conhecimento para melhorar nosso mundo. As características persistentes do nosso livro provaram ao longo dos anos que ajudam os estudantes a aprender química orgânica. As mudanças feitas em nossa 13ª edição tornam a matéria ainda mais acessível e relevante. Os estudantes que utilizarem os auxílios para aprendizagem existentes no texto e resolverem os problemas terão garantido o êxito em química orgânica.

Agradecimentos

Somos gratos especialmente às seguintes pessoas que fizeram revisões detalhadas e participaram de grupos que auxiliaram no preparo desta nova edição de Química Orgânica.

ARIZONA

Cindy Browder, *Northern Arizona University*
Tony Hascall, *Northern Arizona University*

ARKANSAS

Kenneth Carter, *University of Central Arkansas*
Sean Curtis, *University of Arkansas-Fort Smith*

CALIFÓRNIA

Thomas Bertolini, *University of Southern California*
Rebecca Broyer, *University of Southern California*
Paul Buonora, *California State University-Long Beach*
Steven Farmer, *Sonoma State University*
Andreas Franz, *University of the Pacific*
John Spence, *California State University Sacramento*
Daniel Wellman, *Chapman University*
Pavan Kadandale, *University of California Irvine*
Jianhua Ren, *University of the Pacific*
Harold (Hal) Rogers, *California State University Fullerton*
Liang Xue, *University of the Pacific*

CANADÁ

Jeremy Wulff, *University of Victoria*
France-Isabelle Auzanneau, *University of Guelph*

CAROLINA DO NORTE

Erik Alexanian, *University of North Carolina-Chapel Hill*
Brian Love, *East Carolina University*
Jim Parise, *Duke University*
Cornelia Tirla, *University of North Carolina-Pembroke*
Wei You, *University of North Carolina-Chapel Hill*

CAROLINA DO SUL

Carl Heltzel, *Clemson University*

CONNECTICUT

Andrew Karatjas, *Southern Connecticut State University*

DAKOTA DO NORTE

Karla Wohlers, *North Dakota State University*

DAKOTA DO SUL

Grigoriy Sereda, *University of South Dakota*

FLÓRIDA

Evonne Rezler, *Florida Atlantic University*
Solomon Weldegirma, *University of South Florida*

GEÓRGIA

Christine Whitlock, *Georgia Southern University*

IDAHO

Owen McDougal, *Boise State University*
Todd Davis, *Idaho State University*
Joshua Pak, *Idaho State University*

ILLINOIS

Valerie Keller, *University of Chicago*
Richard Nagorski, *Illinois State University*

INDIANA

Paul Morgan, *Butler University*

IOWA

Ned Bowden, *University of Iowa*
Olga Rinco, *Luther College*

KENTUCKY

Mark Blankenbuehler, *Morehead State University*

LOUISIANA

Marilyn Cox, *Louisiana Tech University*
August Gallo, *University of Louisiana-Lafayette*
Sean Hickey, *University of New Orleans*
Kevin Smith, *Louisiana State University*

MASSACHUSETTS

Philip Le Quesne, *Northeastern University*
Samuel Thomas, *Tufts University*

MICHIGAN

Scott Ratz, *Alpena Community College*
Ronald Stamper, *University of Michigan*

MINNESOTA

Eric Fort, *University of St. Thomas*

MISSISSIPPI

Douglas Masterson, *University of Southern Mississippi*
Gerald Rowland, *Mississippi State University*

NOVA JERSEY

Bruce Hietbrink, *Richard Stockton College*
David Hunt, *The College of New Jersey*
Subash Jonnalagadda, *Rowan University*
Robert D. Rossi, *Gloucester County College*

NOVA YORK

Brahmadeo Dewprashad, *Borough of Manhattan Community College*
Barnabas Gikonyo, *State University of New York-Geneseo*
Joe LeFevre, *State University of New York-Oswego*
Galina Melman, *Clarkson University*
Gloria Proni, *City College of New York-Hunter College*

NOVO MÉXICO

Donald Bellew, *University of New Mexico*

OHIO

Neil Ayres, *University of Cincinnati*
Benjamin Gung, *Miami University*
Allan Pinhas, *University of Cincinnati*
Joel Shulman, *University of Cincinnati*

OKLAHOMA

Donna Nelson, *University of Oklahoma-Norman Campus*

PENSILVÂNIA

Joel Ressner, *West Chester University of Pennsylvania*

TENNESSEE

Ramez Elgammal, *University of Tennessee Knoxville*
Scott Handy, *Middle Tennessee State University*
Aleksey Vasiliev, *East Tennessee State University*

TEXAS

Jeff Allison, *Austin Community College Hays Campus*
Shawn Amorde, *Austin Community College*
Jennifer Irvin, *Texas State University-San Marcos*

WISCONSIN

Elizabeth Glogowski, *University of Wisconsin Eau Claire*
Tehshik Yoon, *University of Wisconsin-Madison*

Muitas pessoas ajudaram nesta edição e temos muito a agradecer a cada uma delas. Agradecemos a Sean Hickey (University of New Orleans) pela revisão e ajuda nos Materiais Suplementares da edição original. Somos gratos a Alan Shusterman (Reed College) e Warren Hehre (Wavefunction, Inc.) pela ajuda nas edições anteriores no que diz respeito às explicações dos mapas de potencial eletrostático e outros modelos moleculares calculados. Gostaríamos também de agradecer àqueles cientistas que permitiram o uso ou a adaptação de figuras de suas pesquisas como ilustrações para diversos tópicos em nosso livro.

Um livro deste escopo não poderia ser produzido sem o excelente apoio de muitas pessoas da John Wiley and Sons, Inc. Sladjana Bruno, Editor Associado, conduziu o início da 13ª edição. Agradecemos a ela por seu sólido apoio ao longo de várias edições. A mão firme e o compromisso de longa data de Jennifer Yee, editora sênior da Wiley, também desempenharam um papel fundamental nesta edição, tal como feito em várias outras edições. Agradecemos a Mary Donovan, Andrew Moore e Ashley Patterson pelo cuidado e gerenciamento habilidoso do trabalho na 13ª edição, assim como Anju Joshi pela atenção cuidadosa aos detalhes durante a produção. Agradecemos antecipadamente a Sean Willey por todos os seus esforços para comercializar e contar a história de nosso texto para aqueles que vão adotar este livro. Agradecemos a Wendy Lai pelo desenvolvimento de um formato limpo, claro e acessível do nosso texto. Somos gratos a todas essas pessoas e a outras pessoas nos bastidores da Wiley pelas habilidades e dedicação que forneceram para levar este livro a bom termo. Por fim, desejamos agradecer a Philipp Gemmel e Elizabeth W. Kelley (ambos da University of Chicago) por sua revisão e comentários do texto principal à medida que ele se aproximava de sua forma final; suas atenções cuidadosas aos detalhes garantirão que os estudantes tenham uma experiência tão envolvente e livre de erros quanto possível.

CBF gostaria de agradecer a Deanna, que tem sido uma parceira constante na sua vida desde que estudaram química juntos décadas atrás. Ele também agradece às filhas pelo apoio que demonstraram ao longo dos muitos anos de trabalho neste livro. Sua mãe, cujo modelo de empenho acadêmico continua, e o pai, que compartilhou muitas dicas relacionadas com a ciência, sempre foram inspiradores.

SAS gostaria de agradecer aos seus pais, seus orientadores, seus colegas e seus estudantes por tudo o que fizeram para inspirá-lo. Acima de tudo, ele gostaria de agradecer à sua esposa Cathy por tudo que ela faz e por seu apoio irrestrito.

CRAIG B. FRYHLE
SCOTT A. SNYDER

Sobre os Autores

T. W. GRAHAM SOLOMONS (falecido) graduou-se no The Citadel e concluiu seu doutorado em química orgânica na Duke University, em 1959, onde trabalhou com C. K. Bradsher. Em seguida, fez pós-doutorado na Sloan Foundation, na University of Rochester, onde trabalhou com V. Boekelheide. Em 1960, tornou-se membro fundador da University of South Florida e, em 1973, professor de Química. Em 1992, foi eleito professor emérito. Em 1994, foi professor visitante na Faculté des Sciences Pharmaceutiques et Biologiques, na Université René Descartes (Paris V). Foi membro das irmandades Sigma Csi, Fi Lâmbda Ípsilon e Sigma Pi Sigma. Obteve verbas de pesquisa da Research Corporation e do American Chemical Society Petroleum Research Fund. Durante vários anos, foi diretor de um Programa de Participação em Pesquisa de Graduandos patrocinado pela National Science Foundation (NSF) na University of South Florida. Suas pesquisas foram realizadas nas áreas de química heterocíclica e compostos aromáticos não usuais. Publicou artigos no *Journal of the American Chemical Society*, no *Journal of Organic Chemistry* e no *Journal of Heterocyclic Chemistry*. Recebeu diversos prêmios por distinção em ensino. Seus livros didáticos de química orgânica têm sido amplamente utilizados há mais de 30 anos e foram traduzidos para francês, japonês, chinês, coreano, malaio, árabe, português, espanhol, turco e italiano. O professor Solomons faleceu em outubro de 2021. Ele deixa sua esposa, Judith, sua filha, que trabalha na conservação/restauração de prédios, e um filho, que é pesquisador em bioquímica.

CRAIG BARTON FRYHLE é professor de Química na Pacific Lutheran University, onde trabalhou como chefe de departamento por aproximadamente 15 anos. Graduou-se pela Gettysburg College e é Ph.D. pela Brown University. Sua experiência nessas instituições moldou sua dedicação à orientação de graduandos em química e em ciências humanas, uma de suas maiores paixões. É membro da American Chemical Society. Suas pesquisas concentram-se nas áreas relacionadas com o caminho reacional do ácido chiquímico, incluindo modelagem molecular e espectrometria de RMN de substratos e análogos, bem como em estudos de estrutura e reatividade do caminho reacional de enzimas chiquimato usando marcação isotópica e espectrometria de massa. Orienta muitos graduandos em pesquisas, alguns dos quais posteriormente tornaram-se Ph.D. e ingressaram em universidades ou na indústria. Participou de *workshops* para incentivar a participação de graduandos em pesquisas e tomou parte como convidado na equipe destinada a intensificar a pesquisa de graduação em química promovida pela National Science Foundation. Recebeu financiamento de pesquisa e instrumentação da National Science Foundation, do M. J. Murdock Charitable Trust e de outras fundações privadas. Seu trabalho no ensino de química, além de sua coautoria em livros didáticos, envolve a incorporação de monitoria em sala de aula e estratégias em química orgânica baseadas em tecnologia. Ele também desenvolveu experimentos para estudantes de graduação em laboratório de química orgânica e nas disciplinas de análise instrumental. É voluntário no programa de ciência prática em escolas públicas de Seattle e chefia o Puget Sound Section da American Chemical Society. Sua paixão pelo alpinismo o levou a escalar vários picos altos em diversas partes do mundo. Mora com a esposa em Seattle, onde eles acompanham a vida das suas duas filhas conforme se desenrolam em novos caminhos e lugares.

SCOTT A. SNYDER cresceu nos subúrbios de Buffalo, NY, e fez sua graduação no Williams College, onde se graduou *summa cum laude* em 1999. Ele prosseguiu seus estudos de doutorado no Scripps Research Institute em La Jolla, CA, sob a orientação de K. C. Nicolaou e com apoio do programa de bolsa da NSF, Pfizer e Bristol-Myers-Squibb. Naquela época, foi coautor, com seu orientador de doutorado, do livro-texto para graduação *Classics in Total Synthesis II*. Fez parte do programa de pós-doutorado do NIH nos laboratórios de E. J. Corey, na Harvard University. Em 2006, Scott iniciou sua carreira independente na Columbia University, mudou-se para o Scripps Research Institute em seu campus Jupiter, FL, em 2013 e, em 2015, assumiu sua posição atual como professor de Química na University of Chicago. Pesquisa na área de síntese total de produtos naturais, particularmente no domínio de polifenóis únicos, alcaloides, terpenos e materiais halogenados. Até hoje, já orientou mais de 100 estudantes nos níveis de ensino médio, graduação, pós-graduação e pós-doutorado, e é coautor de mais de 90 artigos de pesquisa e revisão, além de ter proferido quase 250 palestras em todo o mundo. Scott recebeu uma série de prêmios e honrarias, como Eli Lilly Grantee Award, Bristol-Myers-Squibb Unrestricted Grant Award, Alfred P. Sloan Foundation Fellowship, DuPont Young Professor Award, Arthur C. Cope Scholar Award, da American Chemical Society, e uma cátedra da Swiss Chemical Society. Recebeu também prêmios em reconhecimento por sua atividade de ensino, entre eles o Cottrell Scholar Award da Research Corporation for Science Advancement. Ele mora com sua esposa, Cathy, e e seus filhos, Sebastian e Meredith, em Chicago, onde gosta de fazer jardinagem, cozinhar, andar de bicicleta, correr e assistir filmes.

Aos Estudantes

Ao contrário do que você possa ter ouvido falar, a química orgânica não precisa ser um curso difícil, mas será rigorosa e desafiadora. Todavia, você vai aprender mais nessa disciplina do que em qualquer outro curso que fizer – e o que aprender terá relevância especial para a vida e para o mundo à sua volta. No entanto, como a química orgânica pode ser abordada de forma lógica e sistemática, você descobrirá que, mediante a adoção de hábitos de estudo apropriados, dominá-la pode ser uma experiência profundamente gratificante. A seguir, apresentamos algumas sugestões sobre como estudar:

1. **Mantenha seus estudos em dia – nunca deixe acumular.** A química orgânica é uma disciplina na qual uma ideia quase sempre se baseia em outra anterior. Portanto, é essencial que você se mantenha em dia, ou, melhor ainda, que esteja um pouco adiantado em relação ao seu professor. O ideal é tentar ficar um dia à frente da aula do seu professor, preparando a sua própria aula. Assim, a aula teórica será muito mais útil, porque você já terá algum entendimento da matéria em questão.

2. **Estude a matéria em pequenas unidades e tenha certeza de que entendeu cada seção nova antes de passar para a seguinte.** Novamente, por causa da natureza cumulativa da química orgânica, seus estudos serão muito mais efetivos se você assimilar cada ideia nova à medida que ela aparecer e tentar entendê-la completamente antes de passar para o conceito seguinte.

3. **Resolva todos os problemas do capítulo, inclusive os problemas selecionados.** Uma das maneiras de verificar seu progresso é resolver cada um dos problemas do capítulo à medida que eles aparecem. Esses problemas foram escritos exatamente com essa finalidade e elaborados para ajudá-lo a decidir se entendeu ou não a matéria que acabou de ser explicada. Você ainda deverá estudar cuidadosamente os Problemas Resolvidos. Se entender um problema resolvido e conseguir resolver o problema correlato existente no capítulo, então poderá prosseguir; caso contrário, deverá retornar e estudar a matéria precedente novamente. Resolva também todos os problemas do fim do capítulo selecionados por seu professor. É útil ter um caderno para trabalhos de casa. Quando você se encontrar com seu professor para tirar dúvidas, leve esse caderno e mostre a ele sua tentativa em resolver os problemas.

4. **Escreva enquanto você estuda.** Escreva as reações, mecanismos, estruturas, e assim por diante, muitas e muitas vezes. A química orgânica é mais bem assimilada por meio da escrita, em vez da simples visualização, ou destacando material no texto ou consultando fichas com resumos. Há uma boa razão para isso. Estruturas, mecanismos e reações orgânicas são complexos. Se você simplesmente examiná-los, pode achar que os compreendeu na íntegra, mas esta será uma percepção errada. O mecanismo de reação pode fazer sentido de certa maneira, mas você precisa de um entendimento mais profundo. Precisa saber a matéria integralmente, de modo a poder explicá-la para outra pessoa. Esse nível de entendimento só é acessível à maioria de nós (aqueles que não possuem memória fotográfica) por intermédio da escrita. Somente escrevendo o mecanismo de reação realmente atentamos para os seus detalhes, tais como que átomos estão interligados, que ligações se quebram em uma reação e quais se formam, e os aspectos tridimensionais das estruturas. Quando escrevemos reações e mecanismos, nossos cérebros fazem conexões que propiciam a memória de longa duração necessária para o sucesso na química orgânica. Podemos praticamente garantir que sua nota na disciplina será diretamente proporcional ao número de folhas de papel preenchidas enquanto você estuda durante o semestre.

5. **Aprenda ao ensinar e explicar.** Estude com seus colegas e pratique explicando os conceitos e mecanismos uns para os outros. Use os Problemas para Trabalho em Grupo e outros exercícios que seu professor considerar adequados para ensinar e aprender interativamente com seus colegas de grupo.

6. **Use modelos moleculares quando estudar.** Devido à natureza tridimensional da maioria das moléculas orgânicas, os modelos moleculares podem ser uma ajuda inestimável para a sua compreensão. Quando você precisar visualizar o aspecto tridimensional de um tópico em particular, procure trabalhar com um *kit* de modelos moleculares, como o da Molecular Visions™.

CAPÍTULO 1

Chakrapong Worathat/123RF

studiovin/Shutterstock

O Básico
Ligação e Estrutura Molecular

A química orgânica exerce um papel em todos os aspectos de nossas vidas, das reações que nos mantêm vivos aos medicamentos que combatem doenças e aos materiais para novas tecnologias, como as televisões de alta definição. Se você se dedicar a entender a química orgânica, realmente terá o poder de mudar a sociedade. A química orgânica fornece os meios para sintetizar novos fármacos, para projetar moléculas que façam processadores de computadores funcionar mais rapidamente, para entender por que a carne grelhada pode causar câncer e como seus efeitos podem ser combatidos e para conceber maneiras de eliminar as calorias do açúcar e, ainda assim, manter o gosto dos alimentos deliciosamente doce. Ela pode explicar processos bioquímicos como o envelhecimento, o funcionamento neural e os ataques cardíacos e mostrar como podemos prolongar e melhorar a qualidade de vida. A química orgânica pode fazer quase tudo.

NESTE CAPÍTULO, VAMOS ESTUDAR:

- A natureza dos átomos que constituem as moléculas orgânicas
- Os princípios que determinam como os átomos nas moléculas orgânicas se ligam entre si
- As melhores formas de descrever as moléculas orgânicas

POR QUE ESSES TÓPICOS SÃO IMPORTANTES?

No fim do capítulo, veremos como algumas das estruturas orgânicas que a natureza vem desenvolvendo possuem propriedades incríveis, que podemos aproveitar em benefício da saúde humana.

1.1 A Vida e a Química dos Compostos de Carbono – Somos Poeira Estelar

Supernovas foram os cadinhos em que os elementos pesados foram formados.

A química orgânica é a química dos compostos que contêm o elemento carbono. Se um composto não contiver o elemento carbono, dizemos que é *inorgânico*.

Olhe por um momento a tabela periódica no início deste livro, em que há mais de uma centena de elementos. A pergunta que vem à mente neste momento é: por que uma área inteira da química se baseia na química de compostos que contêm um único elemento, o carbono? Há várias razões, mas a principal é a seguinte: **compostos de carbono são fundamentais para a estrutura dos organismos vivos e, portanto, para a existência de vida na Terra. Existimos devido a eles.**

Por que a natureza escolheu o carbono como o elemento dos organismos vivos? Existem duas razões importantes: átomos de carbono podem estabelecer ligações fortes com outros átomos de carbono para formar anéis e cadeias de átomos de carbono. Além disso, os átomos de carbono também podem formar ligações fortes com outros elementos, como o hidrogênio, o nitrogênio, o oxigênio e o enxofre. Devido a essas propriedades de formação de ligações, o carbono pode ser a base para a enorme diversidade de compostos necessários para o surgimento de organismos vivos.

1.1A Qual É a Origem do Elemento Carbono?

Por meio de esforços de físicos e cosmológicos, atualmente temos um bom entendimento de como os elementos surgiram. O hidrogênio e o hélio, os mais leves, foram formados no início, no *Big Bang*. O lítio, o berílio e o boro, os três seguintes, formaram-se logo depois, quando o universo esfriou um pouco. Todos os elementos mais pesados foram formados milhões de anos mais tarde, no interior das estrelas, por meio de reações em que os núcleos dos elementos mais leves se fundiram para formar os mais pesados.

A energia das estrelas vem principalmente da fusão de núcleos de hidrogênio, que produz núcleos de hélio. Essa reação nuclear explica por que as estrelas brilham. Por fim, algumas estrelas começam a ficar sem hidrogênio, colapsam e explodem – e se tornam supernovas. Explosões de supernovas espalham elementos pesados por todo o espaço. Alguns deles, atraídos pela força da gravidade, acabam tornando-se parte da massa de planetas como a Terra.

1.1B Como os Organismos Vivos Surgiram?

Esta é uma daquelas questões para as quais não há uma resposta adequada atualmente, pois existem diversos aspectos sobre o surgimento da vida que não entendemos. No entanto, há algo que sabemos: os compostos orgânicos, alguns de considerável complexidade, são detectados no espaço exterior, e meteoritos com compostos orgânicos caem na Terra desde que ela foi formada. Em um meteorito que caiu perto de Murchison, Victoria, na Austrália, em 1969, foram encontrados mais de 90 aminoácidos diferentes, 19 dos quais estão presentes em organismos vivos na Terra. Embora isso não signifique que a vida tenha surgido no espaço, sugere que os eventos no espaço podem ter contribuído para o surgimento da vida na Terra.

Em 1924, Alexander Oparin, bioquímico da Moscow State University, postulou que a vida na Terra pode ter se desenvolvido pela evolução gradual de moléculas à base de carbono em uma "sopa primordial" de compostos que, acredita-se, tenham existido em uma Terra pré-biótica: metano, hidrogênio, água e amônia. Essa ideia foi testada em experimentos realizados na University of Chicago, em 1952, por Stanley Miller e Harold Urey. Eles mostraram que os aminoácidos e outros compostos orgânicos complexos são sintetizados quando uma faísca elétrica (pense em um raio) passa por um frasco com uma mistura desses quatro compostos (pense na atmosfera primitiva). Miller e Urey, em sua publicação de 1953, relataram que 5 aminoácidos (constituintes essenciais das proteínas) foram formados. Em 2008, o exame de soluções arquivadas dos experimentos originais de Miller e Urey mostrou que 22 aminoácidos, em vez dos 5 originalmente referidos, haviam realmente sido formados.

Experiências semelhantes mostram que outros precursores de biomoléculas também podem surgir dessa forma – compostos como ribose e adenina, dois componentes do RNA. Algumas moléculas de RNA podem não só armazenar informação genética, como o DNA faz, mas também agir como catalisadores, assim como as enzimas.

Há muito a ser descoberto para explicar exatamente como os compostos dessa sopa tornaram-se organismos vivos, mas algo parece certo. Os átomos de carbono que compõem nossos corpos foram formados em estrelas, de modo que, em certo sentido, somos poeira estelar.

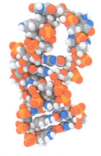

Uma molécula de RNA

1.1C Desenvolvimento da Ciência da Química Orgânica

A ciência da química orgânica começou a florescer com a queda de uma teoria do século XIX, chamada vitalismo, segundo a qual os compostos orgânicos provinham somente de organismos vivos, e apenas seres vivos poderiam sintetizar compostos orgânicos pela intervenção de uma força vital. Os compostos inorgânicos eram considerados oriundos de fontes não vivas. Friedrich Wöhler, no entanto, descobriu, em 1828, que um composto orgânico chamado ureia (constituinte da urina) podia ser produzido pela evaporação de uma solução aquosa de um composto inorgânico, o cianato de amônio. Essa descoberta, a síntese de um composto orgânico, deu início à evolução da química orgânica como disciplina científica.

A Química Ambiental de... Produtos Naturais

Apesar da queda do vitalismo na ciência, a palavra "orgânica" é utilizada até hoje por algumas pessoas para denotar algo "proveniente de organismos vivos", como nas expressões "vitaminas orgânicas" e "fertilizantes orgânicos". O termo "alimento orgânico", comumente utilizado, significa que o alimento foi cultivado sem a utilização de fertilizantes sintéticos e pesticidas. Uma "vitamina orgânica" significa, para essas pessoas, que foi isolada de uma fonte natural e não sintetizada por um químico. Embora haja bons argumentos contra a utilização de alimentos contaminados com certos pesticidas, embora possa haver benefícios ambientais obtidos da agricultura orgânica e as vitaminas "naturais" contenham substâncias benéficas ausentes nas vitaminas sintéticas, é impossível argumentar que a "natural", por exemplo, seja mais saudável que a "sintética" pura, uma vez que as duas substâncias são idênticas em todos os aspectos. Na ciência atual, o estudo dos compostos oriundos de organismos vivos é chamado de química dos produtos naturais. No fim deste capítulo, abordaremos as razões da importância da química dos produtos naturais.

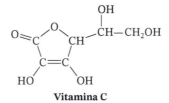

Vitamina C

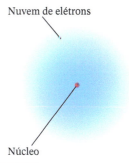

A vitamina C é encontrada em várias frutas cítricas.

1.2 Estrutura Atômica

Antes de começarmos o estudo dos compostos de carbono, precisamos rever algumas ideias básicas, porém familiares, sobre os elementos químicos e suas estruturas.

- Os **compostos** que encontramos na química são constituídos de **elementos** combinados em diferentes proporções.
- Os **elementos** são constituídos de **átomos**. Um átomo (Fig. 1.1) consiste em um *núcleo* denso positivamente carregado, que contém **prótons** e **nêutrons**, e uma nuvem circundante de **elétrons**.

Cada próton do núcleo tem uma carga positiva; os elétrons, uma carga negativa. Os nêutrons são eletricamente neutros, ou seja, não têm carga. As massas de prótons e nêutrons são aproximadamente iguais (cerca de uma unidade de massa atômica cada um), e eles são cerca de 1800 vezes mais pesados que o elétron. A maior parte da **massa** de um átomo, portanto, é proveniente da massa do núcleo; a contribuição dos elétrons para a massa atômica é

FIGURA 1.1 Um átomo é constituído de um minúsculo núcleo que contém prótons e nêutrons e um grande volume circundante de elétrons. O diâmetro de um átomo típico é cerca de 10.000 vezes maior que o de seu núcleo.

desprezível. A maior parte do **volume** de um átomo, contudo, é proveniente dos elétrons; o volume de um átomo ocupado pelos elétrons é cerca de 10.000 vezes maior que o do núcleo.

Os elementos normalmente encontrados nas moléculas orgânicas são o carbono, o hidrogênio, o nitrogênio, o oxigênio, o fósforo e o enxofre, bem como os halogênios: flúor, cloro, bromo e iodo.

Cada **elemento** é caracterizado pelo seu **número atômico (Z), número igual ao de prótons em seu núcleo**. Como o átomo é eletricamente neutro, **o número atômico também é igual ao número de elétrons que circundam o núcleo**.

1.2A Isótopos

Antes de encerrarmos os temas da estrutura atômica e da tabela periódica, precisamos examinar outra observação: **a existência de átomos de um mesmo elemento que têm massas diferentes.**

Por exemplo, o elemento carbono tem 6 prótons no núcleo e, portanto, o número atômico 6. A maior parte dos átomos de carbono também tem 6 nêutrons em seus núcleos e, como cada próton e cada nêutron contribuem com uma unidade de massa atômica (1 u) para a massa do átomo, os átomos de carbono desse tipo têm um número de massa igual a 12 e são representados por ^{12}C.

- **Apesar de todos os núcleos de todos os átomos de um mesmo elemento apresentarem o mesmo número de prótons**, alguns átomos de um mesmo elemento **podem ter massas diferentes**, pois têm **números de nêutrons diferentes**. Tais átomos são chamados isótopos.

Por exemplo, cerca de 1% dos átomos do elemento carbono possuem núcleos com 7 nêutrons e, portanto, apresentam o número de massa 13. Tais átomos são escritos como ^{13}C. Uma minúscula fração dos átomos de carbono possui 8 nêutrons em seus núcleos e 14 como número de massa. Ao contrário dos átomos de carbono-12 e carbono-13, os de carbono-14 são radioativos. O isótopo ^{14}C é utilizado na *datação pelo carbono*.

A maioria dos átomos do elemento hidrogênio tem 1 próton em seus núcleos e não possui nêutrons. Eles apresentam número de massa 1 e são escritos ^{1}H. Entretanto, uma porcentagem muito pequena (0,015%) dos átomos de hidrogênio que ocorrem naturalmente tem nêutron em seus núcleos. Esses átomos, chamados de átomos de *deutério*, possuem número de massa 2 e são representados por ^{2}H. Um isótopo instável (e radioativo) do hidrogênio, chamado *trítio* (^{3}H, também conhecido como trício), possui 2 nêutrons em seu núcleo.

PROBLEMA DE REVISÃO 1.1 Existem dois isótopos estáveis de nitrogênio, ^{14}N e ^{15}N. Quantos prótons e nêutrons cada isótopo apresenta?

1.2B Elétrons de Valência

Discutiremos as configurações eletrônicas dos átomos em mais detalhes na Seção 1.10. Neste momento, precisamos somente assinalar que os elétrons que circundam o núcleo se encontram em **camadas** de energia crescente e a distâncias crescentes do núcleo. A camada mais importante, chamada **camada de valência**, é a mais externa, pois seus elétrons são utilizados pelo átomo para estabelecer ligações químicas com outros átomos e formar compostos.

- Como sabemos quantos elétrons tem um átomo na camada de valência? Olhamos a tabela periódica. O número de elétrons na camada de valência (chamados **elétrons de valência**) é igual ao número do grupo do átomo. Por exemplo, o carbono está no grupo **IVA**, logo, tem *quatro* elétrons de valência; o oxigênio está no grupo **VIA** e tem *seis* elétrons de valência. Todos os halogênios do grupo **VIIA** possuem *sete* elétrons de valência.

PROBLEMA DE REVISÃO 1.2 Quantos elétrons de valência têm os átomos a seguir?
(a) Na (b) Cl (c) Si (d) B (e) Ne (f) N

1.3 Ligações Químicas: Regra do Octeto

As primeiras explicações sobre a natureza das ligações químicas foram desenvolvidas por G. N. Lewis (da University of California, Berkeley) e W. Kössel (da University of Munich) em 1916. Foram propostos dois tipos principais de ligações químicas:

1. As ligações **iônicas** (ou eletrovalentes), formadas pela transferência de um ou mais elétrons de um átomo para outro, criando íons.
2. As ligações **covalentes**, formadas quando átomos compartilham elétrons.

A ideia central dos trabalhos dos dois autores sobre ligações é que os átomos sem a configuração eletrônica de um gás nobre geralmente reagem para produzi-la, uma vez que essas configurações são conhecidas como altamente estáveis. Para todos os gases nobres, com exceção do hélio, significa alcançar um octeto de elétrons na camada de valência.

- A camada de valência é a camada mais externa de elétrons em um átomo.
- A tendência de um átomo atingir a configuração na qual sua camada de valência contenha 8 elétrons é chamada de regra do octeto.

Os conceitos e as explicações que surgem das propostas originais de Lewis e Kössel são satisfatórios para as explicações de muitos dos problemas com os quais lidamos na química orgânica hoje. Por essa razão, reanalisaremos esses dois tipos de ligações em termos mais modernos.

1.3A Ligações Iônicas

Os átomos podem ganhar ou perder elétrons e formar partículas carregadas chamadas íons.

- Uma ligação iônica é uma força de atração entre íons com cargas opostas.

Uma fonte de tais íons é uma reação entre átomos com eletronegatividades muito diferentes (Tabela 1.1).

- A eletronegatividade *é uma medida da capacidade de um átomo de atrair elétrons*.
- A eletronegatividade aumenta ao longo de uma linha horizontal da tabela periódica, da esquerda para a direita, e à medida que subimos ao longo de uma coluna vertical (Tabela 1.1).

Um exemplo da formação de uma ligação iônica é a reação entre os átomos de lítio e flúor:

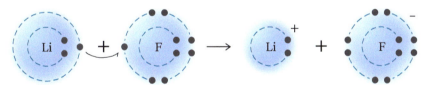

O lítio, metal típico, tem eletronegatividade muito baixa; o flúor, um não metal, é o mais eletronegativo de todos os elementos. A perda de um elétron (espécie carregada negativamente)

> **DICA ÚTIL**
>
> Os termos e os conceitos de importância fundamental para a aprendizagem da química orgânica, cujas definições constam do glossário ao final de cada volume, estão impressos em negrito azul. Você deve aprendê-los conforme são apresentados.

> **DICA ÚTIL**
>
> Utilizaremos frequentemente a eletronegatividade como ferramenta para compreendermos as propriedades e a reatividade das moléculas orgânicas.

TABELA 1.1 Eletronegatividades de Alguns Elementos

		H 2,1				
Li 1,0	Be 1,5	B 2,0	C 2,5	N 3,0	O 3,5	F 4,0
Na 0,9	Mg 1,2	Al 1,5	Si 1,8	P 2,1	S 2,5	Cl 3,0
K 0,8						Br 2,8

Aumento da eletronegatividade →

Aumento da eletronegatividade ↑

pelo átomo de lítio produz um cátion de lítio (Li⁺); o ganho de um elétron pelo átomo de flúor fornece um ânion fluoreto (F⁻).

- Os íons se formam porque os átomos podem alcançar a configuração eletrônica de um gás nobre ganhando ou perdendo elétrons.

O cátion de lítio, com dois elétrons em sua camada de valência, é semelhante a um átomo do gás nobre hélio, e o ânion de flúor, com oito elétrons na camada de valência, é semelhante a um átomo do gás nobre neônio. Além disso, o fluoreto de lítio cristalino é formado a partir dos íons individuais de lítio e de fluoreto. Nesse processo, os íons negativos de fluoreto são rodeados por íons positivos de lítio, e os íons positivos de lítio, pelos íons negativos de fluoreto. Nesse estado cristalino, os íons têm energias substancialmente mais baixas que a dos átomos a partir dos quais foram formados. Assim, o lítio e o flúor são "estabilizados" quando reagem para formar o fluoreto de lítio cristalino. Representa-se o fluoreto de lítio como LiF, pois essa é a fórmula mais simples para esse composto iônico.

As substâncias iônicas, por causa das fortes forças eletrostáticas internas, são usualmente sólidos de pontos de fusão elevados, em geral com pontos de fusão acima de 1000 °C. Em solventes polares, como a água, os íons são solvatados (veja a Seção 2.13D), e tais soluções normalmente conduzem corrente elétrica.

- Os compostos iônicos, frequentemente chamados de **sais**, formam-se apenas quando átomos de elementos com eletronegatividades muito diferentes transferem elétrons para se tornar íons.

PROBLEMA DE REVISÃO 1.3 Usando a tabela periódica, qual elemento em cada par a seguir é mais eletronegativo?
(a) Si, O   **(b)** N, C   **(c)** Cl, Br   **(d)** S, P

1.3B Ligações Covalentes e Estruturas de Lewis

Quando dois ou mais átomos com eletronegatividades iguais ou semelhantes reagem, não ocorre uma transferência completa de elétrons. Nesses casos, os átomos alcançam as configurações de gás nobre pelo *compartilhamento de elétrons*.

- As **ligações covalentes** formam-se pelo compartilhamento de elétrons entre átomos com eletronegatividades similares, de forma a alcançar a configuração de um gás nobre.
- As **moléculas** são constituídas de átomos unidos exclusiva ou predominantemente por ligações covalentes.

As moléculas podem ser representadas por fórmulas com pontos que simbolizam os elétrons ou, mais convenientemente, por fórmulas em que cada par de elétrons compartilhado por dois átomos é representado por um traço.

- Uma **fórmula estrutural de traços** tem linhas que mostram pares de elétrons de ligação e inclui símbolos dos elementos para os átomos em uma molécula.

Alguns exemplos são mostrados a seguir:

1. O hidrogênio, situado no grupo IA da tabela periódica, possui um elétron de valência. Dois átomos de hidrogênio compartilham elétrons para formar uma molécula de hidrogênio, H_2.

H_2 $H\cdot + \cdot H \longrightarrow H{:}H$ geralmente escrito como $H{-\!\!-}H$

2. Como o cloro está no grupo VIIA, seus átomos têm sete elétrons de valência. Dois átomos de cloro podem compartilhar elétrons (um de cada) para formar uma molécula de Cl_2.

Cl_2 $:\!\ddot{C}l\!\cdot + \cdot\ddot{C}l\!: \longrightarrow :\!\ddot{C}l\!:\!\ddot{C}l\!:$ geralmente escrito como $:\!\ddot{C}l\!-\!\ddot{C}l\!:$

3. Um átomo de carbono (grupo IVA) com 4 elétrons de valência pode compartilhar cada um deles com 4 átomos de hidrogênio para formar uma molécula de metano, CH_4.

CH_4 ·C̈· + 4 H· ⟶ H:C̈:H geralmente escrito como H—C(H)(H)—H
                          H

Dois átomos de carbono podem utilizar um par de elétrons entre eles de modo a formar uma **ligação simples carbono–carbono** e, ao mesmo tempo, se ligar a átomos de hidrogênio ou outros grupos para conseguir um octeto de elétrons de valência. Considere o exemplo do etano a seguir.

C_2H_6 H:C̈:C̈:H   e como fórmula de traços   H—C(H)(H)—C(H)(H)—H

Etano

Essas fórmulas são frequentemente chamadas de **estruturas de Lewis**; ao escrevê-las, mostram-se somente os elétrons da camada de valência. Pares de elétrons não compartilhados são mostrados como pontos, e, nas fórmulas estruturais de traços, pares de elétrons ligantes são representados como linhas.

4. Os átomos podem compartilhar *dois ou mais pares de elétrons* para formar **ligações covalentes múltiplas**. Por exemplo, dois átomos de nitrogênio, com cinco elétrons de valência cada um (pois o nitrogênio está no grupo VA), podem compartilhar elétrons para formar uma **ligação tripla** entre eles.

N_2 :N⋮⋮N: e como fórmula de traços   :N≡N:

Átomos de carbono também podem partilhar mais de um par de elétrons com outro átomo para formar uma ligação covalente múltipla. Considere os exemplos de uma **ligação dupla carbono–carbono** no eteno (etileno) e uma **ligação tripla carbono–carbono** no etino (acetileno).

C_2H_4 H₂C::CH₂   e como fórmula de traços   H₂C=CH₂

Eteno

C_2H_2 H:C⋮⋮C:H   e como fórmula de traços   H—C≡C—H

Etino

5. Os próprios íons podem conter ligações covalentes. Considere, como exemplo, o íon amônio.

NH_4^+ H:N⁺(H)(H):H   e como fórmula de traços   H—N⁺(H)(H)—H

Considere os compostos a seguir e decida se suas ligações seriam iônicas ou covalentes.
(a) KCl (b) F_2 (c) PH_3 (d) CBr_4

PROBLEMA DE REVISÃO 1.4

1.4 Como Escrever Estruturas de Lewis

> **DICA ÚTIL**
>
> A capacidade para escrever estruturas de Lewis apropriadas é uma das mais importantes ferramentas no aprendizado da química orgânica.

Diversas regras simples nos permitem desenhar **estruturas de Lewis** apropriadas:

1. **As estruturas de Lewis mostram as ligações entre os átomos em uma molécula ou íon utilizando apenas os elétrons de valência dos átomos envolvidos.** Os elétrons de valência são aqueles da camada mais externa de um átomo.
2. **Para elementos do grupo principal, o número de elétrons de valência com o qual um átomo neutro contribui para uma estrutura de Lewis é o mesmo número de seu grupo na tabela periódica.** O carbono, por exemplo, está no grupo IVA e tem, portanto, quatro elétrons de valência; os halogênios (por exemplo, o flúor) estão no grupo VIIA e, assim, cada um tem sete elétrons de valência; o hidrogênio está no grupo IA e, em consequência, tem um elétron de valência.
3. **Se a estrutura desenhada for um íon negativo (um ânion), adicionamos um elétron para cada carga negativa à contagem original de elétrons de valência. Se a estrutura for um íon positivo (um cátion), subtraímos um elétron para cada carga positiva.**
4. **Ao desenharmos as estruturas de Lewis, tentamos dar a cada átomo a configuração eletrônica de um gás nobre.** Para isso, desenhamos estruturas nas quais os átomos compartilhem elétrons para formar ligações covalentes ou transfiram elétrons para formar íons.

   a. O hidrogênio forma uma ligação covalente pelo compartilhamento de seu elétron com um elétron de outro átomo, de tal forma que possa ter dois elétrons de valência, o mesmo número do gás nobre hélio.

   b. O carbono forma quatro ligações covalentes pelo compartilhamento de seus quatro elétrons de valência com quatro elétrons de valência de outros átomos, de tal forma que possa ter oito elétrons (o mesmo número da configuração eletrônica do neônio, satisfazendo à regra do octeto).

   c. Para alcançar um octeto de elétrons de valência, elementos como o nitrogênio, o oxigênio e os halogênios normalmente compartilham apenas alguns de seus elétrons de valência por meio de ligações covalentes, mantendo os outros como pares de elétrons não compartilhados (isolados). O nitrogênio normalmente compartilha três elétrons, o oxigênio dois e os halogênios um.

Os problemas a seguir ilustram esse método.

> **DICA ÚTIL**
>
> Conforme será visto a seguir, "HONC" é um mnemônico útil para lembrar o número típico de elétrons que hidrogênio, oxigênio, nitrogênio e carbono compartilham com outros átomos para alcançar um octeto completo. Ele também reflete o número de ligações que esses átomos fazem na maioria das moléculas orgânicas.
>
> Hidrogênio = 1 elétron (ou ligação)
> Oxigênio = 2 elétrons (ou ligações)
> Nitrogênio = 3 elétrons (ou ligações)
> Carbono = 4 elétrons (ou ligações)

PROBLEMA RESOLVIDO 1.1 Escreva a estrutura de Lewis do CH_3F.

Estratégia e Resposta

1. Encontramos o número total de elétrons de valência de todos os átomos:

$$4 + 3(1) + 7 = 14$$
$$\uparrow \quad \uparrow \quad \uparrow$$
$$C \quad 3H \quad F$$

2. Utilizamos pares de elétrons para formar ligações entre todos os átomos interligados. Representamos esses pares ligantes com traços. Em nosso exemplo, são necessários quatro pares de elétrons (8 dos 14 elétrons de valência).

$$\begin{array}{c} H \\ | \\ H-C-F \\ | \\ H \end{array}$$

3. Então, adicionamos os elétrons restantes em pares de forma a fornecer a cada hidrogênio 2 elétrons (um dueto) e, a cada um dos outros átomos, 8 elétrons (um octeto). Em nosso exemplo, atribuímos os 6 elétrons de valência restantes ao átomo de flúor em três pares isolados.

$$\begin{array}{c} H \\ | \\ H-C-\ddot{\underset{..}{F}}: \\ | \\ H \end{array}$$

PROBLEMA DE REVISÃO 1.5

Escreva a estrutura de Lewis do **(a)** CH$_2$F$_2$ (difluorometano) e do **(b)** CHCl$_3$ (clorofórmio).

PROBLEMA RESOLVIDO 1.2

Escreva uma estrutura de Lewis para a metilamina (CH$_3$NH$_2$).

Estratégia e Resposta

1. Encontramos o número total de elétrons de valência para todos os átomos.

$$4 + 5 + 5(1) = 14 = 7 \text{ pares}$$
$$\uparrow \quad \uparrow \quad \uparrow$$
$$\text{C} \quad \text{N} \quad 5\text{H}$$

2. Utilizamos um par de elétrons para unir o carbono ao nitrogênio.

$$\text{C—N}$$

3. Utilizamos três pares de elétrons para formar ligações simples entre o carbono e três átomos de hidrogênio.
4. Utilizamos dois pares para formar ligações simples entre o átomo de nitrogênio e dois átomos de hidrogênio.
5. Sobra um par de elétrons, que utilizamos como par isolado no átomo de nitrogênio.

$$\begin{array}{c} \text{H} \\ | \\ \text{H—C—}\ddot{\text{N}}\text{—H} \\ | \quad | \\ \text{H} \quad \text{H} \end{array}$$

PROBLEMA DE REVISÃO 1.6

Escreva a estrutura de Lewis do CH$_3$OH.

5. **Se necessário, utilizamos ligações múltiplas para satisfazer à regra do octeto (isto é, fornecemos aos átomos a configuração de gás nobre).** O íon carbonato (CO$_3^{2-}$) ilustra esse caso:

As moléculas orgânicas do eteno (C$_2$H$_4$) e do etino (C$_2$H$_2$), como mencionamos antes, possuem uma ligação dupla e uma tripla, respectivamente:

$$\begin{array}{c} \text{H} \quad\quad \text{H} \\ \diagdown \quad\quad \diagup \\ \text{C}=\text{C} \\ \diagup \quad\quad \diagdown \\ \text{H} \quad\quad \text{H} \end{array} \quad \text{e} \quad \text{H—C}\equiv\text{C—H}$$

PROBLEMA RESOLVIDO 1.3

Escreva a estrutura de Lewis do CH$_2$O (formaldeído).

Estratégia e Resposta

1. Encontramos o número total de elétrons de valência para todos os átomos.

$$2(1) + 1(4) + 1(6) = 12$$
$$\uparrow \quad\quad \uparrow \quad\quad \uparrow$$
$$2\text{H} \quad 1\text{C} \quad 1\text{O}$$

2. **(a)** Usamos pares de elétrons para formar ligações simples.

(b) Determinamos quais átomos já têm uma camada de valência completa, quais não, e quantos elétrons de valência usamos até agora. Nesse caso, usamos 6 elétrons de valência, e a camada de valência se torna completa para os átomos de hidrogênio, mas não para os de carbono e os de oxigênio.

(c) Usamos os elétrons restantes como ligações ou pares de elétrons não compartilhados para preencher a camada de valência de todos os átomos ainda incompleta, com o cuidado de não exceder a regra do octeto. Nesse caso, 6 dos 12 elétrons de valência iniciais podem ser usados. Usamos 2 elétrons para preencher a camada de valência do carbono por meio de outra ligação com o oxigênio, e os 4 elétrons restantes como dois pares de elétrons não compartilhados no oxigênio, preenchendo sua camada de valência.

PROBLEMA DE REVISÃO 1.7 Escreva uma fórmula estrutural de traços mostrando todos os elétrons de valência para o CH₃CHO (acetaldeído).

---

6. Antes que possamos escrever algumas estruturas de Lewis, temos de saber como os átomos estão interligados. Considere o ácido nítrico, por exemplo. Embora sua fórmula muitas vezes seja escrita como HNO₃, o hidrogênio está na verdade ligado a um átomo de oxigênio, e não ao nitrogênio. A estrutura é HONO₂, não HNO₃. Assim, a estrutura de Lewis correta é:

DICA ÚTIL
Verifique seu progresso solucionando os Problemas de Revisão à medida que forem aparecendo.

Esse conhecimento vem fundamentalmente de experimentos. Se você esqueceu as estruturas de algumas moléculas inorgânicas e íons comuns (como os apresentados no Problema de Revisão 1.8), este pode ser um bom momento para uma revisão de alguns tópicos importantes de seu livro de química geral.

PROBLEMA RESOLVIDO 1.4 Admita que os átomos estejam ligados do mesmo modo como aparecem na fórmula e escreva a estrutura de Lewis para o gás tóxico cianeto de hidrogênio (HCN).

Estratégia e Resposta

1. Encontramos o número total de elétrons de valência em todos os átomos.

$$1 + 4 + 5 = 10$$
$$\uparrow \quad \uparrow \quad \uparrow$$
$$H \quad C \quad N$$

2. Usamos um par de elétrons para formar uma ligação simples entre o átomo de hidrogênio e o de carbono (veja a seguir) e utilizamos três pares para formar uma ligação tripla entre o átomo de carbono e o de nitrogênio. Sobram dois elétrons. Usamos esses elétrons como par não compartilhado no átomo de nitrogênio. Agora, cada átomo tem a estrutura eletrônica de um gás nobre. O átomo de hidrogênio tem dois elétrons (como o hélio), e os de carbono e nitrogênio, oito elétrons (como o neônio).

$$H—C≡N:$$

PROBLEMA DE REVISÃO 1.8 Escreva uma estrutura de Lewis para cada um dos seguintes compostos:
(a) HF   (c) CH₃F   (e) H₂SO₃   (g) H₃PO₄
(b) F₂   (d) HNO₂   (f) BH₄⁻   (h) H₂CO₃

1.4A Exceções à Regra do Octeto

Os átomos compartilham elétrons não apenas para obter a configuração de um gás nobre, mas porque o compartilhamento de elétrons produz um aumento da densidade eletrônica entre os núcleos positivos. As forças atrativas resultantes – os núcleos atraem os elétrons – são a "cola" que mantém os átomos unidos (veja a Seção 1.11).

- Os elementos do segundo período da tabela periódica podem ter, no máximo, quatro ligações (isto é, haver oito elétrons em torno deles), pois esses elementos têm apenas um orbital 2s e três orbitais 2p disponíveis para ligação.

Cada orbital pode conter dois elétrons, e um total de oito elétrons preenche esses orbitais (Seção 1.10A). A **regra do octeto**, portanto, aplica-se apenas a esses elementos, e, mesmo aqui, como veremos nos compostos de berílio e boro, menos que oito elétrons são possíveis.

- Os elementos do terceiro período em diante possuem orbitais d que podem ser utilizados para ligação.

Esses elementos podem acomodar mais de oito elétrons em seus níveis de valência e, consequentemente, formar mais de quatro ligações covalentes. Exemplos são compostos como o PCl_5 e o SF_6. As ligações representadas como ⫽ (cunhas tracejadas) projetam-se para trás do plano do papel. As ligações representadas como ⟋ (cunhas sólidas) projetam-se para a frente do papel.

PROBLEMA RESOLVIDO 1.5

Escreva uma estrutura de Lewis para o íon sulfato (SO_4^{2-}). (*Observação*: o átomo de enxofre está ligado aos quatro átomos de oxigênio.)

Estratégia e Resposta

1. Encontramos o número total de elétrons de valência, incluindo os dois elétrons extras necessários para fornecer ao íon a carga dupla negativa:

$$6 + 4(6) + 2 = 32$$
$$\uparrow \quad \uparrow \quad \uparrow$$
$$S \quad 4O \quad 2e^-$$

2. Utilizamos quatro pares de elétrons para formar as ligações entre o átomo de enxofre e os quatro átomos de oxigênio:

$$\begin{array}{c} O \\ | \\ O-S-O \\ | \\ O \end{array}$$

3. Adicionamos os 24 elétrons restantes como pares não compartilhados nos átomos de oxigênio e como **ligações duplas** entre o átomo de enxofre e dois átomos de oxigênio, o que dá, a cada oxigênio, oito elétrons e, ao átomo de enxofre, 12 elétrons:

PROBLEMA DE REVISÃO 1.9

Escreva uma estrutura de Lewis para o íon fosfato (PO_4^{3-}).

Algumas moléculas ou íons altamente reativos têm átomos com menos de oito elétrons em suas camadas mais externas. Um exemplo é o trifluoreto de boro (BF$_3$). Em uma molécula de BF$_3$, o átomo de boro central tem apenas seis elétrons ao seu redor:

1.5 Cargas Formais e Como Calculá-las

DICA ÚTIL

A atribuição correta de cargas formais é outra ferramenta essencial para o aprendizado da química orgânica.

Carga formal é uma comparação entre o número de elétrons de valência que um átomo "*possui*" em uma molécula e o número de elétrons de valência que ele teria se fosse um átomo neutro isolado. (A noção que um átomo *possui* elétrons é, obviamente, uma ferramenta de contagem inventada, mas é aquela que nos ajudará a entender a reatividade.) Colocando essa ideia em prática para calcular as cargas formais:

- Um átomo "possui" todos os seus elétrons não compartilhados mais metade de seus elétrons presentes em ligações covalentes.
- Se um átomo "possui" um elétron adicional em uma molécula do que teria se estivesse em uma forma isolada, ele apresenta uma carga formal –1.
- Se um átomo "possui" um elétron a menos em uma molécula em relação ao que teria na forma isolada, ele apresenta uma carga formal +1.

Alguns padrões de ligação comuns com cargas formais variando de +1 a –1 são resumidos na Tabela 1.2.

DICA ÚTIL

Em capítulos posteriores, quando você estiver avaliando como as reações evoluem e que produtos são formados, será essencial acompanhar as cargas formais.

TABELA 1.2 Resumo de Cargas Formais

Grupo	Carga Formal de +1	Carga Formal de 0	Carga Formal de –1
IIIA		$\ce{>B-}$	$\ce{-\overset{|}{B}-}$
IVA	$\ce{>C^+<}$, $\ce{=C^+-}$, $\ce{\equiv C^+}$	$\ce{-C-}$, $\ce{=C<}$, $\ce{\equiv C-}$	$\ce{-\ddot{C}-}$, $\ce{=\ddot{C}-}$, $\ce{\equiv C:^-}$
VA	$\ce{-N^+-}$, $\ce{=N^+<}$, $\ce{\equiv N-}$	$\ce{-\ddot{N}-}$, $\ce{=\ddot{N}-}$, $\ce{\equiv N:}$	$\ce{-\ddot{N}^--}$, $\ce{=\ddot{N}:^-}$
VIA	$\ce{-\ddot{O}^+-}$, $\ce{=\ddot{O}^+}$	$\ce{-\ddot{O}-}$, $\ce{=\ddot{O}}$	$\ce{-\ddot{O}:^-}$
VIIA	$\ce{\ddot{X}^+}$	$\ce{-\ddot{X}:}$ (X = F, Cl, Br, ou I)	$\ce{:\ddot{X}:^-}$

Para praticar, examine os padrões na Tabela 1.2 e verifique se a carga formal indicada é a que você preveria com base nas regras dadas anteriormente. Com a prática, você começará a reconhecer cargas formais simplesmente por inspeção.

Também é possível calcular a carga formal de um átomo usando a seguinte expressão:

$$F = Z - (1/2)S - U$$

em que F é a carga formal, Z é o número do grupo do elemento, S é igual ao número de elétrons compartilhados e U é o número de elétrons não compartilhados. Em outras palavras, carga formal = número de elétrons de valência como um átomo neutro − 1/2 do número de elétrons compartilhados − número de elétrons não compartilhados.

Tenha em mente que cargas formais são atribuídas apenas a átomos, não a moléculas inteiras. Entretanto, um corolário afirma que a carga total de uma molécula ou de um íon é a soma aritmética de todas as cargas formais individuais. **Esse fato pode também ser uma ferramenta útil para verificar se todas as cargas formais foram adequadamente contabilizadas.**

Determine a carga formal em todos os átomos (que não sejam de hidrogênio) em cada uma das fórmulas apresentadas a seguir.	**PROBLEMA RESOLVIDO 1.6**

(a) H—N(H)(H)—H   (b) O=N(—O:)(—O:)   (c) H—N(H)—H   (d) H—O—H

Estratégia e Resposta

(a) O nitrogênio no íon amônio apresenta oito elétrons de valência em quatro ligações covalentes. Desse modo, ele "possui" quatro (a metade) desses oito elétrons. Contudo, como um átomo neutro isolado, o nitrogênio apresenta cinco elétrons de valência. Assim, no íon amônio, ele apresenta uma carga formal +1, porque ele "possui" um elétron de valência a menos em relação ao átomo neutro isolado.

(b) Aplicando o mesmo critério em (a), o oxigênio que apresenta ligação dupla tem carga formal zero, cada átomo de oxigênio tem três elétrons não compartilhados e uma ligação simples apresentando uma carga formal −1, e o nitrogênio possui uma carga formal +1. A carga líquida no íon nitrato é, portanto, −1.

(c) O nitrogênio na amônia não apresenta carga formal.

(d) O oxigênio na água não apresenta carga formal.

Escreva a estrutura de Lewis para cada um dos seguintes íons negativos e atribua a carga formal negativa ao átomo correto: (a) H_3CO^- (b) NH_2^- (c) CN^- (d) HCO_2^- (e) HCO_3^- (f) HC_2^-	**PROBLEMA DE REVISÃO 1.10**

Atribua a carga formal apropriada ao átomo colorido em cada uma das seguintes estruturas:	**PROBLEMA DE REVISÃO 1.11**

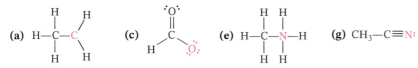

1.6 Isômeros: Compostos Diferentes com a Mesma Fórmula Molecular

Agora que tivemos uma introdução à estrutura de Lewis, é o momento de discutir isômeros.

- **Isômeros** são compostos com a mesma **fórmula molecular**, mas estruturas diferentes.

Vamos conhecer vários tipos de isômeros durante o decorrer do estudo. Por enquanto, consideremos um deles, chamado isômero constitucional.

- **Isômeros constitucionais** são compostos diferentes com a mesma fórmula molecular, mas que diferem na sequência em que seus átomos estão ligados, isto é, em suas **conectividades**.

A acetona e o óxido de propileno são isômeros. A primeira é utilizada na remoção do esmalte de unhas e como solvente de tintas; o segundo, usado com extratos de algas para produzir espessantes, que podem ser utilizados em alimentos, e estabilizantes de espuma na cerveja (entre outras aplicações). Ambos os compostos têm a fórmula molecular C_3H_6O e, portanto, a mesma massa molecular, apesar de a acetona e o óxido de propileno apresentarem pontos de ebulição e reatividades químicas muito diferentes, o que determina que tenham aplicações práticas distintas. A fórmula molecular comum aos dois não fornece base nenhuma para compreender suas diferenças. Temos, portanto, de passar à análise das fórmulas estruturais.

Ao examinarmos as estruturas da acetona e do óxido de propileno, vemos que vários aspectos importantes são claramente diferentes (**Fig. 1.2**). A acetona contém uma ligação dupla entre o átomo de oxigênio e o de carbono central. O óxido de propileno não contém ligação dupla, mas tem três átomos unidos em um anel. A conectividade entre os átomos é claramente diferente na acetona e no óxido de propileno. Suas estruturas apresentam a mesma fórmula molecular, mas constituições diferentes. Eles são isômeros constitucionais.*

- Isômeros constitucionais geralmente têm propriedades físicas (por exemplo, ponto de fusão, ponto de ebulição e massa específica) e químicas (reatividade) diferentes.

> **DICA ÚTIL**
>
> Utilize um *kit* de montagem de modelos moleculares para esses compostos e compare suas estruturas.

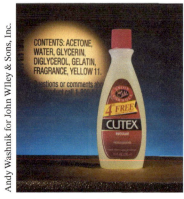

Acetona é utilizada em alguns removedores do esmalte de unhas.

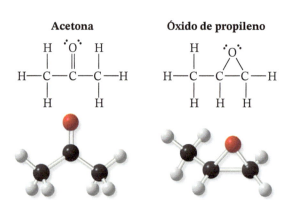

FIGURA 1.2 A utilização do modelo de bola e vareta e de fórmulas químicas mostra as diferentes estruturas da acetona e do óxido de propileno.

Alginatos de óxido de propileno, produzidos a partir de óxido de propileno e de extratos de algas, são utilizados como espessantes de alimentos.

PROBLEMA RESOLVIDO 1.7

Existem dois isômeros constitucionais com a fórmula C_2H_6O. Escreva fórmulas estruturais para eles.

Estratégia e Resposta

Se recordarmos que o carbono pode formar quatro ligações covalentes, o oxigênio, duas, e o hidrogênio, uma, podemos chegar aos seguintes isômeros constitucionais.

Dimetil éter   **Etanol**

Deve-se notar que esses dois isômeros são claramente diferentes em suas propriedades físicas. À temperatura ambiente e à pressão de 1 atm, o dimetil éter é um gás, e o etanol, um líquido.

---

*Antigamente, esses tipos de isômeros eram chamados **isômeros estruturais**. A International Union of Pure and Applied Chemistry (IUPAC) recomenda agora que se abandone a utilização do termo "estrutural" quando aplicado a isômeros constitucionais.

> **PROBLEMA RESOLVIDO 1.8**
>
> Quais dos compostos a seguir são isômeros constitucionais entre si?
>
> A   B   C   D   E
>
> **Resposta**
> Primeiro, determine a fórmula molecular de cada composto. Você verá, então, que **B** e **D** têm a mesma fórmula molecular (C_4H_8O), mas diferentes conectividades. São, portanto, isômeros constitucionais um do outro. **A**, **C** e **E** também têm a mesma fórmula molecular (C_3H_6O) e são isômeros constitucionais um do outro.

1.7 Como Escrever e Interpretar Fórmulas Estruturais

Os químicos orgânicos utilizam uma variedade de maneiras para escrever **fórmulas estruturais**. Já usamos fórmulas de pontos e fórmulas de traços nas seções anteriores. Dois outros tipos importantes de representação de estruturas são **fórmulas condensadas** e **estruturas em bastão**. Exemplos desses quatro tipos de fórmulas estruturais são mostrados na **Fig. 1.3**, tomando álcool propílico como exemplo.

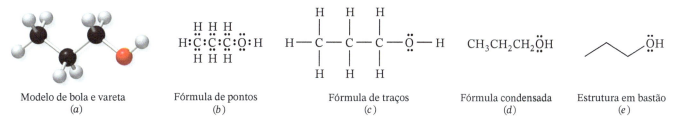

Modelo de bola e vareta (*a*)   Fórmula de pontos (*b*)   Fórmula de traços (*c*)   Fórmula condensada (*d*)   Estrutura em bastão (*e*)

FIGURA 1.3 Fórmulas estruturais para o álcool propílico.

Embora as fórmulas de pontos exibam todos os elétrons de valência em uma molécula, elas são tediosas e consomem muito tempo para serem escritas. Portanto, as outras fórmulas (de traços, condensada e em bastão) são utilizadas com maior frequência.

Em geral, é melhor representar pares de elétrons isolados quando escrevemos fórmulas químicas, embora algumas vezes sejam omitidos se não considerarmos as propriedades químicas ou a reatividade de um composto. Entretanto, quando escrevemos reações químicas, percebemos a necessidade de incluir os pares de elétrons isolados quando eles participam da reação. É uma boa ideia, portanto, adquirir o hábito de escrever os pares de elétrons isolados.

1.7A Fórmulas Estruturais de Traços

- **Fórmulas estruturais de traços** têm linhas que mostram pares de elétrons de ligação e incluem símbolos dos elementos de todos os átomos em uma molécula.

Se examinarmos o modelo de bola e vareta para o álcool propílico da Fig. 1.3*a* e o compararmos às fórmulas de pontos, de traço e condensada das Figs. 1.3*b–d*, encontraremos que a cadeia de átomos é linear naquelas fórmulas. No modelo de bola e vareta, que corresponde mais exatamente à forma real da molécula, a cadeia de átomos não é nada linear. Igualmente importante: *átomos unidos por ligações simples podem girar de forma bastante livre em relação aos outros.* (Discutiremos o motivo na Seção 1.12B.) Essa rotação relativamente livre significa que a cadeia de átomos no álcool propílico pode assumir uma variedade de arranjos semelhantes aos que se seguem:

Fórmulas de traços equivalentes para o álcool propílico

DICA ÚTIL

É importante saber reconhecer quando um conjunto de fórmulas estruturais possui a mesma conectividade e quando são isômeros constitucionais.

Todas as fórmulas estruturais mencionadas anteriormente são *equivalentes* e todas representam o álcool propílico. Fórmulas estruturais de traços como essas indicam a maneira como os átomos estão unidos entre si e *não são* representações das formas reais da molécula. O álcool propílico não tem **ângulos de ligação** de 90°, mas ângulos de ligação tetraédricos. As fórmulas estruturais de traços mostram o que se chama de **conectividade** dos átomos. *Os isômeros constitucionais (Seção 1.6) possuem conectividades diferentes e, portanto, têm de ter diferentes fórmulas estruturais.*

Considere o composto chamado álcool isopropílico, cuja fórmula podemos escrever de várias maneiras:

Fórmulas de traços equivalentes para o álcool isopropílico

O álcool isopropílico é um isômero constitucional (Seção 1.6) do álcool propílico, uma vez que seus átomos estão unidos em uma ordem diferente, e ambos os compostos têm a mesma fórmula molecular, C_3H_8O. No álcool isopropílico, o grupo OH está ligado ao carbono central; no álcool propílico, a um carbono terminal.

Sugerimos que você, utilizando um *kit* de montagem de modelos moleculares, construa dois modelos do álcool propílico. Gire a posição dos grupos nas extremidades das ligações em cada modelo para fazê-los parecerem diferentes. Depois ajuste os modelos para ver se consegue fazê-los parecerem idênticos. Faça o mesmo com dois modelos do álcool isopropílico. Em seguida, compare um modelo do álcool propílico com um modelo do álcool isopropílico.

- Os problemas frequentemente pedirão que você escreva as fórmulas estruturais para todos os isômeros com determinada fórmula molecular. Não cometa o erro de escrever diversas fórmulas equivalentes, como as que acabamos de mostrar, confundindo-as com diferentes isômeros constitucionais.

PROBLEMA DE REVISÃO 1.12 Existem, na realidade, três isômeros constitucionais com a fórmula molecular C_3H_8O. Vimos dois deles no álcool propílico e no álcool isopropílico. Escreva uma fórmula de traços para o terceiro isômero.

1.7B Fórmulas Estruturais Condensadas

As **fórmulas estruturais condensadas** são um pouco mais rápidas para se escrever que as de traços e, quando nos familiarizamos com elas, nos dão todas as mesmas informações contidas na estrutura de traços. Nas fórmulas condensadas, todos os átomos de hidrogênio ligados a um carbono específico em geral são escritos imediatamente depois do carbono. Em fórmulas totalmente condensadas, todos os átomos ligados ao carbono em geral são escritos imediatamente após aquele carbono, listando, em primeiro lugar, os hidrogênios. Por exemplo,

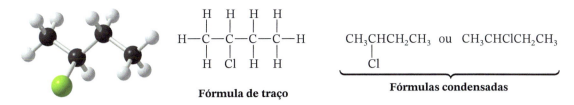

Fórmula de traço   **Fórmulas condensadas**

A fórmula condensada para o álcool isopropílico pode ser escrita de quatro maneiras diferentes:

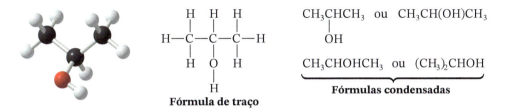

Fórmula de traço   **Fórmulas condensadas**

Escreva uma fórmula estrutural condensada para o composto a seguir:

PROBLEMA RESOLVIDO 1.9

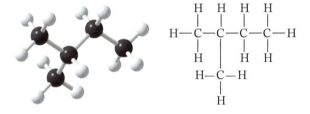

Resposta

CH₃CHCH₂CH₃   ou   CH₃CH(CH₃) CH₂CH₃   ou   (CH₃)₂CHCH₂CH₃
    |
   CH₃

ou   CH₃CH₂CH(CH₃)₂   ou   CH₃CH₂CHCH₃
                                           |
                                          CH₃

Escreva uma fórmula estrutural condensada para o composto a seguir.

PROBLEMA DE REVISÃO 1.13

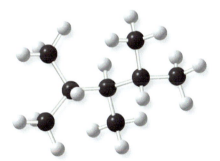

1.7C Estruturas em Bastão

O tipo mais comum de fórmula estrutural utilizado pelos químicos orgânicos, e a mais rápida de desenhar, é a **estrutura em bastão**. (Alguns químicos a chamam de **fórmula de esqueleto** ou **esquelética**.) A fórmula da Fig. 1.3e é uma estrutura em bastão para o álcool propílico. Quanto mais cedo você dominar o uso das estruturas em bastão, mais rapidamente será capaz de desenhar moléculas enquanto faz anotações e trabalha com os problemas. E, tirando todos os símbolos explicitamente mostrados nas fórmulas estruturais condensadas e de traços, as estruturas em bastão permitem que você interprete mais rapidamente a conectividade molecular e compare uma fórmula molecular com outra.

Como Desenhar Estruturas em Bastão

Aplicamos as seguintes regras quando desenhamos estruturas em bastão:

- Cada linha representa uma ligação.
- Cada **vértice** em uma linha ou no **término** de uma linha representa um átomo de carbono, a menos que outro grupo seja explicitamente mostrado.
- Nenhum C é escrito para átomos de carbono, exceto opcionalmente para os grupos CH₃ no final de uma cadeia ou ramificação.
- Nenhum H é mostrado para os átomos de hidrogênio ligados a átomos de carbono, a menos que seja necessário para fornecer uma perspectiva tridimensional, e, nesse caso, utilizamos cunhas sólidas ou tracejadas (como explica a próxima seção).
- O número de átomos de hidrogênio ligados a cada carbono é obtido ao se presumir que haverá a quantidade necessária de átomos de hidrogênio para preencher a camada de valência de cada carbono, a não ser que uma carga esteja indicada.
- Quando um átomo diferente do carbono está presente, o símbolo para aquele elemento é escrito na fórmula na posição apropriada, isto é, no lugar de um vértice ou ao término da linha que leva àquele átomo.
- Os átomos de hidrogênio ligados a átomos diferentes de carbono (por exemplo, oxigênio ou nitrogênio) são escritos explicitamente.

Considere os exemplos de moléculas representadas por estruturas em bastão a seguir.

DICA ÚTIL

Conforme você se familiarizar com as moléculas orgânicas, perceberá que as estruturas em bastão são ferramentas muito úteis para representar estruturas.

As estruturas em bastão são fáceis de desenhar para moléculas com ligações múltiplas e também para moléculas cíclicas. A seguir, vemos alguns exemplos.

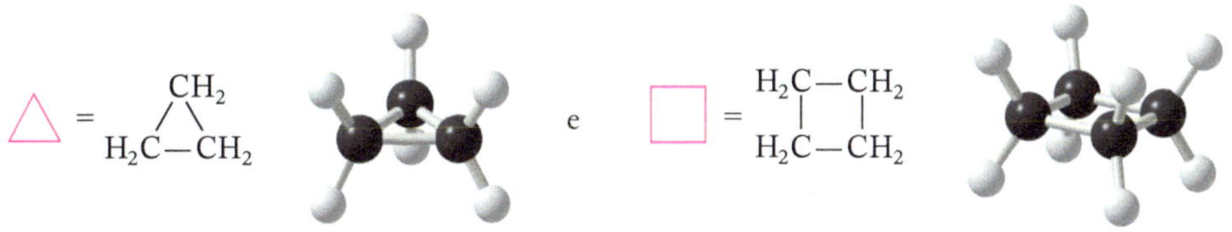

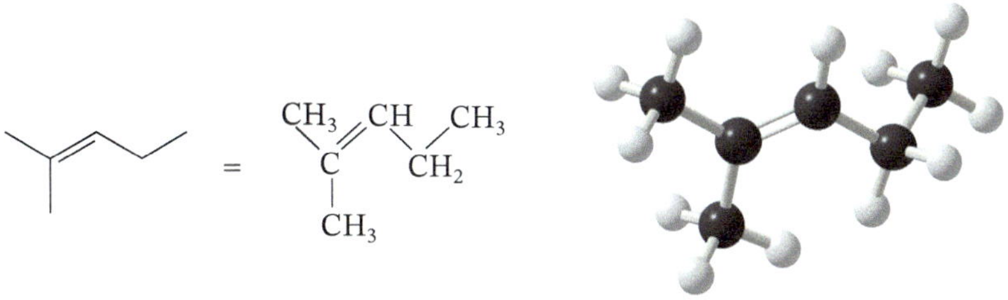

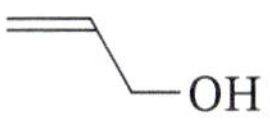

$$\triangle = \begin{array}{c} CH_2 \\ H_2C-CH_2 \end{array} \qquad e \qquad \square = \begin{array}{c} H_2C-CH_2 \\ | \quad | \\ H_2C-CH_2 \end{array}$$

$$\diagup\!\!\!\diagdown\!\!\!= \begin{array}{c} CH_3 \diagdown \quad \diagup CH \diagdown \quad CH_3 \\ C \qquad CH_2 \\ CH_3 \end{array}$$

$$\diagup\!\!\!\diagdown\!\!-OH = CH_2{=}CHCH_2OH$$

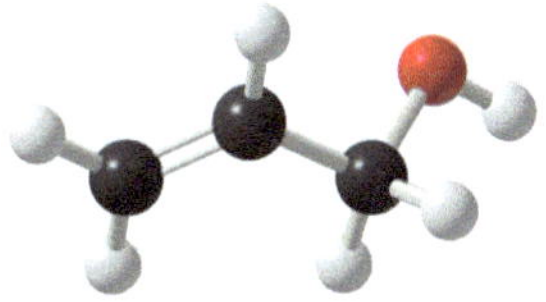

$$\diagup\!\!\equiv\!\!\diagdown = CH_3CH_2CCCH_3$$

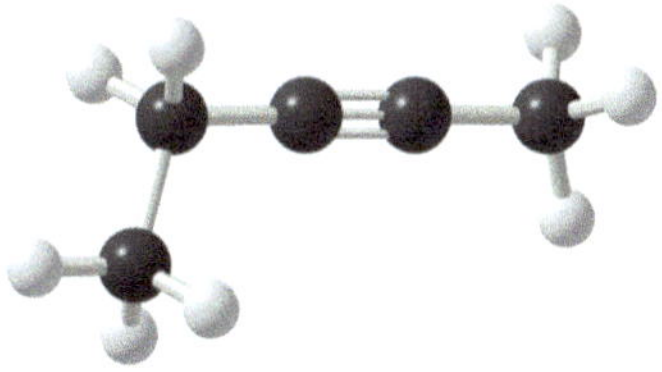

PROBLEMA RESOLVIDO 1.10

Escreva a estrutura em bastão para:

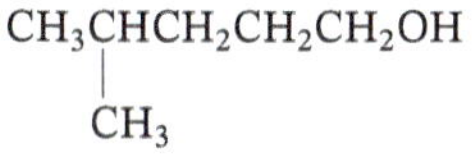

$$\underset{\underset{CH_3}{|}}{CH_3CHCH_2CH_2CH_2OH}$$

Estratégia e Resposta

Primeiramente, por motivos práticos, esboçamos o esqueleto de carbono, incluindo o grupo OH, como a seguir:

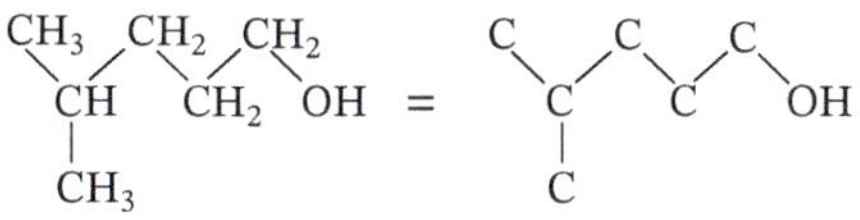

$$\begin{array}{c} CH_3 \diagdown \quad CH_2 \diagdown \quad CH_2 \\ CH \qquad CH_2 \qquad OH \\ CH_3 \end{array} = \begin{array}{c} C \diagdown \quad C \diagdown \quad C \\ C \qquad C \qquad OH \\ C \end{array}$$

Então, escrevemos a estrutura em bastão como 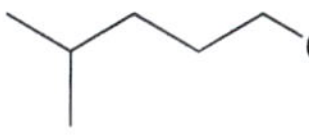 $\diagup\!\!\!\diagdown\!\!\!\diagup\!\!\!\diagdown\!\!OH$. À medida que você ganhar experiência, provavelmente pulará os passos intermediários mostrados antes e passará diretamente para a escrita das estruturas em bastão.

PROBLEMA DE REVISÃO 1.14

Escreva cada uma das seguintes fórmulas estruturais condensadas como uma estrutura em bastão:

(a) $(CH_3)_2CHCH_2CH_3$
(b) $(CH_3)_2CHCH_2CH_2OH$
(c) $(CH_3)_2C{=}CHCH_2CH_3$
(d) $CH_3CH_2CH_2CH_2CH_3$
(e) $CH_3CH_2CH(OH)CH_2CH_3$
(f) $CH_2{=}C(CH_2CH_3)_2$
(g) $CH_3\overset{\overset{O}{\|}}{C}CH_2CH_2CH_2CH_3$
(h) $CH_3CHClCH_2CH(CH_3)_2$

PROBLEMA DE REVISÃO 1.15

Que moléculas no Problema de Revisão 1.14 formam conjuntos de isômeros constitucionais?

| **PROBLEMA DE REVISÃO 1.16** | Desenhe uma fórmula de traços para cada uma das seguintes estruturas em bastão: |

1.7D Como Desenhar Fórmulas Tridimensionais

Nenhuma das fórmulas que descrevemos até aqui transmite qualquer informação sobre como os átomos de uma molécula estão distribuídos no espaço. As moléculas existem em três dimensões. Podemos representar a geometria tridimensional das moléculas utilizando ligações representadas por cunhas tracejadas, cunhas sólidas e traços.

- Uma cunha tracejada (⑅⑅⑅) representa uma ligação que se projeta para trás do plano do papel.
- Uma cunha sólida (◤) representa uma ligação que se projeta para cima do plano do papel.
- Um traço comum (—) representa uma ligação que se localiza no plano do papel.

Por exemplo, as quatro ligações C—H do metano (CH$_4$) estão orientadas no sentido dos vértices de um tetraedro regular, com o átomo de carbono no centro e o ângulo entre as ligações C—H de aproximadamente 109°, como originalmente postulado por J. H. van't Hoff e J. A. Le Bel em 1874. A Fig. 1.4 mostra a estrutura tetraédrica do metano.

Discutiremos os fundamentos físicos para as geometrias do carbono quando ele tem somente ligações simples, uma ligação dupla ou uma ligação tripla nas Seções 1.12-14. Por enquanto, vamos considerar algumas orientações para representar esses padrões de ligações em três dimensões utilizando cunhas sólidas e tracejadas para as ligações.

Em geral, para átomos de carbono com somente ligações simples:

- Um átomo de carbono com **quatro ligações simples** tem geometria tetraédrica (Seção 1.12) e pode ser desenhado com duas ligações no plano do papel separadas por aproximadamente 109°, uma ligação atrás do plano utilizando uma cunha tracejada e uma ligação na frente do plano utilizando uma cunha sólida.

- A perspectiva tridimensional apropriada requer que as ligações em cunhas sólida e tracejada na geometria tetraédrica sejam desenhadas próximas entre si, de modo que o átomo de trás fique quase eclipsado pelo da frente.

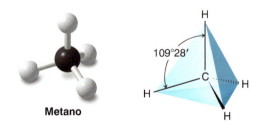

FIGURA 1.4 Estrutura tetraédrica do metano.

O Básico 21

Para átomos de carbono com uma ligação dupla ou uma ligação tripla:

- Um átomo de carbono com uma **ligação dupla** tem geometria plana triangular (Seção 1.13) e pode ser representado com todas as ligações no plano do papel e separadas por 120°.
- Um átomo de carbono com uma **ligação tripla** tem geometria linear (Seção 1.14) e pode ser representado com as ligações no plano do papel e separadas por 180°.

Por último, quando desenhamos fórmulas tridimensionais para moléculas:

- Desenhamos o máximo possível de átomos de carbono no plano do papel usando traços comuns para as ligações. A seguir, para as ligações necessárias para demonstrar as três dimensões, utilizamos cunhas sólidas ou tracejadas para grupos substituintes ou átomos de hidrogênio.

Alguns exemplos de estruturas tridimensionais são mostrados a seguir.

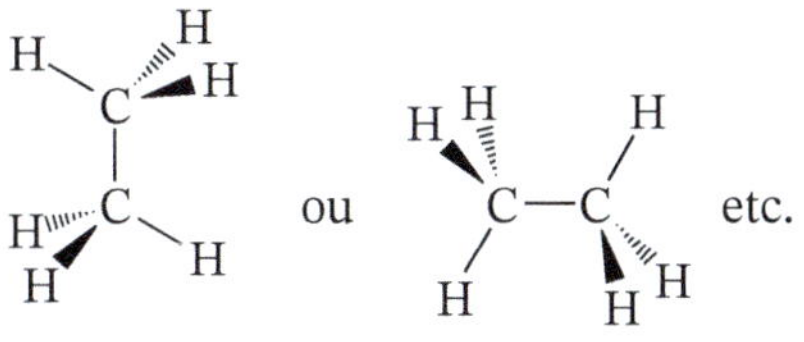

Etano

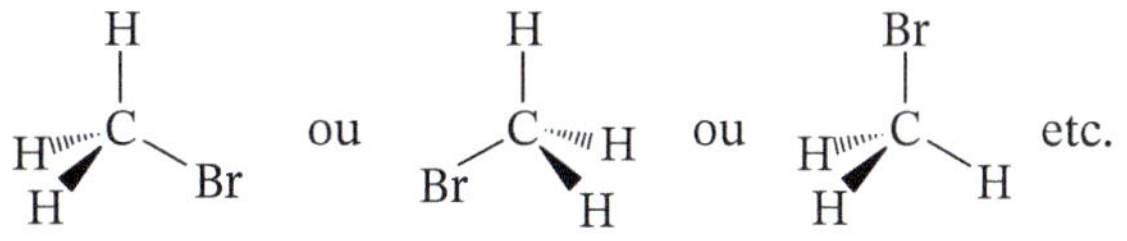

Bromometano

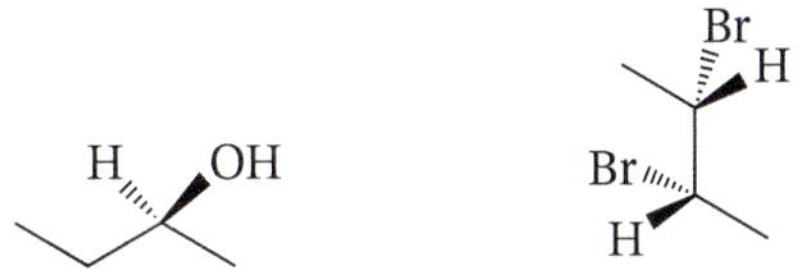

Exemplos de estruturas em bastão que incluem representações tridimensionais	Um exemplo envolvendo geometria plana triangular	Um exemplo envolvendo geometria linear
As cadeias carbônicas são mostradas no plano do papel. As ligações em cunhas sólida e tracejada quase se eclipsam	Ligações com o carbono que faz a ligação dupla estão no plano do papel e separadas por 120°	Ligações com o carbono que faz a ligação tripla estão no plano do papel e separadas por 180°

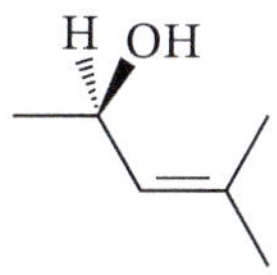

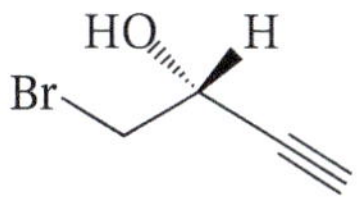

PROBLEMA RESOLVIDO 1.11

Escreva uma estrutura em bastão para o composto a seguir, mostrando três dimensões do carbono que contém o átomo de cloro.

$$CH_3CH_2CHCH_2CH_3$$
$$|$$
$$Cl$$

Estratégia e Resposta

Primeiro, desenhamos o esqueleto de carbono, colocando o máximo possível de átomos de carbono no plano do papel (todos, nesse caso).

A seguir, adicionamos o átomo de cloro no carbono apropriado utilizando uma representação tridimensional.

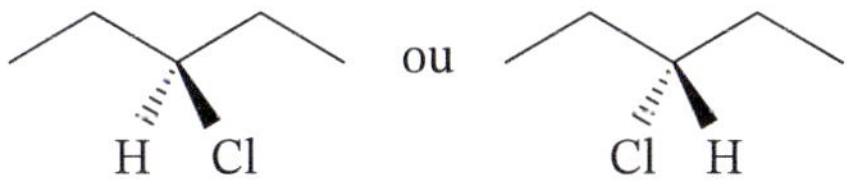

PROBLEMA DE REVISÃO 1.17

Escreva representações tridimensionais (cunhas tracejada e sólida) para cada um dos seguintes compostos:
(a) CH_3Cl (b) CH_2Cl_2 (c) CH_2BrCl (d) CH_3CH_2Cl

1.8 Estruturas de Ressonância e Setas Curvas

Estruturas de ressonância são estruturas de Lewis para um único composto que se diferenciam na posição dos elétrons, mas não na posição dos átomos. Os únicos elétrons cujas posições podem ser diferentes são os elétrons de ligações duplas e triplas e elétrons não compartilhados. As fórmulas mostradas a seguir para a acetona são exemplos de estruturas de ressonância.

Estruturas de ressonância para a acetona

Empregamos **setas curvas** para mostrar a movimentação dos elétrons que converte uma estrutura de ressonância em outra, e para relacionar uma estrutura de ressonância com outra mediante uma seta de duas pontas entre elas. A seta curva vermelha indica o fluxo de elétrons que converte a estrutura à esquerda para aquela apresentada à direita. A seta azul mostra o fluxo de elétrons que converte a estrutura da direita naquela posicionada à esquerda.

> **DICA ÚTIL**
>
> As setas curvas (ver também Seção 3.2) mostram a movimentação de pares de elétrons, não de átomos. A notação de setas curvas é uma das ferramentas mais importantes para compreender as reações orgânicas.

Seguimos essas regras quando empregamos **setas curvas**.

- As setas curvas começam em uma fonte de elétrons e apontam para a posição na qual aqueles elétrons serão desenhados na próxima estrutura.
- As cargas formais são atribuídas quando for necessário em cada estrutura.
- Todas as estruturas têm de ser estruturas de Lewis corretas (as valências não podem ser ultrapassadas).

A seguir, estão alguns fatos importantes sobre **estruturas de ressonância**.

- Moléculas não existem como estruturas de ressonância individuais.
- Uma molécula real é uma média ponderada, ou um **híbrido de ressonância**, de suas estruturas de ressonância contribuintes.
- Não se pode isolar compostos na forma de suas estruturas de ressonância individuais.
- Estruturas de ressonância não representam um equilíbrio.
- Empregamos uma seta de duas pontas para indicar que duas fórmulas estão relacionadas entre si como estruturas de ressonância.

Como você pode esperar, as estruturas de Lewis que possuem átomos com camadas de valência completas e menos cargas formais contribuem mais para o híbrido de ressonância do que outras. É por isso que desenhamos a acetona com uma ligação dupla, em vez da estrutura de ressonância com cargas formais. A estrutura de ressonância da acetona com cargas formais, no entanto, pode ser útil para entender suas propriedades e reatividade, como veremos nos próximos capítulos. As duas estruturas de ressonância para a acetona também são consistentes com o fato de que a acetona tem uma carga parcial negativa em seu oxigênio e uma carga parcial positiva em seu carbono central, como poderíamos prever com base na diferença de eletronegatividade entre o oxigênio e o carbono.

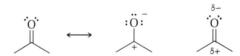

Estruturas de ressonância para a acetona e uma fórmula mostrando cargas parciais, consistente com um híbrido dessas estruturas de ressonância e a diferença de eletronegatividade entre o oxigênio e o carbono.

Uma outra maneira de representar a distribuição de carga é usar um **mapa de potencial eletrostático**, que é um modelo calculado no qual as regiões de maior densidade eletrônica tendem para o vermelho, enquanto as regiões de menor densidade eletrônica tendem para o azul. Um mapa de potencial eletrostático para a acetona é mostrado na **Fig. 1.5**.

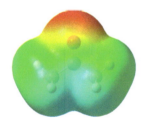

FIGURA 1.5 Um mapa de potencial eletrostático para a acetona. As regiões de maior densidade eletrônica tendem para o vermelho, e as regiões de menor densidade eletrônica tendem para o azul.

1.8A Deslocalização de Carga

Estruturas de ressonância podem ser desenhadas para espécies iônicas. Considere as fórmulas **1** e **2**.

O híbrido de ressonância de **1** e **2** é a estrutura mostrada a seguir, na qual empregamos uma linha tracejada para indicar os locais onde uma ligação múltipla estava presente em cada uma das estruturas de ressonância contribuintes. Indicamos a carga parcial deslocalizada entre as duas posições por δ+. Neste caso, a soma das cargas δ+ é igual a uma carga positiva completa.

Híbrido de ressonância de 1 e 2

Por que a fórmula **3** não é uma estrutura de ressonância de **1** e **2**, apresentadas anteriormente?

PROBLEMA RESOLVIDO 1.12

Estratégia e Resposta

A fórmula **3** contém átomos (especificamente de hidrogênio) em posições diferentes daquelas vistas nas fórmulas **1** e **2**. Lembrando como interpretar as fórmulas estruturais de traços, a fórmula **2** apresenta três átomos de hidrogênio no átomo de carbono da extremidade e apenas um no átomo de carbono central. A fórmula 3 é um isômero constitucional de **1** e **2**, porque **3** contém apenas dois átomos de hidrogênio no átomo de carbono na extremidade esquerda e agora dois átomos de hidrogênio no átomo de carbono central.

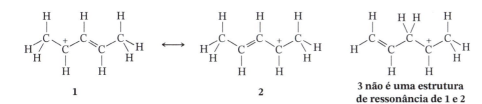

(a) Por que a fórmula apresentada a seguir à direita não é uma estrutura de ressonância do metanol?
(b) Por que o metanol não pode ter nenhuma estrutura de ressonância?

PROBLEMA RESOLVIDO 1.13

Estratégia e Resposta

(a) A fórmula à direita é impossível, porque ela apresenta 10 elétrons de valência em torno do seu átomo de carbono, ultrapassando a regra do octeto. **(b)** O metanol não pode apresentar estruturas de ressonância, porque não há como mover um par de elétrons não compartilhado do átomo de oxigênio sem que exceda a valência de outro átomo.

PROBLEMA RESOLVIDO 1.14

A figura a seguir é uma das formas de se escrever a estrutura do íon nitrato:

Entretanto, evidências físicas consideráveis indicam que todas as três ligações nitrogênio–oxigênio são equivalentes e que têm o mesmo comprimento, uma distância de ligação entre as distâncias que se espera de uma ligação simples nitrogênio–oxigênio e de uma dupla nitrogênio–oxigênio. Explique isso em termos da teoria de ressonância.

Estratégia e Resposta

Reconhecemos que, se os pares de elétrons forem deslocados da maneira mostrada a seguir, é possível escrever três estruturas *diferentes*, porém *equivalentes* para o íon nitrato:

Uma vez que essas estruturas diferem entre si *apenas nas posições de seus elétrons*, elas são *estruturas de ressonância* ou *contribuintes de ressonância*. Como tal, nenhuma estrutura isolada representará adequadamente o íon nitrato. A molécula real será mais bem representada por um *híbrido dessas três estruturas*, que pode ser escrito da maneira a seguir para indicar que todas as ligações são equivalentes e que são mais que ligações simples e menos que duplas. Indicamos também que cada átomo de oxigênio carrega a mesma carga negativa parcial. Essa distribuição de cargas corresponde ao que se verifica experimentalmente.

Estrutura híbrida para o íon nitrato

PROBLEMA DE REVISÃO 1.18

(a) Escreva duas estruturas de ressonância para o íon formiato HCO_2^-. (*Observação*: os átomos de hidrogênio e de oxigênio estão ligados ao carbono.) **(b)** Explique o que essas estruturas preveem para os comprimentos de ligação carbono–oxigênio do íon formiato e **(c)** para a carga elétrica nos átomos de oxigênio.

PROBLEMA DE REVISÃO 1.19

Escreva a estrutura de ressonância resultante do deslocamento de elétrons indicado pela seta curva. Certifique-se de incluir cargas formais se necessário.

(a) ⟷ ? (b) ⟷ ?

(c) ⟷ ? (d) ⟷ ?

PROBLEMA DE REVISÃO 1.20

Adicione todos os pares de elétrons não compartilhados que faltam (se houver) e, em seguida, usando as setas curvas para mostrar os deslocamentos dos elétrons, escreva as estruturas de ressonância contribuintes e o híbrido de ressonância para cada uma das seguintes espécies:

(a) 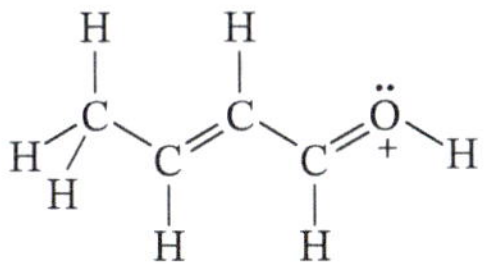 CH₂=CH—CH=Ö⁺—H (com hidrogênios)

(b) CH₂=CH—CH⁺—CH=CH₂ (cátion pentadienila)

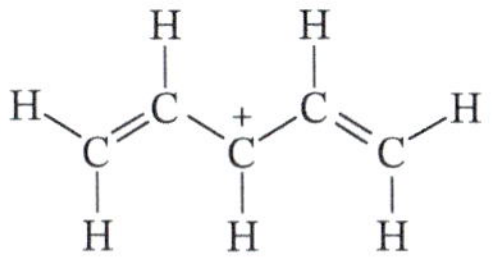

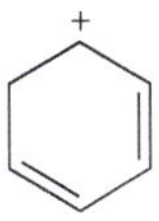

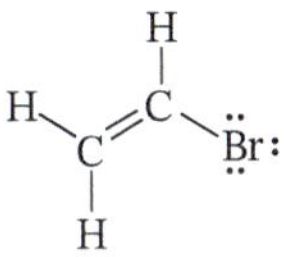

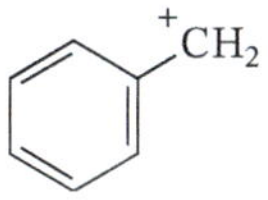

(c) cátion ciclohexadienila

(d) CH₂=CH—Br̈:

(e) C₆H₅—⁺CH₂ (cátion benzila)

(f) H—C̈:⁻—C(=O)—CH₃ (enolato)

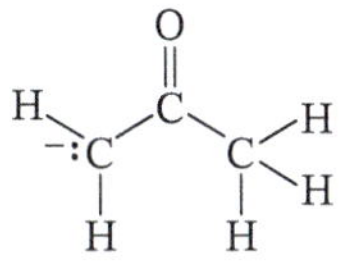

(g) CH₃S⁺CH₂

(h) CH₃NO₂

PROBLEMA DE REVISÃO 1.21

Para cada conjunto de estruturas de ressonância a seguir, acrescente uma seta curva que mostre como os elétrons na estrutura da esquerda se deslocam, de modo que se torna a estrutura da direita. Além disso, assinale a estrutura que mais contribuiria para o híbrido e explique sua escolha:

(a) 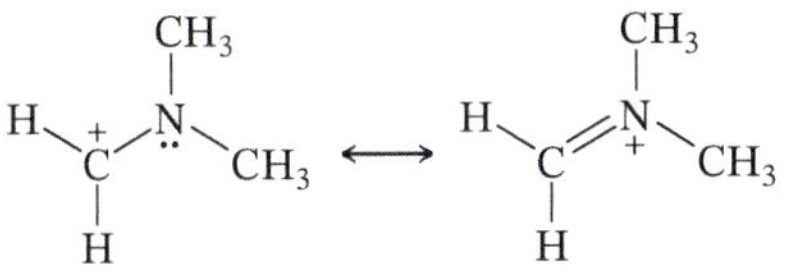
$$\text{H}_2\text{C}^+\text{—N(CH}_3)_2 \longleftrightarrow \text{H}_2\text{C}=\text{N}^+(\text{CH}_3)_2$$

(b)
$$\text{CH}_3\text{—C(=Ö)—Ö—H} \longleftrightarrow \text{CH}_3\text{—C(—Ö:}^-\text{)=Ö}^+\text{—H}$$

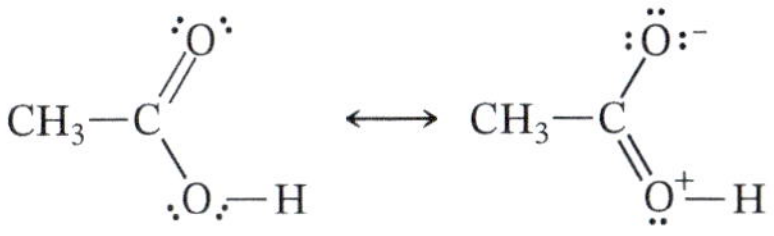

(c) :NH₂—C≡N: ⟷ ⁺NH₂=C=N̈:⁻

1.9 Mecânica Quântica e Estrutura Atômica

Uma teoria da estrutura atômica e molecular foi desenvolvida de maneira independente e quase simultânea por três homens em 1926: Erwin Schrödinger, Werner Heisenberg e Paul Dirac. Essa teoria, chamada de **mecânica ondulatória** por Schrödinger e de **mecânica quântica** por Heisenberg, tornou-se a base a partir da qual deriva nossa compreensão moderna das ligações das moléculas. Na essência da mecânica quântica se encontram as equações das chamadas funções de onda (simbolizadas pela letra grega **psi**, ψ).

- Cada **função de onda** (ψ) corresponde a um diferente *estado de energia* de um elétron.
- Cada *estado de energia* é um subnível no qual um ou dois elétrons podem existir.
- A **energia** associada ao estado de um elétron pode ser calculada a partir da função de onda.

FIGURA 1.6 Uma onda movendo-se em um lago é vista por uma fatia transversal ao longo do lago. Para essa onda, a função de onda, ψ, é positiva (+) nas cristas e negativa (−) nas depressões. No nível médio do lago, é zero; esses lugares são chamados de nós. A magnitude das cristas e das depressões é a amplitude (a) da onda. A distância entre a crista de uma onda e a crista da próxima é o comprimento de onda (λ, ou lambda).

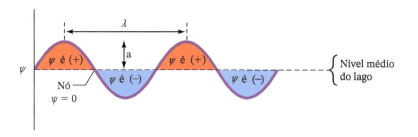

- A **probabilidade relativa** de se encontrar um elétron em certa região do espaço pode ser calculada a partir da função de onda (Seção 1.10).
- A solução para uma função de onda pode ser positiva, negativa ou zero (**Fig. 1.6**).
- O **sinal da fase** de uma equação de onda indica se a solução é positiva ou negativa quando calculada para dado ponto no espaço em relação ao núcleo.

As funções de onda, tanto para ondas sonoras, ondas em um lago ou a energia de um elétron, têm a possibilidade de interferência construtiva e de interferência destrutiva.

- A **interferência construtiva** ocorre quando funções de onda com mesmo sinal da fase interagem. Há um *efeito aditivo*, e a amplitude da função de onda aumenta.
- A **interferência destrutiva** ocorre quando funções de onda com sinais da fase opostos interagem. Há um *efeito subtrativo*, e a amplitude da função de onda vai a zero ou muda de sinal.

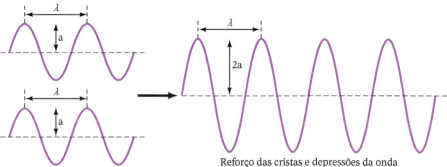

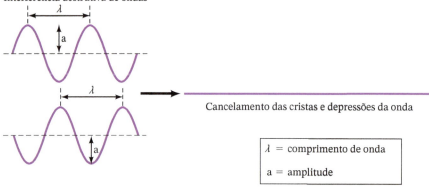

Experimentos mostram que os elétrons possuem propriedades de ondas e de partículas, hipótese enunciada por Louis de Broglie em 1923. Contudo, nossa discussão tem como foco as propriedades ondulatórias dos elétrons.

1.10 Orbitais Atômicos e Configuração Eletrônica

Uma interpretação física relacionada com a função de onda do elétron foi apresentada por Max Born em 1926:

- O quadrado da função de onda (ψ^2) em uma localização x, y, z específica expressa a probabilidade de se encontrar um elétron naquela localização do espaço.

Se o valor de ψ^2 for grande para uma unidade de volume do espaço, a probabilidade de se encontrar um elétron naquele volume será alta – dizemos que a **densidade de probabilidade eletrônica** será grande. Em contrapartida, se ψ^2 for pequena para alguma outra unidade de volume do espaço, a probabilidade de se encontrar um elétron nessa unidade será baixa.* Esse fato leva à definição geral de um orbital e, por extensão, às formas familiares dos orbitais atômicos.

- Um **orbital** é a região do espaço na qual a probabilidade de se encontrar um elétron é alta.
- Os **orbitais atômicos** são representações gráficas de ψ^2 em três dimensões, que produzem os formatos familiares dos orbitais s, p e d.

Os volumes que mostramos são aqueles que conteriam o elétron durante 90 a 95% do tempo. Existe uma probabilidade finita, porém muito pequena, de se encontrar um elétron em distâncias maiores em relação ao núcleo que as mostradas nos gráficos.

As formas dos orbitais s e p são mostradas na **Fig. 1.7**.

Todos os **orbitais s** são esferas. O orbital 1s é uma esfera simples. O 2s é uma esfera com superfície nodal interna ($\psi^2 = 0$). A parte interna do orbital 2s, ψ_{2s}, tem o sinal da fase negativo.

A forma de um **orbital p** é a de duas esferas, ou lóbulos, que quase se tocam. O sinal da fase da função de onda 2p, ψ_{2p}, é positivo em um dos lóbulos e negativo no outro. Um plano nodal separa os dois lóbulos de um orbital p, e os três orbitais p de determinado nível de energia são distribuídos no espaço ao longo dos eixos x, y e z no sistema de coordenadas cartesianas.

- Os sinais + e – das funções de onda não significam cargas positiva e negativa ou maior e menor probabilidade de se encontrar um elétron.
- ψ^2 (a probabilidade de se encontrar um elétron) é sempre positiva, pois elevar ao quadrado tanto a solução de ψ positiva quanto a negativa conduz a um valor positivo.

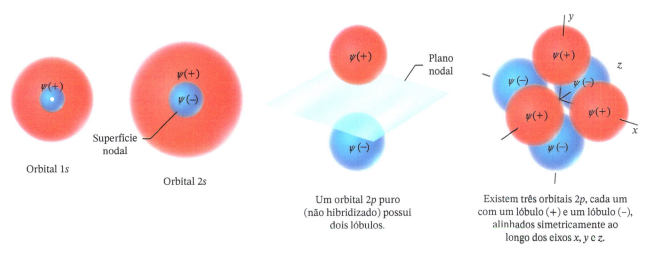

FIGURA 1.7 Formas de alguns orbitais s e p. Os orbitais p puros, sem hibridização, são esferas que quase se tocam. Os orbitais p em átomos hibridizados têm formas de lóbulos (Seção 1.13).

---

*A integral de ψ^2 para todo o espaço tem de ser igual a 1; ou seja, a probabilidade de se encontrar um elétron em algum lugar em todo o espaço é de 100%.

Assim, a probabilidade de se encontrar um elétron em ambos os lóbulos de um orbital *p* é a mesma. Veremos os significados dos sinais + e – mais tarde, quando estudarmos como os orbitais atômicos se combinam para formar orbitais moleculares.

1.10A Configurações Eletrônicas

As energias relativas dos orbitais atômicos na primeira e na segunda camadas principais são:

- Os elétrons nos orbitais 1*s* possuem a menor energia, pois estão mais próximos do núcleo positivo.
- Os elétrons nos orbitais 2*s* vêm a seguir na ordem de energia crescente.
- Os elétrons nos três orbitais 2*p* têm energias iguais, mas maiores que a do orbital 2*s*.
- Os orbitais com mesma energia (como os três orbitais 2*p*) são chamados de **orbitais degenerados**.

Podemos utilizar essas energias relativas para chegar à configuração eletrônica de qualquer átomo dos dois primeiros períodos da tabela periódica. Precisamos apenas seguir algumas regras simples.

1. **Princípio Aufbau** (princípio da *construção*): Os orbitais são preenchidos de forma que os de mais baixa energia sejam preenchidos primeiro.

2. **Princípio da exclusão de Pauli**: No máximo dois elétrons podem ser colocados em cada orbital, *mas somente quando os spins dos elétrons estiverem emparelhados*. Um elétron gira ao redor do próprio eixo, movimento denominado spin. Por motivos que não serão vistos aqui, somente é permitido a um elétron ter uma ou outra de duas orientações de spin possíveis, geralmente indicadas por setas, ↑ ou ↓. Desse modo, dois elétrons de spins emparelhados seriam representados por ↑↓. Os elétrons desemparelhados, não permitidos em um mesmo orbital, são simbolizados por ↑↑ (ou ↓↓).

3. **Regra de Hund**: Quando obtemos orbitais de mesma energia (orbitais degenerados), como os três orbitais *p*, adicionamos um elétron a cada orbital *com seus spins desemparelhados* até que cada um dos orbitais degenerados contenha um elétron. (Isso permite que os elétrons, que se repelem mutuamente, fiquem bem afastados.) Então adicionamos um segundo elétron a cada orbital degenerado para que os spins fiquem emparelhados.

Se aplicarmos essas regras a alguns dos elementos do segundo período da tabela periódica, chegaremos aos resultados mostrados na **Fig. 1.8**.

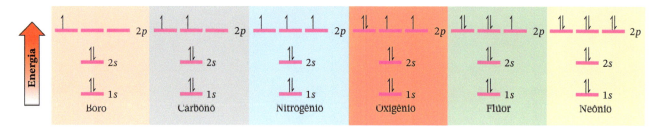

FIGURA 1.8 Configurações eletrônicas no estado fundamental de alguns elementos do segundo período.

1.11 Orbitais Moleculares

Os orbitais atômicos fornecem meios para o entendimento de como os átomos formam ligações covalentes. Vamos considerar um caso muito simples – a formação da ligação entre dois átomos de hidrogênio para produzir uma molécula de hidrogênio (**Fig. 1.9**).

Quando dois átomos de hidrogênio estão relativamente distantes, a energia total é simplesmente a dos dois átomos de hidrogênio isolados (**I**). Entretanto, a formação de uma ligação covalente reduz a energia total do sistema. À medida que os dois átomos de hidrogênio se

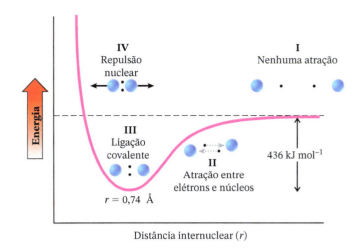

FIGURA 1.9 Energia potencial da molécula de hidrogênio em função da distância internuclear.

aproximam (**II**), cada núcleo atrai cada vez mais o elétron do outro. Essa atração mais do que compensa a força repulsiva entre os dois núcleos (ou entre os dois elétrons). O resultado é uma ligação covalente (**III**), de tal forma que a distância internuclear é o balanço ideal que permite que os dois elétrons sejam compartilhados por ambos os átomos, enquanto, ao mesmo tempo, evita interações repulsivas entre seus núcleos. A distância internuclear ideal entre os átomos de hidrogênio é de 0,74 Å, e a chamamos de **comprimento de ligação** da molécula de hidrogênio. Se os núcleos se aproximam (**IV**), a repulsão entre os dois núcleos carregados positivamente predomina, e a energia do sistema aumenta.

Observe que cada H· possui uma área sombreada em torno de si, indicando que sua posição exata é incerta. Os elétrons estão em constante movimento.

- De acordo com o **princípio da incerteza de Heisenberg**, não podemos saber simultaneamente a posição e o momento de um elétron.

Essas áreas sombreadas em nosso diagrama representam orbitais e resultam da aplicação dos princípios da mecânica quântica. A representação gráfica do quadrado da função de onda (ψ^2) fornece uma região tridimensional chamada orbital, na qual é altamente provável encontrar um elétron.

- Um **orbital atômico** representa a região do espaço na qual é provável encontrar um ou dois elétrons de um átomo isolado.

No caso do modelo anterior para o hidrogênio, as esferas sombreadas representam os orbitais 1s de cada átomo de hidrogênio. À medida que os átomos de hidrogênio se aproximam, seus orbitais 1s começam a se sobrepor, até que seus orbitais atômicos se combinam para formar orbitais moleculares.

- Um **orbital molecular (OM)** representa a região do espaço na qual é provável encontrar um ou dois elétrons de uma molécula.
- Um orbital (atômico ou molecular) pode conter no máximo dois elétrons emparelhados (princípio da exclusão de Pauli).
- Quando orbitais atômicos se combinam para formar orbitais moleculares, **o número de orbitais moleculares resultantes é sempre igual ao número de orbitais atômicos que se combinam.**

Portanto, na formação da molécula de hidrogênio, os dois orbitais atômicos ψ_{1s} se combinam para produzir dois orbitais moleculares. Resultam dois orbitais porque as propriedades matemáticas das funções de onda permitem que elas sejam combinadas tanto por adição quanto por subtração. Isto é, elas podem se combinar em fase ou fora de fase.

- Um **orbital molecular ligante** ($\psi_{molecular}$) é o resultado da sobreposição de dois orbitais com a mesma fase (**Fig. 1.10**).
- Um **orbital molecular antiligante** ($\psi^*_{molecular}$) é o resultado da sobreposição de dois orbitais com fases opostas (**Fig. 1.11**).

FIGURA 1.10 (*a*) Sobreposição de dois orbitais atômicos 1*s* de hidrogênio com o mesmo sinal da fase (indicado por suas cores idênticas) para formar um orbital molecular ligante. (*b*) A sobreposição análoga de duas ondas com mesma fase resulta na interferência construtiva e no aumento de amplitude.

FIGURA 1.11 (*a*) Sobreposição de dois orbitais atômicos 1*s* de hidrogênio com sinais da fase opostos (indicado por suas cores diferentes) para formar um orbital molecular antiligante.
(*b*) A sobreposição análoga de duas ondas com sinais opostos resulta na interferência destrutiva e na diminuição de amplitude. Um nó ocorre quando o cancelamento completo entre as duas fases opostas torna o valor das funções de onda combinadas igual a zero.

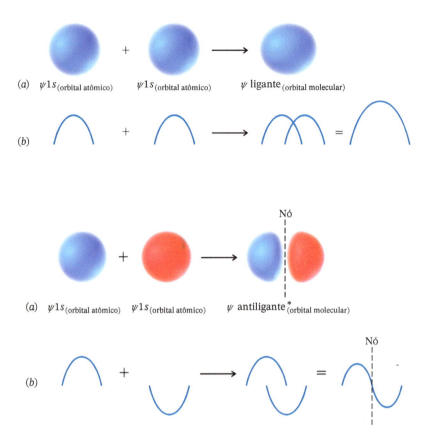

O orbital molecular ligante da molécula de hidrogênio, em seu estado de mais baixa energia (fundamental), contém ambos os elétrons dos átomos de hidrogênio individuais. O valor de ψ (e, portanto, de ψ^2) é grande entre os núcleos, exatamente como esperado, uma vez que os elétrons são compartilhados por ambos os núcleos para formar a ligação covalente.

O orbital molecular antiligante da molécula de hidrogênio no estado fundamental não contém elétrons. Além disso, o valor de ψ (e, portanto, também de ψ^2) vai a zero entre os núcleos, criando um nó ($\psi = 0$). O orbital antiligante não contribui para a densidade eletrônica entre os átomos e, portanto, não está envolvido na ligação.

O que acabamos de descrever tem sua contrapartida em um tratamento matemático chamado de método **CLOA (combinação linear de orbitais atômicos)**. No tratamento CLOA, as funções de onda dos orbitais atômicos são combinadas de maneira linear (pela adição ou subtração), de modo a se obterem novas funções de onda para os orbitais moleculares.

Os orbitais moleculares, tais como os orbitais atômicos, correspondem a estados de energia específicos para um elétron. Cálculos mostram que a energia relativa de um elétron no orbital molecular ligante da molécula de hidrogênio é substancialmente menor que sua energia em um orbital atômico ψ_{1s}. Esses cálculos mostram também que a energia de um elétron no orbital molecular antiligante é substancialmente maior que sua energia em um orbital atômico ψ_{1s}.

A **Fig. 1.12** mostra um diagrama de energia para os orbitais moleculares da molécula de hidrogênio. Observe que os elétrons são colocados nos orbitais moleculares da mesma forma que o foram nos orbitais atômicos. Dois elétrons (com spins opostos) ocupam o orbital molecular ligante, no qual sua energia total é menor que nos orbitais atômicos separados. Trata-se, conforme foi dito, do *estado eletrônico mais baixo* ou do *estado fundamental* da molécula de hidrogênio. Um elétron pode ocupar o orbital antiligante no chamado *estado excitado* da molécula, que se forma quando a molécula no estado fundamental (Fig. 1.12) absorve um fóton de luz de energia apropriada (ΔE).

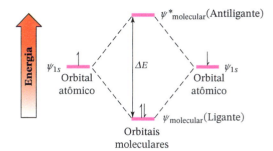

FIGURA 1.12 Diagrama de energia para a molécula de hidrogênio. A combinação de dois orbitais atômicos, ψ_{1s}, produz dois orbitais moleculares, $\psi_{molecular}$ e $\psi^*_{molecular}$. A energia do $\psi_{molecular}$ é mais baixa que a dos orbitais atômicos separados e, no estado de mais baixa energia eletrônica da molécula de hidrogênio, o OM ligante contém ambos os elétrons.

1.12 Estruturas do Metano e do Etano: Hibridização *sp*³

Os orbitais *s* e *p* utilizados na descrição do átomo de carbono de acordo com a mecânica quântica, Seção 1.10, foram baseados em cálculos para os átomos de hidrogênio. Esses orbitais *s* e *p* simples não fornecem, quando considerados individualmente, um modelo satisfatório para o carbono *tetravalente–tetraédrico* do metano (CH_4). Entretanto, um modelo satisfatório da estrutura do metano, baseado na mecânica quântica, *pode* ser obtido por uma abordagem denominada **hibridização (ou hibridação) de orbitais**. A hibridização de orbitais, em termos mais simples, nada mais é que uma abordagem matemática que envolve a combinação de funções de onda individuais dos orbitais *s* e *p* para obter funções de onda para novos orbitais. Os novos orbitais têm, *em proporções variadas*, as propriedades dos orbitais originais considerados separadamente e são chamados de **orbitais atômicos híbridos**.

De acordo com a mecânica quântica, a configuração eletrônica de um átomo de carbono em seu estado de mais baixa energia – denominado **estado fundamental** – é:

$$C \quad \underline{\uparrow\downarrow}_{1s} \quad \underline{\uparrow\downarrow}_{2s} \quad \underline{\uparrow}_{2p_x} \quad \underline{\uparrow}_{2p_y} \quad 2p_z$$

Estado fundamental de um átomo de carbono

Os elétrons de valência de um átomo de carbono (os utilizados na ligação) são aqueles do *nível mais externo*, isto é, os elétrons $2s$ e $2p$.

1.12A Estrutura do Metano

Os orbitais atômicos híbridos que exercem um papel na estrutura do metano podem ser obtidos pela combinação das funções de onda dos orbitais *s* e *p* da segunda camada do carbono da seguinte maneira (**Fig. 1.13**):

- As funções de onda para os orbitais $2s$, $2p_x$, $2p_y$ e $2p_z$, do carbono no estado fundamental, são misturadas para formar quatro orbitais híbridos novos e equivalentes $2sp^3$.
- O símbolo **sp^3** significa que o orbital híbrido possui uma parte do caráter do orbital *s* e três partes do caráter do orbital *p*.
- O resultado matemático é que os quatro orbitais $2sp^3$ são orientados em ângulos de 109,5° entre si. Essa é precisamente a orientação espacial dos quatro átomos de hidrogênio do metano. Cada um dos ângulos de ligação H—C—H é de 109,5°.

Se imaginarmos a formação hipotética do metano a partir de um átomo de carbono com hibridização sp^3 e quatro átomos de hidrogênio, o processo pode ser semelhante ao da **Fig. 1.14**. Por uma questão de simplicidade, mostramos apenas a formação do **orbital molecular ligante** para cada ligação carbono–hidrogênio. Vemos que um carbono com hibridização sp^3 fornece uma *estrutura tetraédrica para o metano com quatro ligações C–H equivalentes*.

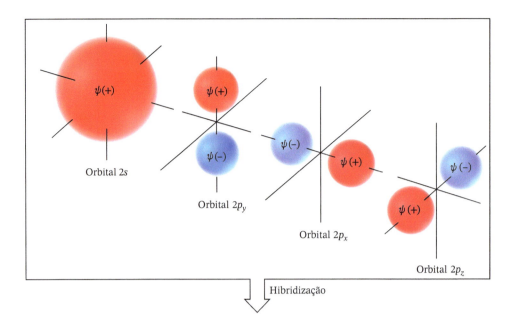

FIGURA 1.13 Hibridização dos orbitais atômicos puros de um átomo de carbono para produzir orbitais híbridos sp^3.

FIGURA 1.14 Formação hipotética do metano a partir de um átomo de carbono com hibridização sp^3 e quatro átomos de hidrogênio. Na hibridização de orbitais, combinamos os orbitais, *não* os elétrons. Os elétrons podem ser colocados nos orbitais híbridos de acordo com a necessidade de formação de ligações, mas sempre em concordância com o princípio da exclusão de Pauli de que, no máximo, dois elétrons (com spins opostos) ocupem cada um dos orbitais. Nesta ilustração, colocamos um elétron em cada um dos orbitais híbridos do carbono. Além disso, mostramos somente o orbital molecular ligante de cada ligação C—H, pois esses são os que contêm os elétrons no estado de mais baixa energia da molécula.

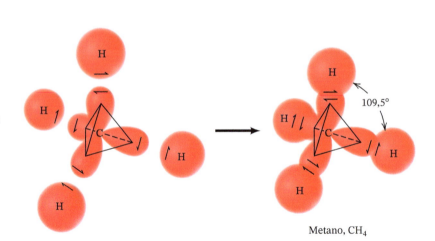

Além de explicar adequadamente a forma do metano, o modelo de hibridização dos orbitais também esclarece as ligações muito fortes formadas entre o carbono e o hidrogênio. Para observar isso, considere a forma do orbital sp^3 individual, mostrada na **Fig. 1.15**. Uma vez que o orbital sp^3 tem o caráter de um orbital p, o lóbulo positivo do orbital sp^3 é grande e estende-se relativamente para longe do núcleo do carbono.

É o lóbulo positivo do orbital sp^3 que se sobrepõe ao orbital positivo $1s$ do hidrogênio para formar o orbital molecular ligante de uma ligação carbono–hidrogênio (**Fig. 1.16**).

Como o lóbulo positivo do orbital sp^3 é grande e se estende no espaço, a sobreposição entre ele e o orbital $1s$ do hidrogênio também é grande, e a ligação carbono–hidrogênio resultante é bastante forte.

A ligação formada pela sobreposição de um orbital sp^3 e um orbital $1s$ é um exemplo de uma **ligação sigma (σ)** (**Fig. 1.17**).

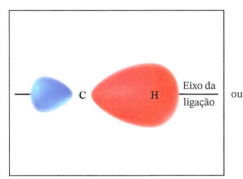

FIGURA 1.15 Forma de um orbital sp^3.

FIGURA 1.16 Formação de uma ligação C—H.

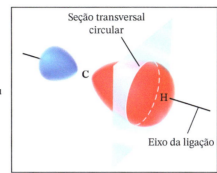

FIGURA 1.17 Uma ligação σ (sigma).

- A **ligação sigma (σ)** possui o orbital esfericamente simétrico na seção transversal quando ao longo da ligação entre os dois átomos.
- Todas as **ligações** inteiramente **simples** são ligações sigma.

Deste ponto em diante, mostraremos com frequência somente os orbitais moleculares ligantes, uma vez que são eles que contêm os elétrons quando a molécula está em seu estado de mais baixa energia. A consideração dos orbitais antiligantes é importante quando uma molécula absorve luz e também para explicar algumas reações. Abordaremos essas situações mais tarde.

Na Fig. 1.18, mostramos uma estrutura calculada para o metano, na qual a geometria tetraédrica obtida a partir da hibridização dos orbitais pode ser claramente vista.

1.12B Estrutura do Etano

Os ângulos de ligação nos átomos de carbono do etano e de todos os alcanos também são tetraédricos, como os do metano. Um modelo satisfatório para o etano pode ser fornecido pelos átomos de carbono com hibridização sp^3. A Fig. 1.19 ilustra de que maneira os orbitais moleculares ligantes da molécula de etano são construídos a partir de dois átomos de carbono com hibridização sp^3 e seis átomos de hidrogênio.

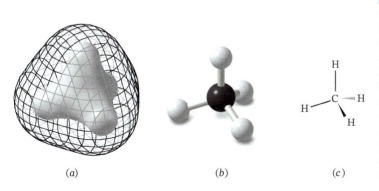

FIGURA 1.18 (a) Nesta estrutura do metano, baseada em cálculos da mecânica quântica, a superfície sólida interna representa uma região de alta densidade eletrônica. Alta densidade eletrônica é encontrada em cada região da ligação. A superfície reticulada externa representa, aproximadamente, os limites externos da superfície com a densidade eletrônica total da molécula. (b) Este modelo de bola e vareta do metano pode ser construído com um *kit* de montagem de modelo molecular. (c) Esta estrutura é a forma de representação do metano. Os traços normais são utilizados para mostrar as duas ligações que se encontram no plano do papel; o traço na forma de cunha sólida mostra a ligação que se encontra à frente do plano do papel; e o traço na forma de cunha tracejada, a ligação atrás do plano do papel.

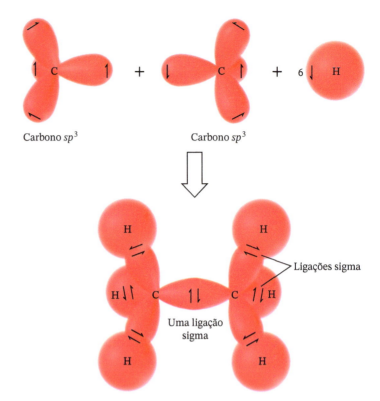

FIGURA 1.19 Formação hipotética dos orbitais moleculares ligantes do etano a partir de dois átomos de carbono com hibridização sp^3 e seis átomos de hidrogênio. Todas as ligações são ligações sigma. (Os orbitais moleculares sigma antiligantes – chamados de orbitais σ^* – também são formados em cada situação, mas, em prol da simplificação, não são mostrados.)

A ligação carbono–carbono do etano é uma *ligação sigma* com simetria cilíndrica em torno do eixo de ligação, formada pela sobreposição de dois orbitais sp^3 do carbono. (As ligações carbono–hidrogênio também são ligações sigma, formadas pela sobreposição de orbitais sp^3 do carbono e orbitais s dos hidrogênios.)

- A rotação de grupos unidos por ligações simples geralmente não requer grande quantidade de energia.

Consequentemente, os grupos unidos por ligações simples giram relativamente livres uns em relação aos outros. (Discutiremos esse ponto mais tarde, na Seção 4.8.) Na **Fig. 1.20**, mostramos uma estrutura calculada para o etano na qual a geometria tetraédrica, obtida pela hibridização de orbitais, pode ser claramente vista.

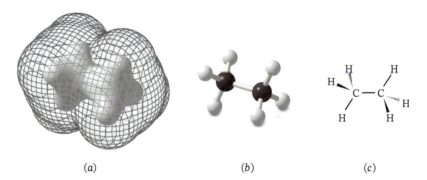

FIGURA 1.20 (*a*) Nessa estrutura do etano, baseada em cálculos da mecânica quântica, a superfície sólida interna representa uma região de alta densidade eletrônica. Alta densidade eletrônica é encontrada em cada região de ligação. A superfície reticulada externa representa, aproximadamente, os limites externos da superfície com a densidade eletrônica total da molécula. (*b*) Um modelo de bola e vareta do etano pode ser construído com um *kit* de montagem de modelo molecular. (*c*) Fórmula estrutural do etano, da maneira que você a desenharia para mostrar a geometria tetraédrica em cada carbono em três dimensões, utilizando traços, cunhas e cunhas tracejadas.

A Química Fundamental de... Modelos Moleculares Calculados: Superfícies de Densidade Eletrônica

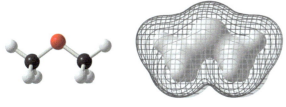

Dimetil éter

Neste livro, faremos uso frequente de modelos moleculares obtidos de cálculos da mecânica quântica, que nos ajudarão a visualizar as geometrias das moléculas, bem como a entender suas propriedades e reatividades. Um tipo útil de modelo é o que mostra uma superfície tridimensional calculada, em que um valor escolhido de densidade eletrônica é o mesmo ao redor de toda a molécula. Essa é a chamada **superfície de densidade eletrônica**. Se fizermos uma representação gráfica com o valor escolhido para uma densidade eletrônica baixa, o resultado será uma superfície de van der Waals, que representa aproximadamente a forma total da molécula determinada pelos limites externos de sua nuvem eletrônica. Por outro lado, se fizermos uma representação gráfica cujo valor escolhido de densidade eletrônica seja relativamente alto, a superfície resultante será a que representa aproximadamente a região da ligação covalente em uma molécula. As superfícies de densidades eletrônicas baixas e altas são mostradas neste boxe para o dimetil éter. Modelos similares são mostrados para o metano e o etano nas Figs. 1.18 e 1.20.

1.13 Estrutura do Eteno (Etileno): Hibridização *sp²*

Os átomos de carbono de muitas das moléculas que consideramos até aqui utilizaram seus quatro elétrons de valência para formar quatro ligações covalentes simples (sigma) com outros quatro átomos. Entretanto, descobrimos que existem muitos compostos orgânicos importantes nos quais os átomos de carbono partilham mais que dois elétrons com outro átomo. Nas moléculas desses compostos, algumas ligações formadas são covalentes múltiplas. Quando dois átomos de carbono compartilham dois pares de elétrons, por exemplo, o resultado é uma ligação dupla carbono–carbono:

Os hidrocarbonetos cujas moléculas contêm uma ligação dupla carbono–carbono são chamados **alquenos**. O eteno (C_2H_4) e o propeno (C_3H_6) são, ambos, alquenos. O eteno é também chamado de etileno, e o propeno algumas vezes de propileno.

Eteno   **Propeno**

No eteno, a única ligação carbono–carbono é uma ligação dupla. O propeno tem uma ligação simples carbono–carbono e uma ligação dupla carbono–carbono.

O arranjo espacial dos átomos dos alquenos é diferente daquele dos alcanos. Os seis átomos do eteno são coplanares, e o arranjo dos átomos ao redor de cada átomo de carbono é triangular (**Fig. 1.21**).

- As ligações duplas carbono–carbono são constituídas de átomos de carbono com hibridização *sp²*.

A mistura matemática de orbitais que fornece os **orbitais *sp²*** para nosso modelo pode ser visualizada na **Fig. 1.22**. O orbital 2*s* é misturado matematicamente (ou hibridizado) com dois dos orbitais 2*p*. (O procedimento de hibridização aplica-se somente aos orbitais, não aos elétrons.) Um orbital 2*p* é mantido sem hibridização. Um elétron é, então, colocado em cada um dos orbitais híbridos *sp²*, e um elétron permanece no orbital 2*p*.

FIGURA 1.21 Estrutura e ângulos de ligação do eteno. O plano dos átomos é perpendicular ao plano do papel. As ligações representadas por cunhas tracejadas se projetam para a parte de trás do plano do papel, e as ligações representadas por cunhas sólidas, para a parte da frente do plano do papel.

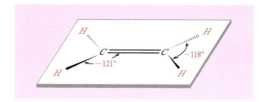

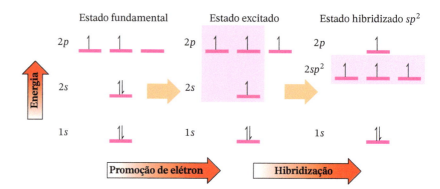

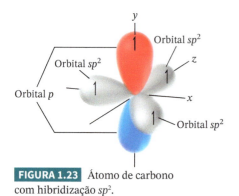

FIGURA 1.22 Processo para obter átomos de carbono com hibridização sp^2.

FIGURA 1.23 Átomo de carbono com hibridização sp^2.

Os três orbitais sp^2 que resultam da hibridização estão direcionados para os vértices de um triângulo regular (com ângulos de 120° entre eles). O orbital p não hibridizado do carbono fica perpendicular ao plano do triângulo formado pelos orbitais híbridos sp^2 (**Fig. 1.23**).

Em nosso modelo para o eteno (**Fig. 1.24**), vemos o seguinte:

- Os dois átomos de carbono com hibridização sp^2 formam uma ligação sigma (σ) entre eles por meio da sobreposição de um orbital sp^2 de cada carbono. Os orbitais sp^2 restantes dos átomos de carbono formam ligações σ com os quatro átomos de hidrogênio por meio da sobreposição com os orbitais 1s dos hidrogênios. Essas cinco ligações σ contam com 10 dos 12 elétrons de valência utilizados pelos dois carbonos e os quatro hidrogênios e constituem o **esqueleto de ligações** σ da molécula.
- Os dois elétrons ligantes restantes estão localizados nos orbitais p não hibridizados de cada carbono. A sobreposição lateral desses orbitais p, mostrada esquematicamente na **Fig. 1.25**, e o compartilhamento de dois elétrons entre os carbonos levam à formação de uma **ligação pi (π)**.

Os ângulos de ligação que podemos prever com base nos átomos de carbono com hibridização sp^2 (120° ao redor de todos) são bem próximos dos realmente encontrados (Fig. 1.21).

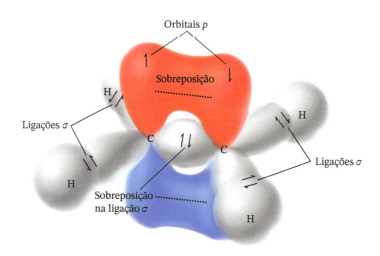

FIGURA 1.24 Modelo para os orbitais moleculares ligantes do eteno formados a partir de dois átomos de carbono com hibridização sp^2 e quatro átomos de hidrogênio.

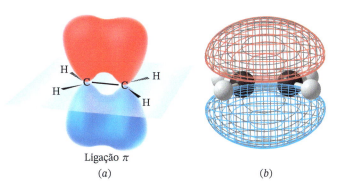

FIGURA 1.25 (a) Fórmula com cunhas sólida e tracejada para as ligações sigma no eteno e a representação esquemática da sobreposição dos orbitais p adjacentes que formam a ligação π. (b) Estrutura calculada para o eteno. As cores azul e vermelha indicam sinais opostos de fase em cada lóbulo do orbital molecular π. Um modelo de bola e vareta para as ligações σ no eteno pode ser visto entre o reticulado que indica a ligação π.

Podemos visualizar melhor como esses orbitais p interagem se olharmos a estrutura que mostra os orbitais moleculares calculados para o eteno (Fig. 1.25). Vemos que os orbitais p paralelos *se sobrepõem acima e abaixo do plano do esqueleto σ*.

Observe a diferença no formato do orbital molecular ligante de uma ligação π em contraste com o de uma ligação σ. Uma ligação σ tem simetria cilíndrica ao redor da linha que conecta os dois núcleos que participam da ligação. Uma ligação π tem um plano nodal que passa pelos dois núcleos que participam da ligação e entre os lóbulos do orbital molecular π.

- Quando dois orbitais atômicos p se combinam para formar uma ligação π, dois **orbitais moleculares π** são formados: um é o molecular ligante, o outro, o **orbital molecular antiligante**.

O orbital molecular π ligante é formado quando os lóbulos de mesmo sinal dos orbitais p se sobrepõem; e o orbital molecular π antiligante é formado quando a sobreposição acontece com os lóbulos de sinais opostos (Fig. 1.26).

O orbital π ligante é aquele de energia mais baixa e contém ambos os elétrons π (com spins opostos) no estado fundamental da molécula. A região mais provável de se encontrarem os elétrons no orbital π ligante é geralmente situada acima e abaixo do plano do esqueleto de ligações σ entre os dois átomos de carbono. O orbital π* antiligante é de mais alta energia e não está ocupado por elétrons quando a molécula está no estado fundamental. Contudo, poderá ser ocupado se a molécula absorver luz com frequência correta e se um elétron for promovido do nível de menor energia para um de mais alta energia. O orbital π* antiligante possui um plano nodal entre os dois átomos de carbono.

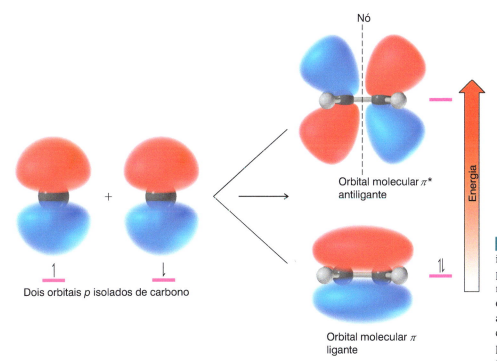

FIGURA 1.26 Como dois orbitais p isolados do carbono se combinam para formar dois orbitais moleculares π (pi). O OM ligante é o de mais baixa energia. O OM antiligante, de mais alta energia, contém um nó adicional. Ambos possuem um nó no plano que contém os átomos de C e H.

As energias relativas dos elétrons envolvidos em ligações σ e π

- Em resumo, uma ligação dupla carbono–carbono consiste em uma ligação σ e uma ligação π.

A ligação σ é o resultado da sobreposição frontal de dois orbitais sp^2 e é simétrica em torno do eixo de ligação entre os dois átomos de carbono. A ligação π é o resultado da sobreposição lateral de dois orbitais p e tem um plano nodal semelhante a um orbital p. No estado fundamental, os elétrons da ligação π estão localizados entre os dois átomos de carbono, mas geralmente acima ou abaixo do plano do esqueleto de ligações σ.

Os elétrons da ligação π possuem energia maior que os da ligação σ. As energias relativas entre os orbitais moleculares σ e π (com os elétrons no estado fundamental) são mostradas no diagrama da margem. O orbital σ* é o **orbital sigma** antiligante.

1.13A Rotação Restrita e Ligação Dupla

O modelo σ–π para a ligação dupla carbono–carbono também explica uma importante propriedade da **ligação dupla**:

- Há uma grande barreira de energia para a rotação associada a grupos unidos por uma ligação dupla.

A sobreposição máxima entre os orbitais p de uma ligação π ocorre quando os eixos dos orbitais p são exatamente paralelos. Rodando um carbono da ligação dupla em 90° (**Fig. 1.27**), ocorre a quebra da ligação π, uma vez que os eixos dos orbitais p ficam perpendiculares e não existe sobreposição entre eles. Estimativas baseadas em cálculos termoquímicos indicam que a força da ligação π é 264 kJ mol^{-1}. Essa, então, é a barreira para a rotação da ligação dupla, acentuadamente mais alta que a barreira de rotação de grupos unidos por ligações simples carbono–carbono (13–26 kJ mol^{-1}). Enquanto os grupos unidos por ligações simples giram relativamente livres à temperatura ambiente, aqueles unidos por ligações duplas não giram.

1.13B Isomerismo Cis–Trans

A rotação restrita de grupos unidos por uma ligação dupla provoca um novo tipo de isomerismo, que ilustramos com os dois dicloroetenos descritos pelas seguintes estruturas:

cis-1,2-Dicloroeteno   *trans*-1,2-Dicloroeteno

- Esses dois compostos são isômeros; são compostos diferentes com a mesma fórmula molecular.

Podemos mostrar que eles são compostos diferentes ao tentar colocar o modelo de um composto sobre o do outro, de tal forma que todas as partes coincidam; isto é, ao tentar **sobrepô-los**. Descobrimos não ser possível. Se um tivesse sido **sobreponível** ao outro, todas as partes de um modelo corresponderiam, nas três dimensões, exatamente às do outro.

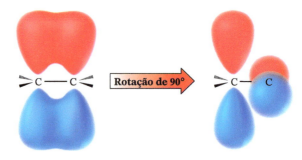

FIGURA 1.27 Representação estilizada de como a rotação de um ângulo de 90° de um átomo de carbono de uma ligação dupla resulta na quebra da ligação π.

(*A noção de sobreposição é diferente da mera superposição*. A última significa somente assentar um sobre o outro, sem a condição necessária de que todas as partes coincidam.)

- Indicamos que são isômeros diferentes pela adição dos prefixos cis ou trans a seus nomes (*cis*, do latim: desse lado; *trans*, do latim: através).

O *cis*-1,2-dicloroeteno e o *trans*-1,2-dicloroeteno não são isômeros constitucionais, uma vez que a ligação entre os átomos é a mesma em cada um. Os dois compostos **diferem somente na distribuição de seus átomos no espaço**. Os isômeros desse tipo são classificados formalmente como **estereoisômeros**, mas frequentemente são chamados apenas de isômeros cis–trans. (O estereoisomerismo será estudado com detalhes nos Capítulos 4 e 5.)

As exigências estruturais para o **isomerismo cis–trans** tornam-se claras quando consideramos alguns poucos exemplos adicionais. O 1,1-dicloroeteno e o 1,1,2-tricloroeteno não apresentam esse tipo de isomerismo.

1,1-Dicloroeteno
(não apresenta isomerismo cis-trans)

1,1,2-Tricloroeteno
(não apresenta isomerismo cis-trans)

O 1,2-difluoroeteno e o 1,2-dicloro-1,2-difluoroeteno existem como isômeros cis–trans. Observe que chamamos de cis o isômero com dois grupos idênticos no mesmo lado:

cis-1,2-Difluoroeteno   *trans*-1,2-Difluoroeteno

cis-1,2-Dicloro-1,2-difluoroeteno   *trans*-1,2-Dicloro-1,2-difluoroeteno

Obviamente, portanto, **o isomerismo cis–trans deste tipo não será possível se um átomo de carbono da ligação dupla tiver dois grupos idênticos.**

PROBLEMA RESOLVIDO 1.15

Escreva as estruturas de todos os isômeros do C_3H_5F.

Resposta

Levando em conta o isomerismo cis-trans e a possibilidade de um anel, temos as quatro possibilidades a seguir:

PROBLEMA DE REVISÃO 1.22

Quais dos seguintes alquenos podem existir como isômeros cis–trans? Escreva suas estruturas. Utilize um *kit* de montagem de modelos moleculares de modo a provar que um isômero não é sobreponível ao outro.

(a) $CH_2={=}CHCH_2CH_3$ (c) $CH_2={=}C(CH_3)_2$

(b) $CH_3CH={=}CHCH_3$ (d) $CH_3CH_2CH={=}CHCl$

1.14 Estrutura do Etino (Acetileno): Hibridização *sp*

Os hidrocarbonetos nos quais dois átomos de carbono compartilham três pares de elétrons entre si e estão, portanto, ligados por uma ligação tripla são chamados de **alquinos**. Os dois mais simples são o etino e o propino.

$$H-C\equiv C-H \qquad CH_3-C\equiv C-H$$
Etino   **Propino**
(acetileno)   (C_3H_4)
(C_2H_2)

O etino, composto também chamado de **acetileno**, consiste em um arranjo linear de átomos. Os ângulos das ligações H—C≡C das moléculas de etino são de 180°:

$$H-C\equiv C-H$$
180° 180°

Podemos explicar a estrutura do etino com base na hibridização de orbitais como fizemos para o etano e o eteno. No modelo para o etano (Seção 1.12B), vimos que os orbitais do carbono são híbridos sp^3 e, no modelo para o eteno (Seção 1.13), vimos que são híbridos sp^2. No modelo para o etino, veremos que os átomos de carbono são *híbridos sp*.

O processo matemático para a obtenção dos orbitais híbridos *sp* do etino pode ser visualizado da seguinte maneira (**Fig. 1.28**).

- O orbital 2*s* e um orbital 2*p* do carbono são hibridizados para formar dois **orbitais *sp***.
- Os dois orbitais 2*p* restantes não são hibridizados.

Cálculos mostram que os orbitais híbridos *sp* têm seus grandes lóbulos positivos orientados em um ângulo de 180° um em relação ao outro. Os dois orbitais 2*p*, não hibridizados, são perpendiculares ao eixo que passa pelo centro dos dois orbitais *sp* (**Fig. 1.29**). Posicionamos um elétron em cada orbital.

Prevemos os orbitais moleculares ligantes do etino sendo formados da maneira descrita a seguir (**Fig. 1.30**).

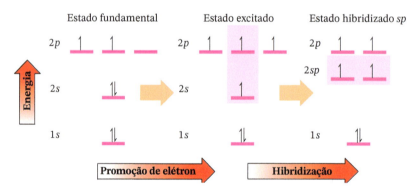

FIGURA 1.28 Processo para obter átomos de carbono com hibridização *sp*.

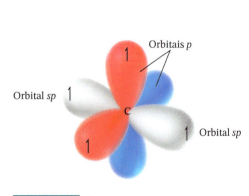

FIGURA 1.29 Átomo de carbono hibridizado *sp*.

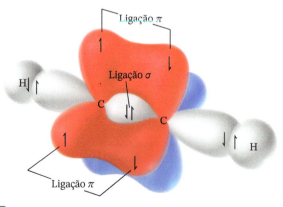

FIGURA 1.30 Formação dos orbitais moleculares do etino a partir de dois átomos de carbono hibridizados *sp* e dois átomos de hidrogênio. (Os orbitais antiligantes também são formados, mas foram omitidos para simplificar.)

- Dois átomos de carbono formam uma ligação sigma entre eles (uma das ligações da ligação tripla) pela sobreposição de dois orbitais *sp*, um de cada átomo. Os dois orbitais *sp* restantes, um em cada átomo de carbono, sobrepõem-se com orbitais *s* dos átomos de hidrogênio para produzir duas ligações sigma C—H.
- Os dois orbitais *p* de cada átomo de carbono também se sobrepõem lateralmente para formar duas ligações π, as outras duas ligações da ligação tripla.
- A ligação tripla carbono–carbono consiste em duas ligações π e uma ligação σ.

As estruturas para o etino baseadas em orbitais moleculares calculados e na densidade eletrônica são mostradas na **Fig. 1.31**. A simetria circular existe ao longo do comprimento da ligação tripla (Fig. 1.31*b*). Como resultado, não existe restrição de rotação de grupos ligados por uma ligação tripla (em comparação com os alquenos), e, se ocorrer rotação, nenhum novo composto será formado.

1.14A Comprimentos de Ligação do Etino, Eteno e Etano

A ligação tripla carbono–carbono do etino é mais curta que a dupla carbono–carbono do eteno, que, por sua vez, é mais curta que a simples carbono–carbono do etano. A razão para esse comportamento é que os **comprimentos de ligação** são afetados pelos estados de hibridização dos átomos de carbono envolvidos.

- Quanto maior for o caráter *s* em um orbital de um ou ambos os átomos, menor será o comprimento da ligação, porque os orbitais *s* são esféricos e possuem, nas vizinhanças do núcleo, uma densidade eletrônica maior que a dos orbitais *p*.
- Quanto maior for o caráter *p* em um orbital de um ou ambos os átomos, mais comprida será a ligação, porque os orbitais *p* possuem o formato de lóbulos com densidade eletrônica que se estende para fora dos núcleos.

Em termos de orbitais híbridos, um orbital híbrido *sp* possui 50% de caráter *s* e 50% de caráter *p*. Um orbital híbrido *sp*² possui 33% de caráter *s* e 67% de caráter *p*. Um orbital híbrido *sp*³ possui 25% de caráter *s* e 75% de caráter *p*. A tendência geral, portanto, é a que se segue:

- Ligações que envolvem híbridos *sp* são mais curtas que as que envolvem híbridos *sp*², que são mais curtas que as que envolvem híbridos *sp*³. Essa tendência é válida para ambas as ligações C—C e C—H.

Os comprimentos de ligação e ângulos de ligação para o etino, o eteno e o etano são resumidos na **Fig. 1.32**.

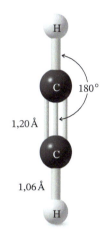

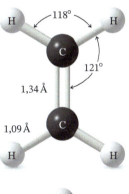

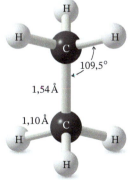

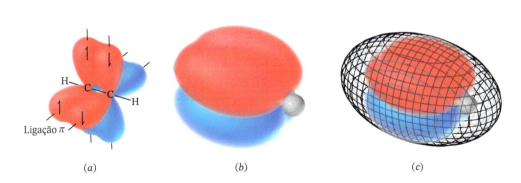

FIGURA 1.31 (*a*) Estrutura do etino (acetileno) que mostra o esqueleto de ligações sigma e a representação esquemática dos dois pares de orbitais *p* que se sobrepõem para formar as duas ligações π do etino. (*b*) Estrutura do etino que mostra orbitais moleculares π calculados. Dois pares de lóbulos dos orbitais moleculares π estão presentes, um para cada ligação π. Os lóbulos vermelhos e azuis em cada ligação π representam sinais de fase opostos. Os átomos de hidrogênio do etino (esferas brancas) podem ser vistos no final da estrutura (os átomos de carbono estão escondidos pelos orbitais moleculares). (*c*) A superfície reticulada nessa estrutura representa aproximadamente a extensão máxima da densidade eletrônica total no etino. Observe que a densidade eletrônica total (mas não os elétrons ligantes π) se estende até ambos os átomos de hidrogênio.

FIGURA 1.32 Ângulos de ligação e comprimentos de ligação do etino, do eteno e do etano.

1.15 Resumo de Conceitos Importantes que Surgiram da Mecânica Quântica

1. Um **orbital atômico (OA)** corresponde a uma região do espaço ao redor do núcleo de um único átomo na qual existe grande probabilidade de se encontrar um elétron. Os orbitais atômicos chamados orbitais *s* são esféricos; os chamados orbitais *p* são semelhantes a duas esferas quase tangentes. Os orbitais podem acomodar no máximo dois elétrons quando seus spins estiverem emparelhados. Os orbitais são descritos pelo quadrado de uma função de onda, ψ^2, e cada orbital tem uma energia característica. Os sinais da fase associados a um orbital podem ser + ou –.

2. Quando orbitais atômicos se sobrepõem, combinam-se para formar **orbitais moleculares (OM)**, que correspondem às regiões do espaço que circundam dois (ou mais) núcleos nas quais os elétrons podem ser encontrados. Da mesma forma que os orbitais atômicos, os orbitais moleculares podem acomodar até dois elétrons se seus spins estiverem emparelhados.

3. Quando os orbitais atômicos com o mesmo sinal da fase interagem, combinam-se para formar um **orbital molecular ligante**:

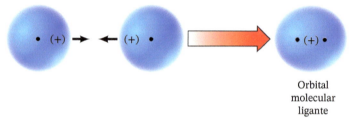

Orbital molecular ligante

A densidade de probabilidade eletrônica de um orbital molecular ligante é grande na região do espaço entre os dois núcleos na qual os elétrons negativos mantêm os núcleos positivos unidos.

4. Um **orbital molecular antiligante** é formado quando os sinais da fase dos orbitais que se sobrepõem são diferentes:

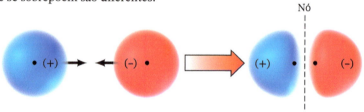

Um orbital antiligante possui uma energia maior que um ligante. A densidade de probabilidade eletrônica da região entre os núcleos é pequena e contém um **nó** – região na qual $\psi = 0$. Assim, a existência de elétrons em um orbital antiligante não ajuda a manter os núcleos unidos. As repulsões internucleares tendem a fazer com que eles se separem.

5. A **energia dos elétrons** em um orbital *molecular* ligante é menor que aquela em seus orbitais *atômicos* separados. A energia dos elétrons no orbital antiligante é maior que a dos elétrons em seus orbitais atômicos separados.

6. O **número de orbitais moleculares** é sempre igual ao número de orbitais atômicos a partir dos quais são formados. A combinação de dois orbitais atômicos sempre produzirá dois orbitais moleculares – um ligante e um antiligante.

7. Os **orbitais atômicos híbridos** são obtidos pela mistura (hibridização) das funções de onda de orbitais de diferentes tipos (isto é, orbitais *s* e *p*), mas de um mesmo átomo.

8. A hibridização de três orbitais *p* com um orbital *s* produz quatro **orbitais *sp*³**. Os átomos com hibridização *sp*³ apontam os eixos de seus quatro orbitais *sp*³ na direção dos vértices de um tetraedro. O carbono do metano tem hibridização *sp*³, e a molécula do metano é **tetraédrica**.

> **DICA ÚTIL**
> Resumo das geometrias dos orbitais híbridos *sp*³, *sp*² e *sp*.

9. A hibridização de dois orbitais *p* com um orbital *s* produz três **orbitais *sp*²**. Os átomos com hibridização *sp*² apontam os eixos de seus três orbitais *sp*² na direção dos vértices de um triângulo equilátero. Os átomos de carbono do eteno têm hibridização *sp*², e o eteno tem geometria **plana triangular**.

10. A hibridização de um orbital *p* com um orbital *s* produz dois **orbitais *sp***. Os átomos com hibridização *sp* apontam os eixos de seus dois orbitais *sp* em sentidos opostos (com ângulo de 180°). Os átomos de carbono do etino têm hibridização *sp*, e o etino é uma molécula **linear**.

11. Uma **ligação sigma (σ)** (tipo de ligação simples) é aquela na qual a densidade eletrônica tem simetria circular quando vista ao longo do eixo de ligação. Em geral, os esqueletos de moléculas orgânicas são construídos por átomos unidos por ligações sigma.

12. Uma **ligação pi (π)**, parte das ligações duplas e triplas carbono–carbono, é aquela na qual as densidades eletrônicas de dois orbitais *p* adjacentes paralelos se sobrepõem lateralmente para formar um orbital molecular ligante pi.

1.16 Como Predizer a Geometria Molecular: Modelo de Repulsão dos Pares de Elétrons na Camada de Valência

Podemos prever o arranjo dos átomos nas moléculas e nos íons com base em uma ideia relativamente simples, denominada **modelo de repulsão dos pares de elétrons na camada de valência (RPECV)**. Aplicamos o modelo **RPECV** da seguinte maneira:

1. Consideramos as moléculas (ou íons) nas quais o átomo central está ligado covalentemente a dois ou mais átomos ou grupos.
2. Consideramos todos os pares de elétrons de valência do átomo central – tanto os compartilhados nas ligações covalentes, chamados de **pares ligantes,** quanto os não compartilhados, chamados de **pares não ligantes, pares não compartilhados** ou **pares isolados**.
3. Uma vez que os pares de elétrons se repelem, os da camada de valência tendem a ficar afastados o máximo possível. A repulsão entre os pares isolados é geralmente maior que entre os pares ligantes.
4. Chegamos à *geometria* da molécula considerando todos os pares de elétrons, ligantes ou isolados, mas descrevemos a *forma* da molécula, ou do íon, levando em consideração as posições dos núcleos (ou átomos), não as dos pares de elétrons.

Nas seções a seguir, consideramos vários exemplos.

1.16A Metano

A camada de valência do metano contém quatro pares de elétrons ligantes. Somente uma orientação tetraédrica permitirá que os quatro pares de elétrons tenham separação máxima possível e igual entre si (**Fig. 1.33**). Qualquer outra orientação, por exemplo, um arranjo plano quadrado, posiciona os pares de elétrons mais próximos entre si. Assim, o metano tem uma forma tetraédrica.

Os ângulos de ligação para qualquer átomo que tenha uma estrutura de um tetraedro regular são de 109,5°. A **Fig. 1.34** mostra uma representação desses ângulos no metano.

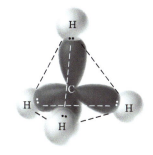

FIGURA 1.33 A forma tetraédrica do metano permite o máximo de separação dos quatro pares de elétrons ligantes.

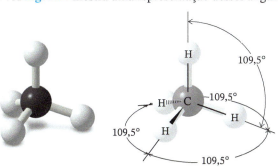

FIGURA 1.34 Os ângulos de ligação do metano são de 109,5°.

FIGURA 1.35 Arranjo tetraédrico dos pares de elétrons de uma molécula de amônia resultante da consideração de que o par de elétrons isolado ocupa um dos vértices. Esse arranjo dos pares de elétrons explica a forma piramidal triangular da molécula de NH₃. O modelo molecular de bola e vareta não mostra os elétrons isolados (não compartilhados).

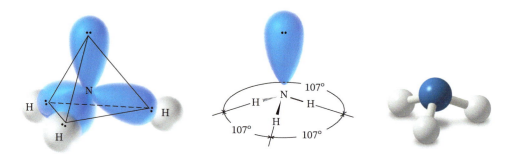

1.16B Amônia

A forma de uma molécula de amônia (NH₃) é uma **pirâmide triangular**. Existem três pares de elétrons ligantes e um par isolado. Os ângulos de ligação em uma molécula de amônia são de 107°, valor muito próximo ao ângulo tetraédrico (109,5°). Podemos escrever uma estrutura tetraédrica geral para os pares de elétrons da amônia colocando o par isolado em um vértice (**Fig. 1.35**). Um *arranjo tetraédrico* dos pares de elétrons explica o arranjo *piramidal triangular* dos quatro átomos. Os ângulos de ligação têm 107° (não 109,5°), porque o par isolado ocupa mais espaço que os pares ligantes.

PROBLEMA DE REVISÃO 1.23   O que os ângulos de ligação da amônia sugerem sobre o estado de hibridização do átomo de nitrogênio da amônia?

1.16C Água

Uma molécula de água tem uma forma **angular** ou de **V**. O ângulo de ligação H—O—H em uma molécula de água tem 104,5°, bem próximo dos ângulos de ligação de 109,5° do metano.

Podemos escrever uma estrutura tetraédrica geral para os pares de elétrons de uma molécula de água *se colocarmos os dois pares de elétrons ligantes e os dois pares de elétrons isolados nos vértices do tetraedro*. Tal estrutura é mostrada na **Fig. 1.36**. Um *arranjo tetraédrico* dos pares de elétrons explica o *arranjo angular* dos três átomos. O ângulo de ligação é menor que 109,5°, uma vez que os pares isolados são efetivamente "maiores" que os ligantes, e, consequentemente, a estrutura não é perfeitamente tetraédrica.

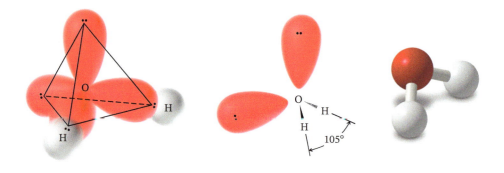

FIGURA 1.36 Arranjo aproximadamente tetraédrico dos pares de elétrons de uma molécula de água resultante da consideração de que os pares de elétrons isolados ocupam vértices. Esse arranjo explica a forma angular da molécula de H₂O.

PROBLEMA DE REVISÃO 1.24   O que os ângulos de ligação da água sugerem sobre o estado de hibridização do átomo de oxigênio da água?

1.16D Trifluoreto de Boro

O boro, elemento do Grupo IIIA, possui somente três elétrons na camada mais externa. No composto trifluoreto de boro (BF₃), esses três elétrons são compartilhados com três átomos de flúor. Como resultado, o átomo de boro no BF₃ tem apenas seis elétrons (três pares ligantes)

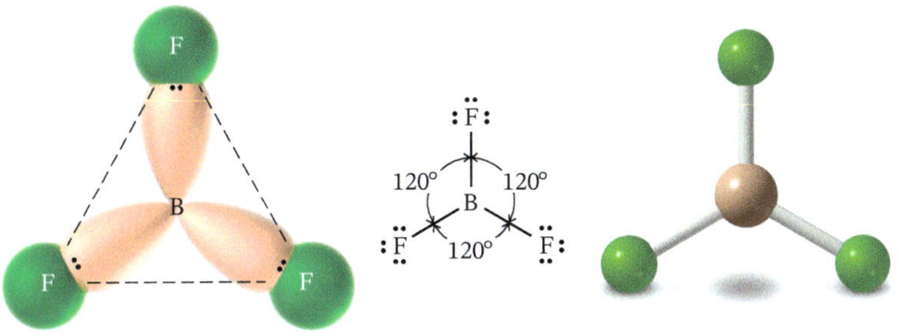

FIGURA 1.37 A forma triangular (plana triangular) do trifluoreto de boro maximiza a separação dos três pares ligantes.

ao seu redor. A separação máxima de três pares ligantes ocorre quando eles ocupam os vértices de um triângulo equilátero. Consequentemente, na molécula de trifluoreto de boro, os três átomos de flúor se encontram em um plano nos vértices de um triângulo equilátero (**Fig. 1.37**). Diz-se que o trifluoreto de boro tem uma *estrutura plana triangular*. Os ângulos de ligação têm 120°.

PROBLEMA DE REVISÃO 1.25

O que os ângulos de ligação do trifluoreto de boro sugerem sobre o estado de hibridização do átomo de boro?

1.16E Hidreto de Berílio

O átomo central de berílio no BeH_2 possui apenas dois pares de elétrons ao seu redor; ambos de elétrons ligantes. Esses dois pares estão separados ao máximo quando estão em lados opostos do átomo central, como mostram as estruturas a seguir. Esse arranjo de pares de elétrons explica a *geometria linear* da molécula de BeH_2 e seu ângulo de ligação de 180°.

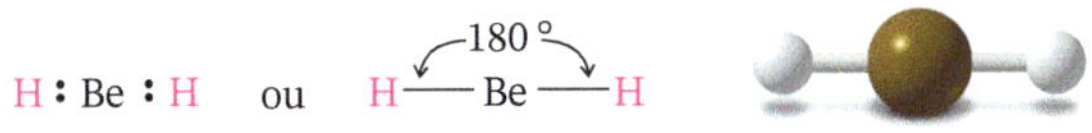

Geometria linear do BeH_2

PROBLEMA DE REVISÃO 1.26

O que os ângulos de ligação do hidreto de berílio sugerem sobre o estado de hibridização do átomo de berílio?

PROBLEMA DE REVISÃO 1.27

Utilize a teoria RPECV para prever a geometria de cada uma das seguintes moléculas e íons:

(a) $\overline{B}H_4$ (c) $\overset{+}{N}H_4$ (e) BH_3 (g) SiF_4
(b) BeF_2 (d) H_2S (f) CF_4 (h) $\bar{:}CCl_3$

1.16F Dióxido de Carbono

O método RPECV também pode ser utilizado para prever as geometrias de moléculas que contêm ligações múltiplas se admitirmos que *todos os elétrons de uma ligação múltipla atuam como se fossem uma única unidade* e, consequentemente, estão localizados na região do espaço entre os dois átomos unidos por uma ligação múltipla.

Esse princípio pode ser ilustrado com a estrutura de uma molécula de dióxido de carbono (CO_2). O átomo central de carbono do dióxido de carbono está ligado a cada átomo de oxigênio por uma ligação dupla. Sabe-se que o dióxido de carbono tem uma geometria linear; o ângulo de ligação é de 180°.

Os quatro elétrons de cada ligação dupla atuam como uma única unidade e estão separados ao máximo entre si.

Tal estrutura é consistente com uma separação máxima dos dois grupos de quatro elétrons ligantes. Os pares de elétrons isolados associados aos átomos de oxigênio não têm efeito nenhum na forma da molécula. As diversas formas de moléculas e íons simples previstas pela teoria RPECV podem ser vistas na **Tabela 1.3**, na qual incluímos também o estado de hibridização do átomo central.

TABELA 1.3 Formas de Moléculas e Íons a Partir da Teoria RPECV

Número de Pares de Elétrons no Átomo Central			Estado de Hibridização do Átomo Central	Forma da Molécula ou Íon[a]	Exemplos
Ligante	Não Ligante	Total			
2 ou 4	0	2 ou 4	sp	Linear	BeH_2, CO_2
3	0	3	sp^2	Plana triangular	BF_3, $^+CH_3$
4	0	4	sp^3	Tetraédrica	CH_4, $^+NH_4$
3	1	4	$\sim sp^3$	Piramidal triangular	NH_3, $^-CH_3$
2	2	4	$\sim sp^3$	Angular	H_2O

[a]Em relação às posições dos átomos e excluindo os pares isolados.

PROBLEMA DE REVISÃO 1.28 Preveja os ângulos de ligação de
(a) F_2C=CF_2 (b) CH_3C≡CCH_3 (c) HC≡N

1.17 Aplicações dos Princípios Básicos

Ao longo dos capítulos iniciais deste livro, revisaremos certos princípios básicos que embasam e explicam muito da química que iremos estudar. Considere os seguintes princípios e como eles se aplicam neste capítulo.

Cargas Opostas se Atraem Vemos esse princípio em prática nas explicações sobre ligações covalentes e iônicas (Seção 1.3A). É a atração dos núcleos carregados *positivamente* pelos elétrons carregados *negativamente* que serve de base para nossa explicação sobre ligação covalente. É a atração dos íons com cargas contrárias nos cristais que explica a ligação iônica.

Cargas Iguais se Repelem A repulsão dos elétrons nas ligações covalentes na camada de valência de uma molécula é central no modelo de repulsão dos pares de elétrons da camada de valência para explicar a geometria molecular. E, apesar de não ser tão óbvio, esse mesmo motivo fornece a base para as explicações das geometrias moleculares que surgem da hibridização de orbitais, uma vez que essas repulsões são levadas em consideração no cálculo das orientações dos orbitais híbridos.

A Natureza Tende a Estados de Energia Potencial Mais Baixa Esse princípio explica muito do mundo que nos cerca; por exemplo, por que a água flui montanha abaixo: a energia potencial da água na base da montanha é mais baixa que no topo. (Dizemos que a água está em um estado mais estável na base.) Esse princípio forma a base do princípio da construção (Aufbau) (Seção 1.10A): no seu estado de mais baixa energia, os elétrons de um átomo ocupam os orbitais disponíveis de mais baixa energia [mas ainda se aplica a regra de Hund, assim como o princípio da exclusão de Pauli (Seção 1.10A), permitindo somente dois elétrons por orbital]. De modo semelhante, na teoria do orbital molecular (Seção 1.11), os elétrons preenchem inicialmente os orbitais moleculares ligantes de mais baixa energia, uma vez que isso fornece à molécula uma energia potencial mais baixa (ou maior estabilidade). É necessário fornecer energia para que um elétron se desloque para um orbital de mais alta energia e se obtenha um estado excitado (menos estável).

A Sobreposição de Orbitais Estabiliza as Moléculas Esse princípio é parte de nossa explicação para as ligações covalentes. Quando orbitais de mesma fase de núcleos diferentes se sobrepõem, os elétrons nesses orbitais podem ser compartilhados por ambos os núcleos, resultando na estabilização. O resultado é uma ligação covalente.

Por que Esses Tópicos São Importantes?

Produtos Naturais que Podem Ser Usados para Tratar Doenças

Em todos os lugares da Terra, os organismos produzem moléculas orgânicas constituídas quase exclusivamente de carbono, hidrogênio, nitrogênio e oxigênio. Às vezes, alguns átomos um pouco mais exóticos, como halogênios e enxofre, estão presentes. Globalmente, esses compostos ajudam no funcionamento do dia a dia desses organismos e/ou na sua sobrevivência contra predadores. As moléculas orgânicas incluem diferentes compostos com diversas propriedades. Por exemplo, a clorofila nas plantas verdes aproveita a energia da luz solar, enquanto a vitamina C nas árvores cítricas as protege contra o problema oxidativo. Outras moléculas incluem a capsaicina, um composto sintetizado por pimenteiras que serve para afastar insetos e pássaros que tentem comê-las e é responsável pelo seu sabor picante característico. Elas também incluem o ácido salicílico, um hormônio de sinalização produzido por salgueiros, e a lovastatina, encontrada em fungos, que protege contra ataques de bactérias.

Esses compostos são todos produtos naturais, e muitos avanços na sociedade moderna são resultado de seu estudo e utilização. A capsaicina, ao que parece, é um analgésico eficaz, que pode modular a dor quando aplicada à pele e é atualmente vendida sob o nome comercial de Moment®. O ácido salicílico é tanto um analgésico quanto um medicamento antiacne, enquanto a lovastatina é usada como medicamento para diminuir os níveis de colesterol no sangue humano. O poder da química orgânica moderna reside na capacidade de tornar essas moléculas, por vezes encontradas em pequenas quantidades na natureza, disponíveis em grande escala, a partir de materiais de partida facilmente encontrados e de baixo custo. Dessa forma, toda a sociedade pode se beneficiar delas. Por exemplo, embora possamos obter vitamina C comendo certas frutas, os químicos podem produzir grandes quantidades em laboratório para utilização em suplementos diários. Embora algumas pessoas pensem que a vitamina C "natural" seja mais saudável, o composto "sintético" é igualmente eficaz, uma vez que as moléculas são quimicamente as mesmas, de maneira exata.

Talvez o mais importante seja a oportunidade que a química orgânica oferece de mudar as estruturas desses e de outros produtos naturais para obter moléculas diferentes e propriedades potencialmente ainda mais impressionantes. Por exemplo, a adição de alguns átomos ao ácido salicílico, por meio de uma reação química que você aprenderá no Capítulo 17, é o que levou à descoberta da aspirina, molécula muito mais potente como analgésico e com menos efeitos secundários que o composto encontrado na natureza. Da mesma forma, os cientistas da Parke-Davis Warner-Lambert (agora Pfizer) usaram a estrutura e a atividade da lovastatina como inspiração para desenvolver o Lipitor, molécula que vem salvando inúmeras vidas, diminuindo os níveis de colesterol no sangue humano. Na verdade, dos 20 medicamentos de maior sucesso, com base na receita bruta de vendas, pouco mais de metade vem de produtos naturais ou derivados.

Para saber mais sobre esses tópicos, consulte:

1. Nicolaou, K. C.; Montagnon, T. *Molecules that Changed the World*. Wiley-VCH: Weinheim, **2008**, p. 366.
2. Nicolaou, K. C.; Sorensen, E. J.; Winssinger, N, "The Art and Science of Organic and Natural Products Synthesis" in *J. Chem. Educ.* **1998**, 75, 1225–1258.

Resumo e Ferramentas de Revisão

No Capítulo 1, estudamos conceitos e técnicas absolutamente essenciais para atingir o sucesso na química orgânica. Você agora deve ser capaz de utilizar a tabela periódica para determinar o número de elétrons de valência que um átomo tem em seu estado neutro ou como um íon e para comparar a eletronegatividade relativa de um elemento com a de outro, assim como para determinar a carga formal de um átomo ou íon. A eletronegatividade e a carga formal são conceitos muito importantes em química orgânica.

Você deve conseguir desenhar fórmulas químicas que mostrem todos os elétrons de valência em uma molécula (estruturas de Lewis), utilizando traços para ligações e pontos para mostrar elétrons isolados. Também deve saber representar estruturas por meio de fórmulas estruturais de traço, condensadas e em bastão. Particularmente, quanto mais depressa você conseguir utilizar e interpretar as estruturas em bastão, mais rápido será capaz de processar as informações estruturais em química orgânica. Você aprendeu também sobre as estruturas de ressonância, cuja utilização nos ajudará a compreender uma variedade de conceitos nos capítulos posteriores.

Finalmente, você aprendeu a prever a estrutura tridimensional de moléculas com a utilização do modelo de repulsão dos pares de elétrons na camada de valência (RPECV) e da teoria do orbital molecular (OM). A capacidade de se prever a estrutura tridimensional é crucial para a compreensão das propriedades e da reatividade das moléculas.

Encorajamos você a fazer todos os problemas que seu professor indicar. Recomendamos, também, que utilize o resumo e as ferramentas de revisão de cada capítulo, assim como os mapas conceituais no final de cada capítulo, que podem auxiliá-lo a visualizar o fluxo dos conceitos em um capítulo e também a lembrar os pontos principais. Na realidade, recomendamos que você construa seus próprios mapas conceituais para que os reveja quando surgir a oportunidade.

Empenhe-se, sobretudo, em solidificar seu conhecimento deste e dos outros capítulos iniciais do livro, que contêm tudo para ajudá-lo a aprender as ferramentas básicas necessárias para ser bem-sucedido no aprendizado de toda a química orgânica.

As ferramentas de estudo para o presente capítulo incluem termos e conceitos fundamentais e, depois dos problemas do fim do capítulo, um Mapa Conceitual.

Termos e Conceitos Importantes

Os principais termos e conceitos realçados ao longo do capítulo em **negrito azul** estão definidos no glossário (ao fim de cada volume).

Problemas

Configuração Eletrônica

1.29 Quais dos seguintes íons têm a configuração eletrônica de um gás nobre?

(a) Na^+ (c) F^+ (e) Ca^{2+} (g) O^{2-}
(b) Cl^- (d) H^- (f) S^{2-} (h) Br^+

Estruturas de Lewis

1.30 Escreva a estrutura de Lewis para cada uma das seguintes espécies:

(a) $SOCl_2$ (b) $POCl_3$ (c) PCl_5 (d) $HONO_2$ (i. e., HNO_3)

1.31 Dê a carga formal (caso exista) para cada átomo nos seguintes compostos:

(a) $CH_3-\ddot{O}-S(=O)(=O)-\ddot{O}:$ (b) $CH_3-\ddot{S}-CH_3$ com $:\ddot{O}:$ acima   (c) $:\ddot{O}-S(=O)(=O)-\ddot{O}:$ (d) $CH_3-S(=O)-\ddot{O}:$ com $\ddot{O}$ acima

1.32 Adicione elétrons isolados para fazer com que cada elemento alcance um octeto em sua camada de valência nas estruturas a seguir e indique quaisquer cargas formais. Observe que todos os átomos de hidrogênio ligados a heteroátomos foram representados, caso estejam presentes.

Fórmulas Estruturais e Isomerismo

1.33 Escreva uma fórmula estrutural condensada para cada composto a seguir.

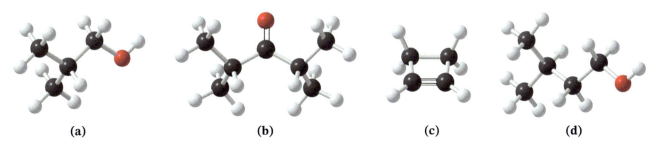

(a)   (b)   (c)   (d)

1.34 Qual é a fórmula molecular para cada um dos compostos presentes no Problema 1.33?

1.35 Considere cada par de fórmulas estruturais que se seguem e diga se as duas fórmulas representam o mesmo composto, compostos diferentes que são isômeros constitucionais um do outro ou compostos diferentes não isômeros.

(a) 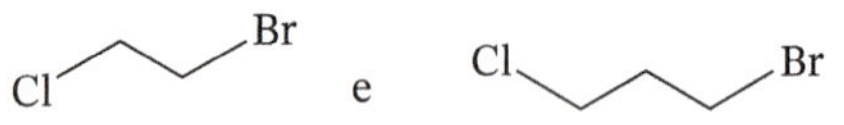 Cl–CH₂–CH₂–CH(Br) e Cl–CH₂–CH₂–CH₂–Br

(b) (CH₃)₂CHCH₂Cl e ClCH₂CH(CH₃)₂

(c)  H–CHCl–Cl e Cl–CHCl–H (com H em cima/embaixo)

(d) 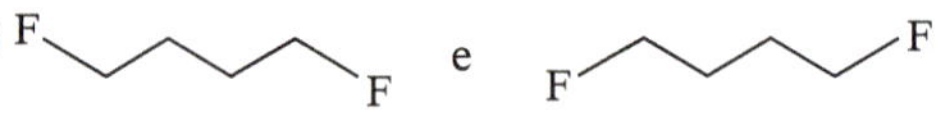 F–(CH₂)₄–F e F–(CH₂)₅–F

(e) CH₃–C(CH₃)₂–CH₂Cl e (CH₃)₃C–CH₂Cl (neopentil cloreto)

(f) CH₂=CHCH₂CH₃ e ciclopropano com metila

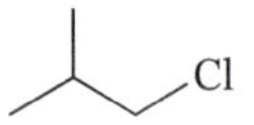

(g) CH₃OCH₂CH₃ (éter) e CH₃COCH₃ (acetona)

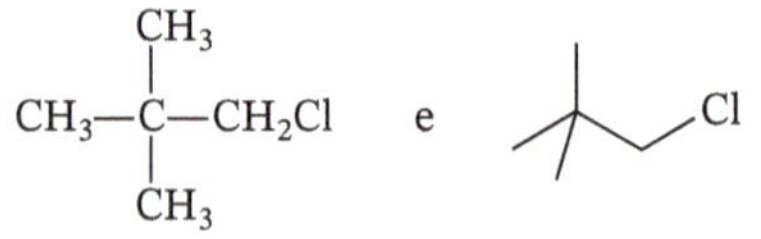

(h) CH₃CH₂–CH₂CH₃ e CH₃CH₂CH₂CH₃

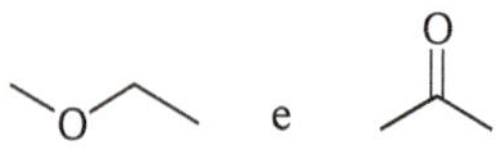

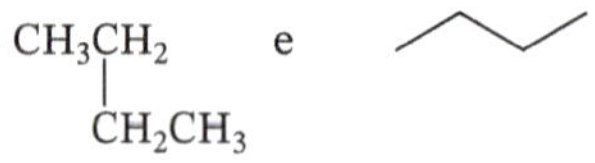

(i) CH₃OCH₂CH₃ e oxirano com C=O (β-propiolactona / epóxido com carbonila)

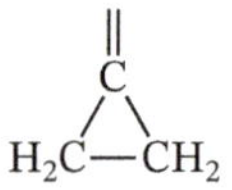

(j) CH₂ClCHClCH₃ e CH₃CHClCH₂Cl

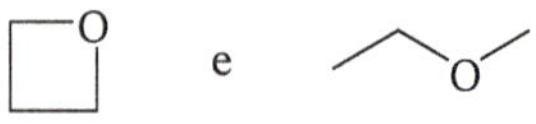

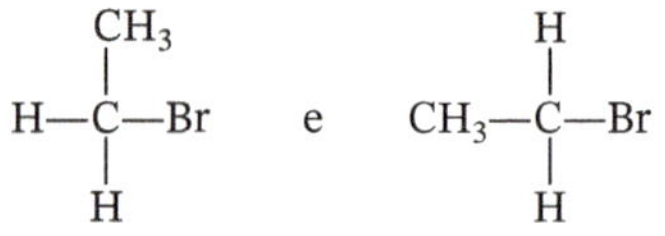

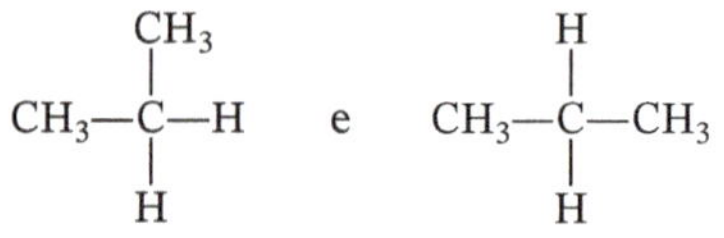

(k) CH₃CH₂CHClCH₂Cl e CH₃CHCH₂Cl com CH₂Cl

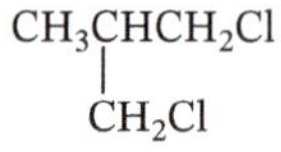

(l) oxetano e CH₃OCH₂CH₃ (metoxietano)

(m) H–CBr(H)–H e CH₃–CBr(H)–H

(n) CH₃–CH(CH₃)–H e CH₃–C(H)(H)–CH₃

(o) estereoisômeros com H, F (projeções em cunha) e outro estereoisômero

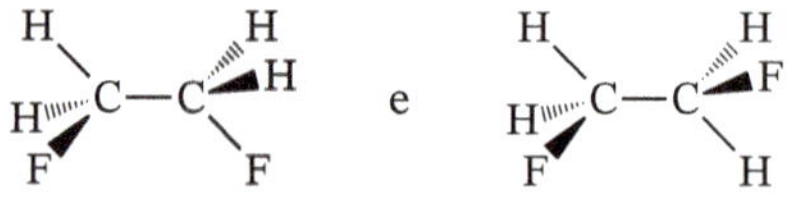

(p) 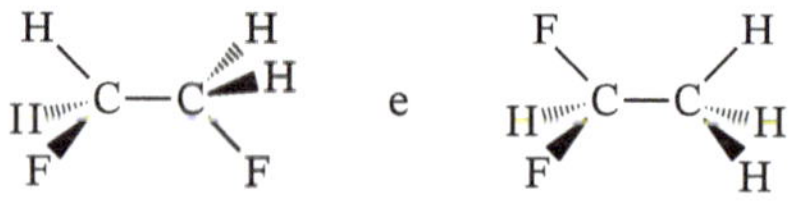 estereoisômeros com H, F (projeções em cunha) e outro estereoisômero

1.36 Reescreva cada um dos seguintes compostos utilizando a estrutura em bastão:

(a) 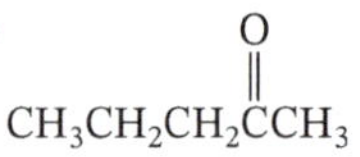 CH₃CH₂CH₂COCH₃

(b) 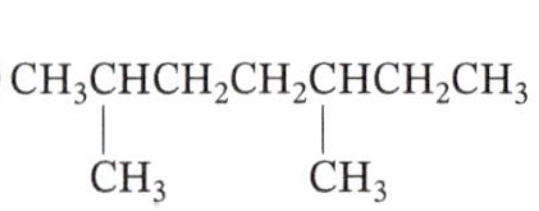 CH₃CHCH₂CH₂CHCH₂CH₃ com CH₃ e CH₃

(c) (CH₃)₃CCH₂CH₂CH₂OH

(d) CH₃CH₂CHCH₂COOH com CH₃

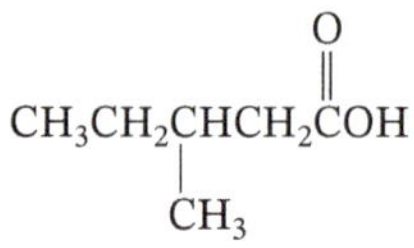

(e) CH₂=CHCH₂CH₂CH=CHCH₃

(f) 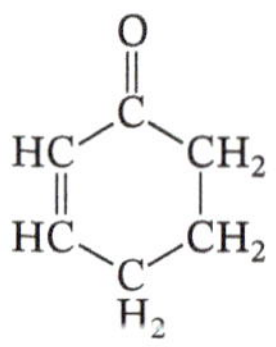 ciclohexenona

1.37 Escreva estruturas em bastão para todos os isômeros constitucionais com a fórmula molecular C₄H₈.

1.38 Escreva fórmulas estruturais para no mínimo três isômeros constitucionais com a fórmula molecular CH₃NO₂. (Ao responder essa questão, você deve assinalar uma carga formal a qualquer átomo que a possua.)

Estruturas de Ressonância

1.39 Escreva a estrutura de ressonância que resultaria da movimentação dos elétrons da maneira indicada pelas setas curvas.

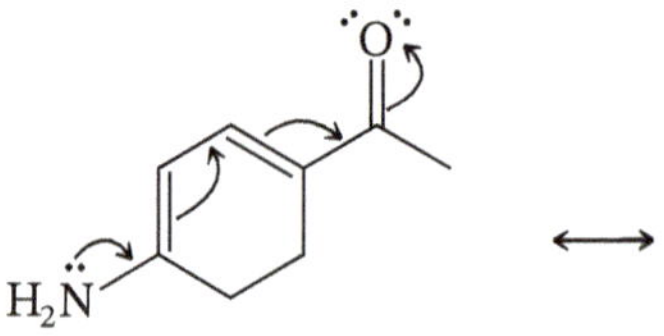

1.40 Mostre as setas curvas que converteriam **A** em **B**.

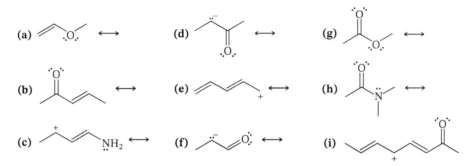

1.41 Para os compostos a seguir, escreva todas as estruturas de ressonância possíveis. Assegure-se de incluir cargas formais quando apropriado.

(a) (b) (c) (d) (e) (f) (g) (h) (i)

1.42 (a) O ácido ciânico (H—O—C≡N) e o ácido isociânico (H—N=C=O) diferem nas posições de seus elétrons, mas suas estruturas não representam estruturas de ressonância. Explique. **(b)** A perda de um próton pelo ácido ciânico produz o mesmo ânion que o obtido pela perda de um próton do ácido isociânico. Explique.

1.43 Considere uma espécie química (uma molécula ou um íon) na qual um átomo de carbono forme três ligações simples com três átomos de hidrogênio e na qual o átomo de carbono não possua outros elétrons de valência. **(a)** Qual a carga formal que o átomo de carbono teria? **(b)** Qual a carga total que a espécie teria? **(c)** Que forma você esperaria para essa espécie? **(d)** Qual o estado de hibridização você esperaria para o átomo de carbono?

1.44 Considere uma espécie química, semelhante à do problema anterior, na qual um átomo de carbono forme três ligações simples com três átomos de hidrogênio, mas na qual ele tenha um par de elétrons isolado. **(a)** Que carga formal você esperaria para o átomo de carbono? **(b)** Que carga total você esperaria para essa espécie? **(c)** Que forma você espera que essa espécie tenha? **(d)** Qual o estado de hibridização que você espera para o átomo de carbono?

1.45 Considere outra espécie química, semelhante à dos problemas anteriores, na qual um átomo de carbono forme três ligações simples com três átomos de hidrogênio, mas o átomo de carbono possua um único elétron desemparelhado. **(a)** Qual a carga formal que o átomo de carbono teria? **(b)** Que carga total a espécie teria? **(c)** Sabendo-se que a forma dessa espécie é plana triangular, que estado de hibridização você esperaria para o átomo de carbono?

1.46 Desenhe uma representação orbital tridimensional para cada uma das seguintes moléculas, indique se cada ligação nas moléculas é uma ligação σ ou π e diga qual é a hibridização de cada átomo diferente do hidrogênio.

(a) CH_2O (b) $H_2C=CHCH=CH_2$ (c) $H_2C=C=C=CH_2$

1.47 O ozônio (O_3) é encontrado na atmosfera superior, na qual absorve radiação ultravioleta (UV) altamente energética e, consequentemente, proporciona à superfície da Terra um escudo protetor (veja a Seção 10.11E). Uma possível estrutura de ressonância para o ozônio é:

(a) Atribua quaisquer cargas formais necessárias aos átomos nessa estrutura. **(b)** Escreva outra estrutura de ressonância equivalente para o ozônio. **(c)** O que essas estruturas de ressonância preveem sobre os comprimentos relativos das duas ligações oxigênio–oxigênio do ozônio? **(d)** A estrutura apresentada nesse problema e a que você escreveu assumem uma forma angular para a molécula de ozônio. Essa forma é consistente com a teoria RPECV? Justifique sua resposta.

1.48 Escreva as estruturas de ressonância para o íon azida, N_3^-. Explique como elas justificam o fato de ambas as ligações do íon azida terem o mesmo comprimento.

1.49 Escreva fórmulas estruturais do tipo indicado: **(a)** estruturas em bastão para sete isômeros constitucionais com a fórmula $C_4H_{10}O$; **(b)** fórmulas estruturais condensadas para dois isômeros constitucionais com a fórmula C_2H_7N; **(c)** fórmulas estruturais condensadas para quatro isômeros constitucionais com a fórmula C_3H_9N; **(d)** estruturas em bastão para três isômeros constitucionais com a fórmula C_5H_{12}.

1.50 Qual a relação entre os membros dos seguintes pares? Isto é, eles são isômeros constitucionais, iguais ou algo mais (especifique)?

É Necessário um Consultor Químico

1.51 Para cada uma das substâncias mostradas a seguir, não são mostradas as cargas formais. Forneça-as para corrigir essas representações e torná-las precisas. (Veja: *Chem. Eur. J.* **1999**, *5*, 3154; *Angew. Chem. Int. Ed.* **2009**, *48*, 8039; *J. Am. Chem. Soc.* **2019**, *141*, 7776.)

1.52 Quando uma amostra pura do composto **A** é preparada, ele se converte ao longo do tempo em uma mistura em equilíbrio dele mesmo com um outro isômero, o composto **B**, em uma proporção favorável ao novo isômero. Explique por que **B** é formado preferencialmente e esboce um processo pelo qual o equilíbrio entre **A** e **B** pode ocorrer. (Veja: *Tetrahedron Lett.* **1977**, *38*, 3305.)

Problemas de Desafio

1.53 No Capítulo 15, vamos aprender como o íon nitrônio, $^+NO_2$, se forma quando ácidos nítrico e sulfúrico concentrados são misturados. **(a)** Escreva uma estrutura de Lewis para o íon nitrônio. **(b)** Qual a geometria que a teoria RPECV prevê para o íon $^+NO_2$? **(c)** Apresente uma espécie que tenha o mesmo número de elétrons que o $^+NO_2$.

1.54 Dados os conjuntos de átomos na tabela a seguir, escreva as estruturas em bastão para todos os possíveis compostos ou íons isômeros constitucionais obtidos a partir desses conjuntos. Mostre todos os pares de elétrons isolados e todas as cargas formais, se existirem.

Conjunto	Átomos de C	Átomos de H	Outros
A	3	6	2 átomos de Br
B	3	9	1 átomo de N e 1 átomo de O (não no mesmo C)
C	3	4	1 átomo de O
D	2	7	1 átomo de N e 1 próton
E	3	7	1 elétron extra

1.55 (a) Considere um átomo de carbono em seu estado fundamental. Ele oferece um modelo satisfatório para o carbono do metano? Se não, por quê? (*Sugestão:* considere se um átomo de carbono no estado fundamental pode ser tetravalente e leve em conta os ângulos de ligação que existiriam se ele se combinasse com átomos de hidrogênio.)
(b) Considere um átomo de carbono no estado excitado:

$$C \quad \frac{\uparrow\downarrow}{1s} \quad \frac{\uparrow}{2s} \quad \frac{\uparrow}{2p_x} \quad \frac{\uparrow}{2p_y} \quad \frac{\uparrow}{2p_z}$$

Estado excitado de um átomo de carbono

Este átomo oferece um modelo satisfatório para o carbono do metano? Se não, por quê?

1.56 A partir da interpretação de modelos moleculares computacionais para o dimetil éter, dimetilacetileno e *cis*-1,2-dicloro-1,2-difluoroeteno, escreva, para cada um dos compostos, **(a)** uma fórmula de traços, **(b)** uma estrutura em bastão e **(c)** uma fórmula de cunhas tracejadas. Desenhe os modelos nos quais as perspectivas são mais convenientes – geralmente, a perspectiva na qual a maioria dos átomos da cadeia da molécula está no plano do papel.

1.57 O boro é um elemento do grupo IIIA. Usando um modelo molecular computacional para o trifluoreto de boro, verifica-se que, próximo ao átomo de boro, acima e abaixo do plano dos átomos do BF_3, existem dois lóbulos relativamente grandes. Considerando a posição do boro na tabela periódica e a estrutura tridimensional e eletrônica do BF_3, que tipo de orbital esses lóbulos representam? Trata-se de um orbital hibridizado ou não?

1.58 Existem duas estruturas de ressonância contribuintes para um ânion chamado enolato do acetaldeído, cuja fórmula molecular condensada é CH_2CHO^-. Desenhe os dois contribuintes de ressonância e o híbrido de ressonância e, então, considere o mapa de potencial eletrostático (MPE) a seguir para esse ânion. Comente em que pontos o MPE é consistente ou não com a predominância de um contribuinte de ressonância que você previu como mais representativo no híbrido.

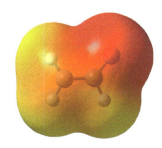

DICA ÚTIL
Seu professor indicará como trabalhar esses problemas em grupo.

Problemas para Trabalho em Grupo

Considere o composto com a seguinte fórmula molecular condensada:

$$CH_3CHOHCH=CH_2$$

1. Escreva uma fórmula estrutural de traços completa para o composto.
2. Mostre todos os pares de elétrons isolados em sua fórmula estrutural de traços.
3. Indique quaisquer cargas formais que possam estar presentes na molécula.
4. Assinale o estado de hibridização em todos os átomos de carbono e no oxigênio.
5. Desenhe uma representação tridimensional em perspectiva para o composto, mostrando os ângulos de ligação aproximados da maneira mais clara possível. Utilize traços para indicar as ligações no plano do papel, cunhas sólidas para as ligações à frente do papel e cunhas tracejadas para as ligações de trás do plano do papel.
6. Indique todos os ângulos de ligação em sua estrutura tridimensional.
7. Desenhe uma estrutura em bastão para o composto.
8. Forneça duas estruturas, cada uma com dois carbonos hibridizados *sp* e a fórmula molecular C_4H_6O. Crie uma dessas estruturas de tal forma que seja linear em relação a todos os átomos de carbono. Repita as partes 1 a 7 anteriores para ambas as estruturas.

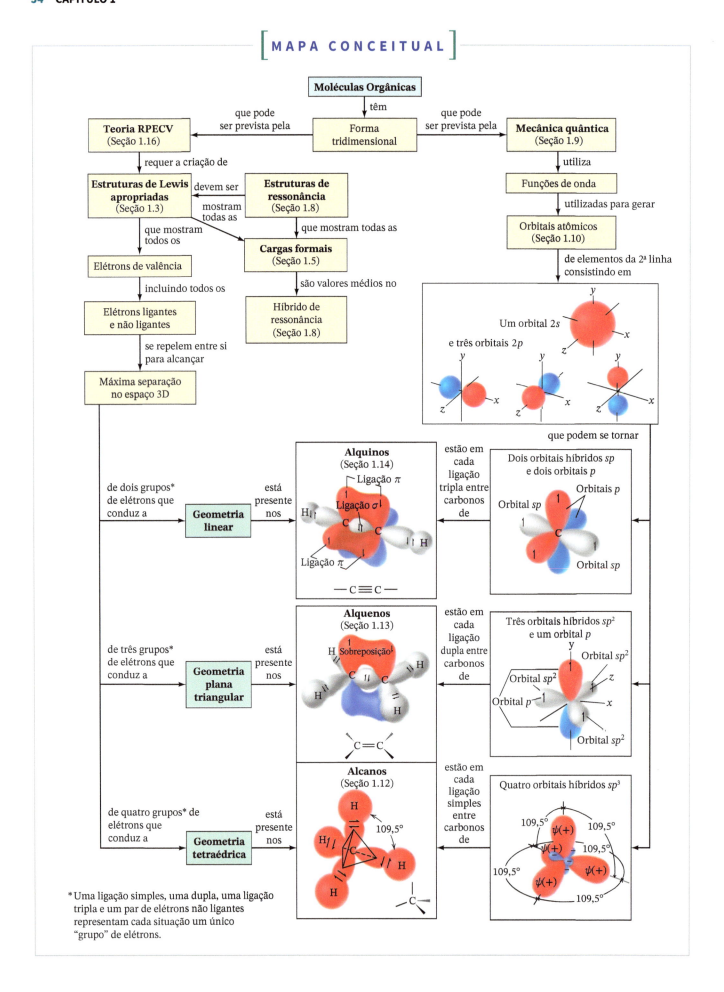

CAPÍTULO 2

Mr.Suttipon Yakham/123RF

Famílias de Compostos de Carbono

Grupos Funcionais, Forças Intermoleculares e Espectroscopia no Infravermelho (IV)

Neste capítulo, introduzimos um dos conceitos simplificadores mais importantes da química orgânica – os grupos funcionais, arranjos específicos e frequentes de átomos, cuja presença confere reatividade e propriedades previsíveis às moléculas. Embora existam milhões de compostos orgânicos, é alentador saber que são poucos os grupos funcionais e é possível ter um entendimento rápido e abrangente das famílias inteiras de compostos e suas propriedades ao simplesmente conhecer seus grupos funcionais.

Por exemplo, todos os álcoois possuem um grupo funcional —OH (hidroxila) ligado a um carbono saturado, por sua vez ligado somente a átomos de carbono e hidrogênio. Álcoois tão simples quanto o etanol, presente em bebidas alcoólicas, e tão complexos quanto o etinilestradiol (Seção 2.1C), presente em pílulas anticoncepcionais, têm essa unidade estrutural em comum. Todos os aldeídos possuem um grupo (carbonila) —C(=O)— com uma ligação com um átomo de hidrogênio e outra com um ou mais átomos de carbono, como no benzaldeído (presente em amêndoas). Todas as cetonas incluem um grupo carbonila ligado pelo seu carbono a um ou mais carbonos em cada lado, por exemplo, no óleo essencial mentona, encontrado em gerânios e na hortelã.

Etanol **Benzaldeído** **Mentona**

Os membros de cada família de um grupo funcional compartilham propriedades e reatividades, fato que ajuda muito na organização do conhecimento de química orgânica. À medida que você avançar neste capítulo, aprenderá os arranjos de átomos que definem os grupos funcionais comuns, conhecimento inestimável para o estudo da química orgânica.

NESTE CAPÍTULO, VAMOS ESTUDAR:

- Os principais grupos funcionais
- A correlação entre propriedades de grupos funcionais, moléculas e forças intermoleculares
- Espectroscopia no infravermelho (IV), que pode ser usada para determinar quais os grupos funcionais presentes em uma molécula

POR QUE ESSES TÓPICOS SÃO IMPORTANTES?

No fim do capítulo, veremos como esses importantes conceitos se fundem para explicar como os antibióticos mais importantes do mundo se comportam e como as bactérias evoluíram para evitar seus efeitos.

2.1 Hidrocarbonetos: Alcanos, Alquenos, Alquinos e Compostos Aromáticos Representativos

Vamos começar este capítulo apresentando o grupo de compostos que contêm somente carbono e hidrogênio e veremos como as terminações -ano, -eno ou -ino em um nome nos indicam que tipos de ligação carbono–carbono estão presentes.

- **Hidrocarbonetos** são compostos que contêm apenas átomos de carbono e hidrogênio.

O metano (CH$_4$) e o etano (C$_2$H$_6$), por exemplo, são hidrocarbonetos e também pertencem a um subgrupo de compostos chamados alcanos.

Propano (um alcano)

- **Alcanos** são hidrocarbonetos sem ligações múltiplas entre os átomos de carbono, o que pode ser indicado pelo nome da família e de compostos específicos com terminação **-ano.**

Os outros hidrocarbonetos podem conter ligações duplas ou triplas entre seus átomos de carbono.

Propeno (um alqueno)

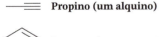
Propino (um alquino)

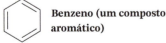
Benzeno (um composto aromático)

- **Alquenos** contêm pelo menos uma ligação dupla carbono–carbono, indicada pelo nome da família e pelos nomes de compostos específicos com a terminação **-eno.**
- **Alquinos** contêm pelo menos uma ligação tripla carbono–carbono, indicada pelo nome da família e pelos nomes de compostos específicos com a terminação **-ino.**
- **Compostos aromáticos** contêm um tipo especial de anel, cujo exemplo mais comum é um anel benzênico. Não há terminação especial para a família geral de compostos aromáticos.

Introduziremos exemplos representativos de cada uma dessas classes de hidrocarbonetos nas próximas seções.

Em termos gerais, compostos como os alcanos, cujas moléculas contêm apenas ligações simples, são chamados **compostos saturados**, porque contêm o número máximo de átomos de hidrogênio que o composto de carbono pode possuir. Os compostos com ligações múltiplas, como os alquenos, os alquinos e os hidrocarbonetos aromáticos, são chamados **compostos insaturados**, porque possuem menos que o número máximo de átomos de hidrogênio e são capazes de reagir com o hidrogênio em condições apropriadas. Aprofundaremos o assunto no Capítulo 7.

2.1A Alcanos

As fontes primárias de alcanos são o gás natural e o petróleo. Os menores alcanos (do metano até o butano) são gases em condições ambientes. O metano é o principal componente do gás natural. Os alcanos de massas moleculares mais elevadas são obtidos em grande parte pelo refino do petróleo. O metano, o alcano mais simples, foi um dos principais componentes da atmosfera primitiva do planeta e ainda é encontrado na atmosfera da Terra, mas não mais em quantidades apreciáveis. No entanto, é um dos principais componentes das atmosferas de Júpiter, Saturno, Urano e Netuno.

Alguns organismos vivos produzem metano a partir de dióxido de carbono e hidrogênio. Essas criaturas muito primitivas, chamadas *metanogênicos*, podem ser os organismos mais antigos da Terra e representar uma forma diferente de desenvolvimento evolucionário. Os metanogênicos podem sobreviver apenas em ambiente anaeróbio (isto é, sem oxigênio) e vêm sendo encontrados em fendas oceânicas, no lodo, no esgoto e no estômago de vacas.

Metano

2.1B Alquenos

O eteno e o propeno, os dois alquenos mais simples, estão entre os mais importantes produtos químicos industriais produzidos nos Estados Unidos. A cada ano, a indústria química produz bilhões de toneladas de eteno e propeno. O eteno é utilizado como material de partida para a síntese de muitos compostos industriais, incluindo o etanol, o óxido de etileno, o etanal e o polímero polietileno (Seção 10.11). O propeno é usado na fabricação do polímero polipropileno (Seção 10.11) e, além de outras utilizações, é o material de partida para uma síntese industrial da acetona e do cumeno.

O eteno também é encontrado na natureza como hormônio vegetal. É produzido naturalmente por frutas como tomates e bananas e está envolvido no processo de amadurecimento delas. Hoje em dia, faz-se muito uso do eteno na indústria de frutas comerciais para forçar o amadurecimento de tomates e bananas colhidos verdes, uma vez que as frutas verdes são menos suscetíveis a danos durante o transporte.

Existem muitos alquenos de ocorrência natural, por exemplo:

β-pineno
(um componente da terebintina)

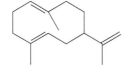
Um feromônio de alarme dos afídeos

Eteno

2.1C Alquinos

O alquino mais simples é o etino (também chamado acetileno). Os alquinos ocorrem na natureza e podem ser sintetizados em laboratório.

Dois exemplos de alquinos dentre os milhares de origem biossintética são o capilino, agente antifúngico, e o dactilino, produto natural marinho, inibidor do metabolismo do pentobarbital. O etinilestradiol é um alquino sintético com propriedades semelhantes às do estrogênio e vem sendo utilizado em contraceptivos orais.

Etino

Capilino

Dactilino

Etinilestradiol
[17α-etinil-1,3,5(10)-estratrieno-3,17β-diol]

PROBLEMA RESOLVIDO 2.1

O propeno, CH₃CH=CH₂, é um alqueno. Escreva a estrutura de um isômero constitucional do propeno que não seja um alqueno. (*Sugestão*: o isômero não possui dupla ligação.)

Estratégia e Resposta

Um composto com um anel de *n* átomos de carbono possuirá a mesma fórmula molecular que um alqueno com o mesmo número de átomos de carbono.

 é um isômero constitucional do O ciclopropano tem propriedades anestésicas.

Ciclopropano
C₃H₆

Propeno
C₃H₆

PROBLEMA DE REVISÃO 2.1

Proponha estruturas para dois isômeros constitucionais do ciclopenteno que não contenham anel.

Ciclopenteno

Benzeno

2.1D Benzeno: Um Hidrocarboneto Aromático Representativo

No Capítulo 14, estudaremos em detalhes um grupo de hidrocarbonetos cíclicos insaturados, conhecidos como **compostos aromáticos**. O composto conhecido como **benzeno** é o composto aromático prototípico. O benzeno pode ser escrito como um anel de seis membros com ligações simples e duplas alternadas, chamado **estrutura de Kekulé**, em homenagem a August Kekulé, quem primeiro concebeu esta representação:

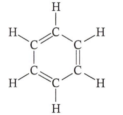 ou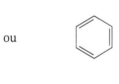

Estrutura de Kekulé para o benzeno

Representação com a notação de bastão da estrutura de Kekulé

Embora a estrutura de Kekulé seja frequentemente utilizada para compostos benzênicos, há muitas evidências de que essa representação seja inadequada e incorreta. Por exemplo, se o benzeno tivesse ligações simples e duplas alternadas, como a estrutura de Kekulé sugere, esperaríamos que os comprimentos das ligações carbono–carbono ao redor do anel fossem, alternadamente, mais longos e mais curtos, como normalmente encontramos nas ligações simples e duplas carbono–carbono (Fig. 1.31). Na realidade, as ligações carbono–carbono no benzeno são todas de mesmo comprimento (1,39 Å), valor entre o comprimento de uma ligação simples carbono–carbono e o de uma ligação dupla carbono–carbono. Existem duas maneiras de entender esse fato: estruturas de ressonância híbridas e teoria do orbital molecular.

Se utilizarmos a estrutura de ressonância, visualizaremos o benzeno representado pela sobreposição das duas fórmulas equivalentes:

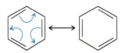

As duas estruturas de ressonância contribuintes para o benzeno

Uma representação do híbrido de ressonância

Com base nos princípios da teoria de ressonância (Seção 1.8), verificamos que o benzeno não pode ser representado adequadamente por qualquer das estruturas; em vez disso, *deve ser visualizado como um híbrido das duas estruturas*. Representamos esse híbrido por um hexágono com um círculo no meio. A estrutura de ressonância, portanto, resolve o problema encontrado e nos permite entender como todas as ligações carbono–carbono do benzeno têm o mesmo comprimento. De acordo com a teoria de ressonância, as ligações não são simples nem duplas alternadas, mas um híbrido de ressonância das duas: qualquer ligação simples no primeiro contribuinte será uma dupla no segundo e vice-versa. Todas as ligações carbono–carbono no benzeno são uma ligação e meia, o valor de seu comprimento fica entre o de uma ligação simples e o de uma dupla.

Na explicação pela teoria do orbital molecular, que descreveremos com mais profundidade no Capítulo 14, começamos pelo reconhecimento de que os átomos de carbono do anel benzênico são hibridizados sp^2 e têm ângulos de ligação de 120°. Portanto, cada carbono tem um orbital *p*, que tem um lóbulo acima do plano do anel e outro abaixo, como mostrado aqui nas representações esquemática e calculada dos orbitais *p*. [Nesses diagramas, usamos uma única cor para os orbitais, pois a consideração da fase orbital (Seção 1.9) não é necessária para a nossa discussão aqui.]

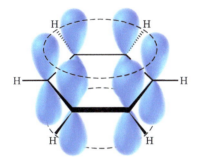
Representação esquemática dos orbitais *p* do benzeno

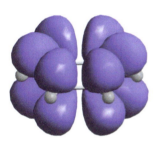
Formas calculadas do orbital *p* no benzeno

Orbital molecular calculado do benzeno resultando da sobreposição favorável dos orbitais *p* acima e abaixo do plano do anel do benzeno

Os lóbulos de cada orbital *p*, acima e abaixo do anel, sobrepõem-se com os lóbulos dos orbitais *p* nos átomos de ambos os seus lados. Esse tipo de sobreposição de orbitais *p* leva a um conjunto de orbitais moleculares ligantes que circundam todos os átomos de carbono do anel, como mostrou o orbital molecular calculado. Portanto, os seis elétrons associados a esses orbitais *p* (um elétron de cada orbital) estão **deslocalizados** sobre todos os seis átomos de carbono do anel. Essa deslocalização dos elétrons explica como todas as ligações carbono–carbono são equivalentes e têm o mesmo comprimento. Na Seção 14.6, quando estudarmos espectroscopia de ressonância magnética nuclear, apresentaremos evidências físicas convincentes para essa deslocalização dos elétrons.

2.2 Ligações Covalentes Polares

Na discussão sobre ligações químicas, na Seção 1.3, examinamos compostos como o LiF, no qual a ligação é entre dois átomos com diferenças muito grandes de eletronegatividade. Em situações como essas, dizemos que ocorre uma transferência completa de elétrons, fazendo com que o composto tenha uma **ligação iônica**:

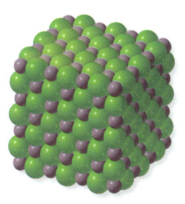
Modelo do cristal de fluoreto de lítio

O fluoreto de lítio tem uma ligação iônica.

Também descrevemos moléculas nas quais as diferenças de eletronegatividade não são grandes ou não há nenhuma diferença, tal como a ligação carbono–carbono do etano. Nesse caso, os elétrons são compartilhados igualmente entre os átomos.

$$\begin{array}{c} H \quad H \\ | \quad | \\ H-C-C-H \\ | \quad | \\ H \quad H \end{array}$$

Os elétrons na ligação covalente carbono-carbono do etano são compartilhados igualmente.

Até agora, não consideramos a possibilidade de que os elétrons de uma ligação covalente possam ser compartilhados de forma desigual.

- Se existirem diferenças não tão grandes de eletronegatividade entre dois átomos ligados, os elétrons não serão compartilhados igualmente entre eles, o que resulta em uma **ligação covalente polar**.
- Lembre-se: uma definição de **eletronegatividade** é *a capacidade que um elemento tem de atrair os elétrons que compartilha em uma ligação covalente*.

Um exemplo de uma ligação covalente polar é a do cloreto de hidrogênio. O átomo de cloro, com maior eletronegatividade, puxa os elétrons da ligação para perto dele, o que, de certa forma, torna o átomo de hidrogênio deficiente em elétrons e o faz ter uma carga *parcial* positiva ($\delta+$). O átomo de cloro torna-se, de certa forma, rico em elétrons e carrega uma carga *parcial* negativa ($\delta-$):

$$\overset{\delta+}{H} : \overset{\delta-}{\ddot{\underset{..}{Cl}}}:$$

Uma vez que a molécula do cloreto de hidrogênio tem uma extremidade parcialmente positiva e outra parcialmente negativa, ela é um **dipolo** e tem um **momento de dipolo**.

O sentido da polaridade de uma ligação polar pode ser simbolizado por um vetor $\longmapsto$. A extremidade da seta que exibe uma cruz é o lado positivo, e a ponta da seta, o negativo:

(extremidade positiva) $\longmapsto$ (extremidade negativa)

No HCl, por exemplo, a indicação do sentido do momento de dipolo é fornecida da seguinte maneira:

$$\underset{\longmapsto}{H-Cl}$$

O momento de dipolo é uma propriedade física que pode ser medida experimentalmente e é definido como o produto da magnitude da carga em unidades eletrostáticas de carga (uec) pela distância que separa as cargas em centímetros (cm):

Momento de dipolo = carga (em uec) × distância (em cm)

$$\mu = e \times d$$

PRÊMIO NOBEL

Debye ganhou o Prêmio Nobel de Química em 1936.

As cargas são normalmente da ordem de 10^{-10} uec, e as distâncias são da ordem de 10^{-8} cm. Os momentos de dipolo são, portanto, normalmente da ordem de 10^{-18} uec cm. Por conveniência, essa unidade, 1×10^{-18} uec cm, é definida como um **debye** e abreviada por D, em homenagem a Peter J. W. Debye, químico nascido na Holanda.

Se necessário, o comprimento da seta pode ser usado para indicar a magnitude do momento de dipolo, que, como veremos na Seção 2.3, é uma grandeza muito útil no cálculo das propriedades físicas dos compostos. Por exemplo, o momento de dipolo do HCl é 1,08 D.

PROBLEMA DE REVISÃO 2.2

Coloque os símbolos $\delta+$ e $\delta-$ nos átomos apropriados e desenhe uma seta para o momento de dipolo para cada uma das moléculas a seguir que seja polar:

(a) HF   **(b)** IBr   **(c)** Br_2 **(d)** F_2

As **ligações covalentes polares** influenciam fortemente as propriedades físicas e a reatividade das moléculas. Em muitos casos, fazem parte de **grupos funcionais**, os quais estudaremos brevemente (Seções 2.5 a 2.13). Os grupos funcionais são grupos definidos de átomos em uma molécula que originam sua função (reatividade ou propriedades físicas).

Eles frequentemente contêm átomos que possuem diferentes valores de eletronegatividade e pares de elétrons não compartilhados. (Átomos como oxigênio, nitrogênio e enxofre, que formam ligações covalentes e têm pares de elétrons não compartilhados, são chamados **heteroátomos**.)

2.2A Mapas de Potencial Eletrostático

Uma maneira de visualizar a distribuição de carga em uma molécula é com um **mapa de potencial eletrostático (MPE)**. As regiões de uma superfície de densidade eletrônica mais negativas que outras em um MPE são coloridas de vermelho e atraem uma espécie carregada positivamente (ou repelem uma carga negativa). As regiões no MPE menos negativas (ou positivas) são azuis e são mais capazes de atrair elétrons de outra molécula. O espectro de cores do vermelho ao azul indica a tendência em relação à carga, da mais negativa para a menos negativa (ou para a mais positiva).

A Fig. 2.1 mostra um mapa de potencial eletrostático para a superfície de baixa densidade eletrônica do cloreto de hidrogênio. Podemos ver claramente que a carga negativa está concentrada próximo ao átomo de cloro e que a positiva está próxima ao átomo de hidrogênio, como prevemos com base na diferença entre seus valores de eletronegatividade. Além disso, uma vez que esse MPE é representado na superfície de baixa densidade eletrônica da molécula (a superfície de van der Waals, Seção 2.13B), também fornece uma indicação da forma global da molécula.

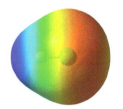

FIGURA 2.1 Mapa de potencial eletrostático calculado para o cloreto de hidrogênio que mostra as regiões de carga relativamente mais negativa, em vermelho, e mais positiva, em azul. A carga negativa está claramente localizada próxima ao cloro, resultando em um elevado momento de dipolo para a molécula.

2.3 Moléculas Polares e Apolares

Na discussão sobre momentos de dipolo na seção anterior, nossa atenção estava restrita a moléculas diatômicas simples. Qualquer molécula *diatômica* na qual os dois átomos sejam *diferentes* (e, portanto, tenham diferentes eletronegatividades) possuirá, necessariamente, um momento de dipolo. Em geral, uma molécula com um momento de dipolo é uma **molécula polar**. Se examinarmos a Tabela 2.1, no entanto, descobriremos que várias moléculas (por exemplo, CCl_4, CO_2) que possuem mais de dois átomos têm ligações *polares, mas não têm momento de dipolo*. Com nosso conhecimento sobre a forma das moléculas (Seções 1.12 a 1.16), podemos compreender essa ocorrência.

TABELA 2.1 Momentos de Dipolo de Algumas Moléculas Simples

Fórmula	μ (D)	Fórmula	μ (D)
H_2	0	CH_4	0
Cl_2	0	CH_3Cl	1,87
HF	1,83	CH_2Cl_2	1,55
HCl	1,08	$CHCl_3$	1,02
HBr	0,80	CCl_4	0
HI	0,42	NH_3	1,47
BF_3	0	NF_3	0,24
CO_2	0	H_2O	1,85

Considere uma molécula de tetracloreto de carbono (CCl_4). Uma vez que a eletronegatividade do cloro é maior que a do carbono, cada uma das ligações carbono–cloro no CCl_4 é polar. Cada átomo de cloro tem uma carga parcial negativa, e o átomo de carbono é consideravelmente positivo. Entretanto, uma vez que a molécula de tetracloreto de carbono é tetraédrica (Fig. 2.2), *os centros de carga positiva e negativa coincidem, e a molécula não apresenta momento de dipolo resultante*.

Esse resultado pode ser ilustrado de maneira ligeiramente diferente: se usarmos setas (⟼) para representar o sentido da polaridade de cada ligação, obteremos o arranjo dos momentos das ligações, mostrado na Fig. 2.3. Uma vez que os momentos de ligação são vetores de mesma magnitude distribuídos tetraedricamente, seus efeitos se cancelam. A soma vetorial deles é zero. A molécula *não* tem um *momento de dipolo resultante*.

> **Química & Meio Ambiente**
>
> O tetracloreto de carbono é um solvente altamente tóxico e igualmente prejudicial ao meio ambiente. Seu emprego foi banido.

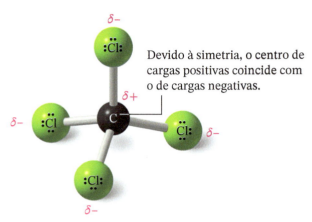

FIGURA 2.2 Distribuição de cargas no tetracloreto de carbono. A molécula não tem momento de dipolo resultante.

A molécula de clorometano (CH_3Cl) tem um momento de dipolo líquido de 1,87 D. Uma vez que carbono e hidrogênio têm eletronegatividades aproximadamente iguais (Tabela 1.1), a contribuição das três ligações C—H para o dipolo resultante é desprezível. Entretanto, a diferença de eletronegatividade entre o carbono e o cloro é grande, e a ligação C—Cl altamente polar contribui majoritariamente para o momento de dipolo do CH_3Cl (**Fig. 2.4**).

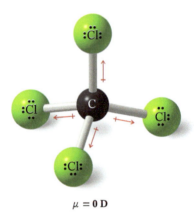

$\mu = 0$ D

FIGURA 2.3 Uma orientação tetraédrica de momentos de ligação iguais faz com que seus efeitos se cancelem.

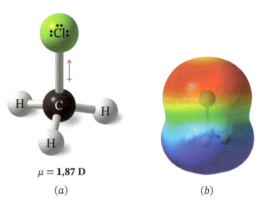

$\mu = 1,87$ D

(a)   (b)

FIGURA 2.4 (a) O momento de dipolo do clorometano origina-se principalmente da ligação carbono–cloro altamente polar. (b) Um mapa de potencial eletrostático ilustra a polaridade do clorometano.

PROBLEMA RESOLVIDO 2.2

Apesar de as moléculas de CO_2 terem ligações polares (o oxigênio é mais eletronegativo que o carbono), o dióxido de carbono (Tabela 2.1) não tem momento de dipolo. O que você pode concluir sobre a geometria de uma molécula de dióxido de carbono?

Estratégia e Resposta

Para uma molécula de CO_2 ter um momento de dipolo igual a zero, os momentos de ligações das duas ligações carbono–oxigênio têm de se anular, o que só ocorrerá se as moléculas de dióxido de carbono forem lineares.

$$\overset{\longleftarrow \ \longrightarrow}{:\!\ddot{O}\!=\!C\!=\!\ddot{O}\!:}$$
$\mu = 0$ D

PROBLEMA DE REVISÃO 2.3

O trifluoreto de boro (BF_3) não tem momento de dipolo ($\mu = 0$ D). Explique como essa observação confirma a geometria do BF_3 prevista pela teoria RPECV.

PROBLEMA DE REVISÃO 2.4

O tetracloroeteno ($CCl_2\!=\!CCl_2$) não tem momento de dipolo. Explique esse fato com base na forma do $CCl_2\!=\!CCl_2$.

| | | Famílias de Compostos de Carbono | 63 |

O dióxido de enxofre (SO_2) tem momento de dipolo ($\mu = 1,63$ D); por outro lado, o dióxido de carbono (veja o Problema Resolvido 2.2) não tem momento de dipolo ($\mu = 0$ D). O que esses fatos indicam sobre a geometria do dióxido de enxofre?

PROBLEMA DE REVISÃO 2.5

Os pares de elétrons não compartilhados têm grandes contribuições para os momentos de dipolo da água e da amônia. Uma vez que o par não compartilhado não tem outro átomo ligado a ele para neutralizar parcialmente sua carga negativa, um par de elétrons não compartilhado contribui com um grande momento direcionado para fora do átomo central (**Fig. 2.5**). (Os momentos do O—H e do N—H são também apreciáveis.)

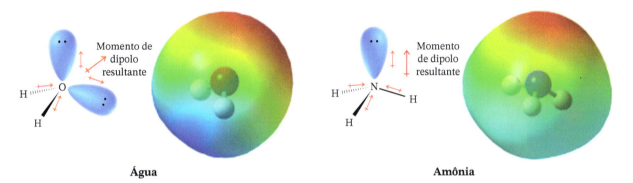

FIGURA 2.5 Os momentos de ligação e de dipolo resultantes da água e da amônia.

Utilizando uma fórmula tridimensional, mostre o sentido do momento de dipolo do CH_3OH. Escreva os sinais $\delta+$ e $\delta-$ próximos aos átomos apropriados.

PROBLEMA DE REVISÃO 2.6

O triclorometano ($CHCl_3$, também chamado *clorofórmio*) tem momento de dipolo maior que o $CFCl_3$. Utilize estruturas tridimensionais e momentos de ligação para explicar esse fato.

PROBLEMA DE REVISÃO 2.7

2.3A Momentos de Dipolo nos Alquenos

Os isômeros cis–trans dos alquenos (Seção 1.13B) têm diferentes propriedades físicas. Têm também diferentes pontos de fusão e de ebulição, e, geralmente, os isômeros cis–trans diferem marcadamente na magnitude de seus momentos de dipolo. A Tabela 2.2 resume algumas das propriedades físicas de dois pares de isômeros cis–trans.

TABELA 2.2 Propriedades Físicas de Alguns Isômeros Cis–Trans

Composto	Ponto de Fusão (°C)	Ponto de Ebulição (°C)	Momento de Dipolo (D)
cis-1,2-Dicloroeteno	−80	60	1,90
trans-1,2-Dicloroeteno	−50	48	0
cis-1,2-Dibromoeteno	−53	112	1,35
trans-1,2-Dibromoeteno	−6	108	0

Explique por que o *cis*-1,2-dicloroeteno (Tabela 2.2) tem momento de dipolo elevado, enquanto o *trans*-1,2-dicloroeteno tem momento de dipolo igual a zero.

PROBLEMA RESOLVIDO 2.3

Estratégia e Resposta

Se examinarmos os momentos de dipolo resultantes (em vermelho) dos momentos de ligação (em preto), veremos que, no *trans*-1,2-dicloroeteno, os momentos de ligação se cancelam, enquanto, no *cis*-1,2-dicloroeteno, eles se somam.

Os momentos de ligação (preto) estão no mesmo sentido geral. O momento de dipolo resultante (vermelho) é elevado.

Os momentos de ligação se cancelam. O dipolo resultante é zero.

cis-1,2-Dicloroeteno
$\mu = 1,9$ D

trans-1,2-Dicloroeteno
$\mu = 0$ D

PROBLEMA DE REVISÃO 2.8 | Indique o sentido dos momentos de ligação importantes em cada um dos compostos a seguir (despreze as ligações C—H). Você deve mostrar também o sentido do momento de dipolo resultante para a molécula. Caso ele não exista, indique que $\mu = 0$ D.

(a) *cis*-CHF=CHF (b) *trans*-CHF=CHF (c) $CH_2=CF_2$ (d) $CF_2=CF_2$

PROBLEMA DE REVISÃO 2.9 | Escreva as fórmulas estruturais para todos os alquenos com (a) a fórmula $C_2H_2Br_2$ e (b) com a fórmula $C_2Br_2Cl_2$. Em cada caso, indique os compostos isômeros cis–trans. Faça uma previsão para o momento de dipolo de cada um.

2.4 Grupos Funcionais

- **Grupos funcionais** são arranjos característicos e específicos de átomos que conferem reatividade e propriedades predeterminadas a uma molécula.

O grupo funcional de um alqueno, por exemplo, é sua ligação dupla carbono–carbono. Quando estudarmos as reações dos alquenos mais detalhadamente, no Capítulo 8, veremos que, em sua maioria, as reações químicas dos alquenos são reações da ligação dupla carbono–carbono.

O grupo funcional de um alquino é sua ligação tripla carbono–carbono. Os alcanos não têm um grupo funcional. Suas moléculas têm ligações simples carbono–carbono e ligações carbono–hidrogênio. Contudo, essas estão presentes em quase todas as moléculas orgânicas, e as ligações C—C e C—H são, em geral, muito menos reativas que os grupos funcionais comuns. Vamos apresentar outros grupos funcionais comuns e suas propriedades nas Seções 2.5 a 2.11. A Tabela 2.3 (Seção 2.12) resume os grupos funcionais mais importantes. Inicialmente, no entanto, vamos definir alguns grupos alquila comuns, específicos de átomos de carbono e de hidrogênio, que não fazem parte de grupos funcionais.

2.4A Grupos Alquila (ou Alquil) e o Símbolo R

Os **grupos alquila** são aqueles que identificamos com o propósito de dar nomes aos compostos. Eles seriam obtidos pela remoção de um átomo de hidrogênio de um alcano:

Alcano	Grupo Alquila	Abreviatura	Estrutura em Bastão	Modelo
$CH_3—H$ **Metano**	$H_3C—$ **Metila**	Me-		
$CH_3CH_2—H$ **Etano**	$CH_3CH_2—$ **Etila**	Et-		
$CH_3CH_2CH_2—H$ **Propano**	$CH_3CH_2CH_2—$ **Propila**	Pr-		

CH₃CH₂CH₂CH₂—H   CH₃CH₂CH₂CH₂—⧸   Bu-
Butano   **Butila**

Enquanto apenas um grupo alquila pode ser obtido a partir do metano ou etano (os grupos **metila** e **etila**, respectivamente), dois grupos podem ser derivados do propano. A remoção de um hidrogênio de um dos átomos de carbono da extremidade fornece um grupo chamado **propila**; a remoção de um hidrogênio do átomo de carbono do meio fornece um grupo denominado **isopropila**. Os nomes e as estruturas desses grupos são usados tão frequentemente na química orgânica que você deve aprendê-los agora. Veja na Seção 4.3C os nomes e estruturas dos grupos alquila ramificados, oriundos do butano e de outros hidrocarbonetos.

Podemos simplificar muito as futuras discussões se, neste ponto, introduzirmos um símbolo amplamente utilizado na designação geral de estruturas de moléculas orgânicas: o símbolo **R**, *utilizado como símbolo geral para representar qualquer grupo alquila*. Por exemplo, R pode ser um grupo metila, etila, propila ou isopropila:

CH₃—	Metila
CH₃CH₂—	Etila
CH₃CH₂CH₂—	Propila
CH₃CHCH₃	Isopropila
│	

Esses e outros grupos podem ser simbolizados por R.

Assim, a fórmula geral de um alcano é R—H.

2.4B Grupos Fenila e Benzila

Quando um anel benzênico está ligado a algum outro grupo de átomos em uma molécula, é chamado de **grupo fenila**, podendo ser representado de várias maneiras:

ou φ— ou Ar— (se estiverem presentes substituintes no anel)

Maneiras de representar um grupo fenila

A combinação de um grupo fenila com um **grupo metileno** (—CH₂—) é chamada **grupo benzila**:

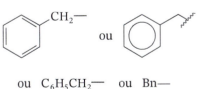

ou C₆H₅CH₂—   ou Bn—

Maneiras de representar um grupo benzila

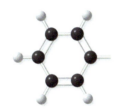

2.5 Haletos de Alquila ou Haloalcanos

Os haletos de alquila são compostos nos quais um átomo de halogênio (flúor, cloro, bromo ou iodo) substitui um átomo de hidrogênio de um alcano. Por exemplo, CH₃Cl e CH₃CH₂Br são haletos de alquila, também chamados **haloalcanos**. A fórmula genérica para um haleto de alquila é R—Ẍ:, em que X = flúor, cloro, bromo ou iodo.

Os haletos de alquila são classificados como primários (1°), secundários (2°) ou terciários (3°). *Essa classificação é baseada no átomo de carbono ao qual o halogênio está diretamente ligado.* Se o átomo de carbono que suporta o halogênio estiver ligado a apenas

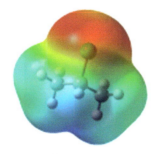

2-Cloropropano

DICA ÚTIL

Embora utilizemos os símbolos 1º, 2º e 3º, não dizemos primeiro grau, segundo grau e terceiro grau, mas *primário*, *secundário* e *terciário*.

outro átomo de carbono, diz-se ser um **átomo de carbono primário**, e o haleto de alquila é classificado como **haleto de alquila primário**. Se o carbono que suporta o halogênio estiver ligado a dois outros átomos de carbono, será um **carbono secundário**, e o haleto de alquila, um **haleto de alquila secundário**. Se o carbono que suporta o halogênio estiver ligado a três outros átomos de carbono, será um **carbono terciário**, e o haleto de alquila, um **haleto de alquila terciário**. Exemplos de haletos de alquila primário, secundário e terciário são:

Carbono 1º

H—C(H)(H)—C(H)(H)—Cl ou ⟋⟍Cl

Um cloreto de alquila 1º

Carbono 2º

H—C(H)(H)—C(H)(Cl)—C(H)(H)—H ou ⟋⟍⟋ Cl

Um cloreto de alquila 2º

Carbono 3º

CH₃—C(CH₃)(CH₃)—Cl ou ⟋⟨⟩⟍Cl

Um cloreto de alquila 3º

Um **haleto de alquenila** é um composto com um átomo de halogênio ligado a um carbono da dupla ligação de um alqueno. Na nomenclatura antiga, esses compostos eram às vezes chamados de haletos de vinila. Um **haleto de arila** é um composto com um átomo de halogênio ligado a um anel aromático tal como um anel benzênico.

Um cloreto de alquenila   Um brometo de fenila

PROBLEMA RESOLVIDO 2.4

Escreva a estrutura de um alcano com a fórmula C_5H_{12} que não possua nenhum átomo de carbono secundário ou terciário. *Sugestão*: o composto tem um carbono quaternário (4º).

Estratégia e Resposta

Seguindo o padrão de designações para os átomos de carbono fornecido anteriormente, um átomo de carbono 4º tem de estar ligado a quatro outros átomos de carbono. Se começarmos com esse átomo de carbono e, então, adicionarmos a ele quatro átomos de carbono com seus hidrogênios ligados, haverá apenas um único alcano possível. Os outros quatro átomos de carbono serão todos carbonos primários; nenhum será secundário ou terciário.

Átomo de carbono 4º

ou CH₃—C(CH₃)(CH₃)—CH₃

PROBLEMA DE REVISÃO 2.10

Escreva fórmulas estruturais por meio de estrutura em bastão para **(a)** dois brometos de alquila primários, isômeros constitucionais, com a fórmula C_4H_9Br, **(b)** um brometo de alquila secundário e **(c)** um brometo de alquila terciário com a mesma fórmula. Com auxílio de um *kit* de montagem de modelos moleculares, construa a molécula correspondente a cada estrutura e examine as diferenças em suas conectividades.

Apesar de abordarmos a nomenclatura de compostos orgânicos mais tarde, quando estudarmos as famílias individuais mais detalhadamente, um método de nomear aos haletos de alquila é tão direto que vale a pena descrevê-lo neste momento. Simplesmente damos nome ao grupo alquila ligado ao halogênio precedido de uma das expressões *fluoreto de, cloreto de, brometo de* ou *iodeto de*. Escreva as fórmulas para **(a)** fluoreto de etila e **(b)** cloreto de isopropila.

PROBLEMA DE REVISÃO 2.11

Quais são os nomes para **(c)** ⌐⌐Br, **(d)** ⌐F e **(e)** C_6H_5I?

2.6 Álcoois e Fenóis

O álcool metílico (também chamado metanol) tem a fórmula estrutural CH_3OH e é o membro mais simples de uma família de compostos orgânicos conhecidos como **álcoois**. O grupo funcional característico dessa família é o grupo hidroxila (—OH) ligado a um átomo de carbono hibridizado sp^3. Outro exemplo de um álcool é o álcool etílico, CH_3CH_2OH (também chamado etanol).

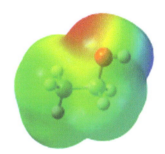

Etanol

Este é o grupo funcional de um álcool.

Os álcoois podem ser visualizados estruturalmente de duas maneiras: (1) como derivados hidroxilados dos alcanos e (2) como derivados alquílicos da água. O álcool etílico, por exemplo, pode ser visto como uma molécula de etano na qual um hidrogênio foi substituído por um grupo hidroxila, ou como uma molécula de água na qual um hidrogênio foi substituído por um grupo etila:

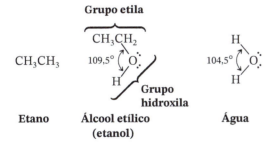

Assim como os haletos de alquila, os álcoois são classificados em três grupos: primários (1°), secundários (2°) ou terciários (3°). *Essa classificação é baseada no grau de substituição do carbono ao qual o grupo hidroxila está diretamente ligado.* Se o carbono tiver apenas um carbono ligado a ele, será considerado um **carbono primário**, e o álcool, um **álcool primário**:

Álcool etílico
(um álcool 1°)

Geraniol
(um álcool 1°)

Álcool benzílico
(um álcool 1°)

Se o átomo de carbono ligado ao grupo hidroxila também tiver outros dois átomos de carbono ligados a ele, será chamado de carbono secundário, e o álcool, álcool secundário:

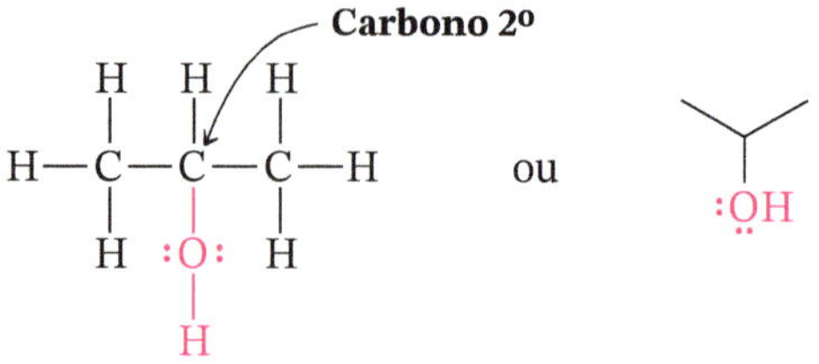

Álcool isopropílico
(um álcool 2º)

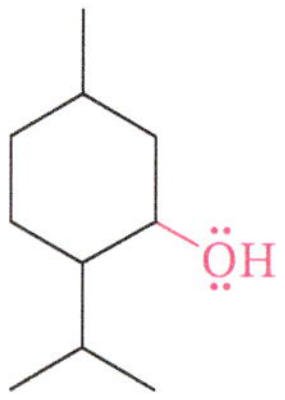

Mentol
(um álcool 2º encontrado no óleo de hortelã-pimenta)

Se o átomo de carbono ligado ao grupo hidroxila tiver três outros carbonos ligados a ele, será chamado de terciário, e o álcool, também terciário:

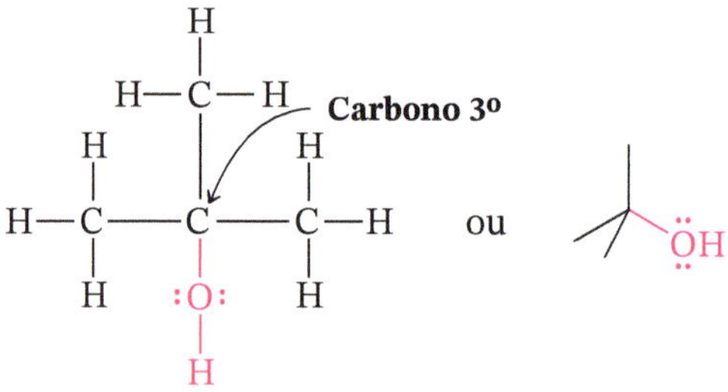

DICA ÚTIL

Pratique utilizando um *kit* de montagem de modelos moleculares para construir modelos do maior número possível dos compostos presentes nesta página.

Álcool *terc*-butílico
(um álcool 3º)

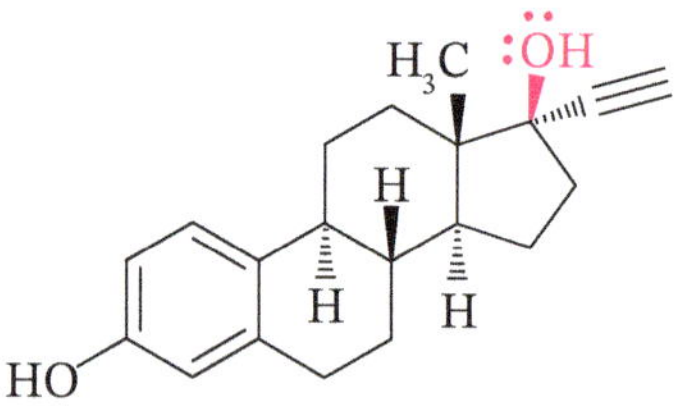

Noretindrona
(um contraceptivo oral que contém um grupo álcool 3º e ligações duplas e triplas carbono–carbono)

PROBLEMA DE REVISÃO 2.12 | Escreva as estruturas em bastão para **(a)** dois álcoois primários, **(b)** um álcool secundário e **(c)** um álcool terciário – todos com a fórmula molecular $C_4H_{10}O$.

PROBLEMA DE REVISÃO 2.13 | Uma maneira de dar nomes aos álcoois é trocar a terminação *-ila* do grupo alquila ligado ao —OH pela terminação *-ílico* e adicionar a palavra *álcool* antes do nome do grupo. Escreva as estruturas em bastão para o **(a)** álcool propílico e o **(b)** álcool isopropílico.

Quando um grupo hidroxila estiver ligado a um anel benzênico, a combinação do anel e da hidroxila será chamada de **fenol**. Fenóis diferem significativamente dos álcoois em termos da acidez relativa, como veremos no Capítulo 3, e, assim, são considerados um grupo funcional distinto.

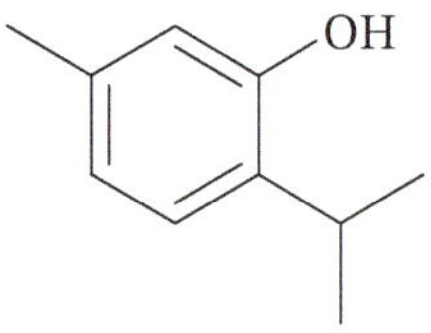

Timol
(um fenol encontrado no tomilho)

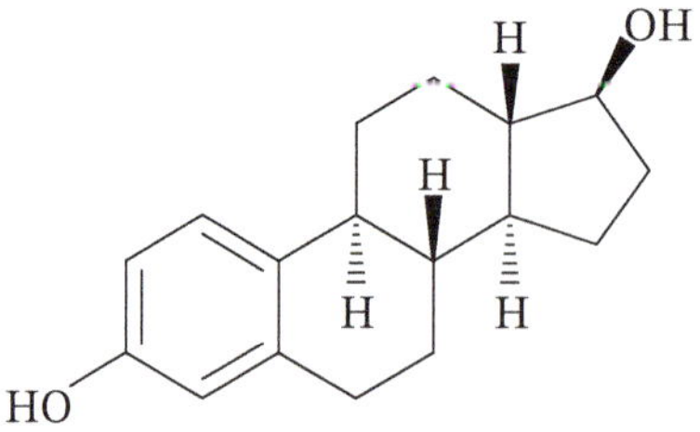

Estradiol
(um hormônio sexual que contém os grupos álcool e fenol)

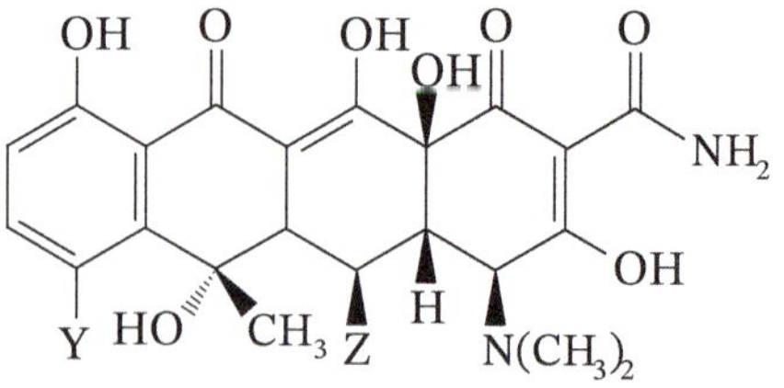

Antibióticos de tetraciclina contendo um grupo fenol
(Y = Cl, Z = H; Aureomicina)
(Y = H, Z = OH; Terramicina)

Circule os átomos que constituem os grupos **(a)** fenol e **(b)** álcool no estradiol. **(c)** Classifique o álcool.

PROBLEMA RESOLVIDO 2.5

Estratégia e Resposta

(a) Um grupo fenol consiste em um anel benzênico e um grupo hidroxila, logo circulamos essas partes da molécula juntas. **(b)** O grupo álcool é encontrado no anel de cinco membros do estradiol. **(c)** O carbono que possui o grupo hidroxila do álcool tem dois carbonos ligados diretamente a ele; assim, trata-se de um álcool secundário.

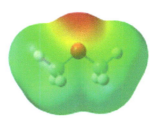

(b), (c) Álcool 2º

(a) Fenol

2.7 Éteres

Os éteres têm a fórmula geral R—O—R ou R—O—R′, em que R′ pode ser um grupo alquila (ou fenila) diferente de R. Os éteres podem ser imaginados como derivados da água, na qual ambos os átomos de hidrogênio foram substituídos por grupos alquila. O ângulo de ligação no átomo de oxigênio de um éter é ligeiramente maior que o da água:

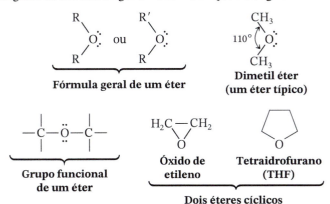

Dimetil éter

Uma maneira de dar nomes aos éteres é nomear os dois grupos alquila ligados ao átomo de oxigênio em ordem alfabética e adicionar a palavra *éter*. Se os dois grupos alquila forem os mesmos, usamos o prefixo *di-* – por exemplo, *dimetil éter*. Escreva as estruturas em bastão para **(a)** o dietil éter, **(b)** etil propil éter e **(c)** etil isopropilo éter. Que nome você daria a

PROBLEMA DE REVISÃO 2.14

(d) ~~~OMe   **(e)** ~~~O~~~   e   **(f)** $CH_3OC_6H_5$?

A Química Biomédica de... Éteres como Anestésicos Gerais

O óxido nitroso (N_2O), também chamado de gás do riso, foi o primeiro anestésico utilizado, em 1799, e continua sendo até hoje, embora não produza anestesia profunda sozinho. A primeira utilização de um éter, o dietil éter, para produzir anestesia profunda ocorreu em 1842. Nos anos que se sucederam desde então, vários éteres diferentes, em geral contendo halogênios como substituintes, vêm substituindo o dietil éter como anestésico usual, pois, ao contrário do dietil éter, altamente inflamável, os éteres halogenados não o são. Dois éteres halogenados normalmente utilizados para anestesia por inalação são o sevoflurano e o desflurano.

(continua)

(continuação)

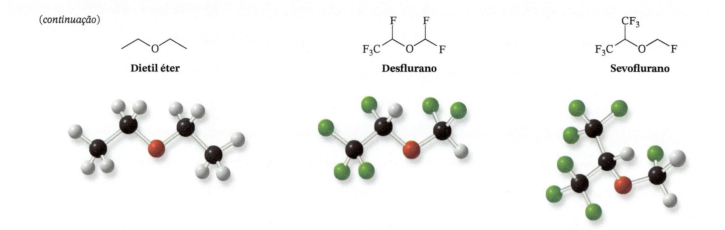

Dietil éter   **Desflurano**   **Sevoflurano**

PROBLEMA DE REVISÃO 2.15   O eugenol é o principal constituinte do óleo natural do cravo-da-índia. Circule e dê o nome de todos os grupos funcionais no eugenol.

Eugenol (encontrado no cravo-da-índia)

2.8 Aminas

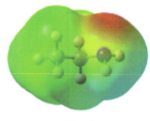

Etilamina

Assim como os álcoois e éteres podem ser considerados derivados orgânicos da água, as aminas podem ser consideradas derivados orgânicos da amônia:

Amônia   **Uma amina**   **Anfetamina** (um perigoso estimulante)   **Putrescina** (encontrada em carne em decomposição)

As aminas são classificadas como primárias, secundárias ou terciárias, **classificação baseada no *número de grupos orgânicos ligados ao átomo de nitrogênio:***

Uma amina primária (1º)   **Uma amina secundária (2º)**   **Uma amina terciária (3º)**

Observe que é bastante diferente da maneira como os álcoois e haletos de alquila são classificados. A isopropilamina, por exemplo, é uma amina primária, embora seu grupo —NH$_2$ esteja ligado a um átomo de carbono secundário. Trata-se de uma amina primária porque apenas um grupo orgânico está ligado ao átomo de nitrogênio:

Isopropilamina (uma amina 1º)   **Piperidina** (uma amina 2º cíclica)

A anfetamina (a seguir), poderoso e perigoso estimulante, é uma amina primária. A dopamina, importante neurotransmissor, cuja diminuição está associada à doença de Parkinson, também é uma amina primária. A nicotina, composto tóxico encontrado no tabaco e que causa o vício em fumantes, possui um grupo amino secundário e um terciário.

Anfetamina   **Dopamina**   **Nicotina**

As aminas são parecidas com a amônia (Seção 1.16B) por terem uma geometria piramidal triangular. Os ângulos de ligação C—N—C da trimetilamina são de 108,7°, valor muito próximo ao dos ângulos de ligação H—C—H do metano. Portanto, para todos os propósitos práticos, o átomo de nitrogênio de uma amina pode ser considerado hibridizado sp^3, com o par de elétrons não compartilhado ocupando um orbital (veja a seguir). Isso significa que o par de elétrons não compartilhado está relativamente exposto, e, como veremos, esse fato é importante, uma vez que o par está envolvido em quase todas as reações das aminas.

Ângulo de ligação = 108,7°

Trimetilamina

PROBLEMA DE REVISÃO 2.16

Uma maneira de dar nome às aminas é nomear em ordem alfabética os grupos alquila ligados ao átomo de nitrogênio, sem o sufixo *a*, usando os prefixos *di-* e *tri-* se os grupos forem iguais. Um exemplo é a *isopropilamina*, cuja fórmula foi mostrada anteriormente nesta seção. Quais são os nomes para **(a)**, **(b)**, **(c)** e **(d)**? Construa, com auxílio de um *kit* de montagem de modelos moleculares, os modelos dos compostos dos itens **(a)–(d)**.

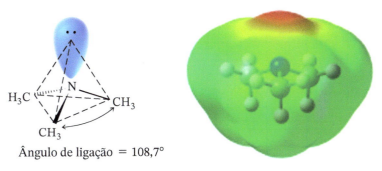

Represente as estruturas em bastão da **(e)** propilamina, **(f)** trimetilamina e **(g)** etilisopropilmetilamina.

PROBLEMA DE REVISÃO 2.17

Que aminas no Problema de Revisão 2.16 são **(a)** primárias, **(b)** secundárias e **(c)** terciárias?

PROBLEMA DE REVISÃO 2.18

As aminas são semelhantes à amônia, no sentido de serem bases fracas, e se comportam dessa maneira utilizando seu par de elétrons não compartilhado para aceitar um próton. **(a)** Mostre a reação que ocorreria entre a trimetilamina e o HCl. **(b)** Qual o estado de hibridização que você esperaria para o átomo de nitrogênio no produto dessa reação?

2.9 Aldeídos e Cetonas

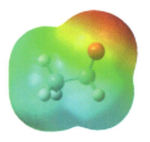

Acetaldeído

Tanto os aldeídos quanto as cetonas contêm o **grupo carbonila** – no qual um átomo de carbono tem uma ligação dupla com o oxigênio:

Grupo carbonila

O grupo carbonila de um aldeído está ligado a um átomo de hidrogênio e a um átomo de carbono (exceto no formaldeído, único aldeído no qual a carbonila está ligada somente a dois átomos de hidrogênio). O grupo carbonila de uma cetona está ligado a dois átomos de carbono. Usando R, podemos designar as fórmulas gerais para aldeídos e cetonas como a seguir:

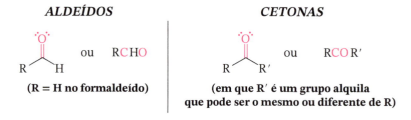

ALDEÍDOS	CETONAS
ou RCHO	ou RCOR′
(R = H no formaldeído)	(em que R′ é um grupo alquila que pode ser o mesmo ou diferente de R)

Alguns exemplos específicos de aldeídos e cetonas são:

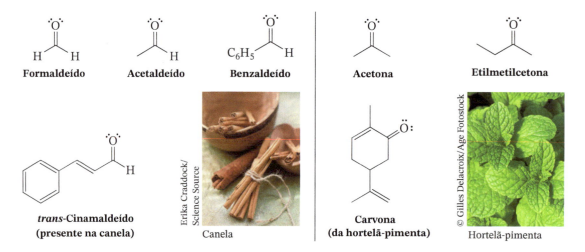

Formaldeído **Acetaldeído** **Benzaldeído** **Acetona** **Etilmetilcetona**

trans-**Cinamaldeído**
(presente na canela)

Canela

Carvona
(da hortelã-pimenta)

Hortelã-pimenta

Os aldeídos e as cetonas têm um arranjo plano triangular de grupos ao redor do átomo de carbono carbonílico. O átomo de carbono é hibridizado *sp*². No formaldeído, por exemplo, os valores dos ângulos de ligação são:

O retinal (a seguir) é um aldeído obtido a partir da vitamina A e que desempenha papel essencial na visão. Discutiremos esse assunto no Capítulo 13.

Retinal

Escreva a estrutura de ressonância para a carvona, que resulta da movimentação dos elétrons, conforme indicado. Inclua todas as cargas formais.	**PROBLEMA DE REVISÃO 2.19**

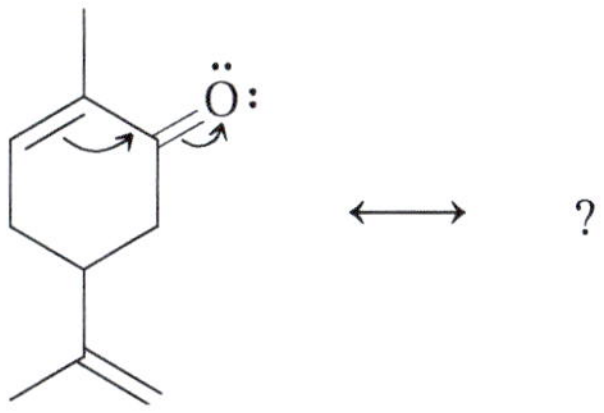

Escreva as estruturas em bastão para **(a)** quatro aldeídos e **(b)** três cetonas que possuam a fórmula $C_5H_{10}O$.	**PROBLEMA DE REVISÃO 2.20**

2.10 Ácidos Carboxílicos, Ésteres e Amidas

Os ácidos carboxílicos, os ésteres e as amidas contêm um grupo carbonila ligado a um átomo de oxigênio ou de nitrogênio. Como aprenderemos nos capítulos posteriores, todos esses grupos funcionais são interconversíveis por meio de reações escolhidas de maneira apropriada.

2.10A Ácidos Carboxílicos

Os ácidos carboxílicos têm um grupo carbonila ligado a um grupo hidroxila, e sua fórmula geral é R−C(=O)−O−H. O grupo funcional, −C(=O)−O−H, é chamado de **grupo carboxila** (**carbo**nila + hidro**xila**):

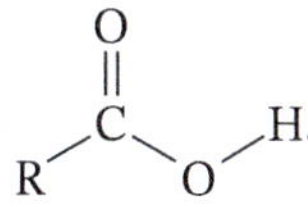

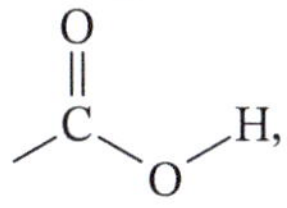

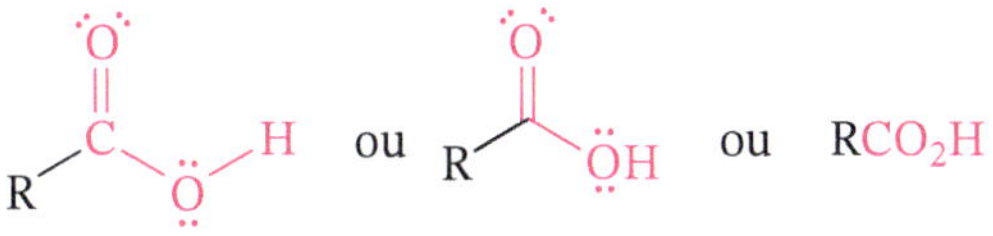

Um ácido carboxílico ou RCO_2H **Grupo carboxila** ou $−CO_2H$ ou $−COOH$

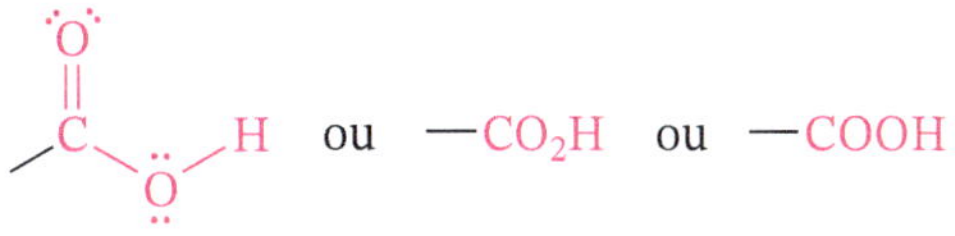

Exemplos de ácidos carboxílicos são o ácido fórmico, o acético e o benzoico:

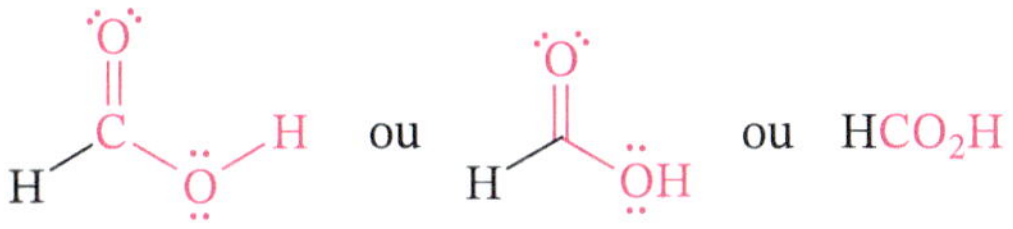

Ácido fórmico ou HCO_2H

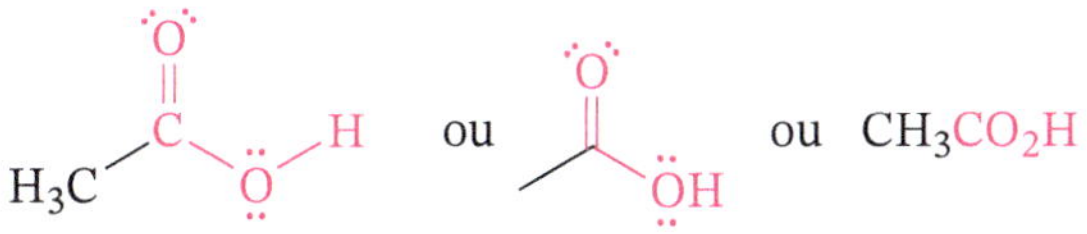

Ácido acético ou CH_3CO_2H

Ácido benzoico ou $C_6H_5CO_2H$

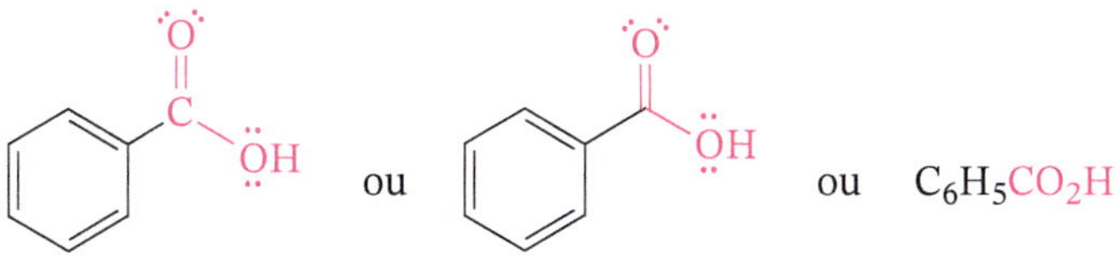

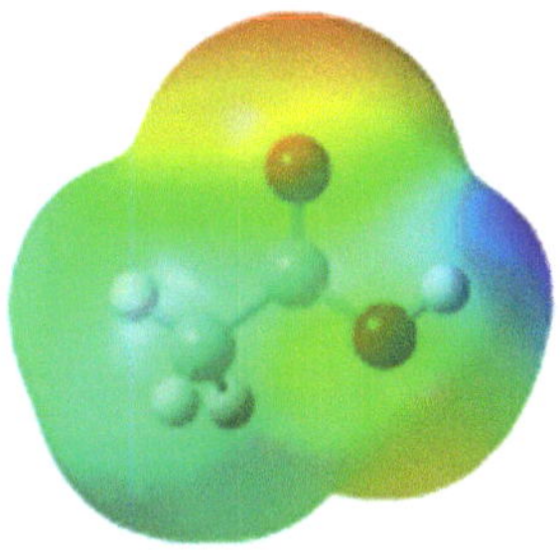

Ácido acético

O ácido fórmico é um líquido produzido pelas formigas que irrita a pele. (A ardência da picada da formiga é provocada, em parte, pelo ácido fórmico injetado sob a pele. *Formica* é a palavra em latim para formiga.) O ácido acético, substância responsável pelo gosto ácido do vinagre, é produzido quando determinadas bactérias agem sobre o álcool etílico do vinho e fazem com que ele seja oxidado pelo ar.

PROBLEMA RESOLVIDO 2.6

Quando o ácido fórmico (veja anteriormente) doa o próton de seu oxigênio para uma base, o resultado é o íon formiato (HCO_2^-). **(a)** Escreva duas estruturas de ressonância para o íon formiato e duas estruturas de ressonância para o ácido fórmico. **(b)** Reveja a Seção 1.8 e identifique qual das espécies, o ácido fórmico ou o íon formiato, é mais estabilizada por ressonância?

Estratégia e Resposta

(a) Movemos os pares de elétrons como indicado a seguir.

Ácido fórmico   Íon formiato

(b) O íon formiato será mais estabilizado porque não tem cargas separadas.

PROBLEMA DE REVISÃO 2.21

Escreva as estruturas em bastão para quatro ácidos carboxílicos com a fórmula $C_5H_{10}O_2$.

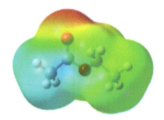

Acetato de etila

2.10B Ésteres

Os ésteres têm a fórmula geral RCO_2R' (ou $RCOOR'$), em que um grupo carbonila está ligado a um grupo alcoxila (—OR):

Fórmula geral de um éster

O acetato de etila é um solvente importante.

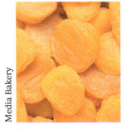

O éster butanoato de pentila tem odor de damascos e peras.

O butanoato de pentila tem odor de damascos e peras.

PROBLEMA DE REVISÃO 2.22

Escreva a estrutura em bastão para três ésteres com a fórmula $C_5H_{10}O_2$.

PROBLEMA DE REVISÃO 2.23

Escreva outra estrutura de ressonância para o acetato de etila. Inclua cargas formais.

Os ésteres podem ser preparados a partir de um ácido carboxílico e um álcool pela perda de uma molécula de água catalisada por ácido. Por exemplo:

Seu corpo produz ésteres a partir de ácidos carboxílicos de cadeia longa, chamados "ácidos graxos", por meio da combinação deles com o glicerol. Discutiremos sua química em detalhes no Capítulo 23.

2.10C Amidas

As amidas têm as fórmulas RCONH$_2$, RCONHR′ ou RCONR′R″, em que um grupo carbonila está ligado a um átomo de nitrogênio ligado a hidrogênios e/ou grupos alquila. As fórmulas gerais e alguns exemplos específicos são mostrados a seguir.

Uma amida não substituída   **Uma amida N-substituída**   **Uma amida N, N-dissubstituída**

Fórmulas gerais para amidas

O náilon é um polímero formado por grupos amida repetidos regularmente.

Acetamida   **N-Metilacetamida**   **N,N-Dimetilacetamida**

Exemplos específicos de amidas

N- e *N,N*- indicam que os substituintes estão ligados ao átomo de nitrogênio.

Acetamida

Escreva outra estrutura de ressonância para a acetamida.

PROBLEMA DE REVISÃO 2.24

2.11 Nitrilas

Uma nitrila tem a fórmula R—C≡N: (ou R—CN). O carbono e o nitrogênio de uma nitrila são hibridizados *sp*. Na nomenclatura sistemática da IUPAC, as nitrilas acíclicas são nomeadas pela adição do sufixo *-nitrila* ao nome do hidrocarboneto correspondente. O átomo de carbono do grupo —C≡N recebe o número 1. O termo acetonitrila é um nome comum aceito para o CH$_3$CN, e acrilonitrila é um nome comum aceito para o CH$_2$=CHCN:

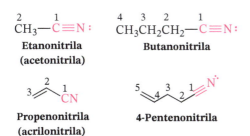

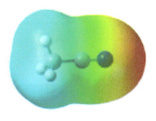

Acetonitrila

As nitrilas cíclicas são nomeadas pela adição do sufixo *-carbonitrila* ao nome do sistema cíclico ao qual o grupo —CN está ligado. A benzonitrila é um nome comum aceitável para C₆H₅CN:

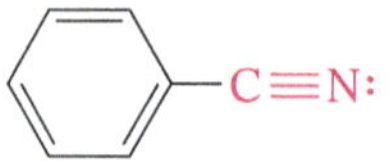

Benzenocarbonitrila
(benzonitrila)

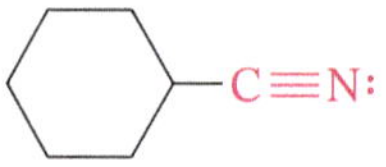

Ciclo-hexanocarbonitrila

2.12 Resumo das Famílias Importantes de Compostos Orgânicos

Um resumo das famílias importantes de compostos orgânicos é apresentado na Tabela 2.3. Você deve aprender a identificar esses grupos funcionais comuns à medida que aparecem em outras moléculas mais complicadas.

TABELA 2.3 Famílias Importantes de Compostos Orgânicos

	Alcano	Alqueno	Alquino	Aromático	Haloalcano	Álcool	Fenol	Éter
Grupo funcional	ligações C—H e C—C	C=C	—C≡C—	Anel aromático	—C—X:	—C—ÖH	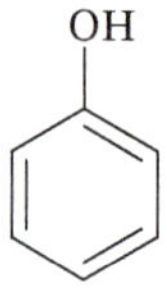 OH (no anel)	—C—Ö—C—
Fórmula geral	RH	RCH=CH₂, RCH=HR, R₂C=CHR, R₂C=CR₂	RC≡CH, RC≡CR	ArH	RX	ROH	ArOH	ROR
Exemplo específico	CH₃CH₃	CH₂=CH₂	HC≡CH	 (benzeno)	CH₃CH₂Cl	CH₃CH₂OH	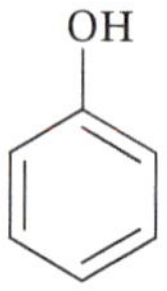 (fenol)	CH₃OCH₃
Nome IUPAC	Etano	Eteno	Etino	Benzeno	Cloroetano	Etanol	Fenol	Metoximetano
Nome comumᵃ	Etano	Etileno	Acetileno	Benzeno	Cloreto de etila	Álcool etílico	Fenol	Dimetil éter

	Amina	Aldeído	Cetona	Ácido carboxílico	Éster	Amida	Nitrila
Grupo funcional	—C—N:	O∥C—H	—C—C(=O)—C—	—C(=O)ÖH	—C(=O)—Ö—C—	—C(=O)—N	—C≡N:
Fórmula geral	RNH₂, R₂NH, R₃N	O∥RCH	O∥RCR′	O∥RCOH	O∥RCOR′	O∥RCNH₂, O∥RCNHR′, O∥RCNR′R″	RCN

(continua)

TABELA 2.3 Famílias Importantes de Compostos Orgânicos (*continuação*)

	Amina	Aldeído	Cetona	Ácido carboxílico	Éster	Amida	Nitrila
Exemplo específico	CH_3NH_2	$CH_3\overset{O}{\overset{\|}{C}}H$	$CH_3\overset{O}{\overset{\|}{C}}CH_3$	$CH_3\overset{O}{\overset{\|}{C}}OH$	$CH_3\overset{O}{\overset{\|}{C}}OCH_3$	$CH_3\overset{O}{\overset{\|}{C}}NH_2$	$CH_3C{\equiv}N$
Nome IUPAC	Meta-namina	Etanal	Propanona	Ácido etanoico	Etanoato de metila	Etanamida	Etanonitrila
Nome comum	Meti-lamina	Acetaldeído	Acetona	Ácido acético	Acetato de metila	Acetamida	Acetonitrila

*a*Esses nomes também são aceitos pela IUPAC.

2.12A Grupos Funcionais em Compostos Importantes Biologicamente

Muitos dos grupos funcionais que listamos na Tabela 2.3 são centrais para os compostos dos organismos vivos. Um açúcar típico, por exemplo, é a glicose, que contém vários grupos hidroxila alcoólicos (—OH) e, em um de suas formas, um grupo aldeído. Gorduras e óleos contêm grupos éster, e proteínas, grupos amida. Veja se você pode identificar os grupos álcool, aldeído, éster e amida nos exemplos a seguir.

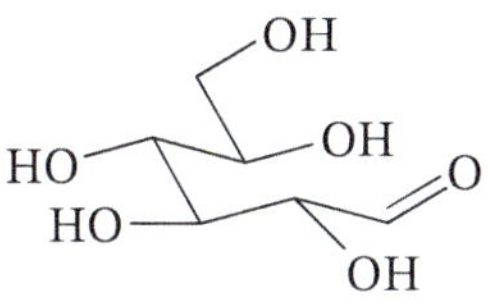

Glicose

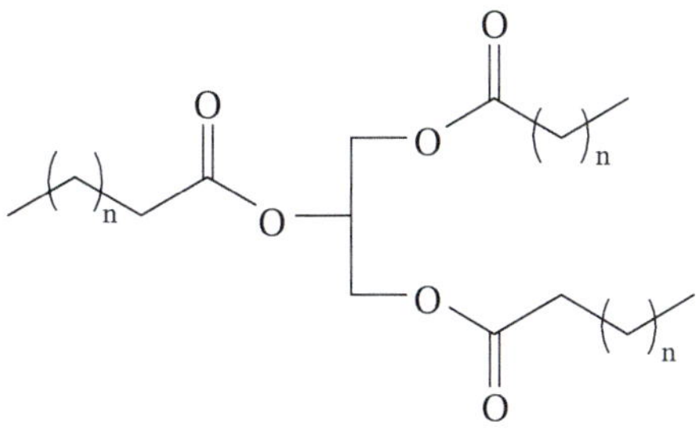

Uma gordura típica

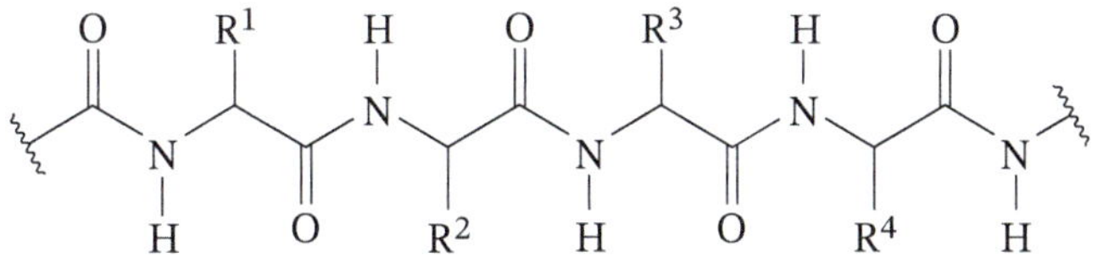

Parte de uma proteína

2.13 Propriedades Físicas e Estrutura Molecular

Até aqui, falamos pouco sobre uma das mais óbvias características dos compostos orgânicos, isto é, sobre *seu estado físico ou fase*. Se uma substância em particular fosse um sólido, um líquido ou um gás, seria certamente uma das primeiras observações que notaríamos em qualquer trabalho experimental. As temperaturas nas quais as transições entre as fases ocorrem, isto é, pontos de fusão (p.fus) e pontos de ebulição (p.eb), estão também entre as **propriedades físicas** mais facilmente mensuráveis. Os pontos de fusão e de ebulição são também úteis na identificação e no isolamento de compostos orgânicos.

DICA ÚTIL

O entendimento de como a estrutura molecular influencia as propriedades físicas é muito útil em química orgânica experimental.

Suponhamos, por exemplo, que acabamos de fazer a síntese de um composto orgânico que sabemos ser um líquido à temperatura ambiente e 1 atm de pressão. Se soubermos o ponto de ebulição do produto desejado e os dos subprodutos e dos solventes que podem estar presentes na mistura da reação, podemos decidir se uma destilação simples será um método plausível ou não para o isolamento desse produto.

Em outra situação, o produto poderia ser um sólido. Nesse caso, para isolar a substância por cristalização, precisamos saber seu ponto de fusão e sua solubilidade em diferentes solventes. As constantes físicas de substâncias orgânicas conhecidas são facilmente encontradas em manuais e outros livros de referência.* A **Tabela 2.4** lista os pontos de fusão e de ebulição de alguns compostos que abordamos neste capítulo.

Entretanto, geralmente, no decorrer da pesquisa, o produto de uma síntese é um composto novo – nunca descrito anteriormente. Nesse caso, o sucesso em isolar o novo composto depende de estimativas razoavelmente precisas de seu ponto de fusão, ponto de ebulição e solubilidades. As estimativas dessas propriedades físicas macroscópicas são baseadas na estrutura mais provável da substância e nas forças que atuam entre moléculas e íons. As temperaturas nas quais as mudanças de fase ocorrem são uma indicação da intensidade dessas forças intermoleculares.

TABELA 2.4 Propriedades Físicas de Compostos Representativos

Composto	Estrutura	p.fus (°C)	p.eb (°C) (1 atm)
Metano	CH_4	−182,6	−162
Etano	CH_3CH_3	−172	−88,2
Eteno	$CH_2=CH_2$	−169	−102
Etino	$HC≡CH$	−82	−84 sublima
Clorometano	CH_3Cl	−97	−23,7
Cloroetano	CH_3CH_2Cl	−138,7	13,1
Álcool etílico	CH_3CH_2OH	−114	78,5
Acetaldeído	CH_3CHO	−121	20
Ácido acético	CH_3CO_2H	16,6	118
Acetato de sódio	CH_3CO_2Na	324	decompõe
Etilamina	$CH_3CH_2NH_2$	−80	17
Dietil éter	$(CH_3CH_2)_2O$	−116	34,6
Acetato de etila	$CH_3CO_2CH_2CH_3$	−84	77

2.13A Compostos Iônicos: Forças Íon–Íon

- O **ponto de fusão** de uma substância é a temperatura na qual existe um equilíbrio entre o estado cristalino bem ordenado e o estado líquido mais aleatório.

Se a substância for um composto iônico, como o acetato de sódio (Tabela 2.4), as **forças íon-íon** que mantêm os íons unidos no estado cristalino serão as intensas forças eletrostáticas de rede que agem entre os íons positivos e negativos na estrutura cristalina ordenada. Na **Fig. 2.6**, cada íon sódio está rodeado por íons acetato carregados negativamente, e cada íon acetato está rodeado por íons sódio carregados positivamente. Uma grande quantidade de energia térmica é necessária para quebrar a estrutura ordenada do cristal na estrutura aberta desordenada de um líquido. Como resultado, a temperatura na qual o acetato de sódio se funde é bastante alta, 324 °C. Os **pontos de ebulição** de compostos iônicos são mais altos ainda, tanto que muitos compostos orgânicos decompõem-se (são modificados por reações químicas indesejáveis) antes de entrarem em ebulição. O acetato de sódio apresenta esse tipo de comportamento.

---

*Dois *manuais* úteis são o *Handbook of Chemistry*, Lange, N. A., Ed., McGraw-Hill: Nova York; e o *CRC Handbook of Chemistry and Physics*, CRC: Boca Raton, FL.

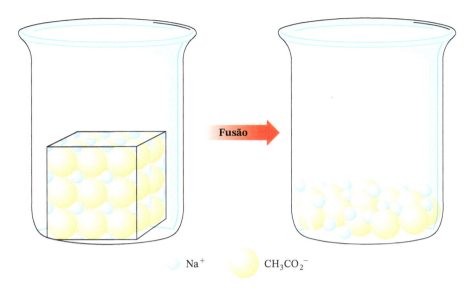

FIGURA 2.6 Fusão do acetato de sódio.

2.13B Forças Intermoleculares (Forças de van der Waals)

As forças que agem entre moléculas não são tão intensas quanto as que agem entre íons, mas respondem pelo fato de que mesmo moléculas completamente apolares possam existir nos estados líquido e sólido. Essas **forças intermoleculares**, chamadas coletivamente de **forças de van der Waals**, são todas de natureza elétrica. Focalizaremos nossa atenção em três tipos:

1. Forças do tipo dipolo–dipolo
2. Ligações de hidrogênio
3. Forças de dispersão

Forças do Tipo Dipolo–Dipolo A maioria das moléculas orgânicas têm um *momento de dipolo permanente* resultante de uma distribuição não uniforme dos elétrons ligantes (Seção 2.3). A acetona e o acetaldeído são exemplos de moléculas com dipolos permanentes, porque o grupo carbonila que eles contêm é altamente polarizado. No estado líquido ou sólido, as atrações **dipolo–dipolo** fazem com que as moléculas se orientem de tal forma que a extremidade positiva de uma molécula seja direcionada no sentido da extremidade negativa da outra (**Fig. 2.7**).

Ligações de Hidrogênio

- Atrações dipolo–dipolo muito fortes ocorrem entre os átomos de hidrogênio ligados a átomos pequenos e muito eletronegativos (O, N ou F) e os pares de elétrons não ligantes em outros átomos eletronegativos. Essa força intermolecular é chamada **ligação de hidrogênio**.

As ligações de hidrogênio (energias de dissociação de ligação entre 4–38 kJ mol^{-1}) são mais fracas que as ligações covalentes comuns, mas muito mais fortes que as interações dipolo–dipolo, que ocorrem, por exemplo, na acetona, como anteriormente mencionado.

A ligação de hidrogênio explica por que a água, a amônia e o fluoreto de hidrogênio possuem pontos de ebulição muito maiores que o do metano (p.eb –161,6 °C), embora todos os quatro compostos possuam massas moleculares semelhantes.

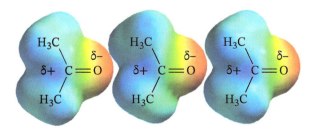

FIGURA 2.7 Modelos de potencial eletrostático para moléculas de acetona, que mostram como elas devem se alinhar em função das atrações entre suas regiões parcialmente carregadas positivamente e as regiões parcialmente carregadas negativamente (interações dipolo–dipolo).

p.eb 100 °C   p.eb 19,5 °C   p.eb −33,4 °C

Ligações de hidrogênio são mostradas pelos pontos rosas.

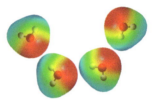

Moléculas de água associadas pela atração de cargas parciais opostas.

Uma das consequências mais importantes da ligação de hidrogênio é ela ser responsável pelo fato de a água ser um líquido, não um gás, a 25 °C. Cálculos indicam que, na ausência de ligação de hidrogênio, a água teria um ponto de ebulição perto de −80 °C e, assim, seria um gás na temperatura ambiente. Se fosse o caso, seria muito improvável que a vida como conhecemos pudesse ter se desenvolvido no planeta Terra.

As ligações de hidrogênio mantêm unidos os pares de bases da fita dupla do DNA (veja a Seção 25.4). A timina se liga à adenina por meio de ligações de hidrogênio. A citosina se liga à guanina também por meio de ligações de hidrogênio.

Espinha dorsal do DNA — Timina — Adenina — Espinha dorsal do DNA

Espinha dorsal do DNA — Citosina — Guanina — Espinha dorsal do DNA

A ligação de hidrogênio contribui para o fato de o álcool etílico ter um ponto de ebulição (78,5 °C) bem mais elevado que o do dimetil éter (24,9 °C), embora os dois compostos tenham a mesma massa molecular. As moléculas do álcool etílico, uma vez que possuem um átomo de hidrogênio ligado covalentemente a um átomo de oxigênio, podem formar fortes ligações de hidrogênio entre si.

Os pontos rosas representam uma ligação de hidrogênio. Ligações de hidrogênio fortes são restritas a moléculas que possuem um átomo de hidrogênio ligado a um átomo de O, N ou F.

As moléculas do dimetil éter, por não terem um átomo de hidrogênio ligado a um átomo fortemente eletronegativo, não podem formar ligações de hidrogênio fortes entre si. No dimetil éter, as forças intermoleculares são interações mais fracas, do tipo dipolo-dipolo.

Fenóis também são capazes de formar fortes ligações de hidrogênio intermoleculares e, portanto, têm pontos de ebulição mais elevados do que hidrocarbonetos aromáticos de mesma massa molecular. O fenol (hidroxibenzeno, p.eb. 182 °C) tem um ponto de ebulição mais do que 70 °C maior do que o tolueno (metilbenzeno, p.eb. 110,6 °C), embora os dois compostos tenham quase que a mesma massa molecular.

PROBLEMA DE REVISÃO 2.25

Os compostos em cada um dos itens a seguir têm as mesmas (ou semelhantes) massas moleculares. Que composto em cada item você espera que tenha o ponto de ebulição mais elevado? Justifique suas respostas.

(a) ~~~OH ou ~~O~~

(b) $(CH_3)_3N$ ou ~N-H~

(c) ~~~OH ou HO~~~OH

Dois fatores (além da polaridade e da ligação de hidrogênio) que afetam o *ponto de fusão* de muitos compostos orgânicos são a compacidade e a rigidez de suas moléculas individuais.

- As moléculas simétricas geralmente apresentam pontos de fusão bastante elevados. O álcool *terc*-butílico, por exemplo, tem um ponto de fusão muito mais alto que seus isômeros (outros álcoois), mostrados a seguir:

Álcool *terc*-butílico
(p.fus 25 °C)

Álcool butílico
(p.fus −90 °C)

Álcool isobutílico
(p.fus −108 °C)

Álcool *sec*-butílico
(p.fus −114 °C)

Que composto você espera que tenha o ponto de fusão mais elevado, o propano ou o ciclopropano? Justifique sua resposta.

PROBLEMA DE REVISÃO 2.26

Forças de Dispersão Se considerarmos uma substância como o metano, no qual as partículas são moléculas apolares, descobriremos que os pontos de fusão e de ebulição são muito baixos: −182,6 °C e −162 °C, respectivamente. Em vez de indagar: "Por que o metano funde e entra em ebulição em temperaturas baixas?", uma pergunta mais apropriada seria: "Por que o metano, substância não iônica apolar, se torna um líquido ou um sólido, afinal?" A resposta pode ser dada em termos de forças intermoleculares de atração, chamadas **forças de dispersão** ou forças de London.

Uma explicação mais precisa da natureza das forças de dispersão requer a utilização da mecânica quântica. Entretanto, podemos visualizar a origem dessas forças da seguinte maneira. A distribuição média de carga em uma molécula apolar (como o metano) em determinado espaço de tempo é uniforme. Entretanto, em dado instante, *uma vez que os elétrons se movem*, eles – e consequentemente a carga – podem não estar uniformemente distribuídos. Os elétrons podem, em determinado momento, estar ligeiramente concentrados em uma parte da molécula, e, como consequência, *ocorrerá um pequeno dipolo temporário* (**Fig. 2.8**). Esse dipolo temporário em uma molécula pode induzir dipolos opostos (atrativos) nas moléculas vizinhas, pois a carga negativa (ou positiva) em uma parte de uma molécula distorcerá a nuvem eletrônica de uma porção adjacente de outra molécula, causando o desenvolvimento de uma carga oposta nessa região. Esses dipolos temporários mudam constantemente, mas o resultado líquido de sua existência é produzir forças atrativas entre moléculas apolares e, assim, possibilitar a existência dessas moléculas nos estados líquido e sólido.

Dois fatores importantes determinam a magnitude das forças de dispersão.

1. **Área superficial relativa das moléculas envolvidas.** Quanto maior a área superficial, maior é a atração global entre as moléculas causada pelas forças de dispersão. Moléculas que, de maneira geral, são alongadas, planas ou cilíndricas apresentam maior área superficial disponível para interações intermoleculares que as moléculas mais esféricas e, consequentemente, têm maiores forças atrativas entre si que as interações tangenciais entre moléculas ramificadas. Esse fato se torna evidente quando comparamos o pentano, o hidrocarboneto C_5H_{12} não ramificado, com o neopentano, o isômero mais ramificado com a fórmula C_5H_{12} (no qual um carbono está ligado a quatro grupos metila). O pentano tem ponto de ebulição de 36,1 °C. O neopentano tem ponto de ebulição de 9,5 °C. A diferença entre os pontos de ebulição indica que as forças atrativas entre as moléculas de pentano são mais fortes que entre as de neopentano.

Forças de dispersão são as responsáveis pela aderência da lagartixa a superfícies lisas.

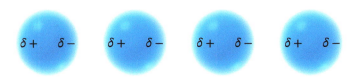

FIGURA 2.8 Dipolos temporários e dipolos induzidos em moléculas apolares resultantes de uma distribuição não uniforme de elétrons em determinado instante.

2. **Polarizabilidade relativa dos elétrons dos átomos envolvidos.** Polarizabilidade significa a facilidade com a qual os elétrons respondem à variação de um campo elétrico. Os elétrons de átomos grandes, como o iodo, estão fracamente presos ao átomo e são facilmente polarizáveis, enquanto os elétrons de átomos pequenos, como o flúor, estão presos firmemente e são muito menos polarizáveis.

Para moléculas grandes, o efeito cumulativo dessas forças de dispersão pequenas e rapidamente mutáveis pode levar a uma atração resultante de grande intensidade.

A Química dos Materiais de... Fluorocarbonetos e Teflon

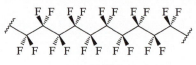

Teflon

Leonard Lessin/ Science Source

Os fluorocarbonetos (compostos com apenas carbono e flúor) têm pontos de ebulição extraordinariamente baixos quando comparados aos hidrocarbonetos de mesma massa molecular. O fluorocarboneto C_5F_{12} tem ponto de ebulição ligeiramente mais baixo que o pentano (C_5H_{12}), apesar de possuir massa molecular muito mais alta que o hidrocarboneto. O fator importante na explicação desse comportamento é a polarizabilidade muito baixa dos átomos de flúor, que mencionamos anteriormente, resultando em forças de dispersão muito pequenas.

O fluorocarboneto chamado de *Teflon*, $[CF_2CF_2]_n$ (veja a Seção 10.10), tem propriedades autolubrificantes, exploradas na fabricação de frigideiras não aderentes e de rolamentos leves.

Outras substâncias perfluoroalquiladas (materiais totalmente fluorados) e substâncias polifluoroalquiladas, ambas abreviadas como PFAS, vêm sendo empregadas em uma variedade de aplicações, incluindo manufatura, embalagens para alimentos e espumas de combate a incêndio. Contudo, estudos têm levantado suspeitas sobre seus efeitos sobre a reprodução, desenvolvimento e outros aspectos da saúde humana. Os PFAS persistem no meio ambiente devido à sua estabilidade química, e por isso podem bioacumular. Duas das substâncias mais comuns, ácido perfluoro-octanoico (PFOA) e ácido perfluoro-octanossulfônico (PFOS), hoje não mais usados, foram encontradas em algumas fontes de água potável.

2.13C Pontos de Ebulição

- O **ponto de ebulição** de um líquido é a temperatura na qual a pressão de vapor do líquido se iguala à pressão da atmosfera acima dele.

Por essa razão, os pontos de ebulição dos líquidos são *dependentes da pressão* e sempre ocorrem a uma pressão particular, por exemplo, a 1 atm (ou a 760 torr). Uma substância que entra em ebulição a 150 °C e 1 atm de pressão entrará em ebulição a uma temperatura substancialmente mais baixa se a pressão for reduzida para, por exemplo, 0,01 torr (pressão facilmente obtida por meio de uma bomba de vácuo). O ponto de ebulição normal conferido a um líquido é seu ponto de ebulição a 1 atm.

Ao passar do estado líquido para o gasoso, as moléculas individuais de uma substância devem se separar. As moléculas dos compostos apolares, nos quais as forças intermoleculares são muito fracas, se separam umas das outras facilmente e geralmente esses compostos entram em ebulição em temperaturas baixas. Entretanto, isso não acontece sempre por causa de outros fatores que ainda não mencionamos: os efeitos da massa molecular, da geometria molecular e da área superficial. Moléculas mais pesadas necessitam de energia térmica mais alta para que adquiram velocidades suficientemente grandes para escapar da fase líquida, e, uma vez que as áreas superficiais das moléculas mais pesadas podem ser muito maiores, as atrações intermoleculares de dispersão também podem. Esses fatores explicam por que o etano apolar (p.eb −88,2 °C) entra em ebulição a uma temperatura mais alta que o metano (p.eb −162 °C) a uma pressão de 1 atm. Isso explica também por que, a 1 atm, a molécula apolar do decano ($C_{10}H_{22}$), ainda mais pesada, entra em ebulição a +174 °C. A relação entre as forças de dispersão e a área superficial nos ajuda a entender por que o neopentano (2,2-dimetilpropano) tem um ponto de ebulição mais baixo (9,5 °C) que o pentano (36,1 °C), apesar de terem a mesma massa molecular. A estrutura ramificada do neopentano permite menor interação superficial entre as moléculas do neopentano e, consequentemente, forças de dispersão menores que a estrutura linear do pentano.

PROBLEMA RESOLVIDO 2.7

Ordene os seguintes compostos de acordo com seus pontos de ebulição esperados, sendo o primeiro o de ponto de ebulição mais baixo, e explique sua resposta. Observe que os compostos possuem massas moleculares semelhantes.

Dietil éter   **Álcool *sec*-butílico**   **Pentano**

Estratégia e Resposta

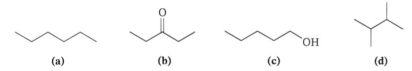

pentano < dietil éter < álcool *sec*-butílico

Aumento do ponto de ebulição

O pentano não possui grupos polares, mas apenas forças de dispersão mantendo suas moléculas juntas. Ele deverá ter o ponto de ebulição mais baixo. O dietil éter possui o grupo éter polar que origina forças dipolo–dipolo, mais intensas que as forças de dispersão, o que significa que o dietil éter deverá ter ponto de ebulição mais elevado que o pentano. O álcool *sec*-butílico tem um grupo —OH que pode formar fortes ligações de hidrogênio; portanto, deverá ter o maior ponto de ebulição.

PROBLEMA DE REVISÃO 2.27

Escreva os compostos a seguir em ordem crescente de ponto de ebulição. Explique sua resposta em termos das forças intermoleculares de cada composto.

(a)   (b)   (c)   (d)

2.13D Solubilidades

As forças intermoleculares são de importância primordial na explicação das **solubilidades** das substâncias. A dissolução de um sólido em um líquido é, em muitos aspectos, parecida com a fusão de um sólido. A estrutura cristalina ordenada do sólido é destruída, e o resultado é a formação de um arranjo mais desordenado das moléculas (ou íons) em solução. No processo de dissolução, as moléculas também devem ser separadas umas das outras, e é preciso que energia seja fornecida para ambas as mudanças. A energia necessária para superar as energias de rede e as atrações intermoleculares ou interiônicas é proveniente da formação de novas forças atrativas entre o soluto e o solvente.

Considere a dissolução de uma substância iônica como exemplo. Nesse caso, tanto a energia de rede quanto as atrações interiônicas são grandes. Descobrimos que a água e apenas alguns outros solventes muito polares são capazes de dissolver compostos iônicos, o que ocorre por meio da **hidratação** ou **solvatação** dos íons (Fig. 2.9).

As moléculas de água, em virtude de sua grande polaridade, bem como de sua forma muito pequena e compacta, podem circundar de maneira muito eficaz os íons individuais, à medida que eles são libertados da superfície do cristal. Os íons positivos são circundados pelas moléculas de água, com a extremidade negativa do dipolo da água apontando na direção do íon positivo; os íons negativos são solvatados de maneira exatamente oposta. Uma vez que a água é altamente polar e capaz de formar ligações de hidrogênio fortes, as **forças íon–dipolo** de atração são grandes também. A energia fornecida pela formação dessas forças é grande o suficiente para vencer tanto a energia de rede quanto as atrações interiônicas do cristal.

Uma regra geral para a solubilidade é: "semelhante dissolve semelhante" em termos de polaridades comparáveis.

- Os sólidos polares e iônicos usualmente são solúveis em solventes polares.
- Os líquidos polares são geralmente miscíveis entre si.
- Os sólidos apolares são geralmente solúveis em solventes apolares.

> **DICA ÚTIL**
>
> Sua capacidade de fazer previsões qualitativas em relação à solubilidade se mostrará muito útil no laboratório de química orgânica.

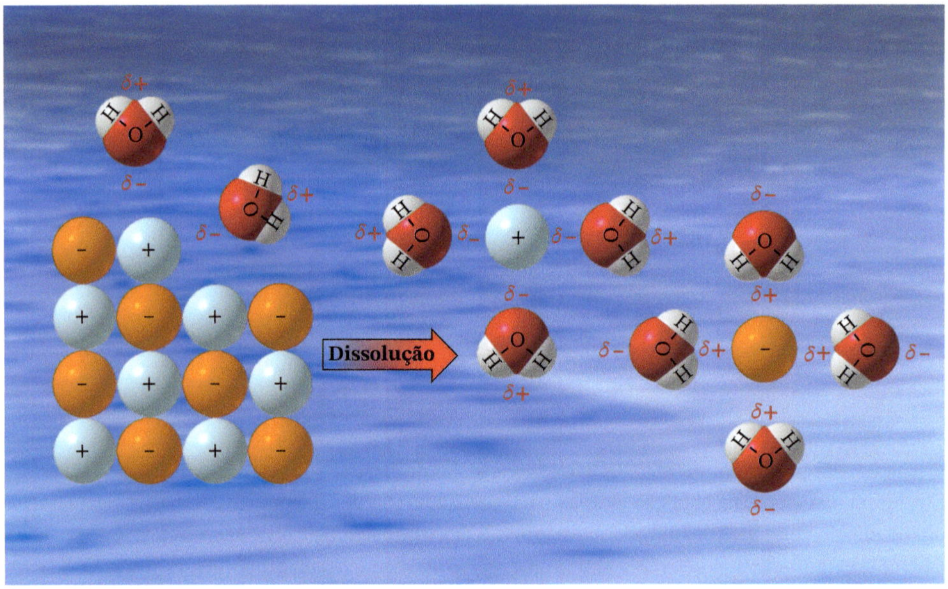

FIGURA 2.9 Dissolução de um sólido iônico em água, que mostra a hidratação de íons positivos e negativos pelas moléculas muito polares de água. Os íons ficam circundados por moléculas de água em todas as três dimensões, não apenas em duas, como mostrado aqui.

- Os líquidos apolares são geralmente miscíveis entre si.
- Líquidos polares e apolares, como água e óleo, geralmente não são solúveis em uma faixa extensa de concentrações.

O metanol e a água são miscíveis em todas as proporções; como também o são as misturas de etanol e água e as misturas de ambos os álcoois propílicos e água. Nesses casos, os grupos alquila dos álcoois são relativamente pequenos, e as moléculas se assemelham, portanto, mais à água que a um alcano. Outro fator no entendimento de suas solubilidades é a capacidade de as moléculas formarem intensas ligações de hidrogênio entre elas:

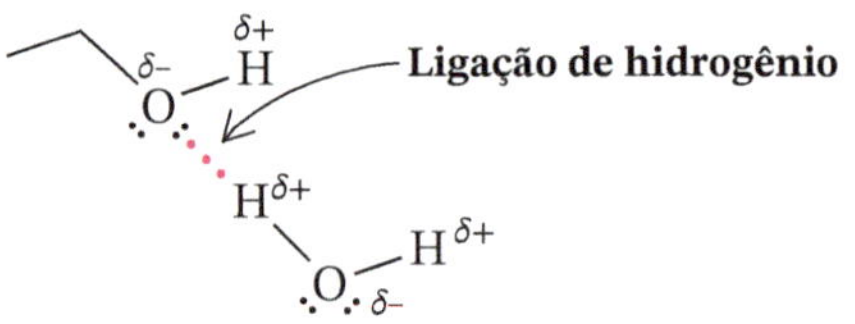

Frequentemente, descrevemos moléculas ou partes de moléculas como hidrofílicas ou hidrofóbicas. Os grupos alquila do metanol, do etanol e do propanol são hidrofóbicos. Seus grupos hidroxila são hidrofílicos.

- **Hidrofóbica** significa incompatível com a água (*hidro*, água; *fóbico*, temer ou evitar).
- **Hidrofílica** significa compatível com a água (*fílica*, amar ou procurar).

O álcool decílico, com uma cadeia de 10 átomos de carbono, é um composto cujo grupo hidrofóbico alquila encobre seu grupo hidroxila hidrofílico em termos de solubilidade em água.

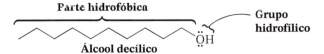

Uma explicação para o fato de os grupos apolares, como alcanos constituídos de cadeias longas, evitarem um ambiente aquoso, isto é, para o chamado **efeito hidrofóbico**, é complexa. O fator mais importante parece envolver uma **variação de entropia desfavorável** na água. As variações de entropia (Seção 3.9) têm relação com mudanças de um estado relativamente ordenado para outro mais desordenado ou o inverso. As variações de ordem para desordem são favoráveis, enquanto as de desordem para ordem são desfavoráveis. Para uma cadeia de hidrocarboneto apolar ser acomodada pela água, as moléculas da água têm de formar uma estrutura mais ordenada ao redor da cadeia, e, para isso, a variação de entropia é desfavorável.

Veremos na Seção 23.2C que a presença de um **grupo hidrofóbico** e de um grupo hidrofílico é um componente essencial de sabões e detergentes.

Uma molécula típica de sabão

Uma molécula típica de detergente

As longas cadeias carbônicas hidrofóbicas de um sabão ou detergente se inserem na camada oleosa que normalmente envolve o que desejamos lavar. Os grupos iônicos hidrofílicos no final das cadeias são, assim, deixados expostos na superfície, tornando-a atrativa para as moléculas de água. Óleo e água não se misturam, mas agora a camada oleosa se parece com algo iônico, e a água pode levá-la "direto para o ralo".

2.13E Regras para a Solubilidade em Água

Os químicos orgânicos geralmente definem um composto como solúvel em água se um mínimo de 3 g do composto orgânico se dissolve em 100 mL de água.

Para compostos com um grupo hidrofílico – e, portanto, capazes de formar **ligações de hidrogênio** fortes –, as seguintes regras são aproximadamente aplicáveis:

- Compostos com um a três átomos de carbono são solúveis em água.
- Compostos com quatro ou cinco átomos de carbono estão na linha limítrofe.
- Compostos com seis átomos de carbono ou mais são insolúveis.

Quando um composto contiver mais de um grupo hidrofílico, essas regras não se aplicarão. Os polissacarídeos (Capítulo 22), as proteínas (Capítulo 24) e os ácidos nucleicos (Capítulo 25) contêm, todos, milhares de átomos de carbono e *muitos são solúveis em água,* porque também contêm milhares de grupos hidrofílicos.

2.13F Forças Intermoleculares na Bioquímica

Mais adiante, depois que tivermos examinado em detalhes as propriedades das moléculas que constituem os organismos vivos, veremos como as **forças intermoleculares** são extremamente importantes no funcionamento das células. A formação das **ligações de hidrogênio**, a hidratação de grupos polares e a tendência de grupos apolares de evitar um ambiente polar fazem com que as moléculas de proteínas mais complexas se envolvem de maneiras exatas – que as permitem funcionar como catalisadores biológicos de incrível eficiência. Os mesmos fatores permitem que as moléculas de hemoglobina assumam a forma necessária para transportar oxigênio e que as proteínas e moléculas chamadas de lipídeos funcionem como membranas de células. A ligação de hidrogênio fornece a determinados carboidratos uma forma globular que os tornam reservas de alimentos altamente eficientes nos animais. Em outros casos, a ligação de hidrogênio dá uma forma linear rígida a moléculas de outros carboidratos que os tornam perfeitamente adequados para serem componentes estruturais de plantas.

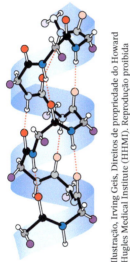

Ligação de hidrogênio (linhas vermelhas pontilhadas) na estrutura de α-hélice de proteínas.

A Química Biomédica de... Vacinas, Anticorpos e Forças Intermoleculares

Nossa saúde depende de forças intermoleculares. Vacinas e anticorpos são um exemplo destacado desse fato. Os anticorpos combatem a infecção ligando-se a substâncias estranhas chamadas antígenos. Uma vez ligada, a célula portadora do anticorpo remove o antígeno do nosso sistema. A ligação do anticorpo depende da forma molecular e das forças intermoleculares entre o anticorpo e o antígeno. De vital importância é que as vacinas estimulam a produção de anticorpos que se ligam ao antígeno da doença, combatendo assim a infecção, e ensinando nosso corpo como combater o patógeno.

(continua)

(*continuação*)

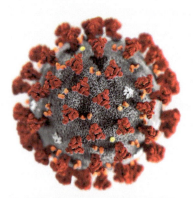

Por CDC/ Alissa Eckert, MS; Dan Higgins, MAM-https://phil.cdc.gov/Details.aspx?pid=23312. Esta mídia provém da Biblioteca de Imagem de Saúde Pública (PHIL) dos Centros de Controle e Prevenção de Doenças, com número de identificação #23312

O mundo sempre precisará de novas vacinas para combater doenças infecciosas emergentes, mas talvez a covid-19 seja o exemplo crítico de nosso tempo. Uma abordagem para uma vacina desenvolvida na University of Washington envolveu uma nanopartícula de proteína sintética projetada para transportar pedaços moleculares do domínio de ligação ao receptor (RBD) da proteína S (também conhecida como proteína *spike*) do vírus da covid-19 (conhecido como SARS-CoV-2). Como a nanopartícula não é um vírus em si, não há risco de infecção por covid-19, mas os pedaços da proteína S na nanopartícula servem como antígenos que estimulam anticorpos contra a covid-19. As forças intermoleculares desempenham dois papéis principais aqui. Primeiro, elas mantêm juntas as subunidades da nanopartícula, que é um complexo e bem ordenado agregado. Em segundo lugar, as forças intermoleculares ligam a vacina de nanopartículas às proteínas de anticorpos das células reunidas na resposta imune contra a infecção. O diagrama superior mostrado aqui apresenta a ligação de uma partícula SARS-CoV-2 a um anticorpo na membrana celular e a ligação da vacina de nanopartículas sintéticas. O diagrama inferior mostra a automontagem de subunidades que se agregam para formar a vacina de nanopartículas. Claramente, como vemos aqui, a química nos dá as ferramentas para projetar e sintetizar novas formas de combater doenças e, como na maioria dos casos, as forças intermoleculares desempenham um papel fundamental.

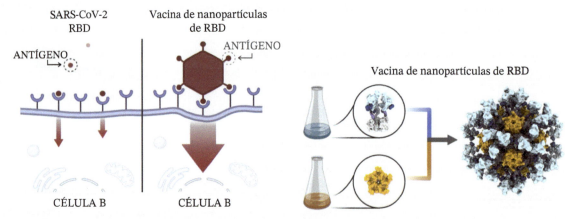

Fonte: Walls *et al.*, Elicitation of Potent Neutralizing Antibody Responses by Designed Protein Nanoparticle Vaccines for SARS-CoV-2, Cell (2020), https://doi.org/10.1016/j.cell.2020.10.043. CC POR 4.0.

2.14 Resumo de Forças Atrativas

As forças atrativas que ocorrem entre moléculas e íons que estudamos até aqui estão resumidas na Tabela 2.5.

TABELA 2.5 Forças Elétricas Atrativas

Força Elétrica	Força Relativa	Tipo	Exemplo
Cátion-ânion (em um cristal)	Muito forte	+ −	Rede cristalina do cloreto de sódio
Ligações covalentes	Forte (140–523 kJ mol^{-1})	Pares de elétrons compartilhados	H—H (436 kJ mol^{-1}) CH$_3$—CH$_3$ (378 kJ mol^{-1}) I—I (151 kJ mol^{-1})

(*continua*)

TABELA 2.5 Forças Elétricas Atrativas (*continuação*)

Força Elétrica	Força Relativa	Tipo	Exemplo
Íon–dipolo	Moderada		Na⁺ em água (veja a Fig. 2.9)
Ligações de hidrogênio	Moderada a fraca (4–38 kJ mol⁻¹)	—Z:$^{\delta-}$ ··· $^{\delta+}$H—	
Dipolo-dipolo	Fraca	$^{\delta+}$CH₃$^{\delta-}$Cl ··· $^{\delta+}$CH₃$^{\delta-}$Cl	
Dispersão	Variável	Dipolo transiente	Interações entre moléculas de metano

A Química dos Materiais e Biomédica de... Modelos Orgânicos Projetados para Mimetizar o Crescimento Ósseo

As forças intermoleculares exercem incontáveis papéis na vida e no mundo: mantêm as fitas de nosso DNA unidas, fornecem estrutura para as nossas membranas celulares, fazem com que os pés das lagartixas agarrem nas paredes e tetos, não permitem que a água entre em ebulição à temperatura ambiente e pressão normal e literalmente fornecem as forças adesivas que mantêm nossas células, ossos e tecidos unidos. Como esses exemplos mostram, o mundo que nos cerca fornece um aprendizado elaborado sobre nanotecnologia e bioengenharia, e os cientistas, ao longo dos tempos, inspiraram-se em criar e inovar com base na natureza. Um objetivo da pesquisa moderna em bioengenharia é o desenvolvimento de materiais sintéticos que mimetizem os modelos naturais para o crescimento ósseo. Um material sintético com propriedades de promover o crescimento ósseo poderia ser usado para reparar ossos quebrados, compensar a osteoporose e tratar o câncer ósseo.

Tanto o crescimento ósseo natural quanto o sistema sintético em desenvolvimento dependem enormemente das forças intermoleculares. Nos sistemas vivos, os ossos crescem por adesão de células especializadas em um modelo natural fibroso e longo, chamado colágeno. Determinados grupos funcionais ao longo do colágeno promovem a ligação de células do crescimento do osso, enquanto outros facilitam a cristalização do cálcio. Os químicos da Northwestern University (liderados por S. I. Stupp) projetaram uma molécula que pode ser preparada em laboratório e que mimetiza esse processo. A molécula a seguir se autoassocia em um longo agregado tubular, imitando as fibras do colágeno. Forças de dispersão entre as caudas alquílicas hidrofóbicas da molécula fazem com que as moléculas se autoassociem em túbulos. Na outra extremidade da molécula, os pesquisadores incluíram grupos funcionais que promovem a ligação com as células e ainda outros que estimulam a cristalização do cálcio. Finalmente, eles incluíram grupos funcionais que permitem que uma molécula seja covalentemente ligada às vizinhas, depois do processo de autoassociação, adicionando, assim, estabilização ainda maior à estrutura inicial não covalente. A projeção de todas essas características em uma estrutura molecular se justifica porque a fibra autoassociada promove a cristalização do cálcio ao longo de seu eixo, do mesmo modo que o modelo natural de colágeno. Esse exemplo de projeto molecular é apenas um empolgante avanço na interseção entre a nanotecnologia e a bioengenharia.

(*continua*)

(*continuação*)

(A partir de Hartgerink, J.D., Beniash, E.J., Stupp, S.I.: Self-assembly and Mineralization of Peptide-Amphiphile Nanofibers. Science 294:1684-1688, Figura 1 (2001). Reproduzida com autorização de AAAS.)

2.15 Espectroscopia no Infravermelho: Método Instrumental para a Detecção de Grupos Funcionais

A **espectroscopia no infravermelho (IV)** é uma técnica experimental rápida que pode dar evidências sobre a presença de vários grupos funcionais. Se você tivesse uma amostra de identidade desconhecida, um dos primeiros passos seria obter um espectro de infravermelho, com a determinação de sua solubilidade em solventes comuns e seu ponto de fusão e/ou ebulição.

A espectroscopia no infravermelho, como todas as formas de espectroscopia, depende da interação das moléculas ou átomos com a radiação eletromagnética. A radiação no infravermelho faz com que átomos e grupos de átomos de compostos orgânicos vibrem com aumento de amplitude em torno das ligações covalentes que os conectam. (A radiação no infravermelho não possui energia suficiente para excitar elétrons, como é o caso quando algumas moléculas interagem com a luz visível, ultravioleta ou com formas de luz de energia mais alta.) Uma vez que os grupos funcionais das moléculas orgânicas incluem arranjos específicos de átomos ligados, a absorção da radiação IV por uma molécula orgânica ocorrerá em frequências específicas, características dos grupos funcionais específicos presentes naquela molécula.

Um espectrômetro de IV (**Fig. 2.10**) opera pela passagem de um feixe de radiação IV por uma amostra, comparando a radiação transmitida pela amostra à transmitida na ausência da amostra. Quaisquer frequências absorvidas pela amostra se tornarão aparentes pela diferença observada na comparação. O espectrômetro registra os resultados como um gráfico que mostra a absorbância em função da frequência ou comprimento de onda.

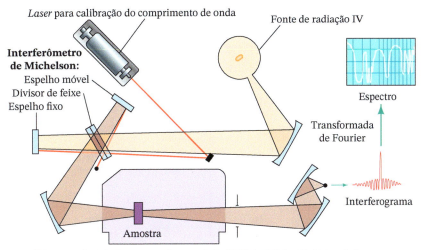

(Diagrama adaptado do programa de computador "IR Tutor", Columbia University.)

FIGURA 2.10 Diagrama de um espectrômetro de infravermelho com transformada de Fourier (FTIR). Os espectrômetros de FTIR empregam um interferômetro de Michelson, que divide o feixe de radiação de IV proveniente da fonte de forma que ocorra simultaneamente a reflexão em um espelho em movimento e em um espelho fixo, provocando interferência. Depois que os feixes se recombinam, passam pela amostra a caminho do detector e são registrados na forma de um gráfico de tempo em função da intensidade do sinal, chamado interferograma. A sobreposição de comprimentos de onda e das intensidades de suas respectivas absorções são, então, convertidas em um espectro, aplicando-se uma operação matemática chamada transformada de Fourier.

- A posição de uma banda (ou pico) de absorção em um espectro de IV pode ser especificada em unidades de **número de onda** ($\bar{v}$).

Número de onda é o recíproco do comprimento de onda quando expresso em centímetros (a unidade é cm^{-1}) e, portanto, fornece o número de ciclos da onda por centímetro. Quanto maior for o número de onda, maior será sua frequência, e, correspondentemente, maior será a frequência da absorção da ligação. A absorção no IV é, às vezes, registrada em termos de **comprimento de onda (λ)**, sendo, no entanto, menos comum. Nesse caso, a unidade é o micrômetro (μm; cujo nome antigo é mícron, μ). O comprimento de onda é a distância de pico a pico em uma onda.

$$\bar{v} = \frac{1}{\lambda} \text{ (com } \lambda \text{ em cm)} \quad \text{ou} \quad \bar{v} = \frac{10.000}{\lambda} \text{ (com } \lambda \text{ em } \mu m\text{)}$$

Em suas vibrações, as ligações covalentes se comportam como se fossem molas minúsculas ligando os átomos. Os átomos podem vibrar apenas em determinadas frequências, como se as ligações estivessem "sintonizadas". Por causa disso, os átomos ligados covalentemente têm apenas níveis de energia vibracionais específicos; isto é, os níveis são quantizados.

A excitação de uma molécula de um nível de energia vibracional para outro ocorre apenas quando o composto absorve radiação IV de uma energia específica, o que significa um comprimento de onda ou uma frequência específicos. Observe que a energia (E) de absorção é diretamente proporcional à **frequência** de radiação (v), uma vez que $\Delta E = hv$, e inversamente proporcional ao comprimento de onda (λ), porque $v = \frac{c}{\lambda}$, e, portanto, $\Delta E = \frac{hc}{\lambda}$.

As moléculas podem vibrar de várias maneiras. Dois átomos unidos por uma ligação covalente podem sofrer uma vibração de estiramento, na qual os átomos se movem para a frente e para trás, como se estivessem unidos por uma mola. Três átomos também podem sofrer uma variedade de vibrações de estiramento e de deformação angular.

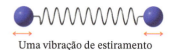
Uma vibração de estiramento

Estiramento simétrico

Estiramento assimétrico

Vibração de deformação
angular no plano
(movimento do tipo tesoura)

Vibração de deformação
angular fora do plano
(movimento do tipo torção)

A *frequência* de determinada vibração de estiramento *em um espectro no IV* pode ser relacionada com dois fatores: *as massas dos átomos ligados* – átomos leves vibram em frequências mais altas que os mais pesados – *e a rigidez relativa da ligação*. (Esses fatores estão associados pela lei de Hooke, uma relação que você deverá estudar em física básica.) As ligações triplas são mais rígidas (e vibram em frequências mais altas) que as duplas, que, por sua vez, são mais rígidas (e vibram em frequências mais altas) que as simples. Podemos ver alguns desses efeitos na Tabela 2.6. Observe que as frequências de estiramento de grupos que envolvem o hidrogênio (átomo leve), tais como C—H, N—H e O—H, ocorrem a frequências relativamente altas:

Grupo	Ligação	Faixa de Frequência(cm^{-1})
Alquila	C—H	2853–2962
Álcool	O—H	3590–3650
Amina	N—H	3300–3500

Observe também que as ligações triplas vibram em frequências mais altas que as duplas:

Grupo	Ligação	Faixa de Frequência (cm^{-1})
Alquino	C≡C	2100–2260
Nitrila	C≡N	2220–2260
Alqueno	C=C	1620–1680
Carbonila	C=O	1630–1780

- Nem todas as vibrações moleculares resultam na absorção de energia no IV. ***Para que uma vibração ocorra com absorção de energia IV, o momento de dipolo da molécula deve variar à medida que a vibração ocorre.***

Assim, o metano não absorve energia no IV para o estiramento simétrico das quatro ligações C—H. O estiramento assimétrico das ligações C—H no metano, por outro lado, leva a uma absorção no IV e explica por que o metano é um gás importante para o efeito estufa. As vibrações simétricas das ligações duplas e triplas carbono–carbono do eteno e do etino também não resultam na absorção de radiação no IV.

TABELA 2.6 Absorções Características de Grupos Funcionais no Infravermelho

Grupo	Faixa de Frequência Aproximada (cm^{-1})	Intensidade (s=forte, m=médio, w=fraco, v=variável)
A. Alquila		
C—H (estiramento)	2853–2962	(m–s)
Isopropila, —CH(CH$_3$)$_2$	1380–1385	(s)
	e 1365–1370	(s)
terc-Butila, —C(CH$_3$)$_3$	1385–1395	(m)
	e ~1365	(s)
B. Alquenila		
C—H (estiramento)	3010–3095	(m)
C=C (estiramento)	1620–1680	(v)
R—CH=CH$_2$	985–1000	(s)
(deformações angulares	e 905–920	(s)
R$_2$C=CH$_2$ C—H fora do plano)	880–900	(s)
cis-RCH=CHR	675–730	(s)
trans-RCH=CHR	960–975	(s)
C. Alquinila		
≡C—H (estiramento)	~3300	(s)
C≡C (estiramento)	2100–2260	(v)
D. Aromático		
Ar—H (estiramento)	~3030	(v)
C=C (estiramento)	1450–1600	(m)
Tipo de substituição aromática (deformações C—H fora do plano)		
Monossubstituído	690–710	(muito s)
	e 730–770	(muito s)
o-Dissubstituído	735–770	(s)
m-Dissubstituído	680–725	(s)
	e 750–810	(muito s)
p-Dissubstituído	800–860	(muito s)
E. Álcoois, Fenóis e Ácidos Carboxílicos		
O—H (estiramento)		
Álcoois, fenóis (soluções diluídas)	3590–3650	(estreita, v)
Álcoois, fenóis (com ligações de hidrogênio)	3200–3550	(larga, s)
Ácidos carboxílicos (com ligações de hidrogênio)	2500–3000	(larga, v)
F. Éteres, Álcoois e Ésteres		
C—O (estiramento)	1020–1275	(s)
G. Aldeídos, Cetonas, Ésteres, Ácidos Carboxílicos e Amidas		
C=O (estiramento)	1630–1780	(s)
Aldeídos	1690–1740	(s)
Cetonas	1680–1750	(s)
Ésteres	1735–1750	(s)
Ácidos carboxílicos	1710–1780	(s)
Amidas	1630–1690	(s)
H. Aminas		
N—H	3300–3500	(m)
I. Nitrilas		
C≡N	2220–2260	(m)

PROBLEMA RESOLVIDO 2.8

O espectro de infravermelho do 1-hexino exibe um pico de absorção estreito próximo a 2100 cm⁻¹ devido ao estiramento da sua ligação tripla. Entretanto, o 3-hexino não mostra absorção nessa região. Explique.

1-Hexino 3-Hexino

Estratégia e Resposta

Para uma absorção no infravermelho ocorrer, tem de haver uma variação no momento de dipolo da molécula durante o processo de estiramento. Como o 3-hexino é simétrico em torno de sua ligação tripla, não há variação no seu momento de dipolo quando ocorre o estiramento. Logo, não há nenhuma absorção a partir da ligação tripla.

Uma vez que os espectros de IV de compostos até mesmo relativamente simples contêm tantos picos, a possibilidade de dois compostos diferentes terem o mesmo espectro de IV é extremamente pequena. Por isso, um espectro de IV é chamado de "impressão digital" de uma molécula. Assim, se duas amostras de compostos orgânicos puros fornecerem espectros diferentes de IV, certamente serão amostras de compostos diferentes. Se fornecerem o mesmo espectro de IV, é muito provável que sejam amostras do mesmo composto.

2.16 Interpretação de Espectros no IV

O espectro de IV é rico em informações sobre a estrutura dos compostos. Mostraremos algumas das informações que podem ser obtidas do espectro do octano e do metilbenzeno (usualmente chamado de tolueno) nas **Figs. 2.11** e **2.12**. Nesta seção, vamos aprender a reconhecer a presença de picos de absorção no IV característicos das vibrações de grupos funcionais e alquila. Os dados apresentados na Tabela 2.6 fornecem as informações importantes para serem utilizadas quando for feita a associação do espectro real de IV com as frequências de absorção típicas de vários grupos.

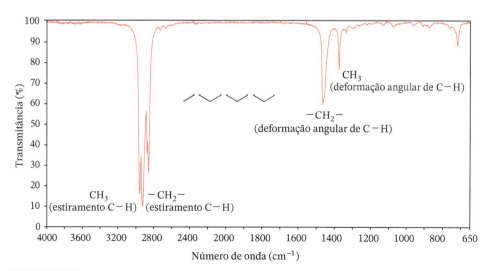

FIGURA 2.11 Espectro de IV do octano. (Observe que, nos espectros de IV, os picos são geralmente medidos em % de transmitância. Portanto, o pico em 2900 cm⁻¹ tem 10% de transmitância, isto é, absorbância, A, de 0,90.)

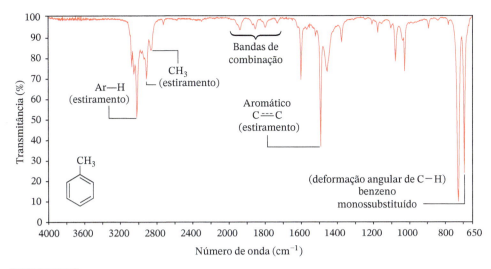

FIGURA 2.12 Espectro de IV do metilbenzeno (tolueno).

2.16A Espectro de Infravermelho de Hidrocarbonetos

- Todos os hidrocarbonetos apresentam picos de absorção na região de 2800–3300 cm^{-1}, associados às vibrações de estiramento carbono–hidrogênio.

Podemos utilizar esses picos na interpretação dos espectros de IV porque a localização exata do pico depende da força (e da rigidez) da ligação C—H, que, por sua vez, depende do estado de hibridização do carbono ligado ao hidrogênio. As ligações C—H envolvendo carbono hibridizado *sp* são as mais fortes, e as que envolvem carbono hibridizado *sp*^{3} são as mais fracas. A ordem da força de ligação é

$$sp > sp^2 > sp^3$$

Essa também é a ordem de rigidez da ligação.

- Os picos referentes ao estiramento carbono–hidrogênio dos átomos de hidrogênio ligados a átomos de carbono hibridizados *sp* ocorrem em frequências mais altas, de aproximadamente 3300 cm^{-1}.

A ligação carbono–hidrogênio de um alquino na extremidade (≡C—H) apresenta absorção na região de 3300 cm^{-1}. Podemos ver a absorção da ligação C—H acetilênica (alquinílica) do 1-heptino em 3320 cm^{-1} na **Fig. 2.13**.

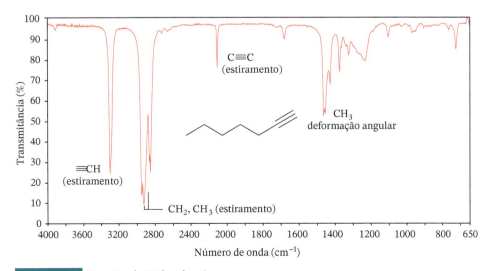

FIGURA 2.13 Espectro de IV do 1-heptino.

- Os picos do estiramento da ligação carbono–hidrogênio dos átomos de hidrogênio ligados a átomos de carbono hibridizados sp^2 ocorrem na região 3000–3100 cm^{-1}.

Portanto, as ligações C—H dos carbonos das duplas ligações nos alquenos e os grupos C—H dos anéis aromáticos fornecem picos de absorção nessa região. Podemos ver o pico de absorção da ligação C—H dos carbonos das duplas ligações de alquenos em 3080 cm^{-1} no espectro do 1-octeno (Fig. 2.14) e a absorção C—H dos átomos de hidrogênio aromáticos em 3090 cm^{-1} no espectro do metilbenzeno (Fig. 2.12).

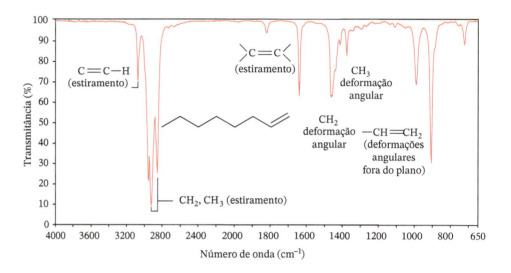

FIGURA 2.14 Espectro de IV do 1-octeno.

- As bandas de estiramento da ligação carbono–hidrogênio dos átomos de hidrogênio ligados a átomos de carbono hibridizados sp^3 ocorrem nas frequências mais baixas, na região de 2800–3000 cm^{-1}.

Podemos ver os picos de absorção da metila e do metileno nos espectros do octano (Fig. 2.11), do metilbenzeno (Fig. 2.12), do 1-heptino (Fig. 2.13) e do 1-octeno (Fig. 2.14).

Os hidrocarbonetos também fornecem picos de absorção em seus espectros de IV, resultantes dos estiramentos das ligações carbono–carbono. As ligações simples carbono–carbono normalmente dão origem a muitos picos fracos, geralmente de pouca utilidade na elucidação de estruturas. Entretanto, picos mais úteis surgem das ligações múltiplas carbono–carbono.

- As ligações duplas carbono–carbono fornecem picos de absorção na região de 1620–1680 cm^{-1}, e as ligações triplas carbono–carbono dão origem a picos de absorção entre 2100 e 2260 cm^{-1}.

Essas absorções geralmente não são muito fortes e estarão ausentes se a ligação dupla ou tripla estiver substituída simetricamente (nenhuma variação de momento de dipolo estará associada à vibração). Os estiramentos das ligações carbono–carbono dos anéis benzênicos geralmente dão origem a um conjunto de picos característicos finos e intensos na região de 1450–1600 cm^{-1}.

- As absorções oriundas das deformações angulares da ligação carbono–hidrogênio dos alquenos ocorrem na região de 600–1000 cm^{-1}. Com a ajuda de um manual de dados espectroscópicos, a localização exata desses picos pode frequentemente ser utilizada como evidência para determinação do **padrão de substituição da ligação dupla e sua configuração**.

DICA ÚTIL

A espectroscopia no infravermelho é uma ferramenta extremamente útil para a detecção de grupos funcionais.

2.16B Espectros de IV de Alguns Grupos Funcionais que Contêm Heteroátomos

A espectroscopia no infravermelho nos fornece um método inestimável para reconhecer, de maneira rápida e simples, a presença de determinados grupos funcionais em uma molécula.

Famílias de Compostos de Carbono 95

Grupos Funcionais Carbonílicos Um importante grupo funcional que fornece um pico de absorção muito característico nos espectros de IV é o **grupo carbonila**, —C(=O)—, presente nos aldeídos, nas cetonas, nos ésteres, nos ácidos carboxílicos, nas amidas, entre outros.

- A frequência de estiramento da ligação dupla carbono–oxigênio do grupo carbonila dá origem a um pico intenso entre 1630 e 1780 cm^{-1}.

A localização exata do pico depende se ele é originário de um aldeído, de uma cetona, de um éster e assim por diante.

Aldeído	Cetona	Éster	Ácido carboxílico	Amida
1690–1740 cm^{-1}	1680–1750 cm^{-1}	1735–1750 cm^{-1}	1710–1780 cm^{-1}	1630–1690 cm^{-1}

PROBLEMA RESOLVIDO 2.9

Um composto com fórmula molecular C$_4$H$_4$O$_2$ tem um pico de absorção estreito e forte perto de 3300 cm^{-1}, absorções na região de 2800–3000 cm^{-1} e um pico estreito de absorção perto de 2200 cm^{-1}. Também apresenta uma banda de absorção forte e larga na região de 2500–3600 cm^{-1} e um pico forte na região de 1710–1780 cm^{-1}. Proponha uma possível estrutura para o composto.

Estratégia e Resposta

O pico estreito perto de 3300 cm^{-1} é provavelmente originado do estiramento da ligação entre um hidrogênio e um carbono com hibridização *sp* de uma ligação tripla. Essa hipótese é consistente com o pico estreito perto de 2200 cm^{-1}, no qual o estiramento da ligação tripla de um alquino ocorre. Os picos na região de 2800–3000 cm^{-1} sugerem estiramentos de ligações C—H de grupos alquila ou de grupos CH$_2$ ou CH$_3$. A banda de absorção forte e larga na região de 2500–3600 cm^{-1} sugere um grupo hidroxila de um ácido carboxílico. O pico forte perto de 1710–1780 cm^{-1} é consistente com essa observação, uma vez que pode ser devido ao grupo carbonila de um ácido carboxílico. Todos esses resultados para essa fórmula molecular sugerem que o composto seja conforme mostrado à direita.

PROBLEMA DE REVISÃO 2.28

Utilize argumentos baseados nos efeitos de ressonância e eletronegatividade para explicar, nas frequências de estiramento de carbonilas no IV, a tendência do aparecimento de frequências mais elevadas para os ésteres e ácidos carboxílicos e de frequências mais baixas para as amidas. (*Sugestão:* utilize a faixa de frequências de estiramento das carbonilas dos aldeídos e cetonas como a faixa "básica" de frequência de um grupo carbonílico não substituído; então considere a influência de átomos eletronegativos sobre o grupo carbonila e/ou de átomos que alterem o híbrido de ressonância da carbonila.) O que isso sugere sobre a maneira pela qual o átomo de nitrogênio de uma amida influencia a distribuição dos elétrons em um grupo carbonila de uma amida?

Álcoois e Fenóis Os **grupos hidroxila** de álcoois e fenóis são também fáceis de serem reconhecidos nos espectros de IV por suas absorções de estiramento do O—H. Essas ligações nos fornecem também evidências diretas sobre a ligação de hidrogênio (Seção 2.13B).

- A absorção no IV de um grupo O—H de um álcool ou fenol está na faixa de 3200–3550 cm^{-1} e, na maioria das vezes, é larga.

A grande largura típica dessa banda deve-se à associação das moléculas por meio de ligação de hidrogênio (Seção 2.13B), o que provoca uma vasta distribuição de frequências de estiramento para a ligação O—H. Se um álcool ou fenol estiver presente como solução muito diluída em um solvente que não pode participar da ligação de hidrogênio, a absorção do O—H ocorrerá como um pico muito estreito na região de 3590–3650 cm^{-1}. Em uma solução muito diluída de um solvente desse tipo, ou na fase gasosa, a formação de ligações de hidrogênio intermoleculares não ocorre porque as moléculas do analito estarão completamente separadas. O pico estreito na região de 3590–3650 cm^{-1}, consequentemente, é atribuído aos grupos hidroxila "livres" (não associados). O aumento da concentração do álcool ou fenol faz com que o pico estreito seja substituído por uma banda larga na região de 3200–3550 cm⁻¹. As absorções de hidroxila nos espectros de IV do ciclo-hexilcarbinol (ciclo-hexilmetanol) obtidas com soluções diluídas e concentradas (Fig. 2.15) exemplificam esses efeitos.

Ácidos Carboxílicos

O **grupo ácido carboxílico** pode também ser detectado por espectroscopia no IV. Se ambas as absorções de estiramento da carbonila e da hidroxila estiverem presentes em um espectro de IV, haverá boa evidência para um grupo funcional de ácido carboxílico (apesar da possibilidade de que os grupos carbonila e hidroxila isolados estejam presentes na molécula).

- A absorção da hidroxila de um ácido carboxílico é frequentemente muito larga, estendendo-se de 3600 a 2500 cm⁻¹.

A Fig. 2.16 mostra o espectro de IV do ácido propanoico.

Aminas

A espectroscopia no IV também fornece evidências sobre as ligações N—H (veja a Fig. 2.17).

- Aminas primárias (1°) e secundárias (2°) apresentam absorções de intensidade moderada na região de 3300–3500 cm⁻¹.

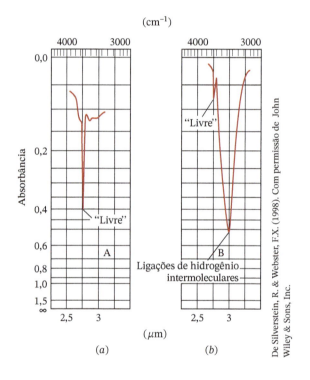

FIGURA 2.15 (*a*) O espectro de IV de um álcool (ciclo-hexilcarbinol) em uma solução diluída mostra um pico estreito de absorção de um grupo hidroxila "livre" (sem ligação de hidrogênio) em 3600 cm⁻¹. (*b*) O espectro de IV do mesmo álcool como uma solução concentrada mostra uma banda larga de absorção do grupo hidroxila em 3300 cm⁻¹ devido à ligação de hidrogênio.

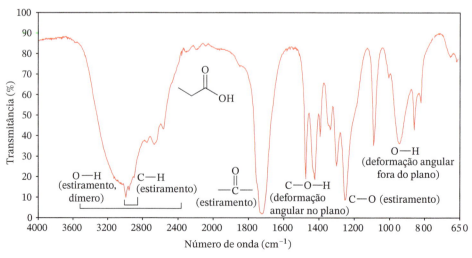

FIGURA 2.16 Espectro de IV do ácido propanoico.

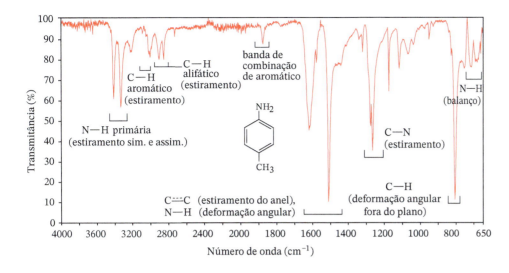

FIGURA 2.17 Espectro de IV obtido da 4-metilanilina.

- Aminas primárias mostram dois picos nessa mesma região, causados pelo estiramento simétrico e assimétrico das duas ligações N—H.
- Aminas secundárias apresentam um único pico.
- Aminas terciárias não apresentam absorção de N—H porque não possuem esse tipo de ligação.
- Um pH básico é evidência para qualquer classe de aminas.

RNH$_2$ (Amina 1°)

Dois picos na região de 3300–3500 cm^{-1}

 Estiramento simétrico

 Estiramento assimétrico

R$_2$NH (Amina 2°)

Um pico na região de 3300–3500 cm^{-1}

As ligações de hidrogênio fazem com que os picos de estiramento N—H de aminas 1° e 2° sejam alargados. Os grupos NH das **amidas** fornecem picos de absorção similares e também apresentam uma absorção de carbonila.

PROBLEMA RESOLVIDO 2.10

Quais os principais picos que você esperaria encontrar no espectro de IV do composto a seguir?

Estratégia e Resposta

O composto é uma amida. Devemos esperar um pico forte na região de 1630–1690 cm^{-1} devido ao grupo carbonila e um único pico de intensidade moderada na região de 3300–3500 cm^{-1} para o grupo N—H.

2.17 Como Interpretar um Espectro de IV sem Nenhum Conhecimento da Estrutura

A espectroscopia de infravermelho é uma ferramenta incrivelmente poderosa para a identificação de grupos funcionais, como vimos nas seções anteriores. Entretanto, ao apresentarmos essa técnica, exploramos espectros de IV a partir da perspectiva de compostos de estrutura conhecida, explicando os picos observados em relação a cada agrupamento crítico de átomos que sabemos estar presente. No mundo real, frequentemente encontramos novos materiais de estrutura desconhecida. Talvez, nesse cenário, fosse importante para um cientista forense, um químico envolvido com sínteses ou um químico de produtos naturais pensar como o IV seria útil no dia a dia.

Certamente, não podemos usar apenas a espectroscopia de IV para determinar a estrutura completa de um composto (as técnicas descritas no Capítulo 9 vão ajudar com esse problema). Mas um espectro de IV pode muitas vezes apontar para a presença de certos grupos funcionais se prestarmos bastante atenção aos sinais nos quais as posições dos picos são distintas de outros grupos e que, com frequência, são suficientemente fortes para serem observados. Esse último ponto é uma consideração importante quando existem variações na intensidade do sinal para determinados grupos que dependem de outros presentes na molécula. Em alguns casos, existe sobreposição de sinais, o que impossibilita a atribuição única do espectro a um grupo funcional. Por exemplo, a maioria das moléculas orgânicas contém ligações C—H, de uma ou outra forma, de modo que os picos abaixo de 1450 cm^{-1} e os sinais na faixa de 2800–3000 cm^{-1} não são particularmente informativos, a não ser para indicar que a molécula é orgânica e que contém ligações C—H.

Apresentamos, a seguir, alguns exemplos do que podemos considerar, em uma primeira avaliação de qualquer espectro de IV, prováveis respostas corretas sobre alguns dos grupos funcionais presentes.

- Somente estiramentos da ligação C=O tendem a ter uma absorção forte e estreita na faixa de 1630–1780 cm^{-1}. Talvez não consigamos identificar que tipo de grupo carbonila está presente, mas podemos dizer que há pelo menos um grupo carbonila.
- Apenas os estiramentos de ligações de nitrila ou alquino tendem a aparecer entre 2000 e 2300 cm^{-1}, assim, esses sinais podem ser prontamente atribuídos.
- Apenas os grupos hidroxila em álcoois ou ácidos carboxílicos tendem a criar um grande e largo sinal em cerca de 3300 cm^{-1}; esses grupos são fáceis de identificar, admitindo-se que a amostra não esteja contaminada com água.
- Somente as aminas tendem a produzir picos largos, mas menores que os de hidroxila, em torno de 3300 cm^{-1}. O número desses picos às vezes pode determinar se há um ou dois hidrogênios ligados ao átomo de nitrogênio.

Os exemplos a seguir nos permitem colocar esses princípios gerais em prática.

O espectro de IV da Amostra Desconhecida 1 (Fig. 2.18) tem sinais largos centrados em torno de 3300 cm^{-1} e uma absorção média em 2250 cm^{-1}. Com base na informação anterior, podemos supor que a molécula provavelmente contenha um grupo hidroxila e um grupo com uma ligação tripla. Muito provavelmente, o grupo com a ligação tripla é uma nitrila, pois as nitrilas tendem a aparecer em torno de 2250 cm^{-1}, enquanto os alquinos aparecem em número de onda um pouco menor, em torno de 2000 cm^{-1}. Não podemos afirmar que seja uma nitrila, mas seria uma boa hipótese na ausência de outra evidência química. Na verdade, essa hipótese acaba sendo correta, pois a molécula, nesse caso, é a 3-hidroxipropionitrila.

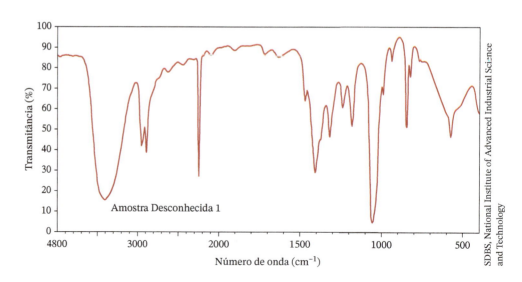

FIGURA 2.18 Espectro de IV da Amostra Desconhecida 1.

No espectro de IV da Amostra Desconhecida 2 (Fig. 2.19), há uma absorção de hidroxila, mais uma vez centrada em torno de 3300 cm⁻¹, bem como um pico de carbonila em 1705 cm⁻¹. Embora não se possa dizer sempre que tipo de carbonila está presente, quando o pico da hidroxila for extremamente largo e tiver uma aparência irregular (devido à sobreposição das absorções C—H que estendem o pico), em contraste com o primeiro espectro, no qual o grupo hidroxila era suave, normalmente é seguro afirmar que esse grupo hidroxila está ligado ao grupo carbonila; assim, esses dois grupos são, juntos, parte de um grupo funcional ácido carboxílico. Mais uma vez, conseguimos identificar o principal grupo funcional da molécula, uma vez que se trata do ácido heptanoico.

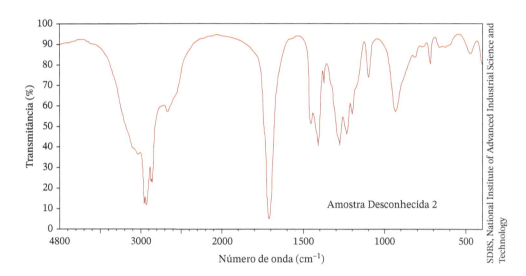

FIGURA 2.19 Espectro de IV da Amostra Desconhecida 2.

2.18 Aplicações dos Princípios Básicos

Revisaremos agora como determinados princípios básicos se aplicam aos fenômenos que estudamos neste capítulo.

Ligações Polares Ocorrem Devido a Diferenças de Eletronegatividade

Vimos na Seção 2.2 que, quando átomos com eletronegatividades diferentes estão ligados covalentemente, o átomo mais eletronegativo estará carregado negativamente, e o menos eletronegativo estará carregado positivamente. A ligação será uma *ligação polar* e terá um *momento de dipolo*.

Os momentos de dipolo são importantes para explicar tanto as propriedades físicas das moléculas (como revisaremos adiante) quanto os espectros de infravermelho. Para que uma vibração ocorra com a absorção de energia no IV, o momento de dipolo da molécula tem de variar no decorrer da vibração.

Cargas Opostas se Atraem
Esse mesmo princípio é fundamental para a compreensão das propriedades físicas dos compostos orgânicos (Seção 2.13). Todas as forças que atuam entre moléculas individuais (e, portanto, afetam os pontos de ebulição, os pontos de fusão e as solubilidades) ocorrem entre moléculas com cargas contrárias (íons) ou entre partes de moléculas com cargas contrárias. Os exemplos são as forças íon–íon (Seção 2.13A), que existem entre íons com cargas contrárias em cristais de compostos iônicos, forças dipolo–dipolo (Seção 2.13B), que ocorrem entre partes de moléculas polares com cargas opostas e que incluem as forças dipolo–dipolo muito intensas, que chamamos de *ligações de hidrogênio*, e as forças fracas, denominadas *forças de dispersão* ou *forças de London*, que ocorrem entre as regiões das moléculas com cargas contrárias pequenas e temporárias.

A Estrutura Molecular Determina as Propriedades
Aprendemos, na Seção 2.13, como as propriedades físicas estão relacionadas com a estrutura molecular.

Por que Esses Tópicos São Importantes?

Vancomicina e Resistência Antibiótica

Assim como as ligações de hidrogênio são fundamentais para o emparelhamento de nucleotídeos, também desempenham importante papel na forma como um dos antibióticos mais poderosos do mundo mata as bactérias. O antibiótico é a vancomicina, composto isolado pela primeira vez em 1956 por cientistas da empresa farmacêutica Eli Lilly, a partir da fermentação de um micróbio encontrado nas selvas de Bornéu. Seu nome foi derivado do verbo "vencer", porque ele podia matar todas as cepas de bactérias gram-positivas com as quais tivesse contato, incluindo a cepa mortal, conhecida como MRSA (*Staphylococcus aureus* resistente à meticilina), uma das bactérias conhecidas popularmente como "bactérias comedoras de carne".

O sucesso da vancomicina é devido à sua estrutura, arranjo cuidadosamente concebido de átomos que permite que ela ataque diversas cepas de bactérias. Como as bactérias se movem em torno de seus hospedeiros, suas paredes celulares são constantemente formadas e desfeitas. A vancomicina tem como alvo uma sequência de determinado peptídeo, que se encontra na superfície das paredes das células, formando uma rede de cinco ligações de hidrogênio específicas que permite bloquear a bactéria. Essas ligações são demonstradas pelas linhas tracejadas nas estruturas a seguir. Uma vez ligada à vancomicina, as bactérias não podem construir e reforçar suas paredes celulares, conduzindo por fim a uma destruição da membrana celular e à morte.

(a) Bactéria suscetível à vancomicina

(b) Bactéria resistente à vancomicina

Infelizmente, embora a vancomicina tenha se provado eficaz por muitas décadas no combate de infecções bacterianas, nos últimos anos algumas bactérias tornaram-se resistentes a ela e desenvolveram (pela evolução) um conjunto diferente de peptídeos em sua superfície celular. O grupo N–H, destacado em (a), foi substituído por um O, como mostrado em (b). Embora venhamos a estudar muito mais sobre peptídeos e aminoácidos no Capítulo 24, neste momento, percebemos que essa mudança tornou um doador da ligação de hidrogênio (o N–H) em um átomo receptor da ligação de hidrogênio (O). Como resultado, a vancomicina pode formar apenas quatro ligações de hidrogênio com o alvo. Embora constitua uma perda de apenas 20% de sua capacidade de ligações de hidrogênio, verifica-se que a eficácia geral, em termos da capacidade de matar bactérias, é reduzida por um fator de 1000. Em consequência, essas bactérias são resistentes à vancomicina, o que significa que são necessárias novas armas químicas para que os pacientes infectados com certas bactérias gram-positivas resistentes à vancomicina possam sobreviver. Felizmente, existem várias pistas investigadas em estudos clínicos, mas, dada a capacidade de as bactérias evoluírem constantemente e evitarem nossos tratamentos, teremos de continuar a desenvolver novos e melhores antibióticos.

Para saber mais sobre esses tópicos, consulte:
1. Nicolaou, K. C.; Boddy, C. N. C., "Behind enemy lines" in *Scientific American*, May **2001**, pp. 54–61.
2. Nicolaou, K. C.; Snyder, S. A. *Classics in Total Synthesis II*. Wiley-VCH: Weinheim, **2003**, pp. 239–300.

A vancomicina foi descoberta em um micróbio encontrado nas selvas de Bornéu.

Resumo e Ferramentas de Revisão

No Capítulo 2, você aprendeu sobre as famílias de moléculas orgânicas e algumas de suas propriedades físicas e sobre a utilização de uma técnica instrumental para estudá-las chamada espectroscopia no infravermelho.

Você aprendeu que os grupos funcionais definem as famílias às quais os compostos orgânicos pertencem. Neste momento, você deve poder identificar os grupos funcionais quando encontrá-los em fórmulas estruturais e quando mencionados seus nomes, além de saber desenhar um exemplo geral de sua estrutura.

Você também adquiriu o conhecimento de como a eletronegatividade influencia a distribuição de cargas em uma molécula e como, com a estrutura tridimensional, a distribuição de carga influencia a polaridade total de uma molécula. Com base na polaridade e na estrutura tridimensional, você deve ser capaz de prever o tipo e a intensidade relativa das forças eletrostáticas entre as moléculas. Sabendo isso, você poderá estimar aproximadamente as propriedades físicas, tais como ponto de fusão, ponto de ebulição e solubilidade.

Finalmente, você aprendeu a utilizar a espectroscopia no IV como indicador da família à qual um composto orgânico pertence. A espectroscopia no IV fornece informações (na forma de espectros) que sugerem quais grupos funcionais estão presentes em uma molécula.

Se você conhecer os conceitos apresentados nos Capítulos 1 e 2, estará no caminho certo para uma base sólida e necessária para obter sucesso em química orgânica. Continue trabalhando com empenho (incluindo o hábito de fazer os exercícios com atenção)!

As ferramentas de estudo para o presente capítulo incluem termos e conceitos fundamentais (realçados ao longo do capítulo em **negrito azul** e definidos no glossário ao fim de cada volume) e um Mapa Conceitual depois dos problemas do fim do capítulo.

Termos e Conceitos Importantes

Os principais termos e conceitos realçados ao longo do capítulo em **negrito azul** estão definidos no glossário (ao final de cada volume).

Problemas

Grupos Funcionais e Fórmulas Estruturais

2.29 Classifique cada um dos seguintes compostos como um alcano, um alqueno, um alquino, um álcool, um aldeído, uma amina e assim por diante.

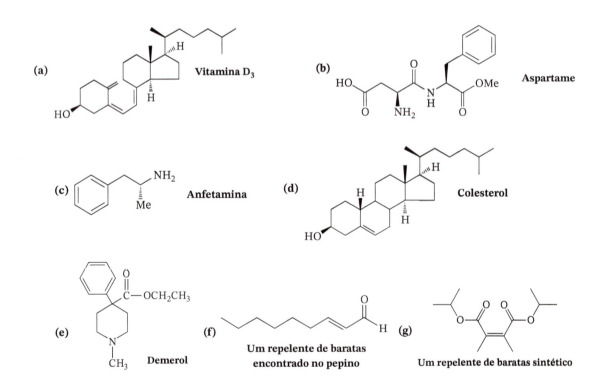

2.30 Identifique todos os grupos funcionais em cada um dos seguintes compostos:

2.31 Existem quatro brometos de alquila com a fórmula C_4H_9Br. Escreva suas fórmulas estruturais e classifique cada um deles como primário, secundário ou terciário.

2.32 Existem sete compostos com a fórmula $C_4H_{10}O$ e que são isômeros. Escreva suas estruturas e classifique cada composto de acordo com seu grupo funcional.

2.33 Classifique os seguintes álcoois como primário, secundário ou terciário:

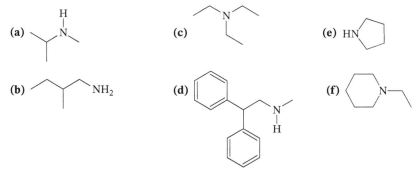

2.34 Classifique as seguintes aminas como primária, secundária ou terciária:

2.35 Escreva fórmulas estruturais para cada um dos seguintes itens:

(a) Três éteres com a fórmula $C_4H_{10}O$.
(b) Três álcoois primários com a fórmula C_4H_8O.
(c) Um álcool secundário com a fórmula C_3H_6O.
(d) Um álcool terciário com a fórmula C_4H_8O.
(e) Dois ésteres com a fórmula $C_3H_6O_2$.
(f) Quatro haletos de alquila primários com a fórmula $C_5H_{11}Br$.
(g) Três haletos de alquila secundários com a fórmula $C_5H_{11}Br$.
(h) Um haleto de alquila terciário com a fórmula $C_5H_{11}Br$.
(i) Três aldeídos com a fórmula $C_5H_{10}O$.
(j) Três cetonas com a fórmula $C_5H_{10}O$.
(k) Duas aminas primárias com a fórmula C_3H_9N.
(l) Uma amina secundária com a fórmula C_3H_9N.
(m) Uma amina terciária com a fórmula C_3H_9N.
(n) Duas amidas com a fórmula C_2H_5NO.

2.36 Identifique todos os grupos funcionais no Crixivan, medicamento importante no tratamento da AIDS.

Crixivan (um inibidor da HIV-protease)

2.37 Identifique todos os grupos funcionais do paclitaxel (Taxol), um importante medicamento usado no combate ao câncer de mama.

Paclitaxel (Taxol)

Propriedades Físicas

2.38 (**a**) Indique as partes hidrofóbicas e hidrofílicas da vitamina A e comente se você espera ou não que ela seja solúvel em água. (**b**) Faça o mesmo para a vitamina B₃ (também chamada niacina).

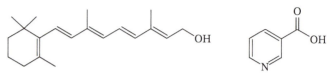

Vitamina A   **Vitamina B₃ ou niacina**

2.39 O fluoreto de hidrogênio tem momento de dipolo de 1,83 D; seu ponto de ebulição é 19,34 °C. O fluoreto de etila (CH₃CH₂F) tem momento de dipolo praticamente idêntico e massa molecular maior; mesmo assim, seu ponto de ebulição é –37,7 °C. Explique.

2.40 Por que se espera que o isômero cis de um alqueno tenha ponto de ebulição mais alto que o isômero trans?

2.41 O brometo de cetiletildimetilamônio, visto a seguir, é o nome comum para um composto com propriedades antissépticas. Preveja sua solubilidade em água e em dietil éter.

2.42 Qual dos seguintes solventes seria capaz de dissolver compostos iônicos?

(**a**) SO₂ líquido   (**b**) NH₃ líquido   (**c**) Benzeno

2.43 Escreva uma fórmula tridimensional para cada uma das seguintes moléculas, utilizando o formalismo de cunha – cunha tracejada – linha. Se a molécula tiver um momento de dipolo resultante, indique seu sentido com uma seta, ⟶. Se a molécula não tiver um momento de dipolo resultante, você deve indicar esse fato. (Ignore a pequena polaridade das ligações C—H ao resolver esse e outros problemas semelhantes.)

(**a**) CH₃F   (**c**) CHF₃   (**e**) CH₂FCl   (**g**) BeF₂   (**i**) CH₃OH
(**b**) CH₂F₂   (**d**) CF₄   (**f**) BCl₃   (**h**) CH₃OCH₃ (**j**) CH₂O

2.44 Considere cada uma das seguintes moléculas: (**a**) dimetil éter, (CH₃)₂O; (**b**) trimetilamina, (CH₃)₃N; (**c**) trimetilborano, (CH₃)₃B; e (**d**) dióxido de carbono, CO₂. Descreva o estado de hibridização do átomo central (isto é, do O, N, B ou C) de cada molécula, diga que ângulos de ligação você espera para o átomo central e diga se a molécula tem ou não um momento de dipolo.

2.45 Verdadeiro ou falso: Para uma molécula ser polar, é necessária a presença de ligações polares, mas essa não é uma exigência suficiente.

2.46 Qual o composto em cada um dos seguintes pares com ponto de ebulição mais alto? Justifique suas respostas.

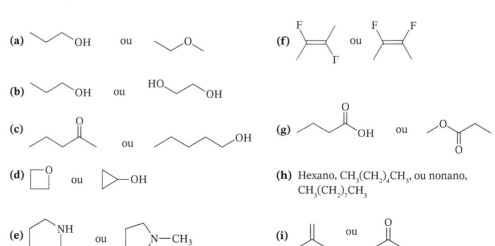

Espectroscopia no IV

2.47 Preveja as bandas de absorção mais importantes no IV cujas presenças permitem distinguir cada um dos compostos nos pares **(a)**, **(c)**, **(d)**, **(e)**, **(g)** e **(i)** do Problema 2.46.

2.48 O espectro de IV do ácido propanoico (Fig. 2.16) indica que a absorção para o estiramento do O—H do grupo funcional do ácido carboxílico é devido a uma forma com ligação de hidrogênio. Desenhe a estrutura de duas moléculas de ácido propanoico mostrando como poderiam se dimerizar pela ligação de hidrogênio.

2.49 No espectro de infravermelho, o grupo carbonila é geralmente indicado por uma banda de absorção forte e estreita. Entretanto, no caso dos anidridos de ácidos carboxílicos, R—C—O—C—R, dois picos
$$\qquad\qquad\qquad\qquad\qquad\qquad\qquad\qquad\qquad\qquad\qquad\quad \|\qquad\quad\|$$
$$\qquad\qquad\qquad\qquad\qquad\qquad\qquad\qquad\qquad\qquad\qquad\ O\qquad\ O$$
são observados, mesmo sendo os grupos carbonílicos quimicamente equivalentes. Explique esse fato, considerando o que você sabe sobre a absorção no IV de aminas primárias.

Problemas Multiconceituais

2.50 Escreva as fórmulas estruturais para quatro compostos com a fórmula C_3H_6O e classifique cada um de acordo com seu grupo funcional. Preveja as frequências de absorção no infravermelho para os grupos funcionais que você desenhou.

2.51 Existem quatro amidas com a fórmula C_3H_7NO. **(a)** Escreva suas estruturas. **(b)** Uma dessas amidas tem pontos de fusão e de ebulição substancialmente mais baixos que os das outras três. Qual delas? Justifique a resposta. **(c)** Explique como essas amidas poderiam ser diferenciadas com base em seus espectros de IV.

2.52 Escreva as estruturas para todos os compostos com fórmula molecular C_4H_6O, que se espera que não exibam absorção no infravermelho nas regiões de 3200–3550 cm^{-1} e de 1620–1780 cm^{-1}.

2.53 Os compostos cíclicos do tipo geral mostrado aqui são chamados de lactonas. Qual o grupo funcional que uma lactona possui?

É Necessário um Consultor Químico

2.54 Um frasco de um produto químico foi rotulado, conforme mostrado a seguir, como contendo um dos dois possíveis isômeros constitucionais da fórmula $C_2H_4O_2$. Como você poderia usar apenas a espectroscopia de infravermelho para distinguir entre essas duas possibilidades e identificar corretamente o material no frasco?

2.55 O composto mostrado a seguir é conhecido como um interruptor molecular, pois, mediante uma simples alteração do pH, uma das ligações duplas (assinaladas em azul) pode ser preferencialmente isomerizada na outra (e vice-versa, se desejado). Você pode explicar por que, quando na forma mostrada em um pH selecionado, o isômero **A** é preferido ao isômero **B**? (Veja: *Eur. J. Org. Chem.* **2018**, 7046.)

A
(isômero-*Z*)

B
(isômero-*E*)

2.56 Para cada um dos seguintes pares de moléculas, como você poderia diferenciá-las usando apenas seus respectivos estiramentos da ligação C=O de seus espectros de infravermelho?

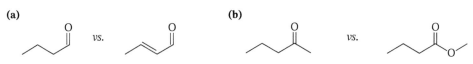

Problemas de Desafio

2.57 Dois isômeros constitucionais com fórmula molecular C_4H_6O são simétricos na estrutura. Em seus espectros de infravermelho, nenhum dos isômeros, quando em solução diluída, tem absorção na região de 3600 cm^{-1}. O isômero A tem bandas de absorção aproximadamente em 3080, 1620 e 700 cm^{-1}. O isômero B tem bandas na região de 2900 e em 1780 cm^{-1}. Proponha uma estrutura para A e duas estruturas possíveis para B.

2.58 Quando dois substituintes estão do mesmo lado de um esqueleto cíclico, diz-se que são cis, quando em lados opostos, trans (uso análogo ao dos termos usados com isômeros de alquenos 1,2-dissubstituídos). Considere as formas estereoisoméricas do 1,2-ciclopentanodiol (compostos que têm um anel de cinco membros e grupos hidroxila em dois carbonos adjacentes cis em um isômero e trans no outro). Em altas diluições, ambos os isômeros têm uma banda de absorção no infravermelho aproximadamente em 3626 cm^{-1}, mas somente um isômero tem uma banda em 3572 cm^{-1}. **(a)** Suponha, neste momento, que o anel do ciclopentano seja coplanar (a interessante estrutura real será estudada mais tarde) e, então, desenhe e nomeie os dois isômeros utilizando o método cunha–cunha tracejada para representação dos grupos OH. **(b)** Indique qual isômero terá a banda em 3572 cm^{-1} e explique sua origem.

2.59 O composto C é assimétrico, tem fórmula molecular $C_5H_{10}O$, contém dois grupos metila e um grupo funcional 3°. Ele apresenta uma banda larga de absorção no infravermelho na região de 3200–3550 cm^{-1} e nenhuma absorção na região 1620–1680 cm^{-1}. Proponha uma estrutura para C.

2.60 Examine a figura que mostra uma estrutura α-hélice de proteínas na Seção 2.13E. Entre quais átomos específicos e de quais grupos funcionais são formadas as ligações de hidrogênio que fornecem à molécula sua estrutura helicoidal?

Problemas para Trabalho em Grupo

Considere a fórmula molecular $C_4H_8O_2$.

1. Escreva estruturas para no mínimo 15 compostos diferentes, todos com a fórmula molecular $C_4H_8O_2$ e com os grupos funcionais apresentados neste capítulo.

2. Forneça no mínimo um exemplo de uma das estruturas escritas no item 1 utilizando a fórmula de traços, outro para a fórmula condensada, outro para a estrutura em bastão e mais um para a fórmula tridimensional. Para as estruturas restantes, escolha a fórmula de sua preferência.

3. Identifique quatro grupos funcionais diferentes dentre suas estruturas. Circule-os e nomeie-os nas estruturas representativas.

4. Preveja as frequências aproximadas para as absorções no IV que podem ser utilizadas para distinguir os quatro compostos representantes desses grupos funcionais.

5. Se qualquer uma das 15 estruturas que você desenhou tiver átomos nos quais a carga formal seja diferente de zero, indique a carga formal no(s) átomo(s) apropriado(s) e a carga total para a molécula.

6. Identifique quais tipos de forças intermoleculares seriam possíveis nas amostras puras de todos os 15 compostos.

7. Selecione cinco fórmulas que você desenhou e que representam uma diversidade de estruturas e preveja a tendência da ordem crescente de seus pontos de ebulição.

8. Explique a ordem dos pontos de ebulição previstos com base nas forças intermoleculares e na polaridade.

Famílias de Compostos de Carbono 107

[**MAPA CONCEITUAL**]

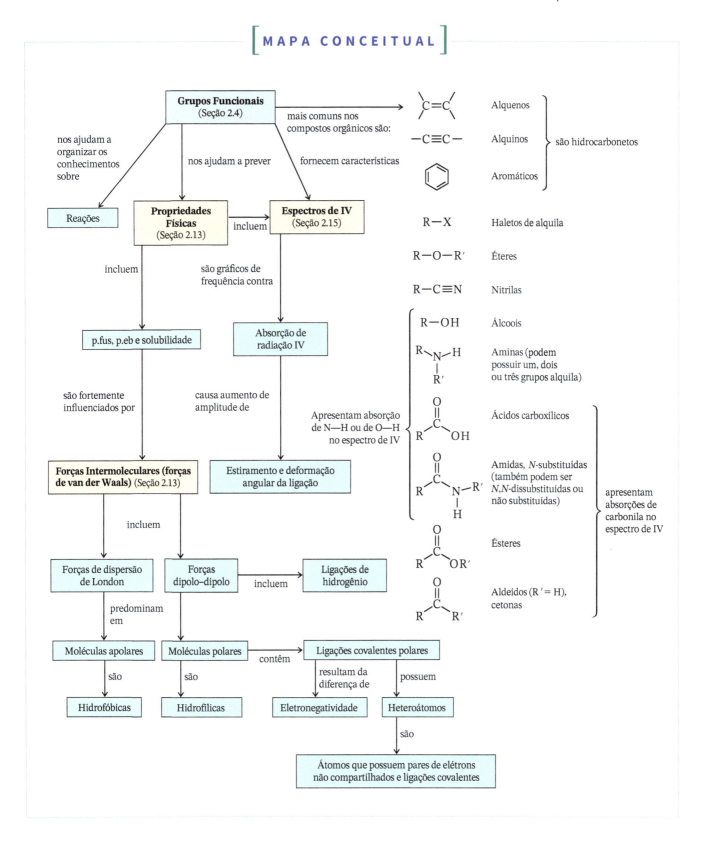

CAPÍTULO 3

Charles D. Winters/Science Source

Ácidos e Bases
Uma Introdução às Reações Orgânicas e Seus Mecanismos

Para o iniciante, uma reação química deve parecer um ato de mágica. Um químico coloca um ou dois reagentes em um recipiente, espera certo tempo e, então, retira do recipiente um ou mais compostos completamente diferentes. Até que se compreendam os detalhes da reação, isso lembra um mágico que coloca maçãs e laranjas em uma cartola, agita-a e, depois, tira dela coelhos e pombas. Podemos ver um exemplo na vida real dessa espécie de "mágica" na foto desta página, onde se vê um fio de náilon sólido sendo retirado de um recipiente que contém duas soluções imiscíveis. Essa síntese do náilon não é uma mágica, mas é realmente incrível e divertida, e reações como essa transformaram nosso mundo.

Na verdade, um dos objetivos deste curso será tentar compreender como essa mágica química ocorre. Queremos ser capazes de explicar *como se formam os produtos da reação*. A explicação se dará na forma de um **mecanismo de reação** – **uma descrição dos eventos que ocorrem em nível molecular quando os reagentes se convertem em produtos**. Se a reação ocorrer em mais de uma etapa, como é geralmente o caso, deseja-se saber que espécies químicas, chamadas de **intermediários**, intervêm entre cada etapa ao longo do processo.

Uma das coisas mais importantes sobre a abordagem de mecanismos em química orgânica é esta: ela nos ajuda a organizar de forma compreensível um conjunto de conhecimentos que de outra forma poderia ser muito complexo. Hoje existem milhões de compostos orgânicos conhecidos, que podem sofrer milhões de reações. Se tivéssemos que aprendê-las por memorização, logo desistiríamos. Todavia, não precisamos fazer isso. Da mesma forma que os grupos funcionais nos ajudam a organizar os compostos de uma maneira compreensível, os mecanismos nos ajudam a organizar as reações. Além disso, felizmente existe um número relativamente pequeno de mecanismos básicos.

Ácidos e Bases 109

NESTE CAPÍTULO, VAMOS ESTUDAR:

- Regras que mostram como classificar os grupos reativos presentes nas moléculas a partir do ponto de vista da acidez e da basicidade, bem como dos domínios rico em elétrons e pobre em elétrons
- O processo passo a passo de uma reação química e como codificar esses processos em alguns poucos tipos específicos, fáceis de entender

POR QUE ESSES TÓPICOS SÃO IMPORTANTES?

No fim do capítulo, vamos mostrar um caso raro em que uma descoberta importante, que verdadeiramente mudou o mundo, foi feita sem nenhum conhecimento de tais princípios. No entanto, a rara ocorrência de tais eventos mostra por que avanços reais exigem uma compreensão do núcleo dos tópicos deste capítulo.

3.1 Reações Ácido-Base

Começaremos nosso estudo de reações químicas examinando alguns dos princípios básicos da química ácido–base. Existem várias razões para fazer isso:

- Muitas das reações que ocorrem na química orgânica são reações do tipo ácido–base ou envolvem uma reação ácido–base em alguma etapa.
- As reações ácido–base são reações fundamentais simples que permitem que você veja como os químicos utilizam setas curvas para representar os mecanismos das reações e como eles representam os processos de quebra e formação de ligação que ocorrem à medida que as moléculas reagem.

3.1A Ácidos e Bases de Brønsted–Lowry

Duas classes de reações ácido–base são fundamentais em química orgânica: as reações ácido–base de Brønsted–Lowry e de Lewis. Começaremos nossa discussão com as reações ácido–base de Brønsted–Lowry.

- As reações **ácido–base de Brønsted–Lowry** envolvem a transferência de prótons.
- Um **ácido de Brønsted–Lowry** é uma substância que pode doar (ou perder) um próton.
- Uma **base de Brønsted–Lowry** é uma substância que pode receber (ou remover) um próton.

Consideremos alguns exemplos.

O cloreto de hidrogênio (HCl), em sua forma pura, é um gás. Quando o HCl gasoso é borbulhado em água, ocorre a seguinte reação:

A cor das hortênsias depende em parte da acidez relativa do solo. Um pH mais elevado favorece a cor rosa, enquanto o solo ácido favorece o azul.

Nessa reação, o cloreto de hidrogênio doa um próton; portanto, ele atua como um ácido de Brønsted–Lowry. A água recebe um próton do cloreto de hidrogênio; assim, a água atua como uma base de Brønsted–Lowry. Os produtos são um íon hidrônio (H_3O^+) e um íon cloreto (Cl^-).

Do mesmo modo que classificamos os reagentes como ácidos ou bases, também classificamos os produtos de uma maneira específica.

- A molécula ou **íon** que se forma quando um ácido perde seu próton é chamada de **base conjugada** daquele ácido. No exemplo anterior, o íon cloreto é a base conjugada.

- A molécula ou íon que se forma quando uma base recebe um próton é chamada de **ácido conjugado**. O íon hidrônio é o ácido conjugado da água.

O cloreto de hidrogênio é considerado um ácido forte porque a transferência de seu próton para a água se dá de forma praticamente completa. Outros ácidos fortes que transferem completamente um próton quando dissolvidos em água são o iodeto de hidrogênio, o brometo de hidrogênio e o ácido sulfúrico.

$$HI + H_2O \longrightarrow H_3O^+ + I^-$$
$$HBr + H_2O \longrightarrow H_3O^+ + Br^-$$
$$H_2SO_4 + H_2O \longrightarrow H_3O^+ + HSO_4^-$$
$$HSO_4^- + H_2O \rightleftharpoons H_3O^+ + SO_4^{2-}$$

- A extensão da transferência de prótons de um ácido para uma base, como a água, é uma medida de sua força como ácido. Portanto, a força ácida é uma medida da porcentagem de ionização e *não* da concentração.

O ácido sulfúrico é chamado de ácido diprótico porque ele pode transferir dois prótons. A transferência do primeiro próton ocorre completamente, enquanto o segundo é transferido em uma extensão de apenas cerca de 10% (por isso, as setas de equilíbrio na equação para a segunda transferência de próton).

3.1B Ácidos e Bases em Água

- O íon hidrônio é o ácido mais forte que pode existir em solução aquosa em quantidade significativa. Todo ácido forte simplesmente transferirá seu próton para uma molécula de água, formando íons hidrônio.
- O íon hidróxido é a base mais forte que pode existir em solução aquosa em quantidade significativa. Qualquer base mais forte que o íon hidróxido removerá um próton da água, formando íons hidróxido.

Quando um composto iônico se dissolve em água os íons são solvatados. No caso do hidróxido de sódio, por exemplo, os íons sódio positivos são estabilizados por interação com pares de elétrons não compartilhados de moléculas de água, e os íons hidróxido são estabilizados por ligações de hidrogênio de seus pares de elétrons não compartilhados com os hidrogênios parcialmente positivos das moléculas de água.

Íon sódio solvatado   **Íon hidróxido solvatado**

Quando uma solução aquosa de hidróxido de sódio é misturada com uma solução aquosa de ácido clorídrico (cloreto de hidrogênio), a reação que ocorre é entre os íons hidrônio e hidróxido. Os íons sódio e cloreto são chamados de **íons espectadores** porque eles não tomam parte na reação ácido–base:

Reação Iônica Total

$$H_3O^+ + Cl^- + Na^+ + {}^-OH \longrightarrow 2\,H_2O + Cl^- + Na^+$$

íons espectadores

Reação Líquida

$$H-\overset{+}{\underset{H}{O}}-H \;+\; ^-\!:\!\ddot{O}-H \longrightarrow 2\,H-\underset{H}{\ddot{O}}:$$

O que acabamos de dizer sobre o ácido clorídrico e sobre a solução de hidróxido de sódio sempre ocorre quando soluções aquosas de todos os ácidos e bases fortes são misturadas. A **reação iônica** líquida é simplesmente

$$H_3O^+ + HO^- \longrightarrow 2\,H_2O$$

3.2 Como Usar Setas Curvas na Representação de Reações

Na Seção 1.8, introduzimos o uso de setas curvas em estruturas de ressonância. Neste capítulo, ensinaremos como usá-las para mostrar as mudanças de ligação em uma reação química. Eis algumas regras a respeito das setas curvas.

Setas curvas mostram a direção do fluxo de elétrons em um mecanismo de reação.

1. Desenhe a seta curva de modo que ela aponte da fonte de um par de elétrons para o átomo que recebe esse par. (Setas curvas também podem mostrar o movimento de um único elétron. Discutiremos reações desse tipo em um capítulo futuro.)
2. As setas curvas sempre mostram o fluxo de elétrons de uma região de elevada densidade eletrônica para uma região de baixa densidade eletrônica.
3. **Nunca** use setas curvas para mostrar o movimento dos átomos. Admite-se que os átomos seguem o fluxo de elétrons.
4. Tenha certeza de que o movimento dos elétrons mostrado pelas setas curvas não viola a regra do octeto para elementos do segundo período da tabela periódica.

A reação do cloreto de hidrogênio com a água é um exemplo simples de como utilizar setas curvas. Aqui, fazemos a primeira menção a muitos boxes intitulados "Um Mecanismo para a Reação", nos quais mostramos cada etapa principal de um mecanismo usando fórmulas coloridas codificadas acompanhadas de legendas explicativas.

Um Mecanismo para a Reação

Reação da Água com o Cloreto de Hidrogênio: Uso de Setas Curvas

Reação $H_2O \;+\; HCl \longrightarrow H_3O^+ \;+\; Cl^-$

Mecanismo

$$H-\ddot{O}: \;+\; H\overset{\delta+}{-}\overset{\delta-}{\ddot{C}l}: \longrightarrow H-\overset{+}{\underset{H}{O}}-H \;+\; :\!\ddot{\underset{..}{C}l}\!:^-$$
$$|\phantom{\ddot{O}:}$$
$$H$$

Uma molécula de água utiliza um de seus pares de elétrons não ligantes para formar uma ligação com o próton do HCl. A ligação entre o hidrogênio e o cloro se rompe, e o par de elétrons fica com o átomo de cloro.

Isto leva à formação de um íon hidrônio e de um íon cloreto.

> **DICA ÚTIL**
>
> As setas curvas apontam dos elétrons *para* o átomo que recebe os elétrons.

112 CAPÍTULO 3

A seta curva começa em uma ligação covalente ou em um par de elétrons não compartilhado (uma região de maior densidade eletrônica) e aponta na direção de uma região com deficiência de elétrons. Vemos aqui que, quando a molécula de água colide com uma molécula de cloreto de hidrogênio, ela utiliza um de seus pares de elétrons não compartilhados (mostrado em azul) para formar uma ligação com o próton do HCl. Essa ligação se forma porque os elétrons (que têm carga negativa) do átomo de oxigênio são atraídos pelo próton parcialmente positivo. Quando a ligação entre o oxigênio e o próton se forma, a ligação hidrogênio–cloro do HCl se rompe, e o cloro do HCl se afasta com o par de elétrons que anteriormente o ligava ao próton. (Se isso não acontecesse, o próton terminaria formando duas ligações covalentes, algo que, naturalmente, ele não pode fazer.) Portanto, também usamos uma seta curva para mostrar a quebra da ligação. Ao apontar da ligação para o cloro, a seta indica que a ligação se quebra e o par de elétrons sai com o íon cloreto.

As seguintes reações ácido–base fornecem outros exemplos para a utilização das setas curvas:

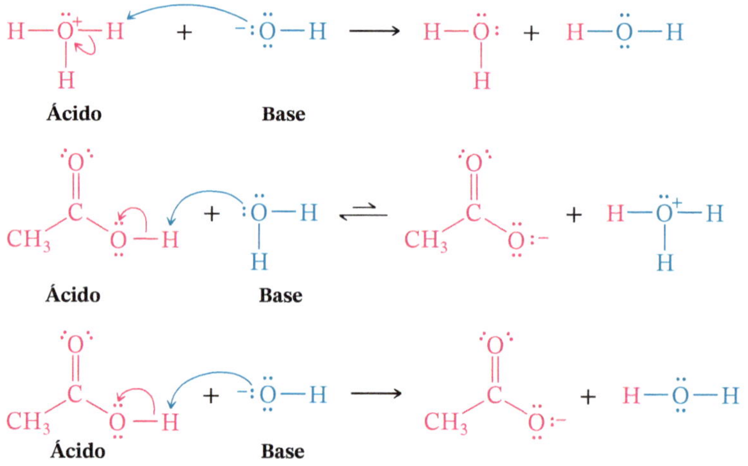

PROBLEMA RESOLVIDO 3.1

Desenhe setas curvas nas reações vistas a seguir para indicar o fluxo de elétrons em todas as etapas de formação e quebra de ligações.

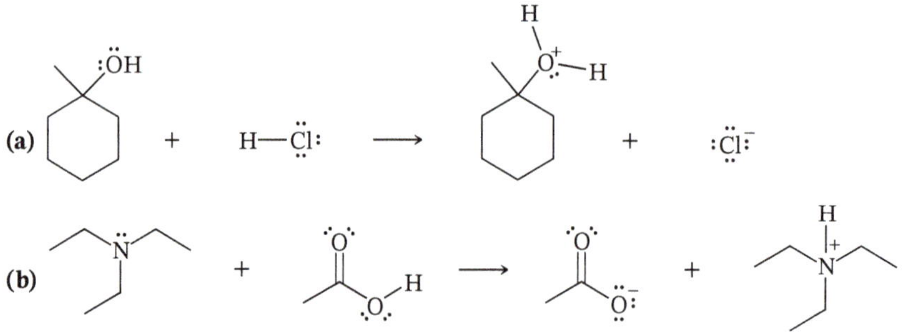

Estratégia e Resposta

Lembre-se das regras para a utilização de setas curvas apresentadas no início da Seção 3.2. As setas curvas apontam da fonte de um par de elétrons para o átomo que recebe esse par, e sempre apontam de uma região de maior densidade eletrônica para uma região de menor densidade eletrônica. Não podemos usar mais do que dois elétrons para um átomo de hidrogênio ou um octeto de elétrons para quaisquer elementos do segundo período da tabela periódica. Temos também de levar em conta as cargas formais nos átomos e escrever equações cujas cargas estejam balanceadas.

Em (a) o átomo de hidrogênio no HCl está parcialmente positivo (eletrofílico) devido à eletronegatividade do átomo de cloro. O oxigênio no álcool é uma fonte de elétrons (uma base de Lewis) que podem ser doados ao próton parcialmente positivo. Entretanto, o próton tem de perder um par de elétrons quando ele recebe um par, e por isso o íon cloreto recebe um par de elétrons da ligação que tinha com o átomo de hidrogênio quando o hidrogênio se liga ao oxigênio do álcool.

(a)

[estrutura: cicloexanol com grupo :ÖH + H—Cl: → cicloexanol protonado (O⁺H₂) + :Cl:⁻]

Em (b) o hidrogênio do ácido carboxílico está parcialmente positivo e, portanto, eletrofílico. A amina fornece um par de elétrons não compartilhado que forma uma ligação com o hidrogênio do ácido carboxílico, provocando a saída de um ânion carboxilato.

(b)

[trietilamina + ácido acético → acetato + trietilamônio]

> **PROBLEMA DE REVISÃO 3.1**
>
> Adicione setas curvas para as reações vistas a seguir de modo a indicar o fluxo de elétrons para todas as etapas de formação de ligação e de quebra de ligação.
>
> **(a)** ácido benzoico + HCO₃⁻ → benzoato + H₂CO₃
>
> **(b)** 3-pentanona + H₂SO₄ → 3-pentanona protonada + HSO₄⁻

3.3 Ácidos e Bases de Lewis

Em 1923, G. N. Lewis propôs uma teoria que ampliou consideravelmente o entendimento de ácidos e bases. À medida que avançarmos perceberemos que a compreensão da **teoria ácido–base de Lewis** é extremamente útil para entender toda uma variedade de reações orgânicas. Lewis propôs as seguintes definições para ácidos e bases.

- Ácidos são receptores de pares de elétrons.
- Bases são doadores de pares de elétrons.

Na teoria ácido–base de Lewis, os prótons não são os únicos receptores de elétrons; muitas outras espécies também são receptoras de elétrons. Por exemplo, o cloreto de alumínio reage com a amônia da mesma maneira que um doador de próton reage. Usando setas curvas para mostrar como a amônia (a base de Lewis) doa o par de elétrons, temos os seguintes exemplos:

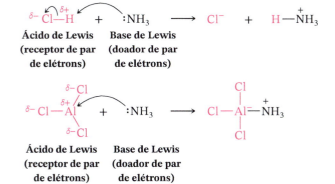

DICA ÚTIL

Verifique por si mesmo que você pode calcular as cargas formais nessas estruturas.

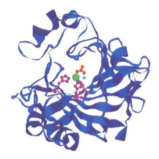

Anidrase carbônica

Um íon zinco atua como um ácido de Lewis no mecanismo da enzima anidrase carbônica (Capítulo 24).

Na reação anterior com o cloreto de hidrogênio, observe que o receptor do par de elétrons (o próton) tem de perder também um par de elétrons quando a nova ligação é formada com o nitrogênio. Isto é necessário porque o átomo de hidrogênio tinha uma camada de valência completa no início. Por outro lado, uma vez que a camada de valência do átomo de alumínio no cloreto de alumínio não estava completa no início (ele tinha apenas seis elétrons de valência), ele pode receber um par de elétrons sem que nenhuma ligação seja quebrada. Na verdade, o átomo de alumínio alcança o octeto ao receber o par de elétrons do nitrogênio, embora ele adquira uma carga formal negativa. Quando o cloreto de alumínio recebe o par de elétrons, ele está atuando como um ácido de Lewis.

As definições de bases nas teorias de Lewis e Brønsted–Lowry são muito parecidas, porque na teoria de Brønsted–Lowry uma base tem de doar um par de elétrons para receber um próton.

- A teoria ácido–base de Lewis pode ser aplicada a todas as reações ácido-base de Brønsted–Lowry.
- A maioria das reações que estudaremos em química orgânica envolve interações ácido–base de Lewis.

Qualquer *átomo deficiente em elétrons* pode atuar como um ácido de Lewis. Muitos compostos contendo elementos do Grupo IIIA, tais como boro e alumínio, são ácidos de Lewis porque os átomos desse grupo têm apenas seis elétrons na sua camada de valência. Muitos outros compostos que têm átomos com orbitais vazios também se comportam como ácidos de Lewis. Os haletos de zinco e ferro(III) (haletos férricos) são frequentemente usados como ácidos de Lewis em reações orgânicas.

PROBLEMA RESOLVIDO 3.2

Escreva uma equação que mostre o ácido de Lewis e a base de Lewis na reação do bromo (Br_2) com o brometo férrico ($FeBr_3$).

Resposta

$$:\ddot{B}r-\ddot{B}r: \;+\; \underset{:\ddot{B}r:\;\;\;\ddot{B}r:}{\overset{:\ddot{B}r:}{Fe}} \;\longrightarrow\; :\ddot{B}r-\overset{+}{\ddot{B}r}-\underset{:\ddot{B}r:}{\overset{:\ddot{B}r:}{\overset{|}{\underset{|}{Fe}}}}-\ddot{B}r:^{-}$$

    Base de Lewis   **Ácido de Lewis**

3.3A Cargas Opostas se Atraem

- Na teoria ácido–base de Lewis, como em muitas reações orgânicas, a atração de espécies com cargas opostas é fundamental para a reatividade.

Como um exemplo adicional, consideremos o trifluoreto de boro, um ácido de Lewis ainda mais poderoso do que o cloreto de alumínio, e sua reação com a amônia. A estrutura calculada para o trifluoreto de boro, vista na **Fig. 3.1**, mostra o potencial eletrostático na sua superfície de van der Waals (como mostrado para o HCl na Seção 2.2A). É evidente, a partir dessa figura (e você deve ser capaz de prever isso), que o BF_3 tem uma carga positiva parcial significativa centrada no átomo de boro e que a carga negativa está localizada nos três átomos de flúor. (A convenção nessas estruturas é que o azul representa áreas relativamente positivas e o vermelho representa áreas relativamente negativas.) Por outro lado, o potencial eletrostático de superfície para a amônia mostra (como seria esperado) que a carga negativa parcial significativa está localizada na região do par de elétrons não ligantes da amônia. Assim, as propriedades eletrostáticas dessas duas moléculas são perfeitamente adequadas a uma reação ácido–base de Lewis. Quando a reação esperada ocorre entre elas, o par de elétrons não ligante da amônia atrai o átomo de boro do trifluoreto de boro, preenchendo a camada de valência do boro. O boro agora possui uma carga formal negativa e o nitrogênio possui uma carga formal positiva. Essa separação de cargas se confirma no mapa de potencial eletrostático para o produto mostrado na Fig. 3.1. Observe que uma carga negativa significativa está localizada na parte da molécula correspondente ao BF_3 e uma carga positiva significativa está localizada próxima ao nitrogênio.

DICA ÚTIL

Enfatiza-se fortemente a necessidade de um firme entendimento da estrutura, das cargas formais e da eletronegatividade à medida que você constrói uma base de conhecimento para aprender a química orgânica.

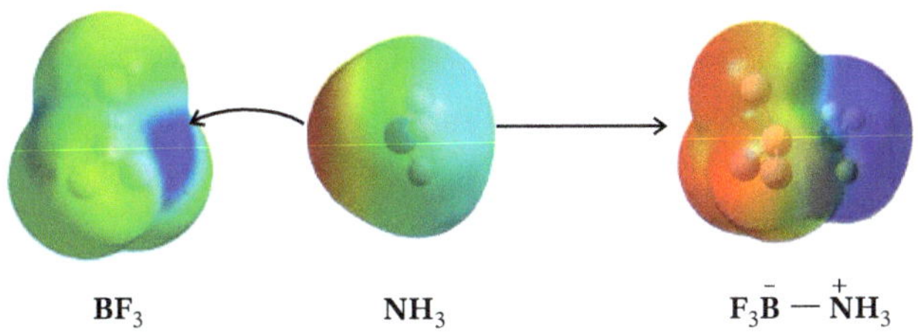

Ácidos e Bases 115

FIGURA 3.1 Mapas de potencial eletrostático para o BF₃, o NH₃ e o produto que resulta da reação entre eles. A atração entre a região fortemente positiva do BF₃ e a região negativa do NH₃ faz com que eles reajam. O mapa de potencial eletrostático para o produto mostra que os átomos de flúor atraem a densidade eletrônica da carga formal negativa e que o átomo de nitrogênio, com seus hidrogênios, carrega a carga formal positiva.

BF₃   NH₃   F₃B⁻—⁺NH₃

Apesar de os mapas de potencial eletrostático calculados, como os que foram apresentados, mostrarem bem a distribuição de cargas e a forma molecular, é importante que você seja capaz de tirar as mesmas conclusões com base no que você preveria sobre as estruturas do BF₃, do NH₃ e dos seus produtos de reação utilizando a hibridização de orbitais (Seções 1.13 a 1.15), modelos de RPECV (Seção 1.16), a consideração de cargas formais (Seção 1.5) e a eletronegatividade (Seções 1.3A e 2.2).

PROBLEMA DE REVISÃO 3.2

Escreva equações mostrando a reação ácido–base de Lewis que ocorre quando:
(a) O metanol (CH₃OH) reage com o BF₃.
(b) O clorometano (CH₃Cl) reage com o AlCl₃.
(c) O dimetil éter (CH₃OCH₃) reage com o BF₃.

PROBLEMA DE REVISÃO 3.3

Quais das seguintes espécies são potenciais ácidos de Lewis e quais são potenciais bases de Lewis?

(a) CH₃CH₂—N̈—CH₃
            |
            CH₃

(b) H₃C—C⁺(CH₃)(CH₃)

(c) (C₆H₅)₃P:

(d) :Br̈:⁻

(e) (CH₃)₃B

(f) H:⁻

3.4 Carbocátions e Carbânions

A quebra de uma ligação em um átomo de carbono deslocando dois elétrons **(heterólise)** pode levar a dois tipos de íon: um com uma carga positiva no átomo de carbono, chamado de **carbocátion**, ou um íon com um átomo de carbono carregado negativamente, chamado de **carbânion**:

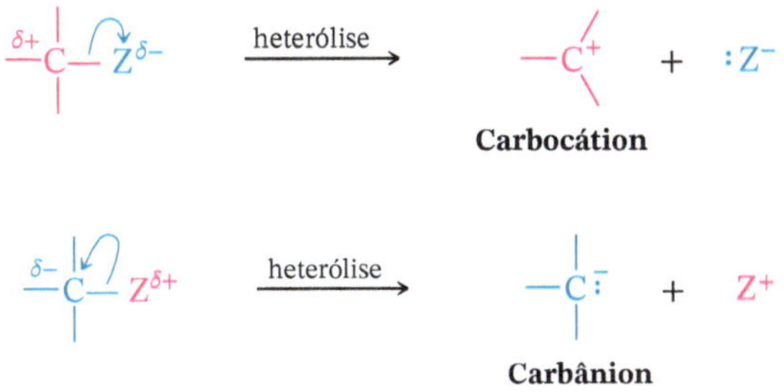

$$\overset{\delta+}{C}-\overset{\delta-}{Z} \xrightarrow{\text{heterólise}} C^+ + :Z^-$$
Carbocátion

$$\overset{\delta-}{C}-\overset{\delta+}{Z} \xrightarrow{\text{heterólise}} C:^- + Z^+$$
Carbânion

- Os **carbocátions** são deficientes em elétrons. Eles têm apenas seis elétrons em sua camada de valência; por esse motivo os **carbocátions são ácidos de Lewis**.

Dessa maneira eles são semelhantes ao BF₃ e ao AlCl₃. A maioria dos carbocátions também tem uma vida curta e são altamente reativos. Eles aparecem como intermediários em algumas reações orgânicas. Os carbocátions reagem rapidamente com bases de Lewis – moléculas ou íons que podem doar o par de elétrons que eles precisam para atingir um octeto estável de elétrons (ou seja, a configuração eletrônica de um gás nobre):

$$-\overset{|}{\underset{|}{C}}{}^{+} \;\; + \;\; :B^{-} \longrightarrow -\overset{|}{\underset{|}{C}}-B$$

Carbocátion (um ácido de Lewis) **Ânion** (uma base de Lewis)

$$-\overset{|}{\underset{|}{C}}{}^{+} \;\; + \;\; :\overset{..}{\underset{|}{O}}-H \longrightarrow -\overset{|}{\underset{|}{C}}-\overset{..}{\underset{|}{O}}{}^{+}-H$$
$$H H$$

Carbocátion (um ácido de Lewis) **Água** (uma base de Lewis)

- Os **carbânions** são ricos em elétrons. Eles são ânions e possuem um par de elétrons não compartilhado. Por isso, **os carbânions são bases de Lewis** (Seção 3.3).

3.4A Eletrófilos e Nucleófilos

- **Os eletrófilos são reagentes que procuram elétrons.**
- **Todos os ácidos de Lewis são eletrófilos.**
- **Carbocátions são eletrófilos.** Ao receber um par de elétrons de uma base de Lewis, um carbocátion preenche sua camada de valência.

$$-\overset{|}{\underset{|}{C}}{}^{+} \;\; + \;\; {}^{-}:B \longrightarrow -\overset{|}{\underset{|}{C}}-B$$

Carbocátion Ácido de Lewis e eletrófilo **Base de Lewis**

- **Carbonos parcialmente positivos também são eletrófilos.** Eles podem reagir com centros ricos em elétrons de bases de Lewis em reações do tipo:

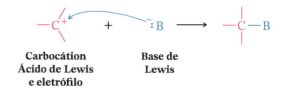

Base de Lewis **Ácido de Lewis (eletrófilo)**

Os carbânions são bases de Lewis. Os carbânions procuram um próton ou algum outro centro positivo para o qual eles possam doar seu par de elétrons e, dessa maneira, neutralizar a sua carga negativa.

Quando uma base de Lewis *procura um centro positivo que não seja um próton, especialmente o de um átomo de carbono*, os químicos chamam essa base de **nucleófilo** (significando gostar muito de núcleo; o prefixo *nucleo-* na palavra provém de *núcleo,* o centro positivo de um átomo).

- Um **nucleófilo** é uma base de Lewis que procura um centro positivo, como um átomo de carbono carregado positivamente.

Como os eletrófilos também são ácidos de Lewis (receptores de pares de elétrons), e os nucleófilos são bases de Lewis (doadores de pares de elétrons), por que os químicos possuem dois termos para eles? A resposta é que os termos *ácido de Lewis* e *base de Lewis* são usados genericamente, mas, quando um ou outro reage para formar uma ligação com um átomo de carbono, geralmente ele é denominado um *eletrófilo* ou um *nucleófilo*.

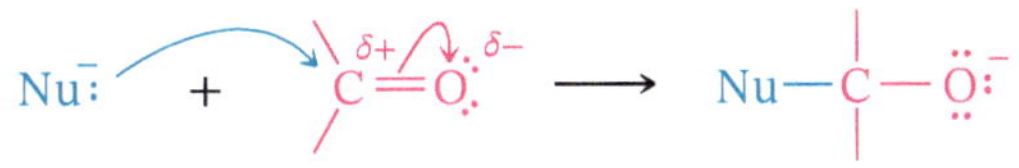

Nucleófilo   Eletrófilo

Eletrófilo   Nucleófilo

PROBLEMA RESOLVIDO 3.3

Identifique o eletrófilo e o nucleófilo na reação vista a seguir, e adicione setas curvas para indicar o fluxo de elétrons para as etapas de formação e quebra de ligação.

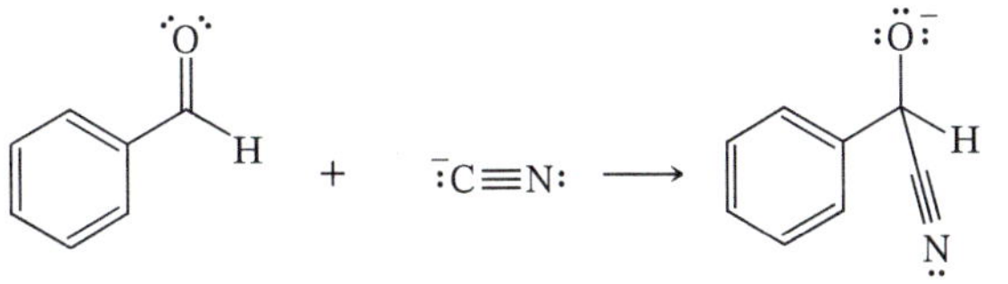

Estratégia e Resposta

O carbono aldeídico é eletrófilo devido à eletronegatividade do oxigênio da carbonila. O ânion cianeto atua como uma base de Lewis e é o nucleófilo, doando um par de elétrons para a carbonila e fazendo com que o par de elétrons se desloque para o oxigênio, de modo que nenhum átomo tenha mais do que um octeto de elétrons.

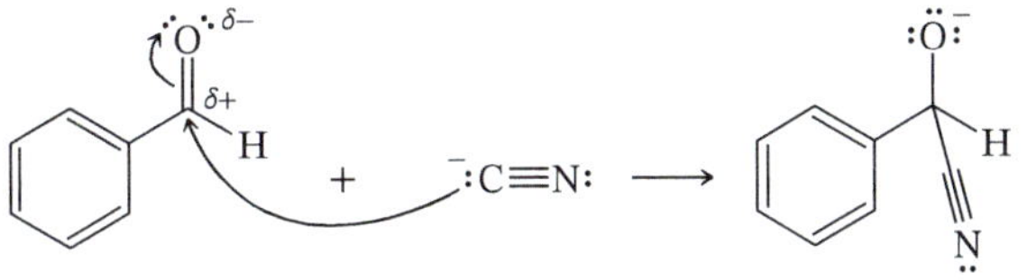

PROBLEMA DE REVISÃO 3.4

Utilize setas curvas para escrever a reação que você espera que ocorra entre $(CH_3)_2NH$ e o trifluoreto de boro. Identifique o ácido de Lewis, a base de Lewis, o nucleófilo, o eletrófilo e atribua as cargas formais apropriadas.

3.5 Força de Ácidos e Bases de Brønsted–Lowry: K_a e pK_a

Muitas reações orgânicas envolvem a transferência de um próton através de uma reação ácido–base. É importante, portanto, considerar as forças relativas dos compostos que podem potencialmente atuar como ácidos ou bases de Brønsted–Lowry.

Ao contrário dos ácidos fortes, como o HCl e o H_2SO_4, o ácido acético é um ácido muito mais fraco. Quando o ácido acético se dissolve em água, a seguinte reação ocorre sem se completar:

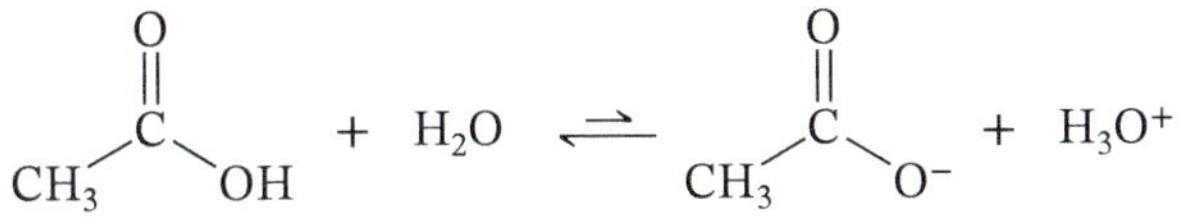

Experimentos mostram que em uma solução 0,1 M de ácido acético, a 25 °C, apenas aproximadamente 1% das moléculas de ácido acético se ioniza transferindo seus prótons para a água. Portanto, o ácido acético é um ácido fraco. Como veremos a seguir, a **força ácida** é caracterizada em termos de valores de **constante de acidez (K_a)** ou de valores de pK_a.

3.5A Constante de Acidez, K_a

Uma vez que a reação que ocorre em uma solução aquosa de ácido acético está em equilíbrio, podemos descrevê-la através de uma expressão para a **constante de equilíbrio (K_{eq})**:

$$K_{eq} = \frac{[H_3O^+][CH_3CO_2^-]}{[CH_3CO_2H][H_2O]}$$

Para soluções aquosas diluídas, a concentração de água é praticamente constante (~55,5 M), de modo que podemos reescrever a expressão para a constante de equilíbrio em termos de uma nova constante (K_a), chamada de **constante de acidez**:

$$K_a = K_{eq}[H_2O] = \frac{[H_3O^+][CH_3CO_2^-]}{[CH_3CO_2H]}$$

A 25 °C, a constante de acidez para o ácido acético é $1,76 \times 10^{-5}$.

Podemos escrever expressões similares para qualquer ácido fraco dissolvido em água. Considerando um ácido hipotético (HA) geral, a reação em solução aquosa é

$$HA + H_2O \rightleftharpoons H_3O^+ + A^-$$

e a expressão para a constante de acidez é

$$K_a = \frac{[H_3O^+][A^-]}{[HA]}$$

Uma vez que as concentrações dos produtos da reação são escritas no numerador e a concentração do ácido não dissociado no denominador:

- **Um valor grande de K_a significa que o ácido é um ácido forte.**
- **Um valor pequeno de K_a significa que o ácido é um ácido fraco.**

Se K_a for maior do que 10, o ácido estará, para todos os fins, completamente dissociado em água em concentrações inferiores a 0,01 M.

PROBLEMA RESOLVIDO 3.4

O K_a do fenol (C_6H_5)OH é igual a $1,26 \times 10^{-10}$. **(a)** Qual é a concentração molar do íon hidrônio em uma solução de fenol 1,0 M. **(b)** Qual é o pH da solução?

Estratégia e Resposta

Use a equação de K_a para o equilíbrio:

$$C_6H_5OH + H_2O \rightleftharpoons C_6H_5O^- + H_3O^+$$
Fenol   **Íon**   **Íon**
         fenóxido   **hidrônio**

$$K_a = \frac{[H_3O^+][C_6H_5O^-]}{[C_6H_5OH]} = 1,26 \times 10^{-10}$$

No equilíbrio, a concentração de íon hidrônio será igual à de íon fenóxido, e assim podemos considerar as duas concentrações iguais a x. Portanto,

$$\frac{(x)(x)}{1,0} = \frac{x^2}{1,0} = 1,26 \times 10^{-10}$$

$$x = 1,1 \times 10^{-5}$$

PROBLEMA DE REVISÃO 3.5

O ácido fórmico (HCO_2H) tem $K_a = 1,77 \times 10^{-4}$. **(a)** Quais são as concentrações molares do íon hidrônio e do íon formiato (HCO_2^-) em uma solução aquosa 0,1 M de ácido fórmico? **(b)** Que porcentagem do ácido fórmico está ionizada?

3.5B Acidez e pK_a

Os químicos geralmente expressam a constante de acidez, K_a, por meio do negativo de seu logaritmo, **pK_a**:

$$pK_a = -\log K_a$$

Isto é análogo à expressão da concentração do íon hidrônio como pH:

$$pH = -\log[H_3O^+]$$

Para o ácido acético o pK_a é 4,75:

$$pK_a = -\log(1{,}76 \times 10^{-5}) = -(-4{,}75) = 4{,}75$$

Observe que existe uma relação inversa entre o valor do pK_a e a força do ácido.

- **Quanto maior o valor do pK_a, mais fraco é o ácido.**

Por exemplo, o ácido acético, cujo pK_a é 4,75, é um ácido mais fraco do que o ácido trifluoroacético, que tem pK_a = 0 (K_a = 1). O ácido clorídrico, cujo pK_a = -7 (K_a = 10^7), é um ácido muito mais forte do que o ácido trifluoroacético. (Entende-se que um pK_a positivo é maior do que um pK_a negativo.)

> **DICA ÚTIL**
>
> K_a e pK_a são indicadores da força dos ácidos.

$$CH_3CO_2H \;<\; CF_3CO_2H \;<\; HCl$$

pK_a = 4,75   pK_a = 0   pK_a = -7

Ácido fraco   Ácido muito forte

Força ácida crescente →

A Tabela 3.1 apresenta os valores de pK_a para uma seleção de ácidos em relação à água comportando-se como a base. Use esta tabela para estimar, por analogia, os valores de pK_a para os compostos que você encontrar com estruturas ou grupos funcionais semelhantes.

TABELA 3.1   Força Relativa de Alguns Ácidos e Suas Bases Conjugadas

	Ácido	pK_a Aproximado	Base Conjugada	
Ácido mais forte	HSbF$_6$	< -12	SbF$_6^-$	**Base mais fraca**
	HI	-10	I$^-$	
	H$_2$SO$_4$	-9	HSO$_4^-$	
	HBr	-9	Br$^-$	
	HCl	-7	Cl$^-$	
	C$_6$H$_5$SO$_3$H	-6,5	C$_6$H$_5$SO$_3^-$	
	(CH$_3$)$_2$$\overset{+}{O}$H	-3,8	(CH$_3$)$_2$O	
	(CH$_3$)$_2$C=$\overset{+}{O}$H	-2,9	(CH$_3$)$_2$C=O	
	CH$_3$$\overset{+}{O}H_2$	-2,5	CH$_3$OH	
	H$_3$O$^+$	-1,74	H$_2$O	
	HNO$_3$	-1,4	NO$_3^-$	
	CF$_3$CO$_2$H	0,18	CF$_3$CO$_2^-$	
	HF	3,2	F$^-$	
	C$_6$H$_5$CO$_2$H	4,21	C$_6$H$_5$CO$_2^-$	
	C$_6$H$_5$NH$_3^+$	4,63	C$_6$H$_5$NH$_2$	
	CH$_3$CO$_2$H	4,75	CH$_3$CO$_2^-$	
	H$_2$CO$_3$	6,35	HCO$_3^-$	
	CH$_3$COCH$_2$COCH$_3$	9,0	CH$_3$CO$\bar{C}$HCOCH$_3$	
	NH$_4^+$	9,2	NH$_3$	
	C$_6$H$_5$OH	9,9	C$_6$H$_5$O$^-$	
	HCO$_3^-$	10,2	CO$_3^{2-}$	
	CH$_3$NH$_3^+$	10,6	CH$_3$NH$_2$	
	H$_2$O	15,7	HO$^-$	

↑ Aumento da força ácida   ↓ Aumento da força básica

(continua)

TABELA 3.1	Força Relativa de Alguns Ácidos e Suas Bases Conjugadas (*continuação*)		
	Ácido	pK_a Aproximado	Base Conjugada
	CH_3CH_2OH	16	$CH_3CH_2O^-$
	$(CH_3)_3COH$	18	$(CH_3)_3CO^-$
	CH_3COCH_3	19,2	$^-CH_2COCH_3$
	$HC{\equiv}CH$	25	$HC{\equiv}C^-$
	$C_6H_5NH_2$	31	$C_6H_5NH^-$
	H_2	35	H^-
	$(i\text{-Pr})_2NH$	36	$(i\text{-Pr})_2N^-$
	NH_3	38	$^-NH_2$
	$CH_2{=}CH_2$	44	$CH_2{=}CH^-$
Ácido mais fraco	CH_3CH_3	50	$CH_3CH_2^-$ **Base mais forte**

Os valores na faixa intermediária de pK_a da Tabela 3.1 são os mais exatos porque eles podem ser medidos em solução aquosa. Métodos especiais têm de ser utilizados para se obterem os valores de pK_a para os ácidos muito fortes na parte superior da tabela e para os ácidos muito fracos na parte inferior da tabela.* Os valores de pK_a para esses ácidos muito fortes e muito fracos são, portanto, aproximados. Todos os ácidos que consideraremos neste livro terão forças ácidas entre a do etano (um ácido extremamente fraco) e a do $HSbF_6$ (um ácido tão forte que é chamado de "superácido").

PROBLEMA DE REVISÃO 3.6 (a) Um ácido (HA) tem $K_a = 10^{-7}$. Qual é o seu pK_a? (b) Outro ácido (HB) tem $K_a = 5$. Qual é o seu pK_a? (c) Qual é o ácido mais forte?

A água, em si, é um ácido muito fraco e sofre autoionização mesmo na ausência de outros ácidos e bases:

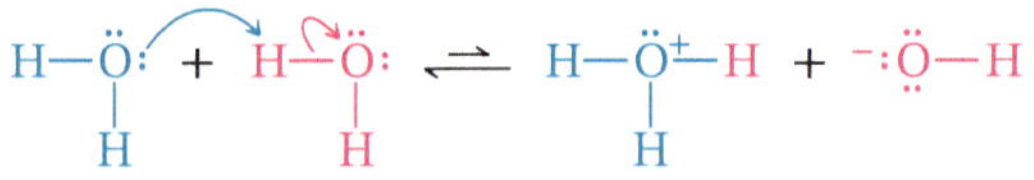

$$H\text{—}\ddot{\underset{H}{O}}\text{:} + H\text{—}\ddot{\underset{H}{O}}\text{:} \rightleftarrows H\text{—}\overset{+}{\underset{H}{\ddot{O}}}\text{—}H + {}^-\text{:}\ddot{O}\text{—}H$$

Na água pura a 25 °C, as concentrações dos íons hidrônio e hidróxido são iguais a 10^{-7} M. Uma vez que a concentração da água pura é 55,5 M, podemos calcular o K_a para a água.

$$K_a = \frac{[H_3O^+][OH^-]}{[H_2O]} \qquad K_a = \frac{(10^{-7})(10^{-7})}{55,5} = 1{,}8 \times 10^{-16} \qquad pK_a = 15{,}7$$

PROBLEMA RESOLVIDO 3.5 Mostre os cálculos que provam que o pK_a do íon hidrônio (H_3O^+) é −1,74, como mostrado na Tabela 3.1.

Estratégia e Resposta

Quando o H_3O^+ atua como um ácido em solução aquosa, o equilíbrio é

$$H_3O^+ + H_2O \rightleftarrows H_2O + H_3O^+$$

e K_a é igual à concentração molar da água;

$$K_a = \frac{[H_2O][H_3O^+]}{[H_3O^+]} = [H_2O]$$

A concentração molar da água em água pura é igual ao número de mols de H_2O (MM = 18 g/mol) em 1000 g (um litro) de água. Isto é, $[H_2O]$ = (1000 g/L)/(18 g/mol) = 55,5 mol/L. Portanto, K_a = 55,5. O p$K_a = -\log 55{,}5 = -1{,}74$.

---

*Os ácidos que são mais fortes do que o íon hidrônio e as bases que são mais fortes do que o íon hidróxido reagem completamente com a água (esse fenômeno é chamado **efeito nivelador**; veja as Seções 3.1B e 3.14). Portanto, não é possível medir as constantes de acidez para esses ácidos na água. Utilizam-se outros solventes e técnicas especiais, mas não existe espaço disponível para que esses métodos sejam descritos aqui.

3.5C Previsão da Força das Bases

Na nossa discussão até aqui lidamos apenas com as forças dos ácidos. Surgindo como uma consequência natural disso, há um princípio que nos permite estimar as **forças das bases**. Em poucas palavras, o princípio é o seguinte:

- **Quanto mais forte o ácido, mais fraca é sua base conjugada.**

Assim, podemos **relacionar a força de uma base ao pK_a de seu ácido conjugado.**

- **Quanto maior o pK_a do ácido conjugado, mais forte é a base.**

Considere os seguintes exemplos:

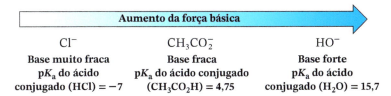

Vemos que o íon hidróxido é a base mais forte dentre as três bases porque o seu ácido conjugado, a água, é o ácido mais fraco. Sabemos que a água é o ácido mais fraco porque ela tem o maior pK_a.

As aminas, como a amônia, são bases fracas. A dissolução da amônia em água leva ao seguinte equilíbrio:

$$H_3N: + H-O-H \rightleftharpoons H_3N^+-H + {}^-:O-H$$

Base — Ácido — Ácido conjugado pK_a = 9,2 — Base conjugada

A dissolução da metilamina em água provoca o estabelecimento de um equilíbrio semelhante.

$$CH_3-NH_2 + H-O-H \rightleftharpoons CH_3-NH_2^+-H + {}^-:O-H$$

Base — Ácido — Ácido conjugado pK_a = 10,6 — Base conjugada

Novamente podemos relacionar a basicidade dessas substâncias com a força de seus ácidos conjugados. O ácido conjugado da amônia é o íon amônio, NH_4^+. O pK_a do íon amônio é 9,2. O ácido conjugado da metilamina é o íon $CH_3NH_3^+$. Esse íon, chamado de íon metilamínio, tem pK_a = 10,6. Uma vez que o ácido conjugado da metilamina é um ácido mais fraco do que o ácido conjugado da amônia, podemos concluir que a metilamina é uma base mais forte do que a amônia.

PROBLEMA RESOLVIDO 3.6

Usando os valores de pK_a da Tabela 3.1, determine qual é a base mais forte, CH_3OH ou H_2O.

Estratégia e Resposta

Da Tabela 3.1, encontramos os valores de pK_a dos ácidos conjugados da água e do metanol.

Ácido mais fraco — $H-\overset{+}{O}(H)-H$ — pK_a = −1,74

$H_3C-\overset{+}{O}(H)-H$ — pK_a = −2,5 — Ácido mais forte

Uma vez que a água é a base conjugada do ácido mais fraco, ela é a base mais forte.

$$\text{Base mais forte} \quad H-\overset{..}{\underset{..}{O}}-H \quad\quad H_3C-\overset{..}{\underset{..}{O}}-H \quad \text{Base mais fraca}$$

PROBLEMA DE REVISÃO 3.7

Usando os valores de pK_a de compostos análogos na Tabela 3.1, preveja qual seria a base mais forte.

(a) C$_6$H$_5$–Ö:⁻ ou (CH$_3$)$_2$CH–Ö:⁻

(b) (CH$_3$)$_3$CÖ:⁻ ou HC≡C:⁻

(c) (CH$_3$)$_2$NH ou CH$_3$Ö:⁻

(d) CH$_3$C(=O)Ö:⁻ ou HOC(=O)Ö:⁻

PROBLEMA RESOLVIDO 3.7

Qual seria a base mais forte, HO⁻ ou NH$_3$?

Estratégia e Resposta

O ácido conjugado do íon hidróxido (HO⁻) é o H$_2$O, e a água tem pK_a = 15,7 (Tabela 3.1). O ácido conjugado da amônia é o íon amônio, ⁺NH$_4$, que tem pK_a = 9,2 (o que quer dizer que ele é um ácido mais forte do que a água). Como o íon amônio é o ácido mais forte, sua base conjugada, o NH$_3$, é a base mais fraca, e o HO⁻, a base conjugada da água (o ácido mais fraco), é a base mais forte.

PROBLEMA DE REVISÃO 3.8

O pK_a do íon anilínio (C$_6$H$_5\overset{+}{N}$H$_3$) é igual a 4,63 (Tabela 3.1). Com base nesse fato, determine se a anilina (C$_6$H$_5$NH$_2$) é uma base mais forte ou mais fraca do que a metilamina (CH$_3$NH$_2$).

3.6 Como Prever o Resultado das Reações Ácido–Base

A Tabela 3.1 fornece os valores aproximados de pK_a para uma faixa de compostos representativos. Embora não seja esperado que você memorize todos os valores de pK_a presentes na Tabela 3.1, é uma boa ideia começar a aprender a ordem geral de acidez e de basicidade de alguns dos ácidos e bases comuns. Os exemplos dados na Tabela 3.1 são representativos de suas classes ou grupos funcionais. Por exemplo, o ácido acético tem um pK_a = 4,75, e os ácidos carboxílicos geralmente têm valores de pK_a próximos a esse valor (faixa de pK_a de 3–5). O álcool etílico é dado como um exemplo de álcool, e os álcoois geralmente têm valores de pK_a próximos àquele do álcool etílico (faixa de pK_a de 15–18), e assim por diante. Naturalmente, existem exceções e aprenderemos quais são elas à medida que avançarmos.

Uma vez tendo aprendido a escala relativa de acidez dos ácidos comuns, você será agora capaz de prever se uma reação ácido–base irá ocorrer ou não de acordo como ela foi escrita.

- O princípio geral a ser aplicado é este: **as reações ácido–base sempre favorecem a formação do ácido mais fraco e da base mais fraca.**

> **DICA ÚTIL**
> A formação do ácido e da base mais fracos é um importante princípio geral para a previsão do resultado de reações ácido–base.

A razão para isso é que o resultado de uma reação ácido–base é determinado pela posição de um equilíbrio. Portanto, diz-se que as reações ácido–base estão sob **controle do equilíbrio** e reações controladas pelo equilíbrio sempre favorecem a formação das espécies mais estáveis (menor energia potencial). O ácido mais fraco e a base mais fraca são mais estáveis (menor energia potencial) do que o ácido mais forte e a base mais forte.

Utilizando esse princípio, podemos prever que um ácido carboxílico (RCO₂H) reagirá com uma solução aquosa de NaOH da maneira vista a seguir, porque a reação levará à formação do ácido mais fraco (H₂O) e da base mais fraca (RCO₂⁻):

$$\underset{\substack{\text{Ácido mais forte} \\ pK_a = 3\text{-}5}}{RCO_2H} + \underset{\text{Base mais forte}}{Na^+ \, {}^-\!:\!\ddot{O}\!-\!H} \longrightarrow \underset{\text{Base mais fraca}}{RCO_2^- \, Na^+} + \underset{\substack{\text{Ácido mais fraco} \\ pK_a = 15{,}7}}{H\!-\!\ddot{O}\!-\!H}$$

Uma vez que existe uma grande diferença nos valores do pK_a dos dois ácidos, a posição de equilíbrio favorecerá enormemente a formação dos produtos. Em circunstâncias como essa normalmente mostramos a reação com uma seta de sentido único apesar de a reação estar em equilíbrio.

PROBLEMA RESOLVIDO 3.8

Considere a mistura de uma solução aquosa de fenol, C₆H₅OH (veja a Tabela 3.1), e NaOH. Que reação ácido-base, caso exista, ocorrerá?

Estratégia

Considere a acidez relativa do reagente (fenol) e do ácido que pode ser formado (água) através da transferência de um próton para a base (o íon hidróxido).

Resposta

A reação vista a seguir ocorrerá, uma vez que ela leva à formação de um ácido mais fraco (água) a partir de um ácido mais forte (fenol). Ela também leva à formação de uma base mais fraca, C₆H₅ONa, a partir de uma base mais forte, NaOH.

$$\underset{\substack{\text{Ácido mais forte} \\ pK_a = 9{,}9}}{C_6H_5\!-\!\ddot{O}\!-\!H} + \underset{\text{Base mais forte}}{Na^+ \, {}^-\!:\!\ddot{O}\!-\!H} \longrightarrow \underset{\text{Base mais fraca}}{C_6H_5\!-\!\ddot{O}{:}^- \, Na^+} + \underset{\substack{\text{Ácido mais fraco} \\ pK_a = 15{,}7}}{H\!-\!\ddot{O}\!-\!H}$$

PROBLEMA RESOLVIDO 3.9

Usando a Tabela 3.1, explique por que a reação ácido-base que ocorre entre o NaH (como fonte de íons :H⁻) e o CH₃OH é

$$CH_3\ddot{O}H \;+\; {:}H^- \;\longrightarrow\; CH_3\ddot{O}{:}^- \;+\; H_2$$

em vez de

$$CH_3\ddot{O}H \;+\; {:}H^- \;\not\longrightarrow\; {}^-{:}CH_2\ddot{O}H \;+\; H_2$$

Resposta

Um íon hidreto é uma base muito forte, sendo a base conjugada do H₂ (um ácido muito fraco, pK_a = 35). O hidreto removerá o próton mais ácido do CH₃OH. Embora o pK_a do CH₃OH não seja dado na Tabela 3.1, ele pode ser comparado ao CH₃CH₂OH, um álcool semelhante, cujo pK_a do grupo hidroxila é 16, muito mais ácido do que qualquer próton ligado a um carbono sem um grupo funcional (ou seja, um próton do CH₃CH₃, que tem pK_a = 50). Como o próton ligado ao oxigênio é muito mais ácido, ele é removido preferencialmente.

PROBLEMA DE REVISÃO 3.9

Preveja o resultado da seguinte reação.

$$CH\!\equiv\!C\!-\!CH_2\!-\! \;+\; {}^-NH_2 \;\longrightarrow$$

3.6A Solubilidade em Água como Resultado das Reações Ácido-Base

Apesar de o ácido acético e outros ácidos carboxílicos contendo menos do que cinco átomos de carbono serem solúveis em água, muitos outros ácidos carboxílicos de massa molecular mais elevada não são apreciavelmente solúveis em água. Entretanto, devido à sua acidez, *os ácidos carboxílicos insolúveis em água dissolvem-se em solução aquosa de hidróxido de sódio;* eles se dissolvem reagindo para formar sais de sódio solúveis em água:

Insolúvel em água → **Solúvel em água** (devido à sua polaridade como sal)

Podemos também prever que uma amina reagirá com solução de ácido clorídrico da maneira vista a seguir:

Base mais forte   Ácido mais forte   Ácido mais fraco   Base mais fraca
$pK_a = -1{,}74$ $pK_a = 9-10$

Enquanto a metilamina e a maioria das aminas de massa molecular baixa são muito solúveis em água, as aminas com massas moleculares mais elevadas, como a anilina ($C_6H_5NH_2$), têm limitada solubilidade em água. Entretanto, essas *aminas insolúveis em água dissolvem-se facilmente em ácido clorídrico* porque as reações ácido–base convertem-nas em sais solúveis:

Insolúvel em água → **Sal solúvel em água**

A pseudoefedrina é uma amina que é vendida na forma de seu sal de hidrocloreto.

Pseudoefedrina · HCl

PROBLEMA DE REVISÃO 3.10   A maioria dos ácidos carboxílicos se dissolve em solução aquosa de bicarbonato de sódio ($NaHCO_3$) porque na condição de sais carboxilatos eles são mais polares. Escreva setas curvas mostrando a reação entre um ácido carboxílico genérico e o bicarbonato de sódio formando um sal carboxilato e H_2CO_3. (Observe que o H_2CO_3 é instável e se decompõe em dióxido de carbono e água. Você não precisa mostrar esse processo.)

3.7 Relações entre Estrutura e Acidez

A força de um ácido de Brønsted–Lowry depende de com que extensão um próton pode ser separado dele e transferido para uma base. A remoção de um próton envolve a quebra de uma ligação com esse próton, e isso implica a formação da base conjugada de carga elétrica mais negativa.

Quando comparamos compostos que envolvem elementos de uma única coluna (um único grupo) da tabela periódica, a força da ligação com o próton é o efeito dominante.

- A força da ligação com o próton diminui à medida que descemos ao longo da coluna, elevando a sua acidez.

Esse fenômeno se deve principalmente ao decréscimo da efetividade da sobreposição entre o orbital 1s do hidrogênio e os orbitais dos elementos sucessivamente maiores na coluna. Quanto menos efetiva a sobreposição dos orbitais, mais fraca a ligação e mais forte o ácido. A acidez dos haletos de hidrogênio fornece um exemplo:

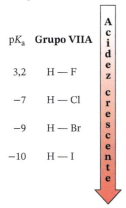

DICA ÚTIL

A acidez do próton aumenta à medida que descemos em uma coluna na tabela periódica devido à diminuição da força de ligação com o próton.

Comparando-se os vários haletos de hidrogênio, o H—F é o ácido mais fraco e o H—I é o ácido mais forte. Isso decorre do fato de a ligação H—F ser de longe a mais forte, e a ligação H—I ser a mais fraca.

Uma vez que HI, HBr e HCl são ácidos fortes, suas bases conjugadas (I⁻, Br⁻ e Cl⁻) são todas bases fracas. Entretanto, o HF é menos ácido do que os outros haletos de hidrogênio, e o íon fluoreto é uma base forte. Ainda assim, o ânion fluoreto não é tão básico quanto outras espécies que normalmente chamamos de bases, como o ânion hidróxido.

- A acidez aumenta da esquerda para a direita quando comparamos compostos em um determinado período da tabela periódica.

As forças de ligação variam um pouco, mas o fator predominante se torna a eletronegatividade do átomo ligado ao hidrogênio. A eletronegatividade do átomo em questão afeta a acidez de duas maneiras relacionadas: (1) ela afeta a polaridade da ligação com o próton e (2) ela afeta a estabilidade relativa do ânion (base conjugada) que se forma quando o próton é perdido.

DICA ÚTIL

A acidez do próton aumenta da esquerda para a direita em determinado período da tabela periódica devido ao aumento da estabilidade da base conjugada.

Podemos ver um exemplo desse efeito quando comparamos a acidez dos compostos CH_4, NH_3, H_2O e HF. Esses compostos são todos hidretos dos elementos do primeiro período, e a eletronegatividade aumenta da esquerda para a direita ao longo de um período da tabela periódica (veja a Tabela 1.2):

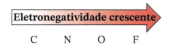

Uma vez que o flúor é o elemento mais eletronegativo, a ligação H—F é a mais polarizada e o próton no H—F é o mais positivo. Assim, o H—F perde um próton mais facilmente e é o ácido mais forte nessa série:

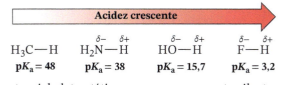

Os mapas de potencial eletrostático para esses compostos ilustram diretamente essa tendência baseada na eletronegatividade e no aumento da polarização das ligações com o hidrogênio (**Fig. 3.2**). Praticamente nenhuma carga positiva (indicada pela extensão da cor que tende para o azul) aparece nos hidrogênios do metano. Muito pouca carga positiva está presente nos hidrogênios da amônia. Isso é consistente com a fraca eletronegatividade tanto do carbono quanto do nitrogênio e, portanto, com o comportamento do metano e da amônia como ácidos extremamente fracos (valores de pK_a de 48 e 38, respectivamente). A água mostra carga positiva significativa em seus hidrogênios (seu pK_a é menor do que o da amônia por um fator superior a 20 unidades), e o fluoreto de hidrogênio claramente tem a carga positiva mais elevada em seu hidrogênio (pK_a de 3,2), resultando na acidez mais forte.

FIGURA 3.2 O efeito do aumento da eletronegatividade dos elementos da esquerda para a direita no primeiro período da tabela periódica é evidente nesses mapas de potencial eletrostático para o metano, a amônia, a água e o fluoreto de hidrogênio.

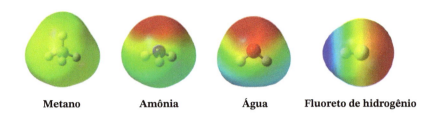

Metano   Amônia   Água   Fluoreto de hidrogênio

Como o H—F é o ácido mais forte nessa série, sua base conjugada, o íon fluoreto (F⁻), será a base mais fraca. O flúor é o átomo mais eletronegativo e ele acomoda a carga negativa mais facilmente:

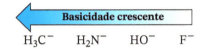

O íon metaneto (H₃C⁻) é o ânion menos estável dos quatro porque o carbono, o elemento menos eletronegativo, é o menos capaz de aceitar a carga negativa. Por essa razão, o íon metaneto é a base mais forte na série. [O íon metaneto, um **carbânion**, e o íon amideto (⁻NH₂) são bases extremamente fortes porque são bases conjugadas de ácidos extremamente fracos. Discutiremos alguns usos dessas poderosas bases na Seção 3.14.]

As tendências de acidez na tabela periódica estão resumidas na **Fig. 3.3**.

3.7A Efeito da Hibridização

- Um hidrogênio de alquino é fracamente ácido. Hidrogênios de alqueno e alcano são essencialmente não ácidos.

Os valores de pK_a para o etino, o eteno e o etano ilustram essa tendência.

H—C≡C—H   (eteno)   (etano)

Etino   Eteno   Etano
pK_a = 25   pK_a = 44   pK_a = 50

Podemos explicar essa ordem de acidez com base no estado de hibridização do carbono em cada composto. Os elétrons dos orbitais 2*s* têm menor energia do que os dos orbitais 2*p* porque *os elétrons nos orbitais 2s tendem, em média, a estar mais próximos do núcleo do que*

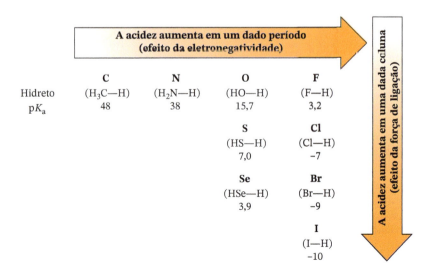

FIGURA 3.3 Resumo das tendências periódicas de acidez relativa. A acidez aumenta da esquerda para a direita ao longo de determinada linha (efeito da eletronegatividade) e de cima para baixo em determinada coluna (efeito da força de ligação) da tabela periódica.

os elétrons nos orbitais 2p. (Considere as formas dos orbitais: os orbitais 2s são esféricos com centro no núcleo; os orbitais 2p têm lóbulos em ambos os lados do núcleo e estão estendidos no espaço.)

- Para os orbitais híbridos que têm mais caráter *s*, os elétrons do ânion terão, em média, menor energia, e o ânion será mais estável.

Os orbitais *sp* das ligações C–H do etino têm 50% de caráter *s* (porque eles surgem da combinação de um orbital *s* com um orbital *p*), os orbitais sp^2 do eteno têm 33,3% de caráter *s*, enquanto os orbitais sp^3 do etano têm apenas 25% de caráter *s*. Isso significa, então, que os átomos de carbono *sp* do etino se comportam como se fossem mais eletronegativos quando comparados aos átomos de carbono sp^2 do eteno e aos átomos de carbono sp^3 do etano. (Lembre-se: a eletronegatividade mede a capacidade de um átomo manter os elétrons ligantes próximos de seu núcleo, e ter elétrons mais próximos do núcleo faz com que ele seja mais estável.)

- Um átomo de carbono *sp* é efetivamente mais eletronegativo do que um carbono sp^2, que por sua vez é mais eletronegativo do que um carbono sp^3.

O efeito da hibridização e da eletronegatividade efetiva na acidez é visto nos mapas de potencial eletrostático calculados para o etino, o eteno e o etano mostrados na **Fig. 3.4**. É bastante evidente a existência de alguma carga positiva (indicada pela cor azul) nos hidrogênios do etino ($pK_a = 25$), mas quase nenhuma carga positiva aparece nos hidrogênios do eteno e do etano (ambos apresentam valores de pK_a mais de 20 unidades maiores do que o do etino).

Em resumo, a ordem da acidez relativa do etino, do eteno e do etano acompanha a eletronegatividade efetiva do átomo de carbono em cada composto:

Acidez Relativa dos Hidrocarbonetos

$$HC\equiv CH > H_2C=CH_2 > H_3C-CH_3$$
$$pK_a \quad 25 \quad\quad\quad 44 \quad\quad\quad 50$$

Como esperado, baseado nas propriedades de pares conjugados ácido–base, um carbânion sp^3 é a base mais forte em uma série baseada na hibridização do carbono, e um carbânion *sp* (um alquineto) é a base mais fraca. Essa tendência é ilustrada aqui com as bases conjugadas do etano, eteno e etino.

Basicidade Relativa dos Carbânions

$$H_3C-CH_2{:}^- > H_2C=CH{:}^- > HC\equiv C{:}^-$$

3.7B Efeitos Indutivos

A ligação carbono–carbono do etano é completamente apolar porque em cada extremidade da ligação existem dois grupos metila equivalentes:

$$CH_3-CH_3$$
Etano

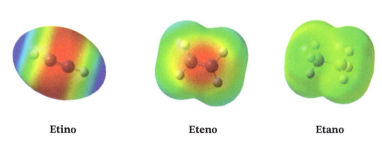

Etino **Eteno** **Etano**

FIGURA 3.4 Mapas de potencial eletrostático para o etino, o eteno e o etano.

Entretanto, este não é o caso da ligação carbono–carbono do fluoreto de etila:

$$\overset{\delta+}{\underset{2}{CH_3}} \!\!\rightarrow\!\! \overset{\delta+}{\underset{1}{CH_2}} \!\!\rightarrow\!\! \overset{\delta-}{F}$$

Uma extremidade da ligação, aquela mais próxima do átomo de flúor, é mais negativa do que a outra. Essa polarização da ligação carbono–carbono resulta da capacidade intrínseca do átomo de flúor em atrair elétrons (devido à sua eletronegatividade) que é transmitida *através do espaço* e *através das ligações da molécula*. Os químicos chamam esse tipo de efeito de efeito indutivo.

- Os **efeitos indutivos** são efeitos eletrônicos através das ligações. O efeito indutivo de um grupo pode ser de **ceder elétrons** ou de **remover elétrons**. Os efeitos indutivos enfraquecem à medida que a distância até o grupo aumenta.

No caso do fluoreto de etila, a carga positiva que o flúor impõe ao C1 é maior do que a que ele induz no C2 porque o flúor está mais próximo do C1.

A **Fig. 3.5** mostra o momento de dipolo para o fluoreto de etila (fluoroetano). A distribuição de carga negativa ao redor do flúor eletronegativo é evidente no mapa de potencial eletrostático calculado.

FIGURA 3.5 Fluoreto de etila mostrando seu momento de dipolo dentro de uma vista em corte do mapa de potencial eletrostático na sua superfície de van der Waals.

3.8 Variações de Energia

Define-se **energia** como a capacidade de realizar trabalho. Os dois tipos fundamentais de energia são a **energia cinética** e a **energia potencial**.

A energia cinética é a energia que um objeto tem devido ao seu movimento. Ela é igual à metade da massa do objeto multiplicada pelo quadrado da sua velocidade (isto é, $\frac{1}{2}mv^2$).

A energia potencial é a energia armazenada. Ela existe porque há forças elétricas atrativas e repulsivas no interior das moléculas. Duas bolas ligadas entre si por uma mola (uma analogia que utilizamos para ligações covalentes quando discutimos a espectroscopia no infravermelho na Seção 2.15) podem ter sua energia potencial aumentada quando a mola é esticada ou comprimida (**Fig. 3.6**). Se a mola é esticada, existirá uma força atrativa entre as bolas. Se ela é comprimida, haverá uma força repulsiva. Em qualquer um dos casos o ato de soltar as bolas fará com que a energia potencial (energia armazenada) das bolas seja convertida em energia cinética (energia de movimento).

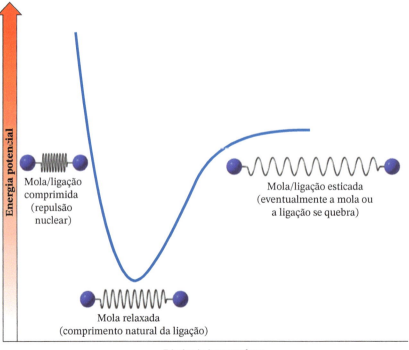

FIGURA 3.6 A energia potencial existe entre objetos que se atraem ou se repelem. No caso de átomos unidos através de uma ligação covalente, ou de objetos unidos por uma mola, o estado de energia potencial mais baixa é quando os átomos estão separados por sua distância internuclear ideal (comprimento de ligação), ou quando uma mola entre os objetos está relaxada. O aumento ou a diminuição do comprimento de ligação, ou a compressão ou o estiramento de uma mola, aumentam a energia potencial.

A energia química é uma forma de energia potencial. Ela existe devido às forças elétricas de atração e repulsão que existem entre diferentes partes das moléculas. Núcleos atraem elétrons, núcleos se repelem uns aos outros e elétrons se repelem entre si.

Normalmente é impraticável (e frequentemente impossível) descrever a quantidade *absoluta* de energia potencial contida em uma substância. Assim, geralmente pensamos em termos de sua *energia potencial relativa*. Dizemos que um sistema tem *mais* ou *menos* energia potencial do que outro.

Outro termo que os químicos utilizam com frequência nesse contexto é **estabilidade** ou **estabilidade relativa**. *A estabilidade relativa de um sistema está inversamente relacionada com a sua energia potencial relativa.*

- Quanto *maior* a energia potencial de um objeto, *menos estável* ele é.

Considere, como exemplo, a energia potencial relativa e a estabilidade relativa da neve quando ela se encontra no alto de uma montanha e quando ela se encontra serenamente no vale abaixo. Devido à força de atração da gravidade, a neve no alto da montanha *tem uma energia potencial maior e é muito menos estável* do que a neve no vale. Essa maior energia potencial da neve na montanha pode ser convertida na enorme energia cinética de uma avalanche. Por outro lado, a neve no vale, com sua energia potencial mais baixa e com sua maior estabilidade, é incapaz de liberar tal energia.

3.8A Energia Potencial e Ligações Covalentes

Os átomos e as moléculas possuem energia potencial – geralmente chamada de energia química – que pode ser liberada na forma de calor quando eles reagem. Uma vez que o calor está associado ao movimento molecular, essa liberação de calor é resultado de uma transformação de energia potencial em energia cinética.

Uma maneira conveniente de representar as energias potenciais relativas das moléculas é em termos de suas **entalpias** relativas, ou **conteúdo de calor**, *H*. (*Entalpia* vem do grego *en + thalpein*: aquecer.) A diferença nas entalpias relativas dos reagentes e dos produtos em uma reação química é chamada de **variação de entalpia**, sendo simbolizada por $\Delta H°$. [O Δ (delta) em frente de uma grandeza geralmente significa a diferença, ou variação, dessa grandeza. O índice superior ° indica que a medida é feita sob condições-padrão.]

Por convenção, o sinal de $\Delta H°$ para **reações exotérmicas** (aquelas que liberam calor) é negativo. As **reações endotérmicas** (aquelas que absorvem calor) têm um $\Delta H°$ positivo. O calor da reação, $\Delta H°$, mede a variação de entalpia dos átomos dos reagentes quando eles são convertidos nos produtos. Em uma reação exotérmica os átomos têm uma entalpia menor nos produtos do que nos reagentes. Nas reações endotérmicas o inverso é verdadeiro.

Do ponto de vista das ligações covalentes, o estado de maior energia potencial é o estado dos átomos livres, um estado no qual os átomos não estão ligados um com o outro. Isso é verdade porque a formação de uma ligação química é sempre acompanhada pela diminuição da energia potencial dos átomos (veja a Fig. 1.8). Considere como exemplo a formação das moléculas de hidrogênio a partir de átomos de hidrogênio:

$$\text{H}\cdot + \text{H}\cdot \longrightarrow \text{H}-\text{H} \qquad \Delta H° = -436 \text{ kJ mol}^{-1}*$$

A energia potencial dos átomos diminui de 436 kJ mol^{-1} à medida que a ligação covalente se forma. Essa variação da energia potencial é ilustrada graficamente na **Fig. 3.7**.

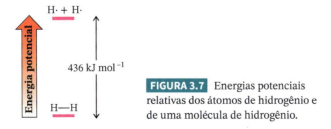

FIGURA 3.7 Energias potenciais relativas dos átomos de hidrogênio e de uma molécula de hidrogênio.

---

*A unidade de energia no SI é o joule, J, e 1 cal = 4,184 J. (Assim, 1 kcal = 4,184 kJ.) Uma quilocaloria de energia (1000 cal) é a quantidade de energia na forma de calor que é necessária para elevar de 1 °C a temperatura de 1 kg (1000 g) de água a 15 °C.

3.9 Relação entre a Constante de Equilíbrio e a Variação de Energia Livre Padrão, ΔG°

Existe uma importante **relação entre a constante de equilíbrio (K_{eq}) e a variação de energia livre padrão** ($\Delta G°$) para uma reação.*

$$\Delta G° = -RT \ln K_{eq}$$

em que R é a constante dos gases e é igual a 8,314 J K^{-1} mol^{-1}, e T é a temperatura absoluta em kelvin (K).

Essa equação informa o seguinte:

- **Para que uma reação favoreça a formação dos produtos quando o equilíbrio é alcançado, ela tem de ter um valor negativo de ΔG°.** A energia livre tem de ser *perdida* quando os reagentes se transformam em produtos, ou seja, a reação tem de descer uma barreira de energia. Para uma reação desse tipo, a constante de equilíbrio é maior do que 1. Se $\Delta G°$ é mais negativo do que 13 kJ mol^{-1} a constante de equilíbrio será suficientemente grande para que a reação *vá até o final*, significando que mais de 99% dos reagentes são convertidos em produtos quando o equilíbrio é atingido.
- **Para as reações com valor positivo de ΔG°, a formação dos produtos no equilíbrio é desfavorecida.** A constante de equilíbrio para essas reações é menor do que 1.

A variação da energia livre ($\Delta G°$) tem duas componentes, a **variação de entalpia** ($\Delta H°$) e a variação de entropia ($\Delta S°$). A relação entre essas três grandezas termodinâmicas é

$$\Delta G° = \Delta H° - T\Delta S°$$

Vimos (Seção 3.8) que $\Delta H°$ está associado às mudanças das ligações que ocorrem em uma reação. Se, no geral, se formam ligações mais fortes nos produtos do que as que existiam nas substâncias iniciais, então $\Delta H°$ será negativo (isto é, a reação é *exotérmica*). Se o inverso for verdadeiro, então $\Delta H°$ será positivo (a reação é *endotérmica*). **Portanto, um valor negativo para ΔH° contribuirá para tornar ΔG° negativo, e em decorrência favorecerá a formação dos produtos.** Para a ionização de um ácido, quanto menos positivo ou mais negativo for o valor de $\Delta H°$, mais forte será o ácido.

As variações de entropia têm a ver com as *variações na ordem relativa de um sistema*. **Quanto mais aleatório for um sistema, maior a sua entropia.** Desse modo, uma variação positiva na entropia ($+\Delta S°$) está sempre associada a uma variação de um sistema mais ordenado para um sistema menos ordenado. Uma variação negativa de entropia ($-\Delta S°$) acompanha o processo inverso. Na equação $\Delta G° = \Delta H° - T\Delta S°$, a variação de entropia (multiplicada por T) é precedida por um sinal negativo; isso significa que **uma variação positiva de entropia (da ordem para a desordem) leva a uma contribuição negativa para ΔG°, sendo energeticamente favorável para a formação dos produtos**.

Para muitas reações nas quais o número de moléculas dos produtos é igual ao número de moléculas dos reagentes (por exemplo, quando duas moléculas reagem para produzir duas moléculas), a variação de entropia será pequena. Isso significa que, exceto em altas temperaturas (onde o termo $T\Delta S°$ torna-se grande mesmo se $\Delta S°$ for pequeno), o valor de $\Delta H°$ será o principal responsável pela formação de produtos ser ou não favorecida. Se $\Delta H°$ é grande e negativo (se a reação é exotérmica), então a reação favorecerá a formação de produtos no equilíbrio. Se $\Delta H°$ é positivo (se a reação é endotérmica), então a formação de produtos será desfavorecida.

---

*Por energia livre padrão ($\Delta G°$) queremos dizer que os produtos e os reagentes são considerados como estando em seus estados-padrão (1 atm de pressão para um gás e 1 M para uma solução). A variação de energia livre é geralmente chamada de **variação da energia livre de Gibbs**, para homenagear as contribuições para a termodinâmica de J. Willard Gibbs, professor de física matemática da Yale University, no fim do século XIX.

Ácidos e Bases **131**

PROBLEMA DE REVISÃO 3.11

Indique se você espera que a variação de entropia, $\Delta S°$, seja positiva, negativa ou aproximadamente zero para cada uma das seguintes reações. (Admita que as reações ocorram em fase gasosa.)

(a) A + B ⟶ C   (b) A + B ⟶ C + D   (c) A ⟶ B + C

PROBLEMA DE REVISÃO 3.12

(a) Qual é o valor de $\Delta G°$ para uma reação cuja $K_{eq} = 1$? (b) E quando $K_{eq} = 10$? (A variação de $\Delta G°$ necessária para produzir um aumento de 10 vezes na constante de equilíbrio é um dado útil para se memorizar.) (c) Supondo que a variação de entropia para essa reação é desprezível (ou zero), qual a variação de $\Delta H°$ necessária para produzir um aumento de 10 vezes na constante de equilíbrio?

3.10 Acidez: Ácidos Carboxílicos *versus* Álcoois

Os ácidos carboxílicos são ácidos fracos, tendo valores de pK_a normalmente na faixa de 3–5. Em comparação, os álcoois têm valores de pK_a na faixa de 15–18 e praticamente não transferem um próton a não ser que sejam expostos a uma base muito forte.

Para investigarmos as razões para essa diferença, consideremos o ácido acético e o etanol como exemplos representativos dos ácidos carboxílicos e dos álcoois, respectivamente.

$$CH_3-C(=O)-OH \qquad CH_3CH_2-OH$$

Ácido acético
$pK_a = 4{,}75$
$\Delta G° = 27 \text{ kJ mol}^{-1}$

Etanol
$pK_a = 16$
$\Delta G° = 90{,}8 \text{ kJ mol}^{-1}$

(Os valores de $\Delta G°$ são relativos à ionização do próton do OH.)

Utilizando o pK_a do ácido acético (4,75), pode-se calcular (Seção 3.9) que a variação da energia livre ($\Delta G°$) para a ionização do próton da carboxila do ácido acético é +27 kJ mol^{-1}, um processo moderadamente endergônico (desfavorável), uma vez que o valor de $\Delta G°$ é positivo. Ao utilizar o pK_a do etanol (16), pode-se calcular que a variação da energia livre correspondente para a ionização do próton da hidroxila do etanol é +90,8 kJ mol^{-1}, um processo muito mais endergônico (e consequentemente ainda menos favorável). Esses cálculos refletem o fato de que o etanol é muito menos ácido do que o ácido acético. A **Fig. 3.8** mostra a magnitude dessas variações de energia em um sentido relativo.

Como explicar a acidez muito maior dos ácidos carboxílicos em relação aos álcoois? Considere inicialmente as mudanças estruturais que ocorrem quando o ácido acético e o etanol atuam como ácidos, transferindo um próton para a água.

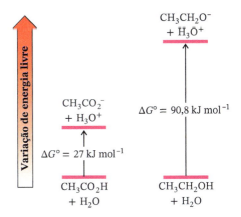

FIGURA 3.8 Diagrama comparativo das variações de energia livre que acompanham a ionização do ácido acético e do etanol. O etanol apresenta uma variação da energia livre mais positiva e é um ácido mais fraco porque a sua ionização é mais desfavorecida.

Ácido Acético Atuando como um Ácido

$$H_3C-\underset{\underset{\ddot{\ddot{O}}:}{\|}}{C}-\ddot{\ddot{O}}-H \; + \; :\ddot{O}\begin{smallmatrix}H\\H\end{smallmatrix} \; \rightleftharpoons \; H_3C-\underset{\underset{\ddot{\ddot{O}}:^-}{\|}}{C}-\overset{\ddot{O}:}{} \; + \; H-\overset{+}{\underset{H}{\overset{H}{O}}}$$

Ácido acético   Água   Íon acetato   Íon hidrônio

Etanol Atuando como um Ácido

$$CH_3CH_2-\ddot{\ddot{O}}-H \; + \; :\ddot{O}\begin{smallmatrix}H\\H\end{smallmatrix} \; \rightleftharpoons \; CH_3CH_2-\ddot{\ddot{O}}:^- \; + \; H-\overset{+}{\underset{H}{\overset{H}{O}}}$$

Etanol   Água   Íon etóxido   Íon hidrônio

O que precisamos focar é a estabilidade relativa das bases conjugadas provenientes de um ácido carboxílico e de um álcool. Isso é porque a menor variação de energia livre para ionização de um ácido carboxílico (por exemplo, ácido acético), quando comparada à de um álcool (por exemplo, o etanol), é atribuída a uma maior estabilização da carga negativa no íon carboxilato quando comparado ao íon alcóxido. A maior estabilização do íon carboxilato parece ser devida a dois fatores: (a) a deslocalização da carga (como descrita pelas estruturas de ressonância para o íon carboxilato, Seção 3.10A) e (b) a um efeito indutivo retirador de elétrons (Seção 3.7B).

3.10A Efeito da Deslocalização

A deslocalização da carga negativa é possível em um ânion carboxilato, mas não é possível em um íon alcóxido. Podemos mostrar como a deslocalização é possível em íons carboxilatos escrevendo as estruturas de **ressonância** para o íon acetato.

Duas Estruturas de Ressonância que Podem Ser Escritas para o Ânion Acetato

$$H_3C-\underset{\underset{\ddot{\ddot{O}}:^-}{\|}}{C}-\overset{\ddot{O}}{} \; \longleftrightarrow \; CH_3-\underset{\underset{\ddot{O}:}{\|}}{C}-\overset{:\ddot{O}:^-}{}$$

Estabilização do íon acetato por ressonância

(As duas estruturas de ressonância são equivalentes, estabilizando a carga negativa por meio da sua deslocalização sobre os dois átomos de oxigênio.)

As duas estruturas de ressonância que acabamos de desenhar distribuem a carga negativa para ambos os átomos de oxigênio do grupo carboxilato, portanto, estabilizando a carga. Este é um **efeito de deslocalização** (por ressonância). Por outro lado, nenhuma estrutura de ressonância é possível para um íon alcóxido, tal como o etóxido. (Se desejar, revise as regras que foram dadas na Seção 1.8 para escrever estruturas de ressonância adequadas.)

$$CH_3-CH_2-\ddot{\ddot{O}}-H \; + \; H_2O \; \rightleftharpoons \; CH_3-CH_2-\ddot{\ddot{O}}:^- \; + \; H_3O^+$$

Não ocorre estabilização por ressonância   Não ocorre estabilização por ressonância

Não se podem desenhar estruturas de ressonância
nem para o etanol nem para o ânion etóxido.

Uma regra para se ter sempre em mente é que **a deslocalização de cargas é sempre um fator de estabilização**, e devido à estabilização da carga, a diferença de energia para a formação de um íon carboxilato a partir de um ácido carboxílico é menor do que a diferença de energia para a formação de um íon alcóxido a partir de um álcool. Uma vez que a diferença de energia para a ionização de um ácido carboxílico é menor do que para um álcool, o ácido carboxílico é um ácido mais forte.

3.10B Efeito Indutivo

Já mostramos como a carga negativa em um íon carboxilato pode estar deslocalizada sobre dois átomos de oxigênio através da ressonância. Entretanto, a eletronegatividade desses átomos de oxigênio ajuda a estabilizar ainda mais a carga, através do que se chama um **efeito indutivo retirador de elétron**. Um íon carboxilato tem dois átomos de oxigênio cujas eletronegatividades combinadas estabilizam a carga mais do que em um íon alcóxido, que tem somente um único átomo de oxigênio eletronegativo. Por sua vez, isso diminui a barreira de energia para formar o íon carboxilato, fazendo com que um ácido carboxílico seja um ácido mais forte do que um álcool. Esse efeito é evidente nos mapas de potencial eletrostático que descrevem aproximadamente as densidades eletrônicas de ligação para os dois ânions (**Fig. 3.9**). A carga negativa no ânion acetato é igualmente distribuída pelos dois átomos de oxigênio, enquanto no etóxido a carga negativa está localizada em seu único átomo de oxigênio (como indicado em vermelho no mapa de potencial eletrostático).

É razoável também esperar que um ácido carboxílico seja um ácido mais forte do que um álcool quando se considera cada um deles como uma molécula neutra (isto é, antes da perda de um próton), visto que ambos os grupos funcionais têm uma ligação O—H altamente polarizada, que por sua vez enfraquece a ligação com o átomo de hidrogênio. Entretanto, o efeito retirador de elétron significativo do grupo carbonila no ácido acético e a ausência de um grupo retirador de elétrons adjacente no etanol fazem com que o hidrogênio do ácido carboxílico seja bem mais ácido do que o hidrogênio do álcool.

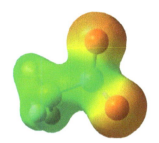

Ânion acetato

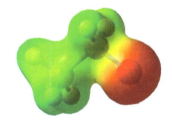

Ânion etóxido

FIGURA 3.9 Mapas de potencial eletrostático calculados em uma superfície que representa de forma aproximada a densidade eletrônica da ligação para o ânion acetato e para o ânion etóxido. Apesar de ambas as moléculas possuírem a mesma carga líquida −1, o acetato estabiliza a carga melhor dispersando-a sobre ambos os átomos de oxigênio.

Ácido acético
(ácido mais forte)

CH₃—CH₂—O←H

Etanol
(ácido mais fraco)

Os mapas de potencial eletrostático que representam aproximadamente a superfície de densidade de ligação para o ácido acético e o etanol (**Fig. 3.10**) mostram claramente a carga positiva no carbono da carbonila do ácido acético em comparação com o carbono no CH₂ do etanol.

Ácido acético

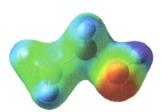

Etanol

FIGURA 3.10 Mapas de potencial eletrostático representando aproximadamente a superfície de densidade de ligação para o ácido acético e o etanol. A carga positiva no carbono da carbonila do ácido acético é evidenciada pela cor azul no mapa de potencial eletrostático naquela posição, em comparação com o carbono da hidroxila do etanol. O efeito indutivo retirador de elétrons do grupo carbonila nos ácidos carboxílicos contribui para a acidez desse grupo funcional.

3.10C Resumo e Comparação das Forças dos Pares Conjugados Ácido–Base

Em resumo, a maior acidez de um ácido carboxílico é devida predominantemente à maior capacidade de sua base conjugada (um íon carboxilato) em estabilizar uma carga negativa do que um íon alcóxido, a base conjugada de um álcool. Em outras palavras, a base conjugada de um ácido carboxílico é uma base mais fraca do que a base conjugada de um álcool. Portanto, uma vez que há uma relação inversa entre a força de um ácido e a de sua base conjugada, um ácido carboxílico é um ácido mais forte do que um álcool.

> **DICA ÚTIL**
>
> Quanto mais estável é uma base conjugada, mais forte é o ácido correspondente.

PROBLEMA DE REVISÃO 3.13 Desenhe estruturas de ressonância e uma estrutura híbrida de ressonância que contribuam para a explicação de dois fatos relacionados: as distâncias de ligação carbono–oxigênio no íon acetato são as mesmas e os oxigênios do íon acetato acomodam cargas negativas iguais.

Ânion acetato

Ânion cloroacetato

FIGURA 3.11 Os mapas de potencial eletrostático para os íons acetato e cloroacetato mostram a maior capacidade relativa do cloroacetato em dispersar a carga negativa.

3.10D Efeitos Indutivos de Outros Grupos

O efeito da elevação da acidez devido a outros grupos que atraem elétrons (além do grupo carbonila) pode ser mostrado comparando-se a acidez do ácido acético com a do ácido cloroacético:

$pK_a = 4{,}75$ $pK_a = 2{,}86$

Este é um exemplo de um **efeito substituinte**. A maior acidez do ácido cloroacético pode ser atribuída, em parte, ao efeito indutivo extra de atração de elétrons do átomo eletronegativo de cloro. Ao adicionar o seu efeito indutivo àquele do grupo carbonila e do oxigênio, o átomo de cloro faz com que o próton da hidroxila do ácido cloroacético fique ainda mais positivo do que o do ácido acético. Ele também estabiliza o íon cloroacetato que é formado quando o próton é perdido *através da dispersão da sua carga negativa* (Fig. 3.11):

A dispersão da carga sempre torna uma espécie mais estável e, como vimos agora em vários exemplos, **qualquer fator que estabiliza a base conjugada de um ácido aumenta a força do ácido.** (Na Seção 3.11, veremos que as variações de entropia no solvente também são importantes na explicação do aumento da acidez do ácido cloroacético.)

PROBLEMA RESOLVIDO 3.10 Que composto em cada par você espera que seja o ácido mais forte?

(a) ... ou ...   (b) ... ou ...

Estratégia e Resposta

Determine o que é semelhante e diferente em cada par. No par (a), a diferença está no halogênio substituinte no carbono adjacente ao grupo carboxila. No primeiro exemplo é o flúor; no segundo é o bromo. O flúor é muito mais eletronegativo (atrai elétrons) do que o bromo (Tabela 1.2); portanto, ele será capaz de dispersar a carga negativa do ânion formado quando o próton é perdido. Assim, o primeiro composto será o ácido mais forte. No par (b), a diferença está na posição dos substituintes flúor. No segundo composto o flúor está mais próximo do grupo carboxila, onde ele será mais capaz de dispersar a carga negativa do ânion formado quando o próton é perdido. O segundo composto será o mais ácido.

PROBLEMA DE REVISÃO 3.14

Que composto em cada par você espera que seja o ácido mais forte? Explique seu raciocínio em cada caso.

(a) ClCH₂COOH   Cl₂CHCOOH

(b) Cl₃CCOOH   Cl₂CHCOOH

(c) FCH₂COOH   BrCH₂COOH

(d) FCH₂COOH   CH₃CHFCOOH

3.10E Força dos Fenóis como Ácidos

Embora os fenóis sejam estruturalmente semelhantes aos álcoois, são ácidos muito mais fortes. Os valores de pK_a da maioria dos álcoois são da ordem de 18. Os valores de pK_a da maioria dos fenóis são da ordem de 10.

Vamos comparar dois compostos *superficialmente* semelhantes, ciclo-hexanol e fenol:

Ciclo-hexanol
pK_a = 18

Fenol
pK_a = 9,89

Embora o fenol seja um ácido fraco quando comparado com um ácido carboxílico, como o ácido acético (pK_a = 4,76), o fenol é um ácido muito mais forte do que o ciclo-hexanol (por um fator de oito unidades de pK_a).

Os resultados experimentais e teóricos mostraram que a maior acidez do fenol se deve principalmente a uma distribuição de carga elétrica que faz com que o oxigênio do —OH seja mais positivo; portanto, o próton é mantido com menos força. Com efeito, o anel benzênico do fenol atua como se fosse um grupo que tira elétrons quando comparado com o anel do ciclo-hexano do ciclo-hexanol.

Podemos entender esse efeito observando que o átomo de carbono que possui o grupo hidroxila no fenol tem hibridização sp^2, enquanto no ciclo-hexano a hibridização é sp^3. Devido a seu maior caráter s, os átomos de carbono com hibridização sp^2 são mais eletronegativos do que os átomos de carbono com hibridização sp^3 (Seção 3.7A).

Outro fator que pode influenciar a distribuição de elétrons é a contribuição das estruturas **2–4** para o híbrido de ressonância geral do fenol. Observe que o efeito dessas estruturas é retirar elétrons do grupo hidroxila, tornando o oxigênio positivo:

Estruturas de ressonância para o fenol

1a   1b   2   3   4

Uma explicação alternativa para a maior acidez do fenol em relação ao ciclo-hexanol pode se basear em estruturas de ressonância similares para o íon fenóxido. Ao contrário das estruturas para o fenol, **2–4**, as estruturas de ressonância para o íon fenóxido não envolvem separação de carga. De acordo com a teoria de ressonância, tais estruturas devem estabilizar o íon fenóxido mais do que as estruturas **2–4** estabilizam o fenol. (Nenhuma estrutura de ressonância pode ser escrita para o ciclo-hexanol ou seu ânion, é claro.) A maior estabilização do íon fenóxido (a base conjugada) do que do fenol (o ácido) tem um efeito de aumento da força ácida.

PROBLEMA RESOLVIDO 3.11

Distribua os compostos vistos a seguir em ordem crescente de acidez.

[fenol]   [ciclo-hexanol]   [ácido benzoico]   [4-clorofenol]

Estratégia e Resposta

Os álcoois são menos ácidos do que os fenóis, e os fenóis são menos ácidos do que os ácidos carboxílicos. Um grupo que retira elétrons aumenta a acidez de um fenol em relação ao próprio fenol. Assim, a ordem de aumento da acidez entre esses exemplos é ciclo-hexanol < fenol < 4-clorofenol < ácido benzoico.

PROBLEMA DE REVISÃO 3.15

Os grupos nitro têm um grande efeito de fortalecimento do ácido em fenóis. O pK_a do 4-nitrofenol é 7,15, enquanto o do fenol é 9,89, um fator de quase 1000. Explique a maior acidez do 4-nitrofenol em relação ao fenol com base na ressonância e nos efeitos indutivos. Sua resposta ajudará a explicar por que o 2,4,6-trinitrofenol (também chamado *ácido pícrico*) é tão excepcionalmente ácido (pK_a = 0,38) que ele é mais ácido que o ácido acético (pK_a = 4,76).

3.10F Distinção e Separação de Fenóis de Álcoois e Ácidos Carboxílicos

Como os fenóis são mais ácidos que a água, a reação vista a seguir é essencialmente completa e produz fenóxido de sódio solúvel em água:

$$\text{C}_6\text{H}_5\text{—OH} + \text{NaOH} \underset{\text{H}_2\text{O}}{\rightleftarrows} \text{C}_6\text{H}_5\text{—O}^-\text{Na}^+ + \text{H}_2\text{O}$$

| Ácido mais forte pK_a ≅ 10 (ligeiramente solúvel) | Base mais forte | Base mais fraca (solúvel) | Ácido mais fraco pK_a ≅ 16 |

A reação correspondente do 1-hexanol com hidróxido de sódio aquoso não ocorre de forma significativa porque o 1-hexanol é um ácido mais fraco que a água:

$$\text{CH}_3(\text{CH}_2)_5\text{—OH} + \text{NaOH} \underset{\text{H}_2\text{O}}{\rightleftarrows} \text{CH}_3(\text{CH}_2)_5\text{—O}^-\text{Na}^+ + \text{H}_2\text{O}$$

| Ácido mais fraco pK_a ≅ 18 (muito ligeiramente solúvel) | Base mais fraca | Base mais forte | Ácido mais forte pK_a ≅ 16 |

O fato de que os fenóis se dissolvem em hidróxido de sódio aquoso, enquanto a maioria dos álcoois com seis átomos de carbono ou mais não se dissolvem, nos dá um meio conveniente para distinguir e separar fenóis da maioria dos álcoois. (Álcoois com cinco átomos de carbono ou menos são bastante solúveis na água – alguns são miscíveis – e, assim, também se dissolvem em hidróxido de sódio aquoso, mesmo que não sejam convertidos em alcóxidos de sódio em quantidades apreciáveis.)

A maioria dos fenóis, no entanto, não é solúvel em bicarbonato de sódio aquoso (NaHCO$_3$), mas os ácidos carboxílicos são solúveis. Assim, o NaHCO$_3$ aquoso fornece um método para distinguir e separar a maioria dos fenóis dos ácidos carboxílicos.

PROBLEMA RESOLVIDO 3.12

Admita que cada uma das misturas vistas a seguir foi adicionada a um balão ou a um funil de separação que continha dietil éter (como solvente orgânico) e foi bem misturada. Em que camada (dietil éter ou água) o composto orgânico predominaria em cada caso e em que forma ele existiria (na sua forma neutra ou como base conjugada)?

(a) [ácido benzoico] + NaHCO₃ aquoso

(b) [4-metilfenol] + NaHCO₃ aquoso

(c) [ácido benzoico] + NaOH aquoso

(d) [4-metilfenol] + NaOH aquoso

Estratégia e Resposta

O bicarbonato de sódio removerá um próton de um ácido carboxílico para formar um sal de carboxilato solúvel em água, mas o bicarbonato de sódio não removerá um próton de um fenol típico. O hidróxido de sódio removerá um próton de um ácido carboxílico e de um fenol para formar sais em cada caso. Assim, em **(a)** o ácido benzoico será encontrado na camada aquosa como seu sal de sódio, enquanto em **(b)** o 4-metilfenol permanecerá na sua forma neutra e será encontrado predominantemente na camada de éter. Em **(c)** e **(d)**, tanto o ácido benzoico como o 4-metilfenol serão encontrados na camada aquosa como seus sais correspondentes.

PROBLEMA DE REVISÃO 3.16

Seu professor oferece uma mistura de 4-metilfenol, ácido benzoico e tolueno. Suponha que você tenha disponíveis ácidos, bases e solventes comuns de laboratório. Explique como você procederia para separar esta mistura fazendo uso das diferenças de solubilidade de seus componentes.

3.11 Efeito do Solvente na Acidez

Na ausência de um solvente (ou seja, em fase gasosa), a maioria dos ácidos é muito mais fraca do que quando estão em solução. Por exemplo, em fase gasosa, estima-se que o ácido acético tenha um pK_a de aproximadamente 130 (um K_a ~10^{-130})! A razão de um valor tão pequeno é a seguinte: quando uma molécula de ácido acético doa um próton para uma molécula de água em fase gasosa, os íons formados são partículas com cargas opostas e essas partículas têm de se separar:

$$CH_3COOH + H_2O \rightleftharpoons CH_3COO^- + H_3O^+$$

Na ausência de um solvente, a separação é difícil. Em solução as moléculas do solvente circundam os íons, isolando um do outro, estabilizando-os e fazendo com que seja muito mais fácil separá-los do que na fase gasosa.

Em um solvente como a água, chamado de solvente prótico, a solvatação através de ligações de hidrogênio é importante (Seção 2.13D).

- Um **solvente prótico** é aquele que tem um átomo de hidrogênio ligado a um elemento altamente eletronegativo como oxigênio ou nitrogênio.

As moléculas de um solvente prótico podem, portanto, formar ligações de hidrogênio com os pares de elétrons não compartilhados de um ácido e de sua base conjugada, mas pode ser que eles não sejam estabilizados igualmente.

- A estabilidade de uma base conjugada aumenta se ela é mais solvatada do que o ácido correspondente.

Entretanto, a acidez relativa não pode ser predita somente com base na solvatação. Fatores estéricos que afetam a solvatação e a ordem ou desordem relativa das moléculas do solvente (parâmetros entrópicos) podem aumentar ou diminuir a acidez.

3.12 Compostos Orgânicos como Bases

Se um composto orgânico contém um átomo com um par de elétrons não compartilhado, ele é uma base em potencial. Vimos na Seção 3.5C que os compostos com um par de elétrons não compartilhado em um átomo de nitrogênio (isto é, as aminas) atuam como bases. Vamos agora considerar vários exemplos nos quais compostos orgânicos que contêm um par de elétrons não compartilhado em um átomo de oxigênio se comportam da mesma maneira.

A dissolução de HCl gasoso em metanol provoca uma reação ácido–base muito semelhante àquela que ocorre com a água (Seção 3.1A):

$$H_3C-\ddot{O}-H + H-\ddot{C}l: \longrightarrow H_3C-\overset{+}{\ddot{O}}-H + :\ddot{C}l:^-$$
$$\phantom{H_3C-\ddot{O}}H\phantom{-H + H-\ddot{C}l:}H$$

Metanol   **Íon metiloxônio**
(um álcool protonado)

O ácido conjugado do álcool é frequentemente chamado de um **álcool protonado**; ele é formalmente denominado **íon alquiloxônio** ou simplesmente **íon oxônio**.

Em geral os álcoois sofrem essa mesma reação quando são tratados com soluções de ácidos fortes tais como HCl, HBr, HI e H_2SO_4:

$$R-\ddot{O}-H + H-A \longrightarrow R-\overset{+}{\ddot{O}}-H + :A^-$$
$$\phantom{R-\ddot{O}}HH$$

Álcool   **Ácido forte**   **Íon alquiloxônio**   **Base fraca**

Assim, também ocorre com os éteres:

$$R-\ddot{O}-R + H-A \longrightarrow R-\overset{+}{\ddot{O}}-H + :A^-$$
$$\phantom{R-\ddot{O}}RR$$

Éter   **Ácido forte**   **Íon dialquiloxônio**   **Base fraca**

Compostos contendo um grupo carbonila também se comportam como bases na presença de um ácido forte:

Cetona   **Ácido forte**   **Cetona protonada**   **Base fraca**

> **DICA ÚTIL**
> As transferências de prótons são uma primeira etapa frequente em muitas reações que estudaremos.

Reações de transferência de próton como essas são geralmente a primeira etapa em muitas reações que envolvem álcoois, éteres, aldeídos, cetonas, ésteres, amidas e ácidos carboxílicos. Os valores de pK_a para alguns desses intermediários protonados são dados na Tabela 3.1.

Um átomo com um par de elétrons não compartilhado não é a única posição que confere basicidade a um composto orgânico. A ligação π de um alqueno pode ter o mesmo efeito. Mais adiante estudaremos muitas reações em cuja primeira etapa os alquenos reagem com um ácido forte aceitando um próton da seguinte maneira:

Quebra a ligação π Quebra esta ligação   Esta ligação é formada

Alqueno   **Ácido forte**   **Carbocátion**   **Base fraca**

Nesta reação, o par de elétrons da ligação π do alqueno é utilizado para formar uma ligação entre um carbono do alqueno e o próton doado pelo ácido forte. Observe que duas ligações são quebradas nesse processo: a ligação π da ligação dupla e a ligação entre o próton do ácido e sua base conjugada. Forma-se uma nova ligação, entre o carbono do alqueno e o próton. Esse processo deixa o outro carbono como um **carbocátion** (Seção 3.4). Como veremos em capítulos posteriores, os carbocátions são intermediários instáveis que reagem para produzir moléculas estáveis.

PROBLEMA DE REVISÃO 3.17

É uma regra geral que qualquer composto orgânico contendo oxigênio, nitrogênio ou uma ligação múltipla se dissolverá em ácido sulfúrico concentrado. Explique os fundamentos dessa regra em termos de reações ácido–base e forças intermoleculares.

3.13 Um Mecanismo para uma Reação Orgânica

No Capítulo 6, começaremos nosso estudo aprofundado dos **mecanismos de reações** orgânicas. Como exemplo, vamos considerar agora um mecanismo que permite aplicar um pouco da química que aprendemos neste capítulo e um outro mecanismo que reforçará o que aprendemos sobre como as setas curvas são utilizadas para ilustrar mecanismos.

A dissolução do álcool *terc*-butílico em solução aquosa de ácido clorídrico concentrado (conc.) resulta rapidamente na formação do cloreto de *terc*-butila. Trata-se de uma **reação de substituição**:

$$H_3C-\underset{\underset{CH_3}{|}}{\overset{\overset{CH_3}{|}}{C}}-OH + H-\overset{+}{\underset{H}{O}}-H + :\ddot{Cl}:^- \xrightarrow{H_2O} H_3C-\underset{\underset{CH_3}{|}}{\overset{\overset{CH_3}{|}}{C}}-Cl + 2\,H_2O$$

Álcool *terc*-butílico (solúvel em H₂O)   **HCl concentrado**   **Cloreto de *terc*-butila** (insolúvel em H₂O)

Que uma reação ocorreu é óbvio quando alguém realmente faz o experimento. O álcool *terc*-butílico é solúvel em meio aquoso; entretanto, o cloreto de *terc*-butila não é solúvel, por isso ele se separa da fase aquosa como outra fase líquida no recipiente. É fácil remover essa camada não aquosa, purificá-la por destilação e então obter o cloreto de *terc*-butila.

Evidência considerável, descrita posteriormente, indica que a reação ocorre da seguinte maneira.

Um Mecanismo para a Reação

Reação do Álcool *terc*-Butílico com Solução Aquosa de HCl Concentrado

Etapa 1

$$H_3C-\underset{\underset{CH_3}{|}}{\overset{\overset{CH_3}{|}}{C}}-\ddot{\overset{..}{O}}-H + H-\overset{+}{\underset{H}{\ddot{O}}}-H \rightleftharpoons H_3C-\underset{\underset{CH_3}{|}}{\overset{\overset{CH_3}{|}}{C}}-\overset{+}{\underset{H}{\ddot{O}}}-H + :\ddot{O}-H$$

Íon *terc*-butiloxônio

O álcool *terc*-butílico se comporta como uma base e recebe um próton do íon hidrônio. (Os ânions cloreto são espectadores nesta etapa da reação.)

Os produtos são um álcool protonado e a água (o ácido conjugado e a base).

(continua)

(*continuação*)

Etapa 2

H₃C—C(CH₃)(CH₃)—O⁺(H)—H ⇌ H₃C—C⁺(CH₃)(CH₃) + :Ö—H
                                                                         |
                                                                         H

Carbocátion

A ligação entre o carbono e o oxigênio do íon *terc*-butiloxônio quebra heteroliticamente, levando à formação de um carbocátion e uma molécula de água.

Etapa 3

H₃C—C⁺(CH₃)(CH₃) + :Cl:⁻ ⇌ H₃C—C(CH₃)(CH₃)—Cl:

Cloreto de *terc*-butila

O carbocátion, comportando-se como um ácido de Lewis, recebe um par de elétrons de um íon cloreto tornando-se o produto.

Observe que **todas essas etapas envolvem reações ácido–base**. A etapa 1 é uma reação ácido–base de Brønsted–Lowry direta, na qual o oxigênio do álcool remove um próton do íon hidrônio. A etapa 2 é o inverso de uma reação ácido–base de Lewis. Nela, a ligação carbono–oxigênio do álcool protonado se rompe heteroliticamente quando a molécula de água sai com os elétrons da ligação. Isso acontece, em parte, porque o álcool está protonado. A presença de uma carga formal positiva no oxigênio do álcool protonado enfraquece a ligação carbono–oxigênio através da atração dos elétrons no sentido do oxigênio positivo. A etapa 3 é uma reação ácido–base de Lewis, na qual um ânion cloreto (uma base de Lewis) reage com o carbocátion (um ácido de Lewis) para formar o produto.

Pode surgir uma pergunta: por que a molécula de água (que também é uma base de Lewis) não reage com o carbocátion em vez do íon cloreto? Afinal de contas, existem muitas moléculas

A Bioquímica de... Respiração

Quando "queimamos" alimentos para obter energia, nossas células produzem dióxido de carbono (CO₂) como subproduto. Porém, visto que o dióxido de carbono é um gás, como nosso corpo se livra do CO₂ em nossas células? Alcançamos esse objetivo convertendo a maior parte do CO₂ em íons bicarbonato solúveis (HCO₂⁻), transportando esses íons bicarbonato através de nossa corrente sanguínea até os pulmões e, em seguida, convertendo-o novamente em CO₂ para que possamos finalmente exalá-lo.

$$CO_2 + HO^- \xrightleftharpoons{\text{anidrase carbônica}} HCO_3^-$$

Uma enzima chamada anidrase carbônica catalisa essa reação em uma velocidade até um milhão de vezes mais rápida do que na sua ausência, tão rápido que alguns chamam a anidrase carbônica de enzima "perfeita". Como ela faz isso? Exemplos maravilhosos de reações ácido-base de Lewis e reações ácido-base de Brønsted-Lowry estão envolvidos.

No coração do processo, um ânion hidróxido está posicionado para reagir com uma molécula de CO₂ por meio de uma interação ácido-base de Lewis com um cátion zinco na anidrase carbônica. O zinco, por sua vez, é mantido no lugar por coordenação com pares de elétrons não compartilhados de átomos de nitrogênio (bases de Lewis) de três grupos histidina na enzima. Porém, como se origina o íon hidróxido? É aqui onde ocorre uma reação ácido-base de Brønsted-Lowry. Inicialmente, uma molécula de H₂O se coordena com o zinco, polarizando uma ligação O—H de modo que um próton possa ser removido por uma base de Brønsted-Lowry na enzima (outra histidina).

A anidrase carbônica catalisa a conversão de bicarbonato de volta a CO₂, pela reversão do processo descrito anteriormente. Além disso, o papel que a anidrase carbônica desempenha na regulação do pH do sangue por meio desse equilíbrio é fundamental para muitos elementos da nossa saúde, da função renal à acidez do estômago e à respiração. Então, respire fundo e coloque sua anidrase carbônica para trabalhar!

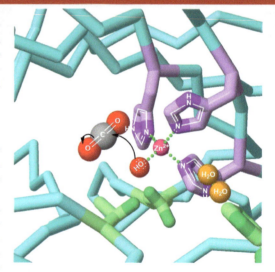

Citação da imagem: PDB-101 (PDB101.rcsb.org). Imagem adaptada por Craig Fryhle sob a licença PDB-101CC-BY-4.0. (http://pdb101.rcsb.org/more/how-to-cite).

de água ao redor, uma vez que a água é o solvente. A resposta é que essa etapa ocorre algumas vezes, mas é simplesmente o inverso da etapa 2. Isso significa dizer que nem todos os carbocátions que se formam transformam-se diretamente em produto. Alguns reagem com a água para tornarem-se novamente álcoois protonados. Entretanto, esses se dissociarão de novo para se transformarem em carbocátions (mesmo que, antes disso, eles percam um próton para se transformarem mais uma vez no álcool). Contudo, ao final, a maioria deles será convertida no produto porque, sob as condições da reação, o equilíbrio da última etapa encontra-se muito deslocado para a direita, e o produto se separa da mistura reacional como uma segunda fase.

3.14 Ácidos e Bases em Soluções Não Aquosas

Se você fosse adicionar amida de sódio (NaNH$_2$) à água em uma tentativa de realizar uma reação usando o íon amideto ($^-$NH$_2$), uma base muito forte, ocorreria de imediato a seguinte reação:

$$H-\ddot{O}-H + :\ddot{N}H_2 \longrightarrow H-\ddot{O}:^- + \ddot{N}H_3$$

Ácido mais forte Base mais forte Base mais fraca Ácido mais fraco
pK_a = 15,7   pK_a = 38

O íon amideto reagiria com a água produzindo uma solução contendo o íon hidróxido (uma base muito mais fraca) e a amônia. Esse exemplo ilustra o chamado **efeito nivelador do solvente**. A *água,* o solvente nesse caso, *doa um próton a qualquer base que seja mais forte do que o íon hidróxido.* Portanto, *não é possível usar uma base mais forte do que o íon hidróxido em solução aquosa.*

Entretanto, podemos utilizar bases mais fortes do que o íon hidróxido caso escolhamos solventes que são ácidos mais fracos do que a água. Podemos utilizar o íon amideto (proveniente, por exemplo, do NaNH$_2$) em um solvente como o hexano, dietil éter ou NH$_3$ líquido (o gás liquefeito, p.eb = –33 °C, e não a solução aquosa que você deve ter usado em seu laboratório de química geral). Hexano e dietil éter são ácidos muito fracos (geralmente não são considerados como ácidos), e, portanto, eles não doarão um próton mesmo para uma base forte como $^-$NH$_2$. Se o NH$_3$ líquido reage com $^-$NH$_2$, os produtos são iguais aos reagentes (não ocorre nenhuma reação líquida ácido–base).

Podemos, por exemplo, converter etino em sua base conjugada, um carbânion, tratando-o com amida de sódio em amônia líquida:

$$H-C\equiv C-H + :\ddot{N}H_2 \xrightarrow{NH_3(l)} H-C\equiv C:^- + :NH_3$$

Ácido mais forte Base mais forte Base mais fraca Ácido mais fraco
pK_a = 25   (proveniente do NaNH$_2$)   pK_a = 38

> **DICA ÚTIL**
>
> Usaremos esta reação como parte de nossa introdução às sínteses orgânicas no Capítulo 7.

A maioria dos **alquinos terminais** (alquinos com um próton ligado a um carbono da ligação tripla) tem valores de pK_a em torno de 25; assim, todos eles reagem com amida de sódio em amônia líquida da mesma forma que o etino. A reação geral é:

$$R-C\equiv C-H + :\ddot{N}H_2 \xrightarrow{NH_3(l)} R-C\equiv C:^- + :NH_3$$

Ácido mais forte Base mais forte Base mais fraca Ácido mais fraco
p$K_a \cong$ 25   pK_a = 38

Os álcoois são frequentemente usados como solventes em reações orgânicas porque, sendo menos polares do que a água, eles dissolvem muitos compostos orgânicos. A utilização de álcoois como solventes também apresenta a vantagem do emprego de íons RO$^-$ (denominados **íons alcóxido**) como bases. Os íons alcóxido são bases um pouco mais fortes do que os íons hidróxido porque os álcoois são ácidos mais fracos do que a água. Por exemplo, podemos preparar uma solução de etóxido de sódio (CH$_3$CH$_2$ONa) em álcool etílico adicionando hidreto de sódio (NaH) a esse álcool. Utilizamos um grande excesso de álcool etílico porque desejamos que ele seja o solvente. Na condição de base muito forte, o íon hidreto reage prontamente com o álcool etílico:

$$CH_3CH_2\ddot{O}-H \ + \ :H^- \ \xrightarrow{\text{álcool etílico}} \ CH_3CH_2\ddot{O}:^- \ + \ H_2$$

Ácido mais forte $pK_a = 16$ **Base mais forte** (proveniente do NaH)   **Base mais fraca**   **Ácido mais fraco** $pK_a = 35$

O íon *terc*-butóxido, $(CH_3)_3CO^-$, em álcool *terc*-butílico, $(CH_3)_3COH$, é uma base mais forte do que o íon etóxido em álcool etílico e pode ser preparado de uma maneira similar:

$$(CH_3)_3C\ddot{O}-H \ + \ :H^- \ \xrightarrow{\text{álcool terc-butílico}} \ (CH_3)_3C\ddot{O}:^- \ + \ H_2$$

Ácido mais forte $pK_a = 18$ **Base mais forte** (proveniente do NaH)   **Base mais fraca**   **Ácido mais fraco** $pK_a = 35$

Compostos de alquil-lítio também são usados como bases fortes. Embora a ligação carbono-lítio de um alquil-lítio (RLi) apresente caráter covalente, ela é polarizada de forma que o carbono é negativo:

$$\overset{\delta-}{R}—\overset{\delta+}{Li}$$

Os reagentes alquil-lítio reagem como se apresentassem íons alcaneto $(R:^-)$ e, na condição de bases conjugadas dos alcanos, os íons alcaneto são as bases mais fortes que iremos encontrar. Por exemplo, o etil-lítio (CH_3CH_2Li) se comporta como se tivesse o carbânion etaneto $(CH_3CH_2:^-)$. Ele reage com o etino da seguinte forma:

$$H-C\equiv C-H \ + \ ^-:CH_2CH_3 \ \xrightarrow{\text{hexano}} \ H-C\equiv C:^- \ + \ CH_3CH_3$$

Ácido mais forte $pK_a = 25$ **Base mais forte** (proveniente do CH_3CH_2Li)   **Base mais fraca**   **Ácido mais fraco** $pK_a = 50$

Os compostos de alquil-lítios podem ser facilmente preparados fazendo reagir um brometo de alquila com lítio metálico em éter como solvente (como o dietil éter). Veja a Seção 12.6.

PROBLEMA DE REVISÃO 3.18 Escreva equações para a reação ácido–base que ocorre quando cada um dos seguintes compostos ou soluções são misturados. Em cada caso, com base nos valores de pK_a apropriados (Tabela 3.1), identifique o ácido e a base mais fortes, e o ácido e a base mais fracos. Caso não ocorra reação ácido–base em extensão apreciável, você deve indicar esse fato.

(a) Adiciona-se NaH ao CH_3OH.
(b) Adiciona-se $NaNH_2$ ao CH_3CH_2OH.
(c) Borbulha-se NH_3 gasoso ao etil-lítio em hexano.
(d) Adiciona-se NH_4Cl à amida de sódio em amônia líquida.
(e) Adiciona-se $(CH_3)_3CONa$ à H_2O.
(f) Adiciona-se NaOH ao $(CH_3)_3COH$.

3.15 Reações Ácido–Base e a Síntese de Compostos Marcados com Deutério e Trítio

Os químicos comumente utilizam compostos nos quais átomos de deutério ou de trítio estão substituindo um ou mais átomos de hidrogênio como um método de "marcação" ou de identificação de determinados átomos de hidrogênio. Deutério (^2H) e trítio (^3H) são isótopos do hidrogênio com massas de 2 e 3 unidades de massa atômica (u), respectivamente.

Uma maneira de introduzir um átomo de deutério ou de trítio em um ponto específico de uma molécula é através da reação ácido-base que ocorre quando uma base muito forte é tratada com D_2O ou T_2O (água que contém deutério ou trítio no lugar de seus hidrogênios).

Por exemplo, o tratamento de uma solução contendo (CH$_3$)$_2$CHLi (isopropil-lítio) com D$_2$O leva à formação de propano marcado com deutério em seu átomo central:

$$\underset{\substack{\text{Isopropil-}\\\text{lítio}\\\text{(base mais}\\\text{forte)}}}{\text{CH}_3\text{CH:}^-\text{Li}^+} + \underset{\substack{\text{(ácido mais}\\\text{forte)}}}{\text{D}_2\text{O}} \xrightarrow{\text{hexano}} \underset{\substack{\text{2-Deutério-}\\\text{propano}\\\text{(ácido mais}\\\text{fraco)}}}{\text{CH}_3\text{CH—D}} + \underset{\substack{\text{(base mais}\\\text{fraca)}}}{\text{DO}^-}$$

(com CH$_3$ acima do CH central)

PROBLEMA RESOLVIDO 3.13

Supondo que você disponha de propino, uma solução de amida de sódio em amônia líquida e T$_2$O, mostre como você pode preparar o composto marcado com trítio CH$_3$C≡CT.

Resposta

Inicialmente adiciona-se o propino à solução de amida de sódio em amônia líquida. Ocorrerá a seguinte reação ácido–base:

$$\underset{\substack{\text{Ácido}\\\text{mais forte}}}{\text{CH}_3\text{C}\equiv\text{CH}} + \underset{\substack{\text{Base}\\\text{mais forte}}}{^-\text{NH}_2} \xrightarrow{\text{NH}_3(l)} \underset{\substack{\text{Base}\\\text{mais fraca}}}{\text{CH}_3\text{C}\equiv\text{C:}^-} + \underset{\substack{\text{Ácido}\\\text{mais fraco}}}{\text{NH}_3}$$

A seguir, adiciona-se T$_2$O (um ácido muito mais forte do que o NH$_3$) à solução produzindo-se CH$_3$C≡CT:

$$\underset{\substack{\text{Base}\\\text{mais forte}}}{\text{CH}_3\text{C}\equiv\text{C:}^-} + \underset{\substack{\text{Ácido}\\\text{mais forte}}}{\text{T}_2\text{O}} \xrightarrow{\text{NH}_3(l)} \underset{\substack{\text{Ácido}\\\text{mais fraco}}}{\text{CH}_3\text{C}\equiv\text{CT}} + \underset{\substack{\text{Base}\\\text{mais fraca}}}{\text{TO}^-}$$

PROBLEMA DE REVISÃO 3.19

Complete as seguintes reações ácido–base:

(a) HC≡CH + NaH $\xrightarrow{\text{hexano}}$
(b) A solução obtida em (a) + D$_2$O $\longrightarrow$
(c) CH$_3$CH$_2$Li + D$_2$O $\xrightarrow{\text{hexano}}$
(d) CH$_3$CH$_2$OH + NaH $\xrightarrow{\text{hexano}}$
(e) A solução obtida em (d) + T$_2$O $\longrightarrow$
(f) CH$_3$CH$_2$CH$_2$Li + D$_2$O $\xrightarrow{\text{hexano}}$

3.16 Aplicações dos Princípios Básicos

Novamente, revisamos como determinados princípios básicos se aplicam aos tópicos que estudamos neste capítulo.

Diferenças de Eletronegatividade Polarizam as Ligações Vimos como esse princípio se aplica na heterólise de ligações com o carbono na Seção 3.4 e na explicação da força dos ácidos nas Seções 3.7 e 3.10B.

Ligações Polarizadas Formam a Base para os Efeitos Indutivos Na Seção 3.10B, vimos como as ligações polarizadas explicam efeitos que chamamos de *efeitos indutivos* e como esses efeitos tomam parte na explicação do fato de os ácidos carboxílicos serem mais ácidos do que os álcoois correspondentes.

Cargas Opostas se Atraem Esse princípio é fundamental para a compreensão da *teoria ácido–base de Lewis* como vimos na Seção 3.3A. Centros carregados positivamente em moléculas que são receptoras de pares de elétrons são atraídos para centros carregados negativamente em doadores de pares de elétrons. Na Seção 3.4, vimos novamente esse princípio na reação de carbocátions (ácidos de Lewis carregados positivamente) com ânions (os quais, por definição, são carregados negativamente) e outras bases de Lewis.

A Natureza Prefere Estados de Menor Energia Potencial Na Seção 3.8A, vimos como esse princípio explica as variações de energia – chamadas de *variações de entalpia* – que ocorrem quando as ligações covalentes se formam, e na Seção 3.9 vimos o papel que as variações de entalpia têm na explicação da magnitude da constante de equilíbrio de uma reação. Quanto menor a energia potencial dos produtos, maior é a constante de equilíbrio e mais favorecida é a formação dos produtos quando o equilíbrio é alcançado. Essa seção também introduziu um princípio relacionado: **a natureza prefere a desordem à ordem** – ou, em outras palavras, *a variação positiva da entropia* de uma reação favorece a formação dos produtos no equilíbrio.

Efeitos de Ressonância Podem Estabilizar Moléculas e Íons Quando uma molécula ou um íon pode ser representado por duas ou mais estruturas de ressonância equivalentes, então a molécula ou o íon será estabilizado (terá sua energia potencial diminuída) pela deslocalização das cargas. Na Seção 3.10A, vimos como esse efeito ajuda a explicar a maior acidez dos ácidos carboxílicos quando comparados aos álcoois correspondentes.

Por que Esses Tópicos São Importantes?

A Raridade de Descobertas Químicas sem o Conhecimento dos Mecanismos

Desde sua descoberta inicial na década de 1630 até meados do século XX, o produto natural quinino foi o único tratamento real do mundo para a malária. Entretanto, como ele só podia ser obtido em pequenas quantidades em lugares relativamente remotos do planeta, era um medicamento que efetivamente estava disponível para apenas um pequeno número de indivíduos muito ricos ou bem relacionados. Diante desse problema, os cientistas começaram a se perguntar se o quinino poderia ser sintetizado em laboratório, uma ideia que foi posta à prova, em 1856, por um estudante de pós-graduação na Inglaterra chamado William Henry Perkin. O plano de Perkin para a síntese foi baseado em uma ideia proposta em 1849 por seu mentor, August Wilhelm von Hofmann, que o quinino podia ser preparado a partir dos constituintes do alcatrão de carvão. Essa ideia foi baseada na equação química equilibrada que é vista a seguir. As fórmulas eram tudo o que era conhecido na época, não as estruturas reais. Percebemos hoje que não havia nenhuma chance de sucesso nessa empreitada, simplesmente porque não há nenhum mecanismo pelo qual esses produtos químicos possam reagir da maneira certa. O sucesso, no entanto, chega às vezes de maneiras inesperadas.

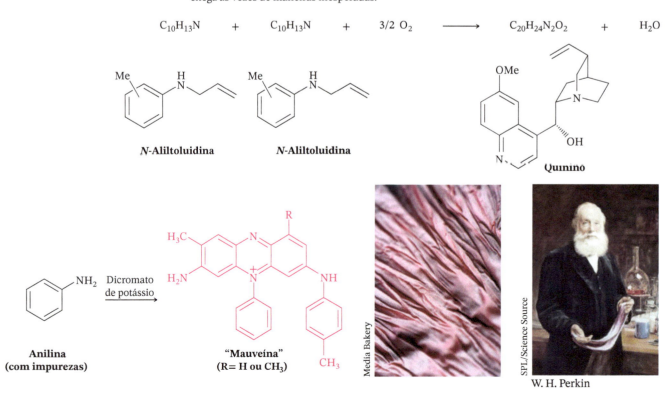

Perkin fez sua experiência mais importante neste problema em um laboratório na casa de sua família, uma experiência em que ele modificou um pouco a proposta de seu orientador usando um material diferente de partida (anilina, contendo vários contaminantes diferentes) e aqueceu-o na presença de um oxidante forte (dicromato de potássio). O resultado foi um alcatrão escuro que parecia um pouco com asfalto. Embora esses produtos sejam frequentemente o resultado de reações que deram errado, Perkin tentou ver se ele poderia conseguir qualquer coisa no resíduo de alcatrão dissolvendo-o através da adição de diferentes solventes. Alguns não fizeram nada, mas quando ele acrescentou etanol, uma solução de bonita cor púrpura foi formada. Essa solução mostrou-se capaz de transformar qualquer tecido de cor clara no mesmo tom púrpura. Apesar de não ser o quinino, Perkin descobriu o primeiro corante sintético, uma maneira de colorir tecidos em um tom anteriormente reservado para a realeza. De fato, antes da descoberta de Perkin, a única maneira de obter um corante de cor púrpura era pela extração tediosa de secreções mucosas de pequenos moluscos do Mediterrâneo.

Perkin acabou fazendo uma fortuna com a sua descoberta, um material que chamou de mauveína, que na verdade é constituído por dois compostos. O resultado mais importante, no entanto, foi que se mostrou pela primeira vez que a química orgânica realmente poderia mudar o mundo, lançando uma indústria inteira de produtos químicos visando a produzir cores ainda mais extravagantes e maravilhosas que não são facilmente encontradas na natureza.

A principal mensagem, no entanto, é que não importa quão maravilhosa seja essa história, ela é somente um de um punhado de casos em que houve um resultado muito significativo na ausência de qualquer conhecimento químico real do mecanismo. As principais descobertas são muito mais prováveis quando se sabe o que os compostos em questão podem realmente fazer quando eles reagem juntos! Caso contrário, a química orgânica seria apenas alquimia. Isso pode explicar por que demorou quase um século de trabalho antes que o quinino realmente fosse sintetizado no laboratório.

Para saber mais sobre esses tópicos, consulte:

1. Garfield, S. *Mauve: How One Man Invented a Color that Changed the World.* Faber and Faber, **2001**, p. 240.
2. Nicolaou, K. C.; Montagnon, T. *Molecules that Changed the World.* Wiley-VCH: Weinheim, **2008**, p. 366.
3. Meth-Cohn, O; Smith, M. "What did W. D. Perkin actually make when he oxidised aniline to obtain mauveine?", *J. Chem. Soc. Perkin Trans 1*, **1994**, 5–7.

Resumo e Ferramentas de Revisão

No Capítulo 3 você estudou a química ácido–base, um dos mais importantes tópicos necessários para o aprendizado da química orgânica. Se você dominar a química ácido–base, será capaz de compreender a maioria das reações que estudará na química orgânica e, ao compreender como as reações funcionam, você será capaz de aprender e lembrar-se delas mais facilmente.

Revisamos a definição de Brønsted–Lowry de ácidos e bases e os significados de pH e de pK_a. Você aprendeu a identificar os átomos de hidrogênio mais ácidos de uma molécula com base na comparação dos valores de pK_a. Você verá em muitas situações que as reações ácido–base de Brønsted–Lowry iniciam ou completam uma reação orgânica, ou preparam uma molécula orgânica para uma futura reação. A definição de Lewis de ácidos e bases pode ser uma novidade para você. Entretanto, você verá mais e mais que as reações ácido–base de Lewis que envolvem tanto a doação de um par de elétrons para formar uma nova ligação covalente quanto a saída de um par de elétrons para a quebra de uma ligação covalente são etapas básicas em muitas reações orgânicas. A grande maioria das reações orgânicas que você estudará são reações ácido–base de Brønsted–Lowry ou de Lewis.

Seu conhecimento sobre estrutura orgânica e polaridade abordados nos Capítulos 1 e 2 foi crucial para a sua compreensão das reações ácido–base. Você viu que a estabilização de cargas através da deslocalização é fundamental para determinar a facilidade com que um ácido cederá um próton ou com que facilidade a base aceitará um próton. Somado a isso, você aprendeu a desenhar setas curvas para mostrar com precisão o movimento de elétrons nesses processos. Com esses conceitos e habilidades você estará preparado para entender, de forma gradativa, como as reações orgânicas ocorrem — algo que os químicos orgânicos chamam de "um mecanismo de reação".

Desse modo, continue trabalhando com afinco para dominar a química ácido–base e outros fundamentos. Sua caixa de ferramentas está sendo rapidamente preenchida com os instrumentos de que você precisa para o sucesso total na química orgânica!

As ferramentas de estudo para o presente capítulo incluem termos e conceitos fundamentais (que são realçados ao longo do capítulo em **negrito azul**) e um Mapa Conceitual depois dos problemas no fim do capítulo.

Problemas

Ácidos e Bases de Brønsted–Lowry

3.20 Qual é a base conjugada de cada um dos seguintes ácidos?

(a) NH_3 (b) H_2O (c) H_2 (d) $HC\equiv CH$ (e) CH_3OH (f) H_3O^+

3.21 Escreva as bases que você deu como resposta no Problema 3.20 em ordem decrescente de basicidade.

3.22 Qual é o ácido conjugado de cada uma das bases vistas a seguir?

(a) HSO_4^- (b) H_2O (c) CH_3NH_2 (d) $^-NH_2$ (e) $CH_3\bar{C}H_2$ (f) $CH_3CO_2^-$

3.23 Escreva os ácidos que você deu como resposta no Problema 3.22 em ordem decrescente de acidez.

3.24 Classifique os compostos vistos a seguir em ordem crescente de acidez.

3.25 Sem consultar nenhuma tabela, escolha o ácido mais forte a partir de cada um dos pares vistos a seguir.

Ácidos e Bases de Lewis

3.26 Identifique o ácido de Lewis e a base de Lewis em cada uma das seguintes reações:

(a) $CH_3CH_2-Cl + AlCl_3 \longrightarrow CH_3CH_2-Cl^+-\bar{Al}-Cl$ (com Cl, Cl)

(b) $CH_3-OH + BF_3 \longrightarrow CH_3-O^+-\bar{B}-F$ (com H, F, F)

(c) $CH_3-C^+(CH_3)(CH_3) + H_2O \longrightarrow CH_3-C(CH_3)(CH_3)-\overset{+}{O}H_2$

Notação de Setas Curvas

3.27 Reescreva cada uma das seguintes reações utilizando setas curvas e mostre todos os pares de elétrons não ligantes:

(a) $CH_3OH + HI \longrightarrow CH_3\overset{+}{O}H_2 + I^-$

(b) $CH_3NH_2 + HCl \longrightarrow CH_3\overset{+}{N}H_2 + Cl^-$

(c)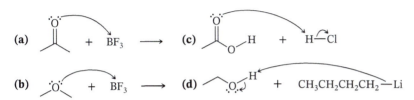

3.28 Siga as setas curvas e escreva os produtos:

(a) [estrutura da acetona] + $BF_3 \longrightarrow$

(b) [estrutura do éter] + $BF_3 \longrightarrow$

(c) [estrutura do ácido carboxílico] + $H-Cl$

(d) [estrutura do éter com H] + $CH_3CH_2CH_2CH_2-Li$

3.29 Escreva uma equação, utilizando a notação de setas curvas, para a reação ácido-base que ocorrerá quando se formar cada uma das misturas vistas a seguir. Se a reação ácido-base não ocorrer em extensão apreciável, porque o equilíbrio é desfavorável, você deverá indicar esse fato.

(a) NaOH aquoso e $CH_3CH_2CO_2H$
(b) NaOH aquoso e $C_6H_5SO_3H$
(c) CH_3CH_2ONa em álcool etílico e etino
(d) CH_3CH_2Li em hexano e etino
(e) CH_3CH_2Li em hexano e álcool etílico

Força Ácido-Base e Equilíbrios

3.30 Que reação ocorrerá quando o álcool etílico é adicionado a uma solução de $HC\equiv C:^-Na^+$ em amônia líquida?

3.31 (a) O K_a do ácido fórmico (HCO_2H) é $1,77 \times 10^{-4}$. Qual é o valor do pK_a? **(b)** Qual é o K_a de um ácido cujo pK_a é 13?

3.32 O ácido HA tem um $pK_a = 20$; o ácido HB tem um $pK_a = 10$.

(a) Qual é o ácido mais forte?
(b) Haverá alguma reação ácido-base cujo equilíbrio esteja deslocado para a direita quando se adicionar Na^+A^- ao HB? Justifique sua resposta.

3.33 A partir de compostos orgânicos apropriados desconhecidos, mostre a síntese de cada um dos seguintes produtos:

(a) $C_6H_5-C\equiv C-T$ (b) $CH_3-CH-O-D$ (C) $CH_3CH_2CH_2OD$
                                    $|$
                                    CH_3

3.34 (a) Distribua os seguintes compostos em ordem decrescente de acidez e justifique sua resposta: $CH_3CH_2NH_2$, CH_3CH_2OH e $CH_3CH_2CH_3$. **(b)** Classifique as bases conjugadas dos ácidos dados no item (a) em ordem crescente de basicidade e justifique sua resposta.

3.35 Distribua os seguintes compostos em ordem decrescente de acidez:

(a) CH_3CH-CH_2, $CH_3CH_2CH_3$, $CH_3C\equiv CH$ (c) CH_3CH_2OH, $CH_3CH_2\overset{+}{O}H_2$, CH_3OCH_3
(b) $CH_3CH_2CH_2OH$, $CH_3CH_2CO_2H$, $CH_3CHClCO_2H$

3.36 Classifique os seguintes compostos em ordem crescente de basicidade:

(a) CH_3NH_2, $CH_3\overset{+}{N}H_3$, $CH_3\bar{N}H$ (c) $CH_3CH=\bar{C}H$, $CH_3CH_2\bar{C}H_2$, $CH_3C\equiv C^-$
(b) CH_3O^-, $CH_3\bar{N}H$, $CH_3\bar{C}H_2$

Problemas Gerais

3.37 Enquanto o H_3PO_4 é um ácido triprótico, o H_3PO_3 é um ácido diprótico. Represente estruturas para esses dois ácidos que expliquem essa diferença de comportamento.

148 CAPÍTULO 3

3.38 Acrescente as setas curvas necessárias para as seguintes reações:

(a) H–C(=O)–Ö–H + ⁻:Ö–H ⟶ H–C(=O)–Ö:⁻ + H–Ö–H
    |
    H

(b) H–C(=O)–Ö–CH₃ + ⁻:Ö–H ⟶ H–C(:Ö⁻)(Ö–H)(Ö–CH₃)

(c) H–C(:Ö:⁻)(Ö–H)(Ö–CH₃) ⟶ H–C(=O)–Ö–H + ⁻:Ö–CH₃

(d) H–Ö:⁻ + CH₃–Ï: ⟶ H–Ö–CH₃ + :Ï:⁻

(e) H–Ö:⁻ + H–CH₂–C(CH₃)(CH₃)–Cl: ⟶ H₂C=C(CH₃)(CH₃) + :Cl:⁻ + H–Ö–H

3.39 A glicina é um aminoácido que pode ser obtido a partir da maioria das proteínas. Em solução, a glicina existe em equilíbrio entre duas formas:

$$H_2NCH_2CO_2H \rightleftharpoons H_3\overset{+}{N}CH_2CO_2^-$$

(a) Consulte a Tabela 3.1 e determine qual é a forma favorecida no equilíbrio.

(b) Um manual fornece o ponto de fusão da glicina como 262 °C (com decomposição). Qual das estruturas dadas anteriormente representa melhor a glicina?

3.40 O ácido malônico, $HO_2CCH_2CO_2H$, é um ácido diprótico. O pK_a para a perda do primeiro próton é 2,83; o pK_a para a perda do segundo próton é 5,69. **(a)** Explique por que o ácido malônico é um ácido mais forte do que o ácido acético ($pK_a = 4{,}75$). **(b)** Explique por que o ânion $^-O_2CCH_2CO_2H$ é muito menos ácido do que o próprio ácido malônico.

3.41 A variação de energia livre, $\Delta G°$, para a ionização do ácido HA é 21 kJ mol⁻¹; para o ácido HB ela é –21 kJ mol⁻¹. Qual é o ácido mais forte?

3.42 A 25 °C a variação de entalpia, $\Delta H°$, para a ionização do ácido tricloroacético é +6,3 kJ mol⁻¹ e a variação de entropia, $\Delta S°$, é +0,0084 kJ mol⁻¹ K⁻¹. Qual é o pK_a do ácido tricloroacético?

3.43 O composto visto à direita é denominado ácido esquárico (também é denominado ácido quadrático por questões óbvias). O ácido esquárico é um ácido diprótico, com ambos os prótons sendo mais ácidos do que os do ácido acético. No diânion obtido após a perda de ambos os prótons, todas as ligações carbono–carbono têm o mesmo comprimento, bem como todas as ligações carbono–oxigênio. Forneça uma explicação através da ressonância para essas observações.

Ácido esquárico

É Necessário um Consultor Químico

3.44 A reação mostrada a seguir converte um grupo funcional conhecido como isocianeto em outro chamado carbamato. Baseando-se em seu conhecimento atual sobre setas curvas, você pode propor um mecanismo para explicar essa transformação? (Veja: *J. Am. Chem. Soc.* **1996**, *118*, 9202.)

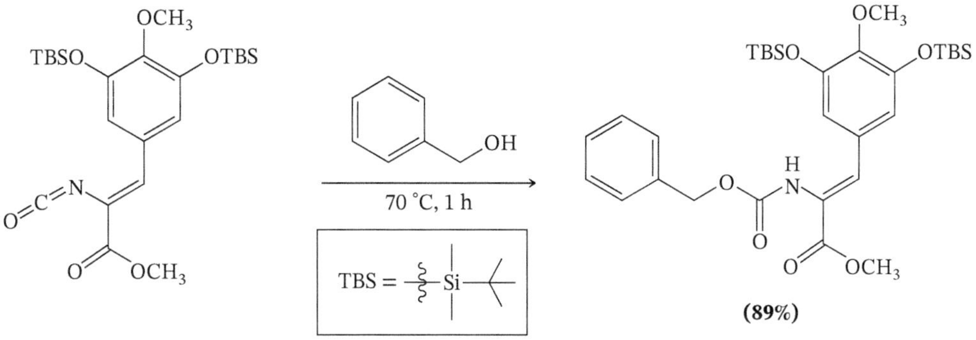

3.45 Como mostrado a seguir, átomos de hidrogênio em um grupo metileno próximo a uma fenilsulfona (PhSO$_2^-$) podem ser removidos por uma base forte para formar um novo ânion que é estabilizado por ressonância. Um pesquisador de uma grande empresa está se perguntando se fenilsulfonas diferentemente substituídas, como A e B, podem ser desprotonadas ainda mais facilmente. Qual seria sua conclusão neste caso e por quê? (Veja: *J. Am. Chem. Soc.* **1996**, *118*, 3059.)

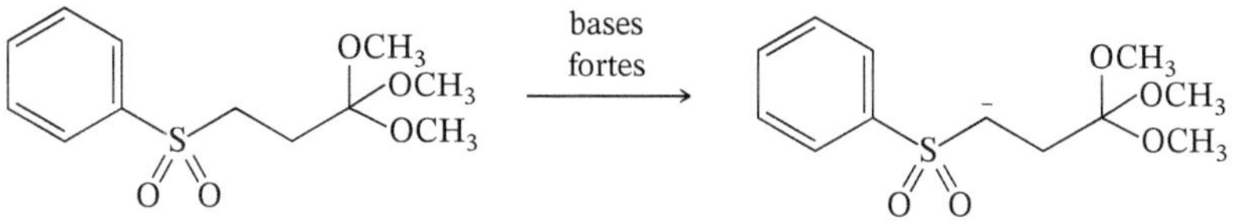

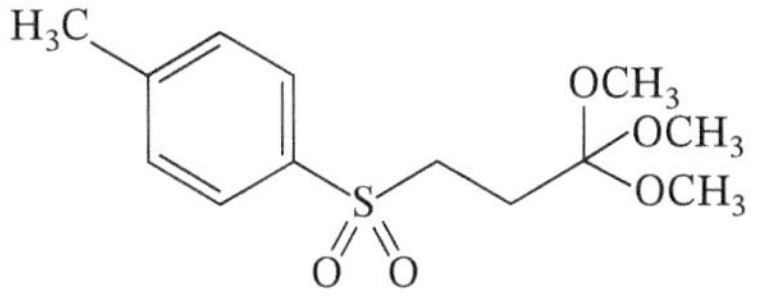

Problemas de Desafio

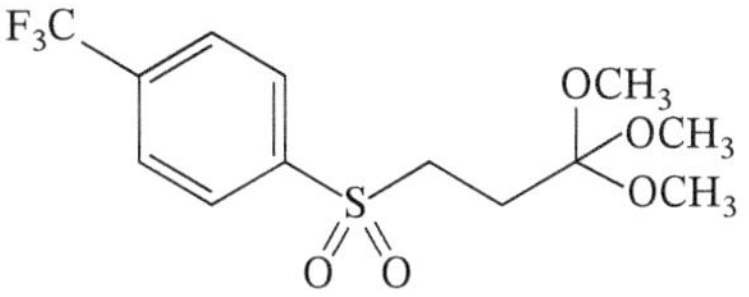

3.46 CH$_3$CH$_2$SH + CH$_3$O$^-$ ⟶ **A** (contém enxofre) + **B**

A + H$_2$C—CH$_2$ (epóxido) ⟶ **C** (que possui a estrutura parcial **A** — CH$_2$CH$_2$O)

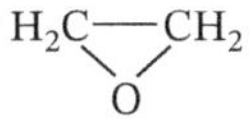

C + H$_2$O ⟶ **D** + **E** (que é inorgânico)

(a) Dada a sequência de reações vista neste problema, desenhe as estruturas de **A** até **E**.

(b) Reescreva a sequência de reações, mostrando todos os pares de elétrons não ligantes e utilizando setas curvas para indicar os movimentos de pares de elétrons.

3.47 Inicialmente, complete e faça o balanceamento de cada uma das reações vistas a seguir. Então, comparando etanol, hexano e amônia líquida, estabeleça quais (pode haver mais de um) poderiam ser os solventes apropriados para cada uma dessas reações. Despreze as limitações práticas que surgem da consideração "semelhante dissolve semelhante", e baseie suas respostas apenas na acidez relativa.

(a) CH$_3$(CH$_2$)$_8$OD + CH$_3$(CH$_2$)$_8$Li ⟶

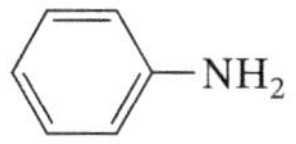

(b) NaNH$_2$ + CH$_3$C≡CH ⟶

(c) HCl + C$_6$H$_5$—NH$_2$ ⟶

(O ácido conjugado desta amina, anilina, tem um pK_a de 4,63.)

3.48 A dimetilformamida (DMF), HCON(CH$_3$)$_2$, é um exemplo de solvente polar aprótico, ou seja, ele não tem átomos de hidrogênio ligados a átomos fortemente eletronegativos.

(a) Desenhe sua fórmula estrutural de traços, mostrando os pares de elétrons não compartilhados.

(b) Desenhe o que você acredita que sejam as suas formas de ressonância mais importantes [uma delas é a sua resposta para o item (a)].

(c) Quando utilizada como solvente da reação, a DMF aumenta enormemente a reatividade dos nucleófilos (por exemplo, o $^-$CN do cianeto de sódio) em reações como esta:

Sugira uma explicação para esse efeito da DMF com base nas considerações ácido–base de Lewis. (*Sugestão*: enquanto a água ou o álcool solvatam tanto os cátions quanto os ânions, a DMF é efetiva apenas em solvatar cátions.)

3.49 Como observado na Tabela 3.1, o pK_a da acetona, CH_3COCH_3, é 19,2.

(a) Desenhe a estrutura em bastão para a acetona e de qualquer outra forma de ressonância contribuinte.
(b) Preveja e desenhe a estrutura da base conjugada da acetona e de qualquer outra forma de ressonância contribuinte.
(c) Escreva uma equação para uma reação que poderia ser utilizada para sintetizar CH_3COCH_2D.

3.50 A formamida ($HCONH_2$) tem um pK_a de aproximadamente 25. Preveja, com base no mapa de potencial eletrostático da formamida, mostrado ao lado, qual(is) átomo(s) de hidrogênio tem(têm) esse valor de pK_a. Fundamente a sua conclusão com argumentos que tenham a ver com a estrutura eletrônica da formamida.

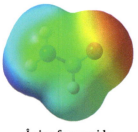

Ânion formamida

Problemas para Trabalho em Grupo

Suponha que você realizou a seguinte síntese do etanoato de 3-metilbutila (acetato de isoamila):

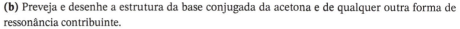

Ácido etanoico (excesso)   3-Metil-1-butanol   Etanoato de 3-metilbutila

Como a equação química mostra, o 3-metil-1-butanol (também chamado de álcool isoamílico ou álcool isopentílico) foi misturado com um excesso de ácido acético (ácido etanoico segundo a nomenclatura sistemática) e traços de ácido sulfúrico (que atua como um catalisador). Essa é uma reação de equilíbrio e por isso se espera que nem todas as substâncias iniciais sejam consumidas. O equilíbrio deve estar bem deslocado para a direita, devido ao excesso de ácido acético utilizado, mas não completamente.

Após um período de tempo adequado, iniciou-se o isolamento do produto desejado a partir da mistura reacional, adicionando-se um volume de solução aquosa de bicarbonato de sódio 5% ($NaHCO_3$ tem um pK_a efetivo de 7) aproximadamente igual ao volume da mistura reacional. Ocorreu a formação de bolhas e formou-se uma mistura consistindo em duas fases – uma fase aquosa básica e uma fase orgânica. As duas fases foram separadas e a fase aquosa foi removida. A adição de solução aquosa de bicarbonato de sódio à fase orgânica e a separação das duas fases foram repetidas duas vezes. As fases aquosas foram removidas e agrupadas no mesmo frasco coletor. A fase orgânica que permaneceu depois das três extrações com bicarbonato foi seca e então submetida à destilação para se obter uma amostra pura de etanoato de 3-metilbutila (acetato de isoamila).

1. Cite todas as espécies químicas provavelmente presentes ao final da reação antes da adição da solução aquosa de $NaHCO_3$. Observe que o H_2SO_4 não foi consumido (uma vez que ele é um catalisador), estando disponível para doar um próton aos átomos que podem ser protonados.

2. Use uma tabela de valores de pK_a, como a Tabela 3.1, para estimar os valores de pK_a para quaisquer hidrogênios potencialmente ácidos em cada uma das espécies que você relacionou no item 1 (ou para o ácido conjugado).

3. Escreva as equações químicas para todas as reações ácido–base que você prevê que possam ocorrer (baseado nos valores de pK_a utilizados) quando as espécies que você listou anteriormente entram em contato com a solução aquosa de bicarbonato de sódio. (*Sugestão*: verifique se cada uma das espécies poderia ser um ácido que reagiria com o $NaHCO_3$.)

4. (a) Explique, com base nas polaridades e na solubilidade, por que as fases formadas se separaram quando a solução de bicarbonato de sódio foi adicionada à mistura reacional. (*Sugestão*: a maioria dos sais de sódio de ácidos orgânicos é solúvel em água, assim como os compostos orgânicos oxigenados neutros contendo quatro átomos de carbono ou menos.)

(b) Relacione as espécies químicas prováveis presentes após a reação com o $NaHCO_3$ na (i) fase orgânica e (ii) na fase aquosa.

(c) Por que a etapa de extração com a solução aquosa de bicarbonato de sódio foi repetida três vezes?

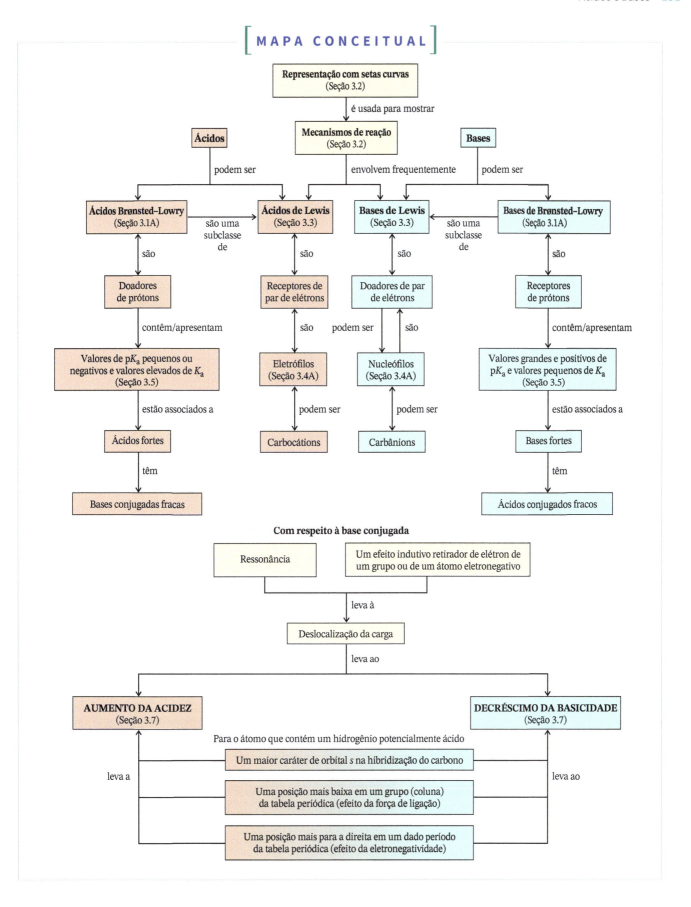

CAPÍTULO 4

thelightwriter/123RF

Nomenclatura e Conformações de Alcanos e Cicloalcanos

Buckminsterfulereno

O diamante é um material excepcionalmente duro. Uma razão para essa dureza é a presença de uma rede rígida de ligações carbono–carbono. O músculo, por outro lado, que também contém muitas ligações carbono–carbono, é forte, mas tem grande flexibilidade. Esse contraste marcante nas propriedades, da rigidez do diamante à flexibilidade dos músculos, depende de a rotação em torno das ligações carbono–carbono ser possível ou não. Neste capítulo, vamos estudar as mudanças na estrutura molecular e na energia que resultam da rotação em torno das ligações carbono–carbono, usando um processo chamado de análise conformacional.

Aprendemos no Capítulo 2 que o nosso estudo da química orgânica pode ser organizado em torno dos grupos funcionais. Agora vamos considerar que os grupos funcionais estão ligados à cadeia hidrocarbônica — tal cadeia consiste apenas em átomos de carbono e hidrogênio. Do ponto de vista de um arquiteto, as cadeias hidrocarbônicas oferecem uma gama ilimitada de possibilidades, o que é parte daquilo que faz a química orgânica ser uma disciplina fascinante. O buckminsterfulereno, uma esfera de 60 átomos de carbono que recebeu esse nome em homenagem ao visionário arquiteto Buckminster Fuller, é apenas um exemplo de uma molécula baseada em carbono com estrutura molecular intrigante.

NESTE CAPÍTULO, VAMOS ESTUDAR:

- A nomenclatura de muitas moléculas orgânicas simples
- A natureza tridimensional flexível das moléculas orgânicas
- Uma reação orgânica que permite a conversão de alquenos e alquinos em alcanos

POR QUE ESSES TÓPICOS SÃO IMPORTANTES?

Ao fim do capítulo, mostraremos como, utilizando o mesmo conjunto de regras, tanto os químicos quanto a natureza criaram arranjos únicos de átomos de carbono e hidrogênio. Não se esperava que alguns desses arranjos estruturais existissem. Outro arranjo estrutural permite que você escreva. E outros ainda são responsáveis pelos avanços na área de materiais e nanotecnologia.

4.1 Introdução aos Alcanos e Cicloalcanos

Ciclo-hexano

Observamos anteriormente que a família de compostos orgânicos chamados de hidrocarbonetos pode ser dividida em vários grupos em função do tipo de ligação que existe entre os átomos de carbono. Os hidrocarbonetos em que todas as ligações carbono–carbono são ligações simples são chamados de **alcanos**, os hidrocarbonetos que contêm uma ligação dupla carbono–carbono são chamados de **alquenos** e aqueles com uma ligação tripla carbono–carbono são chamados de **alquinos**.

Cicloalcanos são alcanos nos quais todos ou alguns dos átomos de carbono estão dispostos em um anel. Alcanos têm a fórmula geral C_nH_{2n+2}; cicloalcanos contendo um único anel têm dois átomos de hidrogênio a menos e, portanto, têm a fórmula geral C_nH_{2n}.

4.1A Fontes de Alcanos: Petróleo

A principal fonte de alcanos é o petróleo. O petróleo é uma mistura complexa de compostos orgânicos, muitos dos quais são alcanos e compostos aromáticos (Capítulo 14). Ele também contém pequenas quantidades de compostos contendo oxigênio, nitrogênio e enxofre.

Algumas das moléculas no petróleo são claramente de origem biológica. A maioria dos cientistas acredita que o petróleo se originou a partir do acúmulo de microrganismos mortos que se localizaram no fundo do mar e que foram soterrados em rochas sedimentares. Esses restos microbianos foram eventualmente transformados em petróleo pelo calor irradiado a partir do centro da Terra.

Hidrocarbonetos também são encontrados no espaço. Asteroides e cometas apresentam uma variedade de compostos orgânicos. Metano e outros hidrocarbonetos são encontrados nas atmosferas de Júpiter, Saturno e Urano. Titã, a lua de Saturno, tem uma forma sólida de metano-gelo em sua superfície e uma atmosfera rica em metano. Precisamos entender as propriedades dos alcanos, sejam eles de origem terrestre ou espacial. Começaremos considerando suas formas e como podemos nomeá-los.

O petróleo é uma fonte finita que provavelmente se originou da deterioração de microrganismos primordiais. Em La Brea Tar Pits, em Los Angeles, muitos animais pré-históricos sucumbiram em um tanque natural contendo hidrocarbonetos.

A Química Ambiental de . . . Refino de Petróleo

Hidrocarbonetos de petróleo (combustíveis fósseis) estão no centro dos desafios mundiais a respeito das mudanças climáticas. Quando queimamos hidrocarbonetos para mover veículos, aquecer residências e produzir eletricidade, também produzimos dióxido de carbono, um gás de efeito estufa que retém o calor atmosférico. Ainda que saibamos o perigo que isso representa para o nosso ambiente e que o mundo se esforça para reduzir ou eliminar a nossa dependência dos combustíveis fósseis e reduzir as emissões de gases de efeito estufa, o refino do petróleo continua. O primeiro passo do refino é a destilação fracionada, na qual as misturas de compostos são separadas por ponto de ebulição. No entanto, a separação perfeita do petróleo nos seus constituintes puros não é prática. Mais de 500 compostos diferentes são encontrados nos destilados de petróleo que fervem abaixo de 200 °C, e muitos têm o mesmo ponto de ebulição. Assim, as frações são recolhidas na forma de misturas de compostos com pontos de ebulição semelhantes, como se pode ver na tabela apresentada a seguir. Apesar de se tratarem de misturas, essas frações continuam a ser adequadas para emprego como lubrificantes, solventes e combustíveis.

(continua)

(*continuação*)

Frações Típicas Obtidas pela Destilação do Petróleo

Faixa de Ebulição da Fração (°C)	Número de Átomos de Carbono por Molécula	Uso
Abaixo de 20	C_1–C_4	Gás natural, gás engarrafado, produtos petroquímicos
20–60	C_5–C_6	Éter de petróleo, solventes
60–100	C_6–C_7	Ligroína, solventes
40–200	C_5–C_{10}	Gasolina (gasolina de primeira destilação sem aditivos)
175–325	C_{12}–C_{18}	Querosene e combustível de aviões
250–400	C_{12} e superiores	Gasóleo, óleo combustível e óleo diesel
Líquidos não voláteis	C_{20} e superiores	Óleo mineral refinado, óleo lubrificante e graxa
Sólidos não voláteis	C_{20} e superiores	Cera de parafina, asfalto e alcatrão

Adaptada com permissão de John Wiley & Sons, Inc., de Holum, J. R., *General, Organic, and Biological Chemistry*, 9. ed., p. 213. Copyright 1995.

Outro aspecto do refino de petróleo é o **craqueamento**, no qual hidrocarbonetos maiores (a partir de C_{12}) são convertidos em hidrocarbonetos menores (C_5—C_{10}). Quando uma mistura de alcanos presente na fração de gasóleo (C_{12} e alcanos superiores) é aquecida a temperaturas muito elevadas (~500 °C), na presença de uma variedade de catalisadores, as moléculas se quebram e se reorganizam em alcanos menores, hidrocarbonetos mais ramificados contendo entre 5 e 10 átomos de carbono. Esse processo é chamado de *craqueamento catalítico*. O craqueamento também pode ser feito na ausência de um catalisador, sendo chamado então de *craqueamento térmico*. Mas, nesse processo, os produtos tendem a ter cadeias não ramificadas, e alcanos com cadeias não ramificadas apresentam uma muito baixa "octanagem". O composto altamente ramificado 2,2,4-trimetilpentano (chamado de isoctano na indústria do petróleo) queima muito suavemente em motores de combustão interna (sem bater pino) e é utilizado como um dos padrões na determinação da octanagem de gasolinas.

2,2,4-trimetilpentano
("isoctano")

Embora a química do refino de petróleo dependa de aspectos fascinantes da estrutura molecular e das propriedades físicas, ela também é um processo intensivo em energia e produz materiais que devemos gerenciar cuidadosamente no meio ambiente. Tanto quanto precisamos da química do refino de petróleo, também precisamos de novos produtos químicos relacionados com fontes de energia sustentáveis e renováveis. Existem muitos desafios que aguardam os químicos criativos.

4.2 Formas dos Alcanos

Uma orientação tetraédrica geral dos grupos — e, portanto, hibridização sp^3 — é a regra para os átomos de carbono em todos os alcanos e cicloalcanos. Podemos representar as formas dos **alcanos** como mostrado na **Fig. 4.1**.

Butano e pentano são exemplos de alcanos que algumas vezes são chamados de alcanos de "cadeia linear". Entretanto, uma olhada nos modelos tridimensionais mostra que, por causa de seus átomos de carbono tetraédricos, as cadeias são em zigue-zague e não lineares. A melhor descrição é **não ramificada**. Isso significa que cada átomo de carbono dentro da cadeia está ligado a não mais do que dois outros átomos de carbono e que alcanos não ramificados contêm apenas átomos de carbono primário e secundário. Átomos de carbono primário, secundário e terciário foram definidos na Seção 2.5.

Isobutano, isopentano e neopentano (**Fig. 4.2**) são exemplos de alcanos de cadeia ramificada. No neopentano, o átomo de carbono central está ligado a quatro átomos de carbono.

> **DICA ÚTIL**
>
> Você deve construir seus próprios modelos moleculares para os compostos presentes nas Figs. 4.1 e 4.2. Examine esses compostos a partir de diferentes perspectivas e observe como as suas formas mudam quando você gira várias ligações. Faça desenhos de suas estruturas.

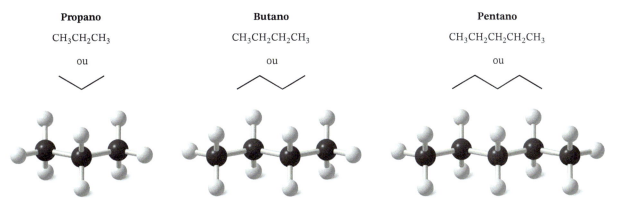

FIGURA 4.1 Modelo tipo bola e vareta para três alcanos simples.

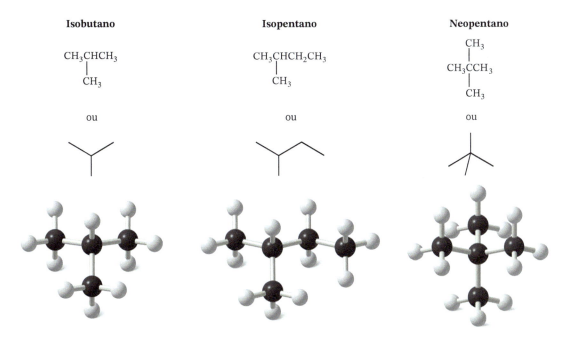

FIGURA 4.2 Estruturas de três alcanos de cadeia ramificada utilizando modelo de bola e vareta. Em cada um dos compostos, cada átomo de carbono está ligado a mais do que dois outros átomos de carbono.

Butano e isobutano têm a mesma fórmula molecular: C_4H_{10}. Os dois compostos têm seus átomos conectados em uma ordem diferente e são, portanto, **isômeros constitucionais** (Seção 1.3). Pentano, isopentano e neopentano também são isômeros constitucionais. Eles também têm a mesma fórmula molecular (C_5H_{12}), mas possuem estruturas diferentes.

PROBLEMA DE REVISÃO 4.1

Escreva as estruturas usando fórmulas condensadas e estruturas em bastão para todos os isômeros constitucionais com a fórmula molecular C_7H_{16}. (Há um total de nove isômeros constitucionais.)

- Isômeros constitucionais têm diferentes propriedades físicas (Seção 1.6), inclusive diferentes pontos de fusão, pontos de ebulição, massas específicas e índices de refração.

A **Tabela 4.1** apresenta algumas das propriedades físicas dos cinco C_6H_{14}. Observe que, conforme o número de átomos de carbono nos alcanos aumenta, o número de isômeros constitucionais possíveis aumenta drasticamente.

TABELA 4.1 Constantes Físicas dos Isômeros do Hexano

Fórmula Molecular	Fórmula Estrutural Condensada	Estrutura em Bastão	p.fus. (°C)	p.eb. (°C)[a] (1 atm)	Massa Específica (g mL⁻¹) a 20 °C	Índice de Refração[b] (n_D 20 °C)
C_6H_{14}	$CH_3CH_2CH_2CH_2CH_2CH_3$		−95	68,7	0,6594	1,3748
C_6H_{14}	$CH_3CHCH_2CH_2CH_3$ | CH_3		−153,7	60,3	0,6532	1,3714
C_6H_{14}	$CH_3CH_2CHCH_2CH_3$ | CH_3		−118	63,3	0,6643	1,3765
C_6H_{14}	$CH_3CH—CHCH_3$ | | CH_3 CH_3		−128,8	58	0,6616	1,3750
C_6H_{14}	CH_3 | $CH_3—C—CH_2CH_3$ | CH_3		−98	49,7	0,6492	1,3688

[a] A menos que haja outra indicação, todos os pontos de ebulição fornecidos neste livro referem-se a 1 atm ou 760 torr.
[b] O índice de refração é uma medida da capacidade do alcano em desviar (refratar) os raios de luz. Os valores relatados referem-se à linha D do espectro do sódio (n_D).

Antes do desenvolvimento de um sistema formal de nomenclatura dos compostos orgânicos, perto do final do século XIX, muitos compostos orgânicos já haviam sido descobertos ou sintetizados. Os primeiros químicos deram nomes a esses compostos, frequentemente com base na fonte do composto. O ácido acético (cujo nome de acordo com a nomenclatura sistemática é ácido etanoico) é um exemplo. Ele foi obtido pela destilação do vinagre e recebeu o seu nome a partir da palavra latina para vinagre, *acetum*. O ácido fórmico (cujo nome de acordo com a nomenclatura sistemática é ácido metanoico) foi obtido pela destilação dos corpos de formigas; assim, recebeu o nome a partir da palavra latina para formigas, *formicae*. Muitos dos nomes antigos dos compostos, chamados nomes comuns ou "vulgares", ainda são amplamente usados hoje em dia.

Atualmente, os químicos usam uma nomenclatura sistemática desenvolvida e atualizada pela União Internacional de Química Pura e Aplicada (em inglês, IUPAC). O princípio fundamental do sistema IUPAC é: **cada composto diferente deve ter um nome diferente e inequívoco.***

4.3 Como Nomear Alcanos, Haletos de Alquila e Álcoois: o Sistema IUPAC

O **sistema IUPAC** para dar nomes aos **alcanos** não é difícil de aprender e os princípios envolvidos também são usados na nomenclatura dos compostos de outras famílias. Por essas razões, começamos nosso estudo do sistema IUPAC com as regras para nomear alcanos e, em seguida, estudamos as regras para haletos de alquila e álcoois.

O sufixo usado para todos os alcanos é *-ano*. As raízes dos nomes da maioria dos alcanos (acima de C_4) são de origens grega e latina. Aprender as raízes dos nomes é como aprender a contar em química orgânica. Assim, um, dois, três, quatro e cinco transformam-se em met-, et-, prop-, but- e pent-. Os nomes de alguns alcanos não ramificados estão listados na Tabela 4.2.

---

*As regras completas da IUPAC para a nomenclatura podem ser encontradas nas conexões existentes no site da IUPAC na internet.

TABELA 4.2 Alcanos Não Ramificados

Nome	Número de Átomos de Carbono	Estrutura	Nome	Número de Átomos de Carbono	Estrutura
Metano	1	CH_4	Undecano	11	$CH_3(CH_2)_9CH_3$
Etano	2	CH_3CH_3	Dodecano	12	$CH_3(CH_2)_{10}CH_3$
Propano	3	$CH_3CH_2CH_3$	Tridecano	13	$CH_3(CH_2)_{11}CH_3$
Butano	4	$CH_3(CH_2)_2CH_3$	Tetradecano	14	$CH_3(CH_2)_{12}CH_3$
Pentano	5	$CH_3(CH_2)_3CH_3$	Pentadecano	15	$CH_3(CH_2)_{13}CH_3$
Hexano	6	$CH_3(CH_2)_4CH_3$	Hexadecano	16	$CH_3(CH_2)_{14}CH_3$
Heptano	7	$CH_3(CH_2)_5CH_3$	Heptadecano	17	$CH_3(CH_2)_{15}CH_3$
Octano	8	$CH_3(CH_2)_6CH_3$	Octadecano	18	$CH_3(CH_2)_{16}CH_3$
Nonano	9	$CH_3(CH_2)_7CH_3$	Nonadecano	19	$CH_3(CH_2)_{17}CH_3$
Decano	10	$CH_3(CH_2)_8CH_3$	Eicosano	20	$CH_3(CH_2)_{18}CH_3$

4.3A Como Nomear Grupos Alquila Não Ramificados

Se removermos um átomo de hidrogênio de um alcano, obtemos o que é chamado de um **grupo alquila**. Estes grupos alquila têm nomes que terminam em **-ila**. Quando o alcano é **não ramificado** e o átomo de hidrogênio removido é um átomo de hidrogênio **terminal**, os nomes são diretos:

CH_3—H	CH_3CH_2—H	$CH_3CH_2CH_2$—H	$CH_3CH_2CH_2CH_2$—H
Metano	**Etano**	**Propano**	**Butano**
CH_3—	CH_3CH_2—	$CH_3CH_2CH_2$—	$CH_3CH_2CH_2CH_2$—
Metila	**Etila**	**Propila**	**Butila**
Me-	Et-	Pr-	Bu-

DICA ÚTIL

Uma maneira de lembrar os nomes dos quatro primeiros alcanos é usar o mnemônico Maria Esteve Parada Bebendo.

4.3B Como Nomear Alcanos de Cadeia Ramificada

Alcanos de cadeia ramificada são nomeados de acordo com as seguintes regras:

1. **Localize a maior cadeia contínua de átomos de carbono; essa cadeia determina o nome principal para o alcano.** Por exemplo, o composto visto a seguir é considerado como um *hexano*, porque a maior cadeia contínua contém seis átomos de carbono:

$CH_3CH_2CH_2CH_2CHCH_3$
                    |
                    CH_3

Cadeia mais longa

Dependendo de como a fórmula é escrita, nem sempre a maior cadeia contínua é evidente. Observe, por exemplo, que o alcano visto a seguir é considerado como um *heptano*, porque a maior cadeia contém sete átomos de carbono:

2. **Numere a cadeia mais longa começando pela extremidade da cadeia mais próxima do substituinte.** Aplicando essa regra, numeramos os dois alcanos anteriores da seguinte forma:

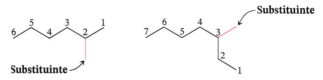

3. **Use os números obtidos pela aplicação da regra 2 para indicar a localização do grupo substituinte.** O nome principal é colocado por último e o nome do grupo substituinte, precedido pelo número que representa a sua localização na cadeia mais longa, é colocado em primeiro lugar. Os números são separados das palavras por um hífen. Nossos dois exemplos são 2-metil-hexano e 3-metil-heptano, respectivamente:

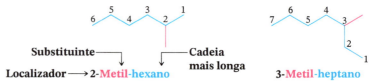

4. **Quando dois ou mais substituintes estão presentes, dê a cada substituinte um número correspondente à sua localização na cadeia mais longa.** Por exemplo, podemos denominar o seguinte composto como 4-etil-2-metil-hexano:

4-Etil-2-metil-hexano

Os grupos substituintes devem ser listados em *ordem alfabética* (ou seja, etil antes de metil).* Ao optar pela ordem alfabética, não leve em consideração os prefixos multiplicadores, tais como "di" e "tri".

5. **Quando dois substituintes estão presentes no mesmo carbono, use esse número duas vezes:**

3-Etil-3-metil-hexano

6. **Quando dois ou mais substituintes são idênticos, indique-os pelo uso dos prefixos di-, tri-, tetra-, e assim por diante.** Tenha certeza de que cada substituinte possui um número. Use vírgulas para separar os números um do outro:

2,3-Dimetilbutano   2,3,4-Trimetilpentano   2,2,4,4-Tetrametilpentano

A aplicação dessas seis regras nos permite nomear a maioria dos alcanos que encontraremos. Duas outras regras, no entanto, podem ser necessárias ocasionalmente:

---

*Alguns manuais também listam os grupos em ordem crescente de tamanho ou complexidade (isto é, metil antes de etil). Entretanto, a apresentação em ordem alfabética é, de longe, o sistema mais utilizado atualmente.

7. **Quando duas cadeias de comprimento igual competem entre si para ser a cadeia principal, escolha a cadeia com maior número de substituintes:**

2,3,5-Trimetil-4-propil-heptano
(quatro substituintes)

8. **Quando a primeira ramificação ocorre na mesma distância de cada lado da cadeia mais longa, escolha o nome que fornece o número mais baixo no primeiro ponto de diferença:**

2,3,5-Trimetil-hexano
(*não* 2,4,5-trimetil-hexano)

PROBLEMA RESOLVIDO 4.1

Forneça um nome IUPAC para o alcano visto a seguir.

Estratégia e Resposta

Encontramos que a cadeia mais longa (destacada em azul) tem sete carbonos; por isso o nome principal é heptano. Existem dois grupos metila (destacados em rosa). Numeramos a cadeia de modo a dar ao primeiro grupo metila o número menor. O nome correto, portanto, é 3,4-dimetil-heptano. Estaria errado numerar a cadeia a partir do outro lado, pois resultaria em 4,5-dimetil-heptano.

PROBLEMA DE REVISÃO 4.2

Qual estrutura não representa o 2-metilpentano?

(a)   (b)   (c)   (d)

PROBLEMA DE REVISÃO 4.3

Escreva a estrutura e dê o nome IUPAC para um alcano com fórmula C_6H_{14} que tem apenas átomos de carbono primários e secundários.

PROBLEMA DE REVISÃO 4.4

Desenhe estruturas em bastão para todos os isômeros do C_8H_{18} que tenham substituintes **(a)** metila e **(b)** etila.

4.3C Como Nomear Grupos Alquila Ramificados

Na Seção 4.3A, você aprendeu os nomes para os grupos alquila não ramificados, como metila, etila, propila e butila, grupos obtidos a partir da remoção de um hidrogênio terminal de um alcano. Para alcanos com mais de dois átomos de carbono, é possível obter-se mais de um grupo. Por exemplo, dois grupos podem ser obtidos do propano; o **grupo propila** é obtido pela remoção de um hidrogênio terminal e o **1-metiletila**, ou **grupo isopropila**, é obtido pela remoção de um hidrogênio do carbono central:

Grupos com Três Carbonos

CH₃CH₂CH₃
Propano

CH₃CH₂CH₂—   CH₃CHCH₃
                            |

Propila (ou Pr)   **Isopropila (ou i-Pr)**

1-Metiletila é o nome sistemático para este grupo; isopropila é o nome comum. A nomenclatura sistemática de grupos alquila é semelhante à dos alcanos de cadeia ramificada, com a condição de que *a numeração comece sempre no ponto onde o grupo está ligado à cadeia principal*. Existem quatro grupos C₄.

Grupos com Quatro Carbonos

CH₃CH₂CH₂CH₃
Butano

CH₃CH₂CH₂CH₂—   CH₃CHCH₂—   CH₃CH₂CHCH₃   (CH₃)₃C—
                             | |
                            CH₃

Butila   **Isobutila**   ***sec*-Butila (ou *s*-Bu)**   ***terc*-Butila (ou *t*-Bu)**

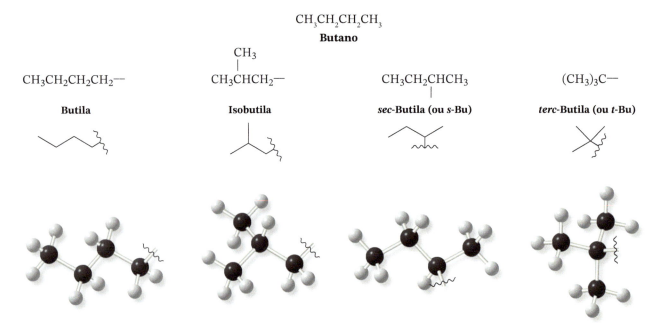

Os seguintes exemplos mostram como os nomes desses grupos são utilizados:

4-isopropil-heptano ou **4-(1-metiletil)heptano**

4-*terc*-butiloctano ou **4-(1,1-Dimetiletil)octano**

Os nomes comuns **isopropila, isobutila, *sec*-butila** e ***terc*-butila** são aprovados pela IUPAC para os grupos não substituídos e eles ainda são usados frequentemente. Você deve memorizar muito bem esses grupos para que possa reconhecê-los seja qual for a maneira como eles sejam escritos. Ao optar pela ordem alfabética para esses grupos, você deve ignorar os prefixos definidores da estrutura que estão escritos em itálico e separados dos nomes por um hífen. Assim, o *terc*-butila precede o etila, mas o etila precede o isobutila.*

Existe um grupo com cinco átomos de carbono cujo nome comum, aprovado pela IUPAC, você também deve saber: o grupo 2,2-dimetilpropila, comumente chamado de **grupo neopentila**:

CH₃—C(CH₃)(CH₃)—CH₂—

2,2-Dimetilpropila ou grupo neopentila

PROBLEMA DE REVISÃO 4.5

(a) Além do grupo 2,2-dimetilpropila (ou neopentila) que acabamos de apresentar, existem outros sete grupos de cinco carbonos. Desenhe estruturas em bastão e dê seus nomes sistemáticos. **(b)** Desenhe estruturas em bastão e forneça os nomes IUPAC para todos os isômeros do C₇H₁₆.

4.3D Como Classificar Átomos de Hidrogênio

Os átomos de hidrogênio de um alcano são classificados com base no átomo de carbono ao qual estão ligados. Um átomo de hidrogênio ligado a um átomo de carbono primário é um átomo de hidrogênio primário (1°), e assim por diante. O composto a seguir, 2-metilbutano, tem átomos de hidrogênio do tipo primário, secundário (2°) e terciário (3°):

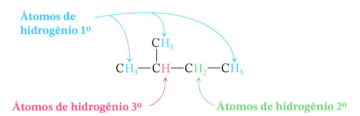

Por outro lado, o 2,2-dimetilpropano, um composto que é muitas vezes chamado de **neopentano**, tem apenas átomos de hidrogênio primários:

H₃C—C(CH₃)(CH₃)—CH₃

2,2-Dimetilpropano (neopentano)

4.3E Como Nomear Haletos de Alquila

Os alcanos contendo halogênios como substituintes são chamados pelo sistema IUPAC de haloalcanos:

CH₃CH₂Cl   CH₃CH₂CH₂F   CH₃CHBrCH₃
Cloroetano   **1-Fluoropropano**   **2-Bromopropano**

---

*As abreviações *i*-, *s*- e *t*- são às vezes utilizadas para iso-, *sec*- e *terc*-, respectivamente.

- Quando a cadeia principal tem um halogênio e um grupo alquila ligado a ela, numere a cadeia a partir da extremidade mais próxima do primeiro substituinte, independentemente de se tratar do halogênio ou do grupo alquila. Se dois substituintes estão a uma distância igual a partir da extremidade da cadeia, então numere a cadeia a partir da extremidade mais próxima do substituinte que tem precedência alfabética:

2-Cloro-3-metilpentano   2-Cloro-4-metilpentano

Entretanto, nomes comuns para muitos haloalcanos simples ainda são largamente utilizados. Nesse sistema de nomenclatura comum, chamado de **nomenclatura de classe funcional**, os haloalcanos são nomeados como haletos de alquila. (Os nomes vistos a seguir também são aceitos pela IUPAC.)

Cloreto de etila   **Brometo de isopropila**   **Brometo de *terc*-butila**   **Cloreto de isobutila**   **Brometo de neopentila**

PROBLEMA DE REVISÃO 4.6 Desenhe estruturas em bastão e dê os nomes de acordo com a nomenclatura substitutiva da IUPAC para todos os isômeros do **(a)** C_4H_9Cl e **(b)** $C_5H_{11}Br$.

4.3F Como Nomear Álcoois

Na **nomenclatura substitutiva** da IUPAC, um nome pode ter até quatro das seguintes características: **localizadores, prefixos, composto principal** e **sufixos**. Considere o seguinte exemplo:

$$CH_3CH_2CHCH_2CH_2CH_2OH$$
$$|$$
$$CH_3$$

4-Metil-1-hexanol

Localizador Prefixo Localizador Principal Sufixo

O *localizador* **4-** diz que o grupo substituinte **metila**, denominado *prefixo*, está ligado ao *composto principal* no carbono C4. O composto principal contém seis átomos de carbono e nenhuma ligação múltipla. Daí o nome principal ser **hexano**. É também um álcool, portanto tem o *sufixo* **-ol**. O localizador **1-** diz que o carbono C1 tem o grupo hidroxila. **Em geral, a numeração da cadeia sempre começa na extremidade mais próxima do grupo denominado como um sufixo.**

O localizador para um sufixo (seja para um álcool ou outro grupo funcional) pode ser colocado antes do nome principal, como no exemplo anterior ou, de acordo com uma revisão de 1993 das regras da IUPAC, imediatamente antes do sufixo. Ambos os métodos são aprovados pela IUPAC. Portanto, o composto anterior também poderia ser chamado de **4-metil-hexan-1-ol**.

- O seguinte procedimento deve ser seguido ao dar nomes substitutivos IUPAC aos álcoois:

    1. Selecione a cadeia de carbono mais longa e contínua *na qual a hidroxila está diretamente ligada*. Mude o nome do alcano correspondente a essa cadeia removendo a terminação *-o* e adicionando o sufixo *-ol*.

2. Numere a cadeia de carbono mais longa e contínua de modo a dar ao átomo de carbono contendo o grupo hidroxila o menor número. Indique a posição do grupo hidroxila usando esse número como um localizador e indique as posições dos outros substituintes (como prefixos) usando como localizadores os números correspondentes às suas posições ao longo da cadeia de carbono.

Os seguintes exemplos mostram como essas regras são aplicadas:

1-Propanol

2-Butanol

**4-Metil-1-pentanol
ou 4-metilpentan-1-ol**
(*não* 2-metil-5-pentanol)

**3-Cloro-1-propanol
ou 3-cloropropan-1-ol**

**4,4-Dimetil-2-pentanol
ou 4,4-dimetilpentan-2-ol**

PROBLEMA RESOLVIDO 4.2

Forneça um nome IUPAC para o composto visto a seguir.

Estratégia e Resposta

Descobrimos que a cadeia de carbono mais longa (em rosa, à direita) tem cinco carbonos e tem um grupo hidroxila no primeiro carbono. Assim, chamamos essa parte da molécula de 1-pentanol. Há um grupo fenila no carbono-1 e um grupo metila no carbono-3, de modo que o nome completo é 3-metil-1-fenil-1-pentanol.

PROBLEMA DE REVISÃO 4.7

Desenhe estruturas em bastão e dê nomes substitutivos da IUPAC para todos os isômeros dos álcoois com as fórmulas (a) $C_4H_{10}O$ e (b) $C_5H_{12}O$.

Os álcoois simples são muitas vezes chamados pelos nomes *comuns* de sua classe funcional, que também são aprovados pela IUPAC. Já vimos vários exemplos (Seção 2.6). Além de *álcool metílico, álcool etílico e álcool isopropílico*, existem vários outros, incluindo os seguintes:

Álcool propílico   **Álcool butílico**   **Álcool *sec*-butílico**

Álcool *terc*-butílico   **Álcool isobutílico**   **Álcool neopentílico**

Álcoois contendo dois grupos hidroxila são normalmente chamados de **glicóis**. No sistema substitutivo da IUPAC eles são chamados de **dióis**:

Substitutivo	1,2-Etanodiol ou etano-1,2-diol	1,2-Propanodiol ou propano-1,2-diol	1,3-Propanodiol ou propano-1,3-diol
Comum	*Etilenoglicol*	*Propilenoglicol*	*Trimetilenoglicol*

4.4 Como Nomear Cicloalcanos

4.4A Como Nomear Cicloalcanos Monocíclicos

Cicloalcanos são nomeados adicionando-se "ciclo" antes do nome principal.

1. **Cicloalcanos com um anel e nenhum substituinte:** Conte o número de átomos de carbono no anel, a seguir adicione o prefixo "ciclo" ao início do alcano com o mesmo número de carbonos. Por exemplo, ciclopropano tem três átomos de carbono e ciclopentano tem cinco carbonos.

2. **Cicloalcanos com um anel e um substituinte:** Adicione o nome do substituinte ao início do nome principal. Por exemplo, ciclo-hexano com um grupo isopropila ligado é o isopropilciclo-hexano. Para compostos com apenas um substituinte, não é necessário especificar um número (localizador) para o carbono que possui o substituinte.

3. **Cicloalcanos com um anel e dois ou mais substituintes:** Em um anel quando dois substituintes estão presentes, começamos numerando os átomos de carbono do anel partindo do carbono com o substituinte que primeiro aparece no alfabeto e no sentido que dá ao próximo substituinte o menor número possível. Quando três ou mais substituintes estão presentes, começamos com o substituinte que conduz ao conjunto de localizadores (números) mais baixos. Os substituintes estão listados em ordem alfabética, e não de acordo com o número do seu átomo de carbono.

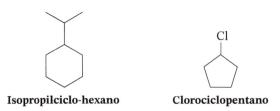

2-Metilciclo-hexanol

1-Etil-3-metilciclo-hexano
(*não* 1-etil-5-metilciclo-hexano)

4-Cloro-2-etil-1-metilciclo-hexano
(*não* 1-cloro-3-etil-4-metilciclo-hexano)

4. Quando um sistema de um único anel está ligado a uma cadeia simples com um número maior de átomos de carbono, ou quando mais de um sistema de anel está ligado a uma única cadeia, então é apropriado dar nome aos compostos como *cicloalquilalcanos*. Por exemplo,

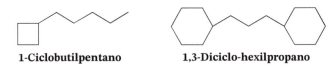

1-Ciclobutilpentano

1,3-Diciclo-hexilpropano

Dê os nomes para os seguintes alcanos substituídos:

PROBLEMA DE REVISÃO 4.8

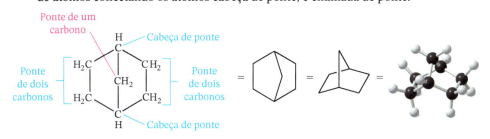

4.4B Como Nomear Cicloalcanos Bicíclicos

1. Nomeamos os compostos contendo dois anéis unidos ou em ponte de bicicloalcanos e usamos como nome principal o nome do alcano correspondente ao número total de átomos de carbono nos anéis. O composto visto a seguir, por exemplo, contém sete átomos de carbono e é, portanto, um biciclo-heptano. Os átomos de carbono comuns a ambos os anéis são chamados de cabeças de ponte, e cada ligação, ou cada cadeia de átomos conectando os átomos cabeça de ponte, é chamada de ponte:

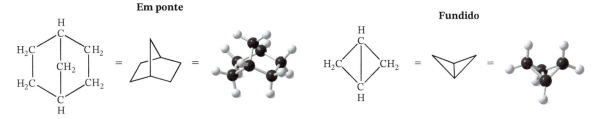

Um biciclo-heptano

DICA ÚTIL

Explore as estruturas desses **compostos bicíclicos** por meio da construção de modelos moleculares utilizando um *kit* de montagem de modelos moleculares.

2. A seguir, intercalamos no nome uma expressão entre colchetes que indica o número de átomos de carbono em cada uma das pontes (em ordem decrescente de comprimento). Os anéis fundidos não têm carbonos na ponte. Por exemplo,

Em ponte   **Fundido**

Biciclo[2.2.1]-heptano
(também conhecido como *norbornano*)

Biciclo[1.1.0]butano

3. Em bicicloalcanos com substituintes, numeramos o sistema de anel em ponte começando em um cabeça de ponte, prosseguindo primeiramente ao longo da ponte mais longa até o outro cabeça de ponte, em seguida ao longo da próxima ponte mais longa de volta ao primeiro cabeça de ponte. A ponte mais curta é numerada por último:

8-Metilbiciclo[3.2.1]octano   **8-Metilbiciclo[4.3.0]nonano**

PROBLEMA RESOLVIDO 4.3

Escreva a fórmula estrutural para 7,7-diclorobiciclo[2.2.1]-heptano.

Estratégia e Resposta

Inicialmente, escrevemos um anel biciclo[2.2.1]-heptano e o numeramos. Então adicionamos os substituintes (dois átomos de cloro) ao carbono apropriado.

PROBLEMA DE REVISÃO 4.9

Dê o nome para cada um dos seguintes alcanos bicíclicos:

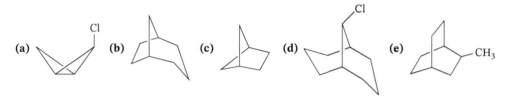

(f) Escreva a estrutura do composto bicíclico que é um isômero constitucional do biciclo[2.2.0]-hexano e dê o seu nome.

4.5 Como Nomear Alquenos e Cicloalquenos

As regras da IUPAC para a nomenclatura dos **alquenos** são, em muitos aspectos, semelhantes às regras para dar nomes aos alcanos:

1. Determine o nome principal selecionando a cadeia mais longa que contém a ligação dupla e mude a terminação do nome do alcano de mesmo comprimento de *-ano* para *-eno*. Assim, se a cadeia mais longa contém cinco átomos de carbono, o nome principal para o alqueno é *penteno*; se ela contém seis átomos de carbono, o nome principal é *hexeno*, e assim por diante.

2. Numere a cadeia de modo a incluir ambos os átomos de carbono da ligação dupla e comece a numeração pela extremidade da cadeia mais próxima da ligação dupla. Indique a localização da ligação dupla usando o número do primeiro átomo da ligação dupla como um prefixo. O localizador para o sufixo do alqueno pode preceder o nome principal ou ser colocado imediatamente antes do sufixo. Vamos mostrar exemplos de ambos os estilos:

1-Buteno
(*não* 3-buteno)

2-Hexeno
(*não* 4-hexeno)

3. Indique as localizações dos grupos substituintes pelos números dos átomos de carbono aos quais eles estão ligados:

2-Metil-2-buteno
ou 2-metilbut-2-eno

2,5-Dimetil-2-hexeno
ou 2,5-dimetil-hex-2-eno

5,5-Dimetil-2-hexeno
ou 5,5-dimetil-hex-2-eno

1-Cloro-2-buteno
ou 1-clorobut-2-eno

Muitos nomes antigos para os alquenos ainda são de uso comum. O eteno é frequentemente chamado de etileno, o propeno é muitas vezes chamado de propileno e o 2-metilpropeno frequentemente é chamado de isobutileno:

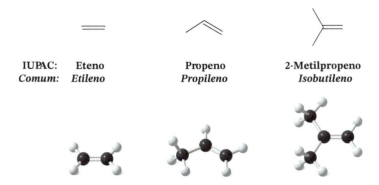

IUPAC: Eteno   Propeno   2-Metilpropeno
Comum: *Etileno*   *Propileno*   *Isobutileno*

4. Numere os cicloalquenos substituídos no sentido que dê aos átomos de carbono da ligação dupla as posições 1 e 2 e que também dê aos grupos substituintes os menores números no primeiro ponto de diferença. Com cicloalquenos substituídos não é necessário especificar a posição da ligação dupla uma vez que ela sempre começará com C1 e C2. Os dois exemplos mostrados a seguir ilustram a aplicação dessas regras:

1-Metilciclopenteno   **3,5-Dimetilciclo-hexeno**
(*não* 2-metilciclopenteno)   (*não* 4,6-dimetilciclo-hexeno)

5. Os compostos contendo uma ligação dupla e um grupo hidroxila são chamados de alquenóis (ou cicloalquenóis), e o carbono ligado à hidroxila tem o menor número:

4-Metil-3-penten-2-ol   **2-Metil-2-ciclo-hexen-1-ol**
ou 4-metilpent-3-en-2-ol   ou 2-metilciclo-hex-2-en-1-ol

6. Dois grupos alquenila encontrados com frequência são o **grupo vinila** e o **grupo alila**.

Grupo vinila   **Grupo alila**

Usando a nomenclatura substitutiva, os grupos vinila e alila são chamados de *etenila* e *prop-2-en-1-ila*, respectivamente. Os exemplos a seguir ilustram a forma como esses nomes são utilizados:

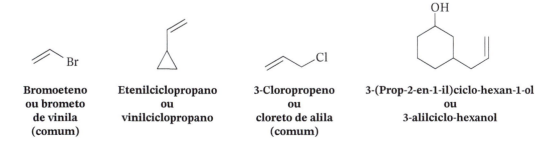

Bromoeteno   **Etenilciclopropano**   **3-Cloropropeno**   **3-(Prop-2-en-1-il)ciclo-hexan-1-ol**
ou brometo   ou   ou   ou
de vinila   vinilciclopropano   cloreto de alila   3-alilciclo-hexanol
(comum)   (comum)

7. Se dois grupos idênticos ou importantes estão no mesmo lado da ligação dupla, o nome do composto pode ser precedido por *cis*; se estão em lados opostos pode ser precedido por *trans*:

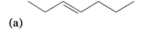

cis-1,2-Dicloroeteno *trans*-1,2-Dicloroeteno

(Na Seção 7.2, veremos outro método para representar a geometria da ligação dupla.)

PROBLEMA RESOLVIDO 4.4

Dê um nome IUPAC para a molécula vista a seguir.

Estratégia e Resposta

Numeramos o anel, conforme mostrado a seguir, a partir do grupo hidroxila de modo a dar à ligação dupla o menor número possível. Incluímos no nome do substituinte (um grupo etenila), na ligação dupla (-*eno*-) e no grupo hidroxila (-*ol*) os números de suas respectivas posições. Logo, o nome IUPAC é 3-etenil-2-ciclopenten-l-ol.

PROBLEMA DE REVISÃO 4.10

Dê os nomes IUPAC para cada um dos seguintes alquenos:

PROBLEMA DE REVISÃO 4.11

Escreva as estruturas em bastão para os seguintes compostos:

(a) *cis*-3-Octeno
(b) *trans*-2-Hexeno
(c) 2,4-Dimetil-2-penteno
(d) *trans*-1-Clorobut-2-eno
(e) 4,5-Dibromo-1-penteno
(f) 1-Bromo-2-metil-1-(prop-2-en-1-il)ciclopentano
(g) 3,4-Dimetilciclopenteno
(h) Vinilciclopentano
(i) 1,2-Diclorociclo-hexeno
(j) *trans*-1,4-Dicloro-2-penteno

4.6 Como Nomear Alquinos

As regras para a nomenclatura dos **alquinos** é muito parecida com as dos alquenos. Os alquinos não ramificados, por exemplo, recebem o nome substituindo-se o **-ano** do nome do alcano correspondente pela terminação **-ino**. A cadeia é numerada para dar aos átomos de carbono da ligação tripla os menores números possíveis. O número mais baixo dos dois átomos de carbono da ligação tripla é usado para indicar a localização da ligação tripla. Quando ligações duplas e triplas estão presentes, a direção da numeração é escolhida de modo a fornecer o menor conjunto global de localizadores. Caso existam opções equivalentes, então se dá preferência para atribuir os menores números para as ligações duplas. Os nomes IUPAC de três alquinos não ramificados são mostrados a seguir:

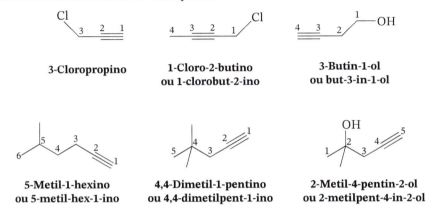

As posições dos grupos substituintes de alquinos ramificados e alquinos substituídos também são indicadas com números. Um grupo —OH tem prioridade sobre a ligação tripla quando se numera a cadeia de um alquinol.

| 3-Cloropropino | 1-Cloro-2-butino ou 1-clorobut-2-ino | 3-Butin-1-ol ou but-3-in-1-ol |

| 5-Metil-1-hexino ou 5-metil-hex-1-ino | 4,4-Dimetil-1-pentino ou 4,4-dimetilpent-1-ino | 2-Metil-4-pentin-2-ol ou 2-metilpent-4-in-2-ol |

PROBLEMA DE REVISÃO 4.12

Dê as estruturas e os nomes IUPAC para todos os alquinos com a fórmula C_6H_{10}.

Acetilenos monossubstituídos ou 1-alquinos são chamados de **alquinos terminais** e o hidrogênio ligado ao carbono da ligação tripla é chamado de **átomo de hidrogênio acetilênico**:

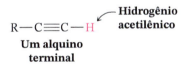

Um alquino terminal

Quando o grupo HC≡C— é indicado como um substituinte, ele é chamado de grupo etinila.

O ânion obtido quando o hidrogênio acetilênico é removido é conhecido como *íon alquineto* ou íon acetileto. Como veremos na Seção 7.11, esses íons são úteis em sínteses:

$$R-C\equiv C:^- \qquad CH_3C\equiv C:^-$$
ou ou
$$R-\!\!\equiv\!\!:^- \qquad -\!\!\equiv\!\!:^-$$

Um íon alquineto   **Íon propineto**
(um íon acetileto)

4.7 Propriedades Físicas de Alcanos e Cicloalcanos

Se examinarmos os alcanos não ramificados na Tabela 4.2, percebemos que cada alcano difere do anterior por um grupo —CH_2—. O butano, por exemplo, é $CH_3(CH_2)_2CH_3$ e o pentano é $CH_3(CH_2)_3CH_3$. Uma série de compostos como esses, em que cada membro é diferente do próximo por uma unidade constante, é chamada de **série homóloga**. Membros de uma série homóloga são chamados de **homólogos**.

À temperatura ambiente (25 °C) e na pressão de 1 atm, os primeiros quatro membros da série homóloga dos alcanos não ramificados são gases (Fig. 4.3), os alcanos não ramificados C_5–C_{17} (do pentano ao heptadecano) são líquidos e os alcanos não ramificados com 18 ou mais átomos de carbono são sólidos.

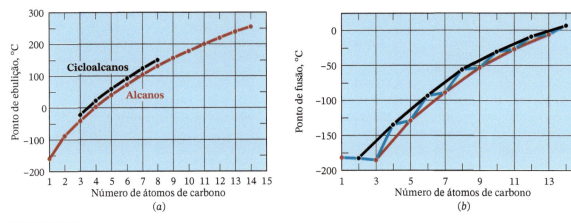

FIGURA 4.3 (a) Pontos de ebulição de alcanos não ramificados (em vermelho) e de cicloalcanos (em preto). (b) Pontos de fusão de alcanos não ramificados.

Pontos de Ebulição Os pontos de ebulição dos alcanos não ramificados apresentam um aumento regular com o aumento da massa molecular (Fig. 4.3a) na série homóloga dos alcanos de cadeia linear. No entanto, ramificações da cadeia do alcano abaixam o ponto de ebulição. Os isômeros do hexano na Tabela 4.1 exemplificam essa tendência.

Parte da explicação para esses efeitos encontra-se nas forças de dispersão que estudamos na Seção 2.13B. Com alcanos não ramificados, à medida que aumenta a massa molecular, o tamanho da molécula também aumenta e, ainda mais importante, aumenta a área da superfície molecular. Com o aumento da área superficial, aumentam as forças de dispersão entre as moléculas e, portanto, é necessário mais energia (temperatura mais alta) para as moléculas serem separadas umas das outras e entrarem em ebulição. A ramificação da cadeia, por outro lado, faz com que uma molécula fique mais compacta, reduzindo a sua área superficial e a intensidade das forças de dispersão entre ela e as moléculas adjacentes. Isso tem o efeito de diminuir o ponto de ebulição dessas moléculas. A Fig. 4.4 ilustra esse comportamento para dois isômeros C8.

FIGURA 4.4 Ramificações diminuem a área da superfície de contato entre as moléculas, diminuindo as forças de dispersão entre elas. Isso é evidente no ponto de ebulição mais baixo do isômero C_8H_{18} ramificado em (b), quando comparado com o isômero C_8H_{18} não ramificado em (a).

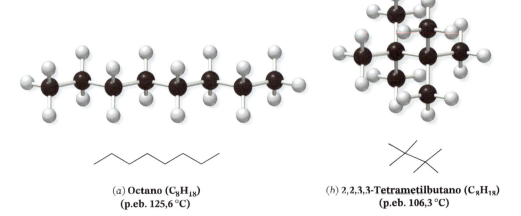

(a) Octano (C_8H_{18})
(p.eb. 125,6 °C)

(b) 2,2,3,3-Tetrametilbutano (C_8H_{18})
(p.eb. 106,3 °C)

Pontos de Fusão Ao contrário dos pontos de ebulição, os alcanos não ramificados não mostram um aumento regular nos pontos de fusão com o aumento da massa molecular (linha azul na Fig. 4.3b). Ao progredirmos de um alcano não ramificado com número par de átomos de carbono para um alcano não ramificado com número ímpar de átomos de carbono, encontramos uma alternância nos valores de ponto de fusão. Porém, se os alcanos com números pares e ímpares são representados graficamente através de curvas *separadas* em um gráfico (linhas preta e vermelha na Fig. 4.3b), verifica-se que há um aumento regular no ponto de fusão com o aumento da massa molecular.

Estudos de difração de raios X, que fornecem informações sobre a estrutura molecular, revelaram a razão para essa aparente anomalia. As cadeias dos alcanos com um número par de átomos de carbono empacotam mais densamente no estado cristalino. Como resultado, as forças de atração entre as cadeias individuais são maiores e os pontos de fusão mais elevados.

Cicloalcanos também apresentam pontos de fusão muito superiores aos dos alcanos correspondentes de cadeia aberta (Fig. 4.3).

Massa Específica Como uma classe, os alcanos e cicloalcanos são os menos densos de todos os grupos de compostos orgânicos. Todos os alcanos e cicloalcanos possuem massas específicas consideravelmente menores do que $1,00 \text{ g mL}^{-1}$ (a massa específica da água a 4 °C). Como consequência, o petróleo (uma mistura de hidrocarbonetos rica em alcanos) flutua na água.

Solubilidade Os alcanos e cicloalcanos são quase que totalmente insolúveis em água devido à sua polaridade muito baixa e sua incapacidade em formar ligações de hidrogênio. Os alcanos e cicloalcanos líquidos são solúveis um no outro, e eles geralmente se dissolvem em solventes de baixa polaridade. Bons solventes para eles são o benzeno, o tetracloreto de carbono, o clorofórmio e outros hidrocarbonetos.

A Química Ambiental de... Feromônios: Comunicação por Meio de Agentes Químicos

Muitos animais se comunicam com outros membros de sua espécie através de uma linguagem baseada não em sons nem mesmo em sinais visuais, mas nos odores provocados pelos agentes químicos, chamados de **feromônios**, que esses animais liberam. Para os insetos, esse parece ser o principal método de comunicação. Apesar de os feromônios serem secretados em quantidades muito pequenas pelos insetos, eles podem causar profundos e variados efeitos biológicos. Alguns insetos usam feromônios no namoro como atrativos sexuais. Outros usam feromônios como substâncias de advertência, e outros ainda secretam agentes químicos chamados de "compostos de agregação" para convocar os membros de sua espécie a se reunirem. Muitas vezes, esses feromônios são compostos relativamente simples e alguns são hidrocarbonetos. Por exemplo, uma espécie de barata usa o undecano como um feromônio de agregação. Quando uma mariposa-tigre fêmea quer se acasalar, ela secreta o 2-metil-heptadecano, um perfume que a mariposa-tigre macho aparentemente acha irresistível. O feromônio sexual da mosca comum (*Musca domestica*) é um alqueno com 23 átomos de carbono com uma ligação dupla *cis* entre os átomos 9 e 10, chamado de muscalura:

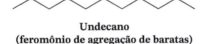

Undecano
(feromônio de agregação de baratas)

2-Metil-heptadecano
(feromônio de atração sexual da mariposa-tigre)

Muscalura
(feromônio de atração sexual da mosca comum)

Muitos feromônios sexuais dos insetos foram sintetizados e são utilizados para atrair os insetos para dentro de armadilhas como meio de controle de insetos, um método muito mais correto ambientalmente que o uso de inseticidas.

Pesquisas sugerem que os feromônios também exercem funções na vida dos seres humanos. A sensibilidade olfativa ao almíscar, que inclui esteroides tais como androsterona, cetonas cíclicas grandes e lactonas (ésteres cíclicos), é diferente entre os sexos e pode influenciar o nosso comportamento. Alguns desses compostos são usados em perfumes, incluindo a civetona, um produto natural isolado das glândulas do gato-de-algália, e a pentalida, um almíscar sintético.

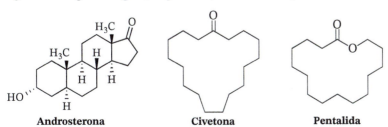

Androsterona   **Civetona**   **Pentalida**

4.8 Ligações Sigma e Rotação das Ligações

Dois grupos ligados por apenas uma ligação simples podem sofrer rotação, um em relação ao outro, em torno dessa ligação.

- As formas moleculares temporárias que resultam de uma rotação são chamadas de **conformações** da molécula.
- Cada estrutura possível é chamada de **confôrmero**.
- Uma análise das variações de energia que ocorrem em uma molécula que sofre rotações em torno de ligações simples é chamada de **análise conformacional**.

4.8A Como Desenhar Projeções de Newman

> **DICA ÚTIL**
>
> Aprenda a desenhar projeções de Newman e representações em cavalete. Utilizando um *kit* de montagem de modelos construa modelos moleculares e compare-os com seus desenhos.

Quando procedermos a uma análise conformacional, descobriremos que determinados tipos de fórmulas estruturais são especialmente convenientes de serem usadas. Um desses tipos é a chamada **fórmula de projeção de Newman**. As projeções de Newman descrevem uma visão de ponta ao longo do comprimento de uma ligação. Uma projeção de Newman e a sua representação correspondente em cavalete são apresentadas a seguir. Na análise conformacional, faremos uso substancial das projeções de Newman.

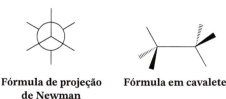

Fórmula de projeção de Newman   **Fórmula em cavalete**

Para escrever uma fórmula de projeção de Newman:

- Nos imaginamos tendo uma visão de um átomo (normalmente de carbono) diretamente ao longo de um eixo de ligação selecionado a partir do átomo seguinte (também geralmente um átomo de carbono).

- O carbono da frente e as suas outras ligações são representados por Y.

- O carbono de trás e as suas ligações são representados por ⊙.

Nas **Figs. 4.5a,b** podemos ver modelos de bola e vareta e uma fórmula de projeção de Newman para a **conformação alternada** do etano. A conformação alternada de uma molécula é aquela conformação em que o **ângulo diedro** entre as ligações em cada uma das ligações carbono–carbono é de 180° e onde os átomos, ou grupos ligados a átomos de carbono, em cada extremidade de uma ligação carbono–carbono estão tão afastados quanto é possível. O ângulo diedro de 180° na conformação alternada do etano está indicado na Fig. 4.5b.

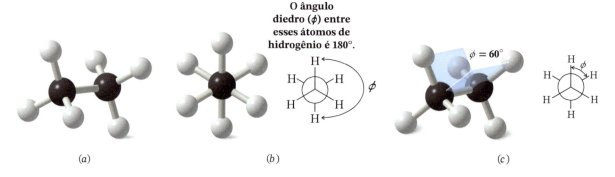

(a)   (b)   (c)

FIGURA 4.5 (a) Conformação alternada do etano. (b) Fórmula de projeção de Newman para a conformação alternada. (c) O ângulo diedro entre esses átomos de hidrogênio é de 60°.

A conformação eclipsada do etano é vista na **Fig. 4.6** utilizando-se modelos de bola e vareta e uma projeção de Newman. Em uma **conformação eclipsada**, os átomos ligados aos átomos de carbono em cada extremidade de uma ligação carbono–carbono estão diretamente opostos um ao outro. O ângulo diedro entre eles é 0°.

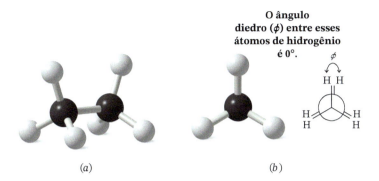

FIGURA 4.6 (*a*) Conformação eclipsada do etano. (*b*) Fórmula de projeção de Newman para a conformação eclipsada.

4.8B Como Fazer uma Análise Conformacional

Agora vamos considerar uma análise conformacional do etano. Claramente, alterações infinitamente pequenas no ângulo diedro entre as ligações C—H em cada extremidade do etano podem levar a um número infinito de conformações, incluindo, naturalmente, as conformações alternada e eclipsada. No entanto, essas conformações diferentes não têm todas a mesma estabilidade e é conhecido que a conformação alternada do etano é a conformação mais estável (ou seja, é a conformação de mais baixa energia potencial). A explicação para a maior estabilidade da conformação alternada está relacionada principalmente com a repulsão estérica entre os pares de elétrons ligantes. Na conformação eclipsada as nuvens eletrônicas das ligações C—H estão próximas e se repelem. A conformação alternada permite a separação máxima dos pares eletrônicos das ligações C—H. Adicionalmente, existe um fenômeno conhecido como **hiperconjugação** que envolve a sobreposição favorável entre os orbitais ligantes e antiligantes sigma na conformação alternada. A hiperconjugação ajuda a estabilizar a conformação alternada. O fator mais importante, no entanto, é a minimização da repulsão estérica quando da conformação alternada. Nos próximos capítulos, falaremos mais sobre hiperconjugação e de seu papel na estabilidade relativa de espécies reativas chamadas de carbocátions.

- A diferença de energia entre as conformações do etano pode ser representada graficamente em um **diagrama de energia potencial**, como mostrado na **Fig. 4.7**.

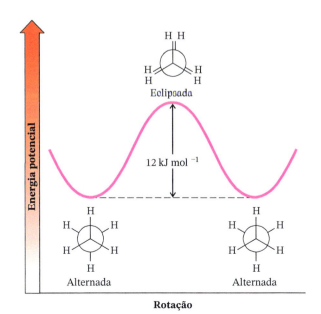

FIGURA 4.7 Variações de energia potencial que acompanham a rotação dos grupos em torno da ligação carbono–carbono do etano.

No etano, a diferença de energia entre as conformações alternada e eclipsada é de aproximadamente 12 kJ mol^{-1}. Essa pequena barreira de rotação é chamada de **barreira torsional** da ligação simples. Devido a essa barreira, algumas moléculas irão oscilar entre as conformações alternada e quase alternada, enquanto outras, com um pouco mais de energia, irão girar de uma conformação eclipsada para uma conformação alternada. Em um determinado momento, a menos que a temperatura seja extremamente baixa (−250 °C), a maioria das moléculas de etano terá energia suficiente para sofrer uma rotação de ligação de uma conformação para outra.

Qual o efeito do que acabamos de ver sobre o etano? Podemos responder a esta pergunta de duas maneiras diferentes. Se considerarmos uma única molécula de etano, podemos dizer, por exemplo, que ela vai passar a maior parte de seu tempo na energia mais baixa, ou seja, na conformação alternada ou em uma conformação muito próxima de ser alternada. No entanto, muitas vezes a cada segundo ela irá adquirir energia suficiente através de colisões com outras moléculas para superar a barreira torsional e vai girar até uma conformação eclipsada. Se falarmos em termos de um número grande de moléculas de etano (uma situação mais realista), podemos dizer que a qualquer momento a maioria das moléculas estará na conformação alternada ou quase alternada.

> **PRÊMIO NOBEL**
> A ideia de que algumas conformações moleculares são favorecidas foi resultado do trabalho de J. H. van't Hoff. Ele também foi o primeiro laureado com o Prêmio Nobel de Química (1901), por seu trabalho em cinética química.

4.9 Análise Conformacional do Butano

Consideremos a rotação em torno da ligação C2—C3 do butano. A barreira de rotação em torno da ligação C2—C3 do butano é maior que a barreira de rotação em torno da ligação C—C do etano, mas não é suficientemente maior para impedir a rotação que conduz a existência de todos possíveis confôrmeros do butano.

Butano

- Os fatores envolvidos nessa barreira de rotação são, no conjunto, chamados de **tensão torsional** e incluem as interações repulsivas entre as nuvens de elétrons dos grupos ligados, chamadas de **impedimento estérico**.

No butano, a tensão torsional é resultado do impedimento estérico entre os grupos metila terminais e os átomos de hidrogênio em C2 e C3 e do impedimento estérico diretamente entre os dois grupos metila. Estas interações resultam em seis confôrmeros importantes, mostrados a seguir de **I** a **VI**:

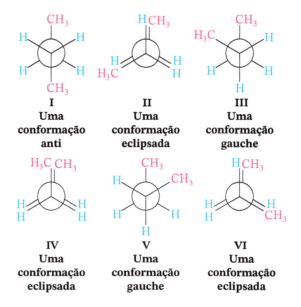

I Uma conformação anti
II Uma conformação eclipsada
III Uma conformação gauche
IV Uma conformação eclipsada
V Uma conformação gauche
VI Uma conformação eclipsada

> **DICA ÚTIL**
> Você deve construir um modelo molecular do butano e analisar as suas diferentes conformações quando discutirmos as suas energias potenciais relativas.

A **conformação anti** (**I**) não tem tensão torsional devido ao impedimento estérico porque os grupos estão alternados e os grupos metila estão bem afastados. A conformação anti é a mais estável. Os grupos metila nas **conformações gauche III** e **V** estão suficientemente perto uns dos outros, de modo que as forças de dispersão entre eles são *repulsivas*, ou seja, as nuvens de elétrons dos dois grupos estão tão próximas que elas se repelem. Essa repulsão faz com que as conformações gauche tenham aproximadamente mais 3,8 kJ mol⁻¹ de energia do que a conformação anti.

As conformações eclipsadas (**II**, **IV** e **VI**) apresentam os valores máximos de energia no diagrama de energia potencial (Fig. 4.8). As conformações eclipsadas **II** e **VI** têm forças de dispersão repulsivas decorrentes dos grupos metila e átomos de hidrogênio eclipsados. A conformação eclipsada **IV** tem a maior energia de todas devido às grandes forças de dispersão repulsivas adicionais entre os grupos metila eclipsados quando comparada com **II** e **VI**.

Embora as barreiras de rotação em uma molécula de butano sejam maiores do que aquelas em uma molécula de etano (Seção 4.8), elas ainda são muito pequenas para permitir o isolamento das conformações gauche e anti em temperaturas normais. Somente em temperaturas extremamente baixas as moléculas não teriam energia suficiente para transpor essas barreiras.

4.9A Estereoisômeros e Estereoisômeros Conformacionais

Os confôrmeros gauche **III** e **V** do butano são exemplos de estereoisômeros.

- **Estereoisômeros** têm as mesmas fórmulas moleculares e conectividades, mas diferentes arranjos dos átomos no espaço tridimensional.
- **Estereoisômeros conformacionais** estão relacionados um ao outro por rotações de ligação.

A **análise conformacional** não é a única maneira pela qual consideramos os arranjos tridimensionais e a estereoquímica das moléculas. Veremos que existem outros tipos de estereoisômeros que não podem ser simplesmente interconvertidos através de rotações em torno das ligações simples. Entre esses estão os isômeros cis–trans dos cicloalcanos (Seção 4.13) e outros que consideraremos no Capítulo 5.

PROBLEMA DE REVISÃO 4.13

Esboce uma curva semelhante à da Fig. 4.8 mostrando, em termos gerais, as variações de energia que resultam da rotação em torno da ligação C2—C3 do 2-metilbutano. Você não precisa se preocupar com os valores numéricos reais das variações de energia, mas deve indicar em todos os máximos e mínimos qual é a conformação adequada.

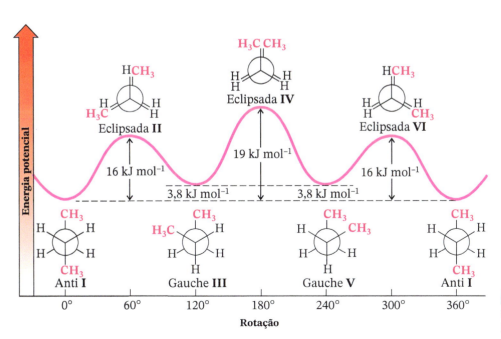

FIGURA 4.8 Variações de energia que surgem da rotação em torno da ligação C2—C3 do butano.

A Química Biológica de... Ação Muscular

As proteínas dos músculos são essencialmente moléculas lineares muito longas (dobradas em um formato compacto), cujos átomos estão ligados por ligações simples em uma forma encadeada. Conforme já vimos, é possível a rotação relativamente livre dos átomos unidos por ligações simples. Quando nossos músculos contraem, como na pessoa se exercitando mostrada aqui, o efeito cumulativo das rotações em torno de muitas ligações simples é o de mover a cauda de cada molécula de miosina de 60 Å ao longo da proteína adjacente (chamada actina), em uma etapa conhecida como "puxão". Esse processo ocorre repetidamente como parte de um mecanismo de catraca entre muitas miosinas e moléculas de actina para cada movimento do músculo.

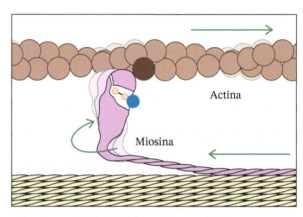

Movimento de puxão no músculo

4.10 Estabilidades Relativas dos Cicloalcanos: Tensão de Anel

Nem todos os **cicloalcanos** têm a mesma estabilidade relativa. Experimentos têm mostrado que o ciclo-hexano é o cicloalcano mais estável e que, em comparação, o ciclopropano e o ciclobutano são muito menos estáveis. Essa diferença na estabilidade relativa ocorre devido à **tensão de anel**, que compreende a **tensão angular** e a **tensão torsional**.

- **Tensão angular** é o resultado do desvio de ângulos de ligação ideais provocado por limitações estruturais inerentes (tais como o tamanho do anel).
- **Tensão torsional** é o resultado de forças de dispersão que não podem ser dissipadas devido à mobilidade conformacional restrita.

4.10A Ciclopropano

Os átomos de carbono dos alcanos têm hibridização sp^3. O ângulo de ligação tetraédrico normal de um átomo hibridizado sp^3 é 109,5°. No ciclopropano (uma molécula com a forma de um triângulo regular), os ângulos internos têm de ser de 60° e, portanto, eles sofrem um grande desvio do seu valor ideal – um desvio de 49,5°:

A tensão angular existe em um anel de ciclopropano porque os orbitais *sp³* dos átomos de carbono não podem se sobrepor de forma tão eficaz (**Fig. 4.9a**), como ocorre nos alcanos (onde uma sobreposição perfeita é possível). As ligações carbono–carbono do ciclopropano são frequentemente descritas como estando "torcidas". A sobreposição de orbitais é menos eficaz. (Os orbitais utilizados para essas ligações não são puramente *sp³*, pois eles contêm mais caráter *p*.) As ligações carbono–carbono do ciclopropano são mais fracas e, como resultado, a molécula tem maior energia potencial.

Embora a tensão angular corresponda à maior parte da tensão do anel no ciclopropano, ela não explica tudo. Como um anel de três membros é planar, todas as ligações C—H do anel são *eclipsadas* (**Figs. 4.9b,c**), e a molécula também tem tensão torsional devido às forças de dispersão repulsivas.

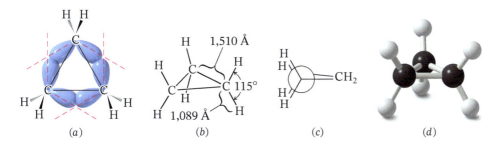

FIGURA 4.9 (*a*) A sobreposição de orbitais nas ligações carbono–carbono do ciclopropano não pode ocorrer perfeitamente. Isso leva a ligações "torcidas" mais fracas e com tensão angular. (*b*) Distâncias e ângulos de ligação no ciclopropano. (*c*) A fórmula de projeção de Newman como vista ao longo de uma ligação carbono–carbono mostra os hidrogênios eclipsados. (A vista ao longo das outras duas ligações mostraria o mesmo resultado.) (*d*) Modelo de bola e vareta do ciclopropano.

4.10B Ciclobutano

O ciclobutano também tem considerável tensão angular. Os ângulos internos são de 88° – um desvio de mais de 21° em relação ao ângulo de ligação tetraédrico normal. O anel do ciclobutano não é plano, mas um pouco "dobrado" (**Fig. 4.10a**). Se o anel do ciclobutano fosse plano, a tensão angular seria um pouco menor (os ângulos internos seriam de 90° em vez dos 88°), mas a tensão torsional seria consideravelmente maior porque todas as oito ligações C—H seriam eclipsadas. Ao dobrar ou curvar ligeiramente o anel do ciclobutano alivia mais a sua tensão torsional do que ele ganha com o ligeiro aumento na sua tensão angular.

4.10C Ciclopentano

Os ângulos internos de um pentágono regular são 108°, um valor muito próximo dos ângulos de ligação tetraédricos normais de 109,5°. Portanto, se as moléculas de ciclopentano fossem planas, elas teriam muito pouca tensão angular. Entretanto, a planaridade introduziria considerável tensão torsional porque todas as 10 ligações C—H seriam eclipsadas. Por conseguinte, assim como o ciclobutano, o ciclopentano assume uma conformação ligeiramente curva, na qual um ou dois dos átomos do anel estão fora do plano dos outros (Fig. 4.10*b*).

> **DICA ÚTIL**
>
> Os modelos moleculares podem ajudar imensamente na compreensão desta e das seções subsequentes sobre análise conformacional. Sugerimos que siga sua leitura das Seções 4.11-4.13 com estes modelos.

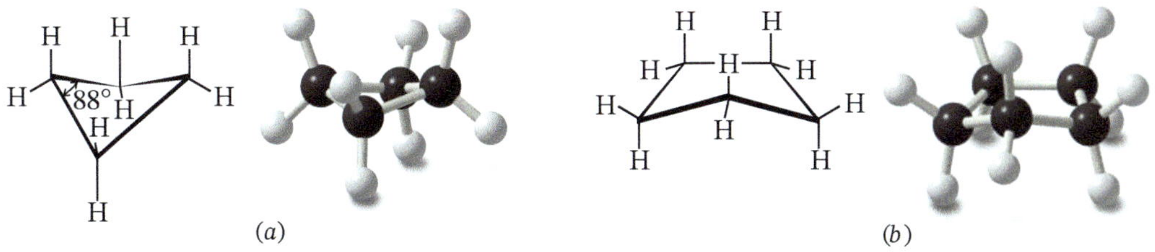

FIGURA 4.10 (*a*) Conformação "dobrada" ou "curvada" do ciclobutano. (*b*) Forma "curvada" ou do "tipo envelope" do ciclopentano. Nessa estrutura, o átomo de carbono da frente está curvado para cima. Na verdade, a molécula é flexível e muda constantemente de conformação.

Isso alivia parte da tensão torsional. Ligeiras rotações das ligações carbono–carbono podem ocorrer com pouca variação de energia; isso faz com que os átomos fora do plano se movam para dentro do plano e que os outros se movam para fora. Portanto, a molécula é flexível e muda rapidamente de uma conformação para outra. Com tensão torsional e tensão angular pequenas, o ciclopentano é quase tão estável quanto o ciclo-hexano.

4.11 Conformações do Ciclo-Hexano: em Cadeira e em Barco

Como já discutimos, o ciclo-hexano é mais estável do que os outros **cicloalcanos** e ele tem várias conformações que são importantes para considerarmos.

- A **conformação do ciclo-hexano** mais estável é a **conformação em cadeira**.
- Não há tensão torsional ou tensão angular na forma cadeira do ciclo-hexano.

Em uma conformação em cadeira (**Fig. 4.11**), todos os ângulos das ligações carbono–carbono são 109,5° e estão, portanto, livres da tensão angular. A conformação em cadeira também está livre da tensão torsional. Quando vistas ao longo de qualquer ligação carbono–carbono (visualizando a estrutura a partir de uma extremidade, **Fig. 4.12**), as ligações parecem ser perfeitamente alternadas. Além disso, a separação entre os átomos de hidrogênio, em cantos opostos do anel do ciclo-hexano, é máxima.

- Através de rotações parciais em torno das ligações simples carbono–carbono do anel, a conformação em cadeira pode assumir outra forma chamada de **conformação em barco** (**Fig. 4.13**).
- A conformação em barco não tem tensão angular, mas tem tensão torsional.

(a) (b) (c) (d)

FIGURA 4.11 Representações da conformação em cadeira do ciclo-hexano: (a) forma de bastão; (b) forma de bola e vareta; (c) em linha; (d) modelo de espaço preenchido do ciclo-hexano. Observe que existem dois tipos de substituintes de hidrogênio – aqueles que se projetam claramente para cima ou para baixo (mostrados em vermelho) e aqueles que estão ao redor do perímetro do anel em orientações mais sutis para cima ou para baixo (mostrados em preto ou cinza). Discutiremos este assunto mais adiante na Seção 4.12.

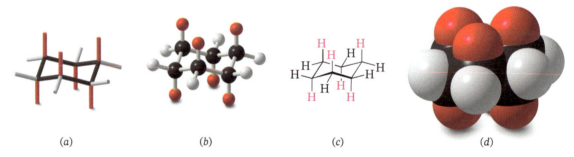

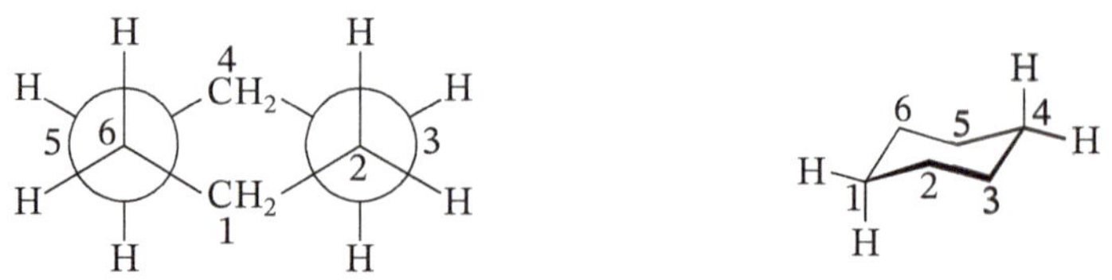

(a) (b)

FIGURA 4.12 (a) Uma projeção de Newman da conformação em cadeira do ciclo-hexano. (Comparações com um modelo molecular real irão tornar esta formulação mais clara e mostrarão que arranjos alternados similares são vistos quando outras ligações carbono–carbono são escolhidas para observação.) (b) Ilustração da grande separação entre os átomos de hidrogênio em cantos opostos do anel (identificados por C1 e C4) quando o anel está na conformação em cadeira.

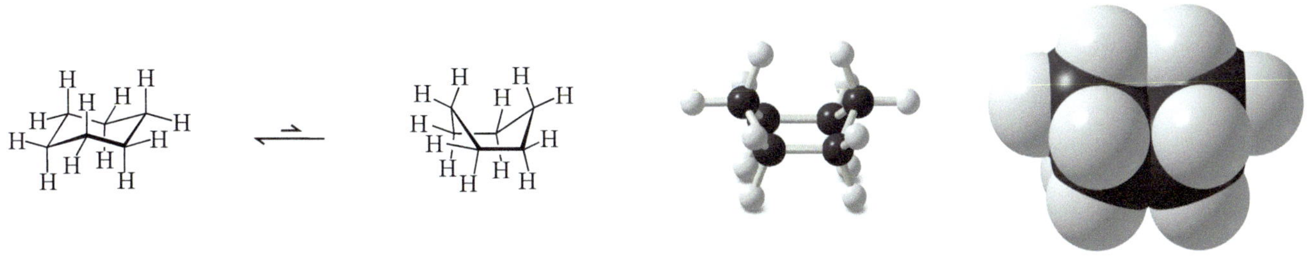

FIGURA 4.13 (*a*) A conformação em barco do ciclo-hexano é formada "invertendo-se" uma extremidade da forma cadeira para cima (ou para baixo). Essa "inversão" requer somente rotações em torno de ligações simples carbono–carbono. (*b*) Modelo de bola e vareta da conformação em barco. (*c*) Um modelo de espaço preenchido da conformação em barco.

Quando um modelo da conformação em barco é visto por baixo, ao longo dos eixos da ligação carbono–carbono (**Fig. 4.14a**), descobre-se que as ligações C—H naqueles átomos de carbono estão eclipsadas, causando tensão torsional. Além disso, dois dos átomos de hidrogênio em C1 e C4 estão suficientemente um perto do outro para causar repulsão de van der Waals (**Fig. 4.14b**). Este último efeito tem sido chamado de interação "mastro" da conformação em barco. A tensão torsional e interações mastro repulsivas fazem com que a conformação em barco tenha consideravelmente mais energia que a conformação em cadeira.

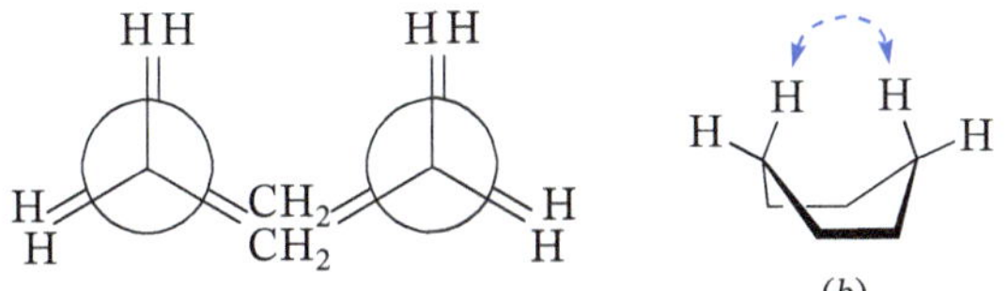

FIGURA 4.14 (*a*) Ilustração da conformação eclipsada da conformação em barco do ciclo-hexano. (*b*) Interação mastro repulsiva dos átomos de hidrogênio em C1 e C4 da conformação em barco. A interação mastro C1–C4 repulsiva também é perceptível na Fig. 4.13c.

Embora seja mais estável, a conformação em cadeira é muito mais rígida do que a conformação em barco. A conformação em barco, por outro lado, é bastante flexível. Flexionando-a para uma nova forma – a conformação torcida (**Fig. 4.15**) – a conformação em barco pode aliviar parte da sua tensão torsional e, ao mesmo tempo, reduzir as interações mastro.

- A conformação em barco torcido tem uma energia mais baixa do que a conformação em barco genuína, mas não é tão estável quanto a conformação em cadeira.

A estabilidade adquirida por flexão não é suficiente, no entanto, para fazer com que a conformação torcida do ciclo-hexano seja mais estável que a conformação em cadeira. Estima-se que a conformação em cadeira tenha uma energia menor que a conformação torcida de aproximadamente 23 kJ mol^{-1}.

As barreiras de energia entre as conformações em cadeira, em barco e torcida do ciclo-hexano são suficientemente baixas (**Fig. 4.16**) para tornar impossível a separação dos confôrmeros à temperatura ambiente. À temperatura ambiente a energia térmica das moléculas é suficientemente grande para fazer com que ocorram aproximadamente um milhão de interconversões a cada segundo.

- *Por causa da maior estabilidade da conformação em cadeira estima-se que mais de 99% das moléculas estejam na conformação em cadeira em qualquer instante.*

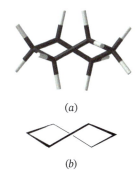

FIGURA 4.15 (*a*) Modelo em bastão e (*b*) desenho em linha da conformação torcida do ciclo-hexano.

4.11A Conformações de Cicloalcanos Superiores

O ciclo-heptano, o ciclo-octano, o ciclononano e outros cicloalcanos superiores também existem em conformações não planares. As pequenas instabilidades desses cicloalcanos superiores parecem ser causadas, principalmente, pela tensão torsional e forças de dispersão de

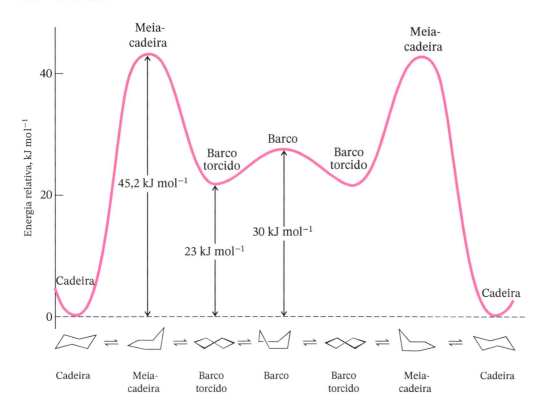

FIGURA 4.16 Energias relativas das várias conformações do ciclo-hexano. Os máximos de energia correspondem à conformação chamada de conformação em meia-cadeira, na qual os átomos de carbono de uma extremidade do anel se tornam coplanares.

PRÊMIO NOBEL

Derek H. R. Barton (1918–1998) e Odd Hassel (1897–1981) dividiram o Prêmio Nobel em 1969 "pelo desenvolvimento e aplicação dos princípios da conformação em química". Seus trabalhos levaram à compreensão fundamental não só da conformação dos anéis do ciclo-hexano, mas também das estruturas dos esteroides (Seção 23.4) e de outros compostos contendo anéis de ciclo-hexano.

repulsão entre os átomos de hidrogênio através do anel, chamadas de *tensão transanular*. As conformações não planares destes anéis, no entanto, não têm praticamente tensão angular.

Estudos cristalográficos de raios X do ciclodecano revelam que a conformação mais estável possui ângulos de ligação carbono–carbono–carbono de 117°. Isso indica alguma tensão angular. Os ângulos de ligação abertos aparentemente permitem às moléculas se expandirem e, desse modo, diminuírem as repulsões desfavoráveis entre os átomos de hidrogênio do anel.

Há muito pouco espaço livre no centro de um cicloalcano, a menos que o anel seja bastante grande. Cálculos indicam que o ciclo-octadecano, por exemplo, é o menor anel através do qual uma cadeia —CH$_2$CH$_2$CH$_2$— pode ser enfileirada. Porém, têm sido sintetizadas moléculas com grandes anéis enfileirados em cadeia e com grandes anéis que estão interligados como elos em uma corrente. Essas moléculas são chamadas de **catenanos**:

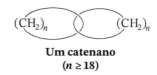

Um catenano
($n \geq 18$)

Em 1994, Sir J. F. Stoddart *et al.*, então na University of Birmingham (Inglaterra), conseguiram uma síntese notável de um catenano contendo uma rede linear de cinco anéis entrelaçados. Como os anéis são interligados da mesma forma que o símbolo olímpico, eles chamaram o composto de **olimpiadano**.

A Química dos Materiais de . . . Motores em Nanoescala e Interruptores Moleculares

Anéis moleculares que se interligam entre si e compostos que são moléculas lineares enfileiradas através dos anéis estão provando ter um potencial fascinante para a criação de interruptores e motores moleculares. As moléculas formadas por anéis entrelaçados, como uma corrente, são chamadas de **catenanos**. Os primeiros catenanos foram sintetizados na década de 1960 e incluem exemplos como o olimpiadano, conforme mencionado na Seção 4.11A. Pesquisas adicionais feitas por J. F. Stoddart *et al.* sobre moléculas entrelaçadas levaram a exemplos como o interruptor molecular catenano mostrado aqui em (*i*).

(continua)

(*continuação*)

Em uma aplicação que poderia ser útil em projetos de circuitos lógicos binários, um anel dessa molécula pode ser compelido a dar voltas de modo controlado sobre o outro, de tal forma que ele alterna entre dois estados definidos. Como demonstração de seu potencial para aplicação na fabricação de produtos eletrônicos, uma monocamada dessas moléculas foi "depositada" sobre uma superfície (*ii*), demonstrando ter características semelhantes a um bit de memória magnética convencional.

Moléculas em que uma molécula linear está enfileirada através de um anel são chamadas de **rotaxanos**. Um exemplo fascinante de um sistema rotaxano é mostrado em (*iii*), desenvolvido por V. Balzani (University of Bologna) *et al*. Por meio da conversão de energia luminosa em energia mecânica, esse rotaxano se comporta como um motor de "quatro-tempos". Na etapa (*a*) a excitação por luz de um elétron no grupo **P** provoca a transferência do elétron para o grupo A_1 inicialmente no estado +2. O ponto A_1 é reduzido ao estado +1. O anel **R**, que foi atraído para A_1 quando este estava no estado +2, agora desliza por sobre A_2 na etapa (*b*), que permanece +2. A volta do elétron de A_1 para P^+ na etapa (*c*) restaura o estado +2 de A_1, causando o retorno do anel **R** à sua posição original na etapa (*d*). Modificações previstas para esse sistema incluem fixar sítios de ligação a **R** de tal forma que algumas outras espécies moleculares poderiam ser transportadas de um local para outro da mesma forma que **R** desliza ao longo da molécula linear, ou ligando **R** por uma corrente do tipo mola a uma extremidade da "haste do pistão" de forma que energias potenciais e mecânicas adicionais possam ser incorporadas ao sistema.

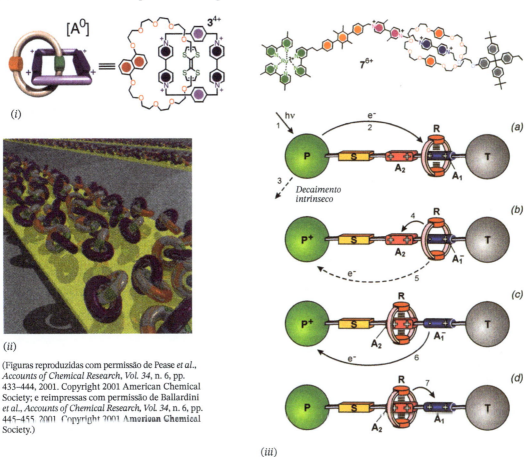

(Figuras reproduzidas com permissão de Pease *et al*., *Accounts of Chemical Research*, Vol. 34, n. 6, pp. 433–444, 2001. Copyright 2001 American Chemical Society; e reimpressas com permissão de Ballardini *et al*., *Accounts of Chemical Research*, Vol. 34, n. 6, pp. 445–455, 2001. Copyright 2001 American Chemical Society.)

4.12 Ciclo-Hexanos Substituídos: Grupos de Hidrogênios Axiais e Equatoriais

O anel de seis membros é o anel mais comum encontrado entre as moléculas orgânicas na natureza. Por essa razão, vamos dar uma atenção especial a ele. Já vimos que a conformação em cadeira do ciclo-hexano é a mais estável e que é a conformação predominante nas moléculas em uma amostra de ciclo-hexano.

FIGURA 4.17 Conformação em cadeira do ciclo-hexano. Os átomos de hidrogênio axial são mostrados em rosa e os átomos de hidrogênio equatorial são mostrados em preto.

A conformação em cadeira de um anel do ciclo-hexano tem duas orientações distintas para as ligações que se projetam do anel. Essas posições são chamadas de axial e equatorial, como se vê na **Fig. 4.17**.

- As **ligações axiais** do ciclo-hexano são perpendiculares ao plano médio do anel. Existem três ligações axiais em cada face do anel do ciclo-hexano, e suas orientações (para cima ou para baixo) se alternam de um carbono para o próximo.
- As **ligações equatoriais** do ciclo-hexano são aquelas que se estendem a partir do perímetro do anel. As ligações equatoriais se alternam em suas orientações (ligeiramente acima e ligeiramente abaixo) de um carbono para o próximo.
- Quando um anel do ciclo-hexano sofre uma mudança conformacional cadeira–cadeira (uma **oscilação do anel**), todas as ligações que eram axiais se tornam equatoriais e todas as ligações que eram equatoriais se tornam axiais.

Também podemos fazer uma analogia entre a conformação cadeira do ciclo-hexano e uma cadeira real. Nas fórmulas à esquerda e acima, o carbono de número 4 está na posição de "apoio para os pés" e o carbono de número 1 está na posição de "apoio para a cabeça". Quando invertemos a cadeira levando à conformação nas fórmulas do lado direito, o apoio para os pés em C-4 vira para cima, tornando-se o apoio para a cabeça, e o apoio para a cabeça em C-1 vira para baixo para se tornar o apoio para os pés.

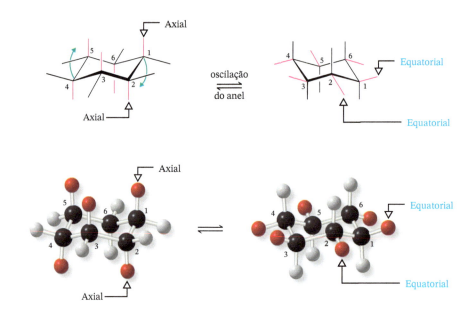

4.12A Como Desenhar Estruturas Conformacionais em Cadeira

O conjunto de instruções visto a seguir orienta o desenho de estruturas conformacionais em cadeira de modo a serem claras e que tenham inequívocas ligações axiais e equatoriais.

- Observe na **Fig. 4.18a** que conjuntos de linhas paralelas definem lados opostos da cadeira. Observe, também, que as ligações equatoriais são paralelas às ligações do anel em ambas as direções, quando a distância entre elas equivale a uma ligação. Quando você desenhar estruturas conformacionais em cadeira, tente fazer com que as ligações correspondentes fiquem em paralelo nos seus desenhos.
- Quando a estrutura em cadeira é desenhada como mostrado na Fig. 4.18, as ligações axiais estão todas para cima ou para baixo, em uma **orientação vertical** (Fig. 4.18b). Quando um vértice das ligações no anel aponta para cima, a ligação axial nessa posição também é para cima e a ligação equatorial no mesmo carbono é levemente inclinada para baixo. Quando um vértice das ligações no anel é para baixo, a ligação axial nessa posição também é para baixo e a ligação equatorial é levemente inclinada para cima.

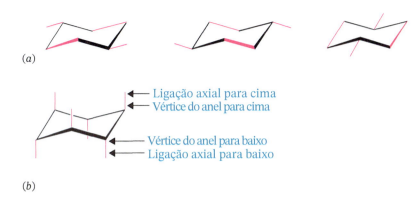

FIGURA 4.18 (a) Conjuntos de linhas paralelas que constituem o anel e as ligações C—H equatoriais da conformação em cadeira. (b) As ligações axiais são todas verticais. Quando o vértice do anel aponta para cima, a ligação axial é para baixo e vice-versa.

Agora, tente você mesmo desenhar algumas estruturas conformacionais em cadeira que incluam as ligações axiais e equatoriais. Em seguida, compare os seus desenhos com os que existem aqui e com modelos reais. Você verá que com um pouco de prática suas estruturas conformacionais em cadeira podem ser perfeitas.

4.12B Análise Conformacional do Metilciclo-hexano

Agora vamos considerar o metilciclo-hexano. O metilciclo-hexano tem duas conformações em cadeira possíveis (**Fig. 4.19**, **I** e **II**) e essas se interconvertem através de rotações de ligação que constituem uma oscilação do anel. Na conformação I (Fig. 4.19a), o grupo metila (com hidrogênios amarelos no modelo de espaço preenchido) ocupa uma posição *axial* e na conformação **II** o grupo metila ocupa uma posição *equatorial*. Em (a) e (b), destacamos os grupos axiais em rosa para enfatizar suas interações estéricas.

- A conformação mais estável para um anel do ciclo-hexano monossubstituído (um anel do ciclo-hexano onde um átomo de carbono possui um grupo diferente de hidrogênio) é a conformação onde o substituinte é equatorial.

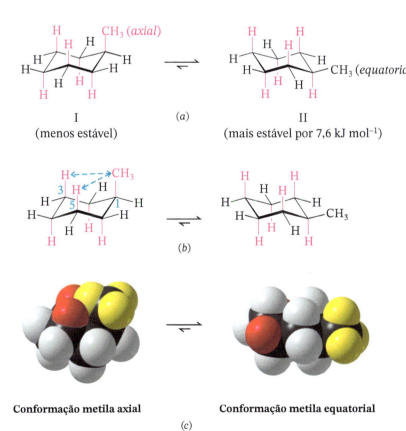

FIGURA 4.19 (a) As conformações do metilciclo-hexano com o grupo metila axial (I) e equatorial (II). (b) As interações 1,3-diaxiais entre os dois átomos de hidrogênio axiais e o grupo metila axial, na conformação axial do metilciclo-hexano, são mostradas com setas tracejadas. Ocorre menos aglomeração na conformação equatorial. (c) Modelos moleculares de espaço preenchido para os confôrmeros metila axial e metila equatorial do metilciclo-hexano. No confôrmero metila axial o grupo metila (mostrado com átomos de hidrogênio amarelos) está comprimido pelos átomos de hidrogênio 1,3 diaxiais (vermelhos) em comparação com o confôrmero metila equatorial que não tem interação 1,3-diaxial com o grupo metila.

Estudos indicam que a conformação **II** com o grupo metila equatorial é mais estável que a conformação **I** com o grupo metila axial por cerca de 7,6 kJ mol^{-1}. Assim, na mistura de equilíbrio, a conformação com o grupo metila na posição equatorial é a predominante, constituindo cerca de 95% da mistura de equilíbrio.

A maior estabilidade do metilciclo-hexano com um grupo metila equatorial pode ser compreendida através de uma inspeção das duas formas como elas são mostradas nas Figs. 4.19a–c.

- Estudos feitos com modelos das duas conformações mostram que quando o grupo metila é axial, ele está tão perto dos dois hidrogênios axiais do mesmo lado do anel (ligados aos átomos C3 e C5) que **as forças de dispersão entre eles são repulsivas**.
- Esse tipo de tensão é de natureza estérica, porque surge de uma interação entre um grupo axial no átomo de carbono 1 e um hidrogênio axial no átomo de carbono 3 (ou 5). Ela é chamada de **interação 1,3-diaxial**.
- Estudos com outros substituintes mostram que **geralmente há menos repulsão quando qualquer grupo maior do que o hidrogênio for equatorial em vez de axial**.

A tensão causada por uma interação 1,3-diaxial no metilciclo-hexano é a mesma tensão provocada pela proximidade dos átomos de hidrogênio dos grupos metila na forma gauche do butano (Seção 4.9). Lembre-se de que a interação no butano-*gauche* (chamada, por conveniência, de uma *interação gauche*) faz com que ele seja menos estável do que butano-*anti* por 3,8 kJ mol^{-1}. As projeções de Newman mostradas a seguir ajudarão você a ver que as duas interações estéricas são iguais. Na segunda projeção observamos o metilciclo-hexano axial ao longo da ligação C1—C2 e vemos que o que chamamos de interação 1,3-diaxial é simplesmente uma interação gauche entre os átomos de hidrogênio do grupo metila e o átomo de hidrogênio em C3:

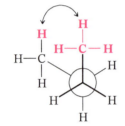
Butano-*gauche*
(tensão estérica de 3,8 kJ mol^{-1})

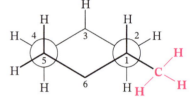
Metilciclo-hexano axial
(duas interações gauche = 7,6 kJ mol^{-1} de tensão estérica)

Metilciclo-hexano equatorial
(mais estável por 7,6 kJ mol^{-1})

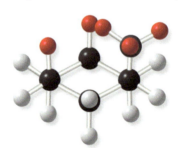

Observando o metilciclo-hexano ao longo da ligação C1—C6 (faça isso com um modelo) mostre que ele tem uma segunda interação gauche idêntica entre os átomos de hidrogênio do grupo metila e o átomo de hidrogênio em C5. Portanto, o grupo metila do metilciclo-hexano axial tem duas interações gauche e, consequentemente, tem 7,6 kJ mol^{-1} de tensão. O grupo metila do metilciclo-hexano equatorial não tem uma interação gauche porque ele é anti para C3 e C5.

PROBLEMA DE REVISÃO 4.14 Mostre através de cálculos (usando a fórmula $\Delta G^0 = -RT \ln K_{eq}$) que a diferença de energia livre de 7,6 kJ mol^{-1} entre as formas axial e equatorial do metilciclo-hexano (com a forma equatorial sendo a mais estável), a 25 °C, está correlacionada a uma mistura de equilíbrio na qual a concentração da forma equatorial é de aproximadamente 95%.

4.12C Interações 1,3-Diaxiais do Grupo *terc*-Butila

Nos derivados do ciclo-hexano com substituintes alquilas volumosos, a tensão causada pelas interações 1,3 diaxiais é ainda mais pronunciada. A conformação do *terc*-butilciclo-hexano com o grupo *terc*-butila equatorial é estimada em aproximadamente 21 kJ mol^{-1} mais estável do que a forma axial (**Fig. 4.20**). Essa diferença grande de energia entre as duas conformações significa que, à temperatura ambiente, 99,99% das moléculas de *terc*-butilciclo-hexano têm o grupo *terc*-butila na posição equatorial. (Contudo, a molécula não possui uma estrutura "congelada"; ela ainda oscila de uma conformação em cadeira para a outra.)

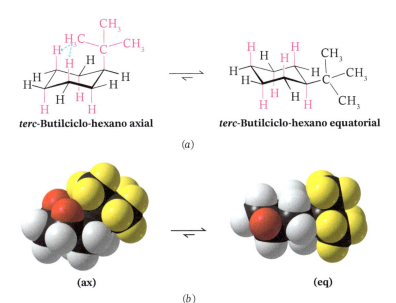

FIGURA 4.20 (*a*) Interações diaxiais com o volumoso grupo *terc*-butila axial fazem com que a conformação com o grupo *terc*-butila equatorial seja a conformação predominante, com 99,99% das moléculas na conformação equatorial. (*b*) Modelos moleculares de espaço preenchido do *terc*-butilciclo-hexano nas conformações axial (ax) e equatorial (eq), destacando a posição dos hidrogênios 1 e 3 (vermelho) e do grupo *terc*-butila (mostrado com átomos de hidrogênio amarelos).

4.13 Cicloalcanos Dissubstituídos: Isomerismo Cis–Trans

A presença de dois substituintes em diferentes carbonos de um cicloalcano permite a possibilidade de **isomerismo cis–trans**, semelhante àquele que vimos para alquenos na Seção 1.13B. Esses isômeros cis–trans são também **estereoisômeros** porque eles diferem entre si apenas no arranjo de seus átomos no espaço. Considere o 1,2-dimetilciclopropano (**Fig. 4.21**) como um exemplo.

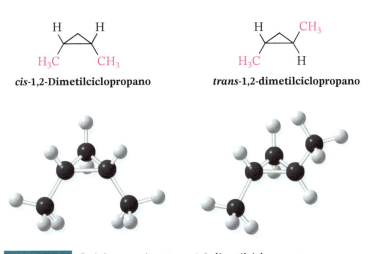

FIGURA 4.21 Os isômeros *cis*- e *trans*-1,2-dimetilciclopropano.

A planaridade do anel do ciclopropano faz com que o isomerismo cis–trans seja óbvio. Na primeira estrutura, os grupos metila estão no mesmo lado do anel, portanto, eles são cis. Na segunda estrutura, eles estão em lados opostos do anel; eles são trans.

Isômeros cis e trans como esses não podem ser interconvertidos sem quebrar as ligações carbono–carbono. Eles terão diferentes propriedades físicas (pontos de ebulição, pontos de fusão, e assim por diante). Como consequência, eles podem ser separados, colocados em frascos diferentes e guardados indefinidamente.

PROBLEMA DE REVISÃO 4.15 Escreva as estruturas dos isômeros cis e trans do (a) 1,2-diclorociclopentano e do (b) 1,3-dibromociclobutano. (c) São possíveis os isômeros cis e trans para o 1,1-dibromociclobutano?

4.13A Isomerismo Cis–Trans e Estruturas Conformacionais dos Ciclo-hexanos

Ciclo-hexanos Trans 1,4-Dissubstituídos Se considerarmos os dimetilciclo-hexanos, as estruturas são um pouco mais complexas porque o anel do ciclo-hexano não é planar. Começando com o *trans*-1,4-dimetilciclo-hexano, porque é mais fácil de visualizar, encontramos duas conformações em cadeira possíveis (**Fig. 4.22**). Em uma conformação os dois grupos metila são axiais; na outra, ambos são equatoriais. A conformação diequatorial é, como seria de se esperar que fosse, a conformação mais estável e representa, pelo menos, 99% das moléculas em equilíbrio.

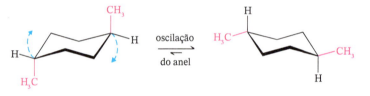

FIGURA 4.22 As duas conformações em cadeira do trans-1,4-dimetilciclo-hexano: trans–diequatorial e trans-diaxial. A forma trans–diequatorial é mais estável tendo uma energia de 15,2 kJ mol⁻¹.

trans-Diaxial   *trans*-Diequatorial

É fácil ver que a forma diaxial do *trans*-1,4-dimetilciclo-hexano é um isômero trans; os dois grupos metila estão claramente em lados opostos do anel. Entretanto, a relação trans dos grupos metila na forma diequatorial não é tão óbvia.

Como sabemos que dois grupos são cis ou trans? A forma geral para reconhecer um ciclo-hexano trans-dissubstituído é observar que um grupo está unido pela ligação *superior* (de dois de seus carbonos) e outro pela ligação *inferior*:

Grupos são *trans* se um está conectado por uma ligação superior e outro por uma ligação inferior

trans-1,4-Dimetilciclo-hexano

Em um ciclo-hexano cis 1,4-dissubstituído ambos os grupos estão unidos por uma ligação superior ou ambos por uma ligação inferior. Por exemplo,

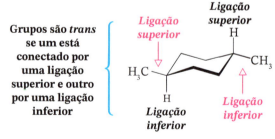

Grupos são *cis* se ambos estão conectados por ligações superiores ou se ambos estão conectados por ligações inferiores

cis-1,4-Dimetilciclo-hexano

Ciclo-hexanos Cis 1,4-Dissubstituídos

O *cis*-1,4-dimetilciclo-hexano existe em duas conformações em cadeira *equivalentes* (**Fig. 4.23**). Em um ciclo-hexano cis 1,4-dissubstituído, um grupo é axial e o outro é equatorial em ambas as conformações em cadeira possíveis.

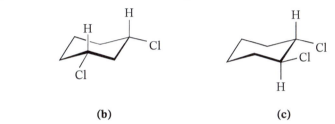

FIGURA 4.23 Conformações equivalentes do *cis*-1,4-dimetilciclo-hexano.

PROBLEMA RESOLVIDO 4.5

Considere cada uma das seguintes estruturas conformacionais e diga se é cis ou trans:

(a)   (b)   (c)

Resposta

(a) Cada cloro está unido pela ligação superior ao seu carbono; portanto, ambos os átomos de cloro estão do mesmo lado da molécula e este é um isômero cis. Este é o *cis*-1,2-diclorociclo-hexano. **(b)** Neste caso, os dois átomos de cloro estão ligados por uma ligação inferior; portanto, neste exemplo, também, os dois átomos de cloro estão do mesmo lado da molécula e esse também é um isômero cis. Esse é o *cis*-1,3-diclorociclo-hexano. **(c)** Aqui um átomo de cloro está ligado por uma ligação inferior e o outro por uma ligação superior. Os dois átomos de cloro, portanto, estão em lados opostos da molécula e este é um isômero trans. Esse é o *trans*-1,2-diclorociclo-hexano. Verifique esses resultados pela construção de modelos.

As duas conformações do ciclo-hexano cis 1,4-dissubstituído *não são equivalentes* se um grupo é mais volumoso do que o outro. Considere o *cis*-1-*terc*-butil-4-metilciclo-hexano:

(**Mais estável porque o grupo volumoso é equatorial**)   (**Menos estável porque o grupo volumoso é axial**)

cis-1-*terc*-Butil-4-metilciclo-hexano

Aqui a conformação mais estável é aquela com o grupo volumoso equatorial. Esse é um princípio geral:

- Quando um grupo substituinte do anel é mais volumoso do que o outro e ambos não podem ser equatoriais, a conformação com o grupo volumoso equatorial será mais estável.

PROBLEMA DE REVISÃO 4.16

(a) Escreva as fórmulas estruturais para as duas conformações em cadeira do *cis*-1-isopropil-4-metilciclo-hexano. **(b)** Essas duas conformações são equivalentes? **(c)** Se não são, qual seria a mais estável? **(d)** Qual seria a conformação preferida no equilíbrio?

Ciclo-hexanos Trans 1,3-Dissubstituídos O *trans*-1,3-dimetilciclo-hexano é como o composto cis 1,4 no sentido de que cada conformação tem um grupo metila em uma posição axial e o outro grupo metila em uma posição equatorial. As duas conformações, vistas a seguir, têm energias iguais e são igualmente populadas no equilíbrio:

trans-1,3-Dimetilciclo-hexano
Conformações de mesma energia e igualmente populadas

A situação é diferente para o *trans*-1-*terc*-butil-3-metilciclo-hexano (veja a seguir), porque os dois substituintes do anel não são os mesmos. Novamente, constatamos que a conformação de menor energia é aquela com o grupo mais volumoso na posição equatorial.

(Mais estável porque o grupo volumoso é equatorial)   **(Menos estável porque o grupo volumoso é axial)**

trans-1-*terc*-Butil-3-metilciclo-hexano

Ciclo-hexanos Cis 1,3-Dissubstituídos O *cis*-1,3-dimetilciclo-hexano tem uma conformação em que ambos os grupos metila são equatoriais e outra na qual ambos os grupos metila são axiais. **Como seria de esperar, a conformação com os dois grupos metila equatoriais é a mais estável.**

Ciclo-hexanos Trans 1,2-Dissubstituídos O *trans*-1,2-dimetilciclo-hexano tem uma conformação em que ambos os grupos metila são equatoriais e outra na qual ambos os grupos metila são axiais. **Como seria de esperar, a conformação com os dois grupos metila equatoriais é a mais estável.**

(Diequatorial é muito mais estável)   **(Diaxial é muito menos estável)**

trans-1,2-Dimetilciclo-hexano

Ciclo-hexanos Cis 1,2-Dissubstituídos O *cis*-1,2-dimetilciclo-hexano tem um grupo metila que é axial e outro grupo metila que é equatorial em cada uma das suas conformações, assim as suas duas conformações têm a mesma estabilidade.

(Equatorial-axial)   **(Axial-equatorial)**

cis-1,2-Dimetil-ciclo-hexano
Conformações de mesma energia e igualmente populadas

> **PROBLEMA RESOLVIDO 4.6**
>
> Escreva a estrutura conformacional para o 1,2,3-trimetilciclo-hexano na qual todos os grupos metila são axiais e então mostre a conformação mais estável.
>
> **Resposta**
>
> Uma oscilação do anel fornece a conformação na qual todos os grupos são equatoriais e, portanto, a mais estável.

Todos os grupos são axiais.   **Todos os grupos são equatoriais.**
Conformação muito menos estável.   **Conformação muito mais estável.**

> **PROBLEMA DE REVISÃO 4.17**
>
> Escreva uma estrutura conformacional para o 1-bromo-3-cloro-5-fluorociclo-hexano no qual todos os substituintes são equatoriais. A seguir escreva sua estrutura após uma oscilação do anel.

> **PROBLEMA DE REVISÃO 4.18**
>
> (a) Escreva as duas conformações do *cis*-1-*terc*-butil-2-metilciclo-hexano. (b) Qual confôrmero tem a menor energia potencial?

4.14 Alcanos Bicíclicos e Policíclicos

Muitas das moléculas que encontramos no estudo de química orgânica contêm mais de um anel (Seção 4.4B). Um dos sistemas bicíclicos mais importantes é o biciclo[4.4.0]decano, um composto normalmente chamado pelo seu nome comum, *decalina*:

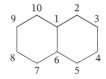

Decalina (biciclo[4.4.0]decano)
(os átomos de carbono 1 e 6 são átomos de carbono cabeça de ponte)

A decalina existe na forma dos isômeros cis e trans.

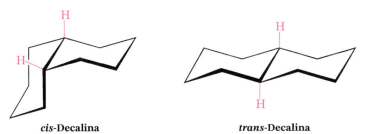

cis-Decalina   *trans*-Decalina

> **DICA ÚTIL**
>
> O Chemical Abstracts Service (CAS) determina o número de anéis através da fórmula $S - A + 1 = N$, em que S é o número de ligações simples no sistema de anéis, A é o número de átomos no sistema de anéis e N é o número calculado de anéis (veja o Problema 4.30).

Na *cis*-decalina os dois átomos de hidrogênio ligados aos átomos cabeças de ponte estão do mesmo lado do anel; na *trans*-decalina eles estão em lados opostos. Frequentemente indicamos isso ao escrever suas estruturas da seguinte maneira:

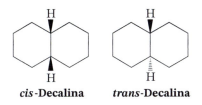

cis-Decalina   *trans*-Decalina

Rotações simples dos grupos em torno das ligações carbono–carbono não interconvertem as *cis-* em *trans-*decalinas. Elas são estereoisômeros e têm diferentes propriedades físicas.

O adamantano é um sistema tricíclico que contém uma rede tridimensional de anéis de ciclo-hexano, os quais estão todos na forma de cadeira.

Adamantano

Ao término do capítulo veremos exemplos de outros hidrocarbonetos cíclicos incomuns e algumas vezes bastante tensionados.

4.15 Reações Químicas dos Alcanos

Os alcanos, como uma classe, são caracterizados por serem, em geral, inertes a muitos reagentes químicos. As ligações carbono–carbono e carbono–hidrogênio são muito fortes; elas não quebram a menos que os alcanos sejam aquecidos a temperaturas muito altas. Como os átomos de carbono e de hidrogênio têm quase a mesma eletronegatividade, as ligações carbono–hidrogênio dos alcanos são apenas ligeiramente polarizadas. Como consequência, eles geralmente não são afetados pela maioria das bases. As moléculas dos alcanos não têm elétrons não compartilhados que possam ser sítios propícios para ataque de ácidos. Essa baixa reatividade dos alcanos frente a muitos reagentes explica o fato de os alcanos terem sidos chamados inicialmente de **parafinas** (do latim: *parum affinis*, pouca afinidade).

Porém, o termo parafina provavelmente não foi o mais adequado. Todos sabemos que os alcanos reagem vigorosamente com o oxigênio quando ocorre a ignição de uma mistura apropriada. Essa combustão ocorre, por exemplo, nos cilindros de automóveis, em fornos e, mais suavemente, em velas de parafina. Quando aquecidos, os alcanos também reagem com o cloro e o bromo, e reagem explosivamente com o flúor. Vamos estudar essas reações no Capítulo 10.

4.16 Síntese de Alcanos e Cicloalcanos

Uma síntese química pode exigir, em algum momento, a conversão de uma ligação dupla ou tripla carbono–carbono em uma ligação simples. A síntese do composto visto a seguir, utilizado como ingrediente em alguns perfumes, é um exemplo.

(utilizado em alguns perfumes)

Essa conversão pode ser facilmente obtida por uma reação chamada de **hidrogenação**. Existem várias condições de reação que podem ser usadas para realizar a hidrogenação, mas a maneira mais comum é o uso de hidrogênio gasoso e um catalisador metálico sólido como platina, paládio ou níquel. As equações na seção a seguir apresentam exemplos gerais para a hidrogenação de alquenos e alquinos.

4.16A Hidrogenação de Alquenos e Alquinos

- Alquenos e alquinos reagem com o hidrogênio na presença de catalisadores metálicos tais como níquel, paládio e platina para produzir **alcanos**.

A reação geral é aquela na qual os átomos da molécula de hidrogênio são adicionados a cada átomo da ligação dupla ou tripla carbono–carbono do alqueno ou alquino. Isto converte o alqueno ou alquino em um alcano:

Reação Geral

Alqueno + H H →(Pt, Pd, ou Ni, solvente, pressão) Alcano

Alquino + 2 H₂ →(Pt, solvente, pressão) Alcano

A reação é normalmente realizada pela dissolução do alqueno ou alquino em um solvente, como o álcool etílico (C₂H₅OH), adiciona-se o catalisador metálico e, então, a mistura é exposta ao gás hidrogênio sob pressão em um aparelho especial. É necessário um equivalente molar de hidrogênio para reduzir um alqueno a um alcano. São necessários dois equivalentes molares para reduzir um alquino. (Vamos discutir o mecanismo desta reação no Capítulo 7.)

Exemplos Específicos

2-Metilpropeno + H₂ →(Ni, EtOH, 25 °C, 50 atm) Isobutano

Ciclo-hexeno + H₂ →(Pd, EtOH, 25 °C, 1 atm) Ciclo-hexano

Ciclononin-6-ona + 2H₂ →(Pd, acetato de etila) Ciclononanona

PROBLEMA RESOLVIDO 4.7

Escreva as estruturas dos três pentenos que fornecem pentano quando hidrogenados.

Resposta

1-Penteno   cis-2-Penteno   trans-2-Penteno

PROBLEMA DE REVISÃO 4.19

Mostre as reações envolvidas na hidrogenação de todos os alquenos e alquinos que podem produzir o 2-metilbutano.

4.17 Como Obter Informação Estrutural a Partir de Fórmulas Moleculares e do Índice de Deficiência de Hidrogênio

Um químico trabalhando com um composto desconhecido pode obter informações importantes sobre a sua estrutura a partir da fórmula molecular do composto e do seu **índice de deficiência de hidrogênio (IDH)**.

- O **índice de deficiência de hidrogênio** (IDH)* é definido como a diferença no *número de pares* de átomos de hidrogênio entre o composto em estudo e um alcano acíclico tendo o mesmo número de átomos de carbono.

Hidrocarbonetos acíclicos saturados têm a fórmula molecular geral C_nH_{2n+2}. Cada ligação dupla ou anel reduz o número de átomos de hidrogênio de dois em comparação com a fórmula de um composto saturado. Assim, cada anel ou ligação dupla fornece uma unidade de deficiência de hidrogênio. Por exemplo, 1-hexeno e ciclo-hexano têm a mesma fórmula molecular (C_6H_{12}) e são isômeros constitucionais.

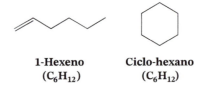

1-Hexeno   **Ciclo-hexano**
(C_6H_{12})   (C_6H_{12})

Tanto o 1-hexeno quanto o ciclo-hexano (C_6H_{12}) têm um índice de deficiência de hidrogênio igual a 1 (ou seja, um par de átomos de hidrogênio), porque o alcano acíclico correspondente é o hexano (C_6H_{14}).

C_6H_{14} = fórmula do alcano correspondente (hexano)
C_6H_{12} = fórmula do composto (1-hexeno ou ciclo-hexano)
H_2 = diferença = 1 par de átomos de hidrogênio
Índice de deficiência de hidrogênio

Os alquinos e os alcadienos (alquenos com duas ligações duplas) têm a fórmula geral C_nH_{2n-2}. Os alqueninos (hidrocarbonetos com uma ligação dupla e uma ligação tripla) e alcatrienos (alquenos com três ligações duplas) têm a fórmula geral C_nH_{2n-4}, e assim por diante.

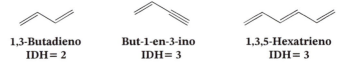

1,3-Butadieno   **But-1-en-3-ino**   **1,3,5-Hexatrieno**
IDH = 2   IDH = 3   IDH = 3

O índice de deficiência de hidrogênio é facilmente determinado comparando a fórmula molecular de um determinado composto com a fórmula de seu produto de hidrogenação.

- Cada ligação dupla consome um equivalente molar de hidrogênio e conta como uma unidade de deficiência de hidrogênio.
- Cada ligação tripla consome dois equivalentes molar de hidrogênio e conta como duas unidades de deficiência de hidrogênio.
- Anéis não são afetados pela hidrogenação, mas cada anel ainda conta como uma unidade de deficiência de hidrogênio.

Portanto, a hidrogenação nos permite distinguir entre os anéis e as ligações duplas ou triplas. Considere novamente dois compostos com a fórmula molecular C_6H_{12}: 1-hexeno

---

*Alguns químicos orgânicos se referem ao índice de deficiência de hidrogênio como o "grau de insaturação" ou "o número de equivalência em ligação dupla".

e ciclo-hexano. O 1-hexeno reage com um equivalente molar de hidrogênio para produzir hexano e sob as mesmas condições o ciclo-hexano não reage:

$$\text{1-hexeno} + H_2 \xrightarrow[25\,°C]{Pt} \text{hexano}$$

$$\text{ciclo-hexano} + H_2 \xrightarrow[25\,°C]{Pt} \text{não tem reação}$$

Considere outro exemplo. O ciclo-hexeno e o 1,3-hexadieno têm a mesma fórmula molecular (C_6H_{10}). Ambos os compostos reagem com o hidrogênio na presença de um catalisador, mas o ciclo-hexeno, por ter apenas um anel e uma única ligação dupla, reage com apenas um equivalente molar. O 1,3-hexadieno adiciona dois equivalentes molares:

$$\text{Ciclo-hexeno} + H_2 \xrightarrow[25\,°C]{Pt} \text{ciclo-hexano}$$

$$\text{1,3-Hexadieno} + 2\,H_2 \xrightarrow[25\,°C]{Pt} \text{hexano}$$

PROBLEMA DE REVISÃO 4.20

(a) Qual é o índice de deficiência de hidrogênio do 2-hexeno? (b) E do metilciclopentano? (c) O índice de deficiência de hidrogênio revela alguma coisa sobre a localização da ligação dupla na cadeia? (d) E sobre o tamanho do anel? (e) Qual é o índice de deficiência de hidrogênio do 2-hexino? (f) De modo geral, que possibilidades estruturais existem para um composto com a fórmula molecular $C_{10}H_{16}$?

PROBLEMA DE REVISÃO 4.21

Zingibereno, um composto aromático isolado do gengibre, tem a fórmula molecular $C_{15}H_{24}$ e é conhecido por não conter ligações triplas. (a) Qual é o índice de deficiência de hidrogênio do zingibereno? (b) Quando o zingibereno é submetido à hidrogenação catalítica utilizando um excesso de hidrogênio, 1 mol de zingibereno absorve 3 mol de hidrogênio, produzindo um composto com a fórmula $C_{15}H_{30}$. Quantas ligações duplas tem uma molécula de zingibereno? (c) Quantos anéis?

4.17A Índice de Deficiência de Hidrogênio e Compostos Contendo Halogênios, Oxigênio ou Nitrogênio

O cálculo do índice de deficiência de hidrogênio (IDH) para outros compostos além de hidrocarbonetos é relativamente fácil.

Para os compostos contendo átomos de halogênio, consideramos os átomos de halogênio como se fossem átomos de hidrogênio. Por exemplo, para calcular o IDH de um composto com a fórmula $C_4H_6Cl_2$, contamos os dois átomos de cloro como átomos de hidrogênio, considerando a fórmula como se fosse C_4H_8. Essa fórmula tem dois átomos de hidrogênio a menos que a fórmula de um alcano saturado (C_4H_{10}) e isso nos diz que o composto tem IDH = 1. Portanto, esse composto poderia ter um anel ou uma ligação dupla. [Podemos dizer como ele é a partir de um experimento de hidrogenação: se o composto adiciona um equivalente molar de hidrogênio (H_2) na hidrogenação catalítica à temperatura ambiente, então ele deve ter uma ligação dupla e, se por outro lado, ele não adiciona hidrogênio, então ele deve ter um anel.]

Para os compostos contendo oxigênio, ignoramos os átomos de oxigênio e calculamos o IDH a partir do resto da fórmula. Considere como exemplo um composto com a fórmula C_4H_8O. Para efeito de nossos cálculos consideramos o composto como simplesmente C$_4$H$_8$ e calculamos IDH = 1. Novamente, isso significa que o composto contém um anel ou uma ligação dupla. Algumas possibilidades estruturais para esse composto são mostradas a seguir. Observe que a ligação dupla pode estar presente como uma ligação dupla carbono–oxigênio:

e assim por diante

Para os compostos contendo átomos de nitrogênio, subtraímos um hidrogênio para cada átomo de nitrogênio e, então, ignoramos os átomos de nitrogênio. Por exemplo, tratamos um composto com a fórmula C$_4$H$_9$N como se fosse C$_4$H$_8$ e novamente obtemos IDH = 1. Algumas possibilidades estruturais são:

e assim por diante

PROBLEMA DE REVISÃO 4.22 Grupos carbonila também contam como uma unidade de deficiência de hidrogênio. Quais são os índices de deficiência de hidrogênio para o reagente e para o produto na equação vista no início da Seção 4.16 para a síntese de um ingrediente de perfume?

4.18 Aplicações dos Princípios Básicos

Neste capítulo vimos repetidas aplicações de um princípio básico em particular:

A Natureza Prefere Estados de Baixa Energia Potencial Esse princípio constitui a base das nossas explicações sobre análise conformacional nas Seções 4.8–4.13. A conformação alternada do etano (Seção 4.8) é preferível (mais populada) em uma amostra de etano, porque sua energia potencial é menor. Da mesma forma, a conformação anti do butano (Seção 4.9) e a conformação em cadeira do ciclo-hexano (Seção 4.11) são as conformações preferenciais dessas moléculas, pois estas conformações são as de menor energia potencial. Pela mesma razão, o metilciclo-hexano (Seção 4.12) existe principalmente na conformação em cadeira com o seu grupo metila equatorial. Cicloalcanos dissubstituídos (Seção 4.13) preferem uma conformação com ambos os substituintes na posição equatorial se isso for possível e, se não for possível, eles preferem uma conformação com o grupo mais volumoso equatorial. A conformação preferencial em cada caso é aquela de mais baixa energia potencial.

Outro efeito que encontramos neste capítulo, e que veremos de novo, é como **fatores estéricos** (fatores espaciais) podem afetar a estabilidade e a reatividade das moléculas. Interações estéricas desfavoráveis entre os grupos são fundamentais para explicar por que certas conformações são mais energéticas do que outras. Mas, fundamentalmente, esse efeito é obtido a partir de outro princípio familiar: **cargas iguais se repelem**. Interações repulsivas entre os elétrons dos grupos que estão mais próximos fazem com que determinadas conformações tenham maior energia potencial do que outras. Chamamos esse tipo de efeito de *impedimento estérico*.

Por que Esses Tópicos São Importantes?

Indo Além dos Limites das Ligações. Tudo Dentro das Regras

Neste capítulo, aprendemos muitas das regras sobre a formação de ligações e conformações. Embora existam apenas poucas espécies de ligações nas moléculas orgânicas, elas podem ser combinadas de infinitas maneiras, conduzindo, algumas vezes, a moléculas cuja existência desafia as nossas expectativas. Por exemplo, utilizando apenas ligações C—C e C—H, os químicos foram capazes de sintetizar estruturas como o cubano, o prismano e o biciclo[1.1.0]butano, materiais com incrível tensão em suas estruturas. Compostos tensionados também são encontrados na natureza, sendo o ácido pentacicloanamóxico um exemplo recentemente descoberto. Ele foi isolado de uma determinada cepa bacteriana. Esse composto também é conhecido como laderano, pois ele tem um conjunto de anéis de quatro membros distribuídos tridimensionalmente como uma escada.

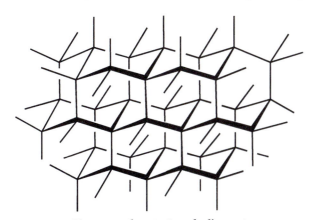

Cubano **Prismano** **biciclo[1.1.0]butano** **Éster metílico do ácido pentacicloanamóxico (um laderano)**

É importante notarmos que essas combinações diferentes de ligações e as formas tridimensionais resultantes fornecem a esses compostos propriedades físicas completamente diferentes, que podem ser aproveitadas para aplicações práticas bem definidas. Talvez a melhor ilustração desse conceito seja encontrada em materiais constituídos apenas de carbono, materiais também conhecidos como alótropos, uma vez que são formados por somente um único elemento. Por exemplo, quando o carbono está ligado a outro carbono através de ligações simples com hibridização sp^3, o resultado é

Uma parte da estrutura do diamante

O carbono é mostrado aqui em suas formas de diamante e grafita

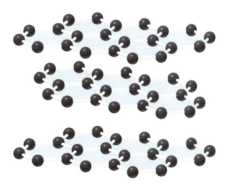

Uma parte da estrutura da grafita

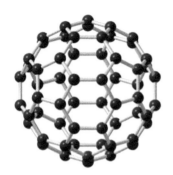

Buckminsterfulereno

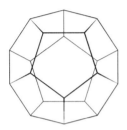

Dodecaedrano

o diamante, o mais duro de todos os materiais encontrados na natureza e um componente popular de joalheria. Quando o carbono está ligado a outro carbono com hibridização sp^2, ele forma folhas planas, interconectadas, que lembram os anéis do benzeno. Essas folhas podem ficar uma sobre a outra formando a grafita. Esse material é muito mais macio que o diamante e é o material presente nas pontas dos lápis. O grafeno, que é apenas uma dessas folhas, pode ser enrolado através de novas ligações em tubos (também conhecidos como nanotubos) que têm impressionantes propriedades térmicas e de condução elétrica.

Se os anéis da grafita e do grafeno são combinados em bolas discretas possuindo um número finito de átomos de carbono, temos materiais como o buckminsterfulereno. Esse nome é oriundo de sua semelhança com a cúpula geodésica projetada pelo arquiteto Buckminster Fuller. Essa substância única, que é constituída por 60 átomos de carbono, tem ligações que parecem exatamente com as costuras de uma bola de futebol através de 32 anéis ligados dos quais 20 são hexágonos e 12 são pentágonos. O centro é grande o suficiente para abrigar um átomo de argônio (na realidade, essa substância já foi sintetizada). Outra variante desse tipo de estrutura é o dodecaedrano, um composto formado por 20 átomos de carbono e sintetizado pela primeira vez em 1982 por cientistas da The Ohio State University. Materiais deste tipo apresentam potenciais aplicações na fabricação de blindagens, no transporte molecular de fármacos e em supercondutividade.

O principal ponto é que as variações moleculares são infinitas, aumentando exponencialmente à medida que mais átomos são adicionados. Esse fato é um dos mais bonitos em química orgânica, porque mostra que estamos limitados, em termos de estruturas possíveis, por apenas dois fatores: nossa capacidade para imaginar uma molécula e possuir as ferramentas necessárias para forjá-la na forma de reações químicas apropriadas. Esse resultado é porque as regras, a língua, da química orgânica são consistentes.

Para saber mais sobre esses tópicos, consulte:
Hopf, H. *Classics in Hydrocarbon Chemistry*. Wiley-VCH: Weinheim, **2000**, p. 560.

Resumo e Ferramentas de Revisão

Uma das razões por que nós químicos orgânicos amamos nossa matéria é que, além de saber que cada molécula tem uma família, também sabemos que cada molécula tem sua própria arquitetura, "personalidade" e nome único. Você já aprendeu nos Capítulos 1-3 sobre personalidades moleculares com respeito à distribuição de carga, polaridade e acidez ou basicidade relativas. Neste capítulo, você aprendeu a dar nomes para moléculas simples utilizando o sistema IUPAC. Você também aprendeu mais sobre as formas gerais das moléculas orgânicas, como suas formas podem mudar através de rotações de ligações e como podemos comparar as energias relativas dessas mudanças usando análise conformacional. Você agora sabe que o grau de flexibilidade ou rigidez em uma molécula tem a ver com os tipos de ligações presentes (simples, dupla, tripla), e se há anéis ou grupos volumosos que inibem a rotação das ligações. Algumas moléculas orgânicas são membros muito flexíveis da família, tais como as moléculas de nossas fibras musculares, enquanto outras são muito rígidas, como a rede de carbono do diamante. No entanto, a maioria das moléculas tem aspectos tanto rígidos quanto flexíveis nas suas estruturas. Com o conhecimento deste capítulo, adicionado a outros fundamentos que você já aprendeu, você está no caminho para o desenvolvimento de uma compreensão da química orgânica que, esperamos, venha a ser tão forte como os diamantes, e que você possa relaxar como um músculo quando abordar um problema. Quando tiver terminado os exercícios deste capítulo, talvez você possa até fazer uma pausa para repousar a mente descansando na conformação em cadeira do ciclo-hexano.

Problemas

Nomenclatura e Isomerismo

4.23 Escreva uma estrutura em bastão para cada um dos seguintes compostos:

(a) 1,4-Dicloropentano
(b) Brometo de *sec*-butila
(c) 4-Isopropil-heptano
(d) 2,2,3-Trimetilpentano
(e) 3-Etil-2-metil-hexano
(f) 1,1-Diclorociclopentano
(g) *cis*-1,2-Dimetilciclopropano
(h) *trans*-1,2-Dimetilciclopropano
(i) 4-Metil-2-pentanol
(j) *trans*-4-Isobutilciclo-hexanol
(k) 1,4-Diciclopropil-hexano
(l) Álcool neopentílico
(m) Biciclo[2.2.2]octano
(n) Biciclo[3.1.1]-heptano
(o) Ciclopentilciclopentano

4.24 Dê os nomes sistemáticos da IUPAC para cada um dos seguintes compostos:

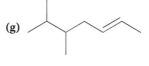

4.25 O nome álcool *sec*-butílico define uma estrutura específica, mas o nome álcool *sec*-pentílico é ambíguo. Explique.

4.26 Escreva a estrutura e dê o nome sistemático da IUPAC de um alcano ou cicloalcano com a fórmula (a) C_8H_{18}, que tem apenas átomos de hidrogênio primários, (b) C_6H_{12}, que possui apenas átomos de hidrogênio secundários, (c) C_6H_{12}, que tem apenas átomos de hidrogênio primários e secundários, e (d) C_8H_{14}, que tem 12 átomos de hidrogênio secundários e 2 átomos de hidrogênio terciários.

4.27 Escreva a(s) estrutura(s) do(s) alcano(s) mais simples, ou seja, aquele(s) com o menor número de átomos de carbono, onde cada um possui átomos de carbono primários, secundários, terciários e quaternários. (Um carbono quaternário é aquele que está ligado a quatro outros átomos de carbono.) Dê um nome de acordo com a IUPAC para cada estrutura.

4.28 Ignorando compostos com ligações duplas, escreva as fórmulas estruturais e dê os nomes de todos os isômeros com fórmula C_5H_{10}.

4.29 Escreva as estruturas dos seguintes alcanos bicíclicos:

(a) Biciclo[1.1.0]butano
(b) Biciclo[2.1.0]pentano
(c) 2-Clorobiciclo[3.2.0]-heptano
(d) 7-Metilbiciclo[2.2.1]-heptano

4.30 Use o método $S - A + 1 = N$ (Dica Útil, Seção 4.14) para determinar o número de anéis no cubano (Seção 4.14).

4.31 Uma junção espiro é aquela em que dois anéis que não compartilham ligações são provenientes de um único átomo de carbono. Alcanos contendo tal junção de anel são chamados de espiranos.

(a) Para o caso de espiranos bicíclicos de fórmula C_7H_{12}, escreva as estruturas de todas as possibilidades em que todos os carbonos estão incorporados aos anéis.
(b) Escreva as estruturas de outras moléculas bicíclicas que se encaixam nessa fórmula.

4.32 Diga o que você entende por uma série homóloga e ilustre a sua resposta escrevendo estruturas de uma série homóloga de haletos de alquila.

Hidrogenação

4.33 Quatro cicloalquenos diferentes produzirão metilciclopentano quando submetidos à hidrogenação catalítica. Quais são as suas estruturas? Mostre as reações.

4.34 (a) Três alquenos (isômeros) diferentes produzem 2-metilbutano quando são hidrogenados na presença de um catalisador metálico. Dê as fórmulas estruturais e escreva equações para as reações envolvidas. **(b)** Um desses isômeros tem absorção característica em aproximadamente 998 e 914 cm^{-1} no seu espectro de IV. Qual deles?

4.35 Um alcano com a fórmula C_6H_{14} pode ser preparado por hidrogenação de um dos dois alquenos precursores com a fórmula C_6H_{12}. Escreva a estrutura do alcano, dê o seu nome IUPAC e mostre as reações.

Conformações e Estabilidade

4.36 Ordene os compostos vistos a seguir em ordem crescente de estabilidade baseada na tensão relativa do anel.

4.37 Escreva as estruturas das duas conformações em cadeira do 1-*terc*-butil-1-metilciclo-hexano. Que conformação é mais estável? Explique a sua resposta.

4.38 Esboce curvas semelhantes àquelas dadas na Fig. 4.8 mostrando as variações de energia que resultam da rotação em torno da ligação C2—C3 do **(a)** 2,3-dimetilbutano e do **(b)** 2,2,3,3-tetrametilbutano. Você não precisa se preocupar com os valores numéricos reais das variações de energia, mas você deve indicar em todos os máximos e mínimos as conformações apropriadas.

4.39 Sem recorrer à tabelas indique que membro de cada um dos seguintes pares terá o maior ponto de ebulição. Justifique as suas respostas.

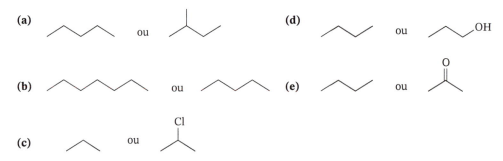

4.40 Um composto de fórmula molecular C_4H_6 é bicíclico. Outro composto com a mesma fórmula tem uma absorção no infravermelho em aproximadamente 2250 cm^{-1} (o composto bicíclico não tem essa absorção). Desenhe as estruturas de cada um desses dois compostos e explique como a absorção no IV permite que sejam diferenciados.

4.41 Que composto você poderia esperar que fosse o mais estável: *cis*-1,2-dimetilciclopropano ou *trans*-1,2-dimetilciclopropano? Justifique a sua resposta.

4.42 Considere que o ciclobutano apresenta uma conformação torcida. Analise as estabilidades relativas dos ciclobutanos 1,2-dissubstituídos e dos ciclobutanos 1,3-dissubstituídos. (Pode ser que seja útil você utilizar um *kit* de montagem de modelos moleculares para construir modelos dos compostos representativos.)

4.43 Escreva as duas conformações em cadeira de cada um dos seguintes compostos e indique qual seria a conformação mais estável: **(a)** *cis*-1-*terc*-butil-3-metilciclo-hexano, **(b)** *trans*-1-*terc*-butil-3-metilciclo-hexano, **(c)** *trans*-1-*terc*-butil-4-metilciclo-hexano, **(d)** *cis*-1-*terc*-butil-4-metilciclo-hexano.

4.44 Forneça uma explicação para o fato surpreendente de que todo *trans*-1,2,3,4,5,6-hexaisopropilciclo-hexano é uma molécula estável, na qual todos os grupos isopropílicos são axiais. (Pode ser que seja útil você utilizar um *kit* de montagem de modelos moleculares para construir um modelo.)

4.45 O *trans*-1,3-dibromociclobutano tem um momento de dipolo mensurável. Explique como isso prova que o anel do ciclobutano não é planar.

É Necessário um Consultor Químico

4.46 Para o esteroide apresentado a seguir, conhecido como damaradienol, o qual é encontrado em muitas ervas, especiarias e plantas, você é capaz de converter o desenho bidimensional mostrado a seguir em uma representação mais tridimensional que demonstra cada um dos anéis de 6 membros em uma conformação cadeira? Você acha que os anéis nesse composto podem sofrer uma inversão de anel? Por quê? (Veja: *Phytochemistry* **1996**, *43*, 1255; *Front. Plant Sci.* **2016**, *7*, 19.)

Damaradienol

4.47 Para os compostos mostrados a seguir, você consegue determinar o índice de deficiência de hidrogênio de cada um deles? (Ver: *Classics in Hydrocarbon Chemistry,* Wiley-VCH, **2000**, p. 547; *Tetrahedron Lett.* **1973**, *46*, 4579.)

(a) **Benzeno**   (b) **Cubano**   (c) **Laurefucina**

4.48 Com base em seus conhecimentos atuais de estruturas tridimensionais e tensões, quem você acha que é mais tensionado, a *trans-* ou a *cis*-decalina? Sua resposta é a mesma quando você considera as formas comensurais do biciclo[3.3.0]octano? Por quê? *Dica*: modelos de mão podem ajudá-lo a desenvolver sua resposta. (Ver: *J. Am. Chem. Soc.* **1970**, *92*, 3109; *J. Am. Chem. Soc.* **1971**, *93*, 1637; *J. Am. Chem. Soc.* **2017**, *139*, 5007.)

trans- e *cis*-Decalina   *trans-* e *cis*-biciclo[3.3.0]octano

Síntese

4.49 Especifique o composto e/ou reagente que falta em cada uma das seguintes sínteses:

(a) *trans*-5-Metil-2-hexano $\xrightarrow{?}$ 2-metil-hexano

(b)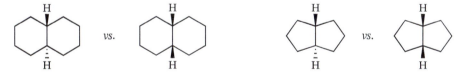

(c) As reações químicas raramente fornecem produtos em uma forma inicialmente pura tal que nenhum traço dos materiais iniciais utilizados para prepará-los possa ser encontrado. Que evidência em um espectro de IV de cada um dos produtos brutos (sem purificação) das reações neste problema poderia indicar a presença de um dos reagentes orgânicos usados para sintetizar cada molécula-alvo? Isto é, preveja uma ou duas absorções características no IV para o(s) reagente(s) que o(s) distinguiria(m) das absorções no IV previstas para o produto.

Problemas de Desafio

4.50 Considere os isômeros cis e trans do 1,3-di-*terc*-butilciclo-hexano (construa modelos moleculares). Que características incomuns explicam o fato de que um desses isômeros aparentemente existe em uma conformação em barco torcido em vez de em uma conformação em cadeira?

4.51 Usando as regras encontradas neste capítulo, dê os nomes sistemáticos para os seguintes compostos ou indique se mais regras são necessárias para fornecê-los:

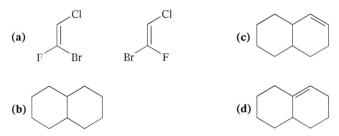

Problemas para Trabalho em Grupo

1. A conformação predominante para a D-glicose é mostrada a seguir. Por que não é surpreendente que a D-glicose seja o açúcar mais comumente encontrado na natureza? (*Sugestão:* procure informações sobre as estruturas de açúcares como a D-manose e a D-galactose e compare-as com a D-glicose.)

2. Utilizando as projeções de Newman, retrate as posições relativas dos substituintes nos átomos cabeça de ponte da *cis*- e *trans*-decalina. Qual desses isômeros seria de se esperar que seja o mais estável e por quê?

3. Quando o 1,2-dimetilciclo-hexeno (visto a seguir) é deixado reagir com o hidrogênio na presença de um catalisador de platina, o produto da reação é um cicloalcano que tem ponto de fusão igual a −50 °C e ponto de ebulição igual a 130 °C (a 760 torr). **(a)** Qual é a estrutura do produto desta reação? **(b)** Consulte uma fonte apropriada (como a internet ou um manual CRC) e diga que estereoisômero é esse. **(c)** O que este experimento sugere sobre o modo de adição de hidrogênio à ligação dupla?

1,2-Dimetilciclo-hexeno

4. Quando o ciclo-hexeno é dissolvido em um solvente adequado e é deixado reagir com o cloro, o produto da reação, $C_6H_{10}Cl_2$, tem ponto de fusão de −7 °C e ponto de ebulição (a 16 torr) de 74 °C. **(a)** Que estereoisômero é esse? **(b)** O que este experimento sugere sobre o modo de adição de cloro à ligação dupla?

Nomenclatura e Conformações de Alcanos e Cicloalcanos **201**

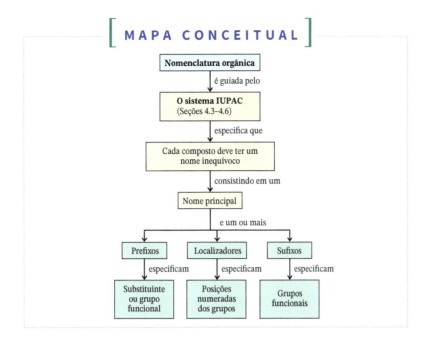

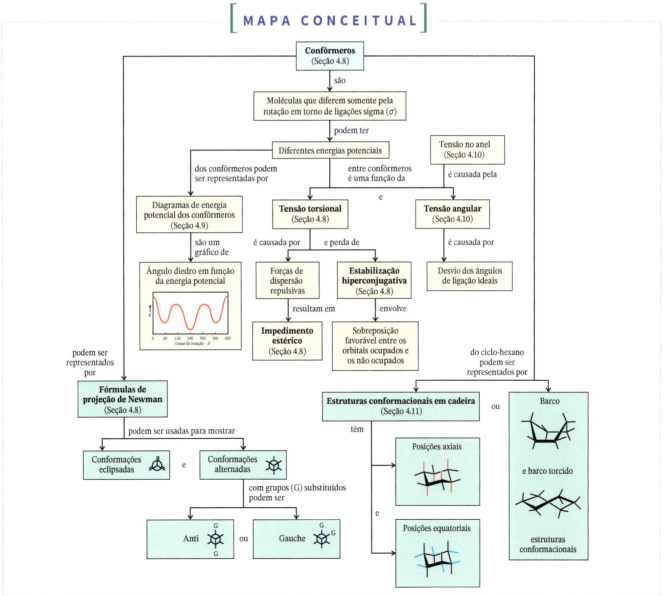

CAPÍTULO 5

Joan Gil/Alamy Stock Photo

Estereoquímica
Moléculas Quirais

Todos estão cientes do fato de que certos objetos de uso cotidiano, como luvas e sapatos, possuem a qualidade da "lateralidade". Uma luva de mão direita somente se ajusta a uma mão direita; um sapato de pé esquerdo somente se ajusta a um pé esquerdo. Muitos outros objetos têm a possibilidade de existir nas formas "direita" e "esquerda", e aqueles que de fato existem assim são denominados "quirais". Por exemplo, as imagens especulares das metades de uma concha de nautilus, mostradas na abertura deste capítulo, são quirais. Como um parafuso, a direção da espiral confere lateralidade. Veremos que a quiralidade também tem consequências importantes para a química.

NESTE CAPÍTULO, VAMOS ESTUDAR:

- Como reconhecer, classificar e nomear moléculas quirais
- Como a quiralidade pode afetar o comportamento químico e bioquímico dos compostos orgânicos

POR QUE ESSES TÓPICOS SÃO IMPORTANTES?

No fim do capítulo, vamos explicar qual pode ter sido a origem da quiralidade no universo e por que muitas das moléculas importantes encontradas em organismos vivos, como peptídeos, DNA e carboidratos existem em apenas uma forma quiral quando a outra forma parece igualmente provável.

5.1 Quiralidade e Estereoquímica

Quiralidade é um fenômeno que permeia o universo. Como é possível saber se um determinado objeto é **quiral** ou **aquiral** (não quiral)?

- É possível saber se um objeto tem quiralidade examinando o objeto e sua imagem especular.

O copo de vidro e sua imagem especular são sobreponíveis.

Todo objeto tem uma imagem especular. Muitos objetos são aquirais. Nesses casos, *o objeto e sua imagem especular são idênticos*, ou seja, o objeto e sua imagem especular são **sobreponíveis** um sobre o outro.* Sobreponível significa que é possível, mentalmente, colocar um objeto sobre o outro de tal forma que todas as partes coincidam. Objetos geométricos simples, como uma esfera ou um cubo, são aquirais, da mesma forma que um copo de vidro comum.

- **Um objeto quiral é aquele que não é sobreponível a sua imagem especular.**

Cada uma de suas mãos é quiral. Quando você vê sua mão direita em um espelho, a imagem refletida *é uma mão esquerda* (**Fig. 5.1**). No entanto, como vemos na **Fig. 5.2**, sua mão esquerda e sua mão direita não são idênticas porque *elas não são sobreponíveis*. Suas mãos são quirais. De fato, a palavra quiral vem da palavra grega *cheir*, que significa mão. Um objeto como uma caneca pode ser quiral ou não. Se ela é lisa, ela é aquiral. Se a caneca tem uma inscrição ou uma imagem, ela é quiral.

FIGURA 5.1 A imagem especular da mão direita é a mão esquerda.

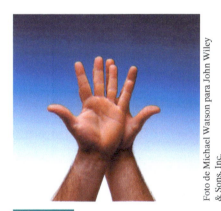

FIGURA 5.2 As mãos direita e esquerda não são sobreponíveis.

Esta caneca é quiral porque ela não é sobreponível a sua imagem especular.

---

*Ser sobreponível é diferente de ser *super*ponível. Dois objetos quaisquer podem ser superponíveis simplesmente colocando um sobre o outro, quer os objetos sejam iguais ou não. *Sobrepor* dois objetos (como na propriedade da sobreposição) significa, por outro lado, que **todas as partes de cada objeto devem coincidir**. A condição da sobreposição deve ser atendida para duas coisas serem **idênticas**.

5.1A Importância Biológica da Quiralidade

O corpo humano é estruturalmente quiral, com o coração localizado mais para o lado esquerdo e o fígado, para o lado direito. Conchas do mar helicoidais são quirais e muitas são espiraladas, como um parafuso que gira para a direita. Muitas plantas exibem quiralidade na forma como se enroscam ao redor de estruturas de apoio. Algumas trepadeiras enroscam-se como uma hélice-esquerda, enquanto outras, como uma hélice-direita. A molécula do DNA é quiral. A sua forma em hélice dupla gira para a direita.

Entretanto, a **quiralidade** nas moléculas envolve mais do que o fato de algumas moléculas adotarem conformações cuja rotação é para a direita ou para a esquerda. Como será visto neste capítulo, é a natureza dos grupos ligados a átomos específicos que pode conferir quiralidade a uma molécula. Realmente, todos, exceto um, dos 20 aminoácidos que compõem as proteínas naturais são quirais e classificados como tendo rotação para a esquerda. Quase todos os açúcares naturais são classificados como tendo rotação para a direita. De fato, a maioria das moléculas dos seres vivos são quirais e muitas são encontradas em apenas uma das formas de imagem especular.

A quiralidade tem uma importância enorme na vida diária. A maioria dos fármacos são quirais. Normalmente, apenas uma das formas de imagem especular de um fármaco fornece o efeito desejado. A outra imagem especular é, geralmente, inativa ou, na melhor das hipóteses, menos ativa. Em alguns casos, a outra imagem especular de um fármaco apresenta efeitos colaterais severos ou é tóxica (veja sobre a talidomida na Seção 5.5). Nossos sentidos de paladar e olfato também dependem da quiralidade. Como veremos, uma molécula quiral pode ter um determinado sabor ou odor, enquanto sua imagem especular pode ter sabor e odor completamente diferentes. Os alimentos que consumimos são constituídos, predominantemente, por moléculas de uma determinada forma especular. A ingestão de alimentos constituídos por moléculas de imagem especular oposta à natural nos levaria, provavelmente, à inanição, porque as enzimas em nossos organismos são quirais e reagem, preferencialmente, com a forma da imagem especular natural de seus substratos.

Vamos considerar agora o que faz com que algumas moléculas sejam quirais. Para começar, vamos rever alguns aspectos do isomerismo.

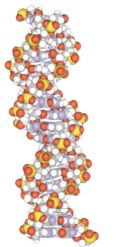

Convólvulo (*Convolvulus sepium*) (foto superior), trepadeira que se enrosca para a direita, como a hélice para a direita do DNA.

5.2 Isomerismo: Isômeros Constitucionais e Estereoisômeros

5.2A Isômeros Constitucionais

Isômeros são compostos diferentes que têm a mesma fórmula molecular. Em nosso estudo, até agora, grande parte da nossa atenção foi direcionada aos isômeros constitucionais.

- **Isômeros constitucionais** têm a mesma fórmula molecular, mas conectividades diferentes, o que significa que seus átomos estão conectados em uma ordem diferente. Exemplos de isômeros constitucionais são os seguintes:

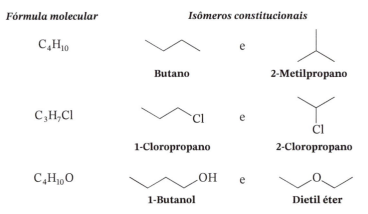

5.2B Estereoisômeros

Estereoisômeros não são isômeros constitucionais.

- **Estereoisômeros** têm seus átomos conectados na mesma sequência (a mesma constituição), mas eles diferem no arranjo de seus átomos no espaço. A consideração dos aspectos espaciais da estrutura molecular é denominada **estereoquímica**.

Já vimos exemplos de alguns tipos de estereoisômeros. As formas cis e trans de alquenos são estereoisômeros (Seção 1.13B), assim como as formas cis e trans de moléculas cíclicas substituídas (Seção 4.13).

5.2C Enantiômeros e Diastereoisômeros

Estereoisômeros podem ser subdivididos em duas categorias gerais: aqueles que são **enantiômeros** entre si e aqueles que são **diastereoisômeros** entre si.

- **Enantiômeros** são estereoisômeros cujas moléculas são imagens especulares não sobreponíveis entre si.

Todos os outros estereoisômeros são diastereoisômeros.

- **Diastereoisômeros** são estereoisômeros cujas moléculas não são imagens especulares entre si.

Os isômeros de alqueno *cis*- e *trans*-1,2-dicloroeteno, mostrados aqui, são estereoisômeros que são **diastereoisômeros**.

Os isômeros cis e trans de alquenos são diastereoisômeros.

Examinando as fórmulas estruturais dos isômeros cis e trans do 1,2-dicloroeteno, observamos que eles têm a mesma fórmula molecular ($C_2H_2Cl_2$) e a mesma conectividade (ambos os compostos têm dois átomos de carbono unidos por uma ligação dupla e ambos têm um átomo de cloro e um átomo de hidrogênio ligados a cada um dos átomos de carbono). No entanto, seus átomos têm um arranjo espacial diferente e esses isômeros não podem ser interconvertidos um no outro (devido à barreira rotacional elevada da ligação dupla carbono–carbono), tornando-os estereoisômeros. Além disso, eles são estereoisômeros que não são imagens especulares um do outro; portanto, eles são diastereoisômeros e não enantiômeros.

Isômeros cis e trans de cicloalcanos são outro exemplo de estereoisômeros que são diastereoisômeros. Considere os dois compostos a seguir:

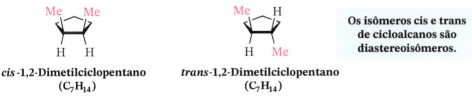

Os isômeros cis e trans de cicloalcanos são diastereoisômeros.

DICA ÚTIL
Sugerimos que você construa modelos feitos com um *kit* de montagem de modelos moleculares dos isômeros de cada um desses compostos e os compare para provar que eles são diastereoisômeros.

Esses dois compostos têm a mesma fórmula molecular (C_7H_{14}), a mesma conectividade, mas arranjos espaciais diferentes dos seus átomos. Em um composto, ambos os grupos metila estão ligados do mesmo lado do anel, enquanto no outro, os dois grupos metila estão ligados em lados opostos do anel. Além disso, as posições dos grupos metila não podem ser interconvertidas por mudanças conformacionais. Portanto, esses compostos são estereoisômeros e, como não são imagens especulares entre si, podem ser classificados como diastereoisômeros.

Na Seção 5.12, estudaremos outras moléculas que podem existir como diastereoisômeros, mas que não são isômeros cis e trans. Antes, porém, iremos estudar mais sobre os enantiômeros.

Subdivisão de isômeros

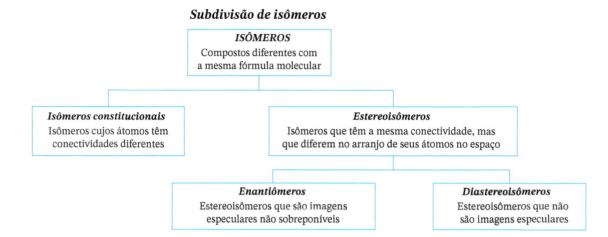

5.3 Enantiômeros e Moléculas Quirais

Enantiômeros ocorrem apenas com compostos cujas moléculas são quirais.

- Uma **molécula quiral** é aquela que não é sobreponível a sua imagem especular.

O isômero trans do 1,2-dimetilciclopentano é **quiral** porque ele é **não sobreponível** a sua imagem especular, como ilustram as fórmulas vistas a seguir.

Imagens especulares do *trans*-1,2-dimetilciclopentano não são sobreponíveis e, portanto, são enantiômeros.

Não existem enantiômeros para moléculas aquirais.

- Uma **molécula aquiral** é sobreponível a sua imagem especular.

Os isômeros cis e trans do 1,2-dicloroeteno são ambos **aquirais**, porque cada isômero é sobreponível a sua imagem especular, como ilustram as fórmulas a seguir.

Imagens especulares do *cis*-1,2-dicloroeteno   **Imagens especulares do *trans*-1,2-dicloroeteno**

As imagens especulares do isômero cis são sobreponíveis (tente girar 180° uma para ver que ela é idêntica à outra) e, portanto, ambas as fórmulas cis representam a mesma molécula aquiral. A mesma análise é verdadeira para o isômero trans.

- Enantiômeros ocorrem apenas nos compostos cujas moléculas são quirais.
- Uma molécula quiral e a sua imagem especular são denominadas **par de enantiômeros**. A relação entre elas é **enantiomérica**.
- O teste geral de quiralidade de uma molécula, ou qualquer objeto, é a não sobreposição da molécula, ou objeto, a sua imagem especular.

Encontramos objetos quirais e aquirais em toda a nossa vida diária. Por exemplo, sapatos são quirais, enquanto a maioria das meias é aquiral.

PROBLEMA DE REVISÃO 5.1 Classifique cada um dos objetos a seguir como quiral ou aquiral:

(a) Uma chave de fenda
(b) Um bastão de beisebol
(c) Um taco de golfe
(d) Um tênis
(e) Uma orelha
(f) Um parafuso
(g) Um carro
(h) Um martelo

A quiralidade de moléculas pode ser demonstrada com compostos relativamente simples. Considere, por exemplo, o 2-butanol:

2-Butanol

Até agora, mostramos a fórmula do 2-butanol como se ela representasse apenas um composto e não mencionamos que moléculas de 2-butanol são quirais. Porque elas são, existem, na realidade, dois compostos diferentes para o 2-butanol e esses dois compostos são enantiômeros. Podemos compreender isso, examinando os desenhos e modelos na **Fig. 5.3**.

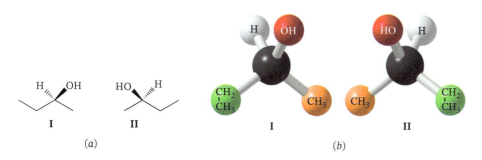

FIGURA 5.3 (*a*) Desenhos tridimensionais dos enantiômeros **I** e **II** do 2-butanol. (*b*) Modelos dos enantiômeros do 2-butanol. (*c*) Uma tentativa frustrada de sobrepor os modelos **I** e **II**.

Se o modelo **I** é colocado na frente de um espelho, o modelo **II** é visto no espelho e vice-versa. Os modelos **I** e **II** não são sobreponíveis e, portanto, representam moléculas diferentes, porém, isoméricas. ***Como os modelos I e II são imagens especulares não sobreponíveis, as moléculas que eles representam são enantiômeros***.

DICA ÚTIL
Trabalhar com modelos é uma técnica de estudo útil sempre que os aspectos tridimensionais da química estiverem envolvidos.

PROBLEMA DE REVISÃO 5.2

Utilizando um *kit* de montagem de modelos moleculares, construa modelos das duas moléculas de 2-butanol representadas na Fig. 5.3 e demonstre que elas não são sobreponíveis. **(a)** Construa modelos similares do 2-bromopropano. Eles são sobreponíveis? **(b)** Uma molécula de 2-bromopropano é quiral? **(c)** Você esperaria encontrar formas enantioméricas do 2-bromopropano?

5.4 Centro Quiral e Moléculas Quirais

- Um **centro quiral** é um átomo de carbono tetraédrico ligado a quatro grupos diferentes.
- Uma molécula que contém **um** centro quiral é quiral e pode existir como um par de enantiômeros.
- Moléculas contendo mais do que um centro quiral também podem existir como enantiômeros, mas somente se a molécula não for sobreponível a sua imagem especular.

Por enquanto, discutiremos apenas moléculas com um centro quiral. Na Seção 5.12, discutiremos moléculas que possuem mais de um centro quiral.

Centros quirais são frequentemente marcados com um asterisco (*). No 2-butanol, o centro quiral é o C2 (**Fig. 5.4**). Os quatro grupos diferentes ligados ao C2 são um grupo hidroxila, um átomo de hidrogênio, um grupo metila e um grupo etila. (É importante observar que a quiralidade é uma propriedade da molécula como um todo e que um centro quiral é uma característica estrutural que pode fazer com que uma molécula seja quiral.)

A capacidade de identificar centros quirais nas fórmulas estruturais será útil no reconhecimento de moléculas que são quirais e que podem existir como enantiômeros.

- A presença de um único centro quiral em uma molécula garante que a molécula é quiral e que formas enantioméricas são possíveis.

(hidrogênio)

$$\text{(metila)} \ \overset{1}{CH_3} - \overset{2}{\underset{\underset{\text{(hidroxila)}}{OH}}{\overset{H}{\underset{|}{C}}}} {}^{*} - \overset{3}{CH_2} \overset{4}{CH_3} \ \text{(etila)}$$

FIGURA 5.4 O átomo de carbono tetraédrico do 2-butanol tendo quatro grupos diferentes. [Por convenção, os centros quirais são geralmente marcados com um asterisco (*).]

A Fig. 5.5 demonstra que compostos enantioméricos podem existir sempre que uma molécula contém um único centro quiral.

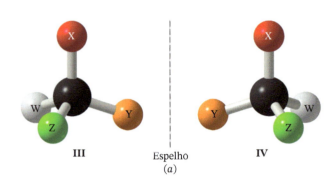

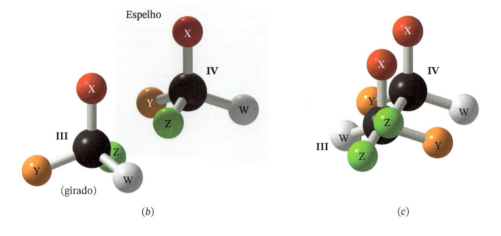

FIGURA 5.5 Uma demonstração de quiralidade de uma molécula hipotética contendo um centro quiral. (*a*) Os quatro grupos diferentes em torno do átomo de carbono em **III** e **IV** são arbitrários. (*b*) **III** é girado e colocado na frente de um espelho. **III** e **IV** estão relacionados como um objeto e sua imagem especular. (*c*) **III** e **IV** não são sobreponíveis e, portanto, as moléculas representadas por esses modelos são quirais e são enantiômeros.

DICA ÚTIL

A troca entre dois grupos de um modelo ou fórmula tridimensional é um teste útil para determinar se as estruturas de duas moléculas quirais são iguais ou diferentes.

- Uma propriedade importante dos enantiômeros com um único centro quiral é que a *troca entre dois grupos quaisquer ligados ao centro quiral converte um enantiômero no outro*.

Na Fig. 5.3*b* é fácil ver que a troca entre os grupos metila e etila converte um enantiômero no outro. Agora, você deve se convencer de que a troca entre outros dois grupos quaisquer leva ao mesmo resultado.

- Qualquer átomo em que uma troca de grupos produz um estereoisômero é denominado **centro estereogênico**. Se o átomo é o carbono, ele é geralmente denominado **carbono estereogênico**.

Quando discutimos esse tipo de troca entre grupos, devemos lembrar que é *algo que fazemos com um modelo molecular ou no papel*. Uma troca entre grupos em uma molécula real, caso possa ocorrer, requer a quebra de ligações covalentes e isso é algo que necessita de uma grande quantidade de energia. Isso significa que enantiômeros tais como os enantiômeros do 2-butanol **não se interconvertem** espontaneamente.

PROBLEMA DE REVISÃO 5.3 Demonstre a validade do que foi representado na Fig. 5.5 pela construção de modelos. Demonstre que **III** e **IV** estão relacionados como um objeto e sua imagem especular e *que eles não são sobreponíveis* (isto é, que **III** e **IV** são moléculas quirais e são enantiômeros).
(a) Considere **IV** e troque as posições de dois grupos quaisquer. Qual é a nova relação entre as moléculas? **(b)** Agora, pegue qualquer modelo e troque as posições de dois grupos quaisquer. Qual é a relação entre as moléculas agora?

- Se todos os átomos tetraédricos em uma molécula têm dois ou mais grupos ligados que *são idênticos*, a molécula não possui um centro quiral. A molécula é sobreponível a sua imagem especular e é uma **molécula aquiral**.

Um exemplo de uma molécula desse tipo é o 2-propanol; os átomos de carbono 1 e 3 estão ligados a três átomos de hidrogênio idênticos e o átomo central está ligado a dois grupos metila idênticos. Se escrevermos fórmulas tridimensionais para o 2-propanol, veremos (Fig. 5.6) que uma estrutura pode ser superposta a sua imagem especular.

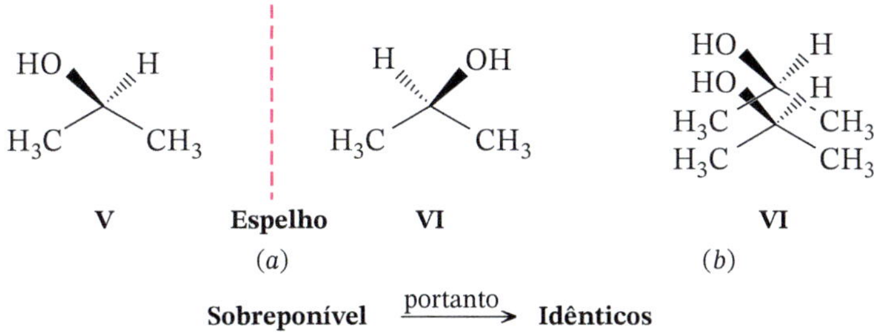

FIGURA 5.6 (*a*) 2-Propanol (**V**) e sua imagem especular (**VI**). (*b*) Quando qualquer uma é girada, as duas estruturas são sobreponíveis e por isso não representam enantiômeros. Elas representam o mesmo composto. O 2-propanol não tem um centro quiral.

Assim, não é possível prever a existência de formas enantioméricas do 2-propanol e, experimentalmente, apenas uma forma do 2-propanol é conhecida.

PROBLEMA RESOLVIDO 5.1

O 2-bromopentano tem um centro quiral? Se tiver, escreva estruturas tridimensionais para cada enantiômero.

Estratégia e Resposta

Primeiro, escreva uma fórmula estrutural para a molécula e, depois, identifique um átomo de carbono ligado a quatro grupos diferentes. Neste caso, o carbono 2 está ligado a quatro grupos distintos: um átomo de hidrogênio, um grupo metila, um átomo de bromo e um grupo propila. Assim, o carbono 2 é um **centro quiral**. Os enantiômeros são

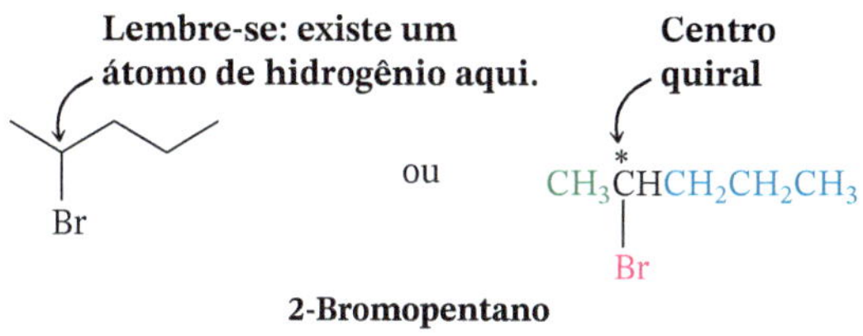

Estas fórmulas são imagens especulares não sobreponíveis

PROBLEMA DE REVISÃO 5.4

Algumas das moléculas listadas a seguir têm um centro quiral; outras não. Escreva fórmulas tridimensionais de ambos os enantiômeros das moléculas que têm um centro quiral.

(a) 2-Fluoropropano
(b) 2-Metilbutano
(c) 2-Clorobutano
(d) 2-Metil-1-butanol
(e) *trans*-2-Buteno
(f) 2-Bromopentano
(g) 3-Metilpentano
(h) 3-Metil-hexano
(i) 2-Metil-2-penteno
(j) 1-Cloro-2-metilbutano

5.4A Centros Estereogênicos Tetraédricos *versus* Triangulares

Em geral, é importante esclarecer a diferença entre centros estereogênicos e um centro quiral, que é um tipo de centro estereogênico. O centro quiral no 2-butanol é um centro estereogênico tetraédrico. Os átomos de carbono dos isômeros cis e trans do 1,2-dicloroeteno são também centros estereogênicos, mas são centros estereogênicos triangulares. Eles *não* são centros quirais. Uma troca entre os grupos ligados aos átomos de carbono de qualquer um dos isômeros do 1,2-dicloroeteno produz um estereoisômero (uma molécula com a mesma conectividade, mas com um arranjo diferente de seus átomos no espaço), mas não uma imagem especular não sobreponível. Um centro quiral, por outro lado, é aquele que deve ter a possibilidade de gerar imagens especulares não sobreponíveis.

- Centros quirais são centros estereogênicos tetraédricos.
- Isômeros cis e trans de alquenos contêm centros estereogênicos triangulares.

5.5 Mais sobre a Importância Biológica da Quiralidade

A origem das propriedades biológicas relacionadas com a quiralidade é muitas vezes comparada à especificidade de nossas mãos para as suas respectivas luvas; a especificidade de ligação de uma molécula quiral (como uma mão) a um sítio receptor quiral (uma luva) só é favorável de uma maneira. Se a molécula ou o sítio receptor biológico tivesse a lateralidade errada, a resposta fisiológica natural (por exemplo, impulso neural, reação catalítica) não ocorreria. Na Fig. 5.7, é apresentado um esquema mostrando como somente um único aminoácido de um par de enantiômeros pode interagir de forma adequada com um sítio de ligação hipotético (por exemplo, em uma enzima). Por causa do centro quiral do aminoácido, a ligação por três pontos, com o alinhamento apropriado, só pode ocorrer com apenas um dos dois enantiômeros.

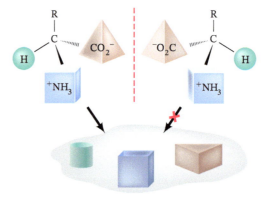

FIGURA 5.7 Apenas um dos dois enantiômeros do aminoácido mostrado (o do lado esquerdo) pode fazer a ligação por três pontos no sítio de ligação hipotético (por exemplo, em uma enzima).

As moléculas quirais podem manifestar a sua lateralidade de muitas maneiras, incluindo o modo como elas afetam os seres humanos. Um dos enantiômeros de um composto denominado limoneno (Seção 23.3) é o responsável principal pelo odor das laranjas e outro enantiômero, pelo odor dos limões.

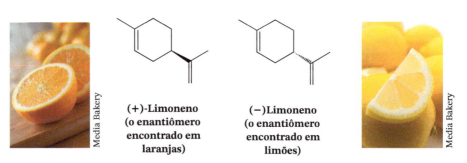

(+)-Limoneno
(o enantiômero
encontrado em
laranjas)

(−)-Limoneno
(o enantiômero
encontrado em
limões)

Um dos enantiômeros de um composto denominado carvona (Problema de Revisão 5.14) é a essência do cominho e o outro é a essência da hortelã.

De modo análogo, a atividade de fármacos contendo centros quirais pode variar entre os enantiômeros, muitas vezes, com consequências graves ou até mesmo trágicas. Durante vários anos, antes de 1963, o fármaco talidomida foi usado para aliviar os sintomas de náuseas em mulheres grávidas. Em 1963, foi descoberto que a talidomida era a causa da má-formação congênita em muitas crianças nascidas após o uso desse fármaco.

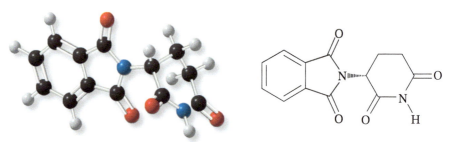

Talidomida (Thalomid®)

Posteriormente, começaram a surgir evidências indicando que, enquanto um enantiômero, (+)-talidomida, tem o efeito de curar a indisposição matinal, o outro enantiômero, (−)-talidomida, que também estava presente no medicamento (em igual proporção), pode ser a causa da má-formação no nascimento. As evidências sobre os efeitos dos dois enantiômeros são complicadas pelo fato de ocorrer interconversão entre eles em condições fisiológicas. Atualmente, entretanto, a talidomida é aprovada, sob normas estritas, para o tratamento de algumas formas de câncer e uma complicação grave associada à hanseníase. O potencial de seu uso contra outras condições, incluindo AIDS e artrite reumatoide, também está sob investigação. Consideraremos outros aspectos de fármacos quirais na Seção 5.11.

Que átomo é o centro quiral (a) do limoneno e (b) da talidomida?

PROBLEMA DE REVISÃO 5.5

Que átomos em cada uma das moléculas vistas a seguir são centros quirais?

PROBLEMA DE REVISÃO 5.6

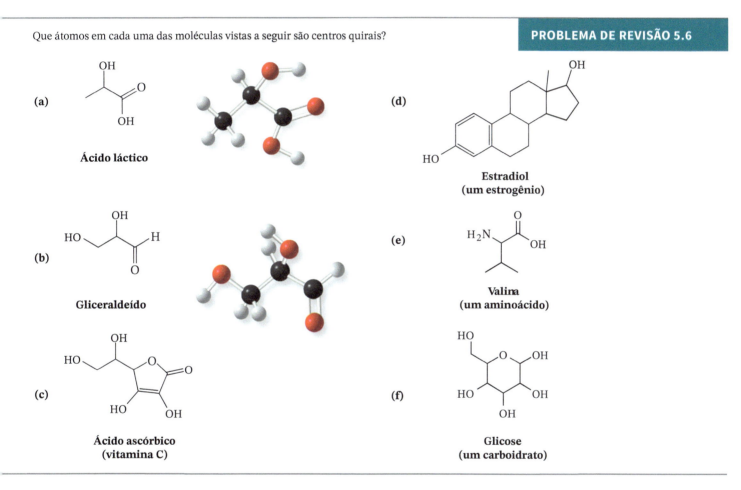

5.6 Como Testar a Quiralidade: Planos de Simetria

A melhor maneira de testar a **quiralidade** de uma molécula é construindo modelos da molécula e da sua imagem especular e, em seguida, determinar se elas são sobreponíveis. Se os dois modelos são sobreponíveis, a molécula que eles representam é aquiral. Por outro lado, se os dois modelos não são sobreponíveis, as moléculas que eles representam são quirais. Podemos aplicar esse teste com modelos reais, como foi descrito, ou podemos aplicá-lo desenhando estruturas tridimensionais e realizando mentalmente o teste de sobreposição.

Contudo, existem outras dicas que podem ajudar a reconhecer moléculas quirais. Uma já foi mencionada: **a presença de um único centro quiral**. Outras são baseadas na ausência de certos elementos de simetria na molécula.

- Uma molécula não será quiral se ela possui um plano de simetria interno.

- Um **plano de simetria** (também denominado plano especular) é definido como um plano imaginário que corta uma molécula ao meio de tal modo que as duas metades da molécula são imagens especulares entre si.

O plano pode passar através de átomos, entre átomos ou ambos. Por exemplo, o 2-cloropropano tem um plano de simetria (**Fig. 5.8a**), enquanto o 2-clorobutano não tem (**Fig. 5.8b**).

- Todas as moléculas que possuem um plano de simetria em suas conformações mais simétricas são aquirais.

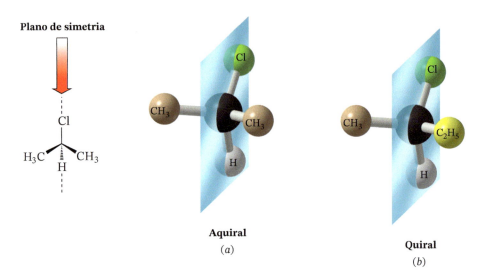

FIGURA 5.8 (a) O 2-cloropropano tem um plano de simetria e é aquiral. (b) O 2-clorobutano não possui um plano de simetria e é quiral.

PROBLEMA RESOLVIDO 5.2

Glicerol, $CH_2OHCHOHCH_2OH$, é um componente importante na síntese biológica de gorduras, como será visto no Capítulo 23. **(a)** O glicerol tem um plano de simetria? Em caso afirmativo, escreva uma estrutura tridimensional para o glicerol e indique onde se encontra o plano de simetria. **(b)** O glicerol é quiral?

Estratégia e Resposta

(a) Sim, o glicerol tem um plano de simetria. Observe que temos de escolher a conformação e a orientação adequadas da molécula para ver o plano de simetria. **(b)** Não, glicerol é aquiral porque ele pode assumir uma conformação contendo um plano de simetria.

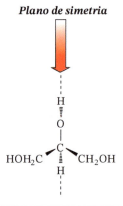

PROBLEMA DE REVISÃO 5.7

Quais os objetos listados no Problema de Revisão 5.1 possuem um plano de simetria e, portanto, são aquirais?

PROBLEMA DE REVISÃO 5.8

Desenhe fórmulas tridimensionais e indique um plano de simetria para todas as moléculas aquirais do Problema de Revisão 5.4. Para localizar um plano de simetria, pode ser necessário desenhar a molécula em uma conformação adequada.

5.7 Nomenclatura de Enantiômeros: Sistema *R,S*

Os dois enantiômeros do 2-butanol são mostrados a seguir:

I   II

Se nomearmos estes dois **enantiômeros** usando apenas o sistema de nomenclatura da IUPAC que aprendemos até agora, ambos os enantiômeros terão o mesmo nome: 2-butanol (ou álcool *sec*-butílico) (Seção 4.3F). Isso é indesejável porque *cada composto deve ter seu próprio nome*. Além disso, o nome dado para um composto deve permitir que um químico, que esteja familiarizado com as regras de nomenclatura, possa escrever a estrutura do composto partindo apenas do seu nome. A partir do nome 2-butanol, um químico poderia escrever qualquer uma das estruturas **I** ou **II**.

Três químicos, R. S. Cahn (Inglaterra), C. K. Ingold (Inglaterra) e V. Prelog (Suíça), desenvolveram um sistema de nomenclatura que, quando acrescentado ao sistema da IUPAC, resolve esses dois problemas. Este sistema, denominado **sistema *R,S*** ou sistema Cahn–Ingold–Prelog, faz parte das regras da IUPAC.

Segundo este sistema, um enantiômero do 2-butanol deve ser designado (*R*)-2-butanol e o outro enantiômero deve ser designado (*S*)-2-butanol. [(*R*) e (*S*) são as iniciais das palavras *rectus* e *sinister*, em latim, que significam direito e esquerdo, respectivamente.] Diz-se que estas moléculas têm **configurações** opostas em C2.

5.7A Como Atribuir as Configurações (*R*) e (*S*)

As configurações (*R*) e (*S*) são atribuídas de acordo com o seguinte procedimento.

1. É atribuída uma **prioridade** ou **preferência** *a*, *b*, *c* ou *d* para cada um dos quatro grupos ligados ao centro quiral. A prioridade é atribuída com base no **número atômico** do átomo que está diretamente ligado ao centro quiral. O átomo com menor número atômico tem menor prioridade, *d*; o átomo com maior número atômico a seguir tem a próxima maior prioridade, *c*; e assim por diante. (No caso de isótopos, o isótopo de maior massa atômica tem maior prioridade.)

Podemos ilustrar a aplicação da regra com o enantiômero **II** do 2-butanol:

$$\begin{array}{c} (a) \quad\quad (d) \\ HO \quad H \\ \diagdown \,/ \\ C \\ /\,\diagdown \\ H_3C \quad\quad CH_2CH_3 \\ (b\ \text{ou}\ c) \quad (b\ \text{ou}\ c) \end{array}$$

Um dos enantiômeros do 2-butanol

O oxigênio tem o maior número atômico dos quatro átomos diretamente ligados ao centro quiral e recebe a maior prioridade, *a*. O hidrogênio tem o menor número atômico e recebe a menor prioridade, *d*. Com somente esta regra não é possível atribuir prioridade para os grupos metila e etila, porque o átomo que está diretamente ligado ao centro quiral é um átomo de carbono em ambos os grupos. Por isso, aplicamos a próxima regra.

2. Quando a prioridade não pode ser atribuída com base no número atômico dos átomos que estão diretamente ligados ao centro quiral, então, o próximo conjunto de átomos nos grupos não assinalados é examinado. Esse processo continua até que uma decisão possa ser tomada. *Atribuímos uma prioridade no primeiro ponto de diferença.**

Ao examinarmos o grupo metila do enantiômero **II**, observamos que o próximo conjunto de átomos consiste em três átomos de hidrogênio (H, H, H). No grupo etila, o próximo conjunto de átomos consiste em um átomo de carbono e dois átomos de hidrogênio (C, H, H). O carbono tem um número atômico maior do que o hidrogênio, portanto, o grupo etila recebe prioridade mais alta, *b*, e o grupo metila, prioridade mais baixa, *c*, uma vez que (C, H, H) > (H, H, H):

---

*Segundo a regra, no caso de uma cadeia ramificada, a cadeia de átomos com maior prioridade deve ser considerada.

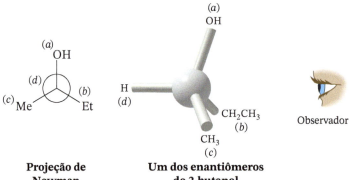

3. Agora, giramos a fórmula (ou o modelo) até que o grupo de menor prioridade (d) fique direcionado para longe do observador:

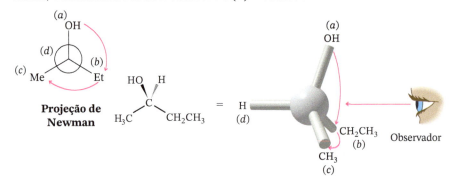

Em seguida, traçamos um caminho de *a* até *c*, passando por *b*. Se, ao fazermos isso, o sentido do nosso dedo (ou do lápis) for *horário*, o enantiômero é designado (*R*). Se o sentido for *anti-horário*, o enantiômero é designado (*S*).

Assim, o enantiômero **II** do 2-butanol é o (*R*)-2-butanol:

As setas são no sentido horário.

(*R*)-2-Butanol

PROBLEMA RESOLVIDO 5.3   Um enantiômero do bromoclorofluoroiodometano é mostrado ao lado. Ele é (*R*) ou (*S*)?

Estratégia e Resposta

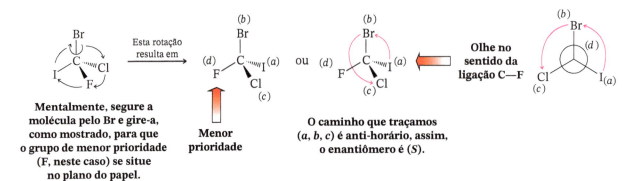

Desenhe os enantiômeros do bromoclorofluorometano e atribua a designação (R) ou (S) para cada enantiômero.	**PROBLEMA DE REVISÃO 5.9**

Dê as designações (R) e (S) para cada par de enantiômeros dado como resposta no Problema de Revisão 5.4.	**PROBLEMA DE REVISÃO 5.10**

Com as três primeiras regras do sistema Cahn–Ingold–Prelog, é possível atribuir a designação (R) ou (S) para a maioria dos compostos contendo ligações simples. No entanto, para compostos contendo ligações múltiplas, mais uma regra é necessária:

4. No caso de grupos que contêm ligações duplas ou triplas, a prioridade é atribuída como se os átomos fossem duplicados ou triplicados, isto é,

$$\diagdown C=Y \text{ como se fosse } -\underset{(Y)\ (C)}{\overset{|}{C}}-\underset{}{\overset{|}{Y}} \quad e \quad -C\equiv Y \text{ como se fosse } -\underset{(Y)\ (C)}{\overset{(Y)\ (C)}{\underset{|}{C}}}-Y$$

em que os símbolos entre parênteses são representações duplicadas ou triplicadas dos átomos da outra extremidade da ligação múltipla.

Assim, o grupo vinila, $-C=CH_2$, tem maior prioridade do que o grupo isopropila, $-CH(CH_3)_2$. Ou seja,

$-CH=CH_2$ é tratado como se fosse
$$-\underset{(C)\ (C)}{\overset{H\quad H}{\underset{|\quad |}{C-C}}}-H$$
que tem maior prioridade do que
$$-\underset{\underset{H-\underset{|}{\overset{|}{C}}-H}{\underset{H}{|}}}{\overset{H\quad H}{\underset{|\quad |}{C\ \ \ C}}}-H$$

porque, no segundo conjunto de átomos, o grupo vinila (veja a estrutura a seguir) é C, H, H, enquanto o grupo isopropila, ao longo de cada ramificação, é H, H, H. (No primeiro conjunto de átomos, ambos os grupos são idênticos: C, C, H.)

$$-\underset{(C)\ (C)}{\overset{H\quad H}{\underset{|\quad |}{C-C}}}-H \quad > \quad -\underset{\underset{H-\underset{|}{\overset{|}{C}}-H}{\underset{H}{|}}}{\overset{H\quad H}{\underset{|\quad |}{C\ \ \ C}}}-H$$

C, H, H > **H, H, H**
Grupo vinila   **Grupo isopropila**

Existem outras regras para estruturas mais complexas, mas elas não serão estudadas aqui.*

Liste os substituintes em ordem decrescente de prioridade para cada um dos conjuntos vistos a seguir:	**PROBLEMA DE REVISÃO 5.11**

(a) —Cl, —OH, —SH, —H
(b) —CH₃, —CH₂Br, —CH₂Cl, —CH₂OH
(c) —H, —OH, —CHO, —CH₃
(d) —CH(CH₃)₂, —C(CH₃)₃, —H, —CH=CH₂
(e) —H, —N(CH₃)₂, —OCH₃, —CH₃
(f) —OH, —OPO₃H₂, —H, —CHO

---

*Mais informações podem ser encontradas via *Chemical Abstracts Service*.

PROBLEMA DE REVISÃO 5.12

Dê a designação (R) ou (S) para cada um dos compostos vistos a seguir:

(a) H₃C—C(Cl)(vinil)(etil)
(b) HO—C(H)(dimetil)(vinil)
(c) H—C(CH₃)(etinil)(t-butil)
(d) H₂O₃PO—C(H)(OH)—CHO

D-Gliceraldeído-3-fosfato
(um intermediário da glicólise)

PROBLEMA RESOLVIDO 5.4

Considere as duas estruturas vistas a seguir e estabeleça se elas representam enantiômeros ou duas moléculas do mesmo composto em orientações diferentes:

```
     Cl              CH₃
     |               |
H₃C—C—Br         H—C—Br
     |               |
     H               Cl
     A               B
```

Estratégia

Um modo de abordar esse tipo de problema é considerar uma das estruturas e, mentalmente, segurá-la por um grupo. Em seguida, gire os outros grupos até que ao menos um dos grupos esteja na mesma orientação que o mesmo grupo está na outra estrutura. (Até que você possa fazer isso mentalmente, pratique com modelos.) Após uma série de rotações como essa, você será capaz de converter a estrutura que está manipulando em uma que seja idêntica ou que seja uma imagem especular da outra estrutura. Por exemplo, considere a estrutura **A**, segure-a pelo átomo de Cl e, em seguida, gire os outros grupos em torno da ligação C*—Cl até que o hidrogênio assuma a mesma orientação como em **B**. Então, segure-a pelo H e gire os outros grupos no eixo da ligação C*—H. Nesse exemplo, as estruturas **A** e **B** são idênticas:

A —girar→ A —girar→ A } Idêntica à B

Outra abordagem é reconhecer que uma troca entre dois grupos ligados ao centro quiral *inverte a configuração daquele* átomo de carbono e converte uma estrutura *com apenas um centro quiral* em seu enantiômero; uma segunda troca retorna à molécula original. Prosseguindo dessa forma, observe quantas trocas são necessárias para converter **A** em **B**. Neste caso, são necessárias duas trocas e, novamente, conclui-se que **A** e **B** são idênticas:

A —trocar CH₃ e H→ ... —trocar CH₃ e Cl→ B

Um teste eficaz é nomear cada composto, incluindo sua configuração (R) ou (S). Se os nomes forem iguais, então as estruturas também serão iguais. Neste caso, ambas as estruturas são (R)-1-bromo-1-cloroetano.

Outro método para atribuir configurações (R) e (S) faz uso das mãos como modelos quirais (Huheey, J. E., *J. Chem. Educ.* **1986**, *63*, 598–600). Os grupos em um centro quiral são correlacionados ao punho (d), polegar (c), indicador (b) e dedo médio (a), a partir do grupo de menor para o de maior prioridade, respectivamente. Mantendo os demais dedos (anelar e mínimo) fechados contra a palma da mão, observa-se cada uma das mãos com o punho afastado: se a correlação entre o centro quiral for com a mão esquerda, a configuração é (S), se for com a mão direita, (R).

Resposta

A e **B** são duas moléculas do mesmo composto em orientações diferentes.

Estereoquímica 217

PROBLEMA DE REVISÃO 5.13

Determine se as duas estruturas em cada par representam enantiômeros ou duas moléculas do mesmo composto em orientações diferentes.

(a) Cl―C(Br)(F)―H e Cl―C(Br)(F)―H (b) F―C(H)(CH₃)―Cl e H―C(F)(Cl)―CH₃ (c) H―C(OH)(CH₃) e H―C(OH)(CH₃)

5.8 Propriedades dos Enantiômeros: Atividade Óptica

As moléculas de um par de enantiômeros não são sobreponíveis e, apenas por isso, pode-se concluir que os enantiômeros são compostos diferentes. Como eles são diferentes? Os enantiômeros, em analogia aos isômeros constitucionais e diastereoisômeros, apresentam pontos de fusão e ebulição diferentes? A resposta é *não*.

- **Enantiômeros** puros têm pontos de fusão e ebulição *idênticos*.

Os enantiômeros puros têm diferentes índices de refração, diferentes solubilidades em solventes comuns, diferentes espectros de infravermelho e diferentes velocidades de reação com reagentes aquirais? A resposta a cada uma dessas questões também é *não*.

Muitas dessas propriedades (por exemplo, pontos de fusão, pontos de ebulição e solubilidades) são dependentes da magnitude das forças intermoleculares entre as moléculas (Seção 2.13) e, no caso de moléculas que são imagens especulares entre si, essas forças são idênticas. Na Tabela 5.1, por exemplo, é possível verificar esse fato observando os pontos de ebulição dos enantiômeros do 2-butanol e ácido tartárico.

Entretanto, as propriedades de uma mistura dos enantiômeros de um composto são diferentes das propriedades das amostras puras de cada enantiômero. Os dados apresentados na Tabela 5.1 ilustram esse fato para o ácido tartárico. O isômero natural, (+)-ácido tartárico, tem ponto de fusão igual a 168–170 °C, assim como o seu enantiômero não natural, (–)-ácido tartárico. Entretanto, uma mistura em igual proporção de cada enantiômero (racemato ou mistura racêmica) do ácido tartárico, (+/−)-ácido tartárico, tem ponto de fusão igual a 210–212 °C.

- Cada enantiômero de um par de enantiômeros apresenta um comportamento diferente apenas quando interage com outras substâncias quirais, incluindo o seu próprio enantiômero.

Isso é evidente nos dados de ponto de fusão do ácido tartárico. Enantiômeros também apresentam velocidades de reação diferentes com outras moléculas quirais, isto é, reagentes que consistem em um enantiômero puro ou um excesso de um enantiômero. E enantiômeros apresentam solubilidades diferentes em solventes que consistem em um enantiômero puro ou um excesso de um enantiômero.

Uma propriedade, facilmente observável, que distingue cada enantiômero de um par, é o *seu comportamento frente à luz plano-polarizada*.

- Quando um feixe de luz plano-polarizada passa através de um enantiômero, ocorre uma **rotação** do plano de polarização.

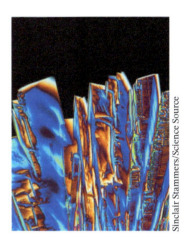

O ácido tartárico é naturalmente encontrado nas uvas e em muitas outras plantas. Cristais de ácido tartárico podem ser encontrados no vinho.

TABELA 5.1 Propriedades Físicas dos Enantiômeros do 2-Butanol e Ácido Tartárico

Composto	Ponto de Ebulição (p.eb) ou Ponto de Fusão (p.fus)
(R)-2-Butanol	99,5 °C (p.eb)
(S)-2-Butanol	99,5 °C (p.eb)
(+)-(R,R)-Ácido tartárico	168–170 °C (p.fus)
(−)-(S,S)-Ácido tartárico	168–170 °C (p.fus)
(+/−)-Ácido tartárico	210–212 °C (p.fus)

- Os enantiômeros de um par giram o plano da luz plano-polarizada com a mesma magnitude, *mas em direções opostas*.
- Enantiômeros puros são denominados **compostos opticamente ativos** devido ao seu efeito sobre a luz plano-polarizada.

Para compreender esse comportamento dos enantiômeros, é preciso entender a natureza da luz plano-polarizada. Também é necessário entender o funcionamento de um instrumento denominado polarímetro.

5.8A Luz Plano-Polarizada

A luz é um fenômeno eletromagnético. Um feixe de luz é constituído por dois campos oscilantes, mutuamente perpendiculares: um campo elétrico e um campo magnético (**Fig. 5.9**).

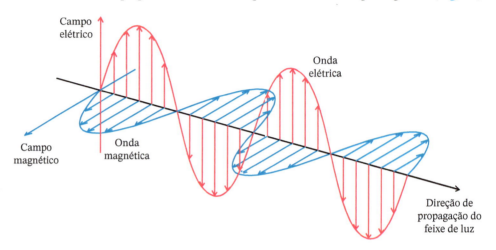

FIGURA 5.9 Os campos elétrico e magnético oscilantes de um feixe de luz comum em planos perpendiculares. As ondas representadas aqui oscilam em todos os planos possíveis na luz comum.

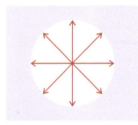

FIGURA 5.10 As oscilações do campo elétrico da luz comum ocorrem em todos os planos possíveis perpendiculares à direção de propagação.

Se fosse possível ver um feixe de luz comum a partir de uma extremidade, e se nós pudéssemos realmente ver os planos em que ocorrem as oscilações elétricas, nós observaríamos que as oscilações do campo elétrico estavam ocorrendo em todos os planos possíveis perpendiculares à direção de propagação (**Fig. 5.10**). (O mesmo seria verdade para o campo magnético.)

Quando a luz comum passa através de um polarizador, o polarizador interage com o campo elétrico de tal modo que o campo elétrico da luz que emerge do polarizador (e o campo magnético perpendicular a ele) oscila em apenas um plano. Essa luz é denominada **luz plano-polarizada** (**Fig. 5.11***a*). Se o feixe de luz plano-polarizada encontra um filtro com polarização perpendicular, a luz é bloqueada (Fig. 5.11*b*). Este fenômeno pode ser facilmente demonstrado com lentes de um par de óculos polarizadores ou uma folha de filme polarizador (Fig. 5.11*c*).

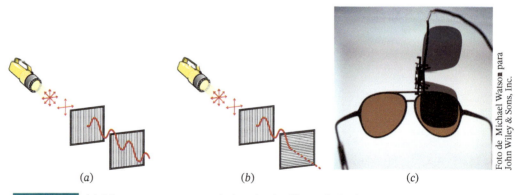

FIGURA 5.11 (*a*) A luz comum passa através do primeiro filtro polarizador e emerge com a onda elétrica oscilando em apenas um plano (e um plano da onda magnética perpendicular não mostrado). Quando o segundo filtro está alinhado com o primeiro filtro na mesma direção de polarização, como mostrado, a luz plano-polarizada pode passar. (*b*) Girando de 90° o segundo filtro, a luz plano-polarizada é bloqueada. (*c*) Duas lentes de óculos polarizadores orientadas perpendicularmente entre si bloqueiam o feixe de luz.

5.8B Polarímetro

- Um **polarímetro** mede o efeito de compostos opticamente ativos sobre a luz plano-polarizada.

Um esquema de um polarímetro é mostrado na **Fig. 5.12**. Os componentes principais de um polarímetro são (1) uma fonte de luz (em geral, uma lâmpada de sódio), (2) uma lente polarizadora, (3) um tubo para manter a substância opticamente ativa (ou solução) no feixe de luz, (4) uma segunda lente polarizadora e (5) uma escala para medir o ângulo (em graus) de rotação (desvio) do plano da luz plano-polarizada.

Se o tubo do polarímetro está vazio ou se contém uma substância opticamente *inativa*, os eixos da luz plano-polarizada e do analisador estarão exatamente paralelos, quando o instrumento registra 0°, e o observador irá detectar a intensidade máxima de luz. Se, pelo contrário, o tubo contém uma substância opticamente ativa, por exemplo, uma solução de um enantiômero, o plano de polarização da luz sofrerá um desvio ao passar através da solução. Para detectar a intensidade máxima de luz, o observador terá que girar o eixo da segunda lente polarizadora em sentido horário ou anti-horário. Se a segunda lente polarizadora é girada no sentido horário, a rotação, α (medida em graus), tem sinal positivo (+). Se o sentido é anti-horário, a rotação tem sinal negativo (−). Um composto que gira o plano da luz plano-polarizada no sentido horário é denominado **dextrorrotatório** (ou dextrogiro) e aquele que gira o plano da luz plano-polarizada no sentido anti-horário é denominado **levorrotatório** (ou levogiro) (do latim: *dexter*, direita, e *laevus*, esquerda).

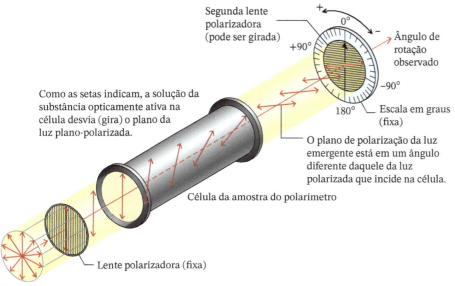

FIGURA 5.12 Principais componentes de um polarímetro e medida da rotação óptica.

(Reproduzida com permissão de John Wiley & Sons, Inc. a partir de Holum, J. R., *Organic Chemistry: A Brief Course*, p. 316. © 1975.)

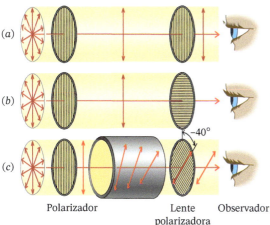

(a)
- As duas lentes polarizadoras são paralelas.
- Nenhuma substância opticamente ativa está presente.
- A luz polarizada pode atravessar.

(b)
- As duas lentes polarizadoras são perpendiculares.
- Nenhuma substância opticamente ativa está presente.
- A luz polarizada não pode emergir.

(c)
- A substância na célula entre as lentes polarizadoras é opticamente ativa.
- A segunda lente polarizadora foi girada para a esquerda (do ponto de vista do observador) para permitir que a luz polarizada desviada atravessasse o analisador (a substância é levorrotatória neste exemplo).

5.8C Rotação Específica

- O valor em graus que o plano de polarização é girado quando a luz passa através de uma solução de um enantiômero depende do número de moléculas quirais que ela encontra.

Para normalizar os dados de rotação óptica, em relação às variáveis experimentais, como comprimento do tubo e concentração do enantiômero, os químicos calculam uma grandeza denominada **rotação específica**, [α], através da seguinte equação:

$$[\alpha] = \frac{\alpha}{c \cdot l}$$

em que [α] = rotação específica
 α = rotação observada
 c = concentração da solução em gramas por mililitro de solução (ou massa específica em g mL⁻¹ para líquidos puros)
 l = comprimento do tubo em decímetros (1 dm = 10 cm)

A rotação específica também depende da temperatura e do comprimento de onda da luz utilizada. Os valores de rotação específica são registrados de modo a incorporar também essas grandezas. Um valor de rotação específica pode ser dado como segue:

$$[\alpha]_D^{25} = +3{,}12$$

Isso significa que a linha D de uma lâmpada de sódio (λ = 589,6 nm) foi usada como fonte de luz, que foi mantida uma temperatura de 25 °C, e que uma amostra contendo 1,00 g mL⁻¹ da substância opticamente ativa, em um tubo de 1,00 dm, produziu uma rotação de 3,12° no sentido horário.*

As rotações específicas do (R)-2-butanol e do (S)-2-butanol são dadas a seguir:

(R)-2-Butanol
$[\alpha]_D^{25} = -13{,}52$

(S)-2-Butanol
$[\alpha]_D^{25} = +13{,}52$

- O sentido da rotação da luz plano-polarizada é frequentemente incorporado ao nome dos compostos opticamente ativos. Os dois conjuntos de enantiômeros vistos a seguir mostram como isso é feito:

(R)-(+)-2-Metil-1-butanol
$[\alpha]_D^{25} = +5{,}76$

(S)-(−)-2-Metil-1-butanol
$[\alpha]_D^{25} = -5{,}76$

(R)-(−)-1-Cloro-2-metilbutano
$[\alpha]_D^{25} = -1{,}64$

(S)-(+)-1-Cloro-2-metilbutano
$[\alpha]_D^{25} = +1{,}64$

Os compostos anteriores também ilustram um princípio importante:

- Não há correlação óbvia entre as configurações (R) e (S) dos enantiômeros e o sentido [(+) ou (−)] em que eles giram o plano da luz plano-polarizada.

(R)-(+)-2-Metil-1-butanol e (R)-(−)-1-cloro-2-metilbutano têm a mesma *configuração*, isto é, eles têm o mesmo arranjo geral de seus átomos no espaço. No entanto, eles têm efeitos opostos no sentido de rotação do plano da luz plano-polarizada:

---

*A magnitude da rotação é dependente do solvente usado quando soluções são analisadas. Essa é a razão por que o solvente é especificado quando uma rotação é descrita na literatura química.

(R)-(+)-2-Metil-1-butanol   Mesma configuração, mas sinais diferentes de rotação   (R)-(−)-1-Cloro-2-metilbutano

Esses mesmos compostos também ilustram um segundo princípio importante:

- Não há necessariamente correlação entre as designações (R) e (S) e o sentido de rotação da luz plano-polarizada.

(R)-2-Metil-1-butanol é dextrorrotatório (+) e (R)-1-cloro-2-metilbutano é levorrotatório (−).

Um método baseado na medição da rotação óptica em diferentes comprimentos de onda, denominado dispersão óptica rotatória, é usado para correlacionar as configurações de moléculas quirais. Uma discussão sobre essa técnica, no entanto, está além do escopo deste texto.

A ilustração mostra a configuração da (+)-carvona, o componente principal do óleo da semente de cominho, responsável por seu odor característico. Seu enantiômero, (−)-carvona, é o componente principal do óleo de hortelã, conferindo seu odor característico. O fato dos enantiômeros da carvona apresentarem odores diferentes sugere que os sítios receptores desses compostos no nariz são quirais e que somente o enantiômero correto se liga adequadamente ao seu sítio específico (assim como uma mão necessita de uma luva de quiralidade adequada para um bom ajuste). Dê as designações (R) e (S) para (+)-carvona e (−)-carvona.

PROBLEMA DE REVISÃO 5.14

(+)-Carvona

5.9 Formas Racêmicas

Uma amostra constituída, exclusiva ou predominantemente, por um enantiômero provoca uma rotação líquida da luz plano-polarizada. A **Fig. 5.13a** mostra um plano de luz polarizada que passa por uma molécula de (R)-2-butanol, fazendo com que o plano de polarização gire ligeiramente em uma direção. Cada molécula adicional de (R)-2-butanol que o feixe de luz encontra causa rotação adicional no mesmo sentido. Por outro lado, no caso de uma mistura constituída também por moléculas de (S)-2-butanol, cada molécula deste enantiômero faria com que o plano de polarização girasse no sentido oposto (Fig. 5.13b). Se os enantiômeros (R) e (S) estivessem em igual proporção, não haveria rotação líquida do plano da luz polarizada.

- Uma mistura equimolar de dois enantiômeros é denominada **mistura racêmica** (ou **racemato** ou **forma racêmica**). **Uma mistura racêmica não causa rotação líquida no plano da luz polarizada.**

Em uma mistura racêmica, o efeito de cada molécula de um enantiômero sobre o feixe de luz circularmente-polarizada cancela o efeito de cada molécula do outro enantiômero, resultando em atividade óptica líquida nula.

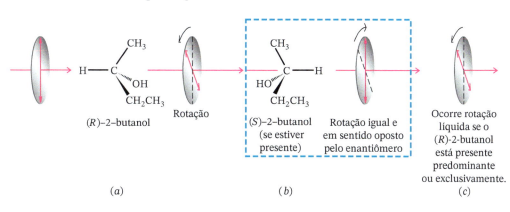

FIGURA 5.13 (a) Um feixe de luz plano-polarizada encontra uma molécula quiral, o (R)-2-butanol. Esse encontro produz uma ligeira rotação do plano de polarização. (b) O cancelamento exato dessa rotação ocorre se uma molécula de (S)-2-butanol é encontrada. (c) Uma rotação líquida do plano de polarização ocorre se o (R)-2-butanol está presente predominante ou exclusivamente.

A forma racêmica de uma amostra é muitas vezes designada como (±). Uma mistura racêmica de (R)-(–)-2-butanol e (S)-(+)-2-butanol pode ser indicada como

(±)-2-butanol ou (±)-CH₃CH₂CHOHCH₃

5.9A Formas Racêmicas e Excesso Enantiomérico

DICA ÚTIL
Este cálculo deve ser aplicado a um único enantiômero ou a misturas somente de enantiômeros. Ele não deve ser aplicado a misturas em que algum outro composto esteja presente.

Uma amostra de uma substância opticamente ativa constituída de apenas um único enantiômero é denominada **enantiomericamente pura** ou que tem um **excesso enantiomérico** de 100%. Uma amostra enantiomericamente pura de (S)-(+)-2-butanol apresenta rotação específica de +13,52° ($[\alpha]_D^{25} = +13,52°$). Por outro lado, uma amostra de (S)-(+)-2-butanol que contém menos do que uma quantidade equimolar de (R)-(–)-2-butanol apresenta rotação específica menor do que 13,52°, porém, maior do que zero. Essa amostra tem um *excesso enantiomérico* menor do que 100%. O **excesso enantiomérico (ee)**, ou **pureza óptica**, é definido a seguir como:

$$\% \text{ de excesso enantiomérico} = \frac{\text{número de mols de um enantiômero} - \text{número de mols do outro enantiômero}}{\text{número de mols total de ambos os enantiômeros}} \times 100$$

O excesso enantiomérico pode ser calculado a partir da rotação óptica:

$$\% \text{ de excesso enantiomérico} = \frac{\text{rotação específica observada}}{\text{rotação específica do enantiômero puro}} \times 100$$

Vamos supor, por exemplo, que uma mistura dos enantiômeros do 2-butanol apresenta uma rotação específica de +6,76°. Portanto, é possível dizer que o excesso enantiomérico do (S)-(+)-2-butanol é de 50%:

$$\text{Excesso enantiomérico} = \frac{+6,76}{+13,52} \times 100 = 50\%$$

Quando dizemos que o excesso enantiomérico dessa mistura é de 50%, isso significa que 50% da mistura é constituída pelo enantiômero (+) (o excesso) e que os outros 50% consistem no racemato. Uma vez que a rotação óptica do racemato é nula, apenas 50% da mistura, que consiste no enantiômero (+), contribui para a rotação óptica observada. Portanto, a rotação observada é 50% (ou metade) da que seria observada se a mistura consistisse apenas no enantiômero (+).

PROBLEMA RESOLVIDO 5.5

Qual é a composição estereoisomérica real da mistura anterior?

Resposta

Do total da mistura, metade (50%) consiste no racemato, que contém quantidades iguais dos dois enantiômeros. Portanto, metade desses 50%, ou 25%, é o enantiômero (–) e 25%, o enantiômero (+). A outra metade da mistura (o excesso) também é o enantiômero (+). Consequentemente, a mistura é de 75% do enantiômero (+) e 25% do enantiômero (–).

PROBLEMA DE REVISÃO 5.15

Uma amostra de 2-metil-1-butanol (veja a Seção 5.8C) tem uma rotação específica, $[\alpha]_D^{25}$, igual a +1,15°. **(a)** Qual é a porcentagem de excesso enantiomérico da amostra? **(b)** Qual o enantiômero, (R) ou (S), que está em excesso?

5.10 Síntese de Moléculas Quirais

5.10A Misturas Racêmicas

Reações realizadas com reagentes aquirais podem formar, muitas vezes, produtos *quirais*. Na ausência de qualquer influência quiral, quer seja de um catalisador, reagente ou solvente, o resultado desse tipo de reação é uma mistura racêmica. Isto é, o produto quiral é obtido como uma mistura 50:50 dos enantiômeros.

Um exemplo é a síntese de 2-butanol por reação de hidrogenação da butanona catalisada por níquel. Nessa reação, ocorre adição da molécula de hidrogênio à ligação dupla carbono–oxigênio de modo análogo ao da sua adição à ligação dupla carbono–carbono.

$$CH_3CH_2CCH_3 + H\text{---}H \xrightarrow{Ni} (\pm)\text{-}CH_3CH_2\overset{*}{C}HCH_3$$
$$\quad\quad\quad\;\; \underset{O}{\|} \quad\quad\quad\quad\quad\quad\quad\quad\quad\quad\quad\quad OH$$

Butanona   **Hidrogênio**   **(±)-2-Butanol**
(moléculas   (moléculas   [moléculas quirais, mas
aquirais)   aquirais)   mistura 50:50 de (R) e (S)]

A **Fig. 5.14** ilustra os aspectos estereoquímicos dessa reação. Como a butanona é aquiral, não há nenhuma diferença de qual face da molécula se apresenta à superfície do catalisador metálico. As duas faces do grupo carbonila plano triangular têm a mesma probabilidade de interagir com a superfície do metal. A transferência dos átomos de hidrogênio do metal para o grupo carbonila produz um centro quiral em C2. Uma vez que não há influência quiral na reação, o produto é obtido como uma mistura racêmica dos dois enantiômeros, (R)-(−)-2-butanol e (S)-(+)-2-butanol.

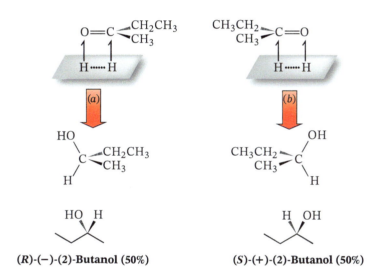

FIGURA 5.14 Reação da butanona com hidrogênio na presença de níquel como catalisador. As velocidades das reações pelos caminhos (a) e (b) são iguais. (R)-(−)-2-Butanol e (S)-(+)-2-butanol são produzidos em quantidades iguais, isto é, forma-se um racemato.

Veremos que o resultado de reações como essa, quando realizadas na presença de uma influência quiral, como um catalisador quiral ou uma enzima, geralmente, não é uma mistura racêmica.

5.10B Síntese Estereosseletiva

Reações estereosseletivas são reações que levam à formação preferencial de um estereoisômero em detrimento dos demais estereoisômeros que poderiam ser formados.

- Se uma reação produz, preferencialmente, um enantiômero em detrimento da sua imagem especular, a reação é denominada **enantiosseletiva**.
- Se uma reação produz, preferencialmente, um diastereoisômero em detrimento de outros que são possíveis, a reação é denominada **diastereosseletiva**.

Para uma reação ser enantiosseletiva ou diastereosseletiva, um reagente, catalisador ou solvente quiral tem de exercer uma influência sobre o curso da reação.

Na natureza, onde a maioria das reações é estereosseletiva, as influências quirais vêm de moléculas de proteínas denominadas **enzimas**. Enzimas são catalisadores biológicos de eficiência extraordinária. Esses biocatalisadores não somente fazem com que as reações ocorram muito mais rapidamente do que elas ocorreriam de outro modo, como eles também têm a capacidade de exercer uma *influência quiral dramática* sobre a reação. As enzimas fazem isso porque elas também são quirais e possuem um sítio ativo onde as moléculas dos reagentes são momentaneamente ligadas, enquanto a reação ocorre. O sítio ativo é quiral (veja a Fig. 5.7) e apenas um enantiômero de um reagente quiral se ajusta adequadamente e é capaz de sofrer a reação.

Muitas enzimas são usadas em laboratórios de química orgânica, onde os químicos orgânicos tiram proveito de suas propriedades de promover reações estereosseletivas. Uma delas é uma enzima denominada **lipase**. Lipases catalisam reações de **hidrólise**, onde um éster (Seção 2.10B) reage com uma molécula de água para produzir um ácido carboxílico e um álcool.

$$\underset{\text{Éster}}{R-CO-OR'} + \underset{\text{Água}}{HOH} \xrightarrow{\text{hidrólise}} \underset{\text{Ácido carboxílico}}{R-CO-OH} + \underset{\text{Álcool}}{HO-R'}$$

Se o éster de partida é quiral e apresenta-se como uma mistura de seus enantiômeros, a enzima lipase reage seletivamente com um enantiômero, liberando o ácido carboxílico quiral correspondente e um álcool, enquanto o outro enantiômero permanece inalterado ou reage muito mais lentamente. O resultado é uma mistura que consiste, predominantemente, em um estereoisômero do reagente e um estereoisômero do produto, que podem, em geral, ser separados facilmente devido às suas propriedades físicas diferentes. Esse processo é denominado **resolução cinética**, onde a velocidade da reação com um enantiômero é diferente daquela com o outro enantiômero, levando a uma preponderância de um estereoisômero do produto. Um pouco mais sobre resolução de enantiômeros será visto na Seção 5.16. A reação de hidrólise mostrada a seguir é um exemplo de uma resolução cinética utilizando lipase:

(±)-2-Flúor-hexanoato de etila →(lipase, H—OH) (R)-(+)-2-Flúor-hexanoato de etila + (S)-(−)-Ácido 2-flúor-hexanoico + H—OEt
[um éster que é um racemato das formas (R) e (S)]   (excesso enantiomérico > 99%)   (excesso enantiomérico > 69%)

Outras enzimas denominadas hidrogenases são utilizadas para efetuar versões enantiosseletivas das reações de redução da carbonila como aquelas da Seção 5.10A. Um pouco mais sobre estereosseletividade de enzimas será visto no Capítulo 12.

5.11 Fármacos Quirais

A agência governamental que regula alimentos e medicamentos nos Estados Unidos (U. S. Food and Drug Administration, FDA) e a indústria farmacêutica têm grande interesse na produção de fármacos quirais, isto é, fármacos que contêm um único enantiômero em vez de um racemato. O fármaco anti-hipertensivo **metildopa** (Aldomet), por exemplo, deve seu efeito exclusivamente ao isômero (S). No caso da **penicilamina**, o isômero (S) é um agente terapêutico altamente potente para a artrite crônica primária, enquanto o isômero (R) não tem ação terapêutica e é altamente tóxico. O agente anti-inflamatório **ibuprofeno** (Advil, Motrin, Nuprin) é comercializado como um racemato, embora somente o enantiômero (S) seja o agente ativo. O isômero (R) do ibuprofeno não tem ação anti-inflamatória e é convertido lentamente no organismo ao isômero (S). Uma formulação de ibuprofeno contendo apenas o isômero (S), no entanto, poderia ser mais eficaz do que o racemato.

Metildopa **Penicilamina** **Ibuprofeno**

PROBLEMA DE REVISÃO 5.16

Desenhe fórmulas tridimensionais para os isômeros (*S*) dos fármacos **(a)** metildopa, **(b)** penicilamina e **(c)** ibuprofeno.

PROBLEMA DE REVISÃO 5.17

O anti-histamínico Allegra (fexofenadina) tem a fórmula estrutural mostrada a seguir. Para qualquer centro quiral na estrutura da fexofenadina, desenhe uma subestrutura de configuração (*R*).

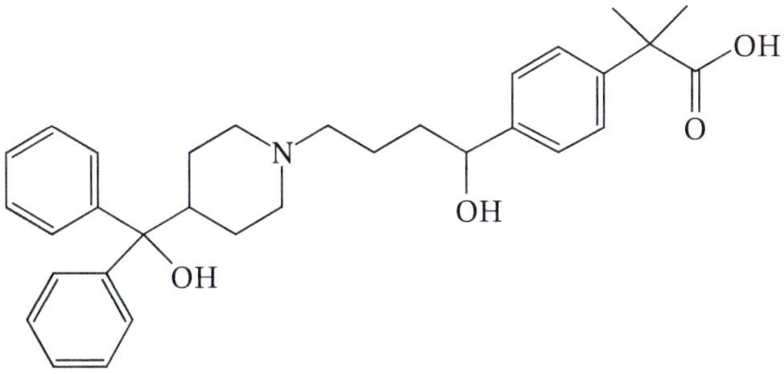

Fexofenadina (Allegra)

PROBLEMA DE REVISÃO 5.18

Assinale a configuração (*R*,*S*) para cada centro quiral na estrutura do Darvon (dextropropoxifeno).

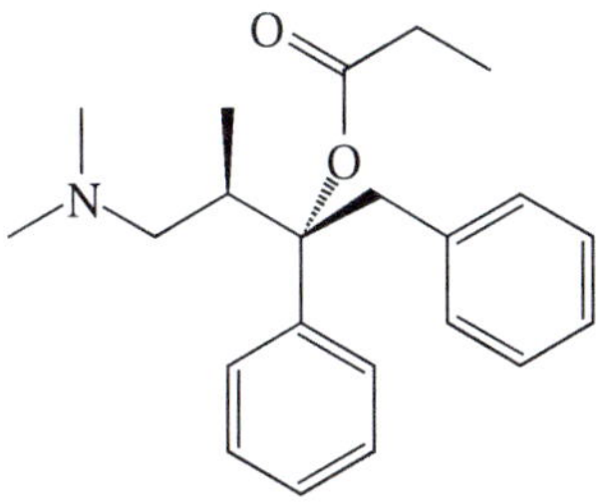

Darvon

Há muitos outros exemplos de fármacos como esses, incluindo aqueles onde os enantiômeros têm efeitos nitidamente distintos. A preparação de fármacos enantiomericamente puros, portanto, faz da síntese estereosseletiva (Seção 5.10B) e da resolução de fármacos racêmicos (separação em enantiômeros puros, Seção 5.16) as principais áreas de investigação hoje em dia.

Um fato que ressalta a importância da síntese estereosseletiva é que o Prêmio Nobel em Química de 2001 foi concedido a pesquisadores que desenvolveram catalisadores de reação estereosseletiva que são amplamente utilizados na indústria e na academia. William Knowles (Monsanto Company) e Ryoji Noyori (Nagoya University) foram agraciados em conjunto, com metade do prêmio, pelo desenvolvimento de reagentes utilizados em reações de hidrogenação catalíticas estereosseletivas. A outra metade do prêmio foi concedida a Barry Sharpless (Scripps Research Institute) pelo desenvolvimento de reações de oxidação catalíticas estereosseletivas (veja o Capítulo 11). Um exemplo importante, resultante do trabalho de Noyori e baseado em trabalhos anteriores de Knowles, é uma síntese do anti-inflamatório **naproxeno**, que envolve uma reação de hidrogenação catalítica estereosseletiva:

PRÊMIO NOBEL

William Knowles, Ryoji Noyori e Barry Sharpless foram agraciados com o Prêmio Nobel em Química de 2001 pelas reações catalíticas estereosseletivas.

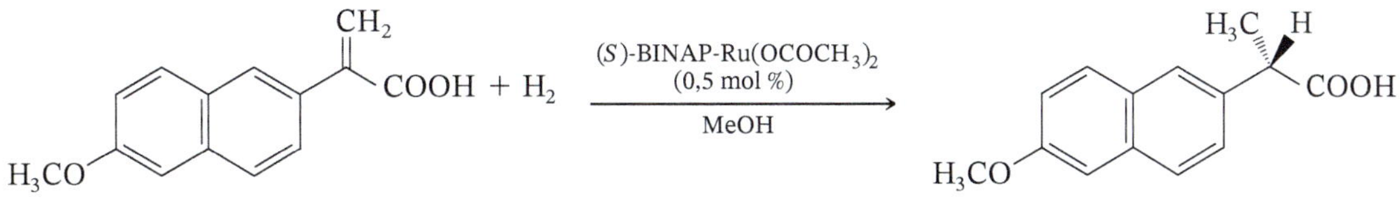

(*S*)-**Naproxeno**
(um anti-inflamatório)
(92% de rendimento, 97% de ee)

Nessa reação, o catalisador de hidrogenação é um complexo organometálico formado a partir de rutênio e um ligante orgânico quiral denominado (*S*)-BINAP. A reação em si é realmente notável, porque ocorre com excelente excesso enantiomérico (97%) e rendimento muito elevado (92%). Um pouco mais será dito sobre ligantes BINAP e a origem de sua quiralidade na Seção 5.18.

A Química Medicinal de... Ligação Seletiva de Enantiômeros de Fármacos às Formas do DNA em Espiral Enrolada para a Direita e para a Esquerda

Você prefere que seu fármaco se ligue ao DNA em hélice-direita ou hélice-esquerda? Agora, esta é uma pergunta que pode ser respondida devido à descoberta recente de que cada enantiômero do fármaco daunorrubicina liga-se seletivamente a uma das formas do DNA. (+)-Daunorrubicina liga-se seletivamente ao DNA na conformação mais comum, hélice-direita (B-DNA). (−)-Daunorrubicina liga-se seletivamente ao DNA na conformação em hélice-esquerda (Z-DNA). Além disso, a daunorrubicina é capaz de induzir mudanças conformacionais no sentido do giro da hélice do DNA em direção oposta, dependendo de qual forma é favorecida quando um dado enantiômero deste fármaco se liga ao DNA. Há muito se sabe que o DNA adota um conjunto de estruturas secundárias e terciárias e presume-se que algumas dessas conformações estão envolvidas em ativar ou desativar a transcrição de uma determinada seção de DNA. A descoberta de interações específicas entre cada enantiômero da daunorrubicina e as formas helicoidais (direita e esquerda) do DNA, provavelmente, vai auxiliar no planejamento e na descoberta de novos fármacos com atividade anticâncer, entre outras.

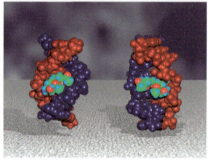

Os enantiômeros da daunorrubicina se ligam ao DNA e provocam alteração na hélice em sentidos opostos.
(Imagem cortesia de: John O. Trent, Brown Cancer Center, Department of Medicine, University of Louisville, KY. Baseada no trabalho de: Qu, X., Trent, J.O., Fokt, I., Priebe, W. e Chaires, J.B., *Allosteric, Chiral-Selective Drug Binding to DNA*, Proc. Natl. Acad. Sci. U.S.A., **2000**: *97*(22), 12032-12037.)

5.12 Moléculas com Mais de um Centro Quiral

Até agora, consideramos, principalmente, **moléculas quirais** que contêm apenas um centro quiral. Muitas moléculas orgânicas, especialmente aquelas importantes em biologia, contêm mais de um centro quiral. O colesterol (Seção 23.4B), por exemplo, contém oito centros quirais. (Você pode localizá-los?) Entretanto, é melhor começar com moléculas mais simples. Assim, vamos considerar o 2,3-dibromopentano, mostrado aqui em uma fórmula em bastão bidimensional, que contém dois centros quirais:

2,3-Dibromopentano   **Colesterol**

> **DICA ÚTIL**
>
> O colesterol, com oito centros quirais, poderia existir teoricamente em 2^8 (256) formas estereoisoméricas; contudo, via biossíntese enzimática, há formação de apenas *um* estereoisômero.

Uma regra útil permite calcular o número máximo de estereoisômeros:

- Em compostos nos quais a estereoisomeria é devida aos centros quirais, *o número total de estereoisômeros não ultrapassa 2^n, onde n é igual ao número de centros quirais.*

No caso do 2,3-dibromopentano, é possível existir no máximo quatro estereoisômeros ($2^2 = 4$). Nossa próxima tarefa é desenhar fórmulas em bastão tridimensionais para os possíveis estereoisômeros.

5.12A Como Desenhar Estereoisômeros para Moléculas Contendo Mais de Um Centro Quiral

Usando o 2,3-dibromopentano como exemplo, a sequência a seguir explica como desenhar todos os isômeros possíveis de uma molécula que contém mais de um centro quiral. Lembre-se de que, no caso do 2,3-dibromopentano, existem, no máximo, quatro isômeros possíveis porque existem apenas dois centros quirais (2^n, onde n é o número de centros quirais).

1. Começamos desenhando a cadeia de átomos de carbono que contém os centros quirais, de modo que o maior número de centros quirais fique no plano do papel e o mais simetricamente possível. No caso do 2,3-dibromopentano, simplesmente desenhamos a ligação entre C2 e C3, uma vez que esses são os únicos centros quirais.

2. Em seguida, adicionamos os grupos restantes que estão ligados aos centros quirais de modo a maximizar a simetria entre os centros quirais. Nesse caso, desenhamos os dois átomos de bromo, de modo que ambos os átomos fiquem, simultaneamente, na frente ou atrás do plano do papel e adicionamos os átomos de hidrogênio em cada centro quiral. Desenhando os átomos de bromo na frente, resulta na fórmula **1**, mostrada a seguir. Apesar de existirem interações eclipsadas nessa conformação e ela certamente não corresponder à conformação mais estável da molécula, é conveniente desenhá-la dessa forma, de modo a maximizar a possibilidade de encontrar simetria na molécula.

3. Para desenhar o enantiômero do primeiro estereoisômero, simplesmente desenhamos sua imagem especular lado a lado (ou em cima e embaixo), imaginando um espelho entre as imagens. O resultado é a fórmula **2**.

4. Para desenhar outro estereoisômero, trocamos dois grupos, em qualquer um dos centros quirais. Ao fazer isso, invertemos a configuração *R,S* naquele centro quiral.

- Todos os estereoisômeros possíveis de um composto podem ser desenhados permutando sucessivamente dois grupos em cada centro quiral.

    Se trocarmos os átomos de bromo e hidrogênio em C2 na fórmula **1** do 2,3-dibromopentano, o resultado é a fórmula **3**. Em seguida, para gerar o enantiômero de **3**, simplesmente desenhamos sua imagem especular e o resultado é **4**.

5. Em seguida, vamos examinar a relação entre todos os possíveis pares de fórmulas para determinar quais são enantiômeros, quais são diastereoisômeros e, em casos especiais como veremos na Seção 5.12B, que fórmulas são de fato idênticas devido a um plano de simetria interno.

Como as estruturas **1** e **2** não são sobreponíveis, elas representam compostos diferentes. Como as estruturas **1** e **2** diferem somente no arranjo espacial de seus átomos, elas representam estereoisômeros. As estruturas **1** e **2** também são imagens especulares uma da outra, portanto, **1** e **2** representam um par de enantiômeros. As estruturas **3** e **4** correspondem a outro par de enantiômeros. As estruturas **1-4** são todas diferentes, de modo que há, no total, quatro estereoisômeros do 2,3-dibromopentano.

Neste momento, você deve se convencer de que não há outros estereoisômeros, escrevendo outras fórmulas estruturais. Você vai descobrir que a rotação em torno das ligações simples, ou de toda a estrutura ou de qualquer outro arranjo dos átomos, fará com que a estrutura seja sobreponível com uma das estruturas desenhadas aqui. Melhor ainda, construa modelos moleculares, usando bolas de cores diferentes, para trabalhar essa questão.

Os compostos representados pelas estruturas **1-4** são todos compostos opticamente ativos. Qualquer um deles, ao ser analisado isoladamente em um polarímetro, apresenta atividade óptica. Os compostos representados pelas estruturas **1** e **2** são enantiômeros. Os compostos representados pelas estruturas **3** e **4** também são enantiômeros. Entretanto, qual é a relação isomérica entre os compostos representados pelas estruturas **1** e **3**?

Podemos responder a essa pergunta observando que **1** e **3** *são estereoisômeros* e que eles *não são imagens especulares um do outro*. Portanto, eles são *diastereoisômeros*.

- Diastereoisômeros têm propriedades físicas diferentes, ou seja, valores diferentes de ponto de fusão e de ponto de ebulição, solubilidades diferentes e assim por diante.

PROBLEMA DE REVISÃO 5.19

(a) Se **3** e **4** são enantiômeros, qual a relação estereoisomérica entre **1** e **4**? (b) E entre **2** e **3**? E entre **2** e **4**? (c) Você esperaria que **1** e **3** tivessem o mesmo ponto de fusão? (d) O mesmo ponto de ebulição? (e) A mesma pressão de vapor?

PROBLEMA RESOLVIDO 5.6

Desenhe todos os estereoisômeros possíveis do 2-bromo-4-cloropentano.

Estratégia e Resposta

C2 e C4 são os centros quirais do 2-bromo-4-cloropentano. Começamos desenhando a cadeia de carbono com o maior número de átomos de carbono possível representados no plano do papel, e de uma maneira a maximizar a simetria entre C2 e C4. Neste caso, uma fórmula em bastão em zigue-zague comum fornece a simetria entre C2 e C4. Em seguida, acrescentamos os átomos de bromo e cloro em C2 e C4, respectivamente, assim como os átomos de hidrogênio, resultando na fórmula **I**. Para desenhar o seu enantiômero (**II**), imaginamos um espelho e desenhamos uma imagem refletida da molécula.

Para desenhar outro estereoisômero, invertemos a configuração em um centro quiral trocando dois grupos neste centro quiral, como mostrado para C2 em **III**. Em seguida, desenhamos o enantiômero de **III**, imaginando seu reflexo no espelho.

Por último, conferimos que nenhuma dessas fórmulas é idêntica à outra, fazendo o teste de sobreposição de cada uma com as demais. Não esperamos que quaisquer duas sejam idênticas, porque nenhuma das fórmulas tem um plano de simetria interno. No entanto, para o 2,4-dibromopentano isso seria diferente, porque, nesse caso, há um estereoisômero meso (um tipo de estereoisômero que estudaremos na próxima seção).

5.12B Compostos Meso

Uma estrutura com dois centros quirais nem sempre tem quatro possíveis estereoisômeros. Às vezes, existem apenas *três*. Como veremos:

- Algumas moléculas são aquirais mesmo contendo centros quirais.

Para poder entender isso, vamos desenhar as fórmulas estereoquímicas do 2,3-dibromobutano. Do mesmo modo como fizemos antes, desenhamos as fórmulas para um estereoisômero e para a sua imagem especular:

As estruturas **A** e **B** não são sobreponíveis e representam um par de enantiômeros.

Porém, quando desenhamos a estrutura **C** (veja a seguir) e a sua imagem especular **D**, a situação é diferente. *As duas estruturas são sobreponíveis*. Isso significa que **C** e **D** não representam um par de enantiômeros. As fórmulas **C** e **D** representam orientações idênticas de um mesmo composto:

A molécula representada pela estrutura **C** (ou **D**) não é quiral, mesmo contendo dois centros quirais.

- Se uma molécula tem um plano de simetria interno ela é aquiral.
- Um **composto meso** é uma molécula aquiral que contém centros quirais e tem um plano de simetria interno. Compostos meso não são opticamente ativos.

Outra forma de testar a quiralidade de uma molécula é construir um modelo (ou desenhar a estrutura) da molécula e, em seguida, verificar se o modelo (ou estrutura) é sobreponível a sua imagem especular. Se for, a molécula é aquiral. Se *não for*, a molécula é quiral.

Já realizamos esse teste com a estrutura **C** e descobrimos que ela é aquiral. É possível demonstrar que **C** é aquiral de outra maneira. A **Fig. 5.15** mostra que a estrutura **C** tem um *plano de simetria interno* (Seção 5.6).

Os dois problemas a seguir estão relacionados com os compostos **A**-**D** dos parágrafos anteriores.

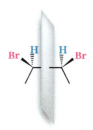

FIGURA 5.15 Plano de simetria do *meso*-2,3-dibromobutano. Este plano divide a molécula em duas metades que são imagens especulares entre si.

PROBLEMA DE REVISÃO 5.20

Quais dos seguintes itens devem ser opticamente ativos?

(a) Uma amostra pura de **A**
(b) Uma amostra pura de **B**
(c) Uma amostra pura de **C**
(d) Uma mistura equimolar de **A** e **B**

230 CAPÍTULO 5

PROBLEMA DE REVISÃO 5.21 — A seguir, são dadas fórmulas de três compostos desenhadas em conformações alternadas (não eclipsadas). Em cada caso, diga que composto (**A**, **B** ou **C** anterior) cada fórmula representa.

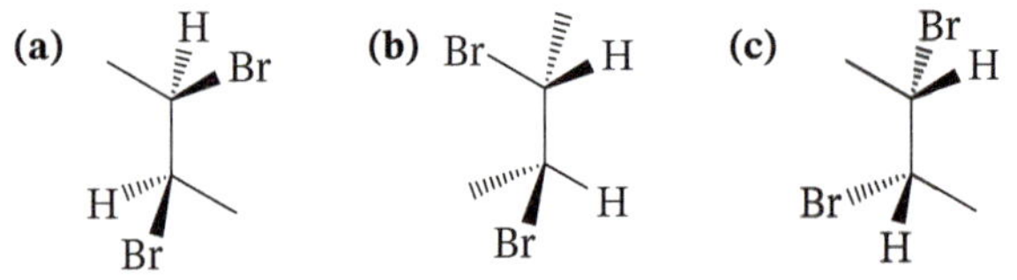

(a) [estrutura com H, Br em cima; H, Br embaixo] (b) [estrutura com Br, H em cima; H, Br embaixo] (c) [estrutura com Br, H em cima; Br, H embaixo]

PROBLEMA RESOLVIDO 5.7 — Quais dos seguintes compostos (**X**, **Y** ou **Z**) é um composto meso?

Estratégia e Resposta

Em cada molécula, girar 180° os grupos unidos pela ligação C_2—C_3 faz com que os dois grupos metila fiquem em posições comparáveis. No caso do composto **Z**, resulta em um plano de simetria e, portanto, **Z** é um composto meso. Nenhum plano de simetria é possível em **X** e **Y**.

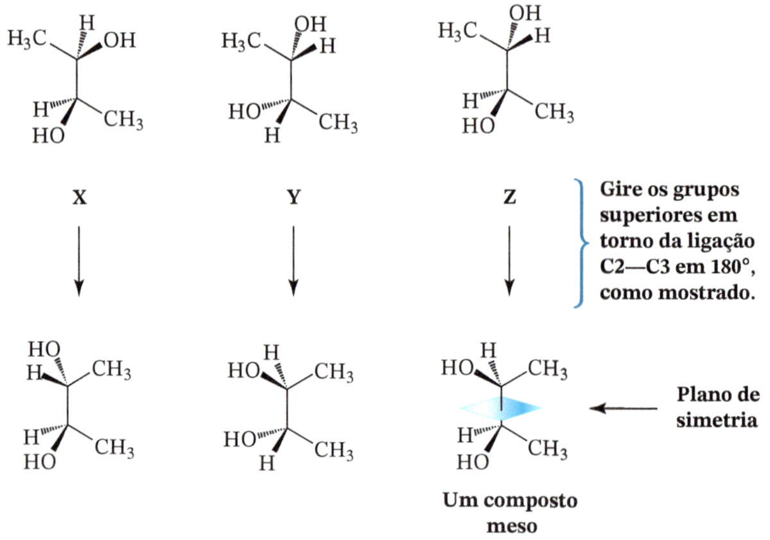

[Estruturas X, Y, Z com grupos H_3C, OH, H, CH_3, HO]

X   **Y**   **Z**

Gire os grupos superiores em torno da ligação C2—C3 em 180°, como mostrado.

[Estruturas após rotação]

← Plano de simetria

Um composto meso

PROBLEMA DE REVISÃO 5.22 — Desenhe fórmulas tridimensionais para todos os estereoisômeros de cada um dos compostos vistos a seguir. Identifique os pares de enantiômeros e os compostos meso.

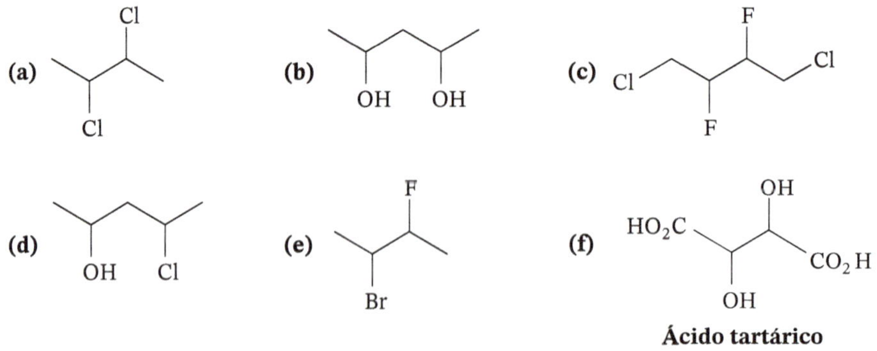

(a) [estrutura com Cl, Cl]

(b) [estrutura com OH, OH]

(c) [estrutura com F, Cl, Cl, F]

(d) [estrutura com OH, Cl]

(e) [estrutura com F, Br]

(f) [estrutura com HO_2C, OH, OH, CO_2H]
Ácido tartárico

5.12C Como Nomear Compostos com Mais de Um Centro Quiral

1. Se um composto tem mais de um centro quiral, analisamos cada centro separadamente e atribuímos a designação (*R*) ou (*S*).

2. A seguir, usando números, indicamos a que átomo de carbono se refere cada designação assinalada.

Considere o estereoisômero **A** do 2,3-dibromobutano:

$$\text{Br} \overset{H}{\underset{1}{\diagdown}} \overset{}{\underset{2}{\vert}} \overset{Br}{\underset{3}{\vert}} \overset{}{\underset{4}{\diagup}} H$$

A

2,3-Dibromobutano

Quando essa fórmula é girada, até que o grupo de menor prioridade ligado ao C2 fique direcionado para longe do observador, tem-se a representação a seguir:

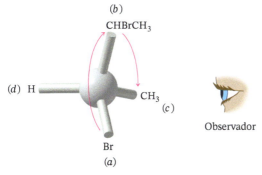

(*R*) Configuração

Como o sentido da rotação dos três primeiros grupos na ordem decrescente de prioridade (do —Br para —CHBrCH₃ e para —CH₃) é horário, então C2 tem configuração (*R*).

Quando repetimos esse procedimento para C3, descobrimos que C3 também tem configuração (*R*):

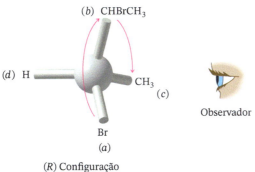

(*R*) Configuração

Portanto, o composto **A** é o (2*R*,3*R*)-2,3-dibromobutano.

Dê os nomes dos compostos **B** e **C** da Seção 5.12B, incluindo as designações (*R*) e (*S*). | **PROBLEMA DE REVISÃO 5.23**

Dê os nomes dos compostos das suas respostas para o Problema de Revisão 5.22, incluindo as designações (*R*) e (*S*). | **PROBLEMA DE REVISÃO 5.24**

Cloranfenicol (ao lado) é um antibiótico potente, isolado de *Streptomyces venezuelae*, particularmente eficaz contra a febre tifoide. Foi a primeira substância natural identificada contendo um grupo nitro (—NO₂) ligado a um anel aromático. Ambos os centros quirais do cloranfenicol têm configuração (*R*). Identifique os dois centros quirais e escreva uma fórmula tridimensional para o cloranfenicol. | **PROBLEMA DE REVISÃO 5.25**

Cloranfenicol

5.13 Fórmulas de Projeção de Fischer

Até agora, as estruturas de moléculas quirais foram desenhadas usando somente as fórmulas tridimensionais com cunhas sólidas e tracejadas e essa representação será a preferida até estudarmos carboidratos no Capítulo 22. A razão é que as fórmulas com cunhas sólidas e tracejadas mostram inequivocamente três dimensões e elas podem ser manipuladas no papel de qualquer maneira que queiramos desde que não se quebrem ligações. Seu uso, além disso, estimula a nossa capacidade de imaginar as moléculas em três dimensões.

Os químicos, no entanto, às vezes usam fórmulas denominadas **projeções de Fischer** para mostrar moléculas quirais em três dimensões como carboidratos acíclicos. Fórmulas de projeção de Fischer são úteis nos casos em que existem centros quirais em vários átomos de carbono adjacentes, como é frequentemente o caso nos carboidratos. No entanto, o uso de fórmulas de projeção de Fischer exige adesão rígida a certas convenções. **Usadas de forma displicente, essas fórmulas de projeção podem facilmente levar a conclusões incorretas.**

5.13A Como Desenhar e Usar Projeções de Fischer

Vamos considerar como poderíamos relacionar uma fórmula tridimensional para o 2,3-dibromobutano usando cunhas sólidas e tracejadas à fórmula de projeção de Fischer correspondente.

1. A cadeia de carbono em uma projeção de Fischer é sempre desenhada de cima para baixo na vertical, e não em zigue-zague, como é frequente para as estruturas em bastão. Consideramos a molécula em uma conformação que tem interações eclipsadas entre os grupos de cada carbono.

    Para o 2,3-dibromobutano, giramos a estrutura em bastão até que os grupos metila da cadeia principal fiquem voltados para trás do plano do papel e os demais grupos ligados à cadeia principal fiquem voltados para a frente, como uma gravata-borboleta. Desse modo, as ligações carbono-carbono da cadeia principal ficam no plano do papel ou orientadas para trás do plano.

2. A partir da fórmula vertical com os grupos em cada carbono eclipsados, "projetamos" todas as ligações no papel, substituindo todas as cunhas sólidas e tracejadas por linhas comuns. A linha vertical da fórmula representa, agora, a cadeia principal, onde cada ponto de interseção entre a linha vertical e uma linha horizontal representa um átomo de carbono na cadeia, e as linhas horizontais são interpretadas como as ligações que estão direcionadas para a frente do plano.

    Fazendo isso com a forma eclipsada vertical do 2,3-dibromobutano chegamos à projeção de Fischer mostrada a seguir.

Fórmula de projeção de Fischer

3. Para testar a sobreposição entre duas estruturas representadas por projeções de Fischer, essas podem ser giradas em 180° no plano do papel, *mas por nenhum outro ângulo*. Devemos sempre manter as fórmulas de projeção de Fischer no plano do papel e **não permitir que elas sejam manipuladas fora do plano**. Se girarmos uma projeção de Fischer para fora do plano, as ligações horizontais se projetam para trás do plano e não para a frente, e todas as configurações seriam *interpretadas incorretamente* e de modo oposto ao que se pretendia.

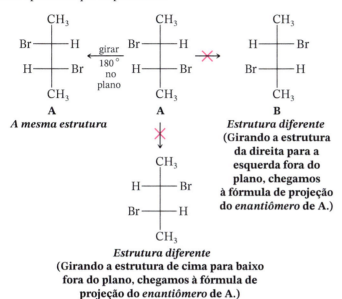

DICA ÚTIL

Construa modelos de A e B para relacioná-los às projeções de Fischer mostradas aqui.

Como a projeção de Fischer tem de ser usada com essas precauções, ela foi apresentada apenas para que você entenda esse tipo de projeção no contexto de outros cursos. Nossa ênfase, na maior parte deste livro, será sobre o uso de cunhas sólidas e tracejadas para representar fórmulas tridimensionais (ou estruturas em conformação "cadeira" no caso de derivados do ciclo-hexano), exceto no Capítulo 22, quando a projeção de Fischer será usada novamente na discussão de carboidratos. Se o seu professor for utilizar projeções de Fischer além do que foi planejado para este livro, você será avisado.

(a) Dê a configuração (*R* ou *S*) para cada centro quiral dos compostos **A** e **B**. **(b)** Desenhe a fórmula de projeção de Fischer para um composto **C** que é diastereoisômero de **A** e **B**. **(c)** Será que **C** é opticamente ativo?

PROBLEMA DE REVISÃO 5.26

5.14 Estereoisomerismo de Compostos Cíclicos

Derivados do ciclopentano são um ponto de partida conveniente para uma discussão sobre estereoisomerismo de compostos cíclicos. Por exemplo, o 1,2-dimetilciclopentano tem dois centros quirais e existe em três formas estereoisoméricas **5**, **6** e **7**:

O composto trans existe como um par de enantiômeros **5** e **6**. O *cis*-1,2-dimetilciclopentano (**7**) é um composto meso. Ele tem um plano de simetria que é perpendicular ao plano do anel:

Plano de simetria

7

PROBLEMA DE REVISÃO 5.27 (a) O *trans*-1,2-dimetilciclopentano (**5**) é sobreponível a sua imagem especular (ou seja, o composto **6**)? (b) O *cis*-1,2-dimetilciclopentano (**7**) é sobreponível a sua imagem especular? (c) O *cis*-1,2-dimetilciclopentano é uma molécula quiral? (d) O *cis*-1,2-dimetilciclopentano apresenta atividade óptica? (e) Qual é a relação estereoisomérica entre **5** e **7**? (f) E entre **6** e **7**?

PROBLEMA DE REVISÃO 5.28 Desenhe fórmulas estruturais para todos os estereoisômeros do 1,3-dimetilciclopentano. Identifique os pares de enantiômeros e os compostos meso, caso existam.

DICA ÚTIL
Utilizando um *kit* de montagem de modelos moleculares, construa modelos dos isômeros 1,4-, 1,3- e 1,2-dimetilciclo-hexano discutidos aqui e examine suas propriedades estereoquímicas. Experimente interconverter as cadeiras e também alternar entre os isômeros cis e trans.

5.14A Derivados do Ciclo-hexano

1,4-Dimetilciclo-hexanos Ao examinarmos uma fórmula do 1,4-dimetilciclo-hexano, é possível observar que ela não contém nenhum centro quiral. No entanto, ela tem dois **centros estereogênicos**. Como aprendemos na Seção 4.13, o 1,4-dimetilciclo-hexano pode existir como isômeros cis e trans. As formas cis e trans (Fig. 5.16) são *diastereoisômeros*. Ambos os compostos são aquirais e, portanto, não são opticamente ativos. Observe que ambas as formas cis e trans do 1,4-dimetilciclo-hexano têm um plano de simetria.

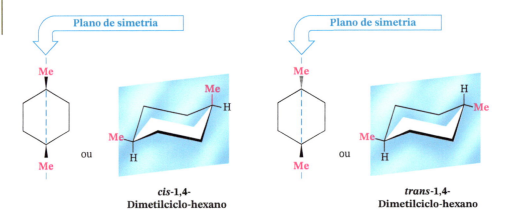

FIGURA 5.16 As formas cis e trans do 1,4-dimetilciclo-hexano são diastereoisômeros entre si. Ambos os compostos são aquirais, como o plano de simetria interno (azul) mostra para cada um.

1,3-Dimetilciclo-hexanos O 1,3-dimetilciclo-hexano tem dois centros quirais, portanto, espera-se até quatro estereoisômeros ($2^2 = 4$). Na realidade, existem apenas três. O *cis*-1,3-dimetilciclo-hexano tem um plano de simetria (Fig. 5.17) e é aquiral.

FIGURA 5.17 O *cis*-1,3-dimetilciclo-hexano tem um plano de simetria, mostrado em azul, e por isso é aquiral.

O *trans*-1,3-dimetilciclo-hexano não tem plano de simetria e existe como um par de enantiômeros (Fig. 5.18). Você pode fazer modelos dos enantiômeros do *trans*-1,3-dimetilciclo-hexano. Tendo feito isso, você deve se convencer de que eles não podem ser sobrepostos como estão ou girando-os no espaço, nem após um enantiômero sofrer interconversão de cadeira.

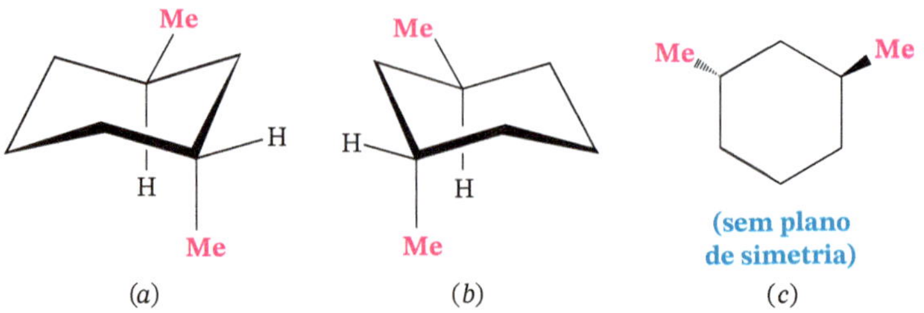

FIGURA 5.18 O *trans*-1,3-dimetilciclo-hexano não tem plano de simetria e existe como um par de enantiômeros. As duas estruturas (*a* e *b*) mostradas aqui não são sobreponíveis como estão, nem invertendo o anel de qualquer uma das estruturas. (*c*) Uma representação simplificada de (*b*).

1,2-Dimetilciclo-hexanos O 1,2-dimetilciclo-hexano também tem dois centros quirais e, novamente, pode-se esperar até quatro estereoisômeros. De fato há quatro, mas podemos *isolar* apenas *três* estereoisômeros. O *trans*-1,2-dimetilciclo-hexano (**Fig. 5.19**) existe como um par de enantiômeros. Suas moléculas não têm um plano de simetria.

FIGURA 5.19 O *trans*-1,2-dimetilciclo-hexano não tem plano de simetria e existe como um par de enantiômeros (*a* e *b*). [Observe que foram desenhadas apenas as conformações mais estáveis para (*a*) e (*b*). Uma inversão de anel de (*a*) ou (*b*) faria com que ambos os grupos metila ocupassem posição axial.]

O *cis*-1,2-dimetilciclo-hexano, mostrado na **Fig. 5.20**, representa um caso um pouco mais complexo. Se considerarmos as duas estruturas conformacionais (*c*) e (*d*), observamos que elas representam imagens especulares uma da outra e que elas não são idênticas. Nenhuma tem plano de simetria e cada molécula é uma molécula quiral, *mas elas podem ser convertidas entre si por uma interconversão de anel*.

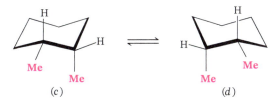

FIGURA 5.20 O *cis*-1,2-dimetilciclo-hexano existe em duas conformações em cadeira (*c*) e (*d*) rapidamente interconversíveis.

Portanto, embora as duas estruturas representem enantiômeros, *elas não podem ser separadas* porque sofrem interconversão, rapidamente, mesmo à baixa temperatura. Elas simplesmente representam *conformações diferentes do mesmo composto*. Portanto, as estruturas (*c*) e (*d*) não são estereoisômeros configuracionais; elas são **estereoisômeros conformacionais** (veja a Seção 4.9A). Isto significa que em temperaturas normais, existem apenas três *estereoisômeros isoláveis* do 1,2-dimetilciclo-hexano.

Como veremos mais adiante, existem alguns compostos cujos estereoisômeros conformacionais *podem* ser isolados em formas enantioméricas. Isômeros desse tipo são denominados atropisômeros (Seção 5.18).

PROBLEMA DE REVISÃO 5.29

Desenhe fórmulas para todos os isômeros de cada um dos compostos vistos a seguir. Identifique os pares de enantiômeros e os compostos aquirais, caso existam.
(a) 1-Bromo-2-clorociclo-hexano
(b) 1-Bromo-3-clorociclo-hexano
(c) 1-Bromo-4-clorociclo-hexano

PROBLEMA DE REVISÃO 5.30

Dê a configuração (*R* ou *S*) para cada composto dado como resposta no Problema de Revisão 5.29.

5.15 Relacionando Configurações por Meio de Reações nas Quais Nenhuma Ligação com o Centro Quiral É Quebrada

- Diz-se que uma reação ocorre com retenção de **configuração** em um centro quiral se nenhuma ligação ao centro quiral é quebrada. Isso é verdade mesmo quando a designação *R,S* do centro quiral muda, porque as prioridades relativas dos grupos em torno dele mudaram como uma consequência da reação.

Primeiro, vamos considerar um exemplo que ocorre com retenção de configuração e que também mantém a mesma designação R,S tanto no produto como no reagente. Esse é o caso quando (S)-(−)-2-metil-1-butanol reage com ácido clorídrico para formar (S)-(+)-1-cloro-2-metilbutano. Observe que nenhuma ligação ao centro quiral é quebrada (estudaremos como essa reação ocorre na Seção 11.8A).

Mesma Configuração

(S)-(=)-2-Metil-1-butanol
$[\alpha]_D^{25} = -5{,}76$

(S)-(+)-1-Cloro-2-metilbutano
$[\alpha]_D^{25} = +1{,}64$

Este exemplo também é importante para lembrar que o sinal da rotação óptica não está diretamente relacionado com a configuração R,S de um centro quiral, uma vez que o sinal da rotação muda, mas a configuração R,S não.

Agora, considere a reação do (R)-1-bromo-2-butanol com zinco e ácido para formar (S)-2-butanol. Neste momento, não é necessário saber como essa reação ocorre, exceto observar que nenhuma ligação ao centro quiral é quebrada.

(R)-1-Bromo-2-butanol $\xrightarrow[\text{retenção de configuração}]{\text{Zn, H}^+ \,(-\text{ZnBr}_2)}$ (S)-2-Butanol

Esta reação ocorre com retenção de configuração porque nenhuma ligação ao centro quiral é quebrada, mas a configuração R,S muda porque as prioridades relativas dos grupos ligados ao centro quiral mudam devido à substituição de hidrogênio por bromo.

PROBLEMA RESOLVIDO 5.8

Quando (R)-1-bromo-2-butanol reage com KI em acetona, o produto é 1-iodo-2-butanol. O produto é (R) ou (S)?

Estratégia e Resposta

Como nenhuma ligação ao centro quiral é quebrada, o produto será o seguinte:

(R)-1-Bromo-2-butanol $\xrightarrow[\text{acetona}]{\text{KI}}$ (R)-1-Iodo-2-butanol

A configuração do produto será (R) porque a substituição do bromo em C1 por um átomo de iodo não muda a prioridade relativa de C1.

5.15A Configurações Relativa e Absoluta

Reações em que nenhuma ligação ao centro quiral é quebrada são úteis para relacionar configurações de moléculas quirais. Ou seja, elas nos permitem demonstrar que certos compostos têm a mesma configuração relativa. Em cada um dos exemplos citados anteriormente, os produtos e reagentes das reações têm as mesmas *configurações relativas*.

- Centros quirais em moléculas diferentes têm a mesma **configuração relativa** se elas compartilham três grupos em comum e se esses grupos com o carbono central podem ser sobrepostos em um arranjo piramidal.

Os centros quirais em I e II têm a mesma configuração relativa. Seus grupos em comum e o carbono central podem ser sobrepostos.

Até 1951, apenas configurações relativas de moléculas quirais eram conhecidas. Ninguém, até então, havia sido capaz de demonstrar, com certeza, qual era a disposição espacial real dos grupos em qualquer molécula quiral. Ou seja, ninguém havia sido capaz de determinar a configuração absoluta de um composto opticamente ativo.

- A **configuração absoluta** de um centro quiral é a sua designação (*R*) ou (*S*), que só pode ser especificada pelo conhecimento da disposição espacial real dos grupos ligados ao centro quiral.

Antes do conhecimento de qualquer configuração absoluta, as configurações de moléculas quirais eram relacionadas entre si *através de reações de estereoquímica conhecida*. Também foram feitas tentativas de relacionar todas as configurações a um único composto que tinha sido escolhido arbitrariamente como padrão. Esse composto padrão foi o gliceraldeído:

Gliceraldeído

O gliceraldeído tem um centro quiral e, portanto, existe como um par de enantiômeros:

(*R*)-Gliceraldeído

(conhecido também como D-gliceraldeído)

(*S*)-Gliceraldeído

(conhecido também como L-gliceraldeído)

Em um sistema de designação de configurações, o (*R*)-gliceraldeído é denominado D-gliceraldeído e o (*S*)-gliceraldeído é denominado L-gliceraldeído. Esse sistema de nomenclatura é usado com um significado específico na nomenclatura de carboidratos (veja a Seção 22.2B).

Um enantiômero do gliceraldeído é dextrorrotatório (+) e o outro, logicamente, é levorrotatório (−). Inicialmente, ninguém sabia ao certo que configuração pertencia a qual enantiômero. Os químicos decidiram atribuir voluntariamente a configuração (*R*) para o enantiômero (+). Mas, ao que parece, eles estavam certos. O enantiômero dextrógiro (+) do gliceraldeído é de fato o enantiômero (*R*). Isso foi comprovado pela correlação do enantiômero (−)-gliceraldeído, por meio de reações de estereoquímica conhecida, com ácido (−)-láctico (ou ácido (−)-láctico). A configuração absoluta do (−)-ácido láctico foi determinada por cristalografia de raios X em 1951 por J. M. Bijvoet, da University of Utrecht.

(*R*)-(−)-Ácido láctico

A configuração do (−)-gliceraldeído também foi relacionada por meio de reações de estereoquímica conhecida ao (+)-ácido tartárico:

(+)-Ácido tartárico

PROBLEMA DE REVISÃO 5.31 Fórmulas de projeção de Fischer são muitas vezes usadas para descrever compostos como gliceraldeído, ácido láctico e ácido tartárico. Desenhe projeções de Fischer para ambos os enantiômeros do (a) gliceraldeído, (b) ácido tartárico e (c) ácido láctico e dê a configuração (R) ou (S) para cada centro quiral. [Observe que, nas fórmulas de projeção de Fischer, o átomo de carbono de maior estado de oxidação é posicionado na parte superior da fórmula (um grupo aldeído ou carboxila nos exemplos específicos neste caso).]

PROBLEMA RESOLVIDO 5.9 Desenhe uma fórmula de projeção de Fischer para um isômero aquiral do ácido tartárico.

Estratégia e Resposta

Como o ácido tartárico tem dois centros quirais, deduz-se que o isômero aquiral deve apresentar um plano de simetria e ser um composto meso.

meso-Ácido tartárico
(aquiral)

5.16 Separação de Enantiômeros: Resolução

Até o momento, deixamos sem resposta uma questão importante sobre compostos opticamente ativos e formas racêmicas: como os enantiômeros são separados? **Enantiômeros** têm solubilidades idênticas em solventes comuns e têm os mesmos valores de ponto de ebulição. Consequentemente, os métodos convencionais para a separação de compostos orgânicos, como cristalização e destilação, falham quando aplicados a uma forma racêmica.

5.16A Método de Pasteur para a Separação de Enantiômeros

Na verdade, a separação de uma forma racêmica de um sal de ácido tartárico por Louis Pasteur, em 1848, levou à descoberta do fenômeno denominado enantiomerismo. Pasteur, consequentemente, é considerado, frequentemente, o fundador da estereoquímica.

O (+)-ácido tartárico é um dos subprodutos da produção de vinhos (na natureza, normalmente, apenas um enantiômero de uma molécula quiral é sintetizado). Pasteur tinha obtido uma amostra de ácido tartárico racêmico com o proprietário de uma indústria química. No decorrer da sua investigação, Pasteur começou a examinar a estrutura cristalina do sal de amônio e sódio de ácido tartárico racêmico. Ele observou que dois tipos de cristais estavam presentes. Um deles era idêntico ao cristal do sal de amônio e sódio de (+)-ácido tartárico que havia sido descoberto anteriormente e mostrou ser dextrorrotatório. Os cristais do outro tipo eram imagens especulares *não* sobreponíveis ao primeiro tipo. Os dois tipos de cristais eram realmente quirais. Usando pinça e lupa, Pasteur separou os dois tipos de cristais e os dissolveu em água, analisando as soluções em um polarímetro. A solução dos cristais do primeiro tipo revelou-se dextrorrotatória e ficou provado que os próprios cristais eram idênticos aos do sal de amônio e sódio do (+)-ácido tartárico que já era conhecido. A solução dos cristais do segundo tipo era levorrotatória; ela girava a luz plano-polarizada em igual magnitude, mas em sentido oposto. Os cristais do segundo tipo eram do sal de amônio e sódio do (−)-ácido tartárico. A quiralidade dos próprios cristais desapareceu, é claro, quando os cristais se dissolveram em suas soluções, *mas a atividade óptica* permaneceu. Assim, Pasteur concluiu que as próprias moléculas tinham de ser quirais.

A descoberta de Pasteur do enantiomerismo e sua demonstração de que a atividade óptica das duas formas de ácido tartárico era uma propriedade das próprias moléculas culminou, em 1874, com a proposta da estrutura tetraédrica do carbono por van't Hoff e Le Bel.

Infelizmente, poucos compostos orgânicos formam cristais quirais como no caso dos sais de ácido tartárico (+) e (−). Poucos compostos orgânicos cristalizam como cristais separados (contendo enantiômeros separados) que são visivelmente quirais como os cristais do sal de amônio e sódio do ácido tartárico. Portanto, o método de Pasteur não é de aplicação geral na separação de enantiômeros.

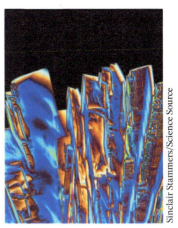

Cristais de ácido tartárico.

5.16B Métodos Modernos na Resolução de Enantiômeros

Um dos procedimentos mais úteis para a separação de enantiômeros baseia-se no seguinte:

- Quando uma mistura racêmica reage com um único enantiômero de outro composto, há a formação de uma mistura de diastereoisômeros que podem ser separados por métodos convencionais porque os diastereoisômeros apresentam diferentes pontos de fusão, pontos de ebulição e solubilidade.

Recristalização diastereoisomérica é um desses processos. Veremos como isso é feito na Seção 20.3F. Outro método é a **resolução** por enzimas, onde uma enzima converte, seletivamente, um enantiômero de uma mistura racêmica em outro composto e, em seguida, o enantiômero que não reagiu e o novo composto são separados. A reação pela lipase na Seção 5.10B é um exemplo desse tipo de resolução. Cromatografia usando um meio quiral também é amplamente usada para resolver enantiômeros. Essa abordagem é aplicada na cromatografia líquida de alta eficiência (CLAE), bem como em outros tipos de cromatografia. Interações diastereoisoméricas entre as moléculas da mistura racêmica e o meio quiral da cromatografia fazem com que os enantiômeros do racemato movam-se através da coluna cromatográfica com velocidades diferentes. Assim, os enantiômeros são coletados separadamente na medida em que cada um deles sai do cromatógrafo.

5.17 Compostos com Centros Quirais Diferentes do Carbono

Qualquer átomo tetraédrico com quatro grupos diferentes ligados a ele é um **centro quiral**. São mostradas aqui as fórmulas gerais de compostos cujas moléculas contêm centros quirais diferentes do carbono. Silício e germânio são do mesmo grupo da tabela periódica que o carbono. Eles formam compostos tetraédricos do mesmo modo que o carbono faz. Quando quatro grupos diferentes estão situados ao redor do átomo central em compostos de silício, germânio e nitrogênio, as moléculas são quirais e os enantiômeros podem, em princípio, ser separados. Sulfóxidos, como exemplo de outros grupos funcionais em que um dos quatro grupos é um par de elétrons não ligante, também são quirais. Entretanto, esse não é o caso das aminas (Seção 20.2B):

5.18 Moléculas Quirais que Não Possuem Centro Quiral

Uma molécula é quiral se ela não for sobreponível a sua imagem especular. Entretanto, a presença de um átomo tetraédrico ligado a quatro grupos diferentes é apenas um tipo de centro quiral. Apesar de muitas moléculas quirais apresentarem centros quirais, há outros atributos estruturais que podem conferir quiralidade a uma molécula. Por exemplo, existem compostos que têm barreiras rotacionais relativamente elevadas entre seus confôrmeros (isômeros conformacionais), permitindo que esses possam ser separados e purificados, sendo que alguns desses isômeros conformacionais são estereoisômeros.

Isômeros conformacionais que são compostos estáveis e isoláveis são denominados **atropisômeros**. A existência de atropisômeros quirais tem sido explorada com grande êxito no desenvolvimento de catalisadores quirais para reações estereosseletivas. Um exemplo é o ligante BINAP, mostrado a seguir nas suas formas enantioméricas:

(S)-BINAP   (R)-BINAP

A origem da quiralidade no BINAP é a restrição rotacional da ligação entre os dois anéis naftila quase perpendiculares. Esta barreira rotacional leva a dois confôrmeros enantioméricos resolvíveis, (S)- e (R)-BINAP. Quando cada enantiômero é usado como um ligante para metais, como rutênio e ródio (ligado pelos pares de elétrons não compartilhados dos átomos de fósforo), podem ser formados complexos organometálicos quirais capazes de catalisar hidrogenação estereosseletiva e outras reações industriais importantes. A relevância de ligantes quirais é enfatizada pela síntese industrial anual de cerca de 3500 *toneladas* de (−)-mentol, via reação de isomerização que emprega um catalisador (S)-BINAP de ródio.

Alenos são compostos que também apresentam estereoisomeria. Alenos são moléculas que contêm a seguinte sequência de ligações duplas:

$$\text{C}=\text{C}=\text{C}$$

Os planos das ligações π dos alenos são perpendiculares entre si:

Essa geometria das ligações π faz com que os grupos ligados aos átomos de carbono terminais posicionem-se em planos perpendiculares e, por isso, os alenos com substituintes diferentes ligados aos átomos de carbono terminais são quirais (**Fig. 5.21**). (Alenos não apresentam isomerismo cis–trans.)

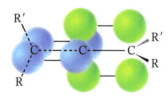

FIGURA 5.21 Formas enantioméricas do 1,3-dicloroaleno. Essas duas moléculas são imagens especulares não sobreponíveis entre si e são, portanto, quirais. Porém, elas não possuem um átomo tetraédrico ligado a quatro grupos diferentes.

Espelho

Por que Esses Tópicos São Importantes?

Possível Origem da Quiralidade

No capítulo de abertura do livro, descrevemos uma experiência inovadora realizada em 1952 por dois químicos da University of Chicago, Harold Urey e Stanley Miller, que mostraram como muitos dos aminoácidos encontrados nos seres vivos foram formados espontaneamente, em condições simples, semelhantes às primordiais, a partir de substâncias químicas comuns. O que não mencionamos, no entanto, foi a prova de que esses aminoácidos tinham realmente sido sintetizados durante o experimento e não eram o produto de alguma contaminação dentro do próprio dispositivo experimental. A demonstração de Urey e Miller foi que todos os aminoácidos foram produzidos como racematos. Como este capítulo mostrou, qualquer aminoácido produzido por uma forma de vida na Terra existe como um único enantiômero. A pergunta que resta, então, é por que as moléculas da vida (como aminoácidos) existem como enantiômeros individuais? Em outras palavras, qual é a origem da quiralidade em nosso planeta? Possíveis respostas a essa pergunta são mais recentes em sua origem, embora essa seja uma questão que vem interessando os cientistas por bem mais do que um século.

Em 1969, um meteorito grande caiu perto da cidade de Murchison, na Austrália. A análise química das suas moléculas orgânicas revelou que ele possuía mais de 100 aminoácidos, incluindo dezenas de aminoácidos não encontrados na Terra. Alguns dos aminoácidos possuíam excesso enantiomérico (ee) na faixa de 2-15%, todos em favor dos L-aminoácidos, o mesmo enantiômero encontrado em todas as formas de vida da Terra. Uma avaliação analítica criteriosa revelou que essa atividade óptica não foi resultante de nenhum contaminante proveniente da Terra. Na última década, as experiências mostraram que, com apenas uma pequena quantidade de excesso enantiomérico apresentada por esses aminoácidos, alguns deles, como os dois mostrados a seguir, que têm um centro quiral totalmente substituído e não podem sofrer racemização, podem efetuar uma resolução de aminoácidos racêmicos por processos relativamente simples, como a cristalização. Esses acontecimentos podem resultar em soluções aquosas de L-aminoácidos em excesso enantiomérico elevado.

Além disso, uma vez que essas soluções de L-aminoácidos quirais são formadas, elas podem catalisar a síntese enantiocontrolada de D-carboidratos, que todos nós possuímos também. Assim, é plausível que a origem da quiralidade poderia muito bem ter vindo do espaço.

15,2% ee   2,8% ee

Mas qual seria a origem desse excesso enantiomérico inicial? Ninguém sabe ao certo, mas alguns cientistas especulam que a radiação eletromagnética em espiral emitida a partir dos polos de estrelas de nêutrons rotatórias poderia levar à predominância de um enantiômero em detrimento do outro, no momento em que essas moléculas foram formadas no espaço interestelar. Se isto é verdade, então, é possível que exista um mundo no outro lado da galáxia que é o oposto quiral do que ocorre na Terra, onde existam formas de vida com D-aminoácidos e L-carboidratos. Ronald Breslow, da Columbia University, um dos principais pesquisadores nessa área, disse o seguinte sobre essa possibilidade: "Uma vez que tais formas de vida poderiam ser versões avançadas dos dinossauros, assumindo que os mamíferos não tiveram a sorte dos dinossauros terem sido dizimados por uma colisão de asteroides como ocorreu na Terra, pode ser melhor não descobrir".

Para saber mais sobre esses tópicos, consulte:
Breslow, R. "The origin of homochirality in amino acids and sugars on prebiotic earth" *Tetrahedron Lett.* **2011**, *52*, 2028–2032 e referências citadas.

Resumo e Ferramentas de Revisão

Neste capítulo, você aprendeu que a lateralidade da vida começa em nível molecular. Reconhecimento molecular, sinalização e reações químicas em sistemas vivos, muitas vezes, dependem da lateralidade de moléculas quirais. Moléculas que apresentam quatro grupos diferentes ligados a um átomo de carbono tetraédrico são quirais se elas não são sobreponíveis às suas respectivas imagens especulares. Os átomos ligados a quatro grupos diferentes são denominados centros quirais.

Planos de simetria (planos especulares) foram muito importantes nessa discussão. Se quisermos desenhar o enantiômero de uma molécula, uma maneira de fazer isso é desenhar a molécula como se ela estivesse refletida em um espelho. Se um plano especular de simetria existe *dentro* de uma molécula, então ela é aquiral (não quiral), mesmo que ela contenha centros quirais. O uso de planos especulares é uma técnica importante para testar a simetria de uma molécula.

Neste capítulo, você aprendeu a nomear, inequivocamente, moléculas quirais usando o sistema *R,S* de Cahn–Ingold–Prelog. Você também exercitou sua mente na visualização de estruturas moleculares em três dimensões e aprimorou sua habilidade no desenho de fórmulas moleculares tridimensionais. Você aprendeu que enantiômeros têm propriedades físicas idênticas, exceto pela rotação da luz plano-polarizada em igual magnitude e sentidos opostos, enquanto diastereoisômeros têm propriedades físicas diferentes. Interações entre cada enantiômero de uma molécula quiral e qualquer outro material quiral são interações diastereoisoméricas, que levam a diferentes propriedades físicas que podem permitir a separação dos enantiômeros.

A química acontece em três dimensões. Agora, com as informações deste capítulo, construído sobre os fundamentos que você aprendeu nos capítulos anteriores sobre forma e polaridade das moléculas, você está pronto para iniciar o estudo das reações de moléculas orgânicas. Use os termos e conceitos fundamentais (que são realçados ao longo do capítulo em **negrito azul** e estão definidos no Glossário, ao fim de cada volume) e o Mapa Conceitual, após os problemas do fim do capítulo, para ajudá-lo a rever e ver as relações entre os tópicos. Pratique desenhando moléculas que mostrem centros quirais tridimensionais. Pratique dando nome a essas moléculas e identificando as regiões de cargas parciais positivas e negativas. Se você prestar atenção a essas características, isso irá ajudá-lo a compreender a reatividade das moléculas nos capítulos seguintes. Mais importante de tudo, faça os exercícios!

Problemas

Quiralidade e Estereoisomeria

5.32 Quais dos seguintes compostos são quirais e, portanto, capazes de existir como enantiômeros?

(a) 1,3-Diclorobutano

(b) 1,2-Dibromopropano

(c) 1,5-Dicloropentano

(d) 3-Etilpentano

(e) 2-Bromobiciclo[1.1.0]butano

(f) 2-Fluorobiciclo[2.2.2]octano

(g) 2-Clorobiciclo[2.1.1]hexano

(h) 5-Clorobiciclo[2.1.1]hexano

5.33 (**a**) Quantos átomos de carbono um alcano (que não seja um cicloalcano) precisa ter para ser capaz de existir em formas enantioméricas? (**b**) Dê nomes corretos para dois conjuntos de enantiômeros com esse número mínimo de átomos de carbono.

5.34 Dê a configuração (*R*) ou (*S*) de cada centro quiral nas moléculas vistas a seguir.

5.35 Albuterol (ou salbutamol), mostrado a seguir, é um medicamento comumente prescrito contra a asma. Para cada enantiômero do albuterol, desenhe uma fórmula tridimensional, usando cunhas sólidas e tracejadas para as ligações que não estão no plano do papel. Escolha uma perspectiva que permita que o maior número possível de átomos de carbono fique no plano do papel e mostre todos os pares de elétrons não compartilhados e os átomos de hidrogênio (exceto aqueles dos grupos metila representados por Me). Dê a configuração (*R*,*S*) do enantiômero que você desenhou.

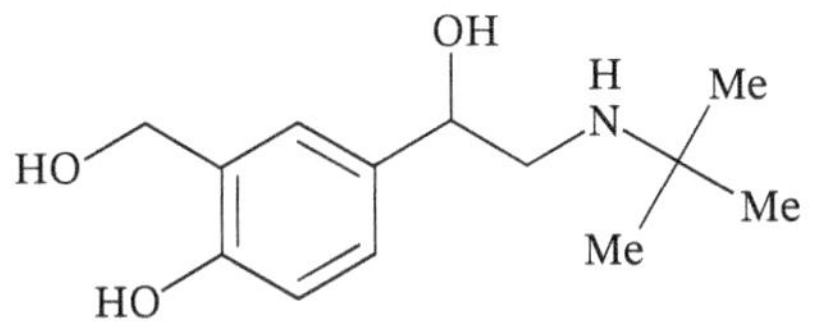

Albuterol

5.36 (**a**) Escreva a estrutura do 2,2-diclorobiciclo[2.2.1]-heptano. (**b**) Quantos centros quirais ele contém? (**c**) Quantos estereoisômeros são previstos pela regra do 2^n? (**d**) Apenas um par de enantiômeros é possível para o 2,2-diclorobiciclo[2.2.1]-heptano. Explique.

5.37 A seguir, são mostradas fórmulas de projeção de Newman para (*R*,*R*)-, (*S*,*S*)- e (*R*,*S*)-2,3-diclorobutano. (**a**) Qual é qual? (**b**) Que fórmula corresponde a um composto meso?

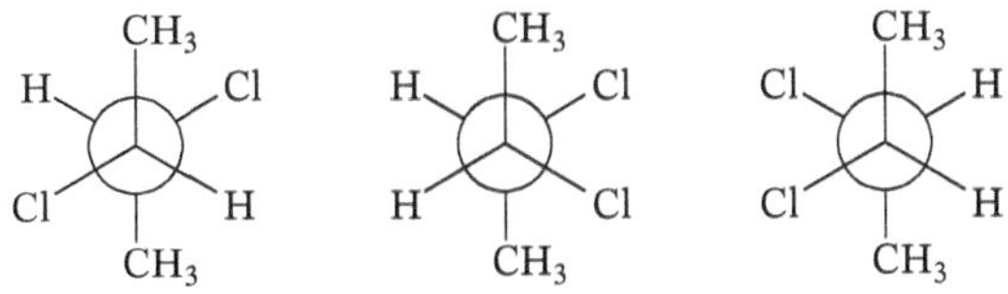

A   **B**   **C**

5.38 Desenhe fórmulas estruturais adequadas para (**a**) uma molécula cíclica que é um isômero constitucional do ciclo-hexano, (**b**) moléculas com a fórmula C_6H_{12} que contenham um anel e que sejam enantiômeros entre si, (**c**) moléculas com a fórmula C_6H_{12} que contenham um anel e que sejam diastereoisômeros entre si, (**d**) moléculas com a fórmula C_6H_{12} que não contenham anéis e que sejam enantiômeros entre si e (**e**) moléculas com a fórmula C_6H_{12} que não contenham anéis e que sejam diastereoisômeros entre si.

5.39 Considere cada um dos pares de estruturas vistos a seguir. Dê a configuração (*R*,*S*) de cada centro quiral e, também, a relação isomérica entre eles, como enantiômeros, diastereoisômeros, isômeros constitucionais ou duas moléculas do mesmo composto. Use um *kit* de montagem de modelos moleculares para conferir suas respostas.

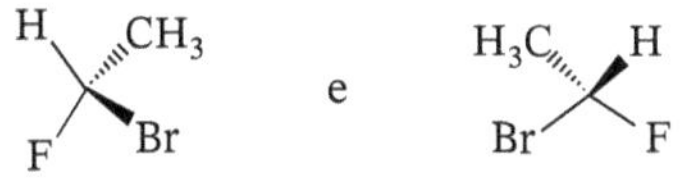

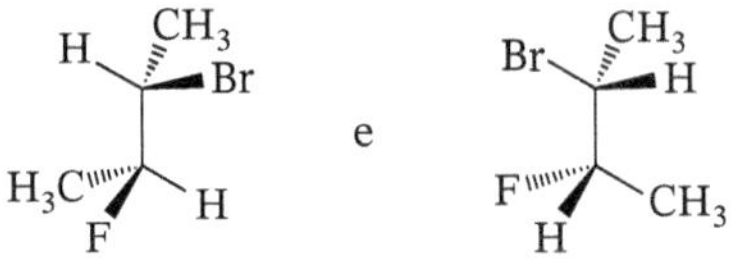

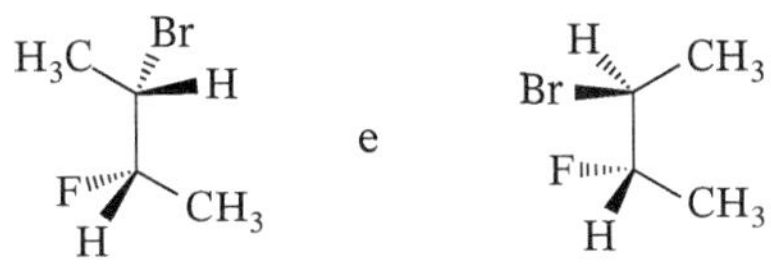

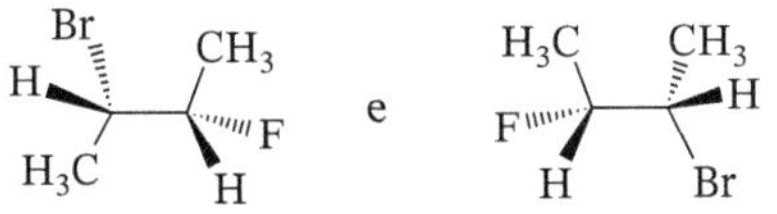

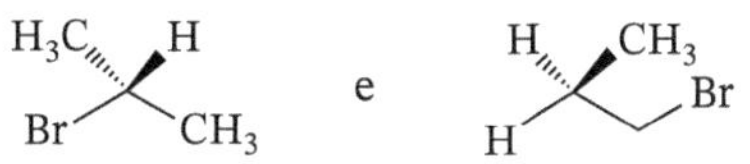

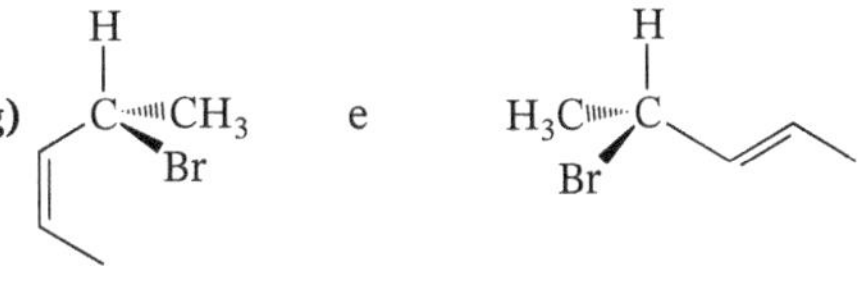

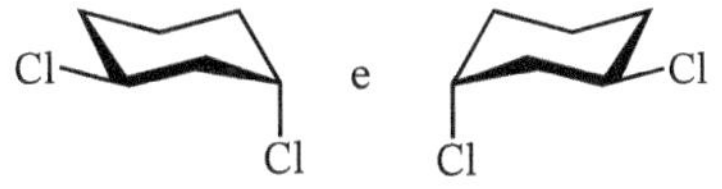

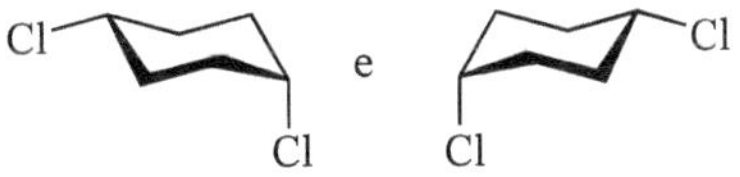

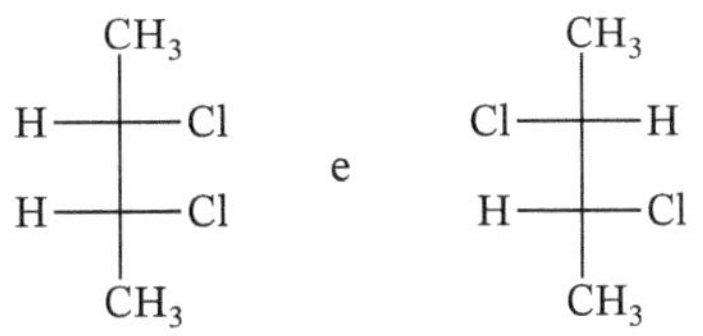

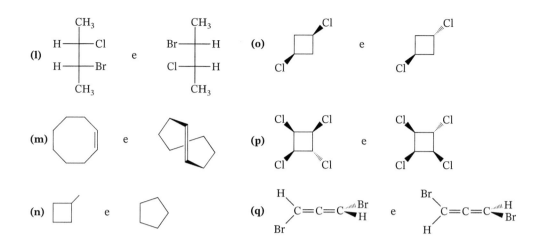

5.40 Discuta a estereoquímica de cada um dos compostos vistos a seguir.
(a) ClCH=C=C=CHCl (b) CH₂=C=C=CHCl (c) ClCH=C=C=CCl₂

5.41 Estabeleça se os compostos de cada par são enantiômeros, diastereoisômeros, isômeros constitucionais ou não são isômeros.

5.42 Um composto **D** com fórmula molecular C₆H₁₂ é opticamente inativo, mas pode ser resolvido em enantiômeros. Por hidrogenação catalítica, **D** é convertido em **E** (C₆H₁₄) e **E** é opticamente inativo. Proponha estruturas para **D** e **E**.

5.43 Um composto **F** com fórmula molecular C₅H₈ é opticamente ativo. Por hidrogenação catalítica, **F** é convertido em **G** (C₅H₁₂) e **G** é opticamente inativo. Proponha estruturas para **F** e **G**.

5.44 Um composto **H** com fórmula molecular C₆H₁₀ é opticamente ativo. Por hidrogenação catalítica, **H** é convertido em **I** (C₆H₁₂) e **I** é opticamente inativo. Proponha estruturas para **H** e **I**.

5.45 O aspartame é um adoçante artificial. Dê a configuração (*R*,*S*) para cada centro quiral do aspartame.

Aspartame

5.46 Existem quatro isômeros dimetilciclopropano. (**a**) Desenhe fórmulas tridimensionais para esses isômeros. (**b**) Quais isômeros são quirais? (**c**) Se uma mistura consistindo em 1 mol de cada um desses isômeros fosse submetida à cromatografia em fase gasosa simples (um método analítico que pode separar compostos de acordo com o ponto de ebulição), quantas frações seriam obtidas e quais compostos cada fração conteria? (**d**) Quantas dessas frações seriam opticamente ativas?

5.47 Considerando a molécula a seguir, desenhe seu enantiômero e um de seus diastereoisômeros. Dê a configuração (R,S) para cada centro quiral.

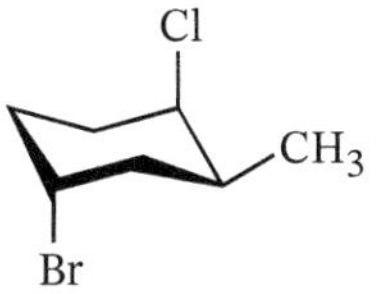

5.48 (Use modelos para resolver este problema.) (**a**) Desenhe uma estrutura tridimensional para a conformação mais estável do *trans*-1,2-dietilciclo-hexano e desenhe sua imagem especular. (**b**) Essas duas moléculas são sobreponíveis? (**c**) Elas podem ser interconvertidas por interconversão de cadeira? (**d**) Repita o processo do item (**a**) para o *cis*-1,2-dietilciclo-hexano. (**e**) Essas estruturas são sobreponíveis? (**f**) Elas são interconversíveis?

5.49 (Use modelos para resolver este problema.) (**a**) Desenhe uma estrutura tridimensional para a conformação mais estável do *trans*-1,4-dietilciclo-hexano e desenhe sua imagem especular. (**b**) Essas estruturas são sobreponíveis? (**c**) Elas representam um par de enantiômeros? (**d**) O *trans*-1,4-dietilciclo-hexano tem um estereoisômero e, em caso afirmativo, qual? (**e**) Esse estereoisômero é quiral?

5.50 (Use modelos para resolver este problema.) Desenhe estruturas conformacionais para todos os estereoisômeros do 1,3-dietilciclo-hexano. Identifique os pares de enantiômeros e os compostos meso, caso existam.

É Necessário um Consultor Químico

5.51 Sem atribuir configurações, identifique cada centro estereogênico presente nas seguintes moléculas obtidas da Natureza, ou seja, centros quirais ou outros elementos que confiram quiralidade. Observe que, para átomos de nitrogênio, quando um par de elétrons está presente como um dos quatro grupos ligados a ele, esse átomo não é quiral devido à rápida inversão entre as duas formas tetraédricas possíveis; se quatro grupos diferentes de pares de elétrons estão ligados, esse átomo pode ser um centro quiral. O ponto mostrado na parte (**c**) indica a presença de um átomo de carbono. (Veja: *Tetrahedron Lett.* **1997**, *38*, 4297; *J. Am. Chem. Soc.* **1973**, *95*, 7842; *Chem. Sci.* **2020**, *11*, 3036; *Angew. Chem. Int. Ed.* **2001**, *40*, 4770.)

(a) **Waihoenseno**

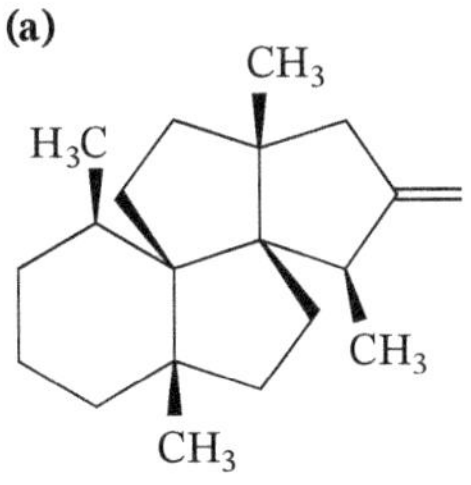

(b) **Aspidofitina**

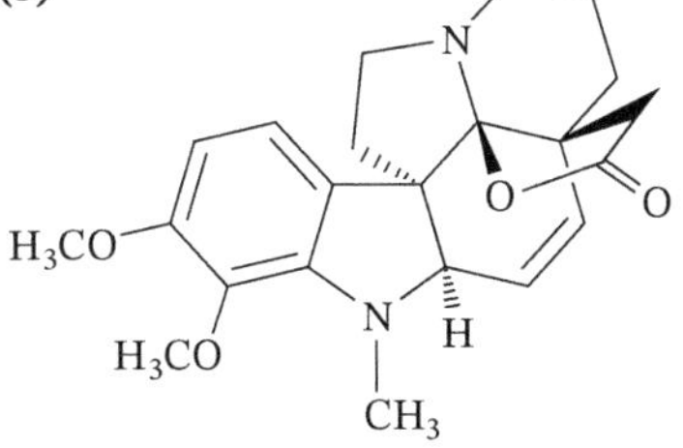

(c) **Laurendacumaleno B**

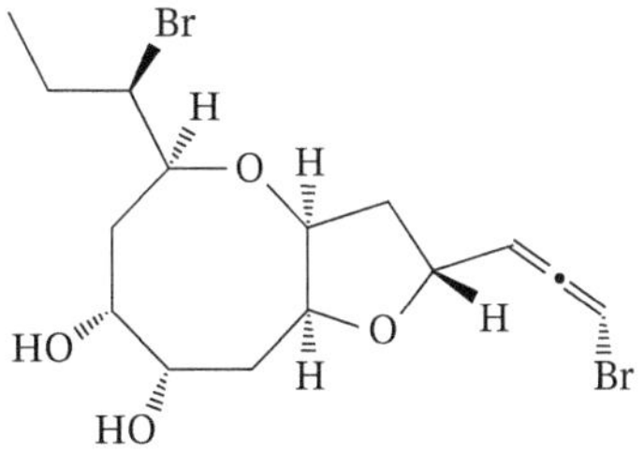

(d) **Diazonamida A**

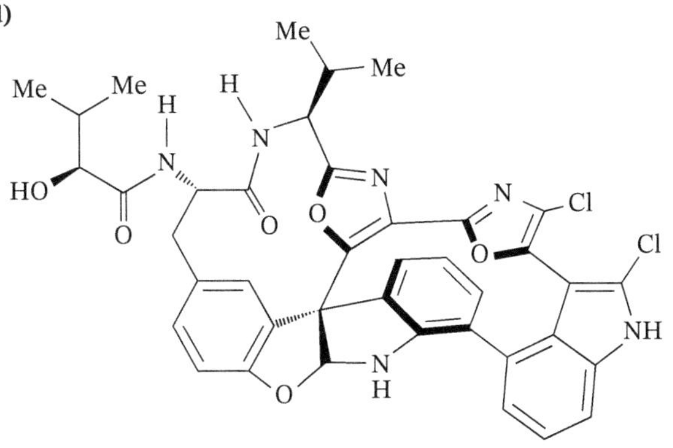

5.52 As duas transformações mostradas a seguir são reações *one-pot* que podem construir anéis rapidamente a partir de precursores acíclicos que são aquirais (isto é, eles não têm atividade óptica). No primeiro caso, forma-se preferencialmente um único enantiômero, enquanto no segundo resulta uma mistura racêmica. É digno de menção que o composto racêmico produzido no segundo caso é um produto natural. Normalmente, esses materiais são gerados como enantiômeros individuais, mas aqui não é o caso. Sem se preocupar com as especificidades das reações reais envolvidas, o que esses dois resultados implicam sobre se uma influência quiral é necessária para efetuar as reações? (Veja: *J. Am. Chem. Soc.* **2002**, *124*, 3647; *J. Chem. Soc. Chem. Commun.* **1982**, *35*, 2247.)

(±)-Ácido endiândrico D

Problemas de Desafio

5.53 O ácido tartárico [HO$_2$CCH(OH)CH(OH)CO$_2$H] foi um composto importante na história da estereoquímica. Duas formas de ocorrência natural do ácido tartárico são opticamente inativas. Uma forma opticamente inativa tem ponto de fusão de 210–212 °C, a outra, ponto de fusão de 140 °C. O ácido tartárico inativo com ponto de fusão de 210–212 °C pode ser separado em duas formas opticamente ativas de ácido tartárico com o mesmo ponto de fusão (168–170 °C). Um ácido tartárico opticamente ativo tem $[\alpha]_D^{25} = +12°$, e o outro, $[\alpha]_D^{25} = -12$. No caso do outro ácido tartárico inativo (ponto de fusão = 140 °C), todas as tentativas para separá-lo em compostos opticamente ativos falharam. (**a**) Desenhe a estrutura tridimensional para o ácido tartárico com ponto de fusão de 140 °C. (**b**) Desenhe estruturas para os ácidos tartáricos opticamente ativos com pontos de fusão de 168–170 °C. (**c**) A partir das fórmulas em (**b**), é possível determinar qual ácido tartárico tem rotação positiva e qual tem rotação negativa? (**d**) Qual é a natureza da forma do ácido tartárico com ponto de fusão de 210–212 °C?

5.54 (**a**) Uma solução aquosa do estereoisômero X puro na concentração de 0,10 g mL^{-1} teve uma rotação observada de −30° em tubo de 1,0 dm a 589,6 nm (linha D do sódio) e 25 °C. Qual deve ser o $[\alpha]_D$ de X a essa temperatura? (**b**) Em condições idênticas, mas na concentração de 0,050 g mL^{-1}, uma solução de X teve uma rotação observada de +165°. Racionalize esse resultado e recalcule o $[\alpha]_D$ de X. (**c**) Se a rotação óptica de uma substância estudada em apenas uma única concentração é zero, pode-se concluir definitivamente que ela é aquiral? Racêmica?

5.55 Se uma amostra de uma substância pura, contendo dois ou mais centros quirais, tem uma rotação observada igual a zero, ela pode ser um racemato. Ela poderia ser um estereoisômero puro? Ela poderia ser um enantiômero puro?

5.56 O composto desconhecido Y tem fórmula molecular C$_3$H$_6$O$_2$. Ele contém um grupo funcional que absorve radiação infravermelha na região de 3200-3550 cm^{-1} (quando estudado como um líquido puro, ou seja, "puro") e não tem nenhuma absorção na região de 1620-1780 cm^{-1}. Nenhum átomo de carbono na estrutura de Y está ligado a mais do que um átomo de oxigênio e Y pode existir em apenas duas formas estereoisoméricas. Quais são as estruturas dessas formas de Y?

Problemas para Trabalho em Grupo

1. A estreptomicina é um antibiótico especialmente útil contra bactérias resistentes à penicilina. A estrutura da estreptomicina é mostrada na Seção 22.17. (**a**) Identifique todos os centros quirais na estrutura da estreptomicina. (**b**) Assinale a designação (*R*) ou (*S*) apropriada para a configuração de cada centro quiral na estreptomicina.

2. O D-galactitol é um dos compostos tóxicos produzidos na doença conhecida como galactosemia. A acumulação de níveis elevados de D-galactitol causa a formação de cataratas. Uma projeção de Fischer para o D-galactitol é mostrada a seguir:

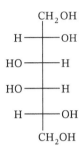

(**a**) Desenhe uma estrutura tridimensional para o D-galactitol.

(**b**) Desenhe a imagem especular do D-galactitol e desenhe sua fórmula de projeção de Fischer.

(**c**) Qual é a relação estereoquímica entre o D-galactitol e a sua imagem especular?

3. A cortisona, um esteroide natural que pode ser isolado a partir do córtex adrenal, possui propriedades anti-inflamatórias e é usada para tratar uma variedade de distúrbios (por exemplo, é aplicada topicamente em doenças de pele comuns). A estrutura da cortisona é mostrada na Seção 23.4D. (**a**) Identifique todos os centros quirais na cortisona. (**b**) Assinale a designação (*R*) ou (*S*) apropriada para a configuração de cada centro quiral da cortisona.

MAPA CONCEITUAL

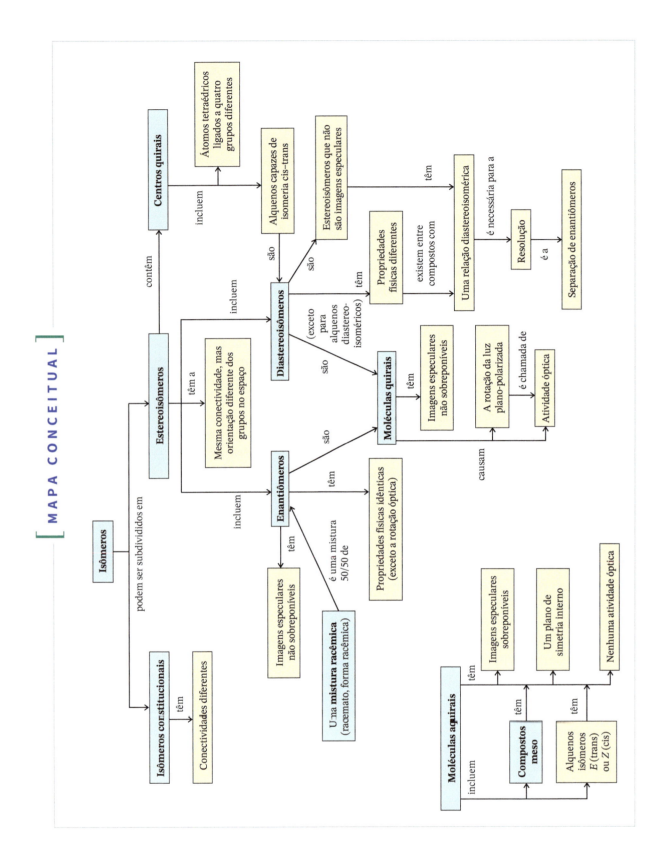

CAPÍTULO 6

(pote de açúcar) Sylvie Shirazi Photography/Getty Images (derramamento de sal)
Tom Grill/Getty Images (derramamento de açúcar) Tom Grill/Getty Images

Reações Nucleofílicas
Propriedades e Reações de Substituição de Haletos de Alquila

Nem todas as substituições são uma boa coisa; por exemplo, não gostaríamos de usar acidentalmente sal no lugar do açúcar em uma fornada de biscoitos de chocolate. Porém, em algumas substituições, conseguimos algo ainda melhor. Esse é frequentemente o caso na química orgânica, pois as reações de substituição nucleofílica (que nós aprenderemos a respeito neste capítulo) permitem a conversão de grupos funcionais em uma dada molécula em grupos funcionais inteiramente diferentes, levando a novos compostos com propriedades distintas. Além disso, a natureza emprega uma série de reações de substituição específicas que são necessárias para a vida.

NESTE CAPÍTULO, VAMOS ESTUDAR:

- Que grupos podem ser substituídos (isto é, trocados) ou eliminados
- Os vários mecanismos pelos quais tais processos ocorrem
- As condições que podem promover tais reações

POR QUE ESSES TÓPICOS SÃO IMPORTANTES?

No fim do capítulo, vamos mostrar um exemplo no qual apenas algumas reações de substituição podem converter o açúcar de mesa em um composto mais doce que não tem calorias – um substituto do açúcar que não é salgado, mas 600 vezes mais doce que o próprio açúcar!

6.1 Haletos de Alquila

- Um **haleto de alquila** possui um átomo de halogênio ligado a um átomo de carbono com hibridização sp^3 (tetraédrico).
- A ligação carbono–halogênio em um haleto de alquila é polarizada porque o átomo de halogênio é mais eletronegativo do que o carbono. Portanto, o átomo de carbono possui uma carga parcial positiva ($\delta+$) e o halogênio tem uma carga parcial negativa ($\delta-$).

$$\overset{\delta+}{C} \longrightarrow \overset{\delta-}{X}$$

- Os haletos de alquila são classificados como primários (1°), secundários (2°) ou terciários (3°), de acordo com o número de grupos de átomos de carbono (R) diretamente ligados ao carbono que contém o halogênio (Seção 2.5).

$$\underset{\text{Primário (1°)}}{R-\underset{\underset{H}{|}}{\overset{\overset{H}{|}}{C}}-X} \qquad \underset{\text{Secundário (2°)}}{R'-\underset{\underset{H}{|}}{\overset{\overset{R}{|}}{C}}-X} \qquad \underset{\text{Terciário (3°)}}{R'-\underset{\underset{R''}{|}}{\overset{\overset{R}{|}}{C}}-X}$$

O tamanho do átomo de halogênio aumenta à medida que descemos na tabela periódica: os átomos de flúor são os menores e os átomos de iodo são os maiores. Consequentemente, *o comprimento da ligação* carbono–halogênio *aumenta* e a *força da ligação* carbono–halogênio *diminui* à medida que descemos na tabela periódica (**Tabela 6.1**). Os mapas de potencial eletrostático (veja a Tabela 6.1) nas superfícies de van der Waals para os quatro haletos de metila, com modelos de vareta e bola em seu interior, ilustram a tendência da polaridade, do comprimento da ligação C—X e do tamanho do átomo de halogênio à medida que progredimos com a substituição pelo flúor até o iodo. O fluorometano é altamente polar, tem o menor comprimento de ligação C—X e a ligação C—X é a mais forte. O iodometano é bem menos polar, tem o comprimento de ligação C—X mais longo e a ligação C—X mais fraca.

No laboratório e na indústria, os haletos de alquila são usados como solventes para compostos relativamente apolares. Eles também são utilizados como materiais de partida para a síntese de muitos compostos. Como aprenderemos neste capítulo, o átomo de halogênio de um haleto de alquila pode ser facilmente substituído por outros grupos e a presença de um átomo de halogênio em uma cadeia carbônica também nos fornece a possibilidade de introduzir uma ligação múltipla.

TABELA 6.1 Comprimentos e Forças de Ligação Carbono–Halogênio

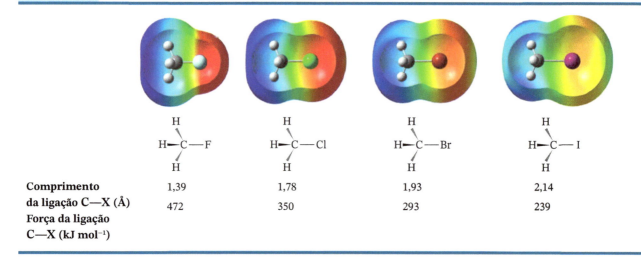

Comprimento da ligação C—X (Å)	1,39	1,78	1,93	2,14
Força da ligação C—X (kJ mol⁻¹)	472	350	293	239

Os compostos nos quais um átomo de halogênio está ligado a um carbono alifático que forma uma ligação dupla com outro átomo de carbono são chamados de **haletos de alquenila**. Em uma nomenclatura antiga eles eram chamados haletos de vinila. Os compostos que possuem um halogênio ligado a um anel aromático são chamados **haletos de arila**. Quando o anel aromático é especificamente um anel benzênico, esses compostos são denominados **haletos de fenila**. A reatividade dos compostos em que o halogênio está ligado a um carbono sp^2, como nos haletos de alquenila, arila e fenila, é totalmente diferente daquela quando o halogênio está ligado a um átomo de carbono sp^3 como nos haletos de alquila.

Um haleto de alquenila   **Um haleto de fenila ou haleto de arila**

- As reações que discutiremos neste capítulo se referirão somente aos haletos de alquila, e não aos haletos de alquenila, arila ou fenila.

6.1A Propriedades Físicas dos Haletos de Alquila

A maioria dos haletos de alquila apresenta baixa solubilidade em água, mas, como deveríamos esperar, eles são miscíveis entre si e com outros solventes relativamente apolares. Diclorometano (CH_2Cl_2, também chamado de *cloreto de metileno*), triclorometano ($CHCl_3$, também chamado de *clorofórmio*) e tetraclorometano (CCl_4, também chamado de *tetracloreto de carbono*) são às vezes utilizados como solventes para compostos apolares e moderadamente polares. Entretanto, muitos cloroalcanos, incluindo CH_2Cl_2, $CHCl_3$ e CCl_4, têm toxicidade cumulativa e são carcinogênicos e, portanto, devem ser utilizados apenas em capelas e com grande cuidado.

Diclorometano (CH_2Cl_2), um solvente comum em laboratório

PROBLEMA DE REVISÃO 6.1

Dê os nomes de acordo com a IUPAC para cada um dos compostos vistos a seguir. (Você não precisa especificar a configuração *R,S* nos centros quirais para este problema.)

(a)   (b)   (c)

PROBLEMA DE REVISÃO 6.2

Classifique cada um dos haletos orgânicos vistos a seguir como primário, secundário, terciário, alquenila ou arila.

(a)   (b)   (c)   (d)   (e)

6.2 Reações de Substituição Nucleofílica

As reações de substituição nucleofílica estão entre os tipos mais fundamentais de reações orgânicas. Em uma **reação de substituição nucleofílica**, um nucleófilo (Nu:) substitui um grupo de saída (GS) na molécula que sofre a substituição (o substrato).

- O **nucleófilo** é sempre uma base de Lewis e pode ser carregado negativamente ou neutro.
- O **grupo de saída** é sempre uma espécie que carrega um par de elétrons quando sai.

Frequentemente, o **substrato** é um haleto de alquila (R—Ẍ:) e o grupo de saída é um ânion haleto (:Ẍ:⁻). As equações vistas a seguir incluem uma reação genérica de substituição nucleofílica e alguns exemplos específicos.

252 CAPÍTULO 6

> **DICA ÚTIL**
> Nas reações utilizando símbolos coloridos neste capítulo, usaremos o rosa para indicar um nucleófilo e o azul para indicar um grupo de saída.

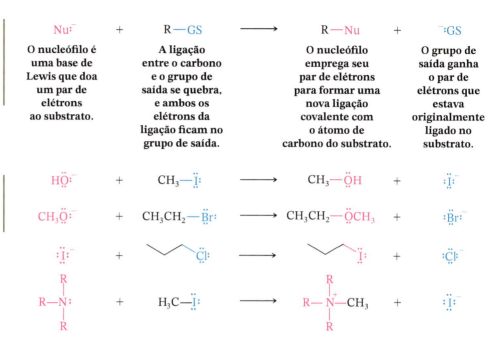

Nu:⁻ + R—GS ⟶ R—Nu + :GS⁻
O nucleófilo é uma base de Lewis que doa um par de elétrons ao substrato. / A ligação entre o carbono e o grupo de saída se quebra, e ambos os elétrons da ligação ficam no grupo de saída. / O nucleófilo emprega seu par de elétrons para formar uma nova ligação covalente com o átomo de carbono do substrato. / O grupo de saída ganha o par de elétrons que estava originalmente ligado no substrato.

> **DICA ÚTIL**
> Na Seção 6.14, veremos exemplos de substituição nucleofílica biológica.

Nas reações de substituição nucleofílica a ligação entre o carbono do substrato e o grupo de saída sofre uma **clivagem de ligação heterolítica**. O par de elétrons não compartilhado do nucleófilo forma uma nova ligação com o átomo de carbono.

Questões fundamentais que trataremos mais adiante são estas: quando o nucleófilo forma uma ligação com o substrato e quando ocorre o rompimento da ligação do substrato com o grupo de saída?

A ligação do nucleófilo ocorre simultaneamente com a quebra da ligação do grupo de saída?

$$\text{Nu:}^- + \text{R—X:} \longrightarrow \text{Nu}^{\delta-}\text{---R---X:}^{\delta-} \longrightarrow \text{Nu—R} + \text{:X:}^-$$

Ou a ligação com o grupo de saída se quebra primeiro e a ligação do nucleófilo se forma em uma segunda etapa?

$$\text{R—X:} \longrightarrow \text{R}^+ + \text{:X:}^-$$
$$\text{Nu:}^- \quad \text{R}^+ \longrightarrow \text{Nu—R}$$

Veremos nas Seções 6.9 e 6.14A que a resposta depende muito da estrutura do substrato. Em outras palavras, ambas são possíveis.

PROBLEMA RESOLVIDO 6.1

(a) Uma solução contendo íons metóxido, CH₃O⁻ (como no CH₃ONa), em metanol pode ser preparada pela adição de hidreto de sódio (NaH) ao metanol (CH₃OH). O outro produto é um gás inflamável. Escreva a reação ácido–base que ocorre. **(b)** Escreva a substituição nucleofílica que ocorre quando o CH₃I é adicionado e a solução resultante é aquecida.

Estratégia e Resposta

(a) Lembramos da Seção 3.15 que o hidreto de sódio consiste em íons Na⁺ e íons hidreto (íons H:⁻), e que o íon hidreto é uma base muito forte. [Ele é a base conjugada do H₂, um ácido muito fraco ($pK_a = 35$, veja a Tabela 3.1).] A reação ácido–base que ocorre é

$$\text{CH}_3\ddot{\text{O}}\text{—H} + \text{Na}^+ \text{:H}^- \longrightarrow \text{H}_3\text{C—}\ddot{\text{O}}\text{:}^- \text{Na}^+ + \text{H—H}$$

Metanol (ácido mais forte) / Hidreto de sódio (base mais forte) / Metóxido de sódio (base mais fraca) / Hidrogênio (ácido mais fraco)

(b) O íon metóxido reage com o haleto de alquila (CH₃I) em uma substituição nucleofílica:

CH₃—Ö:⁻ Na⁺ + CH₃—Ï: $\xrightarrow{CH_3OH}$ H₃C—Ö—CH₃ + Na⁺ + :Ï:⁻

6.3 Nucleófilos

Um nucleófilo é um reagente que procura um centro positivo.

- Qualquer íon negativo ou molécula sem carga com um par de elétrons não compartilhado é um nucleófilo em potencial.

Quando um nucleófilo reage com um haleto de alquila, o átomo de carbono que contém o átomo de halogênio é o centro positivo que atrai o nucleófilo. Esse átomo de carbono tem uma carga parcial positiva porque o halogênio eletronegativo puxa os elétrons da ligação carbono–halogênio em sua direção.

DICA ÚTIL

Talvez seja interessante que você reveja a Seção 3.3A, "Cargas Opostas se Atraem".

Este é o centro positivo que o nucleófilo procura. **O halogênio eletronegativo polariza a ligação C—X.**

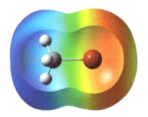

Vamos considerar dois exemplos, um em que o nucleófilo é uma base de Lewis negativamente carregado, e um outro no qual o nucleófilo é uma base de Lewis neutra.

1. O emprego de um **nucleófilo carregado negativamente** (neste caso, um íon hidróxido) **resulta em um produto neutro** (neste caso, um álcool). A formação da ligação covalente entre o nucleófilo negativo e o substrato neutraliza a carga formal do nucleófilo.

Substituição Nucleofílica por Meio de um Nucleófilo Carregado Negativamente Resulta Diretamente em um Produto Neutro

H—Ö:⁻ + R—Ẍ: ⟶ H—Ö—R + :Ẍ:⁻

Nucleófilo negativo **Haleto de alquila** **Produto neutro** **Grupo de saída**

2. A utilização de um **nucleófilo neutro** (neste caso, água), **resulta inicialmente em um produto carregado positivamente**. O nucleófilo neutro ganha uma carga formal positiva através da formação de uma ligação covalente com o substrato. O produto neutro somente é formado após a remoção de um próton do átomo com a carga formal positiva no produto inicial.

A Substituição Nucleofílica por Meio de um Nucleófilo Neutro Resulta Inicialmente em um Produto Carregado Positivamente

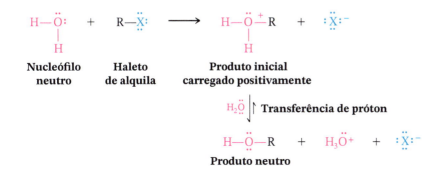

DICA ÚTIL

A etapa de desprotonação é sempre necessária para completar a reação quando o nucleófilo é um átomo neutro que possui um próton.

254 CAPÍTULO 6

Em uma reação deste tipo, o nucleófilo é uma molécula de solvente (o que é frequentemente o caso quando o nucleófilo é neutro). Uma vez que as moléculas do solvente estão presentes em grande excesso, o equilíbrio favorece a transferência de um próton do íon alquiloxônio para uma molécula de água. Esse tipo de reação é um exemplo de **solvólise**, que será discutida adiante na Seção 6.12B.

A reação da amônia (NH_3) com um haleto de alquila, como mostrado a seguir, fornece outro exemplo onde o nucleófilo não tem carga. Um excesso de amônia favorece, no equilíbrio, a remoção de um próton a partir do íon alquilamínio para formar a amina neutra correspondente.

$$H-\overset{H}{\underset{H}{N}}: \;+\; R-\overset{..}{\underset{..}{X}}: \;\longrightarrow\; H-\overset{H}{\underset{H}{\overset{+}{N}}}-R \;+\; :\overset{..}{\underset{..}{X}}:^-$$

Nucleófilo — Haleto de alquila — Produto inicial carregado positivamente

$$\Big\updownarrow \text{Transferência de próton} \quad \underset{(\text{excesso})}{:NH_3}$$

$$H-\overset{..}{\underset{H}{N}}-R \;+\; \overset{+}{NH_4} \;+\; :\overset{..}{\underset{..}{X}}:^-$$

Produto neutro

PROBLEMA RESOLVIDO 6.2

Escreva as seguintes reações na forma de equações iônicas líquidas e indique o nucleófilo, o substrato e o grupo de saída em cada caso.

(a) $CH_3CH_2CH_2-\overset{..}{\underset{..}{S}}:^- Na^+ \;+\; CH_3-\overset{..}{\underset{..}{I}}: \;\longrightarrow\; CH_3CH_2CH_2-\overset{..}{\underset{..}{S}}-CH_3 \;+\; Na^+ \;:\overset{..}{\underset{..}{I}}:^-$

(b) $CH_3CH_2-C\equiv C:^- Na^+ \;+\; CH_3-\overset{..}{\underset{..}{I}}: \;\longrightarrow\; CH_3CH_2-C\equiv C-CH_3 \;+\; Na^+ \;:\overset{..}{\underset{..}{I}}:^-$

(c) $H_3N: \;+\; CH_3CH_2CH_2-\overset{..}{\underset{..}{Br}}: \;\longrightarrow\; CH_3CH_2CH_2-\overset{..}{NH_2} \;+\; \overset{+}{NH_4} \;+\; :\overset{..}{\underset{..}{Br}}:^-$
(excesso)

Estratégia

Uma equação iônica líquida não inclui íons espectadores, mas ainda é balanceada em termos das cargas e das espécies restantes. Os íons espectadores são aqueles que não estão envolvidos em mudanças de ligações covalentes durante a reação e que aparecem em ambos os lados de uma equação química. Nas reações **(a)** e **(b)**, o íon sódio é um íon espectador; assim, as equações iônicas líquidas não os incluiriam, e elas teriam uma carga negativa líquida em cada lado da seta. A equação **(c)** não tem íons presentes entre os reagentes. Assim, os íons obtidos nos produtos não são íons espectadores – eles resultam de mudanças nas ligações covalentes. A equação **(c)** não pode ser simplificada para uma equação iônica líquida.

Nucleófilos usam um par de elétrons para formar uma ligação covalente que está presente em uma molécula nos produtos. Em todas as reações anteriores, podemos identificar uma espécie que usou um par de elétrons dessa forma. Esses são os nucleófilos. **Grupos de saída** saem de uma das moléculas dos reagentes e carregam um par de elétrons com eles. Em cada uma das reações anteriores, podemos identificar essas espécies. Finalmente, os reagentes aos quais os nucleófilos ficam ligados e a partir dos quais os grupos de saída partem são os **substratos**.

Resposta

As equações iônicas líquidas são vistas a seguir para **(a)** e **(b)**, e não há nenhuma equação simplificada possível para **(c)**. Em todas elas, estão assinalados os nucleófilos, os substratos e os grupos de saída.

Reações Nucleofílicas 255

(a)

$$\text{CH}_3\text{CH}_2\text{CH}_2\text{—}\ddot{\underset{..}{\text{S}}}{:}^- + \text{CH}_3\text{—}\ddot{\underset{..}{\text{I}}}{:} \longrightarrow \text{CH}_3\text{CH}_2\text{CH}_2\text{—}\ddot{\underset{..}{\text{S}}}\text{—CH}_3 + {:}\ddot{\underset{..}{\text{I}}}{:}^-$$

Nucleófilo · Substrato · Grupo de saída

(b)

$$\text{CH}_3\text{CH}_2\text{—C}\equiv\text{C}{:}^- + \text{CH}_3\text{—}\ddot{\underset{..}{\text{I}}}{:} \longrightarrow \text{CH}_3\text{CH}_2\text{—C}\equiv\text{C—CH}_3 + {:}\ddot{\underset{..}{\text{I}}}{:}^-$$

Nucleófilo · Substrato · Grupo de saída

(c)

$$\text{H}_3\text{N}{:} + \text{CH}_3\text{CH}_2\text{CH}_2\text{—}\ddot{\underset{..}{\text{Br}}}{:} \longrightarrow \text{CH}_3\text{CH}_2\text{CH}_2\text{—}\ddot{\text{N}}\text{H}_2 + \overset{+}{\text{N}}\text{H}_4 + {:}\ddot{\underset{..}{\text{Br}}}{:}^-$$

(excesso) Nucleófilo · Substrato · Grupo de saída

PROBLEMA DE REVISÃO 6.3

Escreva as seguintes reações na forma de equações iônicas líquidas, e identifique o nucleófilo, o substrato e o grupo de saída em cada reação:

(a) $\text{CH}_3\text{I} + \text{CH}_3\text{CH}_2\text{ONa} \longrightarrow \text{CH}_3\text{OCH}_2\text{CH}_3 + \text{NaI}$

(b) $\text{NaI} + \text{CH}_3\text{CH}_2\text{Br} \longrightarrow \text{CH}_3\text{CH}_2\text{I} + \text{NaBr}$

(c) $2\,\text{CH}_3\text{OH} + (\text{CH}_3)_3\text{CCl} \longrightarrow (\text{CH}_3)_3\text{COCH}_3 + \text{CH}_3\overset{+}{\text{O}}\text{H}_2 + \text{Cl}^-$

(d) $\text{CH}_3\text{CH}_2\text{CH}_2\text{Br} + \text{NaCN} \longrightarrow \text{CH}_3\text{CH}_2\text{CH}_2\text{CN} + \text{NaBr}$

(e) $\text{PhCH}_2\text{Br} + 2\,\text{NH}_3 \longrightarrow \text{PhCH}_2\text{NH}_2 + \text{NH}_4\text{Br}$

6.4 Grupos de Saída

Para atuar como o substrato em uma reação de substituição nucleofílica, uma molécula deve ter um bom grupo de saída.

- Um bom **grupo de saída** é um substituinte que pode sair do substrato como uma molécula ou íon fracamente básico e relativamente estável.

Nos exemplos mostrados anteriormente (Seções 6.2 e 6.3) o grupo de saída foi um halogênio. Ânions haleto são bases fracas (eles são bases conjugadas de ácidos fortes, HX) e, portanto, os halogênios são bons grupos de saída.

Alguns grupos de saída saem na forma de moléculas neutras, como uma molécula de água ou de um álcool. Para que isso seja possível, o grupo de saída tem de ter uma carga formal positiva enquanto estiver ligado ao substrato. Quando esse grupo se afasta com um par de elétrons, sua carga formal passa a ser zero. No exemplo a seguir, o grupo de saída é uma molécula de água.

$$\text{CH}_3\text{—}\underset{\text{H}}{\ddot{\text{O}}{:}} + \text{CH}_3\text{—}\underset{\text{H}}{\overset{+}{\ddot{\text{O}}}\text{—H}} \longrightarrow \text{CH}_3\text{—}\underset{\text{H}}{\overset{+}{\ddot{\text{O}}}\text{—CH}_3} + {:}\underset{\text{H}}{\ddot{\text{O}}\text{—H}}$$

> **DICA ÚTIL**
>
> Observe que a carga líquida é a mesma em ambos os lados de uma equação química corretamente escrita.

Como veremos mais adiante, a carga positiva em um grupo de saída (como o grupo anterior) geralmente resulta de uma protonação do substrato por um ácido. Entretanto, o uso de um ácido para protonar o substrato e produzir um grupo de saída carregado positivamente é viável somente quando o próprio nucleófilo não é fortemente básico, e quando o nucleófilo está presente em largo excesso (como na solvólise).

Vamos agora considerar os mecanismos das reações de substituição nucleofílica. Como o nucleófilo substitui o grupo de saída? A reação ocorre em uma etapa, ou mais de uma etapa está envolvida? Se mais de uma etapa está envolvida, que tipos de intermediários são formados? Quais etapas são rápidas e quais são lentas? Para responder a essas perguntas, precisamos saber algo sobre as velocidades das reações químicas.

6.5 Cinética de uma Reação de Substituição Nucleofílica: Reação S_N2

Para entender como a velocidade de uma reação (a **cinética**) pode ser medida experimentalmente, vamos considerar um exemplo real: a reação que ocorre entre o clorometano e o íon hidróxido em solução aquosa:

$$CH_3-Cl \ + \ {}^-OH \ \xrightarrow[H_2O]{60\,°C} \ CH_3-OH \ + \ Cl^-$$

Embora o clorometano não seja altamente solúvel em água, ele é suficientemente solúvel para realizar nosso estudo cinético em uma solução aquosa de hidróxido de sódio. Como se sabe que as velocidades de reação dependem da temperatura (Seção 6.7), realizamos a reação em uma temperatura constante.

6.5A Como Medimos a Velocidade dessa Reação?

A velocidade da reação pode ser determinada experimentalmente medindo-se a velocidade com que o clorometano ou o íon hidróxido *desaparece* da solução, ou a velocidade com que o metanol ou o íon cloreto *aparece* na solução. Podemos fazer quaisquer dessas medidas retirando uma pequena amostra da mistura reacional logo após o início da reação. Analisamos nessa amostra as concentrações de CH_3Cl ou de HO^- e de CH_3OH ou de Cl^-. Estamos interessados no que são chamadas *velocidades iniciais*, porque, à medida que o tempo passa, as concentrações dos reagentes variam. Uma vez que as concentrações iniciais dos reagentes também são conhecidas (pois são medidas quando preparamos a solução), será fácil calcular a velocidade com que os reagentes estão desaparecendo da solução ou os produtos estão aparecendo na solução.

Realizamos vários desses experimentos mantendo a mesma temperatura, mas variando as concentrações iniciais dos reagentes. Os resultados que podem ser obtidos são mostrados na Tabela 6.2.

Observe que os experimentos mostram que a velocidade depende da concentração do clorometano *e* da concentração do íon hidróxido. Quando dobramos a concentração de clorometano no experimento 2, a velocidade *duplicou*. Quando dobramos a concentração do íon hidróxido no experimento 3, a velocidade *duplicou*. Quando dobramos ambas as concentrações no experimento 4, a velocidade aumentou de um fator *quatro*.

Podemos expressar esses resultados como uma proporcionalidade,

$$\text{Velocidade} \propto [CH_3Cl][HO^-]$$

TABELA 6.2 Estudo da Velocidade de Reação do CH_3Cl com HO^- a 60 °C

Experimento Número	[CH_3Cl] Inicial	[HO^-] Inicial	Velocidade Inicial (mol L^{-1} s^{-1})
1	0,0010	1,0	$4,9 \times 10^{-7}$
2	0,0020	1,0	$9,8 \times 10^{-7}$
3	0,0010	2,0	$9,8 \times 10^{-7}$
4	0,0020	2,0	$19,6 \times 10^{-7}$

e essa proporcionalidade pode ser expressa como uma equação através da introdução de uma constante de proporcionalidade (*k*) chamada de constante de velocidade:

$$\text{Velocidade} = k[\text{CH}_3\text{Cl}][\text{HO}^-]$$

Para esta reação nesta temperatura encontramos que $k = 4,9 \times 10^{-4}$ L mol^{-1} s^{-1}. (Verifique isso por você mesmo fazendo os cálculos.)

6.5B Qual É a Ordem dessa Reação?

Esta reação é dita ser de **segunda ordem global**.* É razoável concluir, portanto, que *para que a reação ocorra, um íon hidróxido e uma molécula de clorometano devem colidir*. Dizemos também que a reação é **bimolecular**. (Por *bimolecular* queremos dizer que duas espécies estão envolvidas na etapa cuja velocidade está sendo medida. Em geral, o número de espécies envolvidas em uma etapa de reação é chamado de **molecularidade** da reação.) Chamamos esse tipo de reação de uma **reação S$_N$2**, significando **substituição nucleofílica bimolecular**.

6.6 Um Mecanismo para a Reação S$_N$2

Uma representação esquemática dos orbitais envolvidos em uma reação S$_N$2 – baseada em ideias propostas por Edward D. Hughes e *Sir* Christopher Ingold em 1937 – está esboçada a seguir.

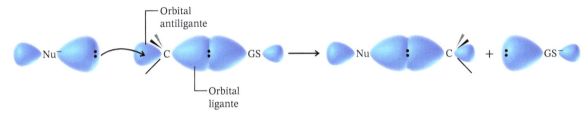

De acordo com esse mecanismo:

- O nucleófilo se aproxima **por trás** do carbono que contém o grupo de saída, isto é, do lado diretamente oposto a esse grupo.

O orbital que contém o par de elétrons do nucleófilo (o seu orbital molecular ocupado de maior energia, ou HOMO) começa a se sobrepor com um orbital vazio (o orbital molecular desocupado de mais baixa energia, ou LUMO) do átomo de carbono que contém o grupo de saída. À medida que a reação avança, a ligação entre o nucleófilo e o átomo de carbono se fortalece e a ligação entre o átomo de carbono e o grupo de saída se enfraquece.

- À medida que o nucleófilo forma uma ligação e o grupo de saída se afasta, o átomo de carbono sofre **inversão**** – sua configuração de ligação tetraédrica é invertida para o lado oposto.

A formação da ligação entre o nucleófilo e o átomo de carbono fornece a maior parte da energia necessária para quebrar a ligação entre o átomo de carbono e o grupo de saída. Podemos representar esse mecanismo com o clorometano e o íon hidróxido, como mostrado mais adiante no boxe "Mecanismo para a Reação S$_N$2".

- A reação S$_N$2 ocorre em uma única etapa (sem nenhum intermediário) por meio da formação de um arranjo instável de átomos, chamado de **estado de transição**.

---

*Em geral, a ordem global da reação é igual à soma dos expoentes *a* e *b* na equação Velocidade = $k[\text{A}]^a[\text{B}]^b$. Se em dada reação encontramos, por exemplo, que Velocidade = $k[\text{A}]^2[\text{B}]$, dizemos que a reação é de segunda ordem em relação a [A], primeira ordem em relação a [B] e terceira ordem global.

Antes da publicação de Hughes e Ingold, em 1937, havia uma considerável evidência de que em reações desse tipo ocorria uma inversão da configuração do carbono que continha o grupo de saída. A primeira observação dessa inversão foi feita pelo químico letão Paul Walden, em 1896; essas inversões são chamadas de **inversões de Walden em sua homenagem. Vamos aprofundar este aspecto das reações S$_N$2 na Seção 6.8.

Um Mecanismo para a Reação

Mecanismo para a Reação S_N2

Reação: $HO^- + CH_3Cl \longrightarrow CH_3OH + Cl^-$

Mecanismo:

| O íon hidróxido, negativo, leva um par de elétrons para o átomo de carbono com carga parcial positiva em um ataque por trás em relação ao grupo de saída. O cloro começa a se afastar com o par de elétrons que o ligava ao átomo de carbono. | No estado de transição, forma-se parcialmente uma ligação entre o oxigênio e o carbono, e a ligação entre o carbono e o cloro é parcialmente quebrada. A configuração do átomo de carbono começa a se inverter. | Agora a ligação entre o oxigênio e o carbono está formada e o íon cloreto saiu. A configuração do carbono se inverteu. |

O estado de transição é um arranjo transitório dos átomos no qual tanto o nucleófilo quanto o grupo de saída estão parcialmente ligados ao átomo de carbono que sofre a substituição. Uma vez que o estado de transição envolve tanto o nucleófilo (por exemplo, um íon hidróxido) quanto o substrato (por exemplo, uma molécula de clorometano), esse mecanismo explica a cinética de reação de segunda ordem que observamos.

- A reação S_N2 é um exemplo do que chamamos de **reação sincronizada**, pois a formação e a quebra de ligação ocorrem em sincronia (*simultaneamente*) através de um único estado de transição.

O estado de transição tem uma existência extremamente breve. Ele dura tanto tempo quanto o necessário para uma vibração molecular, aproximadamente 10^{-12} s. A estrutura e a energia do estado de transição são aspectos muito importantes de qualquer reação química. Por isso, examinaremos esse assunto mais adiante na Seção 6.7.

6.7 Teoria do Estado de Transição: Diagramas de Energia Livre

- Uma reação que ocorre com uma variação de energia livre negativa (liberando energia para suas vizinhanças) é chamada de **exergônica**; uma reação que ocorre com uma variação de energia livre positiva (absorvendo energia das suas vizinhanças) é **endergônica**.

A reação entre o clorometano e o íon hidróxido em solução aquosa é altamente exergônica; a $\Delta G° = -100$ kJ mol^{-1} a 60 °C (333 K). (A reação também é exotérmica, $\Delta H° = -75$ kJ mol^{-1}.)

$$CH_3—Cl \; + \; {}^-OH \; \longrightarrow \; CH_3—OH \; + \; Cl^- \qquad \Delta G° = -100 \text{ kJ mol}^{-1}$$

A constante de equilíbrio para a reação é extremamente grande, como mostramos através do seguinte cálculo:

$$\Delta G° = -RT \ln K_{eq}$$

$$\ln K_{eq} = \frac{-\Delta G°}{RT}$$

$$\ln K_{eq} = \frac{-(-100 \text{ kJ mol}^{-1})}{0{,}00831 \text{ kJ K}^{-1}\text{mol}^{-1} \times 333 \text{ K}}$$

$$\ln K_{eq} = 36{,}1$$

$$K_{eq} = 5{,}0 \times 10^{15}$$

Uma constante de equilíbrio tão grande quanto essa significa que a reação ocorre até se completar.

Uma vez que a variação de energia livre é negativa, podemos dizer que em termos de energia a reação ocorre **descendo uma barreira de energia**. Os produtos da reação estão em um nível mais baixo de energia livre do que os reagentes. Entretanto, se ligações covalentes são quebradas em uma reação, os reagentes têm de subir uma barreira de energia antes que possam descer a barreira. Isso será verdadeiro mesmo que a reação seja exergônica.

Podemos representar a variação de energia em uma reação fazendo um gráfico denominado **diagrama de energia livre**, onde representamos graficamente a energia livre das partículas que estão reagindo (eixo dos *y*) contra a coordenada de reação (eixo dos *x*). A Fig. 6.1 é um exemplo de uma reação S$_N$2 generalizada.

- A **coordenada de reação** é uma grandeza que indica o progresso da reação em termos da conversão dos reagentes em produtos.
- O topo da curva de energia corresponde ao **estado de transição** da reação.
- A **energia livre de ativação** ($\Delta G^{\ddagger}$) da reação é a diferença de energia entre os reagentes e o estado de transição.
- A **variação de energia livre da reação** ($\Delta G°$) é a diferença de energia entre os reagentes e produtos.

O topo da barreira de energia corresponde ao estado de transição. *A diferença de energia livre entre os reagentes e o estado de transição é a energia livre de ativação, $\Delta G^{\ddagger}$. A diferença de energia livre entre os reagentes e os produtos é a variação de energia livre da reação, $\Delta G°$. Para o exemplo na Fig. 6.1, o nível de energia livre dos produtos é mais baixo*

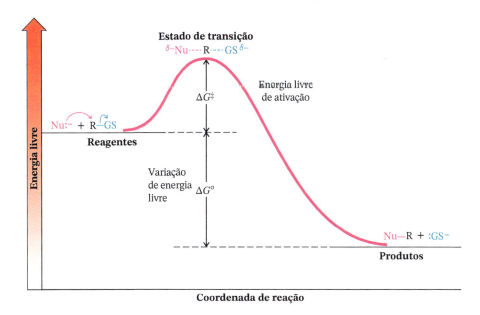

FIGURA 6.1 Um diagrama de energia livre para uma reação S$_N$2 exergônica hipotética (ou seja, que ocorre com um $\Delta G°$ negativo, liberando energia para as vizinhanças).

do que o nível dos reagentes. Em termos da nossa analogia, podemos dizer que os reagentes em um vale de energia têm de transpor uma barreira de energia (o estado de transição) para atingir o vale de energia mais baixo dos produtos.

Se uma reação em que ligações covalentes são quebradas avança com uma variação de energia livre positiva (Fig. 6.2), ainda assim haverá uma energia livre de ativação. Isso é, se os produtos têm maior energia livre do que os reagentes, a energia livre de ativação será ainda maior. ($\Delta G^{\ddagger}$ será maior do que $\Delta G°$.) Em outras palavras, na reação **barreira acima** (endergônica), uma barreira de energia ainda maior se localiza entre os reagentes em um vale e os produtos em um vale mais alto.

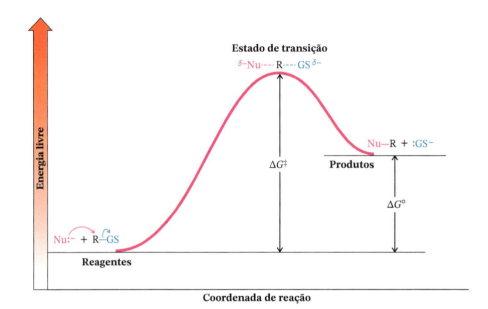

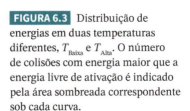

FIGURA 6.2 Um diagrama de energia livre para uma reação S_N2 endergônica hipotética (ou seja, que ocorre com $\Delta G°$ positivo, absorvendo energia das vizinhanças).

6.7A Temperatura e Velocidade de Reação

A maioria das reações químicas ocorre bem mais rapidamente em altas temperaturas. O aumento na velocidade das reações S_N2 se deve ao fato de que, em temperaturas mais altas, o número de colisões entre reagentes com energia suficiente para superar a energia de ativação ($\Delta G^{\ddagger}$) aumenta significativamente (veja a Fig. 6.3).

- Um aumento de 10 °C na temperatura fará com que a velocidade da reação duplique para muitas reações que ocorrem próximo à temperatura ambiente.

Esse aumento drástico na velocidade da reação se deve ao grande aumento do número de colisões entre os reagentes que, juntos, têm energia suficiente para transpor a barreira de energia em temperaturas mais altas. As energias cinéticas das moléculas a uma determinada

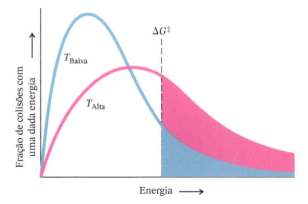

FIGURA 6.3 Distribuição de energias em duas temperaturas diferentes, T_{Baixa} e T_{Alta}. O número de colisões com energia maior que a energia livre de ativação é indicado pela área sombreada correspondente sob cada curva.

temperatura não são todas iguais. A Fig. 6.3 mostra a distribuição de energias envolvidas nas colisões em duas temperaturas (que não diferem muito) representadas por T_{Baixa} e T_{Alta}. Devido à maneira como as energias são distribuídas em diferentes temperaturas (como indicado pelas formas das curvas), um pequeno aumento da temperatura provoca um grande aumento no número de colisões com energias maiores. Na Fig. 6.3 assinalamos arbitrariamente uma energia livre de ativação mínima como a necessária para realizar uma reação entre as moléculas que estão colidindo.

Um diagrama de energia livre para uma reação do clorometano com o íon hidróxido é mostrado na **Fig. 6.4**. A 60 °C, $\Delta G^{\ddagger} = 103$ kJ mol^{-1}, o que significa que nessa temperatura a reação atingirá o final dentro de poucas horas.

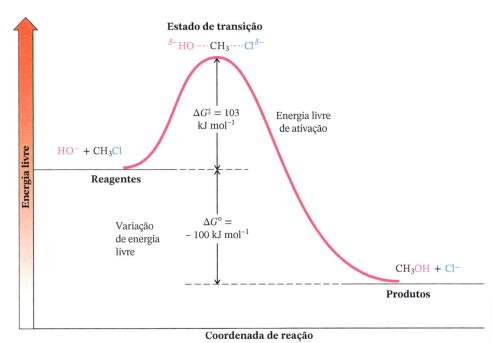

FIGURA 6.4 Diagrama de energia livre para a reação do clorometano com o íon hidróxido a 60 °C.

PROBLEMA DE REVISÃO 6.4

Represente um diagrama hipotético de energia livre para a reação S_N2 do ânion iodeto com o 1-clorobutano. Assinale o diagrama como na Fig. 6.4, admitindo que a reação é exergônica, porém sem especificar valores para $\Delta G^{\ddagger}$ e ΔG°.

6.8 Estereoquímica das Reações S_N2

A **estereoquímica** das reações S_N2 está diretamente relacionada com as principais características do mecanismo que aprendemos anteriormente:

- **O nucleófilo aproxima-se do carbono do substrato pelo lado diretamente oposto ao grupo de saída.** Em outras palavras, a ligação que está se formando com o nucleófilo é oposta (180°) à ligação que está se rompendo com o grupo de saída.
- O deslocamento nucleofílico do grupo de saída em uma reação S_N2 causa uma **inversão de configuração** no carbono do substrato.

Ilustramos o processo de inversão conforme é visto a seguir. Ele é muito semelhante à forma como um guarda-chuva é invertido sob um vento forte.

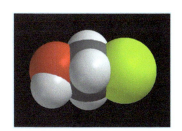

Estado de transição para uma reação S_N2

Com uma molécula como o clorometano, no entanto, não há como provar que o ataque por um nucleófilo envolveu inversão de configuração do átomo de carbono, pois uma forma do cloreto de metila é idêntica à sua forma invertida. Entretanto, com uma molécula que contém centros quirais, como o *cis*-1-cloro-3-metilciclopentano, podemos observar os resultados de uma inversão de configuração através da mudança que ocorre na estereoquímica. Quando o *cis*-1-cloro-3-metilciclopentano reage com o íon hidróxido em uma reação S_N2, o produto é o *trans*-3-metilciclopentanol. *O íon hidróxido acaba se ligando no lado oposto do plano do anel em relação ao cloro que foi substituído:*

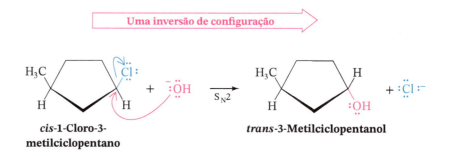

Provavelmente, o estado de transição para essa reação é semelhante àquele mostrado a seguir.

PROBLEMA RESOLVIDO 6.3

Dê a estrutura do produto que será formado quando o *trans*-1-bromo-3-metilciclobutano sofre uma reação S_N2 com o NaI.

Estratégia e Resposta

Inicialmente, escrevemos as fórmulas para os reagentes e identificamos o nucleófilo, o substrato e o grupo de saída. A seguir, sabendo que o nucleófilo irá atacar por trás o átomo de carbono do substrato que contém o grupo de saída, provocando uma inversão de configuração no carbono, escrevemos a estrutura do produto. Observe que os íons sódio são espectadores no processo.

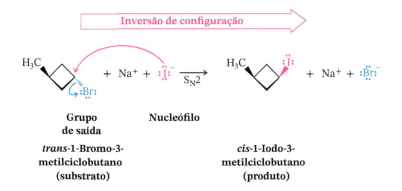

| trans-1-Bromo-3-metilciclobutano (substrato) | | cis-1-Iodo-3-metilciclobutano (produto) |

Utilizando estruturas conformacionais em cadeira (Seção 4.11), mostre a reação de substituição nucleofílica que ocorre quando o *trans*-1-bromo-4-*terc*-butilciclo-hexano reage com o íon iodeto. (Mostre a conformação mais estável do reagente e do produto.)

PROBLEMA DE REVISÃO 6.5

- **Reações S_N2 sempre ocorrem com inversão de configuração.**

Podemos observar também a inversão de configuração quando uma reação S_N2 ocorre em um centro quiral em uma molécula acíclica. A reação do (*R*)-(−)-2-bromo-octano com hidróxido de sódio fornece um exemplo. Podemos determinar se ocorre ou não inversão de configuração nessa reação porque as configurações e as rotações ópticas para ambos os enantiômeros do 2-bromo-octano e para o produto esperado, o 2-octanol, são conhecidas.

(*R*)-(−)-2-Bromo-octano
$[\alpha]_D^{25} = -34{,}25$

(*S*)-(+)-2-Bromo-octano
$[\alpha]_D^{25} = +34{,}25$

(*R*)-(−)-2-Octanol
$[\alpha]_D^{25} = -9{,}90$

(*S*)-(+)-2-Octanol
$[\alpha]_D^{25} = +9{,}90$

Quando a reação é realizada, descobrimos que o (*R*)-(−)-2-bromo-octano enantiomericamente puro ($[\alpha]_D^{25} = -34{,}25$) foi convertido em (*S*)-(+)-2-octanol enantiomericamente puro ($[\alpha]_D^{25} = +9{,}90$).

Um Mecanismo para a Reação

Estereoquímica de uma Reação S_N2

A reação do (*R*)-(−)-2-bromo-octano com íon hidróxido é uma reação S_N2, e ocorre com *inversão de configuração*:

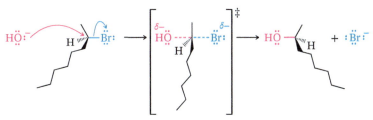

(*R*)-(−)-2-Bromo-octano
$[\alpha]_D^{25} = -34{,}25°$

(*S*)-(+)-2-Octanol
$[\alpha]_D^{25} = +9{,}90°$

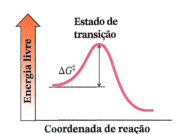

Uma reação S_N2 possui um estado de transição.

> **PROBLEMA DE REVISÃO 6.6** As reações S_N2 que envolvem substituição em um centro quiral podem ser utilizadas para relacionar as configurações entre moléculas, porque sabemos que a reação S_N2 ocorrerá com inversão,
>
> **(a)** Ilustre como isso é verdade atribuindo configurações *R,S* aos enantiômeros do 2-clorobutano baseado nos seguintes dados. [A configuração do (−)-2-butanol é dada na Seção 5.8C.]
>
> $$(+)\text{-2-Clorobutano} \xrightarrow[S_N2]{HO^-} (-)\text{-2-Butanol}$$
>
> $[\alpha]_D^{25} = +36,00$ $[\alpha]_D^{25} = -13,52$
>
> **(Enantiomericamente puro)**   **(Enantiomericamente puro)**
>
> **(b)** Quando o (+)-2-clorobutano enantiomericamente puro é deixado reagir com o iodeto de potássio em acetona em uma reação S_N2, o 2-iodobutano que é produzido tem uma rotação negativa. Qual é a configuração do (−)-2-iodobutano? E do (+)-2-iodobutano?

6.9 Reação do Cloreto de *Terc*-Butila com a Água: Uma Reação S_N1

Vamos considerar outro mecanismo para a substituição nucleofílica: a reação S_N1. Quando Hughes (Seção 6.6) e colaboradores estudaram a reação do cloreto de *terc*-butila com água, eles encontraram que a cinética que levava à formação do álcool *terc*-butílico era bastante diferente das outras reações de substituição que eles haviam estudado.

$$(CH_3)_3C\text{-Cl} + H_2O \longrightarrow (CH_3)_3C\text{-OH} + HCl$$

Cloreto de *terc*-butila   **Álcool *terc*-butílico**

Hughes encontrou que a velocidade de substituição do cloreto de *terc*-butila era a mesma, não importando se a reação era conduzida em pH 7 (em que a concentração de íons hidróxido é 10^{-7} M e o nucleófilo predominante é a água) ou em hidróxido 0,05 M (onde o hidróxido, um nucleófilo mais poderoso, está presente em quantidade aproximadamente 500.000 vezes maior). Esses resultados sugerem que nem a água nem o íon hidróxido estão envolvidos na etapa determinante da reação. Em vez disso, a velocidade de substituição é dependente apenas da concentração do cloreto de *terc*-butila. Assim, a reação é de primeira ordem em relação ao cloreto de *terc*-butila e de primeira ordem global.

$$\text{Velocidade} = k[(CH_3)_3CCl]$$

> **A velocidade de reação é de primeira ordem em relação ao cloreto de *terc*-butila e de primeira ordem global.**

Além disso, esses resultados indicam que o estado de transição que controla a velocidade da reação envolve apenas moléculas de cloreto de *terc*-butila, e não de água ou de íons hidróxido. Diz-se que essa reação é **unimolecular** (de primeira ordem) na etapa determinante da velocidade. Chamamos esse tipo de reação de uma **reação S_N1** (**substituição nucleofílica unimolecular**). No Capítulo 7, veremos que as reações de eliminação podem competir com as reações S_N1, levando à formação de alquenos, mas no caso das condições usadas anteriormente com o cloreto de *terc*-butila (temperatura moderada e base diluída), o processo S_N1 é o dominante.

Como podemos explicar uma reação S_N1 em termos de um mecanismo? Para fazer isso, precisaremos considerar a possibilidade de o mecanismo envolver mais de uma etapa. Mas que tipo de resultados cinéticos devemos esperar de uma reação em várias etapas? Vamos considerar esse ponto mais a fundo.

6.9A Reações em Várias Etapas e Etapa Determinante da Velocidade

- Se uma reação ocorre em uma série de etapas, e se uma etapa é intrinsecamente mais lenta do que todas as outras, então a velocidade da reação global será basicamente a mesma velocidade dessa etapa mais lenta. Essa etapa lenta, consequentemente, é chamada de **etapa limitante da velocidade** ou **etapa determinante da velocidade**.

Considere uma reação em várias etapas como a seguinte:

$$\text{Reagente} \xrightarrow[\text{(lenta)}]{k_1} \text{intermediário 1} \xrightarrow[\text{(rápida)}]{k_2} \text{intermediário 2} \xrightarrow[\text{(rápida)}]{k_3} \text{produto}$$

Etapa 1   **Etapa 2**   **Etapa 3**

Quando dizemos que a primeira etapa neste exemplo é intrinsecamente lenta, queremos dizer que a constante de velocidade para a etapa 1 é muito menor do que a constante de velocidade para a etapa 2 ou para a etapa 3. Ou seja, $k_1 \ll k_2$ ou k_3. Quando dizemos que as etapas 2 e 3 são *rápidas*, queremos dizer que, devido às suas constantes de velocidade serem grandes, elas poderiam (em tese) ocorrer rapidamente se as concentrações dos dois intermediários em algum momento se tornassem altas. Na realidade, as concentrações dos intermediários são sempre muito pequenas por causa da lentidão da etapa 1.

Como analogia, imagine uma ampulheta modificada da maneira mostrada na Fig. 6.5. A abertura entre a câmara superior e a que está exatamente abaixo é consideravelmente menor do que as outras duas. A velocidade total na qual a areia desce da câmara superior para a câmara mais baixa da ampulheta é limitada pela velocidade com que a areia passa através do pequeno orifício. Essa etapa, na passagem da areia, é análoga à etapa determinante da velocidade de reação em várias etapas.

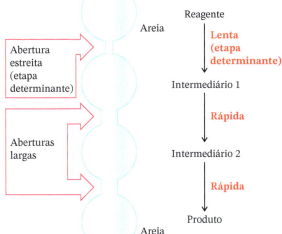

FIGURA 6.5 Uma ampulheta modificada serve como uma analogia para uma reação em várias etapas. A velocidade global é limitada pela velocidade da etapa lenta.

6.10 Mecanismo para a Reação S_N1

O mecanismo para a reação de cloreto de *terc*-butila com água (Seção 6.9) pode ser descrito em três etapas. Veja o boxe "Mecanismo para a Reação S_N1" mais à frente, com um diagrama esquemático de energia livre destacado para cada etapa. Formam-se dois **intermediários** distintos. A primeira etapa é a etapa lenta – a etapa determinante da velocidade. Nela, uma molécula de cloreto de *terc*-butila ioniza-se e torna-se o cátion *terc*-butila e um íon cloreto. No estado de transição para essa etapa, a ligação carbono–cloro do cloreto de *terc*-butila é muito quebrada e os íons começam a se formar:

$$\left[\begin{array}{c} CH_3 \\ | \\ CH_3-C^{\delta+}\text{-----}Cl^{\delta-} \\ | \\ CH_3 \end{array} \right]^{\ddagger}$$

O solvente (água) estabiliza esses íons em formação através da solvatação. A formação do carbocátion, em geral, ocorre lentamente porque ela normalmente é um processo altamente endotérmico e ocorre com aumento de energia livre.

A primeira etapa requer a quebra heterolítica da ligação carbono–cloro. Uma vez que nenhuma outra ligação é formada nessa etapa, ela deve ser altamente endotérmica e deve ter uma energia livre de ativação elevada, como vemos no diagrama de energia livre. **A saída do haleto realmente ocorre devido, principalmente, à capacidade ionizante do solvente, a água**. Os experimentos indicam que em fase gasosa (ou seja, na ausência de um solvente), a energia livre de ativação é aproximadamente 630 kJ mol^{-1}! Entretanto, em solução aquosa, a energia livre de ativação é muito menor – aproximadamente 84 kJ mol⁻¹. **As moléculas de água rodeiam e estabilizam o cátion e o ânion que são produzidos** (veja a Seção 2.13D).

Na segunda etapa, o intermediário, o cátion *terc*-butila, reage rapidamente com a água para produzir um íon *terc*-butiloxônio, (CH₃)₃COH₂⁺, que, na terceira etapa, transfere rapidamente um próton para uma molécula de água, produzindo o álcool *terc*-butílico.

Um Mecanismo para a Reação

Mecanismo para a Reação S$_N$1

Reação

$$CH_3-C(CH_3)_2-Cl + 2\,H_2O \longrightarrow CH_3-C(CH_3)_2-OH + H_3O^+ + Cl^-$$

Mecanismo

Etapa 1

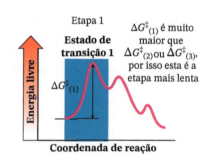

Auxiliado pelo solvente polar, um átomo de cloro sai com o par de elétrons que o ligava ao carbono.

Esta etapa lenta produz o 3º carbocátion intermediário e um íon cloreto. Embora não esteja mostrado aqui, os íons estão solvatados (e estabilizados) por moléculas de água.

Etapa 1 — Estado de transição 1. $\Delta G^{\ddagger}_{(1)}$ é muito maior que $\Delta G^{\ddagger}_{(2)}$ ou $\Delta G^{\ddagger}_{(3)}$, por isso esta é a etapa mais lenta.

Etapa 2

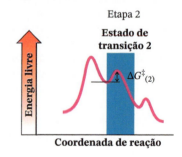

Uma molécula de água que atua como uma base de Lewis doa um par de elétrons para o carbocátion (um ácido de Lewis). Isso faz com que o carbono catiônico tenha oito elétrons.

O produto é o íon *terc*-butiloxônio (ou álcool *terc*-butílico protonado).

Etapa 2 — Estado de transição 2. $\Delta G^{\ddagger}_{(2)}$

Etapa 3

Uma molécula de água que atua como uma base de Brønsted aceita um próton proveniente do íon *terc*-butiloxônio.

Os produtos são álcool *terc*-butílico e um íon hidrônio.

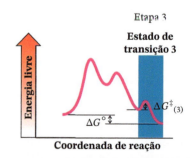

Etapa 3 — Estado de transição 3. $\Delta G^{\ddagger}_{(3)}$, ΔG°

6.11 Carbocátions

No começo da década de 1920, muitas evidências começaram a se acumular envolvendo cátions alquila simples como intermediários em uma variedade de reações iônicas. Entretanto, uma vez que os cátions alquila são altamente instáveis e altamente reativos, eles eram, em todos os casos estudados antes de 1962, espécies transientes de vida muito curta que não podiam ser observados diretamente. Entretanto, em 1962, George A. Olah *et al.* publicaram o primeiro de uma série de artigos descrevendo experimentos nos quais os cátions alquila foram preparados em um ambiente no qual eles eram razoavelmente estáveis e no qual podiam ser observados por várias técnicas espectroscópicas.

PRÊMIO NOBEL

George A. Olah foi laureado com o Prêmio Nobel de Química de 1994.

6.11A Estrutura dos Carbocátions

- Carbocátions são planos triangulares.

A estrutura plana triangular dos carbocátions (**Fig. 6.6**) pode ser explicada com base na hibridização sp^2 da mesma forma como no caso da estrutura plana triangular do BF_3 (Seção 1.16D).

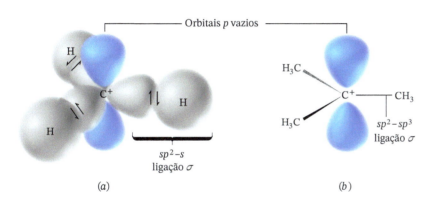

FIGURA 6.6 (*a*) Uma estrutura estilizada de orbitais do cátion metila. As ligações são ligações sigma (σ) formadas pela superposição dos três orbitais sp^2 do átomo de carbono com os orbitais $1s$ dos átomos de hidrogênio. O orbital p está vazio. (*b*) Uma representação por meio de linhas sólidas e tracejadas do cátion *terc*-butila. As ligações entre os átomos de carbono são formadas pela sobreposição dos orbitais sp^3 dos grupos metila com os orbitais sp^2 do átomo de carbono central.

- O átomo de carbono central em um carbocátion é deficiente em elétrons; ele tem apenas seis elétrons na sua camada de valência.

No nosso modelo (Fig. 6.6), esses seis elétrons são usados para formar três ligações covalentes sigma (σ) com átomos de hidrogênio ou com grupos alquila.

- O orbital p de um carbocátion não contém elétrons, mas pode aceitar um par de elétrons quando o carbocátion sofre uma reação posterior.

Nem todos os tipos de carbocátion têm a mesma estabilidade relativa, como veremos na próxima seção.

6.11B Estabilidades Relativas dos Carbocátions

As estabilidades relativas dos carbocátions estão relacionadas com o número de grupos alquila ligados ao átomo de carbono trivalente carregado positivamente.

DICA ÚTIL

O conhecimento da estrutura dos carbocátions e de suas estabilidades relativas ajudará você a entender uma variedade de reações.

- Os carbocátions terciários são os mais estáveis e o carbocátion metila é o menos estável.
- A ordem global de estabilidade é a seguinte:

3° (mais estável) > 2° > 1° > Metila (menos estável)

Essa ordem de estabilidade dos carbocátions pode ser explicada com base na hiperconjugação.

- A **hiperconjugação** envolve a deslocalização de elétrons (via sobreposição parcial de orbitais) de um orbital ligante preenchido para um orbital não preenchido adjacente (Seção 4.8).

No caso de um carbocátion, o orbital não preenchido é o orbital p vazio do carbocátion e os orbitais preenchidos são as ligações sigma C—H ou C—C nos carbonos *adjacentes* ao orbital p do carbocátion. O compartilhamento da densidade eletrônica das ligações sigma adjacentes C—H ou C—C com o orbital p do carbocátion deslocaliza a carga positiva.

- Sempre que uma carga puder ser dispersa ou deslocalizada por hiperconjugação, efeitos indutivos ou de ressonância, um sistema será estabilizado.

A **Fig. 6.7** mostra uma representação estilizada da hiperconjugação entre um orbital ligante sigma e um orbital p do carbocátion adjacente.

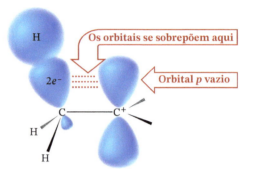

FIGURA 6.7 Forma pela qual uma ligação sigma adjacente ajuda a estabilizar a carga positiva de um carbocátion. A densidade eletrônica de uma das ligações sigma carbono–hidrogênio do grupo metila flui para o orbital p vazio do carbocátion, porque os orbitais podem se sobrepor parcialmente. O deslocamento da densidade eletrônica dessa forma torna o carbono com hibridização sp^2 do carbocátion um pouco menos positivo, e os hidrogênios do grupo metila ficam com parte da carga positiva. A deslocalização (dispersão) da carga dessa maneira leva a uma maior estabilidade. Essa interação de um orbital de ligação com um orbital p é chamada de hiperconjugação.

Os carbocátions terciários têm três carbonos com ligações C—H (ou, dependendo do exemplo específico, ligações C—C em vez de C—H) adjacentes ao carbocátion que podem ser parcialmente sobrepostas ao orbital p vazio. Os carbocátions secundários têm apenas dois carbonos adjacentes com ligações C—H ou C—C para se sobrepor com o carbocátion; consequentemente, a possibilidade de hiperconjugação é menor e o carbocátion secundário é menos estável. Os carbocátions primários têm apenas um carbono adjacente a partir do qual ocorre a estabilização por hiperconjugação, e desse modo eles são ainda menos estáveis. Um carbocátion metila não tem nenhuma possibilidade de hiperconjugação e ele é o menos estável de todos nessa série. As setas nas ligações verdes dos exemplos vistos a seguir mostram a direção da densidade eletrônica promovida pela hiperconjugação.

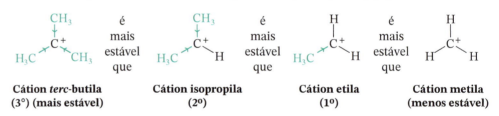

Resumindo.

- **A estabilidade relativa dos carbocátions é 3° > 2° > 1° > metila.**

Essa tendência também é facilmente vista nos mapas de potencial eletrostático para esses carbocátions (**Fig. 6.8**).

FIGURA 6.8 Mapas de potencial eletrostático para os carbocátions (*a*) *terc*-butila (3°), (*b*) isopropila (2°), (*c*) etila (1°) e (*d*) metila, mostrando a tendência da maior para a menor deslocalização (estabilização) da carga positiva nessas estruturas. Uma cor azul menos intensa indica maior deslocalização da carga positiva. (As estruturas estão mapeadas na mesma escala de potencial eletrostático para permitir a comparação direta.)

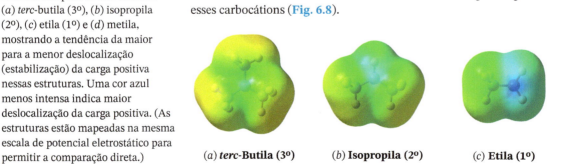

Ordene os carbocátions vistos a seguir por estabilidade crescente:

PROBLEMA RESOLVIDO 6.4

A   B   C

Estratégia e Resposta

A estrutura **A** é um carbocátion primário, **B** é terciário e **C** é secundário. Portanto, por ordem de estabilidade crescente, **A** < **C** < **B**.

Ordene os carbocátions a seguir por estabilidade crescente:

PROBLEMA DE REVISÃO 6.7

(a)   (b) 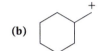   (c)

6.12 Estereoquímica das Reações S$_N$1

Uma vez que o carbocátion formado na primeira etapa de uma reação S$_N$1 tem uma estrutura plana triangular (Seção 6.11A), quando ele reage com um nucleófilo pode reagir pelo lado da frente ou pelo lado de trás (veja adiante). Com o cátion *terc*-butila isso não faz diferença porque, nesse caso, o mesmo produto é formado qualquer que seja o lado do carbocátion que sofre o ataque. (O produto é aquiral.) Convença-se desse resultado examinando modelos.

Quando a reação com um carbocátion leva a um novo centro quiral, no entanto, produtos estereoisoméricos são formados. Estudaremos esse ponto a seguir.

6.12A Reações que Envolvem Racemização

- Diz-se que uma reação que transforma um composto opticamente ativo em uma mistura racêmica ocorre com **racemização**.

Se o composto original perde toda a sua atividade óptica no curso da reação, os químicos descrevem a reação como tendo ocorrido com racemização *completa*. Se o composto original perde apenas parte da sua atividade óptica, como seria o caso se um enantiômero fosse apenas parcialmente convertido em uma mistura racêmica, então os químicos descrevem a reação com racemização *parcial*.

- A racemização é possível sempre que uma reação faz com que moléculas quirais sejam convertidas em um intermediário aquiral.

Por exemplo, o aquecimento do (*S*)-3-bromo-3-metil-hexano opticamente ativo com acetona aquosa resulta na formação do 3-metil-3-hexanol na forma de uma mistura com 50% (*R*) e 50% (*S*). A razão: a reação S$_N$1 ocorre através da formação de um carbocátion intermediário, e esse carbocátion, por causa de sua configuração triangular, *é aquiral*. Ele reage com a água com velocidades iguais tanto de um lado como do outro para formar os enantiômeros do 3-metil-3-hexanol em quantidades iguais.

Um Mecanismo para a Reação

Estereoquímica de uma Reação S_N1

Reação

(S)-3-Bromo-3-metil-hexano (opticamente ativo) $\xrightarrow[\text{acetona}]{H_2O}$ (S)-3-Metil-3-hexanol 50% + (R)-3-Metil-3-hexanol 50% + HBr

(opticamente inativo, uma forma racêmica)

Mecanismo

Etapa 1

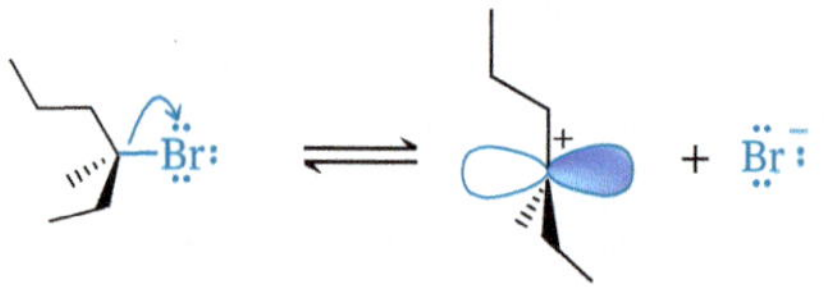

A partida do grupo de saída (auxiliada pela ligação de hidrogênio com a água) leva ao carbocátion.

Etapa 2

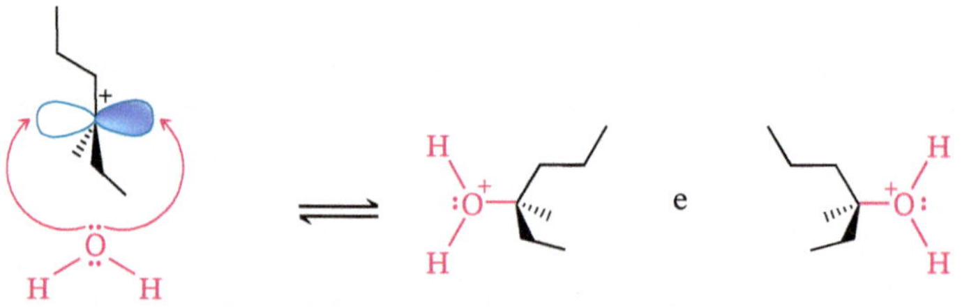

Ataque por qualquer um dos lados: O carbocátion é um intermediário aquiral. Como ambas as faces do carbocátion são as mesmas, o nucleófilo pode ligar-se a qualquer uma das faces para formar uma mistura de estereoisômeros.

O resultado é uma mistura racêmica de álcoois protonados.

Etapa 3

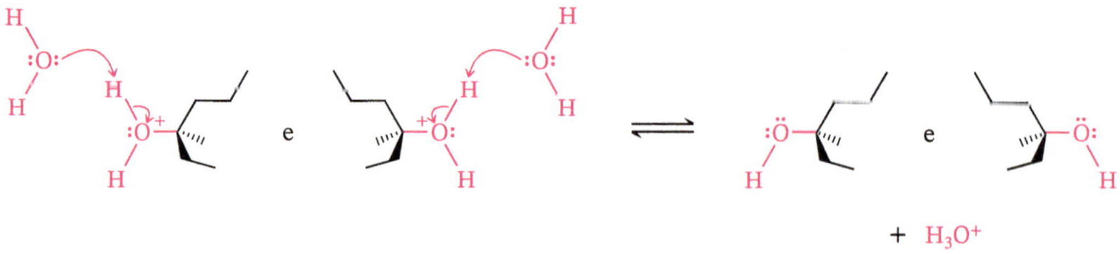

Moléculas adicionais do solvente (água) desprotonam o íon alquiloxônio.

O produto é uma mistura racêmica.

+ H_3O^+

A reação S_N1 do (S)-3-bromo-3-metil-hexano progride com racemização porque o carbocátion intermediário é aquiral e o ataque pelo nucleófilo pode ocorrer em qualquer lado.

PROBLEMA DE REVISÃO 6.8

Tendo em mente que os carbocátions têm estrutura plana triangular, **(a)** escreva a estrutura para o carbocátion intermediário e **(b)** escreva as estruturas para o álcool (ou álcoois) que você esperaria a partir da reação de iodociclo-hexano em água:

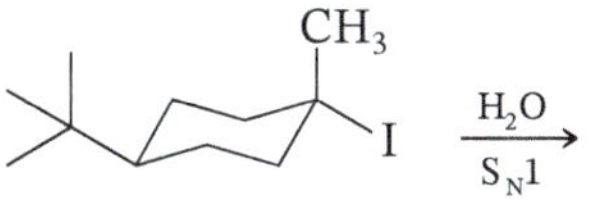

6.12B Solvólise

- Uma **reação de solvólise** é uma substituição nucleofílica na qual *o nucleófilo é uma molécula do solvente* (*solvente* + *lise*: quebra pelo solvente). A reação S_N1 de um haleto de alquila com a água é um exemplo de **solvólise**.

Se o solvente é a água, podemos também chamar a reação de uma **hidrólise**. Se a reação ocorresse em metanol, a chamaríamos de **metanólise**.

Exemplos de Solvólise

$(CH_3)_3C—Br + H_2O \longrightarrow (CH_3)_3C—OH + HBr$

$(CH_3)_3C—Cl + CH_3OH \longrightarrow (CH_3)_3C—OCH_3 + HCl$

PROBLEMA RESOLVIDO 6.5

Que produto(s) você espera a partir da seguinte solvólise?

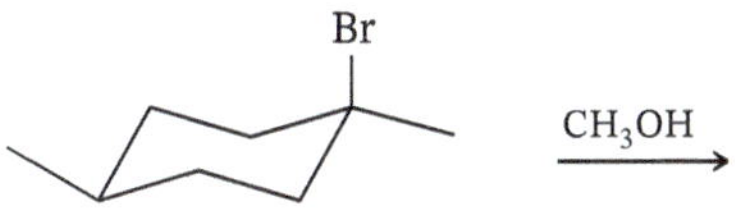

Estratégia e Resposta

Observamos que o brometo de ciclo-hexenila é terciário, devendo, portanto, perder um íon brometo em metanol para formar um carbocátion terciário. Como o carbocátion é plano triangular no carbono positivo, ele pode reagir com uma molécula do solvente (metanol), formando dois produtos. Neste caso, os produtos são diastereômeros cis e trans devido ao grupo metila na outra extremidade do anel.

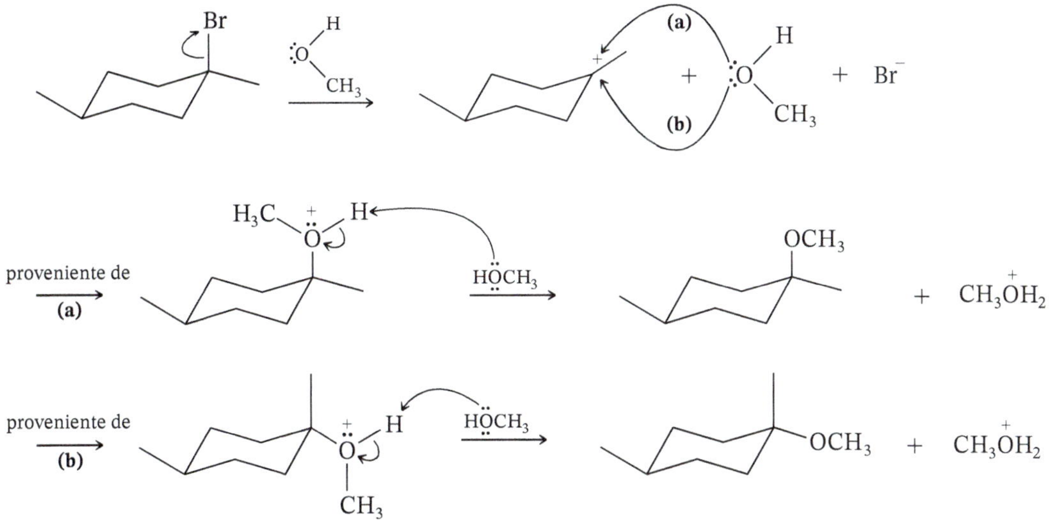

(Os produtos são uma mistura de diastereômeros cis e trans)

PROBLEMA DE REVISÃO 6.9 Que produto(s) você espera da metanólise do derivado do iodociclo-hexano dado como reagente no Problema de Revisão 6.8?

6.13 Fatores que Afetam as Velocidades das Reações S_N1 e S_N2

Agora que temos um entendimento dos mecanismos das reações S_N1 e S_N2, nosso próximo objetivo é explicar por que o clorometano reage através de um mecanismo S_N2 e o cloreto de *terc*-butila através de um mecanismo S_N1. Gostaríamos também de ser capazes de prever qual mecanismo – S_N1 ou S_N2 – seria seguido pela reação de qualquer haleto de alquila com um dado nucleófilo sob condições variadas.

A resposta para esse tipo de pergunta será encontrada nas *velocidades relativas das reações que ocorrem*. Se um determinado haleto de alquila e um nucleófilo reagem *rapidamente* por um mecanismo S_N2, mas *lentamente* por um mecanismo S_N1 sob um determinado conjunto de condições, então um mecanismo S_N2 será seguido pela maioria das moléculas. Por outro lado, se outro haleto de alquila e outro nucleófilo podem reagir muito lentamente (ou até mesmo não reagir) por um mecanismo S_N2, e se eles reagem rapidamente por um mecanismo S_N1, então os reagentes seguirão um mecanismo S_N1.

- Vários fatores afetam as velocidades relativas de reações S_N1 e S_N2. Os mais importantes são:

   1. A estrutura do substrato
   2. A concentração e a reatividade do nucleófilo (para reações S_N2 apenas)
   3. O efeito do solvente
   4. A natureza do grupo de saída

6.13A Efeito da Estrutura do Substrato

Reações S_N2 Os haletos de alquila simples mostram a seguinte ordem geral de reatividade em reações S_N2:

Metila > primário > secundário ≫ (terciário – não reativo)

Os haletos de metila reagem mais rapidamente e os haletos terciários reagem tão lentamente a ponto de serem considerados não reativos através do mecanismo S_N2. A **Fig. 6.9** mostra alguns exemplos de estruturas e suas velocidades relativas de reações S_N2.

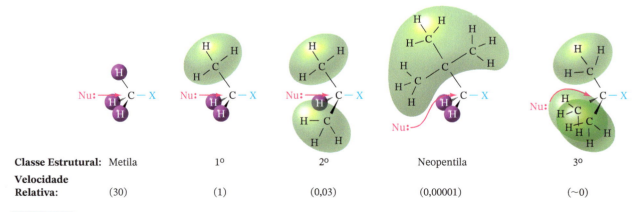

FIGURA 6.9 Efeitos estéricos e velocidades relativas na reação S_N2.

O fator importante por trás dessa ordem de reatividade é um efeito estérico e, especificamente, um impedimento estérico.

- Um **impedimento estérico** ocorre quando o arranjo espacial dos átomos ou grupos no sítio reagente, ou próximo dele, em uma molécula impede ou retarda uma reação.

Para que partículas (moléculas e íons) reajam, seus centros reativos têm de ser capazes de se aproximar entre si de uma distância de ligação. Apesar de a maioria das moléculas ser razoavelmente flexível, grupos muito grandes e volumosos podem frequentemente dificultar a formação do estado de transição necessário. Em alguns casos eles podem impedir completamente a sua formação.

Uma reação S_N2 requer uma aproximação do nucleófilo até uma distância na faixa da distância de ligação do átomo de carbono que contém o grupo de saída. Por isso, substituintes volumosos naquele átomo de carbono *ou próximo* a ele têm um efeito inibidor drástico (Fig. 6.9). Esses grupos volumosos fazem com que a energia livre de um estado de transição S_N2 seja aumentada e, consequentemente, eles aumentam a energia livre de ativação para a reação, e a velocidade de reação é mais lenta. Dos haletos de alquila simples, os haletos de metila reagem mais rapidamente nas reações S_N2 porque apenas três átomos pequenos de hidrogênio interferem com a aproximação do nucleófilo. Os haletos de neopentila (embora eles sejam primários) e terciários são os menos reativos, uma vez que os grupos volumosos apresentam um forte impedimento à aproximação do nucleófilo. Os substratos terciários, para todos os propósitos práticos, não reagem através de um mecanismo S_N2.

> **DICA ÚTIL**
>
> Você pode avaliar melhor os efeitos estéricos nessas estruturas usando modelos moleculares.

Um haleto de neopentila

PROBLEMA RESOLVIDO 6.6

Distribua os brometos de alquila vistos a seguir em ordem decrescente de reatividade (do mais rápido para o mais lento) como um substrato em uma reação S_N2.

A   B   C   D

Estratégia e Resposta

Examinamos o carbono que contém o grupo de saída em cada caso para analisar o impedimento estérico em uma reação S_N2 naquele carbono. Em **C**, ele é 3°; portanto, três grupos impedem a aproximação de um nucleófilo e, assim, esse brometo de alquila deve ser o mais lento para reagir. Em **D**, o carbono que contém o grupo de saída é 2° (dois grupos impedem a aproximação do nucleófilo), enquanto em **A** e **B** ele é 1° (um grupo impede a aproximação do nucleófilo). Assim, **D** deve reagir mais rapidamente que **C**, porém mais lentamente que **A** ou **B**. Mas o que dizer de **A** e **B**? Eles são, ambos, brometos de alquila 1°, mas **B** tem um grupo metila no carbono adjacente ao carbono que contém o bromo, que não está presente em **A**, esse grupo provoca um impedimento à aproximação do nucleófilo. Portanto, a ordem de reatividade é **A > B > D ≫ C**.

Reações S_N1

- O fator primário que determina a reatividade dos substratos orgânicos em uma reação S_N1 é a estabilidade relativa do carbocátion que é formado.

Dos haletos de alquila simples que estudamos até aqui, isso significa (para todos os propósitos práticos) que apenas os haletos terciários reagem através de um mecanismo S_N1. (Mais adiante veremos que determinados haletos orgânicos, chamados de *haletos alílicos* e *haletos benzílicos*, podem reagir também através de um mecanismo S_N1 porque eles podem formar carbocátions relativamente estáveis; veja as Seções 13.4 e 15.15.)

Os carbocátions terciários são estabilizados porque as ligações sigma nos três carbonos adjacentes contribuem com densidade eletrônica para o orbital *p* do carbocátion através de hiperconjugação (Seção 6.11B). Os carbocátions secundários e primários têm menos estabilização através da hiperconjugação. Um carbocátion metila não tem estabilização. A formação de um carbocátion relativamente estável é importante em uma reação S_N1 porque significa que a energia livre de ativação para a etapa lenta da reação (por exemplo, R—L $\longrightarrow$ R$^+$ + L$^-$) será baixa o suficiente para que a reação ocorra com uma velocidade razoável.

PROBLEMA DE REVISÃO 6.10 Qual dos seguintes haletos de alquila é o que mais provavelmente sofre substituição através de um mecanismo S_N1?

(a)   (b)   (c)

Postulado de Hammond–Leffler Se você revisar os diagramas de energia livre que acompanham o mecanismo para a reação S_N1 entre o cloreto de *terc*-butila e a água (Seção 6.10), verá que a etapa 1, a ionização do grupo de saída para formar o carbocátion, tem de *subir uma barreira de energia livre* ($\Delta G°$ para essa etapa é positivo). Ela também tem de subir uma barreira em termos de entalpia ($\Delta H°$ também é positivo) e, consequentemente, essa etapa é *endotérmica*.

- De acordo com o **postulado de Hammond–Leffler**, **a estrutura do estado de transição para uma etapa que tem de subir uma barreira de energia deve mostrar uma forte semelhança com a estrutura do produto daquela etapa.**

Uma vez que o produto dessa etapa (na realidade um intermediário na reação como um todo) é um carbocátion, qualquer fator que estabilize o carbocátion – como a dispersão da carga positiva por grupos que liberam elétrons – deve estabilizar também o estado de transição no qual a carga positiva está se formando.

Ionização do Grupo de Saída

$$CH_3-\underset{\underset{CH_3}{|}}{\overset{\overset{CH_3}{|}}{C}}-Cl \xrightarrow{H_2O} \left[CH_3-\underset{\underset{CH_3}{|}}{\overset{\overset{CH_3}{|}}{C}}{}^{\delta+}\text{----}Cl^{\delta-} \right]^{\ddagger} \xrightarrow{H_2O} CH_3-\underset{\underset{CH_3}{|}}{\overset{\overset{CH_3}{|}}{C}}{}^+ + Cl^-$$

Reagente   **Estado de transição**   **Produto da etapa**

Se assemelha ao produto da etapa porque $\Delta G°$ é positivo   *Estabilizado por três grupos que liberam elétrons*

Um haleto de metila ou um haleto de alquila primário ou secundário teria que se ionizar para formar um carbocátion metila, um carbocátion primário ou um carbocátion secundário para reagir através de um mecanismo S_N1. Esses carbocátions, no entanto, têm muito mais energia do que um carbocátion terciário, e os estados de transição que levam a esses carbocátions têm ainda mais energia.

- A energia de ativação para uma reação S_N1 de um haleto de metila, um haleto primário ou um haleto secundário simples é tão grande (por essa razão a reação é tão lenta) que, para todos os propósitos práticos, uma reação S_N1 não compete com a

reação S_N2 correspondente para um haleto de metila, um haleto primário ou um haleto secundário.
- Uma maneira de enunciar o **postulado de Hammond-Leffler** é que a estrutura de um estado de transição assemelha-se à espécie estável que tem a energia livre mais próxima à dele.

Em uma **etapa altamente endergônica** (usando a curva azul na Fig. 6.10 como um exemplo geral), o estado de transição se situa próximo aos produtos em termos de energia livre e supomos, portanto, que a sua estrutura **se assemelha aos produtos**. Reciprocamente, em uma **etapa altamente exergônica** (curva vermelha) o estado de transição localiza-se próximo aos reagentes em termos de energia livre, e supomos que a sua estrutura **se assemelha aos reagentes**. O grande valor do postulado de Hammond–Leffler é que ele nos fornece uma maneira intuitiva de visualizar aquelas espécies importantes, mas transitórias, que chamamos de estados de transição.

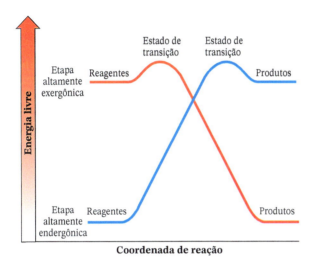

FIGURA 6.10 O estado de transição para uma etapa altamente exergônica (curva vermelha) fica próximo e se assemelha aos reagentes. O estado de transição para uma etapa endergônica (curva azul) fica próximo e se assemelha aos produtos de uma reação.
(Reimpressa com permissão de McGraw-Hill Companies, de Pryor, W., *Free Radicals*, p. 156, Copyright 1966.)

PROBLEMA DE REVISÃO 6.11

As velocidades relativas da etanólise (solvólise em etanol) de quatro haletos de alquila primários são as seguintes: CH_3CH_2Br, 1,0; $CH_3CH_2CH_2Br$, 0,28; $(CH_3)_2CHCH_2Br$, 0,030; $(CH_3)_3CCH_2Br$, 0,00000042.
(a) Cada uma dessas reações é mais provável que seja S_N1 ou S_N2?
(b) Forneça uma explicação para as reatividades relativas que são observadas.

6.13B Efeito da Concentração e da Força do Nucleófilo

- A velocidade de uma reação S_N1 não é afetada pela concentração ou pela natureza do nucleófilo porque o nucleófilo não participa da etapa determinante da velocidade de uma reação S_N1.
- A velocidade de uma reação S_N2 depende *tanto* da concentração *quanto* da natureza do nucleófilo atacante.

Vimos na Seção 6.5 como o aumento da concentração do nucleófilo aumenta a velocidade de uma reação S_N2. Podemos examinar agora como a velocidade de uma reação S_N2 depende da natureza do nucleófilo.

- A força relativa de um nucleófilo (sua **nucleofilicidade**) é medida em termos da velocidade relativa da sua reação S_N2 com um determinado substrato.

Um bom nucleófilo é aquele que reage rapidamente em uma reação S_N2 com um determinado substrato. Um mau nucleófilo é aquele que reage lentamente em uma reação S_N2 com o mesmo substrato sob condições de reação comparáveis. (Como mencionado anteriormente, não podemos comparar as nucleofilicidades com relação às reações S_N1 porque o nucleófilo não participa da etapa determinante da velocidade de uma reação S_N1.)

O ânion metóxido, por exemplo, é um bom nucleófilo para uma reação de substituição com o iodometano. Ele reage rapidamente através de um mecanismo S_N2 para formar o dimetil éter:

$$CH_3O^- + CH_3I \xrightarrow{\text{rápida}} CH_3OCH_3 + I^-$$

Por outro lado, o metanol é um mau nucleófilo para uma reação com o iodometano. Sob condições comparáveis, ele reage muito lentamente. Ele não é uma base de Lewis suficientemente poderosa (ou seja, um nucleófilo) para provocar o deslocamento do grupo de saída iodeto com uma velocidade significativa:

$$CH_3OH + CH_3I \xrightarrow{\text{muito lenta}} CH_3\overset{+}{\underset{H}{O}}CH_3 + I^-$$

- As forças relativas dos nucleófilos podem ser relacionadas com três características estruturais:

    1. **Um nucleófilo carregado negativamente é sempre mais reativo do que o seu ácido conjugado.** Assim, HO^- é um nucleófilo melhor do que H_2O e RO^- é melhor do que ROH.
    2. **Na comparação de nucleófilos nos quais o átomo nucleofílico é do mesmo elemento, as nucleofilicidades assemelham-se às basicidades.** Os compostos de oxigênio, por exemplo, mostram a seguinte ordem de reatividade:

        $$RO^- > HO^- \gg RCO_2^- > ROH > H_2O$$

        Essa também é a ordem de suas basicidades. Um íon alcóxido (RO^-) é uma base ligeiramente mais forte do que um íon hidróxido (HO^-), um íon hidróxido é uma base muito mais forte do que um íon carboxilato (RCO_2^-), e assim por diante.
    3. **Na comparação de átomos nucleofílicos que são de elementos diferentes, as nucleofilicidades podem não se assemelhar às basicidades.** Por exemplo, em solventes próticos, HS^-, $N\equiv C^-$ e I^- são todos bases mais fracas do que HO^-, ainda que eles sejam **nucleófilos mais fortes** do que o HO^-.

        $$HS^- > N\equiv C^- > I^- > HO^-$$

Nucleofilicidade *versus* Basicidade Embora nucleofilicidade e basicidade estejam relacionadas, elas não são medidas da mesma maneira.

- A basicidade, quando expressa pelo pK_a, é medida *pela posição de um equilíbrio* envolvendo uma reação ácido-base.
- A nucleofilicidade é medida *pelas velocidades relativas de reações de substituição*.

Por exemplo, o íon hidróxido (HO^-) é uma base mais forte do que um íon cianeto ($N\equiv C^-$). (O pK_a da H_2O é ~16, enquanto o pK_a do HCN é ~10.) Todavia, o íon cianeto é um nucleófilo mais forte; ele reage mais rapidamente com um carbono contendo um grupo de saída do que o íon hidróxido.

PROBLEMA DE REVISÃO 6.12 Distribua os seguintes nucleófilos em ordem *decrescente* de nucleofilicidade:

$$CH_3CO_2^- \quad CH_3OH \quad CH_3O^- \quad CH_3CO_2H \quad N\equiv C^-$$

6.13C Efeitos do Solvente nas Reações S_N2 e S_N1

- As reações S_N2 são favorecidas por **solventes apróticos polares** (por exemplo, acetona, DMF, DMSO).
- As reações S_N1 são favorecidas por **solventes próticos polares** (por exemplo, EtOH, MeOH, H_2O).

As razões relevantes para a ocorrência desses **efeitos do solvente** envolvem (a) a minimização da interação do solvente com o nucleófilo em reações S_N2, e (b) a facilitação da ionização do grupo de saída e a estabilização dos intermediários iônicos pelo solvente em reações S_N1. Nas subseções que seguem, explicaremos esses fatores com mais detalhes.

Solventes Apróticos Polares Favorecem Reações S$_N$2

- Um solvente aprótico não possui átomos de hidrogênio capazes de formar ligações hidrogênio; a ausência de ligação de hidrogênio com o nucleófilo faz com que ele seja mais reativo.
- Solventes apróticos polares como acetona, DMF, DMSO e HMPA são frequentemente empregados sozinhos ou como cossolventes para reações S$_N$2.

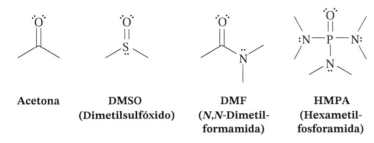

Acetona **DMSO** (Dimetilsulfóxido) **DMF** (*N,N*-Dimetilformamida) **HMPA** (Hexametilfosforamida)

> **DICA ÚTIL**
> Solventes apróticos polares aumentam as velocidades de reações S$_N$2.

- As velocidades das reações S$_N$2, em geral, são grandemente aumentadas quando elas são conduzidas em solventes apróticos polares. O aumento da velocidade pode ser tão elevado como um milhão de vezes.

Solventes apróticos polares solubilizam bem cátions usando seus pares de elétrons não compartilhados, mas não interagem tão fortemente com ânions porque eles não podem formar ligações de hidrogênio com eles, e porque as regiões positivas do solvente estão blindadas aos ânions por efeitos estéricos. Essa solvatação diferencial deixa os ânions mais livres para atuar como nucleófilos porque eles estão menos influenciados pelo cátion e pelo solvente, realçando com isso a velocidade da reação S$_N$2. Por exemplo, os íons sódio do iodeto de sódio podem ser solvatados pelo DMSO conforme mostrado a seguir, deixando o ânion iodeto muito mais livre para atuar como um nucleófilo.

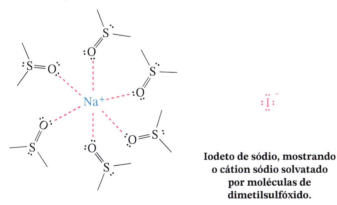

Iodeto de sódio, mostrando o cátion sódio solvatado por moléculas de dimetilsulfóxido.

Ânions "expostos" em solventes apróticos polares são também mais reativos como bases, assim também como nucleófilos. Por exemplo, em DMSO a ordem relativa de basicidade do íon haleto é a mesma para a ordem relativa de nucleofilicidade. Entretanto, a basicidade do haleto é oposta à nucleofilicidade em solventes próticos, como explicaremos em breve.

$$F^- > Cl^- > Br^- > I^-$$

Nucleofilicidade dos haletos em solventes apróticos

Solventes Próticos Polares Favorecem Reações S$_N$1

- Um solvente prótico apresenta ao menos um átomo de hidrogênio capaz de participar de uma ligação de hidrogênio.
- Solventes próticos como EtOH e MeOH facilitam a formação de um carbocátion através da formação de ligações de hidrogênio com o grupo de saída assim que ele se afasta, diminuindo assim a energia do estado de transição que leva ao carbocátion.

Ligação de hidrogênio com o substrato	O afastamento do grupo de saída é auxiliado pela ligação de hidrogênio no estado de transição	Carbocátion intermediário	Grupo de saída solvatado

Uma indicação aproximada da polaridade de um solvente é uma grandeza denominada **constante dielétrica**. A constante dielétrica é uma medida da capacidade de o solvente separar cargas opostas (ou separar íons) entre si. As atrações e repulsões eletrostáticas entre íons são menores em solventes com constantes dielétricas maiores. A Tabela 6.3 fornece as constantes dielétricas de alguns solventes comuns.

TABELA 6.3 Constantes Dielétricas de Solventes Comuns

Solvente	Fórmula	Constante Dielétrica
Água	H_2O	80
Ácido fórmico	HCO_2H	59
Dimetilsulfóxido (DMSO)	CH_3SOCH_3	49
N,N-Dimetilformamida (DMF)	$HCON(CH_3)_2$	37
Acetonitrila	$CH_3C{\equiv}N$	36
Metanol	CH_3OH	33
Hexametilfosforamida (HMPA)	$[(CH_3)_2N]_3P{=}O$	30
Etanol	CH_3CH_2OH	24
Acetona	CH_3COCH_3	21
Ácido acético	CH_3CO_2H	6

Polaridade do solvente crescente ↑

A água é o solvente mais efetivo para promover a ionização, mas a maioria dos compostos orgânicos não se dissolve apreciavelmente em água. Entretanto, eles normalmente se dissolvem em álcoois, e às vezes são usadas misturas de água e álcoois, como metanol ou etanol.

Solventes Próticos Obstruem o Nucleófilo em Reações S_N2

Um nucleófilo solvatado deve perder algumas de suas moléculas de solvente para reagir com o substrato. Em um solvente aprótico polar o nucleófilo é menos obstruído pelas moléculas do solvente porque a ligação de hidrogênio entre o solvente e o nucleófilo não é possível.

- A ligação de hidrogênio com um solvente prótico como a água, EtOH ou MeOH obstrui um nucleófilo e dificulta a sua reatividade em uma reação de substituição nucleofílica.

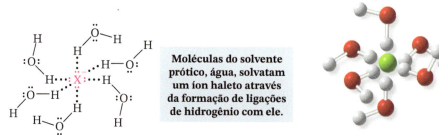

Moléculas do solvente prótico, água, solvatam um íon haleto através da formação de ligações de hidrogênio com ele.

- A extensão da ligação de hidrogênio com o nucleófilo varia com a natureza do nucleófilo. Na comparação de elementos de um mesmo grupo (coluna) da tabela periódica, a ligação de hidrogênio com um átomo nucleofílico pequeno é mais forte do que com um átomo nucleofílico maior.

Por exemplo, o ânion fluoreto é mais fortemente solvatado do que os outros haletos porque ele é o menor ânion haleto e a sua carga é a mais concentrada. Consequentemente, em um solvente prótico o fluoreto não é um nucleófilo tão eficaz como os outros ânions haleto. O iodeto é o maior ânion haleto e é o mais fracamente solvatado em um solvente prótico; logo, ele é o nucleófilo mais forte dentre os ânions haleto.

- Em geral, a tendência de *nucleofilicidade* entre os ânions haleto em um solvente prótico é como se segue:

$$I^- > Br^- > Cl^- > F^-$$

Nucleofilicidade dos haletos em solventes próticos

O mesmo efeito é verdadeiro quando comparamos os nucleófilos de enxofre com os nucleófilos de oxigênio. Os átomos de enxofre são maiores do que os átomos de oxigênio e consequentemente eles não são solvatados tão fortemente em um solvente prótico. Assim, os tióis (R—SH) são nucleófilos mais fortes do que os álcoois e os ânions RS$^-$ são melhores nucleófilos do que os ânions RO$^-$.

A maior reatividade dos nucleófilos com átomos nucleofílicos grandes não está totalmente relacionada com a solvatação. Os átomos maiores têm maior **polarizabilidade** (suas nuvens eletrônicas são mais facilmente distorcidas); consequentemente, um átomo nucleofílico maior pode doar um maior grau de densidade eletrônica para o substrato do que um nucleófilo menor cujos elétrons estão mais fortemente presos.

As nucleofilicidades relativas de alguns nucleófilos comuns em solventes próticos são como se segue:

$$HS^- > N{\equiv}C^- > I^- > HO^- > N_3^- > Br^- > CH_3CO_2^- > Cl^- > F^- > H_2O$$

Nucleofilicidade relativa em solventes próticos

PROBLEMA DE REVISÃO 6.13

Distribua os seguintes nucleófilos em ordem decrescente de nucleofilicidade:

$$CH_3CO_2^- \quad CH_3O^- \quad CH_3S^- \quad CH_3SH \quad CH_3OH$$

PROBLEMA DE REVISÃO 6.14

Classifique os seguintes solventes como próticos ou apróticos: **(a)** ácido fórmico (HCO$_2$H); **(b)** acetona (CH$_3$COCH$_3$); **(c)** acetonitrila (CH$_3$C$\equiv$N); **(d)** formamida (HCONH$_2$); **(e)** dióxido de enxofre (SO$_2$); **(f)** amônia (NH$_3$); **(g)** trimetilamina (N(CH$_3$)$_3$); e **(h)** etilenoglicol (HOCH$_2$CH$_2$OH).

PROBLEMA DE REVISÃO 6.15

Você espera que a reação do brometo de propila com cianeto de sódio (NaCN), ou seja,

$$CH_3CH_2CH_2Br + NaCN \longrightarrow CH_3CH_2CH_2CN + NaBr$$

ocorra mais rapidamente em DMF ou em etanol? Justifique sua resposta.

PROBLEMA DE REVISÃO 6.16

Quem você esperaria que fosse o nucleófilo mais forte em um solvente aprótico polar?

(a) CH$_3$CO$_2^-$ ou CH$_3$O$^-$ **(b)** H$_2$O ou H$_2$S   **(c)** (CH$_3$)$_3$P ou (CH$_3$)$_3$N

PROBLEMA DE REVISÃO 6.17 Quando o brometo de *terc*-butila sofre solvólise em uma mistura de metanol e água, a velocidade da solvólise (medida pela velocidade com que os íons brometo se formam na mistura) *aumenta* quando a porcentagem de água na mistura é aumentada. **(a)** Explique esse comportamento. **(b)** Forneça uma explicação para a observação de que a velocidade da reação S$_N$2 do cloreto de etila com o iodeto de potássio em metanol e água *diminui* quando a porcentagem de água na mistura é aumentada.

6.13D Natureza do Grupo de Saída

DICA ÚTIL
Bons grupos de saída são bases fracas.

- Os grupos de saída saem com o par de elétrons que foi utilizado para ligá-los ao substrato.
- Os melhores grupos de saída são aqueles que se transformam em um ânion relativamente estável ou em uma molécula neutra quando eles saem.

Inicialmente, vamos considerar os grupos de saída que se transformam em ânions quando eles se separam do substrato. Uma vez que bases fracas estabilizam eficientemente uma carga negativa, os grupos que se transformam em bases fracas são bons grupos de saída.

A razão pela qual a estabilização da carga negativa é importante pode ser entendida considerando-se a estrutura dos estados de transição. Em uma reação S$_N$1 ou S$_N$2 o grupo de saída começa a adquirir uma carga negativa à medida que o estado de transição é alcançado. A estabilização dessa carga negativa em formação pelo grupo que está saindo estabiliza o estado de transição (diminui sua energia livre); isso reduz a energia livre de ativação e, portanto, aumenta a velocidade da reação.

Reação S$_N$1 (Etapa Limitante da Velocidade)

Estado de transição

Reação S$_N$2

Estado de transição

- Entre os halogênios, o íon iodeto é o melhor grupo de saída e o flúor é o pior:

$$I^- > Br^- > Cl^- \gg F^-$$

A ordem é a oposta da basicidade em um solvente aprótico:

$$F^- \gg Cl^- > Br^- > I^-$$

- Íons fortemente básicos raramente agem como grupos de saída.

Reações como a que se vê a seguir **não** ocorrem porque o íon hidróxido é uma base forte.

Nu:$^-$ ⟶ R—Ö—H ⟶✗ R—Nu + :Ö—H

Essa reação não ocorre porque o grupo de saída é um íon hidróxido fortemente básico.

Entretanto, quando um álcool é dissolvido em um ácido forte, ele pode sofrer substituição por um nucleófilo. Uma vez que o ácido protona o grupo —OH do álcool, o grupo de saída não precisa mais ser um íon hidróxido; ele agora é uma molécula de água, uma base muito mais fraca do que um íon hidróxido e um bom grupo de saída:

$$Nu:^- + R-\overset{+}{\underset{H}{O}}-H \longrightarrow R-Nu + :\underset{H}{O}-H$$

Essa reação ocorre porque o grupo de saída é uma base fraca.

- Bases muito fortes, tais como os íons hidreto (H:⁻) e os íons alcanetos (R:⁻), praticamente nunca agem como grupos de saída.

    Portanto, **as reações como as que são vistas a seguir não são plausíveis:**

    $$Nu:^- + CH_3CH_2-H \xrightarrow{\times} CH_3CH_2-Nu + H:^-$$

    $$Nu:^- + CH_3-CH_3 \xrightarrow{\times} CH_3-Nu + CH_3:^-$$

    Estes não são grupos de saída.

    Lembre-se: os melhores grupos de saída são bases fracas depois que eles saem.

Algumas bases fracas que são bons grupos de saída, que estudaremos mais tarde, são os íons alcanossulfonato, os íons sulfato de alquila e o íon *p*-toluenossulfonato:

$$^-O-\overset{O}{\underset{O}{\overset{\|}{S}}}-R \qquad ^-O-\overset{O}{\underset{O}{\overset{\|}{S}}}-O-R \qquad ^-O-\overset{O}{\underset{O}{\overset{\|}{S}}}-\text{C}_6\text{H}_4-CH_3$$

Um íon alcanossulfonato   **Um íon sulfato de alquila**   **Íon *p*-toluenossulfonato**

Todos esses ânions são bases conjugadas de ácidos muito fortes.

O íon trifluorometanossulfonato (CF$_3$SO$_3^-$, normalmente chamado de **íon triflato**) é um dos melhores grupos de saída conhecidos pelos químicos. Ele é a base conjugada do CF$_3$SO$_3$H, um ácido extremamente forte (pK_a ~ −5 a −6):

$$^-O-\overset{O}{\underset{O}{\overset{\|}{S}}}-CF_3$$

**Íon triflato
(um "super" grupo de saída)**

PROBLEMA RESOLVIDO 6.7

Explique por que a reação vista a seguir não é viável como uma síntese do iodeto de butila.

$$I^- + \text{CH}_3\text{CH}_2\text{CH}_2\text{CH}_2\text{OH} \xrightarrow[\times]{H_2O} \text{CH}_3\text{CH}_2\text{CH}_2\text{CH}_2\text{I} + HO^-$$

Estratégia e Resposta

O íon OH⁻ (íon hidróxido), fortemente básico, virtualmente nunca age como um grupo de saída, algo de que a reação necessita. Essa reação seria viável em meio ácido, caso em que o grupo de saída seria uma molécula de água.

PROBLEMA DE REVISÃO 6.18

Liste os seguintes compostos em ordem decrescente de reatividade em comparação com o CH$_3$O⁻ em uma reação S$_N$2 realizada em metanol: CH$_3$F, CH$_3$Cl, CH$_3$Br, CH$_3$I, CH$_3$OSO$_2$CF$_3$, ^{14}CH$_3$OH.

DICA ÚTIL
S_N1 versus S_N2

Resumo das Reações S_N1 versus S_N2

S_N1: As Seguintes Condições Favorecem uma Reação S_N1

1. Um substrato que pode formar um carbocátion relativamente estável (por exemplo, um substrato com um grupo de saída em uma posição terciária)
2. Um nucleófilo relativamente fraco
3. Um solvente prótico polar como EtOH, MeOH ou H_2O

Portanto, o mecanismo S_N1 é importante nas reações de solvólise de haletos de alquila terciários, especialmente quando o solvente é altamente polar. Em uma reação de solvólise o nucleófilo é fraco porque ele é uma molécula neutra (de um solvente prótico polar) em vez de um ânion.

S_N2: As Seguintes Condições Favorecem uma Reação S_N2

1. Um substrato com um grupo de saída relativamente livre (como um haleto de metila ou de alquila primário ou secundário). A ordem de reatividade é

$$CH_3\text{—}X \; > \; R\text{—}CH_2\text{—}X \; > \; R\text{—}\underset{\underset{R}{|}}{C}H\text{—}X$$

Metila > **1°** > **2°**

Haletos terciários não reagem pelo mecanismo S_N2.

2. Um nucleófilo forte (geralmente carregado negativamente)
3. Alta concentração de nucleófilo
4. Um solvente aprótico polar

Tendência na velocidade de reação entre os halogênios quando o grupo de saída é o mesmo nas reações S_N1 e S_N2:

$$R\text{—}I > R\text{—}Br > R\text{—}Cl \qquad (S_N1 \text{ ou } S_N2)$$

Como os fluoretos de alquila reagem tão lentamente, eles raramente são utilizados em reações de substituição nucleofílica.

Esses fatores estão resumidos na Tabela 6.4.

TABELA 6.4 Fatores que Favorecem Reações S_N1 versus S_N2

Fator	S_N1	S_N2
Substrato	3° (requer a formação de um carbocátion relativamente estável)	Metila > 1° > 2° (requer substrato sem impedimento)
Nucleófilo	Base de Lewis fraca, molécula neutra, o nucleófilo pode ser o solvente (solvólise)	Base de Lewis forte, velocidade aumentada por uma concentração elevada do nucleófilo
Solvente	Prótico polar (por exemplo, álcoois, água)	Aprótico polar (por exemplo, DMF, DMSO)
Grupo de saída	I > Br > Cl > F tanto para S_N1 como para S_N2 (quanto mais fraca for a base após a saída do grupo, melhor é o grupo de saída)	

6.14 Síntese Orgânica: Transformações de Grupos Funcionais por Meio de Reações S_N2

As reações S_N2 são muito úteis em sínteses orgânicas porque elas nos possibilitam converter um grupo funcional em outro – um processo que é chamado de **transformação de grupo funcional** ou interconversão de grupo funcional. Com as reações S_N2 mostradas na Fig. 6.11, haletos de metila e de alquila primários e secundários podem ser transformados em álcoois, éteres, tióis, tioéteres, nitrilas, ésteres, e assim por diante. (*Observação*: a utilização do prefixo *tio*- em um nome significa que um átomo de oxigênio foi substituído por um átomo de enxofre no composto.)

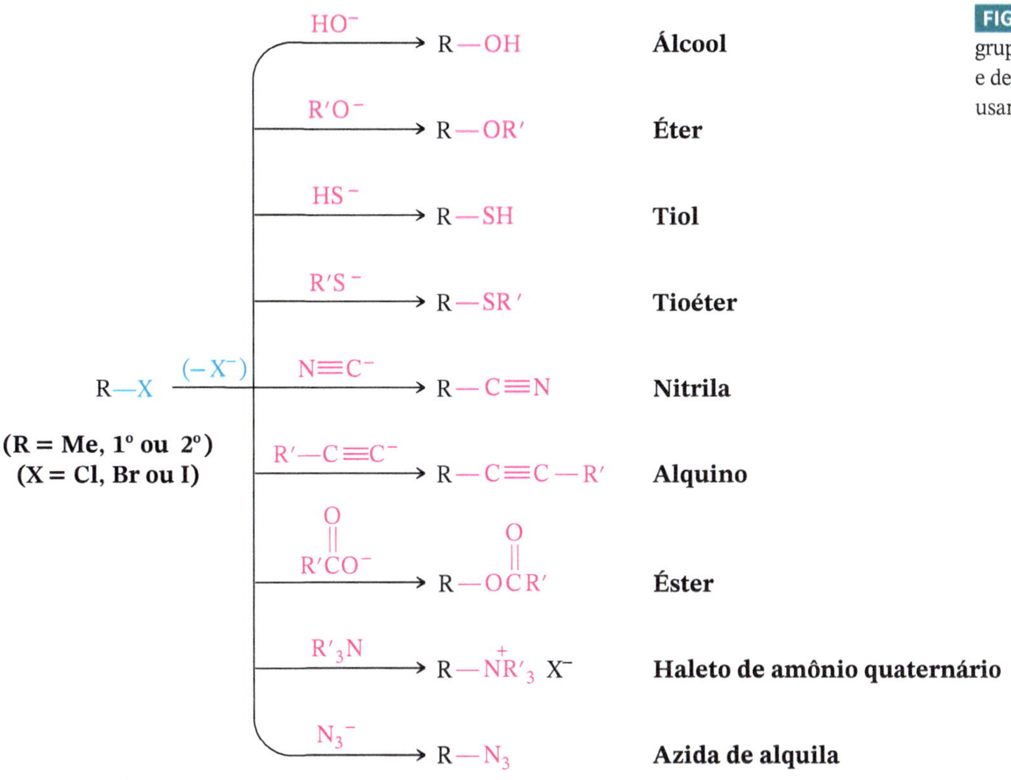

FIGURA 6.11 Interconversões de grupos funcionais de haletos de metila e de alquila primários e secundários usando reações S$_N$2.

R—X (R = Me, 1° ou 2°) (X = Cl, Br ou I) $\xrightarrow{(-X^-)}$

- HO⁻ → R—OH **Álcool**
- R'O⁻ → R—OR' **Éter**
- HS⁻ → R—SH **Tiol**
- R'S⁻ → R—SR' **Tioéter**
- N≡C⁻ → R—C≡N **Nitrila**
- R'—C≡C⁻ → R—C≡C—R' **Alquino**
- R'CO₂⁻ → R—OC(O)R' **Éster**
- R'₃N → R—N⁺R'₃ X⁻ **Haleto de amônio quaternário**
- N₃⁻ → R—N₃ **Azida de alquila**

Os cloretos e brometos de alquila também são facilmente convertidos em iodetos de alquila através de reações de substituição nucleofílica.

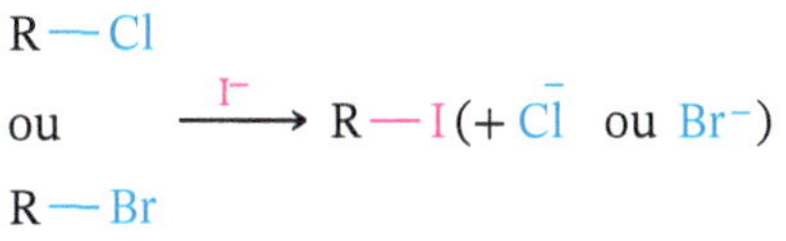

R—Cl ou R—Br $\xrightarrow{I^-}$ R—I (+ Cl⁻ ou Br⁻)

Outro aspecto da reação S$_N$2 de grande importância é a **estereoquímica** (Seção 6.8). As reações S$_N$2 sempre ocorrem com **inversão de configuração** no átomo que contém o grupo de saída. Isso significa que quando utilizamos as reações S$_N$2 nas sínteses podemos estar certos da configuração de nosso produto se soubermos a configuração de nosso reagente. Por exemplo, admita que precisemos de uma amostra da seguinte nitrila com a configuração (S):

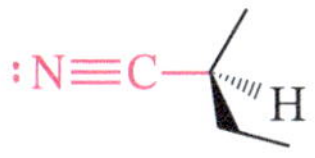

(S)-2-Metilbutanonitrila

Se tivermos disponível o (R)-2-bromobutano, podemos realizar a seguinte síntese:

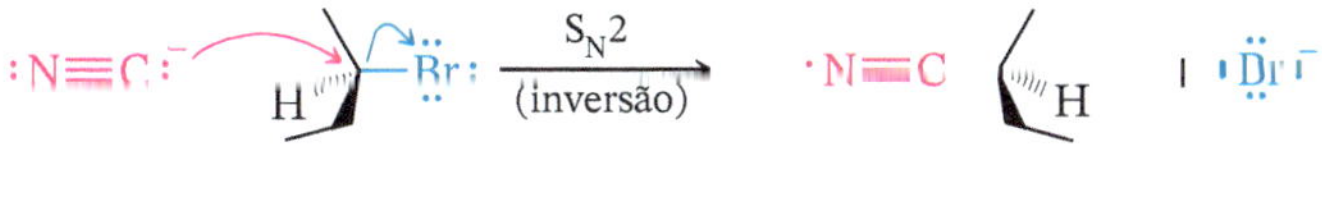

(R)-2-Bromobutano $\xrightarrow[\text{(inversão)}]{S_N2}$ (S)-2-Metilbutanonitrila

PROBLEMA DE REVISÃO 6.19

Sintetize o enantiômero (R) de cada um dos compostos mostrados a seguir a partir do enantiômero apropriado do 2-bromobutano. Mostre os centros quirais em três dimensões.

(a) [estrutura com O e grupo etila]

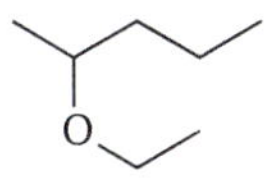

(b) [estrutura com O—C(=O)—]

(c) [estrutura com SH]

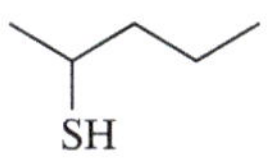

(d) [estrutura com S—CH₃]

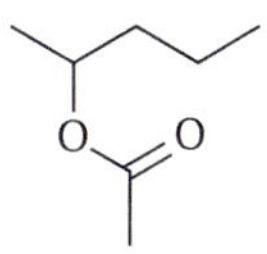

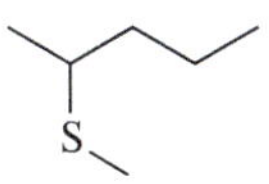

A Química Biológica de... Metilação Metabólica: Uma Reação de Substituição Nucleofílica Biológica

As células dos organismos vivos sintetizam muitos dos compostos de que elas precisam a partir de moléculas menores. Geralmente essas biossínteses se assemelham às sínteses que os químicos orgânicos realizam nos seus laboratórios. Vamos examinar um exemplo agora.

Muitas reações que ocorrem nas células de plantas e animais envolvem a transferência de um grupo metila de um aminoácido, chamado metionina, para algum outro composto. A ocorrência dessa transferência pode ser demonstrada experimentalmente, fornecendo a uma planta ou animal metionina contendo um átomo de carbono marcado isotopicamente (por exemplo, ^{13}C ou ^{14}C) no seu grupo metila. Mais tarde, outros compostos contendo o grupo metila "marcado" podem ser isolados do organismo. Alguns dos compostos que obtêm seus grupos metila a partir da metionina são vistos a seguir. O átomo de carbono marcado isotopicamente está mostrado em verde.

A colina é importante na transmissão dos impulsos nervosos, a adrenalina faz com que a pressão sanguínea aumente e a nicotina é o composto contido no tabaco que torna um fumante viciado. (Em grandes doses a nicotina é venenosa.)

A transferência do grupo metila da metionina para esses outros compostos não ocorre diretamente. O agente de metilação real não é a metionina; é a S-adenosilmetionina,* um composto produzido quando a metionina reage com o trifosfato de adenosina (ATP):

Essa reação é uma reação de substituição nucleofílica. O átomo nucleofílico é o átomo de enxofre da metionina. O grupo de saída é o grupo trifosfato fracamente básico do ATP. O produto, S-adenosilmetionina, contém um grupo metilsulfônio (estrutura definida a seguir).

A S-adenosilmetionina então age como o substrato para outras reações de substituição nucleofílica. Na biossíntese da colina, por exemplo, ela transfere seu grupo metila para um átomo de nitrogênio nucleofílico do 2-(N,N-dimetilamino)etanol:

---

*O prefixo S é um localizador, significando "no átomo de enxofre", e não deve ser confundido com o (S) usado para definir configuração absoluta. Outro exemplo desse tipo de localizador é N, que significa "no átomo de nitrogênio".

(continua)

(*continuação*)

Essas reações parecem complicadas apenas porque as estruturas dos nucleófilos e substratos são complexas. No entanto, elas são conceitualmente simples e ilustram muitos dos princípios que encontramos até aqui no Capítulo 6. Nelas constatamos como a natureza faz uso da alta nucleofilicidade dos átomos de enxofre. Vemos também como um grupo fracamente básico (por exemplo, o grupo trifosfato do ATP) funciona como um grupo de saída. Na reação do 2-(*N*,*N*-dimetilamino)etanol, fica claro que o grupo mais básico (CH$_3$)$_2$N— atua como o nucleófilo melhor do que o grupo menos básico —OH. E quando um nucleófilo ataca a *S*-adenosilmetionina, percebemos que o ataque ocorre melhor no grupo menos impedido CH$_3$— do que nos grupos mais impedidos —CH$_2$—.

Problemas para Estudo
(a) Qual é o grupo de saída quando o 2-(*N*,*N*-dimetilamino)etanol reage com a *S*-adenosilmetionina?
(b) Quem deveria ser o grupo de saída se a própria metionina reagisse com o 2-(*N*,*N*-dimetilamino)etanol?
(c) Qual é o significado especial dessa diferença?

6.14A Caráter Inerte dos Haletos Vinílicos e Fenílicos

Como aprendemos na Seção 6.1, os compostos que têm um átomo de halogênio ligado a um átomo de carbono de uma ligação dupla são os **haletos de alquenila** ou de **vinila**; aqueles que têm um átomo de halogênio ligado a um anel benzênico são os **haletos de arila** ou de **fenila**:

Um haleto de alquenila   **Um haleto de fenila**

- Os haletos de alquenila e de fenila geralmente são inertes em reações S$_N$1 ou S$_N$2.

Eles são inertes nas reações S$_N$1 porque os carbocátions alquenila e fenila são relativamente instáveis e não se formam com facilidade. Eles são inertes em reações S$_N$2 porque a ligação carbono–halogênio de um haleto de alquenila ou fenila é mais forte do que aquela de um haleto de alquila (veremos o porquê mais adiante), e os elétrons da ligação dupla ou do anel benzênico repelem a aproximação de um nucleófilo por trás.

Por que Esses Tópicos São Importantes?

Substituição das Calorias do Açúcar de Mesa

Como veremos com mais detalhes no Capítulo 22, os carboidratos simples, ou monossacarídeos, podem existir na forma de um sistema em anel de seis membros com uma conformação cadeira. O nome carboidrato vem de "hidrato de carbono", pois a maioria dos átomos de carbono possui um H e um OH ligados. Nos exemplos a seguir, as diferenças estruturais dos monossacarídeos glicose, manose e galactose estão baseadas na mudança de um ou mais centros quirais, através do que podemos considerar formalmente como uma reação de inversão. Como tal, todos esses carboidratos são diastereoisômeros um do outro. Baseado no que você já sabe do Capítulo 4 sobre tensão torsional, não deve surpreender que a D-glicose seja o monossacarídeo mais comum. A D-glicose possui a menor tensão porque todos os seus substituintes estão em posições equatoriais. Todos os outros açúcares de seis átomos de carbono possuem ao menos um grupo em posição axial, e assim apresentam certa tensão 1,3-diaxial. O açúcar padrão de mesa, ou a sacarose, é um dissacarídeo, visto que ele combina uma molécula de D-glicose com um carboidrato menos comum chamado D-frutose.

D-Glicose   **D-Manose**   **D-Galactose**   **Sacarose**

Todos os carboidratos têm sabor doce, embora não de forma igual. Por exemplo, a D-frutose tem um sabor aproximadamente 1,5 vez mais doce que a mesma quantidade de açúcar de mesa comum, enquanto que a D-glicose é apenas 0,75 vez mais doce. Entretanto, independentemente dos diversos graus de doçura, é o fato de que todos eles são doces que permite que percebamos sua presença nos alimentos, não importando se eles são de origem natural ou foram adicionados (frequentemente por meio de xarope de milho ou açúcar de cana) para criar um perfil de sabor mais característico. De qualquer forma, seu sabor doce sempre traz um preço: calorias, que podem ser convertidas em gordura em nossos corpos. Atualmente, alguns estimam que os norte-americanos consomem bem mais de 45 kg de açúcar por pessoa por ano a partir de fontes tanto naturais como artificiais. Essas quantidades significam muitas calorias! O que é surpreendente é que a química orgânica pode vir para a salvação e a supressão dessas calorias. A seguir mostramos a estrutura de um adoçante popular artificial (ou sintético) conhecido como sucralose. Ele é o produto de um pouco da química que você aprendeu neste capítulo. Você pode adivinhar qual é essa química?

Sucralose

Absolutamente certo – é a substituição dos três grupos álcool na sacarose, dois dos quais primários e o outro, secundário, por cloreto através de uma reação de inversão. A realização desses eventos em um cenário de laboratório é bastante difícil, pois eles implicam uma reação seletiva de apenas certos grupos hidroxila na presença de muitos outros, mas isso é possível ao longo de várias etapas sob condições corretas, incluindo solvente, temperatura e tempo. O resultado disso é um composto que, quando ingerido, é percebido pelos nossos sensores de gosto como doce como o açúcar de mesa – na verdade, 600 vezes mais doce! Entretanto, o que talvez é ainda mais surpreendente é que a sucralose não possui, na realidade, calorias. Nós temos caminhos metabólicos que podem, em princípio, realizar as reações reversas, e substituir tais átomos de cloro por álcoois através da química de inversão. Dessa forma, seria recriado o açúcar de mesa, trazendo de volta as calorias. Contudo, tais substituições não ocorrem rápido o bastante fisiologicamente. Como resultado, a sucralose deixa nossos corpos antes que possa ser convertida em energia e/ou estocada como gordura. É bastante surpreendente o que apenas algumas substituições podem fazer!

Resumo e Ferramentas de Revisão

As ferramentas de estudo para o presente capítulo incluem termos e conceitos fundamentais (realçados ao longo do capítulo em **negrito azul** e definidos no Glossário ao fim de cada volume), e uma Revisão de Mecanismos considerando as reações de substituição.

Problemas

Velocidades Relativas de Substituição Nucleofílica

6.20 Que haleto de alquila você espera que reaja mais rapidamente através de um mecanismo S_N2? Justifique sua resposta.

(a) CH₃CH₂Br ou (CH₃)₃CBr

(b) CH₃CH₂CH₂CH₂Cl ou CH₃CH₂CH₂CH₂I

(c) (CH₃)₂CHCH₂Cl ou CH₃CH₂CH₂CH₂Cl

(d) (CH₃)₂CHCH₂CH₂Cl ou (CH₃)₂CHCH₂Cl (isobutyl chloride variant)

(e) C₆H₅Br ou CH₃CH₂CH₂CH₂CH₂CH₂Cl

6.21 Que reação S_N2 de cada par você espera que ocorra mais rapidamente em um solvente prótico?

(a) (1) CH₃CH₂CH₂Cl + EtO⁻ ⟶ CH₃CH₂CH₂OEt + Cl⁻
ou
(2) CH₃CH₂CH₂Cl + EtOH ⟶ CH₃CH₂CH₂OEt + HCl

(b) (1) CH₃CH₂CH₂Cl + EtO⁻ ⟶ CH₃CH₂CH₂OEt + Cl⁻
ou
(2) CH₃CH₂CH₂Cl + EtS⁻ ⟶ CH₃CH₂CH₂SEt + Cl⁻

(c) (1) CH₃CH₂CH₂Br + (C₆H₅)₃N ⟶ CH₃CH₂CH₂N⁺(C₆H₅)₃ + Br⁻
ou
(2) CH₃CH₂CH₂Br + (C₆H₅)₃P ⟶ CH₃CH₂CH₂P⁺(C₆H₅)₃ + Br⁻

(d) (1) CH₃CH₂CH₂Br (1,0 M) + MeO⁻ (1,0 M) ⟶ CH₃CH₂CH₂OMe + Br⁻
ou
(2) CH₃CH₂CH₂Br (1,0 M) + MeO⁻ (2,0 M) ⟶ CH₃CH₂CH₂OMe + Br⁻

6.22 Que reação S_N1 de cada par você espera que ocorra mais rapidamente? Justifique sua resposta.

(a) (1) (CH₃)₃CCl + H₂O ⟶ (CH₃)₃COH + HCl
ou
(2) (CH₃)₃CBr + H₂O ⟶ (CH₃)₃COH + HBr

(b) (1) (CH₃)₃CCl + H₂O ⟶ (CH₃)₃COH + HCl
ou
(2) (CH₃)₃CCl + MeOH ⟶ (CH₃)₃COMe + HCl

(c) (1) (CH₃)₃CCl (1,0 M) $\xrightarrow{EtOH}$ (CH₃)₃COEt + HCl
ou
(2) (CH₃)₃CCl (2,0 M) $\xrightarrow{EtOH}$ (CH₃)₃COEt + HCl

(d) (1) (CH₃)₃CCl + H₂O ⟶ (CH₃)₃COH + HCl
ou
(2) C₆H₅Cl + H₂O ⟶ C₆H₅OH + HCl

Síntese

6.23 Mostre como você pode utilizar uma reação de substituição nucleofílica do 1-bromopropano para sintetizar cada um dos compostos vistos a seguir. (Você pode utilizar qualquer outro composto que seja necessário.)

(a) ⌢⌢OH (d) CH₃CH₂CH₂—S—CH₃ (g) ⌢⌢N⁺(CH₃)₃ Br⁻

(b) 1-Iodopropano (e) CH₃C(O)O-propil (h) ⌢⌢C≡N

(c) ⌢O⌢ (f) ⌢⌢N₃ (i) ⌢⌢SH

6.24 Com haletos de metila, etila ou ciclopentila como seus materiais orgânicos de partida e utilizando quaisquer solventes ou reagentes inorgânicos necessários, esboce as sínteses de cada um dos compostos vistos a seguir. Mais de uma etapa pode ser necessária e você não precisa repetir as etapas realizadas nos itens anteriores deste problema.

(a) CH₃I (e) CH₃SH (i) CH₃OCH₃
(b) ⌢I (f) ⌢SH (j) ⌢OMe
(c) CH₃OH (g) CH₃CN
(d) ⌢OH (h) ⌢CN

6.25 A seguir estão relacionadas várias reações hipotéticas de substituição nucleofílica. Nenhuma delas é útil em termos de síntese porque o produto indicado não é formado com uma velocidade apreciável. Em cada caso forneça uma explicação para o fracasso de a reação ocorrer como indicado.

(a) ⌢ + HO⁻ ⇸ ⌢OH + ⁻CH₃
(b) ⌢ + HO⁻ ⇸ ⌢OH + H⁻
(c) ▢ + HO⁻ ⇸ ⁻⌢⌢OH
(d) NH₃ + CH₃OCH₃ ⇸ CH₃NH₂ + CH₃OH
(e) NH₃ + CH₃O⁺H₂ ⇸ CH₃N⁺H₃ + H₂O

6.26 Partindo de um haleto de alquila adequado e utilizando quaisquer outros reagentes necessários, esboce a síntese de cada um dos compostos vistos a seguir. Quando houver possibilidades alternativas para a síntese, você deve tomar cuidado para escolher aquela que dá o maior rendimento.

(a) Butil *sec*-butil éter
(b) ⌢S-C(CH₃)₃
(c) Metil neopentil éter
(d) Fenil metil éter

(e) PhCH₂CN
(f) PhC(O)OCH₂Ph
(g) (*S*)-2-Pentanol
(h) (*R*)-2-Iodo-4-metilpentano

(i) *cis*-4-Isopropilfenilciclo-hexanol
(j) (H)(CN)C*-CH₂CH₃ (estereocentro)
(k) *trans*-1-Iodo-4-metilciclo-hexano

Reações S_N1 e S_N2 em Geral

6.27 Escreva as estruturas conformacionais para os produtos de substituição dos seguintes compostos marcados com deutério:

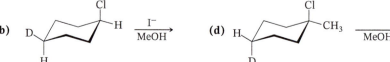

6.28 Considere a reação do I⁻ com CH₃CH₂Cl.

(a) Você espera que a reação seja S_N1 ou S_N2? A constante de velocidade para a reação a 60 °C é 5 × 10⁻⁵ L mol⁻¹ s⁻¹.

(b) Qual é a velocidade de reação se [I⁻] = 0,1 mol L⁻¹ e [CH₃CH₂Cl] = 0,1 mol L⁻¹?

(c) Se [I⁻] = 0,1 mol L⁻¹ e [CH₃CH₂Cl] = 0,2 mol L⁻¹?

(d) Se [I⁻] = 0,2 mol L⁻¹ e [CH₃CH₂Cl] = 0,1 mol L⁻¹?

(e) Se [I⁻] = 0,2 mol L⁻¹ e [CH₃CH₂Cl] = 0,2 mol L⁻¹?

6.29 Que reagente em cada par relacionado a seguir seria o nucleófilo mais reativo em um solvente polar aprótico?

(a) CH₃N̈H⁻ ou CH₃NH₂
(b) CH₃O⁻ ou CH₃CO₂⁻ (⁻OAc)
(c) CH₃SH ou CH₃OH
(d) (C₆H₅)₃N ou (C₆H₅)₃P
(e) H₂O ou H₃O⁺
(f) NH₃ ou ⁺NH₄
(g) H₂S ou HS⁻
(h) CH₃CO₂⁻ (⁻OAc) ou HO⁻

6.30 Escreva os mecanismos que explicam os produtos das seguintes reações:

(a) HO~~~Br $\xrightarrow[H_2O]{HO^-}$ (epóxido)

(b) H₂N~~~~Br $\xrightarrow[H_2O]{HO^-}$ (pirrolidina)

6.31 Desenhe uma representação tridimensional para a estrutura do estado de transição em uma reação S_N2 do N≡C:⁻ (ânion cianeto) com o bromoetano, mostrando todos os pares de elétrons não ligantes e as cargas totais ou parciais.

6.32 Muitas reações S_N2 dos cloretos e dos brometos de alquila são catalisadas pela adição de iodeto de sódio ou potássio. Por exemplo, a hidrólise do brometo de metila ocorre mais rapidamente na presença de iodeto de sódio. Explique.

6.33 O 1-bromobiciclo[2.2.1]-heptano é extremamente inerte em reações S_N2 ou S_N1. Explique esse comportamento.

6.34 Quando o brometo de etila reage com cianeto de potássio em metanol, o produto principal é CH₃CH₂CN. Entretanto, um pouco de CH₃CH₂NC também é formado. Escreva as estruturas de Lewis para o íon cianeto e para ambos os produtos e explique o curso da reação em termos de mecanismo.

6.35 Dê as estruturas para os produtos de cada uma das seguintes reações:

(a) (ciclopentano com H, F, Br, H) $\xrightarrow[acetona]{NaI\ (1\ mol)}$ C₅H₈FI + NaBr

(b) Cl~~~~~(Cl) (1 mol) $\xrightarrow[acetona]{NaI\ (1\ mol)}$ C₆H₁₂ClI + NaCl

(c) Br~~~Br (1 mol) $\xrightarrow{NaS~~~SNa}$ C₄H₈S₂ + 2 NaBr

(d) Cl~~~~OH $\xrightarrow[Et_2O]{NaH\ (-H_2)}$ C₄H₈ClONa $\xrightarrow{Et_2O,\ aquecimento}$ C₄H₈O + NaCl

(e) —≡ $\xrightarrow[NH_3\ líq.]{NaNH_2\ (-NH_3)}$ C₃H₃Na $\xrightarrow{CH_3I}$ C₄H₆ + NaI

6.36 Quando o brometo de terc-butila sofre hidrólise S_N1, a adição de um "íon comum" (por exemplo, NaBr) à solução aquosa não tem efeito na velocidade. Por outro lado, quando o (C₆H₅)₂CHBr sofre hidrólise S_N1, a adição de NaBr retarda a reação. Sabendo-se que o cátion (C₆H₅)₂CH⁺ é muito mais estável do que o cátion (CH₃)₃C⁺ (e veremos o porquê na Seção 15.12A), dê uma explicação para o comportamento diferente dos dois compostos.

6.37 Quando brometos de alquila (mostrados a seguir) são submetidos à hidrólise em uma mistura de etanol e água (80% de EtOH/20% de H₂O) a 55 °C, as velocidades de reação mostraram a seguinte ordem:

$$(CH_3)_3CBr > CH_3Br > CH_3CH_2Br > (CH_3)_2CHBr$$

Forneça uma explicação para essa ordem de reatividade.

6.38 A reação de haletos de alquila primários com sais de nitrito produz tanto RNO$_2$ quanto RONO. Explique esse comportamento.

6.39 Qual seria o efeito do aumento da polaridade do solvente na velocidade de cada uma das seguintes reações de substituição nucleofílica?

(a) Nu: + R—L ⟶ R—Nu$^+$ + :L$^-$ (b) R—L$^+$ ⟶ R$^+$ + :L

6.40 Experimentos de competição são aqueles nos quais dois reagentes com a mesma concentração (ou um reagente com dois sítios reativos) competem por outro reagente. Preveja o produto principal resultante de cada um dos seguintes experimentos de competição:

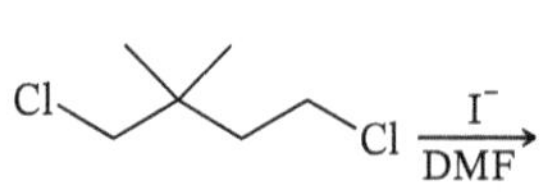

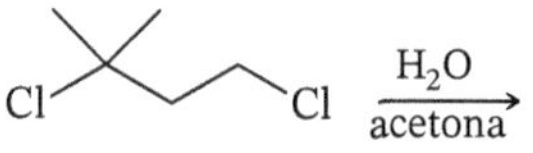

6.41 Ao contrário das reações S$_N$2, as reações S$_N$1 mostram relativamente pouca seletividade nucleofílica. Ou seja, quando mais de um nucleófilo está presente no meio onde ocorre a reação, as reações S$_N$1 mostram apenas ligeira tendência em discriminar entre nucleófilos fracos e nucleófilos fortes, enquanto as reações S$_N$2 mostram tendência marcante nessa discriminação.

(a) Forneça uma explicação para esse comportamento.

(b) Mostre como a sua resposta explica o seguinte:

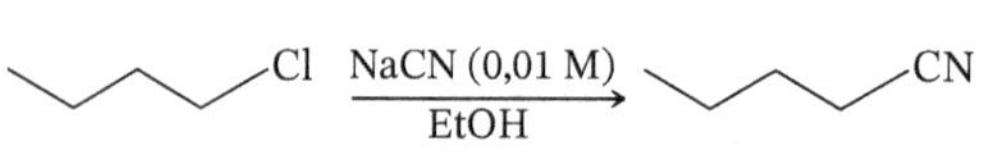

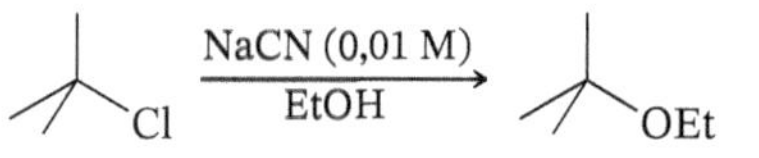

É Necessário um Consultor Químico

6.42 Como parte de uma síntese de laboratório do alcaloide policíclico incomum conhecido como manzamina A, dois dos anéis maiores do alvo, um anel de 8 membros e um de 13 membros, foram preparados pela mesma sequência geral de duas etapas. Discuta o desafio apresentado pelo grupo álcool em cada uma dessas sínteses. Que tipo de mudança é necessária para que cada uma dessas reações de substituição seja bem-sucedida? (Ver: *J. Am. Chem. Soc.* **1998**, *120*, 6425.)

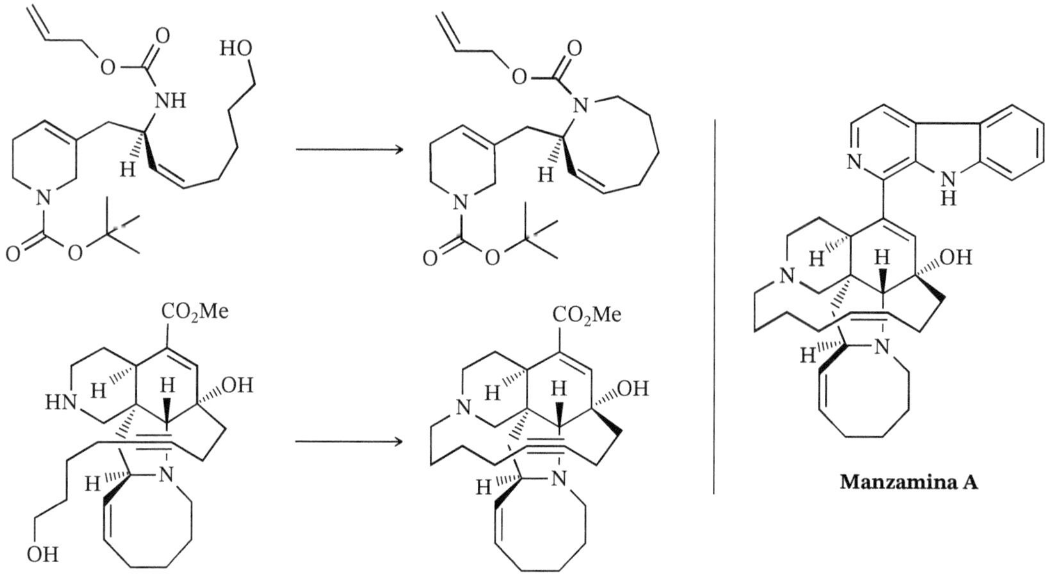

Manzamina A

6.43 Foi proposto que a molécula conhecida como laurefucina pode originar-se da pré-laurefucina através da química S$_N$2 envolvendo a água como nucleófilo. Como isso é possível quando o novo grupo hidroxila da laurefucina tem a mesma configuração do átomo de bromo que substituiu? Forneça um mecanismo baseado na química S$_N$2 para explicar essa conversão potencial. Como dica, um átomo dentro da pré-laurefucina pode ser um participante. (Ver: *Tetrahedron Lett.* **1990**, *31*, 4895; *Chem. Lett.* **1994**, 2307; *J. Am. Chem. Soc.* **2008**, *130*, 16807.)

Pré-laurefucina → S$_N$2 → **Laurefucina**

Problemas de Desafio

6.44 Quando o ácido (*S*)-2-bromopropanoico [(*S*)-CH$_3$CHBrCO$_2$H] reage com hidróxido de sódio concentrado, o produto formado (após a acidificação) é o ácido (*R*)-2-hidroxipropanoico [(*R*)-CH$_3$CHOHCO$_2$H, comumente conhecido como ácido (*R*)-lático]. Isso é, obviamente, o resultado estereoquímico normal para uma reação S$_N$2. Entretanto, quando a mesma reação é realizada com uma baixa concentração de íons hidróxido na presença de Ag$_2$O (em que Ag$^+$ age como um ácido de Lewis), ela ocorre com *retenção total de configuração* para produzir o ácido (*S*)-2-hidroxipropanoico. O mecanismo dessa reação envolve um fenômeno chamado de **participação do grupo vizinho**. Escreva um mecanismo detalhado para essa reação que explique a retenção líquida de configuração quando são utilizados Ag$^+$ e uma baixa concentração de hidróxido.

6.45 O fenômeno da inversão de configuração em uma reação química foi descoberto em 1896 por Paul Walden (Seção 6.6). A prova de Walden para a inversão de configuração foi baseada no seguinte ciclo:

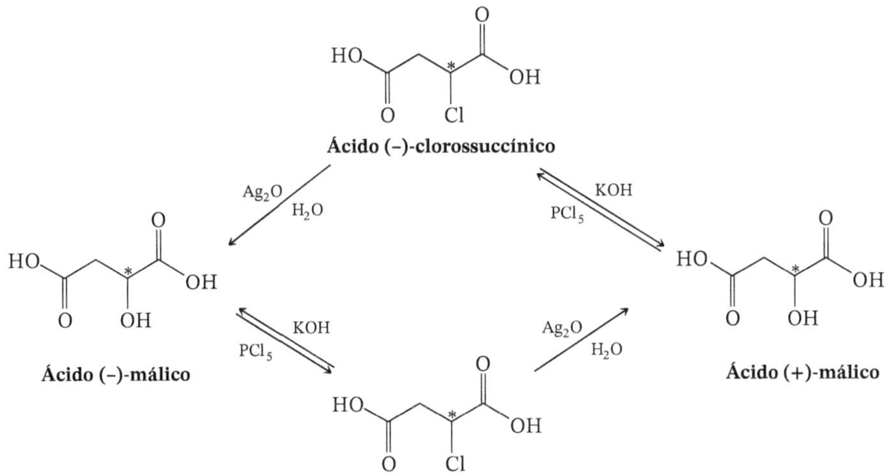

Ácido (−)-clorossuccínico

Ácido (−)-málico ⇌ (PCl$_5$ / KOH) ⇌ **Ácido (+)-clorossuccínico** ⇌ (Ag$_2$O, H$_2$O / KOH, PCl$_5$) ⇌ **Ácido (+)-málico**

(a) Com base em sua resposta no problema anterior, que reações do ciclo de Walden são prováveis de ocorrer com inversão total de configuração e quais são prováveis de ocorrer com retenção total de configuração?

(b) Sabe-se agora que o ácido málico com uma rotação óptica negativa tem a configuração (*S*). Quais são as configurações dos outros compostos no ciclo de Walden?

(c) Walden também descobriu que quando o ácido (+)-málico é tratado com cloreto de tionila (em vez de PCl$_5$), o produto da reação é o ácido (+)-clorossuccínico. Como você pode explicar esse resultado?

(d) Supondo que a reação do ácido (−)-málico com o cloreto de tionila tenha a mesma estereoquímica, esboce um ciclo de Walden baseado no uso do cloreto de tionila em vez de PCl$_5$.

6.46 O metil (*R*)-(3-cloro-2-metilpropil) éter (**A**) na reação com o íon azida (N_3^-) em etanol aquoso fornece o metil (*S*)-(3-azido-2-metilpropil) éter (**B**). O composto **A** tem a estrutura $ClCH_2CH(CH_3)CH_2OCH_3$.

(a) Desenhe fórmulas com cunhas sólida e tracejada tanto para **A** quanto para **B**.

(b) Existe mudança de configuração durante essa reação?

6.47 Preveja a estrutura do produto da seguinte reação:

O produto não tem absorção no infravermelho na região de 1620 a 1680 cm⁻¹.

6.48 O 1-bromobiciclo[2.2.1]-heptano é inerte em relação às reações S_N2 e S_N1. Utilizando qualquer meio ao seu alcance, consulte o modelo molecular por computador do "1-bromobiciclo[2.2.1]-heptano" e examine a estrutura. Que barreiras existem para a substituição do 1-bromobiciclo[2.2.1]-heptano pelos mecanismos de reação S_N2 e S_N1?

Problemas para Trabalho em Grupo

1. Considere a reação de solvólise do (1*S*,2*R*)-1-bromo-1,2-dimetilciclo-hexano em 80% de H_2O e 20% de CH_3CH_2OH à temperatura ambiente.

(a) Escreva a estrutura de todos os produtos quimicamente razoáveis dessa reação e preveja qual seria o produto principal.

(b) Escreva um mecanismo detalhado para a formação do produto principal.

(c) Escreva a estrutura de todos os estados de transição envolvidos na formação do produto principal.

2. Considere a sequência de reações, vistas a seguir, tomadas a partir das etapas iniciais em uma síntese do ácido ω-fluoro-oleico, um composto tóxico natural de um arbusto africano. (O ácido ω-fluoro-oleico, também chamado de "ratsbane", tem sido utilizado para matar ratos e também como veneno de pontas de flechas nas guerras tribais. Duas etapas a mais além das que veremos a seguir são necessárias para completar a sua síntese.)

(i) 1-Bromo-8-fluoro-octano + acetileto de sódio (o sal de sódio do etino) ⟶ composto **A** ($C_{10}H_{17}F$)

(ii) Composto **A** + $NaNH_2$ ⟶ composto **B** ($C_{10}H_{16}FNa$)

(iii) Composto **B** + I—$(CH_2)_7$—Cl ⟶ composto **C** ($C_{17}H_{30}ClF$)

(iv) Composto **C** + NaCN ⟶ composto **D** ($C_{18}H_{30}NF$)

(a) Elucide a estrutura dos compostos **A, B, C** e **D**.

(b) Escreva o mecanismo para cada uma das reações anteriores.

(c) Escreva a estrutura do estado de transição para cada reação.

[**MAPA CONCEITUAL**]

Revisão de Mecanismo: Fatores que Favorecem Reações S_N2 versus S_N1

S_N2	S_N1
Substrato primário	Substrato terciário
Ataque do Nu: por trás em relação ao grupo de saída	Carbocátion intermediário
Nucleófilo forte/polarizável e sem impedimento estérico	Nucleófilo fraco/base (por exemplo, o solvente)
Etapa determinante da velocidade em uma reação bimolecular	Etapa determinante da velocidade em uma reação unimolecular
Quebra de ligação/formação de ligação concertadas	Racemização
Inversão de estereoquímica	Solvente prótico auxilia a ionização do GS
Favorecida por solvente aprótico polar	Temperatura baixa

Nu/B$^{\delta-}$ ········ GS$^{\delta-}$

Conexões Sintéticas: Transformações de Grupos Funcionais por Reações S_N2

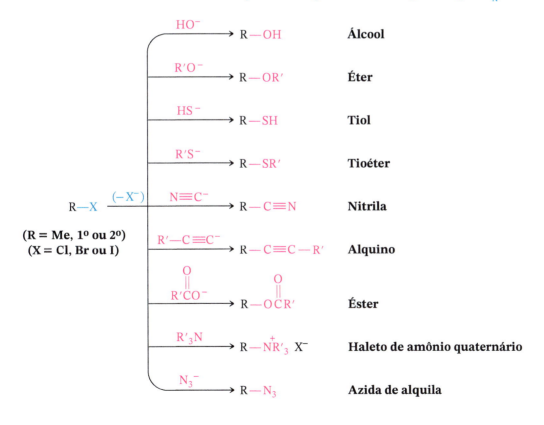

CAPÍTULO 7

Christian Wilkinson/Shutterstock.com

Alquenos e Alquinos I

Propriedades e Síntese.
Reações de Eliminação dos Haletos de Alquila

Apesar de vivermos em um mundo com sete bilhões de pessoas espalhadas pelos sete continentes, uma teoria popular ainda não provada diz que existem apenas seis níveis de separação entre cada um de nós e qualquer outra pessoa. Em outras palavras, todos nós somos um amigo de um amigo, e assim por diante. Por mais estranho que possa parecer, as moléculas orgânicas não são muito diferentes, com alquenos e alquinos sendo os "conectores principais" para vários outros grupos funcionais, bem como para os processos de formação de ligações C—C que podem criar rapidamente complexidade molecular. Na verdade, raramente leva seis etapas para descobrir onde um alqueno ou alquino pode ter desempenhado um papel na síntese de uma molécula; normalmente, leva apenas uma ou duas etapas.

NESTE CAPÍTULO, VAMOS ESTUDAR:

- As propriedades dos alquenos e alquinos e como eles são denominados
- Como alquenos e alquinos podem ser transformados em alcanos
- Como planejar a síntese de qualquer molécula orgânica

POR QUE ESSES TÓPICOS SÃO IMPORTANTES?

No fim do capítulo, veremos como simples mudanças na posição do grupo funcional do alqueno podem conduzir a propriedades distintas, desde a resistência da borracha em nossos pneus até nossa capacidade em enxergar.

7.1 Introdução

Alquenos são hidrocarbonetos cujas moléculas contêm a ligação dupla carbono–carbono. Um termo antigo para essa família de compostos, que ainda é bastante utilizado, é **olefinas**. O eteno (etileno), a olefina (o alqueno) mais simples que existe, era chamado de gás olefiante (latim: *oleum*, óleo + *facere*, fazer) porque o eteno gasoso (C_2H_4) reage com o cloro formando $C_2H_4Cl_2$, um líquido (óleo).

Os hidrocarbonetos cujas moléculas contêm a ligação tripla carbono–carbono são chamados de alquinos. O nome comum para essa família é **acetilenos**, baseado no nome do seu membro mais simples, HC≡CH, que é comercializado como acetileno.

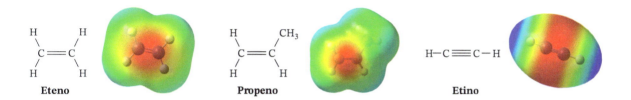

Eteno   **Propeno**   **Etino**

7.1A Propriedades Físicas dos Alquenos e Alquinos

Os alquenos e os alquinos têm propriedades físicas similares àquelas dos alcanos correspondentes. Os alquenos e os alquinos com até quatro átomos de carbono (exceto o 2-butino) são gases à temperatura ambiente. Sendo relativamente apolares, os alquenos e os alquinos dissolvem-se em solventes apolares ou em solventes de baixa polaridade. Os alquenos e os alquinos são apenas muito ligeiramente solúveis em água (os alquinos são um pouco mais solúveis do que os alquenos). As massas específicas dos alquenos e dos alquinos são menores do que a da água.

7.2 Sistema (*E*)–(*Z*) para Denominação dos Diastereoisômeros dos Alquenos

Na Seção 4.5, aprendemos a utilizar os termos cis e trans para representar a estereoquímica dos diastereoisômeros (**isômeros cis–trans**) dos alquenos. Se o alqueno é trissubstituído ou tetrassubstituído, os termos cis e trans são ambíguos ou não se aplicam de forma alguma. Considere como exemplo o seguinte alqueno. É impossível decidir se **A** é cis ou trans, uma vez que os dois grupos não são os mesmos.

$$\underset{H}{\overset{Br}{\diagdown}}C=C\underset{F}{\overset{Cl}{\diagup}}$$

A

Um sistema que funciona em todos os casos é baseado nas prioridades dos grupos na convenção de Cahn–Ingold–Prelog (Seção 5.7). Esse sistema, chamado de **sistema (*E*)–(*Z*)**, aplica-se aos diastereoisômeros dos alquenos de todos os tipos.

7.2A Como Utilizar o Sistema (*E*)-(*Z*)

1. Examinamos os dois grupos ligados a um átomo de carbono da ligação dupla e decidimos qual deles tem a maior prioridade Cahn–Ingold–Prelog.
2. Repetimos essa operação no outro átomo de carbono:

(Z)-2-Bromo-1-cloro-1-fluoreteno   (E)-2-Bromo-1-cloro-1-fluoreteno

Cl > F
Br > H

3. Comparamos o grupo de maior prioridade em um átomo de carbono com o de maior prioridade do outro átomo de carbono. Se os dois grupos de maior prioridade estão do mesmo lado da ligação dupla, o alqueno é denominado (Z) (da palavra alemã *zusammen*, que significa juntos). Se os dois grupos de maior prioridade estão em lados opostos da ligação dupla, o alqueno é denominado (E) (da palavra alemã *entgegen*, que significa opostos). Os exemplos vistos a seguir ilustram o sistema (E)–(Z):

(Z)-2-Buteno ou (Z)-but-2-eno
(*cis*-2-buteno)

CH₃ > H

(E)-2-Buteno ou (E)-but-2-eno
(*trans*-2-buteno)

PROBLEMA RESOLVIDO 7.1

Os dois estereoisômeros do 1-bromo-1,2-dicloroeteno não podem ser denominados como cis e trans da maneira normal porque a ligação dupla é trissubstituída. Entretanto, eles podem ser denominados com base no sistema (E)–(Z). Escreva uma fórmula estrutural para cada isômero e forneça o nome correto de cada um deles.

Estratégia e Resposta

Escrevemos as estruturas (vistas a seguir) e então observamos que o cloro tem maior prioridade que o hidrogênio e que o bromo tem maior prioridade do que o cloro. O grupo com a maior prioridade no carbono 1 é o bromo e o grupo com maior prioridade no carbono 2 é o cloro. Na primeira estrutura, os átomos de maior prioridade, cloro e bromo, estão em lados opostos da ligação dupla, e, portanto, essa estrutura é o isômero (E). Na segunda estrutura, os átomos de cloro e bromo estão do mesmo lado, de modo que essa estrutura é o isômero (Z).

(E)-1-Bromo-1,2-dicloroeteno

Cl > H
Br > Cl

(Z)-1-Bromo-1,2-dicloroeteno

PROBLEMA DE REVISÃO 7.1

Utilizando a representação (E)–(Z) [e nos itens (e) e (f) também a representação (R) (S)], dê os nomes IUPAC para cada um dos seguintes compostos:

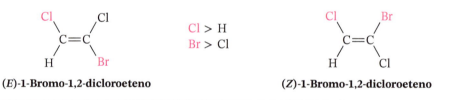

7.3 Estabilidade Relativa dos Alquenos

Os isômeros cis e trans dos alquenos não têm a mesma estabilidade.

- A tensão provocada pela proximidade dos dois grupos alquila do mesmo lado de uma ligação dupla torna os isômeros cis geralmente menos estáveis do que os isômeros trans (**Fig. 7.1**).

Esse efeito pode ser medido quantitativamente comparando-se os dados termodinâmicos de experimentos envolvendo alquenos com estruturas relacionadas, como veremos na Seção 7.3A.

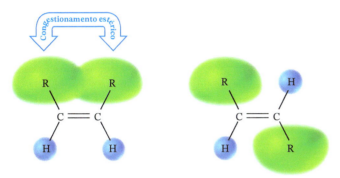

FIGURA 7.1 Isômeros cis e trans em alquenos. O isômero cis é menos estável devido à maior tensão proveniente do congestionamento estérico dos grupos alquila adjacentes.

7.3A Calor de Reação

A adição de hidrogênio a um alqueno (**hidrogenação**, Seções 4.16A e 7.15) é uma reação exotérmica; a variação de entalpia envolvida é chamada de **calor de reação** ou, neste caso específico, **calor de hidrogenação**.

$$\ce{C=C} + H-H \xrightarrow{Pt} -\ce{C-C}- \qquad \Delta H° \cong -120 \text{ kJ mol}^{-1}$$

Podemos obter uma medida quantitativa das estabilidades relativas dos alquenos comparando os calores de hidrogenação para uma família de alquenos onde todos se transformam no mesmo alcano devido à reação de hidrogenação. Os resultados de um experimento desse tipo envolvendo a hidrogenação de três butenos isômeros, catalisada por platina, são mostrados na **Fig. 7.2**. Todos os três isômeros formam o mesmo produto – butano –, mas o calor de reação é diferente em cada caso. Na conversão a butano, o 1-buteno libera a maior quantidade de calor (127 kJ mol^{-1}), seguido pelo *cis*-2-buteno (120 kJ mol^{-1}), e o *trans*-2-buteno produz a

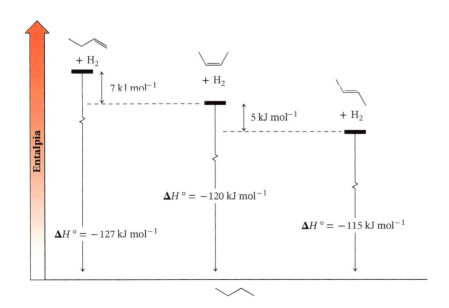

FIGURA 7.2 Diagrama de energia para a hidrogenação de três isômeros do buteno catalisada por platina. A ordem de estabilidade baseada nas diferenças de seus calores de hidrogenação é *trans*-2-buteno > *cis*-2-buteno > 1-buteno.

menor quantidade de calor (115 kJ mol⁻¹). Esses dados indicam que o isômero trans é mais estável do que o isômero cis, uma vez que ocorre a liberação de menos energia quando o isômero trans é convertido a butano. Além disso, o alqueno terminal, 1-buteno, é menos estável do que ambos os alquenos dissubstituídos, uma vez que sua reação é a mais exotérmica. Naturalmente, os alquenos que não formam os mesmos produtos de hidrogenação não podem ser comparados com base nos seus respectivos calores de hidrogenação. Em tais casos, é necessário comparar outros dados termoquímicos, como, por exemplo, os calores de combustão, mas não faremos aqui este tipo de análise.

7.3B Estabilidades Relativas Gerais dos Alquenos

Estudos com inúmeros alquenos revelam um padrão de estabilidade que está relacionado com o número de grupos alquila ligados aos átomos de carbono da ligação dupla.

- Quanto maior o número de grupos alquila (ou seja, quanto mais altamente substituídos os átomos de carbono da ligação dupla), maior é a estabilidade do alqueno.

Esta ordem de estabilidade pode ser dada em termos gerais como se segue:

Estabilidade Relativa de Alquenos

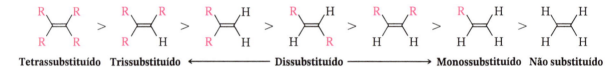

Tetrassubstituído   Trissubstituído ←———— Dissubstituído ————→   Monossubstituído   Não substituído

Parte da explicação pode ser dada em termos do efeito doador de elétrons dos grupos alquila (Seção 6.11B), fato esse que satisfaz a propriedade de atração de elétrons dos átomos de carbono com hibridização sp^2 da ligação dupla.

PROBLEMA RESOLVIDO 7.2

Considere os dois alquenos 2-metil-1-penteno e 2-metil-2-penteno e determine qual deles deve ser o mais estável.

Estratégia e Resposta

Inicialmente escreva as estruturas dos dois alquenos e em seguida determine quantos substituintes existem em torno da ligação dupla de cada um deles.

2-Metil-1-penteno
(dissubstituído, menos estável)

2-Metil-2-penteno
(trissubstituído, mais estável)

O 2-metil-2-penteno possui três substituintes em torno de sua ligação dupla, enquanto o 2-metil-1-penteno apresenta dois substituintes e, portanto, ele é o menos estável.

PROBLEMA DE REVISÃO 7.2

Distribua os cicloalquenos, vistos a seguir, em ordem crescente de estabilidade.

PROBLEMA DE REVISÃO 7.3

Os calores de hidrogenação de três alquenos são os seguintes:

2-metil-1-buteno (−119 kJ mol⁻¹)

3-metil-1-buteno (−127 kJ mol⁻¹)

2-metil-2-buteno (−113 kJ mol⁻¹)

(a) Escreva a estrutura de cada alqueno e classifique-o como monossubstituído, dissubstituído, trissubstituído ou tetrassubstituído. (b) Escreva a estrutura do produto formado quando cada alqueno sofre hidrogenação. (c) Os calores de hidrogenação podem ser utilizados para determinar as estabilidades relativas dos três alquenos? (d) Se for possível, qual a ordem prevista de estabilidade? Se não for possível, explique o porquê. (e) Que outros alquenos são possíveis isômeros para esses alquenos? Escreva as estruturas deles. (f) Quais são as estabilidades relativas desses três isômeros?

Preveja o alqueno mais estável de cada par: (a) 2-metil-2-penteno ou 2,3-dimetil-2-buteno; (b) *cis*-3-hexeno ou *trans*-3-hexeno; (c) 1-hexeno ou *cis*-3-hexeno; (d) *trans*-2-hexeno ou 2-metil-2-penteno.

PROBLEMA DE REVISÃO 7.4

Quantos estereoisômeros são possíveis para o 4-metil-2-hexeno e quantas frações obteríamos ao destilar essa mistura?

PROBLEMA DE REVISÃO 7.5

7.4 Cicloalquenos

Os anéis de cicloalquenos contendo cinco ou menos átomos de carbono existem apenas na forma cis (Fig. 7.3). Se fosse possível a introdução de uma ligação dupla trans nesses anéis pequenos, seria produzida uma tensão maior do que as ligações dos átomos do anel poderiam suportar. (Verifique isto construindo modelos através de um *kit* de montagem de modelos moleculares.)

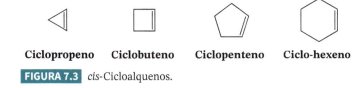

Ciclopropeno   **Ciclobuteno**   **Ciclopenteno**   **Ciclo-hexeno**

FIGURA 7.3 *cis*-Cicloalquenos.

O *trans*-ciclo-hexeno poderia lembrar a estrutura mostrada na Fig. 7.4. Existem evidências de que ele pode ser formado como um intermediário muito reativo de vida curta em algumas reações químicas, mas ele não é isolável como uma molécula estável.

O *trans*-ciclo-hepteno foi observado através de espectroscopia, mas ele é uma substância com uma vida muito curta e não foi isolado.

O *trans*-ciclo-octeno (Fig. 7.5), no entanto, já foi isolado. Neste caso, o anel é grande o suficiente para permitir a geometria exigida por uma ligação dupla trans e ainda ser estável à temperatura ambiente. O *trans*-ciclo-octeno é quiral e existe como um par de enantiômeros. Você pode verificar isso construindo modelos através de um *kit* de montagem de modelos moleculares.

FIGURA 7.4 O *trans*-ciclo-hexeno hipotético. Aparentemente, esta molécula é muito tensionada para que exista à temperatura ambiente.

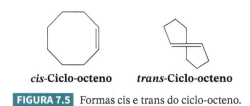

cis-Ciclo-octeno   *trans*-Ciclo-octeno

FIGURA 7.5 Formas cis e trans do ciclo-octeno.

DICA ÚTIL

O exame de todos esses cicloalquenos por meio de modelos moleculares construídos utilizando-se um *kit* de montagem de modelos moleculares, incluindo os dois enantiômeros do *trans*-ciclo-octeno, ajudará a ilustrar suas diferenças estruturais.

7.5 Síntese de Alquenos Via Reações de Eliminação

As **reações de eliminação** são os meios mais importantes para sintetizar alquenos. Em uma reação de eliminação, os fragmentos de alguma molécula são removidos (eliminados) a partir de átomos adjacentes do reagente. Essa eliminação leva à formação de uma ligação múltipla:

$$\begin{array}{c} \overset{Y}{\underset{\vert}{|}} \\ -\text{C}-\text{C}- \\ \overset{\vert}{\underset{Z}{|}} \end{array} \xrightarrow[(-YZ)]{\text{eliminação}} \diagdown\text{C}=\text{C}\diagup$$

Neste capítulo, estudaremos dois métodos para a síntese de alquenos com base em reações de eliminação: a desidroalogenação de haletos de alquila e a desidratação de álcoois.

Desidroalogenação de Haletos de Alquila

$$CH_3-CH_2X \xrightarrow[-HX]{base} CH_2=CH_2$$

Desidratação de Álcoois

$$CH_3-CH_2OH \xrightarrow[-HOH]{HA\ (cat.),\ aquecimento} CH_2=CH_2$$

7.6 Desidroalogenação

Um método largamente utilizado para a síntese de alquenos é a eliminação de HX a partir de átomos adjacentes de um haleto de alquila. O aquecimento do haleto de alquila com uma base forte faz com que a reação ocorra. As seguintes reações são dois exemplos:

$$CH_3CHCH_3 \xrightarrow[C_2H_5OH,\ 55\ °C]{C_2H_5ONa} CH_2=CH-CH_3 + NaBr + C_2H_5OH$$
$$\quad\ |\qquad\qquad\qquad\qquad\qquad\qquad\ \mathbf{(79\%)}$$
$$\ \ Br$$

$$CH_3-\underset{\underset{CH_3}{|}}{\overset{\overset{CH_3}{|}}{C}}-Br \xrightarrow[C_2H_5OH,\ 55\ °C]{C_2H_5ONa} \underset{CH_3}{\overset{CH_3}{\underset{|}{C}}}=CH_2 + NaBr + C_2H_5OH$$
$$\qquad\qquad\qquad\qquad\qquad\qquad\mathbf{(91\%)}$$

Qualquer halogênio pode participar na eliminação de HX para formar um alqueno. Essas reações são normalmente chamadas de **desidroalogenação**:

$$-\underset{\underset{:\ddot{X}:}{|}}{\overset{\overset{H}{|}}{C}}{}^{\beta}-\overset{|}{\underset{|}{C}}{}^{\alpha}- + :B^- \longrightarrow \ \ \diagdown\!\!\!\diagup \!\!\!C=C\!\!\!\diagdown\!\!\!\diagup + H:B + :\ddot{X}:^-$$

Uma base

Desidroalogenação

Nessas eliminações, como nas reações S_N1 e S_N2, existe um grupo de saída e uma base de Lewis que ataca o substrato e que possui um par de elétrons.

Os químicos geralmente chamam o átomo de carbono que contém o grupo de saída (por exemplo, o átomo de halogênio na reação anterior) de **átomo de carbono alfa (α)** e qualquer átomo de carbono adjacente a ele de **átomo de carbono beta (β)**. Um átomo de hidrogênio ligado ao átomo de carbono β é chamado de **átomo de hidrogênio β**. Uma vez que o átomo de hidrogênio que é eliminado na desidroalogenação é proveniente do átomo de carbono β, essas reações são frequentemente chamadas de **eliminações β**. Elas também costumam ser denominadas **eliminações 1,2**.

O hidrogênio β e o carbono β

$$-\underset{|}{\overset{\overset{H}{|}}{C}}{}^{\beta}-\underset{\underset{GS}{|}}{\overset{|}{C}}{}^{\alpha}-$$

O carbono α e o grupo de saída

7.6A Bases Utilizadas na Desidroalogenação

Várias bases fortes têm sido utilizadas para a desidroalogenação. O hidróxido de potássio dissolvido em etanol (KOH/EtOH) é um reagente algumas vezes utilizado, mas as bases conjugadas de álcoois, como o etóxido de sódio (EtONa), geralmente oferecem outras vantagens.

A base conjugada de um álcool (um alcóxido) pode ser preparada por meio do tratamento de um álcool com metal alcalino. Por exemplo:

$$2\ R\text{—}\ddot{\text{O}}H\ +\ 2\ Na\ \longrightarrow\ 2\ R\text{—}\ddot{\text{O}}{:}^-\ Na^+\ +\ H_2$$
Álcool   **Alcóxido de sódio**

Essa reação é uma **reação de oxirredução**. O sódio metálico reage com os átomos de hidrogênio que estão ligados aos átomos de oxigênio para gerar gás hidrogênio, cátions de sódio e o ânion alcóxido. A reação com a água é vigorosa e às vezes explosiva.

$$2\ H\ddot{\text{O}}H\ +\ 2\ Na\ \longrightarrow\ 2\ H\ddot{\text{O}}{:}^-\ Na^+\ +\ H_2$$
Hidróxido de sódio

Os alcóxidos de sódio também podem ser preparados a partir da reação de um álcool com hidreto de sódio (NaH). O íon hidreto (H:⁻) é uma base muito forte. (O pK_a do H_2 é 35.)

$$R\text{—}\ddot{\text{O}}\text{—}H\ +\ Na^+{:}H^-\ \longrightarrow\ R\text{—}\ddot{\text{O}}{:}^-\ Na^+\ +\ H\text{—}H$$

Os alcóxidos de sódio (e potássio) são normalmente preparados utilizando um excesso de álcool, e o excesso de álcool torna-se o solvente para a reação. O etóxido de sódio é frequentemente preparado dessa maneira, usando um excesso de etanol.

$$2\ CH_3CH_2\ddot{\text{O}}H\ +\ 2\ Na\ \longrightarrow\ 2\ CH_3CH_2\ddot{\text{O}}{:}^-\ Na^+\ +\ H_2$$
Etanol (excesso)   **Etóxido de sódio dissolvido em excesso de etanol**

> **DICA ÚTIL**
> EtONa/EtOH é uma abreviação comum para etóxido de sódio dissolvido em etanol.

O *terc*-butóxido de potássio (*t*-BuOK) é outro reagente de desidroalogenação altamente eficiente. Ele pode ser produzido pela reação vista a seguir, ou comprado como um sólido.

$$2\ CH_3\underset{CH_3}{\overset{CH_3}{C}}\text{—}\ddot{\text{O}}H\ +\ 2\ K\ \longrightarrow\ 2\ CH_3\underset{CH_3}{\overset{CH_3}{C}}\text{—}\ddot{\text{O}}{:}^-\ K^+\ +\ H_2$$
***terc*-Butanol (excesso)**   ***terc*-Butóxido de potássio**

> **DICA ÚTIL**
> *t*-BuOK/*t*-BuOH representa *terc*-butóxido de potássio dissolvido em *terc*-butanol.

7.6B Mecanismos de Desidroalogenações

As reações de eliminação ocorrem por meio de vários mecanismos. Com os haletos de alquila, dois mecanismos são especialmente importantes porque estão intimamente relacionados com as reações S_N2 e S_N1 que foram estudadas no Capítulo 6. Um mecanismo, chamado **reação E2**, é bimolecular na etapa determinante da velocidade; o outro mecanismo é a **reação E1**, que é unimolecular na etapa determinante da velocidade.

7.7 Reação E2

Em um mecanismo E2, uma base remove um hidrogênio β do carbono β quando se forma uma ligação dupla e um grupo de saída é removido do carbono α.

$$B{:}^-\ +\ \underset{X}{\overset{H}{\underset{|}{\overset{|}{C_\beta\text{—}C_\alpha}}}}\ \xrightarrow{E2}\ \ \ C\text{=}C\ +\ B{:}H\ +\ {:}X^-$$

A evidência deste mecanismo vem da reação do brometo de isopropila com etóxido de sódio em etanol, levando à formação de propeno. A velocidade de reação depende da concentração do brometo de isopropila e da concentração do íon etóxido; ou seja, a reação é de primeira ordem em relação a cada um dos reagentes e de segunda ordem no global:

$$\text{Velocidade} = k[\text{CH}_3\text{CHBrCH}_3][\text{C}_2\text{H}_5\text{O}^-]$$

- A partir da ordem da reação inferimos que o estado de transição para a etapa determinante da velocidade tem de envolver tanto o haleto de alquila quanto o íon alcóxido, de modo que a reação deve ser bimolecular. Chamamos esse tipo de eliminação de reação E2.

Há evidências experimentais substanciais que indicam que uma reação E2 ocorre da seguinte maneira:

Um Mecanismo para a Reação

Mecanismo para a Reação E2

Reação

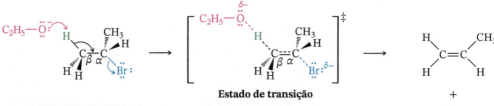

Mecanismo

O íon etóxido básico começa a remover um próton do carbono β utilizando seu par de elétrons para formar uma ligação com ele. Ao mesmo tempo, o par de elétrons da ligação β C—H se move para formar a ligação π de uma ligação dupla, e o brometo começa a sair com um par de elétrons.

As ligações parciais no estado de transição se estendem do átomo de oxigênio que está removendo o hidrogênio β, através do esqueleto de carbono da ligação dupla que se desenvolve, até o grupo de saída. O fluxo de densidade eletrônica é da base para o grupo de saída à medida que um par de elétrons preenche o orbital π ligante do alqueno.

Ao final da reação, a ligação dupla está totalmente formada e o alqueno apresenta uma geometria plana triangular em cada átomo de carbono. Os outros produtos são uma molécula de etanol e um íon brometo.

Uma reação E2 apresenta um estado de transição

As orientações do átomo de hidrogênio β e do grupo de saída não são arbitrárias. É necessária uma conformação na qual todos eles estão no mesmo plano, como mostrado anteriormente e no exemplo que vem a seguir.

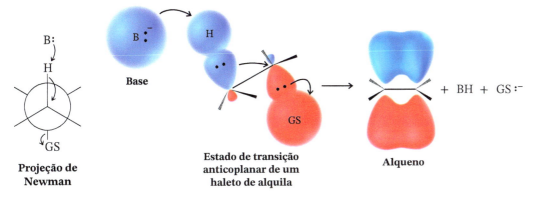

Observe que a geometria necessária nesse caso é semelhante à da reação S_N2. Na reação S_N2 (Seção 6.6), o nucleófilo tem de empurrar o grupo de saída para fora a partir do lado oposto. Na reação E2, o par de elétrons da ligação C—H empurra o grupo de saída para fora a partir do lado oposto à medida que a base remove o hidrogênio. (Também veremos na Seção 7.7C que um estado de transição E2 sin-coplanar é possível, embora não seja favorável.)

7.7A Regra de Zaitsev: A Formação do Alqueno Mais Substituído É Favorecida com uma Base Pequena

Na Seção 7.6, mostramos exemplos de desidroalogenações em que um único produto de eliminação era possível. Por exemplo:

Entretanto, a desidroalogenação de muitos haletos de alquila produz mais de um produto. Por exemplo, a desidroalogenação do 2-bromo-2-metilbutano pode produzir dois produtos: o 2-metil-2-buteno e o 2-metil-1-buteno, como mostrado a seguir pelos caminhos reacionais (a) e (b), respectivamente:

- Se empregamos uma base pequena, tal como o íon etóxido ou o íon hidróxido, o produto principal da reação será o alqueno mais substituído (que é também o alqueno mais estável).

304 CAPÍTULO 7

[Reação: 2-bromo-2-metilbutano com EtONa/EtOH a 70 °C produzindo:]

2-Metil-2-buteno (69%) — Trissubstituído: mais estável

2-Metil-1-buteno (31%) — Dissubstituído: menos estável

O 2-metil-2-buteno é um alqueno trissubstituído (três grupos metila estão ligados aos átomos de carbono da ligação dupla), enquanto o 2-metil-1-buteno é apenas dissubstituído. O 2-metil-2-buteno é o produto principal.

> **DICA ÚTIL**
>
> O produto de uma reação de Zaitsev corresponde àquele que é mais estável.

- Sempre que uma reação de eliminação fornece como produto mais estável o alqueno mais substituído, os químicos dizem que a eliminação segue a **regra de Zaitsev**, assim denominada em homenagem ao químico russo do século XIX, A. M. Zaitsev (1841–1910), que a formulou. (O nome Zaitsev é também transcrito como Zaitzev, Saytzeff, Saytseff ou Saytzev.)

A razão para esse comportamento está relacionada com o caráter da ligação dupla que se desenvolve no estado de transição para cada reação:

[Diagrama do estado de transição E2: EtO⁻ ataca H β, com saída de Br⁻, formando o estado de transição com cargas parciais δ−, resultando em EtOH + alqueno + Br⁻]

Estado de transição para uma reação E2

O hidrogênio β e o grupo de saída são anticoplanares

A ligação carbono–carbono possui caráter em desenvolvimento de uma dupla ligação

O estado de transição para a reação que leva ao 2-metil-2-buteno (**Fig. 7.6**) apresenta o caráter da ligação dupla em um alqueno trissubstituído. O estado de transição para a

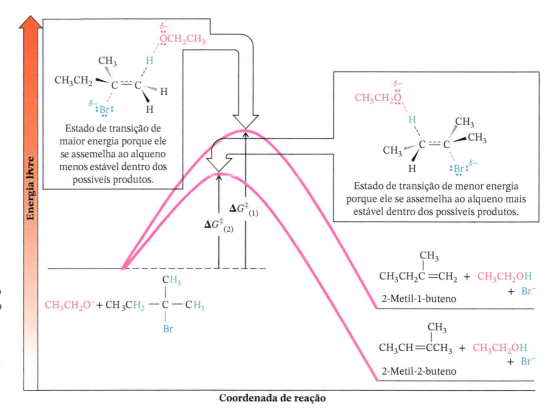

FIGURA 7.6 A reação (2) que leva ao alqueno mais estável ocorre mais rapidamente do que a reação (1), que leva ao alqueno menos estável; $\Delta G^{\ddagger}_{(2)}$ é menor do que $\Delta G^{\ddagger}_{(1)}$.

reação que leva ao 2-metil-1-buteno possui o caráter de uma ligação dupla em um alqueno dissubstituído. Uma vez que o estado de transição que leva ao 2-metil-2-buteno assemelha-se a um alqueno mais estável, esse estado de transição é mais estável (lembre-se do postulado de Hammond–Leffler, Fig. 6.10). Como esse estado de transição é mais estável (ocorre com uma energia livre mais baixa), a energia livre de ativação para essa reação é menor e o 2-metil-2-buteno é formado mais rapidamente. Isso explica por que o 2-metil-2-buteno é o produto principal.

- Geralmente, a formação preferencial de um produto em virtude de a energia livre de ativação que leva à sua formação ser menor do que aquela para outro produto e, portanto, a sua velocidade de formação ser mais rápida, é chamada de **controle cinético** da formação do produto. (Veja também a Seção 13.10A.)

PROBLEMA RESOLVIDO 7.3

Usando a regra de Zaitsev, preveja qual será o produto principal da seguinte reação:

Estratégia e Resposta

O alqueno **B** tem uma ligação dupla trissubstituída enquanto a ligação dupla de **A** é apenas monossubstituída. Portanto, **B** é mais estável e, de acordo com a regra de Zaitsev, será o produto principal.

PROBLEMA DE REVISÃO 7.6

Preveja o produto principal formado quando o 2-bromobutano sofre reação de desidrobromação em presença de etóxido de sódio em etanol a 55 °C.

PROBLEMA DE REVISÃO 7.7

Relacione os alquenos que são formados quando cada um dos seguintes haletos de alquila é submetido à desidroalogenação com etóxido de potássio em etanol e utilize a regra de Zaitsev para prever o produto principal de cada reação: **(a)** 2-bromo-3-metilbutano e **(b)** 2-bromo-2,3-dimetilbutano.

7.7B Formação do Alqueno Menos Substituído Utilizando-se uma Base Volumosa

- As desidroalogenações efetuadas com uma base volumosa como o *terc*-butóxido de potássio (*t*-BuOK) em álcool *terc*-butílico (*t*-BuOH) favorecem a formação do **alqueno menos substituído**, como mostra a reação vista a seguir com o 2-bromo-2-metilbutano.

2-Metil-2-buteno (27,5%) — Mais substituído, mas formado mais lentamente

2-Metil-1-buteno (72,5%) — Menos substituído, mas formado mais rápido

DICA ÚTIL
Construa um modelo do 2-bromo-2-metilbutano e mostre que os hidrogênios primários dos grupos metila são mais acessíveis a uma base do que os hidrogênios secundários em C3.

As razões para esse comportamento estão relacionadas, em parte, com o volume estérico da base e ao fato de a base, no álcool *terc*-butílico, estar associada às moléculas do solvente, tornando-se assim ainda maior. O grande íon *terc*-butóxido parece ter dificuldade em remover um dos átomos de hidrogênio internos (do carbono secundário) por causa do maior impedimento naquele sítio no estado de transição. Em vez disso, ele remove um dos átomos de hidrogênio mais expostos (do carbono primário) do grupo metila.

- Quando uma eliminação produz o alqueno menos substituído, dizemos que ela segue a **regra de Hofmann** (veja a Seção 20.12A).

PROBLEMA RESOLVIDO 7.4

Sua tarefa é a síntese vista a seguir. Que base você empregaria para maximizar o rendimento deste alqueno específico?

Estratégia e Resposta

Neste caso, você deve aplicar a regra de Hofmann (você deseja a formação do alqueno menos substituído). Portanto, você deve usar uma base volumosa como o *terc*-butóxido de potássio em álcool *terc*-butílico.

PROBLEMA DE REVISÃO 7.8

Examine o Problema Resolvido 7.3. Sua tarefa é preparar **A** por desidrobromação com o maior rendimento possível. Que base você utilizaria?

7.7C Estereoquímica das Reações E2: Orientação dos Grupos no Estado de Transição

- Os cinco átomos envolvidos no estado de transição de uma reação E2 (incluindo a base) têm de ser **coplanares**, ou seja, têm de estar no mesmo plano.

A exigência de coplanaridade da unidade H—C—C—GS surge da necessidade de uma superposição apropriada dos orbitais na formação da ligação π do alqueno que está sendo formado. Existem duas maneiras em que isso pode ocorrer:

Estado de transição
anticoplanar
(preferencial)

Estado de transição
sin-coplanar
(apenas em algumas
moléculas rígidas)

- A conformação **anticoplanar** é a geometria preferida do estado de transição.

O estado de transição **sin-coplanar** ocorre apenas com moléculas rígidas que são incapazes de assumir o arranjo anti. A razão: o estado de transição anticoplanar é alternado (e, portanto, de energia menor), enquanto o estado de transição sin-coplanar é eclipsado. O Problema de Revisão 7.9 ajudará a ilustrar essa diferença.

> **DICA ÚTIL**
>
> Seja capaz de desenhar uma representação tridimensional de um estado de transição E2 anticoplanar.

PROBLEMA DE REVISÃO 7.9

Considere uma molécula simples como o brometo de etila e mostre através de fórmulas de projeção de Newman como o estado de transição anticoplanar é favorecido em relação ao sin-coplanar.

Parte da evidência para a preferência dos grupos pelo arranjo anticoplanar vem dos experimentos realizados com moléculas cíclicas. Dois grupos orientados axialmente em carbonos adjacentes em uma conformação em cadeira do ciclo-hexano são anticoplanares. Se um desses grupos é um hidrogênio e o outro é um grupo de saída, as exigências geométricas para um estado de transição anticoplanar E2 são satisfeitas. Nem uma orientação dos grupos axial–equatorial, nem uma equatorial–equatorial, permite a formação de um estado de transição anticoplanar. (Observe que também não existem grupos sin-coplanares em uma conformação em cadeira.)

Aqui o hidrogênio β e o cloro são ambos axiais. Essa orientação permite um estado de transição anticoplanar.

Uma projeção de Newman mostra que o hidrogênio β e o cloro são anticoplanares quando ambos são axiais.

Como exemplos, vamos considerar o comportamento diferenciado em reações E2 de dois compostos contendo anéis ciclo-hexano, o cloreto de neomentila e o cloreto de mentila:

Cloreto de neomentila   **Cloreto de mentila**

Na conformação mais estável do cloreto de neomentila (veja o mecanismo a seguir), ambos os grupos alquila são equatoriais e o cloro é axial. Existem também átomos de hidrogênio axiais tanto no carbono C1 quanto no carbono C3. A base pode atacar qualquer um desses átomos de hidrogênio e atingir um estado de transição anticoplanar para uma reação E2. Os produtos correspondendo a cada um desses estados de transição (2-menteno e 1-menteno) são formados rapidamente. De acordo com a regra de Zaitsev, o 1-menteno (com a ligação dupla mais substituída) é o produto principal.

DICA ÚTIL

Examine a conformação do cloreto de neomentila usando modelos construídos com um *kit* de montagem de modelos moleculares.

Um Mecanismo para a Reação

Eliminação E2 em que Existem Dois Hidrogênios β em Posições Axiais

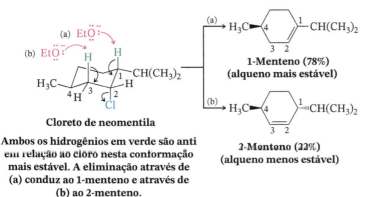

Cloreto de neomentila

Ambos os hidrogênios em verde são anti em relação ao cloro nesta conformação mais estável. A eliminação através de (a) conduz ao 1-menteno e através de (b) ao 2-menteno.

1-Menteno (78%)
(alqueno mais estável)

2-Menteno (22%)
(alqueno menos estável)

Por outro lado, a conformação mais estável do cloreto de mentila contém todos os três grupos (incluindo o cloro) equatoriais. Para o cloro tornar-se axial, o cloreto de mentila tem de assumir uma conformação na qual o grupo isopropila (um grupo grande) e o grupo metila também são axiais. Essa conformação tem energia muito maior, e a energia livre de ativação para a reação é grande porque ela inclui a energia necessária para a mudança de conformação. Por isso, o cloreto de mentila sofre uma reação E2 muito lentamente e o produto é inteiramente o 2-menteno porque o átomo de hidrogênio no carbono C1 não pode ser anti em relação ao cloro. Esse produto (ou qualquer outro resultante de uma eliminação para produzir o alqueno menos substituído) é algumas vezes chamado de *produto de Hofmann* (Seções 7.7B e 20.12A).

Um Mecanismo para a Reação

Eliminação E2 em que Apenas o Hidrogênio β Axial Está Presente em um Confôrmero de Menor Estabilidade

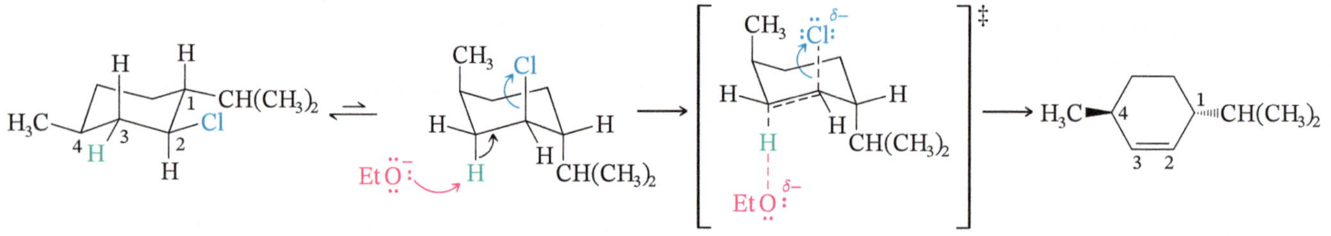

Cloreto de mentila
(*conformação mais estável*)
A eliminação não é possível para esta conformação porque não há hidrogênio anti em relação ao grupo de saída.

Cloreto de mentila
(*conformação menos estável*)
A eliminação é possível nesta conformação porque o hidrogênio em verde está em posição anti em relação ao cloro.

O estado de transição para a eliminação E2 é anticoplanar.

2-Menteno (100%)

PROBLEMA RESOLVIDO 7.5

Preveja o produto principal formado quando o composto mostrado aqui sofre desidrocloração em presença de etóxido de sódio em etanol.

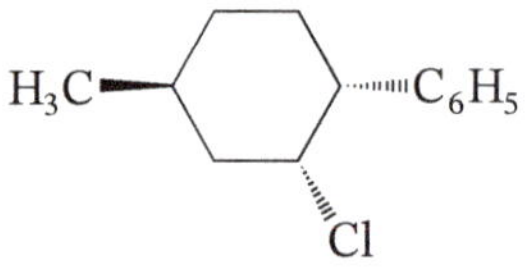

Estratégia e Resposta

Sabemos que para que ocorra uma reação E2 de desidrocloração, o cloro tem de estar em posição axial. A conformação vista a seguir apresenta o cloro axial e tem dois átomos de hidrogênio que são anticoplanares em relação ao cloro. Serão formados dois produtos, mas **(B)** sendo mais estável deve ser o produto principal.

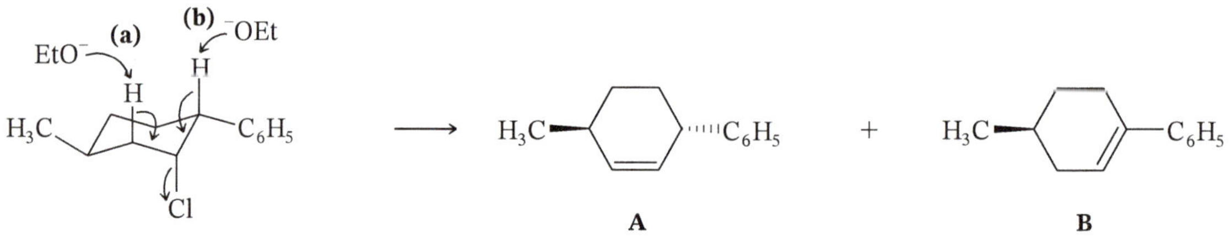

A
Dissubstituído, menos estável
(produto secundário)

B
Trissubstituído, mais estável
(produto principal)

PROBLEMA DE REVISÃO 7.10

Quando o *cis*-1-bromo-4-*terc*-butilciclo-hexano é tratado com etóxido de sódio em etanol, ele reage rapidamente; o produto é o 4-*terc*-butilciclo-hexeno. Nas mesmas condições, o *trans*-1-bromo-4-*terc*-butilciclo-hexano reage muito lentamente. Escreva as estruturas conformacionais e explique a diferença na reatividade desses isômeros cis–trans.

> **PROBLEMA DE REVISÃO 7.11**
>
> **(a)** Quando o *cis*-1-bromo-2-metilciclo-hexano sofre uma reação E2, dois produtos (cicloalquenos) são formados. Quais são esses dois cicloalquenos e qual você espera que seja o produto principal? Escreva as estruturas conformacionais mostrando como cada uma delas é formada. **(b)** Quando o *trans*-1-bromo-2-metilciclo-hexano reage via uma reação E2, forma-se apenas um cicloalqueno. Qual é esse produto? Escreva as estruturas conformacionais mostrando por que ele é o único produto.

7.8 Reação E1

Algumas reações de eliminação seguem uma rota que exibe uma cinética de primeira ordem. Chamamos tais tipos de eliminações de reações E1. As reações E1 competem com as reações S_N1. Por exemplo, o tratamento do cloreto de *terc*-butila com etanol aquoso a 80% e 25 °C fornece produtos de substituição com 83% de rendimento, por meio de um mecanismo S_N1 e um produto de eliminação (2-metilpropeno) com rendimento de 17%, por meio de um mecanismo E1:

- A etapa inicial é a mesma tanto para a substituição como para a eliminação: a formação de um carbocátion. Essa também é a etapa determinante da velocidade para ambas as reações; assim, ambas as reações apresentam cinética de primeira ordem e são unimoleculares na etapa determinante da velocidade.

Se ocorre a eliminação E1 ou a substituição S_N1 depende da etapa seguinte (a etapa rápida).

- Se uma molécula de solvente atua como uma base e remove um dos átomos de hidrogênio β, o produto é o 2-metilpropeno e a reação é E1.

- Se uma molécula do solvente reage como um nucleófilo no átomo de carbono positivo do cátion *terc*-butila, o produto é o álcool *terc*-butílico ou o *terc*-butil etil éter, e a reação é S_N1:

$$CH_3-\overset{CH_3}{\underset{CH_3}{C^+}} + R-\ddot{O}H \xrightarrow{\text{rápida}} CH_3-\overset{CH_3}{\underset{CH_3}{C}}-\overset{R}{\underset{H}{\overset{\pm}{\ddot{O}}}} \rightleftharpoons CH_3-\overset{CH_3}{\underset{CH_3}{C}}-\ddot{\ddot{O}}-R + H-\overset{H}{\underset{}{\overset{+}{\ddot{O}}}}-R \Big\} \begin{array}{l}\text{reação}\\ S_N1\end{array}$$

$(R = CH_3CH_2 \text{ ou } H)$ $\quad\quad\quad\quad H-\ddot{\ddot{O}}-R$

- As reações E1 quase sempre acompanham as reações S_N1.

Um Mecanismo para a Reação

Mecanismo para a Reação E1

Reação

$$CH_3-\overset{CH_3}{\underset{CH_3}{C}}-\ddot{\ddot{Cl}}: + H_2O \longrightarrow \overset{H}{\underset{H}{}}C=C\overset{CH_3}{\underset{CH_3}{}} + H_3O^+ + Cl^-$$

Mecanismo

Etapa 1

$$CH_3-\overset{CH_3}{\underset{CH_3}{C}}-\ddot{\ddot{Cl}}: \xrightarrow[H_2O]{\text{lenta}} CH_3-\overset{CH_3}{\underset{CH_3}{C^+}} + :\ddot{\ddot{Cl}}:^-$$

Auxiliado pelo solvente polar, um átomo de cloro sai com o par de elétrons que o ligava ao átomo de carbono.

Essa etapa lenta produz o carbocátion 3° relativamente estável e um íon cloreto. Os íons são solvatados (e estabilizados) pelas moléculas de água.

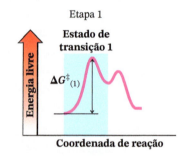

Etapa 1
Estado de transição 1
$\Delta G^{\ddagger}_{(1)}$
Energia livre
Coordenada de reação

Etapa 2

$$H-\ddot{\ddot{O}}:\underset{H}{} + H-\overset{CH_3}{\underset{\beta\,|\,\alpha}{C}}\overset{}{\underset{H}{\overset{}{C^+}}}\overset{}{\underset{CH_3}{}} \longrightarrow H-\overset{+}{\ddot{O}}-H\underset{H}{} + \overset{H}{\underset{H}{}}C=C\overset{CH_3}{\underset{CH_3}{}}$$

Uma molécula de água remove um dos hidrogênios do carbono β do carbocátion. Esses hidrogênios são ácidos devido à carga positiva adjacente. Ao mesmo tempo, um par de elétrons move-se para formar uma ligação dupla entre os átomos de carbono α e β.

Essa etapa produz o alqueno e um íon hidrônio.

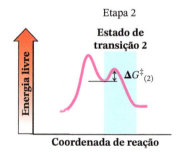

Etapa 2
Estado de transição 2
$\Delta G^{\ddagger}_{(2)}$
Energia livre
Coordenada de reação

Se desejamos sintetizar um alqueno por desidroalogenação, geralmente é melhor escolher reagentes e condições que favoreçam um mecanismo E2. Deve-se evitar uma reação que favoreça uma eliminação E1 porque os resultados podem ser muito variáveis. O carbocátion intermediário que acompanha uma reação E1 pode sofrer rearranjo da cadeia de carbono, como veremos na Seção 7.11, e também pode sofrer substituição por meio de um mecanismo S_N1, que compete fortemente com a formação de produtos por meio de um mecanismo E1.

7.8A Como Favorecer um Mecanismo E2

1. Se **possível, utilize um haleto de alquila secundário ou terciário.**
   Por quê? Porque o impedimento estérico no substrato inibirá a substituição.

2. **Quando uma síntese tem de iniciar com um haleto de alquila primário, utilize uma base volumosa.**
   Por quê? Porque o volume estérico da base inibirá a substituição.

3. **Utilize uma concentração elevada de uma base forte não polarizável, como um alcóxido.**
   Por quê? Porque uma base fraca e polarizável não conduziria a reação por meio de uma reação bimolecular, consequentemente permitindo a ocorrência competitiva de processos unimoleculares (tais como reações S_N1 ou E1).

4. **Etóxido de sódio em etanol (EtONa/EtOH) e *terc*-butóxido de potássio em álcool *terc*-butílico (*t*-BuOK/*t*-BuOH) são bases tipicamente usadas para promover reações E2.**
   Por quê? Porque elas atendem ao critério 3 anterior. Observe que em cada caso a base alcóxido está dissolvida no seu álcool correspondente. (Algumas vezes utiliza-se o hidróxido de potássio dissolvido em etanol ou álcool *terc*-butílico. Nesse caso, a base ativa inclui tanto a espécie alcóxido quanto a espécie hidróxido presentes no equilíbrio.)

5. **Utilize uma temperatura elevada porque o calor geralmente favorece a eliminação no lugar da substituição.**
   Por quê? Porque as reações de eliminação são entropicamente favorecidas em relação às de substituição (visto que existe um maior número de produtos do que de reagentes). Por isso, $\Delta S°$ na equação de energia livre de Gibbs, $\Delta G° = \Delta H° - T\Delta S°$ é significativo, e $\Delta S°$ aumentará quanto maiores forem as temperaturas, uma vez que T é um coeficiente, levando a um valor mais negativo (mais favorável) de $\Delta G°$.

7.9 Competição entre Reações de Eliminação e Reações de Substituição

Todos os nucleófilos são bases em potencial e todas as bases são nucleófilos em potencial. Isso porque a parte reativa tanto dos nucleófilos quanto das bases é um par de elétrons não compartilhados. Não deve surpreender, então, que as reações de substituição nucleofílica e as reações de eliminação frequentemente concorram entre si. A avaliação do potencial de uma reação levar a uma substituição ou a uma eliminação pode ser uma tarefa desconcertante para os estudantes de química orgânica. Para ajudar você a dominar esses conceitos, vamos agora resumir os fatores que influenciam que tipo de reação é favorecida e fornecer alguns exemplos.

7.9A Como Determinar se a Substituição ou a Eliminação É Favorecida

S_N2 *versus* E2 As reações S_N2 e E2 são ambas favorecidas por uma alta concentração de um nucleófilo ou base forte. Quando o nucleófilo (base) ataca um átomo de hidrogênio β, ocorre a eliminação. Quando o nucleófilo ataca o átomo de carbono contendo o grupo de saída, resulta em uma substituição:

DICA ÚTIL

Esta seção reúne os vários fatores que influenciam a competição entre substituição e eliminação.

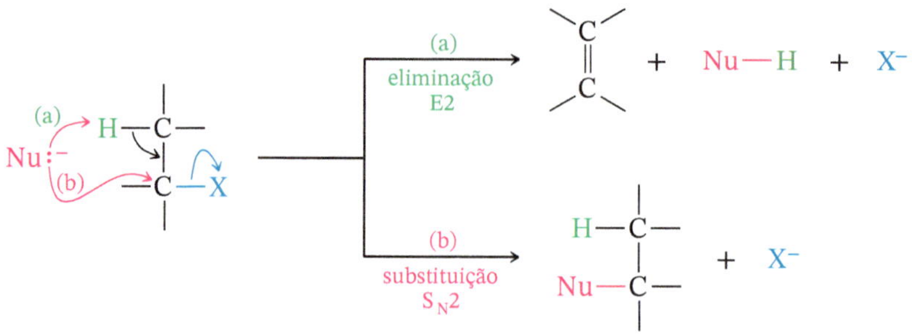

Os exemplos a seguir ilustram os efeitos de diversos parâmetros na substituição e na eliminação: impedimento estérico relativo no substrato (classe dos haletos de alquila), temperatura, tamanho da base/nucleófilo (EtONa *versus* *t*-BuOK) e efeitos de basicidade e polarizabilidade. Nesses exemplos, também ilustramos uma forma muito comum de escrever reações orgânicas, na qual os reagentes são escritos sobre a seta da reação, solventes e temperaturas são escritos sob a seta e somente o substrato e os produtos orgânicos predominantes são escritos à esquerda e à direita da seta da reação. Também utilizaremos as notações abreviadas típicas dos químicos orgânicos, como o uso exclusivo de estruturas em bastão e o uso de abreviações comumente aceitas para alguns reagentes e solventes.

Substrato Primário Quando o substrato é um haleto *primário* e a base é forte e não sofre impedimento, como o íon etóxido, a substituição é altamente favorecida porque a base pode se aproximar facilmente do carbono contendo o grupo de saída:

Primário | **S_N2 principal (90%)** | **E2 secundário (10%)**

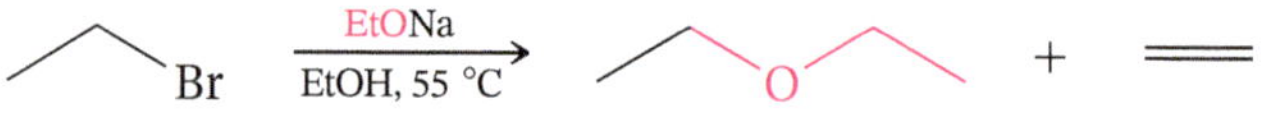

Substrato Secundário Com os haletos *secundários*, no entanto, uma base forte favorece a eliminação porque o impedimento estérico no substrato torna a substituição mais difícil:

Secundário | **E2 principal (79%)** | **S_N2 secundário (21%)**

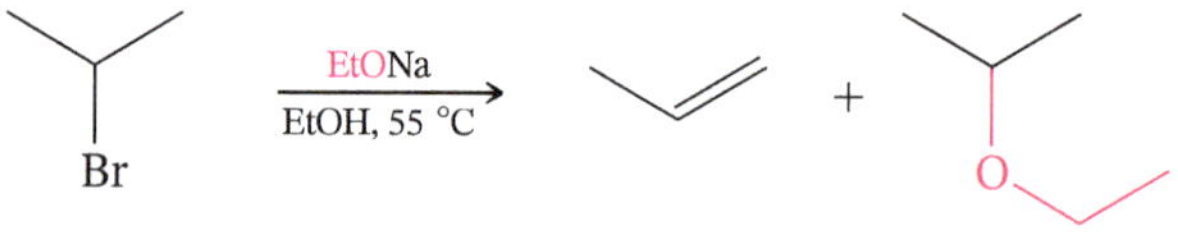

Substrato Terciário Com haletos *terciários*, o impedimento estérico no substrato é severo e uma reação S_N2 não pode ocorrer. A eliminação é altamente favorecida quando a reação é realizada a altas temperaturas. Qualquer substituição que ocorra deve acontecer por meio de um mecanismo S_N1:

Sem Aquecimento

Terciário | **E2 principal (91%)** | **S_N1 secundário (9%)**

Com Aquecimento

Terciário | **E2 + E1 apenas (100%)**

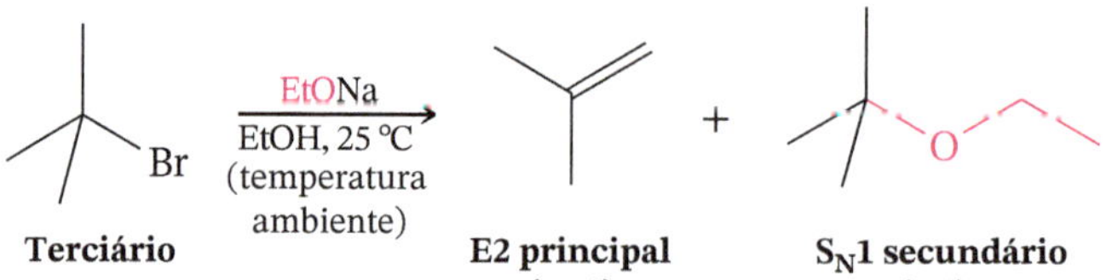

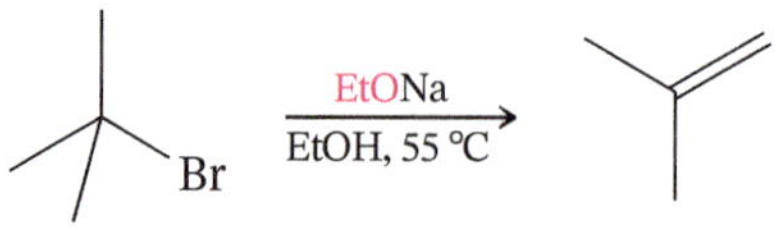

Temperatura O aumento da temperatura da reação favorece a eliminação (E1 e E2) em relação à substituição. As reações de eliminação têm energias livres de ativação maiores do que as reações de substituição porque mais mudanças de ligação ocorrem durante a eliminação. Quando se utiliza temperatura mais alta, a proporção de moléculas capazes de transpor a barreira de energia de ativação para a eliminação aumenta mais do que a proporção de moléculas capazes de sofrer substituição, apesar de a velocidade tanto da substituição quanto da eliminação também aumentar. Além disso, as reações de eliminação são entropicamente mais favoráveis que a substituição porque os produtos de uma reação de eliminação são maiores em número do que os reagentes. E, uma vez que a temperatura é o coeficiente do termo da entropia na equação da energia livre de Gibbs $\Delta G° = \Delta H° - T\Delta S°$, um aumento na temperatura intensifica ainda mais o efeito da entropia.

Tamanho da Base/Nucleófilo O aumento da temperatura de reação é uma maneira de influenciar favoravelmente uma reação de eliminação em um haleto de alquila. Outra maneira é utilizar uma *base forte estericamente impedida* como o íon *terc*-butóxido. Os grupos metila volumosos do íon *terc*-butóxido inibem sua reação por meio da substituição, permitindo que as reações de eliminação tenham preferência. Podemos ver um exemplo desse efeito nas duas reações a seguir. O íon metóxido relativamente desimpedido reage com o brometo de octadecila principalmente por meio da *substituição*, enquanto o íon *terc*-butóxido volumoso reage principalmente por *eliminação*.

Base/Nucleófilo (Pequeno) Desimpedido

Base/Nucleófilo Estericamente Impedido

Basicidade e Polarizabilidade Outro fator que afeta as velocidades relativas das reações E2 e S_N2 é a basicidade e a polarizabilidade relativas da base/nucleófilo. A utilização de uma base forte levemente polarizável, como o íon hidróxido, o íon amideto (NH_2^-) ou um íon alcóxido (principalmente se impedido), tende a aumentar a probabilidade de eliminação (E2). O uso de um íon fracamente básico, como o íon cloreto (Cl^-) ou o íon acetato ($CH_3CO_2^-$), ou um íon fracamente básico e altamente polarizável, como Br^-, I^- ou RS^-, aumenta a probabilidade de substituição (S_N2). O íon acetato, por exemplo, reage com o brometo de isopropila quase exclusivamente por meio de um mecanismo S_N2:

O íon etóxido, mais fortemente básico (Seção 7.6A), reage com o mesmo composto principalmente por um mecanismo E2.

Haletos Terciários: S_N1 *versus* E1 Uma vez que as reações E1 e S_N1 prosseguem por meio da formação de um intermediário comum, os dois tipos respondem de modo semelhante aos fatores que afetam as reatividades. As reações E1 são favorecidas por substratos que podem formar carbocátions estáveis (ou seja, haletos terciários); elas são também favorecidas pelo uso de nucleófilos pobres (bases fracas) e geralmente são favorecidas pela utilização de solventes polares.

Em geral, é difícil influenciar a separação entre os produtos das reações S_N1 e E1 porque a energia livre de ativação para qualquer dessas reações que ocorrem a partir do carbocátion (perda de um próton ou combinação com uma molécula do solvente) é muito pequena.

Na maioria das reações unimoleculares, a reação S_N1 é favorecida sobre a reação E1, especialmente a baixas temperaturas. *Em geral, no entanto, as reações de substituição de haletos terciários não encontram grande uso como métodos de síntese. Tais haletos sofrem eliminações muito mais facilmente.*

O aumento da temperatura da reação favorece a reação por meio do mecanismo E1 à custa do mecanismo S_N1.

- Se um produto de eliminação é desejado a partir de um substrato terciário, é aconselhável usar uma base forte para favorecer um mecanismo E2 no lugar dos mecanismos E1 e S_N1, que competem entre si.

Vamos examinar alguns exercícios para ilustrar como aplicar esses princípios. Um resumo desses princípios pode ser encontrado na Tabela 7.1 no fim deste capítulo.

PROBLEMA RESOLVIDO 7.6

Dê o produto (ou os produtos) que você espera que seja(m) formado(s) em cada uma das seguintes reações. Em cada caso forneça o mecanismo (S_N1, S_N2, E1 ou E2) por meio do qual o produto é formado e preveja a quantidade relativa de cada um (ou seja, o produto seria o único formado, o produto principal ou um produto minoritário?).

Estratégia e Resposta

(a) O substrato é um haleto 1°. A base/nucleófilo é o CH_3O^-, uma base forte (mas não uma base impedida) e um bom nucleófilo. Devemos esperar principalmente uma reação S_N2 e o produto principal deve ser ⌒⌒OCH_3. Um produto minoritário pode ser ⌒⧸, por meio de um caminho E2.

(b) Mais uma vez o substrato é um haleto primário, mas a base/nucleófilo, t-BuO$^-$, é uma base forte impedida. Devemos esperar, consequentemente, que o produto principal seja ⌒⧸ por meio de um caminho E2 e que o produto minoritário seja ⌒⌒Ot-Bu por meio de um caminho S_N2.

(c) O reagente é o (S)-2-bromobutano, um haleto 2°, no qual o grupo de saída está ligado a um centro quiral. A base/nucleófilo é o HS$^-$, um nucleófilo forte, mas uma base fraca. Devemos esperar principalmente uma reação S_N2, provocando uma inversão de configuração no centro quiral e produzindo o estereoisômero (R):

(d) A base/nucleófilo é o HO$^-$, uma base forte e um nucleófilo forte. Entretanto, o substrato é um haleto 3°, consequentemente, não devemos esperar uma reação S_N2. O produto principal deve ser via uma reação E2. Nessa temperatura mais alta e na presença de uma base forte, não devemos esperar uma quantidade apreciável do produto de solvólise S_N1,

(e) Essa é uma solvólise; a única base/nucleófilo é o solvente, CH₃OH, que é uma base fraca (logo, não há reação E2) e um mau nucleófilo. O substrato é terciário (logo, não há reação S_N2). Nessa temperatura mais baixa devemos esperar principalmente um caminho S_N1 levando a OCH₃. Um produto minoritário, via uma reação E1, seria.

PROBLEMA DE REVISÃO 7.12

Sua tarefa é preparar estireno por meio de uma das reações vistas a seguir. Qual reação você escolheria de modo a obter o melhor rendimento na produção de estireno? Explique sua resposta.

PROBLEMA DE REVISÃO 7.13

Embora o brometo de isobutila e o brometo de etila sejam haletos primários, o brometo de etila sofre reações S_N2 mais do que 10 vezes mais rápido do que o brometo de isobutila. Quando esses dois compostos são tratados com uma base forte/nucleófilo forte (EtO⁻), o brometo de isobutila proporciona um rendimento maior de produtos de eliminação do que de produtos de substituição, enquanto o comportamento do brometo de etila é o contrário. Que fator explica esses resultados?

7.10 Eliminação de Álcoois: Desidratação Catalisada por Ácidos

- Quando aquecidos em presença de um ácido forte, a maioria dos álcoois sofre **desidratação** (perda de uma molécula de água) com formação de um alqueno.

- Para álcoois secundários e terciários a desidratação segue um mecanismo E1. Álcoois primários podem seguir um mecanismo E2 ou sofrer rearranjo.

A reação é uma **eliminação** e é favorecida a altas temperaturas. Os ácidos mais comumente utilizados no laboratório são os ácidos de Brønsted – doadores de prótons, tais como o ácido sulfúrico e o ácido fosfórico. Os ácidos de Lewis, como a alumina (Al₂O₃), são frequentemente utilizados nas desidratações industriais em fase gasosa.

1. **A temperatura e a concentração do ácido, necessárias para desidratar um álcool, dependem da estrutura do álcool que atua como substrato.**

    (a) Os **álcoois primários** são os mais difíceis de desidratar. A desidratação do etanol, por exemplo, requer ácido sulfúrico concentrado e uma temperatura de 180 °C:

(b) Os **álcoois secundários** normalmente desidratam sob condições brandas. O ciclo-hexanol, por exemplo, desidrata em ácido fosfórico a 85%, a 165–170 °C:

$$\text{Ciclo-hexanol} \xrightarrow[165-170\ °C]{H_3PO_4\ a\ 85\%} \text{Ciclo-hexeno (80\%)} + H_2O$$

(c) Os **álcoois terciários** geralmente são tão facilmente desidratados que podem ser utilizadas condições extremamente brandas. O álcool *terc*-butílico, por exemplo, desidrata em ácido sulfúrico aquoso a 20% em uma temperatura de 85 °C:

$$CH_3-\underset{CH_3}{\underset{|}{\overset{CH_3}{\overset{|}{C}}}}-OH \xrightarrow[85\ °C]{H_2SO_4\ a\ 20\%} \underset{CH_3}{\overset{CH_2}{\underset{}{\overset{||}{C}}}} \begin{matrix}\\ \\ CH_3\end{matrix} + H_2O$$

Álcool *terc*-butílico → 2-Metilpropeno (84%)

- A facilidade relativa com que os álcoois sofrem desidratação ocorre na seguinte ordem: 3° > 2° > 1°.

$$R-\underset{R}{\underset{|}{\overset{R}{\overset{|}{C}}}}-OH > R-\underset{H}{\underset{|}{\overset{R}{\overset{|}{C}}}}-OH > R-\underset{H}{\underset{|}{\overset{H}{\overset{|}{C}}}}-OH$$

Álcool 3°   Álcool 2°   Álcool 1°

> **DICA ÚTIL**
>
> Seja capaz de classificar qualquer álcool como 1°, 2° ou 3° e, assim, comparar sua facilidade relativa de desidratação.

Esse comportamento, como veremos na Seção 7.10B, está relacionado com as estabilidades relativas dos carbocátions.

2. **Alguns álcoois primários e secundários também sofrem rearranjos de suas cadeias de carbono durante a desidratação.** Um rearranjo desse tipo ocorre na desidratação do 3,3-dimetil-2-butanol:

$$CH_3-\underset{CH_3}{\underset{|}{\overset{CH_3}{\overset{|}{C}}}}-\underset{OH}{\underset{|}{CH}}-CH_3 \xrightarrow[80\ °C]{H_3PO_4\ a\ 85\%} \underset{H_3C}{\overset{H_3C}{>}}C=C\underset{CH_3}{\overset{CH_3}{<}} + \underset{H_2C}{\overset{H_3C}{>}}C-\underset{}{\overset{CH_3}{\overset{|}{CHCH_3}}}$$

3,3-Dimetil-2-butanol   2,3-Dimetil-2-buteno (80%)   2,3-Dimetil-1-buteno (20%)

Observe que a cadeia de carbono do reagente é

$$C-\underset{C}{\underset{|}{\overset{C}{\overset{|}{C}}}}-C-C \quad \text{enquanto a do produto é} \quad \underset{C}{\overset{C}{>}}C-C\underset{C}{\overset{C}{<}}$$

A cadeia de carbono sofreu rearranjo.

Veremos na Seção 7.11 que essa reação envolve a migração de um grupo metila de um carbono para outro adjacente, de modo a formar um carbocátion mais estável. (Os rearranjos para formação de carbocátions de energia aproximadamente igual também são possíveis em alguns substratos.)

7.10A Mecanismo de Desidratação de Álcoois Secundários e Terciários: Uma Reação E1

As explicações para essas observações podem ser baseadas em um mecanismo por etapas originalmente proposto por F. Whitmore (The Pennsylvania State University).

O mecanismo é uma reação E1 na qual o substrato é um álcool protonado. Considere a desidratação do álcool *terc*-butílico como um exemplo:

Etapa 1

$$CH_3-C(CH_3)(CH_3)-\ddot{O}-H + H-\overset{+}{O}H_2 \rightleftharpoons CH_3-C(CH_3)(CH_3)-\overset{+}{O}(H)-H + H-\ddot{O}-H$$

Protonação do álcool   **Álcool protonado**

Nesta etapa, que é uma reação ácido–base, um próton é rapidamente transferido do ácido para um dos pares de elétrons não compartilhados do álcool. Em ácido sulfúrico diluído, o ácido é um íon hidrônio; em ácido sulfúrico concentrado o doador inicial de próton é o próprio ácido sulfúrico. Essa etapa é característica de todas as reações de um álcool com um ácido forte.

A presença da carga positiva no oxigênio do álcool protonado enfraquece a ligação carbono–oxigênio, e na etapa 2 essa ligação carbono–oxigênio se rompe. O grupo de saída é uma molécula de água:

Etapa 2

$$CH_3-C(CH_3)(CH_3)-\overset{+}{O}(H)-H \rightleftharpoons (CH_3)_2\overset{+}{C}-CH_3 + :\ddot{O}-H$$

         Um carbocátion

Saída de uma molécula de água

A ligação carbono–oxigênio é rompida **heteroliticamente**. Os elétrons ligantes saem com a molécula de água e deixam para trás um carbocátion. O carbocátion é, naturalmente, altamente reativo porque o átomo de carbono central tem apenas seis elétrons em sua camada de valência, e não oito.

Finalmente, na etapa 3, uma molécula de água remove um próton do carbono β do carbocátion através do processo mostrado a seguir. O resultado é a formação de um íon hidrônio e um alqueno:

Etapa 3

$$H-CH_2-\overset{+}{C}(CH_3)(CH_3) + :\ddot{O}(H)-H \rightleftharpoons CH_2=C(CH_3)(CH_3) + H-\overset{+}{O}(H)-H$$

         2-Metilpropeno

Remoção de um hidrogênio β

Na etapa 3, qualquer um dos nove prótons disponíveis nos três grupos metila pode ser transferido para uma molécula de água. O par de elétrons deixado para trás quando um próton é removido torna-se a segunda ligação da ligação dupla do alqueno. Observe que essa etapa restaura o octeto de elétrons do átomo de carbono central. Uma representação desse processo envolvendo orbitais, incluindo o estado de transição, é vista a seguir.

Estado de transição para a remoção de um próton do carbono β do carbocátion

PROBLEMA DE REVISÃO 7.14 A desidratação do 2-propanol ocorre em H_2SO_4 14 M a 100 °C. **(a)** Utilizando setas curvas, escreva todas as etapas de um mecanismo para a desidratação. **(b)** Explique o papel essencial desempenhado pelo catalisador ácido nas desidratações de álcoois. (*Dica:* considere o que aconteceria se nenhum ácido estivesse presente.)

7.10B Estabilidade dos Carbocátions e Estado de Transição

Vimos na Seção 6.11B que a ordem de estabilidade dos carbocátions é terciário > secundário > primário > metila:

$$R-\overset{R}{\underset{R}{C^+}} \; > \; R-\overset{H}{\underset{R}{C^+}} \; > \; R-\overset{H}{\underset{H}{C^+}} \; > \; H-\overset{H}{\underset{H}{C^+}}$$

3º > 2º > 1º > Metila

(mais estável)   (menos estável)

Na desidratação de álcoois secundários e terciários, a etapa mais lenta é a formação do carbocátion, como mostrado na etapa 2 do boxe "Um Mecanismo para a Reação" nesta seção. Uma vez que a etapa 2 é a etapa determinante da velocidade, ela determina a reatividade global dos álcoois frente à desidratação. Com isso em mente, podemos agora entender por que os álcoois terciários são os mais facilmente desidratados. A formação de um carbocátion terciário é a mais fácil porque a energia livre de ativação para a etapa 2 de uma reação levando à formação de um carbocátion terciário é a mais baixa (veja a **Fig. 7.7**). Os álcoois secundários não são tão facilmente desidratados porque a energia livre de ativação para a desidratação deles é mais alta – um carbocátion secundário é menos estável. A energia livre de ativação para a desidratação de álcoois primários por meio de um carbocátion é tão alta que eles sofrem desidratação através de outro mecanismo.

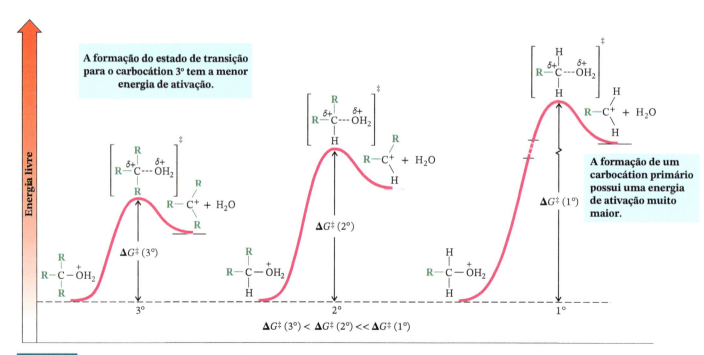

FIGURA 7.7 Diagramas de energia livre para a formação de carbocátions a partir de álcoois protonados terciários, secundários e primários. As energias livres relativas de ativação são terciário < secundário ≪ primário.

Um Mecanismo para a Reação

Desidratação de Álcoois Secundários e Terciários Catalisada por Ácido: Uma Reação E1

Etapa 1

Álcool 2º ou 3º Catalisador ácido   Álcool protonado   Base
(R' pode ser H) (normalmente ácido   conjugada
                 sulfúrico ou fosfórico)

O álcool aceita um próton do ácido em uma etapa rápida.

Etapa 1 Estado de transição 1

$\Delta G^{\ddagger}_{(1)}$

Coordenada de reação

Etapa 2

O álcool protonado perde uma molécula de água e torna-se um carbocátion. Esta etapa é lenta e determinante da velocidade da reação.

Etapa 2 Estado de transição 2

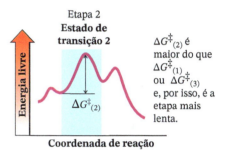

$\Delta G^{\ddagger}_{(2)}$ é maior do que $\Delta G^{\ddagger}_{(1)}$ ou $\Delta G^{\ddagger}_{(3)}$ e, por isso, é a etapa mais lenta.

Coordenada de reação

Etapa 3

Alqueno

O carbocátion perde um próton para uma base. Nesta etapa, a base pode ser outra molécula de álcool, água ou a base conjugada do ácido. A transferência do próton resulta na formação do alqueno. Observe que o papel global do ácido é catalítico (ele é consumido na reação e depois é regenerado).

Etapa 3 Estado de transição 3

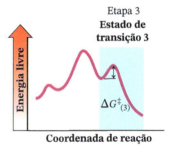

$\Delta G^{\ddagger}_{(3)}$

Coordenada de reação

As reações nas quais se formam carbocátions a partir da protonação de álcoois são todas altamente *endergônicas*. Logo, de acordo com o postulado de Hammond–Leffler (Seção 6.13A), deve existir uma forte semelhança entre o estado de transição e o carbocátion em cada caso.

- **O estado de transição que leva ao carbocátion terciário é o de mais baixa energia livre porque ele se assemelha ao carbocátion que possui a menor energia.**

Ao contrário, o estado de transição que leva ao carbocátion primário ocorre com a energia livre mais elevada porque ele se assemelha ao carbocátion de mais alta energia. Além disso, em cada caso, o mesmo fator que estabiliza o estado de transição estabiliza o próprio carbocátion: a **deslocalização da carga**. Podemos entender isso se examinarmos o processo pelo qual se forma o estado de transição:

Álcool protonado ⇌ Estado de transição ⇌ Carbocátion

O átomo de oxigênio do álcool protonado possui uma carga positiva total. À medida que o estado de transição se forma, esse átomo de oxigênio começa a se separar do átomo de carbono ao qual ele está ligado. Começa a surgir no átomo de carbono uma carga parcial positiva, uma vez que ele está perdendo os elétrons que o ligavam ao átomo de oxigênio. Essa carga positiva que está aparecendo **está mais efetivamente deslocalizada no estado de transição, levando ao carbocátion terciário devido à presença de três grupos alquila que contribuem para a densidade eletrônica através da hiperconjugação (Seção 6.11B) do carbocátion que está sendo formado**. A carga positiva está menos efetivamente deslocalizada no estado de transição que leva ao carbocátion secundário (*dois* grupos doadores de elétrons) e ela está deslocalizada ao mínimo no estado de transição que leva ao carbocátion primário (*um* grupo doador de elétrons). Por esta razão a desidratação de um álcool primário avança através de um mecanismo diferente – um mecanismo E2. Em geral, o uso de um ácido para efetuar a desidratação de um álcool primário não é prático em laboratório. No Capítulo 11, mostraremos uma maneira de realizar reações E2 com álcoois primários usando um conjunto diferente de reagentes.

A estabilização por hiperconjugação (veja a Fig. 6.7) é maior para um carbocátion terciário.

Estado de transição que conduz ao carbocátion 3º (mais estável)

Estado de transição que conduz ao carbocátion 2º

Estado de transição que conduz ao carbocátion 1º (menos estável)

PROBLEMA DE REVISÃO 7.15 Classifique os álcoois vistos a seguir em ordem crescente de facilidade de desidratação catalisada por ácidos.

(a)　　(b)　　(c)

7.11 Estabilidade do Carbocátion e Ocorrência de Rearranjos Moleculares

Com o entendimento acerca da estabilidade dos carbocátions e os seus efeitos nos estados de transição, podemos agora progredir para explicar os rearranjos das cadeias de carbono que ocorrem em algumas **desidratações** de álcoois.

7.11A Rearranjos durante a Desidratação de Álcoois Secundários

Considere novamente o **rearranjo** que ocorre quando o 3,3-dimetil-2-butanol é desidratado:

3,3-Dimetil-2-butanol → (H₃PO₄ a 85%, aquecimento) → **2,3-Dimetil-2-buteno** (produto principal) + **2,3-Dimetil-1-buteno** (produto secundário)

A primeira etapa dessa desidratação é a formação do álcool protonado da maneira usual:

Etapa 1

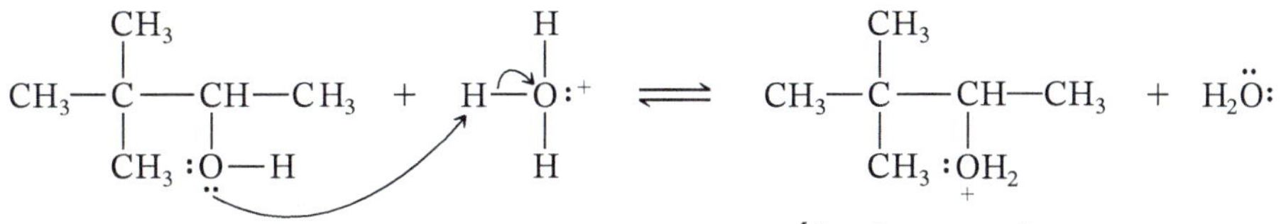

$$CH_3-\underset{\underset{CH_3\;:\underset{..}{O}-H}{|}}{\overset{\overset{CH_3}{|}}{C}}-CH-CH_3 \;+\; H-\underset{\underset{H}{|}}{\overset{\overset{H}{|}}{O}:^+} \;\rightleftharpoons\; CH_3-\underset{\underset{CH_3\;:\underset{+}{O}H_2}{|}}{\overset{\overset{CH_3}{|}}{C}}-CH-CH_3 \;+\; H_2\ddot{O}:$$

Protonação do álcool — **Álcool protonado**

Na segunda etapa, o álcool protonado perde água e forma-se um carbocátion secundário:

Etapa 2

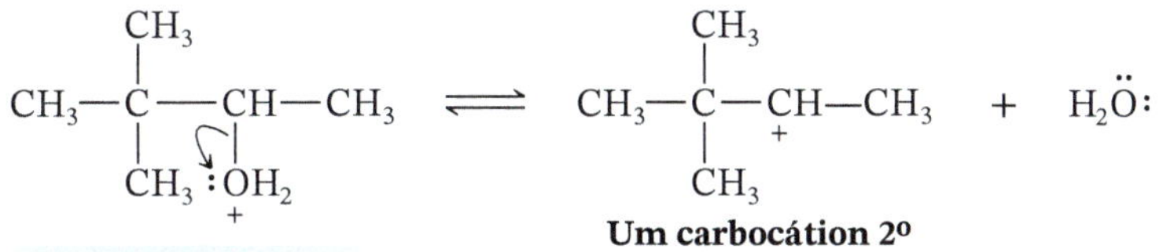

$$CH_3-\underset{\underset{CH_3\;:\underset{+}{O}H_2}{|}}{\overset{\overset{CH_3}{|}}{C}}-CH-CH_3 \;\rightleftharpoons\; CH_3-\underset{\underset{CH_3}{|}}{\overset{\overset{CH_3}{|}}{\underset{+}{C}}}-CH-CH_3 \;+\; H_2\ddot{O}:$$

Saída de uma molécula de água — **Um carbocátion 2°**

Agora ocorre o rearranjo. **O carbocátion secundário, menos estável, sofre rearranjo para a formação de um carbocátion terciário, mais estável:**

Etapa 3

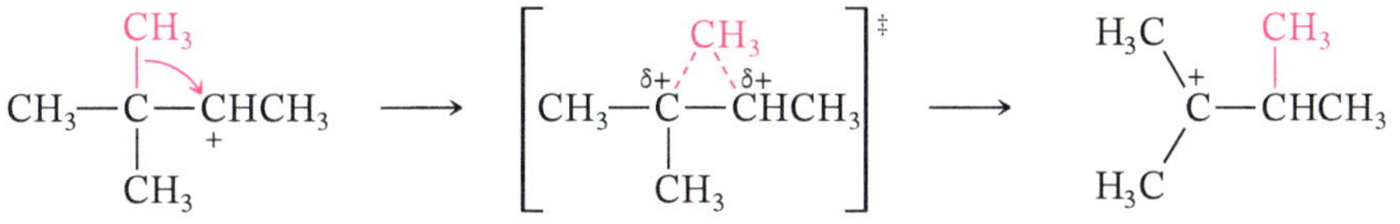

Carbocátion 2° (menos estável) → Estado de transição → Carbocátion 3° (mais estável)

Rearranjo através da migração de um grupo metila

O rearranjo ocorre através da migração de um grupo alquila (metila) do átomo de carbono adjacente para o carbono com a carga positiva. O grupo metila migra **com o seu par de elétrons** (chamado um íon **metaneto**). No estado de transição, o grupo metila que se desloca está parcialmente ligado a ambos os átomos de carbono através do par de elétrons com o qual ele migra. Ele nunca deixa a cadeia de carbono. Depois que a migração terminou, o átomo de carbono de onde o ânion metila saiu torna-se um carbocátion, e a carga positiva no átomo de carbono para o qual o ânion migrou foi neutralizada. Desde que um grupo migra de um carbono para o adjacente, esse tipo de rearranjo é também chamado de **deslocamento 1,2**.

A etapa final da reação é a remoção de um próton do novo carbocátion (por uma base de Lewis na mistura reacional) e a formação de um alqueno. Entretanto, essa etapa pode ocorrer de duas maneiras:

Etapa 4

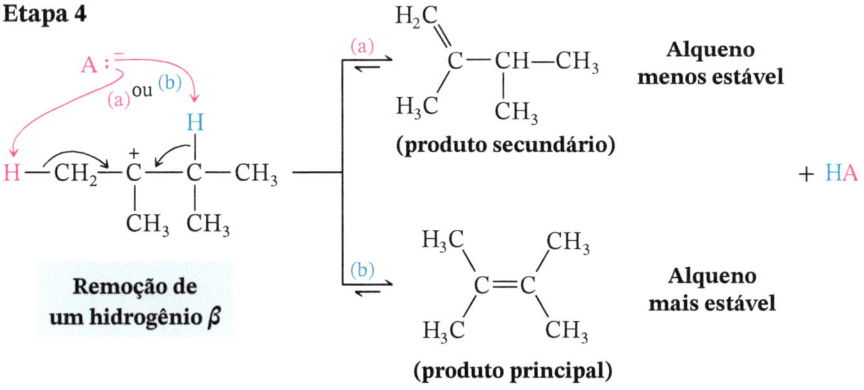

(a) → Alqueno menos estável (produto secundário)

(b) → Alqueno mais estável (produto principal)

+ HA

Remoção de um hidrogênio β

O produto mais favorecido depende da estabilidade do alqueno que está sendo formado. As condições reacionais (aquecimento e ácido) permitem que **se atinja o equilíbrio** entre os dois alquenos, e **o alqueno mais estável é o produto principal porque ele tem a menor energia potencial**. Diz-se que uma reação nessas condições está em **equilíbrio** ou **em controle termodinâmico**. O caminho reacional (b) leva ao alqueno tetrassubstituído altamente estável e esse é o caminho seguido pela maioria dos carbocátions. Por outro lado, o caminho reacional (a) leva a um alqueno dissubstituído, menos estável e, como sua energia potencial é mais elevada, ele é o produto secundário da reação.

> **DICA ÚTIL**
> A desidratação de álcoois segue a regra de Zaitsev.

- **A formação do alqueno mais estável é a regra geral nas reações de desidratação de álcoois catalisadas por ácidos (regra de Zaitsev).**

Estudos de muitas reações envolvendo carbocátions mostram que rearranjos semelhantes àqueles que acabamos de descrever são fenômenos gerais. **Eles ocorrem quase invariavelmente quando a migração de um íon alcaneto ou de um íon hidreto pode levar à formação de um carbocátion mais estável.** As reações a seguir são exemplos:

$$CH_3-\overset{CH_3}{\underset{CH_3}{C}}-\overset{+}{CH}-CH_3 \xrightarrow{\text{Migração de um alcaneto}} CH_3-\overset{+}{\underset{CH_3}{C}}-\overset{CH_3}{CH}-CH_3$$

Carbocátion 2º → Carbocátion 3º

$$CH_3-\overset{H}{\underset{CH_3}{C}}-\overset{+}{CH}-CH_3 \xrightarrow{\text{Migração de um hidreto}} \overset{H_3C}{\underset{H_3C}{>}}\overset{+}{C}-\overset{H}{CH}-CH_3$$

Carbocátion 2º → Carbocátion 3º

Os rearranjos de carbocátions também podem levar a uma mudança no tamanho do anel, como mostra o seguinte exemplo:

[estrutura com ciclopentano-OH, CH₃CH—CH₃] $\xrightarrow[(-H_2O)]{HA, \text{ aquecimento}}$ [ciclopentano com CH₃CH—CH₃⁺] **Expansão do anel**

Carbocátion 2º

[ciclopentano com CH₃CHCH₃⁺] ≡ [cicloexano com CH₃, CH₃, H, :A] $\xrightarrow{-HA}$ [cicloexeno com dois CH₃]

Carbocátion 3º

A expansão do anel por migração é especialmente favorável se ela reduz a tensão do anel.

As características gerais a serem lembradas sobre carbocátions e rearranjos incluem o seguinte: (1) um rearranjo de hidreto ou alcaneto pode ocorrer levando a um carbocátion mais estável do que aquele formado inicialmente (por exemplo, passando de um carbocátion secundário para um terciário), ou a um carbocátion de estabilidade aproximadamente igual; (2) vários hidrogênios β podem ser passíveis de remoção, levando a diferentes alquenos, inclusive aqueles que seriam mais estáveis; (3) ou um nucleófilo pode atacar qualquer um dos carbocátions para formar um produto de substituição. Sob as condições de alta temperatura para a desidratação de álcoois, os principais produtos serão alquenos em vez de produtos de substituição.

Explique por que o produto principal da desidratação vista anteriormente é o 1,2-dimetilciclo-hexeno e não o 2,3-dimetil-1-ciclo-hexeno.

PROBLEMA RESOLVIDO 7.7

Estratégia e Resposta

Acabamos de aprender que a desidratação leva principalmente à formação do alqueno mais estável (quando são possíveis dois). Também sabemos que a estabilidade de um alqueno está relacionada com o número de grupos alquila ligados aos átomos de carbono da ligação dupla. O 1,2-dimetilciclo-hexeno tem uma ligação dupla tetrassubstituída (e é mais estável), enquanto no 2,3-dimetil-1-ciclo-hexeno a ligação dupla é apenas trissubstituída.

1,2-Dimetilciclo-hexeno (produto principal)

2,3-Dimetil-1-ciclo-hexeno (produto secundário)

A desidratação catalisada por ácido do 3,3-dimetil-1-butanol, produz o 2-metil-2-buteno como o produto principal. Esboce um mecanismo mostrando todas as etapas na sua formação.

PROBLEMA DE REVISÃO 7.16

A desidratação catalisada por ácido do 2-metil-1-butanol ou do 3-metil-1-butanol fornece o 2-metil-2-buteno como o produto principal. Escreva mecanismos plausíveis que expliquem esses resultados.

PROBLEMA DE REVISÃO 7.17

Quando o composto chamado *isoborneol* é aquecido com ácido sulfúrico 9 M, o produto da reação é um composto denominado canfeno e não o bornileno, como se poderia esperar. Com o auxílio de modelos, escreva um mecanismo etapa por etapa mostrando como o canfeno é formado.

PROBLEMA DE REVISÃO 7.18

Isoborneol

$\xrightarrow[\text{aquecimento}]{H_3O^+}$

Canfeno

não

Bornileno

7.12 Acidez de Alquinos Terminais

O hidrogênio ligado ao carbono de um alquino terminal, chamado de **átomo de hidrogênio acetilênico**, é consideravelmente mais ácido do que aqueles ligados aos carbonos de um alqueno ou de um alcano (veja a Seção 3.7A). Os valores de pK_a para o etino, eteno e etano ilustram este ponto:

Um alquino terminal é ~10³⁰ vezes mais ácido que um alqueno ou alcano.

H—C≡C—H   H₂C=CH₂   H₃C—CH₃

pK_a = 25   pK_a = 44   pK_a = 50

A ordem de basicidade de seus ânions é o inverso da acidez relativa desses compostos:

Basicidade Relativa

$$CH_3CH_2{:}^- > CH_2{=}CH{:}^- > HC{\equiv}C{:}^-$$

Se incluirmos nessa comparação os compostos de hidrogênio dos outros elementos do primeiro período da tabela periódica, podemos escrever as seguintes ordens de acidez e basicidade relativas. Essa comparação é útil quando consideramos que bases e solventes podemos usar com alquinos terminais.

Acidez Relativa

Mais ácido ← → **Menos ácido**

$$H-\ddot{O}H > H-\ddot{O}R > H-C\equiv CR > H-\ddot{N}H_2 > H-CH=CH_2 > H-CH_2CH_3$$

pK$_a$ 15,7   16–17   25   38   44   50

Basicidade Relativa

Menos básico ← → **Mais básico**

$$^-:\ddot{O}H < ^-:\ddot{O}R < ^-:C\equiv CR < ^-:\ddot{N}H_2 < ^-:CH=CH_2 < ^-:CH_2CH_3$$

Podemos ver com base nessa ordem que, enquanto os alquinos terminais são mais ácidos do que a amônia, eles são menos ácidos do que os álcoois e do que a água.

PROBLEMA RESOLVIDO 7.8

Como veremos logo a seguir, o amideto de sódio (NaNH$_2$) é um reagente útil, especialmente quando uma reação exige uma base muito forte. Explique por que um solvente como metanol não pode ser usado para realizar uma reação em que você deseja usar o amideto de sódio como uma base.

Estratégia e Resposta

Um álcool tem pK$_a$ = 16–17 e o pK$_a$ da amônia é 38. Isso significa que o metanol é um ácido significativamente mais forte do que a amônia e a base conjugada da amônia (o íon NH$_2^-$) é uma base significativamente mais forte do que um íon alcóxido. Portanto, a reação ácido–base, vista a seguir, ocorre assim que a amida de sódio se dissolve em metanol.

$$CH_3OH + NaNH_2 \xrightarrow{CH_3OH} CH_3ONa + NH_3$$

Ácido mais forte   Base mais forte   Base mais fraca   Ácido mais fraco

Com uma diferença de pK$_a$ tão grande, o metanol converterá todo o amideto de sódio em metóxido de sódio, uma base muito mais fraca do que o amideto de sódio. (Este é um exemplo do que se denomina efeito nivelador de um solvente.)

PROBLEMA DE REVISÃO 7.19

Preveja os produtos das reações ácido–base vistas a seguir. Se o equilíbrio não resultar na formação de quantidades apreciáveis de produtos, você deve assinalar esse fato. Indique em cada caso o ácido mais forte, a base mais forte, o ácido mais fraco e a base mais fraca.

(a) CH$_3$CH=CH$_2$ + NaNH$_2$ ⟶
(b) CH$_3$C≡CH + NaNH$_2$ ⟶
(c) CH$_3$CH$_2$CH$_3$ + NaNH$_2$ ⟶
(d) CH$_3$C≡C:$^-$ + CH$_3$CH$_2$OH ⟶
(e) CH$_3$C≡C:$^-$ + NH$_4$Cl ⟶

7.13 Síntese de Alquinos por Meio de Reações de Eliminação

- Os alquinos podem ser sintetizados a partir de alquenos por meio de compostos denominados dialetos vicinais.

$$-\underset{X}{\overset{|}{C}}-\underset{X}{\overset{|}{C}}-$$

Um *vic*-dialeto

Um dialeto vicinal (abreviado ***vic*-dialeto**) é um composto contendo os halogênios em carbonos adjacentes (do latim: *vicinus*, adjacente). Dialetos vicinais também são chamados de 1,2-dialetos. Um dibrometo vicinal, por exemplo, pode ser sintetizado pela adição de bromo ao alqueno (Seção 8.1). O *vic*-dibrometo pode então ser submetido a uma reação de dupla desidroalogenação com uma base forte para produzir um alquino.

Formação do dialeto vicinal

RCH=CHR + Br₂ ⟶ R—CH(Br)—CH(Br)—R
Um vic-dibrometo

Dupla desidroalogenação

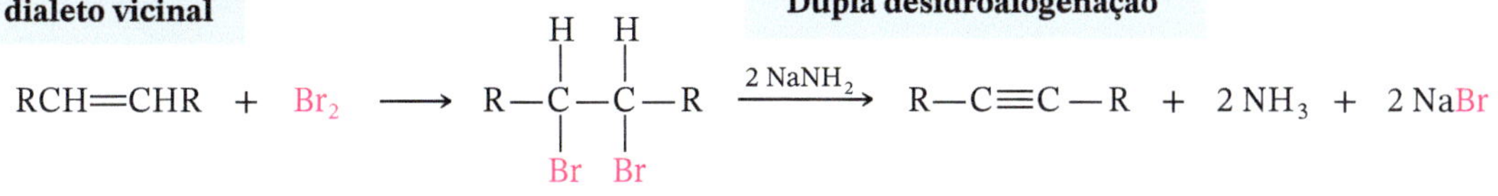

$\xrightarrow{2\text{ NaNH}_2}$ R—C≡C—R + 2 NH₃ + 2 NaBr

As desidroalogenações ocorrem em duas etapas, a primeira produzindo um bromoalqueno, e a segunda, o alquino.

7.13A Considerações Práticas para a Síntese de Alquinos por Desidroalogenação Dupla

As duas desidroalogenações podem ser realizadas como reações separadas, ou elas podem ser realizadas consecutivamente em uma única mistura. O amideto de sódio (NaNH₂), uma base muito forte, pode ser usado para efetuar ambas as reações em uma única mistura. No mínimo dois mols de amideto de sódio por mol de dialeto têm de ser utilizados. Por exemplo, a adição de bromo ao 1,2-difenileteno fornece o material de partida para a síntese do 1,2-difeniletino:

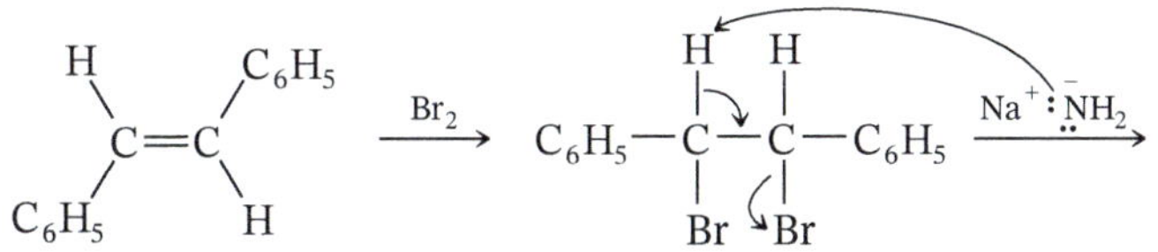

1,2-Difenileteno $\xrightarrow{Br_2}$ C₆H₅—CH(Br)—CH(Br)—C₆H₅ $\xrightarrow{Na^+ :NH_2^-}$

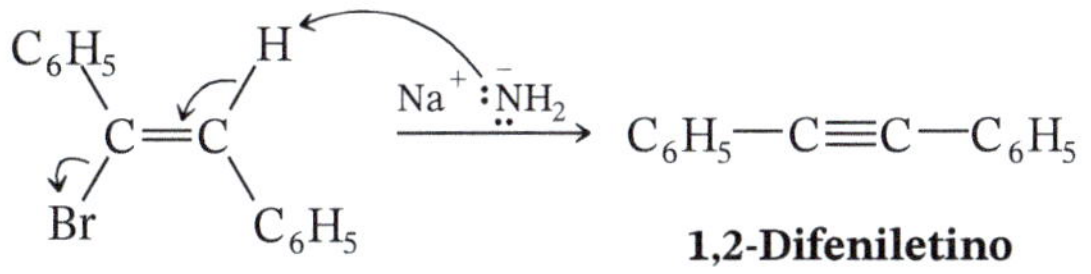

$\xrightarrow{Na^+ :NH_2^-}$ C₆H₅—C≡C—C₆H₅
1,2-Difeniletino

- Se o produto é para ser um alquino com uma ligação tripla no final da cadeia (um alquino terminal), como vemos no exemplo a seguir, então são necessários três mols de amideto de sódio.

Um Mecanismo para a Reação

Desidroalogenação de vic-Dibrometos para a Formação de Alquinos

Reação

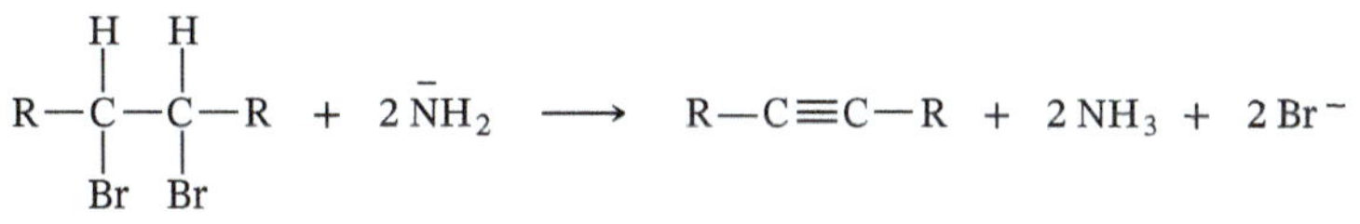

R—CH(Br)—CH(Br)—R + 2 ⁻NH₂ ⟶ R—C≡C—R + 2 NH₃ + 2 Br⁻

Mecanismo

Etapa 1

H—N⁻H₂ + R—CH(Br)—CH(Br)—R ⟶ R(Br)C=C(H)R + H—NH₂ + :Br:⁻

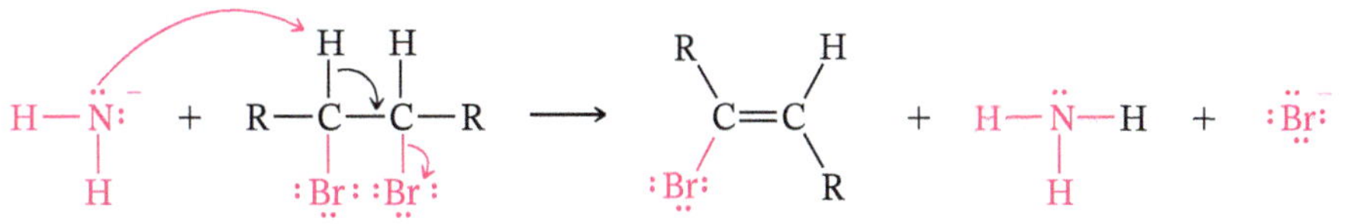

Íon amideto   vic-Dibrometo   Bromoalqueno   Amônia   Íon brometo

O íon amideto fortemente básico conduz a uma reação E2.

(continua)

(continuação)

Etapa 2

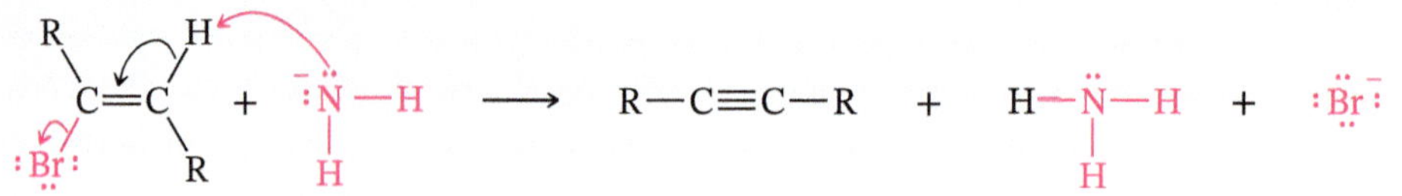

R₂C=CHR (com Br) + :N⁻H₂ (com H) ⟶ R—C≡C—R + H—NH₂ + :Br:⁻

Bromoalqueno   **Íon amideto**   **Alquino**   **Amônia**   **Íon brometo**

Uma segunda reação E2 produz o alquino.

A desidroalogenação inicial do *vic*-dialeto produz uma mistura de dois bromoalquenos que não são isolados, mas que sofrem uma segunda desidroalogenação. O alquino terminal que resulta dessa etapa é desprotonado (devido à sua acidez) pelo terceiro mol de amideto de sódio (veja a Seção 7.12). Para completar o processo, a adição de cloreto de amônio converte o alquineto de sódio no produto desejado, 1-butino.

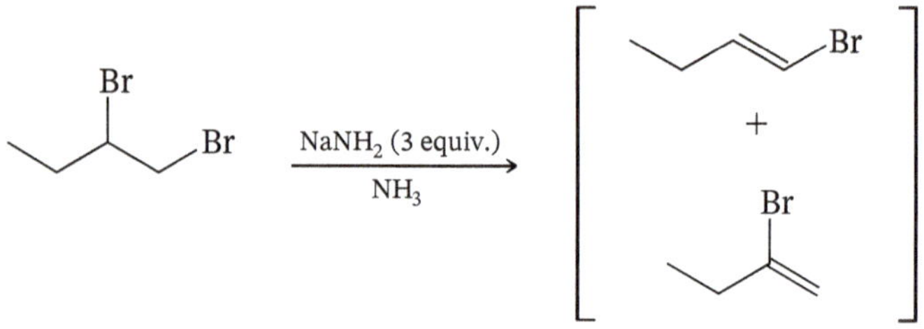

CH₃CH₂CHBrCH₂Br —NaNH₂ (3 equiv.)/NH₃→ [CH₃CH=CHBr + CH₃CH₂CBr=CH₂]

Resultado da primeira desidroalogenação

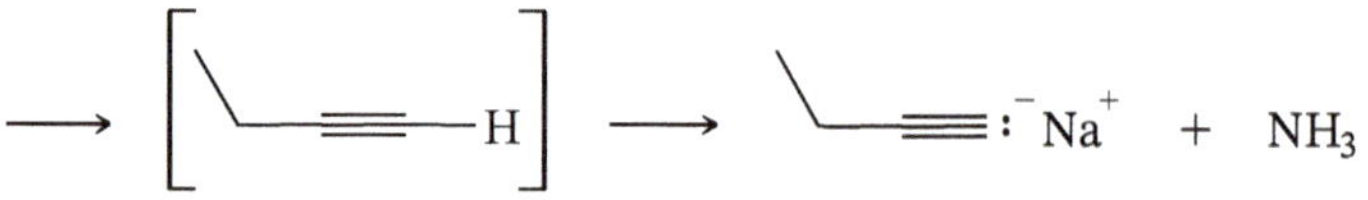

⟶ [CH₃CH₂C≡CH] ⟶ CH₃CH₂C≡C:⁻Na⁺ + NH₃

Resultado da segunda desidroalogenação   **O alquino inicial é desprotonado pelo terceiro equivalente da base.**

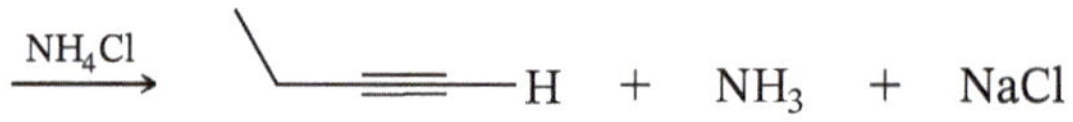

—NH₄Cl→ CH₃CH₂C≡CH + NH₃ + NaCl

1-Butino

- Dialetos **geminais** também podem ser convertidos em alquinos através de reações de desidroalogenação.

Um dialeto geminal (abreviado **gem-dialeto**) tem dois átomos de halogênio ligados ao mesmo carbono (do latim: *geminus*, gêmeos). As cetonas podem ser convertidas a *gem*-dicloretos através da reação com pentacloreto de fósforo, e os *gem*-dicloretos podem ser utilizados para sintetizar alquinos.

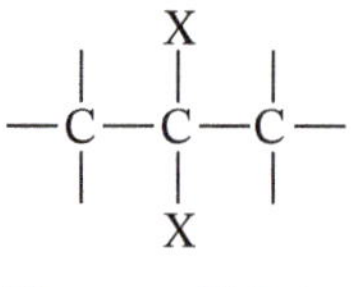

—C—C(X)(X)—C—

Um *gem*-dialeto

Ciclo-hexil–C(=O)–CH₃ —PCl₅, 0 °C (−POCl₃)→ Ciclo-hexil–CCl₂–CH₃ —(1) 3 equiv. de NaNH₂, óleo mineral, aquecimento (2) HA→ Ciclo-hexil–C≡CH

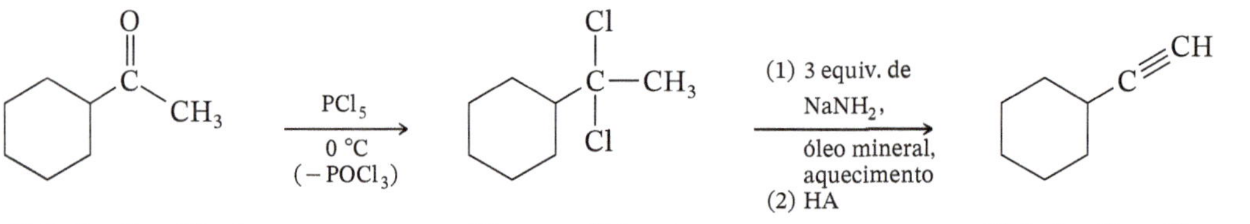

Ciclo-hexilmetilcetona   **Um *gem*-dicloreto (70–80%)**   **Ciclo-hexilacetileno (46%)**

Alquenos e Alquinos I **327**

> **PROBLEMA DE REVISÃO 7.20**
>
> Mostre como você pode sintetizar etinilbenzeno a partir da metil-fenil-cetona.

> **PROBLEMA DE REVISÃO 7.21**
>
> Esboce todas as etapas em uma síntese do propino a partir de cada um dos seguintes compostos:
>
> (a) CH₃COCH₃
> (b) CH₃CH₂CHBr₂
> (c) CH₃CHBrCH₂Br
> (d) CH₃CH=CH₂

7.14 Alquinos Terminais Podem ser Convertidos em Nucleófilos para Formação de Ligações Carbono-Carbono

- O próton acetilênico do etino ou de qualquer alquino terminal (pK_a = 25) pode ser removido por uma base forte tal como amideto de sódio (NaNH₂). O resultado é a formação de um ânion alquineto.

$$H-C\equiv C-H + NaNH_2 \xrightarrow{NH_3\ liq.} H-C\equiv C:^- Na^+ + NH_3$$

$$CH_3C\equiv C-H + NaNH_2 \xrightarrow{NH_3\ liq.} CH_3C\equiv C:^- Na^+ + NH_3$$

- Ânions alquineto são nucleófilos úteis para reações de formação de ligações carbono-carbono com haletos de alquila primários ou outros substratos primários.

A seguir, podemos ver um exemplo geral e um exemplo específico de formação de ligação carbono–carbono através de alquilação de um ânion alquineto com um haleto de alquila primário.

Exemplo Geral

$$\underset{\substack{\text{Alquineto}\\\text{de sódio}}}{R-C\equiv C:^- Na^+} + \underset{\substack{\text{Haleto de}\\\text{alquila primário}}}{R'CH_2-Br} \longrightarrow \underset{\substack{\text{Acetileno mono ou}\\\text{dissubstituído}}}{R-C\equiv C-CH_2R'} + NaBr$$

(R ou R' podem ser hidrogênios.)

Exemplo Específico

$$CH_3CH_2C\equiv C:^- Na^+ + CH_3CH_2-Br \xrightarrow[6\ h]{NH_3\ liq.} \underset{\text{3-Hexino (75\%)}}{CH_3CH_2C\equiv CCH_2CH_3} + NaBr$$

O íon alquineto atua como um nucleófilo e desloca o íon haleto do haleto de alquila primário. Agora reconhecemos essa reação como uma reação S$_N$2 (Seção 6.5).

$$\underset{\substack{\text{Alquineto}\\\text{de sódio}}}{\underset{Na^+}{RC\equiv C:^-}} + \underset{\substack{\text{Haleto de}\\\text{alquila 1°}}}{\overset{R'}{\underset{H}{\overset{|}{C}}}-Br:} \xrightarrow[S_N2]{\text{substituição}\\\text{nucleofílica}} RC\equiv C-CH_2R' + NaBr$$

- Haletos de alquila primários devem ser usados na alquilação de ânions alquineto para evitar reações competitivas de eliminação.

A utilização de um substrato secundário ou terciário provoca eliminação E2 em vez de substituição porque o ânion alquineto é uma base forte assim como também é um bom nucleófilo.

$$RC\equiv C:^- \quad H-C(R')(H)-C(H)(R'')-Br \xrightarrow{E2} RC\equiv CH + R'CH=CHR'' + Br^-$$

Haleto de alquila 2°

PROBLEMA RESOLVIDO 7.9

Planeje a síntese do 4-fenil-2-butino a partir do 1-propino.

$$H_3C-\equiv-H \longrightarrow H_3C-\equiv-CH_2C_6H_5$$

1-Propino   **4-Fenil-2-butino**

Estratégia e Resposta

Aproveite a acidez do hidrogênio acetilênico do propino e o converta em um ânion alquineto mediante a utilização de amideto de sódio, uma base que é suficientemente forte para remover o hidrogênio acetilênico. A seguir, utilize esse ânion alquineto como um nucleófilo em uma reação S_N2 com brometo de benzila.

$$H_3C-\equiv-H \xrightarrow[NH_3 \text{ líq.}]{NaNH_2} H_3C-\equiv:^- Na^+ \xrightarrow{C_6H_5CH_2Br} H_3C-\equiv-CH_2C_6H_5 + NaBr$$

1-Propino   **Íon alquineto**   **Brometo de benzila**   **4-Fenil-2-butino**

PROBLEMA DE REVISÃO 7.22

Seu objetivo é sintetizar o 4,4-dimetil-2-pentino. Você tem a escolha de começar com qualquer um dos seguintes reagentes:

$$CH_3C\equiv CH \quad CH_3-C(CH_3)(CH_3)-Br \quad CH_3-C(CH_3)(CH_3)-C\equiv CH \quad CH_3I$$

Considere que você também tenha disponível o amideto de sódio e a amônia líquida. Esboce a melhor síntese do composto desejado.

7.14A Princípios Gerais de Estrutura e Reatividade Ilustrados pela Alquilação de Ânions Alquineto

A **alquilação** de ânions alquineto ilustra vários aspectos essenciais da estrutura e reatividade que foram importantes para o nosso estudo da química orgânica até agora.

1. A preparação do ânion alquineto envolve uma **química ácido-base de Brønsted–Lowry** simples. Como você viu (Seções 7.9 e 7.11), o hidrogênio de um alquino terminal é fracamente ácido (p$K_a \cong 25$) e diante de uma base forte como o amideto de sódio ele pode ser removido. A razão para essa acidez foi explicada na Seção 3.8A.

2. Uma vez formado, o ânion alquineto é uma **base de Lewis** (Seção 3.3), com a qual o haleto de alquila reage como um receptor de par de elétrons (um **ácido de Lewis**). O ânion alquineto pode assim ser chamado de *nucleófilo* (Seções 3.4 e 6.3) por causa da carga negativa concentrada no seu carbono terminal – ele é um reagente que procura carga positiva.

3. O haleto de alquila pode ser chamado de *eletrófilo* (Seções 3.4A e 8.1) por causa da carga parcial positiva no átomo de carbono contendo o halogênio – ele é um reagente

que procura carga negativa. A polaridade no haleto de alquila é o resultado direto da diferença de eletronegatividade entre o átomo de halogênio e o átomo de carbono.

Os mapas de potencial eletrostático para o ânion etineto (acetileto) e para o clorometano na **Fig. 7.8** ilustram o caráter complementar nucleofílico e eletrofílico de um ânion alquineto e um haleto de alquila típicos. O ânion etineto tem uma forte concentração de carga negativa no seu carbono terminal, indicado em vermelho no mapa de potencial eletrostático. Por outro lado, o clorometano tem uma carga parcial positiva no carbono ligado ao átomo de cloro eletronegativo. (O momento de dipolo para o clorometano está alinhado diretamente ao longo da ligação carbono–cloro.) Assim, agindo como uma base de Lewis, o ânion alquineto é atraído para o carbono parcialmente positivo do haleto de alquila. Supondo que ocorra uma colisão entre os dois com a orientação apropriada e energia cinética suficiente, à medida que o ânion alquineto traz dois elétrons para o haleto de alquila para formar uma nova ligação, ele desloca o halogênio do haleto de alquila. O halogênio sai como um ânion com o par de elétrons que anteriormente o ligava ao carbono. Essa é uma reação S_N2, naturalmente semelhante a outras que discutimos no Capítulo 6.

> **DICA ÚTIL**
>
> Você deve prestar atenção à contagem dos elétrons de valência e às cargas formais na reação mostrada na Fig. 7.8, como em qualquer outra reação que você estude em química orgânica.

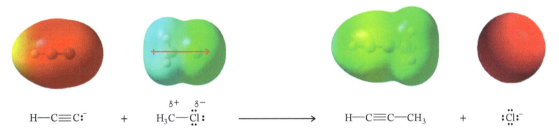

FIGURA 7.8 Reação do ânion etineto (acetileto) com clorometano. Os mapas de potencial eletrostático ilustram o caráter complementar nucleofílico e eletrofílico do ânion alquineto e do haleto de alquila. O momento de dipolo do clorometano é mostrado pela seta vermelha.

7.15 Hidrogenação de Alquenos

- Os alquenos reagem com hidrogênio na presença de uma variedade de catalisadores metálicos. Nessa reação ocorre a adição de um átomo de hidrogênio a cada átomo de carbono da ligação dupla (Seções 4.16A e 5.10A).

As reações de hidrogenação que envolvem catalisadores *insolúveis* finamente divididos de platina, paládio ou níquel (Seção 4.16A) são ditas ocorrerem através de **catálise heterogênea**, porque o catalisador não é solúvel no meio reacional. As reações de hidrogenação que envolvem catalisadores solúveis ocorrem através de **catálise homogênea**. Os catalisadores homogêneos de hidrogenação típicos incluem complexos de ródio e rutênio que possuem vários átomos de fósforo e outros ligantes. Um dos catalisadores homogêneos de hidrogenação mais conhecidos é o catalisador de Wilkinson, o cloreto de tris(trifenilfosfina)ródio, $Rh[(C_6H_5)_3P]_3Cl$ (veja o Capítulo 21). As reações vistas a seguir são alguns exemplos de reações de hidrogenação que envolvem catálise heterogênea e catálise homogênea:

> **DICA ÚTIL**
>
> Todas essas reações são de adição.

As reações de hidrogenação catalítica, semelhantes àquelas vistas anteriormente, são um tipo de **reação de adição** (contra eliminação ou substituição) e elas são também um tipo de redução. Isto leva a uma distinção entre compostos que são saturados e aqueles que são insaturados.

- Compostos que têm apenas ligações simples carbono–carbono (alcanos e outros) são chamados de **compostos saturados**, porque contêm o número máximo de átomos de hidrogênio que um hidrocarboneto pode ter.

- Compostos que contêm ligações múltiplas carbono–carbono (alquenos, alquinos e compostos aromáticos) são denominados **compostos insaturados**, porque possuem um número menor de átomos de hidrogênio do que o máximo possível.

Compostos insaturados podem ser **reduzidos** a compostos saturados através de **hidrogenação catalítica**. O exemplo visto a seguir mostra a conversão de um triglicerídeo insaturado em um triglicerídeo saturado (ambos são gorduras), através de uma reação de hidrogenação catalítica, como é realizada na indústria de alimentos para modificar as propriedades físicas das gorduras.

H₂ (excesso) e catalisador de Pt, Pd ou Ni

Uma gordura insaturada pode ser hidrogenada, formando uma gordura saturada.

Moléculas de uma gordura insaturada natural podem se alinhar menos uniformemente umas com as outras do que moléculas de gorduras saturadas devido a "dobras" a partir das ligações duplas cis nas gorduras insaturadas. Dessa forma, as forças intermoleculares entre moléculas de gorduras insaturadas são mais fracas e têm pontos de fusão mais baixos que as gorduras saturadas. Veja "A Química Industrial de... Hidrogenação na Indústria de Alimentos".

A Química Industrial de... Hidrogenação na Indústria de Alimentos

Foto de Lisa Gee

Este produto utilizado na preparação de bolos contém óleos e mono e diacilgliceróis que são parcialmente hidrogenados.

Ausência (ou 0%) de ácidos graxos trans.

© Jonathan Vasata/iStock photo

A indústria de alimentos utiliza a hidrogenação catalítica para converter óleos vegetais líquidos em gorduras semissólidas na fabricação de margarina e gorduras sólidas de uso culinário. Examine os rótulos de muitos alimentos industrializados e você descobrirá que eles contêm "óleos vegetais parcialmente hidrogenados". Existem várias razões pelas quais os alimentos contêm esses óleos, mas uma delas é que óleos vegetais parcialmente hidrogenados são capazes de durar mais tempo nas prateleiras.

As gorduras e óleos (Secção 23.2) são ésteres glicerílicos de ácidos carboxílicos com cadeias de carbono longas, chamados de "ácidos graxos". Os ácidos graxos são saturados (sem ligações duplas), monoinsaturados (com uma ligação dupla), ou poli-insaturados (mais de uma ligação dupla). Os óleos normalmente contêm uma maior proporção de ácidos graxos com uma ou mais ligações duplas do que as gorduras. A hidrogenação parcial de um óleo converte parte das suas ligações duplas em ligações simples, e essa conversão tem o efeito de produzir uma gordura com a consistência de margarina ou de uma gordura semissólida para culinária.

Um problema em potencial que surge do uso da hidrogenação catalítica para produzir óleos vegetais parcialmente hidrogenados é que o catalisador utilizado para a hidrogenação provoca a isomerização de parte das ligações duplas dos ácidos graxos (algumas daquelas ligações duplas que não absorvem hidrogênio). Na maioria das gorduras e óleos naturais, as ligações duplas dos ácidos graxos têm a configuração cis. Os catalisadores utilizados para hidrogenação convertem algumas dessas ligações duplas cis em configuração trans não natural. Os efeitos sobre a saúde dos ácidos graxos trans ainda estão sob estudo, mas os experimentos até agora indicam que eles podem provocar um aumento nos níveis de colesterol e de triacilgliceróis no sangue, o que por sua vez aumenta o risco de doenças cardiovasculares.

7.16 Hidrogenação: a Função do Catalisador

A hidrogenação de um alqueno é uma reação exotérmica ($\Delta H° \cong -120$ kJ mol^{-1}):

$$R-CH=CH-R + H_2 \xrightarrow{\text{hidrogenação}} R-CH_2-CH_2-R + \text{calor}$$

Apesar de o processo ser exotérmico, normalmente existe uma elevada energia livre de ativação para a hidrogenação não catalítica do alqueno e, por isso, a reação sem catalisador não ocorre à temperatura ambiente. Entretanto, a hidrogenação ocorrerá rapidamente à temperatura ambiente na presença de um catalisador porque o catalisador fornece um novo caminho reacional para a reação que envolve uma energia de ativação mais baixa (**Fig. 7.9**).

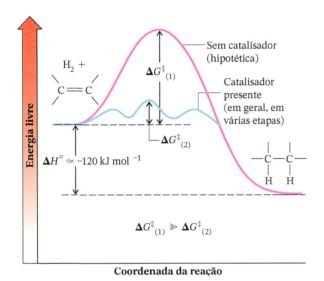

FIGURA 7.9 Diagrama de energia livre para a hidrogenação de um alqueno na presença de um catalisador e a reação hipotética na ausência de um catalisador. A energia livre de ativação para a reação não catalisada ($\Delta G^{\ddagger}_{(1)}$) é muito maior do que a maior energia livre de ativação para a reação catalisada ($\Delta G^{\ddagger}_{(2)}$). A reação de hidrogenação não catalisada não ocorre.

O catalisador heterogêneo de hidrogenação normalmente contém platina, paládio, níquel ou ródio finamente divididos, depositados sobre uma superfície de carbono finamente dividido (carvão). O gás hidrogênio, introduzido na atmosfera do recipiente de reação, é adsorvido no metal por meio de uma reação química na qual os elétrons desemparelhados na superfície do metal se *emparelham* com os elétrons do hidrogênio (**Fig. 7.10a**) e ligam o hidrogênio à superfície. A colisão de um alqueno com a superfície contendo o hidrogênio adsorvido também provoca a adsorção do alqueno (**Fig. 7.10b**). Ocorre uma transferência em etapas dos átomos de hidrogênio, e isso produz um alcano antes que a molécula orgânica deixe a superfície do catalisador (**Figs. 7.10c, d**). Como consequência, *geralmente os dois átomos de hidrogênio são adicionados do mesmo lado da molécula*. Esse modo de adição é chamado de adição **sin** (Seção 7.17A):

$$\text{C}=\text{C} + \text{H}-\text{H} \xrightarrow{\text{Pt}} \text{H-C-C-H}$$

A hidrogenação catalítica é uma adição sin.

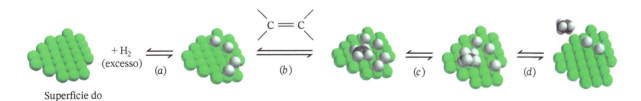

FIGURA 7.10 Mecanismo para a hidrogenação de um alqueno catalisada por platina metálica finamente dividida: (*a*) adsorção de hidrogênio; (*b*) adsorção do alqueno; (*c, d*) transferência em etapas de ambos os átomos de hidrogênio para o mesmo lado do alqueno (adição sin).

7.16A Adições Sin e Anti

Uma adição que coloca as partes do reagente que está sendo adicionado do mesmo lado (ou face) do reagente é chamada de **adição sin**. Acabamos de ver que a adição de hidrogênio (X = Y = H) catalisada por platina é uma adição sin:

$$\text{C=C} + \text{X—Y} \longrightarrow \left.\begin{array}{c}\text{C—C}\\ \text{X} \quad \text{Y}\end{array}\right\} \text{Adição sin}$$

O oposto de uma adição sin é uma **adição anti**. Uma adição anti coloca as partes do reagente que está sendo adicionado em faces opostas do reagente.

$$\text{C=C} + \text{X—Y} \longrightarrow \left.\begin{array}{c}\text{C—C}\\ \text{X} \quad \text{Y}\end{array}\right\} \text{Adição anti}$$

No Capítulo 8, estudaremos várias importantes adições sin e anti para alquenos e alquinos.

7.17 Hidrogenação de Alquinos

Dependendo das condições e do catalisador utilizado, um ou dois mols de hidrogênio serão adicionados a uma ligação tripla carbono–carbono. Quando um catalisador de platina é utilizado, o alquino geralmente reage com dois mols de hidrogênio produzindo um alcano:

$$CH_3C\equiv CCH_3 \xrightarrow{Pt, H_2} [CH_3CH=CHCH_3] \xrightarrow{Pt, H_2} CH_3CH_2CH_2CH_3$$

Entretanto, a **hidrogenação** de um alquino a um alqueno pode ser realizada através da utilização de catalisadores ou reagentes especiais. Além disso, esses métodos especiais permitem a preparação de qualquer dos alquenos (E) ou (Z) a partir de alquinos dissubstituídos.

7.17A Adição Sin de Hidrogênio: Síntese de cis-Alquenos

Um **catalisador heterogêneo** que permite a hidrogenação de um alquino a um alqueno é o composto boreto de níquel, chamado de catalisador P-2. O catalisador P-2 pode ser preparado pela redução de acetato de níquel com boroidreto de sódio:

$$Ni\left(\begin{array}{c}O\\ \|\\ OCCH_3\end{array}\right)_2 \xrightarrow{NaBH_4}{EtOH} \underset{\textbf{P-2}}{Ni_2B}$$

- A hidrogenação de alquinos na presença do catalisador P-2 faz com que ocorra uma **adição sin de hidrogênio**. O alqueno formado a partir de um alquino, com uma ligação tripla interna, tem a configuração (Z) ou cis.

A hidrogenação do 3-hexino ilustra esse método. A reação ocorre na superfície do catalisador (Seção 7.15), o que explica a adição sin:

Adição sin de hidrogênio ao alquino

3-Hexino $\xrightarrow{H_2/Ni_2B\ (P\text{-}2)}{(\text{adição sin})}$ (Z)-3-Hexeno (cis-3-hexeno) (97%)

Outros catalisadores especialmente condicionados podem ser utilizados para preparar *cis*-alquenos a partir de alquinos dissubstituídos. O paládio metálico depositado sobre carbonato de cálcio pode ser utilizado desta maneira após ser condicionado com acetato de chumbo e quinolina (uma amina, veja a Seção 20.1B). Esse catalisador especial é conhecido como **catalisador de Lindlar**:

$$R-\!\!\equiv\!\!-R \xrightarrow[\substack{\text{(catalisador de Lindlar)}\\ \text{quinolina}\\ \text{(adição sin)}}]{H_2,\ Pd/CaCO_3} \underset{H\quad H}{\overset{R\quad R}{C=C}}$$

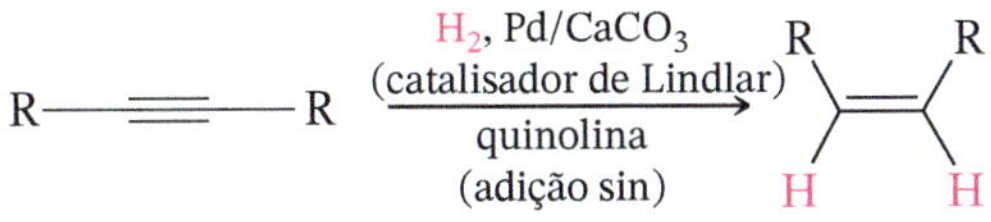

7.17B Adição Anti de Hidrogênio: Síntese de *trans*-Alquenos

- Uma **adição anti** de hidrogênio à ligação tripla de alquinos ocorre quando esses são tratados com lítio ou sódio metálico em amônia ou etilamina a baixas temperaturas.

Essa reação, denominada **redução por dissolução do metal**, ocorre em solução e produz um (*E*)- ou *trans*-alqueno. O mecanismo envolve radicais, que são moléculas que têm elétrons desemparelhados (veja o Capítulo 10).

Adição anti de hidrogênio ao alquino

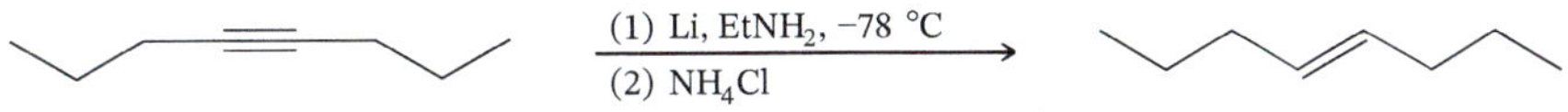

4-Octino $\xrightarrow[\text{(2) NH}_4\text{Cl}]{\text{(1) Li, EtNH}_2,\ -78\ °C}$ (*E*)-4-Octeno (*trans*-4-octeno) (52%)

(adição anti)

Um Mecanismo para a Reação

Reação de Redução por Dissolução do Metal de um Alquino

Etapa 1

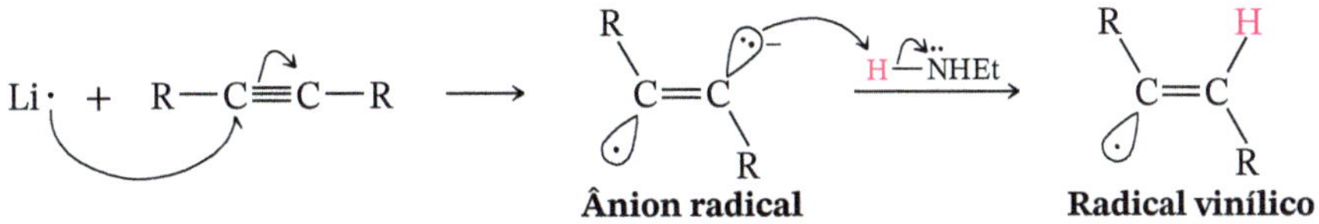

Li· + R—C≡C—R ⟶ Ânion radical $\xrightarrow{H-NHEt}$ Radical vinílico

Um átomo de lítio doa um elétron para a ligação π do alquino. Um par de elétrons se desloca para um carbono quando o estado de hibridização muda para sp^2.

O ânion radical se comporta como uma base e remove um próton de uma molécula de etilamina.

Etapa 2

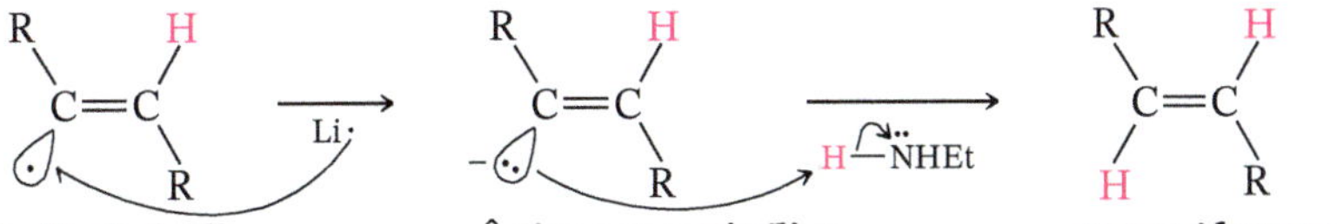

Radical vinílico $\xrightarrow{\text{Li·}}$ Ânion *trans*-vinílico $\xrightarrow{H-NHEt}$ *trans*-Alqueno

Um segundo átomo de lítio doa um elétron para o radical vinílico.

O ânion se comporta como uma base e remove um próton de uma segunda molécula de etilamina.

O mecanismo para essa redução, mostrado no boxe anterior, envolve sucessivas transferências de elétrons dos átomos de lítio (ou de sódio) e transferências de prótons de aminas (ou da amônia). Na primeira etapa, um átomo de lítio transfere um elétron para o alquino, produzindo um intermediário que contém uma carga negativa e tem um elétron desemparelhado, chamado de **ânion radical**. Na segunda etapa, uma amina transfere um próton, produzindo um **radical vinílico**. A seguir, ocorre a transferência de outro elétron produzindo um **ânion vinílico**. É esta etapa que determina a estereoquímica da reação. O ânion *trans*-vinílico é formado preferencialmente porque ele é mais estável; os grupos alquila volumosos estão mais afastados. A protonação do ânion *trans*-vinílico leva ao *trans*-alqueno.

PROBLEMA DE REVISÃO 7.23 Escreva a estrutura do composto **A**, usado na síntese da (*Z*)-jasmona, um ingrediente de um perfume.

$$A \xrightarrow[\text{(catalisador de Lindlar)}]{H_2, Pd/CaCO_3} \text{(Z)-Jasmona}$$

PROBLEMA DE REVISÃO 7.24 Como você converteria o 2-nonino em (*E*)-2-noneno?

7.18 Introdução à Síntese Orgânica

Você aprendeu até aqui várias ferramentas que são úteis em sínteses orgânicas. Dentre elas estão as reações de substituição nucleofílica, as reações de eliminação e as reações de hidrogenação, abordadas nas Seções 7.15 a 7.17. Agora, consideraremos a lógica da síntese orgânica e os importantes processos de análise retrossintética. A seguir, aplicaremos a substituição nucleofílica (no caso específico da alquilação de ânions alquineto) e as reações de hidrogenação para a síntese de algumas moléculas-alvo simples.

7.18A Por que Fazer Síntese Orgânica?

A síntese orgânica é o processo de construção de moléculas orgânicas a partir de precursores mais simples. As sínteses de compostos orgânicos são realizadas por muitas razões. Os químicos que desenvolvem novos fármacos realizam sínteses orgânicas a fim de descobrirem moléculas com características estruturais que aumentem determinados efeitos medicinais ou reduzam efeitos colaterais indesejáveis. O crixivan, cuja estrutura é mostrada a seguir, foi desenvolvido através de uma síntese em pequena escala em um laboratório de pesquisa e, então, rapidamente passou para uma síntese em grande escala depois da sua aprovação como um fármaco. Em outras situações, a síntese orgânica pode ser necessária para testar uma hipótese sobre um mecanismo de reação ou sobre como um determinado organismo metaboliza um composto. Em casos desse tipo, geralmente precisamos sintetizar um composto particular "marcado" em uma posição específica (por exemplo, com deutério, trício ou um isótopo de carbono).

Crixivan (um inibidor da protease do HIV)

Uma síntese orgânica muito simples pode envolver apenas uma reação química. Outras podem necessitar de várias etapas, até 20 ou mais etapas. Um exemplo marcante de síntese orgânica é o da vitamina B_{12}, anunciada em 1972 por R. B. Woodward (Harvard) e A. Eschenmoser (Swiss Federal Institute of Technology). A síntese da vitamina B_{12} que eles anunciaram levou 11 anos, necessitou de mais de 90 etapas e envolveu o trabalho de aproximadamente 100 pessoas. Entretanto, vamos considerar exemplos muito mais simples.

Uma síntese orgânica normalmente envolve dois tipos de transformações:

1. Reações que convertem grupos funcionais em outros grupos funcionais
2. Reações que criam novas ligações carbono–carbono.

Você já estudou exemplos de ambos os tipos de reações. Por exemplo, a hidrogenação transforma os grupos funcionais de ligação dupla ou tripla carbono–carbono, presentes em alquenos e alquinos, em ligações simples (na realidade remove-se um grupo funcional neste caso), e a alquilação de ânions alquineto forma ligações carbono–carbono. Finalmente, no coração da síntese orgânica está a orquestração de interconversões de grupos funcionais e as etapas de formação de ligações carbono–carbono. Dispõe-se de muitos métodos para realizar essas duas coisas.

7.18B Análise Retrossintética – Planejamento de uma Síntese Orgânica

Algumas vezes é possível visualizar desde o começo todas as etapas necessárias para sintetizar uma molécula desejada (alvo) a partir de precursores óbvios. Entretanto, frequentemente, a sequência de transformações que leva ao composto desejado é muito complexa para "enxergarmos" um caminho de reação do início ao fim. Neste caso, uma vez que sabemos aonde queremos chegar (à molécula-alvo), mas não onde começar, imaginamos a sequência de etapas necessárias de trás para a frente, uma etapa de cada vez. Começamos identificando os precursores imediatos que podem reagir entre eles para produzir a molécula-alvo. Uma vez escolhidos, eles, por sua vez, tornam-se novas moléculas-alvo intermediárias e identificamos o próximo conjunto de precursores que podem reagir para formá-las, e assim por diante. Esse processo é repetido até que tenhamos trabalhado de trás para a frente, chegando a compostos que são simples o suficiente para que sejam facilmente disponíveis em um laboratório qualquer:

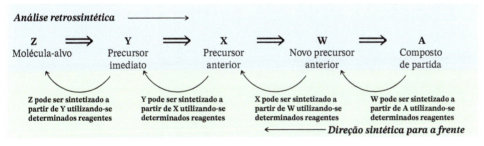

- O processo que acabamos de descrever é chamado de **análise retrossintética**.
- A seta aberta é chamada **seta retrossintética** e significa que uma molécula pode ser sintetizada a partir do seu precursor imediato por meio de alguma reação química.

Embora algumas das primeiras sínteses orgânicas provavelmente tenham necessitado de algum tipo de planejamento analítico, foi E. J. Corey a primeira pessoa que definiu formalmente um conjunto de princípios gerais para a síntese química, um processo que ele denominou análise retrossintética, a qual permite qualquer pesquisador planejar uma síntese para uma molécula complexa. Uma vez finalizada a análise retrossintética, para efetivamente

> **PRÊMIO NOBEL**
>
> Corey recebeu o Prêmio Nobel de Química em 1990 por descobrir novas maneiras de sintetizar compostos orgânicos, os quais, nas palavras do comitê do Nobel, "contribuíram para os altos padrões de vida e saúde desfrutados ... no mundo ocidental".

executar a síntese, conduzimos a sequência de reações a partir do início, começando com os precursores mais simples e trabalhando etapa por etapa até se chegar à molécula-alvo.

- Ao fazermos a análise retrossintética é necessário gerar tantos precursores quantos possíveis e, consequentemente, tantas rotas de síntese quantas possíveis (**Fig. 7.11**).

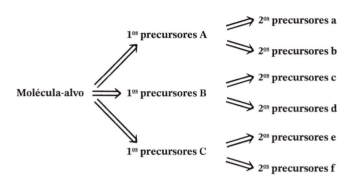

FIGURA 7.11 A análise retrossintética frequentemente revela várias rotas a partir da molécula-alvo voltando até chegar a vários precursores.

Avaliamos todas as vantagens e desvantagens possíveis de cada caminho de reação e, ao fazermos isso, determinamos a rota mais eficiente para a síntese. A previsão de qual a rota que é mais viável normalmente é baseada em restrições ou limitações específicas das reações na sequência, na disponibilidade de materiais ou outros fatores. Veremos um exemplo disso na Seção 7.18C. Na realidade, mais de uma rota pode funcionar bem. Em outros casos, pode ser necessário tentar várias abordagens no laboratório de modo a encontrar a rota mais eficiente ou mais bem-sucedida.

7.18C Identificação de Precursores

No caso dos grupos funcionais, precisamos dispor de um conjunto de reações a partir das quais escolhemos aquelas que sabemos que podem converter um determinado grupo funcional em outro. Você desenvolverá esse conjunto de reações à medida que prosseguir nos seus estudos de química orgânica. De modo similar, com respeito à formação de ligações carbono–carbono na síntese, você desenvolverá um repertório de reações para esse propósito. Para escolher a reação apropriada para qualquer finalidade, você inevitavelmente considerará os princípios básicos de estrutura e reatividade.

Como afirmamos nas Seções 3.3A e 7.14:

- Muitas reações orgânicas dependem da interação de moléculas que têm cargas parciais ou totais complementares.

Um aspecto muito importante da análise retrossintética é ser capaz de identificar aqueles átomos em uma molécula-alvo que tenham tido cargas complementares (opostas) nos precursores sintéticos. Considere, por exemplo, a síntese do 1-ciclo-hexil-1-butino. Com base nas reações que você aprendeu neste capítulo, você poderá visualizar um ânion alquineto e um haleto de alquila como precursores contendo polaridades complementares que, ao reagirem, levarão a essa molécula:

DICA ÚTIL

Ao longo do tempo você adicionará ao seu repertório reações das duas classes de principais operações sintéticas: formação de ligações carbono–carbono e interconversão de grupos funcionais.

DICA ÚTIL

Problemas no fim do capítulo chamados "Sínteses Gerais" fornecerão a você prática no planejamento direto e retrossintético utilizando todas as reações que você aprendeu até agora.

Alquenos e Alquinos I **337**

Algumas vezes, no entanto, não será óbvio de imediato localizar as desconexões das ligações retrossintéticas em uma molécula-alvo que levariam a precursores de cargas opostas ou complementares. A síntese de um alcano é um exemplo. Um alcano não contém átomos de carbono que poderiam ter tido diretamente cargas opostas em moléculas precursoras. Entretanto, se pensarmos que determinadas ligações simples carbono–carbono no alcano poderiam originar-se da hidrogenação do alquino correspondente (uma interconversão de grupo funcional), então, por conseguinte, dois átomos do alquino poderiam ter sido unidos a partir das moléculas precursoras que tinham cargas complementares (ou seja, um ânion alquineto e um haleto de alquila).

Considere a seguinte análise retrossintética para o **2-metil-hexano**:

A Química dos Materiais de... Transformando um Composto Mineral em Orgânico

Em 1862, Friedrich Wöhler descobriu o carbeto de cálcio (CaC$_2$) aquecendo carbono com uma liga de zinco e cálcio. Ele então sintetizou o acetileno a partir da reação do carbeto de cálcio com a água:

$$C \xrightarrow{\text{Liga de zinco e cálcio, aquecimento}} CaC_2 \xrightarrow{2\ H_2O} HC \equiv CH + Ca(OH)_2$$

O acetileno produzido dessa forma queimou em luminárias e em antigos capacetes de mineiros. Do ponto de vista da síntese orgânica, é teoricamente possível sintetizar qualquer coisa utilizando reações de alquinos para formar ligações carbono–carbono e preparar outros grupos funcionais. Assim, enquanto a conversão de Wöhler (em 1828) de cianato de amônio em ureia foi a primeira síntese de um composto orgânico a partir de um precursor inorgânico (Seção 1.1C), sua descoberta do carbeto de cálcio e da reação deste com a água para formar acetileno nos fornece uma porta de entrada a partir de materiais inorgânicos para o universo da síntese orgânica.

Análise Retrossintética

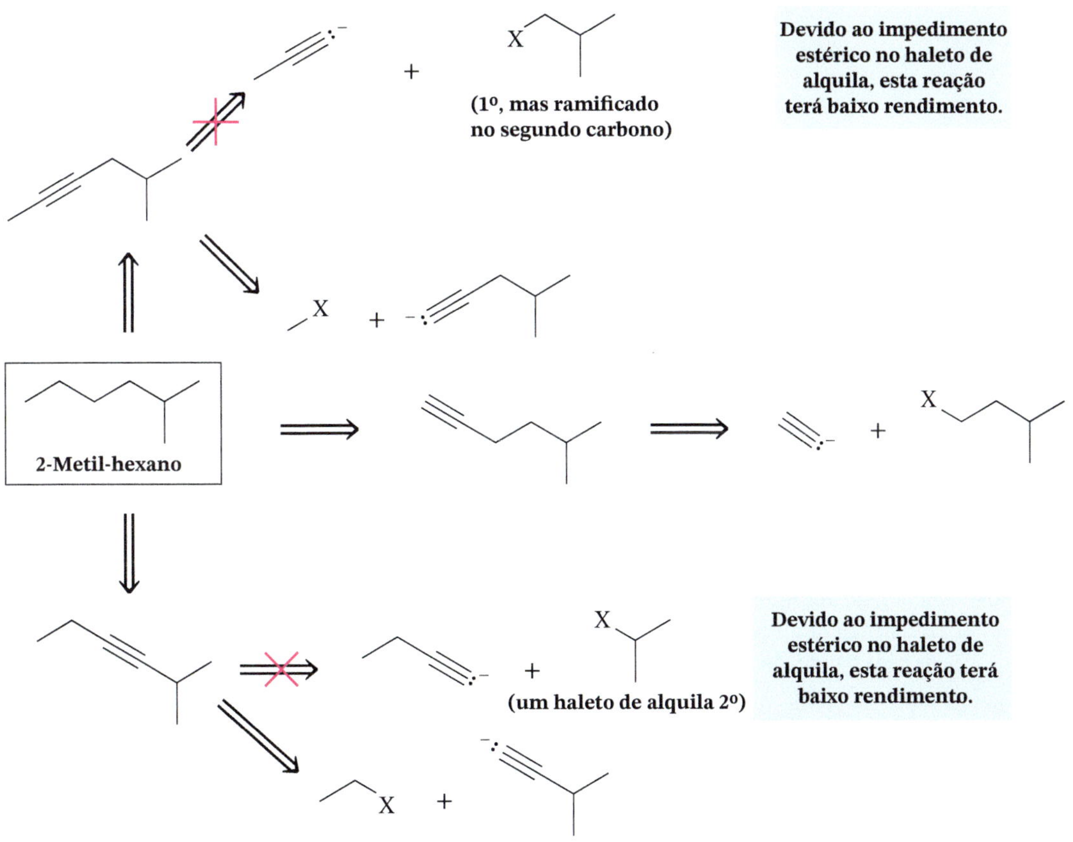

Como indicado na análise retrossintética anterior, devemos ter em mente as limitações que existem para as reações que seriam utilizadas ao longo da síntese direta (para a frente). No exemplo anterior, dois caminhos reacionais têm de ser descartados porque eles envolvem a utilização de um haleto de alquila secundário ou um haleto primário ramificado no segundo carbono (beta) (Seções 6.13A e 7.1A).

PROBLEMA RESOLVIDO 7.10

Esboce um caminho retrossintético que leve da "muscalura", o feromônio de atração sexual da mosca doméstica, de volta até o alquino mais simples, o etino (acetileno). Então, mostre a síntese. Você pode utilizar quaisquer compostos inorgânicos ou solventes e também usar haletos de alquila de qualquer comprimento de cadeia que sejam necessários.

Muscalura

Estratégia e Resposta

Podemos utilizar duas reações que estudamos neste capítulo: a adição sin de hidrogênio a um alquino e a alquilação de íons alquineto.

Análise Retrossintética

Síntese

PROBLEMA DE REVISÃO 7.25

Com base na análise retrossintética para o 2-metil-hexano, mostrada nesta seção, escreva as reações para aquelas rotas sintéticas que são plausíveis.

PROBLEMA DE REVISÃO 7.26

(a) Proponha esquemas retrossintéticos para todas as sínteses concebíveis da alquilação de ânions alquineto dos feromônios de insetos, undecano e 2-metil-heptadecano (veja o boxe "A Química Ambiental de... Feromônios" no Capítulo 4). (b) Escreva as reações para duas sínteses plausíveis de cada feromônio.

7.18D Razão de Ser

Resolver quebra-cabeças sintéticos por meio da aplicação da análise retrossintética é uma das alegrias do aprendizado de química orgânica. Como você pode imaginar, isso envolve tanto habilidade quanto arte. Ao longo dos anos, muitos químicos vêm dedicando suas mentes à síntese orgânica e por causa disso todos nós colhemos os frutos de seus esforços.

Por que Esses Tópicos São Importantes?

Geometria de Alquenos, Borracha e a Química da Visão

As configurações (*E*) ou (*Z*) de ligações duplas substituídas não são importantes apenas em exercícios e provas. No mundo real elas definem as propriedades de várias substâncias. Por exemplo, a borracha natural, a qual pode ser obtida a partir da seiva de algumas árvores, possui somente a configuração (*Z*) em suas ligações duplas trissubstituídas. Algumas outras árvores fornecem apenas a configuração (*E*) de um composto conhecido como guta-percha. Apesar de a guta-percha ser um material semelhante ao látex, a mudança na estereoquímica faz com que ele seja inelástico, de modo que ele não apresenta as mesmas propriedades da borracha natural.

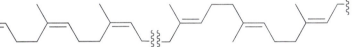

Borracha natural (configuração *Z*)   **Guta-percha** (configuração *E*)

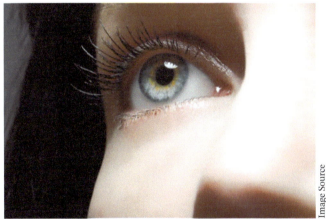

A estereoquímica dos alquenos também é extremamente importante em nossa capacidade de enxergar. Nos nossos olhos, a principal molécula é um composto chamado de *trans*-retinal, um material que pode ser sintetizado em nossos organismos e que também pode ser obtido a partir da nossa alimentação através de alimentos como cenouras.

Para o retinal participar no processo da visão, uma determinada dupla ligação em sua estrutura precisa primeiro ser isomerizada de trans para cis através de um processo que rompe a ligação π, girar em torno da ligação simples e refazer a ligação π. Essa nova orientação estereoquímica coloca diversos átomos de carbono em outra posição distinta daquela quando a configuração era trans. A importância dessa mudança, no entanto, é que a nova orientação espacial do *cis*-retinal permite que a molécula se ajuste a um receptor presente em uma proteína, conhecida como opsina, existente em nossa retina, fundindo-se com ela através de um processo reacional que estudaremos no Capítulo 16; essa etapa gera um novo complexo chamado de rodopsina. Por enquanto, o importante é entender que quando a rodopsina é exposta à luz de determinado comprimento de onda (sobre o qual aprenderemos mais no Capítulo 13), a dupla ligação cis isomeriza de volta para a configuração totalmente trans, mais estável através de uma série de etapas formando a metarrodopsina II como mostrado a seguir. Acredita-se que o reposicionamento do anel ciclo-hexeno dentro do grupo retinal da metarrodopsina II após essa isomerização induz algumas mudanças conformacionais adicionais na proteína. Essas mudanças finalmente geram um impulso nervoso que é interpretado em nosso cérebro como a visão. A figura mostrada aqui é apenas uma pequena parte do processo global, mas essas etapas críticas iniciais baseiam-se apenas na estereoquímica do alqueno. Dessa forma, é realmente importante se uma dupla ligação é cis ou trans, (*E*) ou (*Z*)!

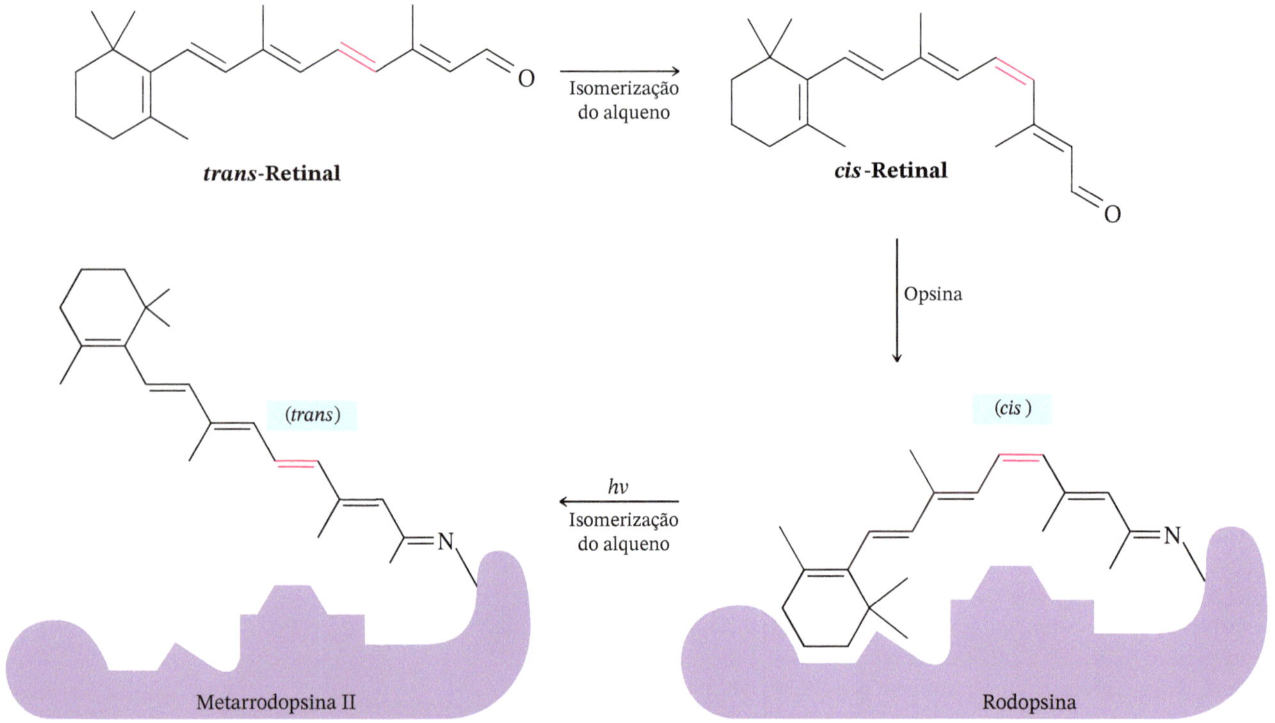

trans-Retinal → (Isomerização do alqueno) → *cis*-Retinal

↓ Opsina

Metarrodopsina II (trans) ← hv, Isomerização do alqueno ← Rodopsina (cis)

Resumo e Ferramentas de Revisão

Neste capítulo introduzimos mecanismos de eliminação E2 e E1 e descrevemos métodos para a síntese de alquenos utilizando desidroalogenação, desidratação de álcoois e redução de alquinos. Introduzimos também a alquilação de ânions alquineto como um método para a formação de novas ligações carbono–carbono e introduzimos a análise retrossintética como forma de planejar de forma lógica uma síntese orgânica.

As reações de substituição que estudamos no Capítulo 6 podem competir com as reações de eliminação e vice-versa. Assim, para auxiliar o estudo deste capítulo apresentamos uma visão geral dos fatores que influenciam se uma reação avançará por meio de um mecanismo S_N2, E2, S_N1 ou E1. Além disso, listamos a seguir os métodos que mencionamos ao longo do capítulo para a síntese de alquenos, bem como os principais termos e conceitos (que destacamos em **negrito azul** ao longo do capítulo e que estão definidos no Glossário, ao fim de cada volume). Após os problemas no fim do capítulo você encontrará uma visão gráfica geral dos fatores que favorecem reações S_N1, S_N2, E1 e E2, mecanismos das reações E1 e E2, e um esquema de conexões sintéticas para alquinos, alquenos, haletos de alquila e álcoois.

Resumo Global das Reações S_N1, S_N2, E1 e E2

As rotas reacionais mais importantes para as reações de substituição e eliminação de haletos de alquila simples são resumidas na Tabela 7.1.

Resumo de Métodos para a Preparação de Alquenos e Alquinos

1. Desidroalogenação de haletos de alquila (Seção 7.6):

Reação Geral

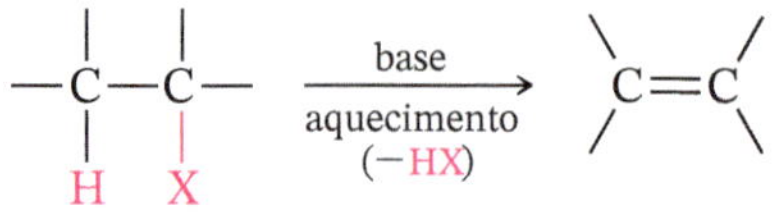

—C(H)—C(X)— →(base, aquecimento, −HX) C=C

Alquenos e Alquinos I 341

TABELA 7.1 Resumo Geral das Relações S_N1, S_N2, E1 e E2

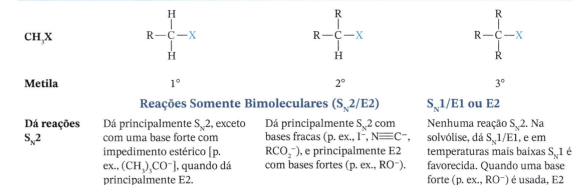

	CH₃X	R—CH₂—X	R₂CH—X	R₃C—X
	Metila	1°	2°	3°
		Reações Somente Bimoleculares (S_N2/E2)		**S_N1/E1 ou E2**
Dá reações S_N2	Dá principalmente S_N2, exceto com uma base forte com impedimento estérico [p. ex., $(CH_3)_3CO^-$], quando dá principalmente E2.	Dá principalmente S_N2 com bases fracas (p. ex., I^-, $N\equiv C^-$, RCO_2^-), e principalmente E2 com bases fortes (p. ex., RO^-).		Nenhuma reação S_N2. Na solvólise, dá S_N1/E1, e em temperaturas mais baixas S_N1 é favorecida. Quando uma base forte (p. ex., RO^-) é usada, E2 predomina.

Exemplos Específicos

$$CH_3CH_2CHCH_3 \xrightarrow[EtOH]{EtONa} CH_3CH=CHCH_3 + CH_3CH_2CH=CH_2$$
      |
      Br   **(cis e trans, 81%)**   **(19%)**

$$CH_3CH_2CHCH_3 \xrightarrow[\substack{t\text{-BuOH}\\70\,°C}]{t\text{-BuOK}} CH_3CH=CHCH_3 + CH_3CH_2CH=CH_2$$
      |
      Br   **Alquenos dissubstituídos**   **Alqueno monossubstituído**
                                           (cis e trans, 47%)   **(53%)**

2. Desidratação de álcoois (Seções 7.10 e 7.11):

Reação Geral

$$-\underset{H}{\underset{|}{C}}-\underset{OH}{\underset{|}{C}}- \xrightarrow[\text{aquecimento}]{\text{ácido}} \diagdown C=C \diagup + H_2O$$

Exemplos Específicos

$$CH_3CH_2OH \xrightarrow[180\,°C]{H_2SO_4\text{ conc.}} CH_2=CH_2 + H_2O$$

$$CH_3-\underset{\underset{CH_3}{|}}{\overset{\overset{CH_3}{|}}{C}}-OH \xrightarrow[85\,°C]{H_2SO_4\text{ a 20\%}} \underset{H_3C}{\overset{H_3C}{\diagdown}}C=CH_2 + H_2O$$

                                                                (83%)

3. Hidrogenação de alquinos (Seção 7.17):

Reação Geral

$$R-C\equiv C-R' \begin{cases} \xrightarrow[\text{(adição sin)}]{H_2/Ni_2B\text{ (P-2)}} \underset{H}{\overset{R}{\diagdown}}C=C\underset{H}{\overset{R'}{\diagup}} \quad \textbf{(Z)-Alqueno} \\ \xrightarrow[\substack{NH_3\text{ ou }RNH_2\\\text{(adição anti)}}]{\text{Li ou Na}} \underset{H}{\overset{R}{\diagdown}}C=C\underset{R'}{\overset{H}{\diagup}} \quad \textbf{(E)-Alqueno} \end{cases}$$

Nos capítulos subsequentes, veremos vários outros métodos de síntese de alquenos.

Problemas

Estrutura e Nomenclatura

7.27 Cada um dos nomes vistos a seguir está incorreto. Dê o nome correto e explique seu raciocínio.
(a) *trans*-3-Penteno
(c) 2-Metilciclo-hexeno
(e) (Z)-3-Cloro-2-buteno
(b) 1,1-Dimetileteno
(d) 4-Metilciclobuteno
(f) 5,6-Diclorociclo-hexeno

7.28 Escreva uma fórmula estrutural para cada um dos seguintes compostos:
(a) 3-Metilciclobuteno
(e) (E)-2-Penteno
(i) (Z)-1-Ciclopropil-1-penteno
(b) 1-Metilciclopenteno
(f) 3,3,3-Tribromopropeno
(j) 5-Ciclobutil-1-penteno
(c) 2,3-Dimetil-2-penteno
(g) (Z,4R)-4-Metil-2-hexeno
(k) (R)-4-Cloro-2-pentino
(d) (Z)-3-Hexeno
(h) (E,4S)-4-Cloro-2-penteno
(l) (E)-4-Metil-hex-4-en-1-ino

7.29 Escreva fórmulas tridimensionais e dê os nomes usando as designações (R)–(S) e (E)–(Z) para os isômeros de:
(a) 4-Bromo-2-hexeno
(c) 2,4-Dicloro-2-penteno
(b) 3-Cloro-1,4-hexadieno
(d) 2-Bromo-4-cloro-hex-2-en-5-ino

7.30 Dê os nomes IUPAC para cada um dos seguintes compostos:

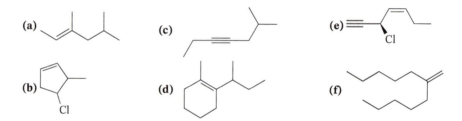

7.31 Sem consultar tabelas, distribua os seguintes compostos em ordem decrescente de acidez:

Pentano   1-Penteno   1-Pentino   1-Pentanol

Mecanismos de Desidroalogenação, Desidratação e Substituição Nucleofílica

7.32 Escreva uma representação tridimensional para a estrutura do estado de transição que leva à formação do 2-metil-2-buteno a partir da reação do 2-bromo-2-metilbutano com etóxido de sódio.

7.33 Quando o *trans*-2-metilciclo-hexanol (veja a reação a seguir) é submetido à desidratação catalisada por ácido, o produto principal é o 1-metilciclo-hexeno:

Entretanto, quando o *trans*-1-bromo-metilciclo-hexano é submetido à desidroalogenação, o produto principal é o 3-metilciclo-hexeno:

Explique por que os produtos dessas duas reações são diferentes.

7.34 Escreva fórmulas estruturais para todos os produtos que podem ser obtidos quando cada um dos haletos de alquila vistos a seguir é aquecido com etóxido de sódio em etanol. Quando houver mais de um produto, você deverá indicar qual será o produto principal e qual(is) será(ão) o(s) produto(s) minoritário(s). Você pode desprezar o isomerismo cis–trans dos produtos ao responder esta pergunta.

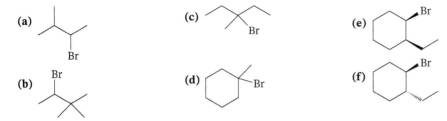

7.35 Escreva fórmulas estruturais para todos os produtos que podem ser obtidos quando cada um dos haletos de alquila vistos a seguir é aquecido com *terc*-butóxido de potássio em álcool *terc*-butílico. Quando houver mais de um produto, você deve indicar qual será o produto principal e qual(is) será(ão) o(s) produto(s) minoritário(s). Você pode desprezar o isomerismo cis–trans dos produtos ao responder esta pergunta.

7.36 Explique as seguintes observações: quando o brometo de *terc*-butila é tratado com metóxido de sódio em uma mistura de metanol e água, a velocidade de formação do álcool *terc*-butílico e do metil *terc*-butil éter não muda apreciavelmente à medida que a concentração de metóxido de sódio é aumentada. Entretanto, o aumento da concentração de metóxido de sódio provoca um aumento marcante na velocidade pela qual o brometo de *terc*-butila desaparece da mistura.

7.37 Que produto (ou produtos) você espera obter a partir de cada uma das reações vistas a seguir? Em cada item dê o mecanismo (S_N1, S_N2, E1 ou E2) pelo qual cada produto é formado e preveja a quantidade relativa de cada produto (ou seja, o produto seria o único formado, o produto principal, um produto minoritário etc.?).

(j) (*R*)-2-bromobutano $\xrightarrow[25\,°C]{HO^-}$

(k) (*S*)-3-Bromo-3-metil-hexano $\xrightarrow[25\,°C]{MeOH}$

(l) (*S*)-2-Bromo-octano $\xrightarrow[MeOH,\,50\,°C]{I^-}$

7.38 Distribua os seguintes álcoois em ordem de suas reatividades frente à desidratação catalisada por ácido (com o mais reativo primeiro):

1-Pentanol   2-Metil-2-butanol   3-Metil-2-butanol

7.39 Proponha uma explicação mecanística para cada uma das seguintes reações:

(a) ~~~OH →[ácido (catal.)][Δ] ~~~ (produto principal)

(b) estrutura com OH →[ácido (catal.)][Δ] 1,2-dimetilciclo-hexeno (produto principal)

(c) iodeto terciário →[AgNO₃][EtOH] alqueno (produto principal)

(d) Ph–C(H)(CH₃)–C(H)(Ph)(Br) →[EtONa][EtOH, Δ] Ph–CH=CH–Ph (somente Z)

7.40 Quando o composto marcado com deutério mostrado a seguir é submetido à desidroalogenação utilizando etóxido de sódio em etanol, o único alqueno que é produzido é o 3-metilciclo-hexeno. (O produto não contém deutério.) Dê uma explicação para esse resultado.

[estrutura de ciclo-hexano com H₃C, H, Br, D, H, H]

7.41 O 1-bromobiciclo[2.2.1]-heptano não sofre eliminação (reação vista a seguir) quando aquecido com uma base. Explique por que essa reação não ocorre. (A construção de modelos moleculares pode ajudar.)

[1-bromobiciclo[2.2.1]heptano] ⇸ [biciclo[2.2.1]hept-2-eno]

Síntese de Alquenos e Alquinos

7.42 (a) Considere o problema geral da conversão de um haleto de alquila terciário em um alqueno, como a conversão do cloreto de *terc*-butila em 2-metilpropeno. Que condições experimentais você escolheria para garantir que a eliminação é favorecida em relação à substituição? **(b)** Considere o problema oposto, o de realizar uma reação de substituição em um haleto de alquila terciário. Use como exemplo a conversão do cloreto de *terc*-butila em *terc*-butil etil éter. Que condições experimentais você empregaria para assegurar o maior rendimento possível do éter?

7.43 Sua tarefa é preparar o isopropil metil éter por uma das reações vistas a seguir. Qual a reação que fornece o melhor rendimento? Explique sua resposta.

(1) (CH₃)₂CHI + CH₃ONa ⟶ (CH₃)₂CHOCH₃
Isopropil metil éter

ou

(2) (CH₃)₂CHONa + CH₃I ⟶ (CH₃)₂CHOCH₃
Isopropil metil éter

7.44 Dê os produtos que serão formados quando cada um dos seguintes álcoois for submetido à desidratação catalisada por ácido. Quando houver mais de um produto, assinale o alqueno que será o produto principal. (Despreze o isomerismo cis–trans.)

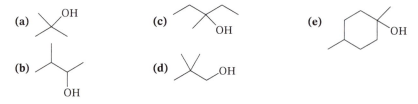

7.45 Esboce uma síntese do propeno a partir de cada um dos seguintes compostos:

(a) Cloreto de propila (c) Álcool propílico (e) 1,2-Dibromopropano
(b) Cloreto de isopropila (d) Álcool isopropílico (f) Propino

7.46 Esboce uma síntese do ciclopenteno a partir de cada um dos seguintes compostos:

(a) Bromociclopentano (b) Ciclopentanol

7.47 Partindo do haleto de alquila apropriado e de uma base, represente a síntese que produz cada um dos seguintes alquenos como o principal (ou único) produto:

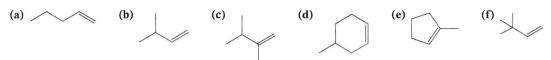

7.48 A partir do etino, esboce a síntese de cada um dos compostos vistos a seguir. Você pode utilizar quaisquer outros reagentes necessários, não sendo preciso mostrar a síntese dos compostos preparados nas etapas anteriores a este problema.

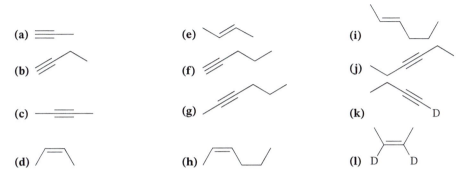

Índice de Deficiência de Hidrogênio

7.49 Qual o índice de deficiência do hidrogênio (IDH, ou grau de insaturação) de cada um dos compostos vistos a seguir?

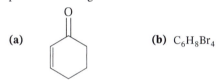 (b) $C_6H_8Br_4$

7.50 O cariofileno, um composto encontrado no óleo de cravo, tem fórmula molecular $C_{15}H_{24}$ e não tem ligações triplas. A reação do cariofileno com um excesso de hidrogênio na presença de platina como catalisador produz um composto com a fórmula $C_{15}H_{28}$. Quantas **(a)** ligações duplas e **(b)** quantos anéis possui uma molécula de cariofileno?

7.51 O esqualeno, um importante intermediário na biossíntese de esteroides, tem fórmula molecular $C_{30}H_{50}$ e não tem ligações triplas. **(a)** Qual é o índice de deficiência de hidrogênio do esqualeno? **(b)** O esqualeno sofre hidrogenação catalítica para produzir um composto de fórmula molecular $C_{30}H_{62}$. Quantas ligações duplas possui a molécula do esqualeno? **(c)** Quantos anéis existem nessa molécula?

Elucidação de Estruturas

7.52 Os compostos **I** e **J** têm ambos fórmula molecular C_7H_{14}. Os compostos **I** e **J** são ambos opticamente ativos e giram a luz plano-polarizada na mesma direção. A hidrogenação catalítica de **I** e **J** produz o mesmo composto, **K** (C_7H_{16}). O composto **K** é opticamente ativo. Proponha estruturas possíveis para **I**, **J** e **K**.

$$(+)-I\ (C_7H_{14}) \xrightarrow{H_2,\ Pt}$$
$$(+)-J\ (C_7H_{14}) \xrightarrow{H_2,\ Pt} K\ (C_7H_{16})\ \text{(Opticamente ativo)}$$

7.53 Os compostos **L** e **M** têm fórmula molecular C_7H_{14}. Os compostos **L** e **M** são opticamente inativos, são não resolvíveis e são diastereoisômeros entre si. A hidrogenação catalítica de **L** ou **M** produz **N**. O composto **N** é opticamente inativo, mas pode ser resolvido em enantiômeros separados. Proponha estruturas possíveis para **L**, **M** e **N**.

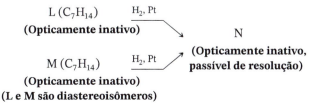

Sínteses Gerais

7.54 Proponha uma síntese para o feniletino a partir de cada um dos seguintes compostos:

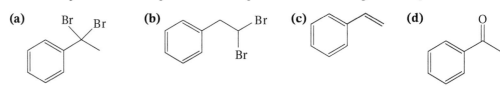

7.55 Para cada uma das questões a seguir, forneça uma rota que razoavelmente espera-se que converta o material inicial no produto final. Em cada caso, é necessário usar mais de uma reação, e as reações que você aprendeu em capítulos anteriores podem ser necessárias para resolver o problema.

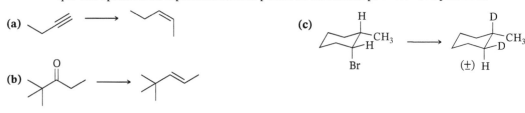

7.56 Trabalhando para trás, deduza o material de partida que levou ao produto indicado por meio das reações definidas.

(a) A $\xrightarrow[\text{(3) NH}_4\text{Cl}]{\text{(1) NaNH}_2 \text{ (2 equiv)} \atop \text{(2) Li, EtNH}_2}$ [produto ramificado com alqueno]   (b) B $\xrightarrow[\text{(3) H}_2\text{, Pd/C}]{\text{(1) NaNH}_2 \atop \text{(2) MeI}}$ [pentano]

7.57 Quando o 1-ciclobutiletanol (1-hidroxietilciclobutano, mostrado a seguir) é tratado com H$_2$SO$_4$ concentrado a 120 °C, um dos produtos formados é o metilciclopenteno. Escreva um mecanismo que explique a formação desse novo produto.

[ciclobutil-CH(OH)-CH$_3$] $\xrightarrow[120\,°C]{\text{H}_2\text{SO}_4 \text{ (conc.)}}$ [metilciclopenteno]

É Necessário um Consultor Químico

7.58 Ambos os rearranjos mostrados a seguir são promovidos por ácido. No primeiro caso, são obtidos dois materiais diferentes com base na escolha desse ácido, enquanto no segundo obtém-se um único produto. Você consegue escrever mecanismos completos que explicam a formação desses produtos variados? *Dica*: na primeira equação, a reação é finalizada pela ação de uma base com formação de um alqueno, o qual é um nucleófilo interno que completa a segunda equação. (Veja: *Angew. Chem. Int. Ed.* **2014**, *53*, 5248; *J. Org. Chem.* **1984**, *49*, 4094.)

(a) **presilfiperfolan-8-ol** $\xrightarrow{\text{fonte de ácido}}$ **silfiperfol-6-eno** ou **presilfiperfol-1(8)-eno**

(b) [lactona] $\xrightarrow[\text{THF, 50 °C}]{\text{H}_2\text{SO}_4}$ [lactona rearranjada] (85%)

7.59 A regra de Bredt é uma observação empírica na qual uma ligação dupla não pode existir em um átomo de carbono cabeça de ponte dentro de um composto bicíclico. Por exemplo, no problema 7.41, a reação de eliminação não ocorreu porque a formação de um alqueno desse tipo produziria uma molécula com tensão muito elevada. Entretanto, existem exceções a essa regra, como a que se encontra na estrutura do produto natural CP-263.114 mostrado a seguir. **(a)** Por que você acha que esse alqueno "anti-Bredt" em particular pode existir? **(b)** E, com base no que você aprendeu neste capítulo, que condições você sugeriria para a reação mostrada a seguir? (Veja: *Angew. Chem. Int. Ed.* **2000**, *39*, 4509.)

7.60 A reação mostrada a seguir foi executada como parte da síntese total de alcaloide manzamina A (para sua estrutura, veja o problema 6.42). Você pode fornecer um mecanismo para explicar essa conversão e, com base em sua resposta, como você classificaria essa reação em termos mais gerais? (Veja: *J. Am. Chem. Soc.* **1998**, *120*, 6425.)

Problemas de Desafio

7.61 *cis*-4-Bromociclo-hexanol $\xrightarrow[t\text{-BuOH}]{t\text{-BuO}^-}$ C$_6$H$_{10}$O racêmico (composto **C**)

O composto **C** tem absorção no infravermelho nas regiões de 1620–1680 cm^{-1} e 3590–3650 cm^{-1}. Represente e dê o nome dos enantiômeros (*R*) e (*S*) do produto **C**.

7.62 Proponha estruturas para os compostos **E–H**. O composto **E** tem fórmula molecular C$_5$H$_8$ e é opticamente ativo. A hidrogenação catalítica de **E** produz **F**. O composto **F** tem fórmula molecular C$_5$H$_{10}$, é opticamente inativo e não pode ser resolvido em enantiômeros separados. O composto **G** tem fórmula molecular C$_6$H$_{10}$ e é opticamente ativo. O composto **G** não possui ligações triplas. A hidrogenação catalítica de **G** produz **H**. O composto **H** possui fórmula molecular C$_6$H$_{14}$, é opticamente inativo e não pode ser resolvido em enantiômeros separados.

7.63 (a) A desidroalogenação parcial dos enantiômeros (1*R*,2*R*)-1,2-dibromo-1,2-difeniletano ou (1*S*,2*S*)-1,2-dibromo-1,2-difeniletano (ou uma mistura racêmica dos dois) leva ao (*Z*)-1-bromo-1,2-difenileteno como produto, enquanto **(b)** a desidroalogenação parcial do (1*R*,2*S*)-1,2-dibromo-1,2-difeniletano (o composto meso) fornece apenas (*E*)-1-bromo-1,2-difenileteno. **(c)** O tratamento do (1*R*,2*S*)-1,2-dibromo-1,2-difeniletano com iodeto de sódio em acetona produz apenas (*E*)-1,2-difenileteno. Explique esses resultados.

7.64 (a) Utilizando as reações estudadas neste capítulo, mostre as etapas pelas quais o alquino a seguir pode ser convertido em um anel homólogo de sete membros do produto obtido no Problema 7.39(b).

(b) Pode-se confiar que os produtos homólogos obtidos nesses dois casos mostram absorção no infravermelho na região 1620–1680 cm^{-1}?

7.65 Preveja as estruturas dos compostos **A**, **B** e **C**:

A é um alquino C$_6$ não ramificado que também é um álcool primário.

B é obtido a partir de **A** através de hidrogenação sobre catalisador de boreto de níquel ou através da redução por dissolução de metal.

C é formado a partir de **B** através do tratamento com ácido aquoso à temperatura ambiente. O composto **C** não apresenta absorção no infravermelho nas regiões 1620–1680 cm⁻¹ ou 3590–3650 cm⁻¹. Ele tem um índice de deficiência de hidrogênio de 1 e tem um centro quiral, mas se forma como um racemato.

Problemas para Trabalho em Grupo

1. Escreva a estrutura do(s) produto(s) principal(is) obtido(s) quando o 2-cloro-2,3-dimetilbutano (qualquer enantiômero) reage com **(a)** etóxido de sódio (EtONa) em etanol (EtOH) a 80 °C ou (em uma reação separada) com **(b)** *terc*-butóxido de potássio (*t*-BuOK) em álcool *terc*-butílico (*t*-BuOH) a 80 °C. Se mais de um produto é formado, indique qual se espera que seja o produto principal. **(c)** Proponha um mecanismo detalhado para a formação do produto principal de cada reação, incluindo um desenho das estruturas dos estados de transição.

2. Explique, utilizando argumentos mecanísticos envolvendo projeções de Newman ou outras fórmulas tridimensionais, por que a reação do 2-bromo-1,2-difenilpropano (qualquer enantiômero) com etóxido de sódio (EtONa) em etanol (EtOH) a 80 °C produz principalmente (*E*)-1,2-difenilpropeno [pouco do diastereoisômero (*Z*) é formado].

3. (a) Escreva a(s) estrutura(s) do(s) produto(s) formado(s) quando o 1-metilciclo-hexanol reage com H₃PO₄ concentrado (85%) a 150 °C. **(b)** Escreva um mecanismo detalhado para a reação.

4. Considere o seguinte composto:

(a) Desenvolva todas as análises retrossintéticas razoáveis para esse composto (qualquer diastereoisômero) que, em algum ponto, envolva a formação de ligação carbono–carbono através da alquilação de um íon alquineto.

(b) Escreva reações, incluindo reagentes e condições, para a síntese desse composto que corresponda às análises retrossintéticas que você desenvolveu no item anterior.

(c) A espectroscopia de infravermelho pode ser usada para mostrar a presença de impurezas em seu produto final. Que intermediários sintéticos mostrariam absorções no IV que são distintas daquelas no produto final, e em quais regiões do espectro de IV essas absorções ocorreriam?

(d) Desenhe uma estrutura tridimensional para a forma cis ou para a trans da molécula-alvo. Utilize onde for apropriado cunhas tracejadas e sólidas na cadeia alquila lateral e utilize uma estrutura conformacional em cadeira para o anel. (*Dica*: desenhe a estrutura de tal forma que a cadeia de carbono do substituinte mais complicado no anel do ciclo-hexano e o carbono do anel onde ele está ligado estejam todos no plano do papel. Em geral, para estruturas tridimensionais escolha uma orientação que permita que a maior quantidade possível de átomos de carbono esteja no plano do papel.)

[**MAPA CONCEITUAL**]

Revisão de Mecanismo: Substituição *versus* Eliminação

S_N2

Substrato primário
Ataque do Nu: por trás em relação ao GS
Nucleófilo forte/polarizável e sem impedimento estérico

Etapa determinante da velocidade em uma reação bimolecular
Quebra de ligação/formação de ligação concertadas
Inversão de estereoquímica
Favorecida por solvente aprótico polar

S_N1 e E1

Substrato terciário
Carbocátion intermediário
Nucleófilo/base fraca (por exemplo, o solvente)

Etapa determinante da velocidade em uma reação unimolecular
Racemização se S_N1
Remoção de hidrogênio β se E1
Solvente prótico auxilia a ionização do GS
Temperatura baixa (S_N1) / temperatura elevada (E1)

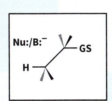

S_N2 e E2

Substrato secundário ou primário
Nucleófilo/base forte sem impedimento estérico leva a S_N2
Nucleófilo/base forte impedida estericamente leva a E2
Temperatura baixa (S_N2)/temperatura elevada (E2)

E2

Substrato terciário ou secundário
Estado de transição anticoplanar concertado

Etapa determinante da velocidade em uma reação bimolecular
Base forte impedida estericamente
Temperatura elevada

MAPA CONCEITUAL

Resumo das Reações de Eliminação E2 e E1

E2 por meio de uma base pequena

- **Base forte sem impedimento estérico**, p. ex., CH_3CH_2ONa (EtONa), HO^-
- Formação predominante do **alqueno mais substituído** (produto de Zaitsev)
- Estado de transição anticoplanar
- Etapa determinante da velocidade da reação é bimolecular

E2 por meio de uma base volumosa

- **Base forte com impedimento estérico**, p. ex., $(CH_3)_3COK$ (t-BuOK)
- Formação predominante do **alqueno menos substituído** (produto de Hofmann)
- Estado de transição anticoplanar
- Etapa determinante da velocidade da reação é bimolecular

E1 (incluindo Desidratação de Álcoois)

- Ausência de base forte (o solvente é frequentemente a base)
- Os álcoois necessitam de um **ácido forte como catalisador**
- A etapa unimolecular determinante da velocidade é a formação do carbocátion
- O carbocátion **pode sofrer rearranjo**
- Formação predominante do alqueno mais substituído (produto de Zaitsev)
- O grupo de saída para os álcoois é $—\overset{+}{O}H_2$
- Álcoois primários reagem através de um mecanismo E2

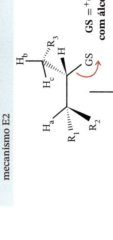
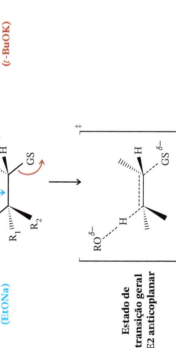
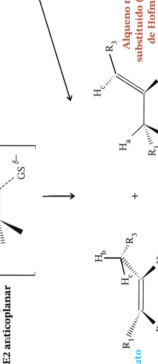
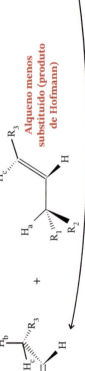

MAPA CONCEITUAL

Conexões Sintéticas de Alquinos, Alquenos, Haletos de Alquila e Álcoois

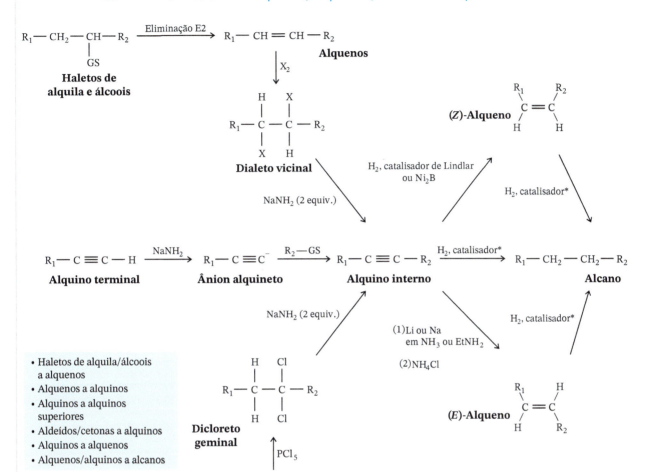

- Haletos de alquila/álcoois a alquenos
- Alquenos a alquinos
- Alquinos a alquinos superiores
- Aldeídos/cetonas a alquinos
- Alquinos a alquenos
- Alquenos/alquinos a alcanos

*Catalisador para hidrogenação = Pt, Pd, Ni (heterogêneo) ou Ru ou Rh (homogêneo)

CAPÍTULO 8

Babin/Shutterstock.com

Alquenos e Alquinos II
Reações de Adição

Nos capítulos anteriores discutimos os mecanismos que envolvem pares de elétrons nas etapas de formação e quebra de ligações nas reações de substituição e eliminação. Nucleófilos e bases serviram como doadores de pares de elétrons nessas reações. Neste capítulo, discutiremos reações de **alquenos** e **alquinos** em que uma ligação dupla ou tripla atua como doador de par de elétrons para formar uma ligação. Essas reações são chamadas de **reações de adição**.

Dactilina   **Laurefucina**

Alquenos e alquinos são muito comuns na natureza, tanto na terra como no mar. Exemplos vindos do mar incluem a dactilina e a laurefucina, cujas fórmulas são mostradas aqui. Esses compostos incluem halogênios em sua estrutura, como é o caso de muitos outros compostos naturais marinhos. Certos organismos marinhos podem produzir compostos como esses com propósito de autodefesa, uma vez que vários deles têm propriedades citotóxicas. Curiosamente, os halogênios nesses compostos marinhos são incorporados por reações biológicas similares àquelas que iremos estudar neste capítulo (Seção 8.11). Portanto, compostos como a dactilina e a laurefucina não somente têm estrutura e propriedades intrigantes, e surgem no bonito ambiente marinho, mas conservam uma química fascinante atrás deles.

NESTE CAPÍTULO, VAMOS ESTUDAR:

- A regioquímica e a estereoquímica das reações de adição a alquenos
- Processos que conduzem a adição de moléculas de água, halogênio, carbono e outras funções a alquenos
- Eventos que quebram ligações duplas e produzem compostos mais oxidados
- Reações de alquinos análogas a de alquenos

POR QUE ESSES TÓPICOS SÃO IMPORTANTES?

No fim do capítulo, mostraremos como, na natureza, uma classe especial de alquenos está envolvida na criação de dezenas de milhares de toneladas de moléculas bioativas, todas por meio de processos semelhantes àqueles abordados neste capítulo.

8.1 Reações de Adição a Alquenos

Neste capítulo, estudaremos reações chamadas reações de adição que ligam novos grupos a cada extremidade de um alqueno ou alquino. As reações de adição normalmente envolvem a doação de um par de elétrons de uma extremidade de uma ligação π de um alqueno ou alquino a um eletrófilo, seguida pela ligação de um nucleófilo na outra extremidade. Podemos descrever, genericamente, esse tipo de reação atribuindo E para a parte eletrofílica de um reagente e Nu para a parte nucleofílica, como é visto a seguir.

$$\text{C=C} + \text{E—Nu} \xrightarrow{\text{adição}} \text{E—C—C—Nu}$$

Algumas reações específicas desse tipo que estudaremos neste capítulo incluem as adições de haletos de hidrogênio, água (na presença de um catalisador ácido) e halogênios. Mais tarde, vamos estudar também alguns reagentes especializados que sofrem reações de adição com alquenos.

Alqueno:
- H—X → H—C—C—X **Haleto de alquila** (Seções 8.2, 8.3 e 10.9)
- H—OH, HA (cat.) → H—C—C—OH **Álcool** (Seção 8.4)
- X—X → X—C—C—X **Dialoalcano** (Seções 8.11, 8.12)

8.1A Por que as Reações de Adição Ocorrem?

Vários fatores nos ajudam a entender por que as reações de adição ocorrem.

1. Elétrons π apresentam uma região exposta de densidade eletrônica em uma molécula que está acima e abaixo da ligação σ. Elétrons π estão, portanto, mais disponíveis para reação do que elétrons σ.

2. Eletrófilos são atraídos para a densidade eletrônica exposta das ligações π.

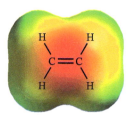

Um mapa do potencial eletrostático do eteno mostra que há maior densidade de carga negativa na região da ligação π.

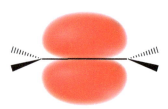

O par de elétrons da ligação π está distribuído pelos dois lóbulos do orbital molecular π.

3. Elétrons π estão em orbitais de energia mais elevada do que elétrons σ, e as ligações π são mais fracas do que as ligações σ. Assim, as reações que convertem ligações π em ligações σ são energeticamente favoráveis. Em uma reação de adição de alqueno, uma ligação π e uma ligação σ são convertidas em duas ligações σ, abaixando a energia do sistema.

8.1B Adição Eletrofílica a um Alqueno

Como mostramos, as reações de adição a alquenos geralmente envolvem a ligação de reagentes que possuem um componente eletrofílico e um componente nucleofílico, sendo cada parte ligada em uma extremidade do grupo alqueno original.

- **Eletrófilos** procuram elétrons. Eles são atraídos para os sítios de carga negativa e têm a propriedade de serem eletrofílicos.
- **Nucleófilos** são doadores de elétrons. Eles são atraídos para os sítios de carga positiva e têm a propriedade de serem nucleofílicos.

Eletrófilos incluem doadores de prótons, tais como os ácidos de Brønsted–Lowry, reagentes neutros, tais como o bromo (porque ele pode ser polarizado de modo que uma extremidade é positiva), e ácidos de Lewis, como o BH_3, o BF_3 e o $AlCl_3$. Íons metálicos que contenham orbitais vazios, como, por exemplo, o íon prata (Ag^+), o íon mercúrio (Hg^{2+}) e o íon platina (Pt^{2+}), também atuam como eletrófilos.

Os haletos de hidrogênio, por exemplo, reagem com alquenos aceitando um par de elétrons da ligação π para formar uma ligação σ entre o hidrogênio e um átomo de carbono, com a perda do íon haleto. Isso deixa um orbital p vazio e uma carga + sobre o outro carbono. O resultado inicial é a formação de um carbocátion e um íon haleto a partir do alqueno e HX:

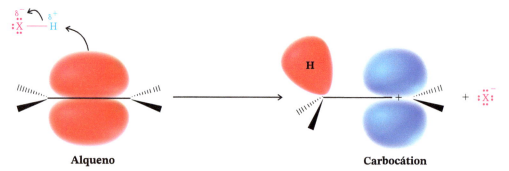

O íon haleto atua então como um nucleófilo, doando um par de elétrons para o carbocátion, altamente reativo.

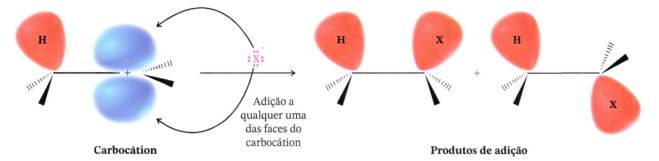

Se simplificarmos utilizando fórmulas generalizadas e setas curvas, podemos ver que, na protonação de um alqueno, o eletrófilo é o próton doado pelo ácido e o nucleófilo é o alqueno:

$$:\ddot{X}-H \;+\; \overset{}{\underset{}{C}}=\overset{}{\underset{}{C}} \longrightarrow -\overset{H}{\underset{|}{C}}-\overset{+}{\underset{|}{C}} \;+\; :\ddot{X}:^{-}$$

Eletrófilo **Nucleófilo**

O resultado dessa reação é a formação de um novo eletrófilo (o carbocátion) e um novo nucleófilo (o íon haleto). Assim, na próxima etapa, o íon haleto nucleofílico doa um par de elétrons para o carbocátion eletrofílico, completando a formação do produto de adição.

$$-\overset{H}{\underset{|}{C}}-\overset{+}{\underset{|}{C}} \;+\; :\ddot{X}:^{-} \longrightarrow -\overset{H}{\underset{|}{C}}-\overset{\ddot{X}:}{\underset{|}{C}}-$$

Eletrófilo **Nucleófilo**

8.2 Adição Eletrofílica de Haletos de Hidrogênio a Alquenos: Mecanismo e Regra de Markovnikov

Os haletos de hidrogênio (HI, HBr, HCl e HF) se adicionam à ligação dupla de alquenos:

$$\overset{}{\underset{}{C}}=\overset{}{\underset{}{C}} \;+\; H-X \longrightarrow -\overset{|}{\underset{H}{C}}-\overset{|}{\underset{X}{C}}-$$

Essas adições são, algumas vezes, realizadas dissolvendo-se o haleto de hidrogênio em um solvente, tal como o ácido acético ou o CH_2Cl_2, ou por borbulhamento do haleto de hidrogênio gasoso diretamente no alqueno, quando o próprio alqueno é usado como solvente. HF é preparado como fluoreto de poli-hidrogênio em piridina.

- A ordem de reatividade dos haletos de hidrogênio na adição a alquenos é

$$HI \;>\; HBr \;>\; HCl \;>\; HF$$

A menos que o alqueno seja altamente substituído, o HCl reage tão lentamente que a reação não é útil como um método preparativo. O HBr se adiciona rapidamente, mas como vamos aprender na Seção 10.10, a menos que tomemos algumas precauções, a reação pode seguir uma rota alternativa.

A adição de HX a um alqueno não simétrico pode ser concebida como ocorrendo de duas maneiras. Na prática, no entanto, um produto normalmente predomina. A adição de HBr ao propeno, por exemplo, poderia levar a 1-bromopropano ou 2-bromopropano. Entretanto, o principal produto é o 2-bromopropano:

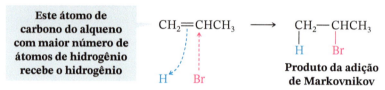

2-Bromopropano (principal)   1-Bromopropano (secundário)

Quando o 2-metilpropeno reage com o HBr, o produto principal é o 2-bromo-2-metilpropano, não o 1-bromo-2-metilpropano:

2-Metilpropeno   2-Bromo-2-metilpropano (principal)   1-Bromo-2-metilpropano (secundário)

A consideração de muitos exemplos como esse levou o químico russo Vladimir Markovnikov, em 1870, a formular o que é conhecido como regra de Markovnikov.

- Uma maneira de enunciar a **regra de Markovnikov** é dizer que, *na adição de HX a um alqueno, o átomo de hidrogênio se adiciona ao átomo de carbono da ligação dupla que já tem o maior número de átomos de hidrogênio.**

A adição de HBr ao propeno é uma ilustração:

Este átomo de carbono do alqueno com maior número de átomos de hidrogênio recebe o hidrogênio

$CH_2=CHCH_3 \longrightarrow CH_2-CHCH_3$
                                      H   Br

H   Br

Produto da adição de Markovnikov

Reações que seguem a regra de Markovnikov são chamadas de *adições de Markovnikov*. O mecanismo para a adição de um haleto de hidrogênio a um alqueno é uma adição de Markovnikov que envolve as duas etapas seguintes:

Um Mecanismo para a Reação

Adição de um Haleto de Hidrogênio a um Alqueno

Etapa 1

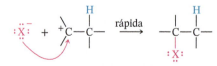

Os elétrons π do alqueno formam uma ligação com o próton de HX produzindo um carbocátion e um íon haleto.

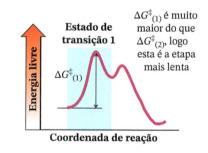

$\Delta G^{\ddagger}_{(1)}$ é muito maior do que $\Delta G^{\ddagger}_{(2)}$, logo esta é a etapa mais lenta

Etapa 2

O íon haleto reage com o carbocátion doando um par de elétrons; o resultado é um haleto de alquila.

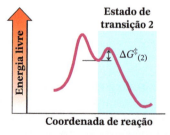

---

*Em sua publicação original, Markovnikov descreveu a regra em termos do ponto onde o átomo de halogênio se liga, afirmando que "se um alqueno assimétrico se combina com um haleto de hidrogênio, o íon haleto se adiciona ao átomo de carbono com menos átomos de hidrogênio".

A etapa importante – porque é a **etapa determinante da velocidade** – é a etapa 1. Na etapa 1, o alqueno doa um par de elétrons para o próton do haleto de hidrogênio, formando um carbocátion. Essa etapa (**Fig. 8.1**) é altamente endergônica e tem uma alta energia livre de ativação. Consequentemente, ela ocorre lentamente. Na etapa 2, o carbocátion altamente reativo estabiliza-se pela combinação com o íon haleto. Essa etapa exergônica tem uma energia livre de ativação muito baixa e ocorre muito rapidamente.

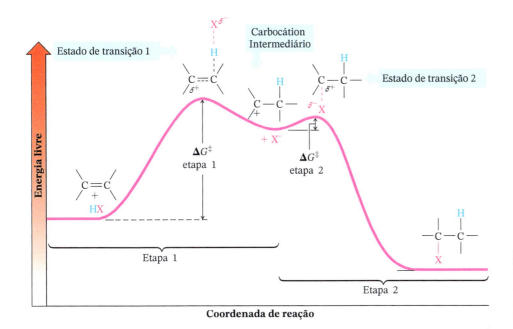

FIGURA 8.1 Diagrama de energia livre para a adição de HX a um alqueno. A energia livre de ativação para a etapa 1 é muito maior do que para a etapa 2.

8.2A Base Mecanística para a Regra de Markovnikov

Se o alqueno que sofre adição de um haleto de hidrogênio é um alqueno assimétrico como o propeno, então a etapa 1 poderia levar a dois carbocátions diferentes:

$$X \overset{\curvearrowleft}{-} H + CH_3CH=CH_2 \longrightarrow CH_3\overset{H}{\underset{|}{C}}H-\overset{+}{C}H_2 + X^-$$
Carbocátion 1º
(menos estável)

$$CH_3CH=CH_2 + H\overset{\curvearrowright}{-}X \longrightarrow CH_3\overset{+}{C}H-CH_2-H + X^-$$
Carbocátion 2º
(mais estável)

Esses dois carbocátions não têm a mesma estabilidade. O carbocátion secundário é *mais estável* e é a maior estabilidade do carbocátion secundário que explica a previsão correta da adição global pela regra de Markovnikov. Na adição de HBr ao propeno, por exemplo, a reação toma o seguinte curso:

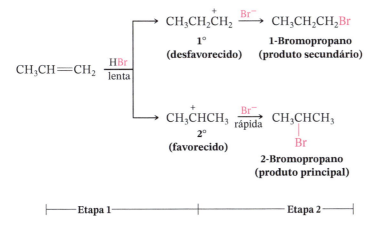

O produto principal da reação é o 2-bromopropano porque o carbocátion secundário mais estável é formado preferencialmente na primeira etapa.

- O carbocátion mais estável predomina porque é formado mais rapidamente.

Podemos entender por que isso é verdade se analisarmos os diagramas de energia livre na **Fig. 8.2**.

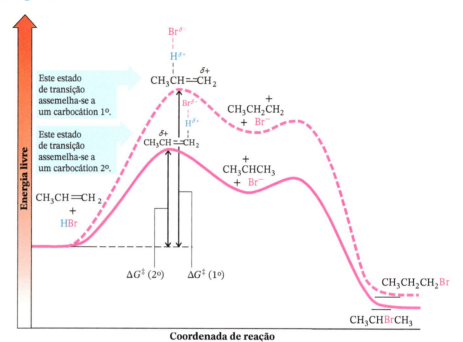

FIGURA 8.2 Diagramas de energia livre para a adição de HBr ao propeno. $\Delta G^{\ddagger}(2°)$ é menor que $\Delta G^{\ddagger}(1°)$.

- A reação que conduz ao carbocátion secundário (e, finalmente, ao 2-bromopropano) tem a energia livre de ativação menor. Isso é razoável porque o estado de transição se assemelha ao carbocátion mais estável.
- A reação que conduz ao carbocátion primário (e, finalmente, ao 1-bromopropano) tem uma energia livre de ativação maior, porque o seu estado de transição se assemelha ao carbocátion primário menos estável. Essa segunda reação é muito mais lenta e não compete, apreciavelmente, com a primeira reação.

A reação do HBr com o 2-metilpropeno produz somente, e pela mesma razão, ou seja, a estabilidade do carbocátion, o 2-bromo-2-metilpropano. Aqui, na primeira etapa (ou seja, quando o próton se liga), a escolha é ainda mais pronunciada – entre um carbocátion terciário e um carbocátion primário. Assim, o 1-bromo-2-metilpropano *não* é obtido como um produto da reação porque a sua formação exigiria a formação de um carbocátion primário. Tal reação teria uma energia livre de ativação muito maior do que aquela que leva à formação do carbocátion terciário.

- Rearranjos invariavelmente ocorrem quando o carbocátion inicialmente formado pela adição de HX ao alqueno pode se rearranjar para um mais estável (veja a Seção 7.11 e o Problema de Revisão 8.3).

Um Mecanismo para a Reação

Adição de HBr ao 2-Metilpropeno

Esta reação ocorre:

(continua)

(*continuação*)

Esta reação *não ocorre* em nenhuma extensão apreciável:

$$(CH_3)_2C=CH_2 \;+\; \overset{..}{\underset{..}{Br}}{-}H \;\;\not\to\;\; CH_3-\overset{CH_3}{\underset{H}{\overset{+}{C}}}-CH_2{-}H \;+\; :\!\overset{..}{\underset{..}{Br}}\!:^- \;\;\not\to\;\; CH_3-\overset{CH_3}{\underset{H}{C}}-CH_2-\overset{..}{\underset{..}{Br}}: \quad \text{Produto secundário}$$

Carbocátion 1º
(carbocátion menos estável)

1-Bromo-2-metilpropano

8.2B Enunciado Moderno da Regra de Markovnikov

Com a compreensão do mecanismo para a adição iônica dos haletos de hidrogênio a alquenos, podemos agora generalizar como os eletrófilos adicionam-se a alquenos.

- O enunciado moderno da **regra de Markovnikov**: Na adição iônica de um reagente assimétrico a uma ligação dupla, a parte positiva do reagente de adição se liga ao átomo de carbono da ligação dupla, de modo a produzir o carbocátion mais estável intermediário.
- A adição do eletrófilo determina a orientação global da adição, porque ela ocorre primeiro (antes da adição da parte nucleofílica do reagente de adição).

Observe que esse enunciado da regra de Markovnikov nos permite prever o resultado da adição de um reagente tal como ICl. Devido à maior eletronegatividade do cloro, a parte positiva dessa molécula é o iodo. A adição de ICl ao 2-metilpropeno ocorre da maneira vista a seguir e produz 2-cloro-1-iodo-2-metilpropano:

$$(CH_3)_2C=CH_2 \;+\; {}^{\delta+}\!:\!\overset{..}{\underset{..}{I}}\!-\!\overset{..}{\underset{..}{Cl}}\!:^{\delta-} \;\longrightarrow\; (CH_3)_2\overset{+}{C}-CH_2-\overset{..}{\underset{..}{I}}: \;+\; :\!\overset{..}{\underset{..}{Cl}}\!:^- \;\longrightarrow\; CH_3-\overset{CH_3}{\underset{\overset{..}{\underset{..}{Cl}}:}{C}}-CH_2-\overset{..}{\underset{..}{I}}:$$

2-Metilpropeno

2-Cloro-1-iodo-2-metilpropano

PROBLEMA DE REVISÃO 8.1

Dê a estrutura e o nome do produto que será obtido a partir da adição iônica de IBr ao propeno.

PROBLEMA DE REVISÃO 8.2

Proponha um mecanismo para as seguintes reações de adição:

(a) CH₂=C(CH₃)CH₃ $\xrightarrow{HBr}$ (b) (CH₃)₂C=CHCH₃ $\xrightarrow{ICl}$ (c) 1-metilciclopenteno $\xrightarrow{HI}$

PROBLEMA DE REVISÃO 8.3

Forneça explicações mecanísticas para as seguintes observações:

(a) (CH₃)₂CHCH=CH₂ $\xrightarrow{HCl}$ (CH₃)₂CHCCl(CH₃)CH₃ … *(erro)*

(a) 3-metil-1-buteno $\xrightarrow{HCl}$ 2-cloro-2-metilbutano + 2-cloro-3-metilbutano

(b) 3,3-dimetil-1-buteno $\xrightarrow{HCl}$ 3-cloro-2,2-dimetilbutano + 2-cloro-2,3-dimetilbutano

8.2C Reações Regiosseletivas

Químicos descrevem reações semelhantes às adições Markovnikov de haletos de hidrogênio a alquenos como **regiosseletivas**. *Regio* vem da palavra latina *regionem*, que significa direção.

- Uma **reação regiosseletiva** é aquela que pode potencialmente produzir dois ou mais isômeros, mas que na realidade produz apenas um (ou predominantemente um).

Por exemplo, a adição de HX a um alqueno assimétrico como o propeno poderia ser imaginada produzir dois isômeros constitucionais. Como vimos, a reação produz apenas um, portanto ela é regiosseletiva.

8.2D Adição Anti-Markovnikov do HBr na Presença de Peróxidos

Na Seção 10.10, estudaremos uma exceção à regra de Markovnikov. Essa exceção refere-se à adição de HBr a alquenos, *quando a adição é realizada na presença de peróxidos* (isto é, compostos com a fórmula geral ROOR).

- Quando alquenos são tratados com HBr na presença de peróxidos, ocorre uma **adição anti-Markovnikov** no sentido de que o átomo de hidrogênio torna-se ligado ao átomo de carbono com o menor número de átomos de hidrogênio.

Com o propeno, por exemplo, a adição ocorre da seguinte forma:

$$CH_3CH=CH_2 + HBr \xrightarrow{ROOR} CH_3CH_2CH_2Br$$

Na Seção 10.10, veremos que essa adição ocorre por um *mecanismo radicalar* e, não através do mecanismo iônico apresentado no início da Seção 8.2.

- Esta adição anti-Markovnikov ocorre *somente quando* HBr *é usado na presença de peróxidos* e não ocorre, de forma significativa, com HF, HCl e HI mesmo quando peróxidos estão presentes.

8.3 Estereoquímica da Adição Iônica a um Alqueno

Considere a seguinte adição de HX a 1-buteno e observe que a reação leva à formação de um produto, 2-halobutano, que contém um centro quiral:

$$CH_3CH_2CH=CH_2 + HX \longrightarrow CH_3CH_2\overset{*}{C}HCH_3$$
$$|$$
$$X$$

O produto, portanto, pode existir como um par de enantiômeros. A pergunta que surge agora é como esses enantiômeros são formados. Um enantiômero se forma em maior quantidade do que os outros? A resposta é *não*; o carbocátion formado na primeira etapa da adição (veja o esquema a seguir) é plano triangular e é **aquiral** (o modelo mostrará que ele tem um plano de simetria). Quando o íon haleto reage com esse carbocátion aquiral na segunda etapa, *a reação é igualmente provável em ambas as faces*. As reações que levam aos dois enantiômeros ocorrem com a mesma velocidade e os enantiômeros, portanto, são produzidos em quantidades iguais, *como um racemato*.

Estereoquímica da Reação

Adição Iônica a um Alqueno

$C_2H_5-CH=CH_2 \longrightarrow$ $C_2H_5-\overset{+}{C}\overset{H}{\underset{CH_2-H}{}}$:X:⁻

Carbocátion plano triangular, aquiral

O 1-buteno doa um par de elétrons para o próton de HX para formar um carbocátion aquiral.

(a) → $C_2H_5 \overset{:\ddot{X}:}{\underset{CH_3}{|}} H$

(S)-2-Halobutano (50%)

(b) → $C_2H_5 \overset{H}{\underset{:\ddot{X}:}{|}} CH_3$

(R)-2-Halobutano (50%)

O carbocátion reage com o íon haleto com as mesmas velocidades através dos caminhos reacionais (a) ou (b) formando enantiômeros como uma mistura racêmica.

8.4 Adição de Água a Alquenos: Hidratação Catalisada por Ácidos

A adição de água catalisada por ácido à ligação dupla de um alqueno (**hidratação** de um alqueno) é um método para a preparação de álcoois de baixa massa molecular. Essa reação tem a sua maior utilidade em processos industriais de larga escala. Os ácidos mais frequentemente usados para catalisar a hidratação de alquenos são soluções aquosas diluídas de ácido sulfúrico e ácido fosfórico. Essas reações também são geralmente regiosseletivas e a adição de água à ligação dupla segue a regra de Markovnikov. De forma geral, a reação tem a seguinte forma:

$$\overset{\backslash}{\underset{/}{C}}=\overset{/}{\underset{\backslash}{C}} + HOH \xrightarrow{H_3O^+} -\underset{H}{\overset{|}{C}}-\underset{OH}{\overset{|}{C}}-$$

Um exemplo é a hidratação do 2-metilpropeno:

$$\text{2-Metilpropeno (isobutileno)} + HOH \xrightarrow[25\,°C]{H_3O^+} \text{2-Metil-2-propanol (álcool } terc\text{-butílico)}$$

Como as reações seguem a regra de Markovnikov, as hidratações de alquenos catalisadas por ácido não produzem álcoois primários, exceto no caso especial da hidratação do eteno:

$$CH_2=CH_2 + HOH \xrightarrow[300\,°C]{H_3PO_4} CH_3CH_2OH$$

8.4A Mecanismo

O mecanismo de hidratação de um alqueno é simplesmente o inverso do mecanismo para a desidratação de álcool. Podemos ilustrar isso apresentando o mecanismo para **hidratação** do 2-metilpropeno e comparando-o com o mecanismo de **desidratação** do 2-metil-2-propanol apresentado na Seção 7.7A.

Um Mecanismo para a Reação

Hidratação de um Alqueno Catalisada por Ácido

Etapa 1

O alqueno doa um par de elétrons para um próton formando um carbocátion terciário mais estável.

Etapa 2

O carbocátion reage com uma molécula de água formando um álcool protonado.

Etapa 3

A transferência de um próton para uma molécula de água leva ao produto.

A etapa determinante da velocidade no mecanismo de *hidratação* é a etapa 1: a formação do carbocátion. É esta etapa também que responde pela regioquímica Markovnikov da adição de água à ligação dupla. A reação produz 2-metil-2-propanol porque a etapa 1 leva à formação do cátion terciário (3°) mais estável em vez do cátion primário (1°) muito menos estável:

Para todos os propósitos práticos, esta reação não ocorre porque produz um carbocátion 1°.

As reações em que *alquenos são hidratados ou álcoois são desidratados* representam reações em que o produto final é governado pela posição de equilíbrio. Portanto, na *desidratação de um álcool* é melhor usar um ácido concentrado de modo que a concentração de água é baixa. A água pode ser removida à medida que é formada e favorece o uso de uma alta temperatura. Na *hidratação de um alqueno* é melhor usar um ácido diluído de modo que a concentração de água é elevada. Isso geralmente favorece o uso de uma temperatura mais baixa.

PROBLEMA RESOLVIDO 8.1

Escreva um mecanismo que explique a reação vista a seguir.

Estratégia e Resposta

Sabemos que um íon hidrônio, formado a partir de ácido sulfúrico e água, pode doar um próton para um alqueno formando um carbocátion. O carbocátion pode então aceitar um par de elétrons de uma molécula de água para formar um álcool protonado. O álcool protonado pode doar um próton à água para tornar-se um álcool.

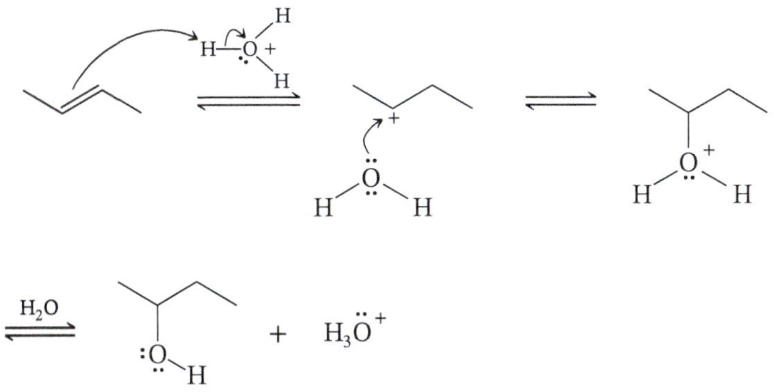

(a) Escreva um mecanismo que explique a reação vista a seguir.

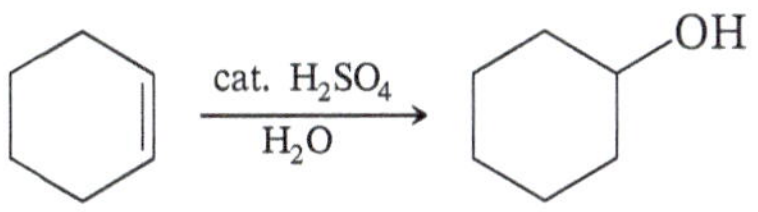

$$\text{ciclo-hexeno} \xrightarrow[\text{H}_2\text{O}]{\text{cat. H}_2\text{SO}_4} \text{ciclo-hexanol}$$

PROBLEMA DE REVISÃO 8.4

(b) Quais as condições gerais que você usaria para garantir um bom rendimento do produto?

(c) Quais as condições gerais que você usaria para realizar a reação inversa, ou seja, a desidratação do ciclo-hexanol para a produção de ciclo-hexeno?

(d) Que produto você esperaria obter a partir da hidratação do 1-metilciclo-hexeno catalisada por ácido? Justifique sua resposta.

Em uma síntese industrial de etanol, o eteno inicialmente sofre uma reação de adição com ácido sulfúrico e o produto sofre hidrólise, formando etanol. Escreva um mecanismo para a adição do ácido sulfúrico ao eteno.

PROBLEMA DE REVISÃO 8.5

8.4B Rearranjos

- Uma complicação associada com hidratações de alquenos é a ocorrência de **rearranjos**.

Como a reação envolve a formação de um carbocátion na primeira etapa, o carbocátion formado no início invariavelmente sofre um rearranjo para uma espécie mais estável (ou possivelmente para uma espécie isoenergética) se tal rearranjo é possível. Uma ilustração é a formação de 2,3-dimetil-2-butanol como produto principal quando o 3,3-dimetil-1-buteno é hidratado:

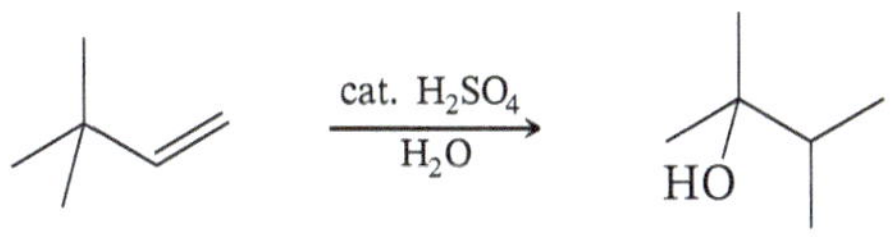

3,3-Dimetil-1-buteno $\xrightarrow[\text{H}_2\text{O}]{\text{cat. H}_2\text{SO}_4}$ **2,3-Dimetil-2-butanol** (produto principal)

Escreva um mecanismo que mostre como o 2,3-dimetil-2-butanol é formado na hidratação do 3,3-dimetil-1-buteno catalisada por ácido.

PROBLEMA DE REVISÃO 8.6

A seguinte ordem de reatividade é observada quando os seguintes alquenos são submetidos à hidratação catalisada por ácido:

$$(CH_3)_2C=CH_2 > CH_3CH=CH_2 > CH_2=CH_2$$

Explique essa ordem de reatividade.

PROBLEMA DE REVISÃO 8.7

PROBLEMA DE REVISÃO 8.8 Escreva um mecanismo para a reação vista a seguir.

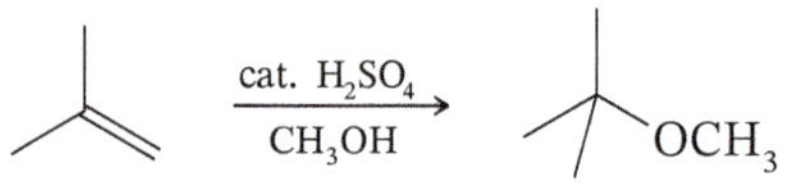

$$\text{(CH}_3)_2\text{C=CH}_2 \xrightarrow[\text{CH}_3\text{OH}]{\text{cat. H}_2\text{SO}_4} (\text{CH}_3)_3\text{C–OCH}_3$$

PROBLEMA RESOLVIDO 8.2 Escreva um mecanismo que explique o caminho da seguinte reação:

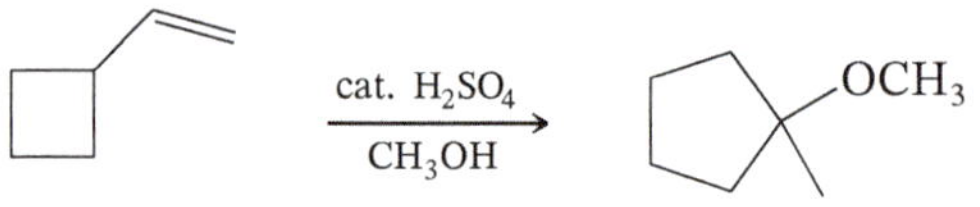

ciclobutil-CH=CH₂ $\xrightarrow[\text{CH}_3\text{OH}]{\text{cat. H}_2\text{SO}_4}$ 1-metoxi-1-metilciclopentano

Estratégia e Resposta

Como já aprendemos, em um meio fortemente ácido, tal como metanol contendo ácido sulfúrico catalítico, um alqueno pode aceitar um próton para formar um carbocátion. Na reação anterior, o carbocátion 2° formado inicialmente pode sofrer rearranjo de alcaneto (que alivia a tensão do anel neste exemplo) e um rearranjo de hidreto, como mostrado a seguir, para formar um carbocátion 3°, que pode então reagir com o solvente (metanol) para formar um éter.

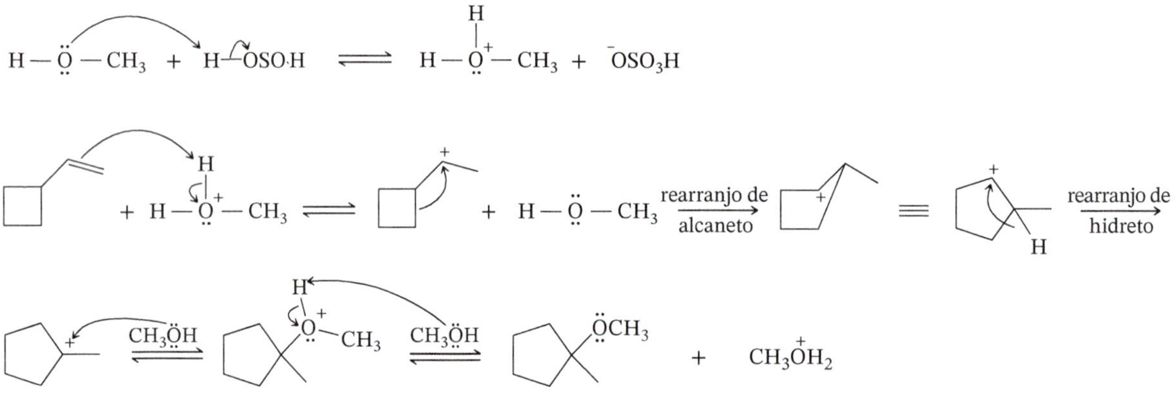

$$H\text{–}\ddot{O}\text{–}CH_3 + H\text{–}OSO_3H \rightleftharpoons H\text{–}\overset{+}{O}(H)\text{–}CH_3 + {}^-OSO_3H$$

[Mecanismo com rearranjo de alcaneto e rearranjo de hidreto formando o cátion terciário, seguido de ataque por CH₃OH para gerar o éter e CH₃OH₂⁺]

8.5 Álcoois a Partir de Alquenos por Oximercuração–Desmercuração: Adição de Markovnikov

Um procedimento de laboratório útil para a síntese de álcoois a partir de alquenos, que evita rearranjo, é um método em duas etapas chamado de **oximercuração–desmercuração**.

- Alquenos reagem com acetato de mercúrio em uma mistura de tetraidrofurano (THF) e água para produzir compostos (hidroxialquil)mercúrio. Esses (hidroxialquil)mercúrios podem ser reduzidos a álcoois com boroidreto de sódio.

Etapa 1: Oximercuração

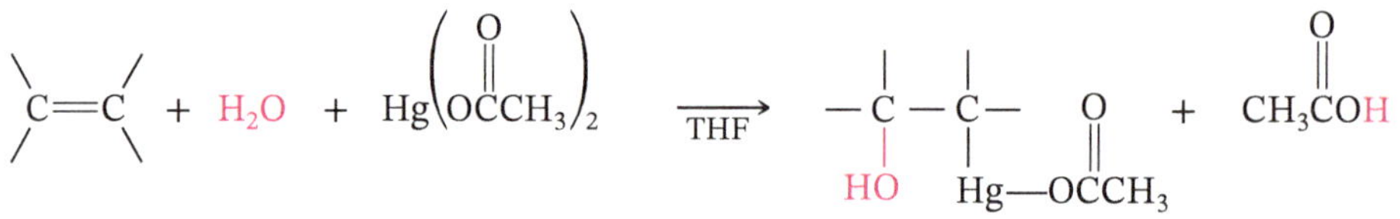

$$\text{C=C} + \text{H}_2\text{O} + \text{Hg(OCCH}_3)_2 \xrightarrow{\text{THF}} \underset{\text{HO}}{-\text{C}}-\underset{\text{Hg–OCCH}_3}{-\text{C}}- + \text{CH}_3\text{COH}$$

Etapa 2: Desmercuração

$$\underset{\text{HO}}{-\text{C}}-\underset{\text{Hg–OCCH}_3}{-\text{C}}- + \text{HO}^- + \text{NaBH}_4 \longrightarrow \underset{\text{HO}}{-\text{C}}-\underset{\text{H}}{-\text{C}}- + \text{Hg} + \text{CH}_3\text{CO}^-$$

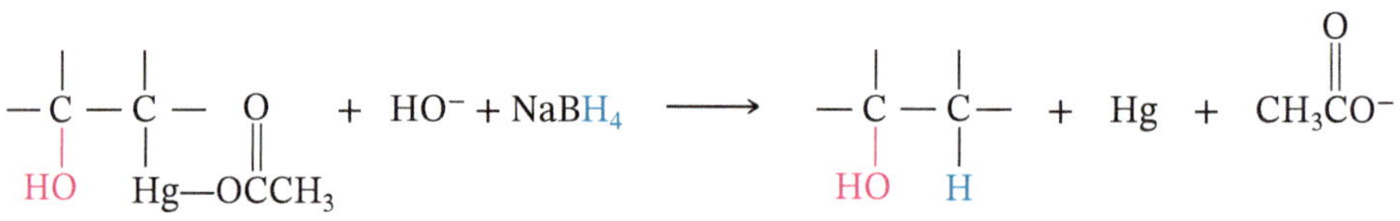

- Na primeira etapa, **oximercuração**, a água e o acetato de mercúrio se adicionam à ligação dupla.
- Na segunda etapa, **desmercuração**, o boroidreto de sódio reduz o grupo acetoximercúrio e o substitui por hidrogênio. (O grupo acetato é muitas vezes abreviado por —OAc.)

Ambas as etapas podem ser realizadas no mesmo recipiente e ambas as reações ocorrem muito rapidamente à temperatura ambiente ou abaixo. A primeira etapa – oximercuração – normalmente se completa dentro de um período de segundos a minutos. A segunda etapa – desmercuração – normalmente requer menos de uma hora. A reação global produz álcoois com rendimentos muito elevados, geralmente, superiores a 90%.

Compostos de mercúrio são extremamente tóxicos. Antes de realizar uma reação que envolva mercúrio ou seus compostos você deve se familiarizar com os procedimentos para sua utilização e contenção. Não existe um procedimento totalmente adequado para o descarte de mercúrio.

8.5A Regiosseletividade da Oximercuração–Desmercuração

A oximercuração-desmercuração também é altamente regiosseletiva.

- Na oximercuração-desmercuração, a orientação final da adição dos elementos da água, —H e —OH, *está de acordo com a regra de Markovnikov*. —H se liga ao átomo de carbono da ligação dupla com o maior número de átomos de hidrogênio.

Os seguintes exemplos são específicos. Os produtos alcoólicos não mostram o hidrogênio que veio do NaBH$_4$ porque estamos utilizando estruturas em bastão.

1-Penteno → **2-Pentanol (93%)**

1-Metilciclopenteno → **1-Metilciclopentanol**

8.5B Rearranjos Ocorrem Raramente em Oximercuração–Desmercuração

- Rearranjos da cadeia de carbono raramente ocorrem na oximercuração–desmercuração.

A oximercuração–desmercuração do 3,3-dimetil-1-buteno é um excelente exemplo que ilustra essa característica. Ela está em oposição direta à hidratação do 3,3-dimetil-1-buteno que estudamos anteriormente (Seção 8.4B).

3,3-Dimetil-1-buteno → **3,3-Dimetil-2-butanol (94%)**

DICA ÚTIL
Oximercuração–desmercuração não é uma reação suscetível a rearranjo de hidreto ou alcaneto.

Análise da mistura dos produtos por cromatografia gasosa não revela a presença do 2,3-dimetil-2-butanol. A hidratação do 3,3-dimetil-1-buteno, catalisada por ácido, pelo contrário, dá o 2,3-dimetil-2-butanol como o produto principal.

8.5C Mecanismo da Oximercuração

Um mecanismo que representa a orientação da adição na etapa de oximercuração e que explica também a falta de rearranjos é mostrado a seguir.

- O princípio desse mecanismo é um ataque eletrofílico pelas espécies de mercúrio, $\overset{+}{\text{HgOAc}}$, ao carbono menos substituído da ligação dupla (ou seja, ao átomo de carbono que tem o maior número de átomos de hidrogênio) e à formação de um intermediário em ponte.

Ilustramos o mecanismo usando o 3,3-dimetil-1-buteno como exemplo:

Um Mecanismo para a Reação

Oximercuração

Etapa 1

$$\text{Hg(OAc)}_2 \rightleftharpoons \overset{+}{\text{HgOAc}} + \text{AcO}^-$$

O acetato de mercúrio se dissocia formando um cátion $\overset{+}{\text{HgOAc}}$ e um ânion acetato.

Etapa 2

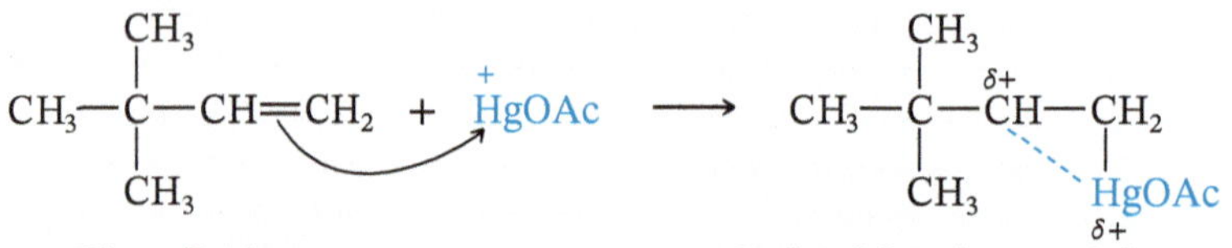

$$\text{CH}_3-\underset{\underset{\text{CH}_3}{|}}{\overset{\overset{\text{CH}_3}{|}}{\text{C}}}-\text{CH}=\text{CH}_2 + \overset{+}{\text{HgOAc}} \longrightarrow \text{CH}_3-\underset{\underset{\text{CH}_3}{|}}{\overset{\overset{\text{CH}_3}{|}}{\text{C}}}-\overset{\delta+}{\text{CH}}-\text{CH}_2$$

3,3-Dimetil-1-buteno — Carbocátion de mercúrio em ponte (HgOAc $\delta+$)

O alqueno doa um par de elétrons para o cátion $\overset{+}{\text{HgOAc}}$ eletrofílico formando um carbocátion de mercúrio em ponte. Neste carbocátion, a carga positiva é compartilhada entre o átomo de carbono secundário (mais substituído) e o átomo de mercúrio. A carga positiva no átomo de carbono é grande o suficiente para conduzir a uma orientação Markovnikov na adição, mas não grande o suficiente para conduzir a um rearranjo.

Etapa 3

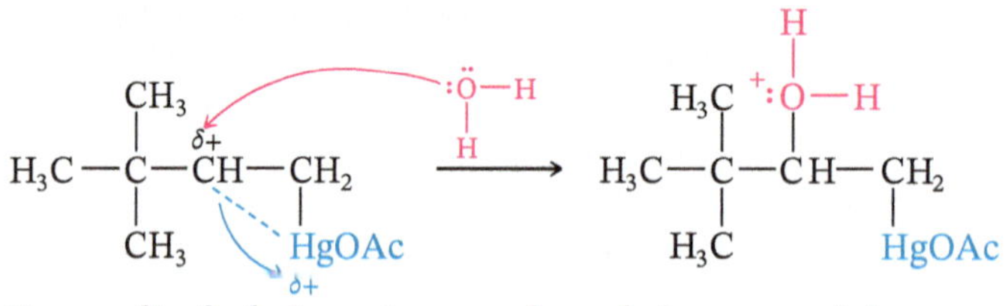

Uma molécula de água ataca o carbono do íon mercurínio em ponte que é capaz de suportar melhor a carga positiva parcial.

Etapa 4

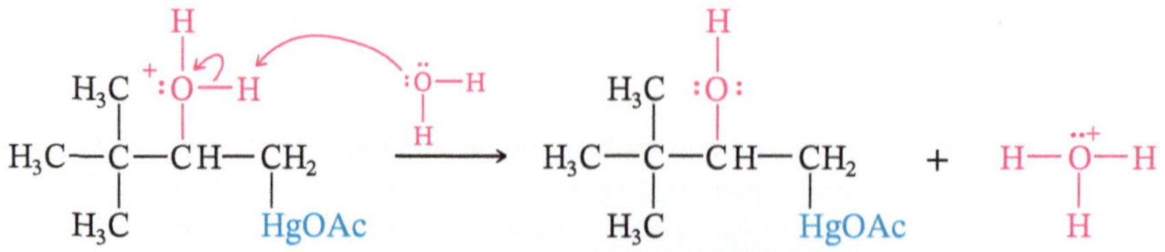

Composto (hidroxialquil)mercúrio

Uma reação ácido-base transfere um próton para outra molécula de água (ou para um íon acetato). Esta etapa produz o composto (hidroxialquil)mercúrio.

Alquenos e Alquinos II   367

Cálculos indicam que nos carbocátions de mercúrio em ponte (denominados íons mercurínio), tais como aqueles formados nessa reação, uma grande parte da carga positiva reside no mercúrio. Apenas uma pequena parte da carga positiva reside no átomo de carbono mais substituído. A carga é grande o suficiente para justificar a orientação Markovnikov da adição, mas é demasiadamente pequena para permitir os rápidos rearranjos da cadeia de carbono que ocorrem com carbocátions mais completamente desenvolvidos.

Embora o ataque pela água sobre o íon mercurínio em ponte leve à adição anti dos grupos hidroxila e mercúrio, a reação que substitui mercúrio por hidrogênio não é estereocontrolada (ela, provavelmente, envolve radicais; veja o Capítulo 10). Essa etapa mistura a estereoquímica final.

- O resultado final da oximercuração–desmercuração é uma mistura de adição sin e anti de —H e —OH ao alqueno.
- Como já mencionado, a oximercuração–desmercuração ocorre com regioquímica Markovnikov.

PROBLEMA DE REVISÃO 8.9

Escreva a estrutura dos alquenos de partida apropriados e especifique os reagentes necessários para a síntese dos seguintes álcoois por oximercuração–desmercuração:

(a) (b) (c)

Quando um alqueno é tratado com trifluoroacetato de mercúrio, $Hg(O_2CCF_3)_2$, em THF contendo um álcool, ROH, o produto é um composto (alcoxialquil)mercúrio. Tratando esse produto com $NaBH_4/HO^-$ resulta na formação de um éter.

- Quando uma molécula de solvente atua como nucleófilo na etapa de oximercuração, o processo global é chamado de **solvomercuração–desmercuração**:

Alqueno → $Hg(O_2CCF_3)_2$/THF-ROH (solvomercuração) → Trifluoroacetato de (alcoxialquil)mercúrio → $NaBH_4$, HO^- (desmercuração) → Éter

---

PROBLEMA DE REVISÃO 8.10

(a) Escreva um mecanismo para a etapa de solvomercuração da síntese do éter que acaba de ser mostrada. (b) Mostre como você usaria a solvomercuração-desmercuração para preparar *terc*-butil metil éter. (c) Por que alguém usaria $Hg(O_2CCF_3)_2$, em vez de $Hg(OAc)_2$?

8.6 Álcoois a Partir de Alquenos por Hidroboração–Oxidação: Hidratação Sin Anti-Markovnikov

- **Hidratação anti-Markovnikov** de uma ligação dupla pode ser obtida por meio do uso de diborano (B_2H_6) ou de uma solução de borano em tetraidrofurano (BH_3:THF).

A adição de água é indireta nesse processo e duas reações estão envolvidas. A primeira é a adição de um átomo de boro e um átomo de hidrogênio à ligação dupla, chamada de **hidroboração**; a segunda é a **oxidação** e hidrólise do intermediário alquilborano para formar um álcool e ácido bórico. A regioquímica anti-Markovnikov da adição é ilustrada pela hidroboração–oxidação do propeno:

$$3 \text{ Propeno} \xrightarrow[\text{hidroboração}]{BH_3:THF} \text{Tripropilborano} \xrightarrow[\text{oxidação}]{H_2O_2/HO^-} 3 \text{ 1-Propanol}$$

- Hidroboração–oxidação ocorre com estereoquímica **sin**, bem como regioquímica anti-Markovnikov.

Isto pode ser visto no exemplo a seguir com 1-metilciclopenteno, mostrado a seguir em uma orientação bidimensional lateral.

$$\text{1-metilciclopenteno} \xrightarrow[\text{(2) } H_2O_2, HO^-]{\text{(1) } BH_3:THF} \text{produto}$$

$$\text{3-metilciclopenteno} \xrightarrow[\text{(2) } H_2O_2, HO^-]{\text{(1) } BH_3:THF} \text{produto}$$

Nas seções seguintes, vamos examinar os detalhes do mecanismo que leva à regioquímica anti-Markovnikov e estereoquímica sin da hidroboração–oxidação.

8.7 Hidroboração: Síntese de Alquilboranos

PRÊMIO NOBEL

A descoberta da hidroboração por Brown fez com que ele dividisse, em 1979, o prêmio Nobel em Química.

A **hidroboração** de um alqueno é o ponto de partida de diversos procedimentos sintéticos úteis, incluindo o processo de **hidratação** sin anti-Markovnikov, que acabamos de mencionar. A hidroboração foi descoberta por Herbert C. Brown (Purdue University), e pode ser representada em termos simples da seguinte forma:

$$\text{Alqueno} + \text{Hidreto de boro} \xrightarrow{\text{hidroboração}} \text{Alquilborano}$$

A hidroboração pode ser realizada com diborano (B_2H_6), que é um dímero gasoso do borano (BH_3), ou mais convenientemente com um reagente preparado pela dissolução do diborano em THF. Quando o diborano é introduzido em THF, ele reage para formar um complexo ácido-base de Lewis de borano (o ácido de Lewis) e THF. O complexo é representado como $BH_3:THF$.

$$B_2H_6 + 2 :O\text{(THF)} \longrightarrow 2 \; H_3B\text{-}O^+\text{(THF)}$$

Diborano   THF (tetraidrofurano) $BH_3:THF$

Soluções contendo o complexo $BH_3:THF$ podem ser obtidas comercialmente. Reações de hidroboração são geralmente realizadas em éteres: ou em dietil éter ou THF. Deve-se ter muito cuidado ao se manusear diboranos e alquilboranos porque eles se inflamam espontaneamente ao ar (com uma chama verde). A solução de $BH_3:THF$ tem de ser usada em uma atmosfera inerte (por exemplo, argônio ou nitrogênio) e com cuidado.

8.7A Mecanismo da Hidroboração

Quando um alqueno terminal, tal como propeno, é tratado com uma solução contendo BH$_3$:THF, o hidreto de boro se adiciona sucessivamente às ligações duplas de três moléculas de alqueno para formar um trialquilborano:

- Em cada etapa de adição *o átomo de boro se liga ao átomo de carbono menos substituído da ligação dupla* e um átomo de hidrogênio é transferido do átomo de boro para o outro átomo de carbono da ligação dupla.
- A hidroboração é **regiosseletiva** e **anti-Markovnikov** (o átomo de hidrogênio se liga ao átomo de carbono com menos átomos de hidrogênio).

Outros exemplos que ilustram a tendência para o átomo de boro se ligar ao átomo de carbono menos substituído são mostrados aqui. As porcentagens indicam onde o átomo de boro se liga.

Estas porcentagens, que indicam onde o boro se liga nas reações utilizando estes materiais de partida, ilustram a tendência do boro se ligar ao carbono menos substituído da dupla ligação.

Essa ligação observada do boro ao átomo de carbono menos substituído da ligação dupla parece resultar, em parte, de **fatores estéricos** – o grupo volumoso contendo boro pode se aproximar do átomo de carbono menos substituído mais facilmente.

No mecanismo proposto para hidroboração, a adição de BH$_3$ à ligação dupla começa com a doação de elétrons π da ligação dupla para o orbital p vazio do BH$_3$ (veja o mecanismo a seguir). Na próxima etapa, esse complexo forma o produto de adição ao passar por um estado de transição de quatro átomos em que o átomo de boro está parcialmente ligado ao átomo de carbono menos substituído da ligação dupla, e um átomo de hidrogênio está parcialmente ligado ao outro átomo de carbono. À medida que esse estado de transição é alcançado, elétrons se deslocam na direção do átomo de boro e para longe do átomo de carbono mais substituído da ligação dupla. Isto faz com que o átomo de carbono mais substituído desenvolva uma carga parcial positiva *e, como ele possui um grupo alquila doador de elétrons, é mais capaz de acomodar essa carga positiva*. Assim, fatores eletrônicos também favorecem a adição de boro ao carbono menos substituído.

- Resumindo, ambos os *fatores eletrônico* e *estérico* contribuem para a orientação anti-Markovnikov da adição.

Um Mecanismo para a Reação

Hidroboração

A adição ocorre através da formação inicial de um complexo π, o qual evolui para um estado de transição cíclico de quatro átomos com o átomo de boro adicionando-se ao átomo de carbono menos impedido. As ligações tracejadas no estado de transição representam ligações que estão parcialmente rompidas ou formadas. O estado de transição mostra a adição sin dos átomos de hidrogênio e boro levando a formação do alquilborano. As outras ligações B–H do alquilborano podem realizar adições semelhantes fornecendo no final o trialquilborano.

Uma visão dos orbitais na hidroboração

8.7B Estereoquímica da Hidroboração

- O estado de transição para hidroboração requer que o átomo de boro e o átomo de hidrogênio se adicionem à mesma face da ligação dupla:

Estereoquímica da Hidroboração

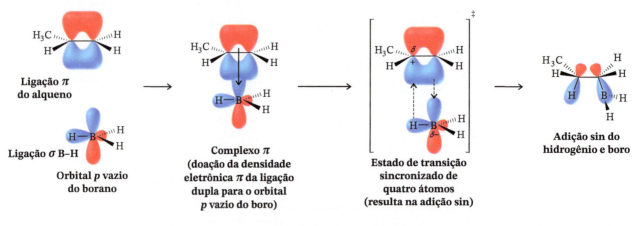

Podemos ver os resultados de uma adição sin em nosso exemplo envolvendo a hidroboração do 1-metilciclopenteno. A formação do enantiômero, que é igualmente provável, resulta quando o BH_3 se adiciona na face de cima do anel do 1-metilciclopenteno:

PROBLEMA DE REVISÃO 8.11

Especifique o alqueno necessário para a síntese de cada um dos seguintes alquilboranos por hidroboração:

(a) [estrutura: tri-n-butilborano]

(b) [estrutura: tri-isobutilborano]

(c) [estrutura: tri-sec-butilborano / tri(3-pentil)borano]

(d) Mostre a estereoquímica envolvida na hidroboração do 1-metilciclo-hexeno.

PROBLEMA DE REVISÃO 8.12

O tratamento de um alqueno impedido estericamente, tal como o 2-metil-2-buteno, com BH$_3$:THF leva à formação de um dialquilborano em vez de um trialquilborano. Quando 2 mols de 2-metil-2-buteno é adicionado a 1 mol de BH$_3$, o produto formado é bis(3-metil-2-butil)borano, apelidado de "disiamilborano". Escreva a sua estrutura. Bis(3-metil-2-butil)borano é um reagente útil em certas sínteses que necessitam de um borano estericamente impedido. (O nome em inglês "disiamyl", que foi traduzido como disiamil, vem de "*di*secondary-*iso-amyl*", que traduzido é di-isoamil-secundário, um nome completamente não sistemático e inaceitável. O nome "amil" é um nome antigo comum para um grupo alquila de cinco carbonos.)

8.8 Oxidação e Hidrólise de Alquilboranos

Os alquilboranos produzidos na etapa de hidroboração geralmente não são passíveis de serem isolados. Eles são oxidados e hidrolisados a álcoois no mesmo vaso reacional pela adição de peróxido de hidrogênio em uma base aquosa:

$$R_3B \xrightarrow[\text{Oxidação e hidrólise}]{H_2O_2,\ NaOH\ aq.,\ 25\ °C} 3R-OH + B(ONa)_3$$

- **As etapas de oxidação e hidrólise ocorrem com retenção de configuração** no carbono ligado inicialmente ao boro e finalmente ligado ao grupo hidroxila.

Veremos como isso ocorre considerando os mecanismos de oxidação e hidrólise.

A oxidação de alquilboranos começa com a adição do ânion hidroperóxido (HOO$^-$) ao átomo de boro trivalente. Um intermediário instável é formado, tendo uma carga negativa formal no boro. A migração de um grupo alquila com um par de elétrons a partir do boro para o oxigênio adjacente leva à neutralização da carga sobre o boro e ao deslocamento de um ânion hidróxido. A migração da alquila ocorre com retenção de configuração no carbono migrando. Repetição das etapas de adição do ânion hidroperóxido e de migração ocorre mais duas vezes até que todos os grupos alquila tenham se ligado aos átomos de oxigênio, resultando em um éster de trialquilborato, B(OR)$_3$. O éster borato, então, sofre hidrólise básica para produzir três moléculas do álcool e um ânion borato inorgânico.

Um Mecanismo para a Reação

Oxidação de Trialquilboranos

Trialquil-borano + **Íon hidroperóxido** → [**Intermediário instável**] → + ⁻:Ö—H → (Repete-se a sequência duas vezes) → **Éster borato**

O átomo de boro aceita um par de elétrons do íon hidroperóxido formando um intermediário instável.

Um grupo alquila migra do átomo de boro para o átomo de oxigênio adjacente à medida que um íon hidróxido se afasta. A configuração no carbono migrando permanece inalterada.

Hidrólise do Éster Borato

Éster trialquilborato → → + ⁻:Ö—R → + :Ö—R / **Álcool**

O ânion hidróxido ataca o átomo de boro do éster borato.

Um ânion alcóxido se afasta do ânion borato, reduzindo a carga formal do boro a zero.

A transferência de próton completa a formação de uma molécula de álcool. A sequência se repete até que todos os grupos alcóxido são liberados como álcool, restando o borato inorgânico.

8.8A Regioquímica e Estereoquímica da Oxidação e Hidrólise do Alquilborano

- Reações de hidroboração–oxidação são **regiosseletivas**; o resultado final da hidroboração–oxidação é uma adição **anti-Markovnikov** de água a um alqueno.
- Como consequência, a hidroboração–oxidação nos dá um método para a preparação de álcoois que, normalmente, não podem ser obtidos através da hidratação de alquenos catalisada por ácido ou por oximercuração–desmercuração.

Por exemplo, a hidratação catalisada por ácido (ou oximercuração–desmercuração) do 1-hexeno produz 2-hexanol, o produto de adição de Markovnikov.

1-Hexeno $\xrightarrow{H_3O^+,\ H_2O}$ **2-Hexanol** **Adição de Markovnikov**

Ao contrário, a hidroboração–oxidação do 1-hexeno produz 1-hexanol, o produto anti-Markovnikov.

1-Hexeno $\xrightarrow{(1)\ BH_3:THF\ (2)\ H_2O_2,\ HO^-}$ **1-Hexanol (90%)**

Adição anti-Markovnikov

2-Metil-2-buteno $\xrightarrow{(1)\ BH_3:THF\ (2)\ H_2O_2,\ HO^-}$ **3-Metil-2-butanol**

- Reações de hidroboração–oxidação são **estereoespecíficas**, a adição final de —H e —OH é **sin**, e se centros quirais são formados, suas configurações dependem da estereoquímica do alqueno inicial.

Como a etapa de oxidação na síntese de álcoois por hidroboração–oxidação ocorre com retenção de configuração, **o grupo hidroxila substitui o átomo de boro onde ele se encontra no composto alquilborano**. O resultado final das duas etapas (hidroboração e oxidação) é a adição sin de —H e —OH. Podemos rever os aspectos anti-Markovnikov e sin da hidroboração–oxidação considerando a hidratação do 1-metilciclopenteno, como mostrado na Fig. 8.3.

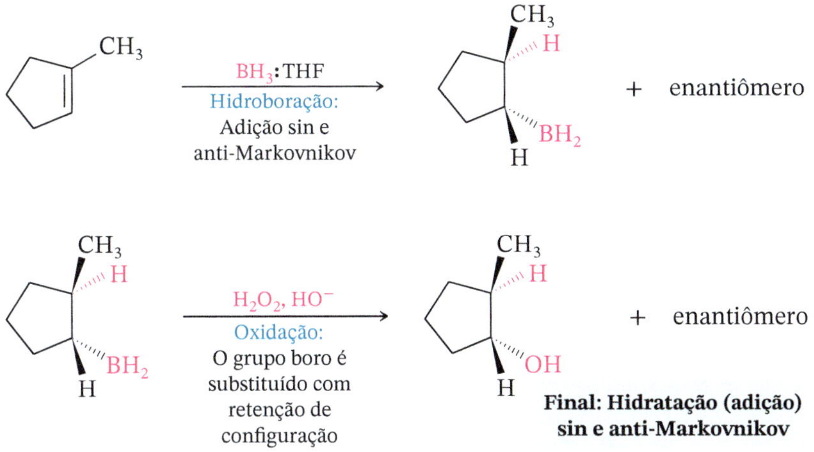

FIGURA 8.3 Hidroboração–oxidação do 1-metilciclopenteno. A primeira reação é uma adição sin do borano. Nesta ilustração, mostramos o boro e o hidrogênio entrando do lado de baixo do 1-metilciclopenteno. A reação também ocorre no lado de cima com a mesma velocidade para produzir o enantiômero. Na segunda reação, o átomo de boro é substituído por um grupo hidroxila com retenção de configuração. O produto é o *trans*-2-metilciclopentanol, sendo o resultado final a adição sin de —H e —OH.

PROBLEMA DE REVISÃO 8.13

Especifique o alqueno apropriado e os reagentes para sintetizar cada um dos álcoois, vistos a seguir, por hidroboração–oxidação.

(a),  (b), 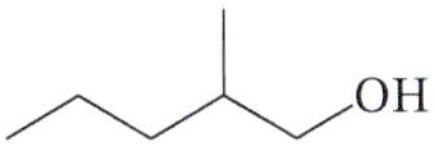 (c), 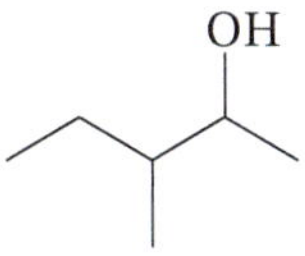 (d), 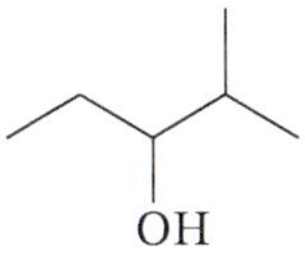 (e), 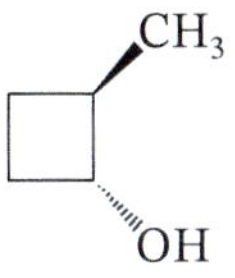 (f)

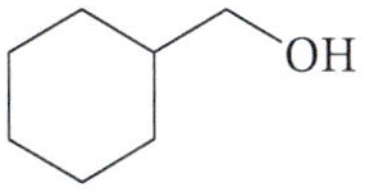

PROBLEMA RESOLVIDO 8.3

Mostre como você sintetizaria o 2-feniletanol a partir do 1-feniletanol.

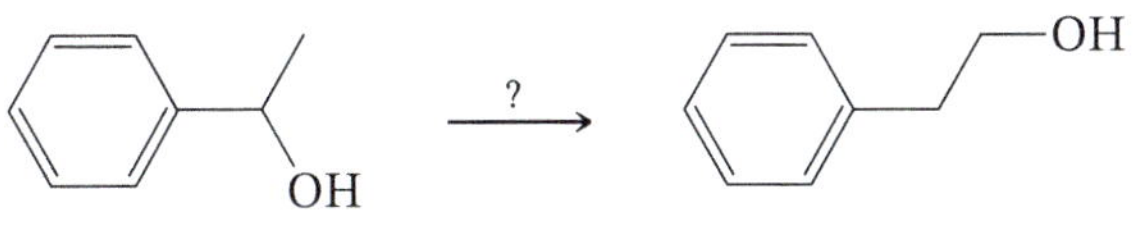

1-Feniletanol → ? → 2-Feniletanol

Estratégia e Resposta

Por meio da análise retrossintética, percebemos que o 2-feniletanol é um álcool primário que poderia ser sintetizado pela hidratação anti-Markovnikov de um alqueno. O fenileteno é o precursor necessário. Continuando nossa análise retrossintética, percebemos que o fenileteno pode ser obtido por desidratação do material de partida que foi fornecido, o 1-feniletanol.

A seta de retrossíntese significa "pode ser obtido a partir de".

Portanto, a reação necessária para a síntese seria:

1-Feniletanol →(H₂SO₄, aquecimento)→ **Feniletemo** →(1) BH₃ : THF / (2) H₂O₂, HO⁻→ **2-Feniletanol**

8.9 Resumo dos Métodos de Hidratação de Alquenos

Os três métodos que foram estudados para a síntese de álcoois através de reações de adição aos alquenos têm diferentes características regioquímicas e estereoquímicas.

1. **Hidratação de alquenos catalisada por ácido** ocorre com regioquímica Markovnikov, mas pode levar a uma mistura de isômeros constitucionais se o carbocátion intermediário da reação sofrer um rearranjo para um carbocátion mais estável.

2. **Oximercuração–desmercuração** ocorre com regioquímica Markovnikov e resulta na hidratação de alquenos sem complicações provenientes de rearranjos. Para a adição de Markovnikov a escolha preferida, frequentemente, é a hidratação catalisada por ácido. A estereoquímica final da hidratação catalisada por ácido e oximercuração–desmercuração não é controlada – ambas as metodologias resultam em uma mistura de produtos de adição cis e trans.

3. **Hidroboração–oxidação** resulta em hidratação **anti-Markovnikov** e sin de um alqueno.

Os aspectos regioquímicos e estereoquímicos complementares desses métodos fornecem alternativas úteis quando desejamos sintetizar um álcool específico através da hidratação de alqueno. Os métodos estão resumidos na Tabela 8.1.

TABELA 8.1 Resumo dos Métodos de Conversão de um Alqueno em um Álcool

Reação	Condições	Regioquímica	Estereoquímica[a]	Ocorrência de Rearranjos
Hidratação catalisada por ácido	cat. HA, H₂O	Adição de Markovnikov	Não controlada	Frequente
Oximercuração–desmercuração	(1) Hg(OAc)₂, THF—H₂O (2) NaBH₄, HO⁻	Adição de Markovnikov	Não controlada	Rara
Hidroboração–oxidação	(1) BH₃:THF (2) H₂O₂, HO⁻	Adição anti-Markovnikov	Estereoespecífica: adição sin de —H e —OH	Rara

[a]Todos estes métodos produzem misturas racêmicas na ausência de influência quiral.

8.10 Protonólise de Alquilboranos

O aquecimento de um alquilborano com ácido acético provoca a quebra da ligação carbono–boro e a substituição por hidrogênio:

$$R-B\diagup \xrightarrow[\text{aquecimento}]{CH_3CO_2H} R-H + CH_3CO_2-B\diagup$$

Alquilborano   **Alcano**

- Protonólise de um alquilborano ocorre com retenção de configuração; hidrogênio substitui o boro **onde ele se liga** no alquilborano.
- A estereoquímica final da hidroboração–protonólise é, portanto, **sin** (como na oxidação de alquilboranos).

A hidroboração seguida por protonólise do alquilborano resultante pode ser usada como um método alternativo para a hidrogenação de alquenos, embora a hidrogenação catalítica (Seção 7.15) seja o procedimento mais comum. A reação de alquilboranos com ácido acético deuterado ou tritiado também fornece uma maneira muito útil para introduzir esses isótopos em um composto de uma maneira específica.

PROBLEMA DE REVISÃO 8.14

Começando com qualquer alqueno necessário (ou cicloalqueno) e admitindo que você tenha ácido deuteroacético (CH$_3$CO$_2$D) disponível, proponha sínteses para os compostos marcados com deutério vistos a seguir.

(a) (CH$_3$)$_2$CHCH$_2$CH$_2$D   **(b)** (CH$_3$)$_2$CHCHDCH$_3$ **(c)** ciclobutano com CH$_3$ e D (+ enantiômero)

(d) Supondo que você também tem disponível BD$_3$:THF e CH$_3$CO$_2$T, você pode sugerir uma síntese para o composto visto a seguir?

cicloexano com D, CH$_3$, T e H (+ enantiômero)

8.11 Adição Eletrofílica de Bromo e Cloro aos Alquenos

Alquenos reagem rapidamente com bromo e cloro em solventes não nucleofílicos para formar **dialetos vicinais**. Um exemplo é a adição de cloro ao eteno.

$$H_2C=CH_2 \xrightarrow{Cl_2} H-\underset{\underset{H}{|}}{\overset{\overset{Cl}{|}}{C}}-\underset{\underset{Cl}{|}}{\overset{\overset{H}{|}}{C}}-H$$

Eteno   **1,2-Dicloroetano**

Esta adição é um processo industrial útil porque o 1,2-dicloroetano pode ser usado como um solvente e pode ser usado para sintetizar o cloreto de vinila, material de partida para o policloreto de vinila.

$$\text{1,2-Dicloroetano} \xrightarrow[\text{(−HCl)}]{\text{E2 base}} \text{Cloreto de vinila} \xrightarrow[\text{(veja a Seção 10.10)}]{\text{polimerização}} \text{Poli(cloreto de vinila)}$$

Outros exemplos de adição de halogênios à ligação dupla são os seguintes:

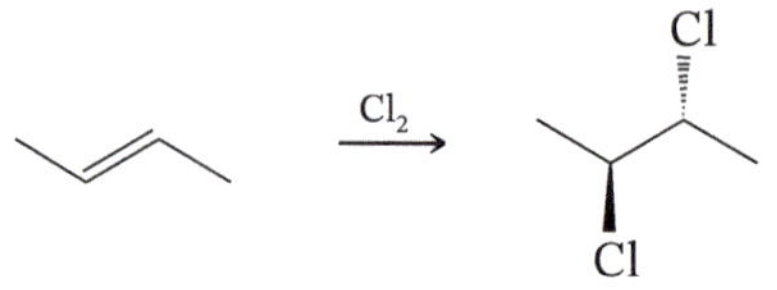

trans-2-Buteno → *meso*-1,2-Diclorobutano

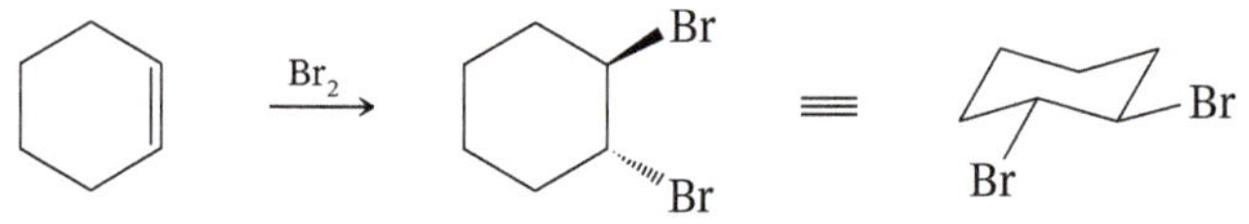

Ciclo-hexeno → *trans*-1,2-Dibromociclo-hexano (racêmico)

Esses dois exemplos mostram um aspecto dessas adições que iremos abordar mais tarde quando examinamos um mecanismo para a reação: **a adição de halogênios é uma adição anti à ligação dupla**.

Quando o bromo é usado para essa reação, ela pode servir como um teste para a presença de ligações múltiplas carbono–carbono. Se adicionarmos bromo a um alqueno (ou alquino, veja a Seção 8.17), o vermelho-acastanhado do bromo desaparece quase que instantaneamente tão logo o alqueno (ou alquino) esteja presente em excesso. O resultado é um dibrometo vicinal (*vic* é uma abreviatura para vicinal).

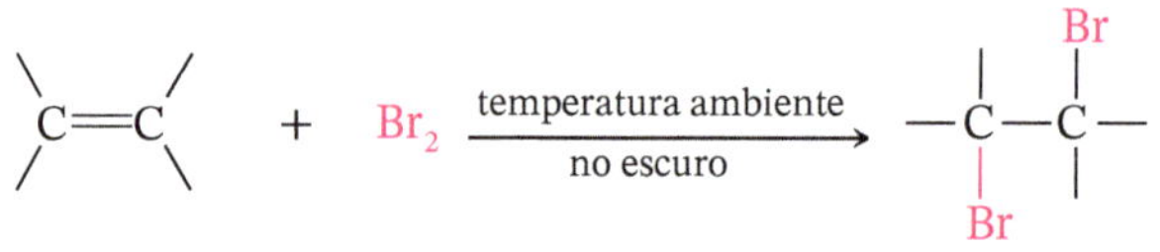

Um alqueno (incolor) + Bromo (vermelho-acastanhado) $\xrightarrow{\text{temperatura ambiente, no escuro}}$ *vic*-Dibrometo (um composto incolor)

> A descoloração rápida do Br_2 é um teste positivo para alquenos e alquinos.

Esse comportamento contrasta marcantemente com o dos **alcanos**. Alcanos não reagem apreciavelmente com bromo ou cloro à temperatura ambiente e na ausência de luz. Quando alcanos reagem sob essas condições, no entanto, eles fazem substituição em vez de adição e por um mecanismo envolvendo radicais que discutiremos no Capítulo 10:

R—H (Alcano, incolor) + Br_2 (Bromo, vermelho-acastanhado) $\xrightarrow{\text{temperatura ambiente, no escuro}}$ **Nenhuma reação apreciável**

8.11A Mecanismo de Adição de Halogênio

Um possível mecanismo para a adição de bromo ou cloro a um alqueno é aquele que envolve a formação de um carbocátion.

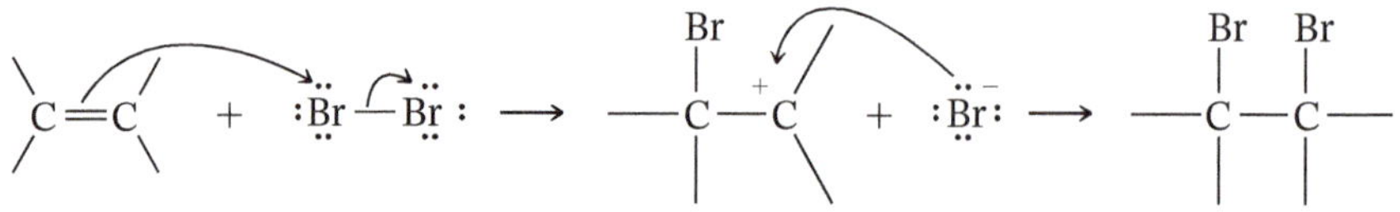

Embora esse mecanismo seja similar ao que temos estudado anteriormente para a adição de H—X a um alqueno, **ele não explica um fato importante**. Como acabamos de ver (na Seção 8.11) a adição de bromo ou cloro a um alqueno é uma **adição anti**.

A adição de bromo a ciclopenteno, por exemplo, produz *trans*-1,2-dibromociclopentano, não *cis*-1,2-dibromociclopentano.

Alquenos e Alquinos II 377

$$\text{ciclopenteno} + :\ddot{\text{Br}}-\ddot{\text{Br}}: \xrightarrow[\text{anti}]{\text{adição}} \text{trans-1,2-dibromociclopentano} \quad (\text{não} \; \text{cis-1,2-dibromociclopentano})$$

trans-1,2-Dibromociclopentano
(como uma mistura racêmica)

Um mecanismo que explica a adição anti é aquele em que uma molécula de bromo transfere um átomo de bromo para o alqueno formando um **íon bromônio** cíclico e um íon brometo, como mostrado na etapa 1 de "Um Mecanismo para a Reação" que se segue. O íon bromônio cíclico produz adição anti no final.

Na etapa 2, um íon brometo ataca o lado de trás do carbono 1 ou do carbono 2 do íon bromônio (um processo S$_N$2) para abrir o anel e produzir o *trans*-1,2-dibrometo. O ataque ocorre do lado **oposto ao bromo do íon de bromônio**, porque o ataque desse lado é menos impedido estericamente. O ataque ao outro carbono do íon bromônio cíclico produz o enantiômero.

Um Mecanismo para a Reação

Adição de Bromo a um Alqueno

Etapa 1

$$\underset{\delta-\;:\ddot{\text{Br}}:}{\overset{\delta+\;:\ddot{\text{Br}}:}{\text{C=C}}} \rightleftharpoons \underset{\text{Íon bromônio}}{\overset{\overset{+}{\text{Br}}}{\text{C}-\text{C}}} + \underset{\text{Íon brometo}}{:\ddot{\text{Br}}:^-}$$

Quando uma molécula de bromo se aproxima de um alqueno, a densidade eletrônica da ligação π do alqueno repele a densidade eletrônica no bromo mais próximo, polarizando a molécula de bromo e tornando o átomo de bromo mais próximo eletrofílico. O alqueno doa um par de elétrons para o bromo mais próximo, causando o deslocamento do átomo de bromo mais distante.

À medida que isso ocorre, o átomo de bromo recém-ligado, devido ao seu tamanho e polarizabilidade, doa um par de elétrons para o carbono que, de outra maneira, seria um carbocátion, estabilizando desse modo a carga positiva por deslocalização. O resultado é um íon bromônio em ponte intermediário.

Etapa 2

$$\underset{\text{Br}}{\overset{+}{\text{C}-\text{C}}} + :\ddot{\text{Br}}:^- \longrightarrow \underset{\text{vic-Dibrometo}\;(1,2\text{-dibrometo})}{\overset{:\ddot{\text{Br}}:}{\text{C}-\text{C}}\;\overset{}{:\ddot{\text{Br}}:}} + \text{enantiômero}$$

Um ânion brometo ataca no lado de trás de um carbono (ou do outro) do íon bromônio em uma reação S$_N$2, causando a abertura do anel e resultando na formação de um *vic*-dibrometo.

Esse processo é mostrado a seguir para a adição de bromo ao ciclopenteno.

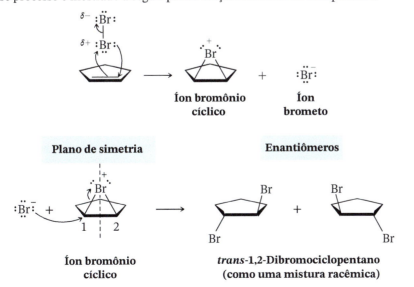

O ataque a qualquer um dos carbonos do íon bromônio–ciclopenteno é igualmente provável, porque o íon bromônio cíclico é simétrico. Ele tem um plano vertical de simetria que passa pelo átomo de bromo e no meio do caminho entre os carbonos 1 e 2. Portanto, o *trans*-dibrometo é formado como uma mistura racêmica.

A Química Biológica de . . . O Mar: Um Tesouro de Produtos Naturais Biologicamente Ativos

Os oceanos do mundo são um vasto reservatório de íons haletos dissolvidos. A concentração de haletos no oceano é de aproximadamente 0,5 M em íons cloreto, 1 mM em íons brometo e 1 µM em íons iodeto. Talvez não seja surpreendente, então, que os organismos marinhos tenham átomos de halogênio incorporados nas estruturas de muitos de seus metabólitos. Entre eles estão compostos polialogenados intrigantes como halomon, dactilina, tetracloromertenseno, laurefucina, peissonol A, azamerona e um membro estruturalmente complexo da família de produtos naturais sulfolipídeos policlorados. Apenas o número total de átomos de halogênios nesses metabólitos já é de causar espanto. Para os organismos que as produzem, algumas dessas moléculas são parte dos mecanismos de defesa que servem para promover a sobrevivência da espécie, afastando os predadores ou inibindo o crescimento de organismos concorrentes. Para os humanos, os vastos recursos de produtos naturais marinhos mostram potencial cada vez maior como fonte de novos agentes terapêuticos. Halomon, por exemplo, está em avaliação pré-clínica como agente citotóxico contra certos tipos de células tumorais, a dactilina é um inibidor do metabolismo do pentobarbital e o peissonol A é um inibidor alostérico moderado da transcriptase reversa do vírus da imunodeficiência humana.

Halomon

Um sulfolipídeo policlorado

Dactilina **Laurefucina** **Peissonol A** **Azamerona**

A biossíntese de certos produtos naturais marinhos halogenados é intrigante. Alguns de seus halogênios parecem ter sido introduzidos como *eletrófilos* em vez de bases de Lewis ou nucleófilos, que é o seu caráter quando estão dissolvidos na água do mar. Mas como é que os organismos marinhos transformam ânions haleto nucleofílicos em espécies *eletrofílicas* para incorporação em seus metabólitos? Acontece que muitos organismos marinhos possuem enzimas chamadas de haloperoxidases que convertem ânions iodeto, brometo ou cloreto nucleofílicos em espécies eletrofílicas que reagem como I^+, Br^+ ou Cl^+. Nos esquemas biossintéticos propostos para alguns produtos naturais halogenados, os intermediários com halogênio positivo são atacados pelos elétrons da ligação π de um alqueno ou alquino no que se chama reação de adição.

Uma questão na Seção "É Necessário um Consultor Químico" pede que você ajude a identificar o mecanismo para formar halomon a partir de alquenos simples, enquanto o Problema para Trabalho em Grupo deste capítulo pede para você propor um esquema para a biossíntese do produto natural marinho kumepaloxano. Kumepaloxano é um fagorrepelente de peixes sintetizado pelo caracol marinho *Haminoea cymbalum*, provavelmente como um mecanismo de defesa para o caracol. Em capítulos posteriores veremos outros exemplos de produtos naturais marinhos verdadeiramente notáveis, tais como brevetoxina B, associada com as mortais "marés vermelhas", e a eleuterobina, um promissor agente anticancerígeno.

Os mecanismos para a adição de Cl$_2$ e I$_2$ a alquenos são semelhantes ao do Br$_2$, envolvendo a formação e abertura do anel dos seus respectivos **íons halônio**.

Tal como com os íons mercuríneos em ponte, o íon bromônio não tem, necessariamente, distribuição de carga simétrica em seus dois átomos de carbono.

- Se um carbono do íon bromônio é muito mais substituído que o outro e, portanto, capaz de estabilizar a carga positiva melhor, ele pode ter uma parcela maior de carga positiva do que o outro carbono. Consequentemente, o carbono mais positivamente carregado pode sofrer reação nucleofílica com mais frequência do que o outro carbono. Nas reações com reagentes simétricos (por exemplo, Br$_2$, Cl$_2$ e I$_2$) essa diferença não é observada.
- Quando um nucleófilo alternativo está presente, podemos observar a regiosseletividade de ataque a um íon halônio pelo nucleófilo. Discutiremos esse ponto mais adiante na Seção 8.13.

8.12 Reações Estereoespecíficas

A adição anti de um halogênio a um alqueno nos fornece um exemplo do que se chama **reação estereoespecífica**.

- Uma **reação estereoespecífica** é aquela em que uma forma estereoisomérica específica do material de partida reage por meio de um mecanismo que fornece uma forma estereoisomérica específica do produto.

Considere as reações do *cis-* e *trans-*2-buteno com o bromo mostradas a seguir. Quando o *trans-*2-buteno reage com bromo, o produto é o composto meso, (2*R*,3*S*)-2,3-dibromobutano. Quando o *cis-*2-buteno reage com bromo, o produto é uma *mistura racêmica* de (2*R*,3*R*)-2,3-dibromobutano e (2*S*,3*S*)-2,3-dibromobutano:

Reação 1

*trans-*2-Buteno → (2*R*,3*S*)-2,3-Dibromobutano (um composto meso)

Reação 2

*cis-*2-Buteno → (2*R*,3*R*) + (2*S*,3*S*)

(um par de enantiômeros)

Os reagentes *cis-*2-buteno e *trans-*2-buteno são estereoisômeros; eles são *diastereoisômeros*. O produto da reação 1, (2*R*,3*S*)-2,3-dibromobutano, é um composto meso e também um estereoisômero de ambos os produtos da reação 2 (os 2,3-dibromobutanos enantioméricos). Assim, por definição, ambas as reações são estereoespecíficas. Uma forma estereoisomérica do reagente (por exemplo, *trans-*2-buteno) dá um produto (o composto meso), enquanto a outra forma estereoisomérica do reagente (*cis-*2-buteno) dá um produto estereoisomericamente diferente (os enantiômeros).

Podemos entender melhor os resultados dessas duas reações se examinarmos seus mecanismos. O primeiro mecanismo no boxe a seguir mostra como o *cis-*2-buteno reage com bromo para produzir como intermediários íons bromônio que são aquirais. (O íon bromônio tem um plano de simetria.) Esses íons bromônio podem então reagir com os íons brometo pelo caminho reacional (a) ou pelo caminho reacional (b). A reação pelo caminho (a) produz um enantiômero do 2,3-dibromobutano; a reação pelo caminho (b) produz o outro enantiômero. A reação ocorre com a mesma velocidade por qualquer um dos caminhos, portanto, os dois enantiômeros são produzidos em quantidades iguais (como uma mistura racêmica).

O segundo mecanismo no boxe mostra como o *trans*-2-buteno reage na face inferior para produzir um íon bromônio intermediário que é quiral. (A reação pela outra face produziria o íon bromônio enantiomérico.) A reação do íon bromônio quiral (ou seu enantiômero) com um íon brometo, tanto pelo caminho (a) como pelo caminho (b) produz o mesmo produto aquiral, *meso*-2,3-dibromobutano.

Estereoquímica da Reação

Adição de Bromo a *cis*- e *trans*-2-Buteno

cis-2-Buteno reage com bromo para produzir 2,3-dibromobutanos enantioméricos através do seguinte mecanismo:

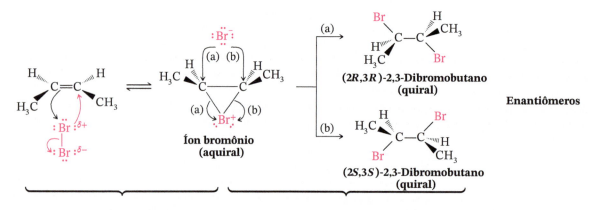

cis-2-Buteno reage com bromo para produzir um íon bromônio aquiral e um íon brometo. [A reação pela outra face do alqueno (superior) produzirá o mesmo íon bromônio.]

O íon bromônio reage com os íons brometo com velocidades iguais pelos caminhos racionais (a) e (b) produzindo dois enantiômeros em quantidades iguais (isto é, como uma mistura racêmica).

trans-2-Buteno reage com bromo para produzir *meso*-2,3-dibromobutano:

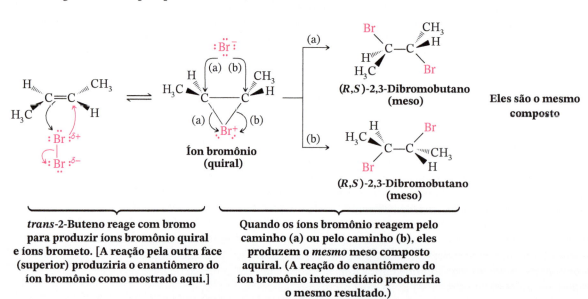

trans-2-Buteno reage com bromo para produzir íons bromônio quiral e íons brometo. [A reação pela outra face (superior) produziria o enantiômero do íon bromônio como mostrado aqui.]

Quando os íons bromônio reagem pelo caminho (a) ou pelo caminho (b), eles produzem o *mesmo* meso composto aquiral. (A reação do enantiômero do íon bromônio intermediário produziria o mesmo resultado.)

8.13 Formação de Haloidrina

- Quando a halogenação de um alqueno é realizada em solução aquosa, em vez de em um solvente não nucleofílico, o produto principal é uma **haloidrina** (também chamada de haloálcool) em vez de um *vic*-dialeto.

Moléculas de água reagem com o íon halônio intermediário como nucleófilo predominante porque elas estão em alta concentração (como solvente). O resultado é a formação de uma haloidrina como produto principal. Se o halogênio é o bromo, é chamado de **bromoidrina**, e se é o cloro, **cloroidrina**.

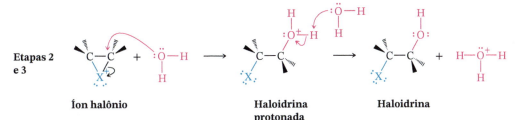

A formação da haloidrina pode ser descrita pelo mecanismo visto a seguir.

Um Mecanismo para a Reação

Formação de Haloidrina a Partir de um Alqueno

Etapa 1

Esta etapa é a mesma que para a adição de halogênio a um alqueno (veja a Seção 8.11A).

Etapas 2 e 3

Íon halônio → Haloidrina protonada → Haloidrina

Aqui, no entanto, uma molécula de água atua como nucleófilo e ataca um carbono do anel, levando à formação de uma haloidrina protonada.

A haloidrina protonada perde um próton (ele é transferido para uma molécula de água). Esta etapa produz a haloidrina e o íon hidrônio.

A primeira etapa é a mesma que aquela para a adição de halogênio. Entretanto, na segunda etapa os dois mecanismos diferem. Na formação de haloidrina, a água age como nucleófilo e ataca um átomo de carbono do íon halônio. O anel de três membros abre e a haloidrina protonada é produzida. A perda do próton, em seguida, leva à formação da própria haloidrina.

PROBLEMA DE REVISÃO 8.15

Escreva um mecanismo para explicar a reação vista a seguir.

(como uma mistura racêmica)

- Se o alqueno é assimétrico, o halogênio termina no átomo de carbono com o maior número de átomos de hidrogênio.

As ligações no íon bromônio intermediário são *assimétricas*. O átomo de carbono mais substituído tem a maior carga positiva, pois ele se assemelha ao carbocátion mais estável. Consequentemente, a água ataca esse átomo de carbono preferencialmente. A maior carga positiva no carbono terciário permite um caminho de reação com menor energia livre de ativação, mesmo que o ataque ao átomo de carbono primário tenha menos impedimento estérico:

> Este íon bromônio forma uma ponte assimétrica porque o átomo de carbono 3º pode acomodar mais carga positiva que o carbono 1º.

(73%)

PROBLEMA DE REVISÃO 8.16

Quando o gás eteno passa através de uma solução aquosa contendo bromo e cloreto de sódio, os produtos da reação são os seguintes:

Escreva mecanismos mostrando como cada produto é formado.

A Química Industrial de... Refrigerantes Cítricos

© Donald Erickson/iStockphoto

Discutimos no Capítulo 7 como ligações duplas em gorduras insaturadas podem ser hidrogenadas de modo a mudarmos suas propriedades físicas convertendo materiais parecidos com manteiga em margarina. Acontece que as mesmas gorduras insaturadas podem também ser utilizadas na indústria de alimentos de outras maneiras. Por exemplo, as propriedades de alguns agentes emulsificantes insaturados podem ser melhoradas a partir da bromação de uma pequena porcentagem de suas ligações duplas utilizando Br_2, através da química aprendida neste capítulo. O aumento da densidade desses agentes emulsificantes, em função da presença dos átomos de bromo, ajuda a aproximar a densidade desses agentes com a da água, criando uma mistura turva, coloidal, mais estável. Entretanto, o verdadeiro valor desse processo está no que pode acontecer agora: outras moléculas solúveis em lipídeos, como flavorizantes cítricos, podem ser utilizadas em alimentos de base aquosa pela capacidade de solubilização desses agentes emulsificantes de alta densidade. O resultado é visto em bebidas como refrigerantes, que aproveitam as vantagens desta química, e que podem ser identificados pela presença no rótulo de "óleos vegetais bromados".

8.14 Compostos de Carbonos Divalentes: Carbenos

Há um grupo de compostos nos quais o carbono tem um par de elétrons não compartilhado e apenas *duas ligações*. Esses compostos de carbono divalentes são chamados de **carbenos**. Carbenos são espécies neutras sem carga formal. Na sua maioria, os carbenos são compostos altamente instáveis capazes apenas de uma existência transitória. Logo após os carbenos serem formados, eles, normalmente, reagem com outra molécula. As reações dos carbenos são especialmente interessantes porque, em muitos casos, as reações mostram um extraordinário grau de estereoespecificidade. As reações dos carbenos são também de grande uso sintético na preparação de compostos que possuem anéis de três membros como, por exemplo, o biciclo[4.1.0]heptano, mostrado na figura ao lado.

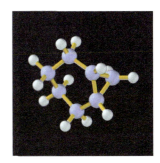

Biciclo[4.1.0]heptano

8.14A Estruturas e Reações do Metileno

O carbeno mais simples é o composto chamado de **metileno** (:CH$_2$). O metileno pode ser preparado pela decomposição de diazometano (CH$_2$N$_2$), um gás amarelo muito venenoso. Essa decomposição pode ser realizada pelo aquecimento do diazometano (termólise) ou por irradiação com a luz de um comprimento de onda que ele possa absorver (fotólise):

$$:\overset{-}{CH_2}-\overset{+}{N}\equiv N: \xrightarrow{\text{calor ou luz}} :CH_2 + :N\equiv N:$$

Diazometano   **Metileno**   **Nitrogênio**

A estrutura do diazometano é na realidade um híbrido de ressonância de três estruturas:

$$:\overset{-}{CH_2}-\overset{+}{N}\equiv N: \longleftrightarrow CH_2=\overset{+}{N}=\overset{-}{\ddot{N}}: \longleftrightarrow :\overset{-}{CH_2}-\overset{..}{N}=\overset{+}{\ddot{N}}:$$

       I   **II**   **III**

Escolhemos a estrutura de ressonância **I** para ilustrar a decomposição de diazometano, pois com **I** é facilmente perceptível que a quebra heterolítica da ligação carbono–nitrogênio resulta na formação de metileno e de nitrogênio molecular.

Metileno reage com alquenos pela adição à dupla ligação para formar ciclopropanos:

     Alqueno   **Metileno**   **Ciclopropano**

8.14B Reações de Outros Carbenos: Dialocarbenos

Os dialocarbenos também são frequentemente utilizados na síntese de derivados de ciclopropano a partir de alquenos. A maioria das reações de dialocarbenos é **estereoespecífica**:

+ enantiômero

> A adição de :CX$_2$ é estereoespecífica. Se os grupos R do alqueno são trans, eles serão trans no ciclopropano, o produto. (Se os grupos R são inicialmente cis, eles serão cis no produto.)

O diclorocarbeno pode ser sintetizado pela *eliminação α* de cloreto de hidrogênio a partir de clorofórmio. [O hidrogênio do clorofórmio é levemente ácido (p$K_a \approx 24$) devido ao efeito indutivo dos átomos de cloro.] Essa reação se assemelha às reações de eliminação β através das quais alquenos são sintetizados a partir de haletos de alquila (Seção 6.15), exceto pelo fato de o grupo de saída estar ligado ao mesmo átomo de carbono que perde o próton:

$$RO:^- K^+ + H-\underset{Cl}{\overset{Cl}{C}}-Cl \rightleftharpoons RO-H + K^+ + :\underset{Cl}{\overset{Cl}{C}}-Cl \xrightarrow{\text{lenta}} :C\underset{Cl}{\overset{Cl}{\diagup}} + Cl^-$$

Diclorocarbeno

Compostos *com um hidrogênio β* reagem, preferencialmente, por eliminação β. Compostos sem hidrogênio β, mas com hidrogênio α (tal como o clorofórmio) reagem por eliminação α.

Uma variedade de derivados do ciclopropano tem sido preparada através da geração de diclorocarbeno na presença de alquenos. O ciclo-hexeno, por exemplo, reage com o diclorocarbeno gerado pelo tratamento de clorofórmio com *terc*-butóxido de potássio para dar um produto bicíclico:

7,7-Diclorobiciclo[4.1.0]heptano
(59%)

8.14C Carbenoides: Síntese de Simmons-Smith do Ciclopropano

Uma síntese útil do ciclopropano foi desenvolvida por H. E. Simmons e R. D. Smith da DuPont Company. Nessa síntese, o di-iodometano e um par zinco–cobre são agitados juntamente com um alqueno. O di-iodometano e o zinco reagem para produzir uma espécie semelhante ao carbeno, chamada de **carbenoide**:

$$CH_2I_2 + Zn(Cu) \longrightarrow ICH_2ZnI$$
Um carbenoide

O carbenoide então faz a adição estereoespecífica de um grupo CH_2 diretamente à ligação dupla.

PROBLEMA DE REVISÃO 8.17 Que produtos você esperaria para cada uma das reações vistas a seguir?

(a) propeno + *t*-BuOK / CHCl$_3$ (b) ciclopenteno + *t*-BuOK / CHBr$_3$ (c) metilenociclohexano + CH$_2$I$_2$/Zn(Cu) / dietil éter

---

PROBLEMA DE REVISÃO 8.18 A partir do ciclo-hexeno e usando quaisquer outros reagentes necessários, proponha uma síntese para o 7,7-dibromobiciclo[4.1.0]heptano.

PROBLEMA DE REVISÃO 8.19 O tratamento do ciclo-hexeno com 1,1-di-iodoetano e um par zinco–cobre leva a dois produtos isoméricos. Quais são as suas estruturas?

8.15 Oxidação de Alquenos: 1,2-Di-hidroxilação Sin

Alquenos sofrem uma série de reações nas quais a ligação dupla carbono–carbono é oxidada.

- **1,2-Di-hidroxilação** é uma reação importante de adição oxidativa de alquenos.

Tetróxido de ósmio é amplamente utilizado para sintetizar **1,2-dióis** (os produtos da 1,2-**di-hidroxilação**, também são às vezes chamados de ***vic*-dióis** ou **glicóis**). O permanganato de potássio também pode ser utilizado, embora, como ele é um agente oxidante mais forte, é propenso a quebrar o diol produzindo uma oxidação adicional (Seção 8.16).

Propeno $\xrightarrow[(2)\ NaHSO_3/H_2O]{(1)\ OsO_4,\ piridina}$ **1,2-Propanodiol (propilenoglicol)**

$H_2C=CH_2 + KMnO_4 \xrightarrow[H_2O,\ frio]{HO^-}$ **1,2-Etanodiol (etilenoglicol)**
Eteno

8.15A Mecanismo para Di-hidroxilação Sin de Alquenos

- O mecanismo para a formação de um 1,2-diol pelo tetróxido de ósmio envolve um intermediário cíclico que resulta na **adição sin** dos átomos de oxigênio (veja a seguir).

Após a formação do intermediário cíclico com ósmio, o rompimento das ligações oxigênio–metal ocorre sem alterar a estereoquímica das duas novas ligações C—O.

Um éster osmato

A estereoquímica sin dessa di-hidroxilação pode ser claramente observada pela reação do ciclopenteno com tetróxido de ósmio. O produto é o *cis*-1,2-ciclopentanodiol.

cis-1,2-Ciclopentanodiol
(uma substância meso)

Tetróxido de ósmio é altamente tóxico, volátil e muito caro. Por essas razões, vários métodos têm sido desenvolvidos para permitir que OsO_4 seja usado *cataliticamente* em conjunto com um cooxidante.* Uma porcentagem molar muito pequena de OsO_4 é colocada no meio reacional para provocar a etapa de di-hidroxilação, enquanto uma quantidade estequiométrica de cooxidante reoxida o OsO_4 à medida que ele é usado a cada ciclo, permitindo que a oxidação do alqueno continue até que todo ele tenha sido convertido para o diol. O *N*-óxido de *N*-metilmorfolina (NMO) é um dos cooxidantes mais frequentemente usados com o OsO_4 catalítico. O método foi descoberto na Upjohn Corporation, no contexto das reações de síntese de uma prostaglandina** (Seção 23.5). Veja o boxe A Química de... a seguir para uma versão enantiosseletiva catalítica.

DICA ÚTIL

Versões catalíticas de di-hidroxilação com OsO_4 são menos perigosas e mais amigáveis ambientalmente do que os métodos estequiométricos.

1,2-Di-hidroxilação Catalisada por OsO_4

Rendimento >95%
(utilizada na síntese de uma prostaglandina)

NMO
(cooxidante estequiométrico para a di-hidroxilação catalítica)

---

*Veja Nelson, D. W., et al., *J. Am. Chem. Soc.* **1997**, *119*, 1840-1858; e Corey, E. J., et al., *J. Am. Chem. Soc.* **1996**, *118*, 319-329.
Van Rheenan, V., Kelley, R. C., and Cha, D. Y., *Tetrahedron Lett.* **1976, *25*, 1973.

PROBLEMA DE REVISÃO 8.20

Especifique o alqueno e os reagentes necessários para sintetizar cada um dos seguintes dióis.

(a) ciclohexano-1,2-diol (cis, com metilas)

(b) 1-etil-2-hidroxiciclopentan-1-ol (racêmico)

(c) 3-metilbutano-1,2-diol (racêmico)

PROBLEMA RESOLVIDO 8.4

Explique os seguintes fatos: o tratamento de (Z)-2-buteno com OsO$_4$ em piridina e então NaHSO$_3$ em água dá um diol que é opticamente inativo e não pode ser resolvido. O tratamento de (E)-2-buteno com os mesmos reagentes dá um diol que é opticamente inativo, mas pode ser resolvido em enantiômeros.

Estratégia e Resposta

Lembre-se de que a reação em ambos os casos produz uma hidroxilação sin na ligação dupla de cada composto. A hidroxilação sin do (E)-2-buteno forma um par de enantiômeros, enquanto a hidroxilação sin do (Z)-2-buteno produz um único produto, que é um composto meso.

(E)-2-Buteno →(di-hidroxilação sin, de cima para baixo)→ Enantiômeros

(Z)-2-Buteno →(di-hidroxilação sin, de cima para baixo)→ Idênticos (um composto meso) — Plano de simetria

A Química Verde de... Di-hidroxilação Catalítica Assimétrica

PRÊMIO NOBEL

Sharpless partilhou o Prêmio Nobel de Química em 2001 pelo desenvolvimento de métodos de oxidação assimétrica.

Métodos para a **di-hidroxilação sin** assimétrica catalítica foram desenvolvidos de tal forma que estenderam significativamente a utilidade sintética da di-hidroxilação. K. B. Sharpless (The Scripps Research Institute) e colaboradores descobriram que a adição de uma amina quiral à mistura oxidante provoca a di-hidroxilação sin catalítica enantiosseletiva. A di-hidroxilação assimétrica tem se tornado uma ferramenta importante e largamente utilizada na síntese de moléculas orgânicas complexas. Em reconhecimento a isso e a outros avanços nos procedimentos desenvolvidos por seu grupo (Seção 11.13), Sharpless foi agraciado com metade do Prêmio Nobel de Química de 2001. (A outra metade do prêmio de 2001 foi concedida a W. Knowles e R. Noyori pelo desenvolvimento das reações catalíticas de redução assimétrica; veja a Seção 7.13A.) A reação vista a seguir, envolvida na síntese enantiosseletiva da cadeia lateral da droga anticancerígena paclitaxel (Taxol), serve para ilustrar a di-hidroxilação assimétrica catalítica de Sharpless. O exemplo utiliza certa quantidade catalítica de K$_2$OsO$_2$(OH)$_4$, um equivalente do OsO$_4$, uma amina quiral como ligante para induzir a enantiosseletividade e NMO como o cooxidante estequiométrico. O produto é obtido com 99% de excesso enantiomérico (ee):

1,2-Di-hidroxilação Assimétrica Catalisada por OsO$_4$

Ph-CH=CH-C(O)-OMe →[K$_2$OsO$_2$(OH)$_4$, (0,2%), NMO; amina quiral ligante (0,5%) (veja a seguir)]→ Ph-CH(OH)-CH(OH)-C(O)-OMe (99% ee, 72% de rendimento) →(Múltiplas etapas)→ Ph-C(O)-NH-CH(Ph)-CH(OH)-COOH (Cadeia lateral do paclitaxel)

(continua)

(*continuação*)

1,2-Di-hidroxilação Assimétrica Catalisada por OsO$_4$*

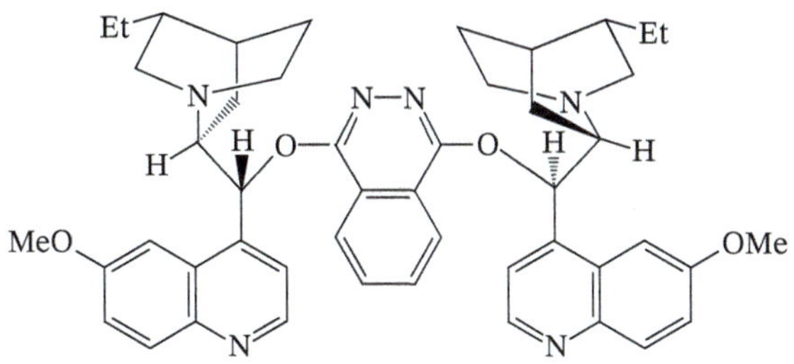

Uma amina quiral é utilizada como ligante na di-hidroxilação assimétrica catalítica

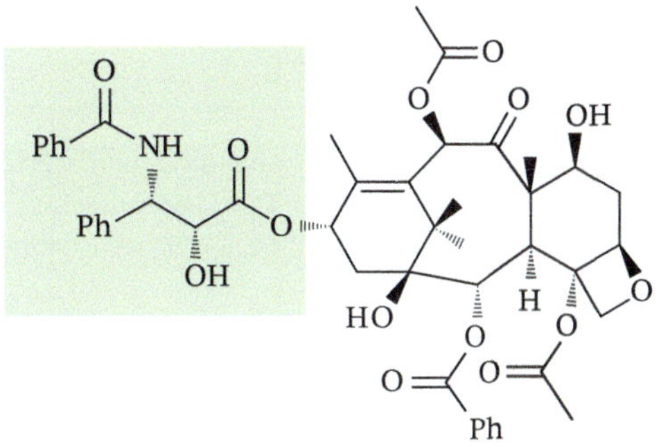

Paclitaxel

(**Adaptado com permissão de Sharpless et al., The Journal of Organic Chemistry, Vol. 59, p. 5104, 1994. Copyright 1994 American Chemical Society.*)

8.16 Quebra Oxidativa de Alquenos

Alquenos podem sofrer **clivagem oxidativa** com ozônio ou permanganato de potássio a quente. O permanganato de potássio (KMnO$_4$) é usado quando há necessidade de uma oxidação forte. O ozônio (O$_3$) é usado quando se deseja uma oxidação suave. [Alquinos e anéis aromáticos também são oxidados por KMnO$_4$ e O$_3$ (Seções 8.19 e 15.13D).]

8.16A Quebra com Permanganato de Potássio a Quente em Meio Básico

- Tratamento com KMnO$_4$ a quente em meio básico quebra oxidativamente a ligação dupla de um alqueno.

Acredita-se que a quebra ocorra via um intermediário cíclico similar ao que é formado com OsO$_4$ (Seção 8.15A) e a formação intermediária de um 1,2-diol.

- Alquenos com átomos de carbono monossubstituídos são quebrados oxidativamente a sais de ácidos carboxílicos.
- Os carbonos de alquenos dissubstituídos são quebrados oxidativamente para dar cetonas.
- Carbonos de alquenos não substituídos são oxidados a dióxido de carbono.

Os exemplos vistos a seguir ilustram os resultados da quebra por KMnO$_4$ de alquenos com diferentes padrões de substituição. No caso em que o produto é o sal carboxilato, uma etapa de acidificação é necessária para a obtenção do ácido carboxílico.

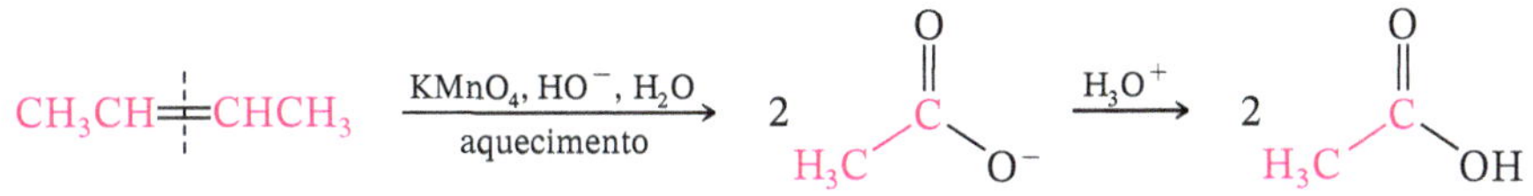

A quebra oxidativa de alquenos tem sido utilizada para estabelecer a localização da ligação dupla em uma cadeia ou anel de alqueno. O processo de raciocínio nos obriga a pensar no sentido inverso como fazemos em uma análise retrossintética. Aqui somos obrigados a trabalhar no sentido contrário, a partir dos produtos para os reagentes que possam ter levado àqueles produtos. Podemos ver como isso pode ser feito com o exemplo seguinte.

PROBLEMA RESOLVIDO 8.5

Como resultado da oxidação com $KMnO_4$ a quente em meio básico, de um alqueno desconhecido de fórmula C_8H_{16}, encontrou-se um ácido carboxílico de três carbonos (ácido propanoico) e um ácido carboxílico de cinco carbonos (ácido pentanoico). Qual era a estrutura do alqueno de partida?

$$C_8H_{16} \xrightarrow[(2) H_3O^+]{(1) KMnO_4, H_2O, HO^-, \text{aquecimento}} \text{Ácido propanoico} + \text{Ácido pentanoico}$$

Estratégia e Resposta

Os grupos carbonila dos produtos são a chave para ver onde a quebra oxidativa ocorreu. Nesse sentido, a quebra oxidativa tem de ter ocorrido conforme é visto a seguir, e o alqueno desconhecido tem de ter sido o *cis*- ou o *trans*-3-octeno, o que é coerente com a fórmula molecular dada.

A quebra ocorre aqui

Alqueno desconhecido
(*cis*- ou *trans*-3-octeno)

8.16B Quebra com Ozônio

- O método mais útil para a quebra de alquenos é a utilização de ozônio (O_3).

A **ozonólise** consiste no borbulhamento de ozônio em uma solução muito fria (−78 °C) do alqueno em diclorometano (CH_2Cl_2), seguido pelo tratamento da solução com sulfeto de dimetila (ou zinco e ácido acético). O resultado final é o seguinte:

$$\underset{R'}{\overset{R}{\diagup}}C=C\underset{H}{\overset{R''}{\diagdown}} \xrightarrow[(2) Me_2S]{(1) O_3, CH_2Cl_2, -78 \,°C} \underset{R'}{\overset{R}{\diagup}}C=O + O=C\underset{H}{\overset{R''}{\diagdown}}$$

A reação é útil como ferramenta sintética, assim como um método para determinar a localização de uma ligação dupla em um alqueno através do raciocínio inverso a partir das estruturas dos produtos.

- O processo final (veja acima) resulta na quebra da ligação dupla do alqueno, com cada carbono da ligação dupla fazendo uma ligação dupla com um átomo de oxigênio.

Os exemplos vistos a seguir ilustram os resultados para cada tipo de carbono do alqueno.

2-Metil-2-buteno $\xrightarrow[(2) Me_2S]{(1) O_3, CH_2Cl_2, -78 \,°C}$ **Acetona** + **Acetaldeído**

3-Metil-1-buteno $\xrightarrow[(2) Me_2S]{(1) O_3, CH_2Cl_2, -78 \,°C}$ **Isobutiraldeído** + **Formaldeído**

PROBLEMA RESOLVIDO 8.6

Dê a estrutura de um alqueno desconhecido com a fórmula C$_7$H$_{12}$ que sofre ozonólise produzindo, após acidificação, somente o seguinte produto:

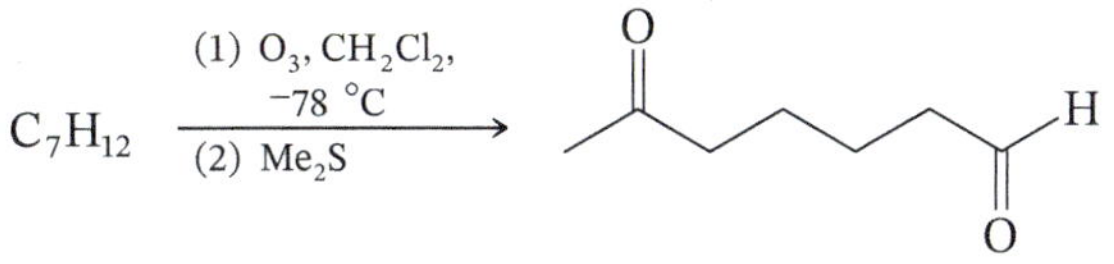

$$C_7H_{12} \xrightarrow[\text{(2) Me}_2\text{S}]{\text{(1) O}_3,\text{ CH}_2\text{Cl}_2,\ -78\ °C}$$

Estratégia e Resposta

Como há apenas um único produto que contém o mesmo número de átomos de carbono que o reagente, a única explicação razoável é que o reagente tem uma dupla ligação contida em um anel. A ozonólise da ligação dupla abre o anel:

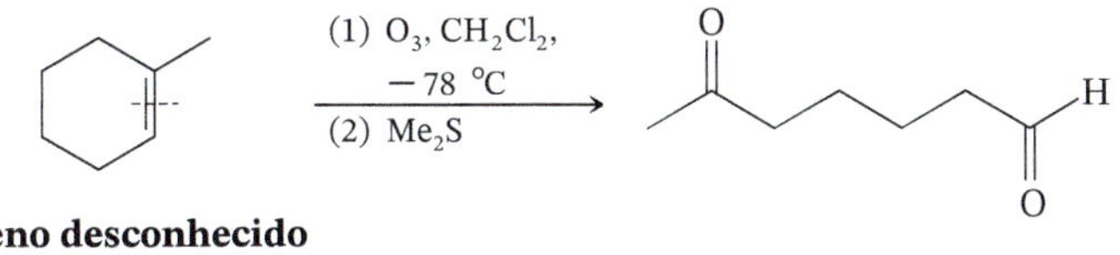

Alqueno desconhecido (1-metilciclo-hexeno)

PROBLEMA DE REVISÃO 8.21

Preveja os produtos das reações de ozonólise vistas a seguir.

(a) 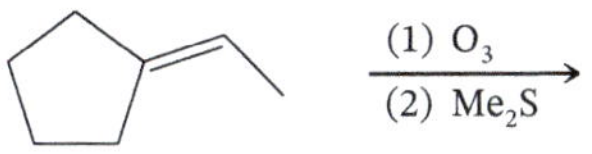 [estrutura] (1) O$_3$ / (2) Me$_2$S

(b) 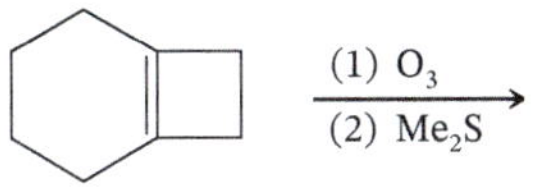 [estrutura] (1) O$_3$ / (2) Me$_2$S

(c) 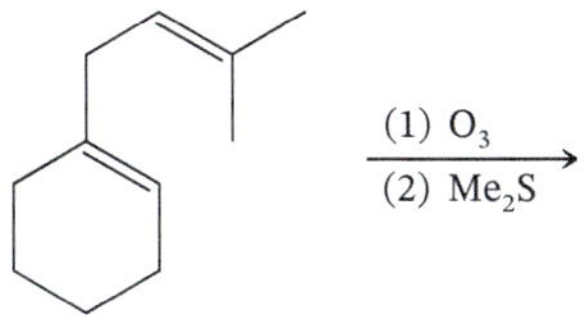 [estrutura] (1) O$_3$ / (2) Me$_2$S

O mecanismo da adição de ozônio a alquenos começa com a formação de compostos instáveis chamados de *ozonetos iniciais* (algumas vezes de molozonetos). O processo ocorre vigorosamente e leva ao rearranjo espontâneo para compostos conhecidos como **ozonetos**. Acredita-se que o rearranjo ocorra com a dissociação do ozoneto inicial em fragmentos reativos que se recombinam para produzir o ozoneto. Ozonetos são compostos muito instáveis e ozonetos com baixa massa molecular muitas vezes explodem violentamente.

Um Mecanismo para a Reação

Ozonólise de um Alqueno

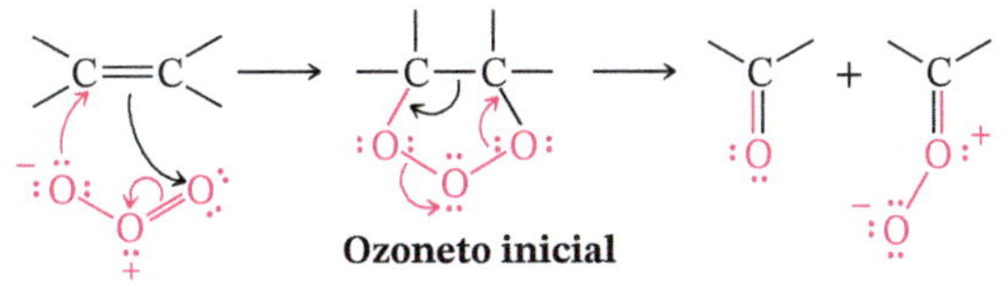

Ozoneto inicial

O ozônio se adiciona ao alqueno para formar um ozoneto inicial.

Os fragmentos do ozoneto inicial.

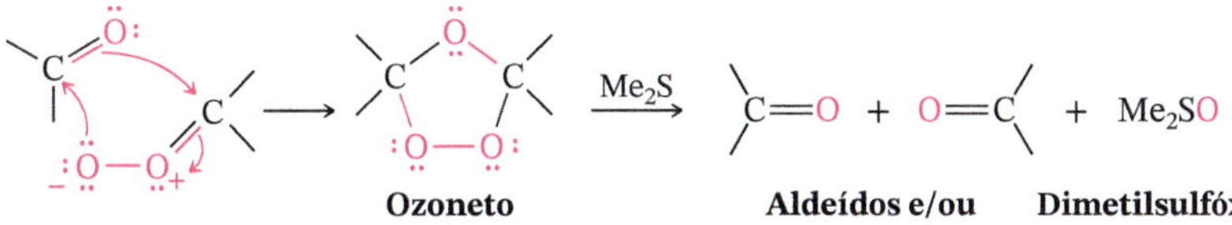

Ozoneto
Os fragmentos se recombinam para formar o ozoneto.

Me$_2$S → Aldeídos e/ou cetonas + Dimetilsulfóxido (Me$_2$SO)

PROBLEMA DE REVISÃO 8.22 Escreva as estruturas dos alquenos que produziriam os compostos carbonilados, vistos a seguir, quando tratados com ozônio e depois com sulfeto de dimetila.

(a) CH₃—CO—CH₃   e   (CH₃)₂CH—CHO

(c) ciclopentanona   e   HCHO

(b) CH₃—CHO   (2 mols são produzidos a partir de 1 mol do alqueno)

8.17 Adição Eletrofílica de Bromo e Cloro a Alquinos

- Alquinos mostram o mesmo tipo de reações de adição com cloro e bromo que os alquenos.
- Com alquinos **a adição pode ocorrer uma ou duas vezes**, dependendo do número de equivalentes molares de halogênio que utilizamos:

—C≡C— $\xrightarrow{Br_2}$ Dibromoalqueno $\xrightarrow{Br_2}$ Tetrabromoalcano

—C≡C— $\xrightarrow{Cl_2}$ Dicloroalqueno $\xrightarrow{Cl_2}$ Tetracloroalcano

Normalmente é possível preparar um dialoalqueno simplesmente adicionando um equivalente molar do halogênio:

hept-2-in-1-ol $\xrightarrow[0\ °C]{Br_2\ (1\ equiv.)}$ (E)-2,3-dibromo-hept-2-en-1-ol

- Adição de um equivalente molar de cloro ou bromo a um alquino geralmente resulta em adição anti e produz um *trans*-dialoalqueno.

Adição de bromo ao ácido acetilenodicarboxílico, por exemplo, dá o isômero trans com 70% de rendimento:

$HO_2C—C≡C—CO_2H$ $\xrightarrow{Br_2\ (1\ equiv.)}$ trans-dibromo (70%)

Ácido acetilenodicarboxílico

PROBLEMA DE REVISÃO 8.23 Alquenos são mais reativos que alquinos em relação à adição de reagentes eletrofílicos (isto é, Br_2, Cl_2 ou HCl). No entanto, quando alquinos são tratados com um equivalente molar desses mesmos reagentes eletrofílicos é fácil parar a adição na "etapa de alqueno". Isso parece ser um paradoxo, mas não é. Explique.

8.18 Adição de Haletos de Hidrogênio a Alquinos

- Alquinos reagem com um equivalente molar de cloreto de hidrogênio ou brometo de hidrogênio para formar haloalquenos e com dois equivalentes molares para formar dialetos geminais.
- Ambas as adições são **regiosseletivas** e seguem a **regra de Markovnikov**:

$$-C\equiv C- \xrightarrow{HX} \text{Haloalqueno} \xrightarrow{HX} \textit{gem}\text{-Dialeto}$$

O átomo de hidrogênio do haleto de hidrogênio se liga ao átomo de carbono que possui o maior número de átomos de hidrogênio. 1-Hexino, por exemplo, reage lentamente com um equivalente molar de brometo de hidrogênio para produzir 2-bromo-1-hexeno e com dois equivalentes molares produz 2,2-dibromo-hexano:

2-Bromo-1-hexeno   **2,2-Dibromo-hexano**

A adição de HBr a um alquino pode ser facilitada pela utilização de brometo de acetila (CH$_3$COBr) e alumina, em vez de HBr aquoso. Brometo de acetila atua como um precursor do HBr reagindo com alumina para gerar HBr. Por exemplo, 1-heptino pode ser convertido em 2-bromo-1-hepteno com bom rendimento usando esse método:

(82%)

Adição anti-Markovnikov de brometo de hidrogênio a alquinos ocorre quando os peróxidos estão presentes na mistura reacional. Essas reações ocorrem através de um mecanismo de radicais livres (Seção 10.10):

(74%)

8.19 Quebra Oxidativa de Alquinos

Tratando alquinos com ozônio seguido por ácido acético ou com permanganato de potássio em meio básico seguido por ácido leva à quebra da ligação tripla carbono–carbono. Os produtos são ácidos carboxílicos:

$$R-C\equiv C-R' \xrightarrow[(2)\,HOAc]{(1)\,O_3} RCO_2H + R'CO_2H$$

$$R-C\equiv C-R' \xrightarrow[(2)\,H_3O^+]{(1)\,KMnO_4,\,HO^-} RCO_2H + R'CO_2H$$

PROBLEMA RESOLVIDO 8.7

Três alquinos **X**, **Y** e **Z** possuem fórmula C_6H_{10}. Ao reagir com excesso de hidrogênio na presença de um catalisador de platina, cada alquino fornece apenas hexano como produto.

1. O espectro de IV do composto **X**, apresenta, entre outros, um pico na região de 3320 cm⁻¹, vários picos na região de 2800-3000 cm⁻¹ e um pico próximo de 2100 cm⁻¹. Quando oxidado com permanganato de potássio em meio básico, com aquecimento, seguido de acidificação, **X** produz um ácido carboxílico com cinco carbonos e um gás.
2. O espectro de IV do composto **Y** apresenta um pico na região de 3300 cm⁻¹. Quando oxidado com $KMnO_4$ a quente em meio básico seguido de acidificação, **Y** produz apenas um ácido carboxílico com três átomos de carbono. O composto **Y** apresenta picos na região de 2800-3000 cm⁻¹, mas nenhum pico em 2100 cm⁻¹.
3. Quando oxidado com $KMnO_4$ a quente em meio básico seguido de acidificação, **Z** produz um ácido carboxílico com quatro átomos de carbono e outro com dois. No seu espectro de IV, **Z** apresenta picos na região de 2800-3000 cm⁻¹ e um pico próximo de 2100 cm⁻¹, mas nenhum pico nas vizinhanças de 3300 cm⁻¹. Consulte a Seção 2.16A e proponha a estrutura de cada alquino.

Estratégia e Resposta

O fato de todos os três alquinos produzirem hexano quando submetidos a uma hidrogenação catalítica mostra que todos eles são hexinos não ramificados.

1. O fato de o composto **X** apresentar um pico em aproximadamente 3200 cm⁻¹ indica que ele apresenta uma ligação tripla terminal. O pico em aproximadamente 2100 cm⁻¹ está também associado com a tripla ligação. Essas observações sugerem que o composto **X** é o 1-hexino, o que é confirmado pelo resultado da sua oxidação que produz um ácido carboxílico com cinco átomos de carbono e dióxido de carbono.
2. O fato de o composto **Y**, quando sofre uma **quebra oxidativa**, produzir apenas ácidos carboxílicos com três átomos de carbono sugere fortemente que ele seja o 3-hexino. Essa observação é confirmada pela ausência de um pico em torno de 2100 cm⁻¹. (A tripla ligação do 3-hexino é simétrica e, portanto, a ausência de um pico no IV nessa região é coerente com a inexistência de variação de momento de dipolo associado a esta vibração.)
3. O fato de o composto **Z** apresentar um pico em torno de 2100 cm⁻¹ indica a presença de uma tripla ligação não simétrica e é também consistente com a formação de dois ácidos carboxílicos diferentes (um com dois átomos de carbono e outro com quatro) quando oxidado. **Z** é, portanto, o 2-hexino.

PROBLEMA DE REVISÃO 8.24

A, **B** e **C** são alquinos. Descubra suas estruturas e a de **D** usando a seguinte sequência de reações.

8.20 Como Planejar uma Síntese: Algumas Abordagens e Exemplos

No planejamento de uma síntese, frequentemente temos de considerar quatro aspectos inter-relacionados:

1. construção da cadeia de carbono
2. interconversões de grupos funcionais
3. controle da regioquímica
4. controle da estereoquímica

Você teve alguma experiência com certos aspectos das estratégias sintéticas nas seções anteriores.

- Na Seção 7.18B, você aprendeu sobre *análise retrossintética* e como esse tipo de raciocínio poderia ser aplicado na construção de cadeias de carbono dos alcanos e cicloalcanos.
- Na Seção 6.14, você aprendeu o significado de uma *interconversão de grupo funcional* e como reações de substituição nucleofílica poderiam ser usadas para esse propósito.

Em outras seções, talvez sem perceber, você já começou a armazenar métodos básicos para a construção de cadeias de carbono e para fazer interconversões de grupos funcionais. Esta é a hora de começar a organizar um arquivo para todas as reações que você aprendeu, destacando especialmente suas aplicações para sínteses. Esse arquivo será seu **Arquivo de Ferramentas para Síntese Orgânica**. Agora é também o momento de olhar para alguns exemplos novos e ver como integramos todos os quatro aspectos da síntese em nosso planejamento.

8.20A Análise Retrossintética

Considere um problema em que nos é pedido para propor uma síntese de 2-bromobutano a partir de compostos de dois átomos de carbono ou menos. Essa síntese, como veremos, envolve a construção da cadeia de carbono, da interconversão de grupos funcionais e do controle da regioquímica.

Como Aplicar a Análise Retrossintética na Síntese do 2-Bromobutano

Começamos a pensar no sentido inverso. A meta final, o 2-bromobutano, pode ser alcançada em uma única etapa a partir do 1-buteno pela adição de brometo de hidrogênio. A regioquímica dessa interconversão de grupo funcional tem de ser uma adição de Markovnikov:

Análise Retrossintética

Síntese

> **DICA ÚTIL**
>
> *Lembre-se*: A seta aberta utilizada na análise retrossintética é um símbolo que significa "pode ser obtida a partir de", isto é, significa que dada molécula-alvo pode ser obtida a partir de certo precursor (ou um conjunto de precursores).
>
> **Molécula-alvo ⟹ precursores**

Continuando a trabalhar no sentido inverso e com uma reação hipotética de cada vez, percebemos que um precursor sintético do 1-buteno é o 1-butino. Adição de 1 mol de hidrogênio ao 1-butino levaria ao 1-buteno. Com o 1-butino como o nosso alvo e tendo em mente que sabemos que temos de construir a cadeia de carbono a partir de compostos com dois carbonos ou menos, percebemos que o 1-butino pode ser formado em uma etapa a partir do brometo de etila e do acetileno pela alquilação do ânion alquineto.

- A **chave para a análise retrossintética** é pensar em como sintetizar cada molécula-alvo em uma reação a partir de um precursor imediato, considerando primeiro a molécula-alvo final e trabalhando no sentido inverso.

Análise Retrossintética

$$\text{1-buteno} \Rightarrow \text{1-butino} + H_2$$

$$\text{1-butino} \Rightarrow \text{CH}_3\text{CH}_2\text{Br} + Na^{+\,-}:\!\!\equiv\!\!-H$$

$$Na^{+\,-}:\!\!\equiv\!\!-H \Rightarrow H\!\!-\!\!\equiv\!\!-H + NaNH_2$$

Síntese

$$H\!\!-\!\!\equiv\!\!-H + Na^+\,^-NH_2 \xrightarrow{NH_3 \text{ líq., } -33\,°C} Na^{+\,-}:\!\!\equiv\!\!-H$$

$$\text{CH}_3\text{CH}_2\text{Br} + Na^+\,^-:\!\!\equiv\!\!-H \xrightarrow{NH_3 \text{ líq., } -33\,°C} \text{1-butino}$$

$$\text{1-butino} + H_2 \xrightarrow{Ni_2B\,(P\text{-}2)} \text{1-buteno}$$

8.20B Desconexões, Sintons e Equivalentes Sintéticos

- Uma abordagem para análise retrossintética é considerar uma etapa retrossintética como uma "desconexão" de uma das ligações (Seção 7.18B).*

Por exemplo, uma etapa importante na síntese que acabamos de estudar é a formação de uma nova ligação carbono–carbono para obter 1-butino. Retrossinteticamente, ela pode ser mostrada como a seguinte desconexão hipotética:

$$\text{1-butino} \Rightarrow \text{CH}_3\text{CH}_2^+ + {}^-\!:\!\!\equiv\!\!-H$$

Os fragmentos hipotéticos dessa desconexão são um cátion etila e um ânion etineto.

- Em geral, chamamos os fragmentos de uma desconexão retrossintética hipotética de **sintons**.

---

*Para um excelente tratamento detalhado desta abordagem você pode consultar a seguinte referência: Warren, S., and Wyatt, P., *Organic Synthesis, The Disconnection Approach*, 2nd Ed. Wiley: New York, 2009; e Warren, S., and Wyatt, P., *Workbook for Organic Synthesis, The Disconnection Approach*, 2nd Ed. Wiley: New York, 2009.

A visualização dos sintons anteriores pode nos ajudar a pensar que, em teoria, para sintetizar a molécula de 1-butino basta combinar um cátion etila com um ânion etineto. Sabemos, no entanto, que não são encontrados nas prateleiras do nosso laboratório frascos de carbocátions e carbânions e que, mesmo sendo um intermediário da reação, não é razoável considerar um carbocátion etila. O que precisamos são os **equivalentes sintéticos** desses sintons. O equivalente sintético de um íon etineto é o etineto de sódio, porque o etineto de sódio contém o íon etineto (e um cátion de sódio). O equivalente sintético de um cátion etila é o brometo de etila. Para entender como isso é verdadeiro, raciocinamos da seguinte forma: se o brometo de etila fosse reagir através de uma reação S_N1, produziria um cátion etila e um íon brometo. Entretanto, sabemos que, sendo um haleto primário, o brometo de etila é improvável reagir através de uma reação S_N1. O brometo de etila, no entanto, vai reagir rapidamente com um nucleófilo forte como o etineto de sódio por uma reação S_N2 e, quando ele reage, o produto obtido é o mesmo produto que seria obtido a partir da reação de um cátion etila com etineto de sódio. Assim, o brometo de etila, nessa reação, funciona como o equivalente sintético de um cátion etila.

O 2-bromobutano também poderia ser sintetizado a partir de compostos de dois carbonos ou menos por uma rota em que (*E*)- ou (*Z*)-2-buteno é um intermediário. Você pode querer entender os detalhes dessa síntese por si mesmo.

8.20C Considerações Estereoquímicas

Considere outro exemplo, uma síntese que exige controle estereoquímico: a síntese dos enantiômeros do 2,3-butanodiol, (2*R*,3*R*)-2,3-butanodiol e (2*S*,3*S*)-2,3-butanodiol, a partir de compostos de dois átomos de carbono ou menos, e de uma rota que não produza o estereoisômero meso.

Como Aplicar Considerações Estereoquímicas no Planejamento da Síntese dos Enantiômeros do 2,3-Butanodiol

Aqui vemos que uma etapa final possível para os enantiômeros do 2,3-butanodiol é a hidroxilação sin do *trans*-2-buteno. Essa reação é estereoespecífica e produz os enantiômeros desejados do 2,3-butanodiol como uma forma racêmica. Aqui temos que fazer a escolha-chave de **não** usar o *cis*-2-buteno. Se tivéssemos escolhido o *cis*-2-buteno, o nosso produto teria sido o estereoisômero *meso*-2,3-butanodiol.

Análise Retrossintética

Síntese

A síntese do *trans*-2-buteno pode ser realizada pelo tratamento do 2-butino com lítio em amônia líquida. A adição anti do hidrogênio através dessa reação nos dá o produto trans que precisamos.

Análise Retrossintética

Síntese

- A reação anterior é um exemplo de uma **reação estereosseletiva**. A **reação estereosseletiva** é aquela em que o reagente não é necessariamente quiral (como no caso de um alquino), mas em que a reação produz predominante ou exclusivamente uma forma estereoisomérica do produto (ou um subconjunto de estereoisômeros dentre todos aqueles que são possíveis).
- Observe a diferença entre estereosseletiva e estereoespecífica. Uma reação estereoespecífica é aquela que produz predominante ou exclusivamente um estereoisômero como produto quando uma forma estereoisomérica específica do reagente é utilizada. (Todas as reações estereoespecíficas são estereosseletivas, mas o inverso não é necessariamente verdade.)

Podemos sintetizar o 2-butino a partir de propino convertendo-o primeiro no propineto de sódio e então alquilando o propineto de sódio com iodeto de metila:

Análise Retrossintética

Síntese

E, para obtermos o propino, podemos sintetizá-lo a partir do etino:

Análise Retrossintética

Síntese

Ilustrção de uma Síntese Estereoespecífica com Múltiplas Etapas

PROBLEMA RESOLVIDO 8.8

Partindo de compostos com dois átomos de carbono ou menos, proponha uma síntese estereoespecífica do *meso*-3,4-dibromo-hexano.

Estratégia e Resposta

Começamos trabalhando no sentido inverso a partir da molécula-alvo. Uma vez que a molécula-alvo é um composto meso, é conveniente começar desenhando a estrutura que ilustra o plano de simetria interno, como mostrado a seguir. Mas, uma vez que também sabemos que um dibrometo vicinal pode ser formado através da adição anti de bromo a um alqueno, redesenhamos a estrutura da molécula-alvo na conformação que mostra os átomos de bromo anti entre si como eles estariam após a adição a um alqueno. Então, mantendo a relação espacial relativa dos grupos alquila, desenhamos o alqueno precursor para o 1,2-dibrometo e descobrimos que esse composto é o (*E*)-3-hexeno. Sabendo que um (*E*) alqueno pode ser formado através da adição anti de hidrogênio a um alquino utilizando lítio em etilamina ou amônia (Seção 7.14B), vemos que o 3-hexino é um precursor sintético adequado para o (*E*)-3-hexeno. Finalmente, uma vez que sabemos que é possível alquilar alquinos terminais, reconhecemos que o 3-hexino poderia ser sintetizado a partir do acetileno através de duas alquilações sucessivas com um haleto de etila. A seguir vemos uma análise retrossintética.

Análise Retrossintética

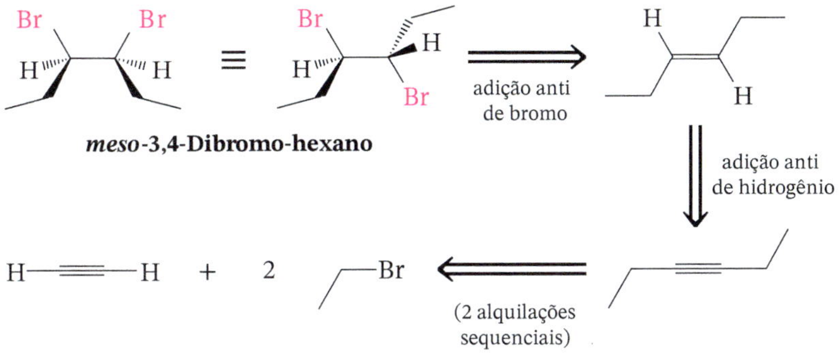

A síntese pode ser escrita da seguinte maneira:

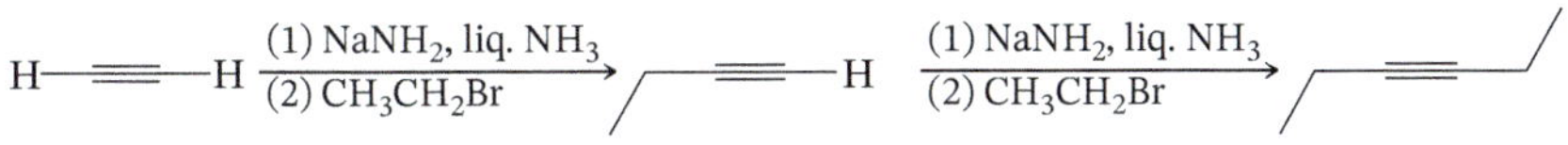

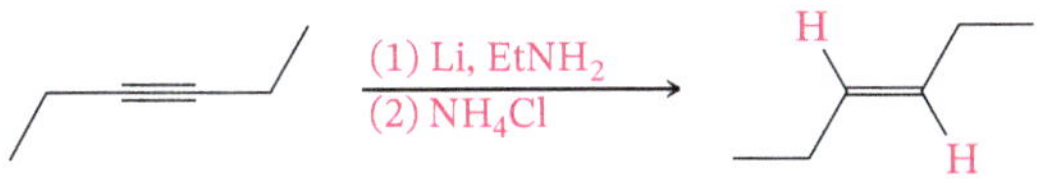

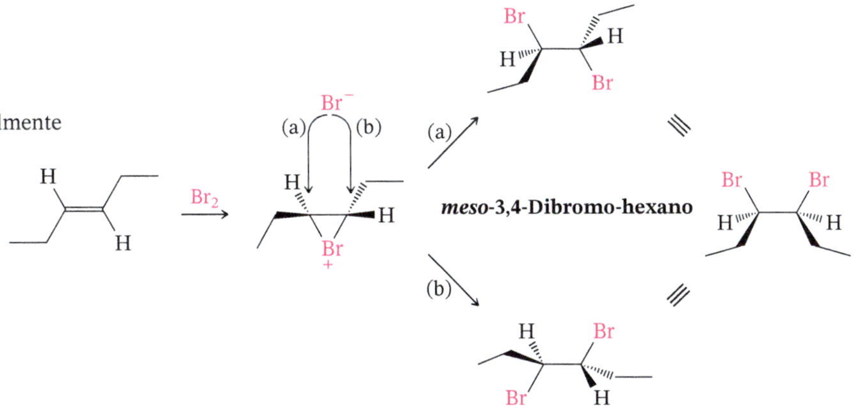

PROBLEMA DE REVISÃO 8.25

Como você modificaria o procedimento apresentado no Problema Resolvido 8.8, de modo a sintetizar a forma racêmica do (3*R*,4*R*)- e do (3*S*,4*S*)-3,4-dibromo-hexano?

Por que Esses Tópicos São Importantes?

Uma árvore de eucalipto, a fonte de eucaliptol.

Uma árvore de teixo do Pacífico, a fonte do Taxol.

Alquenos nas Sínteses Químicas da Natureza

Como ilustrado neste capítulo e no Capítulo 7, a insaturação em uma molécula fornece numerosas possibilidades para a adição de grupos funcionais e a criação de ligações C—C. Assim, não é surpreendente que a síntese de moléculas complexas na natureza também envolva sítios de insaturação. Alquenos, não alquinos, são os principais participantes desses processos, frequentemente na forma de unidades isoprênicas. A unidade isoprênica de cinco carbonos pode ser facilmente reconhecida como uma cadeia de quatro carbonos insaturada com uma ramificação metila. Na natureza, diversas unidades isoprênicas combinam-se na criação de longas cadeias de carbono que terminam com um grupo pirofosfato reativo, como o pirofosfato de geranilgeranila (GGPP). Essas substâncias fazem parte de processos reacionais altamente controlados que geram milhares de toneladas de produtos naturais diferentes – compostos que se comportam como hormônios e moléculas de sinalização, entre uma miríade de outras funções.

Unidade isoprênica

Pirofosfato de geranilgeranila (GGPP)

Essa química começa com uma enzima que dobra a unidade isoprênica em uma conformação específica, aquela capaz de ativar a formação de uma ligação C—C específica onde o grupo OPP se comporta como um grupo de saída em um processo S_N2 ou S_N1. Em alguns casos o grupo de saída ajuda a reposicionar o sítio de formação da ligação C—C através da química mostrada a seguir na síntese do eucaliptol. Após essa principal etapa o que vemos é a química que aprendemos neste capítulo, onde alquenos atacam espécies eletrofílicas, com o grupo OPP servindo como grupo transportador de prótons (tente identificar as etapas de transferência de prótons que estão faltando).

Difosfato de geranila → enzima → −PPO → H₂O → → PPO—H → → PPOH → **Eucaliptol**

Em outros casos, o grupo OPP é substituído diretamente. Por exemplo, após a organização enzimática do GGPP como mostrado a seguir, a remoção do próton indicado, por uma base, faz com que o alqueno vizinho desloque o grupo OPP, levando a uma molécula conhecida como cembreno A. A seguir, através de uma série de posteriores reações de formação de ligação C—C baseadas em alquenos (utilizando os princípios básicos dos nucleófilos e eletrófilos, como discutimos) e oxidações, e novamente controlado por enzimas específicas, esse esqueleto de carbono pode ser convertido em materiais como o kempeno-2. Para cupins, essa e moléculas relacionadas servem como agentes de proteção importantes contra espécies invasoras.

GGPP → **Cembreno A** → **Kempeno-2**

O que é mais interessante é que outros organismos utilizam o mesmo material de partida na síntese de moléculas completamente diferentes através do mesmo processo (dobramento e oxidação). Na árvore do teixo do Pacífico, por exemplo, o GGPP é convertido no Taxol, um composto que é atualmente utilizado como um dos principais medicamentos no tratamento contra o câncer. Por outro lado, muitas outras espécies de plantas e fungos transformam o GGPP em uma molécula sinalizadora conhecida como ácido giberélico 3. Existe uma química orgânica muito complexa inserida nesses processos, mas a mensagem a ser aprendida é ao mesmo tempo simples e elegante: a partir de um único material de partida, pode-se sintetizar um grande número de compostos diferentes, todos por meio do poder dos alquenos, um grupo reativo adicional e algumas enzimas altamente especializadas.

Taxol ← GGPP → **Ácido giberélico 3**

Para saber mais sobre esses tópicos, consulte:

1. Fischbach, M. A.; Clardy, J. "One pathway, many products" in *Nature: Chem. Bio.* **2007**, *3*, 353–355.
2. Ishihara, Y.; Baran, P. S. "Two-Phase Terpene Total Synthesis: Historical Perspective and Application to the Taxol® Problem" in *Synlett* **2010**, *12*, 1733–1745.

Resumo e Ferramentas de Revisão

As ferramentas de estudo para este capítulo incluem termos e conceitos fundamentais (que destacamos em negrito azul ao longo do capítulo e que estão definidos no Glossário, ao fim de cada volume), uma Revisão de Mecanismos de Reações de Adição de Alquenos e um esquema de Conexões Sintéticas envolvendo alquenos e alquinos.

Problemas

Utilizando o Seu Arquivo de Ferramentas para Reações de Alquenos e Alquinos

8.26 Escreva as fórmulas estruturais para os produtos que se formam quando o 1-buteno reage com cada um dos seguintes reagentes:

(a) HI
(b) H_2, Pt
(c) H_2O, H_2SO_4 cat.
(d) HBr
(e) Br_2
(f) Br_2 em H_2O

(g) HCl
(h) O_3, em seguida Me_2S
(i) OsO_4, em seguida $NaHSO_3/H_2O$
(j) $KMnO_4$, HO^-, aquecimento, em seguida H_3O^+
(k) $Hg(OAc)_2$ em THF e H_2O, em seguida $NaBH_4$, HO^-
(l) BH_3:THF, em seguida H_2O_2, HO^-

8.27 Repita o Problema 8.26 usando 1-metilciclopenteno em vez de 1-buteno.

8.28 Escreva as estruturas dos principais produtos orgânicos obtidos das reações vistas a seguir. Mostre os estereoisômeros onde for aplicável.

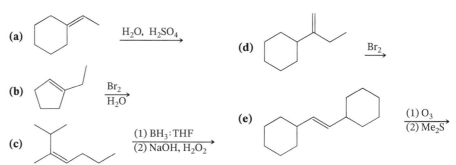

8.29 Dê a estrutura dos produtos que você esperaria para a reação de 1-butino com:

(a) Um equivalente molar de Br_2
(b) Um equivalente molar de HBr
(c) Dois equivalentes molares de HBr
(d) H_2 (em excesso)/Pt

(e) H_2, Ni_2B (P-2)
(f) $NaNH_2$ em NH_3 líquida, em seguida CH_3I
(g) $NaNH_2$ em NH_3 líquida, em seguida $(CH_3)_3CBr$

8.30 Dê a estrutura dos produtos que você esperaria a partir da reação (se houver) do 2-butino com:

(a) Um equivalente molar de HBr
(b) Dois equivalentes molares de HBr
(c) Um equivalente molar de Br_2
(d) Dois equivalentes molares de Br_2
(e) H_2, Ni_2B (P-2)
(f) Um equivalente molar de HCl

(g) Li/NH_3 líquida
(h) H_2 (em excesso)/Pt
(i) Dois equivalentes molares de H_2/Pt
(j) $KMnO_4$/HO^- a quente, HO^-, em seguida H_3O^+
(k) O_3, em seguida HOAc
(l) $NaNH_2$, NH_3 líquida

8.31 Escreva as estruturas para os principais produtos orgânicos obtidos a partir das reações vistas a seguir. Mostre os estereoisômeros onde for aplicável.

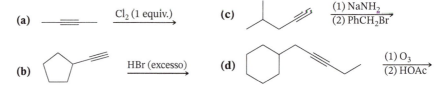

8.32 Mostre como o 1-butino poderia ser sintetizado a partir de cada um dos seguintes compostos:

(a) 1-Buteno
(b) 1-Clorobutano
(c) 1-Cloro-1-buteno
(d) 1,1-Diclorobutano
(e) Etino e brometo de etila

8.33 Partindo do 2-metilpropeno (isobutileno) e usando quaisquer outros reagentes necessários, proponha uma síntese para cada um dos seguintes compostos:

Mecanismos

8.34 Escreva a estrutura tridimensional para o produto formado quando 1-metilciclo-hexeno é tratado com cada um dos reagentes vistos a seguir. Em cada caso, indique a localização dos átomos de deutério ou trítio.

(a) (1) BH$_3$:THF, (2) CH$_3$CO$_2$T
(b) (1) BD$_3$:THF, (2) CH$_3$CO$_2$D
(c) (1) BD$_3$:THF, (2) NaOH, H$_2$O$_2$, H$_2$O

8.35 Escreva um mecanismo que explique a formação do etil isopropil éter na reação vista a seguir.

8.36 Quando, em reações separadas, 2-metilpropeno, propeno ou eteno reagem com HI, nas mesmas condições (ou seja, concentrações e temperaturas idênticas), verifica-se que o 2-metilpropeno reage mais rapidamente e que o eteno reage mais lentamente. Dê uma explicação para essas velocidades relativas.

8.37 Proponha um mecanismo que explique a reação vista a seguir.

8.38 Quando 3,3-dimetil-2-butanol é tratado com HI concentrado, ocorre um rearranjo. Que iodeto de alquila você espera a partir dessa reação? (Mostre o mecanismo pelo qual ele é formado.)

8.39 Escreva a estereoquímica para todos os produtos que você esperaria para cada uma das reações vistas a seguir. (Você pode encontrar modelos úteis.)

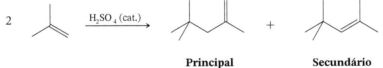

8.40 Indique a designação (R,S) para cada composto diferente dado como resposta no Problema 8.39.

8.41 A ligação dupla do tetracloroeteno é indetectável com o teste para insaturação com bromo/tetracloreto de carbono. Dê uma explicação plausível para esse comportamento.

8.42 Proponha um mecanismo que explique a formação dos produtos a partir da reação vista a seguir, incluindo a distribuição dos produtos como principal e secundário.

Principal   **Secundário**

8.43 Escreva um mecanismo que explique a reação vista a seguir.

8.44 Escreva um mecanismo para a reação vista a seguir.

8.45 Escreva um mecanismo que explique a formação dos produtos mostrados na reação vista a seguir.

Elucidação Estrutural

8.46 Mirceno, um composto aromático encontrado na cera do bago de loureiro, tem a fórmula $C_{10}H_{16}$ e é conhecido por não conter nenhuma ligação tripla.

(a) Qual é o índice de deficiência de hidrogênio do mirceno? Quando tratado com excesso de hidrogênio catalisado por platina, o mirceno é convertido em um composto (**A**) com a fórmula $C_{10}H_{22}$.

(b) Quantos anéis contém o mirceno?

(c) Quantas ligações duplas? O composto **A** pode ser identificado como 2,6-dimetiloctano. A ozonólise do mirceno seguida pelo tratamento com sulfeto de dimetila produz 2 mol de formaldeído (HCHO), 1 mol de acetona (CH_3COCH_3) e um terceiro composto (**B**) com fórmula $C_5H_6O_3$.

(d) Qual é a estrutura do composto **B**?

(e) Qual é a estrutura do mirceno?

8.47 Farneseno (visto a seguir) é um composto encontrado na cera da casca das maçãs, enquanto o geranial é uma molécula com uma estrutura similar que é um componente do óleo de capim-limão. (a) Dê a estrutura e o nome IUPAC do produto formado quando o farneseno reage com excesso de hidrogênio na presença de um catalisador de platina. (b) Quantos estereoisômeros do produto são possíveis? (c) Escreva fórmulas estruturais para os produtos que seriam formados quando o geranial fosse tratado com ozônio e depois com o sulfeto de dimetila (Me_2S).

Farneseno   **Geranial**

8.48 Limoneno é um composto encontrado no óleo de laranja e no óleo de limão. Quando o limoneno é tratado com excesso de hidrogênio e um catalisador de platina, o produto da reação é o 1-isopropil-4-metilciclo-hexano. Quando o limoneno é tratado com ozônio e depois com sulfeto de dimetila (Me_2S), os produtos da reação são o formaldeído (HCHO) e o composto visto a seguir. Escreva a fórmula estrutural para o limoneno.

8.49 Feromônios (Seção 4.7) são substâncias segregadas por animais que produzem uma resposta comportamental específica em outros membros da mesma espécie. Feromônios são eficazes em concentrações muito baixas e incluem atrativos sexuais, substâncias de alerta e compostos de "agregação". O feromônio de atração sexual da mariposa da maçã verde tem fórmula molecular $C_{13}H_{24}O$. Utilizando as informações que você pode obter a partir do diagrama de reação, deduza a estrutura do feromônio sexual da mariposa da maçã verde. As ligações duplas são conhecidas (com base em outras evidências) como (2Z,6E).

$C_{13}H_{24}O$ $\xrightarrow{H_2 \text{ (excesso), Pt}}$ $C_{13}H_{28}O$

Feromônio de atração sexual da mariposa da maçã verde

(1) O_3
(2) Me_2S

Problemas Gerais

8.50 Sintetize o composto visto a seguir partindo do etino e do 1-bromopentano como seus únicos reagentes orgânicos (exceto solventes) e usando quaisquer compostos inorgânicos necessários.

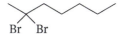

8.51 Preveja as características dos espectros de IV que você poderia usar para distinguir entre os membros dos pares de compostos vistos a seguir. Você pode encontrar informações úteis na tabela de IV nas páginas finais do livro e na Tabela 2.1.

(a) Pentano e 1-pentino
(b) Pentano e 1-penteno
(c) 1-Penteno e 1-pentino
(d) Pentano e 1-bromopentano
(e) 2-Pentino e 1-pentino
(f) 1-Penteno e 1-pentanol
(g) Pentano e 1-pentanol
(h) 1-Bromo-2-penteno e 1-bromopentano
(i) 1-Pentanol e 2-penten-1-ol

8.52 Deduza as estruturas dos compostos **A**, **B** e **C**, onde todos têm a fórmula C_6H_{10}. Após ler as informações que se seguem, trace a sequência de reações, como a dos Problemas 8.24 e 8.49. Essa abordagem vai ajudar você a resolver o problema. Todos os três compostos descoloriram rapidamente bromo e todos os três são solúveis em ácido sulfúrico concentrado a frio. O composto **A** tem uma absorção no espectro de IV em cerca de 3300 cm⁻¹, mas os compostos **B** e **C** não. Os compostos **A** e **B** produzem hexano quando são tratados com excesso de hidrogênio na presença de um catalisador de platina. Sob essas condições, **C** absorve apenas um equivalente molar de hidrogênio e produz um produto com a fórmula C_6H_{12}. Quando **A** é oxidado com permanganato de potássio a quente em meio básico e a solução resultante acidificada, o único produto orgânico que pode ser isolado é . Oxidação similar de **B** dá somente , e similar tratamento com **C** dá somente .

8.53 Ácido ricinoleico, um composto que pode ser isolado do óleo de mamona, tem a estrutura $CH_3(CH_2)_5CHOHCH_2CH=CH(CH_2)_7CO_2H$.

(a) Quantos estereoisômeros dessa estrutura são possíveis? (b) Escreva essas estruturas.

8.54 Existem dois ácidos dicarboxílicos com fórmula geral $HO_2CCH=CHCO_2H$. Um ácido dicarboxílico é chamado de ácido maleico e o outro é chamado de ácido fumárico. Quando tratados com OsO_4, seguido por $NaHSO_3/H_2O$, o ácido maleico produz o ácido *meso*-tartárico e o ácido fumárico produz o (±)-ácido tartárico. Mostre como essa informação permite que se escreva a estereoquímica do ácido maleico e do ácido fumárico.

8.55 Use as suas respostas para o problema anterior para prever a estereoquímica resultante da adição de bromo ao ácido maleico e ao ácido fumárico. (a) Qual o ácido dicarboxílico que sofreria adição de bromo para produzir um composto meso? (b) Qual deles produziria a forma racêmica?

8.56 Use o roteiro visto a seguir para deduzir as fórmulas estereoquímicas para os compostos **A–D**.

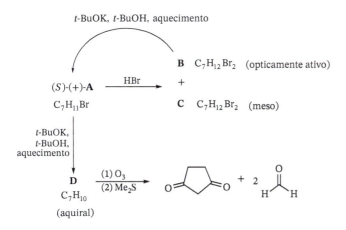

8.57 Um composto **D** opticamente ativo tem fórmula molecular C_6H_{10} e mostra um pico agudo no espectro de IV em, aproximadamente, 3300 cm^{-1}. A hidrogenação catalítica de **D** produz **E** (C_6H_{14}). O composto **E** é opticamente inativo e não pode ser resolvido. Proponha estruturas para **D** e **E**.

Sintetizando o Material

8.58 Para cada uma das questões a seguir, forneça uma rota que da qual se pode razoavelmente esperar que converta o material inicial no produto final. Em cada caso, é necessário usar mais de uma reação e as reações que você aprendeu nos capítulos anteriores podem ser úteis para resolver o problema.

(a) [estrutura: metil cetona com alcino terminal] → [estrutura: metil cetona com ciclopropano (±)]

(b) [estrutura: alqueno com t-butil e etil] → [estrutura: composto com t-butil e dois Cl geminais]

(c) [estrutura: trans-2-hexeno] → [estrutura: cis-2-hexeno]

(d) [estrutura: 1-bromo-1-feniletano] → [estrutura: 1,2-dibromo-1-feniletano]

8.59 Para cada uma das questões a seguir, identifique o produto (representado por **A**, **B** e **C**) que seria formado por meio da sequência de etapas indicada a partir do material de partida que é fornecido.

(a) [1-butino]
(1) NaNH$_2$, EtBr
(2) cat. de Lindlar, H$_2$
(3) HBr
→ (+/−)-**A**

(b) [2,3-dibromopentano]
(1) NaNH$_2$, (2 equiv.)
(2) Li, EtNH$_2$
(3) NH$_4$Cl
(4) CH$_2$I$_2$, Zn(Cu)
→ (+/−)-**B**

(c) [ciclohexano com dois Br e dois metilas]
(1) t-BuOK, t-BuOH
(2) H$_2$, Pd/C
→ **C**

8.60 Lançando mão de uma análise retrossintética, deduza o material de partida que levou ao produto indicado por meio das reações definidas.

(a) **A**
(1) NaNH$_2$, MeI
(2) Br$_2$ (1 equiv.)
→ [alqueno com dois Br]

(b) **B**
(1) KOH, EtOH
(2) O$_3$
(3) Me$_2$S
→ [ciclohexanona]

(c) **C**
(1) NaNH$_2$ (2 equiv.)
(2) Li, NH$_3$ líq.
(3) KMnO$_4$, HO$^-$, aquecimento
(4) H$_3$O$^+$
→ [ácido carboxílico] + [ácido carboxílico]

É Necessário um Consultor Químico

8.61 O produto natural halomon poderia, teoricamente, surgir a partir de outro composto natural conhecido como mirceno. Para conseguir isso, seria necessário um processo bioquímico que pudesse fornecer o equivalente sintético de BrCl para todas as três ligações duplas. **(a)** Usando três equivalentes molares de BrCl, forneça um mecanismo para explicar a formação da estrutura entre colchetes (você não precisa mostrar a estereoquímica nesse mecanismo). **(b)** Quando o HBr é perdido na etapa final, esse processo provavelmente envolveria um mecanismo E1 ou E2? (Veja: *Chem. Comm.* **2014**, *50*, 13725.)

8.62 Um pesquisador de uma grande empresa gostaria de realizar cada uma das três transformações vistas a seguir. Você pode recomendar quais as condições para realizar essas conversões? Além disso, você pode explicar para **(a)** e **(b)** por que, ao usar um único enantiômero como material de partida, apenas se obtém um único enantiômero do produto; em outras palavras, por que a(s) reação(ões) realizada(s) teria(m) seletividade facial? (Veja: *J. Am. Chem. Soc.* **2019**, *141*, 7715; *J. Am. Chem. Soc.* **1996**, *118*, 9509; *J. Am. Chem. Soc.* **1999**, *121*, 6131.)

Problemas de Desafio

8.63 Proponha um mecanismo que explique a seguinte transformação.

8.64 A trietilamina, (C₂H₅)₃N, como todas as aminas, tem um átomo de nitrogênio com um par de elétrons não compartilhados. O diclorocarbeno também tem um par de elétrons não compartilhados. Ambos podem ser representados como mostrado a seguir. Desenhe as estruturas dos compostos **D**, **E** e **F**.

(C₂H₅)₃N: + :CCl₂ ⟶ **D** (um aduto instável)

D ⟶ **E** + C₂H₄ (através de uma reação E2 intramolecular)

E $\xrightarrow{H_2O}$ **F** (A água realiza um deslocamento que é o inverso daquele usado para preparar *gem*-dicloretos.)

Problemas para Trabalho em Grupo

1. (a) Sintetize o (3*S*,4*R*)-3,4-dibromo-1-ciclo-hexilpentano (e o seu enantiômero, uma vez que uma mistura racêmica será formada) a partir do etino, do 1-cloro-2-ciclo-hexiletano, bromometano e quaisquer outros reagentes necessários. (Utilize etino, 1-cloro-2-ciclo-hexiletano e bromometano como as únicas fontes de átomos de carbono.) Inicie o problema mostrando a análise retrossintética. No processo, decida quais átomos da molécula-alvo serão provenientes de quais átomos dos reagentes de partida. Além disso, tenha em mente como a estereoespecificidade das reações que você empregar pode ser utilizada para atingir a estereoquímica necessária do produto final.

(b) Explique por que, a partir dessa síntese, uma mistura racêmica é formada para os produtos.

(c) Como essa síntese poderia ser modificada para produzir uma mistura racêmica dos isômeros (3*R*,4*R*) e (3*S*,4*S*)?

2. Escreva um mecanismo razoável e detalhado para a seguinte transformação:

3. Deduza as estruturas dos compostos **A–D**. Desenhe estruturas que mostram estereoquímica onde necessário:

C₆H₁₀O₄ + (acetona) + (ácido acético)
D
(opticamente inativo)

(1) KMnO₄ a quente, HO⁻
(2) H₃O⁺

C₁₁H₂₀ ⟵ H₂, catalisador de Lindlar, pressão — C₁₁H₁₈ — (1) Li, EtNH₂ / (2) NH₄Cl ⟶ (4*R*,5*E*)-4-etil-2,4-dimetil-2,5-heptadieno
B **A**
(opticamente ativo) (opticamente ativo)

(1) O₃
(2) Me₂S

C₆H₁₀O₃ + (acetona) + (ácido acético)
C
(opticamente ativo)

4. O caracol marinho (*Haminoea cymbalum*) contém kumepaloxano (mostrado a seguir), um agente de sinalização química quando esse molusco é perturbado por peixes carnívoros predadores. Acredita-se que a biossíntese de bromoéteres semelhantes ao kumepaloxano ocorra *via* intermediação enzimática de um agente "Br⁺". Desenhe a estrutura de um possível precursor biossintético (*dica*: um alqueno álcool) do kumepaloxano e escreva um mecanismo plausível e detalhado pelo qual ele poderia ser convertido para kumepaloxano usando Br⁺ e algum aceptor genérico de prótons Y⁻.

Kumepaloxano

Alquenos e Alquinos II **407**

MAPA CONCEITUAL

Resumo das Reações de Adição de Alquenos

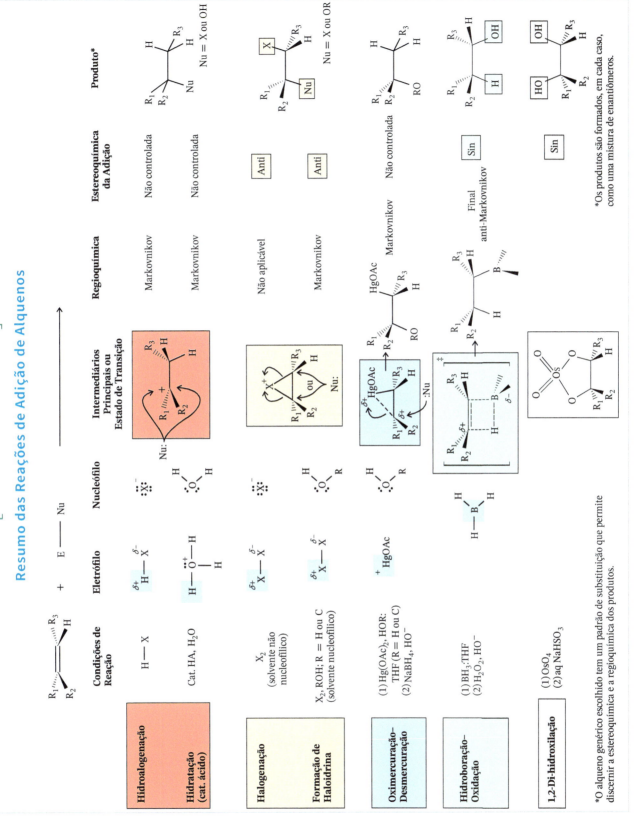

*Os produtos são formados, em cada caso, como uma mistura de enantiômeros.

*O alqueno genérico escolhido tem um padrão de substituição que permite discernir a estereoquímica e a regioquímica dos produtos.

408 CAPÍTULO 8

MAPA CONCEITUAL

Conexões Sintéticas de Alquenos e Alquinos: II

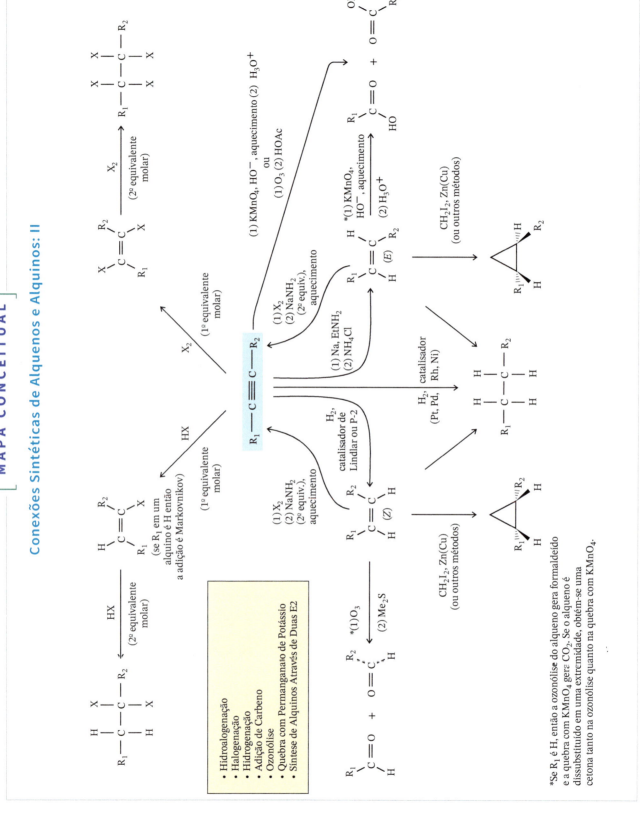

*Se R₁ é H, então a ozonólise do alqueno gera formaldeído e a quebra com KMnO₄ gera CO₂. Se o alqueno é dissubstituído em uma extremidade, obtém-se uma cetona tanto na ozonólise quanto na quebra com KMnO₄.

CAPÍTULO 9

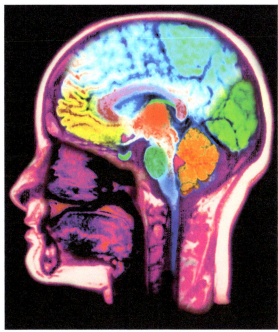

Scott Camazine/Alamy

Ressonância Magnética Nuclear e Espectrometria de Massa

Ferramentas para Determinação Estrutural

Você conhece alguém que precisou de um exame de imagem por ressonância magnética (IRM) por motivos médicos, ou você mesmo já precisou? Você já observou alguém nos terminais de passageiros de aeroportos tendo seus pertences completamente examinados por algum tipo de aparelho? Você já se perguntou como os cientistas determinam as estruturas de compostos encontrados na natureza, ou você conhece algum estudante que em uma aula de laboratório tenha extraído cascas, folhas ou frutos de plantas para isolar e identificar compostos naturais? Ou você já se perguntou como uma evidência forense é analisada em processos criminais, ou como pesticidas são identificados em amostras de alimentos?

Se você já se perguntou sobre qualquer uma dessas questões, algumas das suas curiosidades serão sanadas por meio do estudo de métodos espectroscópicos, como a espectrometria de ressonância magnética nuclear (RMN), que envolve os mesmos princípios físicos da obtenção da IRM para fins médicos, e da EM (espectrometria de massa), utilizada em alguns processos de triagem em aeroportos, assim como em muitas aplicações forenses. RMN e EM são técnicas poderosas de trabalho para o estudo de estruturas de moléculas biológicas e não biológicas.

NESTE CAPÍTULO, VAMOS ESTUDAR:

- Ressonância magnética nuclear (RMN), uma forma de espectroscopia que é uma das mais potentes ferramentas para a identificação de grupos funcionais e para a determinação de conexões entre os átomos nas moléculas
- Espectroscopia de massa (EM), que permite a determinação das fórmulas moleculares exatas de moléculas grandes e pequenas

POR QUE ESSES TÓPICOS SÃO IMPORTANTES?

No fim do capítulo, mostraremos como essas técnicas são críticas para a determinação da estrutura de moléculas orgânicas. Na verdade, antes da espectroscopia, a determinação estrutural podia levar anos ou até décadas, às vezes impondo desafios que frustravam futuros laureados do Prêmio Nobel de química!

9.1 Introdução

- **Espectroscopia** é o estudo da interação de energia com a matéria.

Quando uma energia é aplicada à matéria, ela pode ser absorvida, emitida, causar uma transformação química, ou ser transmitida. Neste capítulo, veremos como informações detalhadas sobre a estrutura molecular podem ser obtidas através da interpretação de resultados provenientes da interação entre energia e moléculas. Em nosso estudo de espectroscopia de ressonância magnética nuclear (RMN), vamos centralizar nossa atenção sobre a absorção de energia por moléculas que foram colocadas em um campo magnético forte. Quando estudarmos a espectrometria de massa (EM), vamos aprender como uma estrutura molecular pode ser investigada pelo bombardeio de moléculas com um feixe de elétrons de alta energia. Estas duas técnicas (RMN e EM) são uma combinação poderosa para a elucidação de estruturas de moléculas orgânicas. Juntas com a espectroscopia no infravermelho (IV) (Seção 2.15), esses métodos formam o conjunto típico de ferramentas espectroscópicas usadas pelos químicos orgânicos. Mais tarde, discutiremos, resumidamente, como a cromatografia a gás (CG) é acoplada com a espectrometria de massa em instrumentos CG/EM para obter dados espectrométricos de massa de cada componente, individualmente, em uma mistura.

Começamos nosso estudo com a discussão da espectroscopia de ressonância magnética nuclear.

9.2 Espectroscopia de Ressonância Magnética Nuclear (RMN)

PRÊMIO NOBEL

O Prêmio Nobel de Física de 1952 foi concedido a Felix Bloch (Stanford) e Edward M. Purcell (Harvard) por suas descobertas relativas à ressonância magnética nuclear.

O ímã supercondutor de um espectrômetro de RMN-FT de 500 MHz.

Os núcleos de determinados elementos, incluindo os núcleos de ^{1}H (prótons) e ^{13}C (carbono-13), se comportam como se fossem ímãs girando ao redor de um eixo. Quando um composto contendo prótons ou núcleos de carbono-13 é colocado em um campo magnético muito forte e, simultaneamente, é irradiado com energia eletromagnética na frequência apropriada, os núcleos desse composto absorvem energia através de um processo conhecido como ressonância magnética. Essa absorção de energia é quantizada. Um gráfico que mostra as frequências características de absorção de energia e suas intensidades para uma amostra em um campo magnético é chamado de **espectro de ressonância magnética nuclear (RMN)**. Como um exemplo típico, o espectro de RMN de próton (^{1}H) do 1-bromoetano é mostrado na **Fig. 9.1**.

A maioria dos espectrômetros de RMN usam ímãs supercondutores que têm campos magnéticos muito fortes. Ímãs supercondutores operam em um banho de hélio líquido a 4,3 graus acima do zero absoluto, e têm campo magnético mais de 100.000 vezes mais fortes que o campo magnético da Terra. Quanto mais forte o ímã do espectrômetro, mais sensível é o aparelho. A foto na lateral mostra um espectrômetro de **RMN por transformada de Fourier (RMN-FT)**.

Podemos usar o espectro de RMN para obter informações valiosas sobre a estrutura de qualquer molécula que estivermos estudando. Nas seções seguintes, vamos explicar como quatro características do espectro de RMN de próton de uma molécula pode nos ajudar a chegar à sua estrutura.

1. **O número de sinais no espectro** nos diz **quantos ambientes diferentes de prótons existem na molécula**. No espectro do 1-bromoetano (Fig. 9.1) existem *dois sinais provenientes de dois ambientes diferentes de prótons*. Um sinal (constituído por quatro picos) é mostrado em azul e marcado como (a). O outro sinal (constituído

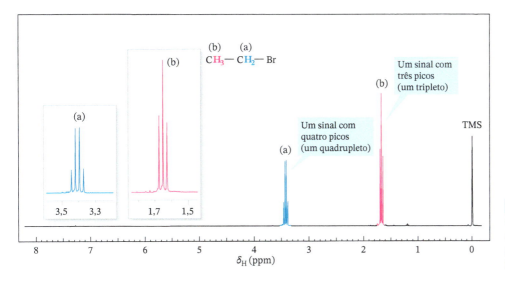

FIGURA 9.1 Espectro de RMN de ¹H do 1-bromoetano (brometo de etila). As expansões dos sinais são mostradas em gráficos inseridos no espectro.

por três picos) está em rosa e marcado como (b). Esses sinais são apresentados duas vezes no espectro, em uma escala menor na linha base do espectro, e em uma escala maior, expandidos e deslocados para a esquerda. [Não se preocupe, agora, com o sinal na extrema direita do espectro (assinalado como TMS); ele é proveniente de um composto (tetrametilsilano) que foi adicionado ao 1-bromoetano com o objetivo de calibrar as posições dos outros sinais.]

2. **A posição dos sinais no espectro ao longo do eixo x** nos fala sobre o ambiente estrutural de cada conjunto de prótons, que é devido, em grande parte, à densidade eletrônica nesse ambiente. Aprenderemos mais sobre isto na Seção 9.2A.
3. **A área sob o sinal** nos diz a respeito ao **número relativo de prótons responsáveis por aquele sinal**. Aprenderemos mais sobre isto na Seção 9.2B.
4. **A multiplicidade (ou padrão de desdobramento) de cada sinal** nos diz sobre **o número de prótons nos átomos adjacentes àquele conjunto cujo sinal está sendo medido**. No 1-bromoetano, o sinal (a) está desdobrado em um **quadrupleto** de picos devido aos três prótons do conjunto (b), enquanto o sinal (b) apresenta-se como um **tripleto** de picos devido aos dois prótons do conjunto (a). Vamos explicar os padrões de desdobramento na Seção 9.2C.

9.2A Deslocamento Químico

- A posição de um sinal ao longo do eixo x de um espectro de RMN é chamada de **deslocamento químico**.
- O deslocamento químico de cada sinal dá informações sobre o ambiente estrutural dos núcleos que produzem esse sinal.
- Em uma primeira aproximação, a contagem do número de sinais em um espectro de RMN de ¹H indica o número de ambientes de prótons distintos em uma molécula.

Tabelas e gráficos foram desenvolvidos para permitir correlacionar os deslocamentos químicos dos sinais no espectro de RMN com os prováveis ambientes estruturais para os núcleos que produzem os sinais. A **Tabela 9.1** e a **Fig. 9.2**, por exemplo, são úteis para essa finalidade. Os deslocamentos químicos no espectro de RMN de ¹H se situam geralmente no intervalo de 13–0 ppm (δ).

O deslocamento químico de um sinal em um espectro de RMN depende do ambiente magnético local dos núcleos que produzem o sinal. O ambiente magnético local de um núcleo é influenciado pela densidade eletrônica e outros fatores que serão discutidos em breve. O significado físico dos valores de deslocamento químico está relacionado com a frequência real dos sinais de RMN produzidos pelos núcleos. A importância *prática* da informação do deslocamento químico é que ela fornece pistas importantes sobre a estrutura molecular. Cada sinal de RMN indica a presença de núcleos em um ambiente magnético diferente.

TABELA 9.1 Deslocamentos Químicos Aproximados de Prótons

Tipo de Próton	Deslocamento Químico (δ, ppm)	Tipo de Próton	Deslocamento Químico (δ, ppm)
Alquila primária, RCH₃	0,8–1,2	Brometo de alquila, RCH₂Br	3,4–3,6
Alquila secundária, RCH₂R	1,2–1,5	Cloreto de alquila, RCH₂Cl	3,6–3,8
Alquila terciária, R₃CH	1,4–1,8	Vinílico, R₂C=CH₂	4,6–5,0
Alílico, R₂C=C(R)—CH₃	1,6–1,9	Vinílico, R₂C=CH(R)	5,2–5,7
Cetona, RCCH₃ (C=O)	2,1–2,6	Aromático, ArH	6,0–8,5
Benzílico, ArCH₃	2,2–2,5	Aldeído, RCH (C=O)	9,5–10,5
Acetilênico, RC≡CH	2,5–3,1	Hidroxila de álcool, ROH	0,5–6,0[a]
Iodeto de alquila, RCH₂I	3,1–3,3	Amino, R—NH₂	1,0–5,0[a]
Éter, ROCH₂R	3,3–3,9	Fenólico, ArOH	4,5–7,7[a]
Álcool, HOCH₂R	3,3–4,0	Carboxílico, RCOH (C=O)	10–13[a]

[a]Os deslocamentos químicos desses prótons variam em solventes diferentes e com temperaturas e concentrações diferentes.

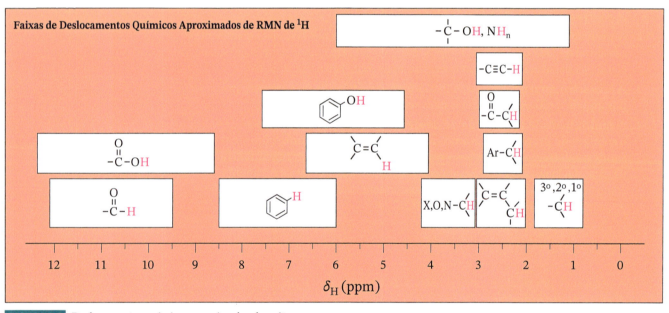

FIGURA 9.2 Deslocamentos químicos aproximados de prótons.

Os deslocamentos químicos são medidos ao longo do eixo do espectro usando-se uma escala delta (δ), em unidades de partes por milhão (ppm).

- Quanto maior o valor de um sinal, expresso em ppm ou delta, maior a frequência desse sinal.
- Quanto menor o valor de um sinal, expresso em ppm ou delta, menor a frequência desse sinal.
- Sinais com valores de ppm ou delta maiores são, às vezes, chamados de sinais de campo baixo com valores de ppm ou delta menores e, da mesma forma, sinais com valores de ppm ou delta menores são considerados sinais de campo alto com valores de ppm ou delta maiores.

Iremos nos referir a mudanças químicas em termos de valores de ppm maiores ou menores e frequência mais alta ou mais baixa, em vez de campo alto ou campo baixo. Alguns professores usam os últimos termos.

PROBLEMA RESOLVIDO 9.1

Considere o espectro do bromoetano (Fig. 9.1). Qual é o deslocamento químico do sinal, em azul, para o grupo CH$_2$?

Estratégia e Resposta

Um sinal para o grupo CH$_2$ do bromoetano é aquele que aparece na forma de um padrão simétrico de quatro picos. Para um sinal com picos múltiplos, tais como um quadrupleto, o deslocamento químico é registrado como o ponto médio dos picos no sinal. De acordo com a expansão mostrada na Fig. 9.1, através da qual se pode ter uma estimativa melhor, o deslocamento químico do bromoetano é em 3,4 ppm.

O espectro de RMN de ^{1}H do 1,4-dimetilbenzeno (*p*-xileno), mostrado na **Fig. 9.3**, é um exemplo simples que podemos usar para aprender como interpretar os deslocamentos químicos. Primeiro, observamos que existe um sinal em 0 ppm. O sinal em 0 ppm *não* é do 1,4-dimetilbenzeno, mas do tetrametilsilano (TMS), um composto que é adicionado algumas vezes nas amostras para servir de padrão interno com o objetivo de calibrar a escala de deslocamento químico. Se o sinal do TMS aparece em 0 ppm, o eixo da escala de deslocamento químico está calibrado corretamente.

Tetrametilsilano, um composto que é frequentemente usado em amostras de RMN como um padrão interno, cujo único sinal é definido em 0 ppm.

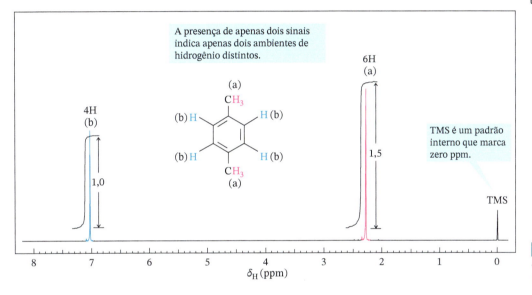

FIGURA 9.3 Espectro de RMN de ^{1}H do 1,4-dimetilbenzeno.

Em seguida, observe que existem apenas dois sinais no espectro de RMN de ^{1}H do 1,4-dimetilbenzeno, em aproximadamente 7,0 e 2,3 ppm, além do sinal do TMS. A existência de apenas dois sinais implica haver apenas dois ambientes distintos de prótons no 1,4-dimetilbenzeno, um fato que pode ser facilmente comprovado pelo exame de sua estrutura.

Dizemos, então, que existem "dois tipos" de átomos de hidrogênio no 1,4-dimetilbenzeno, e que esses são os átomos de hidrogênio dos grupos metila e os átomos de hidrogênio do anel benzênico. Os dois grupos metila produzem somente um sinal, uma vez que são equivalentes em virtude do plano de simetria entre eles. Além disso, os três átomos de hidrogênio de cada grupo metila são equivalentes devido à rotação livre em torno da ligação entre o carbono da metila e o anel. Os átomos de hidrogênio do anel benzênico também produzem apenas um sinal porque são equivalentes entre si por simetria.

Usando a Tabela 9.1 ou a Fig. 9.2, podemos ver que os sinais de RMN de ^{1}H para os átomos de hidrogênio ligados a um anel benzênico ocorrem normalmente entre 6 e 8,5 ppm, e que os sinais para os átomos de hidrogênio em um carbono *sp*^{3} ligado a um anel benzênico (hidrogênios benzílicos) ocorrem normalmente entre 2 e 3 ppm. Assim, os deslocamentos químicos para os sinais do 1,4-dimetilbenzeno aparecem onde esperamos que ocorram, de acordo com as tabelas de correlação espectral de RMN.

No caso desse exemplo, a estrutura do composto sob consideração era conhecida desde o início. No entanto, se não tivéssemos de antemão o conhecimento da sua estrutura, teríamos

PROBLEMA RESOLVIDO 9.2

Com base nas informações da Tabela 9.1, em que faixa de ppm você esperaria encontrar os prótons de: **(a)** acetona (CH_3COCH_3) e **(b)** etanol?

Estratégia e Resposta

Usamos uma tabela de correlação de deslocamento químico, tal como a Tabela 9.1, para determinar a correspondência mais próxima entre o composto de interesse e as estruturas parciais mostradas na tabela.

(a) A acetona é uma cetona tendo átomos de hidrogênio nos carbonos adjacentes ao seu grupo carbonila. As cetonas são listadas na Tabela 9.1 como uma subestrutura representativa cujos prótons têm uma faixa de deslocamento químico de 2,1–2,6 ppm. Assim, esperamos o sinal de RMN de prótons da acetona no intervalo de 2,1–2,6 ppm. Haverá um sinal para todos os átomos de hidrogênio na acetona porque, devido à rotação livre, eles podem ocupar ambientes magnéticos equivalentes em um dado instante qualquer.

(b) É esperado que o etanol apresente três sinais no RMN de próton, um para cada um dos seus três ambientes de hidrogênio distintos. O etanol contém um próton de hidroxila de álcool, que a Tabela 9.1 lista na faixa de 0,5–6,0 ppm; dois prótons no carbono adjacente ao grupo hidroxila, que, de acordo com a Tabela 9.1 esperamos no intervalo de 3,3–4,0 ppm; e um grupo metila que não está ligado a nenhum grupo funcional, que, como um grupo alquila primário, deve aparecer no intervalo de 0,8–1,2 ppm.

PROBLEMA DE REVISÃO 9.1

Em que intervalos de deslocamento químico você esperaria encontrar os sinais de RMN de próton do acetato de etila ($CH_3CO_2CH_2CH_3$)?

9.2B Áreas por Integração de Sinais

- A área sob cada sinal em um espectro de RMN de ^1H é proporcional ao número de átomos de hidrogênio que produzem esse sinal.

No espectro de RMN de ^1H do 1,4-dimetilbenzeno (Fig. 9.3), você pode ter notado curvas que se assemelham a degraus sobre cada sinal. A altura de cada degrau (usando qualquer unidade de medida) é proporcional à área do sinal de RMN abaixo dele e também ao número de átomos de hidrogênio que dão origem ao sinal. Considerando a razão entre a altura do degrau associado a um sinal e a altura do degrau associado a outro sinal, obtemos a razão entre as áreas dos sinais que, portanto, representa o número de átomos de hidrogênio que produzem um sinal em comparação com o outro. Observe que estamos discutindo a altura dos degraus de integração, não a altura dos sinais. É a área do sinal (**integração**), e não a sua altura, que é importante.

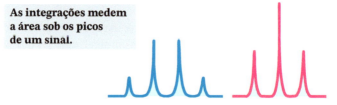

A área sob cada sinal (mostrado com sombreamento azul) é o que é medido (integrado) e tomado como uma razão para comparar os números relativos de átomos de hidrogênio produzindo cada um dos sinais em um espectro de RMN.

Na Fig. 9.3, indicamos as alturas relativas dos degraus como 1,0 e 1,5 (em unidades adimensionais). Se esses valores não tivessem sido dados, teríamos que medir as alturas dos degraus com uma régua e, então, poderíamos calcular a razão entre elas. Uma vez que é improvável que os números reais de átomos de hidrogênio que deram origem aos sinais sejam 1 e 1,5 (não podemos ter uma fração de um átomo), podemos supor que os verdadeiros números de hidrogênios que produzem os sinais sejam, provavelmente, 2 e 3 ou 4 e 6 etc. Para o 1,4-dimetilbenzeno os valores reais são, naturalmente, 4 e 6.

Se os dados de RMN são fornecidos como na Fig. 9.3, com um degrau de integração em cada sinal ou simplesmente com os números que representam a área relativa de cada sinal, o processo de interpretação dos dados é o mesmo, porque a área de cada sinal é proporcional ao número de átomos de hidrogênio que produz esse sinal. É importante observar que, na espectroscopia de RMN de ^{13}C, a área do sinal não é relevante nas análises de rotina.

PROBLEMA RESOLVIDO 9.3

Que valores de integração (como uma razão de números inteiros) você esperaria para os sinais no espectro de RMN de próton da 3-metil-2-butanona?

Estratégia e Resposta

Existem três tipos de ambientes diferentes para prótons na 3-metil-2-butanona: a metila no C1, o hidrogênio metino (CH) no C3, e os dois grupos metila ligados ao C3, que são equivalentes. A razão das áreas para esses sinais, na ordem em que foi listada, seria de 3 : 1 : 6.

9.2C Acoplamento (Desdobramento do Sinal)

O **acoplamento**, também chamado de **desdobramento do sinal** ou multiplicidade do sinal, é a terceira característica do espectro de RMN de ^{1}H que fornece informações úteis sobre a estrutura de um composto.

- O acoplamento é provocado pelo efeito magnético de átomos de hidrogênio em ambientes não equivalentes que estão a uma distância de 2 ou 3 ligações dos hidrogênios que produzem um sinal.

O efeito dos hidrogênios próximos é desdobrar (ou se acoplar com) os níveis de energia dos hidrogênios cujo sinal está sendo observado, e o resultado é um sinal com picos múltiplos. (Observe que temos tido o cuidado de diferenciar o uso das palavras sinal e pico. Um grupo de átomos equivalentes produz um *sinal* que pode ser desdobrado em múltiplos *picos*.) Vamos explicar a origem física do acoplamento posteriormente na Seção 9.6; porém, **a importância do acoplamento é que ele é previsível e fornece informações específicas sobre a constituição da molécula em estudo**.

O acoplamento típico que observamos é de hidrogênios não equivalentes **vicinais**, isto é, de hidrogênios ligados a carbonos adjacentes, separados por três ligações dos hidrogênios que produzem o sinal. O acoplamento também pode ocorrer entre hidrogênios não equivalentes **geminais** (hidrogênios ligados ao mesmo carbono) se os hidrogênios geminais estão em uma molécula quiral ou com restrições conformacionais. (Vamos discutir os casos de moléculas quirais e com restrições conformacionais nas Seções 9.5 e 9.7.)

- Existe uma regra simples para prever o número de picos esperados para o acoplamento vicinal no RMN de ^{1}H:

Número de picos
= $n + 1$
em um sinal de RMN de ^{1}H

Em que *n* é o número de átomos de hidrogênios vicinais e geminais que não são equivalentes àqueles que produzem o sinal

Essa regra é, em geral, aplicável a moléculas aquirais e sem barreiras conformacionais.

O espectro de RMN de ^{1}H do 1,4-dimetilbenzeno (Fig. 9.3) é um exemplo em que $n = 0$ (na equação anterior) considerando-se os átomos de hidrogênio que produzem os sinais em 7,0 e 2,3 ppm. Não existem átomos de hidrogênio nos carbonos adjacentes aos grupos metila; logo, $n = 0$ para o sinal em 2,3 ppm e o sinal é um simpleto (sinais com apenas um pico são chamados de **simpletos**). Uma vez que todos os átomos de hidrogênio no anel são equivalentes por simetria e eles não têm átomos de hidrogênio adjacentes não equivalentes, seu sinal em 7,0 ppm é também um simpleto.

O espectro de RMN de ^{1}H do 1,1,2-tricloroetano, mostrado na **Fig. 9.4**, é um exemplo em que *n* não é igual a zero, e o acoplamento é, portanto, evidente. No espectro do 1,1,2-tricloroetano observamos dois sinais: um com três picos e um com dois picos. Esses sinais são chamados, respectivamente, de um **tripleto** e um **dupleto**. O sinal para o hidrogênio do —CHCl$_2$ é um tripleto porque existem dois átomos de hidrogênio no carbono adjacente ($n = 2$). O sinal para os hidrogênios do —CH$_2$Cl é um dupleto, uma vez que existe apenas um hidrogênio no carbono adjacente ($n = 1$). Discutiremos o porquê disso na Seção 9.6.

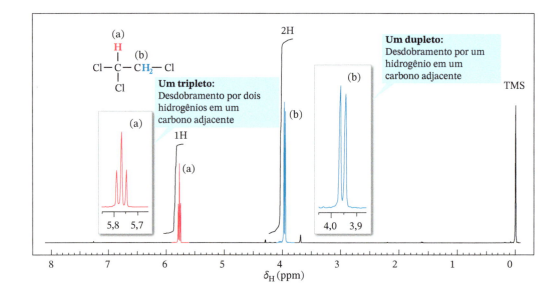

FIGURA 9.4 O espectro de RMN de ¹H do 1,1,2-tricloroetano. As expansões dos sinais são mostradas nos gráficos inseridos no espectro.

PROBLEMA RESOLVIDO 9.4

Esboce um espectro de RMN de próton previsto para o etanol, mostrando os sinais nas faixas esperadas de deslocamento químico (com base na Tabela 9.1) e com o número adequado de picos para cada sinal. (Observe um fato importante: os átomos de hidrogênio ligados ao oxigênio e ao nitrogênio não costumam mostrar acoplamento, exibindo, frequentemente, um único pico largo. Vamos explicar o porquê mais tarde na Seção 9.7.)

Estratégia e Resposta

Existem quatro coisas para prestarmos atenção: (1) o número de sinais, (2) os deslocamentos químicos dos sinais, (3) os padrões de acoplamento dos sinais (desdobramento dos sinais) e (4) as áreas relativas dos sinais. Já previmos os dois primeiros itens no Problema Resolvido 9.2, parte b.

1. No etanol existem prótons em três ambientes distintos; assim, esperamos três sinais.
2. Os deslocamentos químicos previstos são 3,3–4,0 ppm para os dois prótons no carbono do álcool, 0,8–1,2 ppm para os três prótons da metila, e 0,5–6,0 ppm para o próton da hidroxila. (*Observe:* é aceitável mostrar que esse último sinal pode estar em qualquer lugar dentro dessa faixa larga de deslocamento – discutiremos o porquê disso na Seção 9.7.)
3. Com relação aos padrões de acoplamento, o hidrogênio do álcool não acopla, como foi estabelecido anteriormente. O grupo —CH₂— do álcool tem três prótons vicinais (o grupo metila); seguindo a regra $n + 1$, esse vai aparecer como um quadrupleto. O grupo metila tem dois prótons vicinais (o grupo —CH₂— do álcool), assim, esse será um tripleto.
4. As áreas relativas dos sinais são 1 : 2 : 3, de acordo com o número de prótons que produzem cada sinal, o que indicamos como 1H, 2H e 3H no nosso esboço.

Por último, é útil usar letras para assinalar os prótons em uma fórmula e associá-los aos sinais em um espectro, e vamos fazer isso aqui.

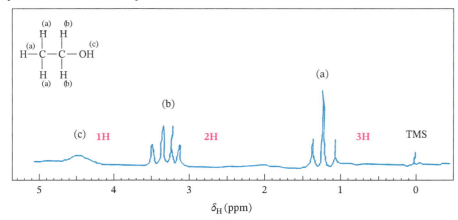

Para verificar nosso esboço, podemos consultar o espectro de RMN real do etanol na Fig. 9.17. Observe que o sinal do —OH pode aparecer em uma faixa larga de deslocamento, como indicado na Tabela 9.1.

9.3 Como Interpretar o Espectro de RMN de Próton

Agora que já vimos uma introdução sobre os principais aspectos de um espectro de RMN de ¹H (deslocamento químico, área do pico e desdobramento dos sinais), podemos começar a aplicar a espectroscopia de RMN de ¹H na elucidação de estruturas de compostos desconhecidos. As etapas seguintes resumem o processo:

1. Contamos o número de sinais para determinar quantos ambientes distintos de prótons existem na molécula (não levando em consideração, por enquanto, a possibilidade de sobreposição de sinais).

2. Usamos as tabelas ou gráficos de deslocamentos químicos, como a Tabela 9.1 ou a Fig. 9.2 (ou sua própria experiência adquirida com o tempo), para correlacionar os deslocamentos químicos dos sinais com ambientes estruturais possíveis.

3. Determinamos as áreas relativas de cada sinal, pela comparação com as áreas dos outros sinais, como uma indicação do número relativo de prótons que produzem cada sinal.

4. Interpretamos o padrão de desdobramento de cada sinal para determinar quantos átomos de hidrogênio estão presentes nos átomos de carbono adjacentes àqueles que produzem o sinal e esboçamos os possíveis fragmentos moleculares.

5. Juntamos os fragmentos para fazer uma molécula de forma que ela seja consistente com os dados.

Como um exemplo inicial, vamos interpretar o espectro de RMN de ¹H mostrado na **Fig. 9.5** para um composto com fórmula molecular C_3H_7Br.

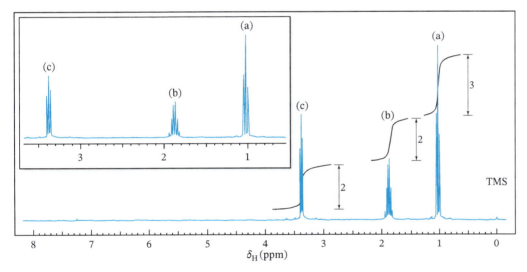

FIGURA 9.5 O espectro de RMN de ¹H para um composto com fórmula molecular C_3H_7Br. As expansões dos sinais são mostradas em gráficos inseridos no espectro. (Adaptada da figura original com permissão da Millipore-Sigma.)

1. Primeiramente, observamos que existem três sinais distintos, com deslocamentos químicos de aproximadamente 3,4, 1,8 e 1,1 ppm. Um desses sinais (3,4 ppm) tem visivelmente um deslocamento químico em frequência mais alta do que os outros, indicando que os átomos de hidrogênio, provavelmente, estão próximos de um grupo eletronegativo. Isso não é surpreendente, visto que a fórmula molecular contém bromo. A presença de três sinais distintos sugere que existem apenas três ambientes de próton distintos na molécula. Para esse exemplo, essa informação sozinha possibilita chegar a uma conclusão sobre a estrutura do composto, uma vez que sua fórmula molecular é simplesmente C_3H_7Br. (Você sabe qual é esse composto? Mesmo que saiba, ainda assim você deve demonstrar que todas as informações no espectro são consistentes com a estrutura que você propõe.)

2. Em seguida, medimos (ou estimamos) as alturas dos degraus de integração e as reduzimos para razões entre números inteiros. Ao fazer isso, descobrimos que a razão é de 2 : 2 : 3 (para os sinais em 3,4, 1,8 e 1,1 ppm, respectivamente). Dada uma fórmula molecular que contém sete átomos de hidrogênio, inferimos que esses sinais,

provavelmente, se originam de dois grupos CH$_2$ e de um grupo CH$_3$, respectivamente. Um dos grupos CH$_2$ tem que possuir o bromo. (Apesar de você provavelmente conhecer qual é a estrutura do composto neste momento, vamos continuar com a análise.) Neste ponto podemos começar, se desejarmos, a esboçar os fragmentos moleculares.

3. Avaliamos agora a multiplicidade dos sinais. O sinal em 3,4 ppm é um tripleto, indicando que existem dois átomos de hidrogênio no carbono adjacente. Uma vez que esse sinal está em uma frequência significativamente maior (3,4 ppm) do que os outros e tem um valor de integral sugerindo dois hidrogênios, concluímos que esse sinal é do grupo CH$_2$Br, e que ele está próximo a um grupo CH$_2$. O sinal em 1,8 ppm é um sexteto, indicando cinco átomos de hidrogênio em carbonos adjacentes. A presença de cinco átomos de hidrogênio vizinhos ($n = 5$, produzindo seis picos) é consistente com um grupo CH$_2$ em um lado e um grupo CH$_3$ do outro lado. Finalmente, o sinal em 1,1 ppm é um tripleto, indicando dois átomos de hidrogênio adjacentes. Juntando esses fragmentos moleculares no papel ou em nossa mente obtemos BrCH$_2$CH$_2$CH$_3$ como a fórmula estrutural.

1-Bromopropano

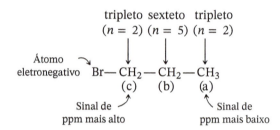

Fomos cuidadosos na análise anterior no que diz respeito à avaliação de cada aspecto dos dados (deslocamento químico, integração e desdobramento de sinal). À medida que você adquirir mais habilidade na interpretação dos dados de RMN, poderá chegar à conclusão de que apenas uma parte dos dados é suficiente para determinar a identidade de um composto. Outras vezes, no entanto, você perceberá que são necessários mais dados além de somente o espectro de RMN de ^{1}H. Por exemplo, pode ser necessário fazer a análise combinada de RMN de ^{13}C, IV e outras informações. No caso anterior, o conhecimento da fórmula molecular, a concepção dos possíveis isômeros e a comparação desses com o número de sinais (isto é, ambientes de hidrogênio distintos) foram suficientes para chegarmos à conclusão de que o composto é o 1-bromopropano. Todavia, quando se trabalha em um problema, devemos nos certificar da conclusão final verificando a consistência de todos os dados com a estrutura proposta.

PROBLEMA RESOLVIDO 9.5 Que composto com fórmula molecular C$_3$H$_6$Cl$_2$ é consistente com o espectro de RMN de ^{1}H mostrado na **Fig. 9.6**? Interprete os dados associando cada aspecto do espectro com a estrutura proposta.

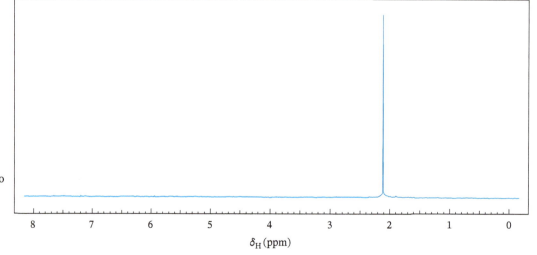

FIGURA 9.6 Espectro de RMN de ^{1}H para o composto do Problema Resolvido 9.5 com fórmula molecular C$_3$H$_6$Cl$_2$. (Adaptada da figura original com permissão da Millipore-Sigma.)

Estratégia e Resposta

O espectro da Fig. 9.6 mostra apenas um sinal (portanto, sua integração é irrelevante e não foi mostrada). Isso só pode significar que todos os seis átomos de hidrogênio na fórmula C₃H₆Cl₂ estão no mesmo ambiente magnético. A presença de dois grupos metila equivalentes é uma proposta provável para seis átomos de hidrogênio equivalentes. A única maneira de termos dois grupos metila idênticos, com a fórmula C₃H₆Cl₂, é se os dois átomos de cloro estiverem ligados ao carbono C2 resultando na estrutura mostrada à direita.

PROBLEMA DE REVISÃO 9.2

Que composto com fórmula C₃H₆Cl₂ é consistente com o espectro de RMN de ¹H mostrado na Fig. 9.7? Interprete os dados associando cada aspecto do espectro com a estrutura que você propuser. (Em outras palavras, explique como os deslocamentos químicos, áreas do sinal e padrões de desdobramento suportam sua conclusão.)

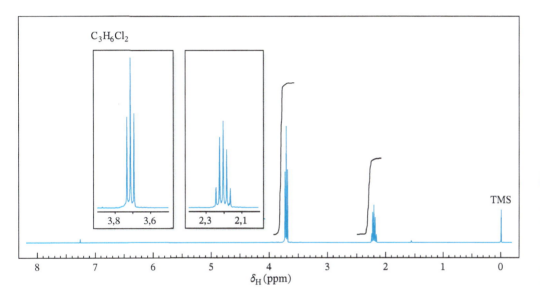

FIGURA 9.7 Espectro de RMN de ¹H para o composto do Problema de Revisão 9.2 com fórmula molecular C₃H₆Cl₂. As expansões dos sinais são mostradas em gráficos inseridos no espectro.

9.4 Blindagem e Desblindagem de Prótons: Mais sobre Deslocamento Químico

- Os prótons absorvem a diferentes frequências de RMN, dependendo da densidade eletrônica em torno deles e dos efeitos dos campos magnéticos induzidos locais.

Prótons de Átomos de Hidrogênio em Grupos C—H de Alquila

O campo magnético externo (aplicado) de um espectrômetro de RMN faz com que os elétrons σ em uma ligação C—H de alquila circulem de uma maneira que gera um campo magnético local induzido do próton que é **oposto** ao campo magnético aplicado (Fig. 9.8). Dessa maneira, o hidrogênio de um grupo C—H de alquila sente um campo magnético líquido menor do que o campo aplicado, fazendo com que seu próton ressone a uma frequência mais baixa (deslocamento químico menor). Diz-se que o próton está **blindado** do campo magnético aplicado pelos elétrons σ circulantes.

- O deslocamento químico para os hidrogênios dos alcanos não substituídos normalmente fica na faixa de 0,8 a 1,8 ppm.

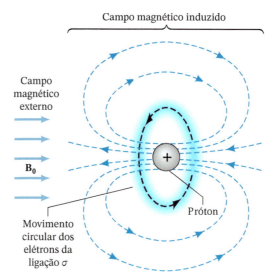

FIGURA 9.8 Movimentos circulares dos elétrons de uma ligação C—H sob a influência de um campo magnético externo. Os movimentos circulares geram um pequeno campo magnético (um campo induzido) que blinda o próton da influência do campo externo.

Prótons de Hidrogênio Próximos de Grupos Eletronegativos

Os grupos eletronegativos removem densidade eletrônica de átomos de hidrogênio da vizinhança, diminuindo a blindagem dos seus prótons por movimentos circulares dos elétrons σ. Diz-se que os prótons dos átomos de hidrogênio próximos de um grupo eletronegativo estão **desblindados** do campo magnético aplicado, e ressonam em uma frequência mais elevada (deslocamento químico maior) do que os prótons mais blindados.

- O deslocamento químico dos hidrogênios ligados a um carbono contendo oxigênio ou um halogênio está normalmente na faixa de 3,1 a 4,0 ppm.

Prótons de Átomos de Hidrogênio Próximos de Elétrons π

Os elétrons π nos alquenos, alquinos, no benzeno e outros grupos de ligação π também circulam de forma a gerar um campo magnético local induzido na presença de um campo magnético externo. A ocorrência de blindagem ou desblindagem depende da localização dos prótons no campo magnético induzido.

No caso do benzeno, onde o sistema de elétrons π é um loop fechado (vamos discutir isso em detalhes no Capítulo 14), o campo magnético externo induz um campo magnético local com linhas de fluxo que se somam ao campo magnético externo na região dos hidrogênios (**Fig. 9.9**). O resultado é um efeito de desblindagem nos prótons e ressonância em uma frequência mais alta (deslocamento químico maior) do que para os prótons de um grupo C—H de alquila.

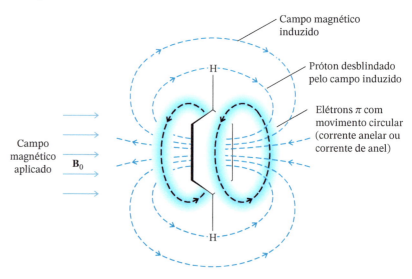

FIGURA 9.9 O campo magnético induzido dos elétrons π do benzeno desblinda os prótons do benzeno. A desblindagem ocorre porque, no local dos prótons, o campo induzido está na mesma direção do campo aplicado.

- Os hidrogênios do benzeno absorvem em 7,27 ppm. Os hidrogênios ligados aos anéis benzênicos substituídos têm deslocamentos químicos na faixa de 6,0 a 8,5 ppm, dependendo dos efeitos de doação ou de retirada de elétrons dos substituintes.

Os elétrons π de um alqueno circulam na própria ligação π para também gerar um campo magnético local induzido que se soma ao campo magnético aplicado na região dos hidrogênios do alqueno, embora não tão substancialmente quanto no benzeno.

- O deslocamento químico dos hidrogênios do alqueno normalmente está na faixa de 4,0 a 6,0 ppm.

Os elétrons π de um alquino também circulam em relação às suas ligações π, mas de maneira que gera um campo magnético induzido que é oposto ao campo magnético aplicado próximo de um hidrogênio de alquino terminal (acetilênico).

- O deslocamento químico de um hidrogênio de alquino normalmente está na faixa de 2,5 a 3,1 ppm.

9.5 Deslocamentos Químicos de Prótons Equivalentes e Não Equivalentes

Dois ou mais prótons que estão em ambientes idênticos têm o mesmo deslocamento químico e, portanto, fornecem apenas um sinal de RMN de ^{1}H. Como sabemos quando os prótons estão no mesmo ambiente? Para a maioria dos compostos, os prótons que estão no mesmo ambiente são também equivalentes nas reações químicas. Isto é, prótons **quimicamente equivalentes** têm **deslocamento químico equivalente** nos espectros de RMN de ^{1}H.

9.5A Átomos Homotópicos e Heterotópicos

Como decidimos se dois ou mais prótons em uma molécula estão em ambientes idênticos?

- Uma maneira de decidir é substituir cada átomo de hidrogênio por outro átomo ou grupo (que pode ser real ou imaginário) e depois usar o resultado da substituição para tomar nossa decisão.

Se a substituição dos hidrogênios por um átomo diferente dá o mesmo composto, os hidrogênios são chamados de **homotópicos**.

- Hidrogênios homotópicos têm ambientes idênticos e terão o mesmo deslocamento químico. Diz-se que eles têm **deslocamento químico equivalente**.

Considere os hidrogênios do etano como um exemplo. Substituindo qualquer um dos seis hidrogênios do etano por um átomo diferente, como por exemplo, o cloro, dá o mesmo composto: cloroetano.

$$\text{CH}_3\text{CH}_3 \xrightarrow{\text{substituição de qualquer hidrogênio por Cl}} \text{CH}_3\text{CH}_2\text{Cl}$$

Etano → Cloroetano

Os seis hidrogênios do etano são *homotópicos* e têm, portanto, *deslocamento químico equivalente*. **O etano, consequentemente, fornece apenas um sinal no seu espectro de RMN de ^{1}H.** [Lembre-se de que a barreira de rotação ao longo da ligação carbono–carbono do etano é muito baixa (Seção 4.8), e as várias conformações do cloroetano se interconvertem rapidamente.]

- Se a substituição dos hidrogênios por um átomo diferente leva a **compostos diferentes**, os hidrogênios são chamados de **heterotópicos**.

- **Átomos heterotópicos têm diferentes deslocamentos químicos e não têm deslocamento químico equivalente.**

Considere o conjunto dos hidrogênios metílicos no C2 do cloroetano. Substituindo qualquer um dos três hidrogênios do grupo CH₃ do cloroetano por cloro, produz-se o mesmo composto, 1,2-dicloroetano. Os três prótons do grupo CH₃ são **homotópicos** entre eles e o grupo CH₃ dá apenas um sinal na RMN de ¹H.

$$CH_3CH_2Cl \xrightarrow{\text{substituição de hidrogênio do CH}_3 \text{ por Cl}} ClCH_2CH_2Cl$$

Cloroetano   **1,2-Dicloroetano**

Entretanto, se compararmos o conjunto dos hidrogênios do grupo CH₂ do cloroetano com o conjunto do grupo CH₃, observaremos que os hidrogênios dos grupos CH₃ e CH₂ são **heterotópicos** entre eles. Substituindo qualquer um dos dois hidrogênios do CH₂ pelo cloro produz-se o 1,1-dicloroetano, enquanto a substituição de qualquer um dos três hidrogênios do CH₃ produz um composto diferente, o 1,2-dicloroetano.

$$CH_3CH_2Cl \begin{cases} \xrightarrow{\text{substituição de qualquer hidrogênio do CH}_3 \text{ por Cl}} ClCH_2CH_2Cl \quad \textbf{1,2-Dicloroetano} \\ \xrightarrow{\text{substituição de qualquer hidrogênio do CH}_2 \text{ por Cl}} CH_3CHCl_2 \quad \textbf{1,1-Dicloroetano} \end{cases}$$

Cloroetano

O cloroetano, portanto, possui dois conjuntos de hidrogênios que são heterotópicos entre eles, os hidrogênios do CH₃ e os hidrogênios do CH₂. Os hidrogênios dos dois conjuntos não têm deslocamento químico equivalente e o cloroetano apresenta dois sinais na RMN de ¹H.

Considere o 2-metilpropeno como mais um exemplo:

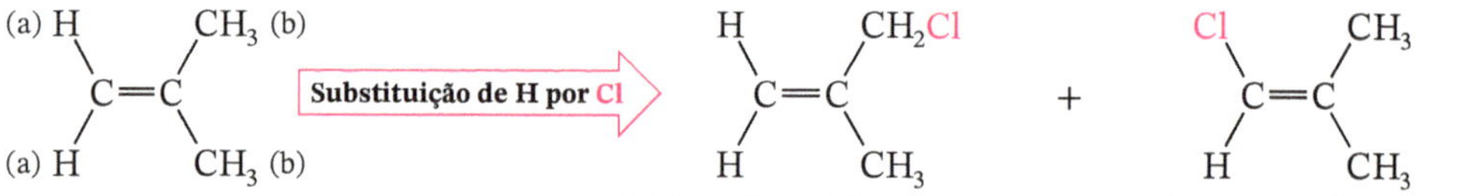

Os seis hidrogênios dos grupos metila (b) formam um conjunto de hidrogênios homotópicos; a substituição de qualquer um deles por cloro, por exemplo, leva ao mesmo composto, 3-cloro-2-metilpropeno. Os dois hidrogênios alquenílicos (a) formam outro conjunto de hidrogênios homotópicos; a substituição de qualquer um deles leva ao 1-cloro-2-metilpropeno. O 2-metilpropeno, portanto, apresenta dois sinais na RMN de ¹H.

PROBLEMA DE REVISÃO 9.3   Utilizando o método da Seção 9.5A, determine o número de sinais esperados para os compostos vistos a seguir.

(a) 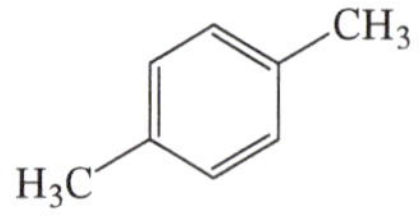 1,4-dimetilbenzeno   (b) 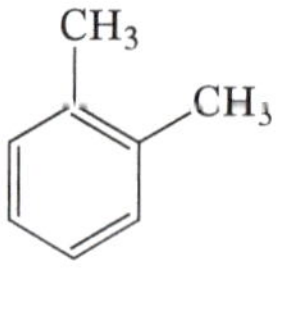 1,2-dimetilbenzeno   (c) 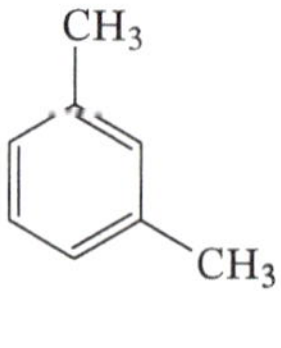 1,3-dimetilbenzeno

---

PROBLEMA DE REVISÃO 9.4   Quantos sinais cada um dos compostos vistos a seguir daria em seu espectro de RMN de ¹H?

(a) CH₃OCH₃

(b)  (estrutura: propeno/ciclopropano)

(c) 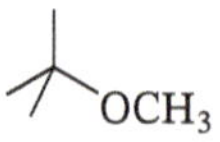 (CH₃)₃COCH₃

(d) 2,3-Dimetil-2-buteno

(e) (Z)-2-Buteno

(f) (E)-2-Buteno

9.5B Átomos de Hidrogênio Enantiotópicos e Diastereotópicos

Se a substituição de cada um dos dois átomos de hidrogênio por um mesmo grupo produz compostos que são enantiômeros, os dois átomos de hidrogênio são chamados de **hidrogênios enantiotópicos**.

- Átomos de hidrogênio enantiotópicos têm o mesmo deslocamento químico e dão somente um sinal de RMN de ^{1}H:*

Os dois átomos de hidrogênio do grupo —CH$_2$Br do bromoetano são enantiotópicos.

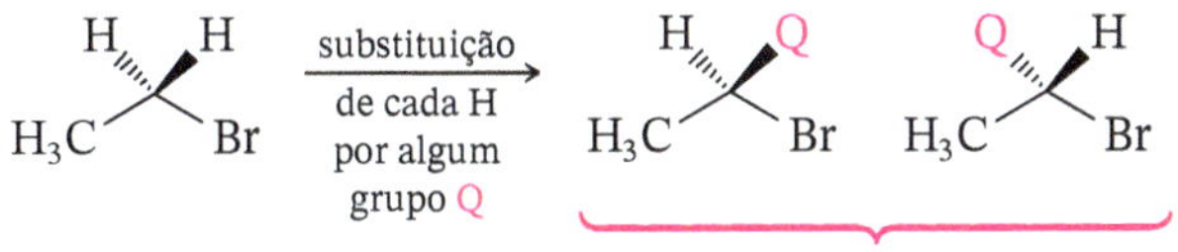

O bromoetano, portanto, dá dois sinais no seu espectro de RMN de ^{1}H. Os três prótons equivalentes do grupo —CH$_3$ produzem um sinal que é um tripleto de picos devido ao desdobramento pelo grupo CH$_2$ adjacente; os dois prótons enantiotópicos do grupo —CH$_2$Br produzem o outro sinal que é um quarteto de picos devido ao desdobramento pelo grupo CH$_3$ adjacente.

Se a substituição de cada um dos dois átomos de hidrogênio por um grupo, Q, produz compostos que são diastereoisômeros, os dois hidrogênios são chamados de **hidrogênios diastereotópicos**.

- Exceto por coincidência acidental, os prótons diastereotópicos não têm o mesmo deslocamento químico e dão origem a diferentes sinais de RMN de ^{1}H.

Os dois hidrogênios do metileno representados por ^{a}H e ^{b}H no C3 do 2-butanol são **diastereotópicos**. Podemos ilustrar isso imaginando a substituição do ^{a}H ou ^{b}H por algum grupo imaginário, Q. O resultado é um par de diastereoisômeros. Como diastereoisômeros, eles têm propriedades físicas diferentes, incluindo os deslocamentos químicos, especialmente para prótons próximos ao centro quiral.

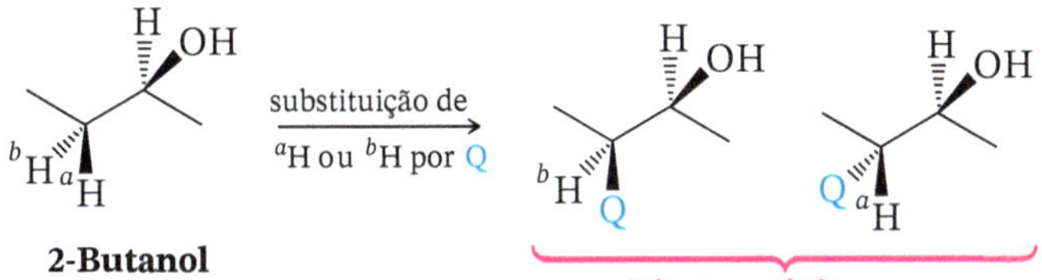

2-Butanol (um enantiômero) → **Diastereoisômeros**

A natureza diastereotópica do ^{a}H e ^{b}H no C3 do 2-butanol também pode ser visualizada através das projeções de Newman. Nas conformações mostradas a seguir (Fig. 9.10),

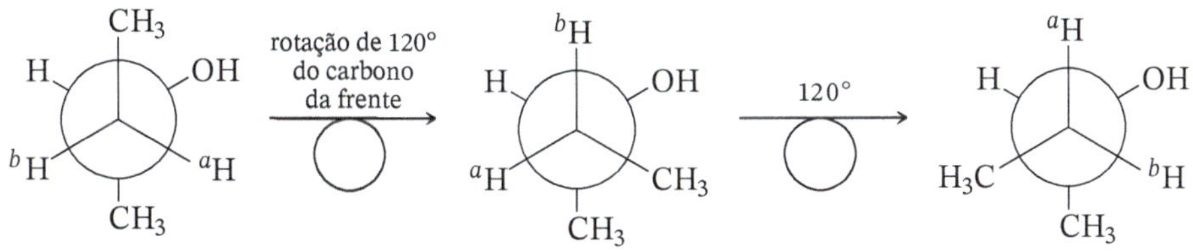

FIGURA 9.10 ^{a}H e ^{b}H (no C3, o carbono da frente nas projeções de Newman) experimentam ambientes diferentes nestas três conformações, *bem como em todas as outras conformações possíveis do 2-butanol*, devido ao centro quiral em C2 (o carbono de trás nas projeções de Newman). Em outras palavras, a "paisagem molecular" vista a partir de um hidrogênio diastereotópico sempre parecerá diferente daquela que é vista a partir do outro. Assim, ^{a}H e ^{b}H sentem ambientes magnéticos diferentes e, portanto, devem ter deslocamentos químicos diferentes (embora a diferença possa ser pequena). Eles não têm deslocamentos químicos equivalentes.

---

*Átomos de hidrogênio enantiotópicos podem não ter o mesmo deslocamento químico se o composto for dissolvido em um solvente quiral. Entretanto, a maioria dos espectros de RMN de ^{1}H é obtida utilizando-se solventes aquirais e, nesta situação, os prótons enantiotópicos têm o mesmo deslocamento químico.

^{a}H e ^{b}H sentem ambientes diferentes em razão da assimetria do centro quiral em C2, como é o caso de todas as conformações possíveis do 2-butanol. Isto é, a "paisagem molecular" do 2-butanol parece diferente para cada um desses hidrogênios diastereotópicos. O ^{a}H e o ^{b}H sentem ambientes magnéticos diferentes e, por consequência, não têm deslocamentos químicos equivalentes. Isto é verdade em geral: **hidrogênios diastereotópicos não são equivalentes em deslocamento químico**.

Os hidrogênios de alquenos também podem ser diastereotópicos. Os dois prótons do grupo =CH$_2$ do cloroeteno são diastereotópicos:

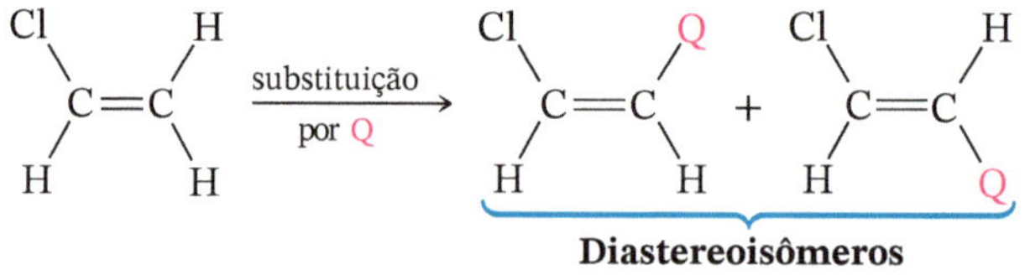

O cloroeteno, então, deve produzir sinais a partir de cada um dos três prótons não equivalentes: um para o próton do grupo ClCH=, e um para cada um dos prótons diastereotópicos do grupo =CH$_2$.

PROBLEMA DE REVISÃO 9.5

(a) Mostre que a substituição de cada um dos prótons do CH$_2$ por algum grupo Q no enantiômero (*S*) do 2-butanol também leva a um par de diastereoisômeros, conforme o faz para o enantiômero (*R*).

(b) Quantos conjuntos de prótons quimicamente diferentes existem no 2-butanol?

(c) Quantos sinais de RMN de ^{1}H você esperaria encontrar no espectro do 2-butanol?

PROBLEMA DE REVISÃO 9.6

Quantos sinais de RMN de ^{1}H você esperaria para cada um dos seguintes compostos?

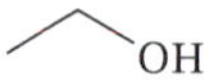

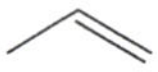

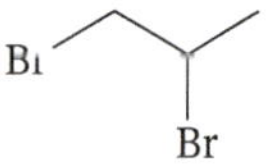

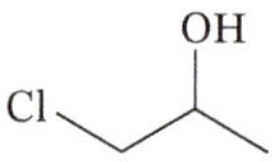

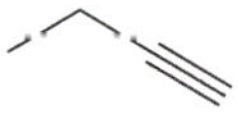

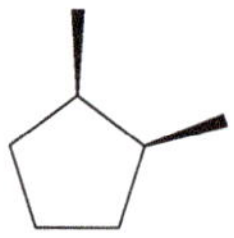

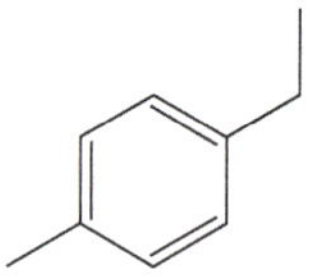

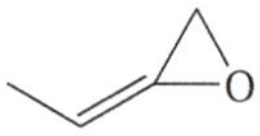

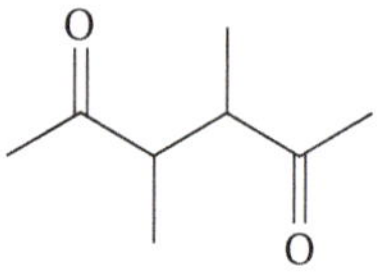

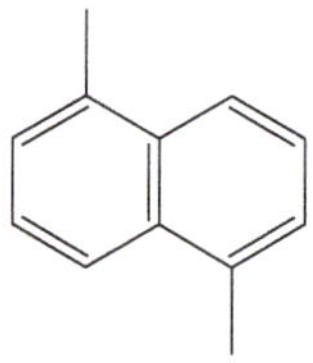

9.6 Acoplamento Spin-Spin: Mais sobre Desdobramento de Sinais e Prótons Equivalentes e Não Equivalentes

O **desdobramento de sinais** (quando um sinal apresenta vários picos) resulta de um fenômeno conhecido como acoplamento spin–spin. Os efeitos do acoplamento spin–spin são transferidos principalmente através dos elétrons ligantes e levam ao **desdobramento spin–spin**.

- **Acoplamento vicinal** é o acoplamento entre átomos de hidrogênios em carbonos adjacentes (hidrogênios vicinais), onde a separação entre os hidrogênios é de três ligações σ.

O tipo de acoplamento mais comum é o acoplamento vicinal. Hidrogênios ligados ao mesmo carbono (hidrogênios **geminais**) também podem acoplar, mas somente se forem diastereotópicos. Acoplamentos a longas distâncias podem ser observados com hidrogênios separados por mais de três ligações, em moléculas muito rígidas, como compostos bicíclicos, e em sistemas onde ligações π estão envolvidas. Entretanto, limitaremos nossa discussão ao acoplamento vicinal.

9.6A Acoplamento Vicinal

- O acoplamento vicinal entre prótons heterotópicos geralmente segue a regra $n + 1$ (Seção 9.2C). Exceções à regra $n + 1$ podem ocorrer quando hidrogênios diastereotópicos ou sistemas restritos conformacionalmente estão envolvidos.

Já vimos um exemplo de acoplamento vicinal e como se aplica a regra $n + 1$ em nossa discussão sobre o espectro do 1,1,2-tricloroetano (Fig. 9.4). Para revisar, o sinal dos dois prótons equivalentes do grupo —CH$_2$Cl do 1,1,2-tricloroetano é desdobrado em um dupleto pelo próton do grupo CHCl$_2$—. O sinal do próton do grupo CHCl$_2$— é desdobrado em um tripleto pelos dois prótons do grupo —CH$_2$Cl.

Vamos considerar dois exemplos onde o desdobramento do sinal *não* seria observado. Parte do entendimento do desdobramento de sinal está em reconhecer quando você não o observaria. Considere o etano e a metoxiacetonitrila. Todos os átomos de hidrogênio no metano são equivalentes e, portanto, eles têm o mesmo deslocamento químico e não desdobram um ao outro. O espectro de RMN de ^{1}H do etano consiste em um sinal que é um simpleto. O espectro da metoxiacetonitrila é mostrado na **Fig. 9.11**. Apesar de existirem dois sinais no espectro da metoxiacetonitrila, nenhum acoplamento é observado e, portanto, os dois sinais são simpletos porque (1) os hidrogênios assinalados como (a) e (b) estão distanciados em mais de três ligações simples, e (2) os hidrogênios assinalados como (a) são homotópicos e os assinalados como (b) são enantiotópicos.

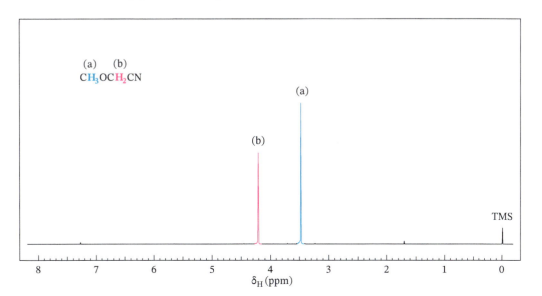

FIGURA 9.11 Espectro de RMN de ^{1}H da metoxiacetonitrila. O sinal dos prótons enantiotópicos (b) não está desdobrado.

- O desdobramento de sinal não é observado para prótons que são homotópicos (deslocamento químico equivalente) ou enantiotópicos.

Vamos agora explicar como o desdobramento do sinal surge do acoplamento dos conjuntos de prótons que não são homotópicos.

Por exemplo, lembre-se do espectro do 1,1,2-tricloroetano (Fig. 9.4), que consiste em um tripleto e um dupleto. O tripleto em C2 foi causado pelo desdobramento do conjunto dos dois hidrogênios homotópicos (deslocamento químico equivalente) em C1. Comparando, o espectro do 1,1,2,3,3-pentacloropropano (**Fig. 9.12**) também consiste em um tripleto e um dupleto. Entretanto, neste caso, o tripleto para C2 é causado pelo desdobramento do hidrogênio em C1 e do hidrogênio em C3, que compreendem um conjunto de dois hidrogênios homotópicos (deslocamento químico equivalente).

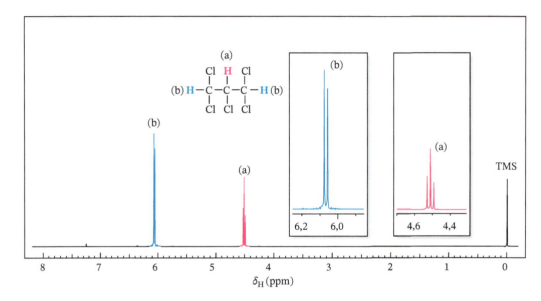

FIGURA 9.12 Espectro de RMN de ¹H do 1,1,2,3,3-pentacloropropano. As expansões dos sinais são mostradas nos gráficos inseridos no espectro.

PROBLEMA DE REVISÃO 9.7 Os deslocamentos químicos do dupleto e do tripleto do 1,1,2-tricloroetano (Fig. 9.4) e do 1,1,2,3,3-pentacloropropano (Fig. 9.12) são invertido sem relação ao outro. Explique esse fato com base em suas estruturas.

PROBLEMA DE REVISÃO 9.8 Esboce o espectro de RMN de ¹H que você espera para o composto a seguir, mostrando os padrões de desdobramento e a posição relativa de cada sinal.

PROBLEMA DE REVISÃO 9.9 Proponha uma estrutura para os compostos **A** e **B** cujos espectros são mostrados na **Fig. 9.13** e considere o padrão de desdobramento de cada sinal.

O tipo de análise que acabamos de fazer pode ser estendido a compostos com números de prótons equivalentes até maiores nos átomos adjacentes. Essas análises mostram, também, que, **se existem n prótons equivalentes em átomos adjacentes, estes irão desdobrar um sinal em $n + 1$ picos**. (Entretanto, nem sempre podemos ver todos esses picos nos espectros reais, porque alguns deles podem ser muito pequenos.)

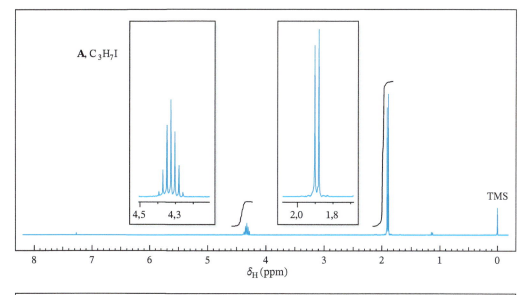

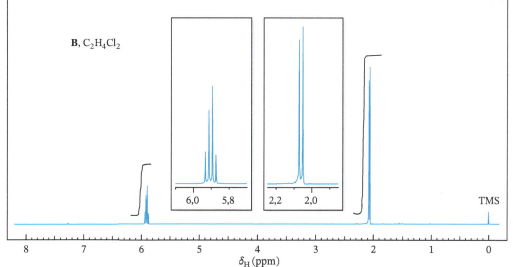

FIGURA 9.13 Espectro de RMN de ¹H para os compostos **A** e **B** do Problema de Revisão 9.9. As expansões dos sinais são mostradas nos gráficos inseridos no espectro.

Vamos considerar mais um exemplo: 1-nitropropano.

$$CH_3-CH_2-CH_2-NO_2$$

Neste caso, existem três conjuntos de prótons homotópicos. O grupo metila tem acoplamento spin–spin com os dois prótons do grupo central —CH_2—. Portanto, o grupo metila deve aparecer como um tripleto. Os prótons do grupo —CH_2Z são acoplados de maneira semelhante aos dois prótons do grupo central —CH_2—. Assim, os prótons do grupo —CH_2Z também devem aparecer como um tripleto.

Mas o que podemos dizer a respeito dos prótons do grupo central —CH_2—? Eles têm acoplamento spin–spin com os três prótons metila e os dois prótons do —CH_2—NO_2. Assim, com um total de cinco prótons adjacentes, a regra $n + 1$ nos leva a prever um total de seis picos, que é o que realmente se observa (**Fig. 9.14**).

9.6B Constantes de Acoplamento – Reconhecimento de Padrões de Desdobramento

Prótons acoplados compartilham algo chamado **constante de acoplamento**, representada pelo símbolo **J**. As constantes de acoplamento são determinadas pela medida da separação em **hertz** entre cada pico de um sinal. Uma constante de acoplamento J_{ab}, por exemplo,

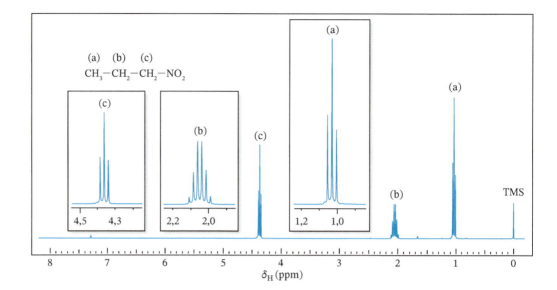

FIGURA 9.14 Espectro de RMN de ¹H do 1-nitropropano. As expansões dos sinais são mostradas nos gráficos inseridos no espectro.

representa a **constante de acoplamento** entre os hidrogênios acoplados ᵃH e ᵇH. Uma constante de acoplamento vicinal típica é de 6–8 hertz.

Se fôssemos medir a separação dos picos no quadrupleto e no tripleto no espectro de RMN do bromoetano (Fig. 9.1), veríamos que eles têm a mesma constante de acoplamento. Esse fenômeno é chamado de **reciprocidade das constantes de acoplamento**.

Uma simulação da reciprocidade das constantes de acoplamento para o bromoetano é representada na **Fig. 9.15**. Observe que J_{ab} é o mesmo entre todos os picos nesses dois sinais. Isso acontece porque os dois sinais são acoplados um ao outro. A reciprocidade das constantes de acoplamento pode ser muito útil quando se assinalam prótons acoplados nos espectros de moléculas mais complexas. Se os sinais de dois prótons compartilham uma constante de acoplamento, eles estão provavelmente acoplados um ao outro.

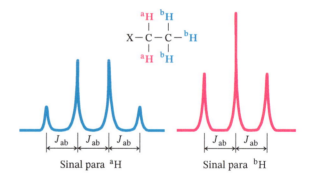

FIGURA 9.15 Um padrão de desdobramento teórico para um grupo etila. Para um exemplo real, veja o espectro do bromoetano (Fig. 9.1).

Outras técnicas de espectroscopia de RMN-FT também facilitam a análise das relações de acoplamento. Uma dessas técnicas é a espectroscopia de correlação ¹H–¹H, também conhecida como COSY ¹H–¹H (abreviatura do termo em inglês **co**rrelation **s**pectroscop**y**).

9.6C Dependência das Constantes de Acoplamento em Relação ao Ângulo de Diedro

A magnitude de uma constante de acoplamento pode ser indicativa do **ângulo de diedro** (ϕ) entre prótons acoplados. Esse fato tem sido usado para estudar a geometria da molécula e fazer a análise conformacional por espectroscopia de RMN. A dependência existente entre a constante de acoplamento e o ângulo de diedro foi estudada por Martin Karplus (Harvard University), e tornou-se conhecida como **correlação de Karplus**. Um diagrama mostrando a correlação de Karplus é dado na **Fig. 9.16**.

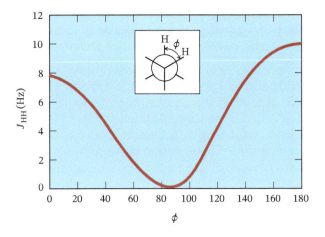

FIGURA 9.16 A correlação de Karplus define uma relação entre o ângulo de diedro (ϕ) e a constante de acoplamento para prótons vicinais. (Reproduzida com permissão da John Wiley & Sons, Inc. De Silverstein, R., and Webster, F. X., *Spectrometric Identification of Organic Compounds*, Sixth Edition, p. 186. Copyright 1998.)

A influência dos ângulos de diedro sobre as constantes de acoplamento é frequentemente evidente nos espectros de RMN de ^{1}H de ciclo-hexanos substituídos. A constante de acoplamento entre prótons axiais vicinais ($J_{ax,ax}$) é, normalmente, de 8–10 Hz, que é maior do que a constante de acoplamento de prótons axiais vicinais com prótons equatoriais ($J_{ax,eq}$), que é, normalmente, de 2–3 Hz. A medida das constantes de acoplamento no espectro de RMN de um ciclo-hexano substituído pode, portanto, fornecer informações sobre as conformações de baixa energia disponíveis para o composto.

PROBLEMA DE REVISÃO 9.10

Qual é o ângulo de diedro e a constante de acoplamento esperada para os prótons assinalados nas moléculas vistas a seguir?

(a) [estrutura com ^{b}H e ^{a}H]   (b) [estrutura com ^{b}H e ^{c}H]

PROBLEMA DE REVISÃO 9.11

Desenhe a conformação em cadeira mais estável do 1-bromo-2-clorociclo-hexano, sabendo que a constante de acoplamento entre os hidrogênios no C1 e C2 foi determinada como 7,8 Hz ($J_{1,2}$ = 7,8 Hz).

PROBLEMA DE REVISÃO 9.12

Explique como você poderia distinguir os dois compostos vistos a seguir, usando as constantes de acoplamento de RMN. (Estes compostos são derivados da glicose através de uma reação que estudaremos nos Capítulos 16 e 22.)

A   B

9.7 Espectros de RMN de Próton e Processos Cinéticos

J. D. Roberts, um pioneiro do Instituto de Tecnologia da Califórnia na aplicação da espectroscopia de RMN em problemas de química orgânica, uma vez comparou o espectrômetro de RMN a uma câmera fotográfica com uma velocidade do obturador relativamente lenta. Assim como uma câmera com velocidade do obturador lenta obscurece as fotografias de objetos em movimento rápido, o espectrômetro de RMN obscurece a imagem de processos moleculares que ocorrem rapidamente.

Quais são alguns dos rápidos processos que ocorrem em moléculas orgânicas? Dois processos que vamos mencionar são a troca química de átomos de hidrogênio ligados a heteroátomos (como oxigênio e nitrogênio) e mudanças conformacionais.

Troca Química Ácido-Base Provoca Desacoplamento de Spin
Um exemplo de um processo que ocorre rapidamente pode ser visto nos espectros de RMN de ^{1}H do etanol. O espectro de RMN de ^{1}H do etanol comum mostra o próton da hidroxila como um simpleto e os prótons do grupo —CH$_2$— como um quadrupleto (**Fig. 9.17**). Para o etanol comum, não observamos *nenhum desdobramento de sinal devido ao acoplamento entre o próton da hidroxila e os prótons do grupo —CH$_2$—*, embora eles estejam em átomos adjacentes.

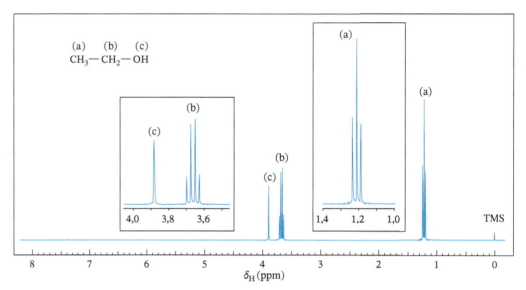

FIGURA 9.17 Espectro de RMN de ^{1}H do etanol comum. Não há desdobramento de sinal pelo próton da hidroxila devido à troca química rápida. As expansões dos sinais são mostradas nos gráficos inseridos no espectro.

Se fôssemos examinar um espectro de RMN de ^{1}H de etanol *muito puro*, no entanto, encontraríamos o sinal do próton da hidroxila desdobrado em um tripleto e o sinal dos prótons do grupo —CH$_2$— desdobrado em um multipleto de oito picos. Claramente, em etanol muito puro, o spin do próton do grupo hidroxila está acoplado com os spins dos prótons do grupo —CH$_2$—.

Se o acoplamento ocorre entre o próton da hidroxila e os prótons do metileno depende do intervalo de tempo que o próton permanece em uma determinada molécula de etanol.

- Os prótons ligados a átomos eletronegativos, com pares de elétrons livres tais como oxigênio (ou nitrogênio), podem sofrer **troca química** rápida. Isto significa que eles podem ser transferidos rapidamente de uma molécula para outra e são, por isto, chamados de **prótons permutáveis**.

A troca química no etanol muito puro é lenta e, em consequência, vemos o desdobramento de sinal do próton da hidroxila no espectro, além daquele provocado por ele. Em uma amostra comum de etanol, as impurezas ácidas e básicas catalisam a troca química; a troca ocorre tão rapidamente que o próton da hidroxila fornece um sinal não desdobrado e o sinal dos prótons do metileno é desdobrado apenas pelo acoplamento com os prótons do grupo metila.

- A troca rápida provoca o **desacoplamento de spin**.
- O desacoplamento de spin é encontrado em espectros de RMN de ^{1}H de álcoois, aminas e ácidos carboxílicos. Os sinais dos prótons do OH e NH normalmente não são desdobrados e são largos.
- Os prótons que sofrem troca química rápida, ou seja, aqueles ligados ao oxigênio ou nitrogênio, identificados pela adição de D$_2$O ao composto. O sinal decorrente dos prótons permutáveis desaparece à medida que são substituídos por dêuterons provenientes do D$_2$O.

Mudanças Conformacionais
Em temperaturas próximas à ambiente, os grupos ligados através de ligações simples carbono–carbono giram muito rapidamente (a menos que a rotação tenha algum impedimento estrutural, por exemplo, um sistema rígido de anel).

Por causa disso, quando obtemos espectros de compostos com ligações simples que permitem rotações, os espectros que obtemos frequentemente refletem os átomos de hidrogênio individuais em uma média dos seus ambientes – isto é, em um ambiente que é uma média de todos os ambientes que os prótons têm como resultado das mudanças conformacionais.

Para vermos um exemplo desse efeito, vamos considerar outra vez o espectro do bromoetano. A conformação mais estável é aquela na qual os grupos estão perfeitamente alternados. Nesta conformação alternada, um hidrogênio do grupo metila (em rosa na estrutura vista a seguir) está em um ambiente diferente daquele dos outros dois átomos de hidrogênio da metila. Se o espectrômetro de RMN detectasse essa conformação específica do bromoetano, ele mostraria os prótons do grupo metila em *deslocamentos químicos diferentes* por conta de sua posição em relação ao bromo e com diferentes constantes de acoplamento aos hidrogênios no carbono que contém o bromo por causa de seus diferentes ângulos diedros. Entretanto, sabemos que no espectro do bromoetano (Fig. 9.1), os três prótons do grupo metila produzem *um único sinal* (um sinal que é desdobrado em um tripleto pelo acoplamento spin–spin com dois prótons do carbono adjacente).

Os prótons da metila do bromoetano produzem um único sinal porque, à temperatura ambiente, a rotação ao longo da ligação simples carbono–carbono é de aproximadamente 1 milhão de vezes por segundo. A "velocidade do obturador" do espectrômetro de RMN é muito lenta para "fotografar" essa rotação rápida; em vez disso, ele fotografa os átomos de hidrogênio da metila em seus ambientes médios e, neste sentido, ele dá uma imagem obscurecida do grupo metila.

As rotações em torno das ligações simples diminuem de velocidade à medida que a temperatura do composto é diminuída. Algumas vezes, essa diminuição da velocidade de rotação nos permite "enxergar" as diferentes conformações de uma molécula quando determinamos o espectro em uma temperatura suficientemente baixa.

Um exemplo desse fenômeno, e um que também mostra a utilidade da marcação com deutério, pode ser visto nos espectros de RMN de ^{1}H a baixa temperatura do ciclo-hexano e do undecadeuteriociclo-hexano.

Undecadeuteriociclo-hexano

À temperatura ambiente, o ciclo-hexano comum produz um sinal porque a interconversão entre as formas em cadeira ocorre muito rapidamente. Entretanto, em baixas temperaturas, o ciclo-hexano comum fornece um espectro de RMN de ^{1}H muito complexo porque, as interconversões são lentas; os deslocamentos químicos dos prótons axiais e equatoriais são resolvidos e ocorrem acoplamentos spin–spin complexos.

Entretanto, a –100 °C, o undecadeuteriociclo-hexano produz apenas dois sinais com intensidades iguais. Esses sinais correspondem aos átomos de hidrogênio axial e equatorial das duas conformações em cadeira vistas a seguir. As interconversões entre essas conformações ocorrem nessa temperatura baixa, porém de maneira suficientemente lenta para o espectrômetro de RMN detectar as conformações individuais. (O núcleo de um átomo de deutério – um dêuteron – tem um momento magnético muito menor do que o de um próton, e os sinais de absorção do dêuteron não aparecem nos espectros de RMN de ^{1}H.)

> **PROBLEMA DE REVISÃO 9.13** Quantos sinais você esperaria obter no espectro de RMN de ^{1}H do undecadeuteriociclo-hexano à temperatura ambiente?

9.8 Espectroscopia de RMN de Carbono-13

9.8A Interpretação dos Espectros de RMN de ^{13}C

Começamos nosso estudo da **espectroscopia de RMN de ^{13}C** examinando resumidamente algumas características especiais dos espectros que surgem dos núcleos de carbono-13. Embora o ^{13}C represente apenas 1,1% do carbono que ocorre naturalmente, o fato de o ^{13}C produzir um sinal de RMN é de grande importância para a análise de compostos orgânicos. Em alguns aspectos importantes, os espectros de ^{13}C são geralmente menos complexos e mais fáceis de interpretar do que os **espectros de RMN** de ^{1}H. O isótopo mais importante do carbono, por outro lado, o carbono-12 (^{12}C), com uma abundância natural de cerca de 99%, não tem spin magnético líquido e, portanto, não pode produzir sinais de RMN.

9.8B Um Pico para Cada Átomo de Carbono Magneticamente Distinto

A interpretação dos espectros de RMN de ^{13}C é muito simplificada pelos seguintes fatos:

- Cada carbono em um ambiente distinto produz um único pico no espectro de RMN de ^{13}C.
- Desdobramentos de sinais ^{13}C em múltiplos picos não são observados nos espectros de RMN de ^{13}C de rotina.

Lembre-se de que, nos espectros de RMN de ^{1}H, os núcleos de hidrogênio que estão próximos (com separação de poucas ligações) acoplam entre si e fazem com que o sinal de cada hidrogênio se desdobre em um multipleto de picos. Acoplamentos não são observados entre carbonos adjacentes porque apenas um átomo de carbono em cada 100 átomos de carbono é um núcleo de ^{13}C (1,1% de abundância natural). Consequentemente, a probabilidade de existirem dois átomos de ^{13}C adjacentes em uma molécula é de apenas aproximadamente 1 em 10.000 (1,1% × 1,1%), praticamente eliminando a possibilidade de dois átomos de carbonos vizinhos desdobrarem o sinal um do outro em um multipleto de picos.

Embora o desdobramento do sinal carbono–carbono não ocorra nos espectros de RMN de ^{13}C, os átomos de hidrogênio ligados ao carbono podem desdobrar os sinais de RMN de ^{13}C em picos múltiplos. Entretanto, é útil simplificar a aparência dos espectros de RMN de ^{13}C através da eliminação inicial do desdobramento de sinal para o acoplamento ^{1}H–^{13}C. Isso pode ser feito escolhendo-se parâmetros instrumentais que desacoplam as interações próton–carbono, e diz-se que tal espectro é **totalmente desacoplado do próton**.

- Em um espectro de RMN de ^{13}C totalmente **desacoplado do próton**, cada átomo de carbono em um ambiente distinto produz um sinal consistindo em apenas um pico.

A maioria dos espectros de RMN de ^{13}C é obtida primeiramente no modo simplificado totalmente desacoplado e, então, nos modos que fornecem informações sobre os acoplamentos ^{1}H–^{13}C (Seção 9.8D).

9.8C Deslocamentos Químicos de ^{13}C

Como descobrimos com os espectros de ^{1}H, o **deslocamento químico** de um determinado núcleo depende da densidade eletrônica relativa ao redor daquele átomo.

- A diminuição da densidade eletrônica ao redor de um átomo **desblinda** o átomo do campo magnético e faz com que o sinal apareça em valores maiores de ppm ou delta no espectro de RMN.

- A densidade eletrônica relativamente mais alta em torno de um átomo **blinda** o átomo do campo magnético e faz com que o sinal apareça em valores menores de ppm ou delta no espectro de RMN.

Por exemplo, os átomos de carbono que estão ligados a outros átomos de carbono e hidrogênio estão relativamente blindados do campo magnético pela densidade eletrônica ao redor deles e, como consequência, os átomos de carbono da alquila produzem picos que ficam em campo alto nos espectros de RMN de ^{13}C. Por outro lado, os átomos de carbono com grupos eletronegativos estão desblindados do campo magnético pelos efeitos de retirada de elétrons por esses grupos e, consequentemente, produzem picos que ficam em campo baixo no espectro de RMN.

- Os grupos eletronegativos, tais como halogênios, grupos hidroxila e outros grupos funcionais que atraem elétrons, desblindam os carbonos aos quais estão ligados, fazendo com que os seus picos de RMN de ^{13}C apareçam em valores (ppm) de deslocamento químico maiores do que os átomos de carbono não substituídos.

Estão disponíveis tabelas de referência de faixas aproximadas de deslocamento químico para carbonos com diferentes substituintes. A **Fig. 9.18** e a **Tabela 9.2** são exemplos. [O padrão de referência assinalado como zero ppm nos espectros de RMN de ^{13}C também é o tetrametilsilano (TMS), Si(CH$_3$)$_4$.]

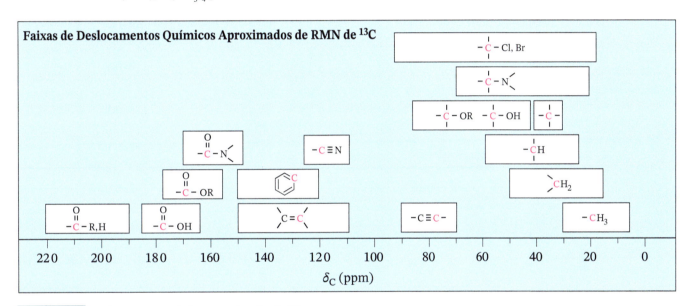

FIGURA 9.18 Deslocamentos químicos aproximados de ^{13}C.

Como primeiro exemplo da interpretação de espectros de RMN de ^{13}C, vamos considerar o espectro de ^{13}C do 1-cloro-2-propanol (Fig. 9.19a):

$$\overset{(a)}{\text{Cl}-\text{CH}_2}-\overset{(b)}{\underset{\underset{\text{OH}}{|}}{\text{CH}}}-\overset{(c)}{\text{CH}_3}$$

1-Cloro-2-propanol

O 1-cloro-2-propanol possui três carbonos em ambientes distintos e, consequentemente, produz três picos no seu espectro de RMN de ^{13}C totalmente desacoplado: aproximadamente em 20, 51 e 67 ppm. A **Fig. 9.19** mostra também um grupo de três picos próximos em 77 ppm. Esses picos são do sinal para o deuterioclorofórmio (CDCl$_3$) utilizado como solvente para a amostra. Todos os espectros de RMN de ^{13}C possuem esses picos, caso o CDCl$_3$ tenha sido o solvente. Apesar de não ser de nosso interesse, o sinal para o único carbono do CDCl$_3$ está desdobrado em três picos por um efeito causado pelo deutério.

- Os picos em 77 ppm do CDCl$_3$ podem ser desconsiderados na interpretação dos espectros de ^{13}C.

TABELA 9.2 Deslocamentos Químicos Aproximados para Carbono-13

Tipo de Átomo de Carbono	Deslocamento Químico (δ, ppm)
Alquila primária, RCH$_3$	0–40
Alquila secundária, RCH$_2$R	10–50
Alquila terciária, RCHR$_2$	15–50
Haleto de alquila ou amina, —C—X (X = Cl, Br ou N—)	10–65
Álcool ou éter, —C—O—	50–90
Alquino, —C≡	60–90
Alqueno, C=	100–170
Arila, C—	100–170
Nitrila, —C≡N	120–130
Amida, —C(=O)—N—	150–180
Ácido carboxílico ou éster, —C(=O)—O—	160–185
Aldeído ou cetona, —C(=O)—	182–215

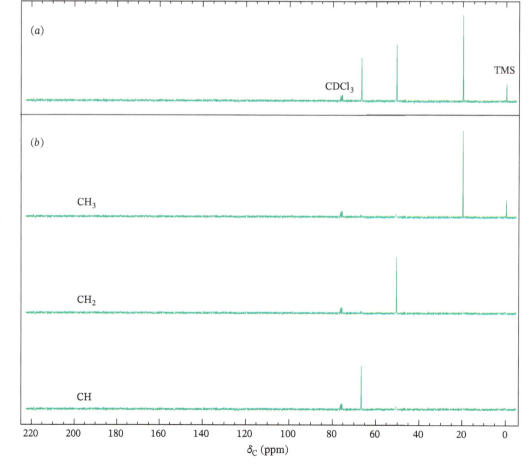

FIGURA 9.19 (a) O espectro de RMN de ^{13}C do 1-cloro-2-propanol, totalmente desacoplado do próton. (b) Esses três espectros mostram os dados de RMN de ^{13}C-DEPT do 1-cloro-2-propanol (veja a Seção 9.8D). (Esta será a única exibição completa de um espectro DEPT no livro. Outras figuras mostrarão o espectro de RMN de ^{13}C totalmente desacoplado do próton com a conectividade de hidrogênio simplesmente indicada como C, CH, CH$_2$ ou CH$_3$.)

Como podemos ver, os deslocamentos químicos dos três picos do 1-cloro-2-propanol estão bem separados um do outro. Essa separação resulta das diferenças na blindagem pelos elétrons em circulação no ambiente local de cada carbono.

- Uma densidade eletrônica mais baixa desblinda um átomo de carbono do campo magnético aplicado, fazendo com que seu sinal apareça em valores de ppm maiores.

O oxigênio do grupo hidroxila é o átomo mais eletronegativo; ele atrai elétrons de maneira mais eficiente. Consequentemente, o carbono próximo a um grupo —OH é o carbono mais *desblindado* e, assim, esse carbono produz o sinal em 67 ppm. O cloro é menos eletronegativo do que o oxigênio, fazendo com que o pico para o carbono ao qual ele está ligado apareça em 51 ppm. O carbono do grupo metila não tem grupos eletronegativos diretamente ligados a ele, logo, ele tem o menor dos deslocamentos químicos, ocorrendo em 20 ppm. Utilizando as tabelas de valores de deslocamentos químicos típicos (como as da Fig. 9.18 e a Tabela 9.2), podemos geralmente atribuir os sinais de RMN de ^{13}C a cada átomo de carbono em uma molécula com base nos grupos ligados a cada carbono.

9.8D Espectros de ^{13}C DEPT e APT

Há vezes em que é necessário ter mais informações do que um deslocamento químico previsto para atribuir um sinal de RMN a um átomo de carbono específico. Felizmente, os espectrômetros de RMN podem diferenciar entre os átomos de carbono com base no número de átomos de hidrogênio que são ligados a cada carbono. Para tanto, encontram-se disponíveis diversos métodos. Dois dos espectros mais comuns são o **DEPT** (abreviatura do termo em inglês *Distortionless Enhancement by Polarization Transfer*) e o **APT** (*Attached Proton Test*). Ambos são muito simples de interpretar.

- Os **espectros de RMN de ^{13}C-DEPT** indicam quantos átomos de hidrogênios estão ligados a cada átomo de carbono, ao mesmo tempo que fornecem a informação de deslocamento químico contida em um espectro de RMN de ^{13}C totalmente desacoplado do próton. Os sinais de carbono em um espectro de DEPT são classificados como CH$_3$, CH$_2$, CH ou C.

Na realidade, as informações de conectividade do hidrogênio a partir de dados de RMN DEPT são produzidas com o uso de diversos espectros de ^{13}C da mesma amostra (Fig. 9.19*b*), com o espectro líquido resultante fornecendo as informações sobre a substituição de hidrogênio em cada carbono (Fig. 9.19*a*). Neste texto, em vez de reproduzir toda a família de espectros que levam ao resultado final, simplesmente mostramos os picos de ^{13}C marcados diretamente com conectividade do hidrogênio como C, CH, CH$_2$ e CH$_3$.

- Um **espectro de RMN de ^{13}C APT** indica pela direção para cima ou para baixo dos sinais se cada carbono tem um número par ou ímpar de hidrogênios ligados a ele. Os sinais dos carbonos CH$_3$ e CH (número ímpar de hidrogênios) apontam em uma direção e os sinais CH$_2$ e C (par) apontam em outra.

Determinamos qual direção representa os sinais CH$_3$/CH *versus* os sinais para CH$_2$/C em determinado espectro, observando a direção do sinal para o solvente. Solventes deuterados, como CDCl$_3$, por exemplo (77 ppm), não possuem átomos de hidrogênio ligados, então a direção do sinal do solvente indica a direção para carbonos com um número par de hidrogênios ligados. Uma vantagem prática dos espectros APT é que apenas um espectro precisa ser obtido no espectrômetro de RMN, enquanto vários espectros devem ser obtidos e processados com dados DEPT.

A distinção de sinais para CH$_3$ de CH e para CH$_2$ de C em um espectro APT geralmente é direta com base em outros fatores estruturais. Um fator é que os carbonos sem hidrogênios ligados sempre fornecem sinais de RMN de ^{13}C mais fracos do que qualquer carbono que tenha um, dois ou três hidrogênios ligados (por uma razão que não explicaremos aqui). Esse fator (além da direção do sinal do solvente) ajuda a esclarecer quais sinais correspondem aos carbonos C e CH$_2$ e, por sua vez, quais são para os sinais CH$_3$ e CH.

Como exemplo, considere o espectro de ^{13}C APT para etilbenzeno (**Fig. 9.20**).

436 CAPÍTULO 9

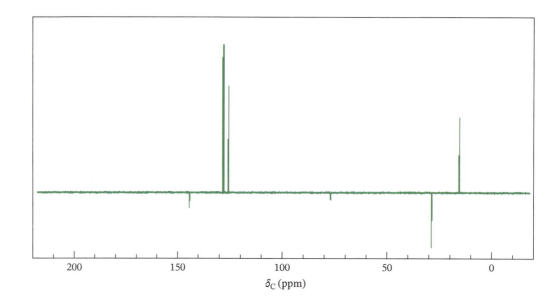

FIGURA 9.20 Espectro de RMN de ^{13}C APT do etilbenzeno.

Nesse espectro, vemos que o sinal $CDCl_3$ a 77 ppm é para baixo, indicando que os sinais CH_2 e C também são para baixo. O sinal de frequência mais alta (cerca de 145 ppm) deve, portanto, ser para o carbono do anel benzênico onde o grupo etila está ligado. O sinal para baixo em cerca de 30 ppm deve ser para o grupo etila, CH_2. O sinal ascendente próximo deve ser o grupo metil. O conjunto de três sinais para cima em 125–130 ppm devem corresponder aos cinco carbonos CH restantes do anel benzênico.

Como um exemplo final de interpretação de espectros de RMN de ^{13}C, vamos examinar o espectro do metacrilato de metila (**Fig. 9.21**). (Esse composto é o material de partida monomérico dos polímeros comerciais Lucite e Plexiglas, veja o Capítulo 10.) Os cinco carbonos do metacrilato de metila representam os tipos de carbono de várias regiões de deslocamento químico de espectros de ^{13}C. Além disso, uma vez que não existe nenhuma simetria na estrutura do metacrilato de metila, todos os seus átomos de carbono são quimicamente distintos e, assim, produzem cinco sinais diferentes de RMN de carbono. Fazendo uso de nossa tabela de deslocamentos químicos aproximados de ^{13}C (Fig. 9.18 e Tabela 9.2), podemos deduzir rapidamente que o pico em 167,3 ppm é devido ao carbono da carbonila de éster, o pico em 51,5 ppm é do carbono da metila ligado ao oxigênio do éster, o pico em 18,3 ppm é da metila ligada ao C_2 e os picos em 136,9 e 124,7 ppm são dos carbonos do alqueno. Adicionalmente, empregando as informações a respeito dos prótons ligados, podemos atribuir sem ambiguidade os sinais aos carbonos do alqueno. O pico em 124,7 ppm tem dois hidrogênios ligados, logo ele é devido ao C_3, o carbono terminal do alqueno do metacrilato de metila. O carbono do alqueno sem hidrogênios ligados a ele é, obviamente, o C_2.

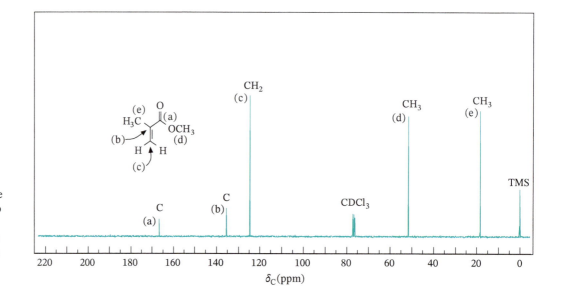

FIGURA 9.21 Espectro de RMN de ^{13}C do metacrilato de metila, totalmente desacoplado do próton. As informações a respeito dos prótons ligados são dadas acima dos picos.

Os compostos **A**, **B** e **C** são isômeros de fórmula molecular $C_5H_{11}Br$. Os seus espectros de RMN de ^{13}C totalmente desacoplados de prótons são dados na Fig. 9.22. A informação a respeito dos prótons ligados é dada próximo de cada pico. Dê as estruturas de **A**, **B** e **C**.

PROBLEMA DE REVISÃO 9.14

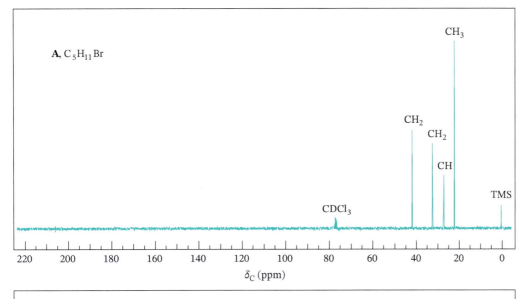

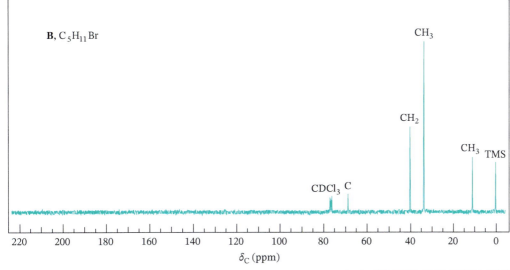

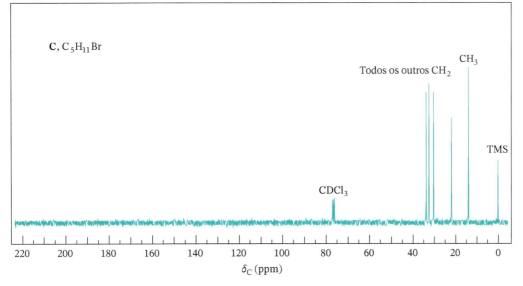

FIGURA 9.22 Espectros de RMN de ^{13}C dos compostos **A**, **B** e **C**, totalmente desacoplados de prótons, Problema de Revisão 9.14. As informações a respeito dos prótons ligados são dadas acima dos picos.

A Química Biológica de... Imagem por Ressonância Magnética na Medicina

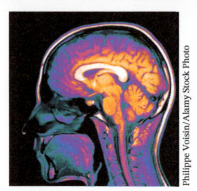

Uma imagem obtida pela técnica de imagem por ressonância magnética.

Uma aplicação importante da espectroscopia de RMN de ^{1}H na medicina, hoje em dia, é uma técnica chamada de **imagem por ressonância magnética**, ou **IRM**. Uma grande vantagem da IRM é que, ao contrário dos raios X, não utiliza radiação ionizante perigosa e não requer a injeção de produtos químicos potencialmente perigosos, de modo a produzir contrastes na imagem. Na IRM, uma parte do corpo do paciente é colocada em um campo magnético potente e irradiada com energia de radiofrequência (RF).

Uma imagem típica da técnica de IRM é mostrada ao lado. Os instrumentos utilizados na produção de imagens como esta excitam os prótons no tecido sob observação e usam uma transformação de Fourier para traduzir as informações em forma de uma imagem. O brilho de várias regiões da imagem está relacionado com duas coisas.

O primeiro fator é o número de prótons no tecido naquele determinado lugar. O segundo fator vem do que chamamos **tempos de relaxação** dos prótons. Quando os prótons são excitados para um estado de maior energia por um pulso com energia de RF, eles absorvem energia. Eles têm que perder essa energia para retornar ao estado de spin de energia mais baixa antes de poderem ser novamente excitados por um segundo pulso. O processo pelo qual os núcleos perdem essa energia é chamado de **relaxação** e o tempo que demora para isso acontecer é o tempo de relaxação. Esses tempos diferem entre sólidos, líquidos e diferentes tipos de tecidos.

Várias técnicas baseadas no tempo entre os pulsos de radiação de RF foram desenvolvidas para utilizar as diferenças nos tempos de relaxação para se produzir contrastes entre regiões diferentes em tecidos macios. O contraste do tecido macio é inerentemente maior do que o produzido com técnicas de raios X. A imagem por ressonância magnética está sendo utilizada com grande eficácia na localização de tumores, lesões e edemas. Aprimoramentos dessa técnica estão ocorrendo rapidamente e o método não é restrito à observação de sinais somente de prótons.

Uma área importante da pesquisa médica é baseada na observação de sinais de ^{31}P. Compostos que contêm fósforo como os ésteres de fosfato, tais como o trifosfato de adenosina (ATP) e o difosfato de adenosina (ADP), estão envolvidos em muitos processos metabólicos. Pela utilização de técnicas baseadas na RMN, os pesquisadores têm agora uma maneira não invasiva de acompanhar o metabolismo celular.

9.9 Uma Introdução à Espectrometria de Massa

A **espectrometria de massa (EM)** envolve a formação de íons em um espectrômetro de massa seguido pela separação e detecção dos íons de acordo com a massa e a carga. Um espectro de massa é um gráfico que representa no eixo x as massas dos íons detectados e no eixo y, a abundância de cada íon detectado. O eixo x é designado por m/z, em que m = massa e z = carga. Nos exemplos consideraremos z igual a +1 e, consequentemente, o eixo x representa efetivamente a massa de cada íon detectado. O eixo y expressa a abundância relativa dos íons, geralmente como uma porcentagem do pico mais alto ou diretamente como o número de íons detectados. O pico mais alto é chamado de **pico base**. Como um exemplo típico, o espectro de massa do propano é mostrado na **Fig. 9.23**.

9.10 Formação de Íons: Ionização por Impacto de Elétrons

Os íons na espectrometria de massa podem ser formados de várias maneiras. Um método para a conversão de moléculas em íons (**ionização**) em um espectrômetro de massa é colocar uma amostra sob alto vácuo e bombardeá-la com um feixe de elétrons de alta energia (~70 eV ou ~6,7 × 10^3 kJ mol^{-1}). Esse método é chamado de espectrometria de massa com ionização por **impacto de elétrons (IE)**. O impacto do feixe de elétrons desaloja um elétron de valência das moléculas na fase gasosa, deixando-as com uma carga +1 e um elétron desemparelhado. Essa espécie é chamada de **íon molecular** (M$^+$). Podemos representar esse processo da seguinte maneira:

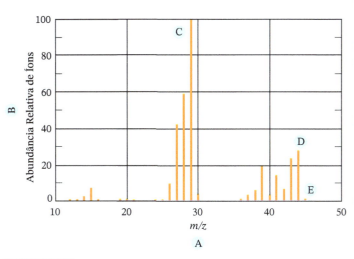

A O eixo x, em unidades de m/z, representa a massa fórmula dos íons detectados. **m/z** é a razão entre a massa (m) e a carga (z). Como o valor de z normalmente é igual a +1, m/z representa a fórmula de cada íon.

B O eixo y representa a abundância relativa de cada íon detectado.

C O íon mais abundante (o pico mais alto) é denominado **pico base**. O pico base geralmente é o fragmento mais facilmente formado do composto original. Neste caso, é um fragmento de etila ($C_2H_5^+$, m/z 29).

D Um dos picos com maior valor de m/z pode, ou não, representar o **íon molecular** (íon com a fórmula ponderal do composto original). Quando presente, o íon molecular (m/z 44, no caso do propano) geralmente não é o pico base, porque os íons provenientes da molécula original tendem a se fragmentar, resultando nos picos de outros m/z no espectro.

E Picos pequenos com valores de m/z maiores 1 ou 2 unidades que a massa fórmula do composto são devidos ao ^{13}C e outros isótopos (Seção 9.13).

FIGURA 9.23 Um espectro de massa do propano. (NIST Mass Spec Data Center, S. E. Stein, director, "Mass Spectra" in NIST Chemistry WebBook, NIST Standard Reference Database Number 69, Eds. P. J. Linstrom and W. G. Mallard, June 2005, National Institute of Standards and Technology, Gaithersburg, MD, 20899 http://webbook.nist.gov.)

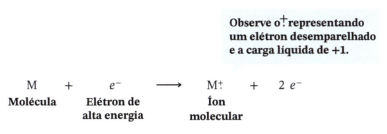

O íon molecular é um **cátion radicalar**, uma vez que ele contém um elétron desemparelhado e uma carga positiva. Utilizando o propano como exemplo, podemos escrever a seguinte equação para representar a formação de seu íon molecular através da ionização por impacto de elétrons:

Um cátion radicalar

$$CH_3CH_2CH_3 + e^- \longrightarrow [CH_3CH_2CH_3]^{+\cdot} + 2e^-$$

9.11 Representação do Íon Molecular

Observe que escrevemos a fórmula anterior para o cátion radicalar do propano entre colchetes. Isso foi feito porque não sabemos precisamente de onde o elétron foi perdido no propano. Sabemos apenas que um elétron de valência no propano foi expulso pelo processo de impacto de elétrons. Entretanto, a representação do **íon molecular** com uma carga localizada e um elétron desemparelhado é, às vezes, útil (como veremos na Seção 9.12, quando consideraremos as reações de fragmentação). Uma fórmula possível para a representação do íon molecular do propano com uma carga localizada e um elétron desemparelhado é a seguinte:

$$CH_3CH_2\overset{+\cdot}{}CH_3$$

Em muitos casos, no entanto, a escolha exata da localização do elétron desemparelhado e da carga é arbitrária. Isso é especialmente verdade se existem somente ligações simples carbono–carbono e carbono–hidrogênio, como no propano. Sempre que possível, no entanto, escrevemos a estrutura mostrando o íon molecular que resultaria da remoção de um dos elétrons de valência mais fracamente ligados da molécula original. Podemos, em geral, estimar quais elétrons de valência são exatamente os mais fracamente ligados através dos potenciais de ionização (**Tabela 9.3**). O potencial de ionização de uma molécula é a quantidade de energia (em elétrons-volts) necessária para remover um elétron de valência da molécula.

TABELA 9.3 Potenciais de Ionização para Algumas Moléculas

Composto	Potencial de Ionização (eV)
$CH_3(CH_2)_3NH_2$	8,7
C_6H_6 (benzeno)	9,2
C_2H_4	10,5
CH_3OH	10,8
C_2H_6	11,5
CH_4	12,7

Como poderíamos esperar, os potenciais de ionização indicam que, na formação de cátions radicalares, os elétrons não ligantes do nitrogênio, do oxigênio e dos halogênios e os elétrons π dos alquenos e das moléculas aromáticas são mais fracamente ligados do que os elétrons das ligações σ carbono–carbono e carbono–hidrogênio. Consequentemente, temos a seguinte regra geral.

- Quando uma molécula contém oxigênio, nitrogênio, ou uma ligação π, colocamos o elétron desemparelhado e a carga em um nitrogênio, oxigênio, halogênio ou uma ligação π. Se a ressonância for possível, o cátion radicalar poderá ser deslocalizado.

A seguir vemos exemplos desses casos.

Cátions radicalares a partir da ionização de elétrons não ligantes ou de elétrons π.

$$CH_3-\overset{\cdot+}{\underset{\cdot\cdot}{O}}H \qquad CH_3-\overset{\cdot+}{\underset{\underset{CH_3}{|}}{N}}-CH_3 \qquad CH_2\overset{\cdot+}{=\!=}CHCH_2CH_3$$

Metanol   **Trimetilamina**   **1-Buteno**

9.12 Fragmentação

Os íons moleculares formados pela espectrometria de massa por IE são espécies altamente energéticas, que geralmente se quebram em pedaços menores por um processo chamado **fragmentação**. Um íon molecular em geral pode se fragmentar de várias maneiras. Não podemos examinar todos os processos que são possíveis, mas podemos examinar alguns dos mais importantes.

Antes de começarmos, vamos ter em mente três importantes princípios:

1. As reações que ocorrem em um espectrômetro de massa são unimoleculares, ou seja, elas não envolvem colisões entre moléculas ou íons. Isso é verdadeiro porque a pressão é mantida tão baixa (10^{-6} torr) que as reações envolvendo colisões bimoleculares não ocorrem.
2. Utilizamos setas com uma única farpa para mostrar os mecanismos que envolvem movimentos de um elétron (veja a Seção 10.1).
3. As abundâncias relativas de íons, como indicadas pelas intensidades dos picos, são muito importantes. Veremos que o aparecimento de determinados picos proeminentes no espectro nos fornece informações decisivas sobre as estruturas dos fragmentos produzidos e sobre suas localizações originais na molécula.

9.12A Fragmentação pela Quebra de uma Ligação Simples

Um importante tipo de fragmentação é a quebra simples de uma ligação simples. Com um cátion radicalar essa quebra pode ocorrer no mínimo de duas maneiras; cada maneira produz um *cátion* e um *radical*. Apenas os cátions são detectados em um espectrômetro de massa de íon positivo. (Os radicais, uma vez que não são carregados, não são detectados.) Com o íon molecular obtido a partir do propano pela perda de um um elétron de uma ligação σ carbono-carbono, por exemplo, dois modos possíveis de quebra são:

$$[CH_3CH_2CH_3]^{\cdot+} \begin{array}{c} \nearrow \\ \searrow \end{array} \begin{array}{l} CH_3\overset{+}{C}H_2 \;+\; \cdot CH_3 \\ CH_3\dot{C}H_2 \;+\; {}^+CH_3 \end{array}$$

Entretanto, esses dois modos de quebra não ocorrem com velocidades iguais. Apesar de a abundância relativa de cátions produzidos por tal quebra ser influenciada tanto pela estabilidade do carbocátion quanto pela estabilidade do radical, a *estabilidade do carbocátion é mais importante*. No espectro do propano mostrado anteriormente (Fig. 9.23), o pico em m/z 29 ($CH_3CH_2^+$) é o pico mais intenso; o pico em m/z 15 (CH_3^+) tem uma abundância relativa de apenas 5,6%. Isso reflete a maior estabilidade do $CH_3CH_2^+$ quando comparado ao CH_3^+.

Quando desenharmos as setas do mecanismo para mostrar as reações de quebra, é conveniente escolhermos uma representação localizada do cátion radicalar, como fizemos anteriormente para o propano. (Entretanto, quando mostrarmos apenas uma equação para a quebra e não um mecanismo, utilizaremos a convenção de colchetes em torno da fórmula com o elétron desemparelhado e a carga representados do lado de fora.) As equações de fragmentação para o propano são escritas da seguinte maneira (observe a utilização de setas com uma única farpa):

$$CH_3CH_2CH_3 \xrightarrow{-e^-} \begin{array}{l} CH_3CH_2{\overset{+}{\cdot}}CH_3 \longrightarrow CH_3\overset{+}{C}H_2 + \cdot CH_3 \\ \quad\quad\quad\quad\quad\quad\quad\quad\quad m/z\ 29 \\ \text{ou} \\ CH_3CH_2{\overset{+}{\cdot}}CH_3 \longrightarrow CH_3\dot{C}H_2 + {}^+CH_3 \\ \quad\quad\quad\quad\quad\quad\quad\quad\quad m/z\ 15 \end{array}$$

> **DICA ÚTIL**
>
> Lembre-se de que usamos setas com uma única farpa para mostrar o movimento de elétrons individuais, como no caso dessas quebras homolíticas de ligações e outros processos envolvendo radicais (veja a Seção 10.1).

PROBLEMA RESOLVIDO 9.6

O espectro de massa do CH_3F é fornecido na **Fig. 9.24**. **(a)** Desenhe uma estrutura provável para o íon molecular (m/z 34). **(b)** Assinale com fórmulas estruturais os outros dois picos de alta abundância (m/z 33 e m/z 15) no espectro. **(c)** Proponha uma explicação para a baixa abundância do pico em m/z 19.

Estratégia e Resposta

(a) Elétrons não ligantes têm energias de ionização menores do que os elétrons ligantes, de modo que podemos esperar que o íon molecular para o CH_3F tenha sido formado pela perda de um elétron do átomo de flúor.

$$e^- + CH_3-\ddot{\underset{\cdot\cdot}{F}}: \xrightarrow[\text{(IE)}]{\text{ionização por impacto de elétrons}} CH_3-\overset{\cdot+}{\underset{\cdot\cdot}{F}}: + 2\ e^-$$

(b) O íon com m/z 33 é diferente do íon molecular em uma unidade de massa atômica, portanto, um átomo de hidrogênio deve ter sido perdido. A quebra com a perda de um átomo de hidrogênio pode ocorrer da forma vista a seguir, deixando tanto o carbono quanto o flúor com a camada de valência completa, mas com uma espécie catiônica como resultado global.

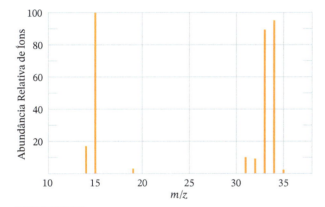

FIGURA 9.24 Espectro de massa para o Problema Resolvido 9.6.

O íon com m/z 15 deve ser um carbocátion metila formado pela perda de um átomo de flúor, como mostrado a seguir. A existência de um carbocátion metila é possível em espectrometria de massa (EM) com ionização por impacto de elétrons (IE) porque elétrons de alta energia cinética bombardeiam as espécies submetidas à análise, permitindo que processos de maior energia ocorram, diferentemente das reações que ocorrem em solução.

$$H-\underset{H}{\overset{H}{\underset{|}{\overset{|}{C}}}}-\overset{\cdot+}{\underset{\cdot\cdot}{F}}: \longrightarrow \underset{H}{\overset{H}{\underset{|}{\overset{|}{C^+}}}}H + :\ddot{\underset{\cdot\cdot}{F}}:$$

(c) O pico com m/z 19 nesse espectro deve de ser um cátion de flúor. A presença de apenas seis elétrons de valência no íon F^+ e a alta eletronegatividade do flúor criam uma barreira de energia muito alta para a formação do F^+ e, portanto, fazem com que ele seja formado com uma abundância muito pequena em relação às outras possibilidades de ionização e quebra para o CH_3F^+.

9.12B Fragmentação de Alcanos de Cadeia Mais Longa e Ramificados

O espectro de massa do hexano mostrado na **Fig. 9.25** ilustra o tipo de fragmentação que um alcano de cadeia mais longa pode sofrer. Vemos aqui um íon molecular razoavelmente abundante em m/z 86 acompanhado por um pequeno pico $M^{+\cdot}$ 1. Existe, também, um pico menor em m/z 71 ($M^{+\cdot}$– 15), correspondendo à perda de ·CH_3, e o pico base está em m/z 57 ($M^{+\cdot}$– 29), correspondendo à perda de ·CH_2CH_3. Os outros picos proeminentes estão em m/z 43 ($M^{+\cdot}$– 43) e em m/z 29 ($M^{+\cdot}$– 57), correspondendo à perda de ·$CH_2CH_2CH_3$ e ·$CH_2CH_2CH_2CH_3$, respectivamente. As fragmentações importantes são exatamente aquelas que esperaríamos:

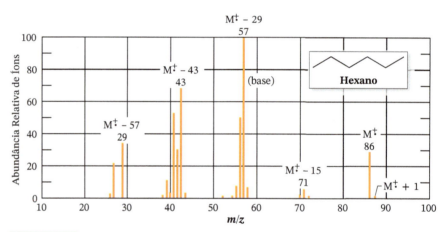

FIGURA 9.25 Espectro de massa do hexano.

A ramificação da cadeia aumenta a probabilidade de clivagem em um ponto de ramificação, porque pode resultar em um carbocátion mais estável. Quando comparamos o espectro de massa do 2-metilbutano (**Fig. 9.26**) com o espectro do hexano (Fig. 9.25), vemos um pico muito mais intenso em m/z 57. Isso ocorre porque a perda de um radical metila do íon molecular do 2-metilbutano pode produzir um carbocátion secundário:

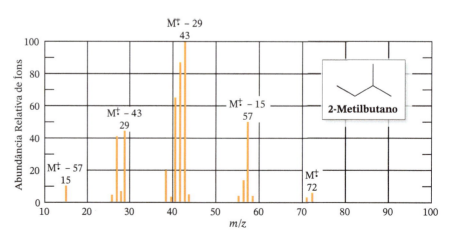

FIGURA 9.26 Espectro de massa do 2-metilbutano.

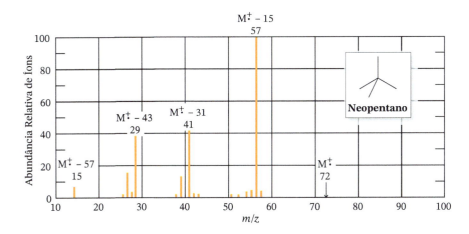

$$\left[\begin{array}{c} CH_3 \\ | \\ CH_3CHCH_2CH_3 \end{array} \right]^{\ddot{+}} \longrightarrow CH_3\overset{+}{C}HCH_2CH_3 + \cdot CH_3$$

m/z 72   *m/z* 57
M$^{\ddot{+}}$ M$^{\ddot{+}}$ − 15

enquanto a perda de um radical metila pelo hexano só pode produzir um carbocátion primário.

Com o neopentano (**Fig. 9.27**), esse efeito é ainda mais dramático. A perda de um radical metila pelo íon molecular produz um carbocátion *terciário* e essa reação ocorre tão rapidamente que praticamente nenhum dos íons moleculares sobrevive tempo suficiente para ser detectado:

FIGURA 9.27 Espectro de massa do neopentano.

Em contraste com o 2-metilbutano e o neopentano, o espectro de massa do 3-metilpentano (não é mostrado) tem um pico de abundância relativa muito baixa em M$^{\ddot{+}}$ − 15. Entretanto, ele tem um pico de abundância relativa muito alta em M$^{\ddot{+}}$ − 29. Explique.

PROBLEMA DE REVISÃO 9.15

9.12C Fragmentação para Formar Cátions Estabilizados por Ressonância

Os carbocátions estabilizados por ressonância geralmente são proeminentes no espectro de massa. As várias maneiras como os cátions estabilizados por ressonância podem ser produzidos estão esboçadas a seguir. Esses exemplos começam ilustrando os prováveis sítios para a ionização inicial (elétrons π e elétrons não ligantes).

1. Alquenos perdem um elétron π e frequentemente sofrem fragmentação formando cátions alílicos estabilizados por ressonância:

2. Heteroátomos perdem um elétron não ligante, levando a um carbocátion estabilizado por ressonância por fragmentação em uma ligação carbono-carbono próximo ao heteroátomo:

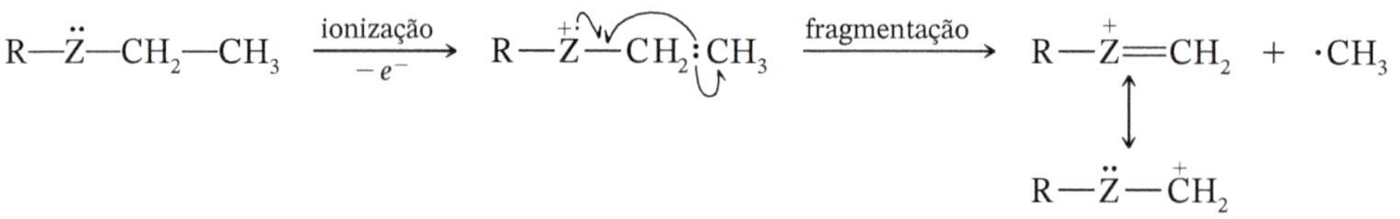

em que Z = N, O ou S; R também pode ser H. Assim, esse tipo de fragmentação é comumente observado para compostos contendo os seguintes grupos funcionais: éteres, aminas, tioéteres e álcoois. Esse tipo de fragmentação do íon molecular também é conhecido como **clivagem alfa** ou **clivagem α**, pois a ligação que une o grupo funcional ao adjacente, ou à posição alfa, desse grupo se quebra.

3. Os átomos de oxigênio carbonílicos perdem um elétron não ligante com formação do chamado **íon acílio**, estabilizado por ressonância por fragmentação em uma ligação ao grupo carbonila:

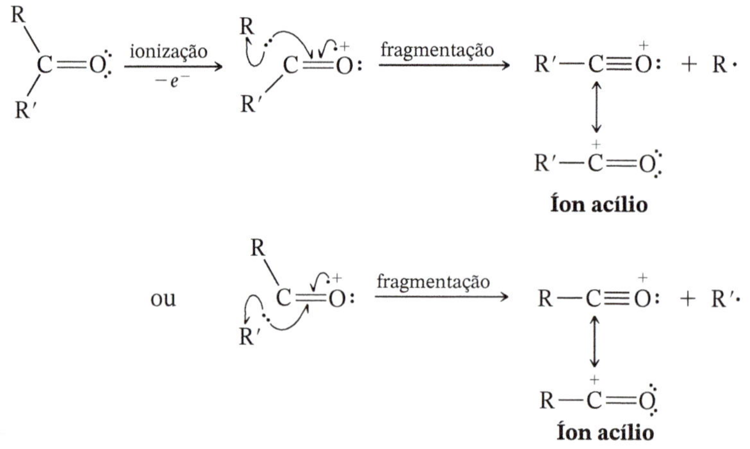

Íon acílio

Íon acílio

Esse tipo de fragmentação é outro exemplo de **clivagem α**.

4. Os benzenos alquilsubstituídos ionizam-se pela perda de um elétron π e sofrem a perda de um átomo de hidrogênio ou de um grupo metila produzindo o íon tropílio relativamente estável (veja a Seção 14.7C). Essa fragmentação fornece um pico proeminente (algumas vezes o pico base) em m/z 91:

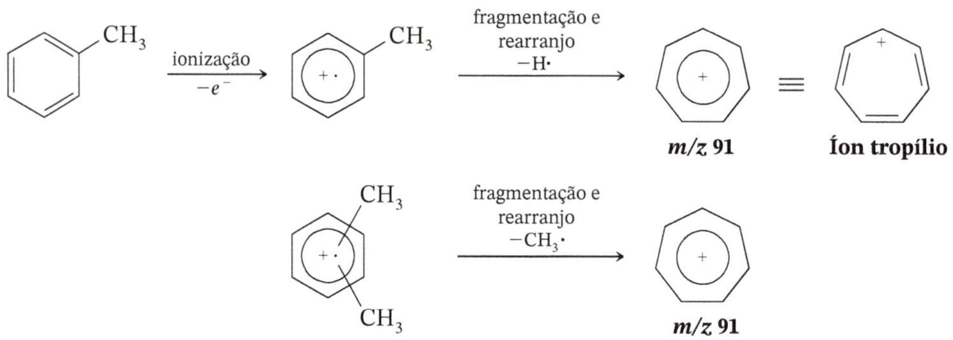

m/z 91   **Íon tropílio**

m/z 91

5. Benzenos monossubstituídos com grupos diferentes de grupos alquila também se ionizam pela perda de um elétron π e, então, perdem seu substituinte para produzir um cátion fenila com m/z 77:

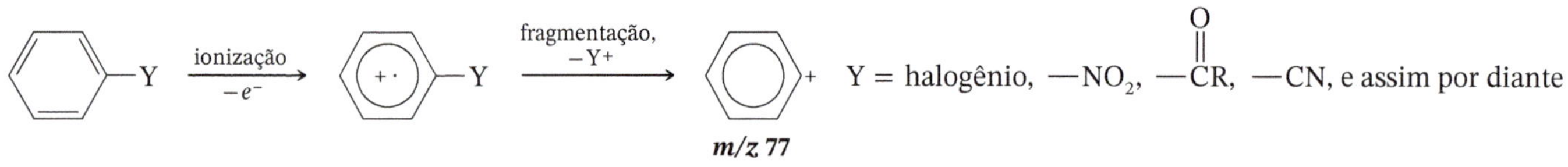

m/z 77

Y = halogênio, —NO$_2$, —C(=O)R, —CN, e assim por diante

PROBLEMA DE REVISÃO 9.16

Proponha estruturas e mecanismos de fragmentação correspondentes para os íons com m/z 57 e 41 no espectro de massa do 4-metil-1-hexeno.

PROBLEMA RESOLVIDO 9.7

Para o álcool secundário, 2-butanol, que picos principais de clivagem α você espera que sejam observados em seu espectro de massa?

Estratégia e Resposta

Moléculas contendo o grupo funcional álcool provavelmente apresentarão produtos de clivagem α, uma vez que esse processo leva a um cátion estabilizado por ressonância. Como o 2-butanol é assimétrico em relação às cadeias de carbono em ambos os lados do grupo funcional hidroxila, dois produtos de clivagem diferentes podem ser formados, cada um dos quais aparecerá em um valor m/z diferente (aqui em $m/z = 45$ e $m/z = 59$).

PROBLEMA DE REVISÃO 9.17

Correlacione os espectros de massa das **Figs. 9.28** e **9.29** com os compostos correspondentes mostrados a seguir. Explique a sua resposta.

Butil isopropil éter   **Butil propil éter**

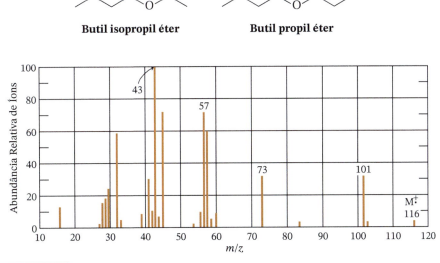

FIGURA 9.28 Espectro de massa para o Problema de Revisão 9.17.

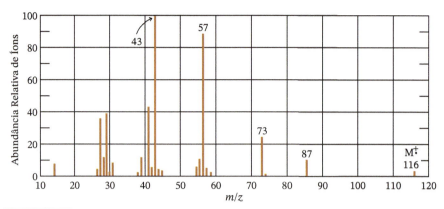

FIGURA 9.29 Espectro de massa para o Problema de Revisão 9.17.

9.12D Fragmentação pela Quebra de Duas Ligações

Muitos picos nos espectros de massa podem ser explicados pelas reações de fragmentação que envolvem a quebra de duas ligações covalentes. Quando um cátion radicalar sofre esse tipo de fragmentação, os produtos são um *novo cátion radicalar e uma molécula neutra*. Alguns exemplos importantes, que começam a partir do cátion radicalar inicial, são os seguintes:

1. Os álcoois frequentemente mostram um pico proeminente em M$^{+\cdot}$ − 18. Esse pico corresponde à perda de uma molécula de água (veja o Problema Resolvido 9.7):

$$R-CH(H)-CH_2-\overset{+}{\underset{\cdot\cdot}{O}}H \longrightarrow R-CH\overset{+\cdot}{=}CH_2 + H-\overset{\cdot\cdot}{\underset{\cdot\cdot}{O}}-H$$

$$\mathbf{M^{+\cdot}} \qquad\qquad \mathbf{M^{+\cdot}-18}$$

que também pode ser escrita como

$$[R-CH_2-CH_2-OH]^{+\cdot} \longrightarrow [R-CH=CH_2]^{+\cdot} + H_2O$$

$$\mathbf{M^{+\cdot}} \qquad\qquad \mathbf{M^{+\cdot}-18}$$

2. Os compostos carbonílicos que contêm um hidrogênio no carbono γ sofrem uma fragmentação chamada de *rearranjo de McLafferty*.

em que Y − R, H, OR, OH, e assim por diante.

Além dessas reações, frequentemente encontramos picos nos espectros de massa que resultam da eliminação de outras moléculas neutras pequenas e estáveis, como por exemplo, H_2, NH_3, CO, HCN, H_2S, álcoois e alquenos.

9.13 Isótopos em Espectros de Massa

Todas as moléculas de ocorrência natural contêm formas isotópicas dos átomos que as compreendem. A proporção de cada isótopo é determinada por sua abundância natural (veja a Tabela 9.4 para alguns exemplos comuns). Os picos em um espectro de massa mostrarão a presença dos isótopos em uma dada amostra.

TABELA 9.4 Principais Isótopos Estáveis dos Elementos Comuns[a]

Elemento	Isótopo Mais Comum	%	\multicolumn{4}{c}{Abundância Natural de Outros Isótopos}
Carbono	^{12}C	98,93	^{13}C	1,07		
Hidrogênio	^{1}H	99,99	^{2}H	0,011		
Nitrogênio	^{14}N	99,63	^{15}N	0,368		
Oxigênio	^{16}O	99,76	^{17}O	0,038	^{18}O	0,205
Flúor	^{19}F	100				
Silício	^{28}Si	92,23	^{29}Si	4,68	^{30}Si	3,09
Fósforo	^{31}P	100				
Enxofre	^{32}S	94,93	^{33}S	0,76	^{34}S	4,29
Cloro	^{35}Cl	75,78	^{37}Cl	24,22		
Bromo	^{79}Br	50,69	^{81}Br	49,31		
Iodo	^{127}I	100				

[a]Dados baseados no Relatório Técnico de 1997 da International Union of Pure and Applied Chemistry (IUPAC), Rosman, K. J. R., Taylor, P. D. P. *Pure and Applied Chemistry*, **1998**, Vol. 70, n. 1, 217–235.

^{13}C e ^{12}C Cerca de 1,1% de todos os átomos de carbono é o isótopo ^{13}C. Isso significa que, no espectro de massa do metano, por exemplo, onde a massa fórmula para a maioria das moléculas do metano é de 16 unidades de massa atômica, eles também seriam um pequeno pico em *m/z* 17 próximo ao pico em *m/z* 16. Em torno de 98,9% das moléculas do metano na amostra vão conter o ^{12}C, e o restante 1,1% vai conter o ^{13}C. A **Fig. 9.30** mostra o espectro de massa para uma amostra de metano, na qual pode ser visto um pequeno pico em *m/z* 17 para o íon M^{+} + 1.

Para moléculas com mais de um carbono, a intensidade do pico M^{+} + 1 relativa em proporção ao pico M^{+} pode ser usada como aproximação do número de átomos de carbono da molécula. Isso é resultado de haver uma chance de 1,1% para cada carbono da molécula poder ser um isótopo ^{13}C. No entanto, em moléculas grandes, a razão (M^{+} + 1)/M^{+} é alterada pela existência de outros isótopos com uma massa nominal uma unidade maior do que sua forma mais abundante, como para o ^{2}H, ^{17}O e assim por diante. Sendo assim, para moléculas grandes, a razão (M^{+} + 1)/M^{+} não pode ser usada com confiança como uma indicação do número de carbonos.

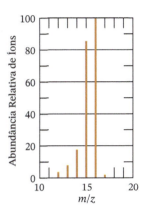

FIGURA 9.30 Espectro de massa para o metano.

^{35}Cl e ^{37}Cl; ^{79}Br e ^{81}Br Alguns elementos que são comuns em moléculas orgânicas possuem isótopos que diferem em duas unidades de massa atômica. Eles incluem o ^{16}O e ^{18}O, o ^{32}S e ^{34}S, o ^{35}Cl e ^{37}Cl e o ^{79}Br e ^{81}Br. É particularmente fácil identificar a presença do cloro ou do bromo usando espectrometria de massa, porque os isótopos do cloro e do bromo são relativamente abundantes.

- A abundância natural do ^{35}Cl é 75,5% e a do ^{37}Cl é 24,5%.
- No espectro de massa para uma amostra que contém cloro, esperaríamos encontrar picos separados por suas unidades de massa, em uma razão aproximada de 3 : 1 (75,5% : 24,5%) para o **íon molecular** ou quaisquer fragmentos que contenham cloro.

A **Fig. 9.31a** apresenta o espectro de massa do clorobenzeno. Os picos em *m/z* 112 e *m/z* 114 em uma razão de intensidade de 3 : 1 são uma clara indicação de que estão presentes átomos de cloro. Um pico em *m/z* 77 para o fragmento do cátion fenila também é evidente.

- A abundância natural do ^{79}Br é 51,5%, e a do ^{81}Br é 49,5%.
- No espectro de massa para uma amostra que contém bromo esperaríamos encontrar picos separados por duas unidades de massa em uma razão aproximadamente de 1 : 1 (49,5% : 51,5%).

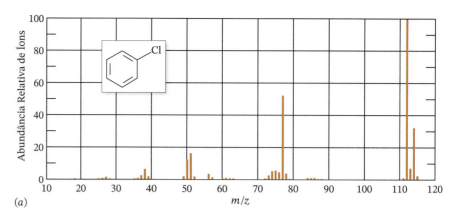

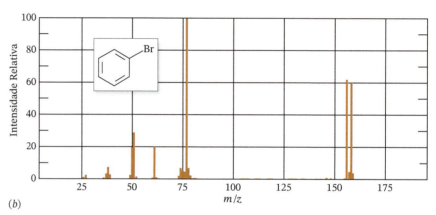

FIGURA 9.31 (*a*) Espectro de massa do clorobenzeno. Observe a razão de intensidade de aproximadamente 3 : 1 dos picos em *m/z* 112 e 114 devido à presença do ^{35}Cl e do ^{37}Cl. (*b*) Espectro de massa do bromobenzeno. Observe a razão de intensidade de 1 : 1 dos picos em *m/z* 156 e 158 devido à presença do ^{79}Br e do ^{81}Br. (a,b: P. J. Linstrom and W. G. Mallard, Eds., NIST Chemistry WebBook, NIST Standard Reference Database Number 69, National Institute of Standards and Technology, Gaithersburg, MD 20899, http://webbook.nist.gov.)

A **Fig. 9.31b** mostra o espectro de massa do bromobenzeno. Os picos em *m/z* = 156 e *m/z* = 158 em uma razão de intensidade de aproximadamente 1 : 1 são uma clara indicação de que o bromo está presente.

Se dois átomos de bromo ou de cloro estão presentes em uma molécula, então, aparecerá um pico M$^+$ + 4 além dos picos M$^+$ + 2 e M$^+$. Em uma molécula contendo dois átomos de bromo, por exemplo, a intensidade do pico M$^+$ + 4, devido à presença de dois átomos de ^{81}Br em uma molécula, é a mesma que a do pico M$^+$ para dois átomos de ^{79}Br em uma molécula. Porém, a probabilidade de se ter um ^{79}Br e um ^{81}Br é dupla, quando estão presentes dois bromos (porque um dos átomos de bromo poderia ser qualquer um dos isótopos). Dessa maneira, a razão de intensidades para os picos M$^+$, M$^+$ + 2 e M$^+$ + 4 será de 1 : 2 : 1, quando dois átomos de bromo estiverem presentes.

PROBLEMA RESOLVIDO 9.8

(a) Que intensidades aproximadas você esperaria para os picos M$^+$ e M$^+$ + 2 do CH$_3$Cl?

(b) E para os picos M$^+$ e M$^+$ + 2 do CH$_3$Br?

(c) Um composto orgânico fornece um pico M$^+$ em *m/z* 122 e um pico de intensidade quase igual em *m/z* 124. Qual é a fórmula molecular provável para o composto?

Estratégia e Resposta

(a) O pico M$^+$ + 2, devido ao CH$_3$—^{37}Cl (em *m/z* 52), deverá ser quase um terço do tamanho do pico M$^+$ em *m/z* 50, devido às abundâncias naturais relativas do ^{35}Cl e do ^{37}Cl.

(b) Os picos devidos ao CH$_3$—^{79}Br e CH$_3$—^{81}Br (respectivamente, em *m/z* 94 e *m/z* 96) deverão ter praticamente a mesma intensidade devido às abundâncias naturais relativas do ^{79}Br e do ^{81}Br.

(c) Uma vez que os picos M$^+$ e M$^+$ + 2 têm intensidades quase iguais, isso nos diz que o composto contém bromo. Portanto, C$_3$H$_7$Br é uma fórmula molecular provável.

C$_3$	=	36	C$_3$	=	36
H$_7$	=	7	H$_7$	=	7
^{79}Br	=	79	^{81}Br	=	81
m/z	=	122	*m/z*	=	124

Quais as razões que são esperadas entre os picos M⁺, M⁺ + 2 e M⁺ + 4 para os seguintes compostos?

PROBLEMA DE REVISÃO 9.18

(a) 1,2-dibromobenzeno (b) 1,2-diclorobenzeno

Dado o espectro de massa na **Fig. 9.32** e o fato do espectro de RMN de ¹H para esse composto consistir em apenas um dupleto grande e um septeto pequeno, qual é a estrutura do composto? Explique seu raciocínio.

PROBLEMA DE REVISÃO 9.19

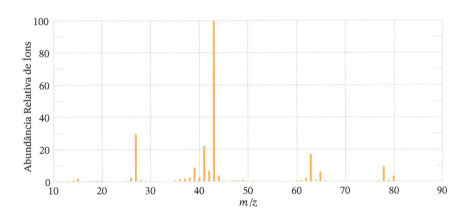

FIGURA 9.32 Espectro de massa para o Problema de Revisão 9.19. P. J. Linstrom and W. G. Mallard, Eds., NIST Chemistry WebBook, NIST Standard Reference Database Number 69, National Institute of Standards and Technology, Gaithersburg, MD 20899, http://webbook.nist.gov.

9.13A Espectrometria de Massa de Alta Resolução

Todos os espectros que descrevemos até aqui foram determinados no que são chamados de espectrômetros de massa de "baixa resolução". Esses espectrômetros, como observamos anteriormente, medem os valores de m/z até o número inteiro mais próximo da unidade de massa. Muitos laboratórios estão equipados com esse tipo de espectrômetro de massa.

Alguns laboratórios, no entanto, estão equipados com espectrômetros de massa de "alta resolução", que são mais caros. Esses espectrômetros podem medir valores de m/z com três ou quatro casas decimais e, assim, fornecer um método extremamente exato para determinação de massas moleculares. E, uma vez que as massas moleculares podem ser medidas com tanta exatidão, esses espectrômetros também nos permitem determinar fórmulas moleculares.

A determinação de uma fórmula molecular através de uma medida exata de uma massa molecular é possível porque as massas reais das partículas atômicas (nuclídeos) não são inteiras (veja a **Tabela 9.5**). Considere, como exemplos, as três moléculas O_2, N_2H_4 e CH_3OH. As massas atômicas reais das moléculas são todas diferentes (apesar de nominalmente todas elas terem massa molecular de 32):

$$O_2 = 2(15,9949) = 31,9898$$
$$N_2H_4 = 2(14,0031) + 4(1,00783) = 32,0375$$
$$CH_4O = 12,00000 + 4(1,00783) + 15,9949 = 32,0262$$

Espectrômetros de alta resolução são capazes de medir massas com uma exatidão de 1 parte em 40.000 ou mais. Assim, tal espectrômetro pode facilmente distinguir dentre essas três moléculas e nos dizer, realmente, a fórmula molecular.

A capacidade de instrumentos de alta resolução em medir massas exatas tem sido largamente usada na análise de biomoléculas, tais como proteínas e ácidos nucleicos. Por exemplo, um método que tem sido usado para determinar a sequência de aminoácidos nos oligopeptídeos é medir a massa exata dos fragmentos provenientes de um oligopeptídeo

TABELA 9.5 Massas Exatas dos Nuclídeos

Isótopo	Massa
¹H	1,00783
²H	2,01410
¹²C	12,00000 (pad)
¹³C	13,00336
¹⁴N	14,0031
¹⁵N	15,0001
¹⁶O	15,9949
¹⁷O	16,9991
¹⁸O	17,9992
¹⁹F	18,9984
³²S	31,9721
³³S	32,9715
³⁴S	33,9679
³⁵Cl	34,9689
³⁷Cl	36,9659
⁷⁹Br	78,9183
⁸¹Br	80,9163
¹²⁷I	126,9045

original, onde a mistura de fragmentos inclui oligopeptídeos diferindo em comprimento por um resíduo de aminoácido. A diferença exata de massas entre os fragmentos indica exclusivamente o resíduo de aminoácido que ocupa aquela posição no oligopeptídeo intacto (veja a Seção 24.5E). Outra aplicação das determinações de massas exatas é a identificação dos peptídeos nas misturas através da comparação dos dados de espectrometria de massa com um banco de dados de massas exatas para peptídeos conhecidos. Essa técnica tem crescido em importância no campo da proteômica (Seção 24.14).

9.14 Análise por CG/EM

A cromatografia a gás é frequentemente acoplada com a espectrometria de massa em uma técnica chamada de **análise por CG/EM**. A cromatografia a gás separa os componentes de uma mistura, enquanto o espectrômetro de massa fornece a informação estrutural sobre cada um deles (Fig. 9.33). CG/EM também pode fornecer dados quantitativos quando padrões de concentração conhecida são utilizados com uma amostra desconhecida.

Na análise por CG, uma quantidade mínima de uma mistura a ser analisada, normalmente 0,001 mL (1,0 µL) ou menos de uma solução diluída contendo a amostra, é injetada através de uma seringa na entrada aquecida do cromatógrafo a gás. A amostra é vaporizada no injetor e arrastada por um fluxo de gás inerte para dentro de uma coluna capilar. A coluna capilar é um tubo fino, geralmente com 10–30 metros de comprimento e 0,1–0,5 mm de diâmetro. Ela fica contida em uma câmara (o "forno") cuja temperatura pode ser variada de acordo com a volatilidade das amostras que estão sendo analisadas. O interior da coluna capilar é normalmente revestido com uma "fase estacionária" de baixa polaridade (basicamente um líquido muito viscoso de alto ponto de ebulição, que frequentemente é um polímero apolar à base de silício). À medida que as moléculas da mistura são arrastadas pelo gás inerte através da coluna, elas se movem com diferentes velocidades de acordo com os seus pontos de ebulição e com o grau de afinidade com a fase estacionária. Os materiais com pontos de ebulição mais altos ou com afinidade mais forte pela fase estacionária levam mais tempo para passar pela coluna. Materiais com pontos de ebulição baixos e apolares passam muito rapidamente. O tempo que cada composto leva para se movimentar através da coluna é chamado de tempo de retenção. Os tempos de retenção normalmente variam na faixa de 1 a aproximadamente 30 minutos, dependendo da amostra e da coluna específica utilizada.

À medida que cada componente da mistura sai da coluna de CG, ele se move para o espectrômetro de massa. Aqui, as moléculas da amostra são bombardeadas por elétrons; os íons e os fragmentos das moléculas são formados, e um espectro de massa é obtido de maneira similar àquela que estudamos anteriormente neste capítulo. Entretanto, o fato importante aqui é que os espectros de massa são obtidos para *cada* componente da mistura original separadamente. Essa capacidade do CG/EM de separar misturas e fornecer informações sobre a estrutura de cada componente torna essa técnica uma ferramenta praticamente indispensável nos laboratórios analíticos, forenses e de síntese orgânica.

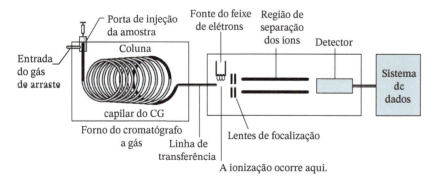

FIGURA 9.33 Visão esquemática de um típico cromatógrafo a gás de coluna capilar/espectrômetro de massa (CG/EM).

9.15 Espectrometria de Massa de Biomoléculas

Os avanços na espectrometria de massa fizeram com que ela se tornasse uma ferramenta excepcionalmente poderosa para a análise de biomoléculas grandes. A **ionização por electrospray** (sigla em inglês, ESI), **MALDI** (sigla em inglês para **ionização por dessorção a** *laser* auxiliada por matriz) e outras técnicas de "ionização suave" para compostos não voláteis e macromoléculas fazem com que seja possível a análise de proteínas, ácidos nucleicos e outros compostos biologicamente relevantes com massas moleculares de 100.000 dáltons ou mais. A ionização por electrospray com análise de massas quadrupolar é agora rotineira para a análise de biomoléculas, assim como a análise utilizando instrumentos com MALDI–TOF (tempo de voo). Resolução extremamente alta pode ser alcançada com o uso da ressonância de cíclotron de íons–transformada de Fourier (em inglês, FT ICR–Fourier transform–ion cyclotron resonance, ou FTMS–Fourier transform–mass spectrometry). Abordaremos as aplicações da espectrometria de massa usando ESI e MALDI no sequenciamento e análise de proteínas nas Seções 24.5E, 24.13B e 24.14.

Por que Esses Tópicos São Importantes?

Determinação de Estrutura sem RMN

Com o surgimento da técnica que você aprendeu neste capítulo, os químicos podem determinar as estruturas completas da maioria das moléculas orgânicas com apenas poucos miligramas de material e em um tempo relativamente curto. No entanto, antes da introdução da espectroscopia no final dos anos 1950 e 1960, a história era muito diferente. Naquela época, os químicos precisavam de gramas de um composto e, em certos casos, de décadas de tempo para determinar a estrutura de um composto.

Sem a espectroscopia, a determinação de estrutura começava com a análise de combustão, um método que podia ser empregado para determinar a fórmula molecular da amostra literalmente pela queima da mesma e pela medição das quantidades relativas dos produtos da combustão, como a água e o dióxido de carbono. Em seguida, através de minucioso trabalho de detetive, os químicos realizavam diferentes reações químicas para degradar o composto em componentes menores. Então, eles tentavam reconstruir os materiais em seu componente original de forma a determinarem como os átomos estavam combinados. Com compostos incomuns e particularmente complexos, a determinação da estrutura podia ser um processo muito lento; por exemplo, estabelecer a conectividade dos átomos do quinino, a primeira droga mundial contra a malária, levou 54 anos.

R. B. Woodward
Prêmio Nobel de Química em 1965

Sir Robert Robinson
Prêmio Nobel de Química em 1947

Dorothy Crowfoot Hodgkin
Prêmio Nobel de Química em 1964

Outro exemplo de determinação de uma estrutura que foi especialmente difícil envolveu o antibiótico penicilina, isolado pela primeira vez em 1928 por Sir Alexander Fleming. Logo depois de ser descoberta, os cientistas sabiam que essa molécula teria um enorme valor no combate a infecções que anteriormente eram consideradas intratáveis. O desafio era obter suprimentos suficientes para tratar todos que necessitavam desse antibiótico, um problema que se tornou particularmente premente durante a Segunda Guerra Mundial, quando dezenas de milhares de soldados sofreram ferimentos. Em resposta a isso, os governos norte-americano e britânico iniciaram um extenso programa envolvendo centenas de cientistas de ambos os lados do Atlântico na busca por produzir penicilina em laboratório através da síntese orgânica. O problema era que a estrutura da penicilina não tinha sido estabelecida, e as equipes norte-americana e britânica, cada qual incluindo um laureado pelo Nobel, geralmente tinha diferentes, e incorretas, teorias para as suas ligações. Como resultado, não foram sintetizadas quantidades reais de penicilina durante a guerra, sendo a fermentação do mofo o principal suprimento para os necessitados.

Ao final, foi um futuro ganhador do Nobel e foi uma técnica diferente que resolveram o problema – a saber, Dorothy Crowfoot Hodgkin e a cristalografia de raios X. Nesse método, se um material pode ser solidificado em uma forma cristalina regular, pode-se incidir luz sobre ela, e, com base no padrão de refração resultante devido a interações da luz com os átomos no cristal, as ligações entre todos os átomos diferentes de hidrogênio podem ser determinadas. Com a cristalografia de raios X, demonstrou-se que a penicilina possuía um anel com quatro membros, um padrão com existência não esperada por causa da tensão, conforme discutimos anteriormente. Esse anel, de fato, era o principal desafio para sua consequente síntese química, conforme vamos discutir no Capítulo 17, e o problema levou outra década para ser solucionado, uma vez estabelecida a estrutura da penicilina.

Para saber mais sobre esses tópicos, consulte:

1. Sheehan, J. C. *The Enchanted Ring: The Untold Story of Penicillin*. MIT Press: Cambridge, **1984**, p. 224.
2. Nicolaou, K. C.; Montagnon, T. *Molecules that Changed the World*. Wiley-VCH: Weinheim, **2008**, p. 366.

Resumo e Ferramentas de Revisão

As ferramentas de estudo para o presente capítulo incluem termos e conceitos fundamentais, que são realçados ao longo do capítulo em **negrito azul** e que estão definidos no Glossário (ao fim de cada volume), um Mapa Conceitual e gráficos de correlação de deslocamento químico na RMN.

Problemas

Espectroscopia de RMN

A seguir estão algumas abreviaturas usadas para descrever os dados espectroscópicos:
RMN de ^{1}H: s = simpleto, d = dupleto, t = tripleto, q = quadrupleto, bs = simpleto largo, m = multipleto
Absorção no IV: s = forte, m = moderada, br = larga

9.20 Quantos sinais (não picos) de RMN de ^{1}H você esperaria para cada um dos seguintes compostos? (Considere os prótons que possuem deslocamentos químicos não equivalentes.)

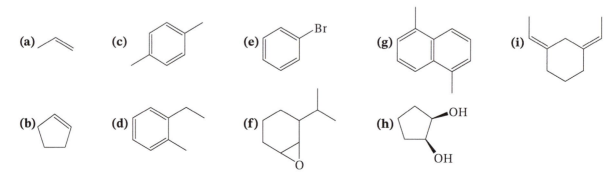

9.21 Quantos sinais de RMN de ^{13}C você esperaria para os compostos mostrados no Problema 9.20?

9.22 Proponha uma estrutura para um álcool com fórmula molecular $C_5H_{12}O$ que tem o espectro de RMN de ^1H mostrado na Fig. 9.34. Assinale os deslocamentos químicos e os padrões de desdobramento e relacione com os aspectos específicos da estrutura que você propôs.

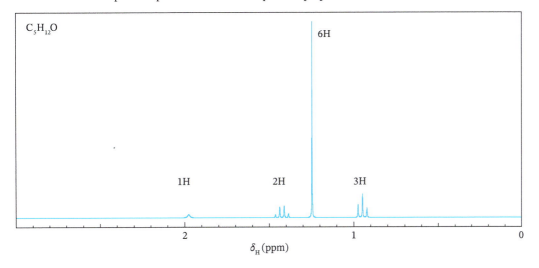

FIGURA 9.34 Espectro de RMN de ^1H (simulado) para o álcool $C_5H_{12}O$, Problema 9.22.

9.23 Proponha estruturas para os compostos **G** e **H**, cujos espectros de RMN de ^1H são mostrados nas Figs. 9.35 e 9.36.

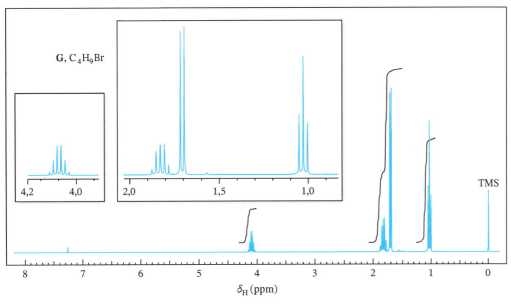

FIGURA 9.35 Espectro de RMN de ^1H do composto **G**, Problema 9.23. As expansões dos sinais são mostradas em gráficos inseridos no espectro.

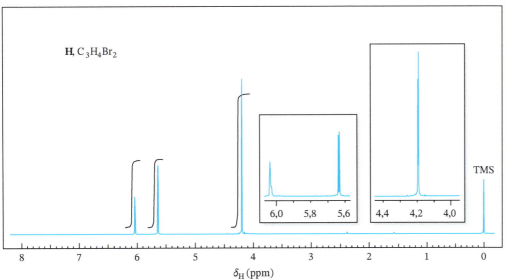

FIGURA 9.36 Espectro de RMN de ^1H do composto **H**, Problema 9.23. As expansões dos sinais são mostradas em gráficos inseridos no espectro.

9.24 Proponha estruturas para os compostos **O** e **P** que sejam consistentes com as seguintes informações:

$$C_6H_8 \xrightarrow[\text{Pt}]{H_2 \text{ (2 equiv.)}} C_6H_{12}$$
O   **P**

RMN de ^{13}C para o Composto **O**	δ (ppm)	DEPT
	26,0	CH$_2$
	124,5	CH

9.25 O composto **Q** tem fórmula molecular C_7H_8. O espectro de ^{13}C de **Q**, totalmente desacoplado, apresenta sinais em 50 (CH), 85 (CH$_2$) e 144 (CH) ppm. **Q** é convertido em **R** (C_7H_{12}) por hidrogenação catalítica. Proponha estruturas para **Q** e **R**.

9.26 Explique em detalhes como se distinguiriam os seguintes conjuntos de compostos usando o método espectroscópico indicado:

(a) RMN de ^{1}H

(c) RMN de ^{13}C

(b) RMN de ^{13}C e ^{1}H

9.27 O composto **S** (C_8H_{16}) reage com um mol de bromo formando um composto com fórmula molecular $C_8H_{16}Br_2$. O espectro de ^{13}C de **S**, totalmente desacoplado do próton, é mostrado na **Fig. 9.37**. Proponha uma estrutura para **S**.

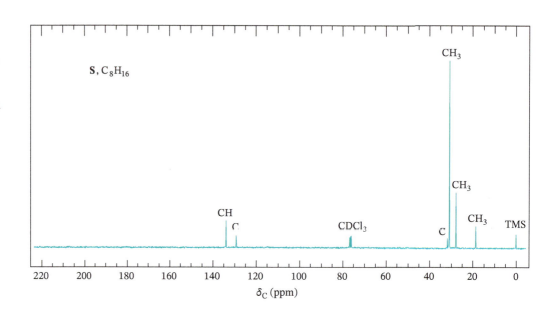

FIGURA 9.37 Espectro RMN de ^{13}C do composto **S**, totalmente desacoplado do próton, Problema 9.27. A informação a respeito dos prótons ligados é dada acima de cada pico.

Espectroscopia de Massa

9.28 Um composto com fórmula molecular C_4H_8O tem uma absorção forte no IV em 1730 cm^{-1}. O seu espectro de massa inclui picos com m/z 44 (pico base) e m/z 29. Proponha uma estrutura para o composto e escreva as equações de fragmentação que explicam como os picos com esses valores de m/z são formados.

9.29 No espectro de massa do 2,6-dimetil-4-heptanol aparecem picos intensos em m/z 87, 111 e 126. Proponha estruturas razoáveis para esses íons de fragmentação.

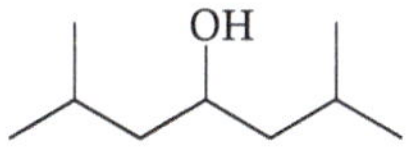

9.30 No espectro de massa da 4-metil-2-pentanona ocorrem um rearranjo de McLafferty e duas outras fragmentações principais. Proponha estruturas razoáveis para esses íons de fragmentação e especifique os valores de m/z para cada um.

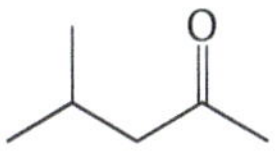

9.31 Quais são as massas e as estruturas dos íons produzidos nos seguintes caminhos de clivagem? **(a)** clivagem α da 2-metil-3-hexanona (dois caminhos); **(b)** desidratação do ciclopentanol; **(c)** rearranjo de McLafferty da 4-metil-2-octanona (dois caminhos).

9.32 Preveja as massas e intensidades relativas dos picos na região do íon molecular para o composto visto a seguir.

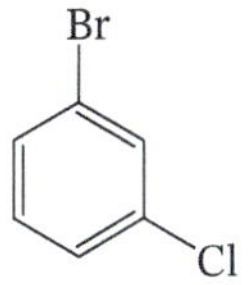

9.33 Brometo de etila e metoxibenzeno (veja a seguir) têm a mesma massa molecular nominal, exibindo um pico significativo em m/z 108. Com relação aos seus íons moleculares, que outras características nos permitiriam distinguir os dois compostos com base em seus espectros de massa?

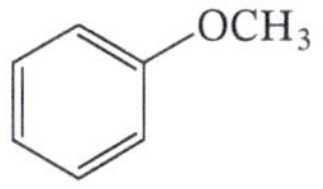

9.34 A série homóloga de aminas primárias, $CH_3(CH_2)_nNH_2$, a partir da amina CH_3NH_2 até a $CH_3(CH_2)_{13}NH_2$, tem seus picos base (maior) em m/z 30. Que íon representa esse pico e como ele é formado?

Elucidação Estrutural por Integração

9.35 Proponha uma estrutura que seja coerente com cada conjunto de dados de RMN de ¹H. Os dados de IV estão disponíveis para alguns compostos.

(a) $C_4H_{10}O$

δ (ppm)	Desdobramento	Integração
1,28	s	9H
1,35	s	1H

(b) C_3H_7Br

δ (ppm)	Desdobramento	Integração
1,71	d	6H
4,32	septeto	1H

(c) C_4H_8O

δ (ppm)	Desdobramento	Integração
1,05	t	3H
2,13	s	3H
2,47	q	2H

IV: 1720 cm⁻¹ (forte)

(d) C_7H_8O

δ (ppm)	Desdobramento	Integração
2,43	s	1H
4,58	s	2H
7,28	m	5H

IV: 3200–3550 cm⁻¹ (larga)

(e) C_4H_9Cl

δ (ppm)	Desdobramento	Integração
1,04	d	6H
1,95	m	1H
3,35	d	2H

(f) $C_{15}H_{14}O$

δ (ppm)	Desdobramento	Integração
2,20	s	3H
5,08	s	1H
7,25	m	10H

IV
1720 cm^{-1} (forte)

(g) $C_4H_7BrO_2$

δ (ppm)	Desdobramento	Integração
1,08	t	3H
2,07	m	2H
4,23	t	1H
10,97	s	1H

IV
2500–3500 cm^{-1} (larga)
1715 cm^{-1} (forte)

(h) C_8H_{10}

δ (ppm)	Desdobramento	Integração
1,25	t	3H
2,68	q	2H
7,23	m	5H

(i) $C_4H_8O_3$

δ (ppm)	Desdobramento	Integração
1,27	t	3H
3,66	q	2H
4,13	s	2H
10,95	s	1H

IV
2500–3550 cm^{-1} (larga)
1715 cm^{-1} (forte)

(j) $C_3H_7NO_2$

δ (ppm)	Desdobramento	Integração
1,55	d	6H
4,67	septeto	1H

(k) $C_4H_{10}O_2$

δ (ppm)	Desdobramento	Integração
3,25	s	6H
3,45	s	4H

(l) $C_5H_{10}O$

δ (ppm)	Desdobramento	Integração
1,10	d	6H
2,10	s	3H
2,50	septeto	1H

IV
1720 cm^{-1} (forte)

(m) C_8H_9Br

δ (ppm)	Desdobramento	Integração
2,0	d	3H
5,15	q	1H
7,35	m	5H

9.36 Proponha estruturas para os compostos **E** e **F**. O composto **E** (C_8H_6) reage com dois equivalentes molares de bromo formando **F** ($C_8H_6Br_4$). O espectro de IV do composto **E** também é mostrado na **Fig. 9.38**. Quais são as estruturas de **E** e **F**?

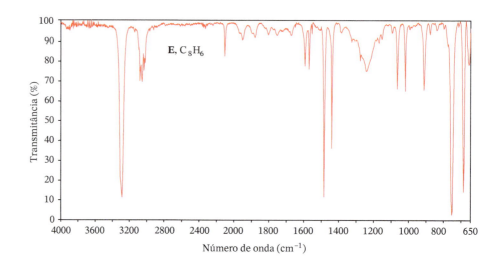

FIGURA 9.38 O espectro de IV do composto **E**, Problema 9.36. (© Bio-Rad Laboratories, Inc., Informatics Division, Sadtler Software & Databases (2012). Todos os direitos reservados. A permissão para a publicação da Sadtler Spectra foi concedida pelo Bio-Rad Laboratories, Inc., Informatics Division.)

9.37 Use os dados de RMN de ¹H e de IV, vistos a seguir, para propor uma fórmula estereoquímica que seja consistente com os dados para o composto $C_2H_xCl_y$.

RMN de ¹H	δ (ppm)	Desdobramento	Integração	IV
	6,3	s	—	3125 cm⁻¹
				1625 cm⁻¹
				1280 cm⁻¹
				820 cm⁻¹
				695 cm⁻¹

9.38 Quando dissolvido em $CDCl_3$, o composto (**K**) com a fórmula molecular $C_4H_8O_2$ apresenta um espectro de RMN de ¹H que consiste em um dupleto em 1,35 ppm, um simpleto em 2,15 ppm, um simpleto largo em 3,75 ppm (¹H) e um quadrupleto em 4,25 ppm (¹H). Quando dissolvido em D_2O, o composto apresenta um espectro de RMN de ¹H semelhante, exceto pelo sinal em 3,75 ppm que desaparece. O espectro de IV do composto mostra um pico com forte absorção por volta de 1720 cm⁻¹.
(a) Proponha uma estrutura para o composto **K**.
(b) Explique por que o sinal de RMN em 3,75 ppm desaparece quando D_2O é usado como solvente.

9.39 O composto **T** (C_5H_8O) tem uma banda de absorção forte no espectro de IV em 1745 cm⁻¹. O espectro de ¹³C de **T**, totalmente desacoplado do próton, mostra três sinais: em 220 (C), 23 (CH_2) ppm e 38 (CH_2). Proponha uma estrutura para **T**.

9.40 Deduza a estrutura do composto que apresenta os seguintes espectros de ¹H, ¹³C e IV (**Figs. 9.39–9.41**). Assinale todos os aspectos dos espectros de ¹H e ¹³C para a estrutura que você propôs. Use letras para correlacionar os sinais dos prótons no espectro de RMN de ¹H e números para correlacionar os sinais dos carbonos no espectro de ¹³C. O espectro de massa desse composto mostra o íon molecular em m/z 96.

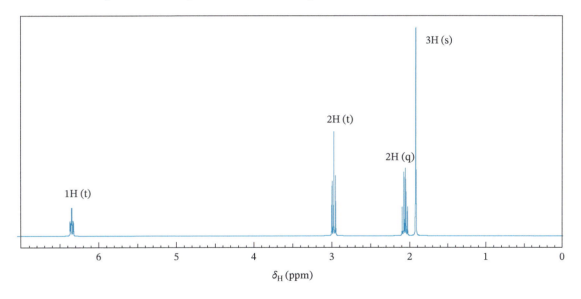

FIGURA 9.39 Espectro de RMN de ¹H (simulado) para o Problema 9.40.

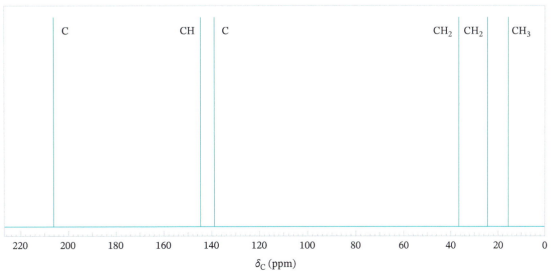

FIGURA 9.40 Espectro simulado de RMN de ¹³C, totalmente desacoplado do próton, para o Problema 9.40. As informações a respeito dos prótons ligados são dadas acima de cada pico.

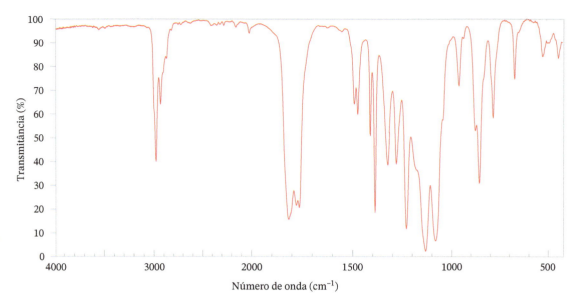

FIGURA 9.41
Espectro de IV para o Problema 9.40.
(Adaptada da figura original com permissão de Millipore-Sigma.)

9.41 Deduza a estrutura do composto que apresenta os seguintes espectros de ^{1}H, ^{13}C e IV (**Figs. 9.42–9.44**). Assinale todos os aspectos dos espectros de ^{1}H e ^{13}C para a estrutura que você propôs. Use letras para correlacionar os sinais de prótons no espectro de RMN de ^{1}H e números para correlacionar os sinais de carbono no espectro de ^{13}C. O espectro de massa desse composto mostra o íon molecular em m/z 148.

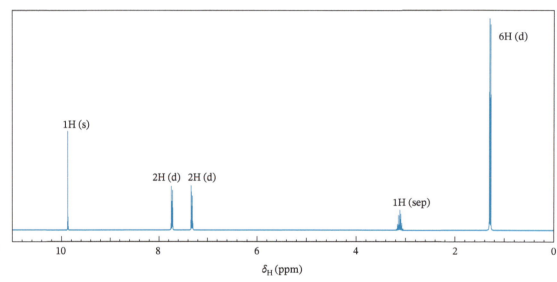

FIGURA 9.42
Espectro de RMN de ^{1}H (simulado) para o Problema 9.41.

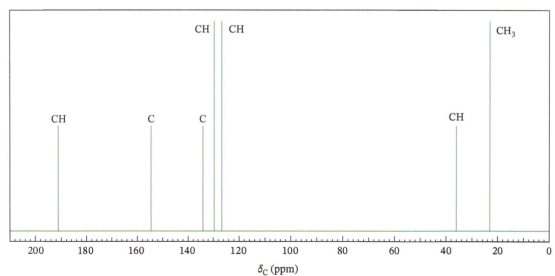

FIGURA 9.43
Espectro simulado de RMN de ^{13}C, totalmente desacoplado do próton, para o Problema 9.41. As informações a respeito dos prótons ligados são dadas acima de cada pico.

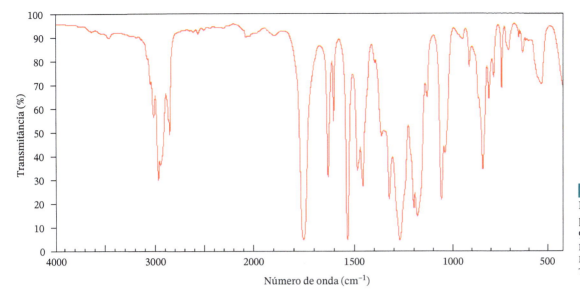

FIGURA 9.44
Espectro de IV para o Problema 9.41. (SDBS, National Institute of Advanced Industrial Science and Technology.)

9.42 Deduza a estrutura do composto que apresenta os seguintes espectros de ^{1}H, ^{13}C e IV (**Figs. 9.45–9.47**). Assinale todos os aspectos dos espectros de ^{1}H e ^{13}C para a estrutura que você propôs. Use letras para correlacionar os sinais de prótons no espectro de RMN de ^{1}H e números para correlacionar os sinais de carbono no espectro de ^{13}C. O espectro de massa desse composto mostra o íon molecular em m/z 204.

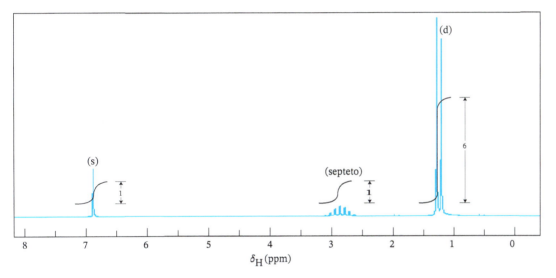

FIGURA 9.45
Espectro de RMN de ^{1}H (simulado) para o Problema 9.42.

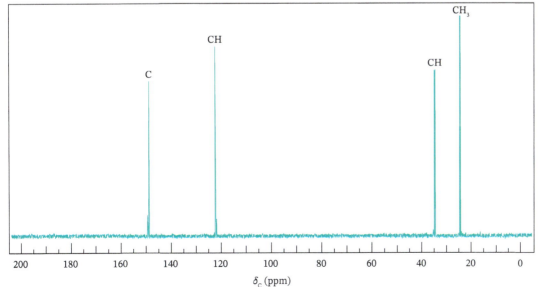

FIGURA 9.46
Espectro simulado de RMN de ^{13}C, totalmente desacoplado do próton, para o Problema 9.42.

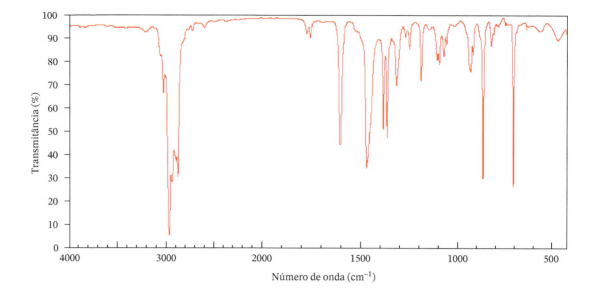

FIGURA 9.47
Espectro de IV para o Problema 9.42. (SDBS, National Institute of Advanced Industrial Science and Technology.)

9.43 Deduza a estrutura do composto ($C_{10}H_{10}O_3$) que apresenta os seguintes espectros de ^1H, ^{13}C e IV (**Figs. 9.48–9.50**). Assinale todos os aspectos dos espectros de ^1H e ^{13}C para a estrutura que você propôs. Use letras para correlacionar os sinais de prótons no espectro de RMN de ^1H e números para correlacionar os sinais de carbono no espectro de ^{13}C.

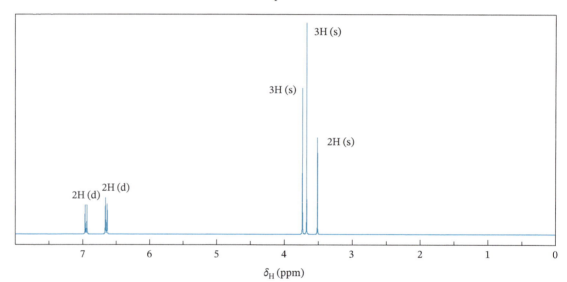

FIGURA 9.48
Espectro de RMN de ^1H (simulado) para o Problema 9.43.

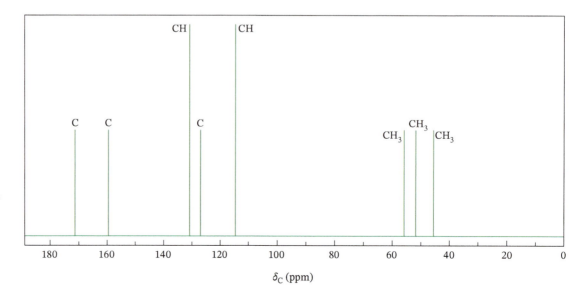

FIGURA 9.49
Espectro simulado de RMN de ^{13}C, totalmente desacoplado do próton, para o Problema 9.43.

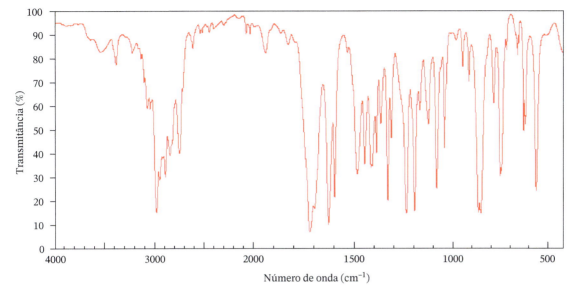

FIGURA 9.50
Espectro de IV para o Problema 9.43. (SDBS, National Institute of Advanced Industrial Science and Technology.)

É Necessário um Consultor Químico

9.44 Em razão de uma queda de energia em sua escola, todos os espectrômetros não estão operacionais e seu computador não pode acessar nenhum banco comercial de dados espectrais eletronicamente disponível. Dada essa situação, você consegue desenhar o espectro indicado que esperaria obter para cada uma das moléculas a seguir para ajudar a preparar uma apresentação que precisa fazer para seus colegas químicos?

(a) EM   (b) RMN de ^{13}C   (c) RMN de ^{1}H

9.45 Durante uma limpeza no laboratório, foi encontrado um frasco contendo um rótulo marcado como C_9H_9N e um líquido em seu interior. Usando uma amostra do conteúdo desse frasco, um colega de trabalho obteve os seguintes espectros de IV e RMN de ^{1}H. Supondo que o frasco contenha um composto puro, você é capaz de determinar sua identidade?

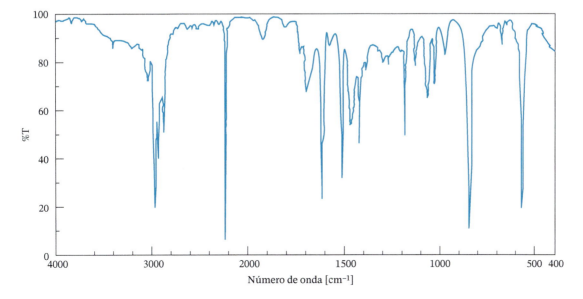

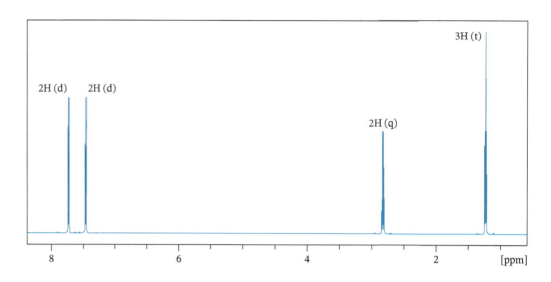

Problemas de Desafio

9.46 O estudo por RMN de ^{1}H de uma solução de 1,3-dimetilciclopentadieno em ácido sulfúrico concentrado mostra três picos com áreas relativas de 6 : 4 : 1. Qual é a explicação para a aparência do espectro?

9.47 O ácido acético tem um espectro de massa que mostra o pico do íon molecular em m/z 60. Outros ácidos monocarboxílicos não ramificados com quatro ou mais átomos de carbono também mostram um pico, frequentemente proeminente, em m/z 60. Mostre como isso pode ocorrer.

9.48 O pico de RMN de ^{1}H para o próton da hidroxila de álcoois pode ser encontrado em qualquer lugar a partir de 0,5 até 5,4 ppm. Explique essa variação.

9.49 O estudo de RMN de ^{1}H para o DMF (*N,N*-dimetilformamida) apresenta espectros diferentes de acordo com a temperatura da amostra. À temperatura ambiente, dois sinais são observados para os prótons dos dois grupos metila. Por outro lado, em temperaturas elevadas (> 130 °C), é observado um simpleto, cuja integração dá seis hidrogênios. Explique essas diferenças.

9.50 Os espectros de massa de diversos derivados de benzeno mostram um pico m/z 51. Como se poderia explicar esse fragmento?

9.51 Considere as informações vistas a seguir.

(a) Quantos sinais de RMN de ^{1}H você esperaria para a molécula vista na figura à direita?

(b) H_a parece como um dupleto de dupletos (dd) em 1,32 ppm no espectro de RMN de ^{1}H. Desenhe um diagrama de árvore para o desdobramento de H_a usando as constantes de acoplamento fornecidas anteriormente.

J_{ab} = 5,3 Hz
J_{ac} = 8,2 Hz
J_{bc} = 10,7 Hz

Problemas para Trabalho em Grupo

1. Dadas as seguintes informações, elucide as estruturas dos compostos **A** e **B**. Ambos os compostos são solúveis em HCl aquoso diluído e ambos têm a mesma fórmula molecular. Os espectros de massa de **A** e **B** têm M$^{+\cdot}$ 149. Outros dados espectroscópicos para **A** e **B** são listados a seguir. Justifique as estruturas propostas associando os dados com as estruturas. Faça esboços dos espectros de RMN.

(a) O espectro de IV para o composto **A** apresenta duas bandas na região 3300–3500 cm^{-1}. O espectro de RMN de ^{13}C completamente desacoplado exibe os seguintes sinais (as informações a respeito dos prótons ligados são dadas entre parênteses com os deslocamentos químicos de ^{13}C):

A: RMN de ^{13}C (ppm): 140 (C), 127 (C), 125 (CH), 118 (CH), 24 (CH$_2$), 13 (CH$_3$)

(b) O espectro de IV para o composto **B** não apresenta bandas na região 3300–3500 cm⁻¹. O espectro de RMN de ¹³C completamente desacoplado exibe os seguintes sinais (as informações a respeito dos prótons ligados são dadas entre parênteses com os deslocamentos químicos de ¹³C):

B: RMN de ¹³C (ppm): 147 (C), 129 (CH), 115 (CH), 111 (CH), 44 (CH₂), 13 (CH₃)

2. Dois compostos com fórmula molecular C₅H₁₀O apresentam os seguintes dados de RMN de ¹H e de ¹³C. Ambos os compostos têm uma banda forte na região do IV de 1710–1740 cm⁻¹. Elucide as estruturas destes dois compostos e interprete os espectros. Faça um esboço de cada espectro de RMN.

(a) RMN de ¹H (ppm): 2,55 (septeto, 1H); 2,10 (singleto, 3H); 1,05 (dupleto, 6H)

RMN de ¹³C (ppm): 212,6; 41,5; 27,2; 17,8

(b) RMN de ¹H (ppm): 2,38 (tripleto, 2H); 2,10 (simpleto, 3H); 1,57 (sexteto, 2H); 0,88 (tripleto, 3H)

RMN de ¹³C (ppm): 209,0; 45,5; 29,5; 17,0; 13,2

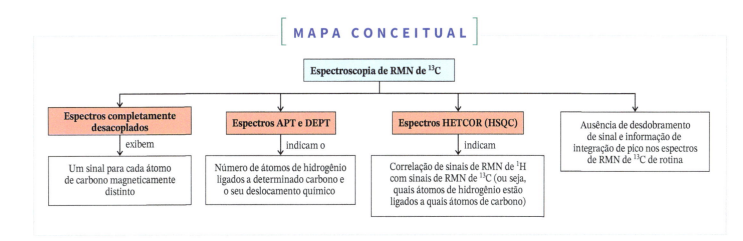

464 CAPÍTULO 9

MAPA CONCEITUAL

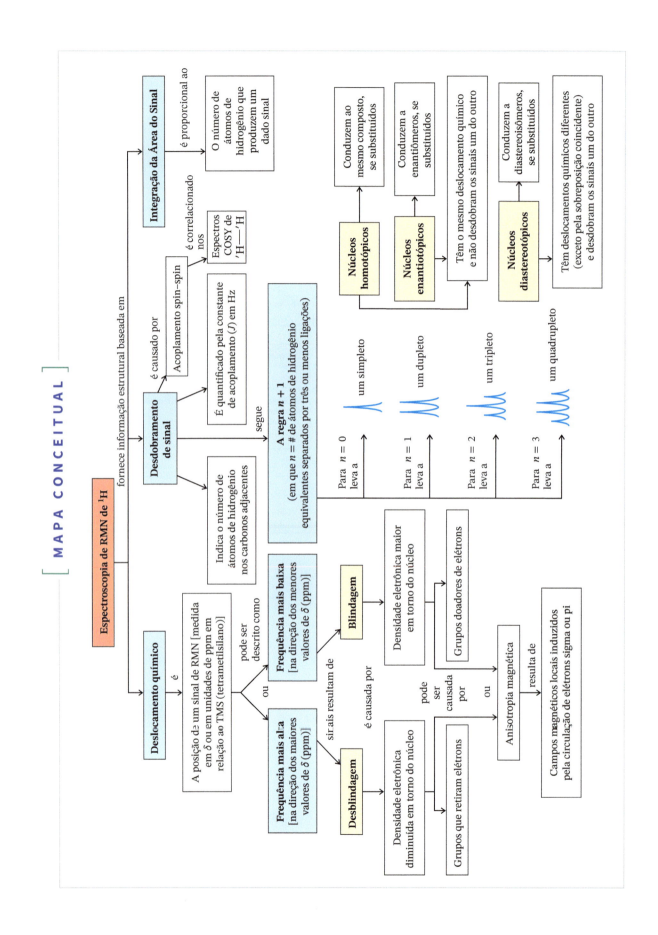

CAPÍTULO 10

Daniil Petrov/Shutterstock.com

Reações Radicalares

Elétrons desemparelhados levam a muitas questões importantes sobre os tipos de reatividade dos radicais. Na verdade, espécies com elétrons desemparelhados são chamadas de radicais, e esses estão envolvidos na química da combustão, envelhecimento, doenças, bem como nas reações relacionadas com a destruição da camada de ozônio e a síntese de produtos que melhoram as nossas vidas dia a dia. O polietileno, por exemplo, que pode ter uma massa molecular de milhares a milhões, e de usos práticos variando de filmes plásticos a recipientes para transporte de água, coletes à prova de balas e próteses de bacia e de joelho, é feito por uma reação envolvendo radicais. O oxigênio que respiramos e o óxido nítrico que serve como agente de sinalização de alguns processos biológicos fundamentais são ambos moléculas com elétrons desemparelhados. Compostos naturais altamente coloridos, tais como aqueles encontrados em mirtilos e cenouras, reagem com radicais e podem nos proteger de reações radicalares indesejáveis. Uma grande parte da economia se baseia nos radicais, desde reações usadas para fazer polímeros, tais como Lucite, até o princípio de ação de fármacos, tais como Cialis, Levitra e Viagra, que agem sobre um caminho de sinalização biológica envolvendo o óxido nítrico.

NESTE CAPÍTULO, VAMOS ESTUDAR:

- As propriedades dos radicais, sua formação e sua reatividade
- Reações significativas baseadas em radicais que ocorrem na natureza

POR QUE ESSES TÓPICOS SÃO IMPORTANTES?

No fim do capítulo, vamos mostrar que existe uma molécula natural que combina a química radicalar e a forma molecular de uma maneira que pode causar a morte das células. Os químicos utilizaram esse conhecimento para a elaboração de alguns fármacos anticancerígenos que têm ajudado a saúde dos seres humanos.

10.1 Introdução: Como Radicais São Formados e Como Eles Reagem

Até então quase todas as reações cujos mecanismos estudamos foram **reações iônicas**. As reações iônicas são aquelas nas quais as mudanças nas ligações ocorrem com **heterólise**, de modo que íons estão envolvidos como reagentes, intermediários ou produtos.

Outra classe geral de reações tem mecanismos em que as mudanças de ligação envolvem a **homólise** e a produção de intermediários que possuem elétrons desemparelhados chamados de **radicais** (ou **radicais livres**).

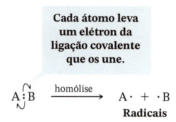

Esse exemplo simples ilustra o modo como usamos as **setas curvas com uma única farpa** para mostrar o movimento de **um único elétron** (e não de um par de elétrons como fizemos anteriormente). Nesse exemplo, cada grupo, A e B, se afasta com um dos elétrons da ligação covalente que os unia.

10.1A Produção de Radicais

- Energia na forma de calor ou luz tem de ser fornecida para provocar a homólise de ligações covalentes.

> **DICA ÚTIL**
> Uma seta curva com uma única farpa mostra o movimento de um elétron.

Por exemplo, compostos com uma ligação simples oxigênio-oxigênio, chamados de **peróxidos**, sofrem homólise facilmente quando aquecidos, devido à ligação oxigênio-oxigênio ser fraca. Os produtos são dois radicais, chamados de radicais alcoxila:

$$R-\ddot{O}:\ddot{O}-R \xrightarrow{calor} 2\ R-\ddot{O}\cdot$$

Peróxido de dialquila   **Radicais alcoxila**   **Homólise de um peróxido de dialquila**

As moléculas de halogênio (X_2) também contêm ligações relativamente fracas. Como veremos em breve, os halogênios sofrem homólise facilmente quando aquecidos ou irradiados com luz de um comprimento de onda que possa ser absorvido pela molécula de halogênio:

$$:\ddot{X}:\ddot{X}: \xrightarrow[\text{calor ou luz }(h\nu)]{\text{homólise}} 2:\ddot{X}\cdot$$

Homólise de uma molécula de halogênio

Os produtos dessa homólise são átomos de halogênio e, devido a esses átomos conterem um elétron desemparelhado, eles são radicais.

10.1B Reações de Radicais

- Quase todos os radicais pequenos são espécies altamente reativas, com tempo de vida curto.

Quando os radicais colidem com outras moléculas, eles tendem a reagir de um modo que leva ao emparelhamento do seu elétron desemparelhado. Um modo pelo qual eles fazem isto é pela abstração de um átomo de outra molécula. Abstrair um átomo significa remover um átomo por clivagem de ligação homolítica assim que o átomo forma uma ligação com outro radical. Por exemplo, um átomo de halogênio pode abstrair um átomo de hidrogênio de um alcano. Essa **abstração de hidrogênio** fornece um elétron ao átomo de halogênio (a partir do átomo de hidrogênio) para emparelhar com seu elétron desemparelhado. Observe, no entanto, que o outro produto dessa abstração é *outro intermediário radicalar*, neste caso, um radical alquila, R·, que vai reagir posteriormente. Esses processos são característicos de **reações radicalares**, como veremos neste capítulo.

Um Mecanismo para a Reação

Abstração de Átomo de Hidrogênio

Reação Geral

$$:\ddot{X}\cdot \ + \ H{:}R \longrightarrow :\ddot{X}{:}H \ + \ R\cdot$$

Intermediário Alcano
radicalar
reativo

Intermediário
radicalar alquila
(que reage posteriormente)

Exemplo Específico

$$:\ddot{\underset{..}{Cl}}\cdot \ + \ H{:}CH_3 \longrightarrow :\ddot{\underset{..}{Cl}}{:}H \ + \ \cdot CH_3$$

Átomo   Metano
de cloro
(um radical)

Intermediário
radicalar metila
(que reage posteriormente)

Considere outro exemplo, um que mostra outra maneira pela qual os radicais podem reagir. Eles podem se combinar com um composto que contenha uma ligação múltipla para produzir um novo radical, que vai posteriormente reagir. (Estudaremos reações desse tipo na Seção 10.10.)

Um Mecanismo para a Reação

Adição de um Radical a uma Ligação π

$$R\cdot \ + \ \underset{\text{Alqueno}}{C{=}C} \longrightarrow -\underset{|}{\overset{|}{C}}-\underset{|}{\overset{R}{C}}\cdot \longrightarrow \text{Reação posterior (Seção 10.11)}$$

Intermediário Alqueno
radicalar alquila
reativo

Novo
intermediário
radicalar

A Química Biológica e Industrial de... Medicamentos para Acne

Peróxido de benzoíla

Embora certos peróxidos sejam bons na iniciação de reações radicalares, os radicais peróxidos também têm muitos usos importantes. Por exemplo, o peróxido de benzoíla é um ingrediente ativo encontrado tipicamente em muitos medicamentos para acne que quebra e forma radicais devido ao aquecimento da nossa pele e à exposição à luz. Esses radicais podem, então, matar as bactérias que causam as rupturas.

O mesmo composto também é utilizado como um agente branqueador. Conforme veremos no Capítulo 13, muitos compostos coloridos possuem ligações duplas conjugadas; os radicais peróxido de benzoíla podem se adicionar a ligações, quebrar sua conjugação e remover sua cor, deixando para trás novos materiais brancos. Se você já limpou seu rosto depois de usar um medicamento para acne com uma toalha colorida, já pode ter visto esses efeitos!

10.2 Energias de Dissociação Homolítica de Ligação (*DH°*)

Quando átomos se combinam para formar moléculas, energia é liberada à medida que ligações covalentes são formadas. As moléculas dos produtos têm entalpia menor que os átomos separados. Quando átomos de hidrogênio se combinam para formar moléculas de hidrogênio, por exemplo, a reação é *exotérmica*; ela libera 436 kJ de calor para cada mol de hidrogênio que é produzido. Semelhantemente, quando átomos de cloro se combinam para formar moléculas de cloro, a reação libera 243 kJ mol^{-1} de cloro produzido.

$$H\cdot + H\cdot \longrightarrow H-H \qquad \Delta H° = -436 \text{ kJ mol}^{-1}$$
$$Cl\cdot + Cl\cdot \longrightarrow Cl-Cl \qquad \Delta H° = -243 \text{ kJ mol}^{-1}$$

A formação de ligação é um processo exotérmico: $\Delta H°$ é negativa.

As reações em que ocorre apenas quebra de ligação são sempre endotérmicas. A energia necessária para quebrar as ligações covalentes do hidrogênio ou do cloro homoliticamente é exatamente igual à que é liberada quando os átomos separados se combinam formando moléculas. Na reação de quebra, no entanto, $\Delta H°$ é positiva:

$$H-H \longrightarrow H\cdot + H\cdot \qquad \Delta H° = +436 \text{ kJ mol}^{-1}$$
$$Cl-Cl \longrightarrow Cl\cdot + Cl\cdot \qquad \Delta H° = +243 \text{ kJ mol}^{-1}$$

A quebra de ligação é um processo endotérmico: $\Delta H°$ é positiva.

- Energia tem de ser fornecida para quebrar ligações covalentes.
- As energias necessárias para quebrar ligações covalentes homoliticamente são chamadas de **energias de dissociação homolítica de ligação**, que geralmente são abreviadas pelo símbolo *DH°*.

As energias de dissociação homolítica de ligação do hidrogênio e do cloro, por exemplo, podem ser escritas da seguinte maneira:

$$H-H \qquad Cl-Cl$$
$$(DH° = 436 \text{ kJ mol}^{-1}) \qquad (DH° = 243 \text{ kJ mol}^{-1})$$

As energias de dissociação homolítica de ligação de uma variedade de ligações covalentes foram determinadas experimentalmente ou calculadas a partir de dados relacionados. Alguns desses valores de *DH°* são listados na Tabela 10.1.

TABELA 10.1 Energias de Dissociação Homolítica de Ligação (*DH°*) a 25 °C^a

$$A:B \longrightarrow A\cdot + B\cdot$$

Ligação Rompida (mostrada em rosa)	kJ mol^{-1}	Ligação Rompida (mostrada em rosa)	kJ mol^{-1}	Ligação Rompida (mostrada em rosa)	kJ mol^{-1}
H—H	436	CH$_3$CH$_2$—OCH$_3$	352	CH$_2$=CHCH$_2$—H	369
D—D	443	CH$_3$CH$_2$CH$_2$—H	423	CH$_2$=CH—H	465
F—F	159	CH$_3$CH$_2$CH$_2$—F	444	C$_6$H$_5$—H	474
Cl—Cl	243	CH$_3$CH$_2$CH$_2$—Cl	354	HC≡C—H	547
Br—Br	193	CH$_3$CH$_2$CH$_2$—Br	294	CH$_3$—CH$_3$	378
I—I	151	CH$_3$CH$_2$CH$_2$—I	239	CH$_3$CH$_2$—CH$_3$	371
H—F	570	CH$_3$CH$_2$CH$_2$—OH	395	CH$_3$CH$_2$CH$_2$—CH$_3$	374
H—Cl	432	CH$_3$CH$_2$CH$_2$—OCH$_3$	355	CH$_3$CH$_2$—CH$_2$CH$_3$	343
H—Br	366	(CH$_3$)$_2$CH—H	413	(CH$_3$)$_2$CH—CH$_3$	371

(continua)

TABELA 10.1 Energias de Dissociação Homolítica de Ligação ($DH°$) a 25 °C[a] (continuação)

$$A:B \longrightarrow A\cdot + B\cdot$$

Ligação Rompida (mostrada em rosa)	kJ mol^{-1}	Ligação Rompida (mostrada em rosa)	kJ mol^{-1}	Ligação Rompida (mostrada em rosa)	kJ mol^{-1}
H—I	298	(CH$_3$)$_2$CH—F	439	(CH$_3$)$_3$C—CH$_3$	363
CH$_3$—H	440	(CH$_3$)$_2$CH—Cl	355	HO—H	499
CH$_3$—F	461	(CH$_3$)$_2$CH—Br	298	HOO—H	356
CH$_3$—Cl	352	(CH$_3$)$_2$CH—I	222	HO—OH	214
CH$_3$—Br	293	(CH$_3$)$_2$CH—OH	402	(CH$_3$)$_3$CO—OC(CH$_3$)$_3$	157
CH$_3$—I	240	(CH$_3$)$_2$CH—OCH$_3$	359	$\underset{\text{C}_6\text{H}_5\overset{\text{O}}{\overset{\|}{\text{C}}}\text{O}—\text{O}\overset{\text{O}}{\overset{\|}{\text{C}}}\text{C}_6\text{H}_5}{}$	139
CH$_3$—OH	387	(CH$_3$)$_2$CHCH$_2$—H	422		
CH$_3$—OCH$_3$	348	(CH$_3$)$_3$C—H	400	CH$_3$CH$_2$O—OCH$_3$	184
CH$_3$CH$_2$—H	421	(CH$_3$)$_3$C—Cl	349	CH$_3$CH$_2$O—H	431
CH$_3$CH$_2$—F	444	(CH$_3$)$_3$C—Br	292	$\text{CH}_3\overset{\text{O}}{\overset{\|}{\text{C}}}—\text{H}$	364
CH$_3$CH$_2$—Cl	353	(CH$_3$)$_3$C—I	227		
CH$_3$CH$_2$—Br	295	(CH$_3$)$_3$C—OH	400		
CH$_3$CH$_2$—I	233	(CH$_3$)$_3$C—OCH$_3$	348		
CH$_3$CH$_2$—OH	393	C$_6$H$_5$CH$_2$—H	375		

[a]Dados compilados a partir do National Institute of Standards (NIST) Standard Reference Database Number 69, July 2001 Release, acessado via NIST Chemistry WebBook (http://webbook.nist.gov.chemistry/) Copyright 2000. Dados do CRC Handbook of Chemistry and Physics, 3ª edição eletrônica revisada; Lide, David R., ed. Os dados de $DH°$ foram obtidos diretamente ou calculados a partir do calor de formação (H_f) usando a equação $DH°$ $[A - B] = H_f[A\cdot] + H_f[B\cdot] - H_f[A - B]$.

10.2A Como Usar Energias de Dissociação Homolítica de Ligação para Determinar a Estabilidade Relativa de Radicais

As energias de dissociação homolítica também nos oferecem um modo conveniente de estimar as estabilidades relativas de radicais. Se examinarmos os dados na Tabela 10.1, veremos os seguintes valores de $DH°$ para as ligações C—H primárias e secundárias do propano:

($DH°$ = 423 kJ mol^{-1})   ($DH°$ = 413 kJ mol^{-1})

Isso significa que, para a reação na qual as ligações C—H indicadas são quebradas homoliticamente, os valores de $\Delta H°$ são aqueles mostrados aqui.

⟶ + H· $\Delta H° = +423$ kJ mol^{-1}
Radical propila
(um radical primário)

⟶ + H· $\Delta H° = +413$ kJ mol^{-1}
Radical isopropila
(um radical secundário)

Essas reações se assemelham em dois aspectos: ambas começam com o mesmo alcano (propano) e ambas produzem um radical alquila e um átomo de hidrogênio. Elas diferem, no entanto, na quantidade de energia necessária e no tipo de radical de carbono produzido. Essas diferenças estão relacionadas entre si.

- Radicais alquila são classificados como primários, secundários ou terciários com base no átomo de carbono que tem o elétron desemparelhado, do mesmo modo que classificamos carbocátions baseados no átomo de carbono com a carga positiva.

Mais energia tem de ser fornecida para produzir um radical alquila primário (o radical propila) a partir do propano do que é necessário para produzir um radical secundário (o radical isopropila) a partir do mesmo composto. Isso significa que o radical primário absorveu mais energia e, portanto, tem maior *energia potencial*. Devido à estabilidade relativa de uma espécie química ser inversamente relacionada com sua energia potencial, o radical secundário tem de ser o radical *mais estável* (**Fig. 10.1a**). Na verdade, o radical isopropila secundário é mais estável que o radical propila primário em 10 kJ mol^{-1}.

Podemos usar os dados da Tabela 10.1 para fazer uma comparação semelhante entre o radical *terc*-butila (um radical terciário) e o radical isobutila (um radical primário) em relação ao isobutano:

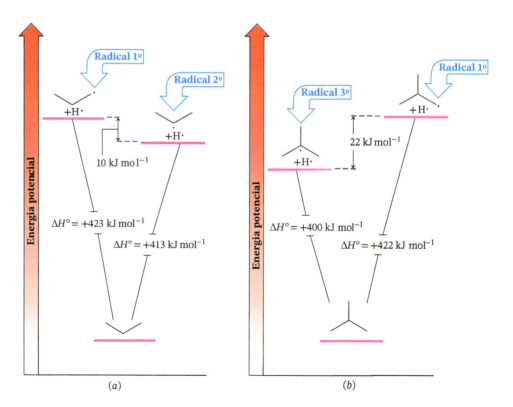

Nesse caso observamos (**Fig. 10.1b**) que a diferença de estabilidade entre os dois radicais é ainda maior. O radical terciário é mais estável que o radical primário em 22 kJ mol^{-1}.

FIGURA 10.1 (*a*) Comparação entre as energias potenciais do radical propila (+H·) e o radical isopropila (+H·) em relação ao propano. O radical isopropila (um radical secundário) é mais estável do que o radical primário em 10 kJ mol^{-1}. (*b*) Comparação entre as energias potenciais do radical *terc*-butila (+H·) e o radical isobutila (+H·) em relação ao isobutano. O radical terciário é mais estável do que o radical primário em 22 kJ mol^{-1}.

O tipo de comportamento que encontramos nesses exemplos é geralmente encontrado com radicais alquila.

> **DICA ÚTIL**
> Conhecer a estabilidade relativa dos radicais é importante para prever caminhos de reação.

- **De maneira geral, as estabilidades relativas dos radicais são terciário > secundário > primário > metila.**

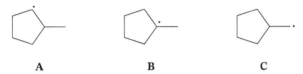

- **A ordem de estabilidade dos radicais alquila é a mesma dos carbocátions** (Seção 6.11B).

Embora os radicais alquila não sejam carregados, o carbono que possui o elétron desemparelhado é *deficiente em elétrons*. Portanto, grupos alquila ligados a esse carbono fornecem um efeito estabilizante através da hiperconjugação, e, quanto mais grupos alquila estiverem ligados a ele, mais estável será o radical. Assim, as razões para as estabilidades relativas dos radicais e dos carbocátions são semelhantes.

PROBLEMA RESOLVIDO 10.1

Classifique cada um dos seguintes radicais como 1º, 2º ou 3º, e os disponha em ordem decrescente de estabilidade.

A   **B**   **C**

Estratégia e Resposta

Examinamos o carbono que contém o elétron desemparelhado em cada radical para classificar o radical de acordo com o seu tipo. **B** é um radical terciário (o carbono que tem o elétron desemparelhado é terciário) e é, portanto, o mais estável. **C** é um radical primário e é o menos estável. **A**, sendo um radical secundário, fica entre os dois. A ordem de estabilidade é **B > A > C**.

PROBLEMA DE REVISÃO 10.1

Liste os seguintes radicais em ordem decrescente de estabilidade:

·CH$_3$

10.3 Reações de Alcanos com Halogênios

- Os alcanos reagem com moléculas de halogênios produzindo halogenetos de alquila através de uma **reação de substituição** chamada de **halogenação radicalar**.

Uma reação geral mostrando a formação de um mono-haloalcano por halogenação radicalar é mostrada a seguir. Ela é chamada de halogenação radicalar porque, como veremos, o mecanismo envolve espécies com elétrons desemparelhados chamadas de radicais. Essa reação não é uma reação de substituição nucleofílica.

$$R-H + X_2 \longrightarrow R-X + HX$$

- Um átomo de halogênio substitui um ou mais átomos de hidrogênio do alcano, e o halogeneto de hidrogênio correspondente é formado como subproduto.

Apenas flúor, cloro e bromo reagem dessa forma com alcanos. O iodo é essencialmente não reativo devido a um balanço de energia de reação desfavorável.

10.3A Múltiplas Substituições por Halogênios

Um fator complicador das halogenações de alcanos é que múltiplas substituições quase sempre ocorrem, a menos que utilizemos um excesso de alcano (veja o Problema Resolvido 10.2). O exemplo visto a seguir ilustra esse fenômeno. Se misturarmos uma razão equimolar de metano e cloro (ambas as substâncias são gases à temperatura ambiente) e, então, aquecermos ou a irradiarmos com luz de comprimento de onda apropriado, uma reação começa a acontecer vigorosamente e, no final, produz a seguinte mistura de produtos:

$$CH_4 + Cl_2 \xrightarrow{\text{calor ou luz}} CH_3Cl + CH_2Cl_2 + CHCl_3 + CCl_4 + HCl$$

Metano Cloro Clorometano Diclorometano Triclorometano Tetraclorometano Cloreto de hidrogênio

(A soma do número de mols de cada metano clorado produzido é igual ao número de mols do metano que reagiu.)

Para entender a formação dessa mistura, precisamos considerar como a concentração dos reagentes e produtos varia à medida que a reação se processa. A princípio, os únicos compostos que estão presentes nessa mistura são cloro e metano, e a única reação que pode ocorrer é aquela que produz clorometano e cloreto de hidrogênio:

$$CH_4 + Cl_2 \longrightarrow CH_3Cl + HCl$$

À medida que a reação progride, no entanto, a concentração de clorometano na mistura cresce e uma segunda reação de substituição começa a acontecer. O clorometano reage com o cloro produzindo diclorometano:

$$CH_3Cl + Cl_2 \longrightarrow CH_2Cl_2 + HCl$$

O diclorometano produzido pode então reagir formando triclorometano, e o triclorometano, à medida que se acumula na mistura, pode reagir com cloro produzindo tetraclorometano. Cada vez que ocorrer uma substituição de —H por —Cl, uma molécula de H—Cl será produzida.

PROBLEMA RESOLVIDO 10.2

Se o objetivo da síntese é preparar clorometano (CH_3Cl), sua formação pode ser maximizada e a formação de CH_2Cl_2, $CHCl_3$ e CCl_4 minimizada pelo uso de um grande excesso de metano na mistura reacional. Explique por que isso é possível.

Resposta

O uso de um grande excesso de metano maximiza a probabilidade de que cloro irá atacar moléculas de metano devido à concentração de metano na mistura ser sempre relativamente grande. Isso também minimiza a probabilidade de que cloro ataque moléculas de CH_3Cl, CH_2Cl_2 e de $CHCl_3$, pois suas concentrações serão sempre relativamente baixas. Após o término da reação, o metano em excesso que não reagiu pode ser recuperado e reciclado.

10.3B Falta de Seletividade do Cloro

A **cloração** da maior parte dos alcanos superiores dá uma mistura de produtos isoméricos monoclorados, bem como de compostos altamente halogenados.

- O cloro é relativamente ***não seletivo***; ele não discrimina muito entre os diferentes tipos de átomos de hidrogênio (primários, secundários e terciários) em um alcano.

Um exemplo é a cloração do isobutano promovida por luz.

Isobutano $\xrightarrow{Cl_2, luz}$ Cloreto de isobutila (48%) + Cloreto de terc-butila (29%) + Produtos policlorados (23%) + HCl

- Devido às clorações de alcanos usualmente gerarem uma mistura complexa de produtos, elas não são tão úteis como métodos de síntese quando o objetivo é a preparação de um cloreto de alquila específico.

Uma exceção é a halogenação de um alcano (ou cicloalcano) cujos átomos de hidrogênio *são todos equivalentes* (isto é, homotópicos). Como discutido na Seção 9.5A, átomos de hidrogênio homotópicos são definidos como aqueles cuja substituição por algum outro grupo (por exemplo, cloro) produz o mesmo composto. O neopentano, por exemplo, pode formar apenas um produto de mono-halogenação, e o uso de um grande excesso de neopentano minimiza a policloração:

DICA ÚTIL
A cloração não é seletiva.

Neopentano (excesso) + Cl$_2$ $\xrightarrow{\text{calor ou luz}}$ Cloreto de neopentila + HCl

- O bromo é geralmente menos reativo que o cloro na cloração de alcanos e o bromo é *mais seletivo* em relação ao local de ataque quando ele reage.

Examinaremos a seletividade da bromação posteriormente na Seção 10.5A.

10.4 Cloração do Metano: Mecanismo de Reação

A reação de metano com cloro (em fase gasosa) fornece um bom exemplo para o estudo do mecanismo da **halogenação** radicalar.

$$CH_4 + Cl_2 \longrightarrow CH_3Cl + HCl \;(+ \;CH_2Cl_2, \;CHCl_3 \;e\; CCl_4)$$

Várias observações experimentais ajudam no entendimento do mecanismo dessa reação:

1. **A reação é promovida por calor ou luz.** Na temperatura ambiente, metano e cloro não reagem em uma velocidade perceptível enquanto a mistura for mantida fora da luz. Metano e cloro reagem, no entanto, à temperatura ambiente se a mistura reacional é irradiada com luz UV em um comprimento de onda absorvido pelo Cl$_2$, e eles reagem no escuro se a mistura gasosa é aquecida a temperaturas maiores que 100 °C.

2. **A reação promovida por luz é altamente eficiente.** Uma quantidade relativamente pequena de fótons de luz permite a formação de quantidades relativamente grandes de produtos clorados.

Um mecanismo que é consistente com essas observações tem várias etapas, mostradas a seguir. A primeira etapa envolve a dissociação de uma molécula de cloro, por calor ou luz, em dois átomos de cloro. A segunda etapa envolve a abstração de hidrogênio por um átomo de cloro.

Na etapa 3 o radical metila altamente reativo reage com uma molécula de cloro para abstração de um átomo de cloro. Isso resulta na formação de uma molécula de clorometano (um dos produtos finais da reação) e um *átomo de cloro*. Esse último produto é particularmente significativo, pois o átomo de cloro formado na etapa 3 pode atacar outra molécula de metano e causar a repetição da etapa 2. Então, a etapa 3 é repetida, e assim por diante, por centenas ou milhares de vezes. (A cada repetição da etapa 3 uma molécula de clorometano é produzida.)

Um Mecanismo para a Reação

Cloração Radicalar do Metano

Reação

$$CH_4 + Cl_2 \xrightarrow{\text{calor ou luz}} CH_3Cl + HCl$$

Mecanismo

Iniciação da Cadeia

Etapa 1: Dissociação do halogênio

$$:\!\ddot{C}l\!:\!\ddot{C}l\!: \xrightarrow{\text{calor ou luz}} :\!\ddot{C}l\cdot + \cdot\ddot{C}l\!:$$

Sob a influência de calor ou luz uma molécula de cloro se dissocia; cada átomo leva um dos elétrons da ligação química.

Esta etapa produz dois átomos de cloro altamente reativos.

Propagação da Cadeia

Etapa 2: Abstração de hidrogênio

Um átomo de cloro abstrai um átomo de hidrogênio de uma molécula de metano.

Esta etapa produz uma molécula de cloreto de hidrogênio e um radical metila.

Etapa 3: Abstração de halogênio

Um radical metila abstrai um átomo de cloro de uma molécula de cloro.

Esta etapa produz uma molécula de diclorometano e um átomo de cloro. O átomo de cloro pode agora causar a repetição da etapa 2.

Terminação da Cadeia

O acoplamento de dois radicais quaisquer esgota o fornecimento de intermediários reativos e termina a cadeia. Vários pares são possíveis para as etapas de terminação de acoplamento de radicais (veja o texto).

> **DICA ÚTIL**
>
> *Lembre-se*: Estas convenções são usadas na ilustração de mecanismos de reação neste livro.
>
> 1. Setas curvas ⌢ ou ⌢ sempre mostram a direção do movimento dos elétrons.
>
> 2. Setas com uma única farpa ⌢ mostram o ataque (ou movimento) de um elétron desemparelhado.
>
> 3. Setas com farpa dupla ⌢ mostram o ataque (ou movimento) de um par de elétrons.

- Esse tipo de mecanismo passo a passo sequencial, no qual cada etapa gera um intermediário reativo que faz com que o próximo ciclo da reação aconteça, é chamado de uma **reação em cadeia**.

A etapa 1 é chamada a **etapa iniciadora da cadeia**. *Os radicais livres são criados* na etapa iniciadora da cadeia. As etapas 2 e 3 são chamadas de **etapas de propagação da cadeia**. Nessas etapas de propagação da cadeia *um radical gera outro*.

Iniciação da Cadeia: *criação de radicais*

Etapa 1 $Cl_2 \xrightarrow[\text{ou luz}]{\text{calor}} 2\ Cl\cdot$

Propagação da Cadeia: *reação e regeneração de radicais*

Etapa 2 $CH_4 + Cl\cdot \longrightarrow \cdot CH_3 + H\text{—}Cl$

Etapa 3 $\cdot CH_3 + Cl_2 \longrightarrow CH_3Cl + Cl\cdot$

A natureza em cadeia da reação dá conta das observações de que as reações promovidas por luz são altamente eficientes. A presença de alguns relativamente poucos átomos de cloro em um dado momento qualquer é tudo o que é necessário para causar a formação de milhares de moléculas de clorometano.

O que faz a reação em cadeia terminar? Por que um fóton de luz não promove a **cloração** de todas as moléculas de metano presentes? Sabemos que isso não ocorre porque observamos que, em baixas temperaturas, a irradiação contínua é necessária ou a reação desacelera e para. A resposta para essas questões é a existência de ***etapas de terminação da cadeia***: etapas que ocorrem poucas vezes, mas ocorrem com frequência suficiente *para usar um ou ambos os intermediários reativos*. A substituição contínua de intermediários consumidos pelas etapas de terminação da cadeia requer irradiação contínua. Etapas de terminação da cadeia plausíveis são as seguintes:

Terminação da Cadeia: *consumo de radicais (por exemplo, por acoplamento)*

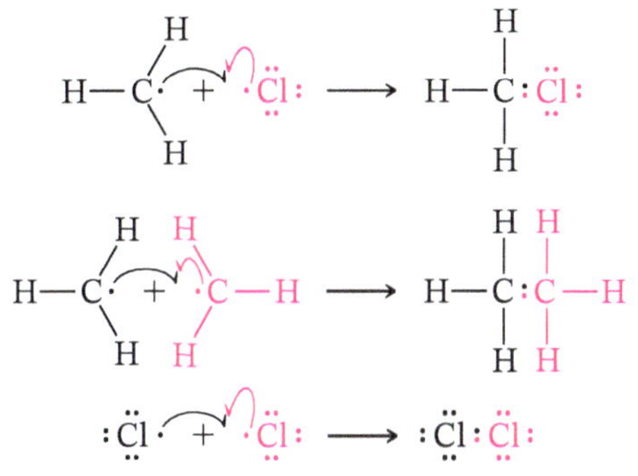

(Etano como subproduto)

Nosso mecanismo radicalar também explica como a reação do metano com cloro produz mais produtos altamente halogenados, CH_2Cl_2, $CHCl_3$ e CCl_4 (bem como HCl adicional). Conforme a reação progride, o clorometano (CH_3Cl) acumula-se na mistura e seus átomos de hidrogênio também são suscetíveis à abstração por cloro. Logo, são produzidos radicais clorometila que levam ao diclorometano (CH_2Cl_2).

Reações Secundárias: *formação de subprodutos multialogenados*

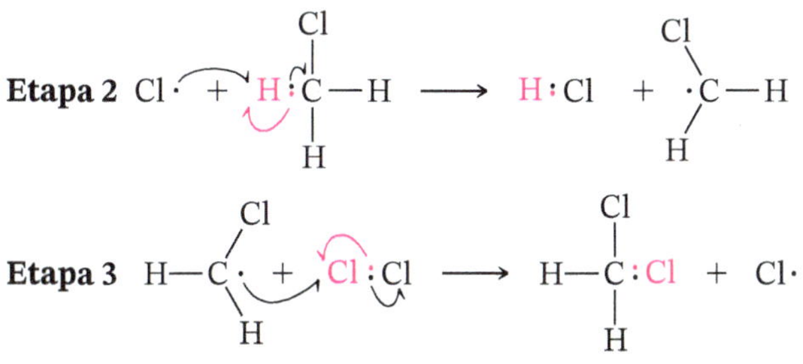

Etapa 2

Etapa 3

(Diclorometano)

A seguir, a etapa 2 é repetida, a etapa 3 é repetida, e assim por diante. Cada repetição da etapa 2 produz uma molécula de HCl e cada repetição da etapa 3 produz uma molécula de CH_2Cl_2.

PROBLEMA RESOLVIDO 10.3

Quando metano é clorado, são encontrados traços de cloroetano entre os produtos. Como ele é formado? Quão significante é a sua formação?

Estratégia e Resposta

Uma pequena quantidade de etano é formada pela combinação de dois radicais metila:

$$2 \cdot CH_3 \longrightarrow H_3C:CH_3$$

O subproduto etano formado pelo acoplamento então reage com cloro em uma reação de halogenação radicalar (veja a Seção 10.5) formando cloroetano. A significância dessa observação é que ela é evidência para a proposta de que, na reação de cloração do metano, ocorre, em uma das etapas de terminação da cadeia, a combinação de dois radicais metila.

PROBLEMA DE REVISÃO 10.2

Sugira um método para separar e isolar CH_3Cl, CH_2Cl_2, $CHCl_3$ e CCl_4 que podem ser formados como uma mistura quando o metano é clorado. (Você pode consultar suas propriedades físicas.) Que método analítico poderia ser usado para separar essa mistura e dar informação estrutural de cada um dos componentes?

PROBLEMA DE REVISÃO 10.3

Se o objetivo fosse sintetizar CCl_4 com rendimento máximo, isso seria conseguido pelo uso de um grande excesso de cloro. Explique.

10.5 Halogenação de Alcanos Superiores

Os alcanos superiores reagem com os halogênios pelo mesmo tipo de **mecanismo em cadeia** que acabamos de ver. O etano, por exemplo, reage com o cloro produzindo clorometano (cloreto de etila). O mecanismo é o que segue:

Um Mecanismo para a Reação

Halogenação Radicalar do Etano

Iniciação da Cadeia

Etapa 1
$$Cl_2 \xrightarrow[\text{ou calor}]{\text{luz}} 2\ Cl \cdot$$

Propagação da Cadeia

Etapa 2
$$CH_3CH_2{:}H + \cdot Cl \longrightarrow CH_3CH_2 \cdot + H{:}Cl$$

Etapa 3
$$CH_3CH_2 \cdot + Cl{:}Cl \longrightarrow CH_3CH_2{:}Cl + Cl \cdot$$

A propagação da cadeia continua com as etapas 2, 3, 2, 3, e assim por diante.

Terminação da Cadeia

$$CH_3CH_2 \cdot + \cdot Cl \longrightarrow CH_3CH_2{:}Cl$$

$$CH_3CH_2 \cdot + \cdot CH_2CH_3 \longrightarrow CH_3CH_2{:}CH_2CH_3$$

$$Cl \cdot + \cdot Cl \longrightarrow Cl{:}Cl$$

PROBLEMA DE REVISÃO 10.4

Quando o etano é clorado, o 1,1-dicloroetano e o 1,2-dicloroetano, bem como etanos altamente clorados são formados na mistura (veja a Seção 10.3A). Escreva os mecanismos de reação em cadeia que expliquem a formação do 1,1-dicloroetano e do 1,2-dicloroetano.

A **cloração** da maioria dos alcanos cujas moléculas contêm mais de dois átomos de carbono produz uma mistura de produtos monoclorados isoméricos (bem como compostos mais altamente clorados). Seguem-se vários exemplos. As porcentagens fornecidas são baseadas na quantidade total dos produtos monoclorados formados em cada reação.

Estes exemplos mostram a não seletividade da cloração.

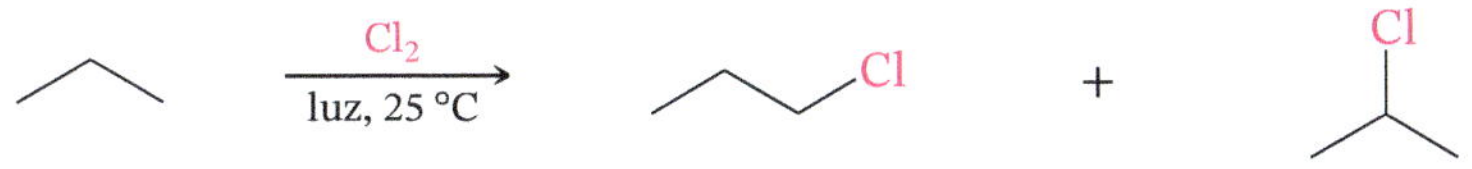

Propano $\xrightarrow{Cl_2,\ \text{luz, 25 °C}}$ 1-Cloropropano (45%) + 2-Cloropropano (55%)

2-Metilpropano $\xrightarrow{Cl_2,\ \text{luz, 25 °C}}$ 1-Cloro-2-metilpropano (63%) + 2-Cloro-2-metilpropano (37%)

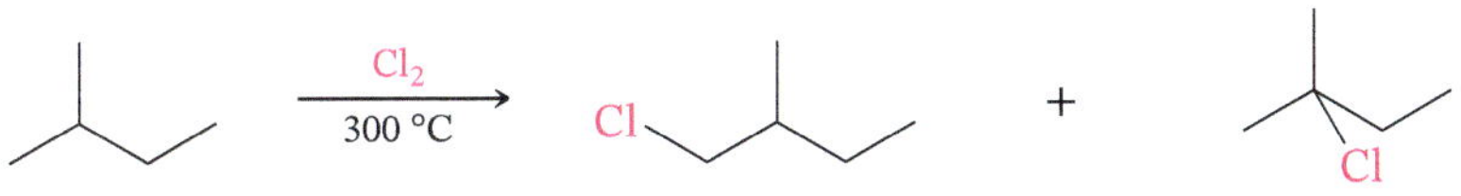

2-Metilbutano $\xrightarrow{Cl_2,\ 300\ °C}$ 1-Cloro-2-metilbutano (30%) + 2-Cloro-2-metilbutano (22%) + 2-Cloro-3-metilbutano (33%) + 1-Cloro-3-metilbutano (15%)

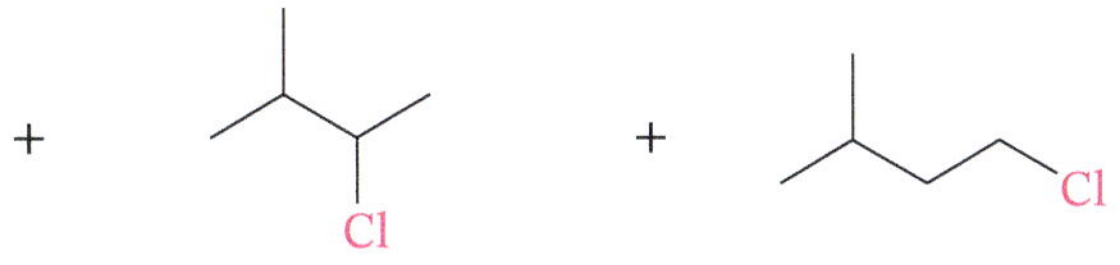

DICA ÚTIL
A cloração não é seletiva.

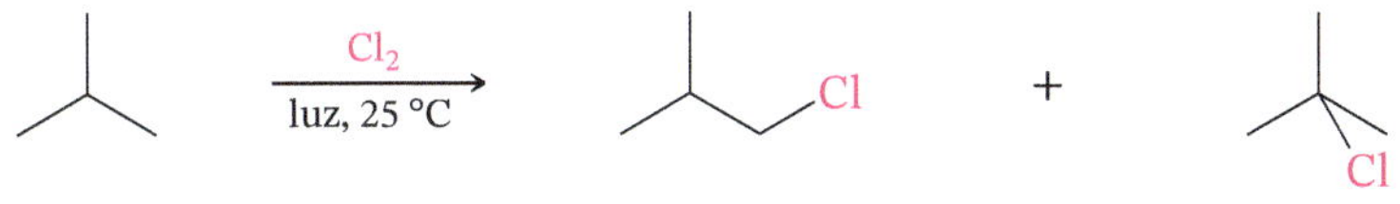

As proporções de produtos que obtemos das reações de cloração de alcanos superiores não são idênticas ao que esperaríamos se todos os átomos de hidrogênio do alcano fossem igualmente reativos. Observamos que existe uma correlação entre reatividade de diferentes átomos de hidrogênio e o tipo de átomo de hidrogênio (1º, 2º ou 3º) sendo substituído. Os átomos de hidrogênio terciários de um alcano são os mais reativos, os átomos de hidrogênio secundários são os próximos mais reativos, e os átomos de hidrogênio primários são os menos reativos (veja o Problema de Revisão 10.6).

PROBLEMA DE REVISÃO 10.5

(a) Quais as porcentagens de 1-cloropropano e 2-cloropropano você esperaria da cloração do propano, se os átomos de hidrogênio primários e secundários fossem igualmente reativos?

Propano $\xrightarrow{Cl_2,\ h\nu}$ 1-cloropropano + 2-cloropropano

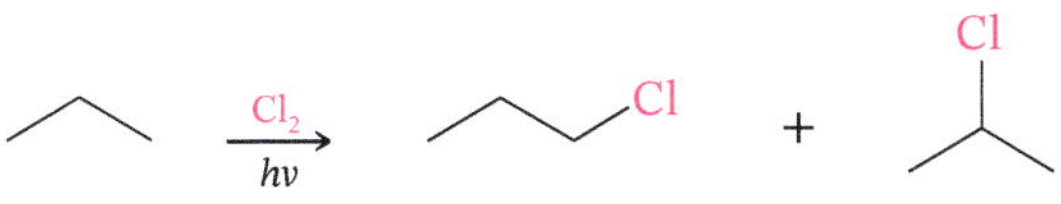

(b) Quais as porcentagens de 1-cloro-2-metilpropano e 2-cloro-2-metilpropano você esperaria da cloração do 2-metilpropano, se os átomos de hidrogênio primários e terciários tivessem a mesma reatividade?

$$\text{(CH}_3)_3\text{CH} \xrightarrow[h\nu]{\text{Cl}_2} (\text{CH}_3)_2\text{CHCH}_2\text{Cl} + (\text{CH}_3)_3\text{CCl}$$

(c) Compare essas respostas calculadas com os resultados realmente obtidos (anteriormente, na Seção 10.5) e justifique a afirmação de que a ordem de reatividade dos átomos de hidrogênio é 3º > 2º > 1º.

Podemos explicar as reatividades relativas dos átomos de hidrogênio primários, secundários e terciários em uma reação de cloração com base nas energias de dissociação homolítica de ligação que vimos anteriormente (Tabela 10.1). Dos três tipos, a quebra de uma ligação C—H terciária requer a menor energia, e a quebra de uma ligação C—H primária requer a maior energia. Uma vez que a etapa na qual a ligação C—H é quebrada (isto é, a etapa de abstração do átomo de hidrogênio) determina a localização ou a orientação da cloração, esperamos que a E_{ativ} para a abstração de um átomo de hidrogênio terciário seja menor e que a E_{ativ} para a abstração de um átomo de hidrogênio primário seja a maior. Assim, os átomos de hidrogênio terciários devem ser os mais reativos, os átomos de hidrogênio secundários devem ser os próximos mais reativos, e os átomos primários de hidrogênio devem ser os menos reativos.

Entretanto, as diferenças das velocidades com que os átomos de hidrogênio primários, secundários e terciários são substituídos pelo cloro não são grandes.

- O cloro não discrimina dentre os diferentes tipos de átomos de hidrogênio, de modo que torna a cloração de alcanos superiores uma síntese de laboratório geralmente útil.

PROBLEMA RESOLVIDO 10.4

Um alcano com a fórmula C_5H_{12} sofre cloração dando apenas um produto com fórmula $C_5H_{11}Cl$. Qual é a estrutura desse alcano?

Estratégia e Resposta

Os átomos de hidrogênio do alcano têm todos de ser equivalentes, de modo que a substituição de qualquer um deles levará ao mesmo produto. O único alcano contendo cinco átomos de carbono para o qual isso é verdadeiro é o neopentano.

$$\text{H}_3\text{C} - \underset{\underset{\text{CH}_3}{|}}{\overset{\overset{\text{CH}_3}{|}}{\text{C}}} - \text{CH}_3$$

PROBLEMA DE REVISÃO 10.6

As reações de cloração de certos alcanos podem ser utilizadas para preparações de laboratório. Os exemplos são a preparação do clorociclopropano a partir do ciclopropano e do clorociclobutano a partir do ciclobutano. Qual característica estrutural dessas moléculas torna isso possível?

$$\triangle \xrightarrow[h\nu]{\text{Cl}_2} \triangle\text{-Cl} \quad \text{e} \quad \square \xrightarrow[h\nu]{\text{Cl}_2} \square\text{-Cl}$$

(excesso) (excesso)

PROBLEMA DE REVISÃO 10.7

Cada um dos seguintes alcanos reage com o cloro dando um único produto de substituição monoclorado. Com base nessa informação, deduza a estrutura de cada alcano.

(a) C_5H_{10} **(b)** C_8H_{18}

10.5A Seletividade do Bromo

O bromo mostra uma capacidade muito maior em discriminar dentre os diferentes tipos de átomos de hidrogênio.

> **DICA ÚTIL**
> A bromação é seletiva.

- O bromo é menos reativo frente aos alcanos do que o cloro, mas o bromo é mais *seletivo* para o sítio de ataque.
- A bromação é seletiva para substituição onde o intermediário radicalar mais estável pode ser formado.

A reação do 2-metilpropano com o bromo, por exemplo, fornece quase exclusivamente a substituição do átomo de hidrogênio terciário:

$$\text{(2-metilpropano)} \xrightarrow[h\nu,\ 127\ °C]{Br_2} \text{(terc-Br)} \quad (>99\%) \quad + \quad \text{(prim-Br)} \quad (\text{traço})$$

Um resultado muito diferente é obtido quando o 2-metilpropano reage com o cloro:

$$\text{(2-metilpropano)} \xrightarrow[h\nu,\ 25\ °C]{Cl_2} \text{(terc-Cl)} \quad (37\%) \quad + \quad \text{(prim-Cl)} \quad (63\%)$$

O flúor, sendo muito mais reativo do que o cloro, *é ainda menos seletivo do que o cloro*. Uma vez que a **energia de ativação** para a abstração de qualquer tipo de hidrogênio por um átomo de flúor é baixa, existe muito pouca diferença na velocidade com que um hidrogênio primário, secundário ou terciário reage com o flúor. As reações de alcanos com o flúor fornecem (aproximadamente) a distribuição de produtos que esperaríamos, se todos os hidrogênios do alcano fossem igualmente reativos.

10.6 Geometria dos Radicais Alquila

Evidência experimental indica que a estrutura geométrica da maioria dos **radicais** alquila é triangular plana no carbono contendo o elétron desemparelhado. Essa estrutura pode ser acomodada por um carbono central com hibridização sp^2. Em um radical alquila, o orbital p contém o elétron desemparelhado (**Fig. 10.2**).

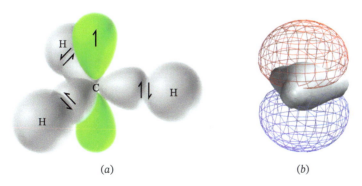

(a) (b)

FIGURA 10.2 (a) Desenho de um radical metila mostrando o átomo de carbono com hibridização sp^2 ao centro, o elétron desemparelhado no orbital p semipreenchido e os três pares de elétrons envolvidos na ligação covalente. O elétron desemparelhado pode ser mostrado em qualquer um dos lóbulos. (b) Estrutura calculada para o radical metila mostrando o orbital molecular ocupado de energia mais alta, onde se localiza o elétron desemparelhado, em vermelho e azul. A região de densidade eletrônica ligante em torno dos carbonos e hidrogênios está ilustrada em cinza.

10.7 Reações que Geram Centros Quirais

- Quando as **moléculas aquirais** reagem para produzir um composto com um único **centro quiral**, o produto será obtido como uma **forma racêmica**.

Isso sempre será verdadeiro na ausência de qualquer influência quiral na reação, tais como uma enzima ou o uso de um reagente ou solvente quiral.

Vamos examinar uma reação que ilustra esse princípio, a cloração radicalar do pentano:

Pentano (aquiral) → Cl₂ (aquiral) → **1-Cloropentano** (aquiral) + **(±)-2-Cloropentano** (uma forma racêmica) + **3-Cloropentano** (aquiral)

A reação levará aos produtos mostrados aqui, bem como a produtos mais altamente clorados. (Podemos utilizar um excesso de pentano para minimizar as clorações múltiplas.) Nem o 1-cloropentano nem o 3-cloropentano contém um centro quiral, mas o 2-cloropentano contém, e ele é *obtido como uma forma racêmica*. Se examinarmos o mecanismo veremos por quê.

Um Mecanismo para a Reação

Estereoquímica da Cloração no C2 do Pentano

Radical triangular plano (aquiral) → **(S)-2-Cloropentano (50%)** e **(R)-2-Cloropentano (50%)** (Enantiômeros)

A abstração de um átomo de hidrogênio do C2 produz um radical triangular plano que é aquiral. Em seguida, esse radical reage com o cloro em qualquer uma das faces, produzindo quantidades iguais dos dois enantiômeros, resultando em uma mistura racêmica do 2-cloropentano.

Também podemos dizer que os hidrogênios de C2 do pentano são **enantiotópicos**, porque os enantiômeros são formados por reação em cada hidrogênio de C2.

10.7A Geração de um Segundo Centro Quiral em uma Halogenação Radicalar

Vamos examinar agora o que acontece quando uma molécula quiral (contendo um centro quiral) reage de tal forma que leva a um produto com um segundo centro quiral. Como um exemplo, considere o que acontece quando o (*S*)-2-cloropentano sofre cloração no C3 (outros produtos são formados, obviamente, por cloração em outros átomos de carbono). Os resultados da cloração no C3 são mostrados no boxe adiante.

Os produtos das reações são o (2*S*,3*S*)-2,3-dicloropentano e o (2*S*,3*R*)-2,3-dicloropentano. Esses dois compostos são **diastereoisômeros**. (Eles são estereoisômeros, mas não são imagens especulares um do outro.) Cada um resultou da substituição de um dos hidrogênios **diastereotópicos** em C3. Os dois diastereoisômeros *não* são produzidos em quantidades iguais. Uma vez que o próprio radical intermediário é quiral, as reações nas duas faces não são igualmente prováveis. O radical reage com o cloro em uma extensão maior em uma face do que na outra (apesar de não podermos prever facilmente qual delas). Isto é, a presença de um centro quiral em C2, no radical, influencia a reação que introduz o novo centro quiral (em C3).

Ambos os diastereoisômeros do 2,3-dicloropentano são quirais e, consequentemente, cada um deles exibe atividade ótica. Além disso, uma vez que os dois compostos são *diastereoisômeros,* eles têm diferentes propriedades físicas (por exemplo, diferentes pontos de fusão e pontos de ebulição) e são separáveis por meios convencionais (por cromatografia gasosa ou por destilação fracionada cuidadosa).

Um Mecanismo para a Reação

Estereoquímica da Cloração no C3 do (S)-2-Cloropentano

(S)-2-Cloropentano → Radical trigonal plano (retém a quiralidade em C2) → (2S,3S) e (2S,3R)-Dicloropentano

A abstração de um átomo de hidrogênio a partir do C3 do (S)-2-cloropentano produz um radical trigonal plano que ainda contém um centro quiral em C2. O radical em C3 pode então reagir para formar tanto (2S,3S)-2,3-dicloropentano como (2S,3R)-2,3-dicloropentano. Esses dois compostos são diastereoisômeros, e não são produzidos em quantidades iguais. Cada produto é quiral, e cada um sozinho é oticamente ativo.

PROBLEMA DE REVISÃO 10.8

Considere a cloração do (S)-2-cloropentano no C4. **(a)** Escreva fórmulas estruturais para os produtos, mostrando tridimensionalmente todos os centros quirais. Dê a cada um sua designação apropriada (R,S). **(b)** Qual a relação estereoisomérica entre esses produtos? **(c)** Ambos os produtos são quirais? **(d)** Eles são ambos oticamente ativos? **(e)** Esses produtos poderiam ser separados por meios convencionais? **(f)** Quais outros dicloropentanos seriam obtidos pela cloração do (S)-2-cloropentano? **(g)** Quais desses são oticamente ativos?

PROBLEMA RESOLVIDO 10.5

Considere a bromação do butano utilizando bromo suficiente para provocar a dibromação. Após a reação terminar, você isola todos os isômeros dibromo por cromatografia gasosa ou por destilação fracionada. Quantas frações você obteria e que compostos as frações individuais conteriam? Qual, se existir alguma, das frações mostraria atividade ótica?

Estratégia e Resposta

A construção de modelos moleculares irá ajudar a resolver esse problema. Primeiro, decida quantos isômeros constitucionais são possíveis pela substituição de dois hidrogênios do butano por dois átomos de bromo. Existem seis: 1,1-dibromobutano, 1,2-dibromobutano, 2,2-dibromobutano, 2,3-dibromobutano, 1,3-dibromobutano e 1,4-dibromobutano. Então, lembre-se de que isômeros constitucionais têm diferentes propriedades físicas (isso é, diferentes pontos de ebulição e tempos de retenção em cromatografia a gás), de modo que deve haver no mínimo seis frações. Na verdade existem sete. Veja as frações **(a)-(g)** a seguir. Vemos logo por que existem sete frações se examinarmos cada isômero constitucional procurando por centros quirais e estereoisômeros. Isômeros **(a)**, **(c)** e **(g)** não têm centros quirais e são, portanto, aquirais e oticamente inativos. O 1,2-dibromobutano na fração **(b)** e o 1,4-dibromobutano na fração **(f)** têm, cada um deles, um centro quiral e, como não existe influência quiral na reação, eles serão formados como uma mistura 50 : 50 de enantiômeros (um racemato). Um racemato não pode ser separado por destilação ou por cromatografia a gás convencional; portanto, as frações (**b**) e (**f**) não serão oticamente ativas. O 2,3-dibromobutano tem dois centros quirais e será formado como um racemato [fração (**d**)] e como um composto meso, fração (**e**). Ambas as frações serão oticamente inativas. O composto meso é um diastereoisômero dos enantiômeros na fração (**d**) (e tem propriedades físicas diferentes das deles); dessa forma, ele é separado desses por destilação ou cromatografia a gás.

PROBLEMA DE REVISÃO 10.9

Considere a monocloração do 2-metilbutano.

(**a**) Assumindo que a mistura de produtos tenha sido submetida à destilação fracionada, que frações, se existe alguma, mostrariam atividade ótica? (**b**) Poderia alguma dessas frações ser resolvida, teoricamente, nos enantiômeros? (**c**) Poderia cada fração da destilação ser identificada com base na espectroscopia de RMN de ¹H? Que características específicas em um espectro de RMN de ¹H de cada fração indicariam a identidade do(s) componente(s) naquela fração?

10.8 Substituição Alílica e Radicais Alílicos

- Um átomo ou grupo que esteja ligado a um carbono com hibridização *sp³* adjacente a uma ligação dupla de alquenos é chamado de **grupo alílico**. Diz-se que o grupo está ligado na **posição alílica**.

Alguns exemplos são vistos a seguir.

Os átomos de hidrogênio ligados aos carbonos em destaque vistos a seguir são hidrogênios alílicos.

Os átomos de cloro e bromo vistos a seguir estão ligados em posições alílicas.

Os hidrogênios alílicos são especialmente reativos em reações de substituição radicalar. Podemos sintetizar haletos alílicos pela substituição de hidrogênios alílicos. Por exemplo, quando o propeno reage com o bromo ou cloro, a temperaturas elevadas ou em condições radicalares, onde a concentração do halogênio é pequena, o resultado é a **substituição alílica**.

$$\text{Propeno} + X_2 \xrightarrow[\text{e baixa concentração de } X_2]{\text{alta temperatura}} \text{CH}_2=\text{CHCH}_2X + HX$$

A uma alta temperatura (ou na presença de um iniciador radicalar) e baixa concentração de X_2 ocorre uma reação de substituição.

Por outro lado, quando o propeno reage com o bromo ou o cloro a baixas temperaturas, ocorre uma reação de adição do tipo que estudamos no Capítulo 8.

$$\text{CH}_2=\text{CHCH}_3 + X_2 \xrightarrow{\text{baixa temperatura}} \text{CH}_2X\text{CHXCH}_3$$

A uma baixa temperatura ocorre reação de adição.

Para induzir a reação à substituição alílica, precisamos usar condições de reações que favoreçam a formação de radicais e que ofereçam uma concentração de halogênio baixa, porém estável.

10.8A Cloração Alílica (Alta Temperatura)

O propeno sofre cloração alílica quando propeno e cloro reagem em fase gasosa, a 400 °C.

$$\underset{\textbf{Propeno}}{\text{CH}_2=\text{CHCH}_3} + \text{Cl}_2 \xrightarrow[\text{fase gasosa}]{400\ °C} \underset{\substack{\textbf{3-Cloropropeno} \\ \textbf{(cloreto de alila)}}}{\text{CH}_2=\text{CHCH}_2\text{Cl}} + H\text{Cl}$$

Este mecanismo para substituição alílica é o mesmo que o mecanismo em cadeia para **halogenações** de alcanos que vimos anteriormente. Na etapa de iniciação da cadeia, a molécula de cloro dissocia-se em átomos de cloro.

Etapa de Iniciação da Cadeia

$$:\ddot{\text{Cl}}\frown\ddot{\text{Cl}}: \longrightarrow 2\,:\ddot{\text{Cl}}\cdot$$

Na primeira etapa de propagação da cadeia, o átomo de cloro abstrai um dos átomos de hidrogênio alílico. O radical que é produzido nesta etapa é chamado de **radical alílico**.

Primeira Etapa de Propagação da Cadeia

$$\text{CH}_2=\text{CHCH}_2\text{—H} + \,:\ddot{\text{Cl}}: \longrightarrow \underset{\textbf{Um radical alílico}}{\text{CH}_2=\text{CHCH}_2\cdot} + H\text{—}\ddot{\text{Cl}}:$$

Na segunda etapa de propagação da cadeia, o radical alílico reage com uma molécula de cloro.

Segunda Etapa de Propagação da Cadeia

$$\text{CH}_2=\text{CHCH}_2\cdot + \,:\ddot{\text{Cl}}\text{—}\ddot{\text{Cl}}: \longrightarrow \underset{\textbf{Cloreto de alila}}{\text{CH}_2=\text{CHCH}_2\ddot{\text{Cl}}:} + \,:\ddot{\text{Cl}}\cdot$$

Esta etapa resulta na formação de uma molécula de cloreto alílico (2-cloro-1-propeno) e um átomo de cloro. Em seguida, o átomo de cloro causa uma repetição da primeira etapa de propagação da cadeia. A reação em cadeia continua até as etapas de terminação da cadeia comuns (veja a Seção 10.4) consumirem os radicais. Dada a alta temperatura necessária para essa reação, no entanto, este não é um método prático para produzir haletos alílicos. A próxima seção detalha uma variante muito mais útil que pode ser conduzida em temperaturas muito mais baixas.

10.8B Bromação Alílica com a *N*-Bromossuccinimida (Baixa Concentração de Br$_2$)

O propeno sofre bromação alílica quando é tratado com a *N*-bromossuccinimida (NBS) na presença de peróxido ou luz:

$$\text{propeno} + \text{N-Bromossuccinimida (NBS)} \xrightarrow{\text{luz ou ROOR}} \text{3-Bromopropeno (brometo de alila)} + \text{Succinimida}$$

A reação é iniciada pela formação de uma pequena quantidade de Br· (possivelmente formada pela dissociação da ligação N — Br da NBS). As principais etapas de propagação para esta reação são as mesmas da cloração alílica, como acabamos de discutir:

$$\text{CH}_2=\text{CH}-\text{CH}_2\text{H} + \cdot\text{Br} \longrightarrow \text{CH}_2=\text{CH}-\text{CH}_2\cdot + \text{HBr}$$

$$\text{CH}_2=\text{CH}-\text{CH}_2\cdot + \text{Br}-\text{Br} \longrightarrow \text{CH}_2=\text{CH}-\text{CH}_2\text{Br} + \cdot\text{Br}$$

A *N*-bromossuccinimida é um sólido que oferece uma concentração constante, porém muito baixa, de bromo na mistura de reação. Ela faz isto reagindo muito rapidamente com o HBr formado na reação de substituição. Cada molécula de HBr é substituída por uma molécula de Br$_2$.

$$\text{NBS} + \text{HBr} \longrightarrow \text{Succinimida} + \text{Br}_2$$

Nestas condições, isto é, *em um solvente apolar e com uma concentração muito baixa de bromo*, pouquíssimo bromo se adiciona à ligação dupla; ele reage por substituição e substitui um átomo de hidrogênio alílico.

A reação a seguir com o ciclo-hexeno é outro exemplo de bromação alílica com NBS.

$$\text{ciclo-hexeno} \xrightarrow{\text{NBS, ROOR}} \text{3-bromociclo-hexeno}$$

82–87%

- Em geral, a NBS é um bom reagente para usar na bromação alílica.

10.8C Os Radicais Alílicos São Estabilizados por Deslocalização de Elétrons

Examinemos a energia de dissociação de ligação de uma ligação alílica carbono–hidrogênio e comparemo-la com as energias de dissociação de ligação de outras ligações carbono–hidrogênio.

Propeno —H → Radical alílico + H·			$DH° = 369$ kJ mol^{-1}
Isobutano —H → Radical terciário + H·			$DH° = 400$ kJ mol^{-1}
Propano —H → Radical secundário + H·			$DH° = 413$ kJ mol^{-1}
Propano —H → Radical primário + H·			$DH° = 423$ kJ mol^{-1}
Eteno —H → Radical vinílico + H·			$DH° = 465$ kJ mol^{-1}

Veja a Tabela 10.1 para uma lista de energias de dissociação de ligação adicionais.

Vemos que uma ligação hidrogênio–carbono alílico do propeno é quebrada com maior facilidade do que a ligação hidrogênio–carbono terciário do isobutano e com muito mais facilidade do que uma ligação hidrogênio–carbono vinílico:

$$\text{...H} + \cdot\ddot{X}: \longrightarrow \text{Radical alila} + HX \qquad DH° = 369 \text{ kJ mol}^{-1}$$

$$:\ddot{X}\cdot + H\text{...} \longrightarrow \text{Radical vinílico} + HX \qquad DH° \cong 465 \text{ kJ mol}^{-1}$$

- A facilidade com a qual é quebrada uma ligação carbono–hidrogênio alílica significa que, em relação aos radicais livres primário, secundário, terciário e vinílico, um radical alílico é o *mais estável* (**Fig. 10.3**):

Estabilidade relativa: alílico ou alila > 3º > 2º > 1º > vinila ou vinílico

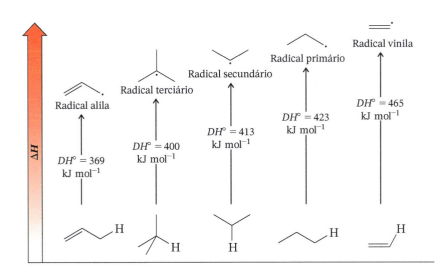

FIGURA 10.3 Estabilidade relativa do radical alila comparada com os radicais primário, secundário, terciário e vinila. (As estabilidades dos radicais são relativas ao hidrocarboneto a partir do qual cada um foi formado, e a ordem global de estabilidade é alila > 3º > 2º > 1º > vinila.)

486 CAPÍTULO 10

A razão pela qual os radicais alílicos são mais estáveis do que os radicais alquila é devida à deslocalização de elétrons. Por exemplo, podemos desenhar as seguintes estruturas de ressonância contribuintes e o correspondente híbrido de ressonância para o radical alílico a partir do propeno.

Estruturas de Ressonância Contribuintes

Híbrido de Ressonância

A deslocalização de ressonância dos radicais alílicos significa que a ligação do halogênio pode ocorrer em qualquer uma das extremidades de um radical alílico. Com o radical alílico vindo do propeno as duas substituições possíveis são as mesmas, porém radicais alílicos assimétricos levam a produtos que são isômeros constitucionais.

PROBLEMA DE REVISÃO 10.10

(a) Quais os produtos de substituição alílica de substâncias monobromadas resultariam da reação de cada um dos compostos vistos a seguir com a NBS, na presença de peróxidos e/ou luz? **(b)** No caso de produtos isoméricos para qualquer reação, qual você preveria ser o mais estável com base na ligação dupla no produto? **(c)** Desenhe o(s) híbrido(s) de ressonância para o radical alílico que estaria envolvido em cada reação:

(i)   **(ii)**   **(iii)**

10.9 Substituição Benzílica e Radicais Benzílicos

- Um átomo ou grupo ligado a um carbono com hibridização sp^3 adjacente a um anel benzênico é chamado de **grupo benzílico**. Diz-se que o grupo está ligado na **posição benzílica**.

A seguir são vistos alguns exemplos.

Os átomos de hidrogênio ligados nos carbonos em destaque são hidrogênios benzílicos.

Os átomos de cloro e bromo estão ligados em posições benzílicas.

Os hidrogênios benzílicos são ainda mais reativos que os hidrogênios alílicos em reações de substituição de radicais devido à deslocalização adicional que é possível para um intermediário **radicalar benzílico** (veja o Problema de Revisão 10.12).

Quando o metilbenzeno (tolueno) reage com a *N*-bromossuccinimida (NBS), na presença de luz, por exemplo, o produto principal é o brometo de benzila. A *N*-bromossuccinimida fornece uma baixa concentração de Br$_2$, e a reação é análoga à da bromação alílica que estudamos na Seção 10.8B.

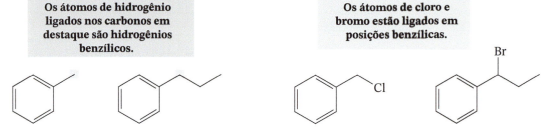

Metilbenzeno (Tolueno)   **NBS**   **Brometo de benzila (α-bromotolueno) (64%)**

A cloração benzílica do metilbenzeno ocorre na presença de luz UV. Quando é empregado um excesso de cloro, ocorrem clorações múltiplas da cadeia secundária:

$$\text{C}_6\text{H}_5\text{CH}_3 \xrightarrow[\text{luz}]{\text{Cl}_2} \text{C}_6\text{H}_5\text{CH}_2\text{Cl} \xrightarrow[\text{luz}]{\text{Cl}_2} \text{C}_6\text{H}_5\text{CHCl}_2 \xrightarrow[\text{luz}]{\text{Cl}_2} \text{C}_6\text{H}_5\text{CCl}_3$$

Cloreto de benzila — Diclorometilbenzeno — Triclorometilbenzeno

Estas halogenações ocorrem através do mesmo mecanismo radicalar que vimos para os alcanos na Seção 10.4. Os halogênios dissociam-se produzindo átomos de halogênio e, então, os átomos de halogênio iniciam reações em cadeia pela abstração de hidrogênios do grupo metila.

PROBLEMA DE REVISÃO 10.11

Os radicais benzílicos, devido ao anel benzênico adjacente, têm possibilidade ainda maior para deslocalização do que os radicais alílicos. Desenhe estruturas de ressonância contribuintes que mostrem essa deslocalização para o radical benzílico a partir do metilbenzeno. (*Dica*: há quatro estruturas de ressonância contribuintes para esse radical benzílico.)

A maior estabilidade dos radicais benzílicos responde pelo fato de o principal produto ser o 1-halo-1-feniletano quando o etilbenzeno é halogenado. O radical benzílico é formado de modo muito mais rápido do que o radical primário.

Etilbenzeno $\xrightarrow[(-HX)]{X\cdot}$

- **rápido** → Radical benzílico (mais estável) $\xrightarrow{X_2}$ 1-Halo-1-feniletano (produto principal)
- **lento** → Radical primário (menos estável) $\xrightarrow{X_2}$ 1-Halo-2-feniletano (produto secundário)

PROBLEMA DE REVISÃO 10.12

Quando o propilbenzeno reage com o cloro na presença de radiação UV, o principal produto é o 1-cloro-1-fenilpropano. Tanto o 2-cloro-1-fenilpropano quanto o 3-cloro-1-fenilpropano são produtos secundários. Escreva a estrutura do radical que conduz a cada produto e explique o fato de o 1-cloro-1-fenilpropano ser o produto principal.

A halogenação benzílica é útil para introduzir um grupo de saída onde nada pode ter estado presente anteriormente. Considere o problema resolvido a seguir com respeito à síntese de etapas múltiplas, onde a introdução de um grupo de saída é uma etapa necessária.

PROBLEMA RESOLVIDO 10.6

Ilustração de uma Síntese de Etapas Múltiplas

Mostre como o fenilacetileno ($C_6H_5C{\equiv}CH$) poderia ser sintetizado a partir do etilbenzeno (feniletano). Inicie escrevendo uma análise de retrossíntese, e, em seguida, escreva as reações necessárias para a síntese.

Resposta

Trabalhando para trás, utilizando a análise retrossintética, observamos que podemos facilmente visualizar duas sínteses do fenilacetileno. Podemos produzir o fenilacetileno por desidroalogenação do 1,1-dibromo-1-feniletano, que poderia ter sido preparado permitindo-se a reação entre o etilbenzeno (feniletano) com 2 mol de NBS. Alternativamente, podemos preparar o fenilacetileno a partir do 1,2-dibromo-1-feniletano, que poderia ser preparado a partir do estireno (fenileteno). O estireno pode ser produzido a partir do 1-bromo-1-feniletano, que poderia ser feito a partir do etilbenzeno.

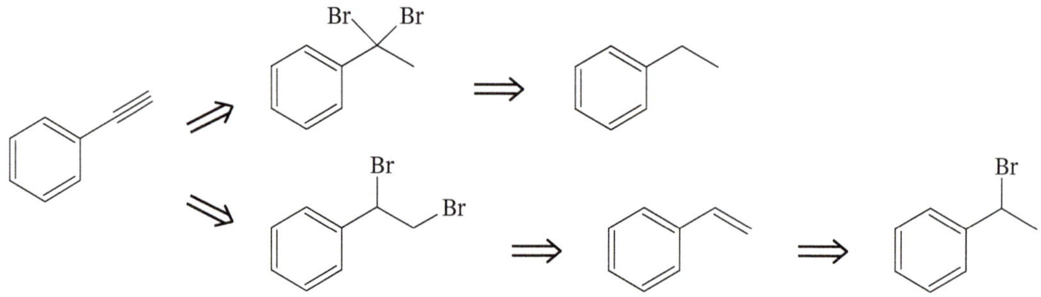

A seguir estão as reações sintéticas de que precisamos para as duas análises retrossintéticas anteriores:

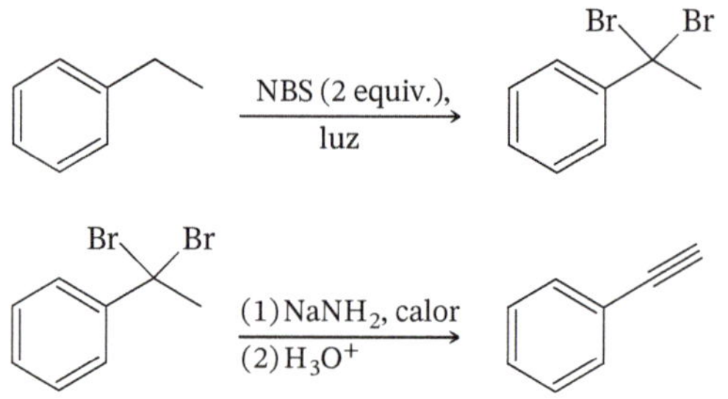

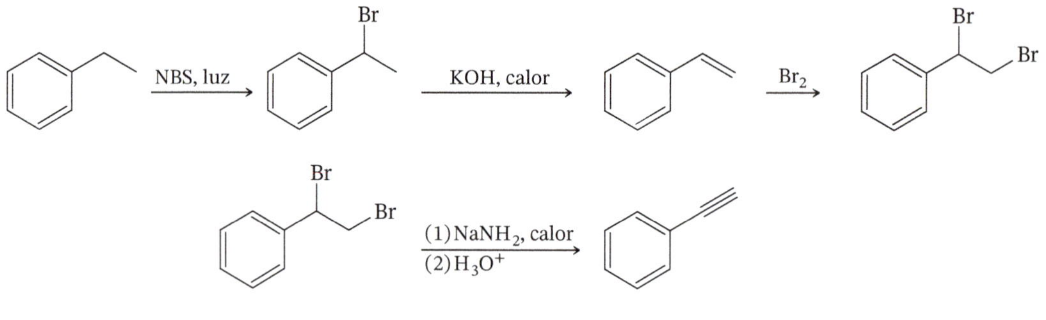

PROBLEMA DE REVISÃO 10.13 Mostre como os compostos vistos a seguir poderiam ser sintetizados a partir do fenilacetileno ($C_6H_5C{\equiv}CH$): **(a)** 1-fenilpropino, **(b)** 1-fenil-1-butino, **(c)** (Z)-1-fenilpropeno e **(d)** (E)-1-fenilpropeno. Comece cada síntese escrevendo uma análise retrossintética.

10.10 Adição Radicalar aos Alquenos: a Adição Anti-Markovnikov do Brometo de Hidrogênio

Antes de 1933, a orientação da adição do brometo de hidrogênio aos alquenos era objeto de muita confusão. Algumas vezes, a adição ocorria de acordo com a regra de Markovnikov; outras vezes, ocorria exatamente de maneira oposta. Muitos casos foram relatados onde, sob condições experimentais que pareciam ser as mesmas, as adições de Markovnikov eram obtidas em um laboratório e as adições anti-Markovnikov, em outros. Algumas vezes até os mesmos químicos obtinham resultados diferentes utilizando as mesmas condições, mas em ocasiões diferentes.

O mistério foi resolvido em 1933 pela pesquisa de M. S. Kharasch e F. R. Mayo (da University of Chicago). Acabou-se confirmando que os peróxidos presentes nos alquenos eram os elementos responsáveis — os peróxidos que eram formados pela ação do oxigênio atmosférico nos alquenos (Seção 10.12D).

$$R-\ddot{O}-\ddot{O}-R \qquad R-\ddot{O}-\ddot{O}-H$$

Um peróxido orgânico   **Um hidroperóxido orgânico**

- Quando alquenos contendo peróxidos ou hidroperóxidos reagem com brometo de hidrogênio, a adição anti-Markovnikov do HBr acontece.

Por exemplo, na *presença* de peróxidos, o propeno produz o 1-bromopropano. Na *ausência* de peróxidos, ou na presença de compostos que "capturam" os radicais, ocorre a adição Markovnikov normal.

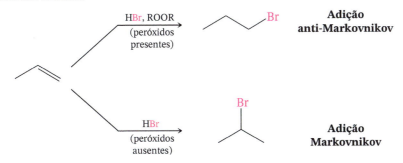

- O brometo de hidrogênio é o único halogeneto que dá adição anti-Markovnikov quando peróxidos estão presentes.

O fluoreto de hidrogênio, o cloreto de hidrogênio e o iodeto de hidrogênio *não* produzem adição anti-Markovnikov, mesmo quando peróxidos estão presentes.

O mecanismo para a **adição anti-Markovnikov** de brometo de hidrogênio é uma **reação radicalar em cadeia** iniciada pelos peróxidos.

Um Mecanismo para a Reação

Adição Anti-Markovnikov do HBr

Iniciação da Cadeia

Etapa 1

$$R\ddot{O}{-}\ddot{O}R \xrightarrow{calor} 2\, R\ddot{O}\cdot$$

O calor provoca a quebra homolítica da ligação fraca oxigênio–oxigênio.

Etapa 2

$$R\ddot{O}\cdot + H{-}\ddot{B}r\colon \longrightarrow R\ddot{O}{-}H + \colon\!\ddot{B}r\cdot$$

O radical alcoxila abstrai um átomo de hidrogênio do HBr, produzindo um radical bromo.

Propagação da Cadeia

Etapa 3

$$\colon\!\ddot{B}r\cdot + \diagup\!\!\!\diagdown \longrightarrow \colon\!\ddot{B}r\diagdown\!\!\!\diagup\cdot$$

Radical secundário

Um radical bromo adiciona-se à ligação dupla produzindo o radical alquila secundário mais estável.

(continua)

(*continuação*)

Etapa 4

$$:\!\ddot{\underset{..}{Br}}\!\!-\!\!CH_2CH_2CH_3 + H\!-\!\ddot{\underset{..}{Br}}: \longrightarrow :\!\ddot{\underset{..}{Br}}\!\!-\!\!CH_2\overset{H}{\underset{|}{C}}HCH_3 + :\!\ddot{\underset{..}{Br}}\!\cdot$$

1-Bromopropano
O radical alquila abstrai um átomo de hidrogênio do HBr.
Isto leva ao produto e regenera um radical bromo. Então,
repetições das etapas 3 e 4 levam à reação em cadeia.

A etapa 1 é a quebra homolítica simples da molécula de peróxido para produzir dois radicais alcoxila. A ligação oxigênio–oxigênio dos peróxidos é fraca e sabe-se que tais reações ocorrem rapidamente:

$$R\!-\!\ddot{\underset{..}{O}}\!:\!\ddot{\underset{..}{O}}\!-\!R \longrightarrow 2\ R\!-\!\ddot{\underset{..}{O}}\cdot \qquad \Delta H° \cong +150\ kJ\ mol^{-1}$$

Peróxido   **Radical alcoxila**

A etapa 2 do mecanismo, a abstração de um átomo de hidrogênio pelo radical, é exotérmica e tem energia de ativação baixa:

$$R\!-\!\ddot{\underset{..}{O}}\cdot\ +\ H\!:\!\ddot{\underset{..}{Br}}: \longrightarrow R\!-\!\ddot{\underset{..}{O}}\!:\!H + :\!\ddot{\underset{..}{Br}}\cdot \qquad \Delta H° \cong -96\ kJ\ mol^{-1}$$

E_{ativ} é baixa

A etapa 3 do mecanismo determina a orientação final do bromo no produto. Ela ocorre dessa forma porque é produzido um *radical secundário mais estável* e porque o *ataque no átomo de carbono primário é menos impedido*. Tivesse o bromo atacado o propeno no átomo de carbono secundário, um radical primário menos estável teria sido o resultado, e o ataque no átomo de carbono secundário teria sido mais impedido.

$$Br\cdot\ +\ CH_2\!=\!CHCH_3 \xrightarrow{\ \times\ } \cdot CH_2CHCH_3 \atop |\ \ \atop Br$$

**Radical primário
(menos estável)**

A etapa 4 do mecanismo é simplesmente a abstração de um átomo de hidrogênio do brometo de hidrogênio pelo radical produzido na etapa 3. Essa abstração do átomo de hidrogênio produz um átomo de bromo (que, é claro, é um radical, devido ao seu elétron desemparelhado) que pode levar de volta à etapa 3; ocorre então a etapa 4 de novo – uma reação em cadeia.

10.10A Resumo da Adição Markovnikov contra Adição Anti-Markovnikov de HBr aos Alquenos

Podemos agora ver o contraste entre as duas maneiras como o HBr pode ser adicionado a um alqueno. Na *ausência* de peróxidos, o reagente que ataca primeiro a ligação dupla é um próton. Ele se liga a um átomo de carbono através de um mecanismo iônico de tal modo que se forma o carbocátion mais estável. O resultado é uma adição Markovnikov. Solventes polares próticos favorecem esse processo.

DICA ÚTIL

Como atingir a síntese do haleto de alquila regiosseletivo por meio da adição de alqueno.

Adição Iônica

Adição para formar o carbocátion mais estável → **Produto Markovnikov**

Na *presença* de peróxidos, o reagente que ataca primeiro a ligação dupla é o átomo de bromo, mais volumoso. Ele se liga ao átomo de carbono menos impedido através de um mecanismo radicalar, de forma que produza o intermediário radicalar mais estável. O resultado é uma adição anti-Markovnikov. Solventes apolares são preferíveis para reações envolvendo radicais.

Adição Radical

Adição para formar o radical alquila mais estável → **Produto Anti-Markovnikov** + Br·

10.11 Polimerização Radicalar de Alquenos: Polímeros de Crescimento de Cadeia

Os **polímeros** são substâncias que consistem em moléculas muito grandes chamadas de **macromoléculas**, que são constituídas de muitas subunidades que se repetem. As subunidades moleculares utilizadas para sintetizar os polímeros são chamadas de **monômeros** e as reações pelas quais os monômeros são unidos são chamadas de **polimerizações**. Muitas polimerizações podem ser iniciadas por radicais.

O etileno (eteno), por exemplo, é o monômero utilizado para sintetizar o polímero bem conhecido chamado *polietileno*. O polietileno é produzido comercialmente desde 1943. Ele é utilizado na fabricação de garrafas flexíveis, filmes, folhas e isolantes para fios elétricos.

$$m\ CH_2{=}CH_2 \xrightarrow{polimerização} {-}CH_2CH_2{-}(CH_2CH_2)_n{-}CH_2CH_2{-}$$

Monômero de etileno → **Polímero de polietileno** (Unidades monoméricas)

(*m* e *n* são números grandes)

Uma vez que polímeros como o polietileno são produzidos através de reações de adição, eles são frequentemente chamados de **polímeros de crescimento de cadeia** ou **polímeros de adição**. Vamos agora examinar com algum detalhe como o polietileno é produzido.

O etileno se polimeriza através de um mecanismo radicalar onde ele é aquecido a uma pressão de 1000 atm com uma pequena quantidade de um peróxido orgânico (p. ex., um chamado de peróxido de diacila).

O polietileno produzido pela polimerização radicalar geralmente não é útil, a menos que ele tenha massa molecular de aproximadamente 1.000.000. O polietileno de massa molecular muito alta pode ser obtido utilizando-se baixa concentração do iniciador. Isso inicia o

Um Mecanismo para a Reação

Polimerização Radicalar do Eteno (Etileno)

Iniciação da Cadeia

Etapa 1

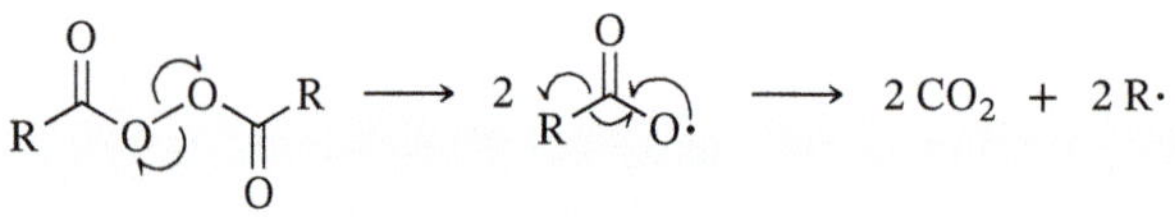

Peróxido de diacila → 2 R–C(=O)–O• → 2 CO$_2$ + 2 R•

Etapa 2

R• + CH$_2$=CH$_2$ → R–CH$_2$–CH$_2$•

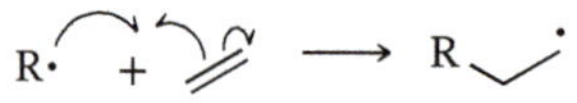

O peróxido de diacila se dissocia e libera o gás dióxido de carbono. Radicais alquila são produzidos, que, por sua vez, iniciam cadeias.

Propagação da Cadeia

Etapa 3

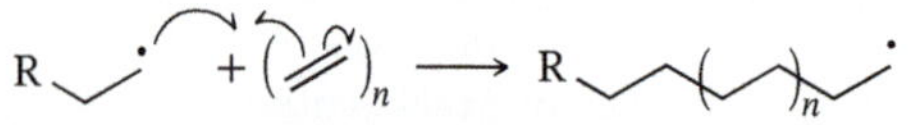

R–CH$_2$–CH$_2$• + (CH$_2$=CH$_2$)$_n$ → R–(CH$_2$–CH$_2$)$_n$•

As cadeias se propagam pela adição sucessiva de unidades de etileno, até que seu crescimento seja interrompido pela combinação ou desproporcionamento.

Terminação da Cadeia

Etapa 4

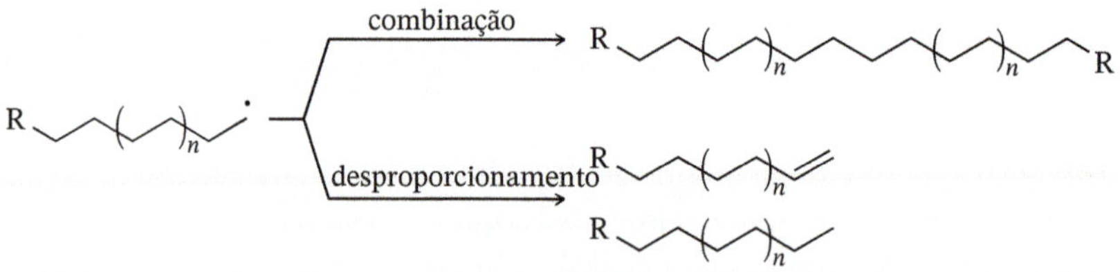

combinação → R–(CH$_2$)$_n$–(CH$_2$)$_n$–R

desproporcionamento → R–(CH$_2$)$_n$–CH=CH$_2$ + R–(CH$_2$)$_n$–CH$_2$–CH$_3$

O radical na extremidade da cadeia do polímero em crescimento também pode abstrair um átomo de hidrogênio dele próprio, o que é chamado de *"back biting"* (automordida ou mordida no próprio rabo). Isso leva à ramificação da cadeia.

Ramicação da Cadeia

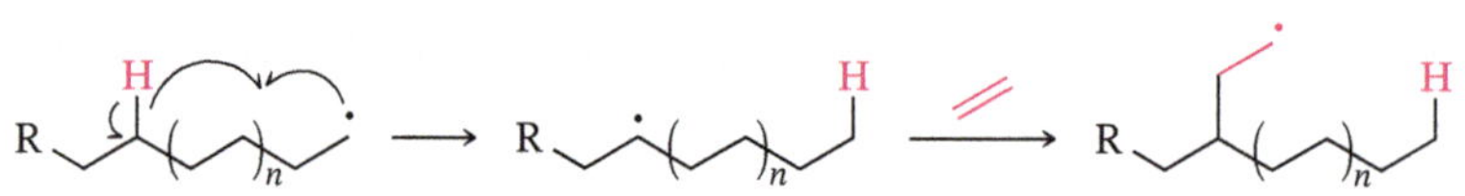

PRÊMIO NOBEL

O Prêmio Nobel de 1963 foi concedido a Karl Ziegler e Giulio Natta por sua pesquisa em polímeros.

---

crescimento de apenas poucas cadeias e assegura que cada cadeia tenha um grande excesso de monômeros disponíveis. Mais iniciador pode ser adicionado à medida que as cadeias terminam, durante a polimerização, e, desse modo, novas cadeias são iniciadas.

O polietileno pode ser produzido de uma maneira diferente utilizando catalisadores chamados de **catalisadores de Ziegler–Natta**, que são complexos organometálicos de metais de transição. Nesse processo nenhum radical é produzido, nem ocorre a "mordida da própria cauda" e, consequentemente, não existe ramificação da cadeia. O polietileno produzido é de alta densidade, tem alto ponto de fusão e tem maior resistência.

Outro polímero familiar é o *poliestireno*. O monômero utilizado na fabricação do poliestireno é o fenileteno, um composto comumente conhecido como *estireno*.

Estireno → polimerização → **Poliestireno**

A Tabela 10.2 relaciona outros polímeros de crescimento de cadeia comuns.

TABELA 10.2 Outros Polímeros de Crescimento de Cadeia Comuns

Monômero	Polímero	Nomes
CH₂=CHCH₃	⎛CH₂CH(CH₃)⎞ₙ	Polipropileno
CH₂=CHCl	⎛CH₂CHCl⎞ₙ	Poli(cloreto de vinila), PVC
CH₂=CHCN	⎛CH₂CHCN⎞ₙ	Poliacrilonitrila, Orlon
CF₂=CF₂	⎛CF₂CF₂⎞ₙ	Poli(tetrafluoroeteno), Teflon
CH₂=C(CH₃)CO₂Me	⎛CH₂C(CH₃)(CO₂Me)⎞ₙ	Poli(metacrilato de metila), Lucite, Plexiglas, Perspex

PROBLEMA DE REVISÃO 10.14

Você pode sugerir uma explicação que justifique o fato de a polimerização radicalar do estireno (C₆H₅CH=CH₂) para produzir o poliestireno ocorrer de uma maneira cabeça-com-cauda,

R—CH₂—ĊH(C₆H₅) + CH₂=CH(C₆H₅) → R—CH₂—CH(C₆H₅)—CH₂—ĊH(C₆H₅)
"Cabeça"   "Cauda"   **Poliestireno**

em vez de ocorrer de uma maneira cabeça-com-cabeça como mostrado aqui?

R—CH₂—ĊH(C₆H₅) + CH(C₆H₅)=CH₂ → R—CH₂—CH(C₆H₅)—CH(C₆H₅)—ĊH₂
"Cabeça"   "Cabeça"

PROBLEMA DE REVISÃO 10.15

Esboce um método geral para a síntese de cada um dos polímeros vistos a seguir através da polimerização radicalar. Mostre os monômeros que você utilizaria.

(a) $\left[\text{CH}_2\text{CH}(\text{OCH}_3)\text{CH}_2\text{CH}(\text{OCH}_3)\text{CH}_2\text{CH}(\text{OCH}_3)\right]_n$

(b) $\left[\text{CCl}_2\text{CCl}_2\text{CCl}_2\text{CCl}_2\text{CCl}_2\right]_n$

Os alquenos também se polimerizam quando são tratados com ácidos fortes. As cadeias de crescimento em polimerizações catalisadas por ácidos são *cátions* em vez de radicais. As seguintes reações ilustram a polimerização catiônica do isobutileno:

Etapa 1 $\text{H}-\ddot{\text{O}}\text{H} + \text{BF}_3 \rightleftharpoons \text{H}-\overset{+}{\ddot{\text{O}}}(\text{H})-\bar{\text{B}}\text{F}_3$

Etapa 2 $\text{H}-\overset{+}{\ddot{\text{O}}}(\text{H})-\bar{\text{B}}\text{F}_3 + \text{CH}_2=\text{C}(\text{CH}_3)_2 \longrightarrow (\text{CH}_3)_3\text{C}^+$

Etapa 3   carbocátion + isobutileno $\longrightarrow$ cátion dimérico

Etapa 4   cátion dimérico + isobutileno $\longrightarrow$ cátion trimérico $\xrightarrow{\text{etc.}}$

Os catalisadores utilizados para as polimerizações catiônicas geralmente são ácidos de Lewis que contêm uma pequena quantidade de água. A polimerização do isobutileno ilustra como o catalisador (BF_3 e H_2O) funciona para produzir cadeias catiônicas de crescimento.

PROBLEMA DE REVISÃO 10.16

Os alquenos tais como o eteno, o cloreto de vinila e a acrilonitrila não sofrem polimerização catiônica muito facilmente. Por outro lado, o isobutileno sofre polimerização catiônica rapidamente. Forneça uma explicação para esse comportamento.

Os alquenos contendo grupos retiradores de elétrons polimerizam-se na presença de bases fortes. A acrilonitrila, por exemplo, polimeriza-se quando é tratada com amideto de sódio ($NaNH_2$) em amônia líquida. As cadeias de crescimento nessa polimerização são ânions:

$\text{H}_2\ddot{\text{N}}:^- + \text{CH}_2=\text{CHCN} \xrightarrow{\text{NH}_3} \text{H}_2\text{N}-\text{CH}_2-\overset{:-}{\text{CH}}-\text{CN}$

$\text{H}_2\text{N}-\text{CH}_2-\overset{:-}{\text{CH}}-\text{CN} + \text{CH}_2=\text{CHCN} \longrightarrow \text{H}_2\text{N}-\text{CH}_2-\text{CH}(\text{CN})-\text{CH}_2-\overset{:-}{\text{CH}}-\text{CN} \xrightarrow{\text{etc.}}$

A polimerização aniônica da acrilonitrila é menos importante na produção comercial do que o processo radicalar.

PROBLEMA RESOLVIDO 10.7

O adesivo notável chamado de "supercola" é um resultado da polimerização aniônica. A supercola é uma solução contendo cianoacrilato de metila:

$$\text{CH}_2=\text{C}(\text{CN})(\text{CO}_2\text{Me})$$

Cianoacrilato de metila

O cianoacrilato de metila pode ser polimerizado por ânions como o íon hidróxido, mas ele é polimerizado até mesmo por traços de água encontrados nas superfícies dos dois objetos que estão sendo colados. (Esses dois objetos, infelizmente, têm sido dois dedos da pessoa que está usando a cola.) Mostre como o cianoacrilato de metila sofreria polimerização aniônica.

Estratégia e Resposta

$$\text{HO}^- + \text{CH}_2=\text{C}(\text{CN})(\text{CO}_2\text{Me}) \longrightarrow \text{HO–CH}_2\text{–C}^-(\text{NC})(\text{CO}_2\text{Me}) \xrightarrow{\text{CH}_2=\text{C}(\text{CN})(\text{CO}_2\text{Me})} \text{HO–CH}_2\text{–C}(\text{NC})(\text{CO}_2\text{Me})\text{–CH}_2\text{–C}^-(\text{MeO}_2\text{C})(\text{CN}) \xrightarrow{\text{CH}_2=\text{C}(\text{CN})(\text{CO}_2\text{Me})} \text{etc.}$$

10.12 Outras Reações Radicalares Importantes

Os mecanismos radicalares são importantes no entendimento de muitas outras reações orgânicas. Veremos outros exemplos nos capítulos posteriores, mas vamos examinar alguns radicais e reações radicalares importantes aqui: oxigênio e superóxido, a combustão de alcanos, quebra do DNA, auto-oxidação, antioxidantes e algumas reações de clorofluorometanos que têm ameaçado a camada protetora de ozônio na estratosfera.

10.12A Oxigênio Molecular e Superóxido

Um dos radicais mais importantes (e aquele que encontramos a todo o momento em nossas vidas) é o oxigênio molecular. O oxigênio molecular no estado fundamental é um dirradical com um elétron desemparelhado em cada oxigênio. Como um radical, o oxigênio pode abstrair átomos de hidrogênio exatamente como outros radicais que temos visto. Esse processo é uma das maneiras pelas quais o oxigênio é envolvido na auto-oxidação (Seção 10.12C) e nas reações de combustão (Seção 10.12D). Em sistemas biológicos, o oxigênio é um receptor de elétrons. Quando o oxigênio molecular recebe um elétron, ele se torna um ânion radicalar chamado de superóxido ($O_2^{-}\cdot$). O superóxido está envolvido em processos fisiológicos tanto tendo papéis positivos quanto negativos: o sistema imune utiliza o superóxido na sua defesa contra patógenos, não obstante, o superóxido também é suspeito de estar envolvido nos processos de doenças degenerativas associadas ao envelhecimento e ao dano oxidativo às células saudáveis. A enzima superóxido dismutase regula o nível de superóxido catalisando a conversão de superóxido em peróxido de hidrogênio e oxigênio molecular. Entretanto, o peróxido de hidrogênio também é danoso porque ele pode produzir radicais hidroxila ($HO\cdot$). A enzima catalase ajuda a prevenir a liberação de radicais hidroxila através da conversão do peróxido de hidrogênio em água e oxigênio:

$$2\,O_2^{-} + 2\,H^+ \xrightarrow{\text{superóxido dismutase}} H_2O_2 + O_2$$

$$2\,H_2O_2 \xrightarrow{\text{catalase}} 2\,H_2O + O_2$$

PRÊMIO NOBEL

O Prêmio Nobel de 1998 em Fisiologia e Medicina foi dado a R. F. Furchgott, L. J. Ignarro e F. Murad por sua descoberta de que o NO é uma importante molécula sinalizadora.

10.12B Óxido Nítrico

O óxido nítrico, sintetizado no organismo a partir do aminoácido arginina, funciona como mensageiro químico em uma variedade de processos, incluindo a regulação da pressão sanguínea e a resposta imune. O seu papel no relaxamento do músculo liso dos tecidos vasculares é mostrado na **Fig. 10.4**.

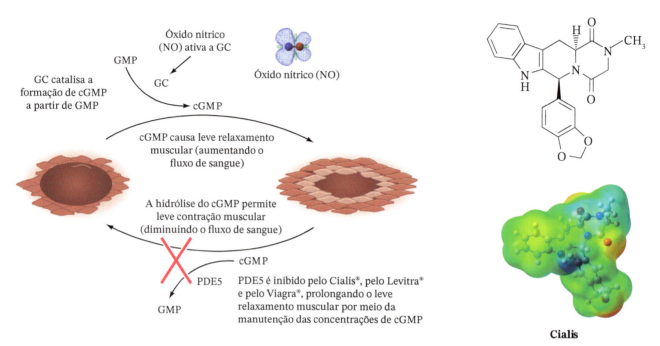

FIGURA 10.4 O óxido nítrico (NO) ativa a guanilato ciclase (GC), levando à produção de monofosfato guanosina cíclica (cGMP). A cGMP sinaliza processos que causam leve relaxamento muscular, resultando em um aumento do fluxo sanguíneo para certos tecidos. A fosfodiesterase V (PDE5) degrada a cGMP, levando à leve contração muscular e uma leve redução do fluxo sanguíneo. O Cialis, Levitra e Viagra têm seus efeitos pela inibição do PDE5, mantendo assim as concentrações de cGMP e sustentando o leve relaxamento muscular e intumescência de tecidos. (Reproduzida com permissão de Christianson, *Accounts of Chemical Research*, 38, p. 197, Figura 6b 2005. Copyright 2005 pela American Chemical Society.)

10.12C Auto-oxidação

O ácido linoleico é um exemplo de um *ácido graxo poli-insaturado*, o tipo de ácido poli-insaturado que é encontrado como um éster nas **gorduras poli-insaturadas** (Seção 7.15, "A Química Industrial de... Hidrogenação na Indústria de Alimentos", e no Capítulo 23). Por poli-insaturados, queremos dizer que o composto contém duas ou mais ligações duplas:

**Ácido linoleico
(como um éster)**

As gorduras poli-insaturadas são encontradas extensivamente em gorduras e óleos que são componentes da nossa alimentação. Elas são também muito comuns nos tecidos do organismo onde realizam inúmeras funções vitais.

Os átomos de hidrogênio do grupo —CH$_2$— localizados entre as duas ligações duplas do éster linoleico (Lin—H) são especialmente suscetíveis à abstração por radicais (veremos por que no Capítulo 13). A abstração de um desses átomos de hidrogênio produz um novo radical (Lin·) que pode reagir com o oxigênio em uma reação em cadeia que pertence ao tipo geral de reação chamada **auto-oxidação** (**Fig. 10.5**). O resultado da auto-oxidação é a formação de um hidroperóxido. A auto-oxidação é um processo que ocorre em muitas substâncias; por exemplo, a auto-oxidação é responsável pelo desenvolvimento do ranço que ocorre quando as gorduras e óleos se deterioram e pela combustão espontânea das sobras oleosas deixadas ao ar. A auto-oxidação acontece também no organismo e aqui ela pode causar danos irreversíveis.

10.12D Combustão de Alcanos

Quando os alcanos reagem com o oxigênio (por exemplo, em fornos a óleo e a gás, e em motores de combustão interna) ocorre uma série complexa de reações, finalmente convertendo o alcano em dióxido de carbono e água. Apesar de nosso entendimento do mecanismo detalhado da combustão ser incompleto, sabemos que as reações importantes ocorrem por meio de mecanismos radicalares em cadeia com as etapas iniciadoras e propagadoras da cadeia como as seguintes reações:

$$RH + O_2 \longrightarrow R\cdot + \cdot OOH \quad \textbf{Iniciação}$$

$$R\cdot + O_2 \longrightarrow R-OO\cdot$$
$$R-OO\cdot + R-H \longrightarrow R-OOH + R\cdot \quad \textbf{Propagação}$$

Um produto da segunda etapa propagadora da cadeia é o R—OOH, chamado de hidroperóxido de alquila. A ligação oxigênio–oxigênio de um hidroperóxido de alquila é bastante fraca e pode se quebrar produzindo radicais que podem iniciar outras cadeias:

$$RO-OH \longrightarrow RO\cdot + \cdot OH$$

A Química Industrial de... Antioxidantes

A vitamina E é encontrada nos óleos vegetais.

Se você deseja interromper a capacidade dos radicais de gerar mais deles mesmos, principalmente em cenários onde eles poderiam ser nocivos como na auto-oxidação, é necessário encontrar um reagente aprisionador adequado. Tais materiais, conhecidos como antioxidantes, têm êxito quando podem levar a uma espécie radicalar nova e mais estável que termine a cadeia sem reagir, ou por posterior consumo de radicais reativos para gerar espécies não radicalares adicionais. Dois desses compostos são a vitamina E (também conhecida como α-tocoferol) e o BHT (hidroxitolueno butilado), mostrados em seguida:

Vitamina E
(α-tocoferol)

Em ambos os casos, a reação com uma espécie radicalar inicialmente leva a um radical fenóxido, mostrado a seguir com o BHT em sua reação com um radical peróxido (ROO·). Esse evento é a chave para o comportamento antioxidante, pelo fato de que ele transforma uma espécie radicalar altamente ativa em uma molécula totalmente covalente, a qual é menos reativa (neste caso um hidroperóxido, ROOH), com o radical fenóxido recém-formado estabilizado pelo anel aromático vizinho e o efeito estérico volumoso decorrente dos grupos *terc*-butila.

BHT → **Radical BHT** + ROOH

Vale a pena observar que a vitamina E poderia ser considerada um antioxidante natural, pois é encontrada em muitos alimentos e pode funcionar em nossos corpos como varredora de espécies radicalares potencialmente nocivas, enquanto o BHT é um material sintético que é adicionado a muitos alimentos como um conservante.

Iniciação da Cadeia
Etapa 1

[Esquema da reação de iniciação mostrando a abstração de hidrogênio do éster linoleico por um radical R•, formando o radical Lin• como híbrido de ressonância]

Propagação da Cadeia
Etapa 2

[Esquema mostrando a reação do radical Lin• com O₂ formando outro radical peroxila]

Etapa 3

[Esquema mostrando a abstração de hidrogênio de outra molécula do éster linoleico, formando um hidroperóxido + Lin•]

Abstração de hidrogênio de outra molécula do éster linoleico → **Um hidroperóxido**

FIGURA 10.5 Auto-oxidação de um éster do ácido linoleico. Na etapa 1, a reação é iniciada pelo ataque de um radical a um dos átomos de hidrogênio do grupamento —CH₂— entre as duas ligações duplas; esta abstração de hidrogênio produz um radical que é um híbrido de ressonância. Na etapa 2, este radical reage com o oxigênio na primeira de duas etapas propagadoras de cadeia produzindo um radical oxigenado, que, na etapa 3, pode abstrair um hidrogênio de outra molécula do éster do ácido linoleico (Lin—H). O resultado dessa segunda etapa de propagação de cadeia é a formação de um hidroperóxido e um radical (Lin·) que causa a repetição da etapa 2.

A Química Ambiental de... Destruição da Camada de Ozônio e Clorofluorocarbonos (CFCs)

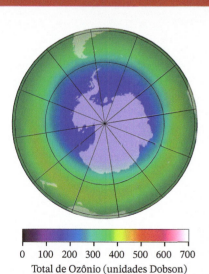

0 100 200 300 400 500 600 700
Total de Ozônio (unidades Dobson)

Na estratosfera, em altitudes de aproximadamente 25 km, a luz UV de energia muito alta (comprimento de onda muito curto) converte o oxigênio diatômico (O₂) em ozônio (O₃). As reações que ocorrem podem ser representadas como se segue:

Etapa 1 $O_2 + h\nu \longrightarrow O\cdot + O\cdot$

Etapa 2 $O\cdot + O_2 + M \longrightarrow O_3 + M + \text{calor}$

em que M é alguma outra partícula que pode absorver parte da energia liberada na segunda etapa.

O ozônio produzido na etapa 2 também pode interagir com a luz UV de alta energia da seguinte maneira:

Etapa 3 $O_3 + h\nu \longrightarrow O_2 + O + \text{calor}$

O átomo de oxigênio formado na etapa 3 pode provocar uma repetição da etapa 2, e assim por diante. O resultado líquido dessas etapas é converter luz UV altamente energética em calor. Isso é importante porque a existência desse tipo de ciclo protege a Terra da radiação que é destrutiva para os organismos vivos. Esse escudo torna possível a vida na superfície da Terra. Mesmo um aumento relativamente pequeno na radiação UV de alta energia na superfície da Terra provocaria um grande aumento na incidência de cânceres de pele.

A produção de clorofluorometanos (e de clorofluoroetanos) chamados de clorofluorocarbonos (CFCs) ou **freons** começou em 1930. Esses compostos têm sido utilizados na refrigeração e como solventes e propelentes nas latas de aerossóis. Os típicos freons são o triclorofluorometano, CFCl₃ (chamado de Freon-11), e o diclorodifluorometano, CF₂Cl₂ (chamado de Freon-12). As reações que ocorrem são vistas a seguir. (Freon-12 é utilizado como um exemplo.)

(continua)

(continuação)

Na etapa iniciadora da cadeia, a luz UV provoca a quebra homolítica de uma ligação C—Cl do freon. O átomo de cloro assim produzido é o verdadeiro vilão; ele pode iniciar uma reação em cadeia que destrói milhares de moléculas de ozônio antes que elas possam se difundir na estratosfera ou reagir com alguma outra substância.

Iniciação da Cadeia

Etapa 1 $CF_2Cl_2 + h\nu \longrightarrow CF_2Cl\cdot + Cl\cdot$

Propagação da Cadeia

Etapa 2 $Cl\cdot + O_3 \longrightarrow ClO\cdot + O_2$

Etapa 3 $ClO\cdot + O\cdot \longrightarrow O_2 + Cl\cdot$

Em 1975, um estudo da National Academy of Sciences (Academia Nacional de Ciências dos Estados Unidos) apoiou as previsões de Rowland e Molina, e, desde 1978, a utilização de freons em latas de aerossóis nos Estados Unidos foi banida.

Em 1985, foi descoberto um buraco na camada de ozônio sobre a Antártida. Estudos demonstraram que a destruição do ozônio pelo átomo de cloro é um fator na formação do buraco. Um buraco foi também descoberto na camada de ozônio no Ártico. Quanto mais a camada de ozônio for destruída, mais os raios destrutivos do Sol penetrarão na superfície da Terra.

Reconhecendo a natureza global do problema, o "Protocolo de Montreal" foi iniciado em 1987. Esse tratado necessitou da assinatura dos países para reduzir a produção e o consumo de clorofluorocarbonos. Em conformidade, os países industrializados do mundo pararam a produção de clorofluorocarbonos a partir de 1996, e quase 200 países já assinaram o "Protocolo de Montreal". O entendimento mundial crescente da destruição do ozônio estratosférico, em geral, tem acelerado a interrupção do uso de clorofluorocarbonos.

PRÊMIO NOBEL

Por volta de 1974, a produção mundial de freon estava em torno de 2 bilhões de toneladas anuais. A maior parte do freon, mesmo aquele utilizado na refrigeração, eventualmente termina entrando na atmosfera, onde ele se difunde na estratosfera sem sofrer modificações. Em junho de 1974, F. S. Rowland e M. J. Molina publicaram um artigo indicando, pela primeira vez, que na estratosfera o freon é capaz de iniciar reações radicalares em cadeia que podem perturbar o equilíbrio natural do ozônio. O Prêmio Nobel em Química de 1995 foi concedido a P. J. Crutzen, M. J. Molina e F. S. Rowland pelo trabalho combinado deles nesta área.

Por que Esses Tópicos São Importantes?

Radicais Provenientes da Reação de Cicloaromatização de Bergman

Em 1972, os químicos da University of California, em Berkeley, sob a direção de Robert Bergman, descobriram uma nova reação química que poderia ser utilizada para a síntese do anel benzênico a partir de matérias-primas que contivessem duas ligações triplas de alquinos conectadas por uma ligação dupla *cis*, um conjunto de átomos também conhecido como sistema enediino (*enediyne*). Esse processo, conhecido como uma cicloaromatização, pois produz um anel que é aromático, envolve radicais, conforme mostrado a seguir, tanto na produção de novas ligações quanto na adição de átomos finais de hidrogênio necessários para produzir um sistema de anéis benzênicos.

Igualmente interessante foi a descoberta, em outra pesquisa, de que a temperatura necessária para fazer a reação ocorrer estava diretamente correlacionada à distância entre os terminais dos dois alquinos. Para a maior parte das moléculas, essa distância é maior que 3,6 Å, sendo necessárias temperaturas acima dos 200 °C para iniciar o evento. No entanto, se tal extensão pode ser encurtada, por exemplo, pela colocação dos alquinos dentro de um anel limitado, então, esses processos podem ocorrer a temperaturas mais baixas. Normalmente, as distâncias entre 3,2 e 3,3 Å permitem a cicloaromatização à temperatura do corpo humano (isto é, 37 °C), enquanto distâncias ainda menores, tais como 3,0 Å, permitem que a reação ocorra à temperatura ambiente (isto é, 25 °C).

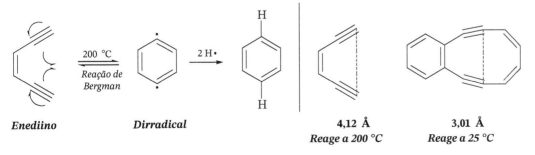

De modo geral, esses estudos destacam a capacidade de os químicos descobrirem novas reatividades e entenderem processos moleculares em um nível muito sofisticado. No entanto, neste caso, acontece que o processo ocorre na natureza, fato esse que os químicos simplesmente não conheciam até que o produto natural caliceamicina γ_1^I fosse isolado a partir de uma cepa bacteriana!

Caliceamicina γ_1^I

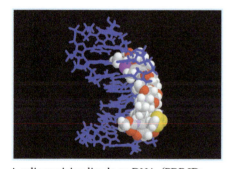

A caliceamicina ligada ao DNA. (PDB ID: 2PIK. Kumar, R. A.; Ikemoto, N.; Patel, D. J., Solution structure of the calicheamicin γ_1^I–DNA complex, *J. Mol. Biol.* **1997**, 265, 187.) [Calicheamicin γ_1^I structure from *Chemistry and Biology* **1994**, 1(1). Nicolaou, K.C.; Pitsinos, E.N.; Theodorakis, A.; Saimoto, H.; Wrasidio, W.; *Chemistry and Biology of the Calicheamicins*, pp. 25–30. Copyright Elsevier 1994.]

Conforme você pode ver nas estruturas mostradas, a caliceamicina γ_1^I é altamente complexa. Ela possui um sistema enediino, um que é estável a 37 °C (temperatura do corpo humano), pois a distância entre as extremidades das duas unidades de alquino em sua forma natural é calculada como maior que 3,3 Å. Entretanto, quando o composto é levado para o interior do núcleo da célula, a parte exclusiva de trissulfeto da molécula pode ser convertida em um nucleófilo sulfeto. Uma vez exposto, esse grupo reativo pode, então, atacar um grupo de átomos da vizinhança através de uma reação química sobre a qual vamos aprender mais no Capítulo 19. No entanto, o que é importante saber por enquanto é que esse evento muda a conformação de toda a metade direita da molécula, aproximando as extremidades dos dois alquinos a uma distância de ~3,2 Å. Como resultado, agora pode ocorrer uma cicloaromatização de Bergman a 37 °C, gerando imediatamente um dirradical que pode abstrair hidrogênio do DNA, criando novos radicais de DNA que levam à morte da célula.

Essa química mostra que a reação de Bergman pode ocorrer de forma natural e que funciona na formação de uma molécula com um sistema especial de disparo que aproveita as diferenças de reatividade entre os diferentes sistemas enediinos. Os cientistas da indústria farmacêutica sempre utilizaram esse sistema de disparo, bem como os de outras moléculas de enediino correlatas provenientes da Natureza, para criar novos fármacos que passaram por testes clínicos visando a alguns tipos de câncer, tais como as formas agudas da leucemia.

Para saber mais sobre esses tópicos, consulte:

1. Bergman, R. G. "Reactive 1,4-Dehydroaromatics" in *Acc. Chem. Res.* **1973**, 6, 25–31.
2. Nicolaou, K. C.; Smith, A. L.; Yue, E. W. "Chemistry and biology of natural and designed enediynes" in *Proc. Natl. Acad. Sci. USA* **1993**, 90, 5881–5888 e referências ali contidas.

Resumo e Ferramentas de Revisão

As ferramentas de estudo para o presente capítulo incluem termos e conceitos fundamentais, que são realçados ao longo do capítulo em **negrito azul** e que estão definidos no Glossário (ao fim de cada volume), e uma Revisão de Mecanismos relativos a reações radicalares.

Problemas

Mecanismos e Propriedades dos Radicais

10.17 Escreva um mecanismo para a seguinte reação de halogenação radicalar.

10.18 Explique a distribuição relativa dos produtos vistos a seguir usando diagramas de energia de reação para a etapa de abstração de hidrogênio que leva a cada produto. (A etapa determinante da velocidade de reação em uma halogenação radicalar é a etapa de abstração de hidrogênio.) Nos diagramas de energia para os dois caminhos, indique as energias relativas dos estados de transição e dos intermediários radical alquila resultantes de cada caso.

(92%)   (8%)

10.19 Qual dos seguintes compostos pode ser preparado pela halogenação radicalar com pouca complicação pela formação de subprodutos isoméricos?

10.20 A reação radicalar de propano com cloro produz (além de compostos mais altamente halogenados) 1-cloropropano e 2-cloropropano.

Escreva as etapas de iniciação e de propagação da cadeia mostrando como cada um dos produtos citados anteriormente é formado.

10.21 Além de produtos altamente clorados, a cloração de butano gera uma mistura de compostos com fórmula C_4H_9Cl.

$$\text{butano} \xrightarrow{Cl_2, h\nu} C_4H_9Cl \text{ (múltiplos isômeros)}$$

(a) Levando a estereoquímica em consideração, quantos diferentes isômeros com fórmula C_4H_9Cl você esperaria?

(b) Se a mistura de isômeros C_4H_9Cl fosse submetida à destilação fracionada (ou à cromatografia gasosa), quantas frações (ou picos) você esperaria obter?

(c) Que frações seriam oticamente *inativas*?

(d) Que frações teoricamente poderiam ser resolvidas em enantiômeros?

(e) Preveja as características nos espectros de RMN de ^{1}H e RMN de ^{13}C-DEPT para cada fração que as diferenciariam entre os isômeros separados por destilação ou CG.

(f) Como a fragmentação nos seus espectros de massa poderia ser usada para diferenciar os isômeros?

10.22 A cloração de (R)-2-clorobutano gera uma mistura de isômeros diclorados.

$$\text{(R)-2-clorobutano} \xrightarrow[h\nu]{Cl_2} C_4H_8Cl_2 \text{ (múltiplos isômeros)}$$

(a) Levando em consideração a estereoquímica, quantos isômeros diferentes você esperaria? Escreva as suas estruturas.

(b) Quantas frações seriam obtidas através da destilação fracionada?

(c) Quais dessas frações seriam oticamente ativas?

10.23 Peróxidos são frequentemente utilizados para iniciar reações radicalares em cadeia tal como na halogenação radicalar vista a seguir.

(Peróxido de di-*terc*-butila)

(a) Usando as energias de dissociação de ligação da Tabela 10.1, explique por que os peróxidos são especialmente efetivos como iniciadores radicalares.

(b) Escreva um mecanismo para a reação anterior, mostrando como ela pode ser iniciada pelo peróxido de di-*terc*-butila.

10.24 Liste na ordem decrescente de estabilidade todos os radicais que possam ser obtidos pela abstração de um átomo de hidrogênio do 2-metilbutano.

10.25 Desenhe setas de mecanismo para mostrar os movimentos dos elétrons na reação de cicloaromatização de Bergman que leva ao dirradical que se acredita ser responsável pela ação de clivagem de DNA pelo agente caliceamicina γ_1^I (veja "Por que Esses Tópicos São Importantes?" logo depois da Seção 10.12).

10.26 Encontre exemplos das energias de dissociação da ligação C—H na Tabela 10.1 que são tão relacionadas quanto possível com as ligações do H_a, do H_b e do H_c na molécula ao lado. Use esses valores para responder às questões a seguir.

(a) O que se pode concluir sobre a facilidade relativa de halogenação radicalar em H_a?

(b) Comparando H_b e H_c, qual sofreria halogenação radicalar mais facilmente?

10.27 Escreva um mecanismo radicalar em cadeia para a seguinte reação (denominada reação de Hunsdiecker).

Síntese

10.28 Partindo do(s) composto(s) indicado(s) em cada parte e usando quaisquer outros reagentes, esboce sínteses para cada um dos itens a seguir. (Você não precisa repetir as etapas já feitas em outras partes desse problema.)

(a), (b), (c), (d), (e), (f), (g)

10.29 Forneça os reagentes necessários para as seguintes transformações sintéticas. Mais de uma etapa pode ser necessária.

10.30 Sintetize cada um dos compostos vistos a seguir pelas rotas que envolvem bromação alílica pelo NBS. Use matérias-primas que tenham quatro carbonos ou menos. Inicie escrevendo uma análise retrossintética.

Sintetizando o Material

10.31 Sintetize cada um dos compostos a seguir por rotas que envolvam bromação alílica ou benzílica pelo NBS e quaisquer outras etapas sintéticas necessárias. Inicie escrevendo uma análise retrossintética.

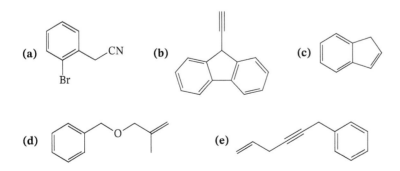

10.32 Para cada uma das questões a seguir, forneça uma rota que poderia razoavelmente converter o material de partida no produto final. Em cada um dos casos, é necessário usar mais de uma reação, e reações que você aprendeu nos capítulos anteriores podem ser úteis para resolver a questão.

(a) [estireno] → Poliestireno

(b) [ciclohexeno] → [benzeno]

(c) [ciclohexeno] → [etilciclohexano]

10.33 Para cada uma das questões vistas a seguir, identifique o produto (representado por **A** e **B**) que seria formado por meio da sequência de etapas indicada a partir de dado material de partida.

(a) [alilbenzeno]
(1) NBS, ROOR, Δ
(2) H₂, Pd/C
(3) KO*t*-Bu, *t*-BuOH
→ **A**

(b) [m-metoxi-isopropilbenzeno]
(1) Br₂, hν
(2) NaOEt, EtOH, Δ
(3) BH₃·THF
(4) H₂O₂, HO⁻
→ **B**

10.34 Trabalhando para trás, deduza o material de partida que leva, por meio das reações definidas, ao produto indicado.

(a) **A**
(1) KO*t*-Bu, *t*-BuOH
(2) O₃
(3) Me₂S
(4) Cl₂, hν
→ [4-cloro-1-tetralona]

(b) **B**
(1) NaNH₂, EtI
(2) Cat. de Lindlar, H₂
(3) NBS, ROOR, Δ
(4) NaOMe, MeOH
→ [produto com OMe]

É Necessário um Consultor Químico

10.35 Como mostrado a seguir, os radicais alquila genéricos (R·) podem ser adicionados a alquenos, produzindo uma nova espécie de radical após a formação da ligação C—C. No entanto, a velocidade de adição ao alqueno depende muito da natureza de seus substituintes. Você pode explicar as velocidades relativas observadas para os três alquenos especificados a seguir em sua reação com H₃C·? Observe que um valor maior para k$_{rel}$ significa uma velocidade de reação mais rápida.

$$R\cdot + \diagup\!\!\!\diagdown X \longrightarrow R\diagdown\!\!\diagup X\cdot$$

$\diagup\!\!\!\diagdown$X =	$\diagup\!\!\!\diagdown$CO₂Me	CH₂=C(CO₂Me)₂	MeO₂C-CH=CH-CO₂Me
k$_{rel}$	1	150	0,01

10.36 Uma forma moderna de iniciar reações radicalares utiliza um composto conhecido como AIBN (2,2′-azobisisobutironitrila) que, quando aquecido a uma temperatura suficientemente alta, forma dois novos radicais isobutironitrila junto com uma molécula de N₂. Forneça um mecanismo para explicar a decomposição térmica do AIBN nessas novas espécies. Em seguida, mostre como o radical isobutironitrila, quando gerado na presença de O₂ e isobutilbenzeno, pode levar ao produto oxigenado mostrado na segunda equação, que é o primeiro passo na síntese industrial do fenol (C₆H₅OH) e da acetona. (Veja: *Petroleum Chemistry* **2007**, *47*, 273.)

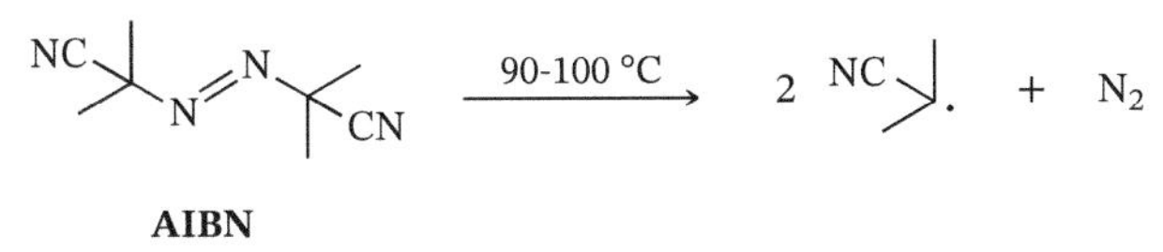

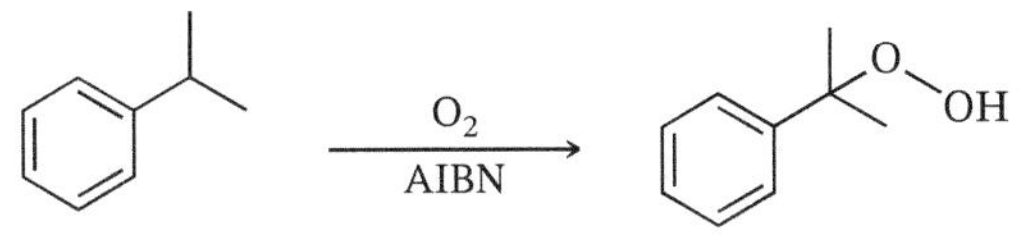

AIBN

10.37 Como uma variação adicional da química mostrada acima, quando o AIBN é aquecido na presença de Bu₃SnH, um novo radical iniciador é gerado na forma de Bu₃Sn· pela reação dos radicais isobutironitrila com o Bu₃SnH. Essa nova espécie pode gerar facilmente radicais a partir de haletos de alquila, com o excesso de Bu₃SnH também servindo como fonte de H· para terminar a cadeia radicalar. Com base nesse conhecimento, desenhe um mecanismo para explicar as duas transformações vistas a seguir, a segunda das quais leva à formação de novos anéis. (Veja: *J. Am. Chem. Soc.* **1985**, *107*, 1448.)

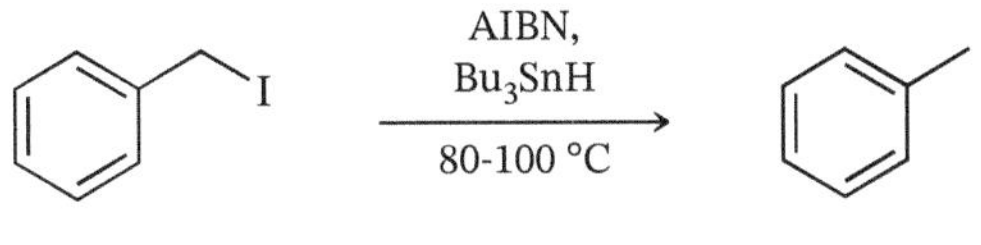

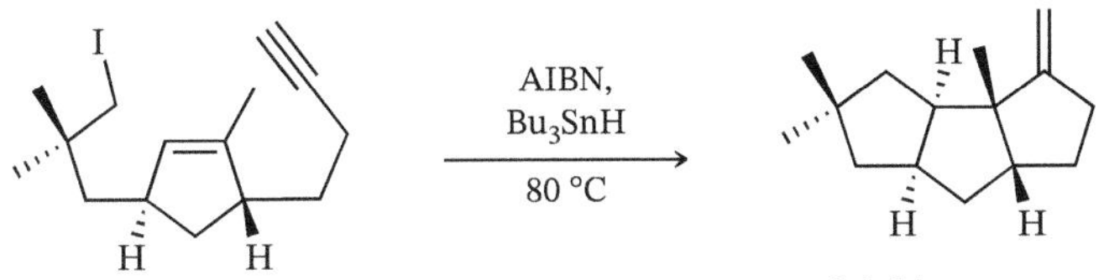

(±)-**hirsuteno**

Problemas de Desafio

10.38 Escreva um mecanismo que explique a formação de ambos os produtos pela seguinte reação. Observe que o átomo de hidrogênio ligado ao estanho no Bu₃SnH é facilmente transferido em mecanismos radicalares. (Veja: *Tetrahedron* **1975**, *31*, 1737-1744.)

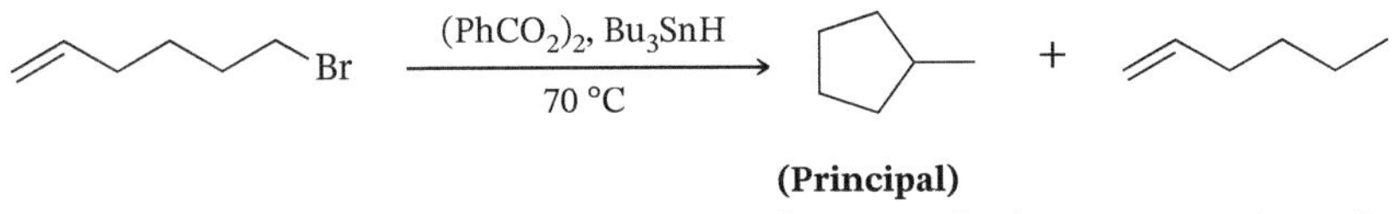

(**Principal**)

10.39 Na cloração radicalar do 2,2-dimetil-hexano, a substituição do cloro ocorre muito mais rapidamente em C5 que ocorre em um carbono secundário típico (por exemplo, C2 no butano). Considere o mecanismo de polimerização radicalar e, então, sugira uma explicação para o aumento da velocidade de substituição em C5 no 2,2-dimetil-hexano.

10.40 Escreva um mecanismo para a seguinte reação.

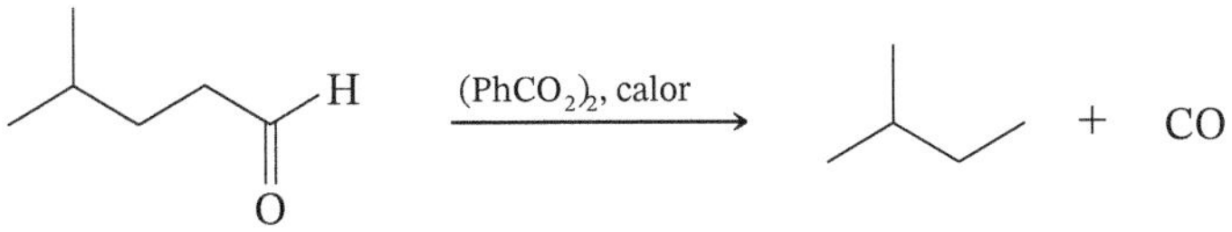

10.41 O peróxido de hidrogênio e o sulfato ferroso reagem produzindo o radical hidroxila (HO·), como descrito em 1894 pelo químico inglês H. J. H. Fenton. Quando o álcool *terc*-butílico é tratado com HO· gerado dessa maneira, ele fornece um produto de reação cristalino **X**, p.fus. 92 °C, que tem as seguintes propriedades espectrais:

EM: pico de massa mais pesado é em *m/z* 131
IV: 3620, 3350 (larga), 2980, 2940, 1385, 1370 cm⁻¹
RMN de ¹H: simpletos estreitos em δ 1,22, 1,58 e 2,95 (razão de áreas de 6 : 2 : 1)
RMN de ¹³C: δ 28 (CH₃), 35 (CH₂) e 68 (C)

Desenhe a estrutura de **X** e escreva um mecanismo para sua formação.

Problemas para Trabalho em Grupo

1. **(a)** Desenhe as estruturas para todos os produtos orgânicos que resultariam quando um *excesso* de *cis*-1,3-dimetilciclo-hexano reage com Br$_2$ na presença de calor e luz. Use fórmulas tridimensionais para mostrar a estereoquímica.
   (b) Desenhe as estruturas para todos os produtos orgânicos que resultariam quando um *excesso* de *cis*-1,3-dimetilciclo-hexano reage com Cl$_2$ na presença de calor e luz. Use fórmulas tridimensionais para mostrar a estereoquímica.
   (c) Como uma alternativa, use o *cis*-1,2-dimetilciclo-hexano para responder às partes (a) e (b).

2. **(a)** Proponha uma síntese de 2-metoxipropeno partindo de propano e de metano como única fonte de átomos de carbono. Você pode usar quaisquer outros reagentes necessários. Planeje uma análise retrossintética inicialmente.
   (b) O 2-metoxipropeno irá formar um polímero quando tratado com um iniciador de radicais. Escreva a estrutura desse polímero e um mecanismo para a reação de polimerização supondo um mecanismo radicalar iniciado pelo peróxido de diacila.

MAPA CONCEITUAL

Revisão de Mecanismos das Reações Radicalares

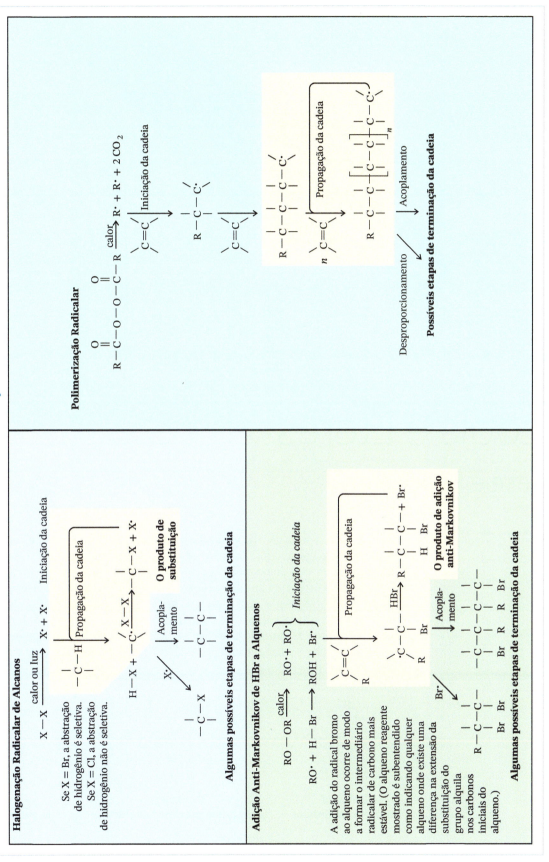

CAPÍTULO 11

mahirates/123 RF

Álcoois e Éteres
Síntese e Reações

Você já entrou em uma padaria e percebeu um cheiro de baunilha ou de hortelã vindo de um bolo ou massa de pastelaria? Talvez você queira petiscar alguma coisa com alcaçuz. Esses cheiros e sabores, bem como muitos outros com os quais você se depara no dia a dia, vêm de moléculas de ocorrência natural que contêm um grupo funcional álcool ou éter. Centenas dessas moléculas são conhecidas e, além do seu uso como aromatizantes, algumas têm outros tipos de funções comerciais, por exemplo, como anticongelantes ou produtos farmacêuticos. Uma compreensão das propriedades físicas e da reatividade desses compostos vai permitir a você ver como eles podem ser utilizados na criação de novos materiais com características diferentes e até mais valiosas.

(−)-Mentol
(a partir da hortelã)

Vanilina
(a partir dos grãos de baunilha)

Anetol
(a partir do funcho)

NESTE CAPÍTULO, VAMOS ESTUDAR:

- As estruturas, propriedades e a nomenclatura dos álcoois e éteres comuns
- As principais moléculas que contêm tais grupos
- A reatividade dos álcoois, éteres e de um grupo especial de éteres conhecidos como epóxidos

POR QUE ESSES TÓPICOS SÃO IMPORTANTES?

No fim do capítulo, veremos como a reatividade dos epóxidos pode produzir em uma única etapa não apenas moléculas complexas, que contêm dezenas de anéis, a partir dos precursores acíclicos, mas também ajudar a eliminar compostos causadores de câncer provenientes da carne grelhada, dos cigarros e do amendoim.

11.1 Estrutura e Nomenclatura

Os álcoois possuem um grupo hidroxila (—OH) ligado a um átomo de carbono *saturado*. O átomo de carbono do álcool pode ser parte de um grupo alquila simples, como em alguns dos exemplos vistos a seguir, ou pode ser parte de uma molécula mais complexa, como o colesterol. Os álcoois também são classificados como 1º, 2º ou 3º, dependendo do número de carbonos ligados ao carbono do álcool.

O átomo de carbono do álcool também pode ser um átomo de carbono saturado adjacente a um grupo alquenila e, nesse caso, ele é chamado de alílico, ou o átomo de carbono pode ser um átomo de carbono saturado que está ligado a um anel benzênico e, nesse caso, ele é chamado benzílico.

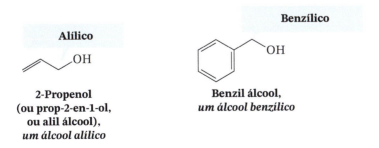

Os compostos que possuem um grupo hidroxila ligado *diretamente* a um anel benzênico são chamados de **fenóis**.

510 CAPÍTULO 11

Fenol

p-Metilfenol, um fenol substituído

Fórmula geral para um fenol

Os éteres diferem dos álcoois no fato de o átomo de oxigênio de um éter estar ligado a dois átomos de carbono. Os grupos de hidrocarbonetos podem ser alquila, alquenila, vinila, alquinila ou arila. Vários exemplos são mostrados a seguir:

Dietil éter   Alil metil éter   *terc*-Butil metil éter   Divinil éter   Fenil metil éter

11.1A Nomenclatura de Álcoois

Estudamos o sistema IUPAC de nomenclatura para álcoois nas Seções 2.6 e 4.3F. Como uma revisão, considere o seguinte problema.

PROBLEMA RESOLVIDO 11.1

Dê os nomes substitutivos da IUPAC para os seguintes álcoois:

(a)   (b)   (c)

Resposta

A cadeia mais longa à qual o grupo hidroxila está ligado nos fornece o nome base. A terminação é -ol. Numeramos, então, a cadeia mais longa a partir da extremidade para que o carbono que contém o grupo hidroxila tenha o menor número. Assim, os nomes, em ambos os formatos aceitos pela IUPAC, são

(a) **2,4-Dimetil-1-pentanol** (ou 2,4-dimetilpentan-1-ol)

(b) **4-Fenil-2-pentanol** (ou 4-fenilpentan-2-ol)

(c) **4-Penten-2-ol** (ou pent-4-en-2-ol)

- O grupo hidroxila tem precedência sobre as ligações duplas e triplas ao decidir que grupo funcional nomear conforme o sufixo [veja o exemplo (c) anterior].

Na nomenclatura comum de classe funcional (Seção 2.6), os álcoois são chamados de **alquil álcoois**, tais como metil álcool, etil álcool e assim por diante, ou álcoois alquílicos, tais como álcool metílico, álcool etílico e assim por diante.

PROBLEMA DE REVISÃO 11.1 O que está errado na utilização de nomes como "isopropanol" e "*terc*-butanol"?

11.1B Nomenclatura de Éteres

Aos éteres simples são frequentemente dados os nomes das classes funcionais comuns. Simplesmente uma lista (na ordem alfabética) de ambos os grupos que estão ligados ao átomo de oxigênio, adicionando-se a palavra *éter*:

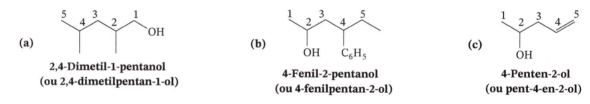

Etil metil éter   **Dietil éter**   ***terc*-Butil fenil éter**

Entretanto, os nomes substitutivos da IUPAC devem ser utilizados para éteres complicados e para compostos com mais de uma ligação éter. Nesse estilo IUPAC, os éteres recebem nomes como alcoxialcanos, alcoxialquenos e alcoxiarenos. O grupo —OR é um grupo **alcóxi.**

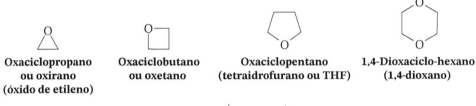

2-Metoxipentano   **1-Etoxi-4-metilbenzeno**   **1,2-Dimetoxietano (DME)**

Os éteres cíclicos podem ser nomeados de várias maneiras. Uma maneira simples é utilizar a **nomenclatura de substituição**, na qual relacionamos o éter cíclico com o sistema de anel do hidrocarboneto correspondente e utilizamos o prefixo **oxa-** para indicar que um átomo de oxigênio substitui um grupo CH$_2$. Em outro sistema, um éter cíclico de três membros recebe o nome de **oxirano** e um éter de quatro membros é chamado de **oxetano**. Vários éteres cíclicos simples têm também nomes comuns; nos exemplos a seguir, esses nomes comuns são fornecidos entre parênteses. O tetraidrofurano (THF) e o 1,4-dioxano são solventes úteis:

Oxaciclopropano   **Oxaciclobutano**   **Oxaciclopentano**   **1,4-Dioxaciclo-hexano**
ou oxirano   **ou oxetano**   **(tetraidrofurano ou THF)**   **(1,4-dioxano)**
(óxido de etileno)

Óxido de polietileno (OPE)
(um polímero solúvel em água
feito a partir do óxido de etileno)

O óxido de etileno é o material de partida para a obtenção do óxido de polietileno (OPE, também chamado polietilenoglicol, PEG). O óxido de polietileno possui muitas utilizações práticas, incluindo sua ligação covalente às proteínas terapêuticas, como o interferon, uma utilização que aumenta o tempo de vida da droga na circulação. O OPE é também utilizado em alguns cremes para a pele e como laxativo antes de procedimentos no trato digestivo.

O óxido de polietileno é utilizado em alguns cremes para a pele.

A Química de Materiais de... Vacinas e Produtos Farmacêuticos PEGuilados

Um grande desafio com vacinas e produtos farmacêuticos é direcionar as moléculas ativas para as células onde terão seu efeito. O RNA mensageiro (mRNA), por exemplo, que é fundamental para algumas vacinas para doenças como a covid-19, é uma molécula relativamente instável. O mRNA em uma vacina precisa ser protegido quando entra no corpo por injeção e viaja pela corrente sanguínea. Ele deve, então, ser transportado para as células que irão usar o mRNA para estimular uma resposta imune. Nanopartículas e PEG para a salvação!

O PEG (polietilenoglicol) é um polímero amplamente utilizado em cosméticos e produtos de saúde, e até mesmo em alguns produtos farmacêuticos. Os lipídios "PEGuilados" são agora um componente-chave da receita de nanopartículas que embalam vacinas de mRNA. As nanopartículas PEGuiladas foram projetadas para proteger o mRNA da degradação, facilitar seu transporte através da membrana das células-alvo e atuar como adjuvantes que estimulam uma resposta imune mais forte. O lipídio PEGuilado mostrado a seguir faz parte do sistema de nanopartículas usado na vacina da Pfizer contra a SARS-CoV-2.

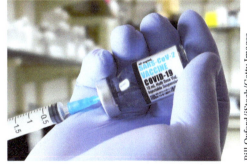

n = 400-500

2[(polietilenoglicol)-2000]-*N,N*-ditetradecilacetamida

PROBLEMA RESOLVIDO 11.2

O albuterol (utilizado em alguns medicamentos respiratórios comumente prescritos) e a vanilina (dos grãos da baunilha) contêm cada um muitos grupos funcionais. Nomeie os grupos funcionais no albuterol e na vanilina e, se for apropriado para um dado grupo, classifique-o como primário (1º), secundário (2º) ou terciário (3º).

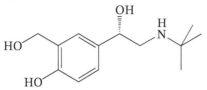

Albuterol
(um medicamento para a asma)

Vanilina
(dos grãos da baunilha)

O albuterol é utilizado em alguns medicamentos respiratórios.

Estratégia e Resposta

O albuterol possui os seguintes grupos funcionais: álcool 1º, álcool 2º, fenol e amina secundária. A vanilina possui os grupos funcionais aldeído, éter e fenol. Veja o Capítulo 2 para a revisão de como classificar os grupos funcionais álcool e amina como 1º, 2º e 3º.

PROBLEMA DE REVISÃO 11.2

Dê as fórmulas bastão e os nomes apropriados para todos os álcoois e éteres com as fórmulas **(a)** C_3H_8O e **(b)** $C_4H_{10}O$.

11.2 Propriedades Físicas dos Álcoois e Éteres

- Os álcoois possuem pontos de ebulição muito mais altos do que éteres ou hidrocarbonetos de peso molecular comparável.

Por exemplo, o ponto de ebulição do dietil éter (MM = 74) é 34,6 °C; o do pentano (MM = 72) é 36 °C, enquanto o ponto de ebulição do álcool butílico (MM = 74) é 117,7 °C. As propriedades físicas de alguns álcoois e éteres são fornecidas nas **Tabelas 11.1** e **11.2**.

TABELA 11.1 Propriedades Físicas de Alguns Álcoois

Nome	Fórmula	p.fus (°C)	p.eb (°C) (a 1 atm)	Solubilidade em água (g/100 mL H_2O)
Álcoois Monoidroxílicos				
Metanol	CH_3OH	−97	64,7	∞
Etanol	CH_3CH_2OH	−117	78,3	∞
Álcool propílico	$CH_3CH_2CH_2OH$	−126	97,2	∞
Álcool isopropílico	$CH_3CH(OH)CH_3$	−88	82,3	∞
Álcool butílico	$CH_3CH_2CH_2CH_2OH$	−90	117,7	8,3
Álcool isobutílico	$CH_3CH(CH_3)CH_2OH$	−108	108,0	10,0
Álcool *sec*-butílico	$CH_3CH_2CH(OH)CH_3$	−114	99,5	26,0
Álcool *terc*-butílico	$(CH_3)_3COH$	25	82,5	∞
Dióis e Trióis				
Etilenoglicol	CH_2OHCH_2OH	−12,6	197	∞
Propilenoglicol	$CH_3CHOHCH_2OH$	−59	187	∞
Trimetilenoglicol	$CH_2OHCH_2CH_2OH$	−30	215	∞
Glicerol	$CH_2OHCHOHCH_2OH$	18	290	∞

TABELA 11.2 Propriedades Físicas de Alguns Éteres

Nome	Fórmula	p.fus (°C)	p.eb (°C) (a 1 atm)
Dimetil éter	CH₃OCH₃	−138	−24,9
Etil metil éter	CH₃OCH₂CH₃		10,8
Dietil éter	CH₃CH₂OCH₂CH₃	−116	34,6
1,2-Dimetoxietano (DME)	CH₃OCH₂CH₂OCH₃	−68	83
Oxirano	△O	−112	12
Tetraidrofurano (THF)	(pentagonal com O)	−108	65,4
1,4-Dioxano	(hexagonal com 2 O)	11	101

- As moléculas dos álcoois podem se associar através de **ligação de hidrogênio**, enquanto as moléculas de éteres e hidrocarbonetos não podem.

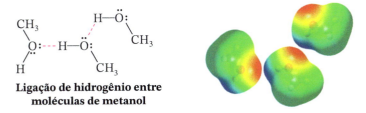

Ligação de hidrogênio entre moléculas de metanol

O propilenoglicol (1,2-propanodiol) é utilizado como líquido de refrigeração ecológico de motor, pois é biodegradável, possui um alto ponto de ebulição e é miscível em água.

Entretanto, os éteres *são* capazes de formar ligações de hidrogênio com compostos como a água. Os éteres, consequentemente, têm solubilidades em água similares às dos álcoois de mesma massa molecular e têm solubilidades muito diferentes da dos hidrocarbonetos.

O dietil éter e o 1-butanol, por exemplo, têm a mesma solubilidade em água, aproximadamente 8 g por 100 mL à temperatura ambiente. O pentano, em contraste, é praticamente insolúvel em água.

O metanol, o etanol, ambos os álcoois propílicos e o álcool *terc*-butílico são completamente miscíveis em água (Tabela 11.1). A solubilidade de álcoois em água diminui gradualmente à medida que a cadeia de hidrocarboneto da molécula aumenta; álcoois de cadeia longa são mais "semelhantes aos alcanos" e são, portanto, menos semelhantes à água.

PROBLEMA RESOLVIDO 11.3

O 1,2-propanodiol (propilenoglicol) e o 1,3-propanodiol (trimetilenoglicol) possuem pontos de ebulição mais altos do que qualquer um dos álcoois butílicos (veja a Tabela 11.1), embora todos esses compostos tenham aproximadamente a mesma massa molecular. Proponha uma explicação.

Estratégia e Resposta

A presença de dois grupos hidroxila em cada um destes dióis permite às suas moléculas formarem mais ligações de hidrogênio do que os álcoois butílicos. Maior formação de ligações de hidrogênio significa que as moléculas de 1,2-propanodiol e de 1,3-propanodiol estão mais altamente associadas e, consequentemente, seus pontos de ebulição são mais altos.

11.3 Álcoois e Éteres Importantes

11.3A Metanol

Houve uma época em que a maior parte do metanol era produzida pela destilação destrutiva da madeira (isto é, aquecimento da madeira a altas temperaturas na ausência de ar).

Foi por causa desse método de preparação que o metanol passou a ser chamado de "álcool de madeira". Hoje em dia, a maior parte do metanol é preparada através da hidrogenação catalítica do monóxido de carbono. Essa reação ocorre sob alta pressão e a uma temperatura de 300–400 °C:

$$CO + 2H_2 \xrightarrow[\text{ZnO-Cr}_2\text{O}_3]{\substack{300-400\ °C \\ 200-300\ atm}} CH_3OH$$

O metanol é altamente tóxico. Sua ingestão, mesmo em pequenas quantidades, pode provocar a cegueira; grandes quantidades podem provocar a morte. O envenenamento por metanol pode também ocorrer através da inalação dos vapores ou através da exposição prolongada da pele.

11.3B Etanol

O etanol pode ser preparado através da fermentação de açúcares e é o álcool de todas as bebidas alcoólicas. A síntese do etanol na forma de vinho através da fermentação dos açúcares de sucos de frutas foi, provavelmente, a nossa primeira realização no campo da síntese orgânica. Os açúcares de uma grande variedade de fontes podem ser utilizados na preparação de bebidas alcoólicas. Geralmente, esses açúcares são provenientes de grãos e é essa derivação que explica o etanol ser sinônimo de "álcool dos grãos".

A fermentação é geralmente realizada através da adição de levedura a uma mistura de açúcares e água. A levedura contém enzimas que promovem uma longa série de reações que, finalmente, convertem um açúcar simples ($C_6H_{12}O_6$) em etanol e dióxido de carbono:

$$C_6H_{12}O_6 \xrightarrow{\text{levedura}} 2\ \diagup\!\!\diagdown OH + 2CO_2$$
(rendimento de ~95%)

A fermentação sozinha não produz bebidas com um teor de etanol maior do que 12–15%, porque as enzimas da levedura são desativadas em concentrações mais altas. Para produzir bebidas com teor alcoólico mais alto, a solução aquosa deve ser destilada.

O etanol é um importante produto químico industrial. A maior parte do etanol com fins industriais é produzida através da hidratação do eteno catalisada por ácido:

$$=\!= + H_2O \xrightarrow{\text{ácido}} \diagup\!\!\diagdown OH$$

Cerca de 5% do abastecimento mundial de etanol são produzidos dessa maneira.

Uvas de vinha para utilização em fermentação.

A Química Ambiental de... Etanol como um Biocombustível

O etanol é considerado uma fonte de energia renovável porque pode ser feito pela fermentação de grãos e de outras fontes agrícolas como o capim ou a cana-de-açúcar. Suas culturas crescem, é claro, convertendo energia da luz do Sol em energia química através da fotossíntese. Uma vez obtido, o etanol pode ser combinado com a gasolina em variadas proporções e utilizado em motores de combustão interna. Durante o ano de 2013, os Estados Unidos lideraram a produção mundial de etanol com 13,3 bilhões de galões, seguidos pelo Brasil, com 6,3 bilhões de galões.

Quando utilizado como um substituto para a gasolina, o etanol tem um menor conteúdo energético, em torno de 34% por unidade de volume. Isso e outros fatores, como a energia necessária para produzir as matérias-primas agrícolas, especialmente o milho, têm criado dúvidas sobre a sensatez de um programa baseado no etanol como fonte renovável de energia. A produção de etanol a partir do milho é 5 a 6 vezes menos eficiente do que sua produção a partir da cana-de-açúcar e, também, desvia a produção de culturas de alimentos para uma fonte de energia. A escassez mundial de alimentos pode ser um dos resultados.

Media Bakery

O etanol é *hipnótico* (indutor do sono). Ele diminui a atividade na parte superior do cérebro, apesar de dar a impressão de ser um estimulante. O etanol também é tóxico, mas é muito menos tóxico do que o metanol. Em ratos, a dose letal do etanol é 13,7 g kg^{-1} de massa corporal.

11.3C Etilenoglicol e Propilenoglicol

O etilenoglicol (HOCH$_2$CH$_2$OH) tem uma baixa massa molecular, um alto ponto de ebulição e é miscível em água. Essas propriedades tornam o etilenoglicol um excelente anticongelante automotivo. Infelizmente, no entanto, o etilenoglicol é tóxico. O propilenoglicol (1,2-propanodiol) é agora amplamente utilizado como uma alternativa de baixa toxicidade e ecológica para o etilenoglicol.

11.3D Dietil Éter

O dietil éter é um líquido de ponto de ebulição muito baixo e altamente inflamável. Deve-se sempre tomar cuidado quando o dietil éter é utilizado no laboratório, porque chamas ou faíscas de interruptores de luz podem provocar a combustão explosiva de misturas de dietil éter e ar.

A maioria dos éteres reage lentamente com o oxigênio através de um processo radicalar chamado de **auto-oxidação** (veja a Seção 10.12D) para formar hidroperóxidos e peróxidos:

Etapa 1 ·Ö—Ö· + —C(H)(OR')— ⟶ ·Ö—Ö—H + —Ċ(OR')—   *A abstração do hidrogênio adjacente ao oxigênio do éter ocorre prontamente.*

Etapa 2 —Ċ(OR')— + O$_2$ ⟶ —C(OO·)(OR')—

Etapa 3a —C(OO·)(OR')— + —C(H)(OR')— ⟶ —C(OOH)(OR')— + —Ċ(OR')—
Um hidroperóxido

ou

Etapa 3b —C(OO·)(OR')— + —Ċ(OR')— ⟶ R'O—C—OO—C—OR'   *Os hidroperóxidos e os peróxidos podem ser explosivos.*
Um peróxido

Esses hidroperóxidos e peróxidos, que geralmente se acumulam nos éteres que foram estocados por meses, ou mais, em contato com o ar (o ar no topo da garrafa é o suficiente), são perigosamente explosivos. Eles geralmente explodem sem aviso quando as soluções de éter são destiladas até quase à secura. Como os éteres são frequentemente utilizados em extrações, deve-se tomar cuidado em testar a presença de quaisquer peróxidos e decompô-los antes da destilação ser realizada. (Consulte um manual de laboratório para instruções.)

O dietil éter foi, há algum tempo, empregado como um anestésico cirúrgico. O anestésico moderno mais popular é o halotano (CF$_3$CHBrCl). Diferentemente do dietil éter, o halotano não é inflamável. (Veja "A Química Biomédica de... Éteres como Anestésicos Gerais", Seção 2.7, para mais informações.)

11.4 Síntese de Álcoois a Partir de Alquenos

Já estudamos a **hidratação** de alquenos catalisada por ácidos, a **oximercuração–desmercuração** e a **hidroboração–oxidação** como métodos para a síntese de álcoois a partir de alquenos (veja as Seções 8.4, 8.5 e 8.6, respectivamente). A seguir, resumimos brevemente esses métodos.

Hidroboração-oxidação (Seções 8.6-8.8 e 11.4): A adição de BH$_3$ a um alqueno seguida de oxidação a álcool resulta em uma hidratação anti-Markovnikov.

516 CAPÍTULO 11

A Química Medicinal de... Colesterol e Doenças Cardíacas

O colesterol (a seguir, veja também a Seção 23.4B) é um álcool que é um precursor de hormônios esteroides e um constituinte vital das membranas celulares. É essencial à vida. Por outro lado, o depósito de colesterol nas artérias é causa de doenças do coração e da aterosclerose, duas causas frequentes da morte em seres humanos. Para um organismo permanecer saudável, tem de haver um delicado equilíbrio entre a biossíntese do colesterol e sua utilização, de modo que o depósito arterial seja mantido em um mínimo.

No corpo, a biossíntese do colesterol ocorre por meio de uma série de etapas, uma das quais é catalisada pela enzima *HMG-CoA redutase* e que utiliza o íon mevalonato como substrato. A estatina interfere nessa etapa e, através disso, reduz os níveis de colesterol no sangue,

Colesterol

Lovastatina

Íon mevalonato

Para certos indivíduos com altos níveis de colesterol no sangue, o remédio é simplesmente uma dieta baixa em colesterol e gorduras. Para os que sofrem de elevados níveis de colesterol no sangue por motivos genéticos, são necessários outros meios de redução do colesterol. Um dos remédios envolve a ingestão de um medicamento chamado de *estatina*, uma droga concebida para interferir na biossíntese do colesterol.

A lovastatina, um composto isolado do fungo *Aspergillus terreus*, foi a primeira estatina a ser comercializada. Atualmente muitas outras se encontram em uso.

A lovastatina, devido a uma parte de sua estrutura ser semelhante ao íon mevalonato, pode aparentemente se ligar no sítio ativo da HMGA-CoA redutase e agir como um inibidor competitivo dessa enzima e, daí, reduzir a biossíntese do colesterol.

---

1. **Hidratação de Alquenos Catalisada por Ácidos** Os alquenos sofrem adição de água na presença de um catalisador ácido produzindo álcoois (Seção 8.5). A adição ocorre com **regiosseletividade Markovnikov**. A reação é reversível e o mecanismo para a hidratação de um alqueno catalisada por ácido é simplesmente o inverso do mecanismo para a desidratação de um álcool (Seção 7.7).

Alqueno ⇌ ... ⇌ **Álcool**

Entretanto, a hidratação de alquenos catalisada por ácido tem utilidade sintética limitada, porque o carbocátion intermediário pode se rearranjar se um carbocátion mais estável ou isoenergético for possível através da migração de um hidreto ou alquineto. Assim, pode resultar uma mistura de produtos de álcoois isoméricos.

2. **Oximercuração–Desmercuração** Os alquenos reagem com Hg(OAc)$_2$ em uma mistura de água e tetraidrofurano (THF) produzindo compostos de (hidroxialquil)mercúrio. Esses podem ser reduzidos a álcoois com NaBH$_4$ e água (Seção 8.5).

Os compostos de mercúrio são perigosos. Antes de realizar uma reação envolvendo o mercúrio ou seus compostos, você deve familiarizar-se com os procedimentos correntes para sua utilização e descarte.

Oximercuração

C=C $\xrightarrow{\text{Hg(OAc)}_2, \text{H}_2\text{O}}_{\text{THF}}$ —C(HO)—C(HgOAc)— + AcOH

Álcoois e Éteres **517**

Desmercuração

—C—C— (HO, HgOAc) →[NaBH₄, HO⁻] —C—C— (HO, H) + Hg + AcO⁻

Na etapa de oximercuração, a água e o Hg(OAc)₂ adicionam-se à ligação dupla; na etapa de desmercuração, o NaBH₄ reduz o grupo acetoximercúrio e o substitui pelo hidrogênio. A adição líquida de —H e —OH ocorre com **regiosseletividade Markovnikov** e geralmente sem a complicação de rearranjos, como acontece algumas vezes com a hidratação de alquenos catalisada por ácidos. A hidratação global do alqueno não é estereosseletiva porque, apesar de a etapa de oximercuração ocorrer com adição anti, a etapa de desmercuração não é estereosseletiva (acredita-se que radicais estão envolvidos) e, consequentemente, resulta uma mistura de produtos sin e anti.

> **DICA ÚTIL**
> A oximercuração–desmercuração e a hidroboração–oxidação possuem regiosseletividades complementares.

3. **Hidroboração–Oxidação** Um alqueno reage com BH₃:THF ou diborano produzindo um alquilborano. A oxidação e a hidrólise do alquilborano com peróxido de hidrogênio e base produzem um álcool (Seção 8.6).

Hidroboração

3 [ciclopenteno-CH₃, H] →[BH₃:THF] **Adição anti-Markovnikov e sin** [ciclopentano com H, CH₃, H, BR₂] + enantiômero

R = 2-metilciclopentila

Oxidação

[ciclopentano com H, CH₃, H, BR₂] →[H₂O₂, HO⁻] **—OH substitui o boro com a retenção da configuração** 3 [ciclopentano com H, CH₃, H, OH] + enantiômero

Na primeira etapa, o boro e o hidrogênio são adicionados de maneira sin ao alqueno; na segunda etapa, o tratamento com peróxido de hidrogênio e base substitui o boro pelo —OH com retenção da configuração. A adição líquida de —H e —OH ocorre com **regiosseletividade anti-Markovnikov** e **estereosseletividade sin**. Assim, a hidroboração–oxidação serve como um complemento regioquímico útil para a oximercuração–desmercuração.

PROBLEMA RESOLVIDO 11.4

Que condições você utilizaria para cada uma das reações vistas a seguir?

[isobutileno] →(a) [2-metil-2-butanol, HO]

[isobutileno] →(b) [2-metil-1-butanol, HO]

Estratégia e Resposta

Reconhecemos que a síntese por meio da etapa **(a)** exige a adição de água ao alqueno. Então, poderíamos utilizar tanto a hidratação catalisada por ácidos quanto a oximercuração–desmercuração.

518 CAPÍTULO 11

$H_3O^+/H_2O/THF$
ou
(1) $Hg(OAc)_2/H_2O$
(2) $NaBH_4$, HO^-

Adição Markovnikov de —H e —OH

A síntese por meio da etapa **(b)** requer uma adição anti-Markovnikov, portanto, poderíamos escolher a hidroboração-oxidação.

(1) BH_3:THF
(2) H_2O_2, HO^-

Adição anti-Markovnikov de —H e —OH

PROBLEMA DE REVISÃO 11.3

Faça a previsão dos produtos majoritários das seguintes reações:

(a) $\xrightarrow{H_2SO_4 \text{ cat.} \atop H_2O}$

(b) $\xrightarrow{(1) BH_3:THF \atop (2) H_2O_2, NaOH}$

(c) $\xrightarrow{(1) Hg(OAc)_2, H_2O/THF \atop (2) NaBH_4, NaOH}$

PROBLEMA DE REVISÃO 11.4

A reação a seguir não produz o produto mostrado.

$\xrightarrow{H_2SO_4 \text{ cat.} \atop H_2O}$ ✗

(a) Faça a previsão do produto principal a partir dessas condições e escreva um mecanismo detalhado para a sua formação.

(b) Que condições de reação você utilizaria para sintetizar com sucesso o produto mostrado anteriormente (3,3-dimetil-2-butanol)?

11.5 Reações de Álcoois

As reações de álcoois estão relacionadas principalmente com o que se segue:

- O átomo de oxigênio do grupo hidroxila é nucleofílico e fracamente básico.
- O átomo de hidrogênio do grupo hidroxila é fracamente ácido.
- O grupo hidroxila pode ser convertido em um grupo de saída, assim como permite as reações de substituição ou eliminação.

Nosso entendimento das reações de álcoois será auxiliado por um exame inicial da distribuição eletrônica no grupo funcional álcool e de como essa distribuição afeta a sua reatividade. O átomo de oxigênio de um álcool polariza tanto a ligação C—O quanto a ligação O—H de um álcool:

As ligações C—O e O—H de um álcool são polarizadas.

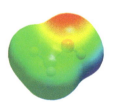

Um mapa de potencial eletrostático para o metanol mostra carga parcial negativa no oxigênio e carga parcial positiva no próton de hidroxila.

A polarização da ligação O—H torna o hidrogênio parcialmente positivo e explica por que os álcoois são ácidos fracos (Seção 11.6). A polarização da ligação C—O torna o átomo de carbono parcialmente positivo e, se não fosse pelo fato de HO⁻ ser uma base forte e, consequentemente, um grupo de saída ruim, esse carbono seria suscetível ao ataque nucleofílico.

Os pares de elétrons no átomo de oxigênio o tornam tanto **básico** quanto **nucleofílico**. Na presença de ácidos fortes, os álcoois agem como bases e recebem prótons da seguinte maneira:

Protonação de um álcool

$$-\overset{|}{\underset{|}{C}}-\ddot{\ddot{O}}-H + H-A \rightleftharpoons -\overset{|}{\underset{|}{C}}-\overset{+}{\underset{\ddot{\cdot}\cdot}{O}}\overset{H}{\underset{}{-}}H + A^-$$

Álcool   Ácido forte   Álcool protonado

- A protonação do álcool converte um grupo de saída ruim (HO⁻) em um grupo de saída bom (H₂O).

A protonação também torna o átomo de carbono ainda mais positivo (pois —$\overset{+}{O}H_2$ é mais retirador de elétrons do que —OH) e, portanto, ainda mais suscetível ao ataque nucleofílico.

- Uma vez que o álcool esteja protonado, as reações de substituição tornam-se possíveis (S$_N$2 ou S$_N$1, dependendo da classe do álcool, Seção 11.8).

O grupo hidroxila protonado é um bom grupo de saída (H₂O).

$$Nu:^- + -\overset{|}{\underset{|}{C}}-\overset{+}{\underset{\ddot{\cdot}\cdot}{O}}\overset{H}{\underset{}{-}}H \xrightarrow{S_N 2} Nu-\overset{|}{\underset{|}{C}}- + :\ddot{O}-H$$

Álcool protonado

Como os álcoois são nucleófilos, eles também podem reagir com álcoois protonados. Isso, como veremos na Seção 11.11A, é uma importante etapa em uma síntese de éteres:

$$R-\ddot{\ddot{O}}: + -\overset{|}{\underset{|}{C}}-\overset{+}{\underset{\ddot{\cdot}\cdot}{O}}\overset{H}{\underset{}{-}}H \xrightarrow{S_N 2} R-\overset{+}{\underset{H}{O}}-\overset{|}{\underset{|}{C}}- + :\ddot{O}-H$$

                                                               Éter protonado

A uma temperatura alta o suficiente e na ausência de um bom nucleófilo, os álcoois protonados são capazes de sofrer reações E1 ou E2. Isso é o que acontece nas desidratações de álcoois (Seção 7.7).

Os álcoois reagem também com PBr₃ e SOCl₂ produzindo brometos de alquila e cloretos de alquila. Essas reações, como podemos ver na Seção 11.9, são iniciadas pelo álcool utilizando seus pares de elétrons não compartilhados para agirem como um nucleófilo.

11.6 Álcoois como Ácidos

Vamos considerar agora a capacidade dos álcoois de se comportarem como ácidos.

- Os álcoois têm acidez similar à da água.

O metanol é um ácido ligeiramente mais forte do que a água (pK_a = 15,7), mas em sua maioria os álcoois são ácidos um pouco mais fracos. Os valores de pK_a para vários álcoois estão relacionados na Tabela 11.3.

$$R-\ddot{\ddot{O}}-H + :\overset{H}{\underset{}{\ddot{O}}}-H \rightleftharpoons R-\ddot{\ddot{O}}:^- + H-\overset{+}{\underset{H}{O}}-H$$

Álcool   Íon alcóxido

(Se R é volumoso, ocorre menos estabilização do alcóxido por meio da solvatação e maior desestabilização devido a efeitos indutivos. Consequentemente, o equilíbrio é deslocado ainda mais na direção do álcool.)

TABELA 11.3 Valores de pK_a para Alguns Ácidos Fracos

Ácido	pK_a
CH₃OH	15,5
H₂O	15,74
CH₃CH₂OH	15,9
(CH₃)₃COH	18,0

- Os álcoois com impedimento estérico, como o álcool *terc*-butílico, são menos ácidos e, portanto, as suas bases conjugadas são mais básicas do que álcoois não impedidos, tais como o etanol ou o metanol.

Uma razão para essa diferença de acidez está relacionada com o efeito da solvatação. Com um álcool não impedido, as moléculas de água podem circundar facilmente, solvatar e finalmente estabilizar o ânion alcóxido que se formaria pela perda do próton do álcool para uma base. Em decorrência dessa estabilização, a formação da base conjugada do álcool é mais fácil e, consequentemente, sua acidez é aumentada. Se o grupo R do álcool é volumoso, a solvatação do ânion alcóxido é impedida. A estabilização da base conjugada não é tão eficiente e, assim, o álcool impedido é um ácido mais fraco. Outra razão para os álcoois impedidos serem menos ácidos está relacionada com o efeito indutivo de doação de elétron dos grupos alquila. Os grupos alquila de um álcool impedido doam densidade eletrônica, tornando a formação de um ânion alcóxido mais difícil do que com um álcool menos impedido.

> **DICA ÚTIL**
> *Observe:* qualquer fator que estabiliza a base conjugada de um ácido aumenta sua acidez.

- Todos os álcoois são ácidos muito mais fortes do que os alquinos terminais e eles são ácidos muito mais fortes do que o hidrogênio, a amônia e os alcanos (veja a Tabela 3.1).

Acidez Relativa

A água e os álcoois são os ácidos mais fortes nesta série.

$$H_2O > ROH > RC\equiv CH > H_2 > NH_3 > RH$$

Os alcóxidos de sódio e potássio podem ser preparados pelo tratamento de álcoois com sódio ou potássio metálicos ou com hidreto metálico (Seção 7.6A). Como a maioria dos álcoois são ácidos mais fracos do que a água, os íons alcóxido são, em sua maioria, bases mais fortes do que o íon hidróxido.

- Bases conjugadas de compostos com valores mais elevados de pK_a do que de um álcool propiciam a desprotonação de um álcool.

Basicidade Relativa

$$R^- > H_2N^- > H^- > RC\equiv C^- > RO^- > HO^-$$

O hidróxido é a base mais fraca nesta série.

PROBLEMA DE REVISÃO 11.5 Escreva as equações para as reações ácido–base que ocorreriam (se existir alguma) se o etanol fosse adicionado a soluções de cada um dos compostos vistos a seguir. Em cada reação indique o ácido mais forte, a base mais forte, e assim por diante (consulte a Tabela 3.1).

(a) NaNH$_2$ (b) —≡:⁻Na⁺ (c) CH$_3$C(=O)ONa (d) NaOH

Os alcóxidos de sódio e potássio frequentemente são utilizados como bases nas sínteses orgânicas (Seção 7.6A). Utilizamos os alcóxidos, tais como o etóxido e o *terc*-butóxido, quando realizamos reações que necessitam de bases mais fortes do que o íon hidróxido, mas que não necessitam de bases excepcionalmente poderosas, tais como o íon amideto ou o ânion de um alcano. Utilizamos também os íons alcóxido quando (por motivos de solubilidade) precisamos realizar uma reação em um solvente alcoólico em vez de em água.

11.7 Conversão de Álcoois em Haletos de Alquila

Nesta e em várias seções seguintes estaremos preocupados com as reações que envolvem substituição do grupo hidroxila do álcool.

- Um grupo hidroxila é um grupo de saída tão ruim (ele sairia como hidróxido) que um fato comum dessas reações será a conversão do grupo hidroxila em um grupo que possa sair como uma base fraca.

Esses processos começam pela reação de um oxigênio do álcool como uma base ou nucleófilo, após o que o grupo do oxigênio modificado sofre substituição. Primeiramente, consideraremos as reações que convertem álcoois em haletos de alquila.

Os reagentes mais comumente utilizados para a conversão de álcoois são os seguintes:

- Haletos de hidrogênio (HCl, HBr e HI)
- Tribrometo de fósforo (PBr$_3$)
- Cloreto de tionila (SOCl$_2$)

Os exemplos da utilização desses reagentes são os mostrados a seguir. Todas essas reações resultam na quebra da ligação C—O do álcool. Em cada caso, o grupo hidroxila é primeiramente convertido em um grupo de saída apropriado. Veremos como isso é realizado quando estudarmos esse tipo de reação.

11.8 Haletos de Alquila a Partir da Reação de Álcoois com Haletos de Hidrogênio

Quando os álcoois reagem com um haleto de hidrogênio, ocorre uma substituição produzindo um haleto de alquila e água:

$$R\text{—}OH + HX \longrightarrow R\text{—}X + H_2O$$

- A ordem de reatividade dos álcoois é 3º > 2º > 1º.
- A ordem de reatividade dos haletos de hidrogênio é HI > HBr > HCl (o HF geralmente não é reativo).

A reação ocorre em condições ácidas. Os álcoois reagem com os haletos de hidrogênio fortemente ácidos HCl, HBr e HI, mas não reagem com NaCl, NaBr ou NaI. Os álcoois primários e secundários podem ser convertidos em cloretos e brometos de alquila, permitindo que reajam com uma mistura de um haleto de sódio e ácido sulfúrico:

$$ROH + NaX \xrightarrow{H_2SO_4} RX + NaHSO_4 + H_2O$$

11.8A Mecanismos das Reações de Álcoois com HX

- Os álcoois secundários, terciários, alílico e benzílico parecem reagir através de um mecanismo que envolve a formação de um carbocátion – um mecanismo que estudamos inicialmente na Seção 3.13 e que você agora deve reconhecer *como uma reação S$_N$1 com o álcool protonado agindo como o substrato.*

Ilustraremos de novo esse mecanismo com a reação do álcool *terc*-butílico com o ácido clorídrico aquoso (H_3O^+, Cl^-).

As duas primeiras etapas nesse mecanismo de substituição S_N1 são as mesmas do mecanismo para a desidratação de um álcool (Seção 7.10).

Etapa 1

O álcool recebe um próton.

Etapa 2

O grupo hidroxila protonado sai como um grupo de saída formando um carbocátion e água.

Na etapa 3, os mecanismos da desidratação de um álcool e da formação de um haleto de alquila diferem. Nas reações de desidratação, o carbocátion perde um próton em uma reação E1 para formar um alqueno. Na formação de um haleto de alquila, o carbocátion reage com um nucleófilo (um íon haleto) em uma reação S_N1.

Etapa 3

Um ânion haleto reage com o carbocátion.

Como podemos explicar a substituição S_N1 nesse caso em comparação com a eliminação em outros casos?

Quando desidratamos os álcoois, normalmente realizamos a reação em ácido sulfúrico concentrado e a alta temperatura. O hidrogenossulfato (HSO_4^-) presente após a protonação do álcool é um nucleófilo fraco e, a altas temperaturas, o carbocátion, altamente reativo, forma espécies mais estáveis através da perda de um próton, tornando-se um alqueno. Além disso, o alqueno é normalmente volátil e destila a partir da mistura reacional assim que é formado, levando, dessa maneira, o equilíbrio na direção da formação do alqueno. O resultado líquido é *uma reação E1*.

Na reação inversa, isto é, a hidratação de um alqueno (Seção 8.5), o carbocátion *reage* com um nucleófilo. Ele reage com a água. As hidratações de alquenos são realizadas em ácido sulfúrico diluído, no qual a concentração de água é alta. Em alguns casos, também, os carbocátions podem reagir com os íons HSO_4^- ou com o próprio ácido sulfúrico. Quando eles reagem, formam os hidrogenossulfatos de alquila ($R-OSO_2OH$).

Quando convertemos um álcool em um haleto de alquila, realizamos a reação na presença de um ácido e *na presença de íons haleto*, mas não a uma temperatura elevada. Os íons haleto são bons nucleófilos (nucleófilos muito mais fortes do que a água) e, uma vez que os íons haleto estão presentes em alta concentração, a maior parte dos carbocátions reage com um par de elétrons de um íon haleto para formar espécies mais estáveis. O resultado global é uma reação S_N1.

Essas duas reações, a desidratação e a formação de um haleto de alquila, também nos fornecem outro exemplo da competição entre a substituição nucleofílica e a eliminação. Muito frequentemente, nas conversões de álcoois em haletos de alquila, descobrimos que a reação é acompanhada pela formação de algum alqueno (isto é, por meio de eliminação). As energias livres de ativação para essas duas reações de carbocátions não são muito diferentes uma da outra. Assim, nem todos os carbocátions tornam-se produtos estáveis através da reação com os nucleófilos; alguns perdem um próton β formando um alqueno.

Álcoois Primários

Nem todas as conversões de álcoois em haletos de alquila catalisadas por ácidos ocorrem através da formação de carbocátions.

- Os álcoois primários e o metanol reagem formando haletos de alquila em condições ácidas através de um mecanismo S_N2.

Nessas reações, a função do ácido é produzir *um álcool protonado*. O íon haleto, então, desloca uma molécula de água (um bom grupo de saída) do carbono; isso produz um haleto de alquila:

$$:\ddot{X}:^- + R-\overset{H}{\underset{H}{C}}-\overset{+}{\underset{\cdot\cdot}{O}}-H \longrightarrow :\ddot{X}-\overset{H}{\underset{H}{C}}-R + :\overset{H}{\underset{\cdot\cdot}{O}}-H$$

(Álcool 1º protonado ou metanol)   (Um bom grupo de saída)

Ácido É Necessário

Apesar de os íons haletos (particularmente os íons brometo e iodeto) serem nucleófilos fortes, eles não são fortes o suficiente para promover reações de substituição com os próprios álcoois.

- As reações, como vemos a seguir, não ocorrem porque o grupo de saída teria de ser um íon hidróxido fortemente básico:

$$:\ddot{B}r:^- + -\overset{|}{\underset{|}{C}}-\ddot{O}H \;\;\cancel{\longrightarrow}\;\; :\ddot{B}r-\overset{|}{\underset{|}{C}}- + \;^-:\ddot{O}H$$

Podemos ver agora por que as reações de álcoois com haletos de hidrogênio são promovidas por ácidos.

- O ácido protona o grupo hidroxila do álcool, tornando-o um bom grupo de saída.

Como o íon cloreto é um nucleófilo mais fraco do que os íons brometo e iodeto, o cloreto de hidrogênio não reage com álcoois primários ou secundários, a menos que o cloreto de zinco ou algum ácido de Lewis similar seja adicionado à mistura reacional. O cloreto de zinco, um bom ácido de Lewis, forma um complexo com o álcool através da associação com um par de elétrons não compartilhado do átomo de oxigênio. Isso melhora o potencial de saída do grupo hidroxila o suficiente para que o cloreto possa deslocá-lo.

$$R-\overset{|}{\underset{H}{\ddot{O}}}: + ZnCl_2 \;\;\rightleftharpoons\;\; R-\overset{|}{\underset{H}{\overset{+}{\ddot{O}}}}-\bar{Z}nCl_2$$

$$:\ddot{Cl}:^- + R-\overset{+}{\underset{H}{\ddot{O}}}-\bar{Z}nCl_2 \longrightarrow :\ddot{Cl}-R + [Zn(OH)Cl_2]^-$$

$$[Zn(OH)Cl_2]^- + H_3O^+ \;\;\rightleftharpoons\;\; ZnCl_2 + 2\,H_2O$$

- Como era de esperar, muitas reações de álcoois com haletos de hidrogênio, particularmente aquelas nas quais os carbocátions são formados, *são acompanhadas por rearranjos*.

Como podemos saber que rearranjos podem ocorrer quando álcoois secundários são tratados com haleto de hidrogênio? Resultados como os do Problema 11.5 indicam ser esse o caso.

DICA ÚTIL

A reação inversa, isto é, a reação de um haleto de alquila com o íon hidróxido, ocorre e é um método para a síntese de álcoois. Vimos essa reação no Capítulo 6.

PROBLEMA RESOLVIDO 11.5

O tratamento do 3-metil-2-butanol (veja a reação a seguir) produz 2-bromo-2-metilbutano como único produto. Proponha um mecanismo que explique o curso da reação.

Estratégia e Resposta

A reação tem de envolver um rearranjo através do deslocamento de hidreto do carbocátion formado inicialmente para um mais estável.

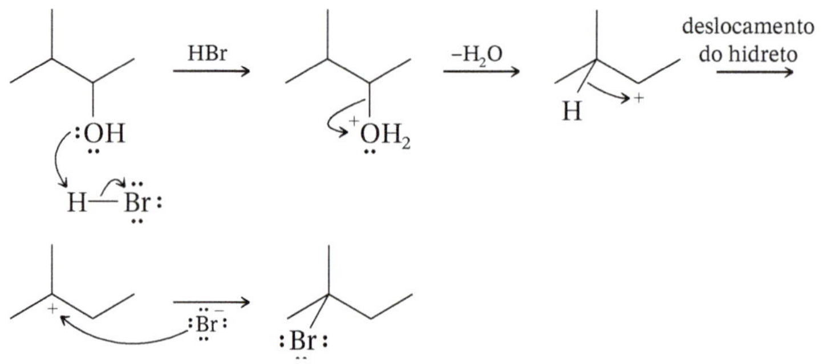

[Esquema de mecanismo: álcool secundário + HBr → protonação → perda de H₂O formando carbocátion secundário → deslocamento de hidreto formando carbocátion terciário → ataque do Br⁻ → brometo de alquila terciário]

PROBLEMA DE REVISÃO 11.6 — Escreva um mecanismo detalhado para a reação vista a seguir.

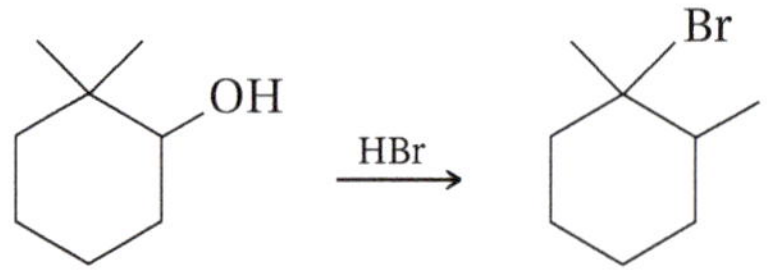

[1,1-dimetilciclohexan-2-ol] + HBr → [1-bromo-1,2-dimetilciclohexano]

PROBLEMA DE REVISÃO 11.7 — **(a)** Que fator explica a observação que os álcoois terciários reagem com HX mais rapidamente do que os álcoois secundários? **(b)** Que fator explica a observação que o metanol reage com HX mais rapidamente que um álcool primário?

Uma vez que podem ocorrer rearranjos quando alguns álcoois são tratados com haletos de hidrogênio, como podemos converter com sucesso um álcool secundário em um haleto de alquila sem rearranjo? Para responder a essa questão, vamos para a próxima seção, onde discutimos o uso de reagentes como o cloreto de tionila (SOCl$_2$) e o tribrometo de fósforo (PBr$_3$).

11.9 Haletos de Alquila a Partir da Reação de Álcoois com PBr$_3$ ou SOCl$_2$

Os álcoois primários e secundários reagem com o tribrometo de fósforo produzindo brometos de alquila.

> **DICA ÚTIL**
> PBr$_3$: um reagente para a síntese de brometos de alquila primários e secundários.

$$3\,R{-}OH \;+\; PBr_3 \;\longrightarrow\; 3\,R{-}Br \;+\; H_3PO_3$$
(1° ou 2°)

- A reação de um álcool com PBr$_3$ não envolve a formação de um carbocátion e *normalmente ocorre sem rearranjo* da cadeia de carbono (especialmente se a temperatura é mantida abaixo de 0 °C).
- O PBr$_3$ é frequentemente preferido como um reagente para a transformação de um álcool no brometo de alquila correspondente.

O mecanismo para a reação envolve a substituição sequencial do átomo de bromo no PBr$_3$ por três moléculas do álcool, formando um trialquilfosfito, P(OR)$_3$, e três moléculas de HBr.

$$ROH \;+\; PBr_3 \;\longrightarrow\; P(OR)_3 \;+\; 3\,HBr$$

O trialquilfosfito continua reagindo com três moléculas de HBr formando três moléculas de ácido fosfônico.

$$P(OR)_3 \;+\; 3\,HBr \;\longrightarrow\; 3\,RBr \;+\; H_3PO_3$$

O cloreto de tionila (SOCl$_2$) converte álcoois primários e secundários em cloretos de alquila. A piridina (C$_5$H$_5$N) é frequentemente incluída para promover a reação. O substrato alcoólico ataca o cloreto de tionila, como mostrado a seguir, liberando um ânion cloreto e perdendo seu próton para a molécula de piridina. O resultado é um alquilclorossulfito.

> **DICA ÚTIL**
>
> SOCl$_2$: um reagente para a síntese de cloretos de alquila primários e secundários.

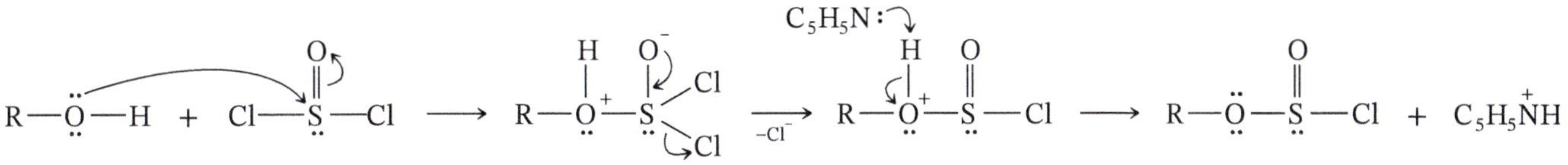

O intermediário alquilclorossulfito, então, reage rapidamente com outra molécula de piridina, da mesma maneira que o álcool original, dando um intermediário de alquilsulfito de piridínio, com a liberação do segundo ânion cloreto. Um ânion cloreto ataca o carbono substrato, deslocando o grupo de saída do sulfito, que, por sua vez, se decompõe liberando SO$_2$ gasoso e piridina. (Na ausência de piridina, a reação ocorre com retenção de configuração. Veja o Problema 11.60.)

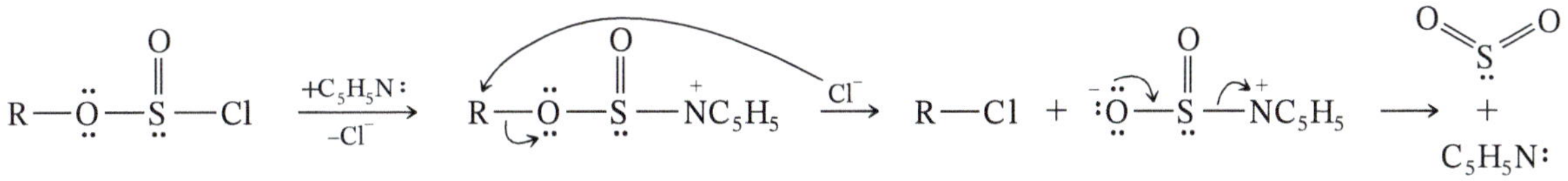

PROBLEMA RESOLVIDO 11.6

Começando com álcoois, esboce uma síntese de cada um dos seguintes compostos: **(a)** brometo de benzila, **(b)** cloreto de ciclo-hexila e **(c)** brometo de butila.

Respostas Possíveis

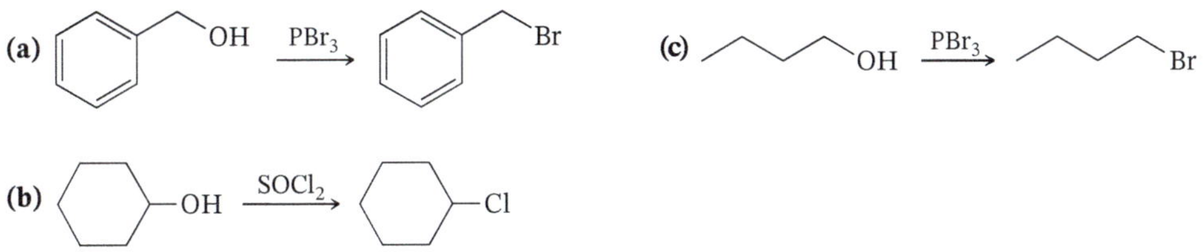

(a) PhCH$_2$OH $\xrightarrow{PBr_3}$ PhCH$_2$Br

(b) C$_6$H$_{11}$OH $\xrightarrow{SOCl_2}$ C$_6$H$_{11}$Cl

(c) CH$_3$CH$_2$CH$_2$CH$_2$OH $\xrightarrow{PBr_3}$ CH$_3$CH$_2$CH$_2$CH$_2$Br

11.10 Tosilatos, Mesilatos e Triflatos: Grupos de Saída Derivados de Álcoois

O grupo hidroxila de um álcool pode ser convertido em um bom grupo de saída através da sua conversão a um derivado de **éster sulfonato**. Os ésteres sulfonatos mais comuns para esse propósito são os ésteres metanossulfonatos ("**mesilatos**"), ésteres p-toluenossulfonatos ("**tosilatos**") e ésteres trifluorometanossulfonatos ("**triflatos**").

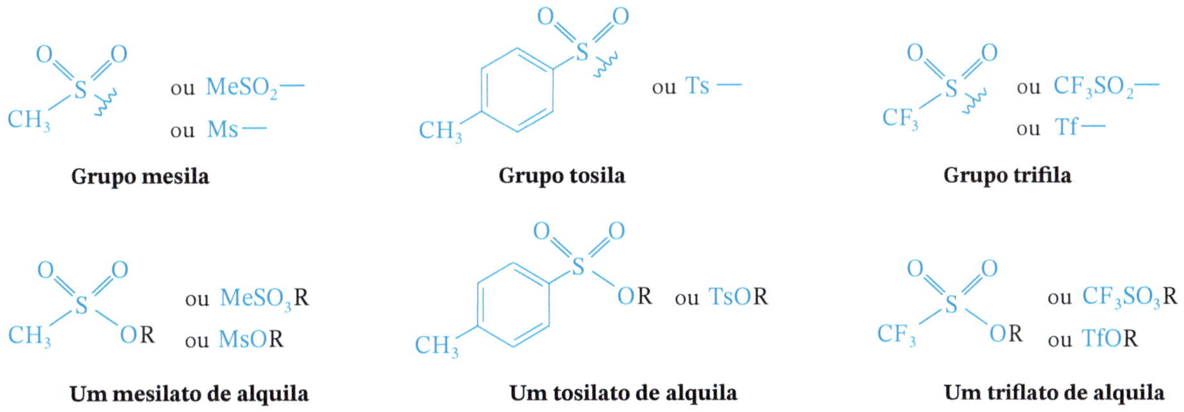

Grupo mesila (CH$_3$SO$_2$— ou MeSO$_2$— ou Ms—)

Grupo tosila (p-CH$_3$C$_6$H$_4$SO$_2$— ou Ts—)

Grupo trifila (CF$_3$SO$_2$— ou Tf—)

Um mesilato de alquila (CH$_3$SO$_2$OR ou MeSO$_3$R ou MsOR)

Um tosilato de alquila (p-CH$_3$C$_6$H$_4$SO$_2$OR ou TsOR)

Um triflato de alquila (CF$_3$SO$_2$OR ou CF$_3$SO$_3$R ou TfOR)

526 CAPÍTULO 11

> **DICA ÚTIL**
>
> **Sulfonatos: um método para transformar um grupo hidroxila de álcool em um grupo de saída.**

O éster sulfonato desejado é normalmente preparado pela reação do álcool em piridina com o cloreto de sulfonila apropriado, isto é, o cloreto de metanossulfonila (cloreto de mesila) para um mesilato, o cloreto de *p*-toluenossulfonila (cloreto de tosila) para um tosilato, ou o cloreto de trifluorometanossulfonila [ou anidrido trifluorometanossulfônico (anidrido tríflico)] para um triflato. A piridina (C_5H_5N, pir) serve como solvente e para neutralizar o HCl formado. O etanol, por exemplo, reage com o cloreto de metanossulfonila formando o metanossulfonila de etila e com o cloreto de *p*-toluenossulfonila formando o *p*-toluenossulfonato de etila:

Piridina = [estrutura da piridina]
C_5H_5N

MsCl + EtOH → (Piridina, −pir·HCl) → EtOMs
Cloreto de metanossulfonila   **Etanol**   **Metanossulfonato de etila (mesilato de etila)**

$CH_3-C_6H_4-SO_2Cl$ + EtOH → (Piridina, −pir·HCl) → EtOTs
Cloreto de *p*-toluenossulfonila (TsCl)   **Etanol**   ***p*-Toluenossulfonato de etila (tosilato de etila)**

É importante observar que a formação do éster sulfonato não afeta a estereoquímica do carbono do álcool, pois a ligação C—O não está envolvida nesta etapa. Assim, se o carbono do álcool é um centro quiral, não ocorrem mudanças de configuração na produção do éster sulfonato – a reação se processa com **retenção de configuração**. Na reação do éster sulfonato com um nucleófilo, os parâmetros usuais das reações de substituição nucleofílica tornam-se envolvidos.

Substratos para Substituição Nucleofílica

Os mesilatos, os tosilatos e os triflatos, por serem bons grupos de saída, frequentemente são utilizados como substratos para reações de substituição nucleofílica. Eles são bons grupos de saída porque os ânions sulfonatos, nos quais eles se transformam quando saem, são bases muito fracas. O ânion triflato é a base mais fraca nessa série e é, portanto, o melhor grupo de saída entre todos.

Nu:⁻ + R—OSO_2R' ⟶ Nu—R + $R'SO_3^-$
Um sulfonato de alquila (tosilato, mesilato etc.)   **Um íon sulfonato (uma base muito fraca – um bom grupo de saída)**

- Para realizar uma substituição nucleofílica em um álcool, convertemos primeiro o álcool em um sulfonato de alquila e, então, em uma segunda reação, permitimos que ele reaja com um nucleófilo.
- Se o mecanismo é S_N2, como mostrado na segunda reação do exemplo a seguir, ocorre uma **inversão de configuração** no carbono que originariamente continha o grupo hidroxila do álcool.

Etapa 1   [R,H,R',OH centro quiral] + TsCl → (retenção, −pir·HCl) → [R,H,R',OTs]

Etapa 2   Nu:⁻ + [R,H,R',OTs] → (inversão, S_N2) → [R,Nu,R',H] + TsO⁻

O fato de a ligação C—O do álcool não se quebrar durante a formação do éster sulfonato é explicada pelo mecanismo a seguir. O cloreto de metanossulfonila é utilizado no exemplo.

Álcoois e Éteres 527

Um Mecanismo para a Reação

Conversão de um Álcool em um Mesilato (um Metanossulfonato de Alquila)

[Mecanismo: Cloreto de metanossulfonila + Álcool (H—Ö—R), com C₅H₅N (piridina) → intermediário → perda de Cl⁻ → perda de próton → Metanossulfonato de alquila + C₅H₅NH⁺]

Cloreto de metanossulfonila   **Álcool**

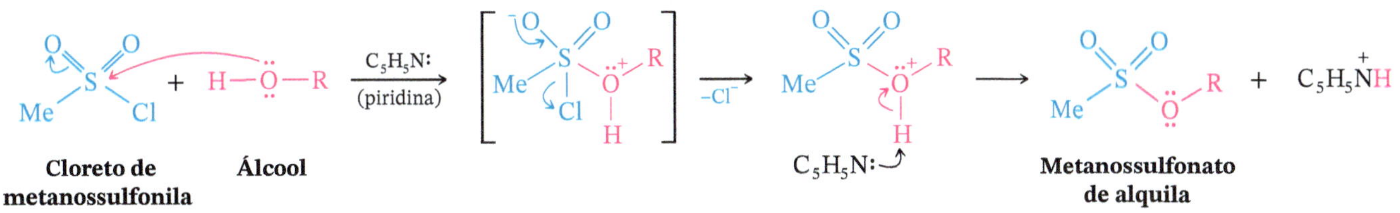

O oxigênio do álcool ataca o átomo de enxofre do cloreto de sulfonila.

O intermediário perde um íon cloreto.

A perda de um próton conduz ao produto.

Metanossulfonato de alquila

PROBLEMA RESOLVIDO 11.7

Forneça os reagentes que faltam.

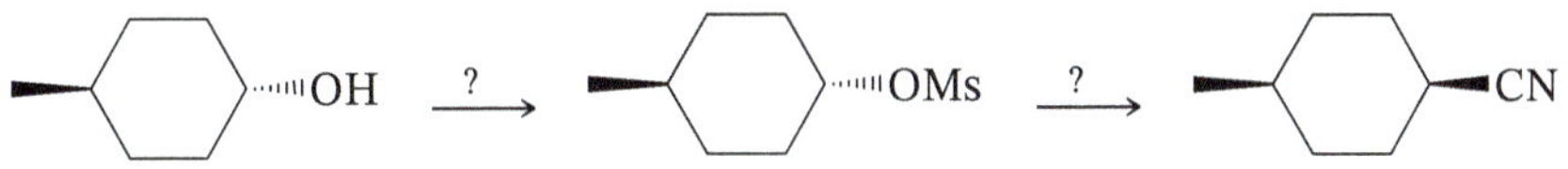

[trans-ciclo-hexanol] —?→ [trans-OMs-ciclo-hexano] —?→ [trans-CN-ciclo-hexano]

Estratégia e Resposta

A transformação global das duas etapas envolve a substituição de um grupo hidroxila do álcool por um grupo ciano com inversão de configuração. Para realizar isso, precisamos converter a hidroxila do álcool em um bom grupo de saída na primeira etapa. Isso é feito transformando o álcool em um éster metanossulfonato (um mesilato) utilizando o cloreto de metanossulfonila em piridina. A segunda etapa é uma substituição S_N2 do grupo metanossulfonato (mesila). Nesse caso, utilizamos o cianeto de potássio ou de sódio em um solvente aprótico polar, tal como a dimetilformamida (DMF).

PROBLEMA DE REVISÃO 11.8

Mostre como você prepararia os seguintes compostos a partir dos cloretos de sulfonila apropriados.

(a) (CH₃)₂CHCH₂—OSO₂CF₃   (b) (CH₃)₃C—OSO₂Me   (c) H₃C—C₆H₄—SO₃CH₃

PROBLEMA DE REVISÃO 11.9

Escreva estruturas para os produtos **A, B, C** e **D**, mostrando a estereoquímica.

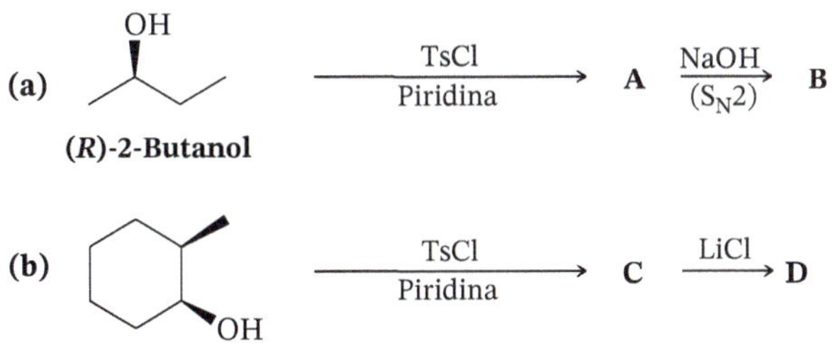

(a) (R)-2-Butanol $\xrightarrow[\text{Piridina}]{\text{TsCl}}$ **A** $\xrightarrow[(S_N2)]{\text{NaOH}}$ **B**

(b) [cis-2-metilciclo-hexanol] $\xrightarrow[\text{Piridina}]{\text{TsCl}}$ **C** $\xrightarrow{\text{LiCl}}$ **D**

PROBLEMA DE REVISÃO 11.10

Sugira um experimento utilizando um álcool marcado isotopicamente que provaria que a formação de um sulfonato de alquila não provoca a clivagem da ligação C—O do álcool.

11.11 Desidratação de Álcoois com POCl₃

Embora você tenha visto anteriormente como certos álcoois podem ser desidratados usando H₂SO₄ concentrado em alta temperatura (Seção 7.10), essas condições são um tanto severas e nem todos os grupos funcionais são compatíveis. Um método complementar e mais suave para obter a mesma transformação usa oxicloreto de fósforo (POCl₃) e piridina.

O mecanismo da reação é semelhante ao observado para as conversões nas seções anteriores, com a formação inicial de um novo grupo de saída do álcool conhecido como clorofosfito (—OPOCl₂), que é um grupo de saída muito bom. No entanto, em vez de ser deslocado diretamente por um nucleófilo, o grupo clorofosfito sai por uma eliminação E2 promovida pela piridina para formar um novo alqueno. Isto significa que apenas os átomos de hidrogênio posicionados em um arranjo anticoplanar com o grupo de saída podem ser removidos. Portanto, esperamos que os *E*-alquenos predominem com base no mecanismo E2, mas os *Z*-alquenos são possíveis dependendo dos hidrogênios β disponíveis.

Um Mecanismo para a Reação

Desidratação de um Álcool com POCl₃

Depois de formar um bom grupo de saída conhecido como clorofosfito (—OPOCl₂), a piridina efetua uma eliminação E2 com átomos de hidrogênio anticoplanares para formar um novo alqueno. Esperamos que os *E*-alquenos predominem, mas ambos os alquenos *E*- e *Z*- são possíveis.

11.12 Síntese de Éteres

11.12A Éteres Através da Desidratação Intermolecular de Álcoois

Duas moléculas de álcool podem formar um éter pela perda de água através de uma reação de substituição catalisada com ácido

$$R\text{—}OH + HO\text{—}R \xrightarrow[-H_2O]{HA} R\text{—}O\text{—}R$$

Essa reação compete com a formação de alquenos pela desidratação do álcool catalisada por ácido (Seções 7.7 e 7.8). A desidratação intermolecular de álcoois geralmente ocorre a uma temperatura mais baixa do que a desidratação para produzir um alqueno. Além disso, a desidratação para a formação de um éter pode ser auxiliada pela destilação do éter à medida que ele é produzido. Por exemplo, o dietil éter é preparado comercialmente pela desidratação do etanol. O dietil éter representa o produto predominante a 140 °C; o eteno é o produto principal a 180 °C:

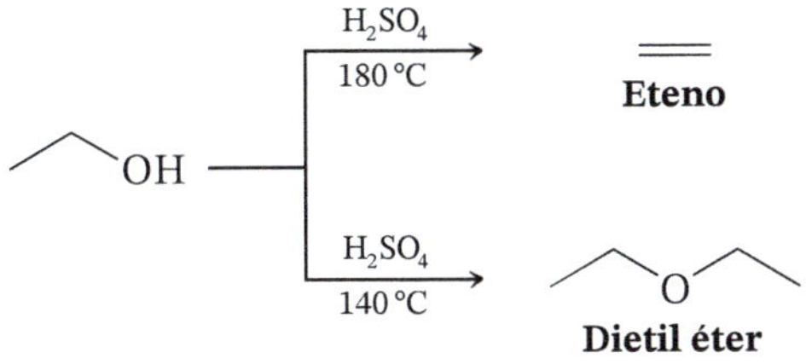

$$CH_3CH_2OH \xrightarrow{H_2SO_4, 180°C} \text{Eteno}$$

$$CH_3CH_2OH \xrightarrow{H_2SO_4, 140°C} \text{Dietil éter}$$

A formação do éter ocorre por meio de um mecanismo S_N2 com uma molécula do álcool agindo como o nucleófilo, e outra molécula protonada do álcool agindo como o substrato contendo um grupo de saída (veja a Seção 11.5).

Um Mecanismo para a Reação

Desidratação Intermolecular de Álcoois para Formar um Éter

Etapa 1

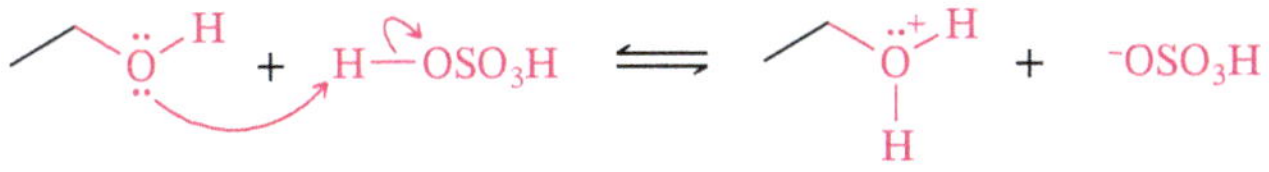

Esta é uma reação ácido-base na qual o álcool recebe um próton do ácido sulfúrico, tornando o grupo hidroxila um grupo de saída.

Etapa 2

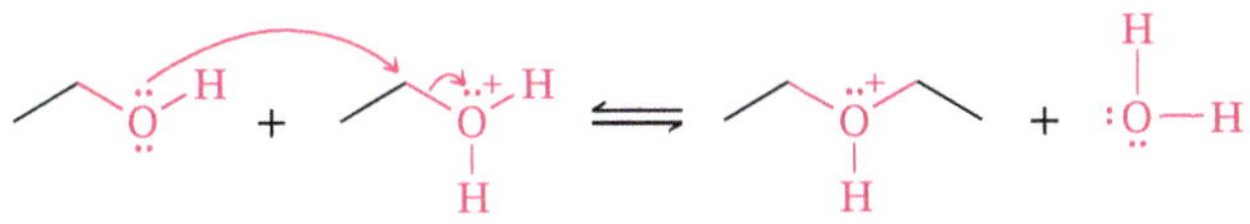

Outra molécula do álcool age como um nucleófilo e ataca o álcool protonado em uma reação S_N2.

Etapa 3

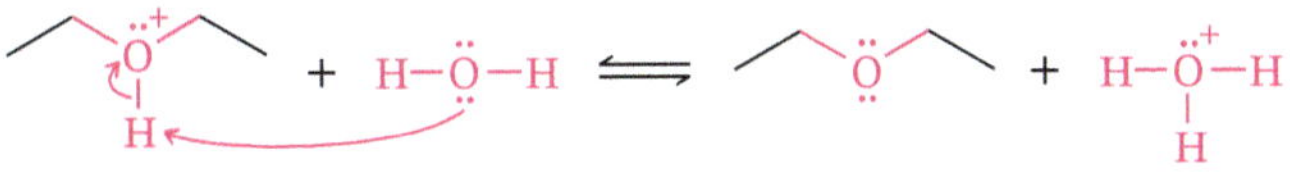

Outra reação ácido-base converte o éter protonado em um éter através da transferência de um próton para uma molécula de água (ou para outra molécula do álcool).

Complicações da Desidratação Intermolecular O método de síntese de éteres pela desidratação intermolecular possui algumas importantes limitações.

- Tentativas de sintetizar éteres por meio da desidratação intermolecular de álcoois secundários geralmente não são bem-sucedidas porque os alquenos se formam muito facilmente.
- As tentativas de se preparar éteres com grupos alquila terciários levam predominantemente à formação de alquenos.
- A desidratação intermolecular não é útil para a preparação de éteres assimétricos a partir de álcoois primários porque a reação leva a uma mistura de produtos:

$$\underbrace{ROH + R'OH}_{\text{Álcoois primários}} \xrightleftharpoons{H_2SO_4} \begin{array}{c} ROR \\ + \\ ROR' + H_2O \\ + \\ R'OR' \end{array}$$

PROBLEMA DE REVISÃO 11.11

Uma exceção ao que acabamos de dizer está relacionada com as sínteses de éteres assimétricos, nas quais um grupo alquila é um grupo *terc*-butila e o outro grupo é primário. Por exemplo, essa síntese pode ser realizada através da adição de álcool *terc*-butílico a uma mistura do álcool primário e H_2SO_4 à temperatura ambiente.

$$R{-}OH + HO{-}C(CH_3)_3 \xrightarrow{H_2SO_4 \text{ cat.}} R{-}O{-}C(CH_3)_3 + H_2O$$

Forneça um mecanismo provável para essa reação e explique o motivo de seu êxito.

11.12B Síntese de Éteres de Williamson

Uma rota importante para os éteres assimétricos é uma reação de substituição nucleofílica conhecida como a **síntese de éteres de Williamson**.

- A síntese de éteres de Williamson consiste em uma reação S_N2 de um alcóxido de sódio normalmente com um haleto de alquila ou com um sulfonato de alquila.

Um Mecanismo para a Reação

Síntese de Éteres de Williamson

$$\underset{\substack{\text{Alcóxido de sódio} \\ \text{(ou de potássio)}}}{R{-}\ddot{O}{:}^- \ Na^+} + \underset{\substack{\text{Haleto de alquila ou} \\ \text{sulfonato de alquila}}}{R'{-}GS} \longrightarrow \underset{\text{Éter}}{R{-}\ddot{O}{-}R'} + Na^+ {:}GS^-$$

O íon alcóxido reage com o substrato em uma reação S_N2 tendo como resultado a formação de um éter. O substrato deve estar desimpedido e possuir um bom grupo de saída. Os substratos típicos são os haletos de alquila 1º ou 2º e sulfonatos de alquila:

$$-GS = -\ddot{B}r{:}, \ -\ddot{I}{:}, \ \text{ou} \ -OSO_2R''$$

A seguinte reação é um exemplo específico da síntese de éteres de Williamson. O alcóxido de sódio pode ser preparado fazendo um álcool reagir com NaH:

$$\underset{\text{Álcool propílico}}{CH_3CH_2CH_2OH} + NaH \longrightarrow \underset{\text{Propóxido de sódio}}{CH_3CH_2CH_2ONa} + H{-}H$$

$$\xrightarrow{CH_3CH_2I} \underset{\substack{\text{Etil propil éter} \\ (70\%)}}{CH_3CH_2CH_2OCH_2CH_3} + NaI$$

As limitações usuais das reações S_N2 aplicam-se aqui.

- Os melhores resultados são obtidos quando o haleto de alquila ou sulfonato de alquila é primário (ou metila). **Se o substrato for terciário, a eliminação é o resultado exclusivo**. A substituição também é favorecida sobre a eliminação a baixas temperaturas.

DICA ÚTIL
Condições que favorecem uma síntese de éter de Williamson.

PROBLEMA DE REVISÃO 11.12

(a) Esboce dois métodos para a preparação do isopropil metil éter através da síntese de éteres de Williamson.

(b) Um método fornece um rendimento muito melhor do éter do que o outro. Explique qual é o melhor método e por quê.

PROBLEMA RESOLVIDO 11.8

O éter cíclico tetraidrofurano (THF) pode ser sintetizado pelo tratamento do 4-cloro-1-butanol com NaOH aquoso (veja a seguir). Proponha um mecanismo para esta reação.

$$HO\text{-}CH_2CH_2CH_2CH_2\text{-}Cl \xrightarrow[H_2O]{HO^-} \text{(THF)} + NaCl + H_2O$$

Tetraidrofurano

Estratégia e Resposta

A remoção de um próton do grupo hidroxila do 4-cloro-1-butanol fornece um íon alcóxido que pode, então, reagir consigo próprio em uma reação intermolecular S_N2 para formar um anel.

Embora o tratamento do álcool com hidróxido não favoreça uma alta concentração de equilíbrio de alcóxido, os ânions alcóxido que estão presentes reagem rapidamente através de uma reação intramolecular S_N2. Como os ânions alcóxido são consumidos pela reação de substituição, suas concentrações de equilíbrio são repostas pela desprotonação de moléculas adicionais de álcool e a reação é conduzida adiante até se completar.

PROBLEMA DE REVISÃO 11.13

Os epóxidos podem ser sintetizados pelo tratamento de haloidrinas com base aquosa. Proponha um mecanismo para a reação (a) e (b) e explique por que nenhuma formação de epóxido é observada em (c).

(a) $HO\text{-}CH_2CH_2\text{-}Cl \xrightarrow[H_2O]{NaOH}$ (epóxido)

(b) *trans*-2-clorociclohexanol $\xrightarrow[H_2O]{NaOH}$ (epóxido de ciclohexeno)

(c) *cis*-2-clorociclohexanol $\xrightarrow[H_2O]{NaOH}$ Nenhum epóxido é observado

PROBLEMA DE REVISÃO 11.14

Escreva estruturas para os produtos **A, B, C** e **D**, mostrando a estereoquímica. (*Dica:* **B** e **D** são estereoisômeros.)

$$\text{PhCH}_2\text{CH(OH)CH}_3 \xrightarrow[(-H_2)]{K^0} A \xrightarrow{\text{Br}\frown} B$$

$$\downarrow \text{TsCl, pir}$$

$$C \xrightarrow[K_2CO_3]{\frown\text{OH}} D$$

11.12C Fenóis e a Síntese de Éteres de Williamson

Fenóis também podem ser convertidos em éteres por meio da síntese de éteres de Williamson. Como os fenóis são mais ácidos do que os álcoois, eles podem ser convertidos em fenóxidos pela reação com bases mais fracas, como o hidróxido de sódio, ou por meio do uso de bases mais fortes, como o NaH. Grupos de saída no reagente alquila podem ser haletos ou sulfonatos (p. ex., OTs, OMs ou OTf). Um exemplo é a reação vista a seguir.

$$\text{4-metilfenol} \xrightarrow{\text{NaOH}} \text{4-CH}_3\text{-C}_6\text{H}_4\text{-O}^-\text{Na}^+ \xrightarrow{\text{TfOEt} \\ \text{Tf} = \text{SO}_2\text{CF}_3} \text{4-CH}_3\text{-C}_6\text{H}_4\text{-OEt} + \text{NaOTf}$$

11.12D Síntese de Éteres por Alcoximercuração–Desmercuração

A alcoximercuração–desmercuração é outro método para sintetizar éteres.

- A reação de um alqueno com um álcool na presença de um sal de mercúrio, tal como o acetato de mercúrio ou o trifluoroacetato de mercúrio, leva a um intermediário de alcoximercúrio, o qual, na reação com boroidreto de sódio, produz um éter.

Quando o álcool, que é reagente, também é o solvente, o método é chamado de solvomercuração–desmercuração. Esse método compara-se diretamente à hidratação através da oximercuração–desmercuração (Seção 8.5):

$$\text{ciclohexeno} \xrightarrow[\text{(2) NaBH}_4, \text{HO}^-]{\text{(1) Hg(O}_2\text{CCF}_3)_2, t\text{-BuOH}} \text{ciclohexil } t\text{-butil éter}$$

(Rendimento de 98%)

11.12E *terc*-Butil Éteres por Alquilação de Álcoois: Grupos Protetores

Os álcoois primários podem ser convertidos em *terc*-butil éteres dissolvendo-os em um ácido forte, tal como o ácido sulfúrico, e, então, adicionando isobutileno à mistura. (Esse procedimento diminui a dimerização e a polimerização do isobutileno.) A reação ocorre por um mecanismo de adição de alqueno.

$$\text{R-OH} + \text{CH}_2=\text{C(CH}_3)_2 \xrightarrow{\text{H}_2\text{SO}_4} \text{R-O-C(CH}_3)_3 \quad \left.\begin{array}{l}\text{Grupo}\\\text{protetor}\\\textit{terc}\text{-butila}\end{array}\right.$$

- Um grupo protetor *terc*-butila pode ser utilizado para "proteger" o grupo hidroxila de um álcool primário enquanto outra reação é realizada em alguma outra parte da molécula.
- O **grupo protetor** *terc*-butila pode ser facilmente removido tratando-se o éter com ácido aquoso diluído. A clivagem do éter *terc*-butílico ocorre por meio de um mecanismo S$_N$1.

Suponha, por exemplo, que queremos preparar o 4-pentin-1-ol a partir do 3-bromo-1-propanol e acetileto de sódio. Se deixarmos que eles reajam diretamente, o acetileto de sódio extremamente básico reagirá primeiramente com o grupo hidroxila, tornando a alquilação malsucedida:

$$\underset{\textbf{3-Bromo-1-propanol}}{\text{HO-CH}_2\text{CH}_2\text{CH}_2\text{-Br}} + \equiv:^-\text{Na}^+ \longrightarrow \text{NaO-CH}_2\text{CH}_2\text{CH}_2\text{-Br} + \equiv$$

Alquilação malsucedida devido à competição da reação ácido-base.

Entretanto, se protegermos primeiramente o grupo —OH, a síntese torna-se mais plausível:

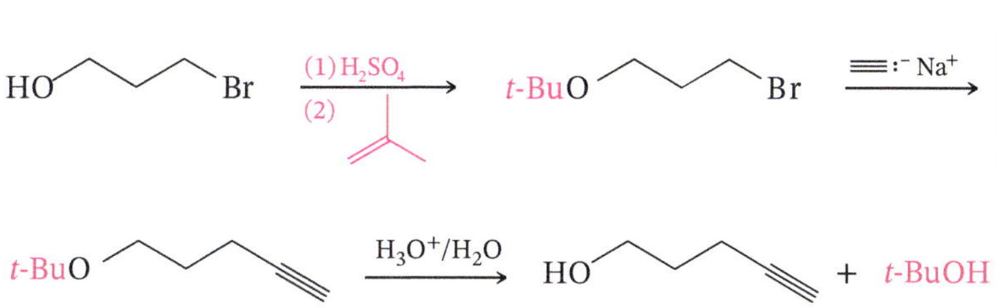

HO⁀⁀⁀Br →(1) H₂SO₄ / (2) [isobuteno]→ t-BuO⁀⁀⁀Br →≡:⁻ Na⁺→ **Alquilação bem-sucedida com proteção primeiramente do grupo ácido.**

t-BuO⁀⁀⁀≡ →H₃O⁺/H₂O→ HO⁀⁀⁀≡ + t-BuOH   **O grupo protetor é removido para obtenção do produto desejado.**

4-Pentin-1-ol

PROBLEMA DE REVISÃO 11.15

Proponha mecanismos para as seguintes reações.

(a) 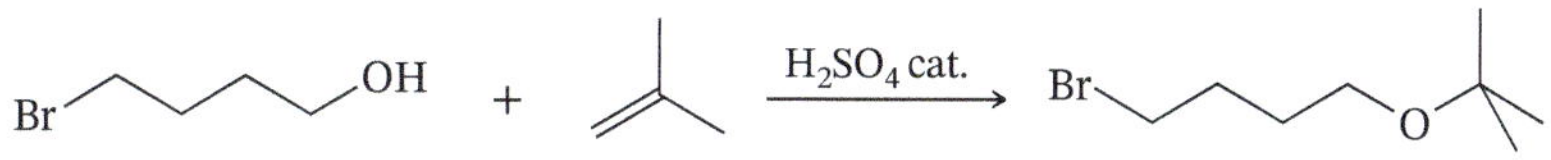 Br⁀⁀⁀OH + [isobuteno] →H₂SO₄ cat.→ Br⁀⁀⁀O-t-Bu

(b) 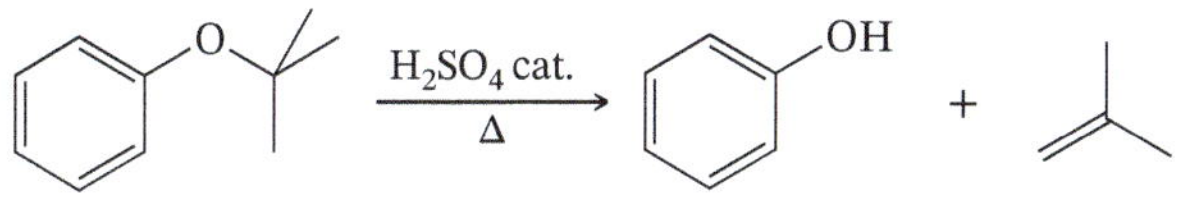 [PhO-t-Bu] →H₂SO₄ cat. / Δ→ PhOH + [isobuteno]

11.12F Grupos Protetores Silil Éter

- Um grupo hidroxila pode também ser protegido das reações ácido-base convertendo-o em um grupo **silil éter**.

Um dos **grupos protetores** silil éter mais comuns é o grupo *terc*-butildimetilsilil éter [*t*-Bu(Me)₂Si—O—R ou TBS—O—R], apesar de o trimetilsilil, o tri-isopropilsilil, o *terc*-butildifenilsilil e outros poderem ser utilizados. O *terc*-butildimetilsilil éter é estável na faixa de pH de aproximadamente 4–12. Um grupo TBS pode ser adicionado, permitindo-se que o álcool reaja com o cloreto de *terc*-butildimetilsilano na presença de uma amina aromática (uma base), tal como o imidazol ou a piridina:

R—O—H + [Me₂(t-Bu)Si—Cl] →Imidazol / DMF (−HCl)→ R—O—Si(Me)₂(t-Bu)

***terc*-Butilclorodimetilsilano (TBSCl)**   **(R—O—TBS)**

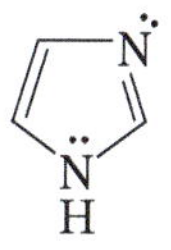

Imidazol

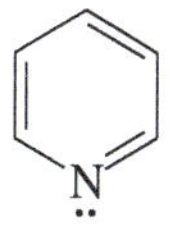

Piridina

- O grupo TBS pode ser removido por meio do tratamento com íon fluoreto; fluoreto de tetrabutilamônio (TBAF) ou HF aquoso são frequentemente utilizados. As condições tendem a não afetar outros grupos funcionais, o que explica por que os TBS éteres são grupos protetores tão úteis.

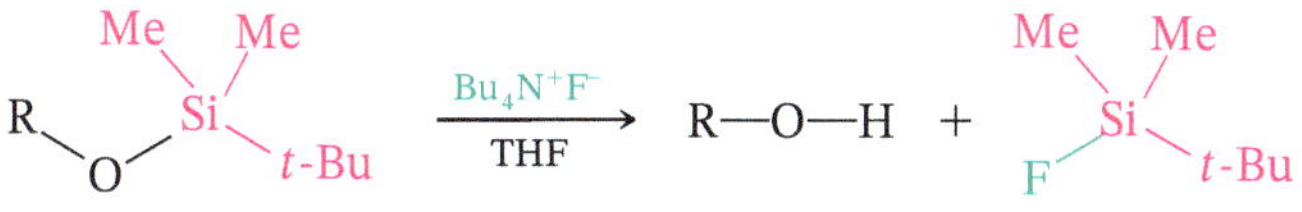

R—O—Si(Me)₂(t-Bu) →Bu₄N⁺F⁻ / THF→ R—O—H + F—Si(Me)₂(t-Bu)

(R—O—TBS)

A conversão de um álcool em um silil éter também o torna muito mais volátil. Esse aumento da volatilidade torna o álcool (como um silil éter) muito mais acessível à análise por cromatografia gasosa. Os trimetilsilil éteres geralmente são utilizados para esse propósito. Entretanto, o grupo trimetilsilil éter é lábil demais para ser utilizado como um grupo protetor na maioria das reações.

PROBLEMA RESOLVIDO 11.9

Forneça os reagentes e os intermediários faltantes **A–E**.

$$A \xrightarrow{B} TBSO\!\sim\!\!\sim\!\!Br \xrightarrow{C} TBSO\!\sim\!\!\sim\!\!\equiv$$
$$C_4H_9BrO$$

$$\downarrow D$$

$$HO\!\sim\!\!\sim\!\!= \xleftarrow[DMF]{Bu_4N^+F^-} E$$

Estratégia e Resposta

Partimos observando várias coisas: um grupo protetor TBS (*terc*-butildimetilsilil) está envolvido, a cadeia carbônica aumenta de quatro em **A** para sete no produto final, e um alquino é reduzido a um trans alqueno. O reagente **A** não contém nenhum átomo de silício, enquanto o produto, após a reação sob as condições **B**, possui. Portanto, o reagente **A** deve ser um álcool que é protegido como um TBS éter nas condições especificadas como **B**. O reagente **A** é, portanto, 4-bromo-1-butanol e **B** é TBSCl (cloreto de *terc*-butildimetilsilano) com imidazol em DMF. As condições **C** envolvem a perda do bromo e a extensão da cadeia em três carbonos com a incorporação de um alquino. Assim, as condições de reação para **C** devem envolver propineto de sódio, que decorre da desprotonação do propino utilizando uma base apropriada, tal como $NaNH_2$ ou CH_3MgBr. As condições que conduzem de **E** ao produto final são aquelas para a remoção de um grupo TBS e não aquelas para a conversão de um alquino em um trans alqueno; portanto, **E** deve ainda conter o TBS éter, mas já contém o trans alqueno. As condições **D**, portanto, devem ser (1) Li, Et_2NH, (2) NH_4Cl, que são as requeridas para a conversão de um alquino em um trans alqueno. **E**, portanto, deve ser o TBS éter do 5-heptin-1-ol (que pode também ser chamado de 1-*terc*-butildimetilsiloxi-5-heptinol).

11.13 Reações de Éteres

Os dialquil éteres reagem com muito poucos reagentes que não sejam ácidos. Os únicos sítios reativos que as moléculas de um dialquil éter apresentam para outras substâncias reativas são as ligações C—H dos grupos alquila e o grupo —Ö— da ligação éter. Os éteres resistem ao ataque por nucleófilos (por quê?) e por bases. Essa falta de reatividade associada com a habilidade dos éteres em solvatar cátions (através da doação de um par de elétrons do átomo de oxigênio) faz com que os éteres sejam especialmente úteis como solventes em muitas reações.

Os éteres são parecidos com os alcanos quando sofrem reações de halogenação (Capítulo 10), mas essas reações são de pequena importância em termos de síntese. Eles também sofrem autoxidação lenta formando peróxidos explosivos (veja a Seção 11.3D).

O oxigênio da ligação do éter torna os éteres básicos. Os éteres podem reagir com doadores de prótons para formar **sais de oxônio**:

$$\sim\!\!\ddot{O}\!\!\sim + HBr \rightleftharpoons \sim\!\!\overset{+}{\underset{H}{O}}\!\!\sim + Br^-$$

Um sal de oxônio

11.13A Clivagem de Éteres

O aquecimento de dialquil éteres com ácidos muito fortes (HI, HBr e H_2SO_4) faz com que eles sofram reações nas quais a ligação carbono–oxigênio se quebra. O dietil éter, por exemplo, reage com ácido bromídrico concentrado a quente dando dois equivalentes de moléculas de bromoetano:

$$\text{CH}_3\text{CH}_2\text{–}\overset{..}{\underset{..}{\text{O}}}\text{–CH}_2\text{CH}_3 + 2\,\text{HBr} \longrightarrow 2\,\text{CH}_3\text{CH}_2\text{Br} + \text{H}_2\text{O} \quad \textbf{Clivagem de um éter}$$

O mecanismo para esta reação começa com a formação de um cátion oxônio. Então, uma reação S_N2, com o íon brometo atuando como o nucleófilo, produz etanol e bromoetano. O excesso de HBr reage com o etanol produzido para formar o segundo equivalente molar de bromoetano.

Um Mecanismo para a Reação

Clivagem do Éter por Ácidos Fortes

Etapa 1

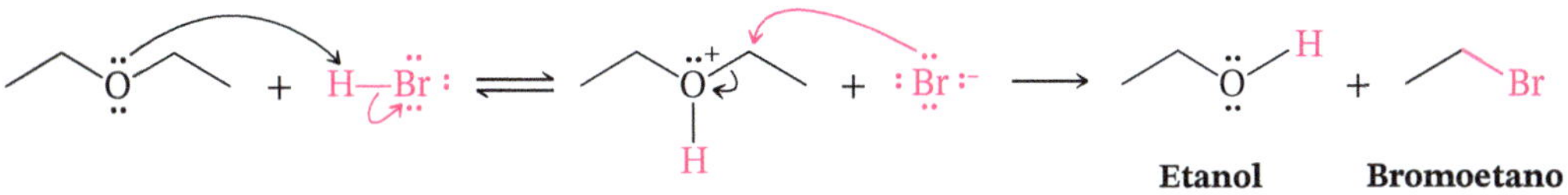

Et–Ö–Et + H–Br: ⇌ Et–Ö⁺(H)–Et + :Br:⁻ ⟶ Et–Ö–H + Et–Br

                                                                                                                              Etanol   Bromoetano

Etapa 2   Na etapa 2, o etanol (que acabou de ser formado) reage com o HBr (presente em excesso) formando um segundo equivalente molar de bromoetano.

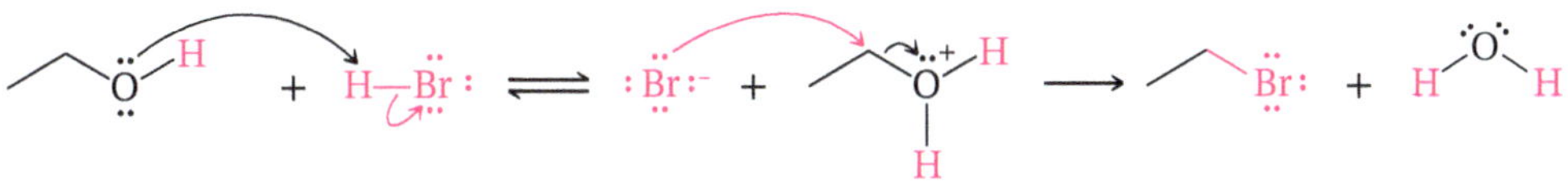

Et–Ö(H)–H + H–Br: ⇌ :Br:⁻ + Et–Ö⁺(H)(H) ⟶ Et–Br: + H–Ö–H

PROBLEMA DE REVISÃO 11.16

Quando um éter é tratado com HI concentrado a *frio*, ocorre a quebra como a seguir:
$$\text{R–O–R} + \text{HI} \longrightarrow \text{ROH} + \text{RI}$$

Quando os éteres misturados são utilizados, o álcool e o iodeto de alquila que se formam dependem da natureza dos grupos alquila. Utilize mecanismos para explicar as seguintes observações:

(a) *sec*-BuOMe $\xrightarrow{\text{HI}}$ *sec*-BuOH + MeI

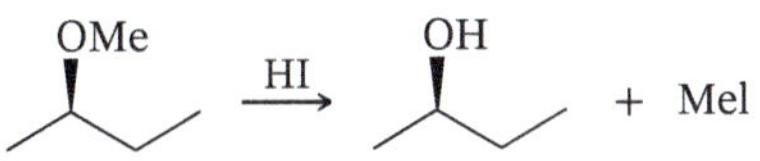

(b) *t*-BuOMe $\xrightarrow{\text{HI}}$ *t*-BuI + MeOH

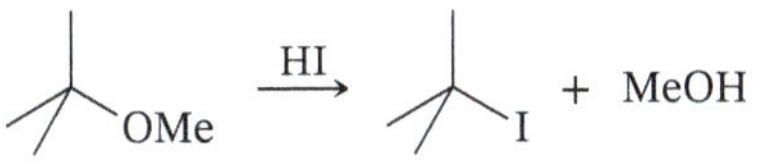

PROBLEMA DE REVISÃO 11.17

Escreva um mecanismo detalhado para a seguinte reação.

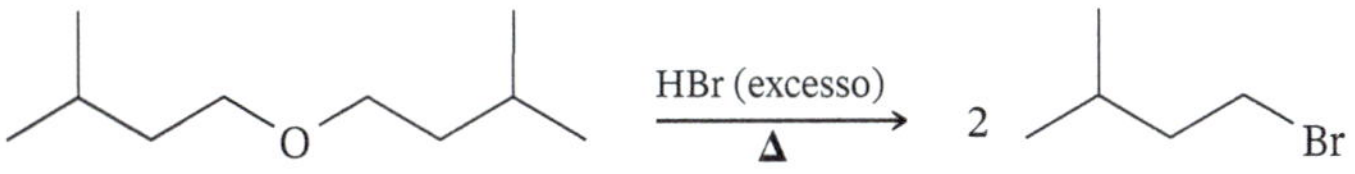

(iso-Bu)$_2$O $\xrightarrow[\Delta]{\text{HBr (excesso)}}$ 2 iso-BuBr

---

PROBLEMA DE REVISÃO 11.18

Forneça um mecanismo para a seguinte reação.

ciclopentil-CH(OCH$_3$)CH$_3$ $\xrightarrow{\text{HCl}}$ 1-etil-1-clorociclopentano

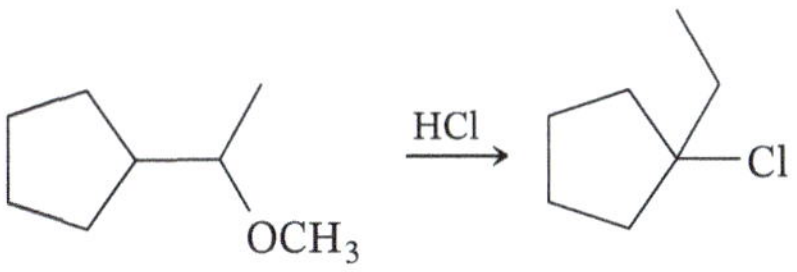

11.13B Quebra de Alquil Aril Éteres

Quando os alquil aril éteres reagem com ácidos fortes tais como HI e HBr, a reação produz um haleto de alquila e um fenol. O fenol não reage posteriormente para produzir um haleto de arila porque a ligação carbono–oxigênio do fenol é muito forte e porque os cátions fenila não se formam facilmente. Em outras palavras, nem uma reação S_N2 nem uma reação S_N1 podem ocorrer no carbono sp^2 do fenol, mas elas podem ocorrer no carbono alquila de um éter. Um exemplo é a reação vista a seguir.

$$CH_3\text{—}C_6H_4\text{—}OCH_3 \xrightarrow{HBr} CH_3\text{—}C_6H_4\text{—}OH + CH_3Br$$

p-Metilanisol → **4-Metilfenol** + **Bromometano**

11.14 Epóxidos

Os **epóxidos** são éteres cíclicos com anéis de três membros. Na nomenclatura da IUPAC, os epóxidos são chamados de **oxiranos**. O epóxido mais simples possui o nome comum de óxido de etileno:

Um epóxido

Nome IUPAC: oxirano
Nome comum: óxido de etileno

11.14A Síntese de Epóxidos: Epoxidação

Os epóxidos podem ser sintetizados através da reação de um alqueno com um **peroxiácido** (RCO_3H, algumas vezes chamado simplesmente de **perácido**), em um processo chamado de **epoxidação**. O ácido *meta*-cloroperoxibenzoico (mCPBA) é um reagente peroxiácido comumente utilizado para a epoxidação. A seguinte reação é um exemplo:

1-Octeno + **mCPBA** → (81%) + **Ácido *meta*-clorobenzoico**

O ácido *meta*-clorobenzoico é um subproduto da reação. Frequentemente não é escrito na equação química, como ilustrado no exemplo a seguir.

(77%)

Como a primeira reação indica, o peroxiácido transfere um átomo de oxigênio para o alqueno. O mecanismo a seguir foi proposto para explicar essa transformação.

Um Mecanismo para a Reação

Epoxidação de Alqueno

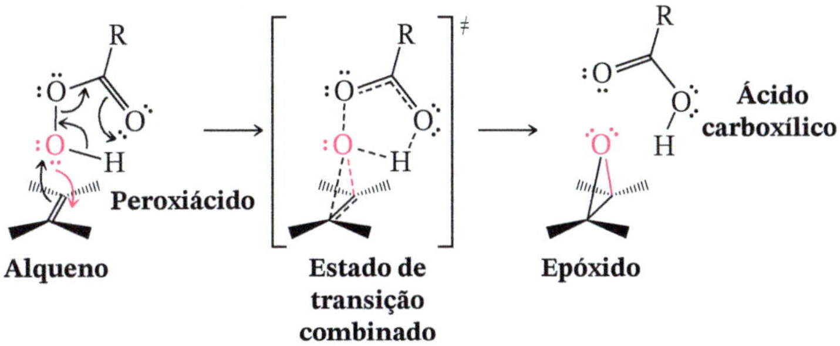

O peroxiácido transfere um átomo de oxigênio para o alqueno em um mecanismo cíclico de etapa única. O resultado é uma adição sin de oxigênio ao alqueno, com a formação de um epóxido e um ácido carboxílico.

11.14B Estereoquímica da Epoxidação

- A reação de alquenos com peroxiácidos é, necessariamente, uma adição **sin**, e é **estereoespecífica**. Além disso, o átomo de oxigênio pode se adicionar a qualquer uma das faces do alqueno.

Por exemplo, *trans*-2-buteno produz *trans*-2,3-dimetiloxirano racêmico, porque a adição de oxigênio a cada face do alqueno gera um enantiômero. O *cis*-2-buteno, por outro lado, produz apenas *cis*-2,3-dimetiloxirano, não importa por qual face do alqueno se adiciona o átomo de oxigênio, devido ao plano de simetria tanto no reagente quanto no produto. Se centros quirais adicionais estiverem presentes em um substrato, resultariam diastereoisômeros.

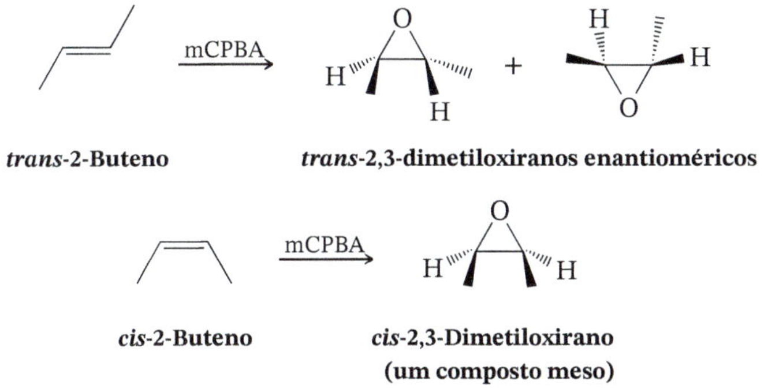

trans-2-Buteno → mCPBA → *trans*-2,3-dimetiloxiranos enantioméricos

cis-2-Buteno → mCPBA → *cis*-2,3-Dimetiloxirano (um composto meso)

A Química Vencedora do Prêmio Nobel de... Epoxidação Assimétrica de Sharpless

Em 1980, K. B. Sharpless (então no Massachusetts Institute of Technology e, atualmente, no The Scripps Research Institute) e colaboradores anunciaram um método que, desde então, se tornou uma das ferramentas mais valiosas para sínteses quirais. A epoxidação assimétrica de Sharpless é um método para converter álcoois alílicos (Seção 11.13) em epoxiálcoois quirais com enantiosseletividade muito alta (isto é, com preferência por um enantiômero em vez da formação de uma mistura racêmica). Em reconhecimento a esse e a outros trabalhos em métodos de oxidação assimétrica (veja a Seção 8.16A), Sharpless recebeu metade do Prêmio Nobel de Química de 2001 (a outra metade foi

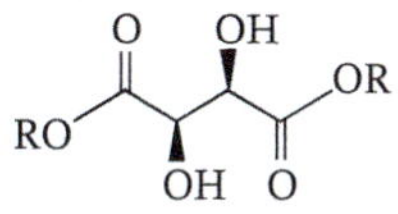

Um éster (+)-dialquiltartarato

(continua)

(*continuação*)

concedida a W. S. Knowles e R. Noyori; veja a Seção 7.14). A epoxidação assimétrica de Sharpless envolve o tratamento do álcool alílico com hidroperóxido de *terc*-butila, com tetraisopropóxido de titânio(IV) [Ti(O-*i*-Pr)$_4$] e com um estereoisômero específico de um éster tartarato. (O estereoisômero tartarato escolhido depende do estereoisômero específico do epóxido desejado.) A reação a seguir é um exemplo:

de forma que é possível preparar qualquer um dos dois enantiômeros de um epóxido quiral em alto excesso enantiomérico, simplesmente escolhendo-se o estereoisômero (+)- ou (−)-tartarato apropriado como o ligante quiral:

O oxigênio que é transferido para o álcool alílico para formar o epóxido é oriundo do hidroperóxido de *terc*-butila. A enantiosseletividade da reação resulta de um complexo de titânio entre os reagentes que incluem o éster tartarato enantiomericamente puro como um dos ligantes. A escolha de se utilizar o éster (+)- ou (−)-tartarato para o controle estereoquímico depende de qual enantiômero do epóxido se deseja. [Os (+)- ou (−)-tartarato são os dietil e o di-isopropil ésteres.] As preferências estereoquímicas da reação têm sido bem estudadas,

Os compostos dessa estrutura geral são sintons extremamente úteis e versáteis porque, combinados em uma molécula, constituem um grupo funcional epóxido (um sítio eletrofílico altamente reativo), um grupo funcional álcool (um sítio nucleófilo em potencial) e, no mínimo, um centro quiral que está presente em alta pureza enantiomérica. A utilidade sintética dos sintons epoxiálcoois quirais produzidas pela epoxidação assimétrica de Sharpless foi demonstrada várias vezes nas sínteses enantiosseletivas de muitos compostos importantes. Alguns exemplos incluem a síntese do antibiótico poliéter X-206 por E. J. Corey (Harvard), a síntese comercial do feromônio da mariposa (7*R*,8*S*)-disparlura por J. T. Baker e a síntese do ácido zaragózico A por K. C. Nicolaou (Rice University). Esse último composto também é chamado de esqualestatina S1 e mostrou diminuir os níveis de colesterol no soro em testes em animais através da inibição da biossíntese do esqualeno.

11.15 Reações de Epóxidos

Agora que já vimos como fazer epóxidos, vamos considerar a reatividade deles. A maioria dos éteres é muito inerte, mas os epóxidos se comportam de modo diferente.

- O anel de três membros altamente tensionado nas moléculas dos epóxidos faz com que eles sejam muito mais reativos frente à substituição nucleofílica do que outros éteres.

Álcoois e Éteres   539

A catálise por ácidos auxilia na abertura do anel epóxido, fornecendo um grupo de saída melhor (um álcool) no átomo de carbono que sofre o ataque nucleofílico. Essa catálise é especialmente importante se o nucleófilo é fraco, como a água ou um álcool. Um exemplo é a hidrólise de um epóxido catalisada por ácido.

Um Mecanismo para a Reação

Abertura do Anel de um Epóxido Catalisada por Ácido

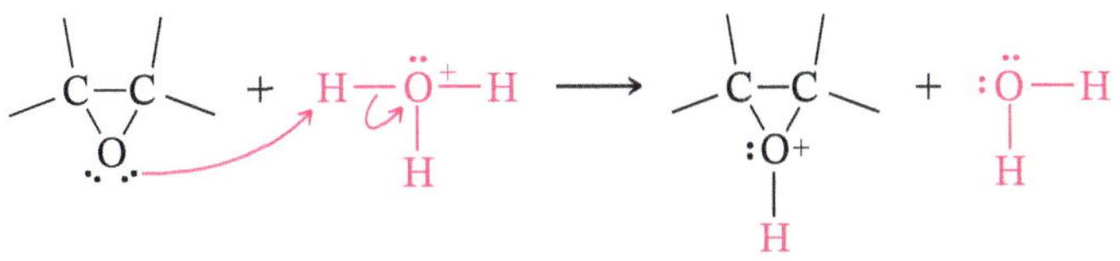

Epóxido   **Epóxido protonado**

O ácido reage com o epóxido produzindo um epóxido protonado.

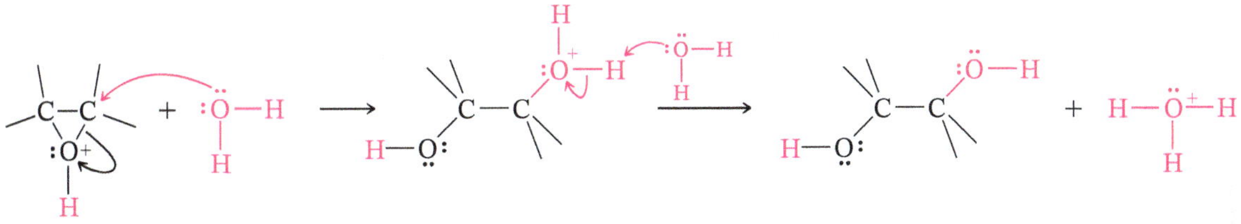

Epóxido protonado   **Nucleófilo fraco**   **1,2-Diol protonado**   **1,2-Diol**

O epóxido protonado reage com o nucleófilo fraco (água) formando um 1,2-diol protonado, que, então, transfere um próton para uma molécula de água formando o 1,2-diol e um íon hidrônio.

Os epóxidos também podem sofrer abertura do anel catalisada por base. Tais reações não ocorrem com outros éteres, mas são possíveis com epóxidos (por causa da tensão do anel), desde que o nucleófilo atacante seja também uma base forte, tal como um íon alcóxido ou um íon hidróxido.

Um Mecanismo para a Reação

Abertura do Anel de um Epóxido Catalisada por Base

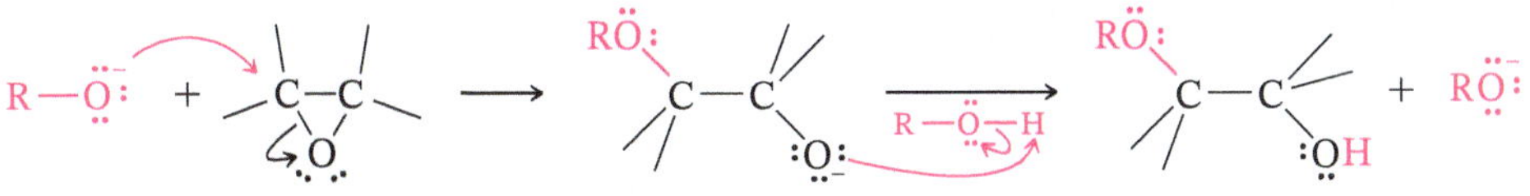

Nucleófilo forte   **Epóxido**   **Um íon alcóxido**

Um nucleófilo forte, como um íon alcóxido ou um íon hidróxido, é capaz de abrir o anel tensionado do epóxido em uma reação direta S_N2.

- Se o epóxido é assimétrico na **abertura do anel catalisada por base**, o ataque pelo íon alcóxido ocorre principalmente *no átomo de carbono menos substituído*.

Por exemplo, o metiloxirano reage com um íon alcóxido principalmente em seu átomo de carbono primário:

> **DICA ÚTIL**
>
> Regiosseletividade na abertura do anel de epóxidos.

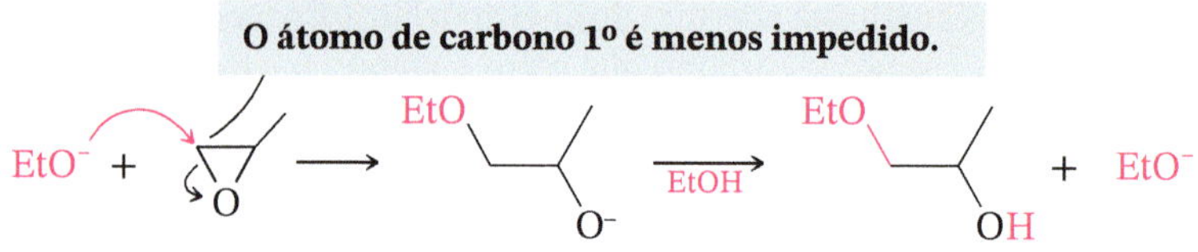

540 CAPÍTULO 11

> O átomo de carbono 1º é menos impedido.

EtO⁻ + Metiloxirano → (EtO-CH₂-CH(CH₃)-O⁻) →[EtOH] (EtO-CH₂-CH(CH₃)-OH) + EtO⁻

1-Etoxi-2-propanol

Isso é exatamente o que devemos esperar. A reação é, no final das contas, uma reação S_N2 e, como aprendemos anteriormente (Seção 6.13A), os substratos primários reagem mais rapidamente em reações S_N2 por serem menos estericamente impedidos.

- Na **abertura do anel catalisada por ácido** de um epóxido assimétrico, o nucleófilo ataca principalmente *o átomo de carbono mais substituído*.

Por exemplo,

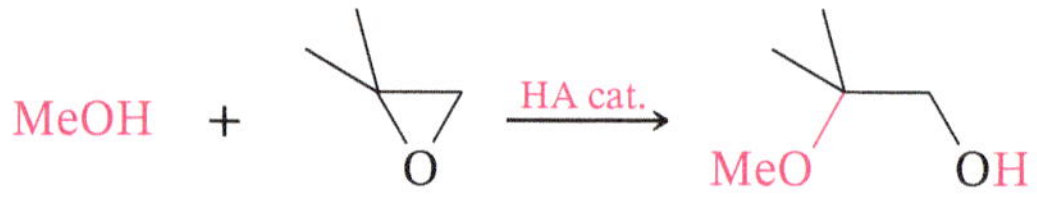

MeOH + (2,2-dimetiloxirano) →[HA cat.] (MeO-C(CH₃)₂-CH₂-OH)

A razão: a ligação no epóxido protonado (veja reação a seguir) é assimétrica, com o átomo de carbono mais altamente substituído contendo uma considerável carga positiva, tornando a reação mais semelhante à S_N1. O nucleófilo, portanto, ataca esse átomo de carbono, mesmo ele sendo o mais altamente substituído:

> Este carbono assemelha-se a um carbocátion 3º.

MeOH + (epóxido protonado com O⁺H) → (MeO⁺H-C(CH₃)₂-CH₂-OH)

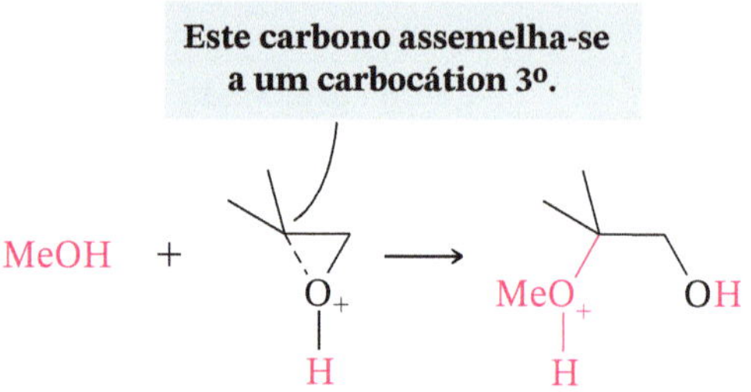

Epóxido protonado

O átomo de carbono mais altamente substituído contém uma carga positiva maior porque se assemelha a um carbocátion terciário mais estável. [Observe como essa reação (e a sua explicação) assemelha-se àquela fornecida para a formação da haloidrina a partir de alquenos assimétricos na Seção 8.13 e o ataque sobre os íons mercurínios.]

PROBLEMA DE REVISÃO 11.19 | Proponha as estruturas para cada um dos seguintes produtos derivados do oxirano (óxido de etileno):

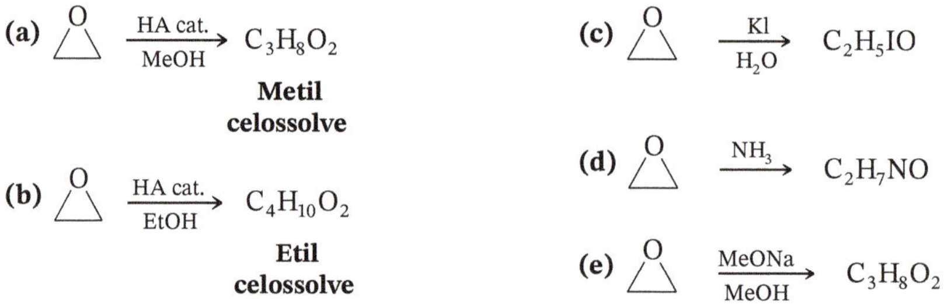

(a) oxirano →[HA cat. / MeOH] $C_3H_8O_2$ **Metil celossolve**

(b) oxirano →[HA cat. / EtOH] $C_4H_{10}O_2$ **Etil celossolve**

(c) oxirano →[KI / H₂O] C_2H_5IO

(d) oxirano →[NH₃] C_2H_7NO

(e) oxirano →[MeONa / MeOH] $C_3H_8O_2$

PROBLEMA DE REVISÃO 11.20 | Forneça uma explicação mecanística para a seguinte observação.

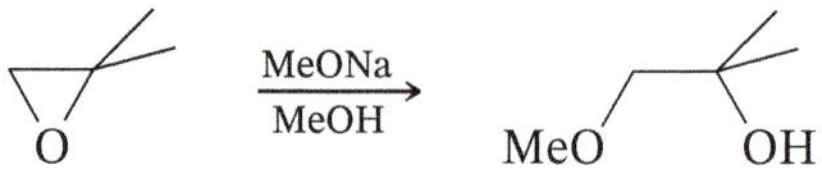

(2,2-dimetiloxirano) →[MeONa / MeOH] (MeO-CH₂-C(CH₃)₂-OH)

	PROBLEMA DE REVISÃO 11.21
Quando o etóxido de sódio reage com o 1-(clorometil)oxirano (também chamado de epicloridrina), marcado com ^{14}C, como mostrado pelo asterisco em **I**, o produto majoritário é **II**. Forneça uma explanação mecanística para esse resultado.	

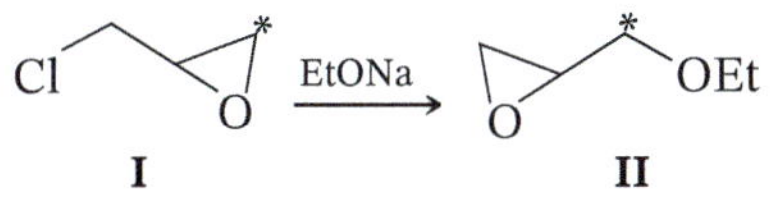

Cl—CH₂—*CH—CH₂ (O) →(EtONa)→ *CH₂—CH—CH₂—OEt (O)

I
1-(Clorometil)oxirano
(epicloridrina)

II

11.15A Poliéteres a Partir de Epóxidos

O tratamento do óxido de etileno com metóxido de sódio (na presença de uma pequena quantidade de metanol) pode resultar na formação de um **poliéter**:

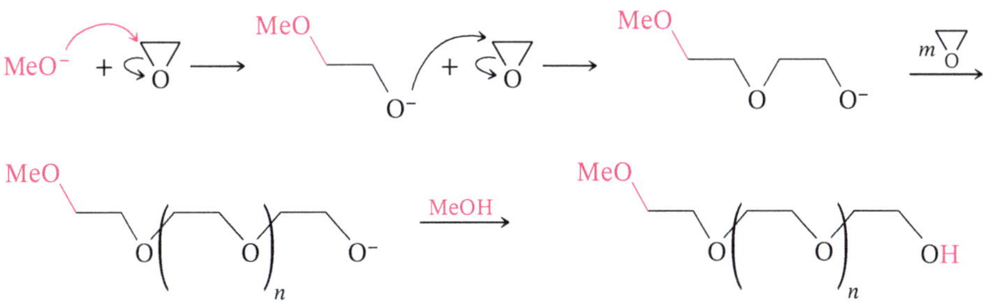

Consulte a Seção 11.1B e "A Química de Materiais de... Vacinas e Produtos Farmacêuticos PEGuilados" para obter informações sobre aplicações do polietilenoglicol.

Poli(etilenoglicol)
(um poliéter)

Esse é um exemplo de **polimerização aniônica** (Seção 10.11). As cadeias do polímero continuam a crescer até que o metanol protone o grupo alcóxido na ponta da cadeia. O comprimento médio das cadeias de crescimento e, consequentemente, a massa molecular média do polímero podem ser controlados pela quantidade de metanol presente. As propriedades físicas do polímero dependem da sua massa molecular média.

Os poliéteres têm altas solubilidades em água devido a suas capacidades em formar ligações de hidrogênio múltiplas com as moléculas de água. Registrados comercialmente como **carbowaxes**, esses polímeros têm uma variedade de utilidades, desde a utilização nas colunas de cromatografia gasosa até as aplicações em cosméticos.

11.16 Anti 1,2-Di-Hidroxilação de Alquenos Via Epóxidos

A epoxidação do ciclopenteno produz o 1,2-epoxiciclopentano:

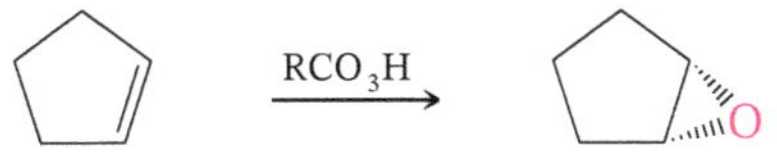

Ciclopenteno →(RCO₃H)→ 1,2-Epoxiciclopentano

DICA ÚTIL
Um método sintético para anti 1,2-di-hidroxilação.

A hidrólise catalisada por ácido do 1,2-epoxiciclopentano produz um diol trans, o *trans*-1,2-ciclopentanodiol. A água, agindo como um nucleófilo, ataca o epóxido protonado pelo lado oposto ao grupo epóxido. O átomo de carbono sendo atacado sofre uma inversão de configuração. Mostramos aqui apenas um átomo de carbono sendo atacado. O ataque no outro átomo de carbono desse sistema simétrico é igualmente provável e produz a forma enantiomérica do *trans*-1,2-ciclopentanodiol:

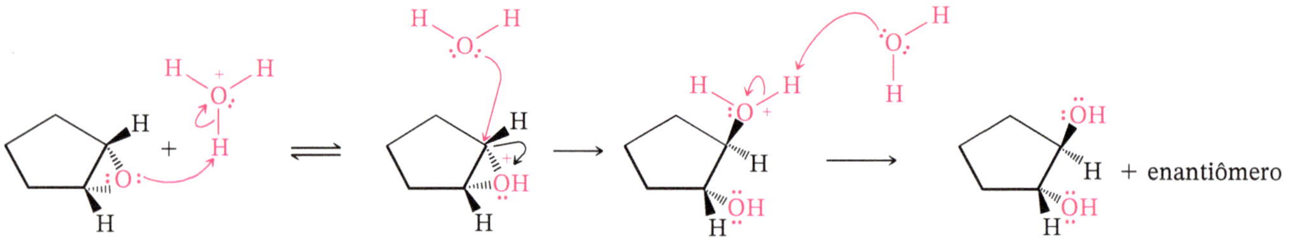

[Esquema de mecanismo: hidrólise catalisada por ácido de epóxido de ciclopenteno produzindo *trans*-1,2-ciclopentanodiol + enantiômero]

***trans*-1,2-Ciclopentanodiol**

A epoxidação seguida de hidrólise catalisada por ácido nos fornece, portanto, um método para a **anti 1,2-di-hidroxilação** de uma ligação dupla (em oposição à 1,2-di-hidroxilação sin, Seção 8.15). A estereoquímica dessa técnica compara-se muito de perto à estereoquímica da bromação do ciclopenteno dada anteriormente (Seção 8.15).

PROBLEMA DE REVISÃO 11.22

Esboce um mecanismo similar àquele que acabamos de fornecer que mostre como a forma enantiomérica do *trans*-1,2-ciclopentanodiol é produzida.

PROBLEMA RESOLVIDO 11.10

Na Seção 11.14B, mostramos a epoxidação do *cis*-2-buteno para produzir o *cis*-2,3-dimetiloxirano e a epoxidação do *trans*-2-buteno para produzir o *trans*-2,3-dimetiloxirano. Considere agora a hidrólise catalisada por ácido desses dois epóxidos e mostre que produto(s) resultaria(m) de cada uma delas. Essas reações são estereoespecíficas?

Resposta

(a) O composto meso, *cis*-2,3-dimetiloxirano (**Fig. 11.1**), produz na hidrólise o (2*R*,3*R*)-2,3-butanodiol e o (2*S*,3*S*)-2,3-butanodiol. Esses produtos são enantiômeros. Uma vez que o ataque pela água em qualquer um dos carbonos [caminho **(a)** ou caminho **(b)** na Fig. 11.1] ocorre à mesma velocidade, o produto é obtido em uma forma racêmica.

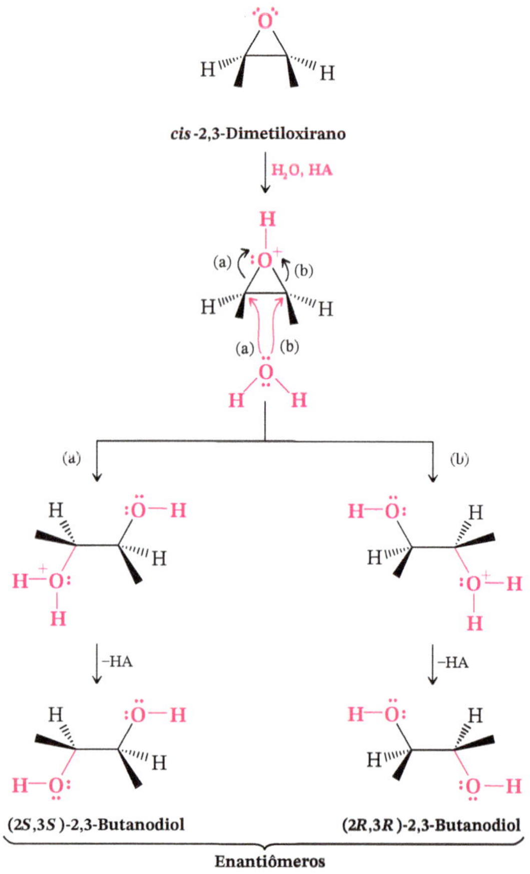

FIGURA 11.1 A hidrólise do *cis*-2,3-dimetiloxirano catalisada por ácido produz (2*S*,3*S*)-2,3-butanodiol pelo caminho reacional (a) e (2*R*,3*R*)-2,3-butanodiol pelo caminho reacional (b). (Utilize modelos para se convencer.)

Quando um dos dois enantiômeros do *trans*-2,3-dimetiloxirano sofre hidrólise catalisada por ácido, o único produto obtido é o composto meso, (2R,3S)-2,3-butanodiol. A hidrólise de um enantiômero é mostrada na Fig. 11.2. (Você pode construir um diagrama similar mostrando a hidrólise do outro enantiômero para se convencer de que ela, também, leva ao mesmo produto; também pode utilizar modelos moleculares para considerar os resultados.)

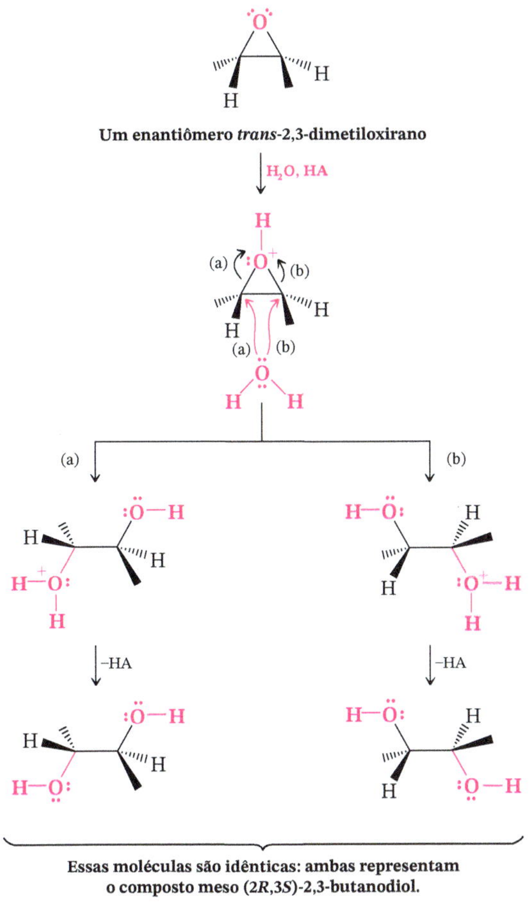

FIGURA 11.2 A hidrólise catalisada por ácido de um enantiômero *trans*-2,3-dimetiloxirano produz o composto meso, (2R,3S)-2,3-butanodiol, pelo caminho reacional (a) ou pelo caminho reacional (b). A hidrólise do outro enantiômero (ou a modificação racêmica) produziria o mesmo produto. (Você deve utilizar modelos para se convencer de que as duas estruturas dadas para os produtos representam o mesmo composto.)

(b) Uma vez que ambas as etapas, nesse método para a conversão de um alqueno em um 1,2-diol (glicol), são estereoespecíficas (isto é, tanto a etapa de epoxidação quanto a hidrólise catalisada por ácido), o resultado líquido é uma anti 1,2-di-hidroxilação estereoespecífica da ligação dupla (Fig. 11.3).

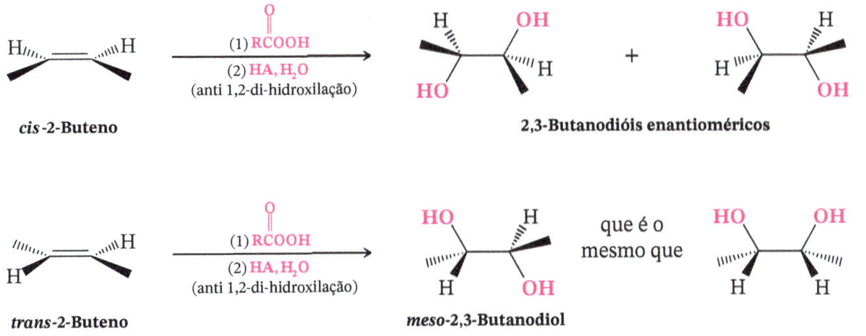

FIGURA 11.3 O resultado global da epoxidação seguida pela hidrólise catalisada por ácido é uma anti 1,2-di-hidroxilação estereoespecífica da dupla ligação. O *cis*-2-buteno produz os 2,3-butanodióis enantioméricos; o *trans*-2-buteno produz o composto meso.

Forneça os reagentes e os intermediários faltantes **A–E**.

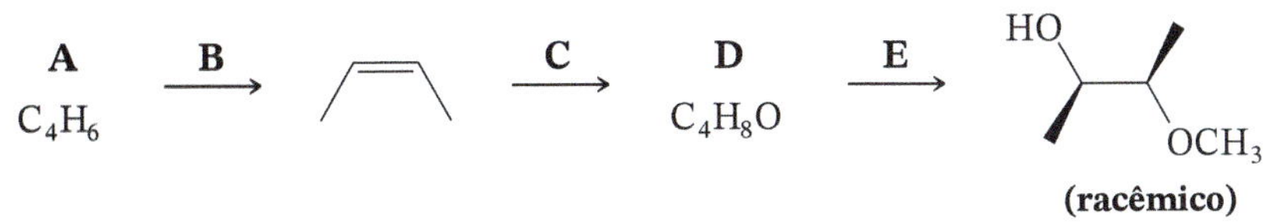

PROBLEMA DE REVISÃO 11.23

A Química Verde de... Métodos de Oxidação Catalítica de Alquenos

O esforço para desenvolver métodos sintéticos que não são prejudiciais ao meio ambiente é uma área muito ativa da pesquisa química. O impulso para planejar procedimentos de "química verde" inclui não apenas a substituição do uso de reagentes potencialmente perigosos ou tóxicos por reagentes menos agressivos ao meio ambiente, mas também o desenvolvimento de procedimentos catalíticos que utilizem quantidades menores de reagentes potencialmente perigosos quando alternativas não estão disponíveis. Os métodos catalíticos de 1,2-di-hidroxilação sin que descrevemos na Seção 8.16 (incluindo o procedimento de di-hidroxilação assimétrica de Sharpless) são modificações menos agressivas ao meio ambiente dos procedimentos originais porque necessitam apenas de uma pequena quantidade de OsO_4 ou outro oxidante de metal pesado.

A natureza também tem oferecido dicas de formas de realizar oxidações ambientalmente saudáveis. A enzima metano mono-oxigenase (MMO) utiliza o ferro para catalisar a oxidação por peróxido de hidrogênio de pequenos hidrocarbonetos, produzindo álcoois ou epóxidos, e esse exemplo inspirou o desenvolvimento de novos métodos de laboratório para a oxidação de alquenos. Um procedimento de 1,2-di-hidroxilação desenvolvido por L. Que (University of Minnesota) produz uma mistura de 1,2-dióis e epóxidos pela ação de um catalisador de ferro e peróxido de hidrogênio em um alqueno. (A proporção do diol em relação ao epóxido formado depende das condições da reação e, no caso da di-hidroxilação, o procedimento mostra alguma enantiosseletividade.) Outra reação verde é o método de epoxidação desenvolvido por E. Jacobsen (Harvard University). O procedimento de Jacobsen utiliza o peróxido de hidrogênio e um catalisador de ferro similar para epoxidar os alquenos (sem a complicação da formação de diol). Os métodos de Jacobsen e Que não são agressivos ao meio ambiente porque seus procedimentos empregam catalisadores contendo um metal não tóxico e um reagente de oxidação barato e relativamente seguro, que é convertido em água durante o curso da reação.

A busca por mais métodos na química verde, com reagentes e subprodutos benignos, ciclos catalíticos e rendimentos altos, sem dúvida conduzirá a pesquisas adicionais pelos químicos atuais e futuros. Nos próximos capítulos veremos mais exemplos de química verde em uso ou em desenvolvimento.

11.17 Éteres de Coroa

Os **éteres de coroa** são compostos que possuem uma estrutura como a do 18-coroa-6, mostrada a seguir. O 18-coroa-6 é um oligômero cíclico do etilenoglicol. Os éteres de coroa são nomeados *x*-coroa-*y*, em que *x* é o número total de átomos no anel e *y* é o número de átomos de oxigênio. Uma propriedade decisiva dos éteres de coroa é que eles são capazes de se ligar a cátions, como mostrado a seguir para o 18-coroa-6 e um íon potássio.

18-Coroa-6

Os éteres de coroa produzem muitos sais solúveis em solventes apolares. Por essa razão, eles são chamados de **catalisadores de transferência de fase**. Quando um éter de coroa se coordena com um cátion metálico, ele mascara o íon com um exterior do tipo hidrocarboneto.

O 18-coroa-6 coordena-se muito efetivamente com os íons potássio, pois o tamanho da cavidade é correto e porque os seis átomos de oxigênio estão idealmente situados para doar seus pares de elétrons para o íon central em um complexo ácido-base de Lewis.

- A relação entre um éter de coroa e o íon que está ligado a ele é chamada de **relação hóspede–hospedeiro**.

Diciclo-hexano-18-coroa-6

Sais como KF, KCN, KMnO$_4$ e KOAc podem ser transferidos para solventes apróticos utilizando quantidades catalíticas de 18-coroa-6 (veja a Fig. 11.4). A utilização de éter de coroa com um solvente apolar pode ser muito favorável para uma reação S$_N$2, pois o nucleófilo (tal como o F$^-$, o CN$^-$, o MnO$_4^-$ ou o AcO$^-$ dos compostos que acabamos de listar) é livre de solventes em um solvente aprótico, enquanto, ao mesmo tempo, o cátion é impedido pelo éter de coroa de uma associação com o nucleófilo. O diciclo-hexano-18-coroa-6 é outro exemplo de catalisador de transferência de fase. Ele é ainda mais solúvel em solvente apolar do que o 18-coroa-6 devido aos grupos hidrocarboneto adicionais. Os catalisadores de transferência de fase podem também ser utilizados para reações tais como oxidações. (Existem também catalisadores de transferência de fase que não são éteres de coroa.)

O desenvolvimento de éteres de coroa e outras moléculas "com interações estruturais específicas de alta seletividade" levou à concessão do Prêmio Nobel de Química em 1987 a Charles J. Pedersen (DuPont Company, falecido), Donald J. Cram (University of California, Los Angeles, falecido) e Jean-Marie Lehn (Louis Pasteur University, Estrasburgo, França). As suas contribuições para o nosso entendimento do que hoje é chamado de "reconhecimento molecular" têm implicações em como as enzimas reconhecem seus substratos, como os hormônios provocam seus efeitos, como os anticorpos reconhecem os antígenos, como os neurotransmissores propagam seus sinais, e muitos outros aspectos da bioquímica.

FIGURA 11.4 Quando o KMnO$_4$ é adicionado ao tolueno, ele não se dissolve como indicam o líquido incolor e o sólido no frasco à esquerda, mas, assim que algum 18-C-6 é adicionado, algum KMnO$_4$ se dissolve, como indicado pela cor roxa da solução à direita.

PRÊMIO NOBEL

O Prêmio Nobel de Química de 1987 foi concedido a Pedersen, Cram e Lehn por seu trabalho relacionado com o reconhecimento molecular.

Escreva as estruturas para **(a)** 15-coroa-5 e **(b)** 12-coroa-4. **PROBLEMA DE REVISÃO 11.24**

A Química Biológica de... Antibióticos de Transporte e Éteres de Coroa

Existem vários antibióticos chamados ionóforos. Alguns notáveis exemplos são a monensina, a nonactina, a gramicidina e a valinomicina. As estruturas da monensina e da nonactina são mostradas ao lado. Os antibióticos ionóforos, como a monensina e a nonactina, coordenam-se com os cátions metálicos de maneira similar àquela dos éteres de coroa. Seus modos de ação têm a ver com a perturbação do gradiente natural de íons em cada lado da membrana celular.

A membrana celular, no seu interior, é semelhante a um hidrocarboneto, uma vez que ela consiste, nessa região, basicamente em partes hidrocarbônicas de lipídios (Capítulo 23). Normalmente, as células devem manter um gradiente entre a concentração de íons sódio e potássio dentro e fora da membrana celular. Os íons potássio são "bombeados" para dentro e os íons sódio são "bombeados" para fora.* Esse gradiente é essencial às funções dos nervos, ao transporte de nutrientes para dentro da célula e à manutenção do volume apropriado da célula.

Monensina

Nonactina

---

*A descoberta e caracterização da bomba molecular real que estabelece o gradiente de concentração de sódio e potássio (Na$^+$, K$^+$-ATPase) premiaram Jens Skou (Aarhus University, Dinamarca) com a metade do Prêmio Nobel de Química de 1997. A outra metade foi para Paul D. Boyer (UCLA) e John E. Walker (Cambridge) pela elucidação do mecanismo enzimático da síntese do ATP.

(continua)

(continuação)

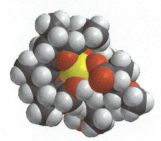

O antibiótico ionóforo monensina complexado com um cátion sódio.

A monensina é chamada de ionóforo transportador porque se liga aos íons sódio e os transporta através da membrana celular. A gramicidina e a valinomicina são antibióticos formadores de canais porque abrem poros que se estendem através da membrana. A capacidade da monensina de capturar íons resulta principalmente de seus muitos grupos funcionais éter e, como tal, é um exemplo de um antibiótico poliéter. Seus átomos de oxigênio ligam-se com os íons sódio por interações ácido–base de Lewis, formando o complexo octaédrico mostrado aqui no modelo molecular. O complexo é um "hospedeiro" hidrofóbico para o cátion, o que permite que ele seja transportado como um "hóspede" da monensina de um lado da célula para o outro. O processo de transporte destrói o gradiente de concentração crítica de sódio necessário para a função celular. A nonactina é outro ionóforo que perturba o gradiente de concentração através da ligação forte aos íons potássio, permitindo à membrana ser permeável aos íons potássio, também destruindo o essencial gradiente de concentração.

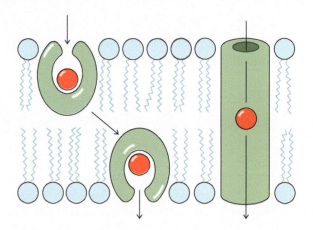

Os modos transportador (à esquerda) e formador de canal dos transportadores ionóforos. (Reproduzida com permissão de John Wiley & Sons, Inc. de Voet, D. and Voet, J. G. *Biochemistry*, Second Edition. Copyright 1995 Voet, D., and Voet, J. G.)

11.18 Resumo das Reações de Alquenos, Álcoois e Éteres

DICA ÚTIL

Algumas ferramentas para síntese.

Estudamos reações neste capítulo e no Capítulo 8 que podem ser extremamente úteis no desenvolvimento de sínteses. Muitas dessas reações envolvendo álcoois e éteres estão resumidas no Resumo e Ferramentas de Revisão ao fim do capítulo.

- Podemos utilizar os álcoois para preparar haletos de alquila, ésteres sulfonatos, éteres e alquenos.
- Podemos oxidar os alquenos para produzir epóxidos, dióis, aldeídos, cetonas e ácidos carboxílicos (dependendo do alqueno específico e das condições).
- Podemos utilizar os alquenos para preparar alcanos, álcoois e haletos de alquila.
- Se tivermos um alquino terminal, tal como poderia ser preparado a partir de um dialeto vicinal apropriado, podemos utilizar o ânion alquineto derivado a partir dele para formar ligações carbono–carbono através de substituição nucleofílica.

Ao todo, temos um repertório de reações que podem ser utilizadas para, direta ou indiretamente, interconverter quase todos os grupos funcionais que estudamos até aqui. Na Seção 11.18A, resumimos algumas reações de alquenos.

DICA ÚTIL

Alquenos podem levar a quase todos os outros grupos funcionais.

11.18A Como Alquenos Podem Ser Utilizados em Sínteses

- Os alquenos são um ponto de entrada para virtualmente todos os outros grupos funcionais que estudamos.

Por essa razão, e considerando que muitas dessas reações nos fornecem algum grau de controle sobre a regiosseletividade e/ou sobre a forma estereoquímica dos produtos, os alquenos são intermediários versáteis para síntese.

- Temos dois métodos para **hidratar uma ligação dupla em uma orientação Markovnikov**: (1) *a oximercuração–desmercuração* (Seção 8.5) e (2) *a hidratação catalisada por ácido* (Seção 8.4).

Desses métodos, a oximercuração–desmercuração é a mais útil no laboratório por ser fácil de realizar e não ser *acompanhada por rearranjos*.

- Podemos **hidratar uma ligação dupla em uma orientação anti-Markovnikov** pela *hidroboração–oxidação* (Seção 8.6). Com a hidroboração–oxidação podemos também atingir uma *adição sin dos grupos* —H *e* —OH.

Observe, também, que **o grupo boro de um organoborano pode ser substituído por hidrogênio, deutério ou trítio** (Seção 8.10), e que a hidroboração, por si só, envolve uma *adição sin de* —H *e* —B.

- Podemos **adicionar HX a uma ligação dupla em um sentido Markovnikov** (Seção 8.2) utilizando HF, HCl, HBr ou HI.
- Podemos **adicionar HBr em uma orientação anti-Markovnikov** (Seção 10.9), tratando um alqueno com HBr *e um peróxido*. (Os outros haletos de hidrogênio não sofrem adição anti-Markovnikov quando peróxidos estão presentes.)
- Podemos **adicionar bromo ou cloro a uma ligação dupla** (Seção 8.11) e a adição é uma adição anti (Seção 8.12).
- Podemos também **adicionar —X e —OH** a uma ligação dupla (isto é, sintetizar uma haloidrina) realizando a bromação ou a cloração em água (Seção 8.13). Essa adição, também, é uma *adição anti*.
- Podemos realizar uma **1,2-di-hidroxilação sin de uma ligação dupla** utilizando tanto o $KMnO_4$ a frio, diluído e em solução básica, como o OsO_4 seguido por $NaHSO_3$ (Seção 8.15). Desses dois métodos, o último é preferível, dada a tendência do $KMnO_4$ em oxidar demais o alqueno e provocar a quebra da ligação dupla.
- Podemos realizar **anti 1,2-di-hidroxilação de uma ligação dupla** pela conversão do alqueno em um *epóxido* e, então, efetuar uma hidrólise catalisada por ácido (Seção 11.16).

As equações para a maioria dessas reações são fornecidas nas revisões de Conexões Sintéticas para os Capítulos 7 e 8 e este capítulo.

Por que Esses Tópicos São Importantes?

Epóxidos Importantes, Porém Ocultos

Devido à tensão e reatividade dos epóxidos, é bem raro isolar na natureza um composto que realmente contenha um anel epóxido. Isso não quer dizer que esse grupo funcional não serve a diversas finalidades. De fato, há muitos casos em que os epóxidos parecem desempenhar um papel crítico na formação de novas ligações com produtos complexos naturais. Por exemplo, se uma longa cadeia de alquenos, tal como aquela mostrada a seguir, pudesse ser epoxidada em toda ligação dupla de uma maneira estereocontrolada (provavelmente utilizando enzimas), então, a ativação subsequente do epóxido terminal com um próton poderia iniciar potencialmente um conjunto de ciclizações em cascata, ou do tipo dominó, levando a muitos sistemas anulares novos com estereocontrole completo. O processo é apresentado aqui especificamente para a gimnocina B, um dos membros de uma ampla classe de produtos naturais marinhos conhecidos como poliéteres cíclicos. Esses compostos são neurotoxinas potentes.

Os epóxidos também têm um papel crítico na eliminação de algumas moléculas perigosas que poderíamos ingerir, um papel que novamente fica oculto, se apenas examinarmos os materiais de partida e os produtos. Podemos considerar dois compostos. O primeiro é a aflatoxina B_1, um composto que pode contaminar os amendoins e alguns grãos de cereais, dependendo das condições do solo onde a safra foi cultivada. O segundo é o benzo[a]pireno, uma substância encontrada na fumaça do cigarro e na carne grelhada (trata-se de um componente das marcas de carvão vegetal). A aflatoxina B_1 é um carcinogênico e o benzo[a]pireno pode se intercalar com o DNA e impedir a transcrição do gene (um tópico que vamos discutir mais detalhadamente no Capítulo 25).

O sistema do corpo humano que elimina essas substâncias químicas tóxicas tem início pela oxidação das suas estruturas de carbono utilizando enzimas conhecidas como citocromos P450; essas enzimas são encontradas no fígado e nos intestinos. Tanto para a aflatoxina B_1 quanto o benzo[a]pireno, pelo

Gimnocina B

Estrutura apresentada acima de Vilotijevic, I.; Jamison, T.F.: Epoxide-Opening Cascades Promoted by Water. *Science* **2007**, *317*, 1189.

menos uma das suas ligações duplas pode ser convertida em um epóxido, conforme se mostra a seguir. A etapa seguinte é a da adição de um nucleófilo altamente polar, como a glutationa, àquele sistema anular reativo, tornando hidrossolúvel a molécula resultante, de modo que ela possa ser excretada rapidamente. No entanto, essas reações são arriscadas, porque outros nucleófilos também podem atacar. Por exemplo, as bases de nucleotídeos dentro do DNA também podem reagir com esses epóxidos. Se isso acontecer, conforme mostrado para a forma epoxidada do benzo[a]pireno, o resultado pode

Aflatoxina B₁   [pode ser excretado]

ser um câncer. Assim sendo, o epóxido nesses casos é uma faca de dois gumes – ele serve como uma maneira de remover uma molécula potencialmente tóxica enquanto cria também uma espécie que, às vezes, é ainda mais perigosa e reativa do que o material original. Como uma questão de desafio com esse texto de finalização, por que você acha que as duas adições de nucleotídeos apresentadas ocorrem unicamente nas posições indicadas?

Para saber mais sobre esses tópicos, consulte:
1. Vilotijevic, I.; Jamison, T. F. "Epoxide-Opening Cascades Promoted by Water" in *Science* **2007**, *317*, 1189 e referências no artigo.
2. Nakanishi, K. "The Chemistry of Brevetoxins: A Review" in *Toxicon* **1985**, *23*, 473–479.

Resumo e Ferramentas de Revisão

Além da Seção 11.18, que faz um resumo de muitas das reações de alquenos, álcoois e éteres, as ferramentas de estudo para o presente capítulo também incluem termos e conceitos fundamentais (que são realçados ao longo do capítulo em **negrito azul** e estão definidos no glossário, ao fim de cada volume) e um mapa de Conexões Sintéticas.

Problemas

Nomenclatura

11.25 Forneça um nome substitutivo IUPAC para cada um dos seguintes álcoois:

11.26 Escreva as fórmulas estruturais para cada um dos seguintes compostos:

(a) (*Z*)-But-2-en-1-ol
(b) (*R*)-Butano-1,2,4-triol
(c) (1*R*,2*R*)-Ciclopentano-1,2-diol
(d) 1-Etilciclobutanol
(e) 2-Cloro-hex-3-in-1-ol
(f) Tetraidrofurano
(g) 2-Etoxipentano
(h) Etil fenil éter
(i) Di-isopropil éter
(j) 2-Etoxietanol

Reações e Sínteses

11.27 Forneça o alqueno necessário para sintetizar cada um dos seguintes compostos pela oximercuração–desmercuração.

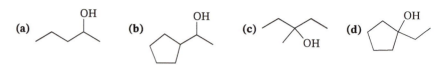

11.28 Forneça o alqueno necessário para sintetizar cada um dos seguintes compostos por hidroboração–oxidação.

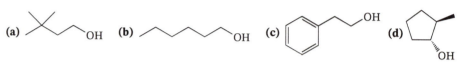

11.29 Começando com cada um dos seguintes compostos, esboce uma síntese prática do 1-butanol:

(a) 1-Buteno   (b) 1-Clorobutano   (c) 2-Clorobutano   (d) 1-Butino

11.30 Mostre como você poderia preparar o 2-bromobutano a partir do

(a) 2-Butanol   (b) 1-Butanol   (c) 1-Buteno   (d) 1-Butino

11.31 Começando com o 2-metilpropeno (isobutileno) e utilizando quaisquer outros reagentes necessários, esboce uma síntese para cada um dos seguintes compostos (T = trítio, D = deutério):

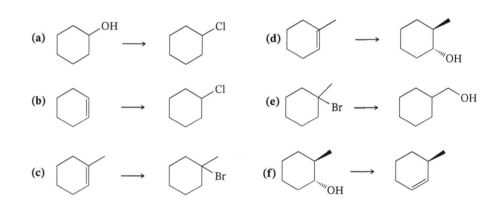

11.32 Mostre como você poderia realizar as seguintes transformações:

11.33 Que compostos você poderia esperar serem formados quando se faz refluxo de cada um dos éteres vistos a seguir com excesso de ácido bromídrico concentrado?

(a)   (b)   (c) (THF)   (d) (1,4-dioxano)   (e)

11.34 Considerando que **A–L** representam os produtos principais em cada uma das reações vistas a seguir, forneça as estruturas de **A** até **L**. Se mais de um produto pode razoavelmente ser concebido a partir de uma dada reação, inclua todos.

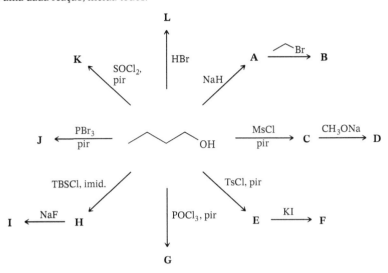

11.35 Escreva as estruturas para os produtos que poderiam ser formados sob as condições do Problema 11.34 se o ciclopentanol tivesse sido utilizado como material de partida. Se mais de um produto pode ser razoavelmente concebido a partir de uma dada reação, inclua todos eles.

11.36 Partindo do isobutano, mostre como cada um dos seguintes compostos poderia ser sintetizado. (Você não precisa repetir a síntese de um composto preparado anteriormente no problema.)

(a) Brometo de *terc*-butila
(b) 2-Metilpropeno
(c) Brometo de isobutila
(d) Iodeto de isobutila
(e) Álcool isobutílico (duas maneiras)
(f) Brometo de *terc*-butila
(g) Isobutil metil éter
(h) [estrutura]
(i) [estrutura com CN]
(j) CH₃S-[estrutura]
(k) [epóxido]
(l) [diol com OH]
(m) [amino álcool com NH₂]
(n) [éter com HO]

11.37 Forneça os reagentes necessários para as sínteses vistas a seguir. Mais de uma etapa pode ser necessária.

(a) [pentanol → 2-pentanol]
(b) [2-bromopropano → epóxido]
(c) [ciclopentilmetil iodeto → 1-metilciclopentanol]
(d) [epóxido de cicloexano → trans-diol]
(e) [cicloexeno → epóxido de cicloexano]
(f) [clorocicloexano → trans-bromo álcool]

11.38 Faça a previsão do produto majoritário de cada uma das reações vistas a seguir.

11.39 Faça a previsão de cada uma das reações vistas a seguir.

11.40 Forneça os reagentes necessários para realizar as seguintes sínteses:

11.41 Forneça os reagentes necessários para realizar as seguintes sínteses:

11.42 Escreva as estruturas para os compostos **A–J** mostrando a estereoquímica, quando for apropriado.

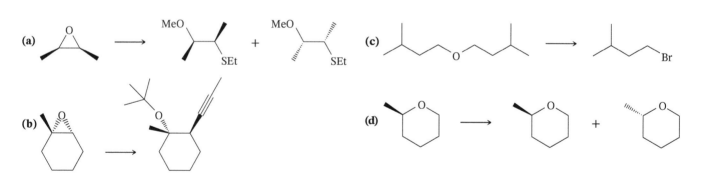

Qual é a relação estereoquímica entre **A** e **C**?

(b) [estrutura: trans-4-metilciclo-hexanol] $\xrightarrow[\text{pir}]{\text{MsCl}}$ **E** $\xrightarrow{\text{HC}\equiv\text{CNa}}$ **F**

(c) [estrutura: (S)-butan-2-ol] $\xrightarrow{\text{NaH}}$ **G** $\xrightarrow{\text{MeI}}$ **H**

$\xrightarrow[\text{pir}]{\text{MsCl}}$ **I** $\xrightarrow{\text{MeONa}}$ **J**

Qual é a relação estereoquímica entre **H** e **J**?

11.43 Uma síntese do bloqueador do receptor β chamado de toliprolol começa com uma reação entre o 3-metilfenol e a epicloridrina. A síntese é esboçada a seguir. Dê as estruturas dos intermediários e do toliprolol.

3-Metilfenol + [epóxido-CH₂Cl] $\longrightarrow$ $C_{10}H_{13}O_2Cl$ $\xrightarrow{\text{HO}^-}$

Epicloridrina

$C_{10}H_{12}O_2$ $\xrightarrow{(CH_3)_2CHNH_2}$ toliprolol, $C_{13}H_{21}NO_2$

11.44 O herbicida **2,4-D** pode ser sintetizado a partir de 2,4-diclorofenol e ácido cloroacético. Descreva as etapas envolvidas.

2,4-D
(Ácido 2,4-diclorofenoxiacético)

Ácido cloroacético

11.45 A primeira síntese de um éter de coroa (Seção 11.17) realizada por C. J. Pedersen (da DuPont Company) envolveu o tratamento do 1,2-benzenodiol com o di(2-cloroetil)éter (ClCH₂CH₂)₂O, na presença de NaOH. O produto foi um composto chamado de dibenzo-18-coroa-6. Dê a estrutura do dibenzo-18-coroa-6 e forneça um mecanismo plausível para sua formação.

Mecanismos

11.46 Para cada uma das reações a seguir, escreva um mecanismo que explique a reação apresentada.

(a) [2,2-dimetilciclo-hexan-1-ol] $\xrightarrow{\text{HA}}$ [1,2-dimetilciclo-hexeno] + HOH

(b) [pent-4-en-1-ol] $\xrightarrow{H_2SO_4 \text{ cat.}}$ [2-metiltetra-hidropirano]

(c) [pent-4-en-1-ol] $\xrightarrow{Br_2}$ [2-(bromometil)tetra-hidrofurano] + HBr

(d) [epóxido bicíclico] $\xrightarrow{H_3PO_4 \text{ cat., EtOH}}$ [ciclopentanol com OEt]

11.47 Os álcoois halo vicinais (haloidrinas) podem ser sintetizados pelo tratamento de epóxidos com HX. **(a)** Mostre como você utilizaria esse método para sintetizar o 2-clorociclopentanol a partir do ciclopenteno. **(b)** Você esperaria o produto ser *cis*-2-clorociclopentanol ou *trans*-2-clorociclopentanol; isso é, você esperaria uma adição líquida sin ou uma anti adição líquida de −Cl e −OH? Explique.

11.48 Verifica-se que a hidrólise catalisada por base da 1,2-cloroidrina **1** dá o glicol quiral **2** com retenção de configuração. Proponha um mecanismo razoável que realizaria esta transformação. Inclua todas as cargas formais e setas mostrando o movimento dos elétrons.

1 $\xrightarrow{\text{NaOH, H}_2\text{O}}$ **2**

11.49 Os compostos do tipo $\underset{R \quad R'}{HO\diagup C \diagdown X}$, chamados de α-haloálcoois, são instáveis e não podem ser isolados. Proponha uma explicação mecanística para o porquê disso.

11.50 Enquanto álcoois simples produzem alquenos na reação por desidratação ácida, dióis formam compostos com carbonila. Explique mecanisticamente o resultado da seguinte reação:

$$\text{(CH}_3)_2\text{C(OH)-C(OH)(CH}_3)_2 \xrightarrow{HA} (\text{CH}_3)_3\text{C-C(O)CH}_3$$

11.51 Quando o alqueno bicíclico **I**, um derivado da *trans*-decalina, reage com um peroxiácido, **II** é o produto principal. Que fatores favorecem a formação de **II** preferencialmente a **III**? (Você pode achar mais útil construir um modelo molecular.)

I → (mCPBA) → **II (principal)** + **III (secundário)**

11.52 Utilize as fórmulas de projeção de Newman para o etilenoglicol (1,2-etanodiol) e o butano para explicar por que se espera que o confôrmero esquerdo do etilenoglicol contribua mais para o conjunto de confôrmeros do que seria o confôrmero esquerdo do butano aos seus respectivos conjuntos de confôrmeros.

Sintetizando o Material

11.53 O esboço a seguir é uma síntese do atrator sexual da mariposa, a disparlura (um feromônio). Dê a estrutura da disparlura e os intermediários **A–D**.

$$HC\equiv CNa \xrightarrow[\text{NH}_3 \text{ líq.}]{Br\text{-}CH_2CH_2CH_2CH_2CH(CH_3)_2} \mathbf{A}\ (C_9H_{16}) \xrightarrow[\text{NH}_3 \text{ líq.}]{\text{NaNH}_2} \mathbf{B}\ (C_9H_{15}\text{Na})$$

$$\xrightarrow{\text{1-bromodecano}} \mathbf{C}\ (C_{19}H_{36}) \xrightarrow{\text{H}_2 / \text{Ni}_2\text{B(P-2)}} \mathbf{D}\ (C_{19}H_{38}) \xrightarrow{\text{mCPBA}} \text{Disparlura}\ (C_{19}H_{38}O)$$

11.54 Para cada uma das reações a seguir, forneça uma rota que poderia ser razoavelmente esperada para converter o material de partida no produto final. Em cada caso, é necessário usar mais de uma reação, e as reações que você aprendeu nos capítulos anteriores podem ser necessárias para resolver o problema. Em todos os casos, todas as substâncias são racêmicas, e a estereoquímica é mostrada para indicar as configurações relativas dos grupos nos centros quirais.

(a) *trans*-2-hidroxi-1-tetra-hidronaftalenol (racêmica) → 1-metoxi-1-hidroxi-tetra-hidronaftaleno (racêmica)

(b) HC≡CH → *sin*-hexano-2,3-diol

(c) 2-fenil-2-metil-propan-1-ol → 2-fenil-3-hidroxibutano

Álcoois e Éteres 555

11.55 Para cada uma das questões a seguir, identifique o produto (representado por **A**, **B** e **C**) que seria formado por meio da sequência de etapas indicada a partir de dado material de partida. Seja cuidadoso ao indicar a estereoquímica de quaisquer centros quirais produzidos.

(a) PhCH₂CH₂CH₃
  (1) NBS, ROOR, Δ
  (2) CH₂=CH–MgBr
  (3) BH₃:THF
  (4) H₂O₂, HO⁻
  → **A**

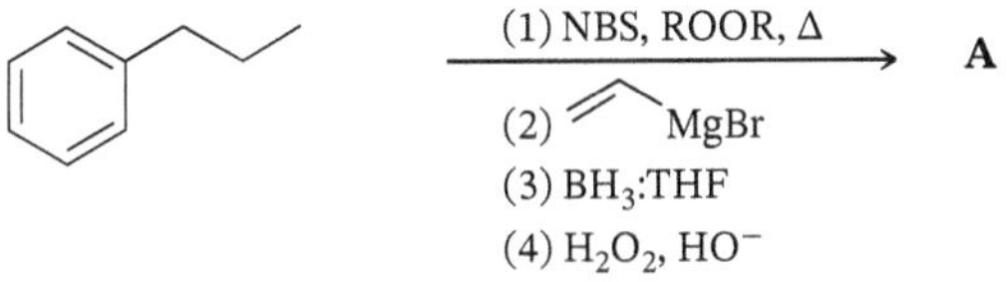

(b) 5-methyl-7-methoxy-1,2-dihydronaphthalene
  (1) mCPBA
  (2) HBr
  (3) PBr₃, piridina
  → **B**

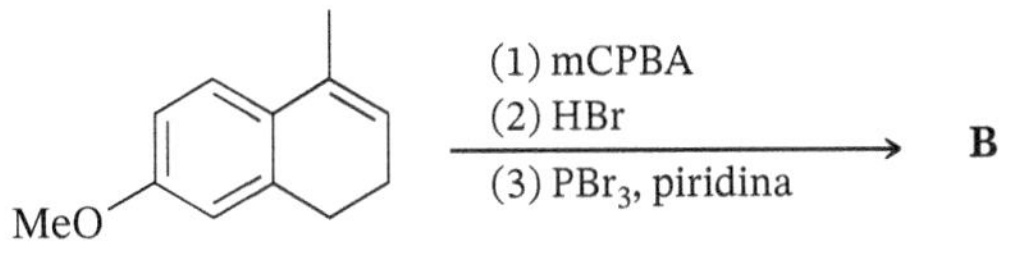

(c) 1-methylcyclohexene
  (1) Hg(OAc)₂
  (2) NaBH₄, HO⁻
  (3) p-TsCl, piridina
  (4) KCN, 18-C-6
  → **C**

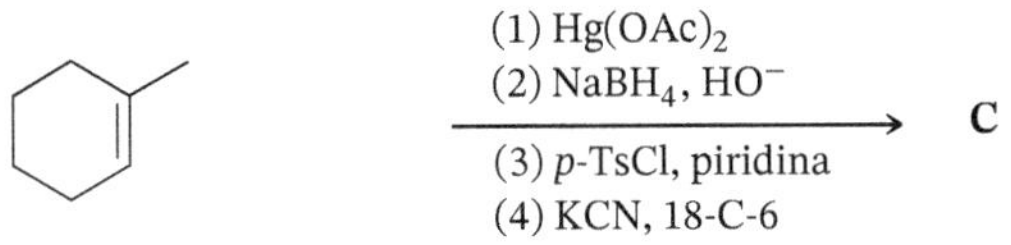

11.56 Trabalhando para trás, deduza o material de partida que leva, por meio das reações definidas, ao produto indicado.

(a) **A**
  (1) t-BuOK, t-BuOH
  (2) NBS, ROOR, Δ
  (3) Na≡
  → (racêmica) 4,4-dimethyl-1-ethynylcyclohex-2-ene

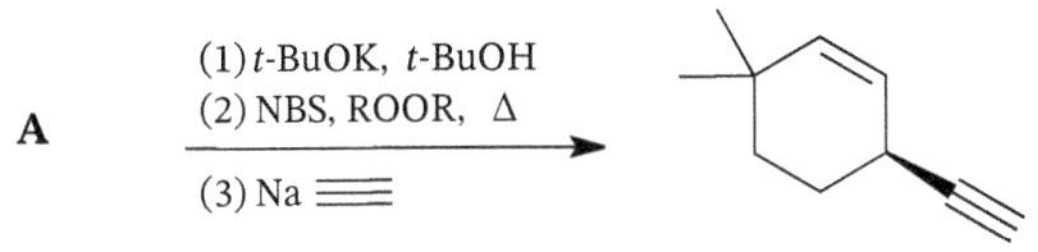

(b) **B**
  (1) PBr₃, piridina
  (2) t-BuOK, t-BuOH
  (3) KMnO₄, HO⁻
  → biphenyl-2,2'-dicarboxylic acid with methyl substituent

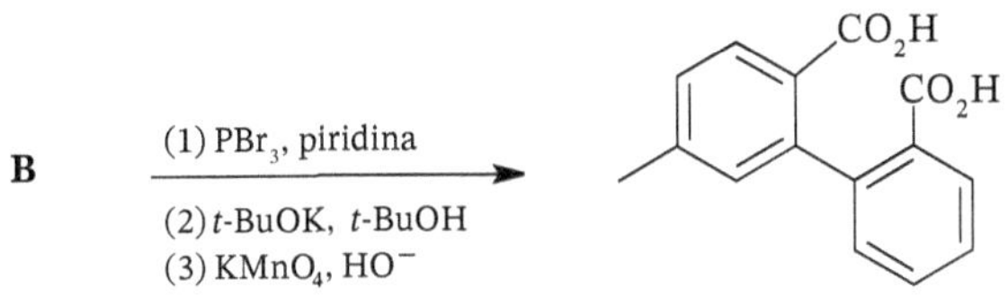

É Necessário um Consultor Químico

11.57 A fim de desbloquear as propriedades cancerígenas do composto dinemicina A, um epóxido deve ser aberto e um nucleófilo, adicionado. Esses eventos ocorrem depois que a dinemicina A foi reduzida a **A**. Você pode propor um mecanismo para explicar essa conversão final, tendo em mente o impedimento estérico e observando que a estereoquímica final é inconsistente com a abertura direta do tipo S_N2 do epóxido? (Veja: *Tetrahedron Lett.* **1990**, *31*, 151; *Biochemistry* **1991**, *30*, 2989; *Angew. Chem. Int. Ed.* **1991**, *30*, 1387.)

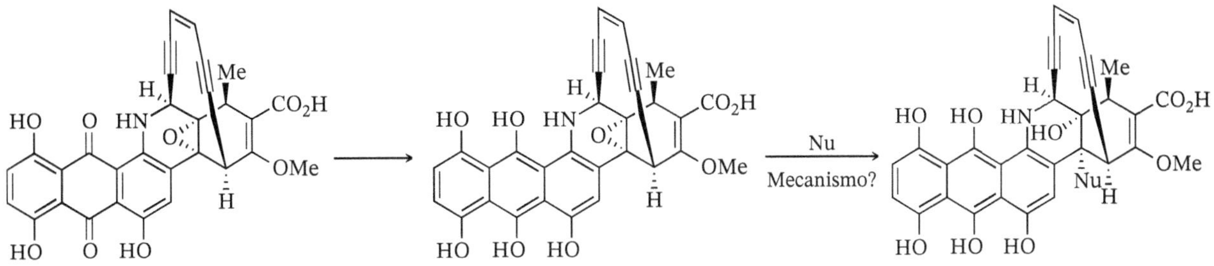

dinemicina A → **A** →[Nu, Mecanismo?] **B**

11.58 Cada uma das transformações desenhadas a seguir foi realizada como parte de sínteses de laboratório de produtos naturais complexos contendo vários éteres cíclicos. Forneça condições para efetuar essas conversões. Uma ou duas etapas são necessárias em cada caso. (Veja: *Tetrahedron Lett.* **1988**, *29*, 3171; *J. Am. Chem. Soc.* **1995**, *117*, 10227; *J. Am. Chem. Soc.* **1995**, *117*, 10239; *J. Am. Chem. Soc.* **1995**, *117*, 10252.)

(a)

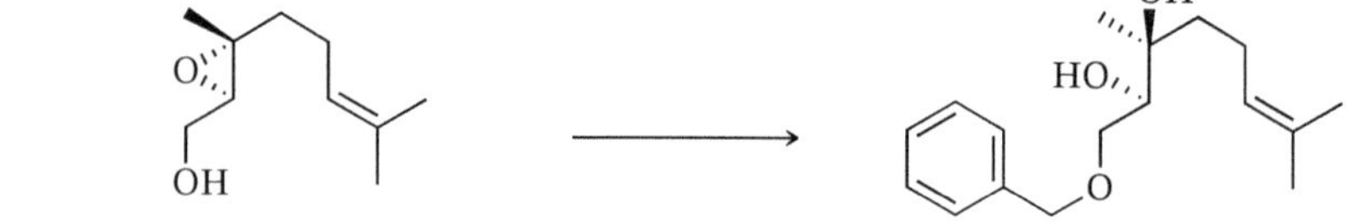

(b)

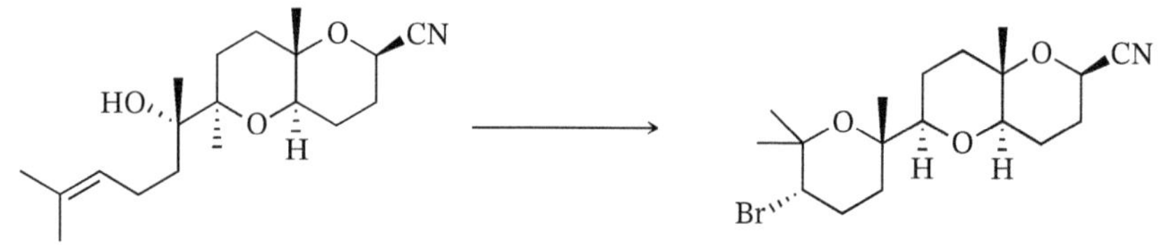

(c)

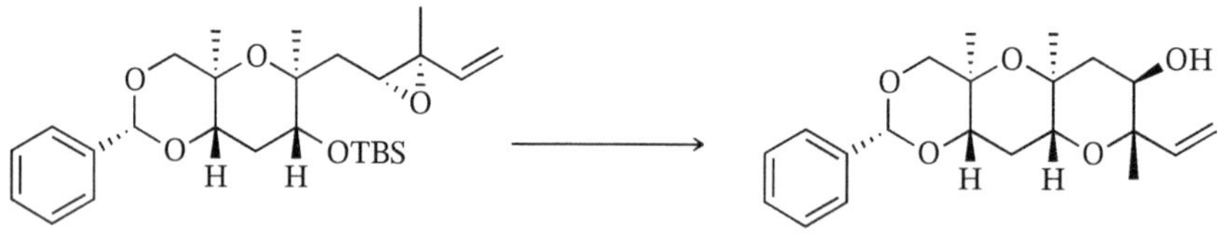

Problemas de Desafio

11.59 Quando o 3-bromo-2-butanol com a estrutura estereoquímica **A** é tratado com HBr concentrado, ele produz *meso*-2,3-dibromobutano; uma reação similar do 3-bromo-2-butanol **B** produz (±)-2,3-dibromobutano. Esse clássico experimento realizado em 1939 por S. Winstein e H. J. Lucas foi o ponto de partida para uma série de investigações do que era chamado de *efeito de grupo vizinho*. Proponha um mecanismo que dê conta da estereoquímica dessas reações.

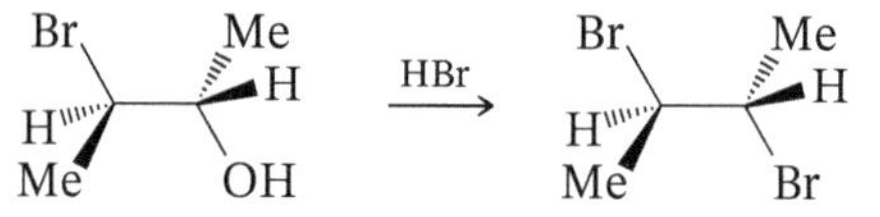

A **2,3-Dibromobutano (meso)**

contra

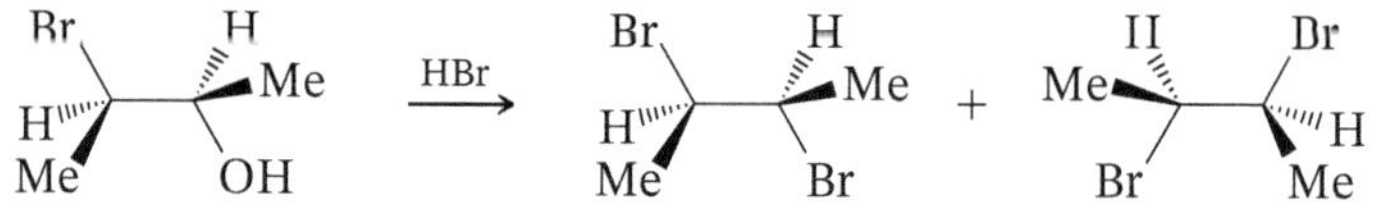

B **2,3-Dibromobutano (racêmico)**

11.60 A reação de um álcool com cloreto de tionila na presença de uma amina terciária (por exemplo, piridina) propicia a substituição do grupo OH pelo Cl *com inversão de configuração* (Seção 11.9). Entretanto, se a amina é omitida, o resultado é usualmente a substituição com retenção de configuração. O mesmo intermediário clorossulfito está envolvido em ambos os casos. Sugira um mecanismo pelo qual esse intermediário pode formar o produto com Cl sem inversão.

11.61 Desenhe todos os estereoisômeros que são possíveis para o 1,2,3-ciclopentanotriol. Identifique seus centros quirais e diga se são enantiômeros e se são diastereoisômeros.

(*Sugestão:* alguns dos isômeros contêm um "centro pseudoassimétrico", um que tem duas configurações possíveis, cada qual gerando um estereoisômero diferente, cada um dos quais é idêntico à sua imagem especular. Tais estereoisômeros podem somente ser distinguidos pela ordem de ligação dos grupos *R* contra *S* no centro pseudoassimétrico. Aos grupos *R* é dada maior prioridade em relação aos grupos *S*, e isso permite a atribuição da configuração *r* ou *s*, as letras minúsculas sendo utilizadas para designar a pseudoassimetria.)

11.62 O dimetildioxirano (DMDO), cuja estrutura é mostrada a seguir, é outro reagente comumente utilizado para a epoxidação de alquenos. Escreva um mecanismo para a epoxidação do (*Z*)-2-buteno por DMDO, incluindo uma possível estrutura do estado de transição. Qual é o subproduto de uma epoxidação por DMDO?

Dimetildioxirano (DMDO)

Problemas para Trabalho em Grupo

1. Projete duas sínteses para o *meso*-2,3-butanodiol partindo do acetileno (etino) e do metano. Seus dois caminhos devem ter diferentes abordagens durante o curso das reações para controlar a origem da estereoquímica necessária no produto.

2. (a) Escreva tantas sínteses razoáveis quimicamente quantas você possa imaginar para o etil 2-metilpropil éter (etil isobutil éter). Certifique-se de utilizar, em algum ponto em uma ou mais de suas sínteses, os seguintes reagentes (entretanto, não utilize todos na mesma síntese): PBr_3, $SOCl_2$, cloreto de *p*-toluenossulfonila (cloreto de tosila), NaH, etanol, 2-metil-1-propanol (álcool isobutílico), H_2SO_4 concentrado, $Hg(OAc)_2$, eteno (etileno).

   (b) Avalie os méritos relativos de suas sínteses com base na seletividade e eficiência. (Decida quais poderiam ser consideradas como "melhores" e quais poderiam ser consideradas como "piores".)

3. Sintetize o composto mostrado a seguir a partir do metilciclopentano e do 2-metilpropano, utilizando esses compostos como fonte de átomos de carbono e quaisquer outros reagentes necessários. As ferramentas sintéticas que você pode precisar incluem hidratações Markovnikov e anti-Markovnikov, hidrobromações Markovnikov e anti-Markovnikov, halogenação por radicais, reações de eliminação e de substituição nucleofílicas.

558 CAPÍTULO 11

[**MAPA CONCEITUAL**]

Algumas Conexões Sintéticas de Alquenos, Alquinos, Álcoois, Haletos de Alquila e Éteres

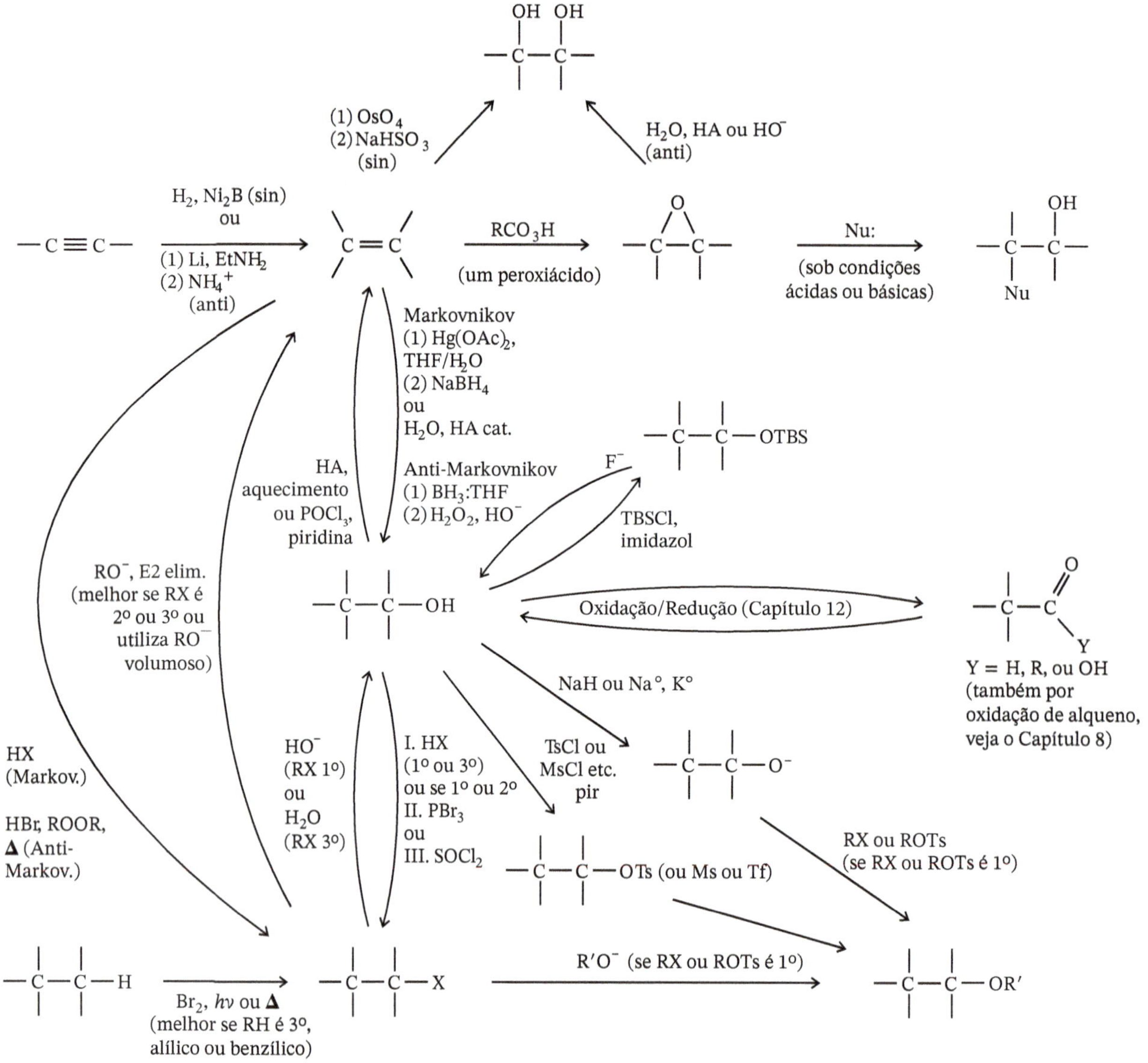

- Alquinos para alquenos
- Alquenos e álcoois
- Álcoois e haletos de alquila
- Alquenos e haletos de alquila
- Álcoois e éteres
- Alquenos, epóxidos e 1,2-dióis
- Alcanos para haletos de alquila
- Grupo protetor silílico para álcool
- Álcoois para compostos carbonilados

CAPÍTULO 12

Kristof Hegedüs - labphoto.tumblr.com

Álcoois a Partir de Compostos Carbonílicos
Oxidação–Redução e Compostos Organometálicos

Pergunte a um químico orgânico sobre o seu grupo funcional favorito e, muito provavelmente, ele vai dar o nome de um grupo que contém um grupo carbonila. Por quê? O grupo carbonila está no núcleo de muitos dos principais grupos funcionais, tais como aldeídos, cetonas, ácidos carboxílicos, ésteres e amidas. O grupo carbonila é também muito versátil. Ele serve como uma conexão para interconversões entre inúmeros grupos funcionais. Adicione a essas características o fato de que as reações do grupo carbonila incluem dois caminhos mecanísticos fascinantes, relacionados com a adição nucleofílica e com a adição nucleofílica–eliminação, e você tem um poderoso grupo em termos da sua química.

Conforme vimos em capítulos anteriores, os grupos carbonila são componentes essenciais de muitos compostos naturais, eles são intrínsecos a alguns importantes materiais sintéticos, como o náilon, e são vitais para a química orgânica da vida, seja na forma de carboidratos ou DNA, ou em processos bioquímicos fundamentais.

NESTE CAPÍTULO, VAMOS ESTUDAR:

- A estrutura e reatividade de compostos carbonílicos
- A interconversão entre grupos funcionais carbonílicos e álcoois através de reações de oxidação-redução
- A formação de novas ligações C–C pela reação de certos grupos carbonila com reagentes organometálicos

POR QUE ESSES TÓPICOS SÃO IMPORTANTES?

No fim do capítulo, veremos como a simples transformação de um álcool para uma cetona e o inverso pode mudar fundamentalmente as propriedades e usos de uma molécula, examinando alguns casos onde essas reações ocorrem na natureza.

12.1 Estrutura do Grupo Carbonila

Compostos carbonílicos são um amplo grupo de compostos que incluem aldeídos, cetonas, ácidos carboxílicos, ésteres e amidas.

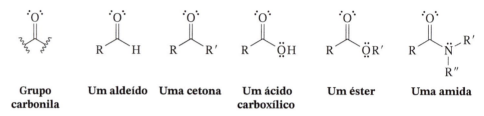

O átomo de carbono da carbonila tem hibridização sp^2; assim, ele e os três átomos ligados a ele estão no mesmo plano. Os ângulos de ligação entre os três átomos ligados são o que poderíamos esperar de uma estrutura triangular plana, ou seja, aproximadamente 120°.

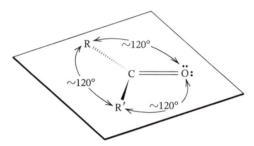

A ligação dupla carbono–oxigênio consiste em dois elétrons em uma ligação σ e dois elétrons em uma ligação π. A ligação π é formada pela sobreposição do orbital p do carbono com um orbital p do átomo de oxigênio. O par de elétrons na ligação π ocupa ambos os lóbulos (acima e abaixo do plano da ligação σ).

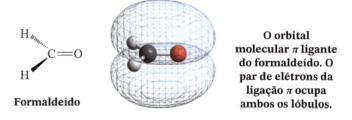

- O átomo de oxigênio mais eletronegativo atrai fortemente os elétrons de ambas as ligações σ e π, fazendo com que o grupo carbonila seja altamente polarizado; o átomo de carbono suporta uma carga positiva considerável e o átomo de oxigênio suporta uma carga negativa considerável.

A polarização da ligação π pode ser representada pelas estruturas de ressonância, vistas a seguir, para o grupo carbonila:

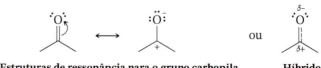

Estruturas de ressonância para o grupo carbonila   Híbrido

A evidência para a polaridade da ligação carbono–oxigênio pode ser encontrada nos momentos de dipolo bastante grandes associados com compostos carbonílicos.

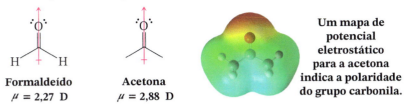

12.1A Reações de Compostos Carbonílicos com Nucleófilos

Uma das reações mais importantes de compostos carbonílicos é a **adição nucleofílica ao grupo carbonila**. O grupo carbonila é suscetível ao ataque nucleofílico, porque, como já vimos, o carbono da carbonila tem uma carga parcial positiva.

- Quando um nucleófilo se adiciona ao grupo carbonila, ele usa um par de elétrons para formar uma ligação com o átomo de carbono da carbonila, e um par de elétrons da ligação dupla carbono–oxigênio se desloca para o oxigênio:

À medida que a reação ocorre, o átomo de carbono sofre uma mudança da geometria triangular plana e hibridização sp^2 para geometria tetraédrica e hibridização sp^3.

- Dois importantes nucleófilos que se adicionam a compostos carbonílicos são os **íons hidreto**, a partir de compostos como o $NaBH_4$ ou o $LiAlH_4$ (Seção 12.3), e os **carbânions**, a partir de compostos como o RLi ou o RMgX (Seção 12.7C).

Outro conjunto de reações são aquelas em que álcoois e compostos carbonílicos são **oxidados** e **reduzidos** (Seções 12.2–12.4). Por exemplo, álcoois primários podem ser oxidados a aldeídos, e aldeídos podem ser reduzidos a álcoois:

Vamos começar analisando alguns princípios gerais que se aplicam à oxidação e redução de compostos orgânicos.

12.2 Reações de Oxidação–Redução em Química Orgânica

- A **redução** de uma molécula orgânica normalmente corresponde ao aumento da quantidade de hidrogênio ou à diminuição da quantidade de oxigênio.

Por exemplo, a conversão de um ácido carboxílico em um aldeído é uma redução, porque a quantidade de oxigênio é diminuída:

$$\underset{\text{Ácido carboxílico}}{R-\underset{\underset{OH}{|}}{\overset{\overset{O}{\|}}{C}}} \xrightarrow[\text{redução}]{[H]} \underset{\text{Aldeído}}{R-\underset{H}{\overset{\overset{O}{\|}}{C}}}$$

Diminui a quantidade de oxigênio

A conversão de um aldeído em um álcool é uma redução:

$$R-\overset{\overset{O}{\|}}{C}-H \xrightarrow[\text{redução}]{[H]} R-\underset{H}{\overset{OH}{\underset{|}{C}}}-H$$

Aumenta a quantidade de hidrogênio

A conversão de um álcool em um alcano também é uma redução:

$$R-\underset{H}{\overset{OH}{\underset{|}{C}}}-H \xrightarrow[\text{redução}]{[H]} RCH_3$$

Diminui a quantidade de oxigênio

Nesses exemplos, usamos o símbolo [H] para indicar que ocorre uma redução do composto orgânico. Fazemos isso quando queremos escrever uma equação geral, sem especificar quem é o agente redutor.

- O oposto da redução é a **oxidação**. O aumento da quantidade de oxigênio de uma molécula orgânica ou a diminuição da quantidade de hidrogênio é uma **oxidação**.

O inverso de cada reação que acabamos de apresentar é uma oxidação da molécula orgânica, e podemos resumir essas reações de oxidação–redução como mostrado a seguir. Usamos o símbolo [O] para indicar de uma maneira geral que a molécula orgânica foi oxidada.

$$\underset{\substack{\text{Estado de} \\ \text{oxidação} \\ \text{mais baixo}}}{RCH_3} \underset{[H]}{\overset{[O]}{\rightleftarrows}} R-\underset{H}{\overset{OH}{\underset{|}{C}}}-H \underset{[H]}{\overset{[O]}{\rightleftarrows}} R-\overset{\overset{O}{\|}}{C}-H \underset{[H]}{\overset{[O]}{\rightleftarrows}} \underset{\substack{\text{Estado de} \\ \text{oxidação} \\ \text{mais alto}}}{R-\underset{OH}{\overset{\overset{O}{\|}}{C}}}$$

DICA ÚTIL
Observe a interpretação geral de oxidação–redução em relação aos compostos orgânicos.

- A oxidação de um composto orgânico pode ser definida de forma mais abrangente como uma reação que aumenta a quantidade de qualquer elemento mais eletronegativo que o carbono.

Por exemplo, a substituição de átomos de hidrogênio por átomos de cloro é uma oxidação:

$$Ar-CH_3 \underset{[H]}{\overset{[O]}{\rightleftarrows}} Ar-CH_2Cl \underset{[H]}{\overset{[O]}{\rightleftarrows}} Ar-CHCl_2 \underset{[H]}{\overset{[O]}{\rightleftarrows}} Ar-CCl_3$$

Naturalmente, quando um composto orgânico é reduzido, alguma coisa – o **agente redutor** – tem de ser oxidada. E quando um composto orgânico é oxidado, alguma coisa – o **agente oxidante** – é reduzida. Esses agentes oxidantes e redutores são muitas vezes compostos inorgânicos.

12.3 Álcoois por Redução de Compostos Carbonílicos

Os álcoois primários e secundários podem ser sintetizados pela **redução** de uma variedade de compostos que contêm o grupo carbonila. Vários exemplos gerais são mostrados aqui:

Ácido carboxílico → Álcool primário

Éster → Álcool primário (+ R'OH)

Aldeído → Álcool primário

Cetona → Álcool secundário

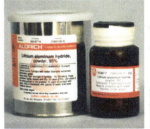

A menos que sejam tomadas precauções especiais, as reduções com hidreto de alumínio e lítio podem ser muito perigosas. Você deve consultar um manual de laboratório adequado antes de tentar tal redução, e a reação deve ser realizada em pequena escala.

12.3A Hidreto de Alumínio e Lítio

- O hidreto de alumínio e lítio (LiAlH$_4$, às vezes abreviado como HAL) reduz ácidos carboxílicos e ésteres a álcoois primários.

Um exemplo de redução com hidreto de alumínio e lítio é a conversão do ácido 2,2-dimetilpropanoico a 2,2-dimetilpropanol (álcool neopentílico).

Ácido 2,2-dimetilpropanoico → Álcool neopentílico (92%)

Redução com LiAlH$_4$ de um ácido carboxílico

A redução com LiAlH$_4$ de um éster produz dois álcoois, um derivado da parte carbonílica do grupo éster e o outro da parte alcóxi do éster.

Redução com LiAlH$_4$ de um éster

Os ácidos carboxílicos e ésteres são mais difíceis de reduzir do que os aldeídos e cetonas. O LiAlH$_4$, no entanto, é um **agente redutor** suficientemente forte para realizar essa transformação. O boroidreto de sódio (NaBH$_4$), que iremos discutir em breve, é comumente utilizado para reduzir aldeídos e cetonas, mas não é forte o suficiente para reduzir ácidos carboxílicos e ésteres.

Deve-se tomar um grande cuidado quando se usar o LiAlH$_4$ para evitar a presença de água ou qualquer outro solvente fracamente ácido (por exemplo, álcoois). **O LiAlH$_4$ reage violentamente com doadores de prótons liberando gás hidrogênio.** O dietil éter anidro (Et$_2$O) e o tetraidrofurano (THF) são solventes comumente usados para reduções com LiAlH$_4$. Entretanto, depois de todo o LiAlH$_4$ ser consumido pela etapa de redução da reação, água e ácido são cuidadosamente adicionados para neutralizar os sais resultantes e facilitar o isolamento dos produtos alcoólicos.

12.3B Boroidreto de Sódio

- Aldeídos e cetonas são facilmente reduzidos com boroidreto de sódio (NaBH$_4$).

O boroidreto de sódio é geralmente preferido ao LiAlH$_4$ para a redução de aldeídos e cetonas. O boroidreto de sódio pode ser usado com segurança e eficiência em água, assim como em solventes alcoólicos tais como o metanol (MeOH), ao passo que são necessárias precauções especiais quando se usa o LiAlH$_4$.

Butanal $\xrightarrow[\text{MeOH}]{\text{NaBH}_4}$ **1-Butanol** (85%) — Redução com NaBH$_4$ de um aldeído

Butanona $\xrightarrow[\text{MeOH}]{\text{NaBH}_4}$ **2-Butanol** (87%) — Redução com NaBH$_4$ de uma cetona

Aldeídos e cetonas podem ser reduzidos com a utilização de hidrogênio e um catalisador metálico, e também através de sódio metálico tendo álcool como solvente.

A etapa mais importante para a redução de um composto carbonílico, tanto com hidreto de alumínio e lítio como com boroidreto de sódio, é a transferência do **íon hidreto** do metal para o carbono carbonílico. Nessa transferência o íon hidreto atua como um *nucleófilo*. O mecanismo para a redução de uma cetona com NaBH$_4$ é ilustrado a seguir.

Um Mecanismo para a Reação

Redução de Aldeídos e Cetonas por Transferência de Hidreto

Transferência de hidreto → Íon alcóxido → Álcool

Essas etapas são repetidas até que todos os átomos de hidrogênio ligados ao boro sejam transferidos.

A Química Biológica de... Álcool Desidrogenase – Um Hidreto Bioquímico

Quando a enzima álcool desidrogenase converte o acetaldeído em etanol, o NADH atua como um agente redutor transferindo um hidreto do C4 do anel de nicotinamida para o grupo carbonila do acetaldeído. O nitrogênio do anel da nicotinamida facilita esse processo contribuindo com o seu par de elétrons não ligantes para o anel, que, juntamente com a perda do hidreto, converte o anel para o anel energeticamente mais estável encontrado no NAD$^+$ (veremos por que ele é mais estável no Capítulo 14). O ânion etóxido resultante da transferência do hidreto para o acetaldeído é, então, protonado pela enzima para formar o etanol.

Apesar de o carbono da carbonila do acetaldeído que recebe o hidreto ser inerentemente eletrofílico por causa da eletronegatividade

(continua)

(*continuação*)

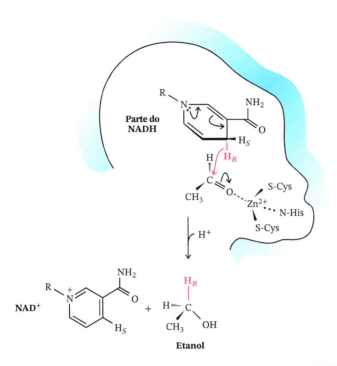

do oxigênio, a enzima melhora essa propriedade fornecendo um íon zinco como um ácido de Lewis para coordenar com o oxigênio da carbonila. O ácido de Lewis estabiliza a carga negativa que se desenvolve no oxigênio no estado de transição. O papel agrupador da proteína da enzima é, então, manter o íon zinco, a coenzima e o substrato na rede tridimensional necessária para diminuir a energia do estado de transição. A reação, naturalmente, é totalmente reversível e quando a concentração relativa de etanol é alta, a álcool desidrogenase realiza a oxidação do etanol pela remoção de um hidreto. Esse papel da álcool desidrogenase é importante na desintoxicação (destoxificação). Em "A Química Quiral de... Reduções Estereosseletivas de Grupos Carbonila" discutiremos os aspectos estereoquímicos das reações da álcool desidrogenase.

12.3C Resumo Geral da Reatividade do LiAlH$_4$ e NaBH$_4$

O NaBH$_4$ é um agente redutor menos poderoso do que LiAlH$_4$. O LiAlH$_4$ reduz ácidos, ésteres, aldeídos e cetonas, enquanto o NaBH$_4$ reduz apenas aldeídos e cetonas:

O LiAlH$_4$ reage violentamente com a água e, portanto, as reduções com LiAlH$_4$ têm de ser realizadas em soluções anidras, geralmente em éter anidro. (Acetato de etila é adicionado cautelosamente após a reação terminar, para decompor o excesso de LiAlH$_4$; a seguir, água é adicionada para decompor o complexo de alumínio.) Reduções com NaBH$_4$, pelo contrário, podem ser realizadas em soluções de água ou álcool.

12.3D Redução de Haletos de Alquila a Hidrocarbonetos: RX ⟶ RH

A substituição do átomo de halogênio de um haleto de alquila pelo hidrogênio pode ser realizada tratando-se o haleto de alquila com hidreto de alumínio e lítio (Seção 12.3A). Considerando-se que o átomo de halogênio com um maior estado de oxidação é substituído por um átomo de hidrogênio com um estado de oxidação inferior, essa reação é uma redução. Quase todos os tipos de haletos (primários, secundários, terciários) de alquila podem ser reduzidos pelo LiAlH$_4$. O LiAlD$_4$ pode ser empregado na substituição do átomo de halogênio por um átomo de deutério.

566 CAPÍTULO 12

PROBLEMA DE REVISÃO 12.1 — Qual o agente redutor, LiAlH$_4$ ou NaBH$_4$, que você usaria para realizar as transformações vistas a seguir?

(a) 4-metilciclohexanocarboxílico → 4-metilciclohexanometanol

(b) 4-acetilciclohexanocarboxílico → 4-(1-hidroxietil)ciclohexanometanol

(c) 4-formilciclohexanocarboxilato de metila → 4-(hidroximetil)ciclohexanocarboxilato de metila

(d) 1-bromo-4-metilciclohexano → metilciclohexano

(e) 4-bromociclohexanocarboxílico → ciclohexanometanol

A Química Quiral de . . . Reduções Estereosseletivas de Grupos Carbonila

Enantiosseletividade

A possibilidade de redução **estereosseletiva** de um grupo carbonila é uma consideração importante em muitas sínteses. Dependendo da estrutura em torno do grupo carbonila que está sendo reduzido, o carbono tetraédrico que é formado pela transferência de um hidreto poderia ser um novo centro quiral. Os reagentes aquirais, tais como o NaBH$_4$ e o LiAlH$_4$, reagem com velocidades iguais em quaisquer das faces de um substrato triangular plano aquiral, levando a uma forma racêmica do produto. Mas as enzimas, por exemplo, são quirais, e as reações envolvendo um reagente quiral, normalmente, levam à predominância de uma forma enantiomérica de um produto quiral. Diz-se que tal reação é **enantiosseletiva**. Portanto, quando as enzimas como a álcool desidrogenase reduzem grupos carbonila utilizando a coenzima NADH (veja "A Química de... Álcool Desidrogenase" anteriormente apresentada nesta seção), elas discriminam entre as duas faces do substrato carbonílico triangular plano, de tal forma que resulta em uma predominância de uma das duas formas estereoisoméricas possíveis do produto tetraédrico.

Bactérias termofílicas, crescendo em fontes termais como estas no Parque Nacional de Yellowstone, produzem enzimas termoestáveis chamadas de extremozimas que provaram ser úteis para uma variedade de processos químicos.

(continua)

(*continuação*)

(Se o reagente original era quiral, então a formação do novo centro quiral pode resultar na formação preferencial de um *diastereoisômero* do produto e, neste caso, a reação é dita **diastereosseletiva**.)

É conhecida a especificidade de muitas enzimas dependentes de NADH em relação a suas capacidades para executarem reduções enantiosseletivas nos vários substratos. Esse conhecimento permitiu que algumas dessas enzimas se tornassem reagentes estereosseletivos excepcionalmente úteis para síntese. Um dos mais largamente utilizados é o fermento álcool desidrogenase. Outros que se tornaram importantes são as enzimas vindas de bactérias termofílicas (bactérias que crescem em temperaturas elevadas). A utilização de enzimas termoestáveis (chamadas de **extremozimas**) permite que reações sejam completadas mais rapidamente devido ao fator de aumento da velocidade com a elevação da temperatura (acima de 100°C em alguns casos), apesar de maior enantiosseletividade ser atingida em temperaturas mais baixas.

**96% de excesso enantiomérico
(rendimento de 85%)**

Vários reagentes químicos, que são quirais, também foram desenvolvidos para o propósito de redução estereosseletiva de grupos carbonila. Muitos deles são derivados dos agentes redutores de alumínio padrão ou de hidreto de boro, que envolvem um ou mais ligantes orgânicos quirais. O (*S*)-Alpino-Borano e o (*R*)-Alpino-Borano, por exemplo, são reagentes derivados do diborano (B_2H_6) e do (−)-α-pineno ou (+)-α-pineno (hidrocarbonetos naturais enantioméricos), respectivamente. Também foram desenvolvidos reagentes derivados do $LiAlH_4$ e as aminas quirais. O grau de estereosseletividade atingida pela redução enzimática ou redução por um agente redutor quiral depende da estrutura específica do substrato.

(*R*)-Alpino-Borano

Frequentemente, é necessário testar várias condições de reação para se atingir a estereosseletividade ideal.

**97% de excesso enantiomérico
(rendimento de 60–65%)**

Proquiralidade

Um segundo aspecto da estereoquímica das reações com NADH resulta de o NADH ter dois hidrogênios no C4, qualquer um deles poderia, em princípio, ser transferido como um hidreto em um processo de redução. Entretanto, para uma determinada reação enzimática, apenas um hidreto específico do C4 no NADH é transferido. Exatamente qual hidreto é transferido depende da enzima específica envolvida e os designamos através de uma útil extensão da nomenclatura estereoquímica. Os hidrogênios no C4 do NADH são chamados de **proquirais**. Designamos um **pro-*R*** e o outro **pro-*S***, dependendo da configuração ser *R* ou *S*, quando, em nossa imaginação, cada um é substituído por um grupo de prioridade maior do que a do hidrogênio. Se este exercício produz a configuração *R*, o hidrogênio "substituído" é pro-*R*, e se produz a configuração *S*, ele é pro-*S*. Em geral, um **centro proquiral** é aquele para o qual a adição de um grupo a um átomo triangular plano (como na redução de uma cetona) ou a substituição de um dos dois grupos idênticos em um átomo tetraédrico leva a um novo centro quiral.

Anel de nicotinamida do NADH, mostrando os hidrogênios pro-*R* e pro-*S*

12.4 Oxidação de Álcoois

Os álcoois primários podem ser oxidados a aldeídos, e os aldeídos podem ser oxidados a ácidos carboxílicos:

$$\underset{\textbf{Álcool primário}}{R-\underset{H}{\underset{|}{C}}(OH)-H} \xrightarrow{[O]} \underset{\textbf{Aldeído}}{R-C(=O)-H} \xrightarrow{[O]} \underset{\textbf{Ácido carboxílico}}{R-C(=O)-OH}$$

Os álcoois secundários podem ser oxidados a cetonas:

$$\underset{\textbf{Álcool secundário}}{R-\underset{H}{\underset{|}{C}}(OH)-R'} \xrightarrow{[O]} \underset{\textbf{Cetona}}{R-C(=O)-R'}$$

Os álcoois terciários não podem ser oxidados a compostos carbonílicos.

$$\underset{\textbf{Álcool terciário}}{R-\underset{R'}{\underset{|}{C}}(OH)-R''} \xrightarrow[\text{X}]{[O]}$$

Esses exemplos têm um aspecto em comum: quando a **oxidação** ocorre, um átomo de hidrogênio é perdido do carbono do álcool ou do aldeído. Um álcool terciário não tem nenhum hidrogênio no carbono do álcool e, portanto, não pode ser oxidado dessa maneira.

12.4A Um Tema Mecanístico Comum

A oxidação de álcoois primários e secundários, tais como os apresentados anteriormente, seguem um caminho mecanístico comum quando são usados certos reagentes. Esses reagentes, dos quais alguns serão discutidos a seguir, instalam temporariamente um grupo de saída no oxigênio da hidroxila durante a reação. A perda de um hidrogênio do carbono hidroxílico e o afastamento do grupo de saída a partir do oxigênio resultam em uma eliminação que forma a ligação π C=O. A formação da dupla ligação carbonílica ocorre essencialmente de uma maneira análoga à formação de uma ligação dupla de alqueno por uma reação de eliminação. O caminho reacional geral é apresentado aqui.

Oxidação de Álcool por Eliminação

$$\underset{\substack{\textbf{Um álcool primário ou} \\ \textbf{secundário reage com} \\ \textbf{um reagente que instala} \\ \textbf{um grupo de saída (GS)} \\ \textbf{no átomo de oxigênio} \\ \textbf{do álcool.}}}{\overset{H}{\underset{H}{C}}-\overset{..}{\underset{..}{O}}-H \quad GS-A} \xrightarrow{-HA} \underset{\substack{\textbf{Em uma etapa de eliminação,} \\ \textbf{uma base remove um hidrogênio} \\ \textbf{do carbono do álcool, a ligação} \\ \pi \textbf{ C=O se forma e o grupo de} \\ \textbf{saída se afasta, resultando} \\ \textbf{no produto oxidado.}}}{\underset{B:}{\overset{}{C}}-\overset{..}{\underset{H}{O:}}-GS} \longrightarrow C=\overset{..}{\underset{..}{O}} + B-H + GS:$$

Os álcoois primários e secundários têm o átomo de hidrogênio necessário no carbono do álcool. Eles ainda têm o hidrogênio hidroxílico que é perdido quando o grupo de saída é inserido, conforme visto anteriormente.

Você poderia perguntar como um aldeído pode ser oxidado por esse mecanismo, pois um aldeído não contém um grupo hidroxila para participar, conforme mostrado anteriormente. A resposta está no fato de a mistura de reação do aldeído incluir água ou não. Na presença de água, um aldeído pode formar um hidrato de aldeído (por uma **reação de adição** que vamos estudar no Capítulo 16).

Aldeído ⇌ **Hidrato de aldeído** →[O]→ **Ácido carboxílico**

O carbono de um hidrato de aldeído tem tanto um grupo hidroxila quanto o átomo de hidrogênio necessário para a eliminação; dessa maneira, quando há presença de água, um aldeído pode ser oxidado pelo mecanismo que apresentamos anteriormente. Embora o hidrato de aldeído possa estar presente em baixa concentração de equilíbrio, as moléculas na forma hidratada podem ser oxidadas, levando a reação finalmente no sentido da oxidação de todas as moléculas do aldeído ao ácido carboxílico correspondente via o princípio de Le Chatelier.

Os aldeídos não podem ser oxidados pelo mecanismo geral anterior, quando a água está ausente. Esse fato mostra ser útil quando da escolha das condições que levam especificamente a um aldeído ou a um ácido carboxílico a partir de um álcool primário.

Agora, consideremos alguns métodos de oxidação específicos que versam sobre o mecanismo geral apresentado anteriormente: a oxidação de Swern, e oxidações que envolvem ésteres de cromato.

12.4B Oxidação de Swern

A oxidação de Swern é amplamente utilizada para a síntese de aldeídos e cetonas a partir de álcoois primários e secundários, respectivamente. A reação é realizada na ausência de água, portanto, os álcoois primários formam aldeídos e não ácidos carboxílicos. Os álcoois secundários são oxidados a cetonas.

PhCH₂OH —(1) DMSO, (COCl)₂, baixa temp.; (2) Et₃N→ PhCHO **Oxidação de Swern de um álcool primário a um aldeído**

ciclo-hexanol —(1) DMSO, (COCl)₂, baixa temp.; (2) Et₃N→ ciclo-hexanona **Oxidação de Swern de um álcool secundário a uma cetona**

Um Mecanismo para a Reação

Oxidação de Swern

Etapa 1

H₃C−S(=O)−CH₃ + Cl−C(=O)−C(=O)−Cl ⟶ [H₃C−S⁺(Cl)−CH₃] Cl⁻ + CO₂ + CO

Dimetilsulfóxido (DMSO) + **Cloreto de oxalila (COCl)₂** ⟶ **Sal de clorodimetilsulfônio**

O DMSO e o cloreto de oxalila reagem formando um sal de clorodimetilsulfônio.

(continua)

570 CAPÍTULO 12

(*continuação*)

Etapa 2

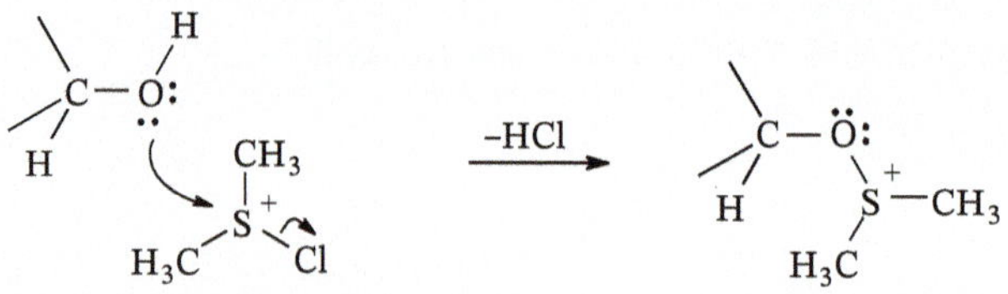

O álcool primário ou secundário reage com o sal de sulfônio, inserindo um grupo de saída no átomo de oxigênio do álcool, juntamente com a perda do próton da hidroxila.

O oxigênio agora contém um grupo de saída que pode ser perdido em uma reação de eliminação.

Etapa 3

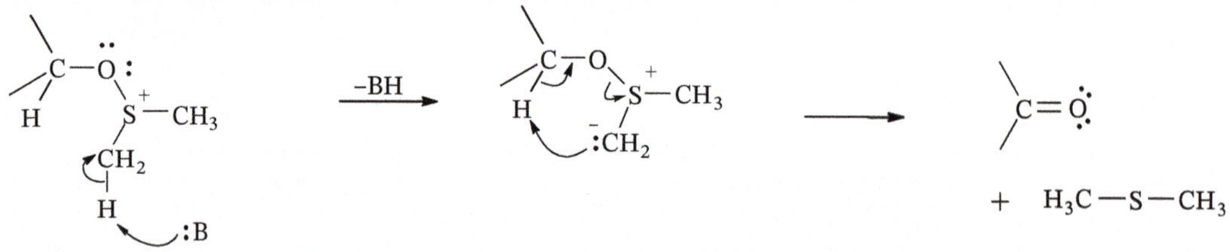

Uma base (geralmente, a trietilamina ou a di-isopropilamina) remove um hidrogênio de um grupo metila adjacente ao enxofre com carga positiva.

O grupo metila aniônico remove um próton do carbono do álcool, formando ligação π C=O. O dimetilsulfeto afasta-se como um grupo de saída, resultando no produto oxidado.

A reação é realizada em operações sequenciais. Em primeiro lugar, o cloreto de oxalila (ClCOCOCl) é adicionado ao dimetilsulfóxido (DMSO), geralmente a baixa temperatura, de modo a gerar um sal de clorodimetilsulfônio (além de CO_2, CO e HCl como subprodutos). Em seguida, o substrato álcool é adicionado ao sal de clorodimetilsulfônio, durante o tempo em que um grupo dimetilsulfônio é inserido na forma de um grupo de saída no oxigênio da hidroxila. Em terceiro lugar, é adicionada uma amina como uma base para promover a reação de eliminação.

PROBLEMA DE REVISÃO 12.2 Que produto de oxidação resultaria de cada uma das seguintes reações?

(a) 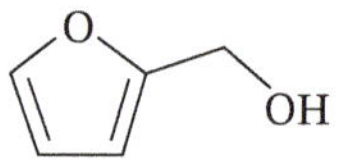 furfuril álcool $\xrightarrow[\text{(2) Et}_3\text{N}]{\text{(1) DMSO, (COCl)}_2\text{, baixa temp.}}$

(b) fenil propil éter $\xrightarrow[\text{(2) Et}_3\text{N}]{\text{(1) DMSO, (COCl)}_2\text{, baixa temp.}}$

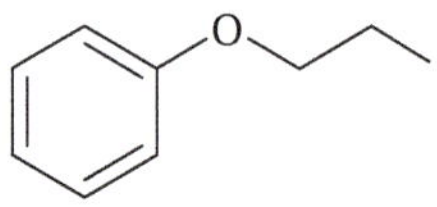

(c) 1,4-ciclo-hexanodiol $\xrightarrow[\text{(2) Et}_3\text{N (excesso)}]{\text{(1) DMSO (2 equiv.), (COCl)}_2\text{ (2 equiv.), baixa temp.}}$

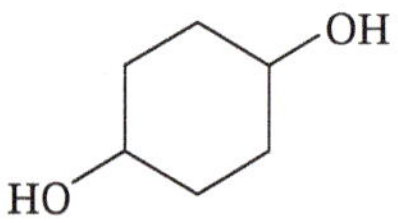

12.4C Oxidação com o Ácido Crômico (H$_2$CrO$_4$)

A oxidação envolvendo reagentes de cromo (VI), tal como o H$_2$CrO$_4$, são simples de realizar e têm sido amplamente utilizadas. Essas reações envolvem a formação de ésteres de cromato, e incluem uma etapa de eliminação semelhante aos mecanismos gerais mostrados na Seção 12.4A. No entanto, o cromo (VI) é um agente cancerígeno e um risco ambiental. Por essa razão, métodos como a oxidação de Swern e outros têm crescido em importância.

O **reagente de Jones** é uma das fontes bem conhecidas de H$_2$CrO$_4$ como a espécie oxidante do cromo (VI). Ele pode ser preparado pela adição do CrO$_3$ ou do Na$_2$CrO$_4$ ao ácido sulfúrico aquoso. O reagente de Jones é normalmente utilizado por adição a soluções de um álcool ou aldeído em acetona ou ácido acético (solventes que não podem ser oxidados). Os álcoois primários são oxidados a ácidos carboxílicos, via o hidrato de aldeído mencionado anteriormente. Os álcoois secundários são oxidados a cetonas. O que segue é um exemplo de uma oxidação empregando o reagente de Jones.

Ciclo-octanol → Ciclo-octanona (92–96%)
(H$_2$CrO$_4$, acetona, 35 °C)

Conforme mencionamos anteriormente, o mecanismo de oxidação do cromato primeiramente envolve a formação de um éster de cromato com o álcool. Em seguida, uma molécula de H$_2$CrO$_3$ serve de grupo de saída durante a etapa de eliminação gerando a ligação C=O do composto carbonílico.

As soluções de ácido crômico são de cor vermelha-alaranjada, e a mistura de produtos, contendo o Cr(III) é azul-esverdeada. Assim, reagentes como o reagente de Jones podem

---

Um Mecanismo para a Reação

Oxidação por Ácido Crômico

Formação de Éster de Cromato

Etapa 1

O álcool primário ou secundário reage com o ácido crômico formando um éster de cromato com perda de água, inserindo um grupo de saída no oxigênio do álcool.

O oxigênio agora contém um grupo de saída que pode ser perdido em uma reação de eliminação.

Oxidação por Eliminação do H$_2$CrO$_3$

Etapa 2

Uma molécula de água remove um próton do carbono do álcool, formando a ligação π C=O. O átomo de cromo é reduzido assim que o H$_2$CrO$_3$ se afasta, resultando no produto oxidado.

servir como um teste de grupo funcional baseado na cor. Os álcoois primários ou secundários e os aldeídos são oxidados rapidamente pelo reagente de Jones, transformando a solução em um azul-esverdeado opaco em poucos segundos. Se nenhum desses grupos está presente, a solução continua vermelha-alaranjada até que reações secundárias finalmente mudem a cor. Essa mudança de cor é a base para o **teste de álcool com bafômetro** original.

$$H_2CrO_4 \xrightarrow{\text{Adicione álcool primário ou secundário ou aldeído}} H_2CrO_3 + \text{Produtos de oxidação}$$

Solução vermelha-alaranjada clara → Solução azul-esverdeada opaca

12.4D Clorocromato de Piridínio (PCC)

Clorocromato de piridínio (PCC)

O clorocromato de piridínio (sigla em inglês, PCC) é um sal de Cr(VI) formado entre a piridina (C_6H_5N), o HCl e o CrO_3. O PCC é solúvel em diclorometano; sendo assim, pode ser utilizado em condições que excluem a água, permitindo a oxidação de álcoois primários a aldeídos, porque o hidrato de aldeído não está presente em condições anidras. Por outro lado, o reagente de Jones oxida os álcoois primários a ácidos carboxílicos porque se trata de um reagente aquoso. O que segue são alguns exemplos gerais de oxidações por PCC.

2-Etil-2-metil-1-butanol → 2-Etil-2-metilbutanal

Oxidação por PCC de um álcool primário a um aldeído

Oxidação por PCC de um álcool secundário a uma cetona

12.4E Permanganato de Potássio (KMnO₄)

Os álcoois primários e os aldeídos podem ser oxidados pelo permanganato de potássio ($KMnO_4$) formando os ácidos carboxílicos correspondentes. Os álcoois secundários podem ser oxidados a cetonas. Essas reações não ocorrem segundo o tipo de mecanismo descrito (e não vamos discutir o mecanismo neste ponto). A reação geralmente é realizada em solução aquosa básica, da qual o MnO_2 se precipita à medida que a oxidação tem lugar. Depois de a oxidação ser concluída, a filtração permite a remoção do MnO_2 e a acidificação do filtrado dá o ácido carboxílico.

$$R\text{—}CH_2OH \xrightarrow[H_2O, \Delta]{KMnO_4, HO^-} R\text{—}COO^-K^+ \xrightarrow{H_3O^+} R\text{—}COOH + MnO_2$$

PROBLEMA RESOLVIDO 12.1

Quais os reagentes que você usaria para realizar as transformações vistas a seguir?

Estratégia e Resposta

(a) Para oxidar um álcool primário a ácido carboxílico, use (1) permanganato de potássio em base aquosa, seguido por (2) H_3O^+, ou use ácido crômico (H_2CrO_4).
(b) Para reduzir um ácido carboxílico a álcool primário, use $LiAlH_4$.
(c) Para oxidar o álcool primário a aldeído, use oxidação de Swern ou clorocromato de piridínio (PCC).
(d) Para reduzir aldeído a álcool primário, use o $NaBH_4$ (preferencialmente) ou o $LiAlH_4$.

Mostre que cada uma das seguintes transformações poderia ser feita:

PROBLEMA DE REVISÃO 12.3

(a) ciclopentilmetanol → ciclopentanocarbaldeído

(b) ciclopentilmetanol → ácido ciclopentanocarboxílico

(c) ciclopentanol → ciclopentanona

(d) ciclopenteno → pentanodial (OHC–CH₂–CH₂–CH₂–CHO)

(e) bromociclopentano → ciclopentano

12.4F Evidência Espectroscópica para os Álcoois

- Álcoois dão origem a uma absorção larga devido ao estiramento do O—H entre 3200–3600 cm⁻¹ no espectro de infravermelho.
- O hidrogênio da hidroxila do álcool geralmente produz um sinal largo na RMN de ¹H, de deslocamento químico variável, que pode ser eliminado pela troca com o deutério do D₂O (veja a Seção 9.7).
- Os átomos de hidrogênio no carbono de um álcool primário ou secundário produzem um sinal no espectro de RMN de ¹H entre 3,3 e 4,0 ppm (veja a Tabela 9.1 e a Fig. 9.2), que tem integração de 2 e 1 hidrogênios, respectivamente.
- O espectro de RMN de ¹³C de um álcool mostra um sinal entre 50 e 90 ppm para o carbono do álcool (veja a Tabela 9.2 e a Fig. 9.18).

12.5 Compostos Organometálicos

- Os compostos que contêm ligações carbono–metal são chamados de **compostos organometálicos**.

A natureza da ligação carbono–metal varia enormemente, desde ligações que são essencialmente iônicas até aquelas que são essencialmente covalentes. Considerando que a estrutura da parte orgânica dos compostos organometálicos tem algum efeito sobre a natureza da ligação carbono–metal, a natureza do metal em si é de importância muito maior. Ligações carbono–sódio e carbono–potássio têm caráter essencialmente iônico; ligações carbono–chumbo, carbono–estanho, carbono–tálio e carbono–mercúrio são essencialmente covalentes. Ligações carbono–lítio e carbono–magnésio ficam entre esses extremos.

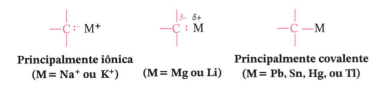

Principalmente iônica (M = Na⁺ ou K⁺)   (M = Mg ou Li)   Principalmente covalente (M = Pb, Sn, Hg, ou Tl)

A reatividade dos compostos organometálicos aumenta com a percentagem de caráter iônico da ligação carbono–metal. Compostos alquil-sódio e alquil-potássio são altamente reativos e estão entre as bases mais poderosas. Eles reagem explosivamente com água e inflamam quando expostos ao ar. Os compostos organo-mercúrio e organo-chumbo são muito menos reativos; eles normalmente são voláteis e são estáveis ao ar. Todos eles são venenosos. Geralmente eles são solúveis em solventes apolares. O tetraetilchumbo, por exemplo, era utilizado como um composto "antidetonante" na gasolina, mas, devido à poluição do

DICA ÚTIL

Vários reagentes organometálicos são muito úteis para reações de formação de ligação carbono–carbono (veja as Seções 12.7 e 12.8 e o Capítulo 21).

ambiente por chumbo, para a qual ele contribuiu, vem sendo substituído por outros agentes antidetonantes. O *terc*-butil metil éter é outro aditivo antidetonante, embora também existam preocupações quanto à sua presença no meio ambiente.

Os compostos organometálicos de lítio e magnésio são de grande importância na síntese orgânica. São relativamente estáveis em soluções de éter, mas as suas ligações carbono–metal têm caráter iônico considerável. Devido a essa natureza iônica, o átomo de carbono que está ligado ao átomo de metal de um composto organo-lítio ou organo-magnésio é uma base forte e um poderoso nucleófilo. Em breve, veremos as reações que ilustram essas duas propriedades.

12.6 Preparação de Compostos Organo-Lítio e Organo-Magnésio

12.6A Compostos Organo-Lítio

Compostos organo-lítio são frequentemente preparados por redução de haletos orgânicos com lítio metálico. Essas reduções são normalmente realizadas tendo éteres como solventes e, uma vez que os compostos organo-lítio são bases fortes, cuidados têm de ser tomados para excluir a umidade. (Por quê?) Os éteres mais comumente utilizados como solventes são o dietil éter e o tetraidrofurano.

Dietil éter
(Et$_2$O)

Tetraidrofurano
(THF)

- Compostos organo-lítio são preparados de acordo com o seguinte modo geral:

$$\text{R—X} + 2\,\text{Li} \xrightarrow{\text{Et}_2\text{O}} \text{RLi} + \text{LiX}$$
(ou Ar—X) (ou ArLi)

A ordem de reatividade dos haletos é RI > RBr > RCl. (Observe que fluoretos de alquila e arila são raramente usados na preparação de compostos organo-lítio.)

Por exemplo, o brometo butílico reage com lítio metálico em éter etílico dando uma solução de butil-lítio:

$$\text{Brometo butílico} + 2\,\text{Li} \xrightarrow[-10\,°\text{C}]{\text{Et}_2\text{O}} \text{Butil-lítio (80–90\%)} + \text{LiBr}$$

Vários reagentes alquil- e aril-lítio estão disponíveis comercialmente em hexano e em outros hidrocarbonetos como solventes.

12.6B Reagentes de Grignard

Os haletos de organo-magnésio foram descobertos pelo químico francês Victor Grignard em 1900. Grignard recebeu o Prêmio Nobel por sua descoberta em 1912 e os haletos de organo-magnésio agora são chamados de **reagentes de Grignard** em sua homenagem. Os reagentes de Grignard são extensivamente usados em síntese orgânica.

- Reagentes de Grignard são preparados pela reação de um haleto orgânico com magnésio metálico em um éter anidro como solvente:

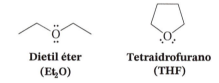

$$\left. \begin{array}{l} \text{RX} + \text{Mg} \xrightarrow{\text{Et}_2\text{O}} \text{RMgX} \\ \text{ArX} + \text{Mg} \xrightarrow{\text{Et}_2\text{O}} \text{ArMgX} \end{array} \right\} \text{Reagentes de Grignard}$$

A ordem de reatividade dos haletos com magnésio também é RI > RBr > RCl. Muito poucos fluoretos de organo-magnésio foram preparados. Os reagentes de Grignard envolvendo arila são preparados mais facilmente a partir de brometos de arila e de iodetos de arila do que cloretos de arila, que reagem muito lentamente. Depois de preparado, o reagente de Grignard, geralmente, é usado diretamente em uma reação subsequente, embora alguns possam ser estocados.

As estruturas reais dos reagentes de Grignard são mais complexas do que a fórmula geral RMgX indica. Experimentos têm demonstrado que, para a maioria dos reagentes de Grignard, há um equilíbrio entre um haleto de alquil-magnésio e dialquil-magnésio.

$$2\ \text{RMgX} \rightleftharpoons \text{R}_2\text{Mg} + \text{MgX}_2$$

Haleto de alquil-magnésio **Dialquil-magnésio**

Por conveniência, no entanto, escreveremos neste livro a fórmula do reagente de Grignard simplesmente como RMgX.

Um reagente de Grignard forma um complexo com éter; a estrutura do complexo pode ser representada da seguinte maneira:

$$\begin{array}{c} R\diagdown \ddot{O}\diagup R \\ \vdots \\ R-Mg-X \\ \vdots \\ R\diagup \ddot{O} \diagdown R \end{array}$$

A formação do complexo com as moléculas do éter é um fator importante na formação e estabilidade dos reagentes de Grignard.

O mecanismo pelo qual os reagentes de Grignard se formam é complicado e tem sido um assunto de discussão. Parece haver uma concordância geral de que radicais estão envolvidos e que é provável que seja semelhante ao seguinte mecanismo:

$$R-X + :Mg \longrightarrow R\cdot + \cdot MgX$$
$$R\cdot + \cdot MgX \longrightarrow RMgX$$

12.7 Reações de Compostos de Organo-Lítio e Organo-Magnésio

12.7A Reações com Compostos Contendo Átomos de Hidrogênio Ácido

Vamos explorar a reatividade desses reagentes.

- Reagentes de Grignard e compostos organo-lítio são bases muito fortes. Eles reagem com qualquer composto que apresente um átomo de hidrogênio ligado a um átomo eletronegativo como o oxigênio, nitrogênio ou enxofre.

Podemos entender como essas reações ocorrem quando representamos o reagente de Grignard e compostos organo-lítio da seguinte maneira:

$$\overset{\delta-}{R}\!:\!\overset{\delta+}{MgX} \quad \text{e} \quad \overset{\delta-}{R}\!:\!\overset{\delta+}{Li}$$

Quando fazemos isso, podemos ver que as reações dos reagentes de Grignard com água e álcoois são nada mais do que reações ácido–base; elas levam à formação do ácido conjugado mais fraco e da base conjugada mais fraca.

- Um reagente de Grignard se comporta como se fosse *um carbânion*:

$$\overset{\delta-}{R}-\overset{\delta+}{MgX} + \overset{\delta+}{H}-\overset{\delta-}{\ddot{O}}-H \longrightarrow R-H + H\ddot{O}:^- + Mg^{2+} + X^-$$

| Base mais forte | Ácido mais forte (pK_a 15,7) | Ácido mais fraco (pK_a 40–50) | Base mais fraca |

$$\overset{\delta-}{R}-\overset{\delta+}{MgX} + \overset{\delta+}{H}-\overset{\delta-}{\ddot{O}}-R \longrightarrow R-H + R\ddot{O}:^- + Mg^{2+} + X^-$$

| Base mais forte | Ácido mais forte (pK_a 15–18) | Ácido mais fraco (pK_a 40–50) | Base mais fraca |

PROBLEMA RESOLVIDO 12.2

Escreva uma equação para a reação quando fenil-lítio é tratado com água. Indique o ácido mais forte e base mais forte.

Estratégia e Resposta

Reconhecendo que o fenil-lítio, como um reagente de Grignard, age como se contivesse um carbânion, uma base muito forte (pK_a = 40–50), concluímos que a seguinte reação ácido–base iria ocorrer.

$$\overset{\delta-}{Ar}-\overset{\delta+}{Li} + H:\ddot{O}H \longrightarrow Ar-H + H\ddot{O}:^- + Li^+$$

Base mais forte   Ácido mais forte   Ácido mais fraco   Base mais fraca

PROBLEMA DE REVISÃO 12.4

Preveja os produtos das seguintes reações ácido–base. Usando os valores de pK_a, indique que lado de cada reação em equilíbrio é favorecido e assinale as espécies que representam o ácido mais forte e a base mais forte em cada caso.

(a) 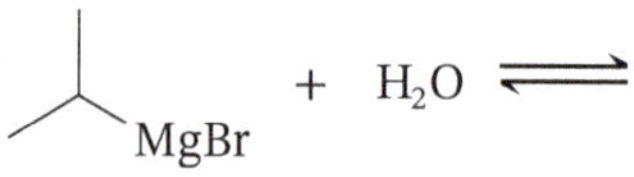 iPr–MgBr + H$_2$O ⇌

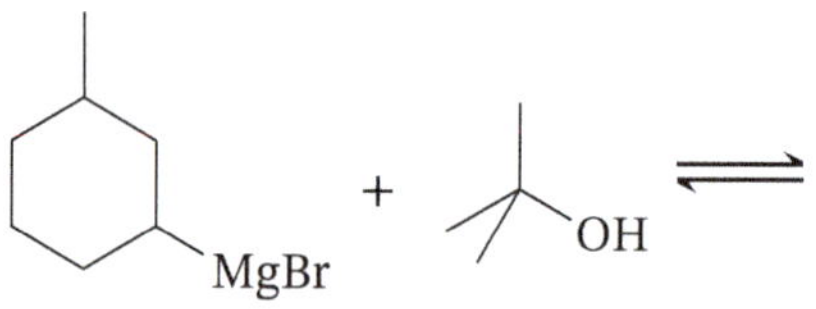

(b) 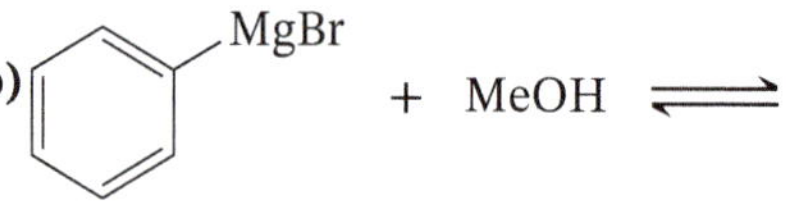 Ph–MgBr + MeOH ⇌

(c) (3-metilciclo-hexil)–MgBr + t-BuOH ⇌

(d) 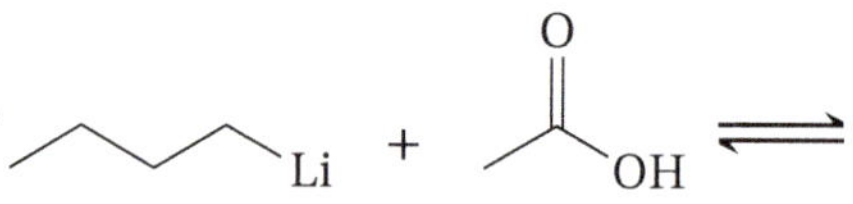 n-Bu–Li + CH$_3$COOH ⇌

PROBLEMA DE REVISÃO 12.5

Indique os reagentes necessários para realizar as transformações vistas a seguir.

(a) 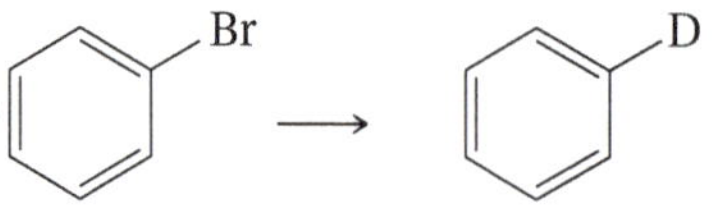 PhBr ⟶ PhD (D = deutério)

(b) 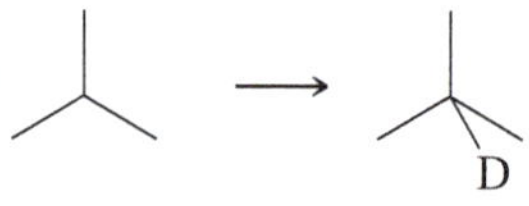 isobutano ⟶ (CH$_3$)$_3$C–D

Reagentes de Grignard e compostos organo-lítio removem prótons que são muito menos ácidos do que aqueles da água e álcoois.

- Reagentes de Grignard reagem com os átomos de hidrogênio terminais dos 1-alquinos por uma reação ácido–base, e esse é um método útil para a preparação de haletos de alquinil-magnésio e alquinil-lítio.

Álcoois a Partir de Compostos Carbonílicos **577**

$$R'-\!\!\!\equiv\!\!\!-H + \overset{\delta-}{R}-\overset{\delta+}{MgX} \longrightarrow R'-\!\!\!\equiv\!\!\!:^- \overset{+}{MgX} + R-H$$

Alquino terminal (ácido mais forte, $pK_a \sim 25$) + **Reagente de Grignard** (base mais forte) → **Haleto de alquinil-magnésio** (base mais fraca) + **Alcano** (ácido mais fraco, pK_a 40–50)

$$R'-\!\!\!\equiv\!\!\!-H + \overset{\delta-}{R}-\overset{\delta+}{Li} \longrightarrow R'-\!\!\!\equiv\!\!\!:^- \overset{+}{Li} + R-H$$

Alquino terminal (ácido mais forte) + **Alquil-lítio** (base mais forte) → **Alquinil-lítio** (base mais fraca) + **Alcano** (ácido mais fraco)

O fato de essas reações se completarem não é surpreendente quando lembramos que alcanos têm valores de pK_a de 40–50, enquanto o pK_a de alquinos terminais é ~25 (Tabela 3.1).

Não apenas os reagentes de Grignard são bases fortes, eles também são *poderosos nucleófilos*.

- Reações em que os reagentes de Grignard atuam como nucleófilos são, de longe, as mais importantes e iremos analisá-las a seguir.

12.7B Reações do Reagente de Grignard com Epóxidos (Oxiranos)

- Reagentes de Grignard reagem como nucleófilos com epóxidos (oxiranos), proporcionando uma conveniente síntese de álcoois.

O grupo nucleofílico alquila do reagente de Grignard ataca o carbono parcialmente positivo do anel epóxido. Como ele é altamente tensionado, o anel se abre e a reação leva ao sal alcóxido do álcool. Após acidificação ocorre a formação do álcool. (Compare essa reação com a abertura de anel catalisada por base que estudamos na Seção 11.15.) Seguem exemplos com oxirano.

$$\overset{\delta-}{R}-\overset{\delta+}{MgX} + \underset{\text{Oxirano}}{\triangle\!\!\!O} \longrightarrow R\!\!\sim\!\!\ddot{O}:^- \overset{+}{MgX} \xrightarrow{H_3O^+} R\!\!\sim\!\!OH$$

Um álcool primário

$$\text{PhMgBr} + \underset{\text{Et}_2\text{O}}{\triangle\!\!\!O} \longrightarrow \text{Ph}\!\!\sim\!\!\text{OMgBr} \xrightarrow{H_3O^+} \text{Ph}\!\!\sim\!\!\text{OH}$$

- Reagentes de Grignard reagem, principalmente, no átomo de carbono menos substituído do anel de um epóxido substituído.

$$\text{PhMgBr} + \underset{\text{Et}_2\text{O}}{\triangle\!\!\!O\text{-CH}_3} \longrightarrow \text{Ph-CH}_2\text{-CH(OMgBr)CH}_3 \xrightarrow{H_3O^+} \text{Ph-CH}_2\text{-CH(OH)CH}_3$$

12.7C Reações do Reagente de Grignard com Compostos Carbonílicos

- As reações sintéticas mais importantes com reagentes de Grignard e compostos organo-lítio são aquelas em que eles reagem como nucleófilos e atacam um carbono insaturado – *especialmente o carbono de um grupo carbonila*.

Vimos na Seção 12.1A que compostos carbonílicos são altamente suscetíveis ao ataque nucleofílico. Os reagentes de Grignard reagem com compostos carbonílicos (aldeídos e cetonas) da forma vista a seguir:

Um Mecanismo para a Reação

Reação de Grignard

Reação

$$R\text{—}MgX + \underset{}{\overset{O}{\underset{}{\|}}} \xrightarrow[\text{(2) } H_3O^+ \, X^-]{\text{(1) éter*}} \underset{R}{\overset{OH}{|}} + MgX_2$$

Mecanismo

Etapa 1

$\overset{\delta-}{R}\text{—}\overset{\delta+}{MgX} + \overset{\delta-}{\underset{\delta+}{C=O}} \longrightarrow \underset{R}{\overset{:\ddot{O}:^- \ MgX^+}{|}}$

Reagente de Grignard   Composto carbonílico   Alcóxido de halomagnésio

O reagente de Grignard, fortemente nucleofílico, usa seu par de elétrons para formar uma ligação com o átomo de carbono. Um par de elétrons do grupo carbonila se desloca para o oxigênio. Essa reação é uma adição nucleofílica ao grupo carbonila e resulta na formação de um íon alcóxido associado ao Mg^{2+} e X^-.

Etapa 2

$:\ddot{O}:^- MgX^+ + H\text{—}\overset{+}{O}\text{—}H + X^- \longrightarrow :\ddot{O}\text{—}H + H\text{—}\ddot{O}\text{—}H + MgX_2$

Alcóxido de halomagnésio   Álcool

Na segunda etapa, a adição de HX aquoso faz a protonação do íon alcóxido, levando à formação de álcool e de MgX_2.

*Ao escrever "(1) éter" sobre a seta e "(2) $H_3O^+ \, X^-$" sob a seta, queremos dizer que, na primeira etapa do laboratório, o reagente de Grignard e o composto carbonílico reagem em um solvente etéreo. Em seguida, em uma segunda etapa, após a reação entre o reagente de Grignard e o composto carbonílico terminar, adicionamos ácido aquoso (por exemplo, HX diluído) para converter o sal do álcool (ROMgX) no próprio álcool.

12.8 Álcoois a Partir de Reagentes de Grignard

Adições de Grignard a compostos carbonílicos são especialmente úteis porque podem ser usadas para preparar álcoois primários, secundários ou terciários:

1. **Reagentes de Grignard Reagem com Formaldeído Dando um Álcool Primário**

$\overset{\delta-}{R}\text{—}\overset{\delta+}{MgX} + \underset{\underset{H}{|}}{\overset{:\ddot{O}:}{\underset{}{\|}}}\text{—}H \longrightarrow \underset{\underset{H}{|}}{\overset{:\ddot{O}:^- MgX^+}{\underset{H}{|}}} \xrightarrow{H_3O^+} \underset{\underset{H}{|}}{\overset{:\ddot{O}H}{\underset{H}{|}}}$

Formaldeído   Álcool primário

2. Reagentes de Grignard Reagem com Todos os Outros Aldeídos Dando Álcoois Secundários

$$R^{\delta-}-MgX^{\delta+} + \underset{\text{Aldeído superior}}{R'-\overset{\overset{\ddot{O}:}{\|}}{C}-H} \longrightarrow \underset{}{R-\underset{\underset{R'}{|}}{\overset{\overset{:\ddot{O}:^- MgX^+}{|}}{C}}-H} \xrightarrow{H_3O^+} \underset{\text{Álcool secundário}}{R-\underset{\underset{R'}{|}}{\overset{\overset{:\ddot{O}H}{|}}{C}}-H}$$

3. Reagentes de Grignard Reagem com Cetonas Formando Álcoois Terciários

$$R^{\delta-}-MgX^{\delta+} + \underset{\text{Cetona}}{R'-\overset{\overset{\ddot{O}:}{\|}}{C}-R''} \longrightarrow R-\underset{\underset{R''}{|}}{\overset{\overset{:\ddot{O}:^- MgX^+}{|}}{C}}-R' \xrightarrow{H_3O^+} \underset{\text{Alcool terciário}}{R-\underset{\underset{R''}{|}}{\overset{\overset{:\ddot{O}H}{|}}{C}}-R'}$$

4. Ésteres Reagem com Dois Equivalentes Molares de um Reagente de Grignard Formando Álcoois Terciários

Quando um reagente de Grignard se adiciona ao grupo carbonila de um éster, o produto inicial é instável e perde um alcóxido de magnésio para formar uma cetona. As cetonas, no entanto, são mais reativas para reagentes de Grignard do que os ésteres. Portanto, assim que a molécula da cetona é formada na mistura, ela reage com uma segunda molécula do reagente de Grignard. Após a hidrólise, **o produto é um álcool terciário com dois grupos alquila idênticos**, os grupos que correspondem à parte alquila do reagente de Grignard:

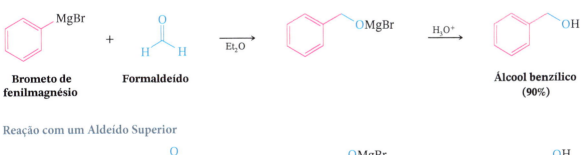

Exemplos específicos dessas reações são mostrados a seguir:

Reação com o Formaldeído

Brometo de fenilmagnésio + **Formaldeído** $\xrightarrow{Et_2O}$ → $\xrightarrow{H_3O^+}$ **Álcool benzílico (90%)**

Reação com um Aldeído Superior

Brometo de etilmagnésio + **Acetaldeído** $\xrightarrow{Et_2O}$ → $\xrightarrow{H_3O^+}$ **2-Butanol (80%)**

Reação com uma Cetona

Bromoisopropilmagnésio: **Brometo de butilmagnésio** + **Acetona** $\xrightarrow{Et_2O}$ (intermediário OMgBr) $\xrightarrow{H_3O^+}$ **2-Metil-2-hexanol** (92%)

Reação com um Éster

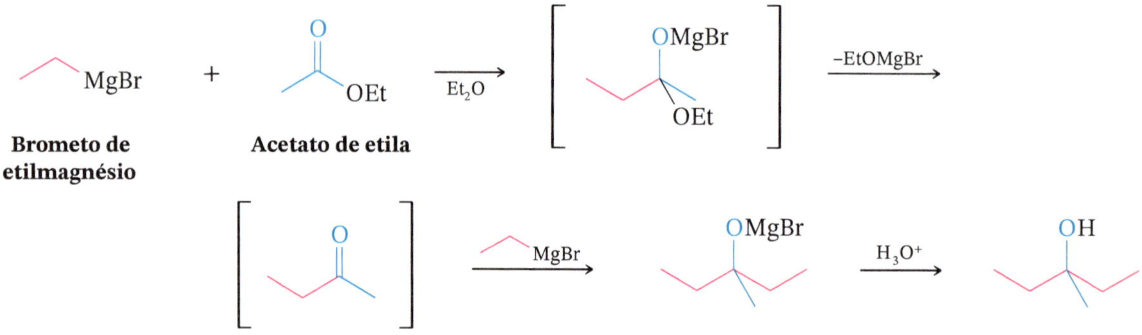

Brometo de etilmagnésio + **Acetato de etila** $\xrightarrow{Et_2O}$ [intermediário OMgBr, OEt] $\xrightarrow{-EtOMgBr}$ [cetona intermediária] $\xrightarrow{\text{MgBr}}$ (OMgBr) $\xrightarrow{H_3O^+}$ **3-Metil-3-pentanol** (67%)

PROBLEMA RESOLVIDO 12.3

Como você realizaria a síntese vista a seguir?

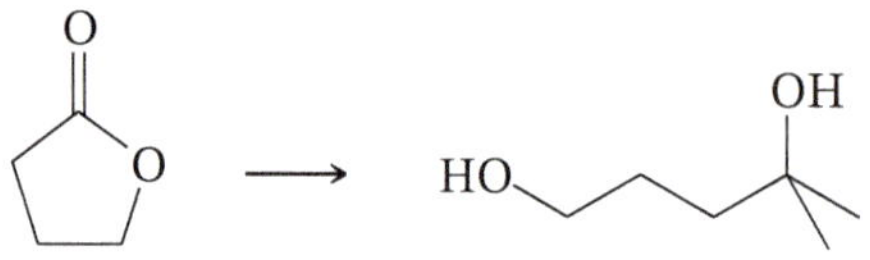

γ-butirolactona ⟶ HO–(CH₂)₃–C(CH₃)₂–OH

Estratégia e Resposta

Neste caso, estamos convertendo um éster (um éster cíclico) em **um álcool terciário com dois grupos alquila idênticos** (grupos metila). Assim, devemos usar dois equivalentes molares do reagente de Grignard, que contém os grupos alquila necessários, neste caso, o iodeto de metil-magnésio.

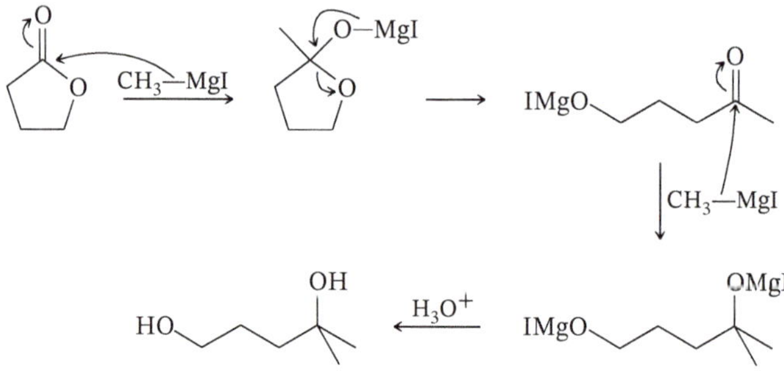

(mecanismo: lactona + CH₃—MgI → intermediário cíclico com O—MgI → cetona aberta IMgO–(CH₂)₃–C(=O)–CH₃ → CH₃—MgI → IMgO–(CH₂)₃–C(CH₃)₂–OMgI $\xrightarrow{H_3O^+}$ HO–(CH₂)₃–C(CH₃)₂–OH)

PROBLEMA DE REVISÃO 12.6

Escreva um mecanismo para a reação vista a seguir, baseado em seu conhecimento da reação de ésteres com reagentes de Grignard.

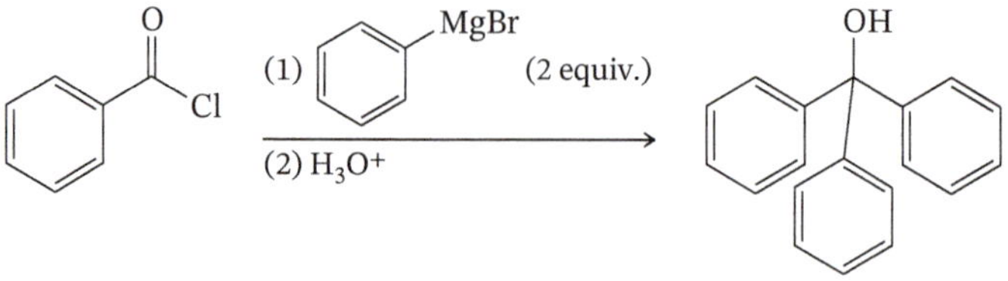

PhC(=O)Cl $\xrightarrow[(2)\ H_3O^+]{(1)\ PhMgBr\ (2\ equiv.)}$ Ph₃C–OH

12.8A Como Planejar uma Síntese Usando uma Reação de Grignard

Podemos sintetizar quase que qualquer álcool que desejarmos utilizando habilmente uma síntese de Grignard. No planejamento de uma síntese de Grignard, devemos simplesmente escolher o reagente de Grignard correto e o aldeído, cetona, éster ou epóxido apropriado. Fazemos isso através da análise do álcool que desejamos preparar e prestamos uma atenção especial aos grupos ligados ao átomo de carbono contendo o grupo —OH. Muitas vezes, pode haver mais do que uma maneira de realizar a síntese. Nesses casos, a nossa escolha final será, provavelmente, ditada pela disponibilidade dos compostos de partida. Vamos considerar um exemplo.

Suponha que queremos preparar o 3-fenil-3-pentanol. Examinamos sua estrutura e vemos que os grupos ligados ao átomo de carbono contendo o —OH são o *grupo fenila* e *dois grupos etila*:

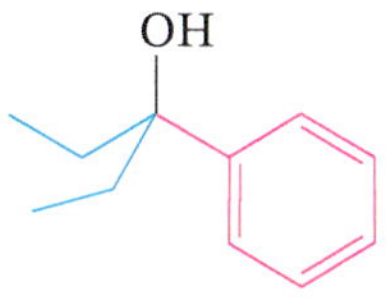

3-Fenil-3-pentanol

Isso significa que podemos sintetizar o composto de diversas maneiras:

1. Podemos usar uma cetona com dois grupos etila (3-pentanona) e deixar que reaja com brometo de fenil-magnésio:

   Análise Retrossintética

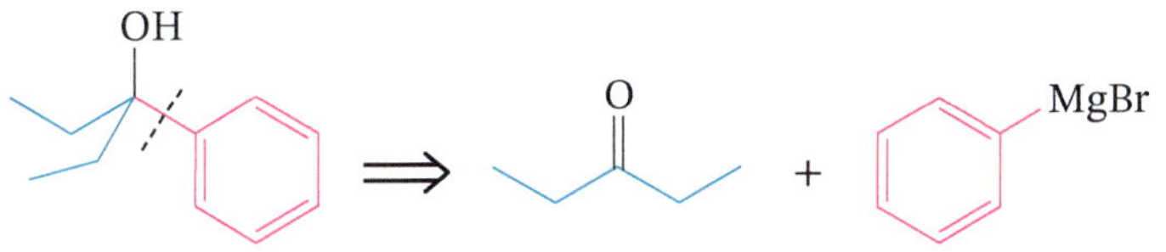

   Síntese

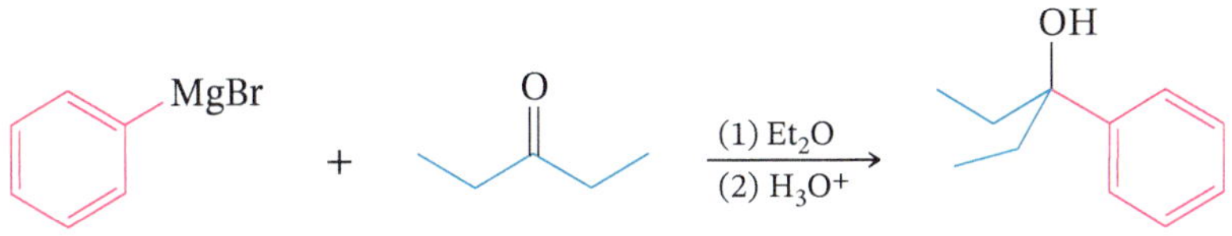

   Brometo de fenil-magnésio + **3-Pentanona** $\xrightarrow{\text{(1) Et}_2\text{O}}_{\text{(2) H}_3\text{O}^+}$ **3-Fenil-3-pentanol**

2. Podemos usar uma cetona contendo um grupo etila e um grupo fenila (etil fenil cetona) e deixar que reaja com o brometo de etil-magnésio:

   Análise Retrossintética

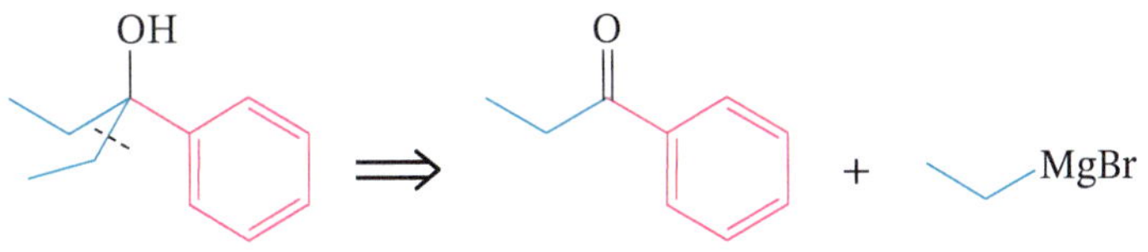

   Síntese

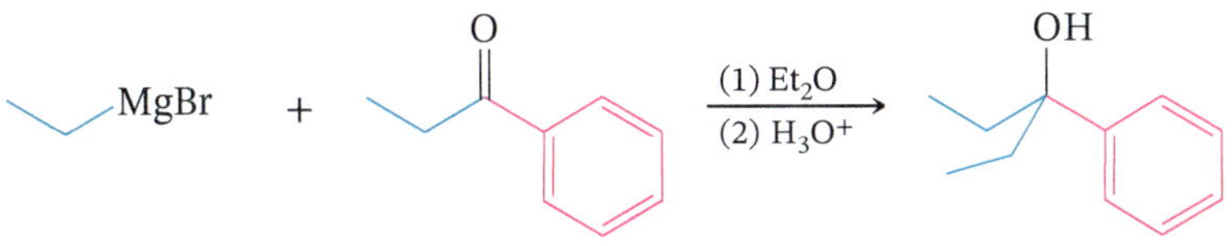

   Brometo de etil-magnésio + **Etil fenil cetona** $\xrightarrow{\text{(1) Et}_2\text{O}}_{\text{(2) H}_3\text{O}^+}$ **3-Fenil-3-pentanol**

3. Podemos usar um éster do ácido benzoico e deixar que reaja com dois equivalentes molares de brometo de etil-magnésio:

Análise Retrossintética

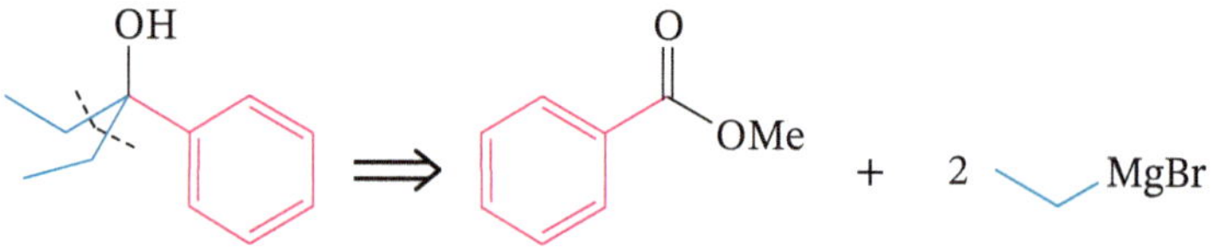

[Estrutura: 3-fenil-3-pentanol ⟹ benzoato de metila + 2 EtMgBr]

Síntese

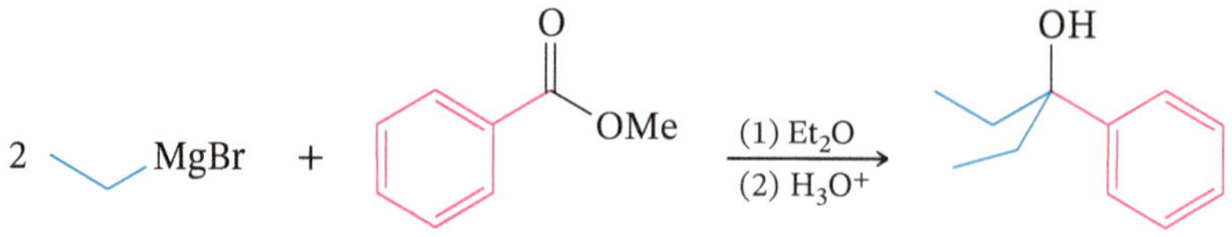

2 EtMgBr + PhCO₂Me →(1) Et₂O (2) H₃O⁺→ 3-fenil-3-pentanol

Brometo de etil-magnésio + **Benzoato de metila** → **3-Fenil-3-pentanol**

Todos esses métodos provavelmente nos darão o nosso composto desejado com alto rendimento.

PROBLEMA RESOLVIDO 12.4

Ilustração de uma Síntese em Várias Etapas

Usando um álcool de não mais de quatro átomos de carbono como seu único material orgânico de partida, proponha uma síntese para **A**:

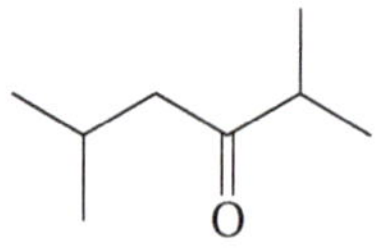

[Estrutura de A: 2,5-dimetil-hexan-3-ona]

A

Resposta

Podemos construir a cadeia de carbono a partir de dois compostos com quatro carbonos usando a reação de Grignard. A seguir, oxidando o álcool iremos produzir a cetona desejada.

Análise Retrossintética

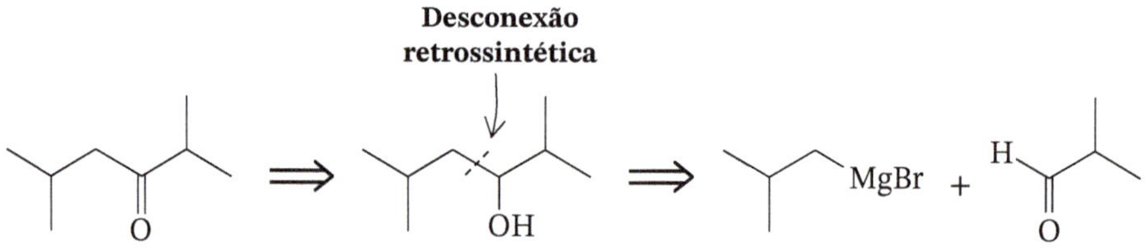

Desconexão retrossintética

A ⟹ [álcool correspondente] ⟹ isobutil-MgBr (B) + isobutiraldeído (C)

Síntese

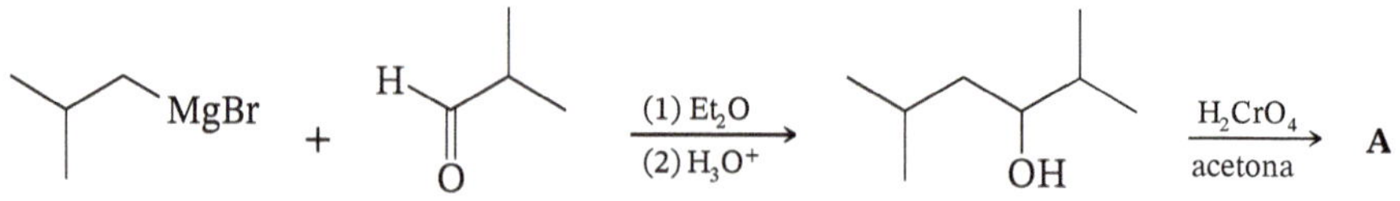

B (isobutil-MgBr) + C (isobutiraldeído) →(1) Et₂O (2) H₃O⁺→ [álcool] →H₂CrO₄/acetona→ A

Podemos usar o álcool isobutílico para sintetizar o reagente de Grignard (**B**) e o aldeído (**C**):

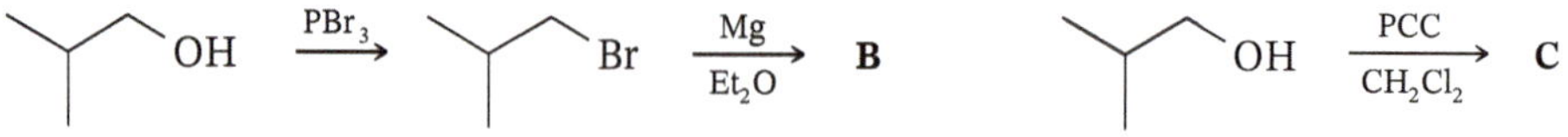

iBuOH →PBr₃→ iBuBr →Mg, Et₂O→ **B**

iBuOH →PCC, CH₂Cl₂→ **C**

Álcoois a Partir de Compostos Carbonílicos **583**

PROBLEMA RESOLVIDO 12.5

Ilustração de uma Síntese em Várias Etapas

Começando com o bromobenzeno e quaisquer outros reagentes necessários, proponha uma síntese do seguinte aldeído:

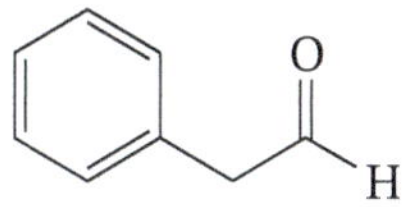

Resposta

Trabalhando no sentido inverso, podemos sintetizar o aldeído a partir do álcool correspondente por meio da oxidação de Swern ou com o PCC (Seções 12.4B, D). O álcool pode ser feito tratando o brometo de fenil-magnésio com oxirano. [A adição de oxirano a um reagente de Grignard é um método muito útil para adicionar uma unidade de —CH$_2$CH$_2$OH a um grupo orgânico (Seção 12.7B).] O brometo de fenil-magnésio pode ser feito da maneira usual tratando o bromobenzeno com magnésio tendo éter como solvente.

Análise Retrossintética

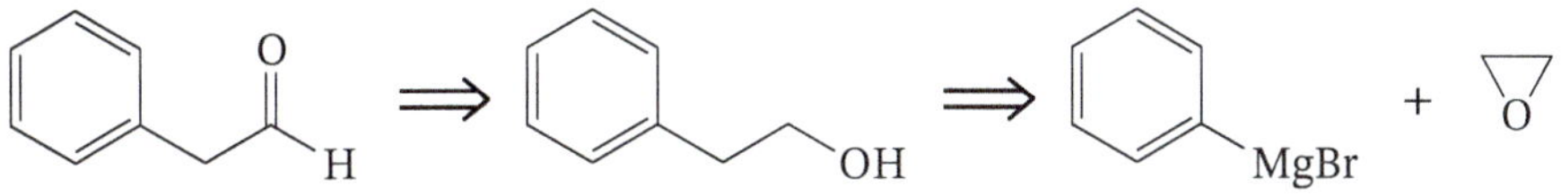

Síntese

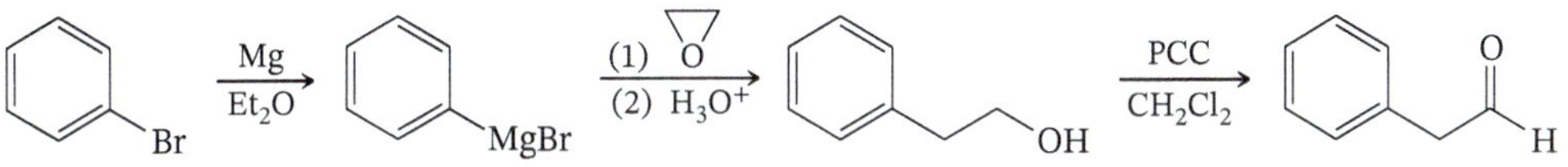

PROBLEMA DE REVISÃO 12.7

Para cada um dos álcoois vistos a seguir, escreva as análises retrossintéticas e as sínteses partindo dos haletos de alquila ou arila apropriados.

(a)  OH (três maneiras)　(c) 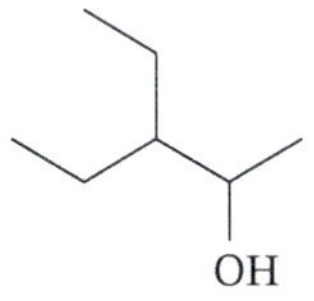 (duas maneiras)　(e) 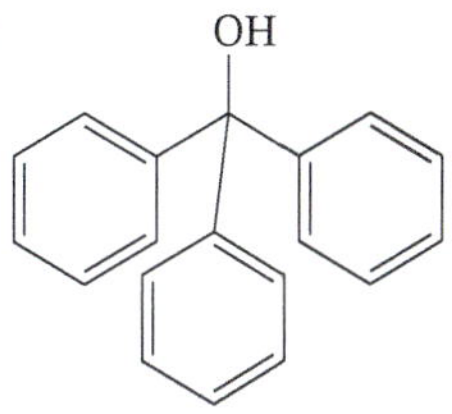 OH (duas maneiras)

(b)  OH (três maneiras)　(d) 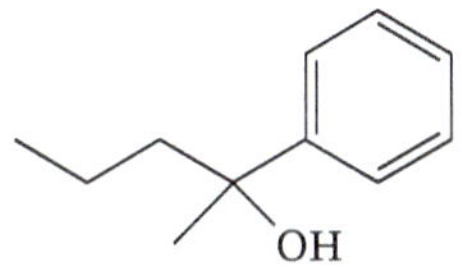 (três maneiras)　(f) 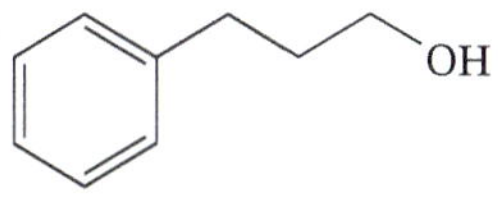 OH (duas maneiras)

PROBLEMA DE REVISÃO 12.8

Para cada um dos compostos vistos a seguir, escreva as análises retrossintética e as sínteses. Os materiais de partida permitidos são brometo de fenil-magnésio, oxirano, formaldeído, e álcoois ou ésteres de quatro átomos de carbono ou menos. Você pode usar quaisquer reagentes inorgânicos e condições oxidantes como a oxidação de Swern ou o clorocromato de piridínio (PCC).

(a) 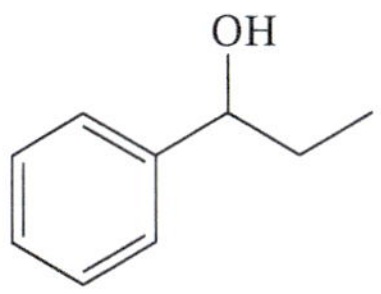　(b) 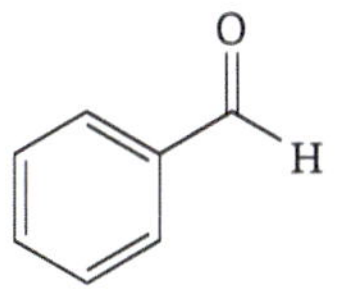　(c) 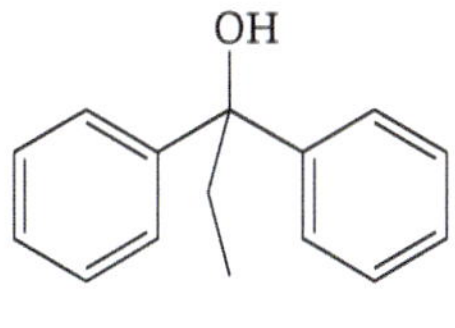　(d)

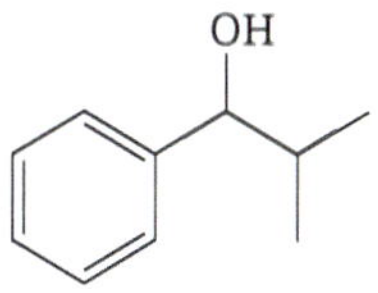

12.8B Restrições ao Uso de Reagentes de Grignard

Embora a síntese de Grignard seja um dos mais versáteis de todos os procedimentos gerais de síntese, ela tem as suas limitações. A maioria dessas limitações decorre da própria característica do reagente de Grignard que o torna tão útil – sua *reatividade extraordinária como nucleófilo e uma base*.

O reagente de Grignard é uma base muito forte; na verdade ele contém um carbânion.

- Não é possível preparar um reagente de Grignard a partir de um composto que contenha qualquer hidrogênio mais ácido do que os átomos de hidrogênio de um alcano ou alqueno.

Não podemos, por exemplo, preparar um reagente de Grignard a partir de um composto contendo grupos —OH, —NH, —SH, —CO$_2$H ou —SO$_3$H. Se fôssemos tentar preparar um reagente de Grignard a partir de um haleto orgânico contendo qualquer um desses grupos, a formação do reagente de Grignard simplesmente não aconteceria. (Mesmo que reagente de Grignard fosse formado, ele seria imediatamente neutralizado pelo grupo ácido.)

- Uma vez que os reagentes de Grignard são nucleófilos poderosos, não podemos preparar um reagente de Grignard a partir de qualquer haleto orgânico que contenha grupos carbonila, epóxi, nitro ou ciano (—CN).

Se fôssemos tentar realizar este tipo de reação, qualquer reagente de Grignard que fosse formado reagiria somente com o material de partida que não reagiu:

> **DICA ÚTIL**
> Um grupo protetor às vezes pode ser usado para mascarar a reatividade de um grupo incompatível (veja as Seções 11.12E, 11.12F e 12.9).

—OH, —NH$_2$, —NHR, —CO$_2$H, —SO$_3$H, —SH, —C≡C—H

Os reagentes de Grignard não podem ser preparados na presença destes grupos, porque vão reagir com eles.

- Quando preparamos reagentes de Grignard, estamos efetivamente limitados a haletos de alquila ou haletos orgânicos análogos contendo ligações duplas carbono–carbono, ligações triplas internas, ligações éter e grupos —NR$_2$.

As reações de Grignard são tão sensíveis aos compostos ácidos que, quando preparamos um reagente de Grignard, devemos ter um cuidado especial para excluir a umidade da nossa aparelhagem e devemos usar um éter anidro como solvente. Como vimos anteriormente, os hidrogênios acetilênicos são ácidos o suficiente para reagir com os reagentes de Grignard. No entanto, essa é uma limitação que podemos usar.

- Podemos obter reagentes de Grignard acetilênicos reagindo alquinos terminais com reagentes de Grignard tendo grupo alquila (veja a Seção 12.7A).

Podemos então usar esses reagentes de Grignard acetilênicos para realizar outras sínteses. Por exemplo,

Ph—C≡C—H $\xrightarrow{\text{EtMgBr}}$ Ph—C≡C:$^-$ $^+$MgBr (+ etano ↑)

Ph—C≡C:$^-$ $^+$MgBr $\xrightarrow[\text{(2) H}_3\text{O}^+]{\text{(1) CH}_3\text{CH}_2\text{CHO}}$ produto com OH

(52%)

- Quando planejamos uma síntese de Grignard, devemos também tomar cuidado para que todos os aldeídos, cetonas, epóxidos ou ésteres usados como substrato não contenham também um grupo ácido (exceto quando, deliberadamente, o deixamos reagir com um alquino terminal).

Se fôssemos fazer isso, o reagente de Grignard simplesmente reagiria como uma base com o hidrogênio ácido, em vez de reagir como nucleófilo no carbono da carbonila ou epóxido. Se fôssemos tratar a 4-hidroxi-2-butanona com brometo de metil-magnésio, por exemplo, a reação que teríamos seria

4-Hidroxi-2-butanona

em vez de

Se estivermos dispostos a gastar um equivalente molar a mais do reagente de Grignard, podemos tratar a 4-hidroxi-2-butanona com dois equivalentes molares do reagente de Grignard e assim obter a adição ao grupo carbonila:

Essa técnica é algumas vezes empregada em reações em pequena escala, quando o reagente de Grignard é barato e o outro reagente é caro.

12.8C Uso de Reagentes de Lítio

Reagentes organo-lítio (RLi) reagem com compostos carbonílicos da mesma forma como os reagentes de Grignard, sendo assim um método alternativo para a preparação de álcoois.

Reagente organo-lítio   **Aldeído ou cetona**   **Alcóxido de lítio**   **Álcool**

Os reagentes de organo-lítio têm a vantagem de ser um pouco mais reativos do que os reagentes de Grignard, embora sejam mais difíceis de preparar e manipular.

12.8D Uso de Alquinetos de Sódio

Os alquinetos de sódio também reagem com aldeídos e cetonas produzindo álcoois. Um exemplo é o seguinte:

PROBLEMA RESOLVIDO 12.6

Ilustração de uma Síntese em Várias Etapas

Para os compostos vistos a seguir, escreva um esquema retrossintético e, então, as reações sintéticas que poderiam ser usadas para preparar cada um deles. Use hidrocarbonetos, haletos orgânicos, álcoois, aldeídos, cetonas ou ésteres contendo seis átomos de carbono ou menos e quaisquer outros reagentes necessários.

(a) 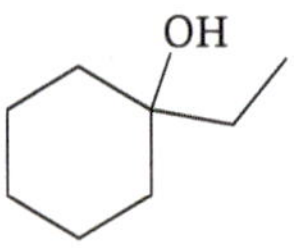 1-etilciclohexan-1-ol   (b) 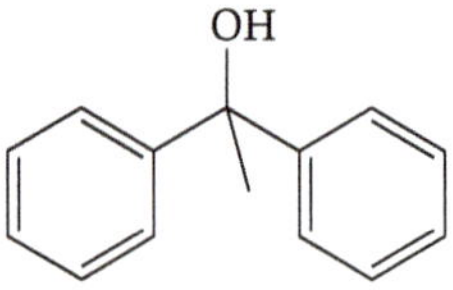 1,1-difenilmetanol com OH   (c) 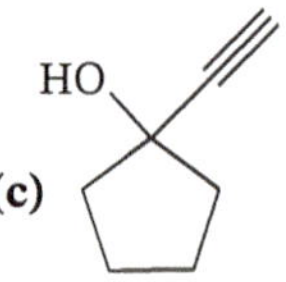 1-etinilciclopentan-1-ol

Respostas

(a)
Análise Retrossintética

[ciclohexanol com etil] ⟹ [ciclohexanona] + CH₃CH₂MgBr ⟹ CH₃CH₂Br ⟹ CH₃CH₂OH

Síntese

CH₃CH₂OH →(PBr₃)→ CH₃CH₂Br →(Mg/Et₂O)→ CH₃CH₂MgBr →(1) ciclohexanona (2) H₃O⁺→ 1-etilciclohexan-1-ol

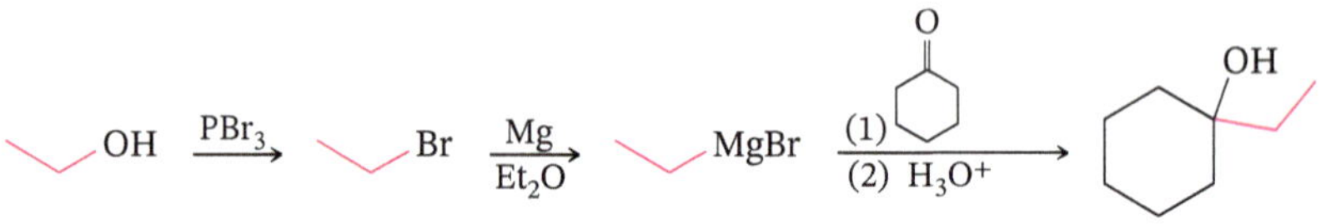

(b)
Análise Retrossintética

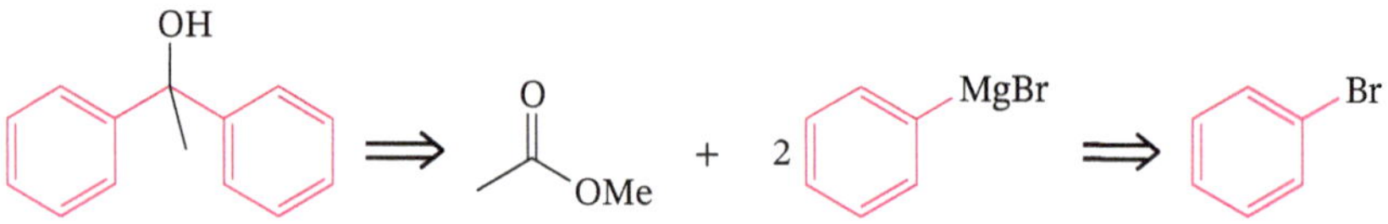

[Ph₂C(OH)CH₃] ⟹ CH₃C(=O)OMe + 2 PhMgBr ⟹ PhBr

Síntese

PhBr →(Mg/Et₂O)→ PhMgBr →(1) CH₃CO₂Me (2) H₃O⁺→ Ph₂C(OH)CH₃

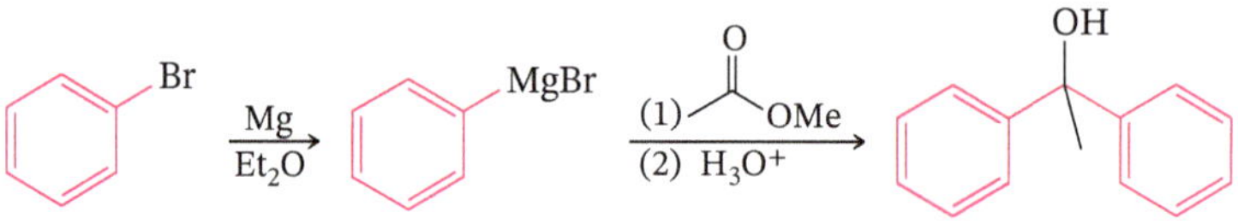

(c)
Análise Retrossintética

[1-etinilciclopentan-1-ol] ⟹ ciclopentanona + HC≡C:⁻ Na⁺ ⟹ HC≡CH

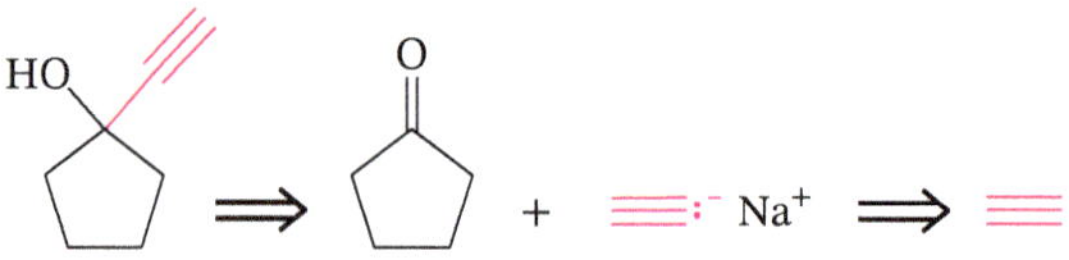

Síntese

HC≡CH →(NaNH₂)→ HC≡C:⁻ Na⁺ →(1) ciclopentanona (2) H₃O⁺→ 1-etinilciclopentan-1-ol

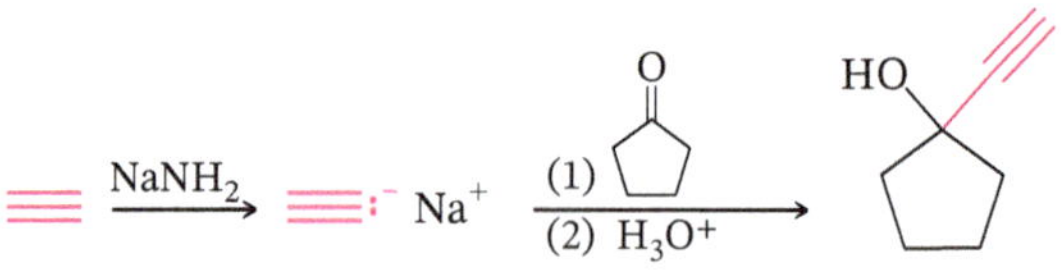

12.9 Grupos de Proteção

- Um **grupo de proteção** pode ser utilizado em alguns casos onde um reagente contém um grupo que é incompatível com as condições de reação necessárias para fazer uma transformação.

Por exemplo, se for necessário preparar um reagente de Grignard a partir de um haleto de alquila que já contém um grupo hidroxila de álcool, o reagente de Grignard ainda pode ser preparado se o álcool é inicialmente protegido pela conversão a um grupo funcional que seja estável na presença do reagente de Grignard, por exemplo, o éter *terc*-butildimetilsilano (TBS) (Seção 11.12F). A reação de Grignard pode ser realizada e, então, o grupo alcoólico original pode ser liberado pela quebra do éter silílico com o íon fluoreto (veja o Problema 12.31). Um exemplo é a síntese do 1,4-pentanodiol. Essa mesma estratégia pode ser usada quando um reagente organo-lítio ou um ânion alquineto tem de ser preparado na presença de um grupo incompatível. Nos capítulos seguintes vamos encontrar estratégias que podem ser usadas para proteger outros grupos funcionais durante várias reações (Seção 16.7C).

PROBLEMA RESOLVIDO 12.7

Mostre como a síntese vista a seguir poderia ser realizada usando um grupo de proteção.

Estratégia e Resposta

Primeiro protegemos o grupo —OH convertendo-o com o éter *terc*-butildimetilsilano (TBS) (Seção 11.12F). Depois tratamos o produto com brometo de etil-magnésio seguido de ácido diluído. Em seguida, removemos o grupo de proteção.

Por que Esses Tópicos São Importantes?

Alteração de Propriedades pela Mudança do Estado de Oxidação

NHPA/Avalon

Embora você agora tenha visto diversas ferramentas para interconverter álcoois primários e secundários em aldeídos, cetonas e ácidos carboxílicos, o que você pode não ter percebido inteiramente é como tais transformações podem alterar as propriedades de um composto. Especificamente, queremos dizer mudanças além das mudanças padrão de pontos de fusão ou de ebulição, polaridade e aparência física (isto é, sólido *versus* líquido) que são verdadeiras em relação a qualquer mudança de grupo funcional. Na verdade, sair de um grupo hidroxila para um grupo carbonila, ou vice-versa, faz com que muitas moléculas tenham perfis bioquímicos completamente diferentes, algo que ocorre frequentemente na natureza. Neste ponto, vamos considerar apenas alguns exemplos.

A codeína, um composto natural encontrado nas papoulas dormideiras, é atualmente prescrita na forma de medicamento para tratar dores suaves ou moderadas (isto é, como um analgésico). Contudo, se seu álcool secundário é oxidado a uma cetona, resulta um composto conhecido como codeinona. Apesar de ela poder servir de medicamento para a dor, só tem 33% da efetividade da codeína. De modo semelhante, a pregnenolona é um esteroide empregado no corpo principalmente como um precursor sintético fundamental da progesterona. Na necessidade do evento de oxidação, acontece que não somente o álcool é oxidado, mas a ligação dupla da vizinhança se transforma em conjugação, um fenômeno que fará muito mais sentido após termos lido o Capítulo 13. No entanto, por ora, o que é importante observar é que a nova molécula que é criada desempenha um papel crítico no ciclo menstrual e na gravidez. De fato, a progesterona atualmente é prescrita em muitas formas diferentes, principalmente para auxiliar no esforço da mulher para engravidar durante procedimentos tais como fertilização *in vitro* (FIV). A progesterona em si não parece ter essas importantes propriedades, embora, de modo intrigante, pelo menos um dos derivados da sua função álcool possa favorecer a geração de neurônios no hipocampo, uma região do cérebro que é afetada pela doença de Alzheimer.

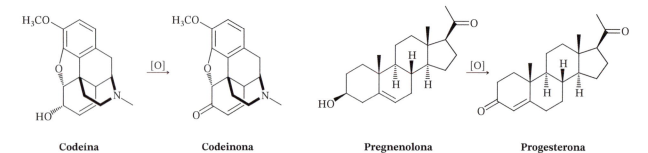

Como exemplo final, considere a estrutura do borneol, um composto encontrado em diversas espécies vegetais e usado em alguns medicamentos chineses tradicionais. Esse composto é um componente de diversos óleos essenciais e é um repelente natural de insetos. Quando é oxidado, resulta em um novo produto natural – a cânfora. A cânfora possui muitos usos adicionais, desde servir de plastificante, até ser um flavorizante em diversos alimentos, bem como ser um ingrediente ativo em produtos farmacêuticos tais como o Vicks VapoRub®. Curiosamente, uma tentativa de reduzir o álcool na cânfora com um reagente simples como o NaBH$_4$ cria o isoborneol, em vez do borneol, porque o volume dos grupos metila na ponte de carbono superior garante que o hidreto se adicione vindo da face inferior. De fato, o isoborneol é bastante semelhante à cânfora em suas propriedades. De modo geral, é bastante interessante o que alguns pequenos ajustes no estado de oxidação podem fazer!

Resumo e Ferramentas de Revisão

As ferramentas de estudo para o presente capítulo incluem termos e conceitos fundamentais, que são realçados ao longo do capítulo em **negrito azul** e que estão definidos no Glossário (ao fim de cada volume), e Resumos de Conexões Sintéticas de reações de oxidação, de redução e de formação de ligação carbono–carbono relacionadas aos compostos alcoólicos e carbonílicos.

Problemas

Reagentes e Reações

12.9 Que produtos você esperaria a partir da reação de brometo de etil-magnésio (CH_3CH_2MgBr) com cada um dos seguintes reagentes?

(a) H_2O

(b) D_2O

(c) 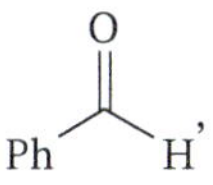 Ph–CHO, então H_3O^+

(d) 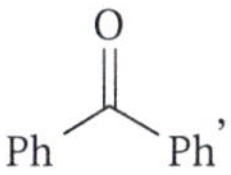 Ph–CO–Ph, então H_3O^+

(e) 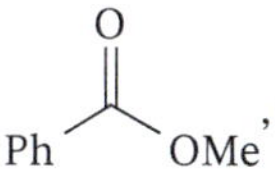 Ph–CO–OMe, então H_3O^+

(f) 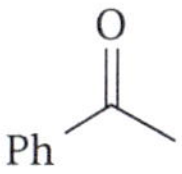 Ph–CO–, então H_3O^+

(g)  CH≡C–H, então CH3CHO, então H_3O^+

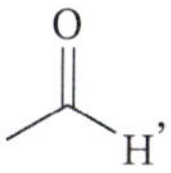

12.10 Que produtos você esperaria da reação de propil-lítio ($CH_3CH_2CH_2Li$) com cada um dos seguintes reagentes?

(a) 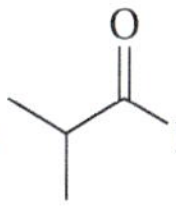 (CH₃)₂CH–CHO, então H_3O^+

(b) 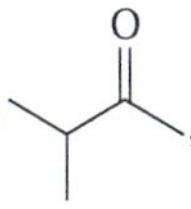 (CH₃)₂CH–CO–, então H_3O^+

(c) 1-Pentino, então acetona, então H_3O^+

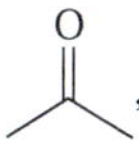

(d) Etanol

(e) 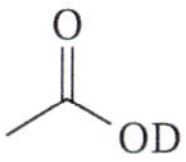 CH₃–CO–OD

12.11 Que produto (ou produtos) seria(m) formado(s) a partir da reação do 1-bromo-2-metilpropano (brometo de isobutila) sob cada uma das seguintes condições?

(a) HO^-, H_2O

(b) NC^-, etanol

(c) *t*-BuOK, *t*-BuOH

(d) MeONa, MeOH

(e) (1) Li, Et₂O; (2) 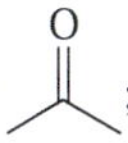 acetona; (3) H_3O^+

(f) Mg, Et₂O, então CH_3CHO, então H_3O^+

(g) (1) Mg, Et₂O; (2) 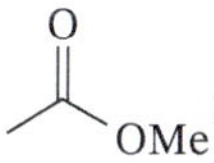 CH₃CO–OMe; (3) H_3O^+

(h) (1) Mg, Et₂O; (2)  óxido de etileno; (3) H_3O^+

(i) (1) Mg, Et₂O; (2) 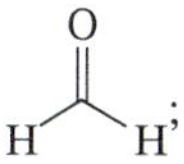 HCHO; (3) H_3O^+

(j) Li, Et₂O; (2) MeOH

(k) Li, Et₂O; (2) H–C≡C–H

12.12 Qual agente de oxidação ou redução você usaria para fazer as seguintes transformações?

(a) 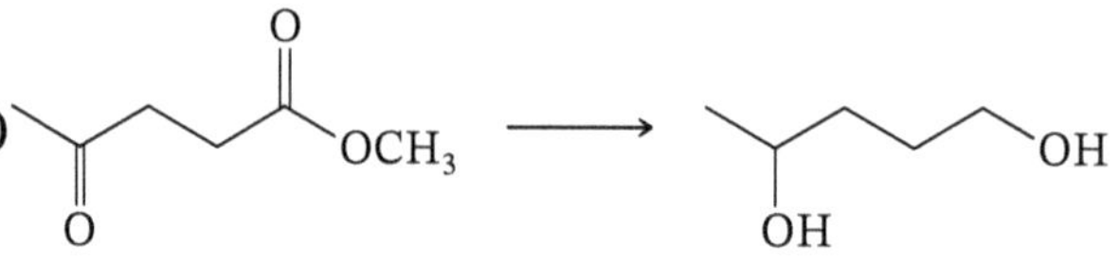 [estrutura: 4-oxo-pentanoato de metila → pentano-1,4-diol... na verdade, 4-oxopentanoato de metila reduzido a pentano-1,4-diol com OH em C-4]

(b) [estrutura: 4-oxopentanoato de metila → 4-hidroxipentanoato de metila]

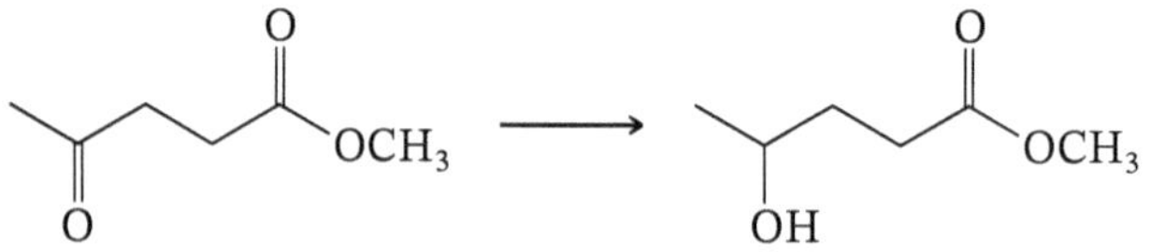

(c) [ácido glutárico → pentano-1,5-diol]

(d)  [pentano-1,5-diol → ácido glutárico]

(e) [pentano-1,5-diol → glutaraldeído]

12.13 Escreva condições de reação e os produtos a partir da oxidação de Swern dos seguintes compostos.

(a) 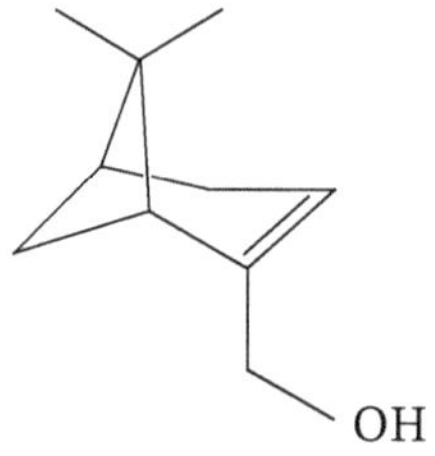 **Mirtenol**

(b) 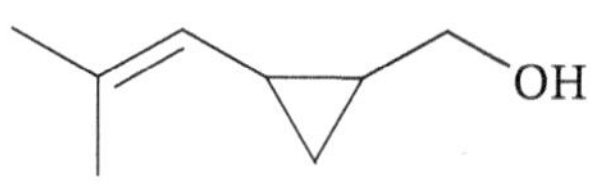 **Álcool crisantemílico**

12.14 Preveja os produtos das seguintes reações.

(a) 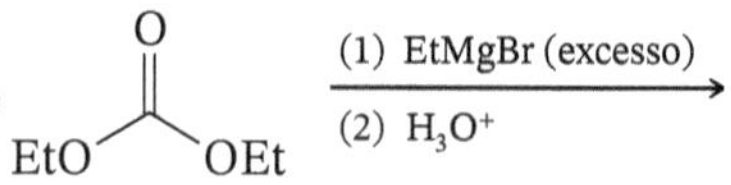 EtO–C(=O)–OEt $\xrightarrow{(1)\ \text{EtMgBr (excesso)}}_{(2)\ H_3O^+}$

(b) 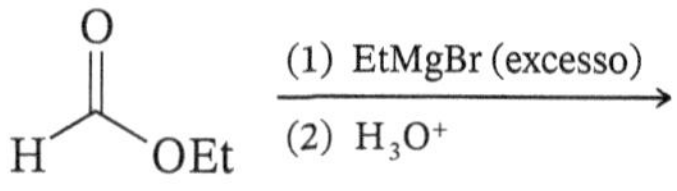 H–C(=O)–OEt $\xrightarrow{(1)\ \text{EtMgBr (excesso)}}_{(2)\ H_3O^+}$

12.15 Preveja o produto orgânico de cada uma das seguintes reações de redução.

(a) 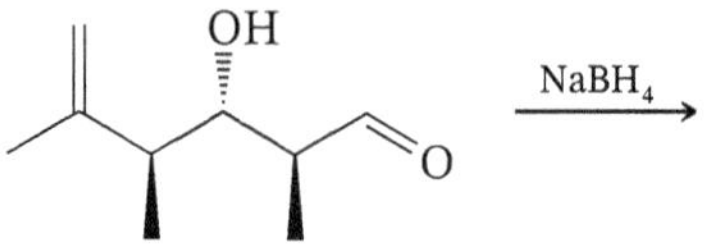 [estrutura com OH e CHO] $\xrightarrow{NaBH_4}$

(b) 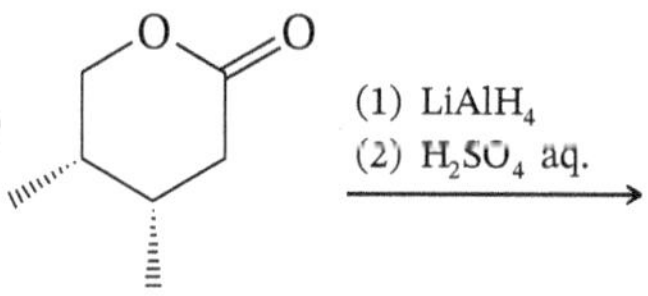 [lactona] $\xrightarrow{(1)\ LiAlH_4}_{(2)\ H_2SO_4\ \text{aq.}}$

(c) 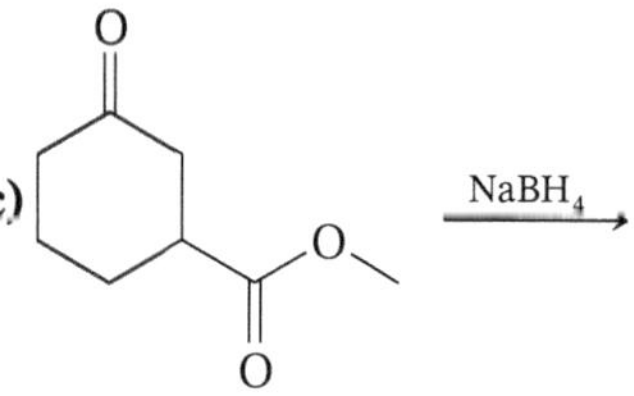 [ceto-éster de cicloexanona] $\xrightarrow{NaBH_4}$

12.16 Preveja o produto orgânico de cada uma das seguintes reações de oxidação.

(a) 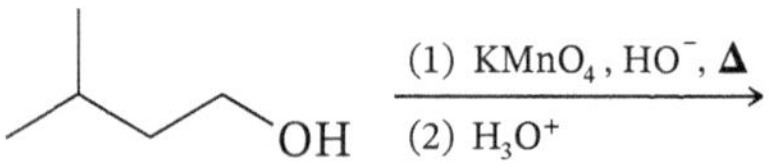 [3-metilbutan-1-ol] $\xrightarrow{(1)\ KMnO_4,\ HO^-,\ \Delta}_{(2)\ H_3O^+}$

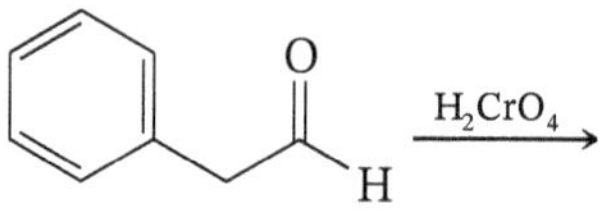

(b) 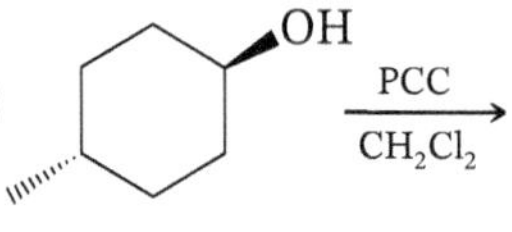 [trans-4-metilciclohexanol] $\xrightarrow{PCC}_{CH_2Cl_2}$

(c) [2-(2-metilenociclopentil)etanol] $\xrightarrow{(1)\ DMSO,\ (COCl)_2}_{(2)\ Et_3N}$

(d) 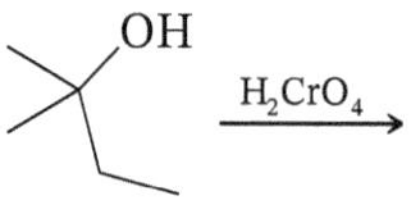 [2-metilbutan-2-ol] $\xrightarrow{H_2CrO_4}$

(e) [fenilacetaldeído] $\xrightarrow{H_2CrO_4}$

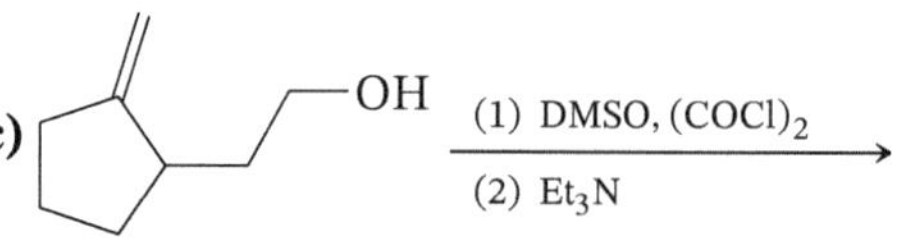

12.17 Preveja o produto orgânico de cada uma das seguintes reações de oxidação e de redução.

(a) [estrutura: 3-(2-hidroxipropan-2-il)ciclohexan-1-ol] →PCC/CH₂Cl₂

(b) HO-CH₂-ciclohexano-CH₂-OH →H₂CrO₄

(c) [furanose com grupo isopropilideno e OH] →PCC/CH₂Cl₂

(d) [ácido 3-isopropilfenilacético] →(1) LiAlH₄ (2) H₂SO₄ aq.

(e) [2,6-dimetil-heptan-4-ona] →NaBH₄

12.18 Preveja o produto orgânico principal de cada uma das seguintes reações:

(a) [aldeído derivado de canfora] →(1) CH₃MgBr (2) H₃O⁺

(b) [3-metileno-ciclohexan-1-ona] →(1) CH₂=CHCH₂MgBr (2) H₃O⁺

(c) [ácido 3-(2-oxopropil)benzoico] →(1) 4-metoxifenil-MgBr (1 equiv.) (2) H₃O⁺

(d) [δ-valerolactona substituída] →(1) CH₃CH₂Li (excesso) (2) H₃O⁺

Mecanismos

12.19 Sintetize cada um dos seguintes compostos a partir da ciclo-hexanona. Use D para especificar deutério em qualquer reagente ou solvente apropriado, onde ele substitui o hidrogênio.

[ciclohexano com HO, D] [ciclohexano com DO, H] [ciclohexano com DO, D]

12.20 Escreva um mecanismo para a reação vista a seguir. Indique com setas curvas a carga formal e a movimentação dos elétrons em todas as etapas.

[δ-valerolactona] →(1) PhMgBr (excesso) (2) H₃O⁺ → HO-(CH₂)₄-C(OH)(Ph)₂

12.21 Escreva um mecanismo para a reação vista a seguir. Você pode usar o H⁻ para representar os íons hidreto provenientes do LiAlH₄ em seu mecanismo. Indique com setas curvas a carga formal e a movimentação dos elétrons em todas as etapas.

[δ-valerolactona] →(1) LiAlH₄ (2) H₂SO₄ aq. → HO-(CH₂)₅-OH

12.22 Apesar de o oxirano (oxaciclopropano) e o oxetano (oxaciclobutano) reagirem com reagentes de Grignard e organo-lítio formando álcoois, o tetraidrofurano (oxaciclopentano) é tão inerte que pode ser usado como o solvente em que esses compostos organometálicos são preparados. Explique a diferença de reatividade desses heterociclos de oxigênio.

Síntese

12.23 Que produtos orgânicos **A–H** você esperaria a partir de cada uma das seguintes reações?

12.24 Escreva todas as etapas em uma síntese que transformaria o 2-propanol (álcool isopropílico) em cada um dos seguintes compostos:

(a) (estrutura) OH

(b) (estrutura) OH

(c) (estrutura) Cl

(d) (estrutura) OH

(e) (estrutura) D

12.25 Mostre como o 1-pentanol poderia ser transformado em cada um dos compostos vistos a seguir. (Você pode usar qualquer reagente inorgânico e não precisa mostrar a síntese de um determinado composto mais de uma vez.)

(a) 1-Bromopentano
(b) 1-Penteno
(c) 2-Pentanol
(d) Pentano
(e) 2-Bromopentano
(f) 1-Hexanol
(g) 1-Heptanol
(h) Pentanal
(i) 2-Pentanona
(j) Ácido pentanoico
(k) Dipentil éter (duas maneiras)
(l) 1-Pentino
(m) 2-Bromo-1-penteno
(n) Pentil-lítio
(o) 4-Metil-4-nonanol

12.26 Indique os reagentes necessários para realizar as transformações (a)–(g). Mais de uma etapa pode ser necessária.

12.27 Supondo que você tenha disponível apenas álcoois ou ésteres contendo não mais que quatro átomos de carbono, mostre como você pode sintetizar cada um dos compostos vistos a seguir. Comece escrevendo uma análise retrossintética para cada um. Você deve usar um reagente de Grignard em uma etapa da síntese. Se necessário, você pode usar oxirano e bromobenzeno, mas você tem de mostrar a síntese de quaisquer outros compostos orgânicos necessários. Suponha que você tenha quaisquer solventes e compostos inorgânicos, incluindo agentes oxidantes e redutores, que você precisar.

(a) isobutirofenona

(b) 4-etil-4-heptanol

(c) 1-ciclobutil-2-metil-1-propanol

(d) fenilacetaldeído

(e) ácido 4-metilpentanoico

(f) 1-propilciclobutanol

(g) 2-metil-3-hexanona

(h) (3-bromopentan-3-il)benzeno

12.28 Para cada um dos seguintes álcoois, escreva uma análise retrossintética e a síntese que envolve o reagente organometálico apropriado (seja um reagente de Grignard ou alquil-lítio).

(a) ciclohexil(fenil)metanol

(b) 1-benzilbiciclo[1.1.0]butan-1-ol

(c) 3-etil-hexano-1,3-diol

12.29 Sintetize cada um dos seguintes compostos partindo de álcoois primários ou secundários que contenham sete átomos de carbono ou menos e, se necessário, bromobenzeno.

(a) ciclohexil(ciclopentil)(ciclopropil)metanol

(b) 2-metil-2-hexanol

(c) 1-fenil-2-propanol

12.30 O álcool mostrado a seguir é usado para fazer perfumes. Escreva uma análise retrossintética e, em seguida, as reações que poderiam ser usadas para preparar esse álcool a partir de bromobenzeno e 1-buteno.

1-fenilbutan-2-ol

12.31 Escreva uma análise retrossintética e, em seguida, as reações que poderiam ser usadas para preparar Meparfinol racêmico, um hipnótico leve (um composto de indução do sono), partindo de compostos com quatro átomos de carbono ou menos.

Meparfinol

12.32 Escreva uma análise retrossintética e a síntese para a transformação vista a seguir.

Sintetizando o Material

12.33 Preveja o produto orgânico principal de cada uma das seguintes sequências de reações.

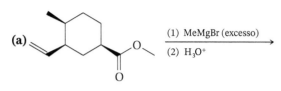

12.36 Trabalhando para trás, deduza o material de partida que leva, por meio das reações determinadas, ao produto indicado.

(a) **A**
(1) BrMg :≡─
(2) H₃O⁺
(3) MsCl, pir.
(4) KO*t*-Bu, *t*-BuOH
(5) cat. de Lindlar, H₂
→ (ciclo-octeno com grupo propenil *cis*)

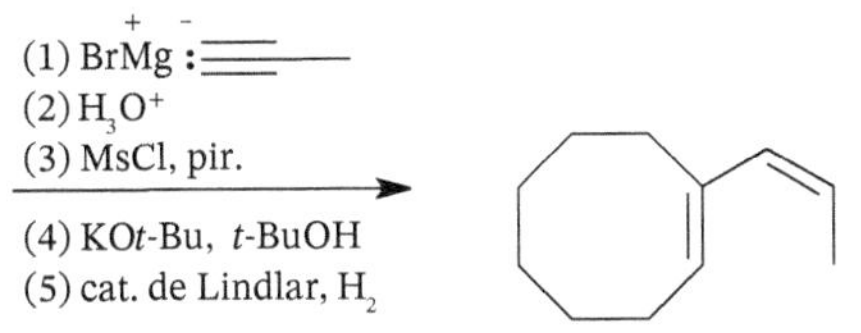

(c) **C**
(1) NBS, ROOR, Δ
(2) Mg, Et₂O
(3) D₃O⁺
(4) H₂, Pd/C
→ (PhCHD–CH₂CH₃)

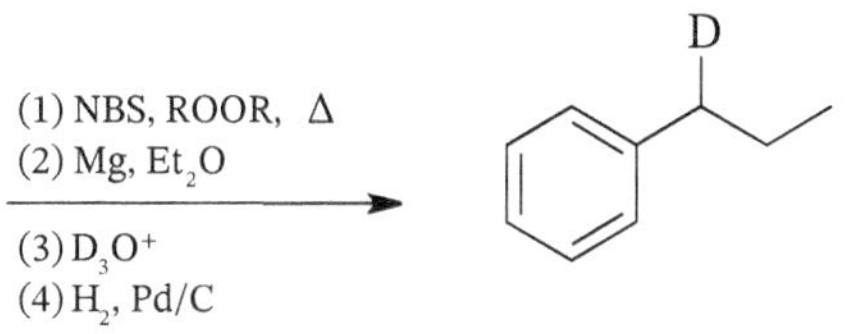

(b) **B**
(1) MeMgBr (excesso)
(2) H₃O⁺
(3) oxidação de Swern
(4) PhMgBr
(5) H₃O⁺
(6) PBr₃, pir.
→ (PhCHBr–CH₃)

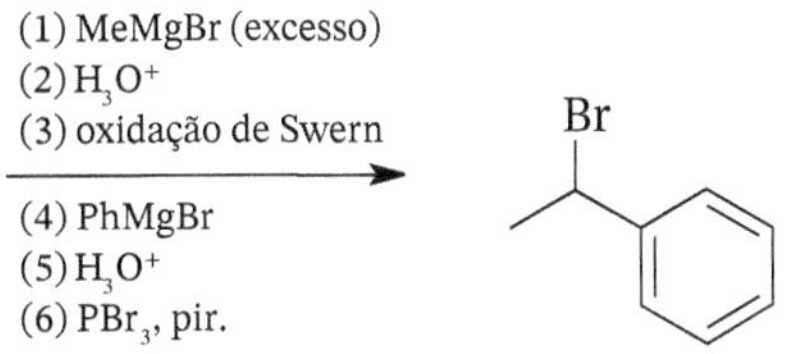

É Necessário um Consultor Químico

12.37 As operações mostradas a seguir foram parte de uma síntese de laboratório de uma molécula conhecida como manzamina A. Forneça as condições para realizar a conversão de **A** em **B** e, em seguida, forneça um mecanismo para explicar a formação de **D** mediante a adição de uma espécie de alquil-lítio a **C**. Observe que a abreviatura TBDPS significa *t*-butildifenilsilil e é um grupo protetor como aqueles baseados em silício sobre os quais você já aprendeu, como TMS e TBS. (Veja: *J. Am. Chem. Soc.* **2002**, *124*, 8584.)

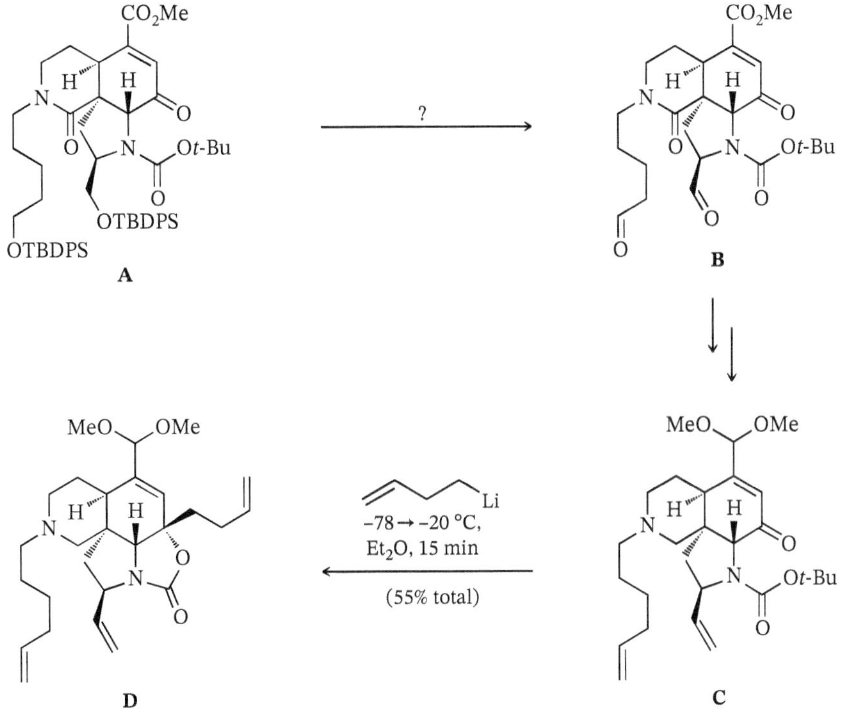

12.38 Cada uma das transformações desenhadas a seguir foi realizada como parte de sínteses de laboratório de produtos naturais complexos. Forneça condições para efetuar essas conversões. Duas ou três etapas são necessárias em cada caso. (Veja: *J. Am. Chem. Soc.* **1998**, *120*, 6425; *Chem. Eur. J.* **1999**, *5*, 2584; *J. Am. Chem. Soc.* **2002**, *124*, 2202; *Angew. Chem. Int. Ed.* **1997**, *36*, 166.)

(a), (b), 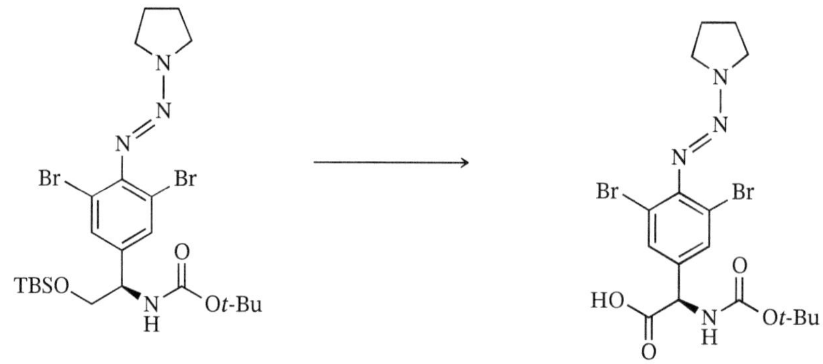 (c), 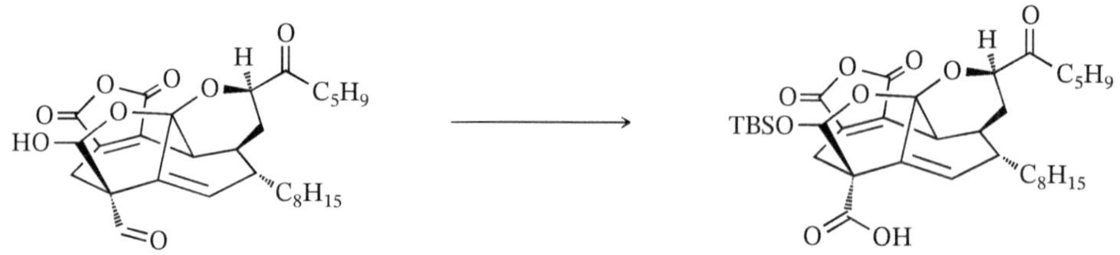 (d) [reaction schemes]

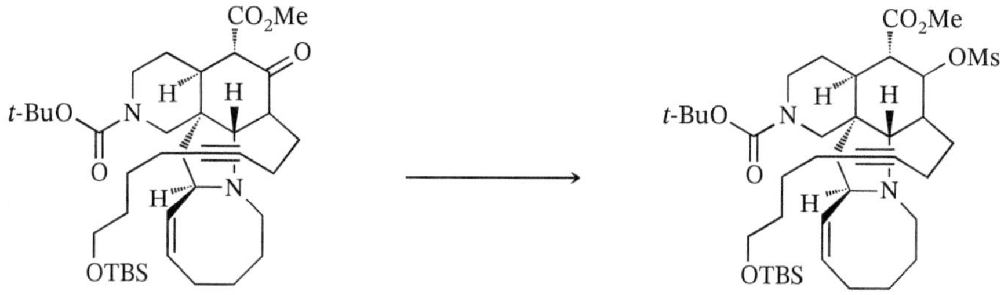

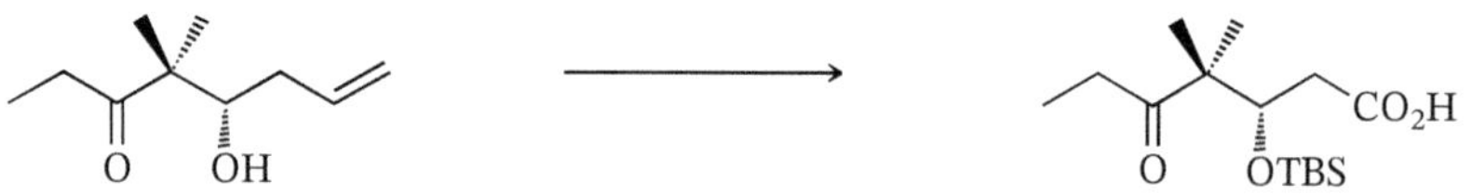

Problemas de Desafio

12.39 Explique como RMN de ^{1}H, RMN de ^{13}C e espectroscopia no infravermelho poderiam ser usadas para diferenciar os compostos vistos a seguir.

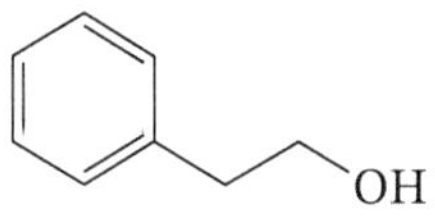

2-Feniletanol

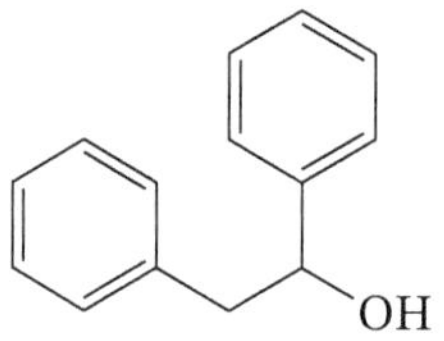

1,2-Difeniletanol

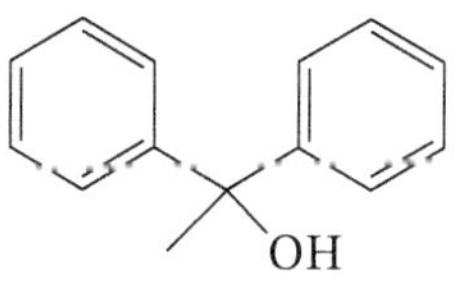

1,1-Difeniletanol

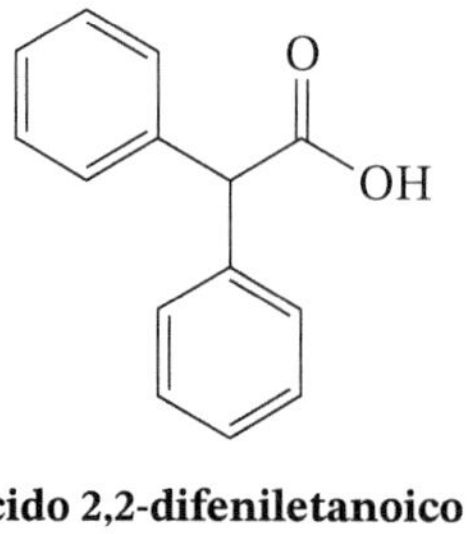

Ácido 2,2-difeniletanoico

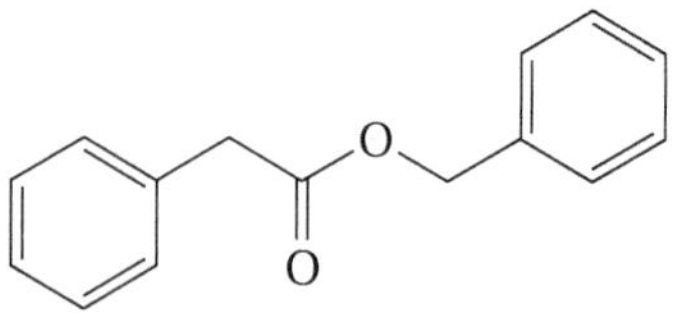

2-Feniletanoato de benzila

12.40 Um composto desconhecido **X** apresenta uma banda larga de absorção no infravermelho em 3200–3550 cm⁻¹, mas nenhuma absorção na região de 1620–1780 cm⁻¹. Ele contém apenas C, H e O. Uma amostra de 116 mg foi tratada com um excesso de brometo de metil-magnésio, produzindo 48,7 mL de gás metano recolhidos sobre mercúrio a 20 °C e 750 mmHg. O espectro de massa de **X** tem seu íon molecular (praticamente indetectável) em m/z 116 e um fragmento em 98. O que essas informações dizem sobre a estrutura do **X**?

12.41 Estudos sugerem que o ataque de um reagente de Grignard a um grupo carbonila é facilitado pelo envolvimento de uma segunda molécula do reagente de Grignard, que participa de um complexo ternário cíclico global. A segunda molécula do reagente de Grignard participa como um ácido de Lewis. Proponha uma estrutura para o complexo ternário e escreva todos os produtos que resultam dele.

Problema para Trabalho em Grupo

O problema a seguir é direcionado no sentido de planejar um caminho hipotético para a síntese da parte central acíclica do Crixivan (inibidor da protease do HIV da Merck). Observe que a sua síntese pode não controlar adequadamente a estereoquímica durante cada etapa, mas, para este exercício em particular, isso não é esperado.

Crixivan (um inibidor da protease do HIV)

Preencha os compostos e reagentes que estão faltando no seguinte esquema de uma síntese hipotética da parte acíclica central do Crixivan. Observe que mais de um composto intermediário pode estar envolvido entre algumas das estruturas mostradas a seguir.

GS = algum grupo de saída

(**R inicialmente seria H. Então, pelas reações que você não necessita especificar, ele seria convertido em um grupo alquila.**)

Resumo de Reações

Resumos das reações discutidas neste capítulo são mostrados a seguir. As condições detalhadas dessas reações podem ser encontradas na seção do capítulo onde cada uma delas é discutida.

[**MAPA CONCEITUAL**]

Conexões Sintéticas de Álcoois e Compostos Carbonílicos

1. Reações de Redução de Carbonila

- Aldeídos a álcoois primários
- Cetonas a álcoois secundários
- Ésteres a álcoois
- Ácidos carboxílicos a álcoois primários

Substrato		Agente redutor	
		NaBH_4	LiAlH_4
Aldeídos	R–CHO	R–CH(OH)–H	R–CH(OH)–H
Cetonas	R–CO–R'	R–CH(OH)–R'	R–CH(OH)–R'
Ésteres	R–CO–OR'	—	R–CH$_2$–OH + R'—OH
Ácidos carboxílicos	R–COOH	—	R–CH$_2$–OH

(Os átomos de hidrogênio em azul são adicionados durante o tratamento final da reação com água ou ácido aquoso.)

2. Reações de Oxidação de Álcoois

- Álcoois primários a aldeídos
- Álcoois primários a ácidos carboxílicos
- Álcoois secundários a cetonas

Substrato		Agente oxidante [O]		
		Swern/PCC	H_2CrO_4 aq. (reagente de Jones)	KMnO$_4$ aq.
Álcoois primários	R–CH$_2$OH	R–CHO	R–COOH	R–COOH
Álcoois secundários	R–CH(OH)–R'	R–CO–R'	R–CO–R'	R–CO–R'
Álcoois terciários	R–C(OH)(R')(R'')	—	—	—

MAPA CONCEITUAL
Conexões Sintéticas de Álcoois e Compostos Carbonílicos

3. Reações de Formação de Ligações Carbono-Carbono
- Formação do ânion alquineto
- Formação do reagente de Grignard
- Formação de reagente alquil-lítio
- Adição nucleofílica a aldeídos e cetonas
- Adição nucleofílica a ésteres
- Abertura nucleofílica do anel de epóxidos

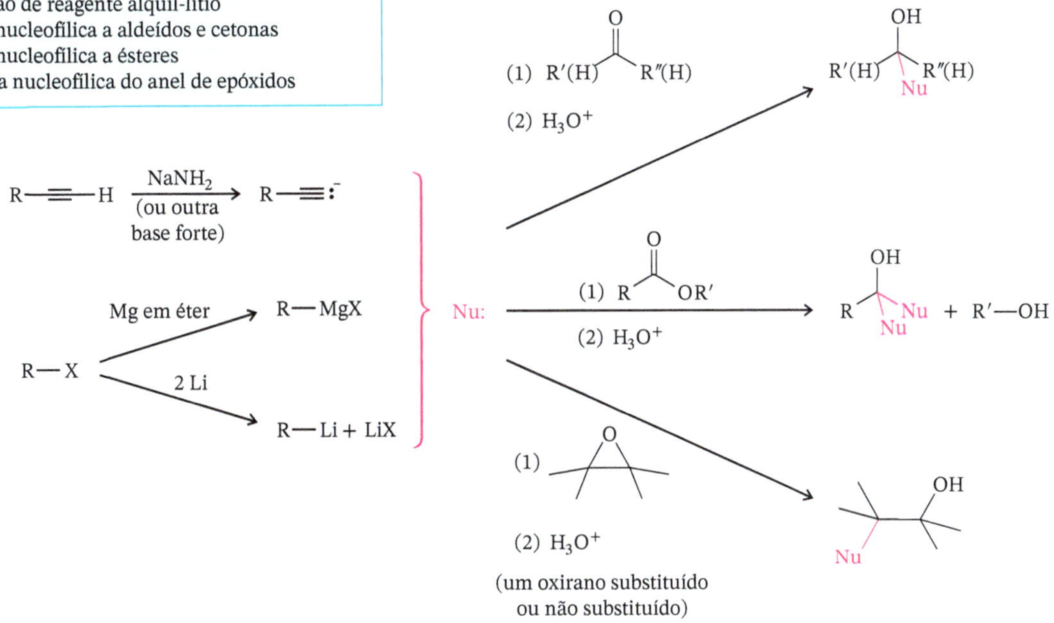

R—≡—H $\xrightarrow[\text{(ou outra base forte)}]{\text{NaNH}_2}$ R—≡:⁻

R—X $\xrightarrow{\text{Mg em éter}}$ R—MgX

R—X $\xrightarrow{\text{2 Li}}$ R—Li + LiX

Nu:

(1) R'(H)—CO—R"(H)
(2) H₃O⁺
→ R'(H)—C(OH)(Nu)—R"(H)

(1) R—CO—OR'
(2) H₃O⁺
→ R—C(OH)(Nu)(Nu) + R'—OH

(1) epóxido
(2) H₃O⁺
(um oxirano substituído ou não substituído)
→ álcool com Nu

Nu = grupo alquinil, ou grupo alquila proveniente do reagente de Grignard ou alquil-lítio

Respostas de Problemas Selecionados

Capítulo 1

1.15 (a) e (d); (b) e (e); e (c) e (f).

1.27 (a), (c), (d), (f), (g) e (h) têm geometria tetraédrica; (b) é linear; (e) é plana triangular.

1.35 (a), (g), (i), (l) representam compostos diferentes que não são isoméricos; (b–e), (h), (j), (m), (n), (o) representam o mesmo composto; (f), (k), (p) representam isômeros constitucionais.

1.42 (a) As estruturas diferem nas posições dos núcleos. (b) Os ânions são estruturas de ressonância.

1.44 (a) Uma carga negativa; (b) uma carga negativa; (c) piramidal triangular; (d) sp^3.

Capítulo 2

2.11 (c) Brometo de propila; (d) fluoreto de isopropila; (e) iodeto de fenila.

2.14 (a) [estrutura] (b) [estrutura]
(e) di-isopropil éter.

2.25 (a) [estrutura com OH] (b) [estrutura com N-CH₃, H]
(c) HO-[estrutura]-OH

2.29 (b) alquino; (d) aldeído; (e) álcool secundário.

2.30 (a) 3 grupos alqueno e um álcool secundário; (c) fenila e amina primária; (e) fenila, éster e amina terciária; (g) alqueno e 2 grupos éster.

2.35 (f) [estruturas com Br]

2.53 Éster

Capítulo 3

3.3 (b) e (e) são ácidos de Lewis; (a), (c), (d) e (f) são bases de Lewis.

3.5 (a) $[H_3O^+] = [HCO_2^-] = 0,0042\ M$; (b) Ionização = 4,2%.

3.6 (a) $pK_a = 7$; (b) $pK_a = -0,7$; (c) O ácido com o $pK_a = 5$ (o menor dos dois valores de pK_a) tem um K_a maior; portanto, ele é o ácido mais forte.

3.8 O pK_a do íon metilamínio é igual a 10,6 (Tabela 3.1 e Seção 3.5C). Como o pK_a do íon anilínio é igual a 4,6, o íon anilínio é um ácido mais forte do que o íon metilamínio e, desse modo, a anilina ($C_6H_5NH_2$) é uma base mais fraca do que a metilamina (CH_3NH_2).

3.14 (a) O $CHCl_2CO_2H$ seria o ácido mais forte, pois o efeito indutivo retirador de elétrons dos dois átomos de cloro faria o próton da hidroxila mais positivo. (c) O CH_2FCO_2H seria o ácido mais forte, pois um átomo de flúor é mais eletronegativo do que um átomo de bromo e seria um retirador de elétrons mais forte.

3.31 (a) $pK_a = 3,75$; (b) $K_a = 10^{-13}$.

Capítulo 4

4.8 (a) (1,1-dimetiletil)ciclopentano ou *terc*-butilciclopentano; (c) butilciclo-hexano; (e) 2-clorociclopentanol.

4.9 (a) 2-Clorobiciclo[1.1.0]butano; (c) biciclo[2.1.1]hexano; (e) 2-metilbiciclo[2.2.2]octano.

4.10 (a) *trans*-3-Hepteno; (c) 4-etil-2-metil-1-hexeno

4.11
(a) [estrutura]
(c) [estrutura]
(e) [estrutura com Br, Br]
(g) [estrutura] (i) [estrutura com Cl, Cl]

[estruturas: (R)-3-Metil-1-pentino e (S)-3-Metil-1-pentino]

4.12 1-Hexino, 2-Hexino, 3-Hexino, 4-Metil-1-pentino, 4-Metil-2-pentino, 3,3-Dimetil-1-butino

4.24 (a) 5-etil-7-isopropil-2,3-dimetildecano; (c) 4-bromo-6-cloro-3-metiloctano; (e) 2-Bromobiciclo[3.3.1]nonano; (g) 5,6-dimetil-2-hepteno

4.39 (a) O pentano teria ponto de ebulição mais elevado porque sua cadeia é não ramificada. (c) O 2-cloropropano, porque é mais polar e tem massa molecular mais alta. (c) O CH_3COCH_3, porque é mais polar.

4.43

(a) [estruturas de conformação de ciclo-hexano com $(CH_3)_3C$, CH_3 e $C(CH_3)_3$, CH_3]

Conformação mais estável, porque ambos os grupos alquila são equatoriais

(b) [estruturas de conformação de ciclo-hexano com $(CH_3)_3C$, CH_3 e $C(CH_3)_3$, CH_3]

Mais estável, porque o grupo maior é equatorial

(c)

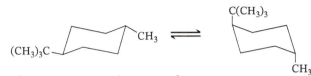

Conformação mais estável, porque ambos os grupos alquila são equatoriais

(d)

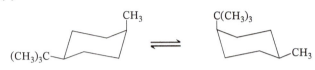

Mais estável, porque o grupo maior é equatorial

Capítulo 5

5.1 (a) aquiral; **(c)** quiral; **(e)** quiral.

5.2 (a) Sim; **(c)** não.

5.3 (a) Elas são iguais. **(b)** Elas são enantiômeros.

5.7 Os objetos a seguir possuem um plano de simetria e, portanto, são aquirais: chave de fenda, bastão de beisebol, martelo.

5.11

(a) —Cl > —SH > —OH > —H

(c) —OH > —CHO > —CH$_3$ > —H

(e) —OCH$_3$ > —N(CH$_3$)$_2$ > —CH$_3$ > —H

5.13 (a) enantiômeros; **(c)** enantiômeros.

5.19 (a) diastereoisômeros; **(c)** não; **(e)** não.

5.21 (a) representa **A**; **(b)** representa **C**; **(c)** representa **B**.

5.23 B (2S,3S)-2,3-Dibromobutano; **C** (2R,3S)-2,3-Dibromobutano.

5.39 (a) do mesmo composto; **(c)** diastereoisômeros; **(e)** do mesmo composto; **(g)** diastereoisômeros; **(i)** do mesmo composto; **(k)** diastereoisômeros; **(m)** diastereoisômeros; **(o)** diastereoisômeros; **(q)** do mesmo composto.

Capítulo 6

6.6 (a) A reação é S$_N$2 e, portanto, ocorre com inversão de configuração. Consequentemente, a configuração do (+)-2-clorobutano é oposta [isto é, (S)] à do (−)-2-butanol [isto é, (R)]. **(b)** A configuração do (−)-2-iodobutano é (R).

6.14 Os solventes próticos são o ácido fórmico, a formamida, a amônia e o etilenoglicol. Os outros são apróticos.

6.16 (a) CH$_3$O⁻; **(c)** (CH$_3$)$_3$P.

6.20 (a) O 1-bromopropano reagiria mais rapidamente, pois, sendo um haleto primário, é menos impedido. **(c)** O 1-clorobutano, porque nele o carbono que carrega o grupo de saída está menos impedido do que no 1-cloro-2-metilpropano. **(e)** O 1-cloro-hexano, porque é um haleto primário. Os haletos de fenila não são reativos em reações S$_N$2.

6.21 (a) A reação (1), porque o íon etóxido é um nucleófilo mais forte do que o etanol; **(c)** a reação (2), porque a trifenilfosfina, (C$_6$H$_5$)$_3$P, é um nucleófilo mais forte do que a trifenilamina. (Os átomos de fósforo são maiores do que os átomos de nitrogênio.)

6.22 (a) A reação (2), porque o íon brometo é um grupo de saída melhor do que o íon cloreto; **(c)** a reação (2), porque a concentração do substrato é duas vezes a da reação (1).

6.37 Estão envolvidos dois mecanismos diferentes. O (CH$_3$)$_3$CBr reage por um mecanismo S$_N$1 e, aparentemente, a reação ocorre mais rapidamente. Os outros três haletos da alquila reagem por um mecanismo S$_N$2, e suas reações são mais lentas porque o nucleófilo (H$_2$O) é fraco. As velocidades de reação do CH$_3$Br, do CH$_3$CH$_2$Br e do (CH$_3$)$_2$CHBr são afetadas pelo impedimento estérico, e, assim sendo, sua ordem de reatividade é CH$_3$Br > CH$_3$CH$_2$Br > (CH$_3$)$_2$CHBr.

Capítulo 7

7.4 (a) O 2,3-dimetil-2-buteno seria o mais estável, porque a ligação dupla é tetrassubstituída. **(c)** O cis-3-hexeno seria o mais estável, porque sua ligação dupla é dissubstituída.

7.7 (a)

7.27 (a) Designamos a posição da ligação dupla utilizando o menor dos dois números dos átomos de carbono em ligação dupla, e a cadeia é numerada a partir da extremidade mais próxima da ligação dupla. O nome correto é trans-2-penteno. **(c)** Usamos o menor número dos dois átomos de carbono em ligação dupla para designar a posição do substituinte quando nenhum outro fator influencia a sequência de numeração. O nome correto é 1-metilciclo-hexano.

7.28 (a)   **(c)**

(e)   **(g)**

7.30 (a) (E)-3,5-Dimetil-2-hexeno; **(c)** 6-metil-3-heptino;

(e) (3R,4Z)-3-cloro-hex-4-en-1-ino.

7.40 Apenas o átomo de deutério pode assumir a orientação anticoplanar necessária para ocorrer uma reação E2.

Capítulo 8

8.1 2-Bromo-1-iodopropano.

8.7 A ordem reflete a relativa facilidade com que esses alquenos aceitam um próton e formam um carbocátion. O 2-metilpropeno reage mais rapidamente porque leva a um cátion terciário; o eteno reage mais lentamente porque leva a um cátion primário.

8.25 Convertendo-se o 3-hexino em cis-3-hexeno, utilizando H$_2$/Ni$_2$B(P-2).

Então, a adição anti de bromo ao *cis*-3-hexeno produzirá (3*R*,4*R*) e (3*S*,4*S*)-3,4-dibromo-hexano como uma forma racêmica.

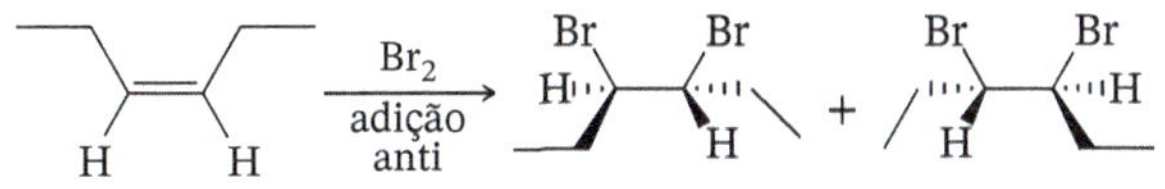

3,4-Dibromo-hexano racêmico

8.26 (a) 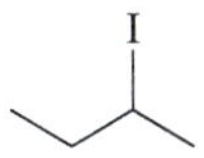 iodeto sec-butila; (b)  butano; (c) 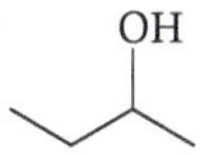 butan-2-ol; (g) 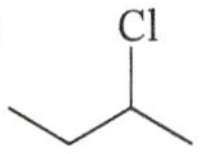 cloreto sec-butila; (h) 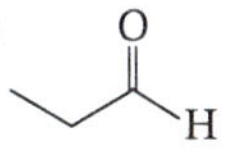 propanal + HCHO

8.29 (a) 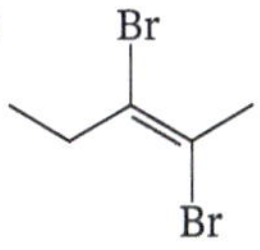 2,3-dibromo-but-2-eno; (c) 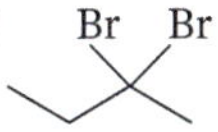 2,2-dibromobutano; (e)  but-1-eno

8.33
(a) 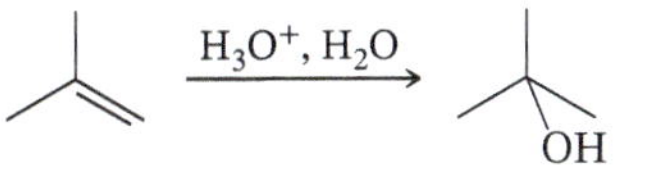 isobuteno + H₃O⁺, H₂O → *terc*-butanol
(c) 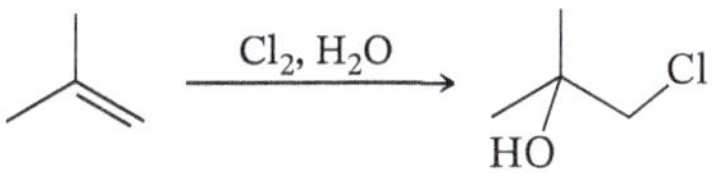 isobuteno + Cl₂, H₂O → 1-cloro-2-metilpropan-2-ol
(d) 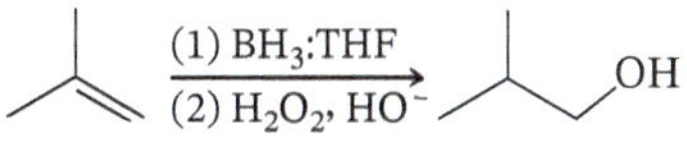 isobuteno + (1) BH₃:THF (2) H₂O₂, HO⁻ → 2-metilpropan-1-ol

8.34 (a) 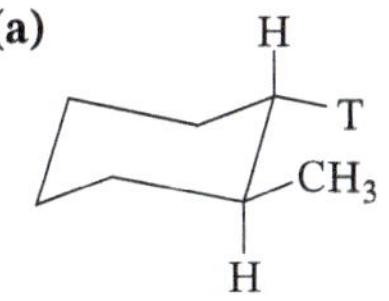 ciclohexano com T e CH₃
(c) 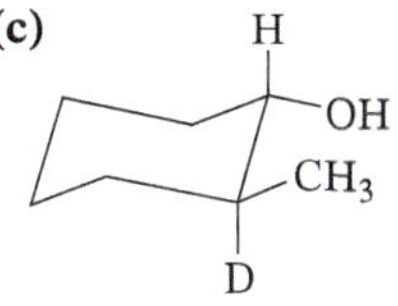 ciclohexano com OH, CH₃ e D

8.57 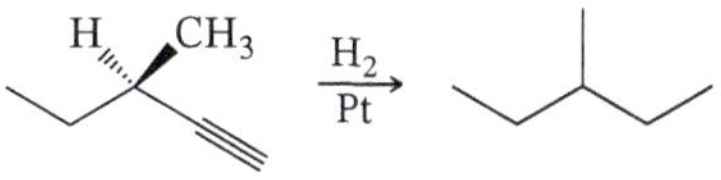 D + H₂/Pt → E (3-metilpentano)

Capítulo 9

9.4 (a) Um; (b) dois; (c) dois; (d) um; (e) dois; (f) dois.

9.8 Um dupleto (3H) em frequência relativamente mais alta (p. ex., 5–6 ppm); um quadrupleto (1H) em frequência relativamente mais baixa (p. ex., 1–2 ppm).

9.9 **A**, CH₃CHICH₃; **B**, CH₃CHCl₂.

9.23 **G**, 2-bromobutano

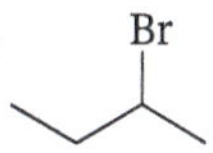

H, 2,3-dibromoprop-1-eno

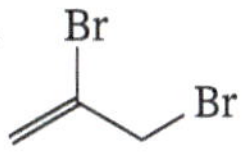

9.25 **Q** é o biciclo[2.2.1]-hepta-2,5-dieno.

R é o biciclo[2.2.1]-heptano.

9.36 E é o fenilacetileno.

Capítulo 10

10.1

3° > 2°  > 1° > Metil (·CH₃)

10.7 (a) Ciclopentano; (b) 2,2,3,3-tetrametilbutano.

10.8

(a)

Cl₂/luz

(2*S*,4*S*)-2,4-Dicloro-pentano + (2*R*,4*S*)-2,4-Dicloro-pentano

(c) Não, o (2*R*,4*S*)-2,4-dicloropentano é aquiral, porque é um composto meso. (Ele tem um plano de simetria que passa por C3.)

(e) Sim, por destilação fracionada ou por cromatografia gás-líquido. (Os diastereoisômeros têm propriedades físicas diferentes. Desse modo, os dois isômeros teriam pressões de vapor diferentes.)

10.9 (a) As únicas frações que poderiam conter moléculas quirais (na forma de enantiômeros) seriam as que contêm 1-cloro-2-metilbutano e os dois diastereoisômeros do 2-cloro-3-metilbutano. Entretanto, essas frações não apresentariam atividade ótica, porque conteriam formas racêmicas dos enantiômeros.

(b) Sim, as frações que contêm 1-cloro-2-metilbutano e as duas que contêm os diastereoisômeros do 2-cloro-3-metilbutano.

10.24

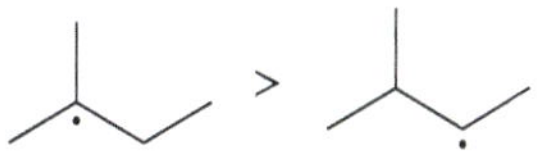

(3°) > (2°)  > (1°) ~ (1°)

Capítulo 11

11.3 (a) 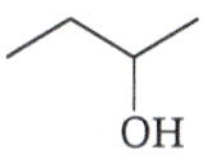 propan-1,2-diol; (b)  butan-1-ol; (b) 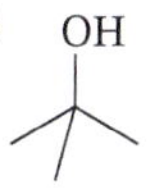 *terc*-butanol

11.10 Use um álcool contendo oxigênio isotopicamente marcado. Se todo o oxigênio marcado aparece no éter sulfonato, então podemos concluir que a ligação C—O do álcool não se quebra durante a reação.

11.25 **(a)** 3,3-Dimetil-1-butanol; **(c)** 2-metil-1,4-butanediol; **(e)** 1-metilciclopentanol.

11.26 (a) 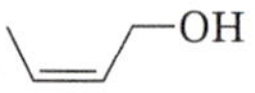 [estrutura: cis-CH₃CH=CHCH₂OH]

(c) 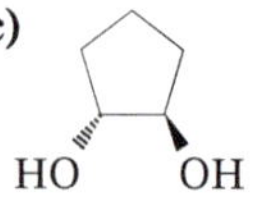 trans-1,2-ciclopentanodiol (HO, OH)

(e) 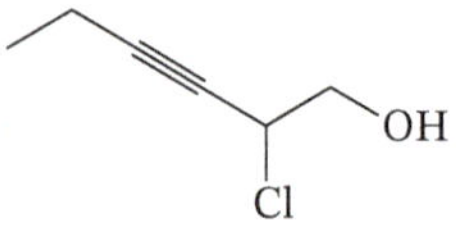 2-cloro-hex-3-in-1-ol com Cl e OH

(g) 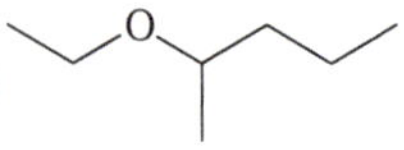 2-etoxipentano

(i) 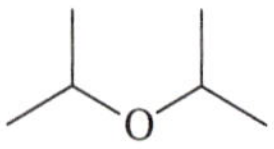 diisopropil éter

11.33 (a) CH₃Br + [CH₂=CHCH₂Br / allyl bromide]

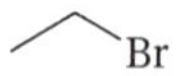

(c) 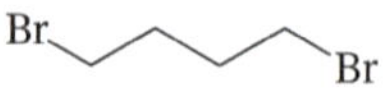 Br–CH₂CH₂CH₂CH₂–Br

Capítulo 12

12.1 (a) LiAlH₄; **(c)** NaBH₄

12.3 (a) PCC ou oxidação de Swern.
(c) Jones, PCC, ou oxidação de Swern.

12.8
(a)

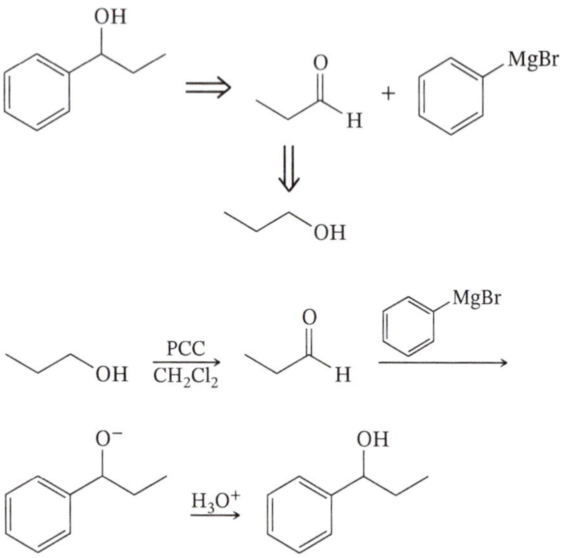

Ph-CH(OH)-CH₂CH₃ ⇒ CH₃CH₂CHO + PhMgBr

⇓

CH₃CH₂CH₂OH

CH₃CH₂CH₂OH —PCC/CH₂Cl₂→ CH₃CH₂CHO —PhMgBr→ Ph-CH(O⁻)-CH₂CH₃ —H₃O⁺→ Ph-CH(OH)-CH₂CH₃

(c)

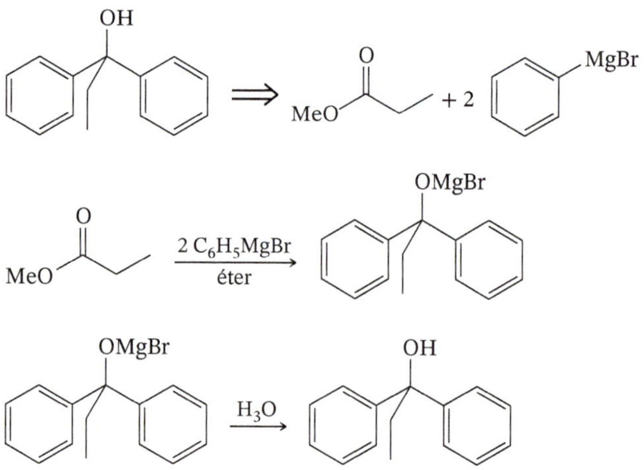

Ph₂C(OH)CH₃ ⇒ MeO-CO-CH₃ + 2 PhMgBr

MeO-CO-CH₂CH₃ —2 C₆H₅MgBr / éter→ Ph₂C(OMgBr)CH₂CH₃

Ph₂C(OMgBr)CH₂CH₃ —H₃O→ Ph₂C(OH)CH₂CH₃

12.9 (a) CH₃CH₃; **(b)** CH₃CH₂D;

(c) 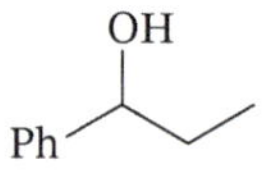 Ph-CH(OH)-CH₃   **(g)** CH₃CH₃ + CH₃CH₂C≡C-CH(OH)-CH₃

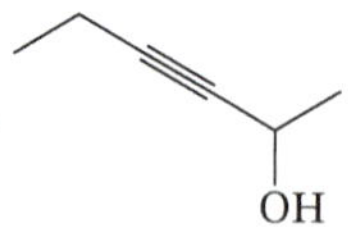

12.10 (a) 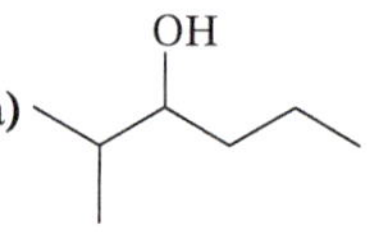 CH₃-CH(CH₃)... 2-metil-hexan-3-ol; **(b)** 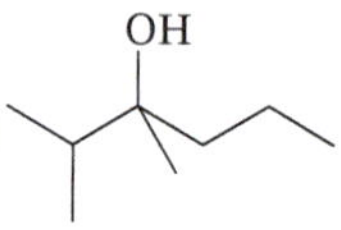 3-metil-hexan-3-ol tipo estrutura

(e) 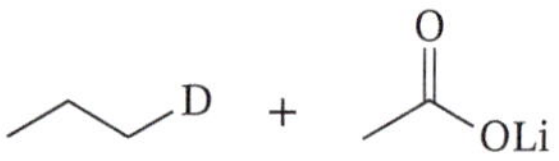 CH₃CH₂D + CH₃COOLi

Glossário

A

Abstração de hidrogênio (Seção 10.1B): O processo por meio do qual uma espécie com um elétron não compartilhado (um radical) remove um átomo de hidrogênio de outra espécie, quebrando a ligação com o hidrogênio homoliticamente. Também chamado remoção de hidrogênio.

Acetileno (Seções 1.14, 7.1 e 7.11): Um nome comum para o etino.

Ácido conjugado (Seção 3.1A): A molécula ou o íon que se forma quando uma base recebe um próton.

Acoplamento (Seção 9.2C): Na RMN, o desdobramento dos níveis de energia de um núcleo sob observação pelos níveis de energia dos núcleos próximos, ativos na RMN, causando padrões de desdobramento característicos para o sinal do núcleo sendo observado. O sinal de um núcleo ativo na RMN será desdobrado em $(2nI + 1)$ picos, em que n = o número de núcleos magnéticos vizinhos equivalentes e I = o número quântico de spin. Para o hidrogênio ($I = 1/2$) essa regra se transforma em $(n + 1)$, em que n = o número de núcleos de hidrogênio vizinhos equivalentes.

Acoplamento geminal (Seções 9.6 e 9.9A): O desdobramento do sinal de RMN que ocorre entre dois hidrogênios diastereotópicos no mesmo carbono. (Veja também **Acoplamento** e **Desdobramento de Sinal**.)

Acoplamento vicinal (Seções 9.6 e 9.9A): O desdobramento de um sinal de RMN provocado por átomos de hidrogênio em carbonos adjacentes. (Veja também **Acoplamento** e **Desdobramento de Sinal**.)

Adição anti (Seções 7.6A, 7.16A, 7.17B e 8.11A): Uma adição que coloca as partes do reagente adicionado em faces opostas do reagente.

Adição anti-Markovnikov (Seções 8.2D, 8.6–8.9, 8.18 e 10.10): Uma reação de adição em que o átomo de hidrogênio de um reagente liga-se a um alqueno ou um alquino no carbono que tem inicialmente o menor número de átomos de hidrogênio. Essa orientação é a oposta àquela prevista pela regra de Markovnikov.

Adição nucleofílica ao carbono da carbonila (Seções 12.1A e 16.6): Uma reação na qual um *nucleófilo* (um doador de par de elétrons) forma uma ligação com o carbono de um grupo *carbonila* ($C=O$). Para evitar a violação da regra do octeto, os elétrons da ligação π carbono-oxigênio se deslocam para o oxigênio, resultando em um carbono tetracoordenado (tetraédrico).

Adição radicalar a alquenos (Seção 10.10): Um processo por meio do qual um átomo com um elétron não compartilhado, tal como o átomo de bromo, adiciona-se a um alqueno com quebra homolítica da ligação π e formação de uma ligação σ; o radical resultante no carbono então continua a reação em cadeia para formar o produto final mais outra espécie com um elétron não compartilhado.

Adição sin (Seções 7.6A e 8.15A): Uma adição que coloca ambas as partes do reagente sendo adicionado na mesma face do reagente.

Agente de oxidação (Seção 12.2): Uma espécie química que faz com que outra espécie química se torne oxidada (perca elétrons ou ganhe ligações com elementos mais eletronegativos, frequentemente perdendo ligações com o hidrogênio no processo). O agente de oxidação é reduzido nesse processo.

Agente de redução (Seções 12.2 e 12.3A): Uma espécie química que faz com que outra espécie química se torne reduzida (ganhe elétrons ou perca ligações com elementos eletronegativos, frequentemente ganhando ligações com o hidrogênio no processo). O agente de redução é oxidado no processo.

Alcaneto (Seção 7.11A): Um ânion alquila, R:⁻, ou uma espécie alquila que reage como se fosse um ânion alquila.

Alcanos (Seções 2.1, 2.1A, 4.1–4.3, 4.7 e 4.16A): Hidrocarbonetos que têm somente ligações simples (σ) entre átomos de carbono. Alcanos acíclicos têm a fórmula geral C_nH_{2n+2}. Alcanos monocíclicos têm a fórmula geral C_nH_{2n}. Os alcanos são chamados de "saturados" porque as ligações simples C—C não podem reagir de modo que hidrogênio seja adicionado à molécula.

Alquenos (Seções 2.1, 2.1B, 4.1 e 4.5): Hidrocarbonetos que têm no mínimo uma ligação dupla entre os átomos de carbono. Alquenos acíclicos têm a fórmula geral C_nH_{2n}. Alquenos monocíclicos têm a fórmula geral C_nH_{2n-2}. Os alquenos são chamados de "insaturados" porque suas ligações duplas $C=C$ podem reagir de modo que hidrogênio é adicionado à molécula, produzindo um alcano.

Alquilação (Seções 7.11A, 7.14A, 15.6 e 18.4C): A introdução de um grupo alquila em uma molécula.

Alquinos (Seções 2.1, 2.1C, 4.1 e 4.6): Hidrocarbonetos tendo no mínimo uma ligação tripla entre os átomos de carbono. Alquinos acíclicos têm a fórmula geral C_nH_{2n-2}. Alquinos monocíclicos têm a fórmula geral C_nH_{2n+4}. Os alquinos são chamados de "insaturados" porque suas ligações triplas $C\equiv C$ podem reagir de modo que duas moléculas de hidrogênio sejam adicionadas à molécula, produzindo um alcano.

Análise conformacional (Seções 4.8 e 4.9A): Uma análise das variações de energia que uma molécula sofre à medida que seus grupos sofrem rotação (algumas vezes apenas parciais) em torno das ligações simples que os unem.

Análise por CG/EM (Seção 9.15): Um método analítico que acopla um cromatógrafo a gás (CG) a um espectrômetro de massa (EM). O CG separa os componentes de uma mistura a serem analisados da passagem dos compostos, em fase gasosa, através de uma coluna contendo um adsorvente denominado *fase estacionária*. As moléculas em fase gasosa se prendem à superfície da fase estacionária (são *adsorvidas*) com forças de intensidades diferentes. As moléculas que estão presas (adsorvidas) mais fracamente passarão através da coluna mais rapidamente; aquelas que se *adsorvem* mais firmemente passarão através da coluna mais lentamente. Os componentes da mistura separados são então introduzidos no espectrômetro de massa, onde eles são analisados.

Análise retrossintética (Seção 7.18B): Um método para planejar sínteses que envolve o raciocínio de trás para a frente a partir da molécula-alvo através de vários níveis de precursores e, assim, finalmente, até os materiais de partida.

Ângulo de ligação (Seção 1.7A): O ângulo entre duas ligações que têm origem no mesmo átomo.

Ângulo diedro (ϕ) (Seções 4.8A, 9.6C e 9.9D): Veja as Figs. 4.4 e 4.5. O ângulo entre dois átomos (ou grupos) ligados a átomos adjacentes, quando visto como uma projeção da ligação entre os átomos adjacentes.

Anti 1,2-di-hidroxilação (Seção 11.15): A inserção de grupos hidroxila em carbonos adjacentes e em faces opostas de um alqueno, frequentemente acompanhada pela abertura de anel de um epóxido.

Anticoplanar (Seção 7.7C): A posição relativa de dois grupos que têm um ângulo diedro de 180° entre eles.

Átomo de carbono primário (Seção 2.5): Um átomo de carbono que tem apenas um outro átomo de carbono ligado a ele.

Átomo de hidrogênio acetilênico (Seções 4.6, 7.9 e 7.12): Um átomo de hidrogênio ligado a um átomo de carbono que está ligado a outro átomo de carbono por uma ligação tripla.

GLOSSÁRIO

Atropisômeros (Seção 5.18): Isômeros conformacionais que são compostos estáveis, passíveis de serem isolados.

Auto-oxidação (Seção 10.12C): A reação de um composto orgânico com o oxigênio para formar um hidroperóxido.

B

Barreira torsional (Seção 4.8B): A barreira para a rotação de grupos unidos por uma ligação simples provocada pelas repulsões entre os pares de elétrons alinhados na forma eclipsada.

Base conjugada (Seções 3.1A e 3.5C): A molécula ou o íon que se forma quando um ácido perde seu próton.

Benzeno (Seção 2.1D): O composto aromático prototípico com a fórmula C_6H_6. Compostos aromáticos são planares, cíclicos e contêm $4n + 2$ elétrons π *deslocalizados* de forma contínua em torno de um anel de densidade eletrônica na molécula. A deslocalização eletrônica dá aos compostos aromáticos um alto grau de estabilidade.

Blindagem e desblindagem (Seção 9.4): Efeitos observados nos espectros de RMN provocados pela circulação de elétrons sigma e pi dentro da molécula. A blindagem faz com que os sinais apareçam em campos magnéticos mais altos em frequências mais baixas, a desblindagem faz com que os sinais apareçam em campos magnéticos mais baixos em frequências mais altas.

Bromoidrina (Seção 8.13): Um composto que tem um átomo de bromo e um grupo hidroxila em carbonos adjacentes (vicinais).

C

Calor de hidrogenação (Seção 7.3A): A variação de entalpia-padrão que acompanha a hidrogenação de 1 mol de um composto para formar um produto em particular.

Camada de valência (Seção 1.3): A camada mais externa de elétrons em um átomo.

Carbânion (Seções 3.4 e 12.1A): Uma espécie química na qual um átomo de carbono tem uma carga formal negativa.

Carbeno (Seção 8.14): Uma espécie não carregada na qual um átomo de carbono é divalente. A espécie :CH_2, chamada metileno, é um carbeno.

Carbenoide (Seção 8.14C): Uma espécie semelhante ao carbeno. Uma espécie tal como o reagente formado quando o di-iodometano reage com um par zinco-cobre. Esse reagente, chamado de reagente de Simmons–Smith, reage com os alquenos para sofrer adição de metileno na ligação dupla de uma maneira estereoespecífica.

Carbocátion (Seções 3.4, 6.11 e 6.12): Uma espécie química na qual um átomo de carbono trivalente tem uma carga formal positiva.

Carbono estereogênico (Seção 5.4): Um único carbono tetraédrico com quatro grupos diferentes unidos a ele. Também chamado *carbono assimétrico*, *estereocentro* ou *centro quiral*. A última denominação é a preferida.

Carbono secundário (Seção 2.5): Um átomo de carbono que tem dois outros átomos de carbono ligados a ele.

Carbono terciário (Seção 2.5): Um átomo de carbono que tem três outros átomos de carbono unidos a ele.

Carga formal (Seção 1.5): A diferença entre o número de elétrons atribuídos a um átomo em uma molécula e o número de elétrons que ele tem na sua camada mais externa no seu estado fundamental. A carga formal pode ser calculada por meio da fórmula: $F = Z - S/2 - U$, em que F é a carga formal, Z é o número do grupo do átomo (ou seja, o número de elétrons que o átomo tem na sua camada mais externa no seu estado fundamental), S é o número de elétrons que o átomo está compartilhando com outros átomos e U é o número de elétrons não compartilhados que o átomo possui.

Catálise de transferência de fase (Seção 11.16): Uma reação que utiliza um reagente que transporta um íon de uma fase aquosa para uma fase apolar onde a reação ocorre mais rapidamente. Os íons tetralquilamônio e éteres de coroa são catalisadores de transferência de fase.

Catálise heterogênea (Seções 7.15 e 7.17A): Reações catalíticas nas quais o catalisador é insolúvel na mistura reacional.

Catálise homogênea (Seção 7.15): Reações catalíticas nas quais o catalisador é solúvel na mistura reacional.

Cátion radical (Seção 9.11): Uma espécie química contendo um elétron não compartilhado e uma carga positiva.

Centro estereogênico (Seções 5.4 e 5.14A): Quando a troca de dois grupos ligados ao mesmo átomo produz estereoisômeros, diz-se que o átomo é um átomo estereogênico ou um centro estereogênico.

Centro proquiral (Seção 12.3D): Um grupo é proquiral se a substituição de um de dois grupos idênticos em um átomo tetraédrico, ou a adição de um grupo a um átomo trigonal plano, leva a um novo centro quiral. Em um átomo tetraédrico em que existem dois grupos idênticos, os grupos idênticos podem ser designados pro-*R* e pro-*S* dependendo de qual configuração resultaria quando se imagina que cada um é substituído por um grupo da próxima prioridade mais alta (mas não de prioridade mais alta do que outro grupo existente).

Centro quiral (Seções 5.4, 5.17 e 10.7): Um átomo contendo grupos de tal natureza que uma permuta de quaisquer dois grupos produzirá um estereoisômero.

Cicloalcanos (Seções 4.1, 4.4A, 4.7, 4.10 e 4.11): Alcanos em que alguns ou todos os átomos de carbono estão distribuídos em um anel. Cicloalcanos saturados têm a fórmula geral C_nH_{2n}.

Cinética (Seção 6.5): Um termo que se refere às velocidades das reações.

Cloração (Seções 8.12, 10.3B, 10.4 e 10.5): Uma reação na qual um ou mais átomos de cloro são introduzidos em uma molécula.

Cloroidrina (Seção 8.13): Um composto contendo um átomo de cloro e um grupo hidroxila em carbonos adjacentes (vicinais).

Combinação linear de orbitais atômicos (CLOA) (Seção 1.11): Um método matemático para se obterem funções de onda para orbitais moleculares que envolve adição e subtração de funções de onda de orbitais atômicos.

Composto aromático (Seções 2.1, 2.1D, 14.1–14.8A e 14.11A): Uma molécula ou íon cíclico insaturado conjugado que é estabilizado por meio da deslocalização de elétrons π. Os compostos aromáticos são caracterizados por possuírem energias de ressonância grandes, por reagirem por meio da substituição em vez de adição, e pela desblindagem dos prótons externos ao anel em seus espectros de RMN de ^1H provocada pela presença de uma corrente induzida no anel.

Composto insaturado (Seções 2.1, 7.13, 7.15 e 23.2): Um composto que contém uma ou mais ligações múltiplas.

Composto meso (Seção 5.12B): Um composto opticamente inativo cujas moléculas são aquirais apesar de conterem átomos tetraédricos com quatro grupos diferentes ligados a eles.

Composto opticamente ativo (Seção 5.8): Um composto que gira o plano de polarização da luz plano-polarizada.

Composto organometálico (Seção 12.5): Um composto que contém uma ligação metal–carbono.

Composto saturado (Seções 2.1, 7.12, 7.15 e 23.2): Um composto que não tem nenhuma ligação múltipla.

Compostos bicíclicos (Seção 4.4B): Compostos com dois anéis unidos ou em ponte.

Comprimento de ligação (Seções 1.11 e 1.14A): A distância de equilíbrio entre dois átomos ou grupos ligados.

Comprimento de onda, λ (Seções 2.15 e 13.8A): A distância entre duas cristas (ou depressões) consecutivas de uma onda.

Conectividade (Seções 1.6 e 1.7A): A sequência ou ordem na qual os átomos de uma molécula estão ligados entre si.

Configuração (Seções 5.7, 5.15 e 6.8): O arranjo específico dos átomos (ou dos grupos) no espaço que é característico de determinado estereoisômero.

Configuração absoluta (Seção 5.15A): O arranjo real dos grupos em uma molécula. A configuração absoluta de uma molécula pode ser determinada através de análise de raios X ou relacionando-se a configuração de uma molécula, utilizando-se reações de estereoquímica conhecida, com outra molécula cuja configuração absoluta é conhecida.

Configuração relativa (Seção 5.15A): A relação entre as configurações de duas moléculas quirais. Diz-se que as moléculas têm a mesma configuração relativa quando grupos similares ou idênticos em cada uma ocupam a mesma posição no espaço. As configurações das moléculas podem ser relacionadas entre si por meio de reações de estereoquímica conhecida, por exemplo, por meio de reações que façam com que ligações a um centro estereogênico não sejam quebradas.

Conformação (Seção 4.8): Uma orientação temporária específica de uma molécula que resulta das rotações em torno de suas ligações simples.

Conformação alternada (Seção 4.8A): Uma orientação temporária de grupos em torno de dois átomos unidos por uma ligação simples de tal forma que as ligações do átomo de trás dividem exatamente em duas partes os ângulos formados pelas ligações do átomo da frente em uma fórmula de projeção de Newman:

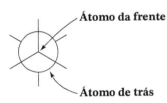

Uma conformação alternada

Conformação anti (Seção 4.9): Uma conformação anti do butano, por exemplo, tem os grupos metila em um ângulo diedro de 180° entre si:

Conformação anti do butano

Conformação do ciclo-hexano (Seção 4.11): Rotações em torno das ligações simples carbono-carbono do ciclo-hexano podem produzir diferentes conformações que são interconversíveis. As mais importantes são a conformação em cadeira, a conformação em barco e a conformação torcida.

Conformação eclipsada (Seção 4.8A): Uma orientação temporária de grupos em torno de dois átomos unidos por uma ligação simples de tal forma que os grupos estejam diretamente opostos entre si.

Uma conformação eclipsada

Conformação em barco (Seção 4.11): Uma conformação do ciclo-hexano que se assemelha a um barco e que tem ligações eclipsadas ao longo de seus dois lados:

Ela é de energia mais alta do que a conformação em cadeira.

Conformação em cadeira (Seção 4.11): Conformação toda alternada do ciclo-hexano que não tem tensão angular ou tensão torsional e é, consequentemente, a conformação de mais baixa energia:

Conformação gauche (Seção 4.9): Uma conformação gauche do butano, por exemplo, tem os grupos metila com um ângulo de 60° entre eles:

Conformação gauche do butano

Confôrmero (Seção 4.8): Uma conformação alternada específica de uma molécula.

Constante de acidez, K_a (Seções 3.5 e 3.5A): Uma constante de equilíbrio relacionada com a força de um ácido. Para a reação

$$HA + H_2O \rightleftharpoons H_3O^+ + A^-$$

$$K_a = \frac{[H_3O^+][A^-]}{[HA]}$$

Constante de acoplamento, J_{ab} (Seção 9.6B): A separação em unidades de frequência (hertz) dos picos de um multipleto provocada pelo acoplamento spin–spin entre os átomos a e b.

Constante de equilíbrio, K_{eq} (Seção 3.5A): Uma constante que expressa a posição de um equilíbrio. A constante de equilíbrio é calculada multiplicando-se as concentrações molares dos produtos e dividindo esse número pelo número obtido multiplicando-se as concentrações molares dos reagentes.

Constante dielétrica (Seção 6.13C): Uma medida da capacidade de um solvente de isolar as cargas opostas uma da outra. A constante dielétrica de um solvente mede aproximadamente sua polaridade. Os solventes com constantes dielétricas altas são solventes melhores para íons do que os solventes com constantes dielétricas baixas.

Controle cinético (ou da velocidade) (Seções 7.6B, 7.7A, 13.9A e 18.4A): Um princípio que estabelece que, quando a razão dos produtos de uma reação é determinada pelas velocidades relativas de reação, o produto mais abundante será aquele formado mais rapidamente.

Coordenada de reação (Seção 6.7): A abscissa em um diagrama de energia potencial que representa o progresso da reação. Ela representa as variações nas ordens de ligação e nas distâncias de ligação que devem ocorrer à medida que os reagentes são convertidos em produtos.

Coplanar (Seção 7.7C): Uma conformação na qual os grupos vicinais localizam-se no mesmo plano.

Copolímero: Um polímero sintetizado por polimerização de dois monômeros.

Correlação de Karplus (Seção 9.6C): Uma correlação empírica entre a magnitude de um acoplamento de RMN e o ângulo de diedro entre dois prótons acoplados. Os ângulos de diedro obtidos dessa maneira podem fornecer informação a respeito de geometrias moleculares.

COSY (Espectroscopia de correlação) (Seção 9.9): Um método de RMN bidimensional que mostra as relações de acoplamento entre prótons em uma molécula.

Craqueamento (Seção 4.1A): Um processo utilizado na indústria de petróleo para quebrar as moléculas de alcanos maiores em moléculas menores. O craqueamento pode ser realizado por aquecimento (craqueamento térmico) ou com um catalisador (craqueamento catalítico).

D

Debye (Seção 2.2): A unidade pela qual os momentos de dipolo são expressos. Um debye, D, é igual a 1×10^{-18} ues cm.

Densidade de probabilidade eletrônica (Seção 1.10): A probabilidade de encontrar um elétron em dado volume do espaço. Se a densidade de probabilidade eletrônica é grande, então a probabilidade de encontrar um elétron em dado volume do espaço é alta, e o volume correspondente do espaço define um orbital.

Desacoplamento de próton (Seção 9.8B): Uma técnica instrumental usada na espectroscopia de RMN de ^{13}C que permite o desacoplamento de interações spin–spin entre núcleos de ^{13}C e núcleos de ^{1}H. Nos espectros obtidos neste modo de operação todas as ressonâncias de carbono aparecem como simpletos.

Desacoplamento de spin (Seção 9.7): Um efeito que provoca o desdobramento spin–spin não observado nos espectros de RMN.

Desblindado (Seção 9.4): Veja **Blindagem**.

Desdobramento de sinal (Seções 9.2C e 9.6): Desdobramento de um sinal de RMN em picos múltiplos na forma de dupletos, tripletos, quadrupletos etc., devido às interações dos níveis de energia do núcleo magnético sob observação com os níveis de energia do núcleo magnético vizinho.

Desdobramento spin–spin (Seção 9.6): Um efeito observado nos espectros de RMN. Os desdobramentos spin–spin resultam em um sinal aparecendo como um multipleto (ou seja, dupleto, tripleto, quadrupleto etc.) e são provocados pelos acoplamentos magnéticos do núcleo em observação com núcleos de átomos vizinhos.

Desidratação (Seções 7.10 e 7.11): Uma eliminação que envolve a perda de uma molécula de água pelo substrato.

Desidroalogenação (Seção 7.6): Uma reação de eliminação que resulta na perda de HX de carbonos adjacentes do substrato e na formação de uma ligação π.

Deslocamento 1,2 (Seção 7.11A): A migração de uma ligação química, juntamente com o grupo ligado a ela, de um átomo para um átomo adjacente.

Deslocamento químico, δ (Seções 9.2A e 9.8C): A posição em um espectro de RMN, em relação a um composto de referência, no qual um núcleo absorve. O composto de referência mais frequentemente utilizado é o tetrametilsilano (TMS), e seu ponto de absorção é arbitrariamente designado zero. O deslocamento químico de determinado núcleo é proporcional à força do campo magnético do espectrômetro. O deslocamento químico em unidades de delta, δ, é determinado dividindo-se o deslocamento observado para o TMS em hertz multiplicado por 10^{6} pela frequência de operação do espectrômetro em hertz.

Dextrorrotatório (Seção 5.8B): Um composto que gira a luz plano-polarizada no sentido horário.

Diagrama de energia livre (Seção 6.7): Uma representação gráfica das variações da energia livre que ocorrem durante uma reação *versus* a coordenada de reação. Ela exibe as variações de energia livre como uma função das variações nas ordens e nas distâncias de ligação à medida que os reagentes passam pelo estado de transição para se transformarem em produtos.

Diagrama de energia potencial (Seção 4.8B): Uma representação gráfica das variações de energia potencial que ocorrem quando moléculas (ou átomos) reagem (ou interagem). A energia potencial é localizada no eixo vertical e o progresso da reação no eixo horizontal.

Diagramas de árvore de desdobramentos (Seção 9.9B): Um método de ilustrar os desdobramentos do sinal de RMN em uma molécula por meio do desenho de "ramificações" a partir do sinal original. A distância entre as ramificações é proporcional à magnitude da constante de acoplamento. Esse tipo de análise é especialmente útil quando desdobramentos múltiplos (desdobramento de sinais já desdobrados) ocorrem devido ao acoplamento com prótons não equivalentes.

Diastereoisômeros (Seções 5.2C e 10.7A): Estereoisômeros que não são imagens especulares um do outro.

Di-hidroxilação (Seção 8.15): Um processo pelo qual um material de partida é convertido em um produto contendo funcionalidades de álcool adjacentes (chamado "1,2-diol" ou "glicol").

Di-hidroxilação 1,2 (Seção 8.15): A inserção de grupos hidroxila sobre carbonos adjacentes, tal como na reação de OsO_4 ou de $KMnO_4$ com um alqueno.

Di-hidroxilação sin (Seção 8.15A): Uma reação de oxidação na qual um alqueno reage para tornar-se um 1,2-diol (também chamado *glicol*) com os novos grupos hidroxila ligados recentemente adicionados à mesma face do alqueno.

Dupleto (Seção 9.2C): Um sinal de RMN constituído de dois picos com a mesma intensidade, provocado pelo desdobramento de sinal de um núcleo ativo vizinho na RMN.

E

Efeito de deslocalização (Seções 3.10A e 6.11B): A dispersão de elétrons (ou de carga elétrica). A deslocalização da carga sempre estabiliza um sistema.

Efeito do solvente (Seção 6.13C): Um efeito provocado pelo solvente sobre as velocidades relativas das reações. Por exemplo, o uso de um solvente polar aumentará a velocidade da reação de um haleto de alquila em uma reação S_N1.

Efeito do substituinte (Seções 3.10D e 15.11F): Um efeito sobre a velocidade de reação (ou sobre a constante de equilíbrio) provocado pela substituição de um átomo de hidrogênio por outro átomo ou grupo. Os efeitos do substituinte incluem aqueles efeitos provocados pelo tamanho do átomo ou do grupo, chamados efeitos estéricos, e aqueles provocados pela capacidade do grupo em doar ou retirar elétrons, chamados efeitos eletrônicos. Os efeitos eletrônicos são ainda classificados como efeitos indutivos ou efeitos de ressonância.

Efeito estérico (Seção 6.13A): Um efeito nas velocidades relativas da reação provocado pelas propriedades de preenchimento de espaço daquelas partes de uma molécula ligada ao sítio reativo ou próximo dele.

Efeito indutivo (Seções 3.7B e 15.11B): Um efeito intrínseco de atração ou repulsão de elétrons que resulta de um dipolo próximo na molécula e que é transmitido através do espaço e através das ligações de uma molécula.

Efeito nivelador de um solvente (Seção 3.14): Um efeito que restringe a utilização de determinados solventes com ácidos e bases fortes. Em princípio, nenhum ácido mais forte do que o ácido conjugado de um solvente em particular pode existir em uma extensão considerável naquele solvente, e nenhuma base mais forte do que a base conjugada do solvente pode existir em uma extensão considerável naquele solvente.

Eletrófilo (Seções 3.4A, 8.1A e 8.1B): Um ácido de Lewis, um receptor de par de elétrons, um reagente que procura elétrons.

Eletronegatividade (Seções 1.3A e 2.2): Uma medida da capacidade de um átomo de atrair os elétrons que ele está compartilhando com um outro átomo e consequentemente polarizar a ligação.

Enantiômeros (Seções 5.2C, 5.3, 5.7, 5.8 e 5.16): Os estereoisômeros que são imagens especulares um do outro.

Energia (Seção 3.8): Energia é a capacidade de fazer trabalho.

Energia cinética (Seção 3.8): A energia que resulta do movimento de um objeto. A energia cinética $(EC) = \frac{1}{2}mv^2$, em que m é a massa do objeto e v é sua velocidade.

Energia de ativação, E_{ativ} (Seção 10.5A): Uma medida da diferença de energia potencial entre os reagentes e o estado de transição de uma reação. Ela está relacionada com a energia livre de ativação, $\Delta G^{\ddagger}$, mas não é o mesmo que ela.

Energia de dissociação homolítica da ligação, $DH°$ (Seção 10.2): A variação de entalpia que acompanha a quebra homolítica de uma ligação covalente.

Energia livre de ativação, $\Delta G^{\ddagger}$ (Seção 6.7): A diferença de energia livre entre o estado de transição e os reagentes.

Energia potencial (Seção 3.8): A energia potencial é a energia armazenada; ela existe quando existem forças atrativas ou repulsivas entre objetos.

Epoxidação (Seção 11.13A): O processo de síntese de um epóxido. Ácidos peroxicarboxílicos (RCO$_3$H) são reagentes normalmente usados para epoxidação.

Epóxido (Seção 11.13). Um oxirano. Um anel de três membros contendo um átomo de oxigênio e dois átomos de carbono.

Equivalente sintético (Seções 8.20B, 18.6 e 18.7): Um composto que atua como o equivalente de um fragmento molecular necessário em uma síntese.

Espectrometria de massa (EM) (Seção 9.10): Uma técnica, útil na elucidação de estrutura e análise quantitativa, que envolve a geração de íons a partir de uma molécula, a separação e detecção dos íons, e que mostra os resultados em termos da razão massa/carga e da quantidade relativa de cada íon.

Espectros de RMN de ^{13}C APT (Seção 9.8D): Os espectros de RMN de ^{13}C APT (abreviatura do termo em inglês *Attached Proton Test*) indicam pela direção para cima ou para baixo dos sinais se cada carbono tem um número par ou ímpar de átomos de hidrogênio ligados a ele. Os sinais dos carbonos CH$_3$ e CH (número ímpar de átomos de hidrogênio) apontam em uma direção enquanto os sinais de CH$_2$ e C (par) apontam em outra direção.

Espectros de RMN de ^{13}C-DEPT (Seção 9.8D): Espectros de RMN de ^{13}C-DEPT (do inglês *Distortionless Enhanced Polarization Transfer*, intensificação do sinal sem distorção por transferência de polarização) indicam quantos átomos de hidrogênio estão ligados a determinado átomo de carbono.

Espectroscopia (Seção 9.1): O estudo da interação da energia com a matéria. A energia pode ser absorvida, emitida, dispersada, transmitida ou provocar uma transformação química (quebra de ligações) quando interage com a matéria. Entre as várias utilizações, a espectroscopia pode ser usada para investigar a estrutura molecular.

Espectroscopia de correlação ^{1}H—^{1}H (COSY) (Seção 9.9): Um método de RMN bidimensional usado para acoplamento entre átomos de hidrogênio.

Espectroscopia de correlação heteronuclear (em inglês **HETCOR** ou **C-H HETCOR**) (Seção 9.9): Um método de RMN bidimensional usado para visualizar o acoplamento entre hidrogênios e os carbonos aos quais eles estão unidos.

Espectroscopia de ressonância magnética nuclear (RMN) (Seções 9.2 e 9.8): Um método espectroscópico para medir a absorção da radiação de radiofrequência por determinados núcleos quando os núcleos estão em um campo magnético forte. Os espectros de RMN mais importantes para os químicos orgânicos são os espectros de RMN de ^{1}H e os espectros de RMN de ^{13}C. Esses dois tipos de espectros fornecem informações estruturais sobre o esqueleto de carbono da molécula e sobre o número e o ambiente dos átomos de hidrogênio ligados a cada átomo de carbono.

Espectroscopia de RMN de carbono-13 (Seção 9.8): Espectroscopia de RMN aplicada ao carbono. O carbono-13 é ativo na RMN, ao contrário do carbono-12, que não é ativo e, portanto, não pode ser estudado por meio da RMN. Somente 1,1% de todo o carbono ocorrendo naturalmente é carbono-13.

Espectroscopia no infravermelho (IV) (Seção 2.15): Um tipo de espectroscopia óptica que mede a absorção de radiação no infravermelho. A espectroscopia no infravermelho fornece informações estruturais sobre os grupos funcionais presentes no composto em análise.

Estado de transição (Seções 6.6 a 6.8): Um estado em um diagrama de energia potencial que corresponde a uma energia máxima (isto é, caracterizada por ter energia potencial mais alta do que os estados imediatamente adjacentes). O termo estado de transição também é utilizado para se referir à espécie que ocorre nesse estado de energia potencial máxima; outro termo utilizado para essa espécie é *complexo ativado*.

Estado fundamental (Seção 1.12): O estado de energia eletrônica mais baixa de um átomo ou molécula.

Éster sulfonato (Seção 11.10): Um composto com a fórmula ROSO$_2$R' e considerado como derivado de ácidos sulfônicos, HOSO$_2$R'. Ésteres sulfonatos são usados em sínteses orgânicas devido à excelente capacidade do grupo de saída do fragmento $^-$OSO$_2$R'.

Estereoisômeros (Seções 1.13B, 4.9A, 4.13, 5.2B e 5.14): Os compostos com a mesma fórmula molecular que diferem apenas nos arranjos de seus átomos no espaço. Os estereoisômeros têm a mesma conectividade e, consequentemente, não são isômeros constitucionais. Os estereoisômeros são ainda classificados como enantiômeros ou diastereoisômeros.

Estereoisômeros conformacionais (Seção 4.9A): Estereoisômeros diferindo no espaço somente devido às rotações em torno das ligações simples (σ).

Estereoquímica (Seções 5.2B, 6.8 e 6.14): Estudos químicos que levam em conta os aspectos espaciais das moléculas.

Estrutura de Kekulé (Seções 2.1D e 14.4): Uma estrutura na qual são utilizadas linhas para representar ligações. A estrutura de Kekulé para o benzeno é um hexágono de átomos de carbono com ligações simples e duplas alternadas em torno do anel, e com um átomo de hidrogênio ligado a cada carbono.

Estrutura de Lewis (ou *estrutura de elétrons em pontos*) (Seções 1.3B e 1.5): Uma representação de uma molécula mostrando os pares de elétrons como um par de pontos ou como um traço.

Estrutura em bastão (Seções 1.7 e 1.7C): Uma estrutura que mostra a cadeia de carbono de uma molécula com bastões (linhas). Supõe-se que o número de átomos de hidrogênio necessário para preencher a valência de cada carbono está presente, mas ele não é escrito na estrutura. Outros átomos (por exemplo, O, Cl, N) são escritos.

Estruturas de ressonância (ou *contribuintes de ressonância*) (Seções 1.8, 1.8A, 13.2B e 13.4A): As estruturas de Lewis que diferem entre si apenas na posição dos seus elétrons. Uma única estrutura de ressonância não representará adequadamente uma molécula. A molécula é mais bem representada como um *híbrido* de todas as estruturas de ressonância.

Etapa determinante da velocidade (Seção 6.9A): Se uma reação ocorre em uma série de etapas, e se uma etapa é intrinsecamente mais lenta do que todas as outras, então a velocidade da reação global será a mesma que a (será determinada pela) velocidade dessa etapa mais lenta.

Éter de coroa (Seção 11.16): Poliéteres cíclicos que têm a capacidade de formar complexos com íons metálicos. Os éteres de coroa recebem o nome de *x-coroa-y*, em que *x* é o número total de átomos no anel e *y* é o número de átomos de oxigênio no anel.

Excesso enantiomérico (ou *pureza enantiomérica*) (Seção 5.9A): Uma porcentagem calculada para uma mistura de enantiômeros por meio da divisão, multiplicada por 100, do número de mols de um enantiômero menos o número de mols do outro enantiômero pelo número de mols de ambos os enantiômeros. O excesso enantiomérico é igual à porcentagem de pureza óptica.

F

Força ácida (Seção 3.5): A força de um ácido está relacionada com sua constante de acidez, K_a, ou com seu pK_a. Quanto maior o valor de seu K_a, ou menor o valor de seu pK_a, mais forte é o ácido.

Força básica (Seções 3.5C e 20.3): A força de uma base está inversamente relacionada com a força de seu ácido conjugado; quanto mais fraco o ácido conjugado, mais forte é a base. Em outras palavras, se o ácido conjugado tem um pK_a grande, a base será forte.

Força de dispersão (ou *Força de London*) (Seções 2.13B e 4.12B): Forças fracas que atuam entre moléculas apolares ou entre partes da mesma molécula. A aproximação de dois grupos (ou moléculas) resulta inicialmente em uma força de atração entre eles, porque uma distribuição assimétrica temporária dos elétrons em um grupo induz a uma polaridade contrária no outro. Quando os grupos estão mais próximos do que seus *raios de van der Waals*, a força entre eles torna-se repulsiva porque suas nuvens eletrônicas começam a penetrar uma na outra.

Força dipolo–dipolo (Seção 2.13B): Uma interação entre moléculas que têm momentos de dipolo permanentes.

Força íon–dipolo (Seção 2.13D): A interação de um íon com um dipolo permanente. Tais interações (resultando na solvatação) ocorrem entre íons e moléculas de solventes polares.

Forças intermoleculares (Seções 2.13B e 2.13F): Também conhecidas como forças de van der Waals. Forças que atuam entre moléculas devido a distribuições eletrônicas permanentes ou temporárias. As forças intermoleculares podem ser atrativas ou repulsivas. Forças dipolo–dipolo (incluindo ligações de hidrogênio) e forças de dispersão (também chamadas forças de London) são forças intermoleculares do tipo de van der Waals.

Forças íon–íon (Seção 2.13A): Forças eletrostáticas fortes de atração entre íons de cargas opostas. Essas forças mantêm os íons juntos em uma rede cristalina.

Forma racêmica (*racemato* ou *mistura racêmica*) (Seções 5.9A, 5.9B, 5.10A e 10.7): Uma mistura equimolar de enantiômeros. Uma forma racêmica é opticamente inativa.

Fórmula de esqueleto ou esquelética (Seções 1.7, 1.7C): Veja **Estrutura em bastão**.

Fórmula de projeção de Newman (Seção 4.8A): Uma maneira de representar as relações espaciais de grupos ligados a dois átomos de uma molécula. Ao escrever uma fórmula de projeção de Newman nos imaginamos visualizando a molécula a partir de uma de suas extremidades diretamente ao longo do eixo unindo os dois átomos. As ligações que estão unidas ao átomo da frente são mostradas como saindo do centro de um círculo; aquelas unidas ao átomo de trás são mostradas como saindo da borda do círculo:

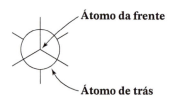

Fórmula estrutural (Seção 1.7): Uma fórmula que mostra como os átomos de uma molécula estão unidos entre si.

Fórmula estrutural condensada (Seção 1.7B): Uma fórmula química escrita usando letras dos símbolos dos elementos para os átomos envolvidos, listados na sequência de conexões da cadeia principal de átomos e sem mostrar as ligações entre eles. Em compostos orgânicos, todos os átomos que estão ligados a dado átomo de carbono são escritos imediatamente depois do símbolo daquele átomo de carbono. A seguir, é escrito o próximo átomo de carbono na cadeia, e assim por diante.

Fórmula molecular (Seção 1.6): Uma fórmula que fornece o número total de cada tipo de átomo em uma molécula. A fórmula molecular é um número inteiro múltiplo da fórmula mínima. Por exemplo, a fórmula molecular para o benzeno é C_6H_6; a fórmula mínima é CH.

Fórmulas estruturais de traços (Seções 1.3B e 1.7A): Fórmulas estruturais em que os símbolos dos átomos estão escritos e uma linha ou um "traço" representa cada par de elétrons (uma ligação covalente). Essas fórmulas mostram a conectividade entre os átomos, mas não representam as geometrias verdadeiras das espécies.

Fragmentação (Seção 9.13): Quebra de uma espécie química pelo rompimento das ligações covalentes quando ocorre a formação de fragmentos durante a análise de espectrometria de massa.

Freon (Seção 10.12D): Um clorofluorocarbono ou CFC.

Frequência, ν (Seções 2.15 e 13.8A): O número de ciclos completos de uma onda que passam em determinado ponto em cada segundo.

Função de onda (ou função ψ) (Seção 1.9): Uma expressão matemática derivada da *mecânica quântica* que corresponde a um estado de energia para um elétron, isto é, para um orbital. O quadrado da função ψ, ψ^2, fornece a probabilidade de encontrar o elétron em um local específico no espaço.

Função psi (ψ) (Seção 1.9) Veja **Função de onda**.

G

***gem*-dialeto** (Seção 7.13A): Um termo geral para uma molécula ou um grupo contendo dois átomos de halogênio ligados ao mesmo carbono. Abreviatura para dialeto geminal.

Geminal (Seção 9.6): Quando dois grupos idênticos estão no mesmo átomo.

Glicol (Seções 4.3F e 8.15): Um diol-1,2.

Grupo alila (Seção 4.5): O grupo —CH_2CH=CH_2.

Grupo alílico (Seção 10.8): Um átomo ou um grupo que está ligado a um carbono com hibridização sp^3 adjacente a uma ligação dupla de um alqueno.

Grupo alquila (Veja **R**) (Seções 2.4A e 4.3A): O nome dado para um fragmento de uma molécula hipoteticamente derivada de um alcano pela remoção de um átomo de hidrogênio. Os nomes dos grupos alquila terminam em "ila". Exemplo: o grupo metila, —CH_3, é derivado do metano, CH_4.

Grupo benzila (Seções 2.4B e 10.9): O grupo $C_6H_5CH_2$—.

Grupo bloqueador (Seções 11.11D, 11.11E, 12.9, 15.5, 15.12B, 16.7C e 24.7A): Veja **Grupo protetor**.

Grupo de saída (Seção 6.2): O substituinte que sai do substrato em uma reação de substituição nucleofílica.

Grupo funcional (Seções 2.2 e 2.4): O grupo específico de átomos em uma molécula que é aquele que principalmente determina como a molécula reage.

Grupo hidrofílico (Seções 2.13D e 23.2C): Um grupo polar que procura um ambiente aquoso.

Grupo hidrofóbico (Veja também **Grupo lipofílico**) (Seções 2.13D e 23.2C): Um grupo apolar que evita uma vizinhança aquosa e procura um ambiente apolar.

Grupo lipofílico (Veja também **Grupo hidrofóbico**) (Seções 2.13D e 23.2C): Um grupo apolar que evita uma vizinhança aquosa e procura um ambiente apolar.

Grupo metileno (Seção 2.4B): O grupo —CH_2—.

Grupo protetor (Seções 11.11D, 11.11E, 11.11F, 12.9, 15.5, 15.12B, 16.7C e 24.7A): Um grupo que é introduzido em uma molécula para proteger um grupo sensível de uma reação enquanto a reação está ocorrendo em alguma outra parte na molécula. Mais tarde, o grupo protetor é removido. Também chamado de grupo bloqueador.

Grupo vinila (Seções 4.5 e 6.1): O grupo H_2C=CH .

H

Haleto de alquila (Seção 6.1): Um haleto orgânico em que o átomo de halogênio está ligado a um carbono do grupo alquila.

Haleto de arila (Seções 2.5 e 6.1): Um haleto orgânico no qual o átomo de halogênio está ligado a um anel aromático, tal como um anel benzênico.

Haleto de fenila (Seção 6.1): Um haleto orgânico em que o átomo de halogênio está ligado a um anel benzênico. Um haleto de fenila é um tipo específico de haleto de arila (Seção 6.1).

Haletos de alquenila (Seções 2.5 e 6.1): Um haleto orgânico em que o átomo de halogênio está ligado ao carbono que forma a ligação dupla do alqueno.

Halogenação (Seções 10.4 e 10.8A): Uma reação na qual um ou mais átomos de halogênio são introduzidos em uma molécula.

Halogenação radicalar (Seção 10.3): Substituição de um hidrogênio por um halogênio por meio de um mecanismo de reação radicalar.

Haloidrina (Seção 8.13): Um composto possuindo um átomo de halogênio e um grupo hidroxila em carbonos adjacentes (vicinais).

Hertz (Hz) (Seções 9.6A, 9.6B, 9.9C, 13.8A): A frequência de uma onda. Utilizado atualmente no lugar de ciclos por segundo (cps).

Heteroátomo (Seção 2.2): Átomos, como de oxigênio, nitrogênio, enxofre e halogênios, que formam ligações com o carbono e têm pares de elétrons não compartilhados.

Heterólise (ou **Quebra heterolítica de ligação**) (Seções 3.4, 6.2 e 10.1): A quebra de uma ligação covalente de tal forma que um fragmento sai com ambos os elétrons da ligação covalente que os unia. A heterólise de uma ligação normalmente produz íons positivos e negativos.

Heterotópicos (átomos que não são quimicamente equivalentes) (Seção 9.5A): Átomos que estão presentes em uma molécula e cuja substituição, de qualquer um deles, conduz à formação de um novo composto. Átomos heterotópicos não têm deslocamentos químicos equivalentes na espectroscopia de RMN.

Hibridização de orbitais (Seção 1.12): Uma mistura matemática (e teórica) de dois ou mais orbitais atômicos para dar o mesmo número de novos orbitais, chamados *orbitais híbridos*, e cada um dos quais tem algo das características dos orbitais atômicos originais.

Hidratação (Seções 8.4–8.9 e 11.4): A adição de água a uma molécula, como a adição de água a um alqueno para formar um álcool.

Hidratação anti-Markovnikov (Seção 8.6): Adição dos elementos da água a um alqueno ou alquino de forma oposta àquela prevista pela regra de Markovnikov, de tal modo que o hidrogênio liga-se ao carbono que inicialmente tinha o menor número de átomos de hidrogênio.

Hidreto (Seção 7.11A): Um ânion hidrogênio, H:⁻, ou uma espécie que reage como se fosse um ânion hidreto. Um hidrogênio com a camada 1s completa (contendo dois elétrons) e carga negativa.

Hidroboração (Seções 8.6, 8.7 e 11.4): A adição de um hidreto de boro (BH_3 ou um alquilborano) a uma ligação múltipla.

Hidrocarboneto (Seção 2.1): Uma molécula contendo somente átomos de carbono e átomos de hidrogênio.

Hidrogenação (Seções 4.16, 7.3A e 7.13–7.18): Uma reação na qual o hidrogênio é adicionado a uma ligação dupla ou tripla. A hidrogenação é normalmente realizada por meio do uso de um catalisador metálico, como a platina, o paládio, o ródio ou o rutênio.

Hidrogênios diastereotópicos (ou *ligantes*) (Seções 9.5B, 9.8B e 10.7A): Se a substituição de cada um dos dois hidrogênios (ou ligantes) pelos mesmos grupos produz compostos que são diastereoisômeros, os dois átomos de hidrogênio (ou ligantes) são chamados de diastereotópicos.

Hidrogênios enantiotópicos (ou *ligantes*) (Seções 9.5B, 9.8B e 10.7): Se a substituição de cada um de dois hidrogênios (ou ligantes) pelo mesmo grupo produz compostos que são enantiômeros, os dois átomos de hidrogênio (ou ligantes) são chamados de enantiotópicos.

Hiperconjugação (Seções 4.8B e 6.11B): Deslocalização eletrônica (via sobreposição de orbitais) a partir de um orbital ligante cheio com um orbital vazio adjacente. A hiperconjugação geralmente tem um efeito de estabilização.

HOMO (Seções 3.3A, 6.6 e 13.8C): O orbital molecular ocupado de mais alta energia.

Homólise (Seção 10.1): A quebra de uma ligação covalente de tal forma que cada fragmento saia com um dos elétrons da ligação covalente que os unia.

Homotópicos (átomos quimicamente equivalentes) (Seção 9.5A): Átomos que estão presentes em uma molécula e cuja substituição, de qualquer um deles, resulta no mesmo composto. Átomos homotópicos têm deslocamentos químicos equivalentes na espectroscopia de RMN.

HSQC (Espectroscopia de correlação heteronuclear de um único quantum) (Seção 9.9): Uma técnica de RMN bidimensional utilizada para correlacionar sinais de ¹H e ¹³C.

I

Imagem por ressonância magnética (IRM) (Seção 9.9B): Uma técnica baseada na espectroscopia de RMN que é utilizada para obter imagens de tecidos e outros materiais biológicos.

Impacto de elétrons (IE) (Seção 9.11): Um método de formação de íons em espectrometria de massa em que a amostra a ser analisada (o analito) é colocada em um alto vácuo e, quando em fase gasosa, é bombardeada com um feixe de elétrons de alta energia. Um elétron de valência é deslocado pelo impacto do feixe de elétrons, produzindo uma espécie chamada *íon molecular* (se não houver nenhuma fragmentação), com uma carga +1 e um elétron desemparelhado (um cátion radical).

Impedimento estérico (Seções 4.8B, 4.9 e 6.13A): Um efeito nas velocidades relativas da reação provocado quando o arranjo espacial de átomos ou grupos no sítio reativo ou próximo dele impede ou retarda uma reação.

Índice de deficiência de hidrogênio (Seção 4.17): O índice de deficiência de hidrogênio (ou IDH) é igual ao número de pares de átomos de hidrogênio que devem ser subtraídos da fórmula molecular do alcano correspondente para fornecer a fórmula molecular do composto em consideração.

Integração (Seção 9.2B): Um valor numérico representando a área sob um sinal em um espectro de RMN. Na RMN de ¹H, o valor da integração é proporcional ao número de hidrogênios produzindo um dado sinal.

Interação 1,3 diaxial (Seção 4.12B): A interação entre dois grupos axiais que estão em átomos de carbono adjacentes.

Interconversão de grupos funcionais (Seção 6.14): Um processo que converte um grupo funcional em outro.

Intermediário (Seções: introdução do Capítulo 3, 6.10 e 6.11): Uma espécie transitória que existe entre os reagentes e os produtos em um estado que corresponde a uma energia mínima local em um diagrama de energia potencial.

Inversão de configuração (Seções 6.6 e 6.14): Em um átomo tetraédrico, o processo por meio do qual um grupo é substituído por outro grupo ligado 180° em oposição ao grupo original. Os outros grupos no átomo tetraédrico se invertem da mesma forma que um guarda-chuva "vira ao contrário". Quando um centro quiral sofre uma inversão de configuração, sua representação (*R,S*) pode trocar, dependendo das prioridades relativas de Cahn-Ingold-Prelog dos grupos antes e depois da reação.

Íon (Seções 1.3A e 3.1A): Uma espécie química que possui uma carga elétrica.

Íon acílio (Seções 9.13C, 9.16C, 15.6B e 15.7): O cátion estabilizado por ressonância:

$$R-\overset{+}{C}=\overset{..}{O}: \longleftrightarrow R-C\equiv\overset{+}{O}:$$

Íon bromônio (Seção 8.11A): Um íon contendo um átomo de bromo positivo ligado a dois átomos de carbono.

Íon halônio (Seção 8.11A): Um íon contendo um átomo de halogênio positivo ligado a dois átomos de carbono.

Íon hidreto (Seção 12.1A): A forma aniônica do hidrogênio; um próton com dois elétrons.

Íon molecular (Seções 9.11, 9.12 e 9.14): O cátion produzido em um espectrômetro de massa quando um elétron é desalojado da molécula pai, simbolizado por M⁺̇.

Íon oxônio (Seções 3.12 e 11.12): Uma espécie química com um átomo de oxigênio que possui uma carga formal positiva.

Ionização (Seção 9.11): Conversão de moléculas neutras em íons (espécies carregadas).

Ionização por dessorção a *laser* auxiliada por matriz (MALDI) (Seção 9.16): Um método na espectrometria de massa para ionização de analitos que não se ionizam bem por meio de ionização por eletrospray (eletronebulização). O analito é misturado com moléculas orgânicas de massa molecular baixa que podem absorver energia de um *laser* e a seguir transferir essa energia para o analito, produzindo íons que são então analisados pelo espectrômetro de massa.

Ionização por electrospray (sigla em ingês, ESI) (Seção 9.16): Um método de formação de íons em espectrometria de massa em que uma amostra a ser analisada (o analito) é espalhada dentro da câmara de vácuo do espectrômetro de massa a partir da ponta de uma agulha em alta voltagem, fornecendo carga para a mistura. A evaporação do solvente na câmara de vácuo produz espécies carregadas do analito, algumas das quais podem ter carga maior do que +1. Para determinada massa fórmula resulta uma família de picos m/z a partir da qual a massa fórmula pode ser calculada pelo computador.

Isômeros (Seções 1.6 e 5.2A): Moléculas diferentes que têm a mesma fórmula molecular.

Isômeros *cis–trans* (Seções 1.13B, 4.13 e 7.2): Diastereoisômeros que diferem em sua estereoquímica nos átomos adjacentes de uma ligação dupla ou em diferentes átomos de um anel. Grupos cis estão do mesmo lado de uma ligação dupla ou de um anel. Grupos trans estão em lados opostos de uma ligação dupla ou de um anel.

Isômeros constitucionais (Seções 1.6, 4.2 e 5.2A): Compostos que têm a mesma fórmula molecular, mas que diferem em suas conectividades (ou seja, moléculas que têm a mesma fórmula molecular, mas têm seus átomos ligados de maneiras diferentes).

Isótopos (Seção 1.2A): Átomos que têm o mesmo número de prótons em seus núcleos, mas que têm massas atômicas diferentes porque seus núcleos têm números diferentes de nêutrons.

L

Levorrotatório (Seção 5.8B): Um composto que gira a luz plano-polarizada no sentido anti-horário.

Ligação axial (Seção 4.12): As seis ligações de um anel do ciclo-hexano (visto a seguir) que são perpendiculares ao plano geral do anel, e que se alternam para cima e para baixo em torno do anel:

Ligação covalente (Seção 1.3B): O tipo de ligação que resulta quando os átomos compartilham elétrons.

Ligação covalente polar (Seção 2.2): Uma ligação covalente na qual os elétrons não são igualmente compartilhados por causa das eletronegatividades diferentes dos átomos ligados.

Ligação de hidrogênio (Seções 2.13B, 2.13E e 2.13F): Uma forte interação dipolo–dipolo (4–38 kJ mol^{-1}) que ocorre entre átomos de hidrogênio ligados a átomos pequenos altamente eletronegativos (O, N ou F) e os pares de elétrons não ligantes em outros átomos eletronegativos.

Ligação dupla carbono-carbono (Seção 1.3B): Uma ligação entre dois átomos de carbono constituída de quatro elétrons; dois dos elétrons estão em uma ligação sigma e dois dos elétrons estão em uma ligação pi.

Ligação equatorial (Seção 4.12): As seis ligações de um anel do ciclo-hexano que se localizam geralmente em torno do "equador" da molécula:

Ligação iônica (Seção 1.3A): Uma ligação formada pela transferência de elétrons de um átomo para outro, resultando na criação de íons de cargas opostas.

Ligação pi (π) (Seção 1.13): Uma ligação formada quando os elétrons ocupam um orbital molecular π ligante (isto é, o orbital molecular de mais baixa energia que resulta da sobreposição dos orbitais p paralelos nos átomos adjacentes).

Ligação sigma (σ) (Seção 1.12A): Uma ligação simples. Uma ligação formada quando os elétrons ocupam o orbital σ ligante formado pela sobreposição frontal de orbitais atômicos (ou orbitais híbridos) em átomos adjacentes. Em uma ligação sigma a densidade eletrônica tem simetria circular quando vista ao longo do eixo de ligação.

Ligação simples (Seção 1.12A): Uma ligação entre dois átomos constituída de dois elétrons compartilhados em uma ligação sigma.

Ligação simples carbono-carbono (Seção 1.3B): Uma ligação entre dois átomos de carbono constituída de dois elétrons compartilhados em uma ligação sigma.

Ligação tripla carbono-carbono (Seção 1.3B): Uma ligação entre dois átomos de carbono constituída de seis elétrons; dois dos elétrons estão em uma ligação sigma e quatro dos elétrons estão em duas ligações pi, cada uma das quais com dois elétrons.

Ligações duplas (Seções 1.4A e 1.13A): Ligações constituídas de quatro elétrons: dois elétrons em uma ligação sigma (σ) e dois elétrons em uma ligação pi (π).

Ligações triplas (Seção 1.3B): Ligações constituídas por uma ligação sigma (σ) e duas ligações pi (π).

LUMO (Seções 3.3A e 13.8C): O orbital molecular vazio de mais baixa energia.

Luz plano-polarizada (Seção 5.8A): Luz na qual as oscilações do campo elétrico ocorrem apenas em um único plano.

M

Macromolécula (Seção 10.11): Uma molécula muito grande.

Mecanismo de reação (Seções: introdução do Capítulo 3 e 3.13): Uma descrição etapa por etapa dos eventos que espera-se que ocorram no nível molecular à medida que os reagentes são convertidos em produtos. Um mecanismo incluirá uma descrição de todos os intermediários e estados de transição. Qualquer mecanismo proposto para uma reação tem de ser consistente com todos os dados experimentais para a reação.

Mecanismo em cadeia (Seção 10.5): Veja **Reação em cadeia.**

Mesilato (Seção 11.10): Um éster metanossulfonato. Ésteres metanossulfonatos são compostos que contêm o grupo CH$_3$SO$_3$—, ou seja, CH$_3$SO$_3$R.

Metaneto (Seção 7.11A): Um ânion metila, $^-$:CH$_3$, ou a espécie metila que reage como se ela fosse um ânion metila.

Metileno (Seção 8.14A): O carbeno com a fórmula :CH$_2$.

Mistura racêmica (*racemato* ou *forma racêmica*) (Seção 5.9): Uma mistura equimolar de enantiômeros. Uma mistura racêmica é oticamente inativa.

Modelo de repulsão dos pares de elétrons na camada de valência (RPECV) (Seção 1.16): Um método para se prever a geometria em um átomo ligado de maneira covalente considerando-se a separação geométrica ótima entre grupos de elétrons ligantes e não ligantes em torno do átomo.

Molécula (Seção 1.3B): Uma entidade química eletricamente neutra que consiste em dois ou mais átomos ligados.

Molécula aquiral (Seções 5.3, 5.4 e 10.7): Uma molécula que é sobreponível com sua imagem especular. As moléculas aquirais não têm lateralidade e não podem existir como um par de enantiômeros.

Molécula polar (Seção 2.3): Uma molécula com um momento de dipolo.

Molécula quiral (Seções 5.3 e 5.12): Uma molécula que não é sobreponível com sua imagem especular. As moléculas quirais têm lateralidade e podem existir como um par de enantiômeros.

Molecularidade (Seção 6.5B): O número de espécies envolvidas em uma única etapa de uma reação (normalmente a etapa determinante da velocidade).

Momento de dipolo, μ (Seção 2.2): Uma propriedade física associada a uma molécula polar que pode ser medida experimentalmente. Ela é definida como o produto da carga em unidades eletrostáticas (ues) com a distância que as separa em centímetros: $\mu = e \times d$.

Monômero (Seção 10.11): O composto inicial simples a partir do qual um polímero é formado. Por exemplo, o polímero polietileno é preparado a partir do monômero etileno.

N

Nó (Seção 1.15): Um local onde a função de onda (ψ) é igual a zero. Quanto maior o número de nós em um orbital, maior é a energia do orbital.

Nomenclatura de classe funcional (Seção 4.3E): Um sistema para dar nomes aos compostos que utiliza duas ou mais palavras para descrever o composto. A palavra inicial corresponde ao grupo funcional presente, as palavras seguintes, geralmente listadas em ordem alfabética, descrevem o restante da molécula. Exemplos: álcool metílico, éter etil metílico e brometo de etila.

Nomenclatura substitutiva (Seção 4.3F): Um sistema para nomear os compostos no qual cada átomo ou grupo, chamado de substituinte, é citado como prefixo ou sufixo de um composto pai. No sistema IUPAC, apenas um grupo pode ser citado como sufixo. Os localizadores (normalmente números) são utilizados para dizer onde os grupos aparecem.

Nucleofilicidade (Seção 6.13B): A reatividade relativa de um nucleófilo em uma reação S_N2 medida pelas velocidades relativas de reação.

Nucleófilo (Seções 3.4A, 6.2, 6.3, 6.13B e 8.1B): Uma base de Lewis, um doador de par de elétrons que procura um centro positivo em uma molécula.

Número de onda, $\bar{\nu}$ (Seção 2.15): Uma maneira de expressar a frequência de uma onda. O número de onda é o número de ondas por centímetro, expresso como cm^{-1}.

O

Olefina (Seção 7.1): Um nome antigo para um alqueno.

Orbitais atômicos híbridos (Seções 1.12 e 1.15): Um orbital que resulta da combinação matemática de orbitais atômicos individuais. Por exemplo, a combinação de orbitais individuais s e p em proporções variadas pode formar os orbitais híbridos sp^3, sp^2 e sp.

Orbitais degenerados (Seção 1.10A): Orbitais de mesma energia. Por exemplo, os três orbitais $2p$ são degenerados.

Orbitais p (Seção 1.10): Um conjunto de três orbitais atômicos degenerados (de mesma energia) com forma semelhante a duas esferas tangentes com um plano nodal no núcleo. Para os orbitais p, o número quântico principal, n (veja **Orbital atômico**), é 2; o número quântico azimutal, l, é 1; e os números quânticos magnéticos, m, são +1, 0 ou –1.

Orbital (Seção 1.10): Um volume do espaço no qual existe uma alta probabilidade de se encontrar um elétron. Os orbitais são descritos matematicamente pelo quadrado das funções de onda, e cada orbital tem uma energia característica. Um orbital pode acomodar dois elétrons quando seus spins estão emparelhados.

Orbital atômico (OA) (Seções 1.10, 1.11 e 1.15): Um volume do espaço em torno do núcleo de um átomo onde existe uma alta probabilidade de se encontrar um elétron. Um orbital atômico pode ser descrito matematicamente através da sua função de onda. Os orbitais atômicos têm números quânticos característicos; o *número quântico principal, n,* está relacionado com a energia do elétron em um orbital atômico e pode ter os valores de 1, 2, 3, ... O *número quântico azimutal, l,* determina o momento angular do elétron que resulta de seu movimento em torno do núcleo e pode ter os valores de 0, 1, 2, ..., $(n - 1)$. O *número quântico magnético, m,* determina a orientação no espaço do momento angular e pode ter valores de $+l$ a $-l$. O *número quântico de spin, s,* especifica o momento angular intrínseco de um elétron e pode ter somente os valores de $+\frac{1}{2}$ e $-\frac{1}{2}$.

Orbital molecular (OM) (Seções 1.11 e 1.15): Os orbitais que envolvem mais de um átomo de uma molécula. Quando os orbitais atômicos combinam-se para formar os orbitais moleculares, o número de orbitais moleculares resultante é sempre igual ao número de orbitais atômicos que se combinam.

Orbital molecular antiligante (OM antiligante) (Seções 1.11, 1.13 e 1.15): Um orbital molecular cuja energia é maior do que aquela dos orbitais atômicos isolados a partir dos quais ele é construído. Os elétrons em um orbital molecular antiligante desestabilizam a ligação entre os átomos que o orbital compreende.

Orbital molecular ligante (OM ligante) (Seções 1.11, 1.12 e 1.15): A energia de um orbital molecular ligante é mais baixa do que a energia dos orbitais atômicos isolados dos quais ele surge. Quando ocupam um orbital molecular ligante, os elétrons ajudam a manter unidos os átomos que o orbital molecular compreende.

Orbital molecular pi (π) (Seção 1.13): Um orbital molecular formado quando os orbitais p paralelos em átomos adjacentes se sobrepõem. Os orbitais moleculares pi podem ser *ligantes* (os lóbulos p de mesmo sinal de fase se sobrepõem) ou *antiligantes* (os orbitais p de sinais de fase contrários se sobrepõem).

Orbital s (Seção 1.10): Um orbital atômico esférico. Para os orbitais s o número quântico azimutal $l = 0$. (Veja **Orbital atômico**.)

Orbital sigma (σ) (Seção 1.13): Um orbital molecular formado pela sobreposição frontal de orbitais (ou lóbulos de orbitais) em átomos adjacentes. Os orbitais sigma podem ser *ligantes* (sobreposição de orbitais ou lóbulos de mesmo sinal de fase) ou *antiligantes* (sobreposição de orbitais ou lóbulos de sinais de fase contrários).

Orbital sp (Seção 1.14): Um orbital híbrido que é obtido pela combinação matemática de um orbital atômico s e um orbital atômico p. São obtidos dois orbitais híbridos sp por meio desse processo, e eles estão orientados em sentidos contrários com um ângulo de 180° entre eles.

Orbital sp^2 (Seção 1.13): Um orbital híbrido que é obtido pela combinação matemática de um orbital atômico s e dois orbitais atômicos p. São obtidos três orbitais híbridos sp^2 através desse processo, e eles estão orientados no sentido dos vértices de um triângulo equilátero com ângulos de 120° entre eles.

Orbital sp^3 (Seção 1.12A): Um orbital híbrido que é obtido da combinação matemática de um orbital atômico s e três orbitais atômicos p. São obtidos quatro orbitais híbridos sp^3 por meio desse processo, e eles estão orientados no sentido dos vértices de um tetraedro regular com ângulos de 109,5° entre eles.

Oscilação do anel (Seção 4.12): A transformação em um anel do ciclo-hexano (resultado de rotações parciais das ligações) que converte uma conformação do anel em outra. A oscilação do anel cadeira-cadeira converte qualquer substituinte equatorial em um substituinte axial e vice-versa.

Oxidação (Seções 12.2 e 12.4): Uma reação que aumenta o estado de oxidação dos átomos em uma molécula ou íon. Para um substrato orgânico, a oxidação normalmente envolve o aumento do seu conteúdo de oxigênio ou a diminuição do seu conteúdo de hidrogênio. A oxidação também acompanha qualquer reação na qual um substituinte menos eletronegativo é substituído por um elemento mais eletronegativo.

Oximercuração (Seções 8.5 e 11.4): A adição de —OH e —HgO₂CR a uma ligação múltipla.

Oximercuração–desmercuração (Seções 8.5 e 11.4): Um processo em duas etapas para adicionar os elementos que formam a água (H e OH) a uma ligação dupla de acordo com a orientação de Markovnikov sem rearranjos. Um alqueno reage com acetato de mercúrio (ou trifluoroacetato de mercúrio), formando um íon mercurínio em ponte. A água ataca preferencialmente o lado mais substituído do íon em ponte, quebrando a ponte, o que resulta, depois da perda de um próton, em um álcool. A redução com NaBH₄ substitui o grupo mercúrio por um átomo de hidrogênio, formando o produto final.

Oxirano (Veja **Epóxido** e Seção 11.13).

Ozonólise (Seções 8.16B e 8.19): A quebra oxidativa de uma ligação múltipla utilizando O₃ (ozônio). A reação leva à formação de um composto cíclico chamado *ozoneto*, que é então reduzido aos compostos carbonilados por tratamento com dimetil sulfeto (Me₂S) ou zinco e ácido acético.

P

Parafina (Seção 4.15): Um nome antigo para um alcano.

Perácido (Veja **Peroxiácido**, Seção 11.13A).

Periplanar (Veja **Coplanar**, Seção 7.7C).

Peroxiácido (Seção 11.13A): Um ácido com a fórmula geral RCO₃H, contendo uma ligação simples oxigênio–oxigênio.

Peróxido (Seção 10.1A): Um composto com uma ligação simples oxigênio–oxigênio.

Pico base (Seção 9.10): O pico mais intenso em um espectro de massa.

pKₐ (Seção 3.5B): O pKₐ é o logaritmo negativo da constante ácida, Kₐ. pKₐ = –log Kₐ.

Plano de simetria (Seção 5.6): Um plano imaginário que divide uma molécula ao meio de tal forma que as duas metades da molécula são imagens especulares uma da outra. Qualquer molécula com um plano de simetria será aquiral.

Polarímetro (Seção 5.8B): Um dispositivo utilizado para medir a atividade ótica.

Polarizabilidade (Seção 6.13C): A suscetibilidade da nuvem eletrônica de uma molécula não carregada em se distorcer pela influência de uma carga elétrica.

Polimerizações (Seção 10.11): Reações nas quais subunidades individuais (chamadas *monômeros*) são unidas entre si para formar macromoléculas com grandes cadeias.

Polímero (Seção 10.11): Uma molécula grande constituída de muitas subunidades que se repetem. Por exemplo, o polímero polietileno é constituído da subunidade —(CH₂CH₂)ₙ— que se repete.

Polímero atático: Um polímero no qual a configuração nos centros estereogênicos ao longo da cadeia é aleatória.

Polímero de adição (Seção 10.11): Um polímero que resulta de uma adição em múltiplas etapas de monômeros a uma cadeia (geralmente por uma reação em cadeia) sem a perda de outros átomos ou moléculas no processo. Também chamado de polímero de crescimento de cadeia.

Polímero de crescimento de cadeia (Seção 10.11; veja também **Polímero de adição**): Polímeros (macromoléculas com unidades se repetindo) formados pela adição repetida de subunidades (chamadas *monômeros*) para formar uma cadeia.

Polímero isotático: Um polímero no qual a configuração em cada centro estereogênico ao longo da cadeia é a mesma.

Polímero sindiotático: Um polímero no qual a configuração nos centros estereogênicos ao longo da cadeia alterna regularmente: (R), (S), (R), (S) etc.

Ponto de ebulição (Seções 2.13A e 2.13C): A temperatura na qual a pressão de vapor de um líquido é igual à pressão existente acima da superfície do líquido.

Ponto de fusão (Seção 2.13A): A temperatura na qual existe um equilíbrio entre uma substância cristalina bem ordenada e essa substância no estado líquido mais aleatório. Ele reflete a energia necessária para vencer as forças atrativas entre as partículas (íons, moléculas) que constituem a rede cristalina.

Posição alílica (Seção 10.8): A localização de um grupo que está ligado a um carbono com hibridização sp³ adjacente a uma ligação dupla de um alqueno.

Posição benzílica (Seção 10.9): A localização de um grupo que está ligado a um carbono com hibridização sp³ adjacente a um anel benzênico.

Postulado de Hammond–Leffler (Seção 6.13A): Um postulado que estabelece que a estrutura e a geometria do estado de transição de uma determinada etapa mostrarão uma maior semelhança com os reagentes ou produtos daquela etapa, dependendo de qual está mais próximo do estado de transição em termos de energia. Isso significa que o estado de transição de uma etapa endotérmica será mais semelhante aos produtos daquela etapa do que aos reagentes, enquanto o estado de transição de uma etapa exotérmica se assemelhará mais aos reagentes daquela etapa do que aos produtos.

Princípio Aufbau (Seção 1.10A): Um princípio que nos guia na atribuição dos elétrons aos orbitais de um átomo ou molécula em seu estado de energia mais baixa ou estado fundamental. O princípio de Aufbau afirma que os elétrons são adicionados de tal forma que os orbitais de mais baixa energia são preenchidos primeiramente.

Princípio da exclusão de Pauli (Seção 1.10A): Um princípio que afirma que dois elétrons de um átomo ou molécula não podem ter um mesmo conjunto de quatro números quânticos. Isso significa que apenas dois elétrons podem ocupar o mesmo orbital, e apenas quando seus números quânticos de spin são opostos. Quando isso é verdadeiro, dizemos que os spins dos elétrons estão emparelhados.

Princípio da incerteza de Heisenberg (Seção 1.11): Um princípio fundamental que afirma que tanto a posição quanto o momento de um elétron (ou de qualquer objeto) não podem ser medidos simultaneamente de maneira exata.

Projeção de Fischer (Seções 5.13 e 22.2C): Uma fórmula bidimensional para representar a configuração tridimensional de uma molécula quiral. Por convenção, as fórmulas de projeção de Fischer são escritas com a cadeia de carbono principal estendendo-se de cima para baixo com todos os grupos eclipsados. As linhas verticais representam ligações que se projetam para trás do plano da página (ou que se localizam nele). As linhas horizontais representam ligações que se projetam para fora do plano da página.

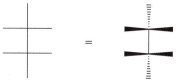

Projeção de Fischer   Fórmula de cunha cheia e cunha tracejada

Propriedade física (Seção 2.13): Propriedades de uma substância, tais como o ponto de fusão e o ponto de ebulição, que estão relacionadas com as transformações físicas (opostas às transformações químicas) da substância.

Prótons permutáveis (Seção 9.7): Prótons que podem ser transferidos rapidamente de uma molécula para outra. Esses prótons estão frequentemente ligados a elementos eletronegativos, como oxigênio ou nitrogênio.

Pureza óptica (Seção 5.9A): Uma porcentagem calculada para uma mistura de enantiômeros dividindo-se a rotação específica observada para a mistura pela rotação específica do enantiômero puro e multiplicando-se por 100. A pureza óptica é igual à pureza enantiomérica ou excesso enantiomérico.

Q

Quadrupleto (Seção 9.2): Um sinal de RMN constituído de quatro picos com uma razão de áreas de 1:3:3:1 devido à divisão do sinal a partir de três núcleos vizinhos com spin ½ ativos na RMN.

Quebra oxidativa (Seções 8.16 e 8.19): Uma reação na qual a ligação dupla carbono–carbono de um alqueno ou a ligação tripla de um alquino é quebrada e oxidada, produzindo compostos com ligações duplas carbono-oxigênio.

Quiral (Seção 5.1): Tem a propriedade de possuir lateralidade, ou seja, o caso em que imagens especulares de um objeto não se sobrepõem.

Quiralidade (Seções 5.1A e 5.6): Veja **Quiral**.

R

R (Seção 2.4A): Um símbolo utilizado para designar um grupo alquila. Muitas vezes é usado para simbolizar qualquer grupo orgânico.

Racemização (Seção 6.12A): Diz-se que uma reação que transforma um composto opticamente ativo em uma forma racêmica ocorre com racemização. A racemização ocorre sempre que uma reação faz com que as moléculas quirais sejam convertidas em um intermediário aquiral.

Radical (ou *radical livre*) (Seções 10.1 e 10.6): Uma espécie química sem carga que contém um elétron desemparelhado.

Radical alílico ou radical alila (Seções 10.8A e 13.3): O radical formalmente relacionado com o propeno pela remoção de um átomo de hidrogênio de seu grupo metila. As duas estruturas contribuintes de ressonância do radical deslocalizado incluem, cada uma delas, um elétron desemparelhado em um carbono adjacente à ligação dupla, tal que um orbital *p* em cada um dos três carbonos se sobrepõe para deslocalizar o radical em cada extremidade do sistema alila. O carbono radical é adjacente a uma ligação dupla carbono–carbono.

Radical benzílico (Seções 10.9 e 15.11A): Um radical em que o elétron desemparelhado está em um carbono ligado a um anel benzênico. O elétron desemparelhado está deslocalizado no anel benzênico por conjugação, resultando em um radical relativamente estável.

Reação bimolecular (Seção 6.5B): Uma reação cuja etapa determinante da velocidade envolve duas espécies inicialmente separadas.

Reação concertada (Seção 6.6): Uma reação em que a formação e a quebra de ligação ocorrem simultaneamente (de modo concertado) por meio de um único estado de transição.

Reação de adição (Seções 7.5, introdução do Capítulo 8, 8.1–8.9, 8.11-8.13, 8.17, 8.18, 12.1A, 12.4A, 16.6, 16.6B e 17.4): Uma reação que resulta em um aumento no número de grupos ligados a um par de átomos unidos através de uma ligação dupla ou tripla. Uma reação de adição é o oposto de uma reação de eliminação.

Reação de eliminação (Seções 3.1, 7.5 e 7.10): Uma reação que resulta na perda de dois grupos do substrato e na formação de uma ligação π. A eliminação mais comum é uma eliminação 1,2 ou eliminação β, na qual os dois grupos são perdidos por dois átomos adjacentes.

Reação de substituição (Veja também **Reação de substituição nucleofílica**) (Seções 3.13, 6.2, 10.3, 15.1 e 17.4): Uma reação na qual um grupo substitui outro grupo em uma molécula.

Reação de substituição nucleofílica (Seção 6.2): Uma reação na qual um nucleófilo reage com um substrato para substituir o grupo de saída (um grupo que sai com um par de elétrons não compartilhado).

Reação diastereosseletiva (Veja **Reação estereosseletiva** e Seções 5.10B e 12.3D).

Reação E1 (Seção 7.6B): Uma eliminação unimolecular na qual, em uma etapa lenta determinante da velocidade, um grupo de saída sai do substrato para formar um carbocátion. O carbocátion, então, em uma etapa rápida, perde um próton, resultando na formação de uma ligação π.

Reação E2 (Seção 7.6B): Uma eliminação 1,2 bimolecular na qual, em uma única etapa, uma base remove um próton e um grupo de saída sai do substrato, resultando na formação de uma ligação π.

Reação em cadeia (Seções 10.4 e 10.10): Uma reação que avança por um mecanismo sequencial em etapas, no qual cada etapa gera o intermediário reativo que faz com que a próxima etapa ocorra. As reações em cadeia têm *etapas iniciadoras da cadeia, etapas propagadoras da cadeia* e *etapas de terminação da cadeia*.

Reação enantiosseletiva (Veja **Reação estereosseletiva** e Seções 5.10B e 12.3D).

Reação endergônica (Seção 6.7): Uma reação que ocorre com uma variação de energia livre positiva.

Reação endotérmica (Seção 3.8A): Uma reação que absorve calor. Para uma reação endotérmica o $\Delta H°$ é positivo.

Reação estereoespecífica (Seção 8.12): Uma reação na qual uma forma estereoisomérica específica do reagente reage de tal forma que leva a uma forma estereoisomérica específica do produto.

Reação estereosseletiva (Seções 5.10B, 8.20C, 8.21C e 12.3D): Nas reações em que os centros quirais são alterados ou criados, uma reação estereosseletiva produz uma predominância de um estereoisômero. Além disso, uma reação estereosseletiva pode ser enantiosseletiva, que produz de maneira predominante um enantiômero, ou diastereosseletiva, que produz de maneira predominante um diastereoisômero.

Reação exergônica (Seção 6.7): Uma reação que ocorre com uma variação de energia livre negativa.

Reação exotérmica (Seção 3.8A): Uma reação que libera calor. Para uma reação exotérmica $\Delta H°$ é negativo.

Reação iônica (Seções 3.1B e 10.1): Uma reação envolvendo íons como reagentes, intermediários ou produtos. As reações iônicas ocorrem pela heterólise de ligações covalentes.

Reação radicalar (Seção 10.1B): Uma reação envolvendo radicais. A homólise de ligações covalentes ocorre nas reações radicalares.

Reação regiosseletiva (Seções 8.2C e 8.18): Uma reação que produz apenas um (ou predominantemente um) isômero constitucional como o produto quando dois ou mais isômeros constitucionais são produtos possíveis.

Reação S_N1 (Seções 6.9, 6.10, 6.12 e 6.13): Literalmente, substituição nucleofílica unimolecular. Uma reação de substituição nucleofílica em várias etapas na qual o grupo de saída sai em uma etapa unimolecular antes do ataque do nucleófilo. A equação de velocidade é de primeira ordem no substrato, mas de ordem zero no nucleófilo que está atacando.

Reação S_N2 (Seções 6.5B, 6.6–6.8 e 6.14): Literalmente, substituição nucleofílica bimolecular. Uma reação de substituição nucleofílica bimolecular que ocorre em uma etapa única na qual o nucleófilo ataca por trás um carbono contendo um grupo de saída, provocando uma inversão da configuração nesse carbono e o deslocamento do grupo de saída.

Reação unimolecular (Seção 6.9): Uma reação cuja etapa determinante da velocidade envolve apenas uma espécie.

Reagente de Grignard (Seção 12.6B): Um haleto de organomagnésio, geralmente escrito como RMgX.

Rearranjo (Seções 3.1, 7.11A e 7.11B): Uma reação que resulta em um produto com os mesmos átomos presentes, mas uma cadeia de carbono diferente do reagente. O tipo de rearranjo chamado deslocamento 1,2 envolve a migração de um grupo orgânico (com seus elétrons) de um átomo para o átomo vizinho a ele.

Rearranjo de Cope: Um rearranjo sigmatrópico [3,3], envolvendo 1,5-dieno, que é promovido por aquecimento, por meio do qual os terminais de uma ligação sigma migram para se posicionar a três átomos de distância, levando a um 1,5-dieno isomérico.

Rearranjo sigmatrópico: Uma reação em que uma ligação sigma migra para uma nova posição em uma molécula, acompanhada por deslocamentos de elétrons pi, em processos governados pela simetria do orbital. Os rearranjos de Cope e de Claisen são rearranjos sigmatrópicos [3,3] nos quais os terminais de uma ligação sigma migram para se posicionar a três átomos de distância em dada direção a partir da posição inicial da ligação sigma.

Redução (Seções 12.2 e 12.3): Uma reação que diminui o estado de oxidação dos átomos em uma molécula ou íon. A redução de um composto orgânico normalmente envolve o aumento de seu conteúdo de hidrogênio ou diminui seu conteúdo de oxigênio. A redução também acompanha qualquer reação que resulta no deslocamento de um substituinte mais eletronegativo por um menos eletronegativo.

Regra de Hofmann (Seções 7.6C, 7.7B e 20.12A): Quando uma eliminação produz o alqueno com a ligação dupla menos substituída, diz-se que ela segue a regra de Hofmann.

Regra de Hund (Seção 1.10A): Uma regra utilizada na aplicação do princípio Aufbau. Quando os orbitais têm energias iguais (isto é, quando eles são degenerados), os elétrons são adicionados a cada orbital com seus spins desemparelhados, até que cada orbital degenerado contenha um elétron. A seguir os elétrons são adicionados aos orbitais de tal forma que os spins fiquem emparelhados.

Regra de Markovnikov (Seções 8.2B e 8.18): Uma regra para prever a regioquímica das adições eletrofílicas aos alquenos e aos alquinos que pode ser dita de várias maneiras. Como originalmente enunciada (em 1870) por Vladimir Markovnikov, a regra estabelece que, "se um alqueno assimétrico combina-se com um haleto de hidrogênio, o íon haleto é adicionado ao carbono com menos átomos de hidrogênio". Mais frequentemente a regra tem sido enunciada ao contrário: que, na adição de HX a um alqueno ou alquino, o átomo de hidrogênio é adicionado ao átomo de carbono que já tem o maior número de átomos de hidrogênio. Uma maneira moderna de expressar a regra de Markovnikov é: *Na adição iônica de um reagente assimétrico a uma ligação múltipla, a parte positiva do reagente (o eletrófilo) liga-se a um átomo de carbono do reagente de um modo que leve à formação do carbocátion intermediário mais estável.*

Regra de Zaitsev (Seções 7.7A e 7.8A): Uma regra que afirma que uma eliminação fornecerá como produto principal o alqueno mais estável (isto é, o alqueno com a ligação dupla mais altamente substituída).

Regra do octeto (Seções 1.3 e 1.4A): Uma regra empírica que afirma que os átomos que não têm a configuração eletrônica de um gás nobre tendem a reagir transferindo ou compartilhando elétrons de modo a alcançar a configuração eletrônica de valência (isto é, oito elétrons) de um gás nobre.

Representação em cavalete (Seção 4.8A): Um dos tipos de fórmulas estruturais que mostram uma representação espacial dos grupos em uma molécula de maneira similar às fórmulas tridimensionais de traços e cunhas.

Resolução (Seções 5.16B e 20.3F): O processo pelo qual os enantiômeros de uma forma racêmica são separados.

Resolução cinética (Seção 5.10B): Um processo no qual a velocidade da reação com um enantiômero é diferente daquela com o outro enantiômero, levando a uma preponderância no produto de um estereoisômero. Esse processo é chamado de "estereosseletivo" pelo fato de que ele leva à formação preferencial de um estereoisômero em comparação com os outros que poderiam ser formados.

Ressonância (Seções 3.10A, 13.4 e 15.11B): Um efeito pelo qual um substituinte exerce um efeito doador ou retirador de elétrons por meio do sistema π da molécula.

RMN bidimensional (2D) (Seção 9.9): Técnicas de RMN, tais como espectroscopia de correlação (COSY) e espectroscopia de correlação heteronuclear (HETCOR), que correlacionam uma propriedade (por exemplo, acoplamento), ou tipo de núcleo, com outra. (Veja **COSY** e **Espectroscopia de correlação heteronuclear**.)

RMN com Transformada de Fourier (RMN-TF) (Seção 9.2): Um método de RMN em que um pulso de energia na região de radiofrequência do espectro eletromagnético é aplicado aos núcleos cujo momento magnético nuclear está realizando um movimento de precessão em torno do eixo de um campo magnético. Esse pulso de energia faz o momento magnético nuclear "apontar" na direção do plano xy. A componente do momento magnético nuclear no plano xy gera ("induz") um sinal de radiofrequência, que é detectado pelo instrumento. Quando os núcleos relaxam para o estado fundamental esse sinal decai ao longo do tempo; esse sinal em função do tempo é chamado de "Decaimento de Indução Livre" (em inglês *Free Induction Decay*, ou FID). Uma operação matemática (uma transformada de Fourier) converte dados dependentes do tempo em dados dependentes da frequência – o sinal de RMN.

Rotação específica (Seção 5.8C): Uma constante física calculada a partir da rotação observada de um composto utilizando-se a seguinte equação:

$$[\alpha]_D = \frac{\alpha}{c \times l}$$

em que α é a rotação observada utilizando-se a linha D de uma lâmpada de sódio, c é a concentração da solução em gramas por mililitro ou a massa específica de um líquido puro em g por mililitro e l é o comprimento do tubo em decímetros.

S

Sal (Seção 1.3A): O produto de uma reação entre um ácido e uma base. Sais são compostos iônicos constituídos de íons com cargas opostas.

Sal de oxônio (Seção 11.12): Um sal no qual o cátion é uma espécie contendo um oxigênio carregado positivamente.

Série homóloga (Seção 4.7): Uma série de compostos na qual cada membro difere do membro seguinte por uma unidade constante.

Setas curvas (Seções 1.8, 3.2 e 10.1): Setas curvas mostram a direção do fluxo de elétrons em um mecanismo de reação. Elas apontam da fonte de um elétron ou de um par de elétrons para o átomo que recebe o elétron ou o par de elétrons. Setas curvas com dupla farpa são usadas para indicar o movimento de um par de elétrons; setas curvas com uma única farpa são usadas para indicar o movimento de elétrons isolados. Nunca são usadas setas curvas para mostrar o movimento de átomos.

Silil éter (sililação) (Seção 11.11F): Conversão de um álcool R—OH em um éter silílico (geralmente da forma R—O—SiR'$_3$, em que os grupos ligados ao silício podem ser iguais ou diferentes). Éteres silílicos são utilizados como grupos protetores para a funcionalidade do álcool.

Simpleto (Seção 9.2C): Um sinal de RMN com um único pico não desdobrado.

Sinal de fase (Seção 1.9): Sinais, + ou –, que são característicos de todas as equações que descrevem as amplitudes das ondas.

Sin-coplanar (Seção 7.7C): A posição relativa de dois grupos que têm um ângulo diedro de 0° entre eles.

Síntese de Williamson (Seção 11.11B): A síntese de um éter por meio de uma reação S_N2 de um íon alcóxido com um substrato possuindo um grupo de saída satisfatório (frequentemente um haleto, um sulfonato ou um sulfato).

Sínton (Seção 8.20B): Os fragmentos que resultam (no papel) da desconexão de uma ligação. O reagente real que, em uma etapa sintética, fornecerá o sínton é chamado de *equivalente sintético*.

Sistema (E)–(Z) (Seção 7.2): Um sistema para nomear a estereoquímica de diastereoisômeros de alquenos baseado nas prioridades de grupos na convenção de Cahn–Ingold–Prelog. Um isômero E tem os grupos de mais alta prioridade em lados opostos da ligação dupla. Um isômero Z tem os grupos de mais alta prioridade do mesmo lado da ligação dupla.

Sistema IUPAC (Seção 4.3): Um conjunto de regras de nomenclatura supervisionado pela União Internacional de Química Pura e Aplicada (IUPAC) que permite que a todo composto seja atribuído um nome sem ambiguidades. Também chamado "nomenclatura sistemática".

Sistema R,S (Seção 5.7): Um método para designar a configuração de centros quirais tetraédricos.

Sobreponível (Seções 1.13B e 5.1): Dois objetos são sobreponíveis se, quando um objeto é colocado em cima do outro, todas as partes de cada um deles coincidem. Ser sobreponível é diferente de ser superponível. Quaisquer dois objetos podem ser superpostos simplesmente colocando-se um em cima do outro, independentemente se todas as suas partes coincidem ou não. A condição de ser sobreponível deve ser satisfeita para duas coisas serem idênticas.

Solubilidade (Seção 2.13D): Quanto de dado soluto se dissolve em dado solvente. É geralmente expressa como uma massa por unidade de volume (por exemplo, gramas por 100 mL).

Solvente aprótico polar (Seção 6.13C): Um solvente polar que não tem um átomo de hidrogênio unido a um elemento eletronegativo. Solventes apróticos polares *não* formam ligação de hidrogênio com uma base de Lewis (por exemplo, um nucleófilo).

Solvente prótico (Veja Solvente prótico polar) (Seções 3.11, 6.13C e 6.13D): Um solvente cujas moléculas têm um átomo de hidrogênio ligado a um elemento fortemente eletronegativo como oxigênio ou nitrogênio. As moléculas de um solvente prótico podem, consequentemente, formar ligações de hidrogênio com pares de elétrons não compartilhados dos átomos de oxigênio ou nitrogênio das moléculas ou íons do soluto, assim os estabilizando. A água, o metanol, o etanol, o ácido fórmico e o ácido acético são solventes próticos típicos.

Solvente prótico polar (Seção 6.13C): Um solvente polar que tem no mínimo um átomo de hidrogênio ligado a um elemento eletronegativo. Esses átomos de hidrogênio do solvente podem formar ligações de hidrogênio com uma base de Lewis (por exemplo, um nucleófilo).

Solvólise (Seções 6.3 e 6.12B): Literalmente, quebra pelo solvente. Uma reação de substituição nucleofílica na qual o nucleófilo é uma molécula do solvente.

Substituição alílica (Seção 10.8): A substituição de um grupo em uma posição alílica.

Substituintes geminais (*gem*-) (Seção 7.13A): Substituintes que estão no mesmo átomo.

Substituintes vicinais (*vic*-) (Seção 7.13): Substituintes que estão em átomos adjacentes.

Substrato (Seções 6.2 e 24.9): A molécula ou íon que sofre reação.

Superfície de densidade eletrônica (Seção 1.12B): Uma superfície de densidade eletrônica mostra os pontos no espaço que têm a mesma densidade eletrônica. Uma superfície de densidade eletrônica pode ser calculada para qualquer valor de densidade eletrônica escolhido. Uma superfície de densidade eletrônica "alta" (também chamada de superfície de densidade eletrônica de "ligação") mostra o caroço de densidade eletrônica em torno de cada núcleo atômico e regiões onde os átomos vizinhos compartilham elétrons (regiões de ligação). Uma superfície de densidade eletrônica "baixa" mostra o *esboço* aproximado da nuvem eletrônica de uma molécula. Essa superfície fornece informações sobre a forma e o volume moleculares e geralmente se parece com o modelo de van der Waals ou de espaço preenchido da molécula. (Contribuição de Alan Shusterman, Reed College, e Warren Hehre, Wavefunction, Inc.)

T

Tensão angular (Seção 4.10): O aumento da energia potencial de uma molécula (normalmente uma molécula cíclica) provocado pela deformação de um ângulo de ligação para além do seu valor mais baixo de energia.

Tensão do anel (Seção 4.10): A energia potencial aumentada da forma cíclica de uma molécula (normalmente medida pelos calores de combustão) quando comparada com sua forma acíclica.

Tensão torsional (Seções 4.9 e 4.10): A tensão associada a uma conformação eclipsada de uma molécula; ela é provocada pelas repulsões entre os pares de elétrons alinhados das ligações eclipsadas.

Teoria ácido–base de Lewis (Seção 3.3): Um ácido é um receptor de par de elétrons, e uma base é um doador de par de elétrons.

Teoria de ácidos e bases de Brønsted–Lowry (Seção 3.1A): Segundo essa teoria, um ácido é uma substância que pode doar (ou perder) um próton; uma base é uma substância que pode receber (ou remover) um próton. O *ácido conjugado* de uma base é a molécula ou o íon que se forma quando uma base recebe um próton. A *base conjugada* de um ácido é a molécula ou o íon que se forma quando um ácido perde seu próton.

Tosilato (Seção 11.10): Um éster *p*-toluenossulfonato, que é um composto que contém o grupo *p*-$CH_3C_6H_4SO_3$—, isto é, *p*-$CH_3C_6H_4SO_3R$.

Totalmente desacoplado do próton (Veja Desacoplamento de próton) (Seção 9.8B): Um método de eliminação do acoplamento carbono-próton por meio da irradiação da amostra com energia em um intervalo grande de frequências que varre as frequências nas quais os prótons absorvem energia.

Triflato (Seção 11.10): Um éster trifluorometanossulfonato, que é um composto que contém o grupo CF_3SO_3—, isto é, CF_3SO_3R.

Tripleto (Seção 9.2C): Um sinal de RMN constituído de três picos com uma razão entre as áreas de 1:2:1, devido ao desdobramento de sinal de dois núcleos vizinhos de spin 1/2 ativos na RMN.

Troca química (Seção 9.7): No contexto da RMN, transferência de prótons ligados a heteroátomos de uma molécula para outra, alargando seus sinais e eliminando o acoplamento spin-spin.

V

Variação da energia livre (Seção 3.9): A *variação da energia livre*, $\Delta G°$, é a variação na energia livre entre dois sistemas em seus estados-padrão. À temperatura constante, $\Delta G° = \Delta H° - T\Delta S° = -RT \ln K_{eq}$, em que $\Delta H°$ é a variação de entalpia-padrão, $\Delta S°$ é a variação de entropia-padrão e K_{eq} é a constante de equilíbrio. Um valor negativo de $\Delta G°$ para uma reação significa que a formação dos produtos é favorecida quando a reação atinge o equilíbrio.

Variação de entalpia (Seção 3.8A): Também chamada de calor da reação. A *variação de entalpia-padrão*, $\Delta H°$, é a variação na entalpia depois que um sistema em seu estado-padrão sofreu uma transformação para outro sistema, também no seu estado-padrão. Para uma reação, o $\Delta H°$ é a medida da diferença da energia de ligação total entre os reagentes e os produtos. É uma maneira de expressar a variação na energia potencial total das moléculas quando elas sofrem uma reação. A variação da entalpia está relacionada com a variação de energia livre, $\Delta G°$, e com a variação de entropia, $\Delta S°$, por meio da expressão:

$$\Delta H° = \Delta G° + T\Delta S°$$

Variação de entropia (Seção 3.9): A variação de entropia-padrão, $\Delta S°$, é a variação de entropia entre dois sistemas em seus estados-padrão. As variações de entropia estão relacionadas com as variações na ordem relativa de um sistema. Quanto mais aleatório é um sistema, maior a sua entropia. Quando um sistema torna-se mais desordenado, sua variação de entropia é positiva.

***vic*-Dialeto** (Seção 7.13): Um termo geral para uma molécula que tem átomos de halogênio ligados a cada um de dois átomos de carbono adjacentes. Abreviatura para vicinal-dialeto.

Índice Alfabético

A

Abstração de hidrogênio, 466
Ação muscular, 176
Acemato, 221
Acetaldeído, 72
Acetamida, 75
Acetato de etila, 74, 75
Acetileno, 57, 295
Acetona, 14
Acidez, 119, 131
- de alquinos terminais, 323
- relativa dos hidrocarbonetos, 127
Ácido(s), 108
- acético, 73, 74
- carboxílico(s), 73, 76, 96, 123, 131, 136
- conjugado, 110
- de Brønsted-Lowry, 109, 315
- de Lewis, 115, 116, 315, 328
- fórmico, 73, 74
- linoleico, 496
- meta-cloroperoxibenzoico, 536
- salicílico, 47, 48
- sulfúrico, 110
Acoplamento, 415
- spin-spin, 425
- vicinal, 425
Adenina, 80
Adição
- anti, 332, 360, 376, 488, 489
- - de hidrogênio, 333
- anti-Markovnikov, 360
- - do brometo de hidrogênio, 488, 489
- de água a alquenos, 361
- de bromo a um alqueno, 377
- de haletos de hidrogênio a alquinos, 391
- de Markovnikov, 364, 490
- eletrofílica
- - a um alqueno, 354
- - de bromo e cloro
- - - a alquinos, 390
- - - aos alquenos, 375
- - de haletos de hidrogênio a alquenos, 355
- nucleofílica, 561
- radicalar aos alquenos, 488
- sin, 332
- - de hidrogênio, 332
Agente
- oxidante, 562
- redutor, 562, 563
Água, 44
Alcaneto, 322
Alcanos, 56, 57, 76, 152, 153, 156
- bicíclicos e policíclicos, 189
- de cadeia ramificada, 157
- não ramificados, 157
Álcool(is), 76, 95, 131, 136, 156, 162, 508, 509, 521, 546
- a partir de
- - alquenos por
- - - hidroboração-oxidação, 367
- - - oximercuração-desmercuração, 364
- - compostos carbonilados, 559
- - reagentes de Grignard, 578
- como ácidos, 519
- decílico, 84
- desidrogenase, 564
- etílico, 163
- isopropílico, 16, 163
- metílico, 67, 163
- nomenclatura de, 510
- por redução de compostos carbonilados, 563
- primários, 315, 522
- propílico, 16
- protonado, 317
- secundários, 316
- terciários, 316
Alcoximercuração-desmercuração, 532
Aldeído, 72, 76
Alimento orgânico, 3
Alquenos, 35, 56, 57, 76, 166, 294, 305, 546
- menos substituído, 305
Alquil álcoois, 510
Alquilação de ânions, 328
Alquinetos de sódio, 585
Alquino(s), 40, 56, 57, 76, 141, 168, 294, 327
- de acetileno, 40
- terminais, 141, 327
Amidas, 73, 75, 76, 97
Aminas, 70, 76
Amônia, 44
Amostra enantiomericamente pura, 222
Análise
- conformacional, 173-175, 183
- - do butano, 174
- - do metilciclo-hexano, 183
- por CG/EM, 450
- retrossintética, 335, 336, 393
- - na síntese do 2-bromobutano, 393
Anestésicos gerais, 69
Anfetamina, 71
Ângulo(s)
- de ligação, 16
- diedro, 172, 428
Anidrase carbônica, 140
Ânion, 8, 334
- radical, 334
- vinílico, 334
Anti 1,2-di-hidroxilação, 541, 542
- de alquenos via epóxidos, 541
Antibióticos de transporte e éteres de coroa, 545
Anticorpos, 85
Antioxidantes, 497
APT (*Attached Proton Test*), 435

Área(s)
- por integração de sinais, 414
- superficial relativa das moléculas envolvidas, 81
Aromático, 76
Arranjo tetraédrico, 44
Aspirina, 47
Atividade óptica, 217
Átomo(s), 3
- coplanares, 306
- de carbono, 7
- - primário, 66
- de deutério, 4
- de hidrogênio, 161, 323, 423
- - acetilênico, 323
- - enantiotópicos e diastereotópicos, 423
- - heterotópicos, 421, 422
- - homotópicos, 421
Atrações dipolo-dipolo, 79
Atropisômeros, 240
Auto-oxidação, 496, 515

B

Barreira
- de energia, 259
- torsional, 174
Base(s), 108
- conjugada, 109, 121
- de Brønsted-Lowry, 109
- de Lewis, 113, 116, 328
- em água, 110
- em soluções não aquosas, 141
- utilizadas na desidroalogenação, 301
Basicidade, 276, 313
Benzaldeído, 55
Benzeno, 58
Benzoico, 73
Benzonitrila, 76
Blindagem e desblindagem de prótons, 419
Boro, 44
Boroidreto de sódio, 564
Borracha, 339
Bromação alílica, 484
Brometo de hidrogênio, 488
Bromo, 390
Bromoetano, 423
Bromoidrina, 381
Butanoato de pentila, 74
2,3-butanodiol, 395

C

Calor
- de hidrogenação, 297
- de reação, 297
Camada
- de valência, 4, 5
- de ozônio, 498

Capsaicina, 47
Caráter inerte dos haletos vinílicos e fenílicos, 285
Carbânions, 115, 116, 561
Carbenoides, 384
Carbenos, 382
Carbocátions, 115, 267
Carbono, 8, 66, 208, 569
- de um hidrato de aldeído, 569
- estereogênico, 208
- secundário, 66
- terciário, 66
Carbowaxes, 541
Carga(s)
- formal, 12
- iguais, 46, 194
- opostas, 46, 99, 114, 143
Catalisador(es)
- de Lindlar, 333
- de transferência de fase, 544
- de Ziegler-Natta, 492
- heterogêneo, 331, 332
Catálise
- heterogênea, 329
- homogênea, 329
Catenanos, 180
Cátion, 8, 86
- de lítio, 6
Cátion-ânion, 86
Centro(s)
- estereogênico(s), 208, 234
- - tetraédricos *versus* triangulares, 209
- quiral, 207, 480
Cetonas, 72, 76
Cianato de amônio, 3
Cianoacrilato de metila, 495
Cicloalcanos, 152, 153, 164, 165, 185
- bicíclicos, 165
- dissubstituídos, 185
- monocíclicos, 164
Cicloalquenos, 166, 299
Ciclobutano, 177
Ciclo-heptano, 179
Ciclo-hexanos
- cis 1,2-dissubstituídos, 188
- cis 1,3-dissubstituídos, 188
- cis 1,4-dissubstituídos, 187
- substituídos, 181
- trans 1,2-dissubstituídos, 188
- trans 1,3-dissubstituídos, 188
- trans 1,4-dissubstituídos, 186
Ciclononano, 179
Ciclo-octano, 179
Ciclopentano, 177
Ciclopropano, 176
Ciência da química orgânica, 3
Citosina, 80
Clivagem
- de éteres, 534
- de ligação heterolítica, 252
Cloração, 472, 477
- alílica, 483
- do metano, 473

- radicalar do metano, 474
Cloreto
- de hidrogênio, 109, 110
- de metileno, 251
- de oxalila, 570
Cloro, 390, 472
Clorocromato de piridínio, 572
Clorofluorocarbonos, 498
Clorofórmio, 63, 251
Cloroidrina, 381
Clorometano, 262
Codeína, 588
Colesterol e doenças cardíacas, 516
Colina, 284
Combustão de alcanos, 497
Compartilhamento de elétrons, 6
Composto(s)
- aromáticos, 56, 58
- com centros quirais diferentes do carbono, 239
- com mais de um centro quiral, 230
- contendo halogênios, oxigênio ou nitrogênio, 193
- de carbono, 2
- - divalentes, 382
- insaturados, 56, 330
- iônicos, 78
- marcados com deutério e trítio, 142
- meso, 229
- orgânicos, 76, 138
- organo-lítio, 574
- organometálicos, 559, 573
- saturados, 56, 329
Comprimento(s)
- de ligação, 29
- - do etino, eteno e etano, 41
- de onda, 89
Configuração(ões)
- (R) e (S), 213
- absoluta, 237
- eletrônica, 27, 28
- relativa, 236
Conformação(ões)
- alternada do etano, 172
- anti, 174, 306
- anticoplanar, 306
- de cicloalcanos superiores, 179
- do ciclo-hexano, 178
 eclipsada, 173, 175
- em barco, 178
- - torcido, 179
- em cadeira, 178
- gauche, 174
Constante
- de acidez, 117, 118
- de acoplamento, 427, 428
- de equilíbrio, 130
Conteúdo de calor, 129
Controle
- cinético, 305
- do equilíbrio, 122
Conversão de álcoois em haletos de alquila, 520

Coordenada de reação, 259
Correlação de Karplus, 428
Crescimento ósseo, 87
Cromatografia a gás, 450

D

Dactilina, 352
Datação pelo carbono, 4
Daunorrubicina, 226
Debye, 60
Densidade de probabilidade eletrônica, 27
DEPT (*Distortionless Enhancement by Polarization Transfer*), 435
Derivados do ciclo-hexano,4-dimetilciclo-hexanos, 234
Desacoplamento de spin, 430
Desconexões, 394
Desdobramento
- do sinal, 415, 425, 426
- spin-spin, 425
Desflurano, 69
Desidratação
- catalisada por ácidos, 315
- de álcoois, 300, 319, 320, 528
- - com POCl$_3$, 528
- - secundários e terciários catalisada por ácido, 319
- intermolecular
- - complicações da, 529
- - de álcoois, 528
Desidroalogenação, 300
- de haletos de alquila, 300
Deslocalização, 132
- de carga, 23, 319
- de elétrons, 484
Deslocamento 1,2, 321
- químico, 411, 419, 432
- - de prótons equivalentes e não equivalentes, 421
Desmercuração, 365
Destruição da camada de ozônio e clorofluorocarbonos, 498
Detecção de grupos funcionais, 88
Deutério, 142
Dextrorrotatório, 219
Diagrama
- de energia livre, 258, 259
- de energia potencial, 173
Dialetos
- geminais, 326
- vicinais, 324, 375
Dialocarbenos, 383
Diastereoisômeros, 205, 228
- 1,3-dimetilciclo-hexanos, 234
- dos alquenos, 295
Diclorometano, 251
Dietil éter, 515
Di-hidroxilação
- catalítica assimétrica, 386
- sin de alquenos, 385
1,2-di-hidroxilação, 384
1,2-dimetilciclo-hexanos, 235
Dióxido de carbono, 45

ÍNDICE ALFABÉTICO 621

Dipolo, 60, 87
Dipolo-dipolo, 87
Dispersão, 87
Distância internuclear, 128
DNA, 3, 80
Doença de Parkinson, 71
Dopamina, 71
Dupleto, 415

E

Efeito(s)
- aditivo, 26
- da concentração e da força do nucleófilo, 275
- da deslocalização, 132
- da estrutura do substrato, 272
- da hibridização, 126
- de ressonância, 144
- do solvente, 137, 276
- hidrofóbico, 84
- indutivo(s), 127, 128, 143
- - retirador de elétron, 133
- - de outros grupos, 134
- nivelador do solvente, 141
- subtrativo, 26
Elementos, 3, 4
Eletrófilos, 116, 328, 354
Eletronegatividade, 5, 60, 99, 125, 143
- de alguns elementos, 5
Elétrons, 3
- de valência, 4
Eliminação de álcoois, 315
Enantiômeros, 205, 206, 213
- nomenclatura de, 212
- propriedades dos, 217
- puros, 218
Enantiosseletividade, 566
Energia(s), 25
- cinética, 128
- de ativação, 479
- de dissociação homolítica de ligação, 468, 469
- dos elétrons, 42
- livre de ativação, 259
- potencial, 128, 129, 144
- química, 129
Entalpias, 129
Entropia, 130
Enzima(s), 223
- metano mono-oxigenase, 544
Epoxidação, 536, 537
- assimétrica de Sharpless, 537
Epóxidos, 536, 541
Equivalentes sintéticos, 394
Espectro
- de ^{13}C DEPT e APT, 435
- de infravermelho, 92
- - de grupos funcionais que contêm heteroátomos, 94
- - de hidrocarbonetos, 93
- de ressonância magnética nuclear, 410
- - de próton, 417

- - - e processos cinéticos, 429
Espectrometria de massa, 409, 438
- de alta resolução, 449
- de biomoléculas, 450
Espectroscopia, 55, 88, 410, 432
- de ressonância magnética nuclear, 410
- - de carbono-13, 432
- - por transformada de Fourier, 410
- no infravermelho, 55, 88
Esqueleto de ligações, 36
Estabilidade(s)
- do(s) carbocátion(s), 318, 320
- relativa(s)
- - de radicais, 469
- - dos alquenos, 297, 298
- - dos carbocátions, 267
- - dos cicloalcanos, 176
Estado(s)
- de baixa energia potencial, 194
- de energia potencial mais baixa, 46
- de transição, 257, 258, 318, 319
- - sin-coplanar, 306
- eletrônico mais baixo, 30
- excitado da molécula, 30
- fundamental, 30, 31
Éster, 76, 525, 526
- sulfonato, 525, 526
Estereoisomerismo de compostos cíclicos, 233
Estereoisômeros, 39, 185, 204, 205
- conformacionais, 175, 235
- para moléculas contendo mais de um centro quiral, 227
Estereoquímica, 202, 203, 205, 283
- da adição iônica a um alqueno, 360
- da epoxidação, 537
- da hidroboração, 370
- das reações E2, 306
- das reações S$_N$1, 269
- das reações S$_N$2, 261
Estereosseletividade sin, 517
Ésteres, 73, 74
Estrutura(s)
- atômica, 3, 25
- conformacionais
- - dos ciclo-hexanos, 186
- - em cadeira, 182
- de Kekulé, 58
- de Lewis, 6-8
- de ressonância, 22
- do etano, 33
- do eteno (etileno), 35
- do etino (acetileno), 40
- do metano, 31
- em bastão, 15, 17, 18
- molecular, 1, 77, 99
- tridimensionais, 21
Etano, 31, 41
Etanol, 55, 513, 514
- como um biocombustível, 514
Etapa
- altamente

- - endergônica, 275
- - exergônica, 275
- determinante da velocidade, 265
- limitante da velocidade, 265
Eteno, 41, 57
Éteres, 69, 76, 508, 510, 544, 546
- de coroa, 544
- nomenclatura de, 510
Etila, 65
Etileno, 491
Etilenoglicol, 515
Etino, 41
Eugenol, 70
Exceções à regra do octeto, 11
Excesso enantiomérico, 222
Extremozimas, 567

F

Falta de seletividade do cloro, 472
Fármacos quirais, 224
Fatores estéricos, 194
Fenóis, 67, 68, 76, 80, 95, 135, 136, 509, 531
Feromônios, 171
Flúor, 6
Fluoreto de lítio, 6, 59
Fluorocarbonetos, 82
Fontes de alcanos, 153
Força(s)
- atrativas, 86
- das bases, 121
- de ácido(s) e bases de Brønsted-Lowry, 117
- de dispersão, 81, 99, 184
- de London, 81, 99
- de van der Waals, 79
- do tipo dipolo-dipolo, 79
- dos fenóis como ácidos, 135
- dos pares conjugados ácido-base, 133
- intermoleculares, 55, 79, 85
- íon-íon, 78
Forma(s)
- dos alcanos, 154
- racêmica(s), 221, 222, 480
Formação
- de haloidrina, 381
- de íons, 438
Formaldeído, 72
Fórmula(s)
- condensadas, 15
- de esqueleto ou esquelética, 17
- de projeção
- - de Fischer, 232
- - de Newman, 172
- estruturais, 15, 16
- - condensadas, 16
- - de traços, 6, 15
- tridimensionais, 20, 21
Fragmentação
- de alcanos de cadeia mais longa e ramificados, 442
- para formar cátions estabilizados por ressonância, 443
- pela quebra de

- - duas ligações, 446
- - uma ligação simples, 440
Freons, 498
Frequência de radiação, 89
Função de onda, 25

G

Geometria
- dos radicais alquila, 479
- plana triangular, 43
- tetraédrica, 42
Gorduras poli-insaturadas, 496
Gramicidina, 545
Grupo(s)
- ácido(s) carboxílico(s), 96
- alquila, 64, 157, 159
- - não ramificados, 157
- - ramificados, 159
- benzila, 65
- benzílico, 486
- carbonila, 72, 95, 560, 561
- de hidrogênios axiais e equatoriais, 181
- de proteção, 587
- de saída, 251, 255, 280
- - derivados de álcoois, 525
- fenila, 65
- funcionais, 55, 60, 64
- - carbonílicos, 95
- - em compostos importantes biologicamente, 77
- hidrofóbico, 84
- hidroxila, 95
- IVA, 4
- metileno, 65
- protetores, 532
- - silil éter, 533
- VIA, 4
- VIIA, 4
Guanina, 80
Guta-percha, 339

H

Haleto(s)
- de alquenila, 66, 251, 285
- de alquila, 65, 156, 161, 249, 250, 521, 524
- - primário, 66
- - secundário, 66
- - terciário, 66
- de arila, 66, 251, 285
- de fenila, 251, 285
- de hidrogênio, 391, 521
- de vinila, 285
- primário, 312
- secundários, 312
- terciários, 312, 313
Haloalcano, 76
Haloalcanos, 65
Haloálcool, 381
Halogenação
- benzílica, 487
- de alcanos superiores, 476
- radicalar, 471, 473, 476, 480

Halogênios, 193
Haloidrina, 381
Heteroátomos, 61, 94
Heterólise, 115, 466
Hibridização, 31, 35, 36, 40, 42
- de orbitais, 31
- sp, 31, 35, 36, 40
- sp^2, 35, 36
- sp^3, 31
Híbrido de ressonância, 22
Hidratação, 83
- anti-Markovnikov, 367, 374
- catalisada por ácidos, 361
- de alquenos catalisada por ácido, 374, 516
- sin anti-Markovnikov, 367, 368
Hidreto, 322
- de alumínio e lítio, 563
- de berílio, 45
Hidroboração, 367, 368, 374, 517
Hidroboração-oxidação, 367, 374, 517
Hidrocarbonetos, 56
Hidrofílica, 84
Hidrofóbica, 84
Hidrogenação, 297
- catalítica, 330
- de alquenos, 191, 329
- de alquinos, 191, 332
- função do catalisador, 331
- na indústria de alimentos, 330
Hidrogênio(s), 8
- de alquino, 126
- diastereotópicos, 423
- enantiotópicos, 423
- geminais, 425
Hidrólise, 224, 271
Hiperconjugação, 268
Homólise, 466
Homólogos, 169
"HONC", mnemônico, 8

I

Ibuprofeno, 224
Identificação de precursores, 336
Imagem por ressonância magnética na medicina, 438
Impacto de elétrons, 438
Impedimento estérico, 273
Índice de deficiência de hidrogênio, 192, 193
Interações
- 1,3-diaxial, 184
- - do grupo *terc*-butila, 185
- ácido-base de Lewis, 114
Interconversão de grupo funcional, 282
Interferência
- construtiva, 26
- destrutiva, 26
Intermediários, 108
Interruptores moleculares, 180
Inversão(ões)
- de configuração, 263, 283, 526
- de Walden, 257
Íon(s), 87, 109

- alcóxido, 141
- bromônio, 377
- espectadores, 110
- halônio, 379
- hidreto, 561
- molecular, 438, 439
Íon-dipolo, 87
Ionização
- por electrospray, 450
- por impacto de elétrons, 438
Ionóforos, 545
Isobutano, 154
Isomerismo, 204
- cis-trans, 38, 39, 185, 186
Isômeros, 13
- cis-trans, 295
- constitucionais, 14, 155, 204
- estruturais, 14
Isopentano, 154, 155
Isopropila, 65
Isopropilamina, 70
Isótopo(s), 4, 446
- ^{14}C, 4
- em espectros de massa, 446

L

Laurefucina, 352
Letra grega psi, 25
Ligação(ões)
- axiais, 182
- carbono-carbono, 327
- covalentes, 5, 6, 86, 129
- - múltiplas, 7
- - polares, 59, 60
- de hidrogênio, 79, 80, 85, 87, 99
- dupla, 11, 21, 38
- - carbono-carbono, 7
- equatoriais, 182
- iônica, 5, 59
- molecular, 1
- pi, 36, 43
- polares, 99
- polarizadas, 143
- químicas, 5
- sigma, 32, 33, 34, 43, 172
- simples carbono-carbono, 7
- tripla, 21
- - carbono-carbono, 7
Lipase, 224
Lipitor, 47
Lítio, 6
Lovastatina, 47, 48
Luz plano-polarizada, 218

M

MALDI (ionização por dessorção a *laser* auxiliada por matriz), 450
Mapas de potencial eletrostático, 22, 61
Massa
- de um átomo, 3
- específica dos alcanos e cicloalcanos, 171

Mecânica
- ondulatória, 25
- quântica, 25, 42
Mecanismo(s)
- da hidroboração, 369
- da oximercuração, 366
- de adição de halogênio, 376
- de desidratação de álcoois secundários e terciários, 316
- de desidroalogenações, 301
- de Markovnikov, 355
- de reação(ões), 108
- - orgânicas, 139
Medicamentos para acne, 467
Mentona, 55
Mesilatos, 525
Metaneto, 321
Metano, 20, 31, 43, 57, 90
Metanogênicos, 57
Metanol, 67, 84, 513
Metanólise, 271
Metila, 65
Metilação metabólica, 284
Metildopa, 224
Metileno, 383
2-metil-hexano, 337
Método(s)
- CLOA (combinação linear de orbitais atômicos), 30
- de hidratação de alquenos, 374
- de oxidação catalítica de alquenos, 544
- de Pasteur para a separação de enantiômeros, 238
- modernos na resolução de enantiômeros, 239
Mistura racêmica, 221
Modelo(s)
- de repulsão dos pares de elétrons na camada de valência (RPECV), 43
- do cristal de fluoreto de lítio, 59
- moleculares calculados, 35
- orgânicos projetados para mimetizar o crescimento ósseo, 87
Molécula(s), 6
- apolar, 61
- aquiral, 208, 480
- com mais de um centro quiral, 226
- linear, 43
- polar, 61
- quirais, 202, 206, 207, 226
- - que não possuem centro quiral, 240
Molecularidade da reação, 257
Momento de dipolo, 60, 63
- nos alquenos, 63
Monensina, 545, 546
Motores em nanoescala, 180
MRSA (*Staphylococcus aureus* resistente à meticilina), 100
Mudanças conformacionais, 430
Múltiplas substituições por halogênios, 472

N

Náilon, 75
Naproxeno, 225

N-bromossuccinimida, 484
Neopentano, 154, 155
Nêutrons, 3
Nicotina, 71
Nitrilas, 75, 76
Nitrogênio, 8, 193
Nonactina, 545
Núcleo de clorola, 47
Nucleofilicidade, 276, 279
Nucleófilo, 116, 251, 253, 276, 313, 327, 328, 354
Número
- atômico, 4
- de onda, 89
- de orbitais moleculares, 42

O

Olefinas, 295
Olimpiadano, 180
Oparin, Alexander, 2
Orbital(is)
- atômico, 27, 29
- - híbridos, 31, 42
- degenerados, 28
- híbridos, 127
- molecular(es), 28-31, 37, 42
- - antiligante, 29, 30, 37, 42
- - ligante, 29-31, 42
- sigma, 38
- *sp*, 35, 36, 42, 43
- *sp*^{2}, 35, 36, 43
- *sp*^{3}, 42
Ordem da reação, 257
Origem do elemento carbono, 2
Oscilação do anel, 182
Oxetano, 511
Oxidação, 559, 562
- com o ácido crômico, 571
- de álcoois primários e secundários, 568
- de alquenos, 384
- de Swern, 569
- de trialquilboranos, 372
- e hidrólise de alquilboranos, 371, 372
Oxidação-redução, 559
Óxido
- de propileno, 14
- nítrico, 496
- nitroso, 69
Oxigênio, 8, 193
- molecular, 495
Oximercuração, 364, 365
Oximercuração-desmercuração, 364, 374, 516
Oxirano, 511, 536
Ozônio, 388
Ozonólise de um alqueno, 389

P

Pares
- isolados, 43
- ligantes, 43
- não compartilhados, 43

- não ligantes, 43
Penicilamina, 224
Pentano, 155
Perácido, 536
Permanganato de potássio, 387, 572
Peroxiácido, 536
Petróleo, 153
PFAS, 82
Pirâmide triangular, 44
Pirofosfato de geranilgeranila, 398
Planos de simetria, 211, 212
Polarímetro, 219
Polarizabilidade, 82, 313
- relativa dos elétrons dos átomos envolvidos, 82
Poliéteres, 541
Polietileno, 491
Polietilenoglicol, 511
Polimerização
- aniônica, 541
- radicalar
- - de alquenos, 491
- - do eteno, 492
Polímeros
- de adição, 491
- de crescimento de cadeia, 491
Ponto(s)
- de ebulição, 78, 82
- - dos alcanos, 170
- de fusão, 78, 81
- - dos alcanos, 170
Posição
- alílica, 482
- benzílica, 486
Postulado de Hammond-Leffler, 274, 275
Potencial eletrostático, 125
Previsão da força das bases, 121
Princípio
- Aufbau, 28
- da exclusão de Pauli, 28
- da incerteza de Heisenberg, 29
Probabilidade relativa, 26
Produção de radicais, 466
Produtos naturais, 3
Projeções
- de Fischer, 232
- de Newman, 172
Propeno, 57
Propila, 65
Propilenoglicol, 513, 515
Propriedades
- de alcanos e cicloalcanos, 169
- dos álcoois, 512
- dos alquenos e alquinos, 295
- dos éteres, 512
- dos haletos de alquila, 249, 251
Proquirais, 567
Protonação do álcool, 317
Protonólise de alquilboranos, 374
Prótons, 3, 430
- de átomos de hidrogênio
- - em grupos C—H de alquila, 419
- - próximos de elétrons π, 420

ÍNDICE ALFABÉTICO

- - próximos de grupos eletronegativos, 420
- equivalentes e não equivalentes, 421
- permutáveis, 430
Pseudoefedrina, 124

Q

Quadrupleto de picos, 411
Quebra
- de alquil aril éteres, 536
- oxidativa
- - de alquenos, 387
- - de alquinos, 391
Química
- ácido-base de Brønsted-Lowry, 328
- orgânica, 1, 2
Quiralidade, 203, 204, 210, 211, 241
- como testar a, 211
- importância biológica da, 204, 210

R

Racemização, 269
Radical(is)
- alílicos, 482, 484
- benzílicos, 486
- livres, 466
- vinílico, 334
Reação(ões)
- ácido-base, 122, 124, 142
- - de Brønsted-Lowry, 109
- - de Lewis, 140
- barreira acima, 260
- bimolecular, 257
- com compostos contendo átomos de hidrogênio ácido, 575
- de adição, 329, 352, 353
- de alcanos com halogênios, 471
- de álcoois, 518, 521
- de compostos
- - carbonilados com nucleófilos, 561
- - de organo-lítio e organo-magnésio, 575
- de eliminação, 294, 299, 311
- de epóxidos, 538
- de éteres, 534
- de Grignard, 581, 584
- de hidroboração-oxidação são regiosseletivas, 372
- de outros carbenos, 383
- de oxidação-redução em química orgânica, 561
- de oxirredução, 301
- de radicais, 466
- de segunda ordem global, 257
- de solvólise, 271
- de substituição, 139, 311, 471
- - de haletos de alquila, 249
- - nucleofílica, 251, 256, 284
- de transferência de próton, 138
- diasterosseletiva, 223
- do cloreto de terc-butila com a água, 264
- do metileno, 383
- do reagente de Grignard
- - com compostos carbonilados, 577

- com epóxidos, 577
- E1, 301, 309, 310
- E2, 301, 302, 306
- em cadeia, 474
- em várias etapas, 265
- enantiosseletiva, 223
- endergônica, 258
- estereoespecífica, 379, 383
- estereosseletiva, 223, 396
- exergônica, 258, 259
- iônica, 110, 111, 466
- nucleofílicas, 249
- orgânica, 139
- que envolvem racemização, 269
- que geram centros quirais, 480
- químicas dos alcanos, 190
- radicalar(es), 465, 467, 489, 495
- regiosseletivas, 360
- sincronizada, 258
- S_N1, 269
- S_N2, 261
- unimolecular, 264
Reagente(s)
- de Grignard, 574, 575, 578
- - restrições ao uso, 584
- de Jones, 571
- de lítio, 585
Rearranjos, 363
- durante a desidratação de álcoois secundários, 320
- moleculares, 320
- ocorrem raramente em oximercuração-desmercuração, 365
Reconhecimento de padrões de desdobramento, 427
Redução(ões)
- de haletos de alquila a hidrocarbonetos, 565
- estereosseletivas de grupos carbonila, 566
- por dissolução do metal, 333
Refino de petróleo, 153
Refrigerantes cítricos, 382
Regioquímica da oxidação e hidrólise do alquilborano, 372
Regiosseletividade
- anti-Markovnikov, 517
- da oximercuração-desmercuração, 365
- Markovnikov, 516, 517
Regra(s)
- de Hofmann, 306
- de Hund, 28
- de Markovnikov, 355-357, 359
- - base mecanística para a, 357
- - enunciado moderno da, 359
- de Zaitsev, 303, 304
- do octeto, 5, 11
- para a solubilidade em água, 85
Relação(ões)
- entre estrutura e acidez, 124
- hóspede-hospedeiro, 545
Relaxação, 438
Resistência antibiótica, 100

Resolução
- cinética, 224
- por enzimas, 239
Respiração, 140
Ressonância magnética nuclear, 409
Resultado das reações ácido-base, 122
Retenção de configuração, 526
Retinal, 72
RNA, 3
Rotação
- das ligações, 172
- específica, 220
- restrita, 38
Rotaxanos, 181

S

Sais, 6
- de oxônio, 534
Segundo centro quiral, 480
Seletividade do bromo, 479
Separação de enantiômeros, 238
Série homóloga, 169
Seta
- curva, 22, 111, 112
- retrossintética, 335
Sevoflurano, 69
Símbolo R, 64, 65
Simpletos, 415
Sinal da fase, 26
Síntese
- de alcanos e cicloalcanos, 190
- de álcoois a partir de alquenos, 515
- de alquenos via reações de eliminação, 299
- de alquilboranos, 368
- de alquinos
- - por desidroalogenação dupla, 325
- - por meio de reações de eliminação, 324
- de cis-alquenos, 332
- de compostos marcados com deutério e trítio, 142
- de epóxidos, 536
- de éteres, 528
- - de Williamson, 530, 531
- - por alcoximercuração-desmercuração, 532
- de Grignard, 581
- de moléculas quirais, 222
- de Simmons-Smith do ciclopropano, 384
- de trans-alquenos, 333
- estereosseletiva, 223
- orgânica, 282, 334, 335
Sintons, 394
Sistema
- (E)-(Z), 295
- IUPAC, 156
- R,S, 212, 213
Sobreposição de orbitais, 47
Solubilidade(s), 83
- dos alcanos e cicloalcanos, 171
- em água, 124
Solvatação, 83

Solvente(s)
- apróticos polares, 276, 277
- prótico(s), 137, 278
- - polares, 276, 277
Solvólise, 254, 271
Solvomercuração-desmercuração, 367
Substâncias
- perfluoroalquiladas, 82
- polifluoroalquiladas, 82
Substituição
- alílica, 482
- benzílica, 486
- nucleofílica
- - bimolecular, 257
- - unimolecular, 264
Substrato, 251, 312, 526
- para substituição nucleofílica, 526
- primário, 312
- secundário, 312
- terciário, 312
Superfície de densidade eletrônica, 35
Supernovas, 2
Superóxido, 495

T

Tamanho da base, 313

Teflon, 82
Temperatura
- da reação, 313
- e velocidade de reação, 260
Tempos de relaxação, 438
Tensão
- angular, 176
- de anel, 176
- torsional, 176
- transanular, 180
Teoria
- ácido-base de Lewis, 113, 143
- do estado de transição, 258
terc-butil éteres por alquilação de álcoois, 532
Teste de álcool com bafômetro, 572
Tetracloreto de carbono, 62, 251
Tetraclorometano, 251
Timina, 80
Tosilatos, 525
Trans-ciclo-hepteno, 299
Trans-ciclo-hexeno, 299
Trans-ciclo-octeno, 299
Transformação de grupo funcional, 282
Trício, 4
Triclorometano, 63
Triflatos, 525

Trifluoreto de boro, 12, 44
Trimetilamina, 71
Trimetilenoglicol, 513
Tripleto de picos, 411, 415
Trítio, 4, 142

U

Ureia, 3

V

Vacinas, 85, 511
- e produtos farmacêuticos PEGuilados, 511
Valinomicina, 545
Vancomicina, 100, 101
Variação(ões)
- de energia, 128
- - livre de Gibbs, 130
- - livre padrão, 130
- de entropia, 84, 130
- - desfavorável, 84
Velocidade da reação, 256
Vírus da covid-19, 86
Vitamina C, 3, 47
Volume de um átomo, 4

| Veja a Tabela 2.7 para uma Tabela de Frequências no IV |

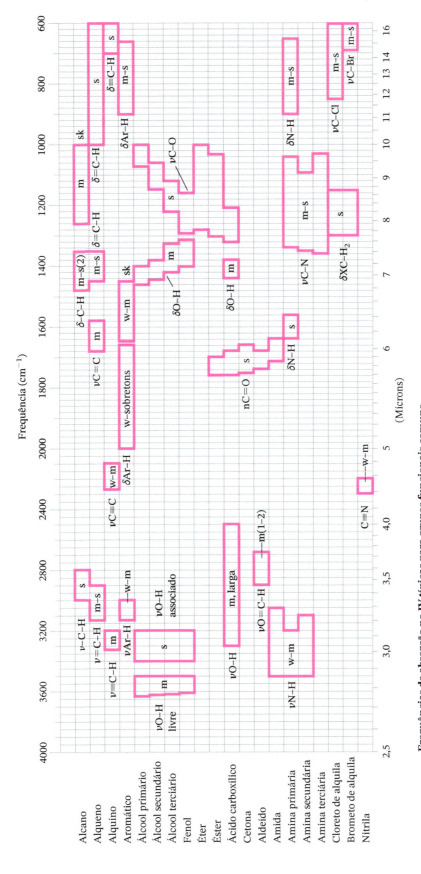

Frequências de absorção no IV típicas para grupos funcionais comuns.

As absorções são como se seguem: ν = estiramento; δ = deformação; w = fraca; m = média; s = forte; sk = esquelética

Retirado de *Multiscale Organic Chemistry: A Problem-Solving Approach* por John W. Lehman © 2002.
Reimpressa com permissão de Pearson Education, Inc., Upper Saddle River, NJ.

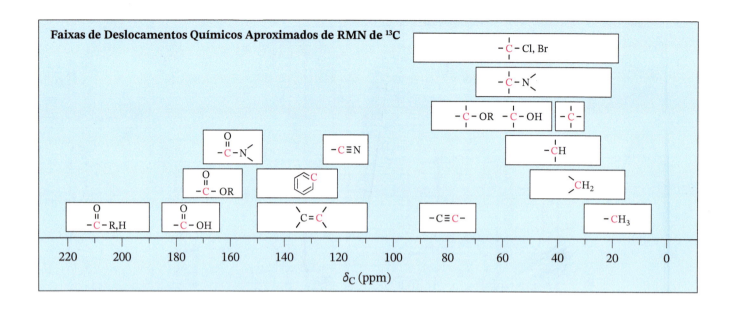

TABELA 9.2 Deslocamentos Químicos Aproximados para Carbono-13

Tipo de Átomo de Carbono	Deslocamento Químico (δ, ppm)
Alquila primária, RCH$_3$	0–40
Alquila secundária, RCH$_2$R	10–50
Alquila terciária, RCHR$_2$	15–50
Haleto de alquila ou amina, —C—X (X = Cl, Br, ou N—)	10–65
Álcool ou éter, —C—O—	50–90
Alquino, —C≡	60–90
Alqueno, C=	100–170
Arila, —C— (anel)	100–170
Nitrila, —C≡N	120–130
Amida, —C(=O)—N—	150–180
Ácido carboxílico ou éster, —C(=O)—O—	160–185
Aldeído ou cetona, —C(=O)—	182–215